HIGH TOP

통합과학 1

HIGH TOP의
구성과 특징

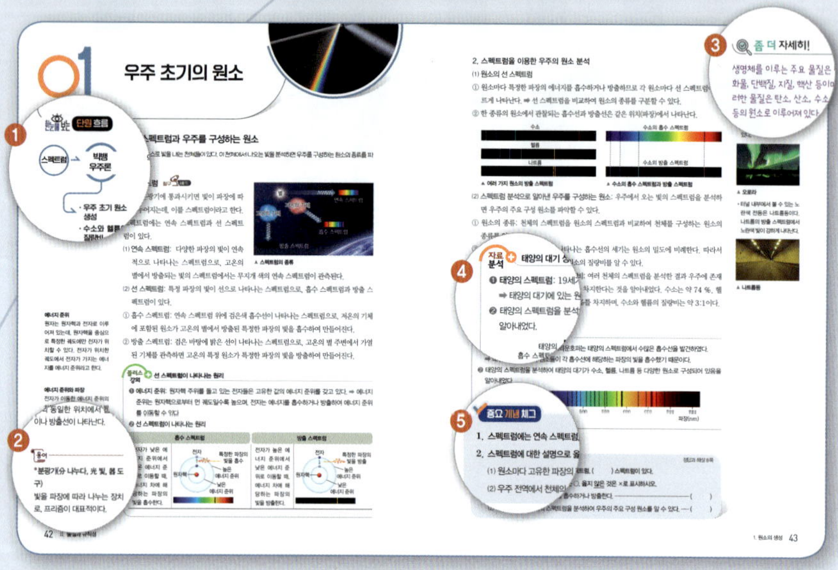

❶ 이 소단원에서 배우는 중요한 개념의 위계를 한눈에 보기 쉽게 정리하였습니다.

❷ 어려운 용어의 뜻을 쉽게 알 수 있도록 설명하였습니다.

❸ 보충 내용을 자세하게 설명하였습니다.

❹ **자료 분석 / 플러스 강의**에서 실력의 차이를 만들 수 있는 내용을 이해하기 쉽게 설명하였습니다.

❺ 주제별 핵심 내용을 잘 이해했는지 간단한 문제로 확인할 수 있습니다.

탐구 분석, 집중 분석, 심화 강의

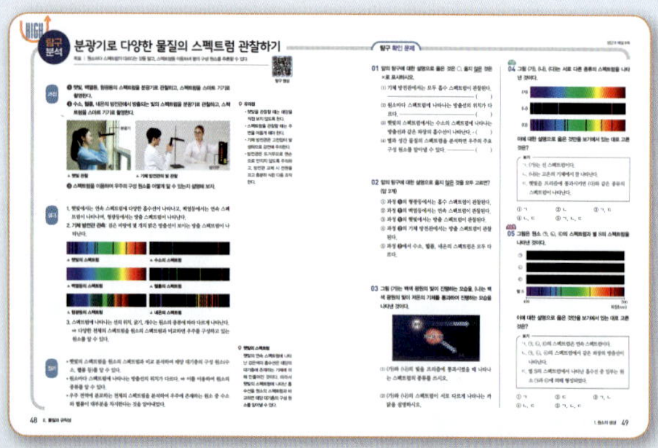

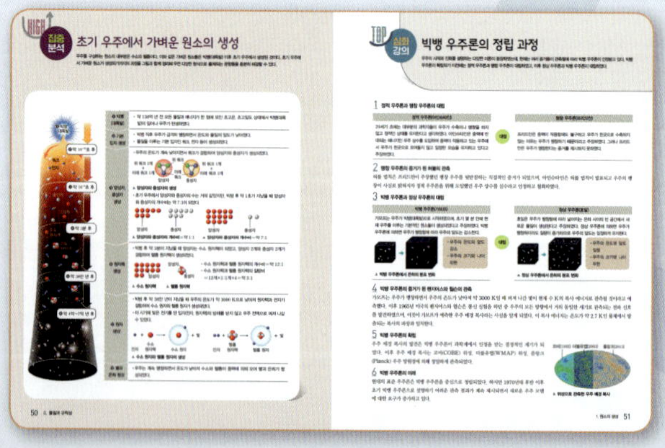

탐구 분석 교과서에 수록된 필수 탐구의 과정과 결과를 이해하기 쉽도록 탐구 영상을 QR로 제공합니다. 또한 관련 탐구 문항을 단계별로 풍부하게 제공하였습니다.

집중 분석 중요한 주제를 골라 집중적으로 분석하여 자신의 실력으로 만들 수 있도록 설명하였습니다.

심화 강의 물리학, 화학, 생명과학, 지구과학에서 배우는 개념이지만 조금만 알고 있어도 실력의 차이를 만들 수 있는 주제를 선정하여 쉽게 설명하였습니다.

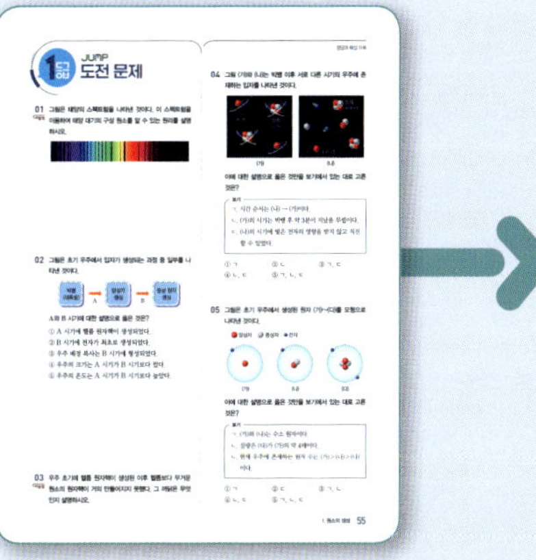

교과서 속 내신 완성 문제+1등급 도전 문제 교과서에 수록된 다양한 유형의 문제들을 변형하여 소단원의 핵심 개념들을 꼼꼼히 이해했는지 점검하도록 구성하였습니다.

중단원 핵심 정리 중단원별 핵심 개념을 정리하여 문제 풀이 전에 개념을 확실히 다질 수 있도록 구성하였습니다.

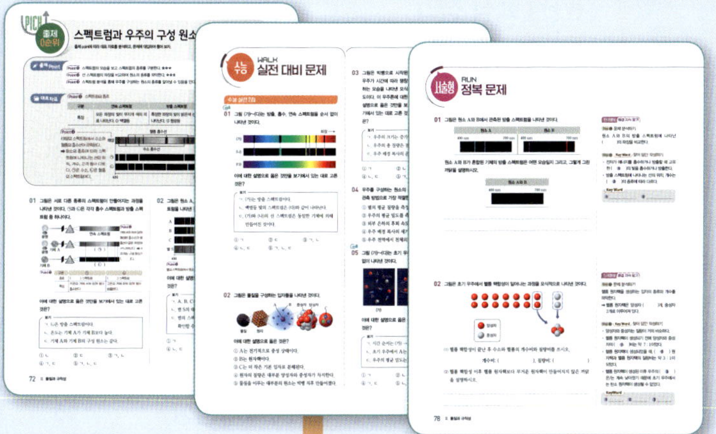

출제 0순위 중단원별로 수능에 자주 출제되는 주제들을 엄선하여 수능형 문제를 미리 경험해 볼 수 있도록 구성하였습니다.

수능 실전 대비 문제 수능형 문제를 2점과 3점으로 구분하여 난이도별로 문제 실력을 점검할 수 있도록 구성하였습니다.

서술형 정복 문제 단계별로 배경 지식 쌓기를 통해 서술형 문제도 접근하는 방법을 익힐 수 있도록 구성하였습니다.

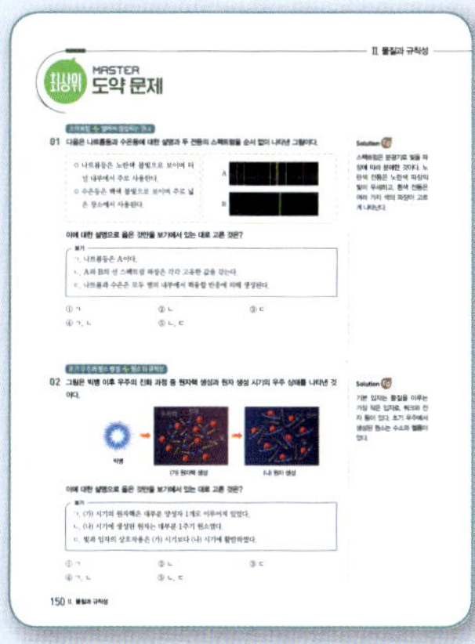

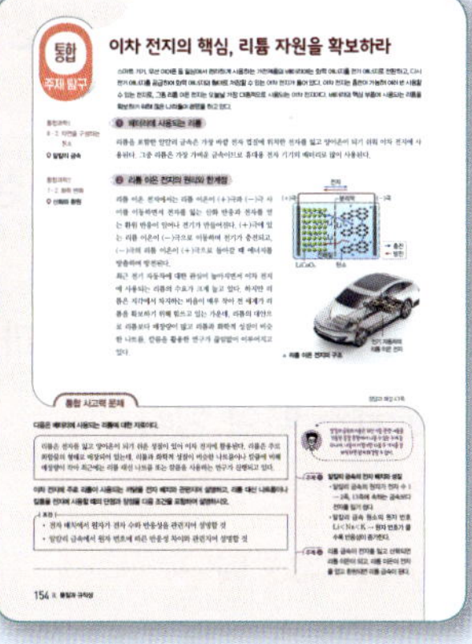

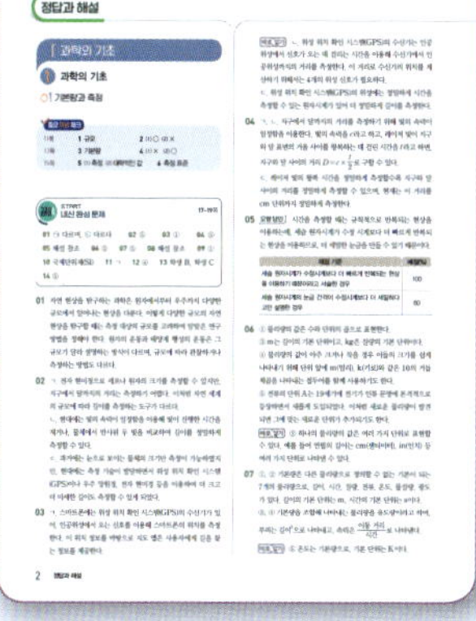

최상위 도약 문제 대단원별로 영역별 주제 통합 문제를 구성하여 실력을 한 단계 더 높일 수 있도록 하였습니다.

통합 주제 탐구 통합형 주제를 자료와 함께 제시하여 논술형 문제에도 대비할 수 있도록 하였습니다.

틀린 문제를 쉽게 이해할 수 있도록 자세하고 친절한 해설을 담았으며, 중요한 그림이나 자료에서 알아야 할 정보를 분석하여 제시하였습니다.

HIGH TOP의 통합과학 1 **차례**

CONTENTS

I 과학의 기초

II 물질과 규칙성

III

시스템과 상호작용

HIGH TOP과 내 교과서 비교하기

내가 사용하는 교과서의 출판사 이름과 지금 배우고 있는 단원, 쪽 번호를 확인합니다.

그리고 HIGH TOP의 쪽 번호를 확인한 후 해당하는 부분을 공부하세요.

통합과학 1

대단원	중단원	소단원	하이탑 (쪽)	동아출판	미래엔	비상교육	지학사	천재교과서
I 과학의 기초	1. 과학의 기초	01 기본량과 측정	10~19	14~25	14~31	16~29	16~31	14~25
		02 신호와 디지털 정보	20~29	26~29	32~35	30~33	32~35	26~29
II 물질과 규칙성	1. 원소의 생성	01 우주 초기의 원소	42~55	40~45	48~53	42~47	48~53	40~45
		02 지구와 생명체를 이루는 원소의 생성	56~69	46~51	54~59	48~53	54~59	46~51
	2. 자연을 구성하는 원소	01 원소의 주기성	84~97	58~63	60~65	58~65	66~73	58~63
		02 화학 결합과 물질의 성질	98~113	64~69	66~73	66~71	74~79	64~71
		03 자연의 구성 물질	114~125	70~75	80~87	72~79	80~87	78~85
		04 물질의 전기적 성질과 활용	126~137	76~79	88~91	80~85	88~91	86~89
III 시스템과 상호작용	1. 지구 시스템	01 지구시스템의 구성 요소	158~171	92~95	104~107	96~97	104~107	100~103
		02 지구시스템의 상호작용	172~183	96~101	108~111	98~101	108~111	104~107
		03 지권의 변화	184~199	102~107	112~118	102~107	112~117	108~115
	2. 역학 시스템	01 중력장 내의 운동	216~229	114~119	124~131	112~117	124~129	122~127
		02 운동량과 충격량	230~245	120~127	132~137	118~123	130~135	128~133
	3. 생명 시스템	01 생명 시스템의 기본 단위	260~275	134~139	144, 150~153	128~131	142~147	140~145
		02 물질대사와 효소	276~289	140~145	145~149	132~135	148~151	146~151
		03 세포 내 정보의 흐름	290~301	146~151	154~158	136~141	152~155	152~155

I

과학의 기초

Overview

과학은 자연 세계를 어떻게 설명할까?

원자에서 우주까지 다양한 규모의 자연 현상은 몇 가지 기본량으로 기술할 수 있으며, 이를 정확하게 측정하는 것은 과학뿐만 아니라 일상생활과 산업 기술에서도 매우 중요하다. 오늘날 자연 현상을 관찰하고 측정하여 디지털 정보로 변환하는 기술을 활용하게 되면서 현대 문명은 크게 변하였다.

\# 기본량   \# 단위   \# 어림   \# 측정   \# 신호

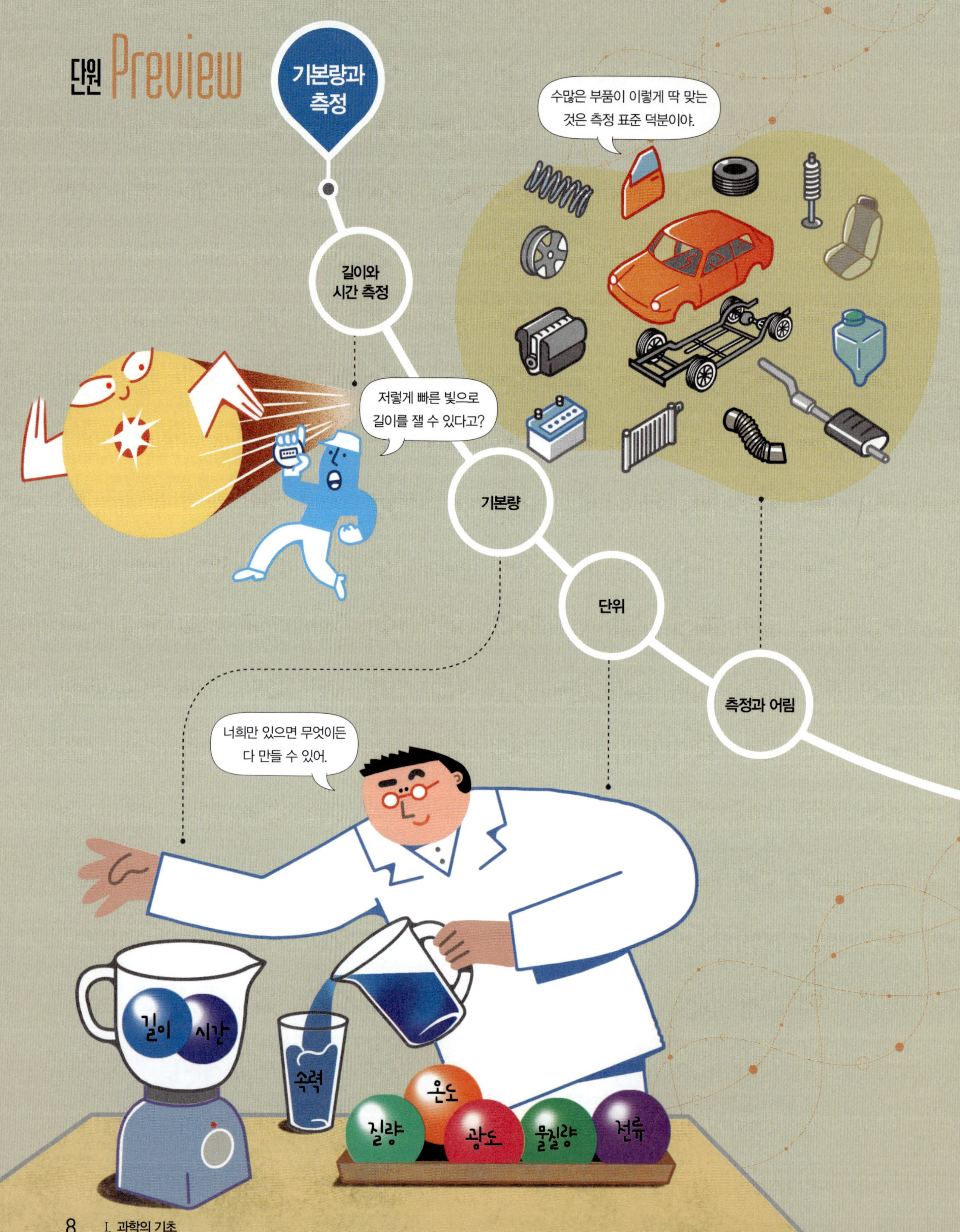

기본량과 측정
길이와 시간 측정
기본량
단위
측정과 어림
수많은 부품이 이렇게 딱 맞는 것은 측정 표준 덕분이야.
저렇게 빠른 빛으로 길이를 잴 수 있다고?
너희만 있으면 무엇이든 다 만들 수 있어.
길이
시간
속력
온도
질량
광도
물질량
전류

• 중학교 – 시간, 길이, 질량, 전류,
온도, 부피, 속력, 농도

1

과학의 기초

자연 세계는 공간과 시간을 배경으로 몇 가지 기본량으로 기술할 수 있으며,
양을 측정할 때 사용하는 표준과 단위는 일상생활과 산업 기술에서 중요하다.

01 기본량과 측정

02 신호와 디지털 정보

디지털 정보

센서

신호와 정보

신호와
디지털 정보

 **기본량과 측정**

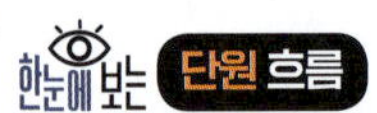

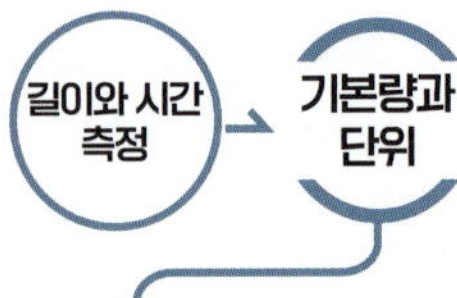

- 측정과 어림
- 측정 표준

1 길이와 시간

자연은 미시 세계부터 거시 세계까지의 다양한 범위에 걸쳐 있으며, 사람들은 이처럼 다양한 규모의 길이와 시간을 측정하기 위해 많은 노력을 해 왔다.

1. 자연 세계의 길이와 시간 규모

과학에서는 작은 원자에서부터 매우 큰 우주까지의 규모를 다룬다. 이렇게 다양한 자연 현상을 탐구할 때는 탐구 대상의 규모에 따른 차이를 이해하는 것이 중요하다.

(1) **자연 세계**: 자연 세계는 크게 *미시 세계와 *거시 세계로 구분할 수 있다.

구분	미시 세계	거시 세계
정의	원자 수준의 아주 작은 물체나 현상들의 규모	미시 세계보다 큰 물체나 현상들의 규모
탐구 대상	원자핵, 원자, 분자, 이온 등	동물, 암석, 바다, 행성, 태양계 등
관측 장비	전자 현미경, 입자 가속기 등	우주 망원경, 천체 망원경 등

(2) **규모(scale)**: 과학에서는 넓은 범위의 자연 현상을 어느 정도의 범위로 구분 지어 표현하는데, 이러한 공간과 시간의 크기 범위를 나타내는 것을 규모라고 한다.

① 규모는 특정 크기가 아니라 어느 정도 범위를 갖는 크기 세계를 의미한다.

② 탐구 대상의 규모에 따라 자연 현상의 특성과 관찰하고 측정하는 방법 등이 다르다.

(3) **다양한 규모의 공간과 시간**: 자연에서 일어나는 현상들은 공간 규모와 시간 규모가 다양하다.

 용어

*미시(微 작다, 視 보다)
작게 보다.

*거시(巨 크다, 視 보다)
크게 보다.

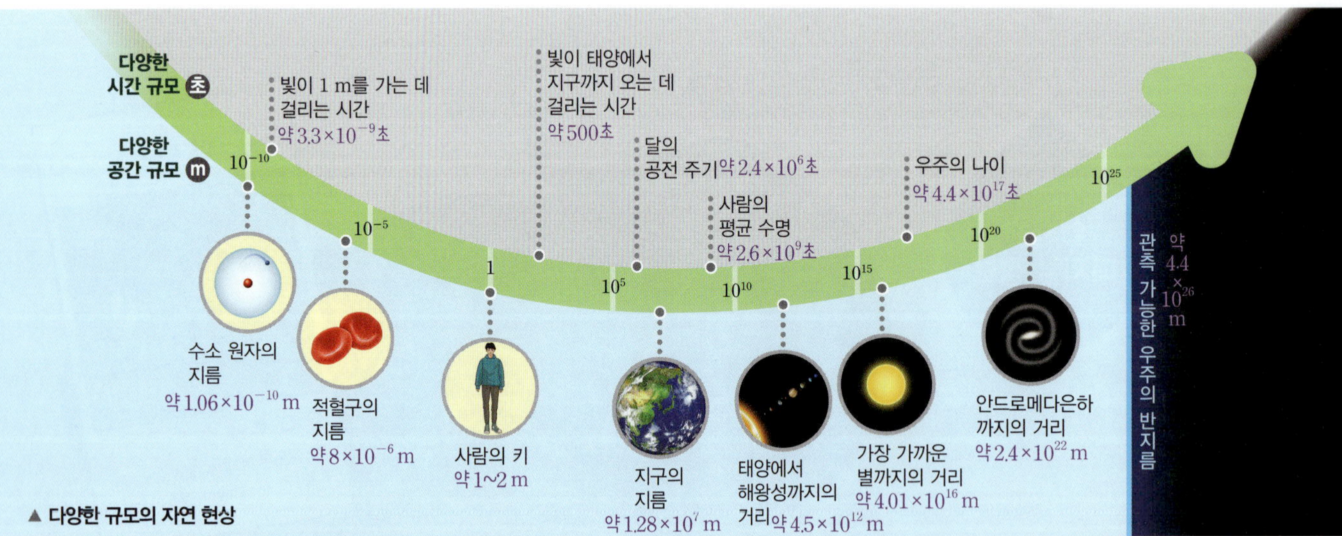

▲ 다양한 규모의 자연 현상

2. 길이와 시간 측정

길이와 시간을 측정하려는 과학자들의 노력으로 현대에는 측정할 수 있는 길이와 시간의 규모가 다양해졌고, 인간이 경험할 수 있는 자연 세계가 확장되었다.

(1) 길이 측정 방법의 발전

① 과거에는 몸의 일부분이나 일정한 길이의 막대, 기준이 되는 길이가 눈금으로 표시되어 있는 자 등과 비교하여 길이를 측정하였다.

② 현대에는 빛을 이용해 길이를 정밀하게 측정한다. 이외에도 측정하려는 대상의 규모에 따라 위성 위치 확인 시스템(*GPS)이나 전자 현미경을 이용하는 등 다양한 방법으로 길이를 측정한다.

*큐빗처럼 몸의 일부분의 길이와 비교하여 길이를 측정한다.

길이가 일정한 막대나 눈금이 표시되어 있는 자와 비교하여 길이를 측정한다.

빛의 속력이 일정함을 이용해 레이저 빛이 진행한 시간을 재거나, 물체에서 반사된 두 빛을 비교하여 길이를 정밀하게 측정한다.

▲ 길이 측정의 발전 과정

(2) 시간 측정 방법의 발전

① 과거에는 지구의 자전이나 공전을 이용해서 시간을 측정했고, 이후 수정의 규칙적인 진동을 이용하기도 했다.

② 현대에는 원자에서 방출되거나 흡수되는 빛을 이용하여 시간을 정밀하게 측정한다. 이외에도 초고속 투과 전자 현미경을 이용해 원자나 분자 수준의 움직임을 10^{-15} s(펨토초) 단위로 관찰하기도 한다.

앙부일구 조선 시대의 해시계로, 태양의 위치 변화에 따라 영침의 그림자가 달라지는 것을 이용해 시간을 측정한다.

수정 시계 전기 시계로, 전압을 가했을 때 32768 Hz로 일정하게 진동하는 수정 발진기를 이용해 시간을 측정한다.

세슘 원자시계 세슘-133 원자에서 방출된 특정한 빛의 진동수가 9 192 631 770 Hz인 것을 이용해 시간을 측정한다.

▲ 시간 측정의 발전 과정

✔ 중요 개념 체크

정답과 해설 2쪽

1. 자연 현상의 공간과 시간의 크기 범위를 나타내는 것을 (　　　　)(이)라고 한다.

2. 길이와 시간의 현대적 측정 방법에 대한 설명으로 옳은 것은 ○, 옳지 않은 것은 ×로 표시하시오.

　(1) 현대에는 길이를 정밀하게 측정하기 위해 빛을 이용한다. ———————— (　　　)

　(2) 현대에는 태양의 위치 변화를 이용해 시간을 정밀하게 측정한다. ———————— (　　　)

위성 위치 확인 시스템(GPS)으로 위치를 측정하는 원리

스마트폰, 내비게이션 등에 있는 GPS 수신기는 인공위성에서 신호가 오는 데 걸린 시간을 이용해 인공위성까지의 거리를 측정한다. 이때 여러 인공위성에서 오는 신호의 시간 차이를 이용해 수신기의 현재 위치를 계산한다. 인공위성의 시계가 정밀할수록 보다 정확하게 수신기의 위치를 계산할 수 있어, 인공위성에는 매우 정밀한 원자시계가 탑재된다.

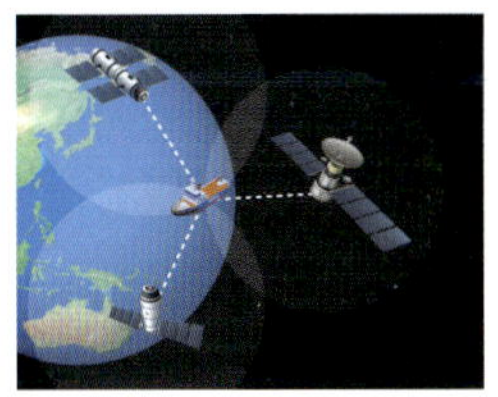

원자 힘 현미경을 이용한 크기의 측정

원자 힘 현미경으로 흑연 표면의 탄소 원자를 촬영하여 원자의 크기를 측정한다.

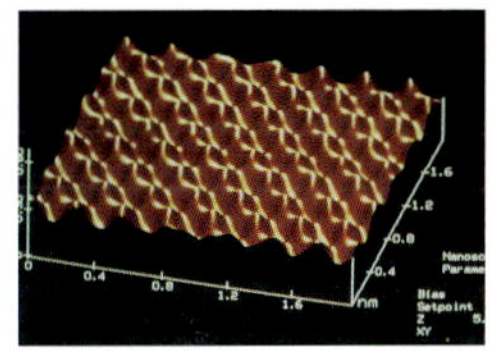

🔍 좀 더 자세히!

세슘 원자시계는 아주 정확하여 이론상으로 세슘 원자시계 두 대의 시각을 비교하면 1초의 오차가 발생하는 데 3000만 년 이상 걸린다. 현재는 이보다 점점 더 정확도가 높은 시계들이 개발되고 있다.

용어

*GPS(Global Positioning System)
인공위성을 이용하여 자신의 위치를 정확히 알아낼 수 있는 시스템이다.

*큐빗(cubit)
고대 이집트 시기에 쓰였던 길이 단위로, 팔꿈치에서부터 손가락 끝까지의 길이를 1 큐빗이라고 한다.

2 기본량과 단위

과학은 공간과 시간을 배경으로 벌어지는 다양한 현상을 관찰하고 측정하는 것에 기반을 두고 있고, 이러한 관측을 정확하게 표현하고 비교하기 위해서는 단위가 필요하다.

1. 물리량

(1) **물리량**: 길이, 시간, 질량처럼 측정하여 그 값을 수로 나타낼 수 있는 양이다.

(2) **단위**: 어떤 양을 나타낼 때 기준으로 사용되는 것으로, 물리량은 각각 고유한 단위를 가진다. ➡ 길이는 m, 시간은 s, 질량은 kg, 속력은 m/s의 단위로 나타낸다.

① 하나의 물리량은 여러 가지 단위로 표현할 수 있는데, 하나의 물리량을 서로 다른 단위로 나타내면 혼란을 일으킬 수 있으므로, 과학에서는 국제단위계(SI)를 따른다.

② 단위는 그 정의가 수정되거나 물리량의 발견에 따라 새로운 단위가 추가되기도 한다.

(3) **물리량과 단위**: 물리량의 값은 일반적으로 수와 단위의 곱으로 표현한다. 예를 들어 볼펜의 길이가 '9 cm'라고 하면, 그 값은 1 cm의 9배만큼의 길이임을 의미한다.

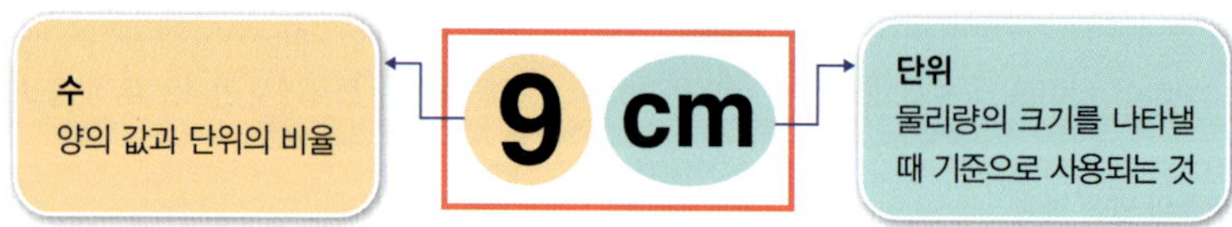

플러스 강의 ➕ 국제단위계(SI, The International System of Units)

❶ **국제단위계**: 현재 세계 대부분의 국가에서 채택하여 사용하고 있는 단위계이다. 국제단위계는 7개의 기본 단위를 바탕으로 구성되며, 이들을 조합하여 그 밖의 모든 단위를 유도한다.

- 각 물리량에 대해 한 가지 단위만 사용한다. 예를 들어 길이 단위는 m(미터)만을 사용한다.
- 국제단위계(SI) 단위끼리만의 곱하기와 나누기로 이루어진 일관성 있는 단위 체계이다.

❷ **단위의 접두어 기호**: 물리량의 값이 아주 크거나 작을 경우 이 값을 쉽게 나타내기 위해 다음과 같이 10의 거듭제곱을 나타내는 접두어 기호를 단위 앞에 함께 사용할 수 있다.

접두어 이름	기호		크기(곱하기 값)
테라	T	10^{12}	1 000 000 000 000
기가	G	10^{9}	1 000 000 000
메가	M	10^{6}	1 000 000
킬로	k	10^{3}	1 000
헥토	h	10^{2}	100
데카	da	10	10
데시	d	10^{-1}	0.1
센티	c	10^{-2}	0.01
밀리	m	10^{-3}	0.001
마이크로	μ	10^{-6}	0.000 001
나노	n	10^{-9}	0.000 000 001
피코	p	10^{-12}	0.000 000 000 001

국제단위계(SI)에 속하지 않는 단위의 예

- 길이 단위: in(인치), ft(피트), mi(마일), 자, 척, 리
- 넓이 단위: 평, ac(에이커), ha(헥타르)
- 부피 단위: L(리터), pt(파인트), bbl(배럴)
- 질량 단위: lb(파운드), oz(온스), 근, 돈

국제도량형총회

국제단위계(SI)를 유지하기 위해 만들어진 회의로, 보통 4년마다 열린다. 이 회의에서 단위의 정의가 얼마나 명확한지, 단위를 정의하는 값이 변하지 않고 일정하게 유지될 수 있는지에 관한 사항 등을 논의한다.

2. 기본량과 유도량 심화 강의 16쪽

(1) **기본량**: 길이나 시간처럼 다른 물리량으로 정의할 수 없는 가장 기본이 되는 7개의 물리량을 기본량이라고 한다.

① 기본량의 종류: 길이, 질량, 시간, 온도, 광도, 전류, 물질량

② 기본 단위: 국제단위계(SI)에서 정한 7개의 기본 단위를 사용한다.

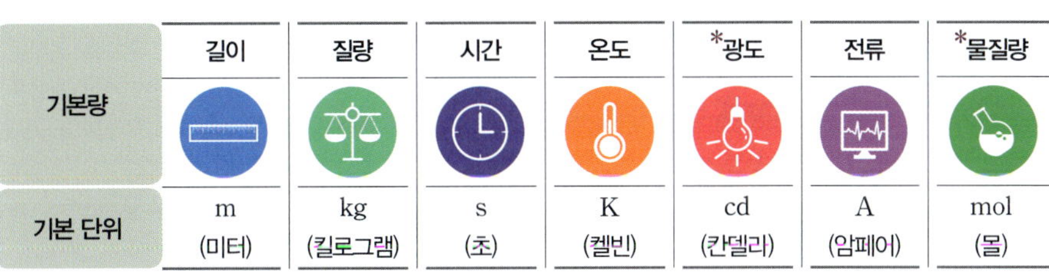

	길이	질량	시간	온도	*광도	전류	*물질량
기본량							
기본 단위	m (미터)	kg (킬로그램)	s (초)	K (켈빈)	cd (칸델라)	A (암페어)	mol (몰)

(2) **유도량**: 이동 거리를 시간으로 나누어 나타내는 속력처럼 기본량을 조합해 유도하는 물리량을 유도량이라고 한다.

① 유도량의 종류: 기본량 이외의 모든 물리량이 유도량에 해당한다.

② 유도 단위: 각 유도량을 정의하는 데 사용한 기본량 단위의 조합으로 나타낸다.

➡ 7개의 기본 단위를 곱하거나 나누어서 나타낼 수 있다.

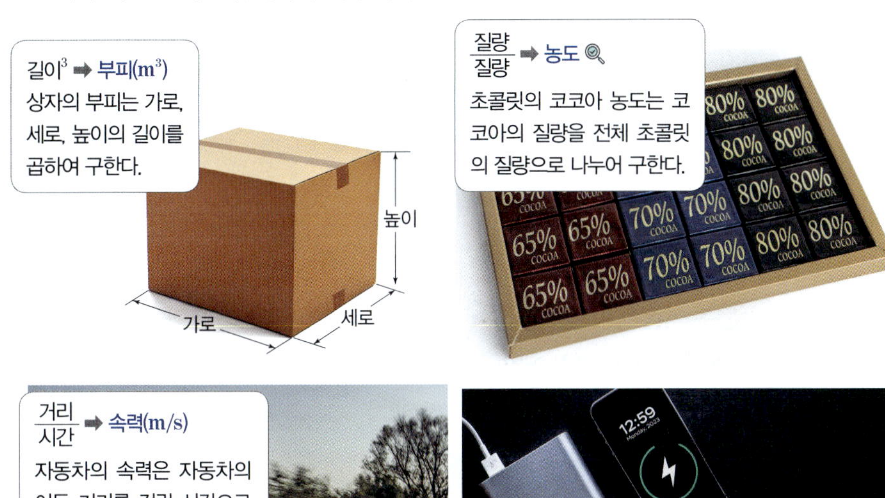

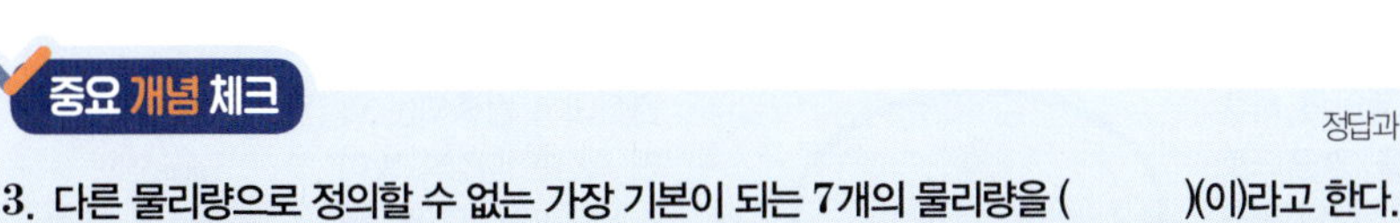

▲ 여러 가지 유도량과 유도 단위의 예

중요 개념 체크

정답과 해설 2쪽

3. 다른 물리량으로 정의할 수 없는 가장 기본이 되는 7개의 물리량을 (　　　　)(이)라고 한다.

4. 기본량과 유도량에 대한 설명으로 옳은 것은 ○, 옳지 않은 것은 ×로 표시하시오.

　(1) 전류와 전압은 모두 기본량이다. ——————————— (　　)

　(2) 과학에서 사용하는 유도량은 모두 기본량의 조합으로 나타낼 수 있다. ——————— (　　)

물리량을 측정할 때 각자의 기준대로 측정한다면 측정값이 서로 다르게 나올 것이다. 정확한 측정값을 얻으려면 단위에 대한 정의나 측정 방법 등 측정에 대한 공통된 기준이 있어야 한다.

1. 측정과 어림

(1) **측정**: 길이, 질량 등 어떠한 양을 재는 활동이다. 측정 도구를 사용하여 어떤 대상의 물리량을 기준이 되는 양과 비교하고, 수와 단위로 그 값을 나타낸다.

➡ 양을 측정할 때에는 적절한 측정 단위와 측정 도구를 사용해야 한다.

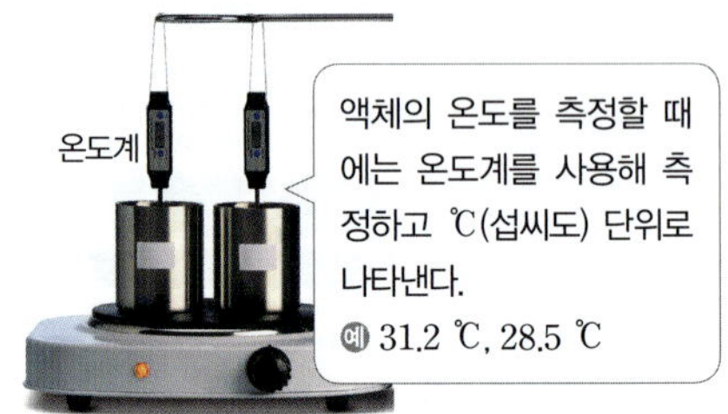

▲ 온도 측정

어림의 활용
멀리 있는 천체의 크기, 공룡의 몸무게 등과 같이 실제로 측정하기 어려운 값을 알아낼 때 이용한다.

(2) **어림**: 어떠한 양의 값을 추정하는 활동이다. 측정 도구 없이 논리적인 추론으로 어떤 양의 대략적인 값을 추정하며, 이때 반드시 과학적인 사고 과정이나 자료를 바탕으로 한다.

① 어떤 양을 측정하기 전 어림을 통해 그 값의 대략적인 범위를 예상한 후 필요한 측정 도구를 결정하기도 한다.

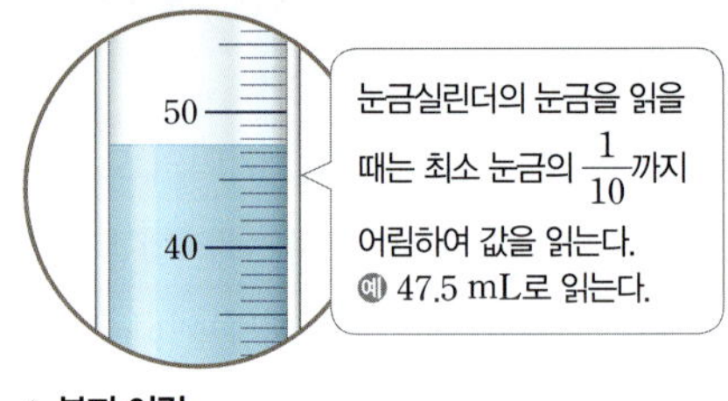

▲ 부피 어림

② 측정할 때 도구에 나타나는 값이나 그 값을 읽는 방법에는 한계가 있으므로 어림을 하여 값을 읽기도 한다.

2. 측정 표준

측정의 기준이 되는 기본 단위를 정의하고, 이를 재현하기 위해 사용되는 기준을 측정 표준이라고 한다. 측정 표준은 기본 단위의 정의에 해당하는 값을 확인할 수 있도록 만든 장치, 측정 기기, 표준 물질, 측정 방법 또는 측정 체계를 모두 포함한다.

(1) **단위의 정의**: 단위는 국제단위계(SI)의 정의가 국제 공통의 측정 표준으로 사용된다. 과거에는 자연을 기준으로 단위를 정의하였지만, 측정 기술이 발달하면서 이 기준들도 시간에 따라 변하는 것이 밝혀졌고, 현재는 변하지 않는 값을 이용해 단위를 정의한다.

① 시간의 측정 표준: 과거에는 지구의 자전이나 지구의 공전을 기준으로 하여 1초를 정의하다가 현재는 원자에서 나오는 빛을 이용해 정의한 1초를 측정 표준으로 활용한다.

기본 단위의 재정의
현재 사용되는 기본 단위는 2018년에 국제도량형총회에서 정의한 국제단위계의 정의를 따른다. 이 회의에서 기본 단위는 각각 시간에 따라 변하지 않는 물리 상수를 기반으로 새롭게 정의되었다. 물리 상수를 고정해 단위를 정의하면, 변하지 않는 기준으로 사용할 수 있다.

기본 단위	물리 상수
m	진공에서 빛의 속력 c
s	세슘−133 원자의 진동수
kg	플랑크 상수 h
A	기본전하 e
K	볼츠만 상수 k
mol	아보가드로 상수 N_A

▲ 1초의 정의의 발전 과정

② 길이의 측정 표준: 과거에는 지구를 기준으로 1 m를 정의했으나, 여러 과정을 거쳐 현재는 빛의 속력을 이용해 새롭게 정의한 1 m를 측정 표준으로 활용한다.

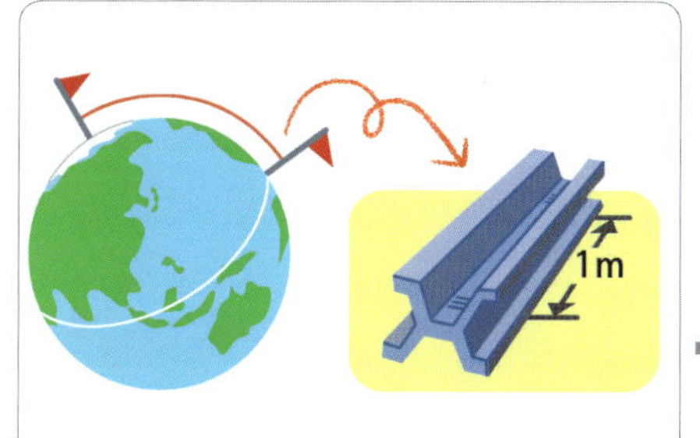
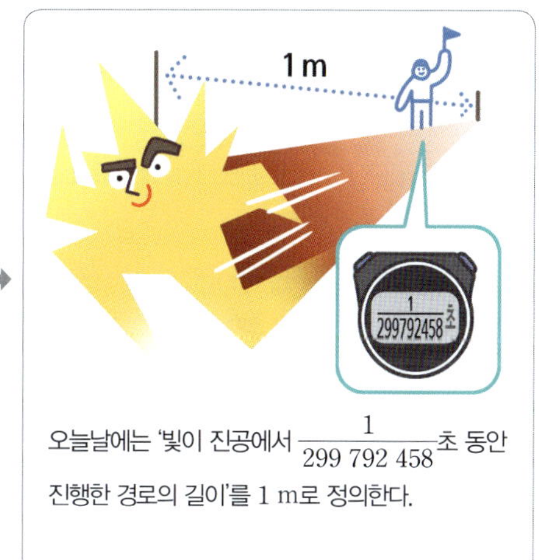

18세기 말 프랑스에서 인류 공동의 자산인 지구를 이용해 '지구의 북극점에서 적도까지 거리의 1000만분의 1'을 1 m로 정의하고, 이를 활용해 *미터원기를 만들어 길이의 표준으로 사용하였다.

오늘날에는 '빛이 진공에서 $\dfrac{1}{299\,792\,458}$초 동안 진행한 경로의 길이'를 1 m로 정의한다.

▲ 1 m의 정의의 발전 과정

(2) **측정 표준이 활용되는 사례**: 일상생활에서 신뢰할 수 있는 측정 결과를 얻기 위해 측정 표준을 활용한다. 측정 표준을 통해 원활한 의사소통과 공정한 거래를 할 수 있다.

▲ 측정 표준을 활용해 만여 개가 넘는 부품을 정확한 크기로 만들어 하나의 자동차로 조립한다.

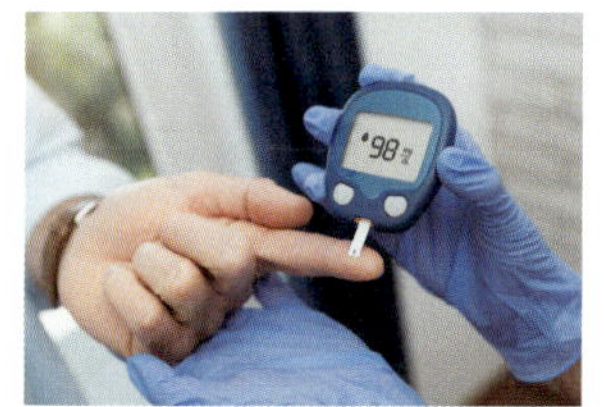

▲ 측정 표준을 활용해 체온, 혈당 등을 측정하여 환자의 상태를 정확히 진단하고 치료 효과를 확인한다.

▲ 질량, 부피 등의 측정 표준을 활용해 미세먼지의 농도를 측정하고 공기의 질을 나타낸다.

(3) **측정 표준의 중요성**

① 측정의 정확성 보장: 길이, 질량, 시간, 온도 등 정확한 측정은 산업과 과학기술의 발전에 중요한 영향을 미친다.

② 국제 무역에서의 신뢰성 확보: 상품 제조와 유통, 판매, 서비스 등 국제 무역에서 제품의 품질 신뢰성을 담보할 수 있다.

③ 국가 질서, 국민 안전 유지: 정확하고 공정한 측정은 사회를 안정적으로 유지하고, 질병의 진단, 유해 물질의 측정 등 국민 안전에 중요한 역할을 한다.

✔ 중요 개념 체크

정답과 해설 2쪽

5. 측정과 어림에 대한 설명이다. (　　) 안에 알맞은 말을 고르시오.

(1) (측정, 어림)을 할 때는 적절한 측정 단위와 측정 도구가 필요하다.

(2) 어림은 논리적인 추론으로 어떤 양의 (정확한 값, 대략적인 값)을 추정하는 활동이다.

6. 측정의 기준이 되는 기본 단위를 정의하고, 이를 재현하기 위해 사용되는 기준을 (　　　　)(이)라고 한다.

표준 물질

물질 형태의 측정 표준으로, 정확한 측정값이 표기된 물질이다. 측정 장치를 교정하거나 측정 방법이 정확한지 평가하기 위해 이용한다.

예 미세먼지 표준 물질을 사용해 공기 청정기 센서를 점검하거나 제조할 때 사용한다.

용어

*미터원기(meter, 原 근원, 器 그릇)

1 m에 해당하는 길이를 금속으로 만든 기구이다.

물리량의 차원과 단위가 없는 물리량

물리량의 값은 수와 단위의 곱으로 나타낸다. 그런데 단위가 없는 물리량이 존재한다. 단위가 없는 양은 어떤 의미를 지니고 있으며 물리량으로 불러도 될까?

1 물리량의 차원

m(미터), in(인치), ft(피트) 등의 단위는 모두 '길이'라는 차원을 갖는다. 차원이란 어떤 양의 물리적 성질을 나타내는 것으로, 7개의 각각 고유한 차원을 가진다.

기본량	시간	길이	질량	전류	온도	물질량	광도
차원을 나타내는 기호	T	L	M	I	θ	N	J

유도량의 차원은 7개의 차원을 조합하여 표현한다. 예를 들어 넓이의 차원은 L^2, 부피의 차원은 L^3, 속력의 차원은 $\dfrac{L}{T}$로 나타낸다.

2 단위가 없는 물리량

여러 물리량 중 차원이 없는 양도 있다. 이러한 양은 단순히 수를 나타내며 단위도 '1'이 되어 별도로 단위를 표시하지 않는다. 이처럼 단위가 없는 물리량의 예는 다음과 같다.

❶ **순수한 개수를 나타내는 양** 분자의 개수, 원자의 질량수처럼 개수를 나타내는 양은 단위가 없다.

❷ **같은 종류의 두 물리량의 비로 나타내는 양** 질량 퍼센트 농도, 평면각, 궤도 이심률처럼 두 개의 같은 종류의 물리량의 비로 나타내는 양은 무차원량이 되어 단위가 없다.

- 질량 퍼센트 농도: 용액의 질량에 대한 용질의 질량을 나타내며, 차원이 $\dfrac{M}{M}=1$이 되어 단위가 없다.

- 평면각: 원의 호의 길이와 반지름의 비율로, 차원이 $\dfrac{L}{L}=1$이 되어 단위가 없다.

- 궤도 이심률: 행성의 공전 궤도가 찌그러진 정도를 나타내는 궤도 이심률은 $e=\dfrac{c}{a}$로 정해지며, 차원이 $\dfrac{L}{L}=1$이 되어 단위가 없다.

- 굴절률: 빛이 진공에서 어떤 물질 속으로 진행할 때 굴절하는 정도와 관계된 양으로, 어떤 물질의 굴절률 n은 물질에서 빛의 속력 v에 대한 진공에서 빛의 속력 c의 비 $n=\dfrac{c}{v}$로, 차원이 $n=\dfrac{LT^{-1}}{LT^{-1}}$이 되어 단위가 없다.

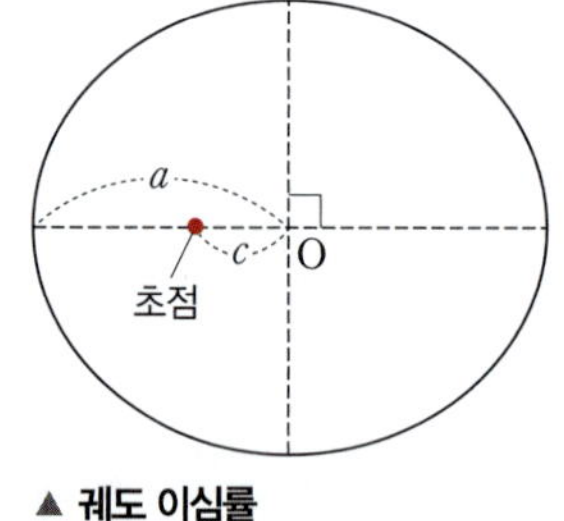

▲ 궤도 이심률

분율로 나타내는 경우

질량 퍼센트 농도에 사용되는 기호인 %(퍼센트)는 $\dfrac{1}{100}$을 의미하는 것으로, 단위가 아닌 수를 의미한다.

따라서 % 기호를 사용할 때는 물리량의 값에 100을 곱한다는 조건이 더해진다. 이처럼 수를 나타내는 기호는 다음과 같다.

기호	%(퍼센트)	‰(퍼밀)	ppm(피피엠)
의미	$\dfrac{1}{100}$	$\dfrac{1}{1000}$	$\dfrac{1}{10^6}$

📍 **평면각의 단위(radian)**

평면각을 나타내는 단위로 rad(라디안)이 있다. 평면각은 원호의 길이 s를 반지름 r로 나눈 값으로 무차원량이다. $s=r$일 때의 평면각인 1 rad은 숫자 1을 의미한다. 일반적으로 각도를 나타낼 때 사용하는 기호 °는 $360°=2\pi$ rad의 관계로 구하므로, 이것 역시 무차원의 단위이다.

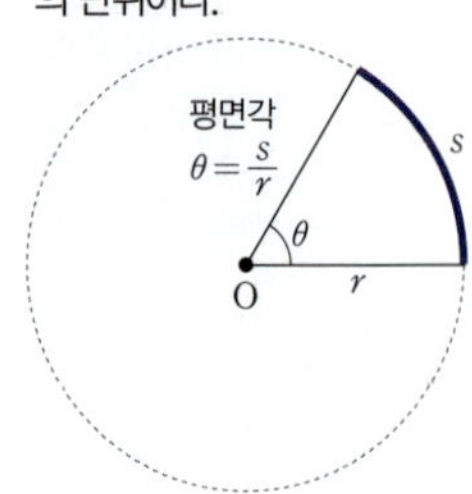

교과서 속 START 내신 완성 문제

01 다음은 자연 세계의 규모에 대한 설명이다. (   ) 안에 들어갈 알맞은 말을 고르시오.

> 자연 현상을 탐구할 때에는 측정 대상의 규모를 고려해야 한다. 원자의 운동과 태양계 행성의 운동은 설명하는 방식이 ㉠ (같으며, 다르며), 규모에 따라 관찰하거나 측정하는 방법이 ㉡ (같다, 다르다).

02 길이 측정의 현대적 방법에 대한 설명으로 옳은 것만을 보기에서 있는 대로 고른 것은?

> 보기
> ㄱ. 미시 세계와 거시 세계에서 길이를 측정하는 도구는 다르다.
> ㄴ. 길이를 정밀하게 측정하기 위해 빛을 이용하기도 한다.
> ㄷ. 현대에는 측정할 수 있는 길이 규모가 점점 더 다양해지고 있다.

① ㄱ   ② ㄴ   ③ ㄷ
④ ㄴ, ㄷ   ⑤ ㄱ, ㄴ, ㄷ

03 그림은 스마트폰의 지도 앱을 사용하여 길을 찾는 모습을 나타낸 것이다.
이에 대한 설명으로 옳은 것만을 보기에서 있는 대로 고른 것은?

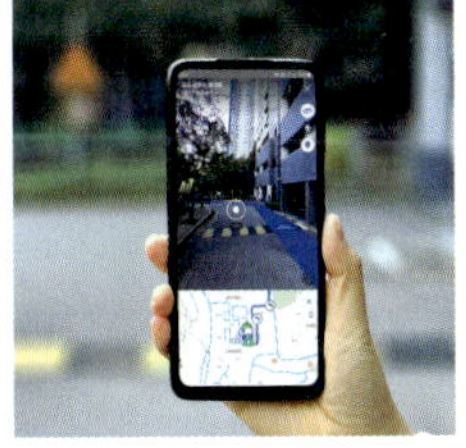

> 보기
> ㄱ. 위성 위치 확인 시스템(GPS)을 이용한다.
> ㄴ. 한 개의 인공위성에서 오는 신호를 받아 위치를 측정한다.
> ㄷ. 시간 측정 기술과는 관계가 없다.

① ㄱ   ② ㄴ   ③ ㄱ, ㄷ
④ ㄴ, ㄷ   ⑤ ㄱ, ㄴ, ㄷ

04 다음은 지구에서 달까지의 거리를 측정하는 방법에 대한 설명이다.

> 달 표면에는 5개의 거울이 설치되어 있다. 지구에서 달까지의 거리를 측정하기 위해 지구에서 이 거울을 향해 강한 레이저 빛을 쏜다. 그리고 달 표면의 거울에서 반사된 빛을 지구에서 매우 민감한 광 검출기로 포착하여 레이저 빛의 ㉠ (   )을/를 측정하고, 이를 이용해 지구와 달 사이의 거리를 구한다.

이에 대한 설명으로 옳은 것만을 보기에서 있는 대로 고른 것은?

> 보기
> ㄱ. ㉠은 '왕복 시간'이다.
> ㄴ. 빛의 속력이 일정한 성질을 이용한다.
> ㄷ. ㉠을 정밀하게 측정할수록 지구에서 달까지의 거리를 정밀하게 측정할 수 있다.

① ㄱ   ② ㄴ   ③ ㄱ, ㄷ
④ ㄴ, ㄷ   ⑤ ㄱ, ㄴ, ㄷ

05 (서술형) 그림 (가)와 (나)는 시간을 측정하는 도구를 나타낸 것이다.

(가) 수정 시계: 전압을 가했을 때 32768 Hz로 일정하게 진동하는 수정 발진기를 이용해 시간을 측정한다.

(나) 세슘 원자시계: 세슘−133 원자에서 방출되는 특정한 빛의 진동수가 9 192 631 770 Hz인 것을 이용해 시간을 측정한다.

(가)보다 (나)가 시간을 더 정밀하게 측정할 수 있는 까닭을 설명하시오.

06 단위에 대한 설명으로 옳지 <u>않은</u> 것은?

① 물리량의 값을 수치로 나타내기 위해 필요하다.
② 하나의 물리량의 값은 한 가지 단위로만 표현한다.
③ kg과 m는 모두 기본량을 나타내는 기본 단위이다.
④ 물리량의 크기에 따라 단위 앞에 접두어 기호를 함께 사용하기도 한다.
⑤ 새로운 물리량이 발견되면 그에 맞는 새로운 단위가 추가되기도 한다.

07 물리량의 종류와 단위를 짝 지은 것으로 옳지 <u>않은</u> 것은?

	물리량	종류	단위
①	길이	기본량	m
②	시간	기본량	s
③	부피	유도량	m^3
④	속력	유도량	m/s
⑤	온도	유도량	K

08 다음은 어떤 무선 이어폰의 제품 정보를 나타낸 것이다.
<서술형>

질량	5.6 g
배터리 용량	0.06 Ah
사용 시간	6시간
제품 크기	세로: 27.3 mm 가로: 16.5 mm 두께: 14.9 mm

이 제품 정보에 나타난 여러 가지 단위 중 유도량의 단위를 쓰고, 그 유도량이 어떤 기본량의 조합으로 이루어져 있는지 설명하시오.

09 측정과 어림에 대한 설명으로 옳은 것만을 보기에서 있는 대로 고른 것은?

보기
ㄱ. 측정과 어림은 과학 탐구에서만 활용된다.
ㄴ. 측정할 때에는 단위와 측정 도구가 필요하다.
ㄷ. 어림은 논리적인 추론으로 어떤 양의 정확한 값을 추정한다.

① ㄴ　　② ㄱ, ㄴ　　③ ㄱ, ㄷ
④ ㄴ, ㄷ　　⑤ ㄱ, ㄴ, ㄷ

10 다음은 어떤 측정 표준에 대한 설명이다.

( )은/는 단위의 측정 표준으로, 과학, 기술, 산업 무역 등 다양한 분야에서 통용되는 표준 단위 체계이다. 현재 대부분의 국가에서 채택하여 사용하고 있다.

( ) 안에 들어갈 알맞은 말을 쓰시오.

11 현재 사용되는 1초의 측정 표준으로 옳은 것만을 보기에서 고르시오.

보기
ㄱ. 세슘-133 원자에서 방출되는 특정한 파장의 빛이 9 192 631 770번 진동하는 데 걸리는 시간
ㄴ. 진공 중에서 빛이 299 792 458 m를 진행하는 데 걸리는 시간
ㄷ. 1년 동안의 하루 길이를 평균으로 계산한 '평균 태양일'을 86 400으로 나눈 값

12 그림은 몸의 일부분을 활용한 길이 단위인 큐빗을 나타낸 것이다. 1 큐빗은 팔꿈치에서부터 손가락 끝까지의 길이를 말한다. 이에 대한 설명으로 옳은 것만을 보기에서 있는 대로 고른 것은?

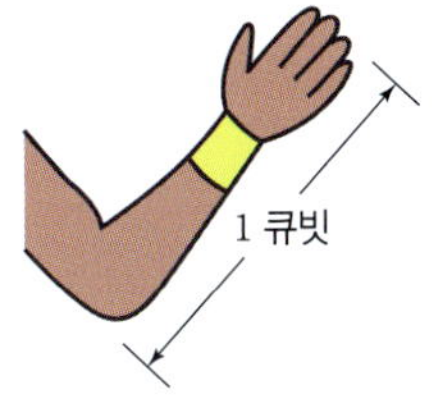

보기
ㄱ. 1 큐빗의 길이는 항상 일정하다.
ㄴ. 측정한 길이를 수치와 단위로 나타낼 수 있다.
ㄷ. 같은 물체의 길이를 측정해도 사람마다 측정값이 서로 다를 수 있다.

① ㄱ　　　　② ㄴ　　　　③ ㄱ, ㄷ
④ ㄴ, ㄷ　　　⑤ ㄱ, ㄴ, ㄷ

13 그림은 측정 표준의 활용에 대한 세 학생의 대화이다.

제시한 의견이 옳은 학생만을 있는 대로 고르시오.

14 측정 표준을 활용하는 사례와 거리가 가장 먼 것은?

① 미세먼지 농도를 측정한다.
② 환자의 체온, 혈압, 혈당 등을 측정한다.
③ 시간에 맞추어 수능 시험 시작 종을 울린다.
④ 만여 개의 부품을 조립하여 하나의 자동차를 만든다.
⑤ 눈으로 사과의 크기를 어림해 크기에 따라 상자에 담는다.

01 그림 (가)는 미시 세계에 속하는 수소 원자를 나타낸 것이고, 그림 (나)는 거시 세계에 속하는 태양계의 일부를 나타낸 것이다.

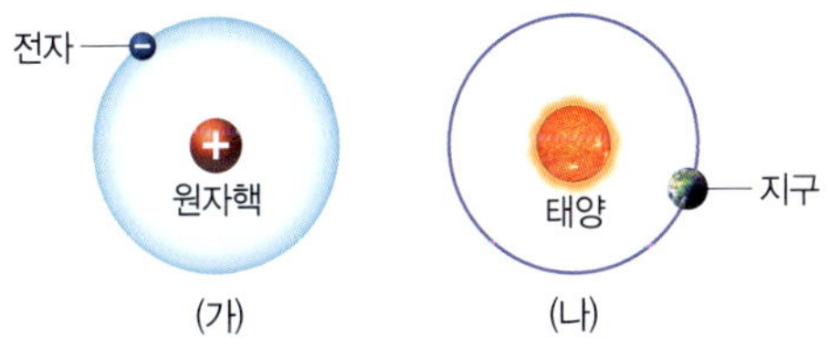

(가)와 (나)에서 물체의 크기에 따른 차이점에 대한 설명으로 옳은 것만을 보기에서 있는 대로 고른 것은?

보기
ㄱ. 물질을 이루는 입자가 다르다.
ㄴ. 관찰할 때 사용하는 도구가 다르다.
ㄷ. 크기를 나타낼 때 사용하는 단위가 다르다.
ㄹ. 물체의 운동을 설명하는 방식이 다르다.

① ㄱ　　　　　② ㄱ, ㄴ　　　　③ ㄷ, ㄹ
④ ㄱ, ㄴ, ㄷ　　⑤ ㄴ, ㄷ, ㄹ

02 그림 (가)와 (나)는 길이를 나타내는 1 m의 측정 표준 변화를 나타낸 것이다.
〔서술형〕

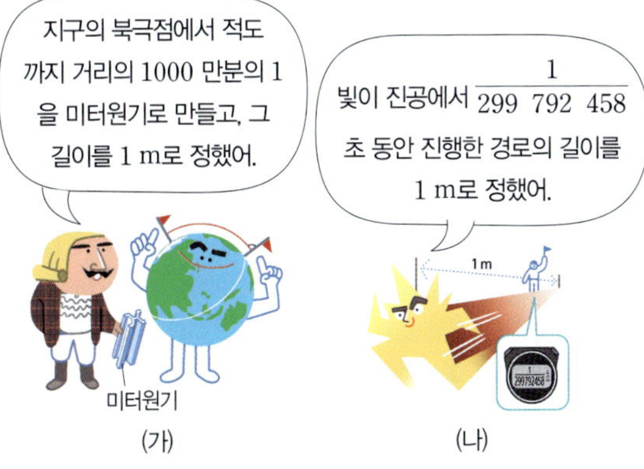

(가)에 비해 (나)에서 정한 1 m의 정의가 가진 장점을 한 가지 설명하시오.

O2 신호와 디지털 정보

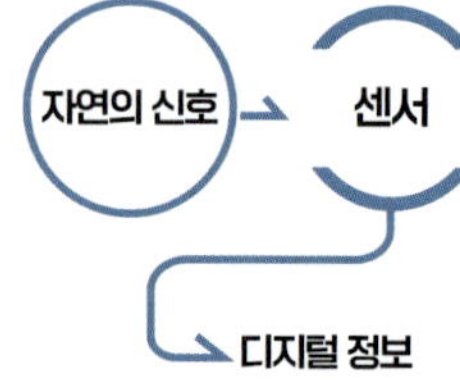

1 자연의 신호와 정보

과학자들은 우주에서 온 빛을 관측하여 우주의 생성 과정을 유추하기도 한다. 이렇게 우리는 자연에서 오는 다양한 신호를 측정하고 분석함으로써 여러 가지 정보를 얻는다.

1. 신호와 정보

(1) **신호**: 자연의 변화가 전달되는 것을 신호라고 한다.

① 자연에서 발생하는 신호는 빛, 소리, *지진파와 같은 파동부터 힘, 열, 압력 등 여러 가지 형태를 띠고 있다.

② 지구의 생물은 다양한 방법으로 신호를 주고받으며 살아가고, 우리는 수많은 신호를 다양한 도구나 사람의 감각 기관을 이용하여 관찰하고 측정한다.

(2) **정보**: 자연에서 발생한 신호를 측정하고 분석하여 우리에게 의미 있는 형태로 만든 것을 정보라고 한다.

(3) **자연의 신호로부터 얻는 정보의 예**

신호 태양에서 핵융합 반응을 하여 발생한 에너지가 빛의 형태로 지구에 도달한다.
▼
정보 태양에서 오는 빛을 측정하고 분석하여 태양의 온도, 구성 물질 등을 알 수 있다.

신호 돌고래가 낸 *초음파가 장애물이나 먹이에서 반사되어 되돌아온다.
▼
정보 돌고래는 반사되어 되돌아오는 초음파를 감지하여 먹이의 위치를 알아낸다.

신호 지층이 변형되고 끊어지면서 지진파가 발생하여 땅을 통해 전달된다.
▼
정보 지진파를 측정하고 분석하여 진원의 위치를 알아내거나, 지구 내부 구조를 추정한다.

신호 사람의 몸에서 열이 *적외선의 형태로 방출된다.
▼
정보 열화상 카메라로 적외선을 측정하고 분석하여 체온이 높은 사람을 확인한다.

신호 우주에서 발생한 에너지가 빛의 형태로 지구에 도달한다.
▼
정보 우주에서 오는 빛을 측정하고 분석하여 우주의 생성 과정을 알 수 있다.

(1) 아날로그와 디지털

아날로그	디지털
어떤 양을 연속적으로 변하는 값으로 표현하는 것을 말한다.	어떤 양을 최소 단위를 갖는 불연속적으로 변하는 값으로 표현하는 것을 말한다.

아날로그 속력계
바늘이 움직이는 형태의 속력계는 나타낼 수 있는 속력 값이 연속적이므로, 아날로그 방식이다.

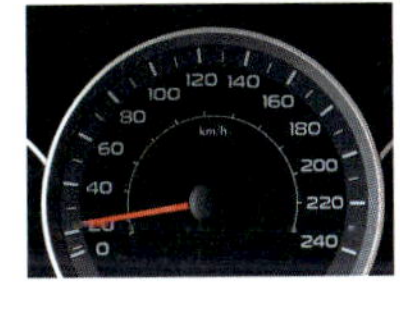

알코올 온도계
온도에 따라 알코올이 좁은 관을 따라 오르내리며 그 끝의 위치가 연속적으로 변하므로 아날로그 방식이다.

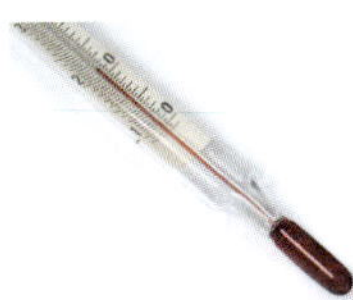

디지털 속력계
속력을 숫자를 써서 불연속적으로 나타내므로, 디지털 방식이다.

디지털 온도계
숫자로 온도를 나타내는 디지털 온도계는 온도 변화가 0.1 ℃ 이내여도 온도를 0.1 ℃ 단위로만 나타낼 수 있다.

(2) 아날로그 신호와 디지털 신호

① 아날로그 신호: 빛, 소리 등 자연에서 발생하는 대부분의 신호는 연속적으로 변하는 아날로그 신호이다.

장점	• 실제와 같은 자연스러운 표현이 가능하다. • 신호가 연속적인 값이므로 미세한 변화도 정확하게 표현할 수 있다.
단점	• 전송되거나 저장될 때 외부 요인에 의해 신호가 왜곡되기 쉽다. • 저장과 전송에 더 많은 용량이 필요하다.

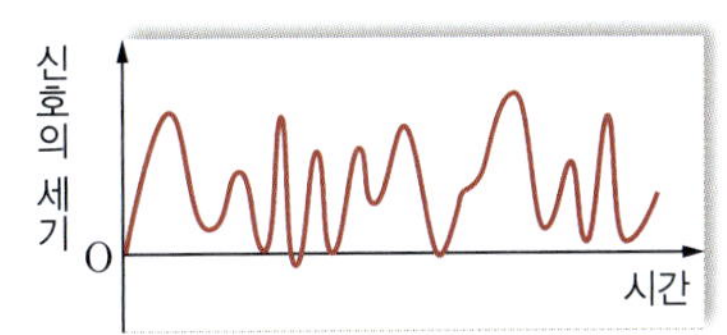

▲ **아날로그 신호** → 외부 잡음의 영향을 많이 받는다.

② 디지털 신호: 컴퓨터와 대부분의 통신에서 사용하는 신호는 0과 1의 이진수로 표시되는 디지털 신호이다.

장점	• 선명한 신호를 만들 수 있으므로 잡음의 영향이 적고 안정적인 전송이 가능하다. • 0과 1의 이진수로만 표현되므로 저장과 전송이 쉽고 빠르며, 정보를 압축할 수 있다.
단점	• 아날로그 신호를 디지털 신호로 변환하는 과정에서 정보의 손실이 있다. • 복제나 위조가 쉽다.

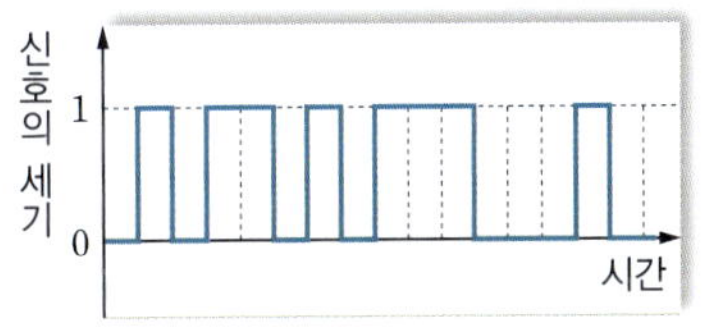

▲ **디지털 신호** → 외부 잡음의 영향을 거의 받지 않는다.

컴퓨터의 자료 표현
전류 흐름의 유무, 빛의 켜짐과 꺼짐, 스위치의 on·off 등과 같은 신호는 두 가지로 단순하다. 이러한 신호를 숫자에 대응시키는 가장 편리한 방법은 신호의 이진수화이다.

용어

***아날로그(analogue)**
비슷하다는 뜻을 가진 'analogous'에서 생긴 말로, 자연 현상과 비슷하게 어떤 양을 연속적인 값으로 표현하는 것을 말한다.

***디지털(digital)**
손가락이라는 뜻을 가진 'digit'에서 생긴 말로, 어떤 양을 숫자를 세는 것처럼 불연속적인 값으로 표현하는 것을 말한다.

중요 개념 체크

정답과 해설 4쪽

1. 자연의 변화가 전달되는 것을 ㉠ (　　　)(이)라 하며, 이것을 측정하고 분석하여 우리에게 의미 있는 형태로 만든 것을 ㉡ (　　　)(이)라고 한다.

2. 아날로그 신호에 대한 설명에는 '아', 디지털 신호에 대한 설명에는 '디'를 쓰시오.

　(1) 연속적으로 변하는 값을 가지는 신호이다. ——————————— (　　　)

　(2) 컴퓨터와 대부분의 통신에서 사용하는 신호이다. ——————— (　　　)

2 센서

사람이 눈, 귀, 피부, 코, 혀 등의 감각 기관을 통해 자연에서 발생하는 수많은 신호를 감지하고 인식하는 것처럼, 스마트폰과 같은 디지털 기기는 센서를 통해 자연의 신호를 감지한다.

1. 센서

센서는 자연의 신호를 받아들여 전기 신호로 변환하는 장치를 말한다. 센서를 통해 빛, 온도, 습도 등 아날로그 형태의 자연의 신호가 전기 신호로 바뀌어 디지털 정보가 된다.

(1) 센서에서 자연의 신호가 변환되는 과정

① 센서는 주변 환경에서 빛, 온도, 습도, 운동, 압력 등과 같은 신호를 받아들인다.

② 이 신호는 센서에서 직접 디지털 신호로 출력되거나, 아날로그 전기 신호로 출력된 후 반도체 회로에서 디지털 신호로 변환되어 출력된다.

③ 출력된 디지털 신호는 컴퓨터, 스마트폰과 같은 디지털 기기에서 저장, 분석, 전송된다.

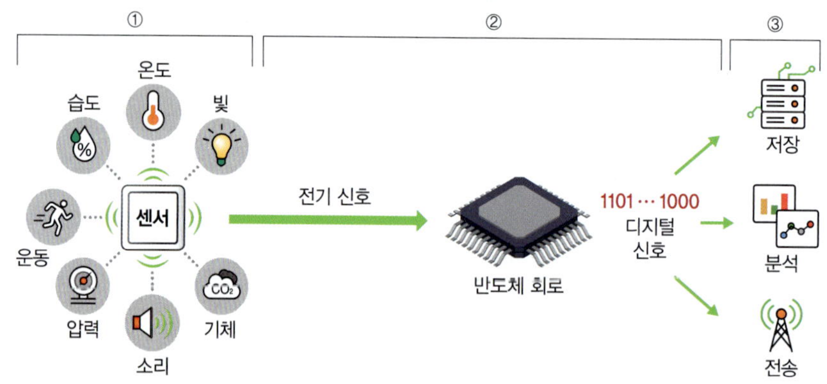

▲ 센서에서 자연의 신호가 디지털 정보가 되는 과정

2. 센서의 종류와 활용 탐구 25쪽

센서는 감지하는 신호의 종류에 따라 여러 가지 종류가 있다.

(1) **광센서**: 빛을 인식하거나 빛의 세기를 감지하여 전기 신호로 변환하는 센서로, 인간의 눈과 비슷한 역할을 한다. **활용** 광 마우스, 스캐너, 디지털카메라, 바코드 스캐너 등

(2) **소리 센서**: 소리(음파)를 감지하여 전기 신호로 변환하는 센서로, 인간의 귀와 비슷한 역할을 한다. **활용** 마이크로폰, 초음파 진단기, 물고기 떼를 찾거나 수심을 측정하는 음파 탐지기 등

(3) **압력 센서**: 외부에서 가하는 압력을 감지하여 전기 신호로 변환하는 센서이다. 인간이 피부로 압력을 느끼는 것처럼 압력을 감지한다. **활용** 터치스크린, 스타일러스 펜, 전자저울 등

(4) **온도 센서**: 물체의 온도를 감지하여 전기 신호로 변환하는 센서이다. 인간이 피부로 열을 느끼는 것처럼 온도를 감지한다. **활용** 에어컨, 전기밥솥, 보일러 등의 온도계

(5) **가스 센서(화학 센서)**: 공기 중의 특정한 기체 물질을 감지하여 전기 신호로 변환하는 센서로, 인간의 코와 비슷한 역할을 한다. **활용** 가스 누설 경보기, 음주 측정기, 화재경보기 등

전하 결합 소자(CCD)

빛을 전기 신호로 변환하는 광센서 중 하나로, 디지털카메라에 주로 이용된다. 전하 결합 소자(CCD)는 아주 작은 화소들로 구성되어 있는데, 각 화소에서 빛을 전기 신호로 변환하고, 이들이 모여 전체 이미지 정보를 얻는다.

⑹ *이온 센서(화학 센서): 용액에 존재하는 특정한 이온을 감지하여 전기 신호로 변환하는 센서로, 인간의 혀와 비슷한 역할을 한다. **활용** 염도 측정기, 산·염기 측정기 등

⑺ 가속도 센서: 물체의 운동 변화를 감지하여 전기 신호로 변환하는 센서로, 물체의 가속도나 충격, 수평 상태 등을 측정한다. **활용** 스마트폰, 자동차의 에어백 등

광센서
바코드 스캐너는 광센서를 이용해 바코드를 인식한다.

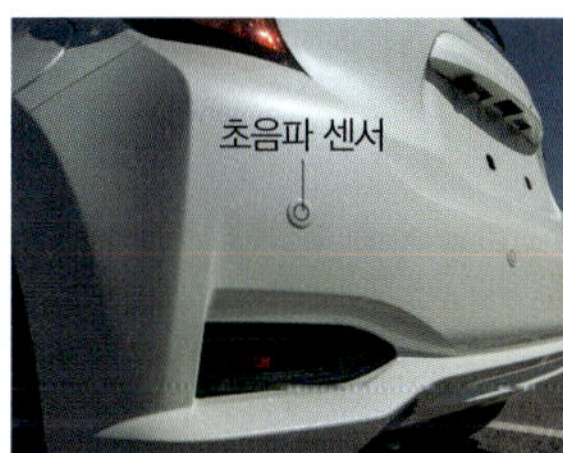

소리 센서
자동차는 초음파를 감지하는 센서를 이용해 장애물까지의 거리를 측정한다.

압력 센서
스타일러스 펜은 압력 센서를 이용해 필압을 인식한다.

온도 센서
요리용 온도계는 온도 센서를 이용해 음식의 온도를 측정한다.

가스 센서
가스 누설 경보기의 가스 센서가 누출된 가스를 감지하면 경보를 울린다.

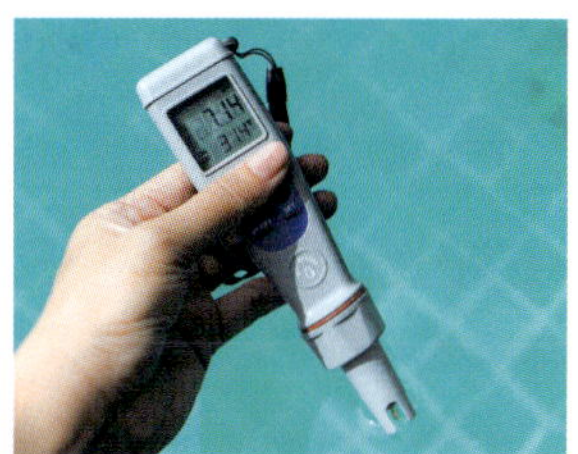

이온 센서
산·염기 측정기는 이온 센서를 이용해 물속 수소 이온 농도를 측정한다.

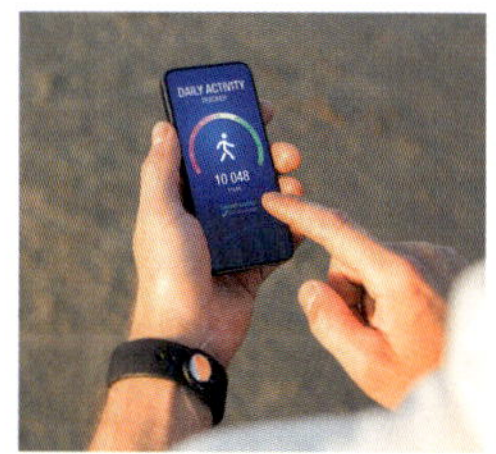

가속도 센서
스마트폰은 가속도 센서를 이용해 걸음 수를 측정한다.

▲ 여러 가지 센서의 활용

바코드 스캐너의 원리

바코드 스캐너에는 빛을 쏘는 부분과 반사되어 오는 빛을 감지하는 광센서가 있다. 바코드에 빛을 쏘면 검은 막대 부분은 빛을 흡수하고 흰 부분은 빛을 반사하는데, 광센서로 이 빛을 감지하여 0과 1의 디지털 신호를 얻어 바코드의 정보를 읽는다.

 자료 분석 ➕ 인간의 감각 기관과 센서의 대응 관계

인간의 감각 기관			센서
감각	감각 기관	자극	
시각	눈	빛	광센서
청각	귀	소리	소리 센서
촉각	피부	압력, 열	압력 센서, 온도 센서
후각	코	기체 화학 물질	가스 센서
미각	혀	액체 화학 물질	이온 센서

✔ 중요 개념 체크

정답과 해설 4쪽

3. 센서는 자연의 신호를 (   )(으)로 변환하는 장치이다.

4. 센서와 해당 센서를 활용하는 기기로 알맞은 것끼리 선으로 연결하시오.

⑴ 광센서 • • ㄱ. 터치스크린

⑵ 압력 센서 • • ㄴ. 디지털카메라

⑶ 온도 센서 • • ㄷ. 전기밥솥

용어

***이온(ion)**
원자가 전자를 잃거나 얻어서 전하를 띤 입자이다.

3 디지털 정보와 현대 문명

스마트폰은 음성을 디지털 신호로 변환하여 멀리까지 전송하고, 물체에서 반사된 빛 신호를 디지털 정보로 변환해 이미지를 저장한다. 이처럼 자연의 신호를 디지털 정보로 변환하는 기술은 일상생활뿐만 아니라 과학, 산업 등 다양한 분야에서 유용하게 활용되고 있다.

1. 정보를 디지털로 변환하는 기술이 현대 사회에 준 영향

(1) 디지털 정보는 컴퓨터와 같은 다양한 전자 기기에서 손쉽게 저장, 분석, 편집할 수 있어서, 매우 빠르게 정보를 처리할 수 있게 되었다.

(2) 디지털 정보는 전송하기 쉽기 때문에 정보를 주고받으며 소통하는 정보 통신에 활용된다. 특히 현대에는 인터넷을 통해 사람들이 시간과 공간의 제약 없이 빠르게 디지털 정보를 공유할 수 있게 되었다.

(3) 대량의 정보를 원본과 동일하게 복제하고 전송할 수 있어, 저작권 침해, 개인 정보 유출 등의 문제가 생기기도 한다.

2. 디지털 정보의 활용

디지털 정보는 일상생활, 교육, 의료 등 사회의 여러 분야에서 유용하게 활용되어 현대 문명을 변화시키고 있다.

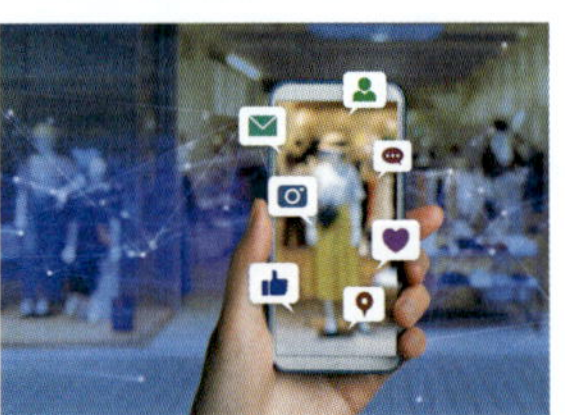

▲ **사회 관계망 서비스** 사진, 영상 등의 디지털 정보를 여러 사람과 공유할 수 있다.

▲ **온라인 교육** 영상, 소리 등의 디지털 정보를 통해 시간과 장소에 상관없이 교육을 받을 수 있다.

▲ **전자 상거래** 디지털 형태의 상품 정보를 통해 상점에 가지 않고도 원하는 물건을 구입할 수 있다.

▲ **문화 콘텐츠** 디지털 정보는 편집이 쉬워 콘텐츠를 쉽게 만들고 공유할 수 있다.

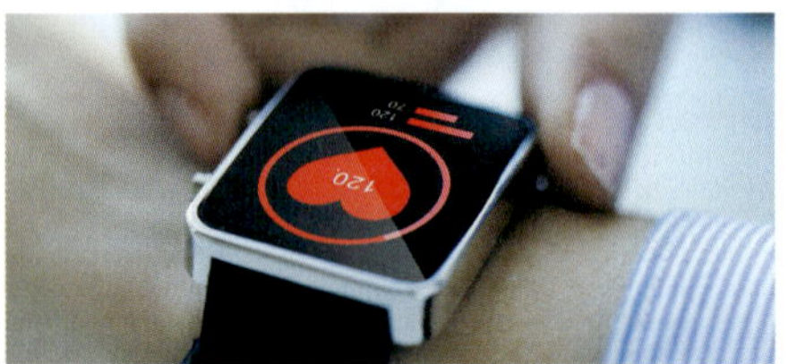

▲ **의료** 질병 진단의 속도와 정확도를 높이고, 웨어러블 기기를 통해 실시간으로 심박수 변화, 수면 상태 등을 모니터링 할 수 있다.

✔ 중요 개념 체크

정답과 해설 4쪽

5. 현대의 정보 통신에는 정보를 (아날로그, 디지털)로 변환하는 기술이 활용된다.

6. 디지털 정보를 활용하는 사례로 옳은 것은 ○, 옳지 <u>않은</u> 것은 ×로 표시하시오.

(1) 사회 관계망 서비스를 통해 사진, 영상 등을 여러 사람과 공유할 수 있다. ──────── (   )

(2) 시간과 장소에 상관없이 원격 교육을 받을 수 있다. ──────── (   )

(3) 상점에서 물건을 직접 보며 구입할 수 있다. ──────── (   )

---

b(비트)와 B(바이트)

디지털 신호는 두 가지 정보 상태를 0 또는 1로 표시하는데, 이런 정보의 최소 단위를 비트(bit)라고 하며 binary digit의 약자이다. 예를 들어 4 b(비트)를 사용하면 $2^4 = 16$개의 정보를 나타낼 수 있다. 컴퓨터는 보통 8개의 비트가 모인 B(바이트)를 문자 표현의 최소 단위로 하여 정보를 처리한다. 즉, 1 B = 8 b로, $2^8 = 256$개의 정보를 표시할 수 있다.

스마트 기기로 기본량을 측정하고 분석하기

목표 | 스마트 기기로 여러 가지 기본량을 측정하고 분석할 수 있다.

탐구 영상

과정

❶ 레이저 거리 측정기를 이용해 교실의 가로, 세로 길이를 측정하고, 교실의 넓이를 구한다.

❷ 모둠별로 교실에서 온도를 측정할 위치를 두세 군데 정하고, 온도 센서를 이용해 각 위치별 온도를 측정한다.

❸ 온도 측정 자료를 분석하여 알게 된 내용을 쓴다.

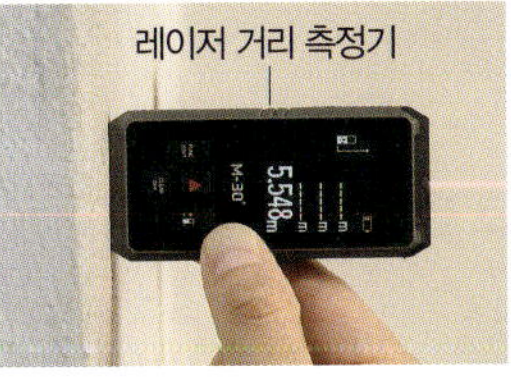

▲ 레이저 거리 측정기를 이용한 길이 측정

📍 스마트 기기로 기본량을 측정하는 여러 가지 예
• 디지털 지도를 이용해 운동장 길이를 측정한다.

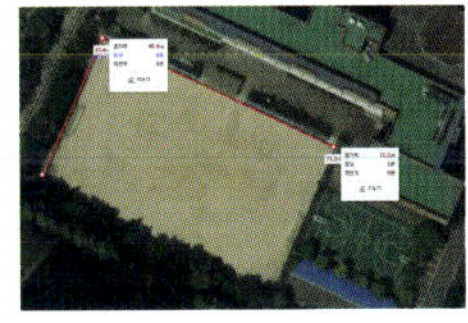

• 스마트폰의 경사계 앱을 이용해 학교 건물의 높이를 측정한다.

결과

1. 레이저 거리 측정기를 이용해 계산한 교실의 넓이

교실의 가로 길이(m)	교실의 세로 길이(m)	교실의 넓이(m²)
9.0	7.4	66.6

2. 온도 센서를 이용해 측정한 교실의 위치별 온도

창가 쪽(℃)	복도 쪽(℃)	알게 된 내용
15	12	창가 쪽의 온도가 복도 쪽 온도보다 높은 것으로 보아 햇빛이 주변 온도를 높이는 효과가 있음을 알 수 있다.

정리

• 기본량을 측정할 때 사용한 센서와 신호 및 신호로부터 얻은 정보

구분	레이저 거리 측정기	온도 센서
측정한 기본량	길이	온도
사용한 센서	광센서	온도 센서
센서에서 받아들인 신호	빛	온도
신호로부터 얻는 정보	교실의 넓이	햇빛이 주변 온도를 높이는 효과가 있다.

정답과 해설 4쪽

탐구 확인 문제

01 그림은 레이저 거리 측정기를 이용해 거리를 측정하는 모습을 나타낸 것이다. 이 장치에서 사용하는 센서와 그 센서가 감지하는 신호를 쓰시오.

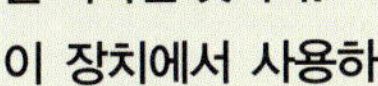

02 센서와 그 이용에 대한 설명으로 옳은 것만을 보기에서 있는 대로 고르시오.

보기
ㄱ. 가속도 센서로 스마트폰의 움직임을 감지한다.
ㄴ. 자동차는 초음파 센서를 이용해 차간 거리를 측정한다.
ㄷ. 적외선을 감지하는 광센서를 이용해 접촉하지 않고 물체의 온도를 측정한다.

아날로그 신호의 디지털 신호 변환

오늘날 자연의 신호를 컴퓨터로 분석하고 정보를 저장할 수 있게 된 것은 자연의 아날로그 신호를 디지털 신호로 변환하는 기술 덕분이다. 연속적인 값으로 표현하는 아날로그 신호를 불연속적인 값으로 표현하는 디지털 신호로 변환하는 방법을 알게 되면, 변환 과정에서 정보가 손실되는 까닭을 알 수 있다.

1 아날로그 신호를 디지털 신호로 변환하는 방법

아날로그 신호는 시간에 따라 연속적으로 변하는 값을 가지지만, 디지털 신호는 일정한 시간 간격으로 값을 측정하여 불연속적인 값으로 표현한다. 아날로그 신호를 디지털 신호로 변환할 때는 다음의 세 단계를 거친다.

(1) 표본화: 아날로그 신호를 일정한 시간 간격으로 나누어 각 구간의 값을 구한다.

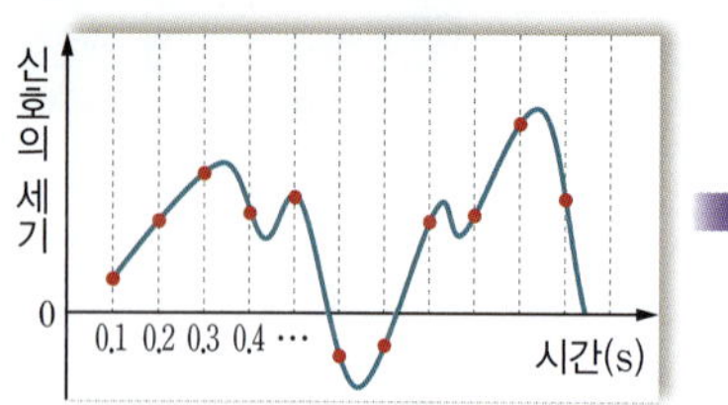 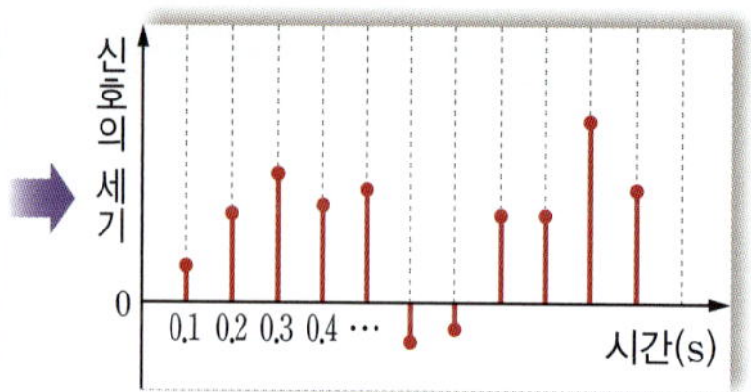

자르는 시간 간격이 촘촘할수록 원래의 아날로그 신호에 가까워진다.

(2) 양자화: 각 구간의 신호의 세기를 가까운 정수값으로 변환한다.

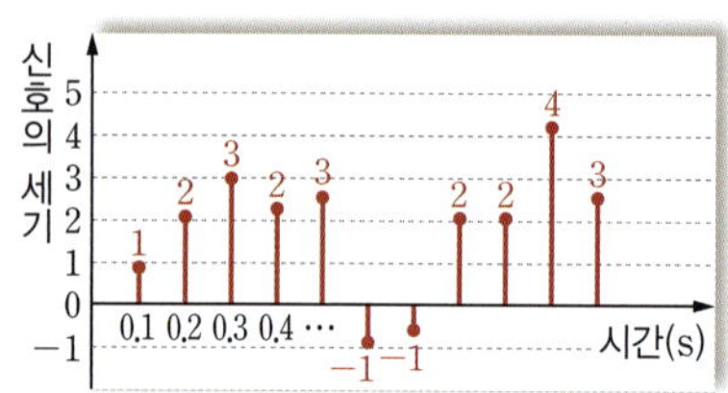

연속적인 아날로그 신호 값을 일정한 간격으로 잘라 데이터의 양이 줄어든다.

(3) 이진수로 변환: 정수값을 0과 1의 이진수로 변환하여 저장하고 전송한다.

1	2	3	2	3	−1	−1	…
0001	0010	0011	0010	0011	−0001	−0001	…

이진수인 디지털 신호로 변환하면서 정보의 전송과 저장이 쉬워진다.

> **십진수 25를 이진수로 바꾸는 과정**
>
> ① 십진수 25를 몫이 1이 될 때까지 2로 계속 나눈다.
> ② 몫 1을 포함하여 아래에서부터 숫자를 읽는다.
>
> ```
> 2 ) 25
> 2 ) 12 … 1   ▲ 아래에서부터
> 2 )  6 … 0     읽어 줌.
> 2 )  3 … 0     11001
>      1 … 1
> ```
>
> → 십진수 25는 이진수로 11001이다.

2 아날로그 신호를 디지털 신호로 변환하면 정보의 일부가 손실되는 까닭

그림 (가)와 같이 파란 선의 연속적인 아날로그 신호를 디지털 신호로 변환할 때 신호의 시간 간격(x축)과 신호의 세기(y축)를 모두 일정한 간격으로 잘라 변환하므로, 디지털 신호는 빨간색 점과 같이 표현된다. 이 디지털 신호를 아날로그 신호로 재생하면 그림 (나)의 초록색 선처럼 표현된다. 원래의 아날로그 신호인 파란색 점선과 비교해 보면 정보가 왜곡되어 완벽하게 재생하지 못하는 것을 알 수 있다.

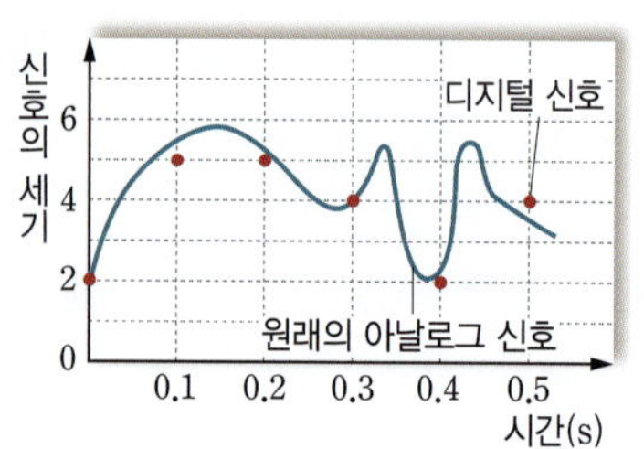

(가) 아날로그 신호를 디지털 신호로 변환

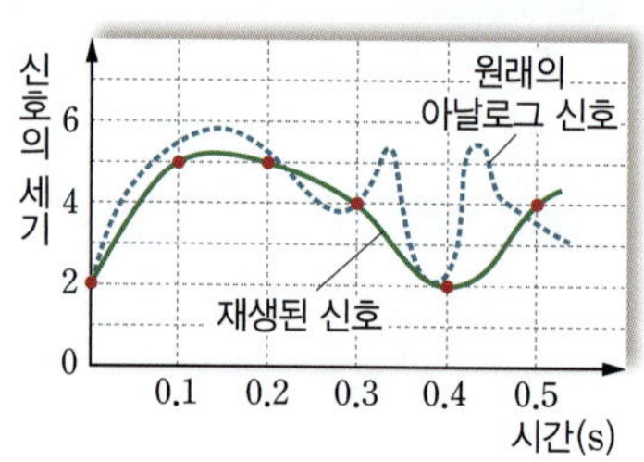

(나) 디지털 신호를 다시 아날로그 신호로 재생

> **스마트폰으로 소리를 녹음하고 들을 때 신호의 변환 과정**
>
> 소리 녹음
> (아날로그 신호 → 디지털 신호)
> ↓
> 디지털 신호 처리 및 압축
> ↓
> 소리 재생
> (디지털 신호 → 아날로그 신호)

교과서 속 START 내신 완성 문제

01 신호와 정보에 대한 설명으로 옳은 것만을 보기에서 있는 대로 고른 것은?

보기
ㄱ. 자연에서 변화가 생길 때 신호가 발생힌디.
ㄴ. 신호를 측정하고 분석하여 정보를 얻는다.
ㄷ. 센서를 이용하여 자연의 신호를 측정한다.

① ㄱ　　② ㄴ　　③ ㄱ, ㄷ
④ ㄴ, ㄷ　　⑤ ㄱ, ㄴ, ㄷ

02 신호와 정보를 구분한 것으로 옳지 않은 것은? (단, 신호는 밑줄로, 정보는 사각형으로 표시한다.)
① 지진파를 분석해 진원의 위치를 찾는다.
② 태양 빛을 측정하여 태양의 온도를 알 수 있다.
③ 사람의 체온을 측정하여 몸의 이상을 알 수 있다.
④ 미어캣은 위험을 인지하면 소리를 내어 동료에게 알린다.
⑤ 돌고래는 초음파를 내어 반사되는 메아리로 먹이의 위치를 찾는다.

03 그림 (가)와 (나)는 자연의 신호를 측정하는 모습을 나타낸 것이다.

(가)　　　　　(나)

(가)와 (나)에서 측정하는 신호와 이로부터 얻는 정보를 옳게 짝 지은 것은? (답 2개)

	신호	정보
① (가)	전기장	전류의 세기
② (가)	자기장	지구 자전 속도
③ (가)	자기장	북쪽 방향
④ (나)	수증기량	습도
⑤ (나)	풍속	날씨

04 디지털 방식의 장치가 <u>아닌</u> 것은?

05 그림은 봉수대에서 연기를 피워 소식을 전달하는 방법을 디지털 신호에 비유하여 나타낸 것이다.

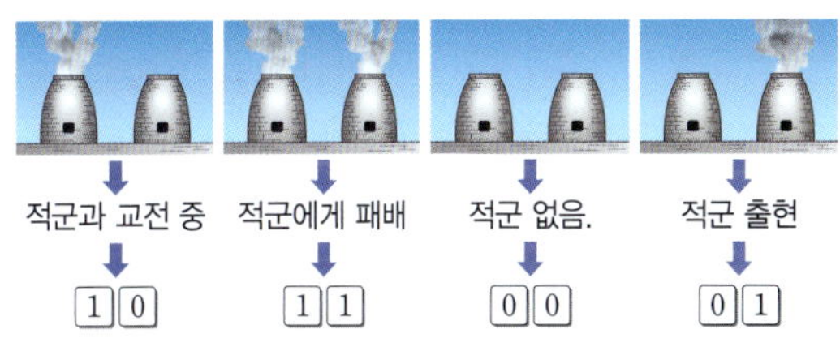

이 그림에서 알 수 있는 디지털 신호가 가진 장점에 대한 설명으로 옳은 것만을 보기에서 있는 대로 고른 것은?

보기
ㄱ. 정보를 손실 없이 보낼 수 있다.
ㄴ. 전송되는 과정에서 정보가 왜곡되지 않는다.
ㄷ. 미세한 변화도 정확하게 표현할 수 있다.

① ㄱ　　② ㄷ　　③ ㄱ, ㄴ
④ ㄴ, ㄷ　　⑤ ㄱ, ㄴ, ㄷ

06 그림은 센서에서 자연의 신호가 변환되는 과정을 나타낸 것이다.

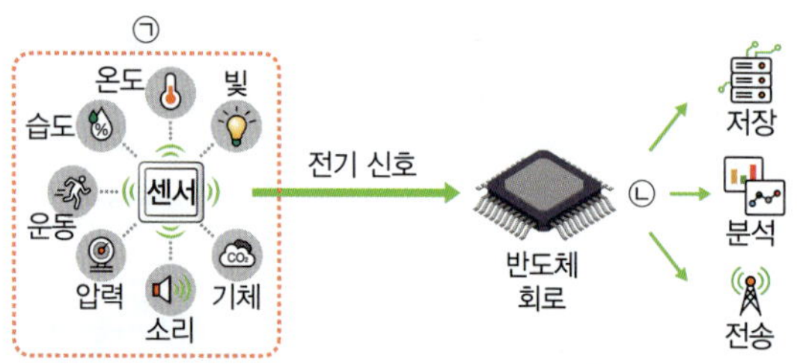

이에 대한 설명으로 옳은 것만을 보기에서 있는 대로 고른 것은?

보기
ㄱ. ㉠ 신호의 종류에 따라 여러 가지 센서가 있다.
ㄴ. ㉡은 아날로그 전기 신호이다.
ㄷ. ㉡ 신호는 정보의 저장과 전송이 편리하다.

① ㄱ   ② ㄴ   ③ ㄱ, ㄷ
④ ㄴ, ㄷ   ⑤ ㄱ, ㄴ, ㄷ

07 다음은 병원에서 태아의 건강 상태를 진단하는 방법에 대한 설명이다.

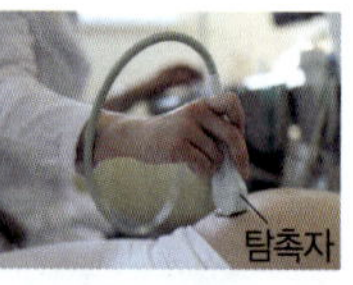

㉠ 초음파 기계의 탐촉자에서 발생한 초음파는 산모의 배를 통해 태아에게 전달된다. 태아의 몸에서 초음파가 반사되어 다시 탐촉자로 돌아오면, 이를 컴퓨터가 영상으로 나타내어 ㉡ 태아의 발달 상태를 확인한다.

이에 대한 설명으로 옳은 것만을 보기에서 있는 대로 고른 것은?

보기
ㄱ. ㉠에는 광센서가 있다.
ㄴ. ㉠은 컴퓨터로 전기 신호를 전달한다.
ㄷ. ㉡은 신호를 측정하고 분석하여 얻은 정보이다.

① ㄱ   ② ㄴ   ③ ㄱ, ㄷ
④ ㄴ, ㄷ   ⑤ ㄱ, ㄴ, ㄷ

08 사람의 감각과 그에 대응되는 센서를 이용한 장치를 짝 지은 것으로 옳은 것만을 보기에서 있는 대로 고른 것은?

보기
ㄱ. 후각 – 바코드 스캐너, 음주 측정기
ㄴ. 시각 – 디지털카메라, 어군 탐지기
ㄷ. 촉각 – 요리용 온도계, 스타일러스 펜

① ㄱ   ② ㄴ   ③ ㄷ
④ ㄴ, ㄷ   ⑤ ㄱ, ㄴ, ㄷ

09 그림은 디지털카메라를 이용해 물체의 사진을 찍고 저장하는 과정을 나타낸 것이다.

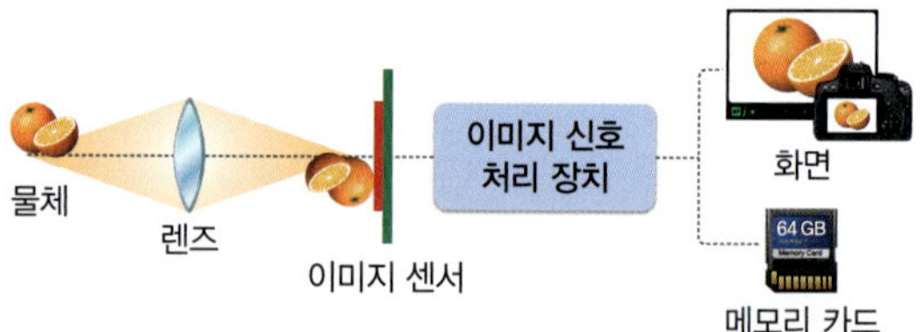

이에 대한 설명으로 옳은 것만을 보기에서 있는 대로 고른 것은?

보기
ㄱ. 물체에서 나온 빛은 아날로그 신호이다.
ㄴ. 렌즈에서 빛 신호가 전기 신호로 변환된다.
ㄷ. 메모리 카드에는 디지털 정보로 저장된다.

① ㄱ   ② ㄴ   ③ ㄱ, ㄷ
④ ㄴ, ㄷ   ⑤ ㄱ, ㄴ, ㄷ

10 아날로그 신호를 디지털 신호로 변환했을 때의 장점으로 옳지 <u>않은</u> 것은?

① 잡음에 덜 민감하다.
② 반영구적으로 보존이 가능하다.
③ 전송 과정에서 정보의 손실이 거의 없다.
④ 원래의 아날로그 정보를 완벽하게 재생할 수 있다.
⑤ 디지털 기기로 다양한 작업을 쉽게 처리할 수 있다.

11 다음은 대기 환경 정보가 일상생활에 이용되는 과정을 순서 없이 나열한 것이다. (서술형)

> (가) 대기 환경 정보를 참고해 마스크를 쓰고 학교에 등교한다.
> (나) 각 지역에서 미세먼지 농도를 센서로 측정한다.
> (다) 국가 관리 시스템을 활용하여 미세 먼지 농도 측정값을 수집한다.
> (라) 미세먼지 농도 측정 값을 분석하고 가공해 대기 환경 정보를 제공한다.

(1) (가)~(라)를 순서대로 나열하시오.

(2) 위와 같이 디지털 기술이 정보 통신에 활용되어 일상생활에 도움을 준 사례를 한 가지 설명하시오.

12 다음은 정보 통신 기술을 이용하는 모습에 대한 설명이다.

> ㉠ 스마트폰으로 사진을 찍고 사회 관계망 서비스에 올리면 ㉡ 전 세계 사람들과 사진을 공유할 수 있다. 또, ㉢ 대용량의 동영상도 언제 어디서나 실시간으로 시청할 수 있다.

이에 대한 설명으로 옳은 것만을 보기에서 있는 대로 고른 것은?

> **보기**
> ㄱ. ㉠에서 촬영한 사진은 아날로그 신호로 저장된다.
> ㄴ. ㉡이 가능한 까닭은 디지털 통신이 가능하기 때문이다.
> ㄷ. ㉢을 볼 수 있는 까닭은 디지털 정보 처리 기술이 발전하였기 때문이다.

① ㄱ
② ㄴ
③ ㄱ, ㄷ
④ ㄴ, ㄷ
⑤ ㄱ, ㄴ, ㄷ

01 그림 (가)와 (나)는 디지털 온도계와 아날로그 온도계의 온도가 변하는 모습을 순서 없이 나타낸 것이다. (서술형)

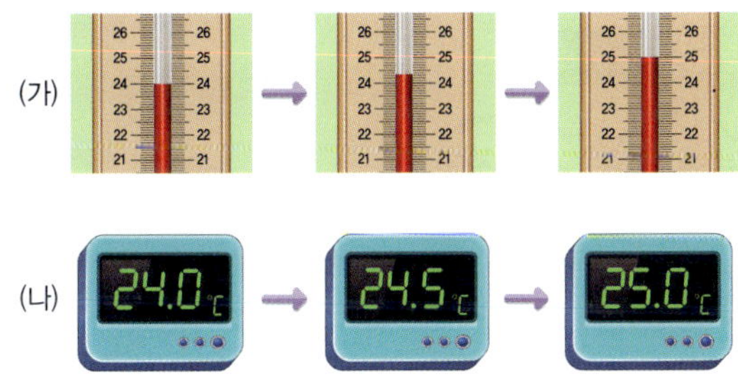

(1) (가)와 (나)는 각각 어떤 온도계인지 쓰고, 그 까닭을 설명하시오.

(2) 두 온도계의 온도 변화를 통해 디지털 온도계의 장점과 단점을 설명하시오.

02 다음은 신호와 정보에 대한 설명이다.

> 열화상 카메라를 이용해 인체에서 나오는 적외선을 분석하면 접촉하지 않아도 체온을 잴 수 있는 장점이 있다.

이에 대한 설명으로 옳은 것만을 보기에서 있는 대로 고른 것은?

> **보기**
> ㄱ. 열화상 카메라에는 광센서가 들어 있다.
> ㄴ. 인체에서 나오는 적외선은 디지털 신호이다.
> ㄷ. 열화상 카메라의 촬영 화면은 아날로그 신호로 저장된다.

① ㄱ
② ㄴ
③ ㄷ
④ ㄱ, ㄴ
⑤ ㄴ, ㄷ

 핵/심/정/리

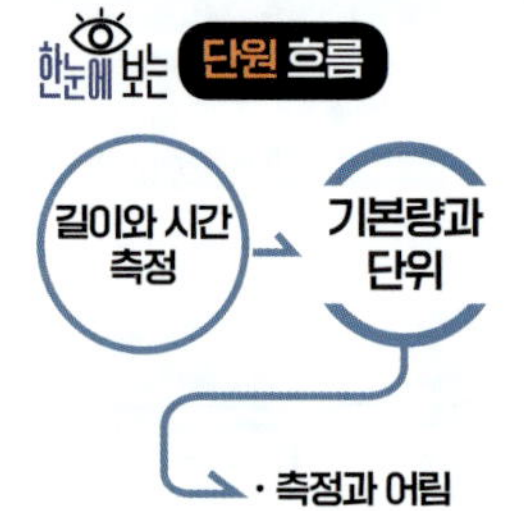

01 기본량과 측정

1. 길이와 시간

(1) 자연 세계의 규모

구분	(❶)	거시 세계
정의	원자핵, 원자, 분자와 같은 아주 작은 물체나 현상들의 규모	암석, 바다, 행성, 태양계 등 미시 세계보다 큰 물체나 현상들의 규모
관측 장비	전자 현미경, 입자 가속기 등	우주 망원경, 천체 망원경 등

(2) (❷   ): 자연 현상의 크기 범위

(3) 길이와 시간 측정 방법의 발전

길이 측정	시간 측정
과거에는 몸의 일부분, 일정한 길이의 막대나 자를 이용했고, 현대에는 빛 등을 이용해 길이를 정밀하게 측정한다.	과거에는 해시계, 수정 시계 등을 이용했고, 현대에는 세슘 원자시계 등을 이용하여 시간을 정밀하게 측정한다.

2. 기본량과 단위

(1) 물리량: 측정하여 그 값을 수로 나타낼 수 있는 양으로, 양의 값은 수와 (❸   )의 곱으로 나타낸다.

(2) (❹   ): 다른 물리량으로 정의할 수 없는 가장 기본이 되는 7개의 물리량

기본량	길이	질량	시간	온도	광도	전류	물질량
기본 단위	m(미터)	kg(킬로그램)	s(초)	K(켈빈)	cd(칸델라)	A(암페어)	mol(몰)

(3) 유도량: (❺   )을/를 조합해 유도하는 물리량

• 유도 단위: 7개의 기본 단위를 곱하거나 나누어서 나타낼 수 있다.

유도량의 예	부피 ▶ (길이)^3	농도 ▶ $\dfrac{질량}{질량}$	속력 ▶ $\dfrac{거리}{시간}$
유도 단위	m^3	단위가 없음	m/s

3. 측정과 측정 표준

(1) 측정과 어림

① 측정: 어떠한 양을 재어 수와 단위로 그 값을 나타내는 활동 ➡ 측정 단위와 측정 도구를 사용한다.

② (❻   ): 어떠한 양의 값을 추정하는 활동 ➡ 논리적인 추론으로 대략적인 값을 추정한다.

(2) (❼   ): 측정의 기준이 되는 기본 단위를 정의하고, 이를 재현하기 위해 사용되는 기준

① 단위의 정의: (❽   )의 정의가 국제 공통의 측정 표준으로 사용된다.

시간의 측정 표준	1 s: 세슘−133 원자에서 방출되는 빛이 9 192 631 770번 진동하는 데 걸리는 시간
길이의 측정 표준	1 m: 빛이 진공 중에서 $\dfrac{1}{299\ 792\ 458}$초 동안 진행한 경로의 길이

② 측정 표준의 활용: 측정 결과를 신뢰할 수 있어, 원활한 의사소통을 가능하게 하고 공정한 거래를 할 수 있다.

O2 신호와 디지털 정보

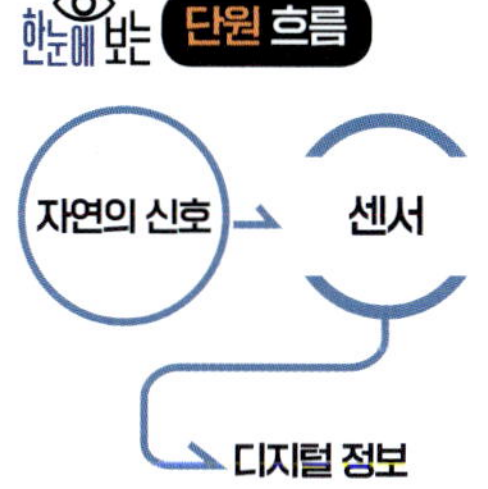

1. 자연의 신호와 정보

(1) 신호와 정보

① (**9**　　　): 자연의 변화가 전달되는 것 **예** 빛, 소리, 열, 압력, 지진파

② 정보: 신호를 측정하고 분석하여 우리에게 의미 있는 형태로 만든 것

　예 • 지진파를 측정하고 분석하여 지구 내부 구조를 추정한다.

　　• 사람의 몸에서 적외선 형태로 방출되는 열을 측정하고 분석하여 몸의 이상을 알아낸다.

(2) 아날로그 신호와 디지털 신호

구분	아날로그 신호	(**11**　　) 신호
정의	(**10**　　)(으)로 변하는 값으로 표현하는 신호	불연속적인 값으로 표현하는 신호
예	빛, 소리 등 자연에서 발생하는 대부분의 신호	컴퓨터와 대부분의 통신에서 사용하는 신호
장점	실제와 같은 자연스럽고 연속적인 표현이 가능하고, 미세한 변화도 정확하게 표현한다.	잡음의 영향이 적어 안정적인 전송이 가능하며, 저장과 전송이 쉽고 빠르고, 정보를 압축할 수 있다.
단점	변형되거나 훼손될 가능성이 있고 전송, 저장시 신호가 왜곡되기 쉽다.	디지털로 변환하는 과정에서 정보 손실이 있으며, 복제나 위조가 쉽다.

2. 센서

(1) 센서: 자연의 신호를 받아들여 (**12**　　) 신호로 변환하는 장치

① 자연의 아날로그 신호를 디지털 신호로 변환하여 출력한다.

② 출력된 디지털 신호는 디지털 기기에서 저장, 분석, 전송된다.

(2) 센서의 활용: 감지하는 신호의 종류에 따라 다양한 센서가 있다.

① 바코드 스캐너: 광센서를 이용해 바코드를 인식한다.

② 자동차: 초음파를 감지하는 센서를 이용해 장애물까지의 거리를 측정한다.

③ 스타일러스 펜: 압력 센서를 이용해 필압을 인식한다.

④ 가스 누설 경보기: 미세한 가스를 감지하는 가스 센서를 이용해 가스를 감지하면 경보를 울린다.

⑤ 산·염기 측정기: 이온 센서를 이용해 용액 속 수소 이온 농도를 측정한다.

3. 디지털 정보와 현대 문명

(1) 정보를 디지털로 변환하는 기술이 현대 사회에 준 영향

① 정보 처리 속도가 빨라졌다.

② 인터넷을 통해 사람들이 시간과 공간의 제약 없이 빠르게 디지털 정보를 공유할 수 있게 되었다.

③ 저작권 침해, 개인 정보 유출 등의 문제가 생기기도 한다.

(2) 디지털 정보의 활용: 정보를 주고받으며 소통하는 정보 통신에 디지털 정보가 활용된다.

① 사회 관계망 서비스: 사진, 영상 등의 디지털 정보를 여러 사람과 공유할 수 있다.

② 교육: 영상, 소리 등의 디지털 정보를 통해 온라인 교육을 받을 수 있다.

③ 전자 상거래: 디지털 형태의 상품 정보를 통해 상점에 가지 않고 인터넷을 통해 물건을 구입할 수 있다.

④ 문화: 디지털 정보는 편집하기 쉬워 콘텐츠를 쉽게 만들고 공유할 수 있다.

⑤ 의료: 질병 진단의 속도와 정확도가 높아진다.

수능 실전 2점

01 그림 (가)는 흑연 표면의 탄소 원자를 나타낸 것이고, 그림 (나)는 안드로메다 은하를 나타낸 것이다.

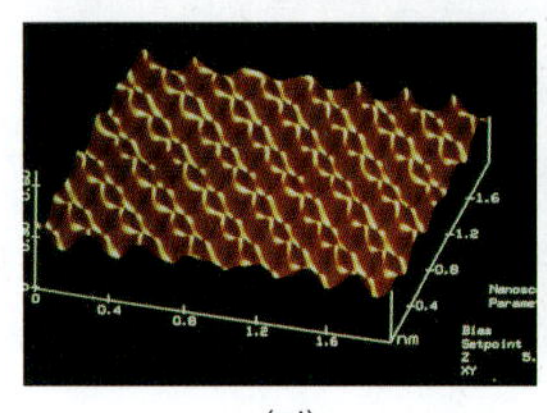

(가)

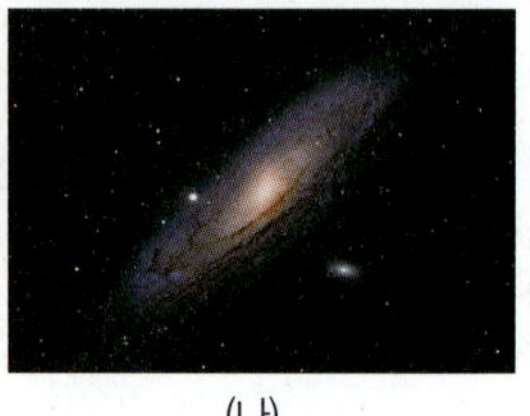

(나)

이에 대한 설명으로 옳은 것만을 보기에서 있는 대로 고른 것은?

보기
ㄱ. (가)와 (나)는 모두 거시 세계에 해당한다.
ㄴ. (가)와 (나)는 공간 규모가 서로 다르다.
ㄷ. (가)와 (나)는 같은 장비로 관측할 수 있다.

① ㄱ　　　　② ㄴ　　　　③ ㄱ, ㄷ
④ ㄴ, ㄷ　　　⑤ ㄱ, ㄴ, ㄷ

02 기본량에 대한 설명으로 옳은 것만을 보기에서 있는 대로 고른 것은?

보기
ㄱ. 다른 물리량을 조합하여 유도할 수 있다.
ㄴ. 기본량의 단위에 대한 정의는 변경될 수 있다.
ㄷ. 기본량의 단위는 여러 단위를 조합하여 나타낼 수 있다.

① ㄴ　　　　② ㄷ　　　　③ ㄱ, ㄴ
④ ㄱ, ㄷ　　　⑤ ㄴ, ㄷ

03 다음은 몇 가지 유도량의 단위를 나타낸 것이다.

- 부피: m^3　　　　• 속력: m/s
- 밀도: kg/m^3　　• 압력: $kg/m \cdot s^2$
- 농도: mol/m^3

위 유도량을 정의할 때 사용하지 <u>않은</u> 기본량은?

① 길이　　　　② 시간　　　　③ 질량
④ 온도　　　　⑤ 물질량

04 현재 국제단위계(SI)에서 사용하고 있는 길이의 단위에 대한 설명으로 옳은 것만을 보기에서 있는 대로 고른 것은?

보기
ㄱ. 1 m는 빛을 기준으로 정의한다.
ㄴ. 나라마다 1 m의 기준이 서로 다르다.
ㄷ. 1 m를 정확하게 정의하기 위해서는 1초의 정의가 명확해야 한다.

① ㄱ　　　　② ㄴ　　　　③ ㄷ
④ ㄱ, ㄴ　　　⑤ ㄱ, ㄷ

05 다음은 측정과 어림에 대한 설명이다.

㉠ (　　　)(이)란 측정 도구를 사용하여 어떤 대상의 물리량을 기준이 되는 양과 비교하여 수와 단위로 나타낸 것이며, ㉡ (　　　)은/는 측정 도구 없이 논리적인 추론으로 어떤 양의 대략적인 값을 추정하는 일을 말한다.

(　　) 안에 알맞은 말과 그 예시를 옳게 짝 지은 것은?

① ㉠ 어림, 친구와 비교해 키를 쟀다.
② ㉠ 측정, 자를 이용해 연필의 길이를 쟀다.
③ ㉠ 측정, 비커의 눈금 사이를 10 등분하여 물의 부피를 읽었다.
④ ㉡ 어림, 시약의 질량을 저울을 이용해 알아냈다.
⑤ ㉡ 측정, 암석의 밀도를 예상하여 측정 도구를 준비했다.

06 다음은 사라진 화성 기후 궤도선에 관한 설명이다.

> 1998년 12월 11일에 발사된 미국항공우주국의 화성 기후 궤도선은 화성 궤도로 진입을 시도하던 중 통신이 끊기고 사라졌다. 조사 결과 제조사는 ⊙ 파운드 단위를 사용해 궤도선의 데이터를 전달하고, 미국항공우주국의 엔지니어들은 이 수치를 ⓒ 킬로그램 단위로 이해하여 궤도선을 운용했던 것이 원인으로 밝혀졌다.

이에 대한 설명으로 옳은 것만을 보기에서 있는 대로 고른 것은?

보기
ㄱ. ⊙과 ⓒ은 모두 국제단위계의 질량 단위이다.
ㄴ. 측정 표준이 필요한 까닭을 보여 주는 사례이다.
ㄷ. 우주에서는 지구와는 다른 단위계를 사용해야 할 필요가 있다.

① ㄱ   ② ㄴ   ③ ㄷ
④ ㄴ, ㄷ   ⑤ ㄱ, ㄴ, ㄷ

빈출

07 측정 표준의 사례로 옳은 것만을 보기에서 있는 대로 고른 것은?

보기
ㄱ. 식품 속 첨가물, 잔류 농약 등이 포함된 양을 측정하는 데 측정 표준이 활용된다.
ㄴ. 수많은 부품들이 정확한 크기와 성능을 갖고 만들어져 하나의 자동차로 조립되기 위해서 측정 표준이 활용된다.
ㄷ. 전기, 가스 등의 사용량을 측정하는 장비를 주기적으로 교정할 때 측정 표준이 활용된다.
ㄹ. 태극기의 빨간색, 파란색의 정확한 색상표, 건곤감리의 크기 규격 등을 나타낼 때 측정 표준이 활용된다.

① ㄱ, ㄹ   ② ㄴ, ㄷ   ③ ㄱ, ㄴ, ㄷ
④ ㄴ, ㄷ, ㄹ   ⑤ ㄱ, ㄴ, ㄷ, ㄹ

08 그림 (가)는 마약 탐지견이 상자에 들어 있는 마약을 찾아낸 모습이고, 그림 (나)는 수의사가 청진기로 개를 진찰하는 모습을 나타낸 것이다.

 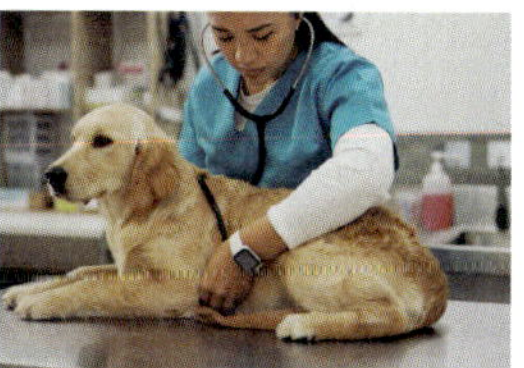

(가)   (나)

(가)와 (나)에서 이용하는 감각과 이와 비슷한 역할을 하는 센서를 이용한 예를 옳게 짝 지은 것은?

	(가)		(나)	
	감각	예	감각	예
①	후각	가스 누설 경보기	청각	음파 탐지기
②	후각	음주 측정기	청각	스타일러스 펜
③	후각	염도 측정기	촉각	스타일러스 펜
④	청각	스피드 건	촉각	온도계
⑤	청각	음파 탐지기	시각	바코드 스캐너

빈출

09 그림 (가)는 어떤 물체의 온도 변화를 전기 신호로 변환한 것이고, (나)는 (가)의 신호를 변환하여 나타낸 신호이다.

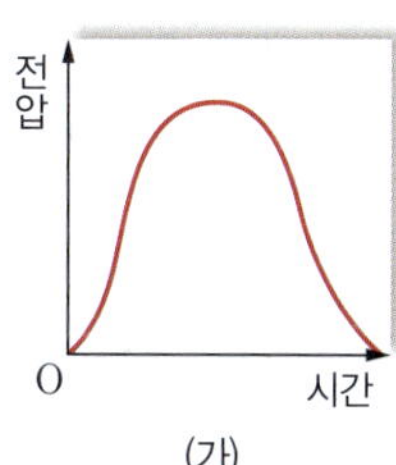 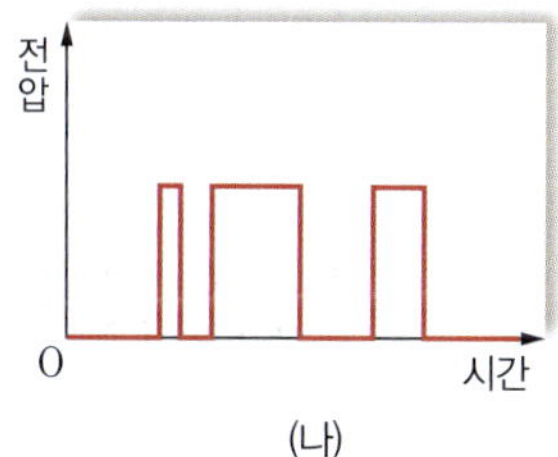

이에 대한 설명으로 옳은 것만을 보기에서 있는 대로 고른 것은?

보기
ㄱ. (가)는 아날로그 신호이다.
ㄴ. (나)는 전송 과정에서 신호가 왜곡되기 쉬운 단점이 있다.
ㄷ. (나) 신호를 (가) 신호로 완벽하게 복원할 수 있다.

① ㄱ   ② ㄷ   ③ ㄱ, ㄴ
④ ㄴ, ㄷ   ⑤ ㄱ, ㄴ, ㄷ

10 그림은 세슘 원자시계의 모습이다.

이에 대한 설명으로 옳은 것만을 보기에서 있는 대로 고른 것은?

보기
ㄱ. 지구의 자전을 기준으로 시간을 측정한다.
ㄴ. 시간을 정밀하게 측정하는 현대적 측정 방법이다.
ㄷ. 시간을 더 정밀하게 측정할 수 있는 도구로 수정 시계가 있다.

① ㄴ ② ㄷ ③ ㄱ, ㄴ
④ ㄴ, ㄷ ⑤ ㄱ, ㄴ, ㄷ

11 그림은 어떤 노트북의 상세 정보를 나타낸 것이다.

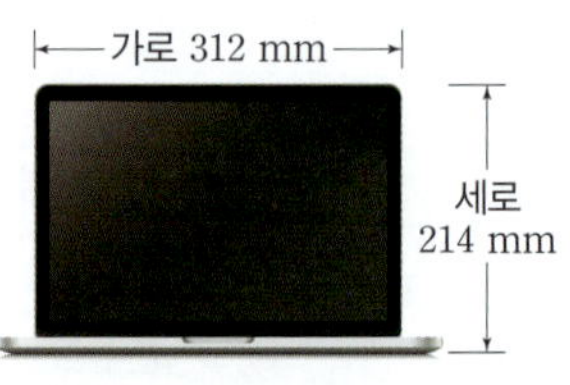

제품 상세 정보	
정격 전류	2 A
배터리 용량	6 Ah
최대 사용 시간	14시간 20분
중앙 처리 장치 [CPU] 온도	평균 43 ℃
질량	약 1.2 kg

가로 312 mm
세로 214 mm

이에 대한 설명으로 옳은 것만을 보기에서 있는 대로 고른 것은?

보기
ㄱ. 7개의 기본량이 표시되어 있다.
ㄴ. 2개의 유도량이 표시되어 있다.
ㄷ. 배터리 용량은 두 가지 기본량의 단위를 조합한 단위를 사용한다.

① ㄱ ② ㄷ ③ ㄱ, ㄴ
④ ㄴ, ㄷ ⑤ ㄱ, ㄴ, ㄷ

12 다음은 100 g의 물을 나누어 두 컵에 각각 50 g씩 담는 과정을 나타낸 것이다.

(가) 전자저울을 이용해 컵에 물 ㉠ 100 g을 담았다.
(나) 동일한 2개의 컵을 이용해 물의 높이를 비교하며 물을 50 g씩 나누었다.

이에 대한 설명으로 옳은 것만을 보기에서 있는 대로 고른 것은?

보기
ㄱ. ㉠ 값의 물리량은 유도량이다.
ㄴ. (가), (나)는 모두 측정 과정이다.
ㄷ. g은 다른 기본 단위를 조합하여 나타낼 수 없다.

① ㄱ ② ㄴ ③ ㄷ
④ ㄴ, ㄷ ⑤ ㄱ, ㄴ, ㄷ

13 다음은 아파트의 층간 소음 차단 성능을 검사하는 방법에 대한 설명이다.

아파트는 바닥이 층간 소음을 차단하는 성능이 일정 기준을 통과하도록 지어야 한다. 이때 그 성능을 검사하는 방법은 특정한 기계로 바닥에 충격을 가할 때 아래층의 정해진 위치에서 측정한 소리의 세기가 허용 기준을 넘는지 확인하는 방법으로 검사한다.

위와 관련된 측정 표준에 대한 설명으로 옳지 않은 것은?
① 측정 기기의 종류를 측정 표준으로 정한다.
② 소음의 세기의 단위를 측정 표준으로 정한다.
③ 소음을 측정하는 방법을 측정 표준으로 정한다.
④ 신뢰할 수 있는 소음 측정 결과를 얻기 위해 측정 표준을 활용한다.
⑤ 측정 표준을 활용하면 측정하는 사람에 따라 측정 결과가 달라진다.

14 다음은 수원 화성 봉돈의 신호 체계에 대한 설명이다.

평상시는 1개, 적군이 국경 근처에 나타나면 2개, 적군이 국경에 도착하면 3개, 적군이 국경을 침범하면 4개, 전투가 벌어지면 5개의 화두에 불을 피워 연기로 신호를 보냈다.

이에 대한 설명으로 옳은 것만을 보기에서 있는 대로 고른 것은?

보기
ㄱ. 연기가 나는 것과 나지 않는 것의 두 가지 신호를 조합하므로 디지털 신호에 비유할 수 있다.
ㄴ. 화두의 연기 양에 따라 신호가 달라질 수 있다.
ㄷ. 화두의 개수를 늘리면 더 많은 정보를 전달할 수 있다.

① ㄱ ② ㄴ ③ ㄱ, ㄷ
④ ㄴ, ㄷ ⑤ ㄱ, ㄴ, ㄷ

15 그림은 음악을 기록한 아날로그 신호를 디지털 신호로 변환한 후, 재생한 것을 나타낸 것이다.

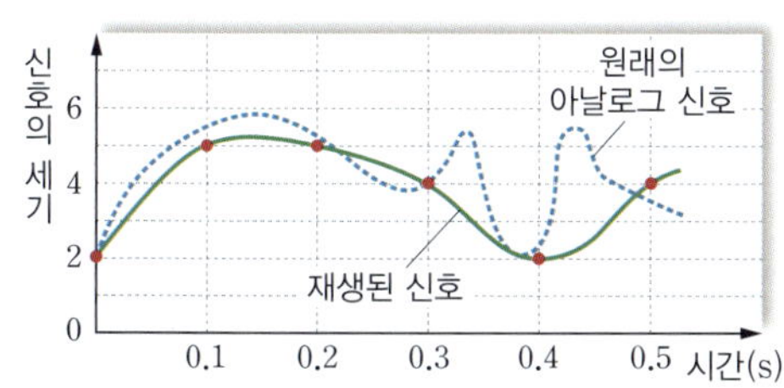

이에 대한 설명으로 옳은 것만을 보기에서 있는 대로 고른 것은?

보기
ㄱ. 디지털 신호는 연속적인 값으로 표현된다.
ㄴ. 빨간색 점은 디지털 신호이다.
ㄷ. 재생된 신호는 원래의 아날로그 신호를 완벽하게 재생하지 못한다.

① ㄱ ② ㄷ ③ ㄱ, ㄴ
④ ㄴ, ㄷ ⑤ ㄱ, ㄴ, ㄷ

16 다음은 과거부터 사용해 온 **1 m**의 정의를 시간 순서에 관계없이 나열한 것이다.

(가) 북극점에서 적도까지 거리의 1000 만분의 1

(나) 빛이 진공에서 $\dfrac{1}{299\ 792\ 458}$ 초 동안 진행한 길이

(다) 백금–이리듐 합금으로 된 미터원기의 길이

먼저 정해진 순서대로 옳게 나열한 것은?

① (가)–(나)–(다) ② (가)–(다)–(나)
③ (나)–(가)–(다) ④ (나)–(다)–(가)
⑤ (다)–(나)–(가)

17 다음은 스마트 시계로 심장 박동 수를 측정하는 과정에 대한 설명이다.

(가) 심장이 수축 및 이완할 때마다 혈관 내의 혈류량도 증가 및 감소를 반복한다.
(나) 혈관에 초록색 빛을 쪼이면 빛의 일부가 적혈구에서 흡수된다.
(다) 혈류량이 많아지면 빛이 닿는 적혈구의 양도 많아지므로, 반사된 빛의 세기는 ㉠ (　　　).
(라) 반사된 빛의 세기 변화를 ㉡ (　　　)(으)로 감지하여 심장 박동 수를 측정할 수 있다.

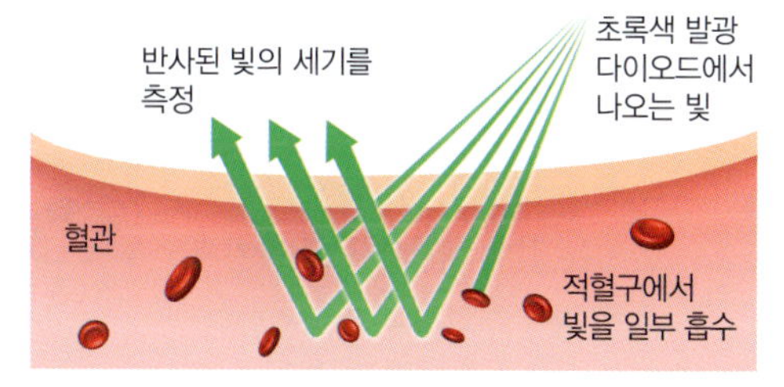

이에 대한 설명으로 옳은 것만을 보기에서 있는 대로 고른 것은?

보기
ㄱ. ㉠은 '증가한다'이다.
ㄴ. ㉡은 압력 센서이다.
ㄷ. 혈류량의 변화는 디지털 신호로 변환된다.

① ㄱ ② ㄴ ③ ㄷ
④ ㄱ, ㄴ ⑤ ㄱ, ㄷ

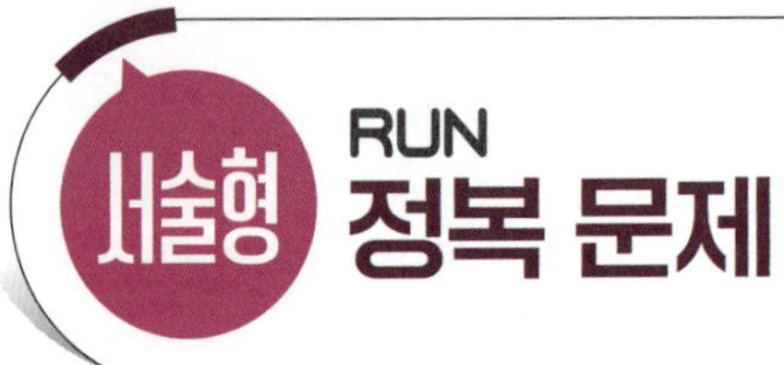

01 다음은 과거 천문학의 논쟁에 대한 자료이다.

> 1920년 미국의 천문학자 섀플리(Shapley)는 우리은하가 우주 전체의 모습이라고 여겼으며 안드로메다는 우리은하 안의 성운에 불과하다고 주장했다. 하지만 허블(Hubble) 등이 안드로메다까지의 거리를 측정하여 당시 우리은하의 크기로 알려졌던 10만 광년을 훨씬 뛰어넘는 약 90만 광년이라는 결론을 내자, ㉠ 우주의 크기에 대한 기존의 생각이 바뀌게 되었다.

㉠이 가지는 의미를 아래의 단어를 사용해 설명하시오.

> 측정, 과학자들의 노력, 인간의 경험 범위

단계별로 배경 지식 쌓기

Step ➊ 문제 분석하기
- 1920년 당시 생각했던 우주의 크기:
  (   ) 광년
- 허블이 측정한 안드로메다까지의 거리:
  (   ) 광년

Step ➋ **Key Word** 찾아 답안 작성하기
- 허블의 (**1**)(으)로 우주의 크기에 대한 기존 생각이 바뀌게 되었다.

Key Word
➊ ....

---

02 다음은 알루미늄과 구리의 밀도를 측정하는 실험이다.

[실험 과정]
(가) 알루미늄 조각과 구리 조각의 질량을 측정하여 기록한다.
(나) 눈금실린더에 물을 넣어 부피를 측정하고, 두 금속 조각을 가는 실에 매달아 물에 잠기게 한 다음 부피를 각각 측정한다.

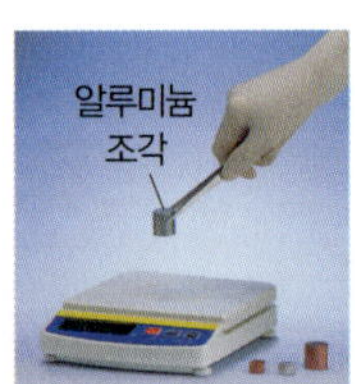

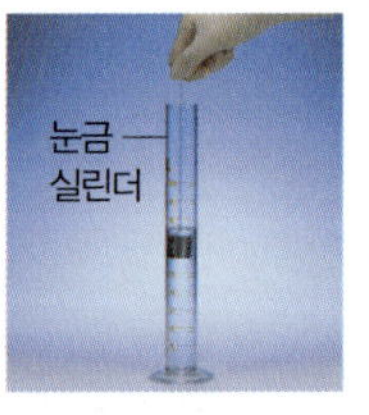

[실험 결과]

금속	알루미늄 조각	구리 조각
질량(g)	8.10	26.88
늘어난 물의 부피 (mL)	3.00	3.00
밀도(g/mL)	2.70	8.96

밀도가 기본량인지 유도량인지 쓰고, 그 까닭을 위의 실험을 이용하여 설명하시오.

단계별로 배경 지식 쌓기

Step ➊ 문제 분석하기
알루미늄과 구리의 밀도를 구하기 위해 측정한 물리량이 무엇인지 파악한다.
➡ (   ), (   )

Step ➋ **Key Word** 찾아 답안 작성하기
- 기본량과 유도량

기본량	(**2**)
질량, (**1**), 시간, 전류, 온도, 광도, 물질량	7개 이외의 모든 물리량

- 밀도＝$\dfrac{(\ \textbf{3}\ )}{(\ \textbf{4}\ )}$

KeyWord
➊ .... ➋ ....
➌ .... ➍ ....

03 다음은 전자 피부에 대한 기사의 일부이다.

국내 연구진이 사람의 피부처럼 외부 자극을 감지할 수 있는 전자 피부를 개발했다. 이번에 개발된 전자 피부는 사람의 피부에 있는 압점이 외부의 ㉠(　　　) 신호를 감지하는 원리를 이용했는데, 이 전자 피부로 혈압, 접촉, 물체의 무게까지 정확하게 감지할 수 있어 로봇이나 의수 보철기, 웨어러블 소자, 건강 진단 등 다방면에 기여할 전망이다.

(1) ㉠에 들어갈 신호의 종류를 쓰시오.

(　　　　　　　　　　　)

(2) 위 글을 바탕으로 하여 전자 피부를 갖는 로봇이 ㉠ 신호를 감지하여 정보를 얻는 과정을 설명하시오.

단계별로 배경 지식 쌓기

Step ❶ 문제 분석하기

전자 피부가 사람의 피부처럼 외부의 자극을 감지하기 위해 무엇이 필요한지 파악한다.

➡ (　　　　　)

Step ❷ **Key Word** 찾아 답안 작성하기

- 사람의 피부에 있는 압점은 (　❶　) 신호를 감지한다.
- 센서는 자연의 신호를 (　❷　) 신호로 변환하는 장치이다.

KeyWord

❶ ....　　❷ ....

---

04 다음은 디지털 기술의 발전으로 나타난 사회적 문제에 대해 설명한 글이다.

아날로그 신호가 디지털 신호로 변환되면서 많은 양의 데이터를 빠르게 주고받을 수 있게 되었다. 그 결과 전 세계를 연결하는 데이터 통신 시대가 열리게 되었다. 하지만 이로 인한 사회적 문제점도 생겨났다. 문서와 영상 등의 자료들이 저작자의 동의 없이 쉽고 빠르게 복제되어 무분별하게 배포되기 시작한 것이다.

디지털 정보가 아날로그 정보에 비해 복제와 전송이 쉬운 까닭을 설명하시오.

단계별로 배경 지식 쌓기

Step ❶ 문제 분석하기

이 글에 나타난 디지털 정보의 장점과 단점을 파악한다.

장점	많은 양의 데이터를 빠르게 주고받을 수 있다.
단점	(　　　　　　)

Step ❷ **Key Word** 찾아 답안 작성하기

- 디지털 신호는 0과 1의 (　❶　)(으)로 표현된다.
- 디지털 신호는 복제하고 전송하는 과정에서 신호의 (　❷　)이/가 적다.

KeyWord

❶ ....　　❷ ....

바다를 관측하는 아르고(ARGO) 프로그램

아르고는 2000년에 시작된 전 지구 해양 관측 국제 공동 프로그램이다. 전통적인 해양 관측 방법은 직접 배를 타고 나가 여러 가지 장비를 이용해 관측하거나 인공위성으로 바다의 표면을 관찰하는 것이었다. 그러나 아르고 프로그램이 시작되면서 전 지구 규모의 해양을 실시간으로 관측하는 것이 가능해졌다.

통합과학1
Ⅲ-1. 지구시스템
♥ 수권의 성층 구조

❶ 바다의 물리량을 실시간으로 관측하는 아르고

아르고는 아르고 뜰개라는 무인 해양 관측 장비를 이용한다. 수천 개의 아르고 뜰개를 이용하여 실시간으로 다양한 지역에서 수온 및 염분의 연직 분포를 정기적으로 측정하여 해수의 성층 구조를 분석하고 있다.

통합과학1
Ⅰ. 과학의 기초
♥ 신호와 정보

❷ 아르고 뜰개의 장비와 정보의 활용

아르고 뜰개에는 위성과 통신을 하기 위한 위성 안테나, 위치를 파악하기 위한 GPS 수신기, 수온과 염분, 압력을 측정하기 위한 센서가 탑재되어 있다. 아르고 뜰개가 투하되면 천천히 하강하여 해류를 따라 표류한다. 그 후 천천히 해수면으로 떠오르면서 각 깊이의 수온과 염분을 측정하고, 인공위성으로 관측값과 위치 정보를 전송한 후 다시 가라앉는 과정을 반복한다. 이 관측값은 여러 나라에 보내져 해양 환경 변화를 감시하거나 기후 변화를 예측하는 데 활용된다.

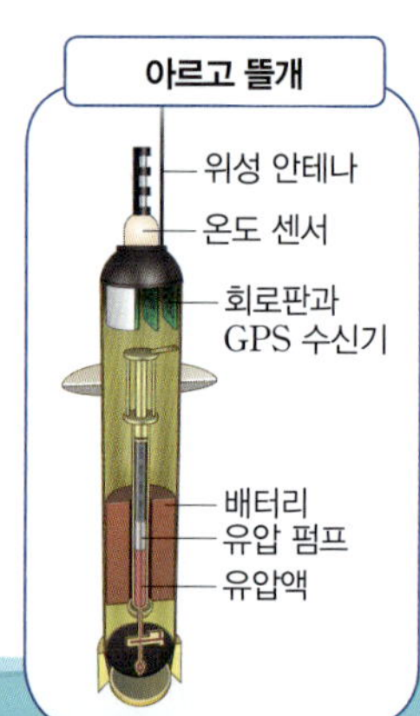

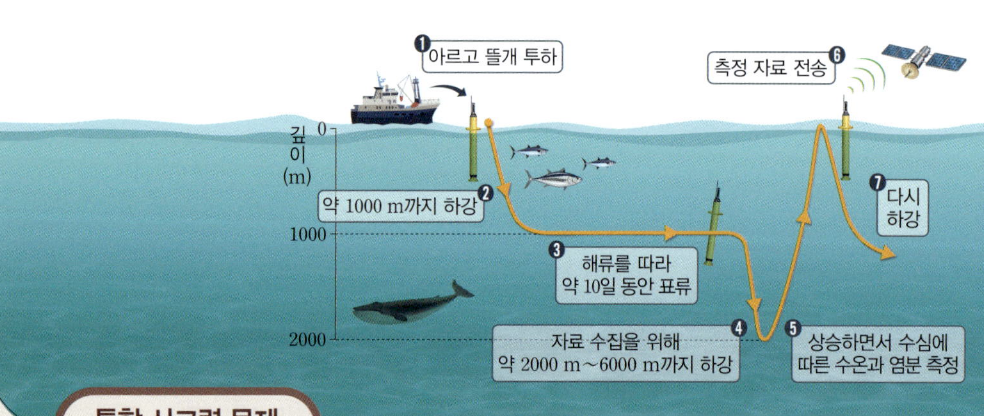

정답과 해설 8쪽

통합 사고력 문제

다음은 아르고 뜰개가 수집한 데이터로 밝혀진 사실 중 하나를 설명한 것이다.

아르고 뜰개에는 GPS 수신기와 ㉠ 온도, 염도, 압력 센서가 있어 위치 정보와 함께 전 세계 바다의 수온 및 염분의 연직 분포 등 방대한 양의 데이터를 수집한다. 오른쪽 그림은 2004년부터 최근까지 아르고 뜰개로 측정한 바다의 수온을 나타낸 그래프이다. 그래프를 보면 해수면에서 600 m 사이에는 변동이 있지만, ㉡ 깊은 수심에서는 해마다 수온이 상승하는 경향을 보여 일관된 지구 온난화 현상을 확인할 수 있다.

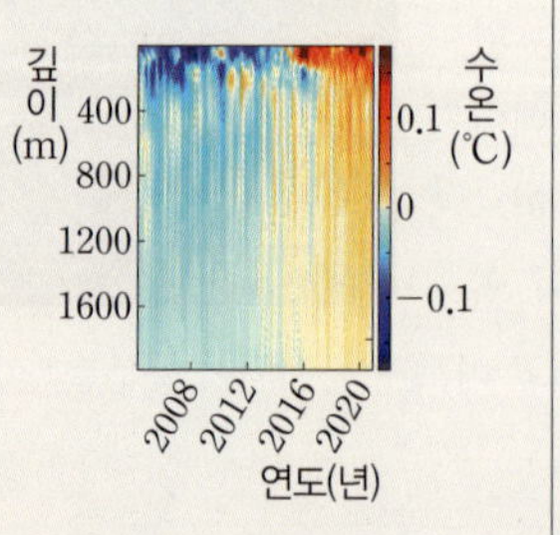

만약 아르고 뜰개에 새로운 센서를 탑재한다면 ㉠의 센서 외에 어떤 것을 탑재하고 싶은지 쓰고, ㉡처럼 이 센서를 통해 얻을 수 있는 정보를 그 활용 방안과 함께 설명하시오.

주제 ❶ 수권의 성층 구조

해수는 혼합층, 수온 약층, 심해층으로 구분된다. 이 중 수온 약층은 깊이에 따라 수온이 급격하게 낮아지므로 혼합층과 심해층 사이의 물질 교환을 제한하는 역할을 한다.

주제 ❷ 센서의 종류

광센서, 소리 센서, 압력 센서, 온도 센서, 가스 센서, 이온 센서, 가속도 센서 등

Ⅱ
물질과 규칙성

1. 원소의 생성   2. 자연을 구성하는 원소

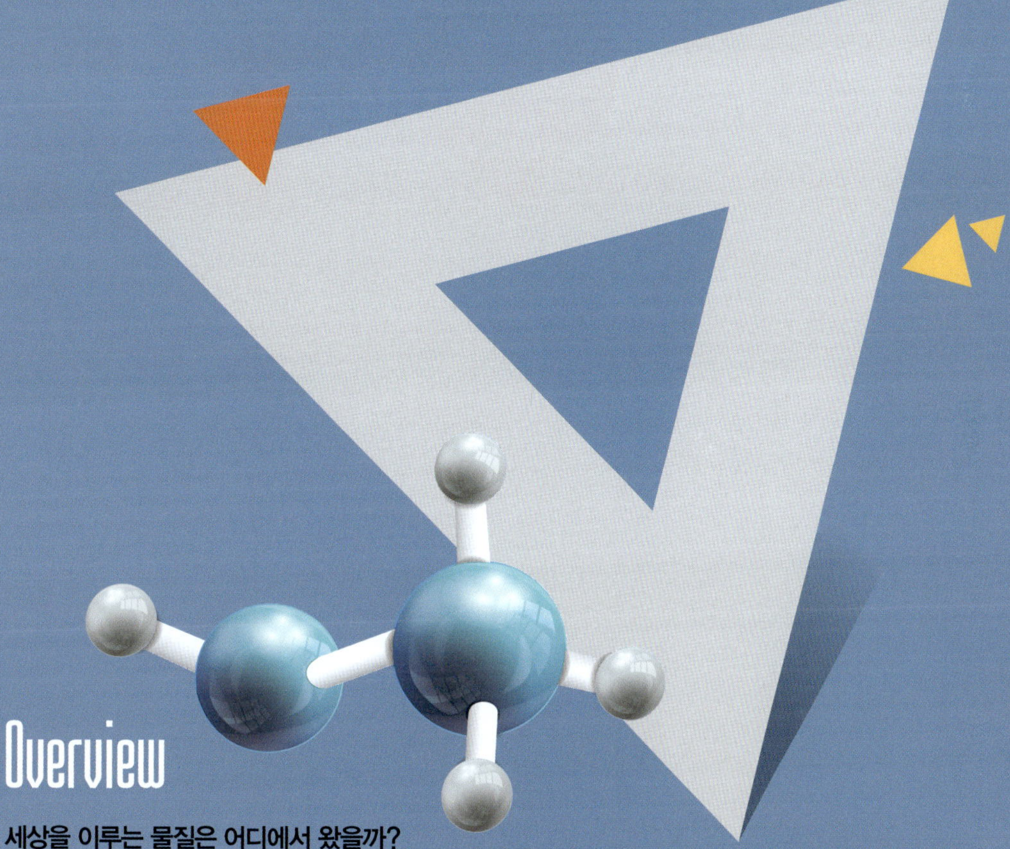

Overview

세상을 이루는 물질은 어디에서 왔을까?

우주에 가장 풍부한 가벼운 원소들은 초기 우주에서 만들어졌고, 무거운 원소들은 별들이 형성된 이후 진화 과정을 거치면서 생성되었다. 원소들의 화학 결합에 의해 지구와 생명체를 구성하는 물질이 탄생하였고, 다양한 물질로 이루어진 지금의 세상이 되었다.

원소 형성   # 별의 진화   # 원소의 주기성   # 이온 결합   # 공유 결합   # 지각과 생명체 구성 물질의 규칙성
물질의 전기적 성질

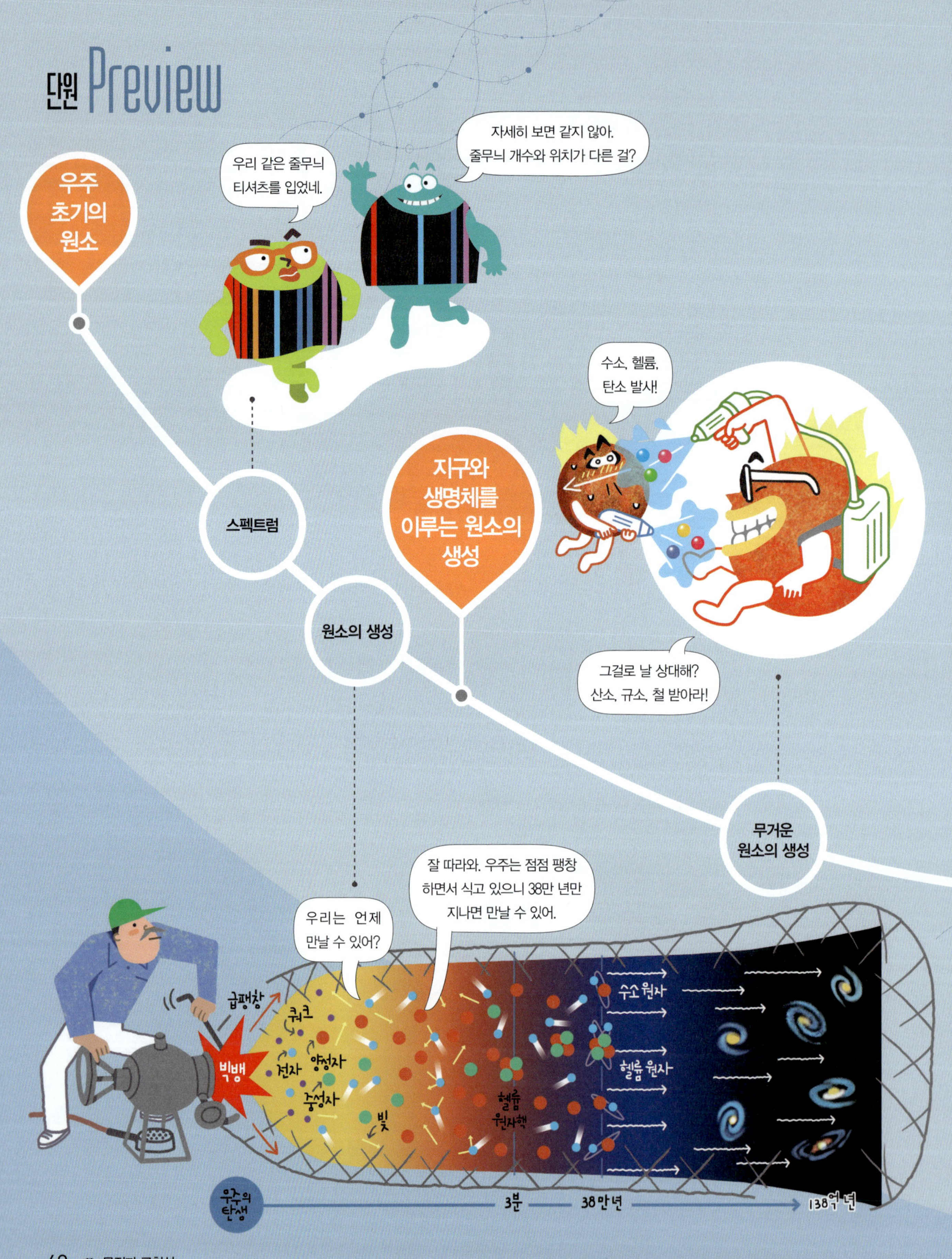
우주 초기의 원소
우리 같은 줄무늬 티셔츠를 입었네.
자세히 보면 같지 않아. 줄무늬 개수와 위치가 다른 걸?
수소, 헬륨, 탄소 발사!
스펙트럼
지구와 생명체를 이루는 원소의 생성
원소의 생성
그걸로 날 상대해? 산소, 규소, 철 받아라!
무거운 원소의 생성
우리는 언제 만날 수 있어?
잘 따라와. 우주는 점점 팽창하면서 식고 있으니 38만 년만 지나면 만날 수 있어.
급팽창
쿼크
빅뱅
전자 양성자
중성자
빛
수소 원자
헬륨 원자
헬륨 원자핵
우주의 탄생
3분
38만 년
138억 년

• 이전에 배운 내용
• 중학교 – 원소, 원자, 분자, 선 스펙트럼, 지구형 행성, 목성형 행성, 성운, 우주 팽창, 빅뱅 우주론

• 앞으로 배울 내용
• 지구과학 – 우주의 진화
• 전자기와 양자 – 별빛의 생성과 스펙트럼 분석
• 지구시스템과학 – 지구의 탄생과 진화

1 원소의 생성

우주 초기에 생성된 원소와 천체의 구성 물질은 빛의 스펙트럼을 분석하여 알아낸다. 초기 우주에서 만들어진 원소들은 별과 은하를 만드는 재료가 되었고, 별의 진화 과정에서 지구와 생명체를 이루는 다양한 원소가 만들어졌다.

○1 우주 초기의 원소

○2 지구와 생명체를 이루는 원소의 생성

01 우주 초기의 원소

한눈에 보는 단원 흐름

1 스펙트럼과 우주를 구성하는 원소

우주에는 스스로 빛을 내는 천체들이 있다. 이 천체에서 나오는 빛을 분석하면 우주를 구성하는 원소의 종류를 파악할 수 있다.

1. 스펙트럼   탐구 48쪽

빛을 *분광기에 통과시키면 빛이 파장에 따라 나누어지는데, 이를 스펙트럼이라고 한다. 스펙트럼에는 연속 스펙트럼과 선 스펙트럼이 있다.

(1) **연속 스펙트럼**: 다양한 파장의 빛이 연속적으로 나타나는 스펙트럼으로, 고온의 별에서 방출되는 빛의 스펙트럼에서는 무지개 색의 연속 스펙트럼이 관측된다.

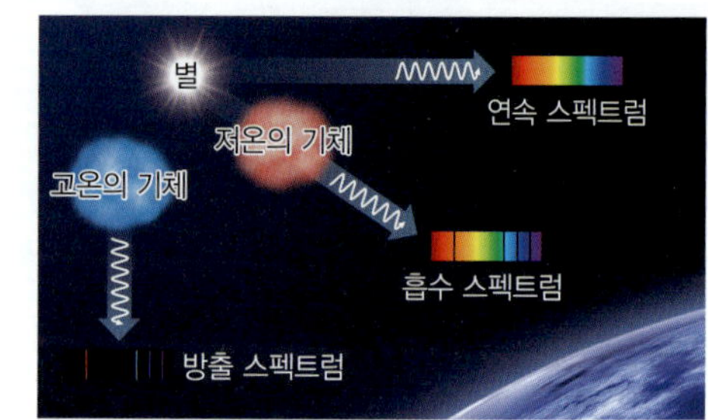

▲ 스펙트럼의 종류

(2) **선 스펙트럼**: 특정 파장의 빛이 선으로 나타나는 스펙트럼으로, 흡수 스펙트럼과 방출 스펙트럼이 있다.

① 흡수 스펙트럼: 연속 스펙트럼 위에 검은색 흡수선이 나타나는 스펙트럼으로, 저온의 기체에 포함된 원소가 고온의 별에서 방출된 특정한 파장의 빛을 흡수하여 만들어진다.

② 방출 스펙트럼: 검은 바탕에 밝은 선이 나타나는 스펙트럼으로, 고온의 별 주변에서 가열된 기체를 관측하면 고온의 특정 원소가 특정한 파장의 빛을 방출하여 만들어진다.

에너지 준위

원자는 원자핵과 전자로 이루어져 있는데, 원자핵을 중심으로 특정한 궤도에만 전자가 위치할 수 있다. 전자가 위치한 궤도에서 전자가 가지는 에너지를 에너지 준위라고 한다.

에너지 준위와 파장

전자가 이동한 에너지 준위의 차이가 클수록, 흡수하거나 방출하는 빛의 파장이 짧다. 비교하는 두 물체의 에너지 준위의 차이가 같을 경우에는 스펙트럼의 동일한 위치에서 흡수선이나 방출선이 나타난다.

용어

*분광기(分 나누다, 光 빛, 器 도구)

빛을 파장에 따라 나누는 장치로, 프리즘이 대표적이다.

플러스 강의 + 선 스펙트럼이 나타나는 원리

❶ 에너지 준위: 원자핵 주위를 돌고 있는 전자들은 고유한 값의 에너지 준위를 갖고 있다. ➡ 에너지 준위는 원자핵으로부터 먼 궤도일수록 높으며, 전자는 에너지를 흡수하거나 방출하여 에너지 준위를 이동할 수 있다.

❷ 선 스펙트럼이 나타나는 원리

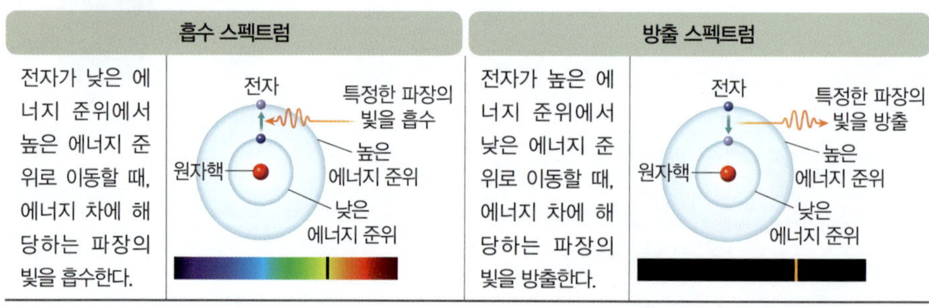

흡수 스펙트럼	방출 스펙트럼
전자가 낮은 에너지 준위에서 높은 에너지 준위로 이동할 때, 에너지 차에 해당하는 파장의 빛을 흡수한다.	전자가 높은 에너지 준위에서 낮은 에너지 준위로 이동할 때, 에너지 차에 해당하는 파장의 빛을 방출한다.

2. 스펙트럼을 이용한 우주의 원소 분석

(1) 원소의 선 스펙트럼

① 원소마다 특정한 파장의 에너지를 흡수하거나 방출하므로 각 원소마다 선 스펙트럼이 다르게 나타난다. ➡ 선 스펙트럼을 비교하여 원소의 종류를 구분할 수 있다.

② 한 종류의 원소에서 관찰되는 흡수선과 방출선은 같은 위치(파장)에서 나타난다.

▲ 여러 가지 원소의 방출 스펙트럼

▲ 수소의 흡수 스펙트럼과 방출 스펙트럼

(2) 스펙트럼 분석으로 알아낸 우주를 구성하는 원소: 우주에서 오는 빛의 스펙트럼을 분석하면 우주의 주요 구성 원소를 파악할 수 있다.

① 원소의 종류: 천체의 스펙트럼을 원소의 스펙트럼과 비교하여 천체를 구성하는 원소의 종류를 알 수 있다.

② 원소의 질량비: 스펙트럼에 나타나는 흡수선의 세기는 원소의 밀도에 비례한다. 따라서 흡수선의 선폭을 비교하여 구성 원소의 질량비를 알 수 있다.

(3) 우주에 분포하는 수소와 헬륨의 질량비: 여러 천체의 스펙트럼을 분석한 결과 우주에 존재하는 원소는 수소와 헬륨이 대부분을 차지한다는 것을 알아내었다. 수소는 약 74 %, 헬륨이 약 24 %, 그 밖의 원소가 약 2 %를 차지하며, 수소와 헬륨의 질량비는 약 3:1이다.

고유한 선 스펙트럼의 사례

• 극지방의 오로라에서 나타나는 초록색 빛은 산소의 방출 스펙트럼에서 초록색 빛이 강하게 나타나는 것과 관계 있다.

▲ 오로라

• 터널 내부에서 볼 수 있는 노란색 전등은 나트륨등이다. 나트륨의 방출 스펙트럼에서 노란색 빛이 강하게 나타난다.

▲ 나트륨등

자료+분석 태양의 대기 성분

❶ 태양의 스펙트럼: 19세기 초 프라운호퍼는 태양의 스펙트럼에서 수많은 흡수선을 발견하였다.
  ➡ 태양의 대기에 있는 원소들이 각 흡수선에 해당하는 파장의 빛을 흡수했기 때문이다.

❷ 태양의 스펙트럼을 분석하여 태양의 대기가 수소, 헬륨, 나트륨 등 다양한 원소로 구성되어 있음을 알아내었다.

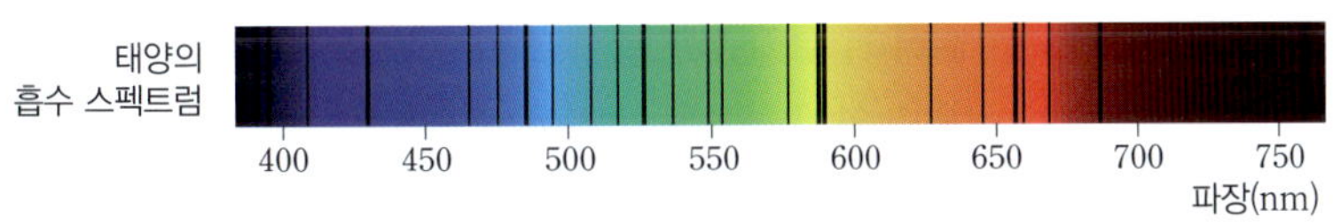

✔ **중요 개념 체크**

정답과 해설 8쪽

1. 스펙트럼에는 연속 스펙트럼, 흡수 스펙트럼, (   ) 스펙트럼이 있다.

2. 스펙트럼에 대한 설명으로 옳은 것은 ○, 옳지 <u>않은</u> 것은 ×로 표시하시오.

   (1) 원소마다 고유한 파장의 빛을 흡수하거나 방출한다. ─────────── (   )

   (2) 우주 전역에서 천체의 스펙트럼을 분석하여 우주의 주요 구성 원소를 알 수 있다. ─( )

우주를 구성하는 원소의 대부분은 수소와 헬륨이지만 우리 주변에서 볼 수 있는 물질은 수소와 헬륨 이외에도 다양한 원소들로 구성되어 있다. 물질을 이루는 다양한 원소들이 최초에 어떻게 생성되었는지 가장 합리적으로 설명해 주는 이론은 빅뱅 우주론이다.

1. 물질을 이루는 입자

원소의 성질을 나타내는 가장 작은 입자는 원자이고, 원자는 양(+)전하를 띠는 원자핵과 음(−)전하를 띠는 전자로 이루어져 있다. 원자핵은 양성자와 중성자로 구성되어 있으며, 양성자와 중성자는 *쿼크라고 하는 *기본 입자들의 조합으로 만들어진다.

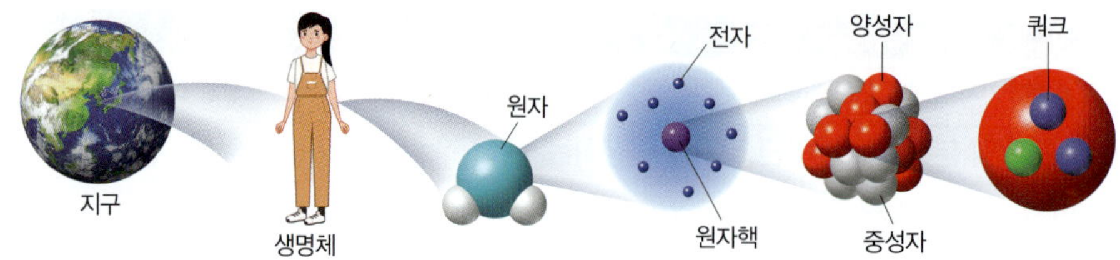

2. *빅뱅 우주론 심화 강의 51쪽

(1) 우주 팽창의 증거 관측: 허블의 관측 결과에 의하면 은하들은 모두 우리은하로부터 멀어지고 있으며, 거리가 먼 은하일수록 더 빨리 멀어진다. ➡ 실제로 은하가 멀어지는 것이 아니라 공간이 팽창하기 때문에 멀어지고 있는 것처럼 관측되는 것이다.

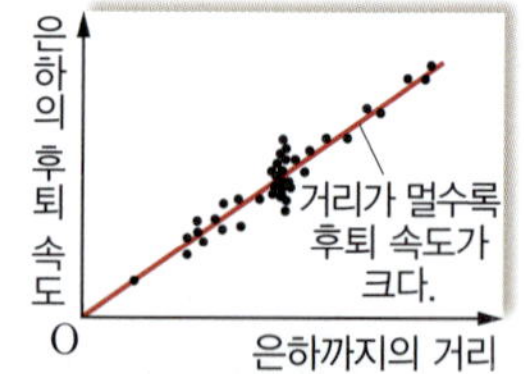

▲ 허블의 관측 결과

(2) 빅뱅 우주론: 약 138억 년 전 우주는 모든 물질과 에너지가 모인 매우 뜨겁고 밀도가 높은 한 점에서 빅뱅(대폭발)이 일어나 탄생하였으며, 계속 팽창하여 현재와 같은 우주를 이루었다는 우주론이다.

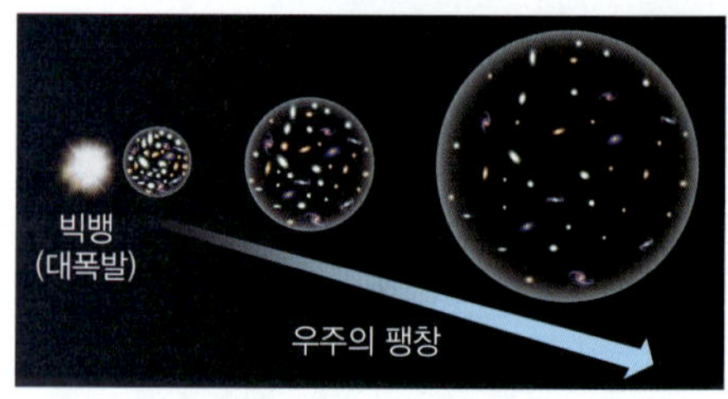

▲ 빅뱅 우주론 모형

① 팽창하는 우주의 시간을 거꾸로 되돌리면 우주의 모든 물질이 가까워져 한 점에 모이게 되는데, 이때가 우주의 시작에 해당한다.

② 빅뱅 직후에는 온도가 매우 높았기 때문에 물질이 존재할 수 없었으며, 우주가 팽창하면서 온도가 낮아짐에 따라 최초의 물질인 기본 입자가 생성되었다.

양성자와 중성자

기본 입자인 쿼크 3개가 결합하여 양성자와 중성자가 만들어진다. 양성자는 위 쿼크 2개와 아래 쿼크 1개가 결합하여 생성되며, 양전하를 띤다. 중성자는 위 쿼크 1개와 아래 쿼크 2개가 결합하여 생성되며, 전기적으로 중성이다.

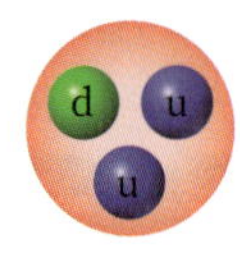 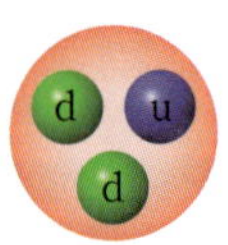

▲ 양성자   ▲ 중성자

원자를 이루는 입자의 전하량과 질량 비교

구분	전하량	질량
양성자	+1	1.0072
중성자	0	1.0087
전자	−1	약 $\dfrac{1}{1800}$

 용어

***쿼크(quark)**
6종류의 쿼크가 존재하는데, 위(up), 아래(down), 맵시(charm), 야릇한(strange), 꼭대기(top), 바닥(bottom)이 있다.

***기본 입자**
더 이상 분해할 수 없는 가장 작은 크기의 입자로 쿼크, 전자 등이 이에 속한다.

***빅뱅(Big Bang)**
우주의 탄생을 가져온 거대한 폭발을 이르는 말이다.

✔ **중요 개념 체크**

정답과 해설 8쪽

3. 원자는 양성자와 중성자로 이루어진 ㉠ (   )와/과 전자로 이루어져 있고, 양성자와 중성자는 ㉡ (   )(이)라고 하는 기본 입자로 이루어져 있다.

4. (   ) 우주론은 모든 물질과 에너지가 모인 한 점에서 대폭발이 일어나 우주가 시작되었다는 우주론이다.

3 우주 초기에 생성된 원소

빅뱅(대폭발) 이후 우주의 온도가 낮아지면서 기본 입자가 만들어졌다. 이후 우주가 계속 팽창하면서 양성자와 중성자, 원자핵, 원자가 차례대로 생성되었다.

1. 빅뱅과 원자의 생성 집중 분석 50쪽

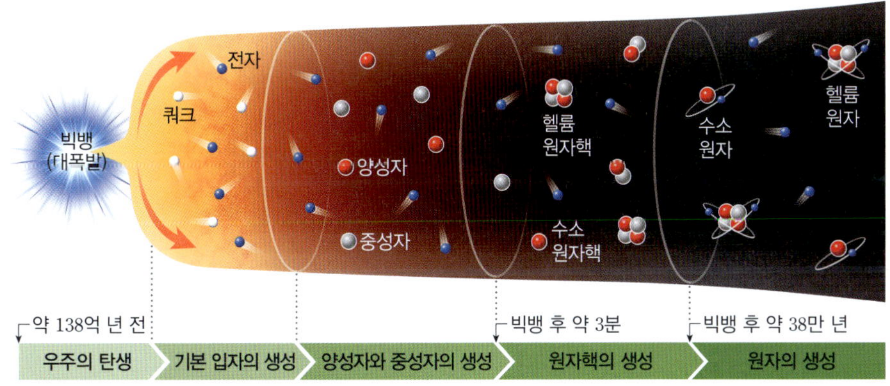

▲ 빅뱅(대폭발) 이후 입자의 생성 과정

(1) **기본 입자의 생성**: 짧은 시간 동안 우주가 급격히 팽창하면서 우주의 온도가 낮아져 쿼크, 전자와 같은 기본 입자가 최초로 생성되었다.

(2) **양성자와 중성자의 생성**: 우주가 계속 팽창함에 따라 온도가 더 낮아지자 쿼크들이 결합하여 양성자와 중성자가 생성되었다. 초기에는 양성자의 수와 중성자의 수가 비슷했지만, 빅뱅 후 약 1초가 지났을 때 양성자와 중성자의 개수비는 약 7:1이 되었다.

(3) **원자핵의 생성**

① 수소 원자핵: 양성자는 그 자체로 수소 원자핵이 된다.

② 헬륨 원자핵: 빅뱅 후 약 3분이 지났을 때 우주의 온도가 약 10억 *K 이하로 낮아지자 양성자 2개와 중성자 2개가 결합하여 헬륨 원자핵이 생성되었다.

③ 수소 원자핵과 헬륨 원자핵의 질량비: 양성자 2개와 중성자 2개가 결합하여 헬륨 원자핵이 생성되면, 수소 원자핵과 헬륨 원자핵의 개수비는 약 12:1이 되고, 질량비는 약 3:1이 된다.

➡ 빅뱅 우주론에서 우주 초기에 핵합성이 일어났을 것으로 추정하여 수소와 헬륨의 질량비가 약 3:1임을 예측하였다.

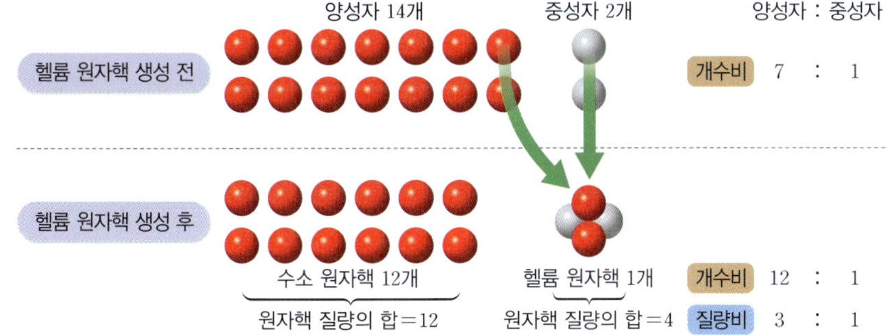

▲ 헬륨 원자핵이 생성된 후 수소 원자핵과 헬륨 원자핵의 비율

초기 우주에서 양성자 수가 중성자 수보다 많았던 이유

초기 우주는 온도가 높아서 양성자와 중성자가 서로 전환될 수 있었다. 우주 팽창으로 온도가 낮아지자 에너지를 흡수하는 양성자에서 중성자로의 변환은 어려워지고, 에너지를 방출하는 중성자에서 양성자로의 변환이 더 우세하게 일어나 양성자 수가 많아졌다.

용어

*K(켈빈)

절대 온도를 나타내는 국제 단위로 일상생활에서 주로 사용하는 섭씨 온도와 비교하면, 0 ℃는 약 273 K, 100 ℃는 약 373 K에 해당한다.

초기 우주에서 헬륨 원자핵의 생성 과정

초기 우주에서 최초의 3분 동안 중수소 원자핵과 3중 수소 원자핵이 생성되고, 이들이 서로 결합하여 헬륨 원자핵이 생성되는 과정을 *빅뱅 핵합성이라고 한다.

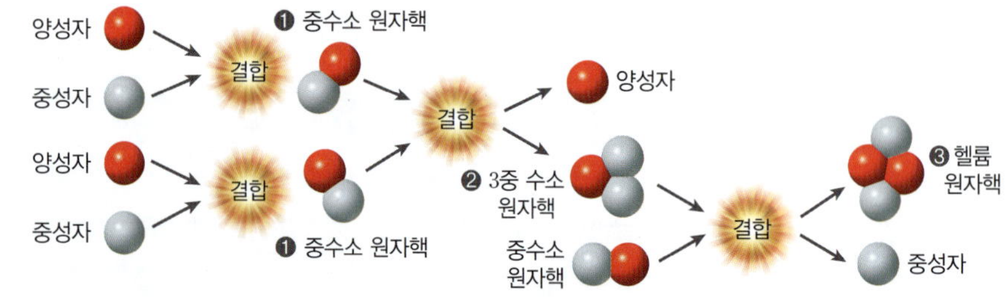

❶ **중수소 원자핵 생성**: 양성자와 중성자가 결합하여 중수소 원자핵이 생성된다.

❷ **3중 수소 원자핵 생성**: 중수소 원자핵끼리 결합하여 3중 수소 원자핵이 생성되고, 양성자 1개가 방출된다.

❸ **헬륨 원자핵 생성**: 3중 수소 원자핵과 중수소 원자핵이 결합하여 헬륨 원자핵이 생성되고, 중성자 1개가 방출된다.

(4) 원자의 생성

① 수소 원자와 헬륨 원자의 생성: 빅뱅 후 약 38만 년이 지나 우주의 온도가 약 3000 K으로 낮아졌을 때 원자핵과 전자가 결합하여 수소 원자와 헬륨 원자가 생성되었다.

수소 원자		헬륨 원자	
	수소 원자핵(양성자)과 전자 1개가 결합하여 수소 원자가 생성되었다. ➡ 전기적 중성		헬륨 원자핵과 전자 2개가 결합하여 헬륨 원자가 생성되었다. ➡ 전기적 중성

② 수소 원자와 헬륨 원자는 빅뱅(대폭발) 후 수억 년이 지나는 동안 중력에 의해 모여 별과 은하를 형성하였고, 현재까지도 우주를 이루는 물질의 대부분을 차지한다.

▲ **별의 스펙트럼과 수소, 헬륨의 방출 스펙트럼 비교** 흡수선과 방출선의 파장을 비교하여 별에 수소와 헬륨이 존재함을 알 수 있다.

③ 원자가 생성된 뒤에는 빛이 전기를 띤 입자(전자, 원자핵)의 방해를 받지 않고 우주 전역으로 퍼져 나갈 수 있었다.

헬륨 원자핵보다 무거운 원자핵이 합성되지 못한 이유

헬륨 원자핵이 핵융합하여 탄소 원자핵이 만들어지려면 수억 K의 온도가 한동안 지속되어야 한다. 하지만 초기 우주는 탄소 원자핵 생성에 필요한 시간에 비해 더 빠르게 냉각되었기 때문에 탄소 원자핵이 생성될 수 없었다.

태양의 구성 원소(표면 기준)

수소	73.46 %
헬륨	24.85 %
산소	0.77 %
탄소	0.29 %
기타	0.63 %

용어

***빅뱅 핵합성**

헬륨은 별 내부에서도 합성될 수 있다. 따라서 빅뱅 후 3분 동안 일어난 헬륨 합성을 별 내부에서 만들어지는 핵합성과 구분하기 위해 빅뱅 핵합성이라고 한다.

2. 우주 배경 복사

빅뱅 후 약 38만 년이 지났을 때 우주의 온도가 약 3000 K으로 낮아져 원자가 생성되면서 물질과 분리되어 우주로 퍼져 나간 빛이다.

(1) **원자 생성 전의 우주**: 원자가 생성되기 전의 우주는 전자, 양성자(수소 원자핵), 헬륨 원자핵, 빛(광자) 등이 섞여 있는 상태였다. 이 시기의 빛은 전자와 계속 충돌하여 앞으로 나아갈 수 없었다. 따라서 우주는 불투명한 상태였다.

(2) **원자 생성 후의 우주**: 우주의 온도가 약 3000 K으로 낮아졌을 때, 전자가 원자핵과 결합하여 원자가 생성되면서 빛은 전기를 띤 입자의 방해를 받지 않고 우주 공간으로 퍼져 나갈 수 있게 되었다. 이때부터 우주는 투명한 상태가 되었다. ➡ 이때의 빛이 현재 우주 배경 복사로 관측된다.

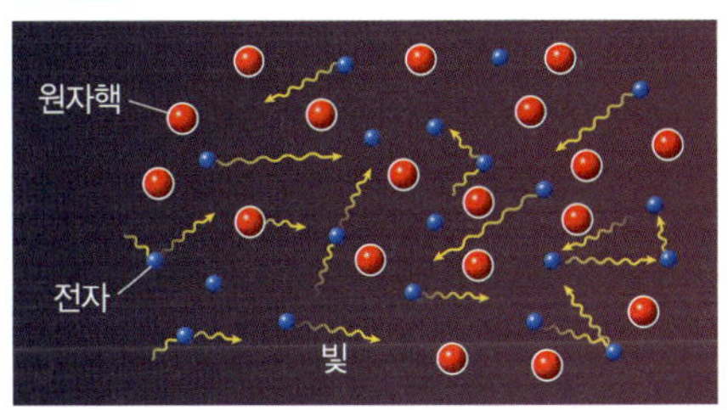

▲ 불투명한 우주

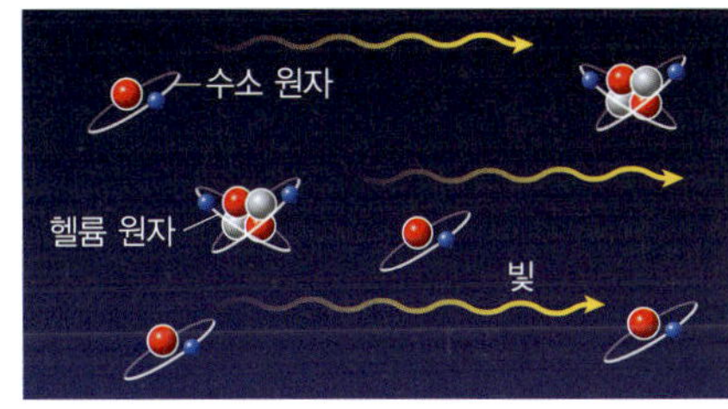

▲ 투명한 우주

자료 분석 ➕ 우주 배경 복사의 관측

❶ 1989년에는 코비(COBE) 위성을 이용하여 정확한 우주 배경 복사를 관측하였고, 2003년에 더블유맵(WMAP) 위성, 2013년에 플랑크 우주 망원경을 이용하여 더 정확한 우주 배경 복사의 분포를 관측하였다.

❷ 우주 배경 복사는 우주 전체에서 거의 균일하게 관측되지만, 방향에 따라 아주 미세한 차이가 존재한다. ➡ 초기 우주에서 미세한 밀도 차이가 있었음을 의미한다.

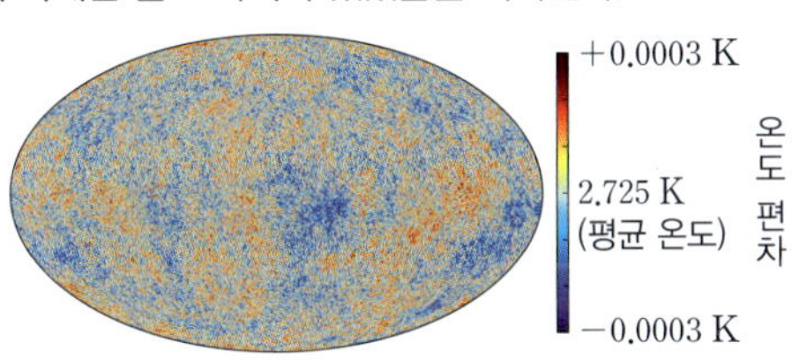

▲ 플랑크 우주 망원경으로 관측한 우주 배경 복사

우주 배경 복사의 분포

우주 배경 복사가 방향에 따라 미세한 차이가 있다는 것은 그 당시에 물질의 밀도 분포에 차이가 있었음을 의미한다. 이러한 밀도 차이는 시간이 지나면서 조금씩 커지게 되어 별과 은하가 만들어지는 원인이 되었다. 만약 우주 배경 복사가 완전히 균일했다면 별과 은하는 형성될 수 없었을 것이다.

✔ **중요 개념 체크**

정답과 해설 8쪽

5. 양성자 2개와 중성자 2개가 결합하여 (   ) 원자핵이 생성되었다.

6. 우주의 팽창과 원소의 생성에 대한 설명으로 옳은 것은 ○, 옳지 <u>않은</u> 것은 ×로 표시하시오.

   (1) 수소와 헬륨은 대부분 초기 우주에서 생성되었다. ——————— (   )

   (2) 빅뱅 후 약 3분이 지났을 때 원자가 생성되었다. ——————— (   )

   (3) 현재 우주에 존재하는 수소와 헬륨의 질량비는 약 3:1이다. ——————— (   )

탐구 분석 · 분광기로 다양한 물질의 스펙트럼 관찰하기

목표 | 원소마다 스펙트럼이 다르다는 것을 알고, 스펙트럼을 이용하여 별의 구성 원소를 추론할 수 있다.

탐구 영상

과정

❶ 햇빛, 백열등, 형광등의 스펙트럼을 분광기로 관찰하고, 스펙트럼을 스마트 기기로 촬영한다.

❷ 수소, 헬륨, 네온의 방전관에서 방출되는 빛의 스펙트럼을 분광기로 관찰하고, 스펙트럼을 스마트 기기로 촬영한다.

▲ 햇빛 관찰

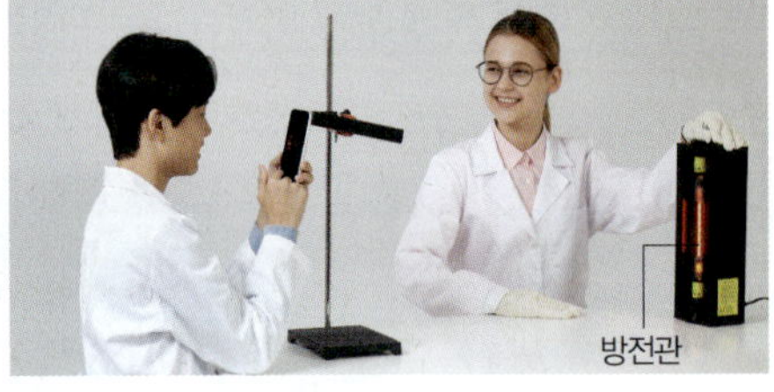

▲ 기체 방전관의 빛 관찰

❸ 스펙트럼을 이용하여 우주의 구성 원소를 어떻게 알 수 있는지 설명해 보자.

유의점

- 햇빛을 관찰할 때는 태양을 직접 보지 않도록 한다.
- 스펙트럼을 관찰할 때는 주변을 어둡게 해야 한다.
- 기체 방전관은 고전압이 발생하므로 감전에 주의한다.
- 방전관은 뜨거우므로 맨손으로 만지지 않도록 주의하고, 방전관 교체 시 전원을 끄고 충분히 식힌 다음 조작한다.

결과

1. 햇빛에서는 연속 스펙트럼에 다양한 흡수선이 나타나고, 백열등에서는 연속 스펙트럼이 나타나며, 형광등에서는 방출 스펙트럼이 나타난다.

2. **기체 방전관 관측**: 검은 바탕에 몇 개의 밝은 방출선이 보이는 방출 스펙트럼이 나타난다.

▲ 햇빛의 스펙트럼   ▲ 수소의 스펙트럼

▲ 백열등의 스펙트럼   ▲ 헬륨의 스펙트럼

▲ 형광등의 스펙트럼   ▲ 네온의 스펙트럼

3. 스펙트럼에 나타나는 선의 위치, 굵기, 개수는 원소의 종류에 따라 다르게 나타난다.
   ➡ 다양한 천체의 스펙트럼을 원소의 스펙트럼과 비교하면 우주를 구성하고 있는 원소를 알 수 있다.

정리

- 햇빛의 스펙트럼을 원소의 스펙트럼과 비교 분석하여 태양 대기층의 구성 원소(수소, 헬륨 등)를 알 수 있다.
- 원소마다 스펙트럼에 나타나는 방출선의 위치가 다르다. ➡ 이를 이용하여 원소의 종류를 알 수 있다.
- 우주 전역에 분포하는 천체의 스펙트럼을 분석하여 우주에 존재하는 원소 중 수소와 헬륨이 대부분을 차지한다는 것을 알아내었다.

햇빛의 스펙트럼

햇빛의 연속 스펙트럼에 나타난 검은색의 흡수선은 태양의 대기층에 존재하는 기체에 의해 만들어진 것이다. 따라서 햇빛의 스펙트럼에 나타난 흡수선을 원소의 스펙트럼과 비교하면 태양 대기층의 구성 원소를 알아낼 수 있다.

탐구 확인 문제

01 앞의 탐구에 대한 설명으로 옳은 것은 ○, 옳지 <u>않은</u> 것은 ×로 표시하시오.

(1) 기체 방전관에서는 모두 흡수 스펙트럼이 관찰된다.
————————————————— ( )

(2) 원소마다 스펙트럼에 나타나는 방출선의 위치가 다르다. ————————————————— ( )

(3) 햇빛의 스펙트럼에서는 수소의 스펙트럼에 나타나는 방출선과 같은 파장의 흡수선이 나타난다. - ( )

(4) 별과 성간 물질의 스펙트럼을 분석하면 우주의 주요 구성 원소를 알아낼 수 있다. ————————— ( )

02 앞의 탐구에 대한 설명으로 옳지 <u>않은</u> 것을 모두 고르면? (답 2개)

① 과정 ❶의 형광등에서는 흡수 스펙트럼이 관찰된다.
② 과정 ❶의 백열등에서는 연속 스펙트럼이 관찰된다.
③ 과정 ❶의 햇빛에서는 방출 스펙트럼이 관찰된다.
④ 과정 ❷의 기체 방전관에서는 방출 스펙트럼이 관찰된다.
⑤ 과정 ❷에서 수소, 헬륨, 네온의 스펙트럼은 모두 다르다.

03 그림 (가)는 백색 광원의 빛이 진행하는 모습을, (나)는 백색 광원의 빛이 저온의 기체를 통과하여 진행하는 모습을 나타낸 것이다.

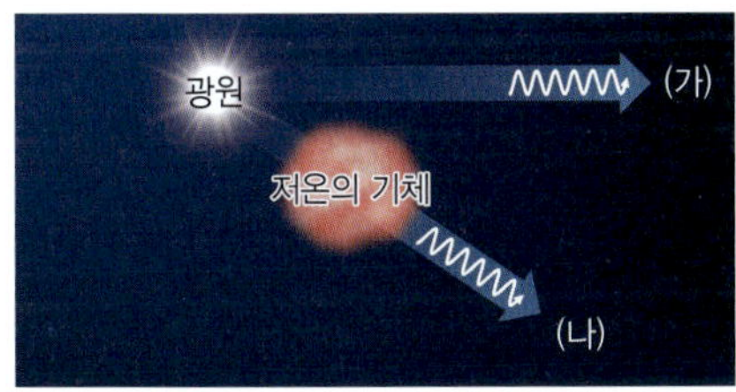

(1) (가)와 (나)의 빛을 프리즘에 통과시켰을 때 나타나는 스펙트럼의 종류를 쓰시오.

(2) (가)와 (나)의 스펙트럼이 서로 다르게 나타나는 까닭을 설명하시오.

적용
04 그림 (가), (나), (다)는 서로 다른 종류의 스펙트럼을 나타낸 것이다.

이에 대한 설명으로 옳은 것만을 보기에서 있는 대로 고른 것은?

보기
ㄱ. (가)는 선 스펙트럼이다.
ㄴ. (나)는 고온의 기체에서 잘 나타난다.
ㄷ. 햇빛을 프리즘에 통과시키면 (다)와 같은 종류의 스펙트럼이 나타난다.

① ㄱ ② ㄴ ③ ㄱ, ㄷ
④ ㄴ, ㄷ ⑤ ㄱ, ㄴ, ㄷ

수능형
05 그림은 원소 ㉠, ㉡, ㉢의 스펙트럼과 별 S의 스펙트럼을 나타낸 것이다.

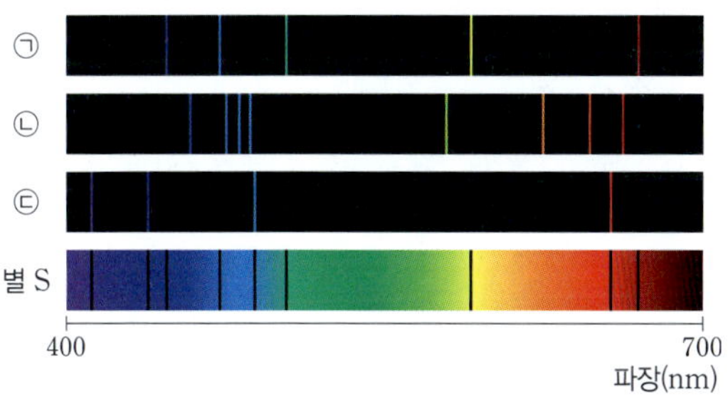

이에 대한 설명으로 옳은 것만을 보기에서 있는 대로 고른 것은?

보기
ㄱ. ㉠, ㉡, ㉢의 스펙트럼은 연속 스펙트럼이다.
ㄴ. ㉠, ㉡, ㉢의 스펙트럼에서 같은 파장의 방출선이 나타난다.
ㄷ. 별 S의 스펙트럼에서 나타난 흡수선 중 일부는 원소 ㉠과 ㉢에 의해 형성되었다.

① ㄱ ② ㄷ ③ ㄱ, ㄴ
④ ㄴ, ㄷ ⑤ ㄱ, ㄴ, ㄷ

초기 우주에서 가벼운 원소의 생성

집중 분석

우주를 구성하는 원소의 대부분은 수소와 헬륨이다. 이와 같은 가벼운 원소들은 빅뱅(대폭발) 이후 초기 우주에서 생성된 것이다. 초기 우주에서 가벼운 원소가 생성되기까지의 과정을 그림과 함께 정리해 두면 다양한 형식으로 출제되는 문항들을 충분히 해결할 수 있다.

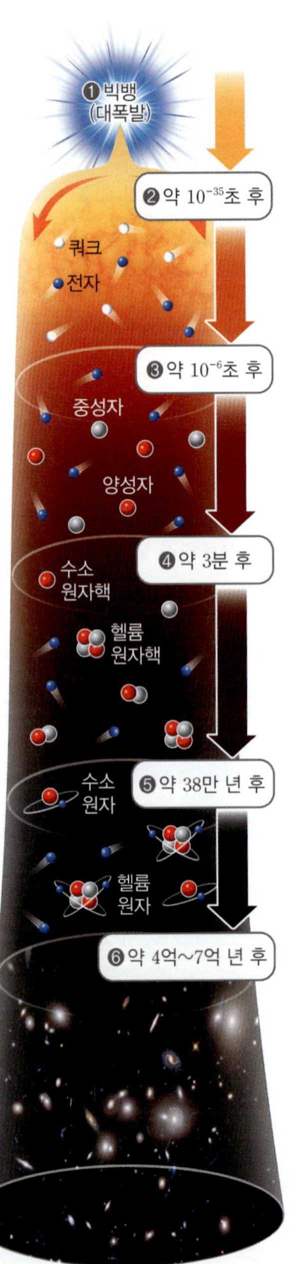

❶ 빅뱅 (대폭발)
- 약 138억 년 전 모든 물질과 에너지가 한 점에 모인 초고온, 초고밀도 상태에서 빅뱅(대폭발)이 일어나 우주가 탄생하였다.

❷ 기본 입자 생성
- 빅뱅 직후 우주가 급격히 팽창하면서 온도와 물질의 밀도가 낮아졌다.
- 물질을 이루는 기본 입자인 쿼크, 전자 등이 생성되었다.

❸ 양성자, 중성자 생성
- 우주의 온도가 계속 낮아지면서 쿼크가 결합하여 양성자와 중성자가 생성되었다.

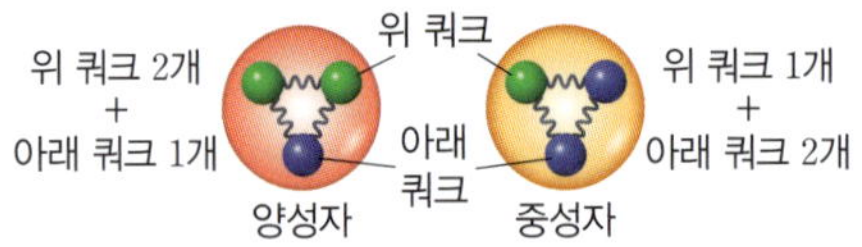

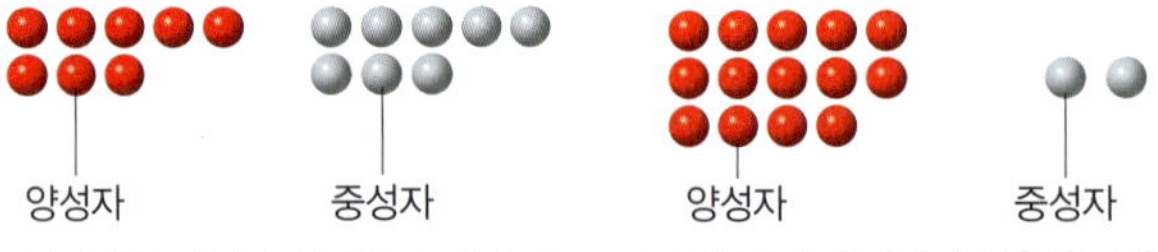

▲ **양성자와 중성자의 생성**

- 초기 우주에서 양성자와 중성자의 수는 거의 같았지만, 빅뱅 후 약 1초가 지났을 때 양성자와 중성자의 개수비는 약 7 : 1이 되었다.

▲ **양성자와 중성자의 개수비＝약 1 : 1**　　▲ **양성자와 중성자의 개수비＝약 7 : 1**

❹ 원자핵 생성
- 빅뱅 후 약 3분이 지났을 때 양성자는 수소 원자핵이 되었고, 양성자 2개와 중성자 2개가 결합하여 헬륨 원자핵이 생성되었다.

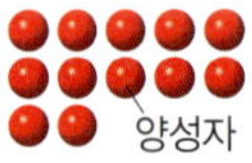

- 수소 원자핵과 헬륨 원자핵의 개수비＝약 12 : 1
- 수소 원자핵과 헬륨 원자핵의 질량비 ＝12개×1 : 1개×4＝약 3 : 1

▲ **수소 원자핵**　　▲ **헬륨 원자핵**

❺ 원자 생성
- 빅뱅 후 약 38만 년이 지났을 때 우주의 온도가 약 3000 K으로 낮아져 원자핵과 전자가 결합하여 수소 원자와 헬륨 원자가 생성되었다.
- 이 시기에 빛은 전기를 띤 입자(전자, 원자핵)의 방해를 받지 않고 우주 전역으로 퍼져 나갈 수 있었다.

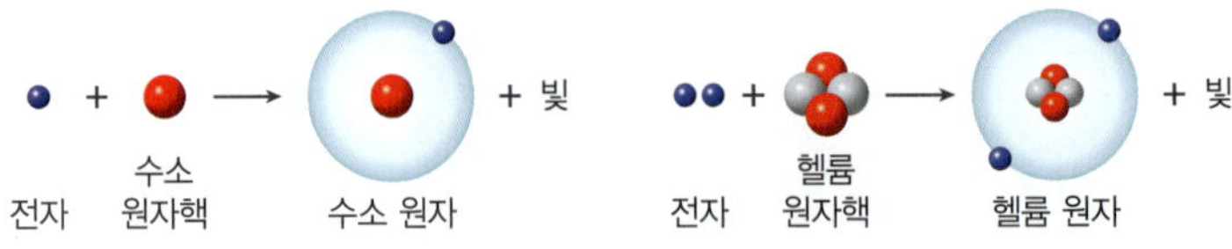

▲ **수소 원자와 헬륨 원자의 생성**

❻ 별과 은하 형성
- 우주는 계속 팽창하면서 온도가 낮아져 수소와 헬륨이 중력에 의해 모여 별과 은하가 형성되었다.

빅뱅 우주론의 정립 과정

우주의 시작과 진화를 설명하는 다양한 이론이 등장하였는데, 현재는 여러 증거들이 관측됨에 따라 빅뱅 우주론이 인정받고 있다. 빅뱅 우주론이 확립되기 이전에는 정적 우주론과 팽창 우주론이 대립하였고, 이후 정상 우주론과 빅뱅 우주론이 대립하였다.

1 정적 우주론과 팽창 우주론의 대립

정적 우주론(아인슈타인)		팽창 우주론(프리드만)
20세기 초에는 대부분의 과학자들이 우주가 수축이나 팽창을 하지 않고 정적인 상태를 유지한다고 생각하였다. 아인슈타인은 중력에 반대되는 에너지인 우주 상수를 도입하여 중력이 작용하고 있는 우주에서 우주가 한곳으로 모여들지 않고 일정한 모습을 유지하고 있다고 주장하였다.	대립	프리드만은 중력이 작용함에도 불구하고 우주가 한곳으로 수축하지 않는 이유는 우주가 팽창하기 때문이라고 주장하였다. 그러나 프리드만은 우주가 팽창한다는 증거를 제시하지 못하였다.

2 팽창 우주론의 증거가 된 허블의 관측

허블 법칙은 프리드만이 주장했던 팽창 우주를 뒷받침하는 직접적인 증거가 되었으며, 아인슈타인은 허블 법칙이 발표되고 우주의 팽창이 사실로 밝혀지자 정적 우주론을 위해 도입했던 우주 상수를 실수라고 인정하고 철회하였다.

3 빅뱅 우주론과 정상 우주론의 대립

빅뱅 우주론(가모프)		정상 우주론(호일)
가모프는 우주가 빅뱅(대폭발)으로 시작하였으며, 초기 몇 분 만에 현재 우주를 이루는 기본적인 원소들이 생성되었다고 주장하였다. 빅뱅 우주론에 의하면 우주가 팽창함에 따라 우주의 밀도는 감소한다.		호일은 우주가 팽창함에 따라 넓어지는 은하 사이의 빈 공간에서 새로운 물질이 생성된다고 주장하였다. 정상 우주론에 의하면 우주가 팽창하더라도 질량이 증가하므로 우주의 밀도는 일정하게 유지된다.

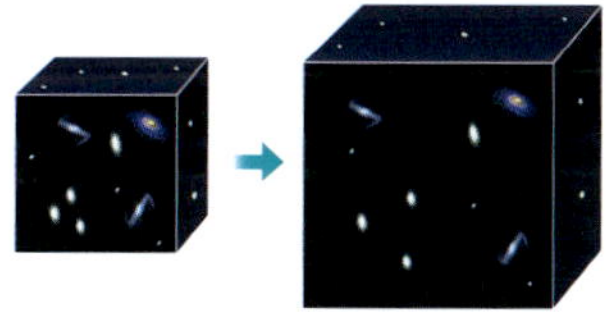

- 우주의 온도와 밀도 감소
- 우주의 크기와 나이 유한

대립

- 우주의 온도와 밀도 일정
- 우주의 크기와 나이 무한

▲ 빅뱅 우주론에서 은하의 분포 변화

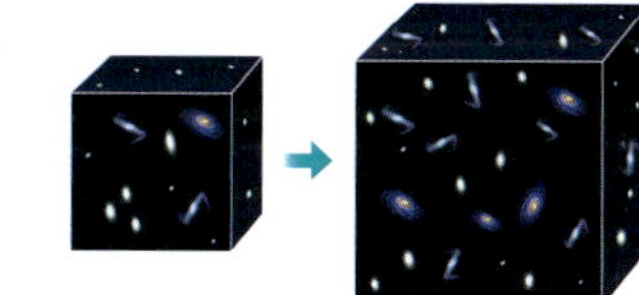

▲ 정상 우주론에서 은하의 분포 변화

4 빅뱅 우주론의 증거가 된 펜지어스와 윌슨의 관측

가모프는 우주가 팽창하면서 우주의 온도가 낮아져 약 3000 K일 때 퍼져 나간 빛이 현재 수 K의 복사 에너지로 관측될 것이라고 예측했다. 이후 1965년 미국의 펜지어스와 윌슨은 통신 실험을 하던 중 우주의 모든 방향에서 거의 동일한 세기로 관측되는 전파 신호를 발견하였으며, 이것이 가모프가 예측한 우주 배경 복사라는 사실을 알게 되었다. 이 복사 에너지는 온도가 약 2.7 K인 물체에서 방출되는 복사의 파장과 일치한다.

5 빅뱅 우주론의 확립

우주 배경 복사의 발견은 빅뱅 우주론이 과학계에서 인정을 받는 결정적인 계기가 되었다. 이후 우주 배경 복사는 코비(COBE) 위성, 더블유맵(WMAP) 위성, 플랑크(Planck) 우주 망원경에 의해 정밀하게 관측되었다.

6 빅뱅 우주론의 미래

현대의 표준 우주론은 빅뱅 우주론을 중심으로 정립되었다. 하지만 1970년대 후반 이후 초기 빅뱅 우주론으로 설명하기 어려운 관측 결과가 계속 제시되면서 새로운 우주 모델에 대한 요구가 증가하고 있다.

▲ 위성으로 관측한 우주 배경 복사

교과서 속 START 내신 완성 문제

01 그림 (가), (나), (다)에서 각각 관측되는 스펙트럼의 종류를 쓰시오.

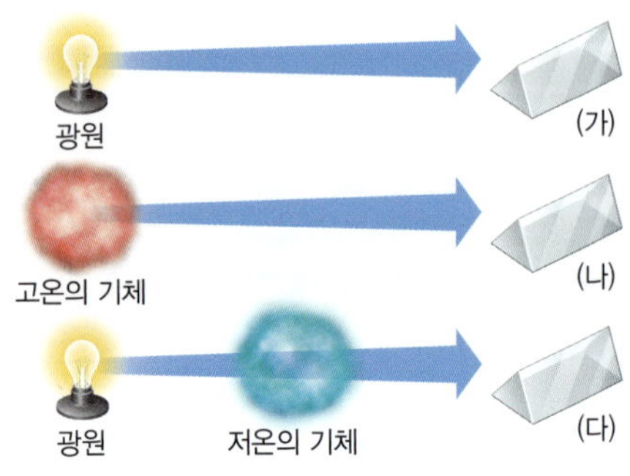

02 그림 (가)와 (나)는 서로 다른 종류의 스펙트럼을 나타낸 것이다.

이에 대한 설명으로 옳은 것만을 보기에서 있는 대로 고른 것은?

보기
ㄱ. (가)는 방출 스펙트럼이다.
ㄴ. (나)의 밝은색 선은 고온의 기체가 빛을 방출하여 생성되었다.
ㄷ. (가)와 (나)의 선 스펙트럼은 같은 원소에 의해 형성되었다.

① ㄱ　　　　② ㄴ　　　　③ ㄱ, ㄷ
④ ㄴ, ㄷ　　　⑤ ㄱ, ㄴ, ㄷ

03 백열등과 형광등을 분광기로 관측했을 때 나타나는 스펙트럼의 차이점에 대해 설명하시오. (서술형)

04 스펙트럼에 대한 설명으로 옳은 것만을 보기에서 있는 대로 고른 것은?

보기
ㄱ. 스펙트럼은 연속 스펙트럼, 흡수 스펙트럼, 방출 스펙트럼으로 구분할 수 있다.
ㄴ. 별빛의 스펙트럼을 분석하면 별을 구성하는 원소를 알 수 있다.
ㄷ. 스펙트럼에서 동일한 원소에 의해 만들어지는 방출선과 흡수선의 파장은 같다.

① ㄱ　　　　② ㄴ　　　　③ ㄱ, ㄷ
④ ㄴ, ㄷ　　　⑤ ㄱ, ㄴ, ㄷ

05 원소마다 선 스펙트럼의 파장이 고유한 까닭을 가장 적절하게 설명한 것은?

① 원소마다 전자의 수가 다르기 때문이다.
② 원소마다 양성자의 수가 다르기 때문이다.
③ 원소마다 고유한 질량을 갖고 있기 때문이다.
④ 원소가 생성될 때의 온도와 압력이 달랐기 때문이다.
⑤ 원소마다 특정한 파장의 에너지만 흡수하거나 방출하기 때문이다.

06 그림은 별 A와 여러 가지 원소의 스펙트럼을 나타낸 것이다.

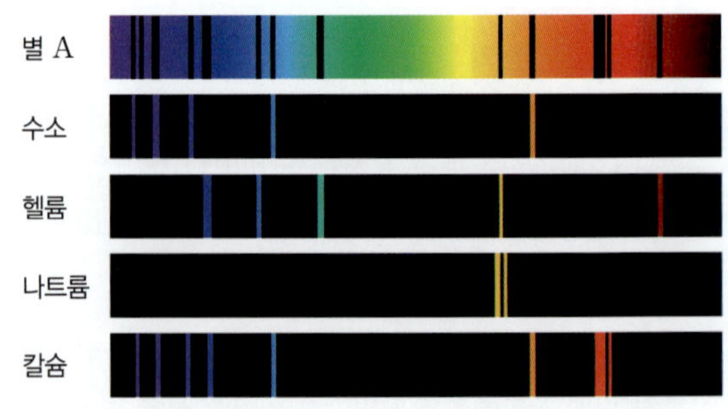

스펙트럼을 비교하여 별 A의 구성 원소를 찾아 쓰시오.

07 물질을 이루는 입자에 대한 설명으로 옳은 것은?

① 양성자는 기본 입자 2개가 결합하여 형성된다.
② 중성자는 전기적으로 양(+)전하를 띤다.
③ 원자핵은 양성자와 전자로 구성되어 있다.
④ 원자는 원자핵과 전자로 구성되어 있다.
⑤ 쿼크는 양성자와 중성자의 조합으로 만들어진다.

08 그림은 물질을 구성하는 입자들을 나타낸 것이다.

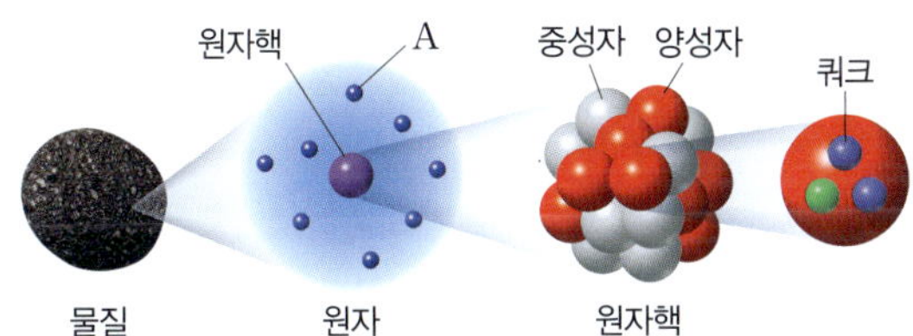

이에 대한 설명으로 옳은 것만을 보기에서 있는 대로 고른 것은?

보기
ㄱ. A는 전자이다.
ㄴ. 원자핵은 원자 질량의 대부분을 차지한다.
ㄷ. 양성자와 중성자는 물질을 이루는 기본 입자이다.

① ㄱ ② ㄴ ③ ㄷ
④ ㄱ, ㄴ ⑤ ㄴ, ㄷ

09 현재 우주가 팽창하고 있다는 관측 증거에 해당하는 것만을 보기에서 있는 대로 고른 것은?

보기
ㄱ. 우주에 수많은 별과 은하가 존재한다.
ㄴ. 우주 전역에서 수소와 헬륨이 관측된다.
ㄷ. 멀리 있는 은하일수록 더 빨리 멀어진다.

① ㄱ ② ㄴ ③ ㄷ
④ ㄱ, ㄷ ⑤ ㄴ, ㄷ

10 빅뱅 우주론에 대한 설명으로 옳은 것만을 보기에서 있는 대로 고른 것은?

보기
ㄱ. 우주는 한 점에서 시작되었다는 이론이다.
ㄴ. 우주의 온도는 항상 일정하다고 설명한다.
ㄷ. 우주에서 수소와 헬륨이 대부분을 차지한다는 사실을 잘 설명해 주는 이론이다.

① ㄱ ② ㄴ ③ ㄱ, ㄷ
④ ㄴ, ㄷ ⑤ ㄱ, ㄴ, ㄷ

11 다음은 우주 생성 초기에 일어난 사건들을 순서 없이 나타낸 것이다. (가)~(마)를 시간 순서대로 나열하시오.

(가) 빅뱅(대폭발) (나) 원자 생성
(다) 전자 생성 (라) 중성자 생성
(마) 헬륨 원자핵 생성

12 그림은 빅뱅 이후 입자의 생성 과정을 나타낸 것이다.

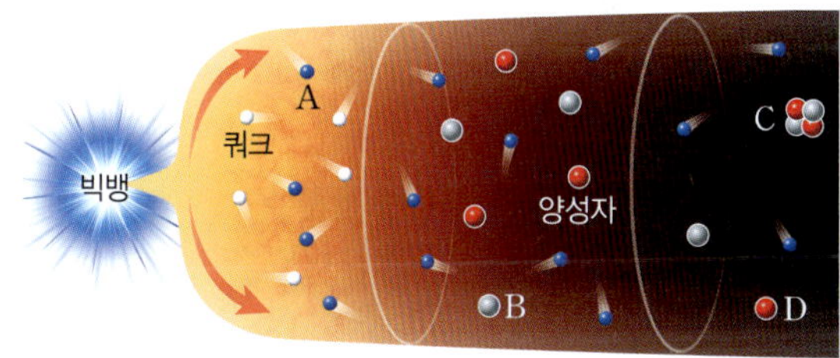

이에 대한 설명으로 옳은 것만을 보기에서 있는 대로 고른 것은?

보기
ㄱ. A는 기본 입자이다.
ㄴ. 초기 우주에서 B의 개수가 양성자 개수보다 많았다.
ㄷ. 현재 우주에 존재하는 원자핵의 질량비는 C : D ≒ 1 : 3이다.

① ㄱ ② ㄴ ③ ㄷ
④ ㄱ, ㄴ ⑤ ㄱ, ㄷ

13 그림은 초기 우주에서 헬륨 원자핵이 생성되는 과정을 나타낸 것이다.

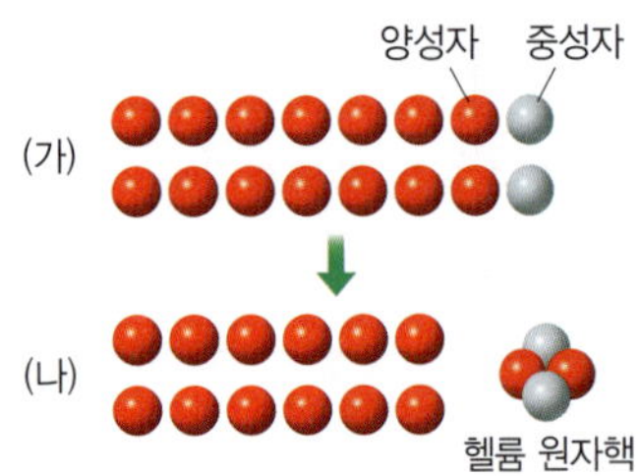

이에 대한 설명으로 옳은 것만을 보기에서 있는 대로 고른 것은?

보기

ㄱ. (가) → (나) 동안 우주의 온도는 낮아졌다.

ㄴ. (가)에서 양성자와 중성자의 개수비는 약 7:1이다.

ㄷ. (나)에서 수소 원자핵과 헬륨 원자핵의 질량비는 약 12:1이다.

① ㄱ   ② ㄷ   ③ ㄱ, ㄴ

④ ㄴ, ㄷ   ⑤ ㄱ, ㄴ, ㄷ

14 그림 (가)와 (나)는 서로 다른 종류의 원자핵을 나타낸 것이다.

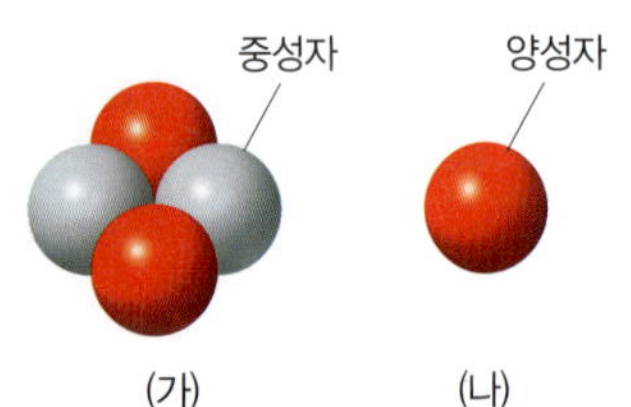

이에 대한 설명으로 옳은 것만을 보기에서 있는 대로 고른 것은?

보기

ㄱ. (가)는 빅뱅 후 약 38만 년이 지났을 때 생성되었다.

ㄴ. (나)는 헬륨 원자핵이다.

ㄷ. 우주에는 (나)가 (가)보다 풍부하다.

① ㄱ   ② ㄴ   ③ ㄷ

④ ㄱ, ㄴ   ⑤ ㄱ, ㄷ

15 다음 ( ) 안에 들어갈 알맞은 말을 쓰시오.

빅뱅 후 약 38만 년이 지나 우주의 온도가 3000 K으로 낮아졌을 때 원자핵과 전자가 결합하여 원자가 만들어졌다. 수소 원자핵과 전자 ㉠( )개가 결합하여 수소 원자를 만들었고, 헬륨 원자핵과 전자 ㉡( )개가 결합하여 헬륨 원자를 만들었다.

16 우주 배경 복사에 대한 설명으로 옳은 것만을 보기에서 있는 대로 고른 것은?

보기

ㄱ. 원자핵과 전자가 결합한 이후 우주로 퍼져 나간 빛이다.

ㄴ. 현재 온도가 약 2.7 K인 물체에서 방출되는 에너지의 파장과 거의 일치한다.

ㄷ. 우주가 팽창함에 따라 우주 배경 복사의 파장은 짧아졌다.

① ㄱ   ② ㄷ   ③ ㄱ, ㄴ

④ ㄴ, ㄷ   ⑤ ㄱ, ㄴ, ㄷ

17 그림은 플랑크 우주 망원경으로 관측한 우주 전역의 복사 에너지 분포를 나타낸 것이다.

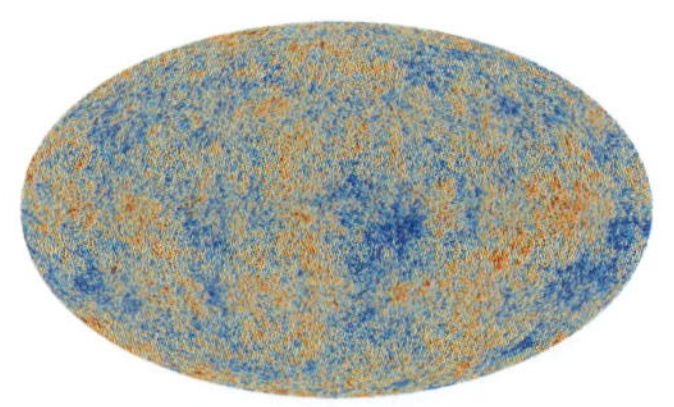

이 복사 에너지가 형성될 당시에 우주의 나이와 우주의 온도를 옳게 나타낸 것은?

	우주의 나이	우주의 온도
①	약 3분	약 2.7 K
②	약 3분	약 3000 K
③	약 38만 년	약 2.7 K
④	약 38만 년	약 3000 K
⑤	약 138억 년	약 2.7 K

JUMP 도전 문제

01 그림은 태양의 스펙트럼을 나타낸 것이다. 이 스펙트럼을
〔서술형〕 이용하여 태양 대기의 구성 원소를 알 수 있는 원리를 설명
하시오.

02 그림은 초기 우주에서 입자가 생성되는 과정 중 일부를 나
타낸 것이다.

A와 B 시기에 대한 설명으로 옳은 것은?

① A 시기에 헬륨 원자핵이 생성되었다.
② B 시기에 전자가 최초로 생성되었다.
③ 우주 배경 복사는 B 시기에 형성되었다.
④ 우주의 크기는 A 시기가 B 시기보다 컸다.
⑤ 우주의 온도는 A 시기가 B 시기보다 높았다.

03 우주 초기에 헬륨 원자핵이 생성된 이후 헬륨보다 무거운
〔서술형〕 원소의 원자핵이 거의 만들어지지 못했다. 그 까닭은 무엇
인지 설명하시오.

04 그림 (가)와 (나)는 빅뱅 이후 서로 다른 시기의 우주에 존
재하는 입자를 나타낸 것이다.

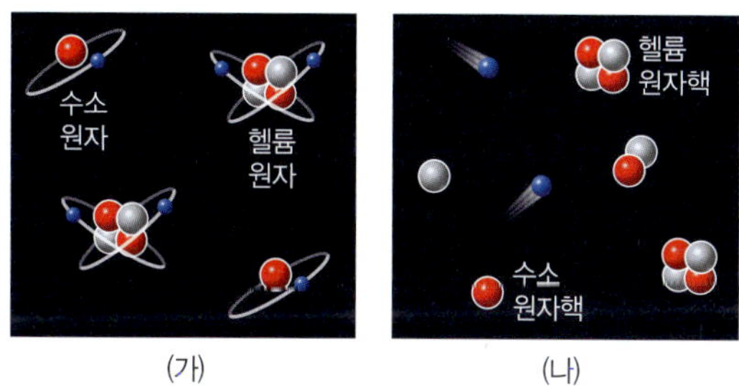

이에 대한 설명으로 옳은 것만을 보기에서 있는 대로 고른
것은?

보기
ㄱ. 시간 순서는 (나) → (가)이다.
ㄴ. (가)의 시기는 빅뱅 후 약 3분이 지났을 무렵이다.
ㄷ. (나)의 시기에 빛은 전자의 영향을 받지 않고 직진
　할 수 있었다.

① ㄱ　　　　② ㄴ　　　　③ ㄱ, ㄷ
④ ㄴ, ㄷ　　　⑤ ㄱ, ㄴ, ㄷ

05 그림은 초기 우주에서 생성된 원자 (가)~(다)를 모형으로
나타낸 것이다.

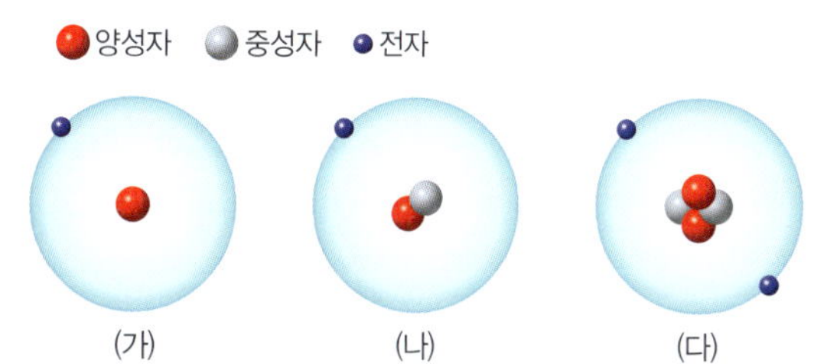

이에 대한 설명으로 옳은 것만을 보기에서 있는 대로 고른
것은?

보기
ㄱ. (가)와 (나)는 수소 원자이다.
ㄴ. 질량은 (다)가 (가)의 약 4배이다.
ㄷ. 현재 우주에 존재하는 원자 수는 (가)>(나)>(다)
　이다.

① ㄱ　　　　② ㄷ　　　　③ ㄱ, ㄴ
④ ㄴ, ㄷ　　　⑤ ㄱ, ㄴ, ㄷ

02 지구와 생명체를 이루는 원소의 생성

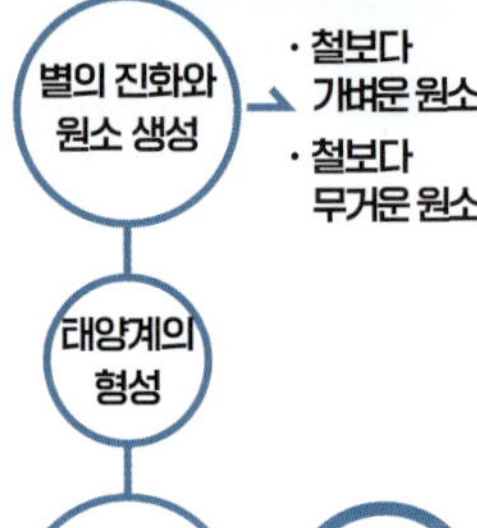

1 질량이 태양과 비슷한 별의 진화와 원소의 생성

빅뱅 후 3분 동안 수소, 헬륨 그리고 적은 양의 리튬이 생성되었고 이들보다 무거운 원소는 거의 존재하지 않았다. 이들보다 무거운 원소들은 별이 진화하는 과정에서 생성되었으며, 별은 질량에 따라 다르게 진화한다.

1. 별의 탄생 과정   집중 분석 65쪽

성운에서 원시별이 생성되고, 계속되는 수축으로 중심부 온도가 상승하여 별이 탄생한다.

(1) **성운의 형성**: 성운은 수소, 헬륨 등 성간 물질이 밀집되어 있어 구름처럼 보이는 천체이다. 물질이 밀집된 곳을 중심으로 중력이 커져 수축이 일어나 성운이 형성된다.

(2) **원시별의 생성**: 성운 내부에서 밀도가 크고 온도가 낮은 영역이 중력에 의해 수축하면서 중심부의 밀도와 온도가 점점 높아져 원시별이 만들어진다.

(3) **별의 탄생**: 원시별의 중심부 온도가 점점 높아져 1000만 K 이상이 되면 수소 핵융합 반응이 일어나 스스로 빛을 내는 별(주계열성)이 된다.

2. 주계열성과 헬륨의 생성

별은 일생의 대부분을 중심부에서 일어나는 수소 핵융합 반응으로 에너지를 방출하면서 보낸다.

(1) **수소 핵융합 반응**: 중심부의 온도가 1000만 K 이상이 되면 4개의 수소 원자핵이 융합하여 1개의 헬륨 원자핵을 만드는 반응이 일어난다. 이 반응은 중심부의 수소가 모두 헬륨으로 변할 때까지 일어난다.

헬륨의 양

헬륨은 지구에는 거의 존재하지 않지만 우주에는 수소 다음으로 많은 기체이다. 우주에 존재하는 헬륨은 주로 빅뱅 후 약 3분 동안에 빅뱅 핵합성에 의해 생성된 것이고, 별의 중심부에서 수소 핵융합 반응으로 생성된 것은 그 양이 매우 적다.

좀 더 자세히!

❶ 헬륨 원자핵 1개의 질량은 수소 원자핵 4개의 질량의 합보다 작다.

❷ 반응 후 줄어든 질량이 에너지(E)로 전환되어 방출된다.
$$4H \longrightarrow He + E$$

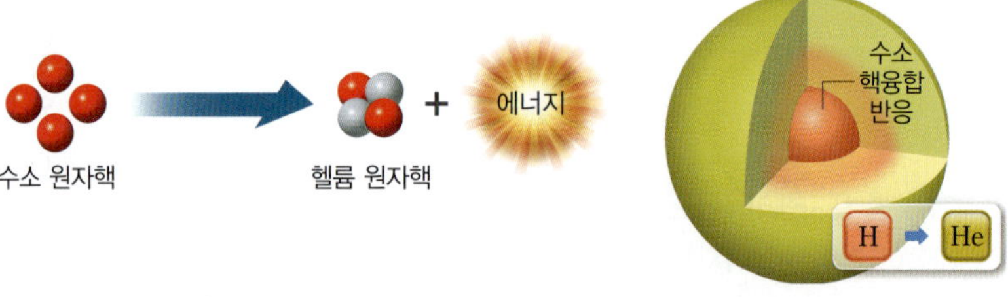

▲ 수소 핵융합 반응

(2) 별의 크기: 주계열성은 수소 핵융합 반응으로 생기는 별의 내부 압력과 중심쪽으로 수축하려는 중력이 평형을 이루기 때문에 별의 크기가 일정하게 유지된다.

(3) 별이 일생의 대부분을 주계열성으로 보내는 까닭: 수소는 별에서 가장 풍부한 원소이므로 수소 핵융합 반응이 주계열성의 중심부에서 매우 긴 시간 동안 일어날 수 있기 때문이다.

3. 주계열성 이후 별의 진화와 원소의 생성

주계열성 이후의 진화 과정은 별의 질량에 따라 달라지며, 질량이 클수록 중심부의 온도가 더 높아져 무거운 원소를 만드는 핵융합 반응이 일어난다.

(1) **적색 거성에서 탄소까지 생성**: 질량이 태양과 비슷한 별은 주계열성 이후 적색 거성에서 행성상 성운, 백색 왜성으로 진화하며, 적색 거성의 중심부에서 탄소까지 생성된다.

① **중력 수축**: 중심부에서 수소가 모두 헬륨으로 바뀌면 수소 핵융합 반응이 멈추고 중심부는 수축하기 시작한다. 수축에 의해 발생한 열은 중심부 바깥의 수소 층을 가열하고, 이 곳에서 수소 핵융합 반응이 일어나 내부 압력이 증가하여 별의 바깥층이 팽창한다. 이때 팽창하는 별은 표면 온도가 낮아서 붉은색을 띠는데, 이 단계의 별을 적색 거성이라고 한다.

② **헬륨 핵융합 반응**: 헬륨으로 이루어진 중심부가 계속 수축하여 온도가 1억 K 이상이 되면 헬륨 핵융합 반응이 일어나 탄소가 생성된다.

③ **핵융합 반응 중단**: 적색 거성의 중심부에서 헬륨이 모두 탄소로 바뀌면 탄소 핵융합 반응이 일어날 수 있을 만큼 온도가 상승하지 못하여 핵융합 반응이 멈춘다.

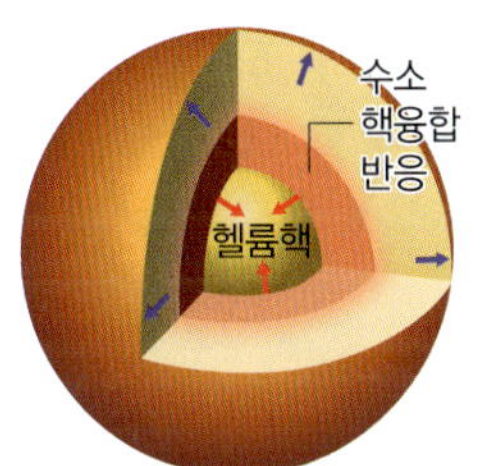

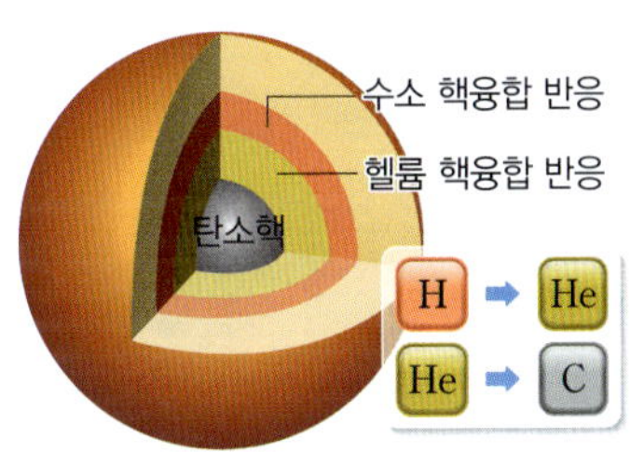

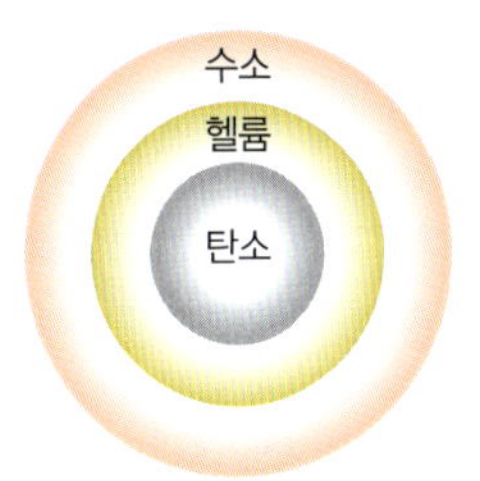

▲ **적색 거성** 중심부에서 헬륨핵이 수축하고, 바깥의 수소 층에서 수소 핵융합 반응이 일어나 별이 팽창한다.

▲ **적색 거성의 마지막 단계** 중심부에서 헬륨 핵융합 반응이 끝나면 탄소핵이 수축하고, 이를 둘러싼 영역에서 헬륨 핵융합 반응과 수소 핵융합 반응이 일어난다.

▲ **질량이 태양과 비슷한 별의 내부 구조** 중심으로 갈수록 무거운 원소가 분포한다(수소 → 헬륨 → 탄소).

(2) **적색 거성 이후의 진화**: 핵융합 반응이 중단되면, 별의 바깥층은 팽창하여 우주로 퍼져 나가 행성상 성운이 되고, 별의 중심부는 수축하여 밀도가 큰 백색 왜성이 된다.

✔ 중요 개념 체크

정답과 해설 12쪽

1. 원시별은 성운 내부에서 밀도가 ㉠ (크, 작)고 온도가 ㉡ (높, 낮)은 영역에서 탄생한다.

2. 별의 진화와 원소의 생성에 대한 설명으로 옳은 것은 ○, 옳지 <u>않은</u> 것은 ×로 표시하시오.

   (1) 원시별의 중심부 온도가 1000만 K 이상이 되면 수소 핵융합 반응이 일어나 주계열성이 된다. ―――――――――――――――― (   )

   (2) 적색 거성의 중심부에서는 헬륨 핵융합 반응에 의해 탄소가 생성된다. ――――― (   )

주계열성 내부에서 힘의 평형
주계열성은 중력과 내부 압력이 평형을 이루고 있다.

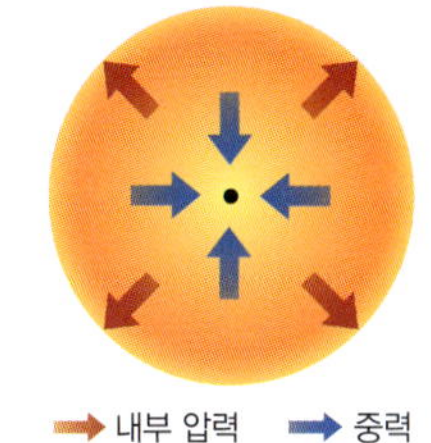

별의 질량과 수명 관계
주계열성은 질량이 클수록 수소 핵융합 반응이 활발하게 일어나 수명이 짧다.

적색 거성의 형성

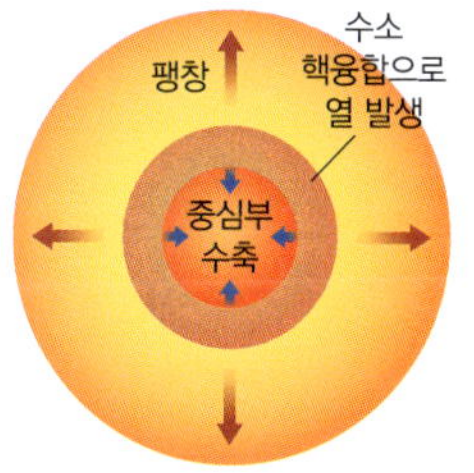

중심부에서는 수축, 외곽층에서는 팽창이 일어난다.

백색 왜성과 행성상 성운

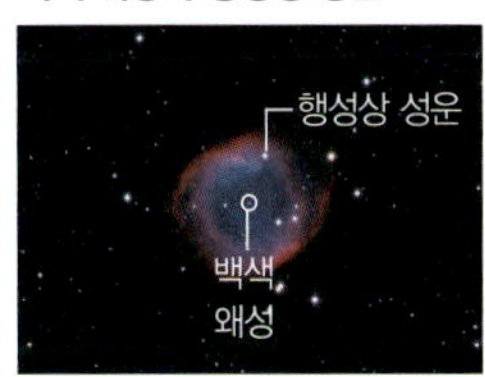

• 백색 왜성: 크기가 작고 밀도가 큰 백색의 별로, 핵융합 반응이 일어나지 않는다.
• 행성상 성운: 질량이 태양과 비슷한 별의 마지막 단계에서 바깥층이 방출되어 만들어진 고리 모양의 가스 물질이다.

2 질량이 태양보다 훨씬 큰 별의 진화와 원소의 생성

우리 주변에 존재하는 산소, 질소, 철, 우라늄 등 비교적 무거운 원소들은 질량이 태양보다 훨씬 큰 별이 진화하는 과정에서 생성되었다.

1. 주계열성 이후의 진화와 원소의 생성

(1) **초거성에서 철까지 원소 생성**: 질량이 태양보다 훨씬 큰 별은 주계열성에서 적색 거성보다 큰 초거성으로 진화하며, 초거성의 중심부에서 철까지 생성된다.

① **초거성으로 진화**: 주계열성의 중심부에서 수소가 모두 헬륨으로 바뀌면 수소 핵융합 반응이 멈춘다. 그 결과 내부 압력보다 중력이 우세하여 헬륨으로 이루어진 중심부는 수축하기 시작하고, 수축에 의해 발생한 열이 중심부 바깥에 있는 수소 층을 가열하면 내부 압력이 증가하여 별이 팽창하여 초거성이 된다.

② **초거성에서 탄소~철의 생성**: 초거성의 중심부가 계속 수축하여 온도가 1억 K 이상이 되면 헬륨 핵융합 반응이 일어나 탄소가 만들어진다. 초거성의 중심부는 헬륨이 모두 탄소로 바뀐 후에도 온도가 높아 핵융합 반응이 계속 일어나 질소, 산소, 네온, 마그네슘, 규소, 황 등이 차례대로 생성되고, 마지막으로 중심부에 철이 생성된다. ➡ 철까지만 생성되는 까닭: 철은 매우 안정하므로 더 무거운 원자핵으로 핵융합 반응이 일어나지 않기 때문

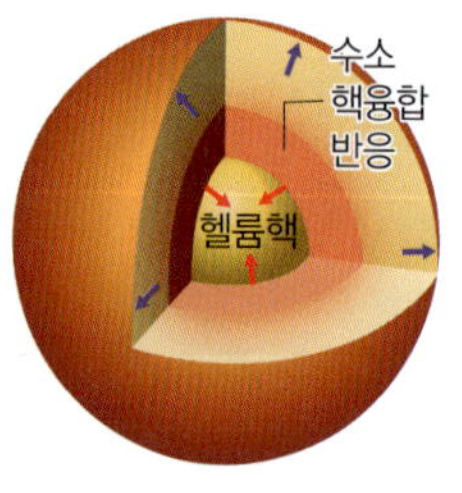

▲ **초거성** 중심부에서 헬륨 핵이 수축하고, 바깥의 수소 층에서 수소 핵융합 반응이 일어나 별이 팽창한다.

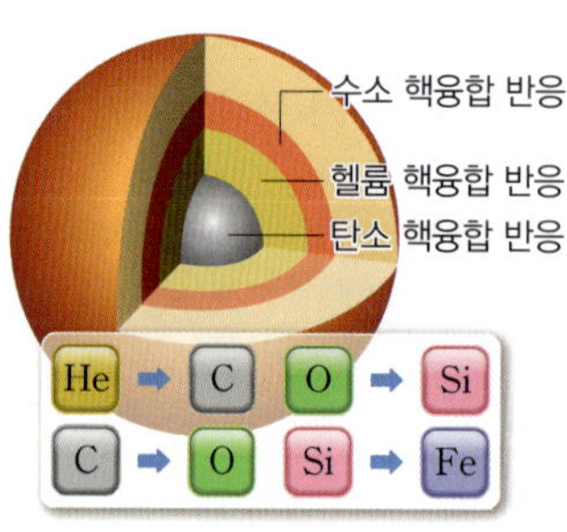

▲ **초거성의 마지막 단계** 헬륨 핵융합 반응 이후에도 탄소, 산소, 규소 핵융합 반응이 일어나 별 내부에서 철까지 만들어진다.

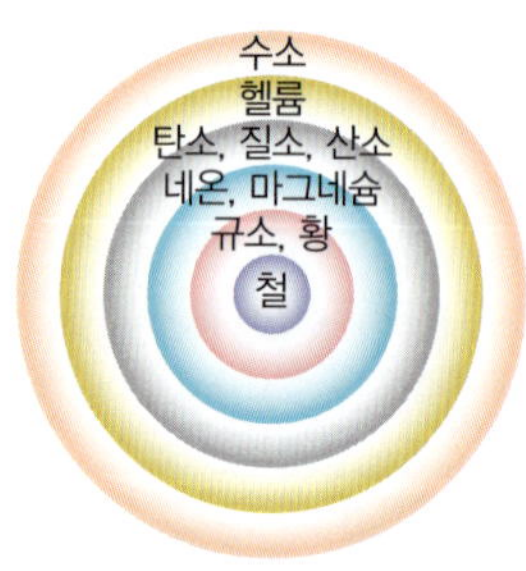

▲ **질량이 태양보다 훨씬 큰 별의 내부 구조** 중심으로 갈수록 무거운 원소가 분포한다(수소 → 헬륨 → 탄소~철).

(2) **초신성 폭발과 철보다 무거운 원소의 생성**

① **초신성 폭발**: 초거성의 중심부에 철로 이루어진 핵이 만들어지면 더 이상 핵융합 반응이 일어나지 않는다. 그 결과 초거성은 중력에 의해 급격하게 수축하다가 수축을 견디지 못하면 폭발하여 매우 밝아지는데, 이를 초신성이라고 한다.

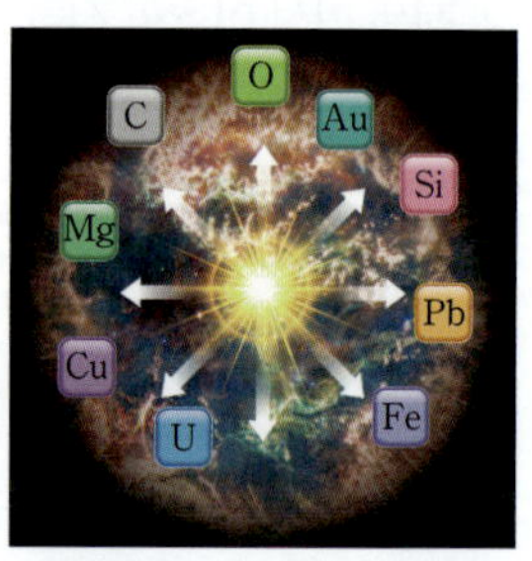

▲ **철보다 무거운 원소의 생성**

② **철보다 무거운 원소의 생성**: 초신성 폭발 과정에서 엄청난 에너지가 발생하고, 이 에너지에 의해 철보다 무거운 구리, 금, 은, 우라늄 등의 원소가 생성된다.

(3) **중성자별 또는 블랙홀로의 진화**: 초신성이 폭발하고 남은 중심부는 중성자로 이루어진 밀도가 매우 큰 중성자별이 되거나, 중력 때문에 계속 수축하여 빛조차도 빠져나올 수 없는 블랙홀이 된다.

블랙홀의 관측
블랙홀은 강한 중력으로 빛조차 빠져나오지 못하기 때문에 직접 관측할 수 없고, 블랙홀 주변에 있는 기체가 블랙홀에 빨려 들어갈 때 방출하는 X선을 관측하여 그 존재를 알아낸다.

2. 원소의 순환

별의 진화 과정에서 생성된 여러 원소들은 행성상 성운이나 초신성 폭발에 의해 우주로 방출된다. 이러한 원소들을 포함한 성간 물질은 뭉쳐지면서 새로운 별을 만들고, 별의 진화 과정을 거쳐 다시 성간 물질로 되돌아가기를 반복하여 점차 성간 물질에 포함된 무거운 원소의 비율이 증가한다. 그 결과 초신성 잔해를 포함한 성간 물질에서 생성된 별이나 행성들은 무거운 원소를 많이 포함할 수 있게 되었다.

초신성 잔해
초신성 폭발로 별의 구성 물질의 대부분을 우주 공간으로 방출하고 남은 가스와 먼지 등

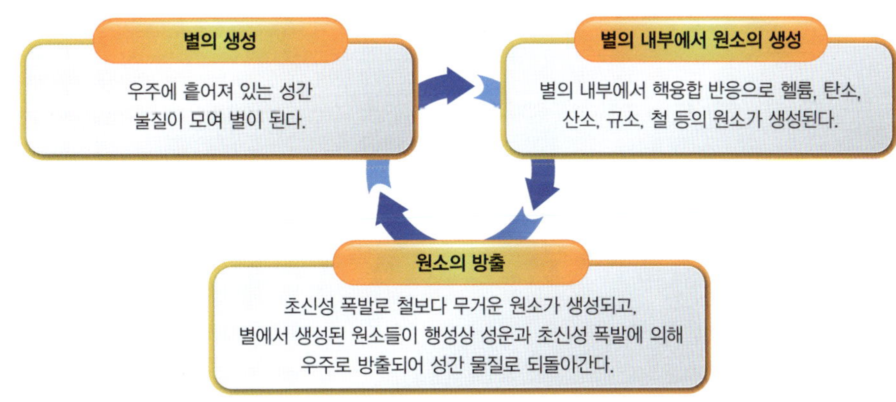

플러스 강의 ➕ 별의 진화 과정

별은 질량에 따라 진화 과정이 다르게 나타난다.

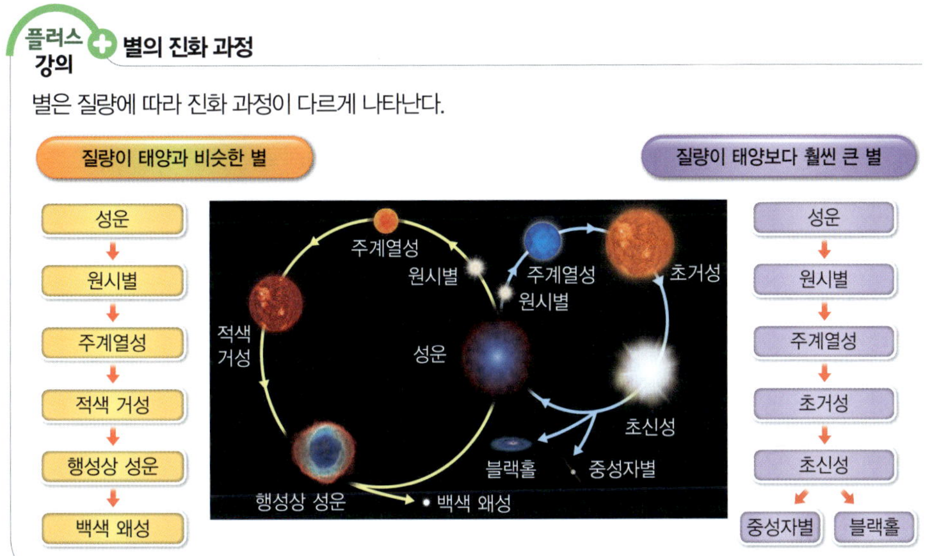

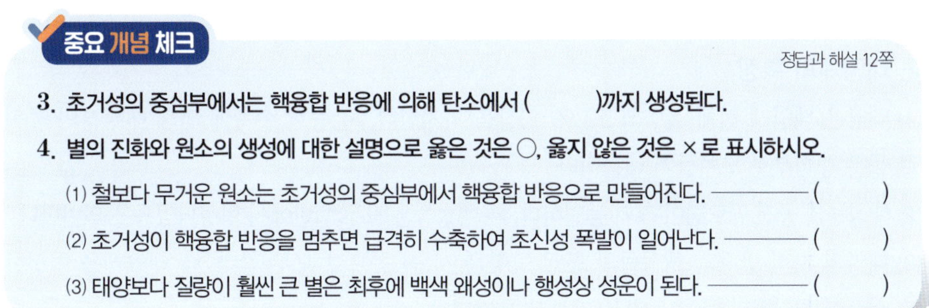

✔ **중요 개념 체크**

정답과 해설 12쪽

3. 초거성의 중심부에서는 핵융합 반응에 의해 탄소에서 (　　　)까지 생성된다.

4. 별의 진화와 원소의 생성에 대한 설명으로 옳은 것은 ○, 옳지 <u>않은</u> 것은 ×로 표시하시오.

　(1) 철보다 무거운 원소는 초거성의 중심부에서 핵융합 반응으로 만들어진다. ─────── (　　　)

　(2) 초거성이 핵융합 반응을 멈추면 급격히 수축하여 초신성 폭발이 일어난다. ─────── (　　　)

　(3) 태양보다 질량이 훨씬 큰 별은 최후에 백색 왜성이나 행성상 성운이 된다. ─────── (　　　)

3 태양계의 형성

태양계의 기원은 원시 태양계 성운의 회전과 수축으로 태양계 천체들이 형성되었다는 성운설이 가장 타당한 것으로 알려져 있다.

1. 태양계의 형성 과정

약 50억 년 전 기체와 티끌로 이루어진 태양계 성운이 수축하면서 태양계가 형성되었다.

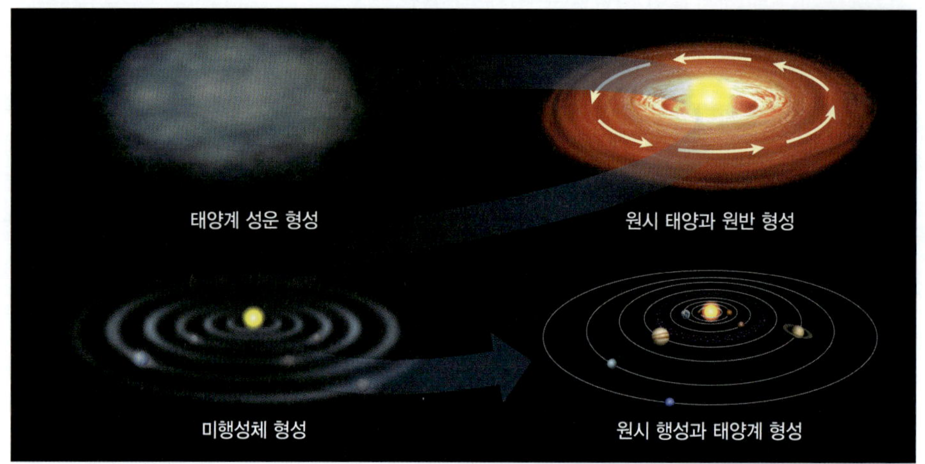

(1) **태양계 성운의 형성**: 지금의 태양계 자리에 있었던 성운은 초기 우주에서 만들어진 수소와 헬륨 외에 탄소, 질소, 산소, 철 등의 무거운 원소도 포함하고 있었다. 태양계 성운은 현재의 태양계보다 훨씬 큰 규모였으며, 서서히 회전하고 있었을 것으로 추정된다.

(2) **성운의 회전과 수축**: 태양계 성운은 회전하면서 중력에 의해 수축하여 중심부는 볼록하고, 가장자리는 얇은 원반 모양을 이루게 되었다.

(3) **원시 태양과 원반 형성**: 태양계 성운의 중심부는 중력으로 물질들이 더욱 밀집되면서 밀도와 온도가 높아져 원시 태양이 형성되었다. 성운의 수축으로 회전 속도가 점점 빨라졌고, 회전의 영향으로 원시 태양 주변에 납작한 원시 원반이 형성되었다.

(4) **미행성체 형성**: 회전하는 원반은 여러 개의 큰 고리가 되었고, 각 고리를 구성하는 가스와 먼지들은 중력에 의해 뭉쳐져서 미행성체들이 형성되었다.

(5) **원시 행성과 태양계 형성**: 미행성체는 서로 충돌하고 합쳐지면서 원시 행성이 되었다. 원시 태양은 중심부에서 수소 핵융합 반응이 일어나기 시작하면서 태양이 되었고, 원시 행성은 주변의 물질을 끌어당겨 행성으로 성장하였다. 강력한 태양풍이 남은 주변의 가스와 먼지들을 태양계 밖으로 날려 보내면서 현재의 태양계가 형성되었다.

2. 태양계의 특징

(1) 태양은 태양계 전체 질량의 99 % 이상을 차지한다. ➡ 중력 수축에 의해 대부분의 물질들은 중심부로 모여들기 때문이다.

(2) 행성들의 공전 궤도면이 거의 동일하다. ➡ 행성들은 모두 원반에서 형성되었음을 의미한다.

(3) 태양의 자전 방향과 행성들의 공전 방향은 서 → 동으로 모두 같다. ➡ 태양계를 형성한 성운이 회전하던 방향과 같을 것으로 추정된다.

성운설

태양계 형성 과정을 설명하는 대표적인 가설로, 성운의 수축으로 중심부에서 태양이 형성되고, 회전에 의한 원심력으로 형성된 성운의 원반에서 행성과 위성을 포함한 태양계의 작은 천체들이 형성되었다고 설명한다.

원반 모양의 성운

회전축의 수직 방향으로 원심력이 작용하기 때문에 회전하는 성운은 납작한 원반 모양을 이룬다.

미행성체

태양계 형성 초기에 만들어진 작은 천체로, 얼음 조각이나 먼지가 서로 충돌하여 합쳐지면서 성장한 것이다.

원시 행성과 행성

미행성체가 서로 충돌하면서 성장하여 달 정도의 크기가 되면 이를 원시 행성이라고 한다. 원시 행성이 자신의 궤도 주변의 물질을 충분히 제거하여 궤도가 안정되면 이를 행성이라고 한다.

3. 지구형 행성과 목성형 행성의 형성

(1) **지구형 행성의 형성**: 태양계 원반에서 태양과 가까운 곳은 온도가 높아서 녹는점이 높은 금속이나 암석 성분 등이 분포하여 미행성체를 형성하였다. 그 뒤, 미행성체들이 충돌하여 형성된 원시 행성이 암석질 물질을 끌어들여 암석 성분의 지구형 행성이 형성되었다.

(2) **목성형 행성의 형성**: 태양계 원반에서 태양과 멀리 떨어진 곳은 온도가 낮아서 녹는점이 낮은 얼음이나 메테인 등이 응축되어 미행성체를 형성하였다. 그 뒤, 암석과 얼음으로 이루어진 미행성체가 빠르게 성장하여 행성의 핵을 형성하였고, 핵은 주변에 있는 수소와 헬륨을 끌어들여 거대한 목성형 행성이 형성되었다.

지구형 행성과 목성형 행성의 물리량

구분	지구형 행성	목성형 행성
반지름	작다	크다
질량	작다	크다
평균 밀도	크다	작다
자전 주기	길다	짧다
고리	없다	있다
편평도	작다	크다

▲ **지구형 행성과 목성형 행성** 수성, 금성, 지구, 화성은 암석 성분의 지구형 행성이고, 목성, 토성, 천왕성, 해왕성은 기체 성분의 목성형 행성이다.

플러스 강의 ➕ 지구형 행성과 목성형 행성의 형성

❶ 원시 태양으로부터 약 5 AU 떨어진 화성과 목성의 공전 궤도 사이에 얼음 경계선이 위치하였다. 얼음 경계선 안쪽은 온도가 높아 얼음이 존재할 수 없었고, 얼음 경계선 바깥쪽은 온도가 낮아 물, 메테인, 암모니아 등이 얼음 상태로 존재할 수 있었다.

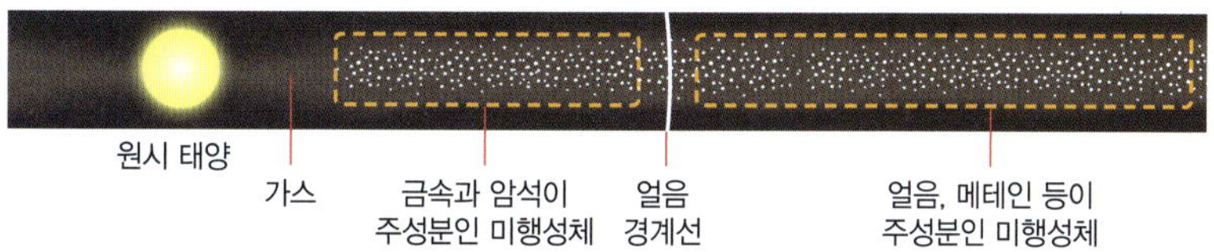

❷ 원시 태양과 가까운 곳에서는 강한 태양풍이 기체와 티끌을 태양계 외곽으로 밀어냈기 때문에 기체를 끌어들이지 못한 작은 암석형 행성이 형성되었다.

❸ 원시 태양과 멀리 떨어진 곳에서는 얼음이 미행성체의 성장을 도와 빠르게 원시 행성이 형성될 수 있었고, 이들은 주변의 기체를 끌어들여 거대한 기체형 행성이 형성되었다.

✔ 중요 개념 체크

정답과 해설 12쪽

5. 약 50억 년 전 태양계 성운이 수축하여 원반의 중심부에서는 ㉠ (   )이/가 형성되었고, 원반에서는 미행성체의 충돌로 ㉡ (   )이/가 형성되었다.

6. 태양과 가까운 곳에서는 ㉠ (   ) 성분의 지구형 행성이 형성되었고, 태양과 먼 곳에서는 ㉡ (   ) 성분의 목성형 행성이 형성되었다.

지구는 태양계를 형성한 성운의 구성 물질로부터 만들어졌고, 생명체는 지구를 구성하는 물질로부터 만들어졌다. 따라서 지구와 생명체의 역사는 대폭발에서 시작되어 현재의 모습이 된 우주 역사의 일부분이라고 할 수 있다.

1. 원시 지구의 형성

약 46억 년 전 미행성체들의 충돌로 원시 지구가 형성되었다.

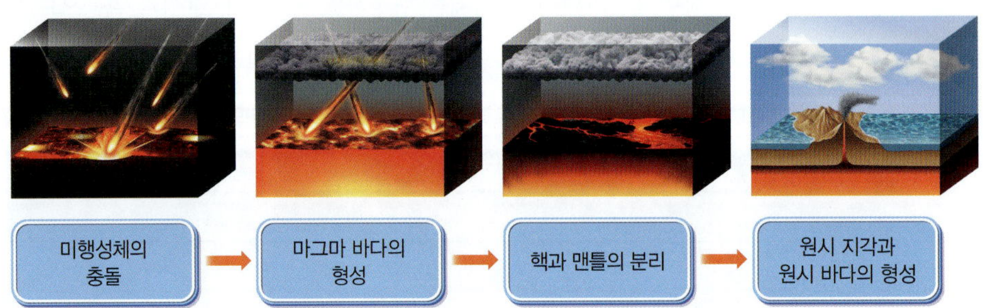

(1) **미행성체의 충돌**: 미행성체들의 충돌에 의해 점차 성장하면서 원시 지구가 형성되었다.

(2) **마그마 바다의 형성**: 충돌에 의한 열에너지, 원시 대기의 온실 효과 등으로 지표 부근이 완전히 녹아 마그마 바다가 형성되었다.

(3) **핵과 맨틀의 분리**: 마그마 바다에서 용융 상태의 철, 니켈 등 무거운 물질은 지구 중심부로 가라앉아 핵을 형성하였고, 규소, 산소 등 가벼운 물질은 위로 떠올라 맨틀을 형성하였다. 이 시기에는 지구 내부에 성층 구조가 형성되면서 중심부의 밀도가 높아졌다.

(4) **원시 지각의 형성**: 원시 지구가 현재의 지구와 비슷한 크기만큼 성장했을 때, 미행성체의 충돌이 줄어들면서 지표면이 냉각되어 원시 지각이 형성되었다.

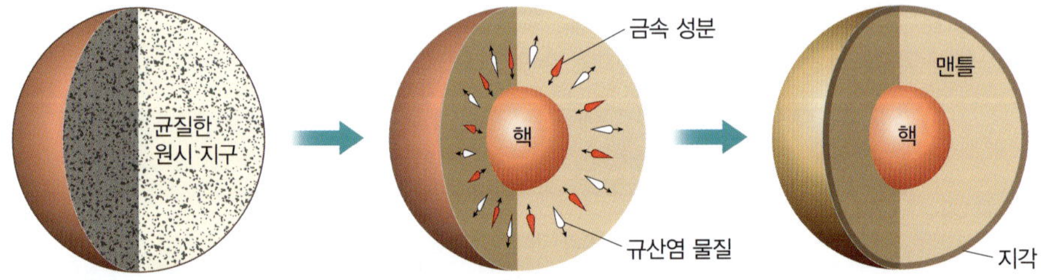

▲ **원시 지구에서 성층 구조의 형성 과정** 마그마 바다에서 무거운 금속 성분이 가라앉고, 상대적으로 가벼운 규산염 물질이 떠오르면서 핵과 맨틀의 분리가 일어났다. 이후 지표면이 냉각되어 원시 지각이 형성되었다.

(5) **원시 바다의 형성**: 원시 지각이 형성된 초기에는 지표에 액체 상태의 물이 존재하기 어려울 정도로 온도가 높았다. 지표의 온도가 충분히 낮아진 후, 대기 중에 존재하던 많은 양의 수증기는 응결하여 비로 내렸고, 빗물이 낮은 곳에 모여 원시 바다를 형성하였다.

(6) **최초의 생명체 탄생**: 원시 바다에서 최초의 생명체가 탄생하였고, 이후 다양한 생명체가 살고 있는 행성이 되었다.

2. 원시 지구의 진화

(1) **지권의 형성과 진화**: 최초의 원시 지각은 얇았기 때문에 지구 내부의 열에너지가 외부로 쉽게 방출되었고, 이 과정에서 화산 활동 등의 지각 변동이 매우 활발하였다.

규산염 물질
규소와 산소, 일부 금속 원소가 결합한 화합물을 말한다. 지구상의 암석을 이루는 광물은 대부분 규산염 물질로 이루어져 있다.

원시 지각
원시 지각은 모두 화성암으로 이루어져 있었다. 이 당시에 만들어진 지각은 현재 발견되지 않고 있으며, 오늘날의 지각은 대부분 암석의 순환을 거쳐 새롭게 만들어졌다.

원시 바다의 나이
퇴적 작용의 흔적이 약 38억 년 전의 암석에서 발견되므로 원시 바다는 그 이전부터 존재했을 것으로 추정된다.

⑵ **수권의 형성과 진화**: 물의 순환이 일어나면서 육지의 암석에 포함된 성분이 바다로 공급되었고, 해저 화산 활동에 의해 방출된 화산 가스의 일부가 바다에 녹아 염분이 높아졌다.

⑶ **기권의 형성과 진화**: 미행성체의 충돌과 화산 활동에 의해 방출된 기체들이 원시 대기를 이루었다.

플러스 강의 ➕ 지구 대기 성분의 변화

❶ **이산화 탄소**: 원시 바다가 형성된 이후, 해저에 침전되어 석회암을 형성하면서 대기 중의 양이 감소하였다.

❷ **질소**: 다른 물질과 쉽게 반응하지 않는 안정한 기체이므로 큰 변화 없이 유지되었다. 질소는 현재 지구 대기에서 가장 풍부한 기체이다.

❸ **산소**: 광합성을 하는 생명체의 출현으로 약 25억 년 전부터 대기에 쌓이기 시작하였다.

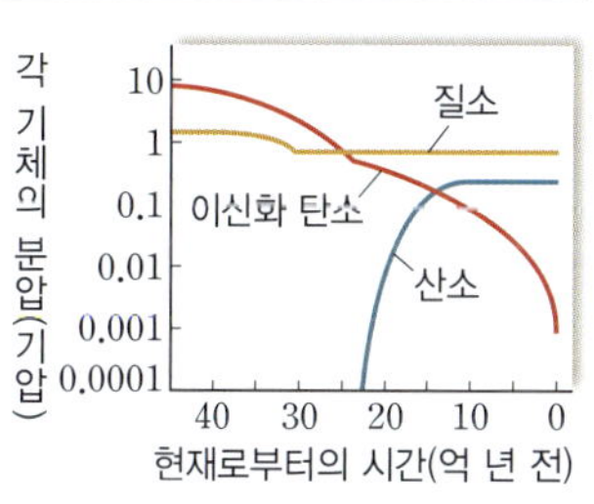

▲ 시간에 따른 기체의 분압 변화

3. 지구와 생명체의 구성 원소 탐구 64쪽

약 138억 년 전 빅뱅으로 시작된 우주에서는 별의 진화 과정을 거쳐 철, 규소, 산소, 탄소 등의 다양한 원소가 만들어졌다.

⑴ **우주의 구성 원소**: 가장 많은 원소는 수소이고, 두 번째로 많은 원소는 헬륨이다.

⑵ **지구의 구성 원소**: 지구는 태양계 성운에 포함된 고체 물질(주로 금속과 암석)로부터 형성되었기 때문에 주성분은 철, 산소, 규소 등이다. 지구 전체에서 가장 많은 양을 차지하는 철은 대부분 핵에 존재하며, 산소와 규소는 지각에 풍부한 원소이다.

⑶ **사람의 구성 원소**: 산소, 탄소, 수소, 질소 등으로 이루어져 있다.

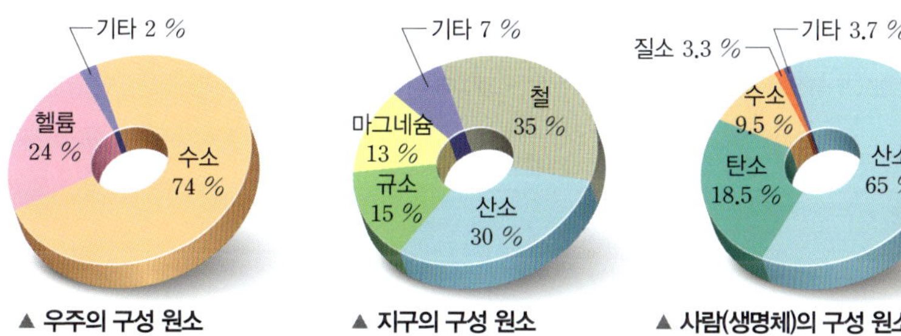

▲ 우주의 구성 원소　　▲ 지구의 구성 원소　　▲ 사람(생명체)의 구성 원소

대기 중의 산소 농도 변화

산소는 바다에서 광합성을 하는 생명체가 출현한 약 35억 년 전부터 발생하기 시작하였다. 산소가 발생한 초기에는 바다 속에 녹아 있던 철과 결합하여 퇴적물에 포함되었기 때문에 대기에 산소가 쌓이기 어려웠으나, 산소와 쉽게 결합할 수 있는 물질들이 충분히 제거된 이후(약 25억 년 전)부터 대기에 축적되기 시작하였다.

🔍 좀 더 자세히!

생명체를 이루는 주요 물질은 탄수화물, 단백질, 지질, 핵산 등이며, 이러한 물질은 탄소, 산소, 수소, 질소 등의 원소로 이루어져 있다.

✔ 중요 개념 체크

정답과 해설 12쪽

7. 원시 지구는 미행성체 충돌 → (　　　　　) 형성 → 핵과 맨틀의 분리 → 원시 지각 형성 → 원시 바다 형성을 거쳐 만들어졌다.

8. 원시 지구의 진화 과정에 대한 설명으로 옳은 것은 ○, 옳지 <u>않은</u> 것은 ×로 표시하시오.

　⑴ 대기 중 이산화 탄소는 원시 바다가 형성된 이후 급격히 감소하였다. ──────── (　　　)

　⑵ 지구를 구성하는 원소 중 가장 풍부한 성분은 산소이다. ──────── (　　　)

탐구 분석 — 지구와 생명체 구성 성분의 유래 탐구하기

목표 | 지구와 생명체의 구성 성분을 비교하여 우주와 지구 역사를 통한 구성 성분의 유래를 설명할 수 있다.

자료 

다음은 지구와 생명체(사람)를 구성하는 주요 원소의 질량비를 나타낸 것이다.

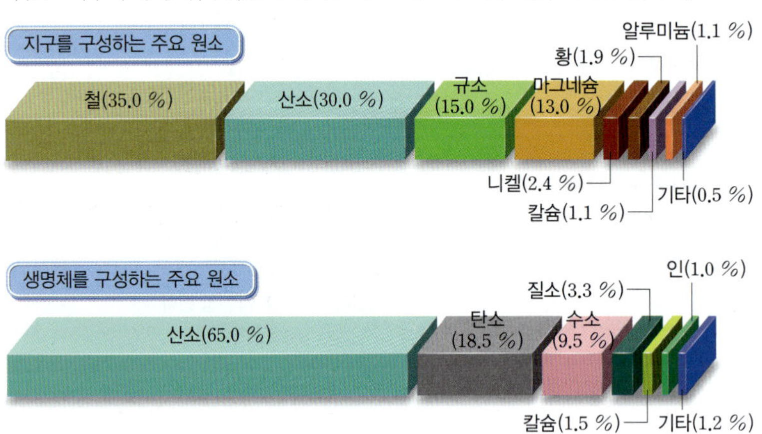

결과 및 정리 

1. 지구와 생명체를 구성하는 주요 원소를 비교해 보자.

- 지구의 주요 구성 원소: 철 > 산소 > 규소 등
- 생명체의 주요 구성 원소: 산소 > 탄소 > 수소 등

2. 지구와 생명체를 구성하는 주요 원소를 우주 초기에 생성된 원소와 별에서 생성된 원소로 구분하고, 이 원소들의 유래를 설명해 보자.

수소	빅뱅(대폭발) 이후 우주 초기에 물질이 만들어질 때 생성되었다.
탄소, 산소, 질소, 규소, 철 등	별의 진화 과정에서 생성되었다. 즉, 별의 내부에서 핵융합 반응을 거쳐 만들어졌고, 이후 초신성 폭발로 성운에 포함되어 있다가 성운이 중력 수축하여 태양계가 형성될 때, 철, 규소와 같은 무거운 물질이 미행성체에 포함되었다. 미행성체는 원시 지구에 유입되었고, 물질의 순환 과정을 거쳐 현재는 유기물 형태로 생명체의 구성 성분이 되었다.

📍 **별의 진화 과정에서 생성된 원소**

- 탄소: 태양과 질량이 비슷한 별의 내부에서 핵융합 반응으로 생성
- 질소, 산소, 규소, 철: 태양보다 질량이 훨씬 큰 별의 내부에서 핵융합 반응으로 생성
- 철보다 무거운 원소: 초신성 폭발 과정에서 형성되어 우주 공간으로 방출

정답과 해설 12쪽

탐구 확인 문제

01 위 탐구에 대한 설명으로 옳은 것은 ○, 옳지 않은 것은 ×로 표시하시오.

(1) 지구에는 철이 가장 풍부하게 존재한다. (   )

(2) 생명체에는 탄소가 가장 풍부하게 존재한다.

────────────── (   )

(3) 철은 질량이 태양과 비슷한 별의 내부에서 만들어진다. ────────────── (   )

02 지구에 존재하는 원소 (가)~(다)는 우주에서 어떻게 생성되었는지 그 유래를 설명하시오.

(가) 원자력 발전에 이용되는 우라늄

(나) 전선을 만드는 데 이용되는 구리

(다) 반도체와 첨단 기술 장치에 이용되는 규소

별의 진화와 원소의 생성

집중 분석

초기 우주에서 생성된 원소는 수소, 헬륨이며, 헬륨보다 무거운 원소는 별의 진화 과정에서 생성되었고 철보다 무거운 원소는 초신성 폭발 과정에서 생성되었다. 질량에 따른 별의 진화 과정과 무거운 원소의 생성 과정을 그림과 함께 이해한다면 이와 관련된 어려운 문제도 해결할 수 있을 것이다.

질량이 태양과 비슷한 별의 진화

❷ 헬륨 생성

주계열성의 중심부에서는 4개의 수소 원자핵이 융합하여 1개의 헬륨 원자핵을 만드는 수소 핵융합 반응이 일어난다.

수소 핵융합 반응

$H \rightarrow He$

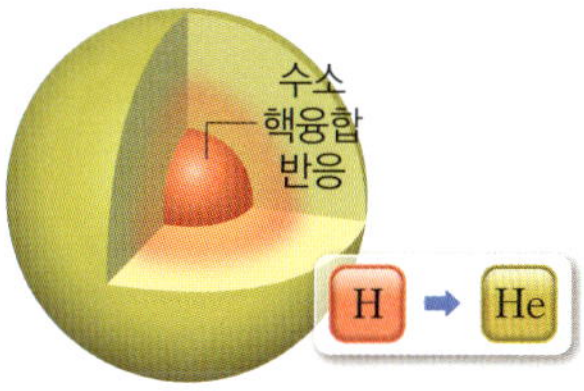

❸ 탄소 생성

적색 거성의 중심부에서는 3개의 헬륨 원자핵이 융합하여 1개의 탄소 원자핵을 만드는 헬륨 핵융합 반응이 일어난다.

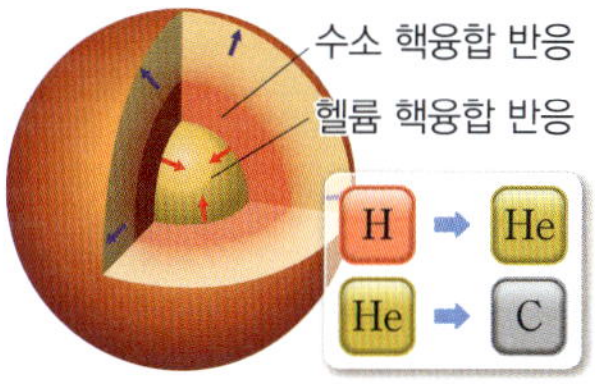

수소 핵융합 반응
헬륨 핵융합 반응

$H \rightarrow He$
$He \rightarrow C$

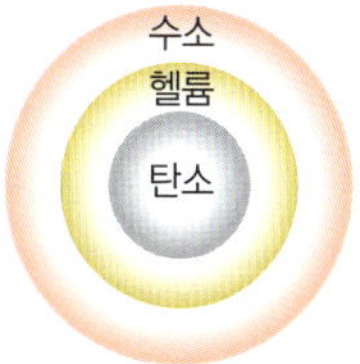

수소
헬륨
탄소

◀ 중심핵에서 핵융합 반응이 종료된 별의 내부 구조

❹ 생성된 원소의 방출

중심부에서 탄소까지 생성되면 핵융합 반응이 일어나지 않는다. 중심부는 수축하고 별의 바깥층은 팽창하여 행성상 성운이 되어 별에서 생성된 원소가 우주로 방출된다.

❶ 별의 탄생

성운 속의 온도가 낮고 밀도가 큰 곳에서 원시별이 생성되고, 원시별의 중심부 온도가 1000만 K 이상이 되면 수소 핵융합 반응이 일어나는 별(주계열성)이 된다.

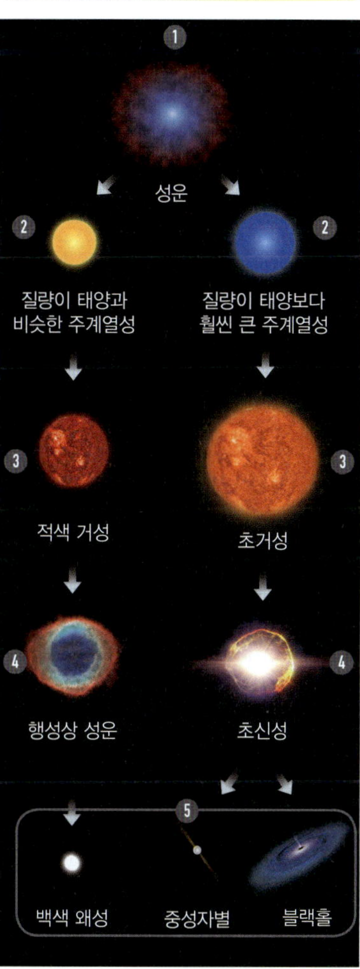

❺ 별의 소멸

별은 백색 왜성, 중성자별 또는 블랙홀이 되어 일생을 마친다.

질량이 태양보다 훨씬 큰 별의 진화

❷ 헬륨 생성

주계열성의 중심부에서는 4개의 수소 원자핵이 융합하여 1개의 헬륨 원자핵을 만드는 수소 핵융합 반응이 일어난다.

수소 핵융합 반응

$H \rightarrow He$

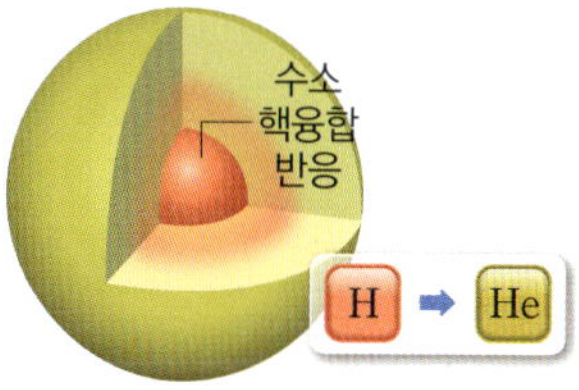

❸ 탄소부터 철까지 생성

초거성의 중심부에서는 헬륨 핵융합 반응으로 탄소가 생성된 후에도 온도가 계속 높아져 산소, 규소, 철까지 생성된다.

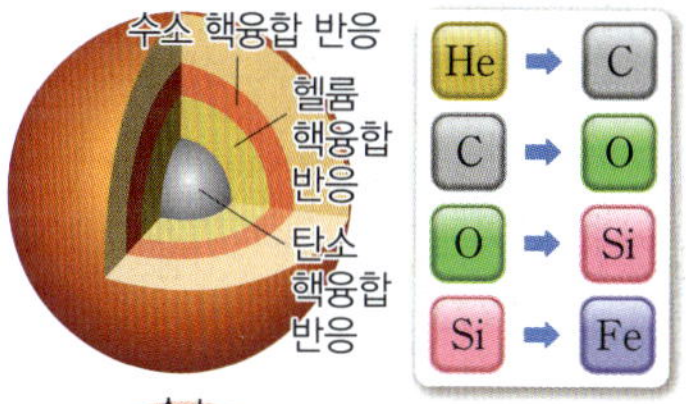

수소 핵융합 반응
헬륨 핵융합 반응
탄소 핵융합 반응

$He \rightarrow C$
$C \rightarrow O$
$O \rightarrow Si$
$Si \rightarrow Fe$

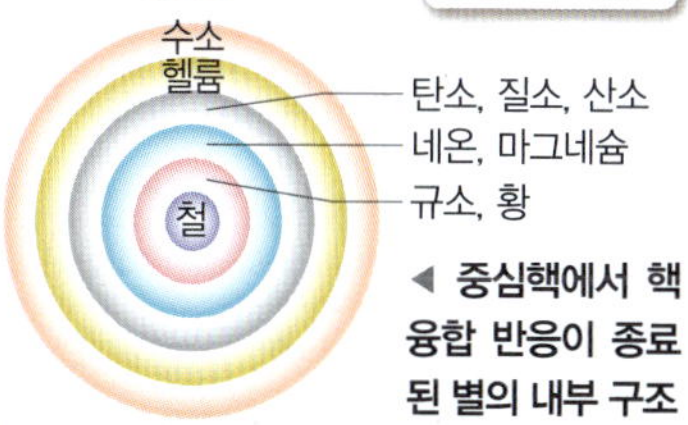

수소
헬륨
철

탄소, 질소, 산소
네온, 마그네슘
규소, 황

◀ 중심핵에서 핵융합 반응이 종료된 별의 내부 구조

❹ 철보다 무거운 원소의 생성과 방출

중심부에서 철까지 생성되면 별은 급격히 수축하다가 초신성 폭발을 일으킨다. 이때 철보다 무거운 원소가 생성되고, 별에서 생성된 원소와 함께 우주로 방출된다.

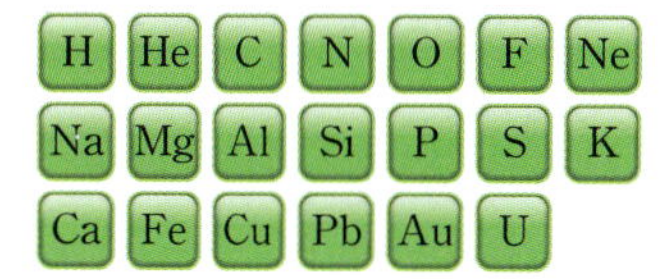

교과서 속 START 내신 완성 문제

01 다음은 초기 우주에서 성운의 형성 과정을 설명한 것이다. ( ) 안에 들어갈 알맞은 말을 쓰시오.

> 빅뱅이 일어난 후 우주는 빠르게 팽창하면서 온도는 점점 ㉠( )졌다. 이때 수소와 헬륨은 우주 전역에 존재했지만 완전히 균일하게 분포하지는 않았다. 특히, 온도가 ㉡( )고, 밀도가 ㉢( ) 곳은 다른 곳보다 중력이 우세하게 작용하여 많은 양의 수소와 헬륨을 끌어당겨 성운을 형성하였다.

02 별의 탄생과 원소의 생성에 대한 설명으로 옳은 것만을 보기에서 있는 대로 고른 것은?

> **보기**
> ㄱ. 성운 내부의 밀도가 작은 곳에서 원시별이 생성된다.
> ㄴ. 원시별 내부의 온도가 1000만 K 이상으로 높아지면 수소 핵융합 반응이 일어나 별이 탄생한다.
> ㄷ. 질량이 태양 정도인 별에서는 핵융합 반응에 의해 철까지 생성될 수 있다.

① ㄴ ② ㄷ ③ ㄱ, ㄴ
④ ㄱ, ㄷ ⑤ ㄱ, ㄴ, ㄷ

03 〈서술형〉 성운에서 생성된 원시별이 수소 핵융합 반응이 일어나는 별로 진화하기까지 별의 크기와 중심부 온도는 어떻게 변하는지 설명하시오.

04 〈서술형〉 그림은 별의 내부에서 일어나는 핵융합 반응을 나타낸 것이다.

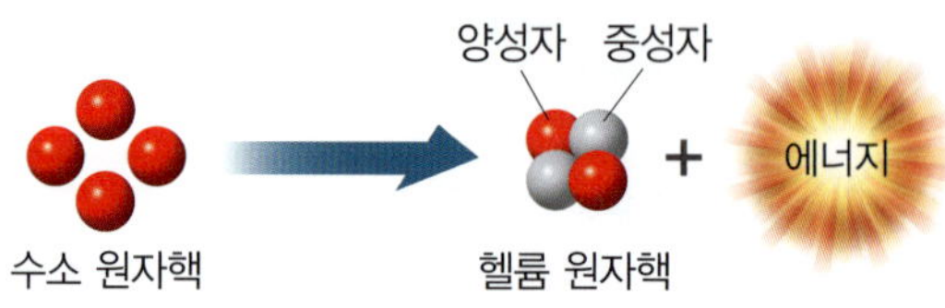

반응 전과 후의 질량 변화를 에너지 방출과 관련지어 설명하시오.

05 주계열성에 대한 설명으로 옳지 <u>않은</u> 것은?

① 중심부에서 헬륨 원자핵이 생성된다.
② 중력 수축하면서 별의 크기가 계속 작아진다.
③ 중심핵에서 수소 핵융합 반응이 일어나는 별이다.
④ 별은 일생의 대부분을 주계열성으로 보낸다.
⑤ 별의 내부 압력과 중력이 평형을 이루고 있다.

06 그림은 질량이 태양과 비슷한 별의 내부 구조를 나타낸 것이다.
이에 대한 설명으로 옳은 것만을 보기에서 있는 대로 고른 것은?

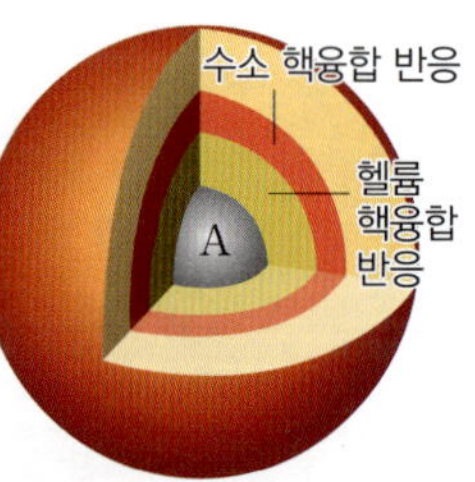

> **보기**
> ㄱ. 이 별은 태양보다 크기가 크다.
> ㄴ. A는 주로 철로 이루어져 있다.
> ㄷ. 시간이 지나면 A에서는 철보다 무거운 원소가 생성된다.

① ㄱ ② ㄷ ③ ㄱ, ㄴ
④ ㄴ, ㄷ ⑤ ㄱ, ㄴ, ㄷ

07 그림은 어느 별의 내부 구조를 나타낸 것이다. 이에 대한 설명으로 옳지 <u>않은</u> 것은?

① A는 철이다.

② 중심으로 갈수록 무거운 원소가 분포한다.

③ 질량이 태양보다 훨씬 큰 별의 내부 구조이다.

④ 이 별이 진화하면 중성자별이나 블랙홀이 된다.

⑤ 이 별은 중심부가 수축하다가 폭발하여 행성상 성운이 된다.

08 그림은 게 성운의 모습을 나타낸 것이다. 이에 대한 설명으로 옳은 것만을 보기에서 있는 대로 고른 것은?

보기

ㄱ. 초신성 폭발의 잔해이다.

ㄴ. 게 성운에는 철보다 무거운 원소가 존재한다.

ㄷ. 태양의 진화 마지막 단계에서는 이와 같은 모습이 될 것이다.

① ㄱ　　　② ㄷ　　　③ ㄱ, ㄴ

④ ㄴ, ㄷ　　　⑤ ㄱ, ㄴ, ㄷ

09 (가) 질량이 태양보다 훨씬 큰 별의 내부에서 만들어질 수 있는 원소와 (나) 초신성 폭발 과정에서만 만들어질 수 있는 원소를 각각 보기에서 찾아 쓰시오.

보기

ㄱ. 철　　　ㄴ. 납　　　ㄷ. 탄소

ㄹ. 산소　　ㅁ. 헬륨　　ㅂ. 우라늄

10 원소의 생성 과정에 대한 설명으로 옳은 것은?

① 수소는 별 내부에서 수소 핵융합 반응에 의해 생성된다.

② 탄소보다 무거운 원소는 별의 내부에서 생성되지 않는다.

③ 우주에 존재하는 헬륨은 대부분 별의 진화 과정에서 생성되었다.

④ 질량이 태양보다 훨씬 큰 별의 내부에서는 철보다 무거운 원소가 생성된다.

⑤ 별의 중심부 온도가 높을수록 무거운 원소의 핵융합 반응이 잘 일어난다.

11 다음은 태양의 진화 과정에서 예상되는 특징을 순서 없이 나타낸 것이다.

(가) 중심부에서 헬륨 핵융합 반응이 일어난다.

(나) 탄소와 산소로 이루어진 작은 별이 된다.

(다) 크기가 일정하게 유지되고 중심부에서 헬륨 원자핵이 생성된다.

(가)~(다)를 진화 순서대로 옳게 나열하시오.

12 태양계의 형성 과정에 대한 설명으로 옳지 <u>않은</u> 것은?

① 태양계 성운이 수축하여 중심부에 원시 태양이 형성되었다.

② 원시 태양은 계속 수축하여 스스로 빛을 내는 별이 되었다.

③ 태양계 성운의 원반에서 가스와 먼지가 뭉쳐 미행성체가 형성되었다.

④ 태양에서 먼 곳에서는 주로 기체로 이루어진 행성이 형성되었다.

⑤ 지구형 행성은 목성형 행성보다 가벼운 성분들이 모여 형성되었다.

13 그림은 태양계의 형성 과정을 나타낸 것이다.

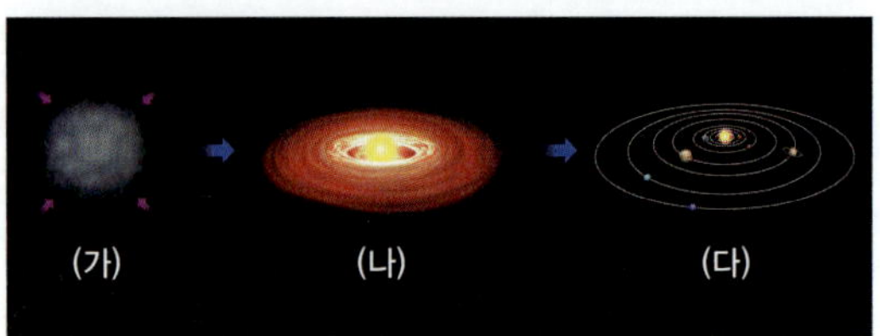

이에 대한 설명으로 옳은 것만을 보기에서 있는 대로 고른 것은?

보기
ㄱ. (가)는 우리은하 내에서 초신성 폭발의 영향으로 형성되었다.
ㄴ. (가) → (나)에서 중심부의 온도는 낮아졌다.
ㄷ. (다)에서 태양과 상대적으로 거리가 먼 곳에 있는 행성들은 지구형 행성이 되었다.

① ㄱ   ② ㄷ   ③ ㄱ, ㄴ
④ ㄴ, ㄷ   ⑤ ㄱ, ㄴ, ㄷ

14 원시 지구의 형성과 진화에 대한 설명으로 옳지 <u>않은</u> 것은?
① 원시 지각은 대부분 마그마가 굳어져 만들어졌다.
② 원시 지구는 미행성체의 충돌 과정을 거쳐 형성되었다.
③ 원시 지구가 형성될 당시 대기에는 산소가 풍부하였다.
④ 마그마 바다 상태에서 핵과 맨틀이 분리되었다.
⑤ 원시 바다가 형성된 이후 최초의 생명체가 탄생하였다.

15 우주, 지구, 인간의 몸을 구성하는 원소에 대한 설명으로 옳은 것만을 보기에서 있는 대로 고른 것은?

보기
ㄱ. 우주에 존재하는 수소와 헬륨의 질량비는 약 3:1 이다.
ㄴ. 지구 전체에서 가장 풍부한 원소는 규소이다.
ㄷ. 인간의 몸을 구성하는 원소는 대부분 지구가 탄생한 이후에 생성되었다.

① ㄱ   ② ㄴ   ③ ㄷ
④ ㄱ, ㄴ   ⑤ ㄱ, ㄷ

16 다음은 우주의 역사를 순서 없이 나타낸 것이다.

(가) 원시 태양 형성
(나) 최초의 초신성 폭발
(다) 최초의 헬륨 원자 생성
(라) 지구에서 최초의 생명체 탄생

이에 대한 설명으로 옳은 것만을 보기에서 있는 대로 고른 것은?

보기
ㄱ. 시간 순서대로 나열하면 (다)→(나)→(가)→(라) 이다.
ㄴ. (나)에서 철보다 무거운 원소가 생성되었다.
ㄷ. (라)의 생명체는 액체 상태의 물이 존재하는 환경에서 탄생하였다.

① ㄴ   ② ㄷ   ③ ㄱ, ㄴ
④ ㄱ, ㄷ   ⑤ ㄱ, ㄴ, ㄷ

17 (서술형) 지구와 생명체를 구성하는 주요 원소는 태양계 형성 이전에 생성된 것이다. 그 까닭을 설명하시오.

18 다음은 우리은하, 지구, 생명체를 구성하는 가장 주요한 원소 두 가지를 순서 없이 나타낸 것이다.

(가) 수소, 헬륨   (나) 산소, 탄소   (다) (A), 산소

이에 대한 설명으로 옳은 것만을 보기에서 있는 대로 고른 것은?

보기
ㄱ. (가)는 우리은하에서 가장 주요한 원소이다.
ㄴ. (나)는 초신성 폭발 과정에서 생성된 원소이다.
ㄷ. (다)의 A는 철이다.

① ㄱ   ② ㄴ   ③ ㄱ, ㄷ
④ ㄴ, ㄷ   ⑤ ㄱ, ㄴ, ㄷ

01 그림 (가)와 (나)는 질량이 다른 두 별에서 핵융합 반응이 종료된 이후 별의 내부 구조를 나타낸 것이다.

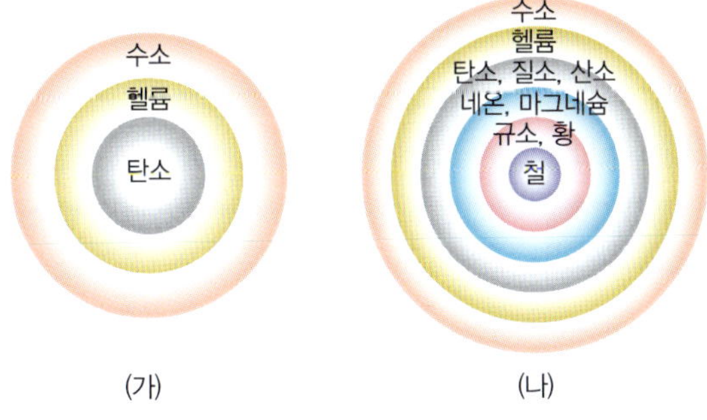

(가)가 (나)보다 큰 값을 갖는 것만을 보기에서 있는 대로 고르시오.

보기
ㄱ. 질량　　ㄴ. 중심부 온도　　ㄷ. 주계열성의 수명

02 다음은 태양계 형성 과정을 나타낸 것이다.

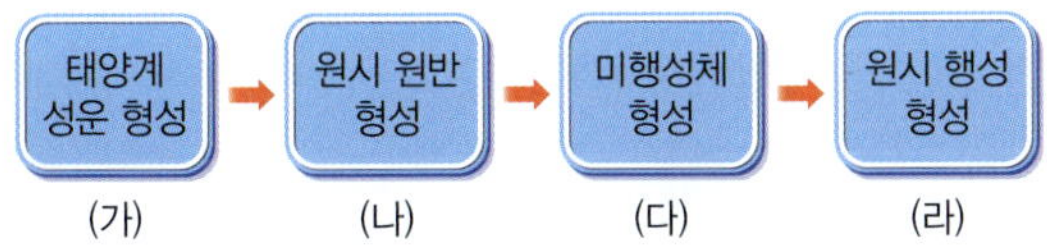

이에 대한 설명으로 옳은 것만을 보기에서 있는 대로 고른 것은?

보기
ㄱ. (가) → (나)에서 성운이 수축하면서 회전 속도가 느려졌다.
ㄴ. (다)의 미행성체는 주로 원반에서 형성된다.
ㄷ. (라)의 원시 행성은 공전 방향이 태양의 자전 방향과 같다.

① ㄱ　　② ㄴ　　③ ㄱ, ㄷ
④ ㄴ, ㄷ　　⑤ ㄱ, ㄴ, ㄷ

03 그림은 원시 지구의 형성 과정을 나타낸 것이다.

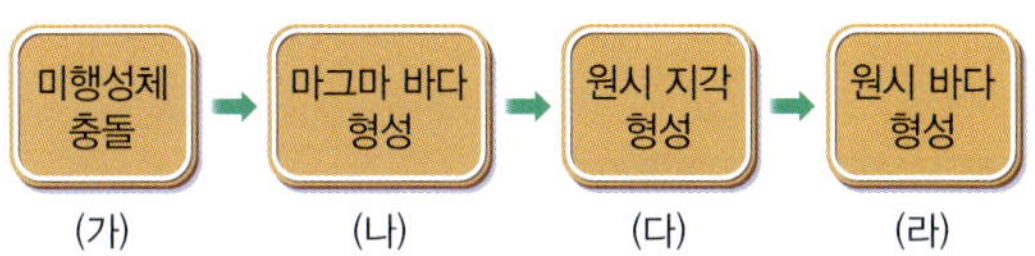

이에 대한 설명으로 옳은 것은?

① (가)의 미행성체에는 기체 성분이 풍부하였다.
② (가) → (나)에서 원시 지구의 질량은 감소하였다.
③ (나) → (다)에서 핵과 맨틀이 분리되었다.
④ (다) → (라)에서 최초의 생명체가 탄생하였다.
⑤ (라)의 원시 바다는 현재의 바다보다 염분이 높았다.

04 그림 (가)와 (나)는 각각 우주와 지구를 구성하는 주요 원소의 질량비를 나타낸 것이다.

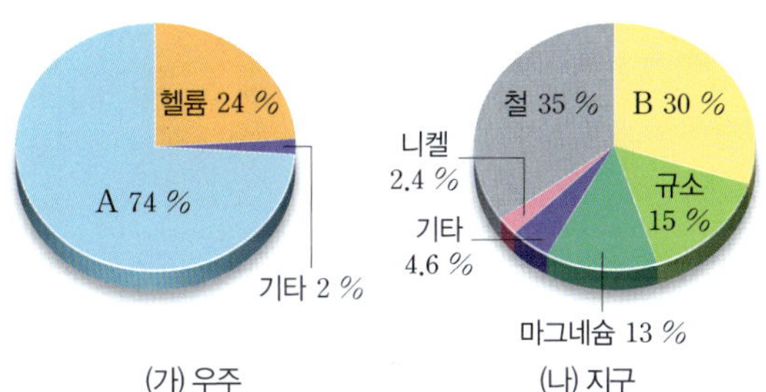

이에 대한 설명으로 옳은 것만을 보기에서 있는 대로 고른 것은?

보기
ㄱ. (가)의 A는 대부분 초기 우주에서 만들어졌다.
ㄴ. (나)의 B는 초신성 폭발 과정에서 만들어졌다.
ㄷ. 태양을 구성하는 주요 원소의 질량비는 (가)보다 (나)에 가까울 것이다.

① ㄱ　　② ㄴ　　③ ㄱ, ㄷ
④ ㄴ, ㄷ　　⑤ ㄱ, ㄴ, ㄷ

05 수소와 헬륨은 우주를 구성하는 성분 중 대부분을 차지하지만, 지구와 생명체에는 상대적으로 적게 분포한다. 그 까닭을 원시 지구의 형성 과정과 관련지어 설명하시오.

 중단원 핵/심/정/리

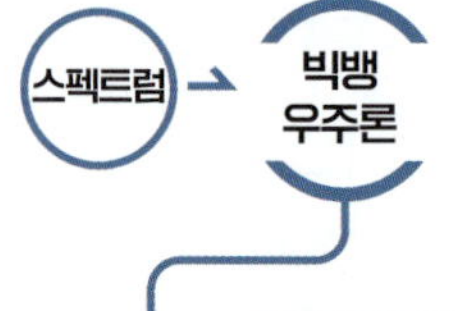

1. 스펙트럼

(1) 스펙트럼의 종류

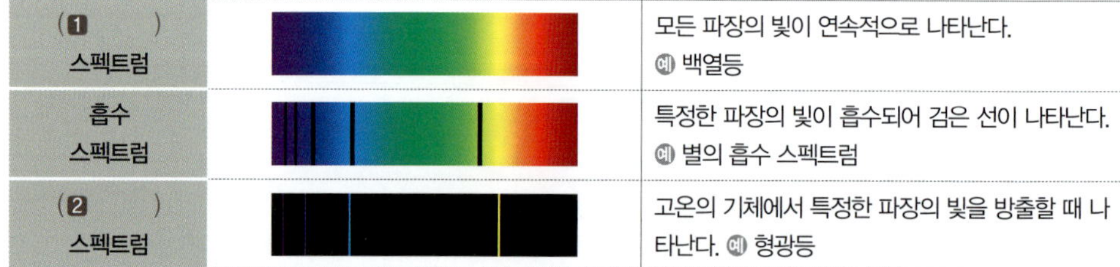

(❶) 스펙트럼		모든 파장의 빛이 연속적으로 나타난다. 예 백열등
흡수 스펙트럼		특정한 파장의 빛이 흡수되어 검은 선이 나타난다. 예 별의 흡수 스펙트럼
(❷) 스펙트럼		고온의 기체에서 특정한 파장의 빛을 방출할 때 나타난다. 예 형광등

(2) 스펙트럼 분석: 원소의 종류에 따라 선 스펙트럼이 다르게 나타난다. ➡ 우주에서 오는 빛의 스펙트럼을 분석하여 우주의 주요 구성 원소를 알 수 있다.

2. 물질을 이루는 입자와 빅뱅 우주론

(1) 물질의 구성: 모든 물질은 원자로 이루어져 있으며, 더 이상 분해할 수 없는 가장 작은 입자를 (❸)(이)라고 한다.

(2) 빅뱅 우주론: 약 138억 년 전에 초고온, 초고밀도 상태의 한 점에서 빅뱅(대폭발)이 일어나 우주가 탄생하였으며, 계속 팽창하여 현재와 같은 우주를 이루었다는 이론이다.

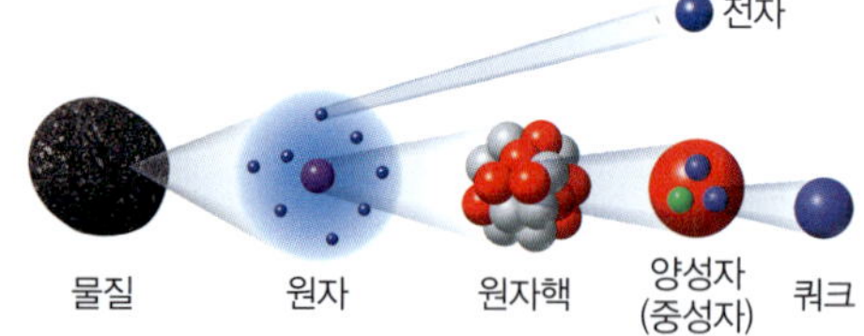

▲ 물질의 구성

3. 우주 초기의 원소 생성

빅뱅(대폭발) → 기본 입자 생성 → 양성자와 중성자 생성 → (❹) 생성 → 원자 생성

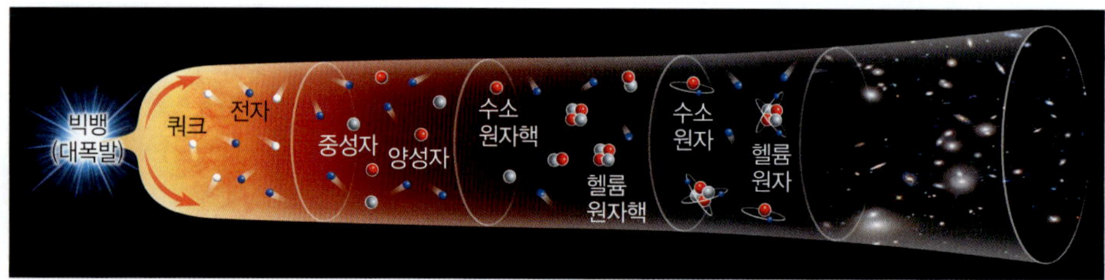

▲ 빅뱅(대폭발) 이후 입자의 생성 과정

4. 우주의 구성 원소와 우주 배경 복사

(1) 우주의 구성 원소: 우주는 수소와 헬륨이 대부분을 차지하고 있으며, 수소와 헬륨의 질량비는 약 (❺)이다. ➡ 스펙트럼 분석을 통해 확인

(2) 우주 배경 복사: 빅뱅 우주론의 증거

① 빅뱅 후 약 38만 년이 되었을 때 우주의 온도가 약 (❻) K으로 낮아져 원자핵과 전자가 결합하여 원자가 생성되었다.

② 빛이 전기를 띤 입자의 방해를 받지 않고 우주 공간으로 퍼져 나갈 수 있게 되었다.

➡ 현재 (❼) 복사로 관측

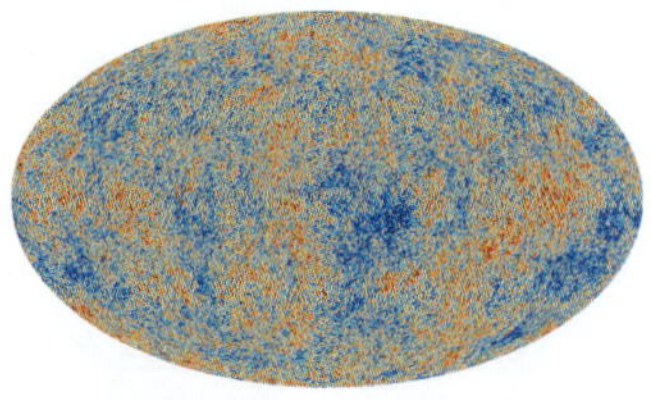

▲ 우주 배경 복사

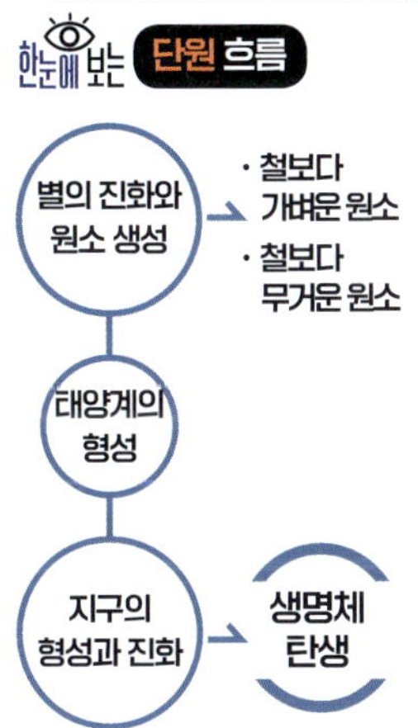

1. 별의 진화와 원소의 생성: 빅뱅 직후 초기 우주에서는 수소와 헬륨 등 가벼운 원소만 생성되었다. 지구와 생명체를 이루는 탄소, 산소, 철 등의 무거운 원소는 별의 진화 과정을 거쳐 생성되었다.

성운	· 가스와 티끌 등의 성간 물질이 모여 성운이 형성된다.
원시별	· 성운 내부에서 밀도가 크고, 온도가 낮은 곳에서 원시별이 생성된다.
주계열성	· 원시별이 중력 수축하여 (❽　　　) 핵융합 반응을 하는 주계열성이 된다. · 주계열성의 내부에서 수소 핵융합 반응에 의해 헬륨이 생성된다.
거성(초거성)	· 질량이 태양과 비슷한 별: 거성의 내부에서 탄소(일부 산소)가 생성된다. · 질량이 태양보다 훨씬 큰 별: 초거성이 내부에서 탄소, 산소, 질소, 규소, 황, 철 등이 생성된다.
별의 최후	· 질량이 태양과 비슷한 별: 별의 바깥층은 우주 공간으로 분출되어 행성상 성운이 되고, 중심부는 수축하여 백색 왜성이 된다. · 질량이 태양보다 훨씬 큰 별: 초신성 폭발을 일으키며, 이때 (❾　　　)보다 무거운 원소(금, 우라늄, 납 등)가 생성된다. 별의 중심부는 수축하여 중성자별 또는 블랙홀이 된다.

2. 태양계의 형성: 약 50억 년 전 기체와 티끌로 이루어진 태양계 성운이 수축하여 태양계를 형성하였다. 태양과 가까운 곳에서는 (❿　　　) 행성이 형성되었고, 태양과 먼 곳에서는 목성형 행성이 형성되었다.

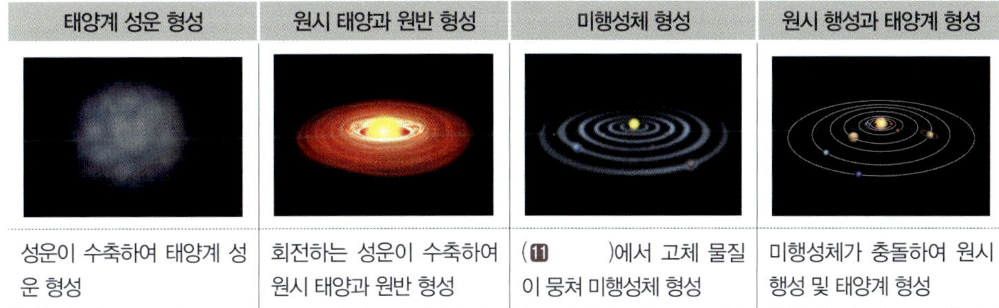

태양계 성운 형성	원시 태양과 원반 형성	미행성체 형성	원시 행성과 태양계 형성
성운이 수축하여 태양계 성운 형성	회전하는 성운이 수축하여 원시 태양과 원반 형성	(⓫　　　)에서 고체 물질이 뭉쳐 미행성체 형성	미행성체가 충돌하여 원시 행성 및 태양계 형성

3. 지구와 생명체의 역사

(1) 원시 지구의 형성과 진화

미행성체의 충돌과 병합으로 원시 지구의 크기와 질량이 점점 증가	미행성체의 충돌열, 방사성 원소의 붕괴열 등으로 (⓬　　　) 바다 형성	무거운 금속 성분이 가라앉고 가벼운 성분이 떠올라 핵과 맨틀의 분리가 일어남	지표가 식어 원시 지각과 (⓭　　　) 형성, 이후 생명체 탄생

(2) **지구와 생명체의 구성 원소:** 우주는 대부분 수소와 헬륨으로 이루어져 있다. 지구에는 (⓮　　　), 산소, 규소가 풍부하고, 생명체(사람)에는 (⓯　　　), 탄소가 풍부하다.

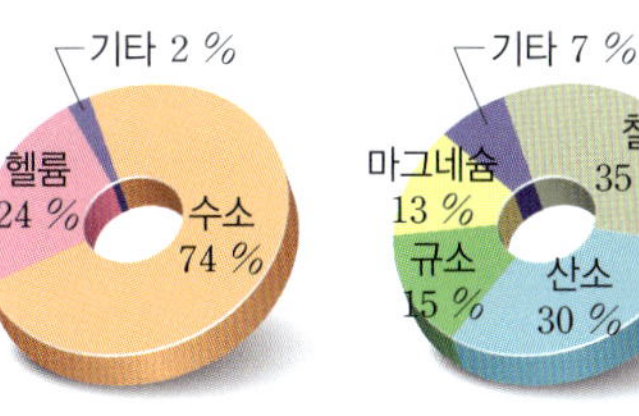

▲ 우주의 구성 원소

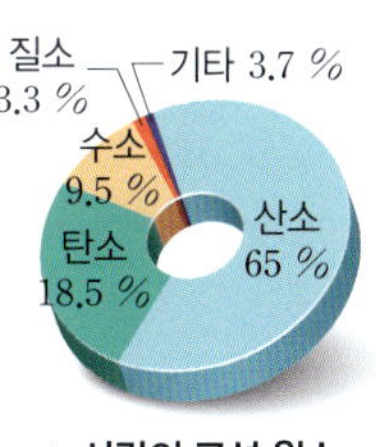

▲ 지구의 구성 원소

▲ 사람의 구성 원소

스펙트럼과 우주의 구성 원소

출제 point에 따라 대표 자료를 분석하고, 문제에 대입하여 풀어 보자.

출제 Point

Point ① 스펙트럼의 모습을 보고 스펙트럼의 종류를 구분한다. ★★★
Point ② 선 스펙트럼의 파장을 비교하여 원소의 종류를 파악한다. ★★★
Point ③ 스펙트럼 분석을 통해 우주를 구성하는 원소의 종류를 알아낼 수 있음을 안다. ★★☆

대표 자료

Point ① 스펙트럼의 종류

구분	연속 스펙트럼	방출 스펙트럼	흡수 스펙트럼
특징	모든 파장의 빛이 무지개 색의 띠로 나타난다. 예 백열등	특정한 파장의 빛이 밝은색 선으로 나타난다. 예 형광등	특정한 파장의 빛이 흡수되어 검은색 선으로 나타난다.

Point ②
태양의 스펙트럼에서 수소와 헬륨의 흡수선이 관측된다.
➡ 원소의 종류에 따라 스펙트럼에 나타나는 선의 위치, 개수, 간격 등이 다르다. ㉠은 수소, ㉡은 헬륨의 스펙트럼이다.

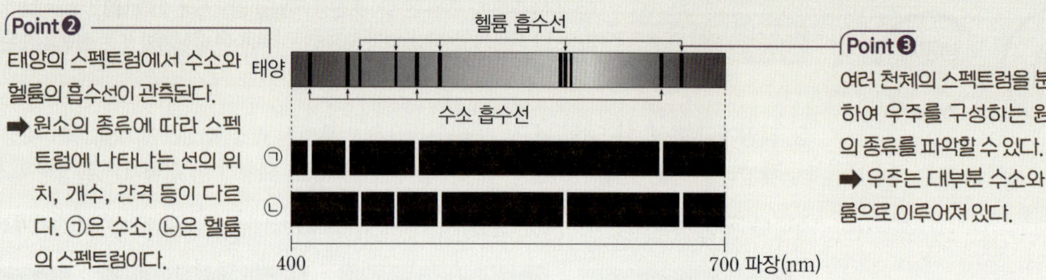

Point ③
여러 천체의 스펙트럼을 분석하여 우주를 구성하는 원소의 종류를 파악할 수 있다.
➡ 우주는 대부분 수소와 헬륨으로 이루어져 있다.

정답과 해설 15쪽

01 그림은 서로 다른 종류의 스펙트럼이 만들어지는 과정을 나타낸 것이다. ㉠과 ㉡은 각각 흡수 스펙트럼과 방출 스펙트럼 중 하나이다.

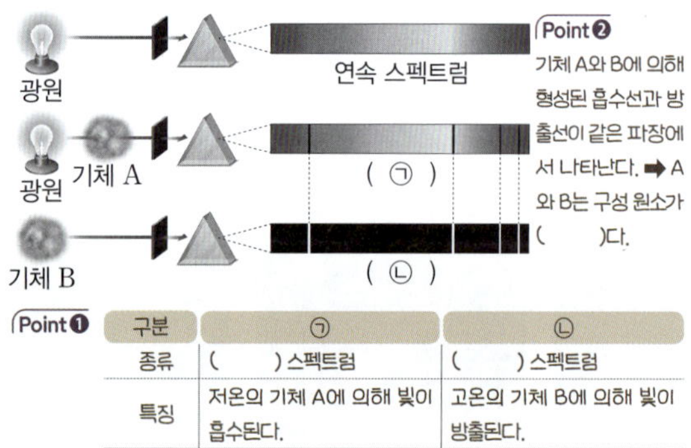

Point ②
기체 A와 B에 의해 형성된 흡수선과 방출선이 같은 파장에서 나타난다. ➡ A와 B는 구성 원소가 ( )다.

Point ①

구분	㉠	㉡
종류	( ) 스펙트럼	( ) 스펙트럼
특징	저온의 기체 A에 의해 빛이 흡수된다.	고온의 기체 B에 의해 빛이 방출된다.

이에 대한 설명으로 옳은 것만을 보기에서 있는 대로 고른 것은?

보기
ㄱ. ㉡은 방출 스펙트럼이다.
ㄴ. 온도는 기체 A가 기체 B보다 높다.
ㄷ. 기체 A와 기체 B의 구성 원소는 같다.

① ㄴ   ② ㄷ   ③ ㄱ, ㄴ
④ ㄱ, ㄷ   ⑤ ㄱ, ㄴ, ㄷ

02 그림은 원소 A, B, C의 방출 스펙트럼과 별 S의 흡수 스펙트럼을 나타낸 것이다.

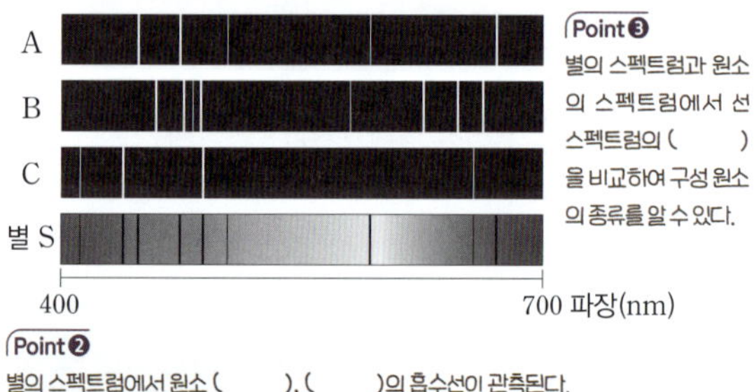

Point ③
별의 스펙트럼과 원소의 스펙트럼에서 선 스펙트럼의 ( )을 비교하여 구성 원소의 종류를 알 수 있다.

Point ②
별의 스펙트럼에서 원소 ( ), ( )의 흡수선이 관측된다.

이에 대한 설명으로 옳은 것만을 보기에서 있는 대로 고른 것은?

보기
ㄱ. A, B, C는 각각 고유한 파장의 빛을 방출한다.
ㄴ. 별 S의 대기에는 A와 C가 존재한다.
ㄷ. 별의 스펙트럼으로 별을 구성하는 원소의 종류를 확인할 수 있다.

① ㄱ   ② ㄴ   ③ ㄱ, ㄷ
④ ㄴ, ㄷ   ⑤ ㄱ, ㄴ, ㄷ

WALK 실전 대비 문제

수능 실전 2점

(빈출)

01 그림 (가)~(다)는 방출, 흡수, 연속 스펙트럼을 순서 없이 나타낸 것이다.

이에 대한 설명으로 옳은 것만을 보기에서 있는 대로 고른 것은?

보기
ㄱ. (가)는 방출 스펙트럼이다.
ㄴ. 백열등 빛의 스펙트럼은 (다)와 같이 나타난다.
ㄷ. (가)와 (나)의 선 스펙트럼은 동일한 기체에 의해 만들어진 것이다.

① ㄱ   ② ㄷ   ③ ㄱ, ㄴ
④ ㄴ, ㄷ   ⑤ ㄱ, ㄴ, ㄷ

02 그림은 물질을 구성하는 입자들을 나타낸 것이다.

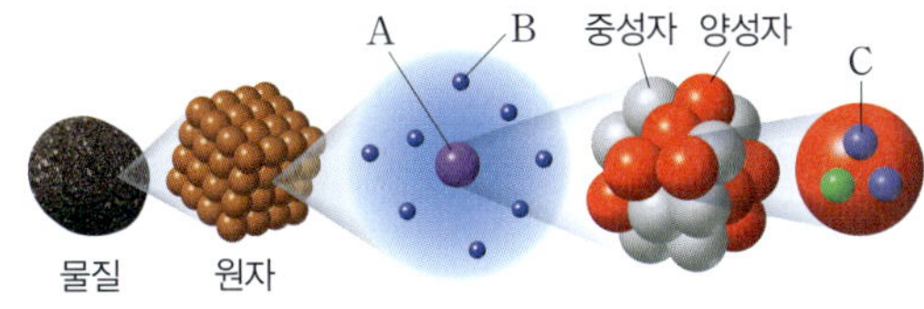

이에 대한 설명으로 옳은 것은?

① A는 전기적으로 중성 상태이다.
② B는 원자핵이다.
③ C는 더 작은 기본 입자로 분해된다.
④ 원자의 질량은 대부분 양성자와 중성자가 차지한다.
⑤ 물질을 이루는 대부분의 원소는 빅뱅 직후 만들어졌다.

03 그림은 빅뱅으로 시작된 우주가 시간에 따라 팽창하는 모습을 나타낸 모식도이다. 이 우주론에 대한 설명으로 옳은 것만을 보기에서 있는 대로 고른 것은?

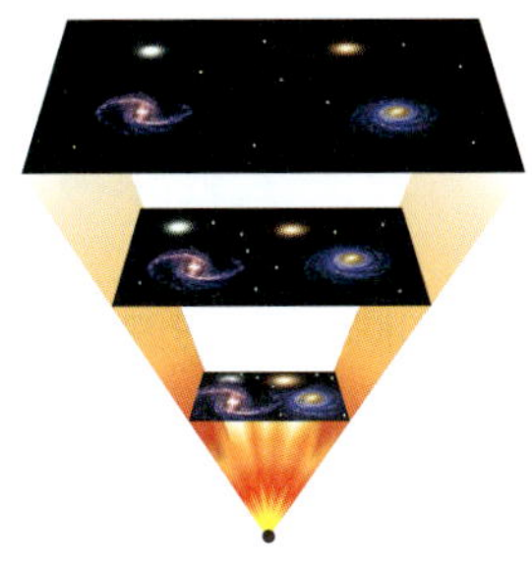

보기
ㄱ. 우주의 크기는 증가한다.
ㄴ. 우주의 총 질량은 점점 증가한다.
ㄷ. 우주 배경 복사의 온도는 낮아진다.

① ㄱ   ② ㄴ   ③ ㄱ, ㄷ
④ ㄴ, ㄷ   ⑤ ㄱ, ㄴ, ㄷ

04 우주를 구성하는 원소의 종류와 질량비를 알아내기 위한 관측 방법으로 가장 적절한 것은?

① 별의 평균 질량을 측정한다.
② 우주의 평균 밀도를 측정한다.
③ 외부 은하의 후퇴 속도를 측정한다.
④ 우주 배경 복사의 세기를 측정한다.
⑤ 우주 전역에서 천체의 스펙트럼을 분석한다.

(빈출)

05 그림 (가)~(다)는 초기 우주에서 입자의 생성 과정을 순서 없이 나타낸 것이다.

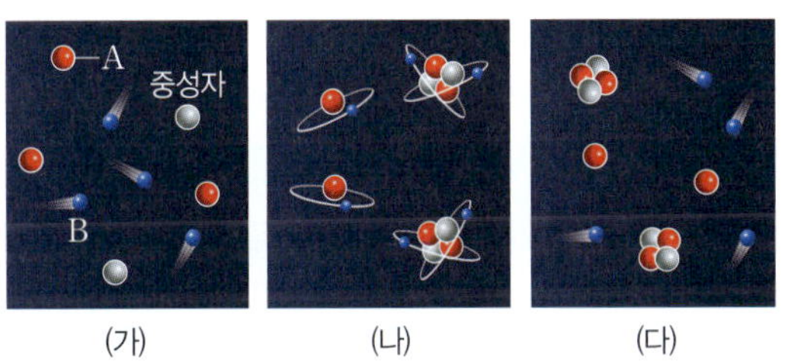

이에 대한 설명으로 옳은 것만을 보기에서 있는 대로 고른 것은?

보기
ㄱ. 시간 순서는 (가) → (나) → (다)이다.
ㄴ. 초기 우주에서 A는 B보다 먼저 등장하였다.
ㄷ. 우주의 평균 밀도는 (나)보다 (다)일 때 높았다.

① ㄱ   ② ㄴ   ③ ㄷ
④ ㄱ, ㄷ   ⑤ ㄴ, ㄷ

06 그림은 성운에서 별이 탄생하는 과정을 나타낸 것이다.

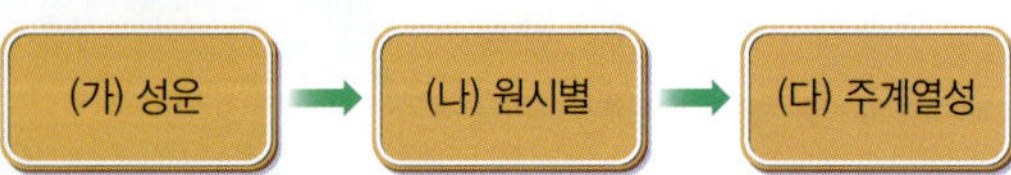

이에 대한 설명으로 옳은 것만을 보기에서 있는 대로 고른 것은?

보기
ㄱ. (가)는 주로 기체와 티끌로 이루어져 있다.
ㄴ. (나)는 성운 내부의 밀도가 작은 곳에서 형성된다.
ㄷ. (나) → (다)에서 별의 크기는 커진다.
ㄹ. (다)의 중심부에서는 수소 핵융합 반응이 일어난다.

① ㄱ, ㄴ ② ㄱ, ㄹ ③ ㄴ, ㄷ
④ ㄴ, ㄹ ⑤ ㄷ, ㄹ

07 그림은 어느 별의 중심부에서 일어나는 핵융합 반응을 나타낸 것이다.

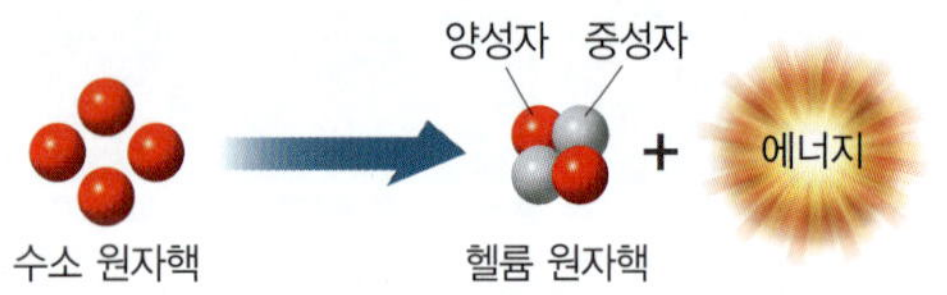

이 반응에 대한 설명으로 옳은 것만을 보기에서 있는 대로 고른 것은?

보기
ㄱ. 헬륨 핵융합 반응이다.
ㄴ. 태양 복사 에너지의 근원이 되는 반응이다.
ㄷ. 반응이 진행되는 동안 별의 질량은 감소한다.

① ㄱ ② ㄷ ③ ㄱ, ㄴ
④ ㄴ, ㄷ ⑤ ㄱ, ㄴ, ㄷ

08 그림 (가)와 (나)는 질량이 태양과 비슷한 별의 진화 과정 중 별의 내부 구조를 순서 없이 나타낸 것이다.

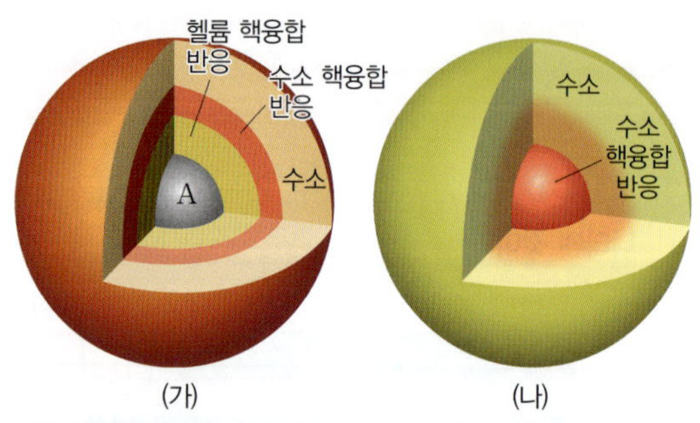

이에 대한 설명으로 옳은 것은?

① A는 철이다.
② 진화 순서는 (가)→(나)이다.
③ 중심부 온도는 (가)가 (나)보다 낮다.
④ (나)에서는 양성자 4개가 모여 원자핵이 생성된다.
⑤ 이 별은 진화 과정에서 초신성 폭발을 일으킬 것이다.

09 그림은 태양계의 탄생 과정을 나타낸 것이다.

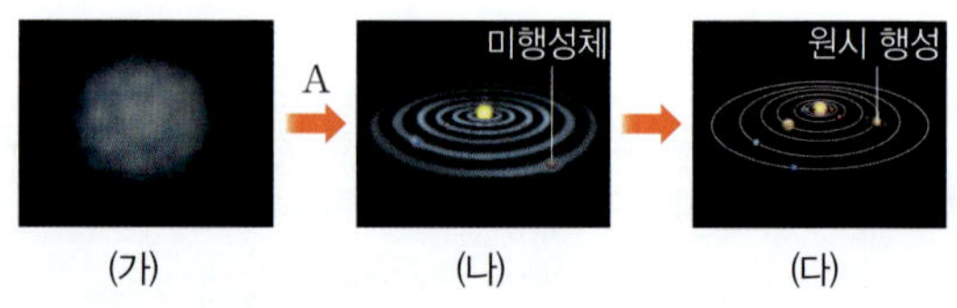

이에 대한 설명으로 옳은 것만을 보기에서 있는 대로 고른 것은?

보기
ㄱ. A 과정에서 성운은 중력에 의해 수축한다.
ㄴ. (나)의 미행성체는 주로 수소와 헬륨으로 이루어져 있다.
ㄷ. (다)의 원시 행성들은 모두 같은 방향으로 공전한다.

① ㄱ ② ㄴ ③ ㄱ, ㄷ
④ ㄴ, ㄷ ⑤ ㄱ, ㄴ, ㄷ

10 그림은 지구의 형성 과정 일부를 나타낸 것이다.

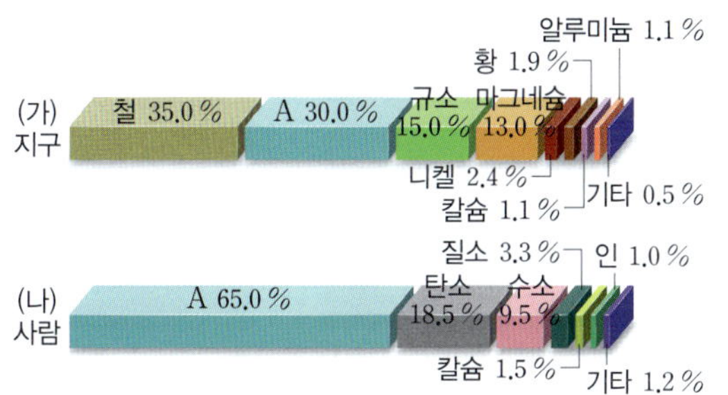

이에 대한 설명으로 옳은 것만을 보기에서 있는 대로 고른 것은?

> **보기**
> ㄱ. (가) 과정에서 지구의 질량은 증가하였다.
> ㄴ. 최초의 생명체는 (나) 과정에서 탄생하였다.
> ㄷ. 지구 중심부의 밀도는 (가)일 때가 (나)일 때보다 크다.

① ㄱ ② ㄷ ③ ㄱ, ㄴ
④ ㄴ, ㄷ ⑤ ㄱ, ㄴ, ㄷ

빈출

11 그림 (가)와 (나)는 각각 지구와 사람을 구성하는 원소의 질량비를 나타낸 것이다.

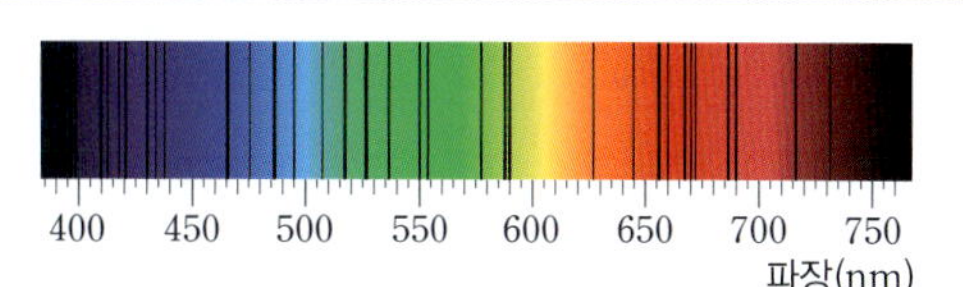

이 자료에 대한 설명으로 옳은 것만을 보기에서 있는 대로 고른 것은?

> **보기**
> ㄱ. A는 산소이다.
> ㄴ. 지각에는 철과 원소 A가 결합한 화합물이 가장 풍부하다.
> ㄷ. 사람의 주요 구성 원소는 대부분 초신성 폭발 과정에서 만들어졌다.

① ㄱ ② ㄷ ③ ㄱ, ㄴ
④ ㄴ, ㄷ ⑤ ㄱ, ㄴ, ㄷ

12 다음은 태양의 스펙트럼과 설명을 나타낸 것이다.

프라운호퍼는 최초로 태양의 스펙트럼에서 ㉠ 수많은 검은색 선을 발견하였다. 이후 과학자들은 ㉡ 태양에 헬륨, 나트륨 등이 존재한다는 것을 알아냈다.

이에 대한 설명으로 옳은 것만을 보기에서 있는 대로 고른 것은?

> **보기**
> ㄱ. 햇빛을 분광기에 통과시키면 흡수선이 나타난다.
> ㄴ. ㉠은 햇빛이 지구 대기를 통과하는 과정에서 형성된다.
> ㄷ. ㉡은 원소마다 고유한 선 스펙트럼을 갖는 것과 관계있다.

① ㄱ ② ㄴ ③ ㄷ
④ ㄱ, ㄷ ⑤ ㄴ, ㄷ

13 그림은 우주 초기의 진화 과정을 나타낸 것이다.

이에 대한 설명으로 옳은 것만을 보기에서 있는 대로 고른 것은?

> **보기**
> ㄱ. A 시기에 생성된 입자는 기본 입자이다.
> ㄴ. 우주의 온도는 B 시기가 C 시기보다 낮았다.
> ㄷ. D 시기의 별에는 헬륨보다 무거운 원소가 거의 존재하지 않았다.

① ㄱ ② ㄴ ③ ㄱ, ㄷ
④ ㄴ, ㄷ ⑤ ㄱ, ㄴ, ㄷ

14 그림은 빅뱅(대폭발) 이후 입자의 생성 과정을 나타낸 것이다.

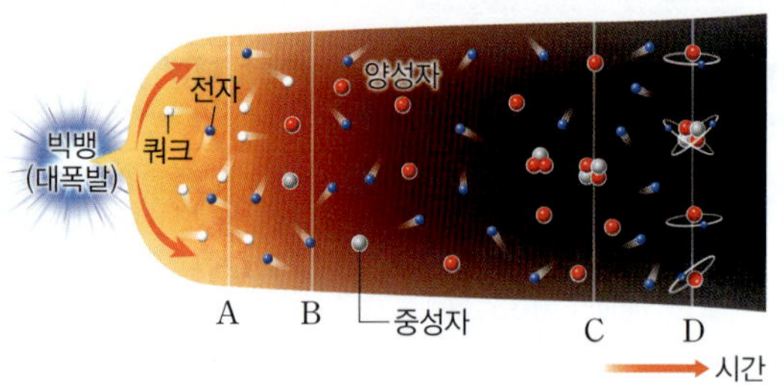

이에 대한 설명으로 옳은 것만을 보기에서 있는 대로 고른 것은?

> **보기**
> ㄱ. A와 B 시기 사이에 쿼크의 결합이 일어났다.
> ㄴ. C 시기에 탄소, 산소 등의 원자핵이 생성되었다.
> ㄷ. D 시기에 수소 원자와 헬륨 원자의 질량비는 약 3:1이었다.

① ㄱ ② ㄴ ③ ㄷ
④ ㄱ, ㄷ ⑤ ㄴ, ㄷ

15 그림 (가)와 (나)는 초기 우주에서 생성된 입자의 종류와 빛의 진행 모습을 나타낸 모식도이다.

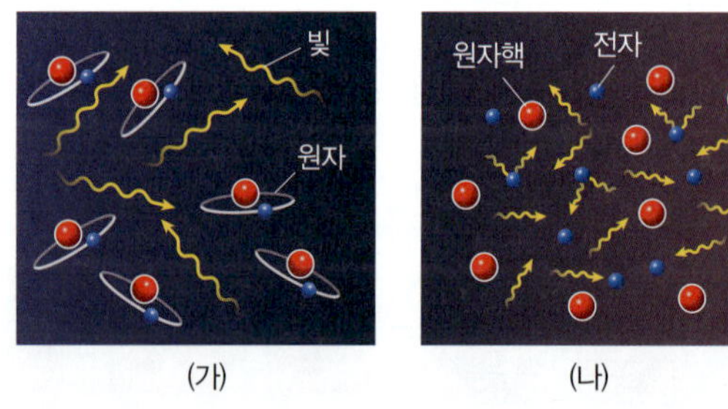

이에 대한 설명으로 옳은 것만을 보기에서 있는 대로 고른 것은?

> **보기**
> ㄱ. (가)의 우주는 불투명한 우주에 해당한다.
> ㄴ. (나)의 빛 중 일부는 현재 우주 배경 복사로 관측된다.
> ㄷ. 빛이 자유롭게 이동할 수 있는 평균 거리는 (가)가 (나)보다 길다.

① ㄱ ② ㄷ ③ ㄱ, ㄴ
④ ㄴ, ㄷ ⑤ ㄱ, ㄴ, ㄷ

16 그림은 플랑크 망원경으로 관측한 우주 배경 복사의 편차(측정값－평균값)를 나타낸 것이다.

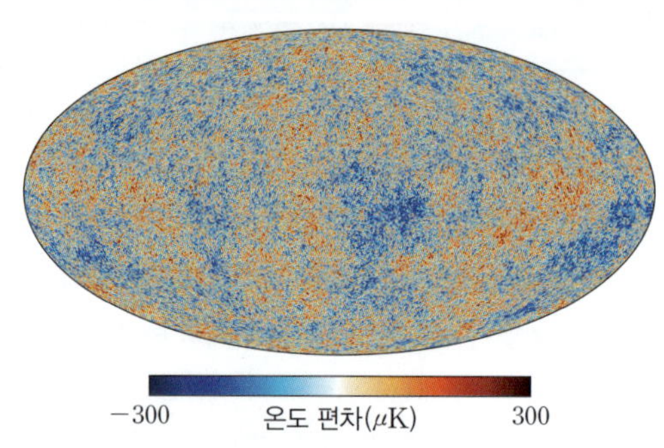

이 자료에 대한 설명으로 옳은 것은?

① 빅뱅 우주론의 증거이다.
② 가시광선 영역에서 관측한 것이다.
③ 우주 배경 복사는 별에서 방출된 빛이다.
④ 관측 방향에 따라 온도 차이가 매우 크다.
⑤ 우리은하가 우주의 중심에 있음을 알 수 있다.

17 그림 (가)와 (나)는 각각 질량이 태양의 1배와 20배인 두 별의 진화 단계에서 형성된 모습을 순서 없이 나타낸 것이다.

이에 대한 설명으로 옳은 것만을 보기에서 있는 대로 고른 것은?

> **보기**
> ㄱ. 주계열 단계일 때, 별의 질량은 (가)가 (나)보다 크다.
> ㄴ. (나)의 형성 과정에서 철보다 무거운 원소가 생성된다.
> ㄷ. (가)와 (나)에서 방출된 물질에는 헬륨보다 무거운 원소가 헬륨보다 가벼운 원소보다 많다.

① ㄱ ② ㄴ ③ ㄷ
④ ㄱ, ㄷ ⑤ ㄴ, ㄷ

18 그림은 질량이 다른 두 별 (가)와 (나)의 진화 과정을 나타낸 것이다.

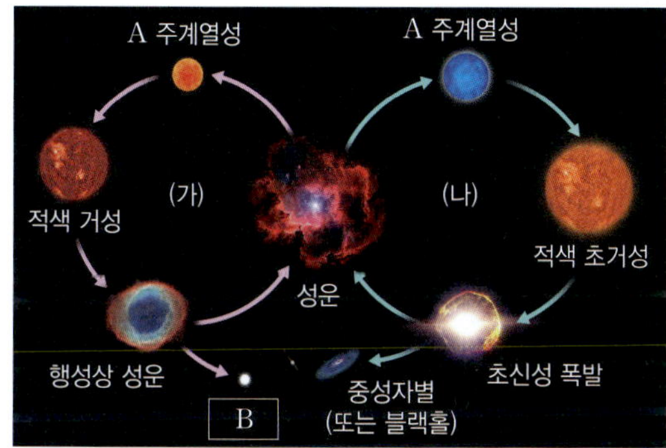

이에 대한 설명으로 옳은 것은?

① 별의 중심부에서 최고 온도는 (가)가 (나)보다 높다.
② 별은 A 단계에서 머무는 시간이 가장 짧다.
③ B는 주로 철로 이루어져 있다.
④ 태양의 진화 과정은 (가)보다 (나)에 가깝다.
⑤ 별의 진화가 반복될수록 성운에서 무거운 원소의 비율이 증가한다.

19 그림은 태양계의 형성 과정을 나타낸 것이다.

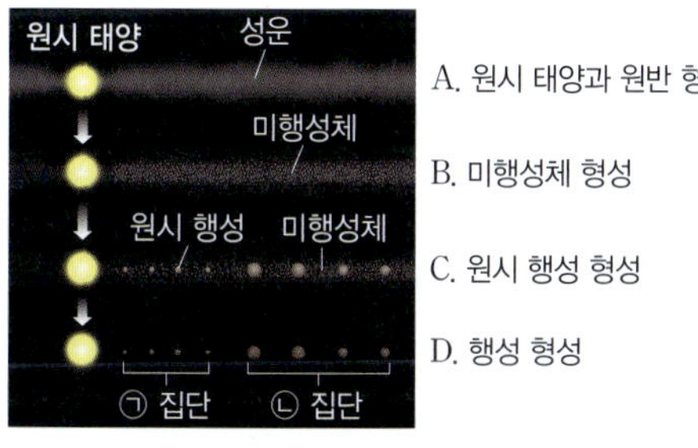

이에 대한 설명으로 옳은 것만을 보기에서 있는 대로 고른 것은?

보기
ㄱ. A 과정에서 원반은 원시 태양에서 물질이 분출하여 형성되었다.
ㄴ. B → C 과정에서 미행성체의 개수는 감소한다.
ㄷ. D에서 ㉠ 집단은 ㉡ 집단보다 평균 밀도가 크다.

① ㄱ   ② ㄴ   ③ ㄷ
④ ㄱ, ㄷ   ⑤ ㄴ, ㄷ

20 그림은 태양계 행성을 지구형 행성과 목성형 행성으로 분류한 것이다.
이에 대한 설명으로 옳은 것만을 보기에서 있는 대로 고른 것은?

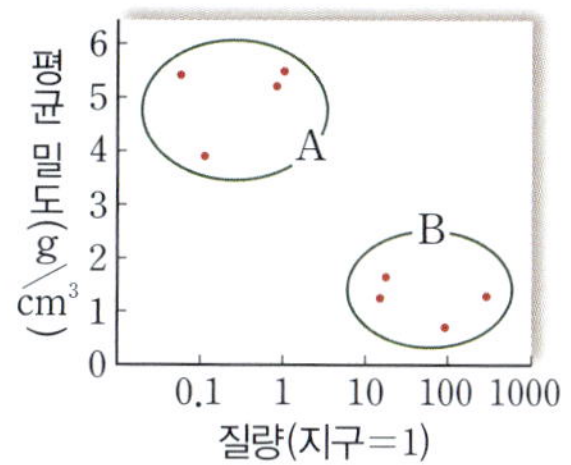

보기
ㄱ. 지구는 A에 속한다.
ㄴ. 주요 구성 성분이 태양과 비슷한 집단은 B이다.
ㄷ. 태양계가 형성될 당시 A와 B는 모두 원시 원반에서 형성되었다.

① ㄱ   ② ㄷ   ③ ㄱ, ㄴ
④ ㄴ, ㄷ   ⑤ ㄱ, ㄴ, ㄷ

21 그림 (가)는 초신성 폭발이 일어나기 직전 별의 중심부 구조를, (나)는 지구를 구성하는 원소의 질량비를 나타낸 것이다. A~C는 각각 규소, 산소, 철 중 하나이다.

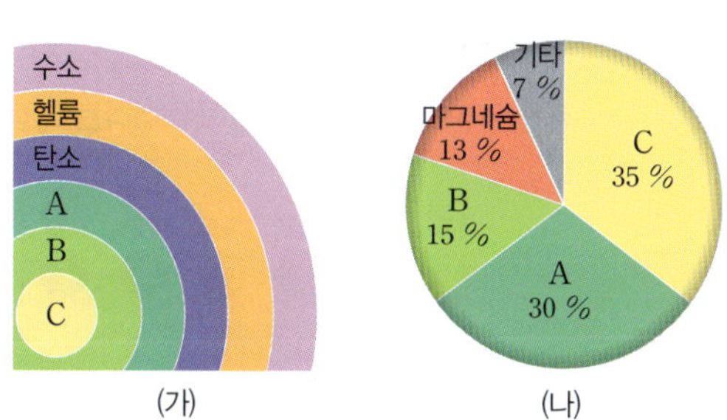

이에 대한 설명으로 옳은 것만을 보기에서 있는 대로 고른 것은?

보기
ㄱ. A는 생명체를 구성하는 주요 성분이다.
ㄴ. 맨틀을 구성하는 물질의 질량비는 B가 C보다 많다.
ㄷ. 지구를 구성하는 물질은 대부분 별의 진화 과정에서 생성되었다.

① ㄱ   ② ㄴ   ③ ㄱ, ㄷ
④ ㄴ, ㄷ   ⑤ ㄱ, ㄴ, ㄷ

01 그림은 원소 A와 B에서 관측된 방출 스펙트럼을 나타낸 것이다.

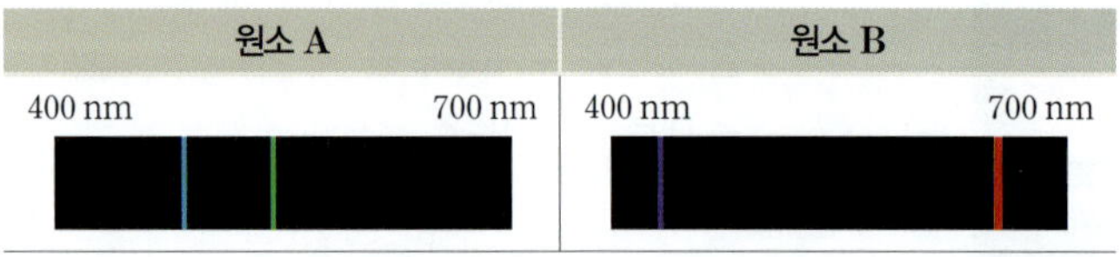

원소 A와 B가 혼합된 기체의 방출 스펙트럼은 어떤 모습일지 그리고, 그렇게 그린 까닭을 설명하시오.

단계별로 배경 지식 쌓기

Step ❶ 문제 분석하기

원소 A와 B의 방출 스펙트럼에 나타난 ( )의 파장을 비교한다.

Step ❷ Key Word 찾아 답안 작성하기

• 전자가 에너지를 흡수하거나 방출할 때 고유한 (❶)의 빛을 흡수하거나 방출한다.
• 방출 스펙트럼에 나타나는 선의 위치, 개수는 (❷)의 종류에 따라 다르다.

Key Word
❶ .... ❷ ....

---

02 그림은 초기 우주에서 헬륨 핵합성이 일어나는 과정을 모식적으로 나타낸 것이다.

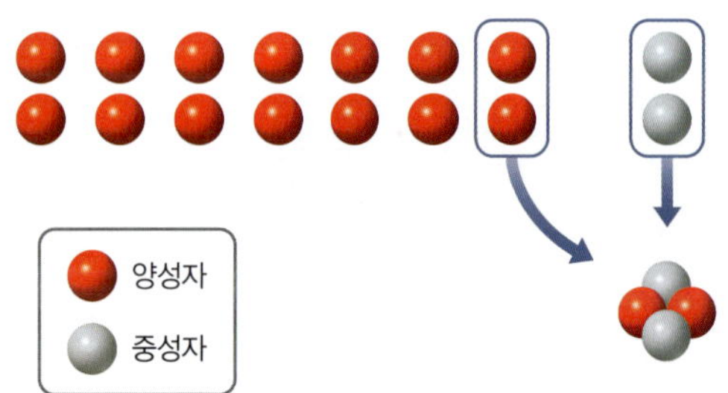

(1) 헬륨 핵합성이 끝난 후 수소와 헬륨의 개수비와 질량비를 쓰시오.

　　개수비: (　　　　), 질량비: (　　　　)

(2) 헬륨 핵합성 이후 헬륨 원자핵보다 무거운 원자핵이 만들어지지 않은 까닭을 설명하시오.

단계별로 배경 지식 쌓기

Step ❶ 문제 분석하기

헬륨 원자핵을 생성하는 입자의 종류와 개수를 파악한다.

➡ 헬륨 원자핵은 양성자 ( )개, 중성자 2개로 이루어져 있다.

Step ❷ Key Word 찾아 답안 작성하기

• 양성자와 중성자는 질량이 거의 비슷하다.
• 헬륨 원자핵이 생성되기 전에 양성자와 중성자의 (❶)비는 약 7 : 1이었다.
• 헬륨 원자핵이 생성되었을 때, (❷) 원자핵과 헬륨 원자핵의 질량비는 약 3 : 1이 되었다.
• 헬륨 원자핵이 생성된 이후 우주의 (❸)은/는 계속 낮아졌기 때문에 초기 우주에서는 탄소 원자핵이 생성될 수 없었다.

KeyWord
❶ .... ❷ .... ❸ ....

03 그림 (가)와 (나)는 우주의 나이가 **1분**일 때와 **38만 년**일 때 생성되었던 입자들을 순서 없이 나타낸 것이다.

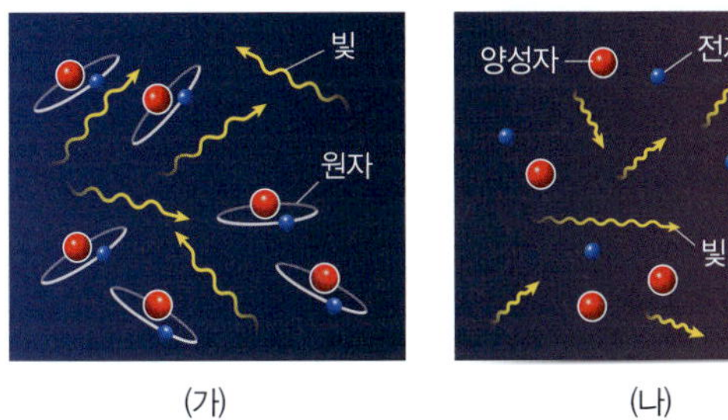

(1) (가)와 (나)일 때 우주의 나이를 쓰고, 그렇게 생각한 까닭을 설명하시오.

(2) (가)와 (나)에서 우주 공간으로 방출된 빛이 진행할 때 각각 어떻게 다른지 설명하시오.

Step ❶ 문제 분석하기

(가)와 (나)에서 우주 공간에 존재하는 입자의 종류를 파악한다.

➡ (가): 중성 상태의 (　　　　)
　　(나): 양성자, 전자

Step ❷ Key Word 찾아 답안 작성하기

- (가): 우주의 온도가 약 3000 K으로 낮아져 선자와 원자핵이 결합한 이후에는 빛이 우주 공간을 자유롭게 진행할 수 있는 (　❶　)한 우주가 되었다.
- (나): 전자와 양성자가 빛을 흡수하고, 다시 방출하는 과정이 반복되어 빛이 자유롭게 진행하지 못하는 (　❷　)한 우주였다.

KeyWord

❶ ＿＿＿＿＿＿＿　❷ ＿＿＿＿＿＿＿

---

04 그림은 빅뱅 이후 시간에 따른 우주의 진화 과정을 나타낸 것이다.

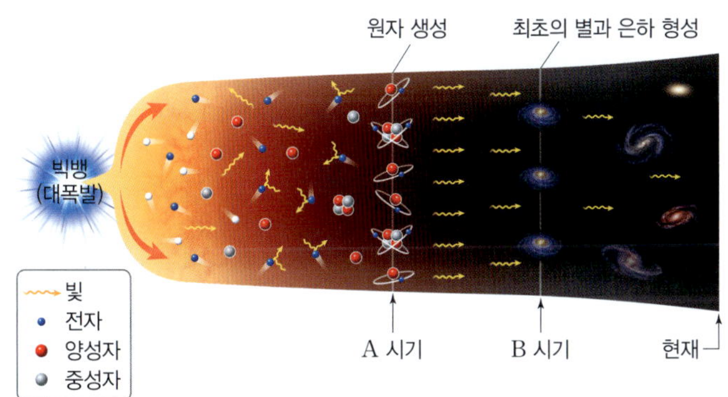

(1) A 시기에 생성된 원자의 종류를 쓰시오.

(2) B 시기에 생성된 별과 현재 생성되는 별은 구성 성분이 어떻게 다른지 설명하시오.

Step ❶ 문제 분석하기

빅뱅(대폭발)이 일어난 뒤 생성되는 입자들의 종류를 확인한다.

➡ 초기 우주에서 생성된 원자는 대부분 (　　　　)와/과 (　　　　)이었다.

Step ❷ Key Word 찾아 답안 작성하기

- 성운에서 최초의 별이 형성되었을 때는 별이 수소와 (　❶　) 등의 가벼운 원소로 구성되어 있었다.
- 헬륨보다 무거운 원소는 별의 (　❷　) 과정에서 생성되었다.

KeyWord

❶ ＿＿＿＿＿＿＿　❷ ＿＿＿＿＿＿＿

05 그림은 어느 별의 진화 과정을 나타낸 것이다.

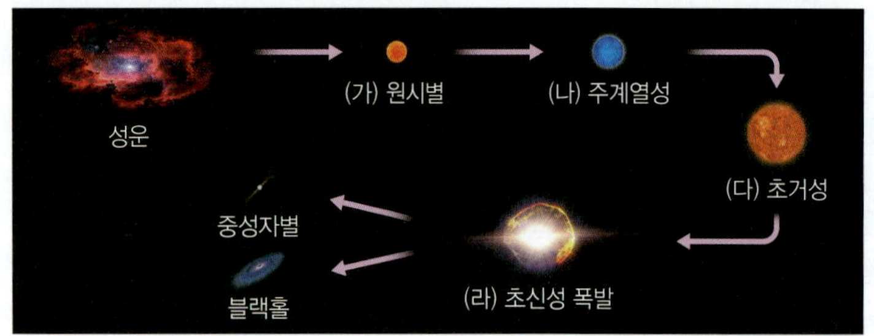

(1) 별의 진화 과정 (가)~(라) 중 가장 오랜 시간을 보내는 과정을 쓰고, 그 까닭을 설명하시오.

(2) (나)~(라) 단계에서 각각 생성되는 원자핵의 종류에 대해 설명하시오.

06 그림은 태양계가 형성되는 과정을 나타낸 것이다.

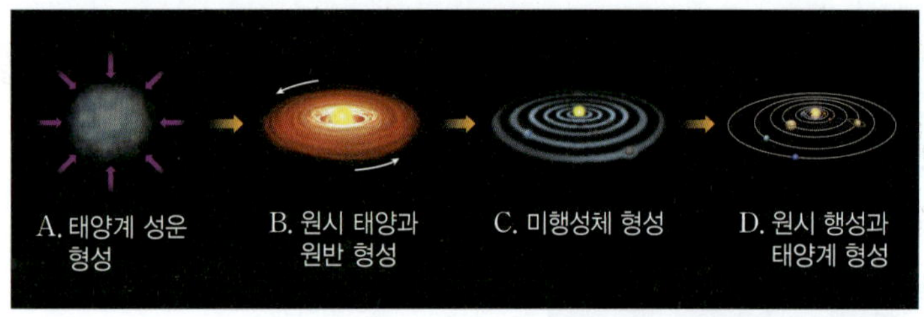

(1) A → B 과정에서 원반이 형성될 수 있었던 까닭을 설명하시오.

(2) C 과정에서 원시 태양으로부터 거리가 가까운 미행성체와 거리가 먼 미행성체의 주요 성분에 대해 설명하시오.

(3) D 과정에서 원시 태양으로부터 거리가 가까운 행성과 거리가 먼 행성의 질량과 밀도를 비교하여 설명하시오.

Step ❶ 문제 분석하기

별의 진화 과정을 파악한다.

➡ 태양보다 질량이 훨씬 큰 별의 진화 경로: 원시별 → 주계열성 → 초거성 → (　　　) 폭발 → 중성자별 또는 블랙홀

Step ❷ Key Word 찾아 답안 작성하기

· 주계열성의 중심부에서는 (❶) 핵융합 반응에 의해 헬륨이 생성된다.

· 질량이 태양보다 훨씬 큰 별의 내부에서는 (❷)까지 생성되고, 초신성 폭발 과정에서 (❷)보다 무거운 원소가 생성된다.

Key Word

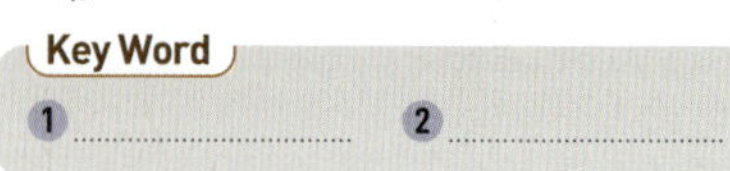

❶ ······················　❷ ······················

Step ❶ 문제 분석하기

태양계 형성 과정 중 원시 행성의 형성 과정을 파악한다.

➡ 원시 행성은 (　　　　)의 충돌에 의해 형성되었다.

Step ❷ Key Word 찾아 답안 작성하기

· 태양계 성운이 (❶)하면서 수축이 일어나 중심부에 원시 태양, 그 주변에 납작한 원반이 형성되었다.

· 미행성체를 이루는 물질은 태양으로부터의 (❷)에 따라 다르게 나타난다.

· 태양으로부터 거리가 가까운 곳에서는 주로 암석과 금속 성분의 행성이 형성되었고, 먼 곳에서는 주로 (❸) 성분의 목성형 행성이 형성되었다.

KeyWord

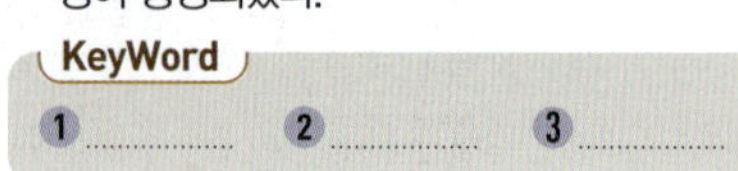

❶ ·············　❷ ·············　❸ ·············

07 그림 (가)~(다)는 지구의 형성 과정을 순서 없이 나타낸 것이다.

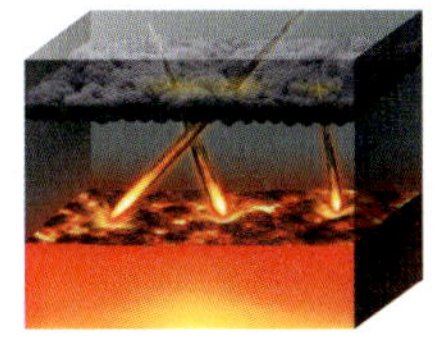
(가) 마그마 바다 형성

(나) 원시 지각 형성

(다) 미행성체 충돌

(1) 지구의 형성 과정을 시간 순서대로 나열하시오.

(2) (가)~(다) 중 지구 중심부의 밀도가 가장 큰 단계를 고르고, 그렇게 생각한 까닭을 설명하시오.

Step ❶ 문제 분석하기

지구의 형성 과정을 파악한다.

➡ (　　　　)의 충돌 → 마그마 바다 형성 → (　　　　)와/과 맨틀의 분리 → 원시 지각과 바다 형성

Step ❷ Key Word 찾아 답안 작성하기

• (　❶　)의 충돌로 지구의 온도가 상승하였다.

• 마그마 바다 상태에서 (　❷　) 등 무거운 성분이 가라앉아 핵을 형성하였고, 가벼운 규산염 성분이 떠올라 맨틀을 형성하였다.

• 지표가 충분히 식어 원시 (　❸　)이/가 형성되었다.

KeyWord

❶ ....　❷ ....　❸ ....

---

08 그림은 우주, 지구, 사람의 주요 구성 원소의 질량비를 나타낸 것이다.

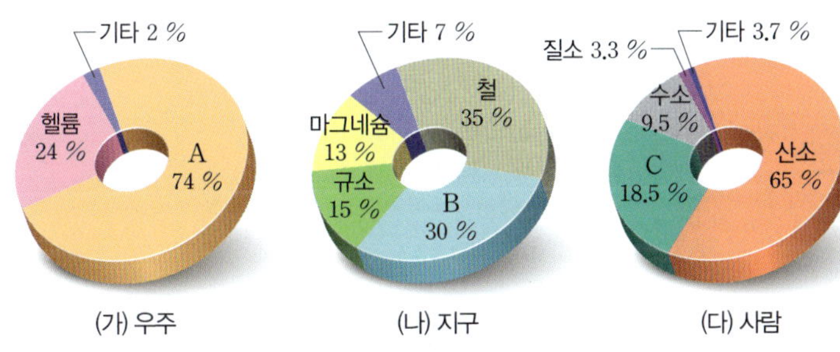

(1) A~C에 해당하는 원소의 종류를 쓰시오.

(2) A~C가 우주에서 어떻게 생성될 수 있었는지 각각 설명하시오.

Step ❶ 문제 분석하기

(가), (나), (다)에서 가장 풍부한 원소를 확인한다.

➡ (가): (　　　　), (나): (　　　　), (다): (　　　　)

Step ❷ Key Word 찾아 답안 작성하기

• 우주에서 두 번째로 풍부한 원소는 헬륨, 지구에서 두 번째로 풍부한 원소는 (　❶　), 사람의 몸에서 두 번째로 풍부한 원소는 (　❷　)이다.

• 수소와 헬륨은 대부분 (　❸　)에서 생성되었고, 수소와 헬륨을 제외한 철보다 가벼운 원소는 대부분 별의 내부에서 생성되었다.

KeyWord

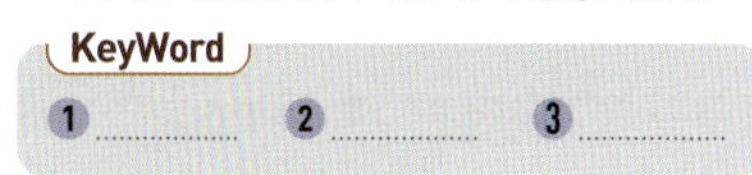

❶ ....　❷ ....　❸ ....

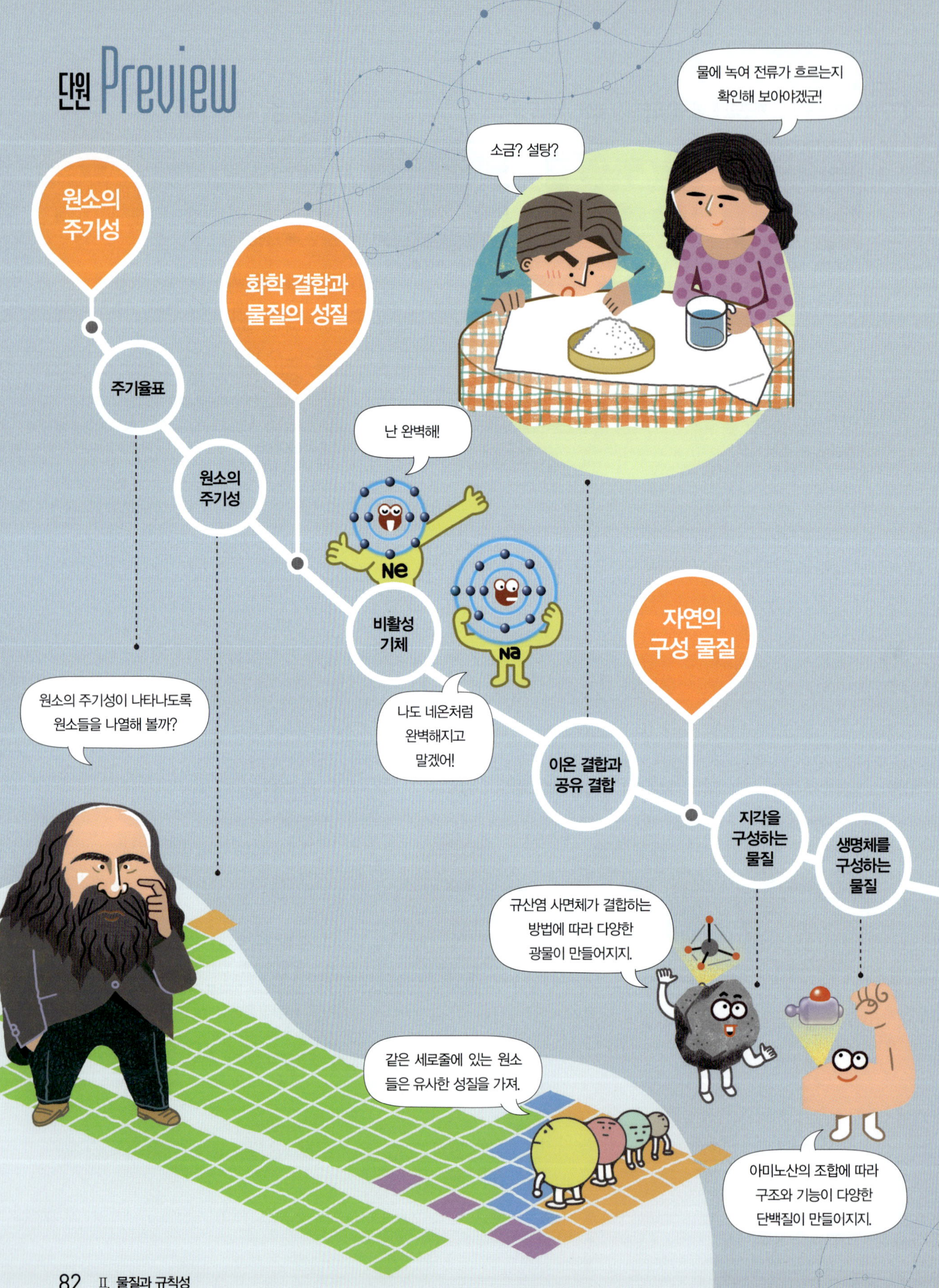
원소의
주기성

화학 결합과
물질의 성질

주기율표

원소의
주기성

물에 녹여 전류가 흐르는지
확인해 보아야겠군!

소금? 설탕?

난 완벽해!

Ne

Na

자연의
구성 물질

비활성
기체

나도 네온처럼
완벽해지고
말겠어!

원소의 주기성이 나타나도록
원소들을 나열해 볼까?

이온 결합과
공유 결합

지각을
구성하는
물질

생명체를
구성하는
물질

규산염 사면체가 결합하는
방법에 따라 다양한
광물이 만들어지지.

같은 세로줄에 있는 원소
들은 유사한 성질을 가져.

아미노산의 조합에 따라
구조와 기능이 다양한
단백질이 만들어지지.

- 중학교 – 원소, 원소 기호, 이온, 주기율표, 화학식

앞으로
배울 내용

- 물리학 – 에너지띠와 반도체
- 화학 – 분자의 구조, 공유 결합의 극성
- 생명과학 – 염색체의 구조, DNA와 유전자
- 지구과학 – 화성암

2

자연을 구성하는 원소

자연계에 존재하는 원소들은 규칙성이 있으며, 이 원소들이 다양한 방법으로 결합하여 지각과 생명체를 이루는 물질을 구성한다.

○1 원소의 주기성

○2 화학 결합과 물질의 성질

○3 자연의 구성 물질

○4 물질의 전기적 성질과 활용

물질의 전기적 성질과 활용

반도체의 활용

물질의 전기적 성질

 **원소의 주기성**

1 세상을 구성하는 원소와 주기율표

우리 주변의 물질은 원소로 이루어져 있으며, 원소의 종류는 약 110가지이다. 원소들을 특정 기준에 따라 배열하면 화학적 성질이 비슷한 원소들이 주기적으로 반복되며, 이 규칙이 드러나도록 원소를 배열한 것이 주기율표이다.

1. 원소의 분류

물질을 구성하는 원소는 성질에 따라 크게 금속 원소와 비금속 원소로 나눌 수 있다.

(1) 금속 원소의 특징

① 실온(약 25 ℃)에서의 상태: 수은(Hg)(액체)을 제외한 모든 금속은 고체 상태로 존재한다.

② 광택: 금속 원소마다 특유의 광택이 있다. 대부분의 금속 원소는 백색이나 회백색의 광택이 있고 구리(Cu)는 붉은색, 금(Au)은 노란색의 광택이 있다.

③ 열과 전기 전도성: 금속은 열을 잘 전달하는 열 전도성과 전기가 잘 통하는 전기 전도성이 있어 조리 기구, 전선 등을 만들 때 사용된다.

④ 뽑힘성과 펴짐성: 힘을 가하면 부서지지 않고, 가늘게 늘어나거나(뽑힘성) 얇게 펴지는 성질(펴짐성)이 있어 가는 선이나 얇은 판으로 만들어 사용할 수 있다.

(2) 비금속 원소의 특징

① 실온에서의 상태: 비금속 원소는 대부분 기체나 고체 상태로 존재하는데, 수소나 산소 등은 기체 상태이고, 탄소, 황, 아이오딘 등은 고체 상태이다. 단, 비금속 원소 중 브로민은 실온에서 액체 상태로 존재한다.

② 광택: 고체 상태의 비금속 원소는 금속과 같은 광택이 없다.

③ 열과 전기 전도성: 대부분의 비금속 원소는 열을 잘 전달하지 않고 전기가 잘 통하지 않는다.

④ 뽑힘성과 펴짐성: 대부분의 고체 상태의 비금속 원소는 힘을 가했을 때 쉽게 부서진다.

(3) 금속 원소와 비금속 원소의 이용

금속 원소		비금속 원소	
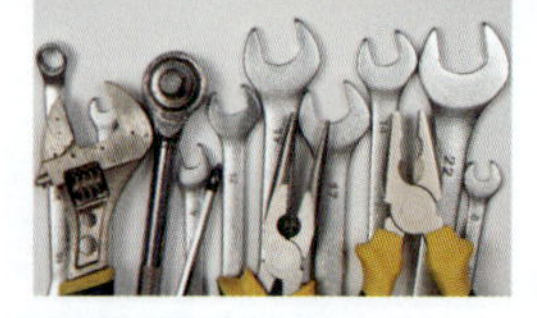			
철은 강도가 크고 펴짐성이 있어 각종 자재나 다양한 모양의 공구에 이용된다.	금은 펴짐성과 전기 전도성이 좋고 잘 부식되지 않아 회로 기판이나 귀금속에 이용된다.	수소는 실온에서 기체 상태이고, 대기 오염 물질을 배출하지 않아 자동차의 연료로 이용된다.	탄소는 실온에서 고체 상태이고, 연필심으로 이용되며, 다이아몬드를 이루고 있다.

원소

원소는 더 이상 다른 물질로 분해되지 않는 기본 성분을 의미하였으나 원자의 구조가 밝혀지면서 원소는 원자핵을 구성하는 양성자 수가 같은 입자로 이루어진 물질로 정의된다. 예를 들면 수소, 중수소, 삼중수소는 중성자 수가 다르고 양성자 수는 1로 같으므로 같은 원소이다.

2. 주기율표

(1) 성질이 비슷한 원소들이 주기적으로 나타나도록 배열된 표로, 오래전부터 과학자들은 다양한 방법으로 원소들 사이의 규칙성을 찾기 위해 연구해 왔다.

(2) **현대의 주기율표**: 원소들을 원자 번호가 증가하는 순서대로 나열하여 화학적 성질이 비슷한 원소들이 같은 세로줄에 오도록 배열한 표이다.

① 주기: 주기율표의 가로줄로 1주기부터 7주기까지 있다.

② 족: 주기율표의 세로줄로 1족부터 18족까지 있으며, 같은 족에 속한 원소들은 화학적 성질이 비슷하기 때문에 같은 족에 속한 원소를 동족 원소라고 한다.

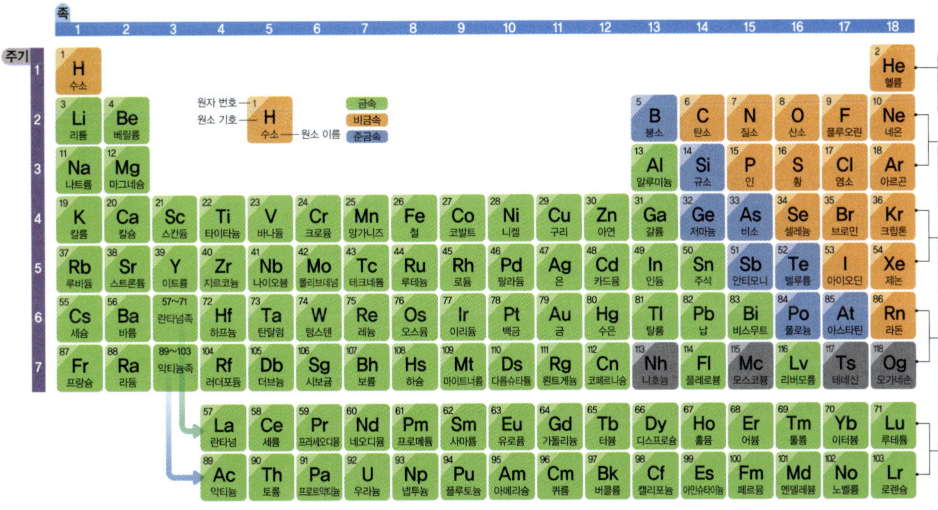

▲ 현대의 주기율표

원자 번호
원소의 원자 번호는 원자의 양성자 수와 같다. 원자는 전기적으로 중성이므로 양성자 수는 원자의 전자 수와 같다.

주기율표에서 금속, 비금속 원소의 위치
주기율표에서 금속 원소는 주로 왼쪽과 가운데에 있고, 비금속 원소는 오른쪽에 위치한다. 수소는 비금속 원소이지만 예외적으로 1족에 위치한다.

1주기: 수소(H)와 헬륨(He), 2개의 원소가 있다.

2~3주기: 각각 8개의 원소가 있다.

4~5주기: 각각 18개의 원소가 있다.

6~7주기: 각각 32개의 원소가 있으며, 7주기는 2016년에 완성되었다.

란타넘족, 악티늄족: 각각 6주기와 7주기 원소 중 일부를 떼어내어 분류한 것이다. 이는 주기율표의 가로줄이 넓어지는 것을 막기 위해서이다.

플러스 강의 ⊕ 원소의 규칙성을 찾기 위해 노력한 과학자들

❶ **되베라이너**: 화학적 성질이 비슷한 세 개의 원소 사이에 일정한 관계가 있다는 것을 발견하고, 이 원소들을 세 쌍 원소라고 하였다. 세 쌍 원소 중 중간 원소의 원자량은 나머지 두 개 원소의 원자량의 평균값을 갖는다.

❷ **뉴랜즈**: 원소를 원자량 순서로 배열하면 8번째마다 성질이 비슷한 원소가 나타나는 것을 발견했다.

❸ **멘델레예프**: 원소를 원자량 순서로 배열하고 화학적 성질이 비슷한 원소를 같은 세로줄에 배열해 최초의 주기율표를 만들었다.

❹ **모즐리**: 원소들의 주기적 성질이 양성자 수(원자 번호)와 관련이 있다는 것을 발견하고, 원소를 원자 번호 순서로 배열한 주기율표를 만들었다.

원자량
원자의 질량은 매우 작아 그대로 사용하는 것이 불편하므로, 기준으로 정한 원자(탄소)의 질량과 비교하여 나타낸 상대적인 질량을 사용하는데, 이를 원자량이라고 한다. 원자량이 클수록 무거운 원소이다.

✔ 중요 개념 체크

정답과 해설 21쪽

1. 특유의 광택이 있고 열과 전기 전도성이 있는 원소는 ㉠ (　　　) 원소이고, 광택이 없고 대부분 열과 전기 전도성이 없는 원소는 ㉡ (　　　) 원소이다.

2. 주기율표는 원소를 원자 번호 순으로 나열한 것으로, 가로줄을 ㉠ (　　　)(이)라고 하고 세로줄을 ㉡ (　　　)(이)라고 한다. 같은 ㉢ (　　　)에 속한 원소들은 화학적 성질이 비슷하다.

주기율표의 1족에 속하는 금속 원소를 알칼리 금속이라고 하고, 17족에 속하는 비금속 원소를 할로젠이라고 한다. 알칼리 금속과 할로젠은 각각 유사한 화학적 성질을 갖는다.

1. *알칼리 금속 탐구 90쪽

주기율표의 1족 원소 중 수소(H)를 제외한 리튬(Li), 나트륨(Na), 칼륨(K) 등의 금속 원소를 알칼리 금속이라고 한다.

(1) 물리적 성질

① 실온에서 고체 상태로 존재하며, 은백색의 광택이 있다.

② 칼로 쉽게 잘릴 정도로 무르다.

③ 다른 금속에 비해 밀도가 작다. 특히 리튬, 나트륨, 칼륨은 물보다 밀도가 작아 물 위에 뜬다.

④ 알칼리 금속은 금속 원소로 열 전도성과 전기 전도성이 있다.

▲ 칼로 쉽게 자를 수 있는 나트륨

(2) 화학적 성질 심화 강의 93쪽

알칼리 금속의 산화물
알칼리 금속이 산소와 결합하여 산화물을 형성하면 금속의 성질을 잃게 되므로 광택이 사라진다.

① 산소와의 반응: 알칼리 금속은 공기 중의 산소와 반응하여 *산화물(M_2O)을 형성한다.

$$4M + O_2 \longrightarrow 2M_2O \ (M: Li, \ Na, \ K \ 등)$$

② 물과의 반응: 물과 반응하여 수소 기체를 발생하고, 반응 후 수용액은 염기성을 나타낸다.

$$2M + 2H_2O \longrightarrow 2MOH + H_2 \ (M: Li, \ Na, \ K \ 등)$$

페놀프탈레인 용액
용액의 성질을 확인할 때 쓰는 지시약으로, 산성과 중성에서는 무색이고 염기성에서는 붉은색을 나타낸다.

▲ **알칼리 금속과 물의 반응** 물이 들어 있는 수조에 페놀프탈레인 용액을 떨어뜨린 후, 리튬, 나트륨, 칼륨 조각을 넣으면 수소 기체가 발생하고, 물과 반응한 수용액은 염기성을 나타내 수용액의 색이 붉게 변한다.

③ 할로젠과의 반응: 17족 원소인 할로젠과 격렬하게 반응하여 화합물을 생성한다.

④ 알칼리 금속의 반응성: 원자 번호가 클수록 반응성이 커진다. 따라서 산소나 물과의 반응성을 비교하면 Li < Na < K이다.

구분	리튬(Li)	나트륨(Na)	칼륨(K)
공기 중의 산소와 반응하는 모습	광택이 서서히 사라짐	광택이 빠르게 사라짐	광택이 매우 빠르게 사라짐
물과 반응하는 모습	잘 반응함	격렬하게 반응함	매우 격렬하게 반응함

용어

***알칼리(Alkali)**
'나무를 태운 재'라는 뜻으로, 재를 물에 녹이면 염기성을 띠는데 알칼리 금속이 물과 반응하여 생성된 수용액이 염기성을 나타내기 때문에 붙여진 이름이다.

***산화물**
어떤 원소가 산소와 결합하여 생성된 화합물이다.

⑤ 알칼리 금속의 보관: 알칼리 금속은 반응이 커서 공기 중의 산소뿐만 아니라 물과도 빠르게 반응하므로 공기, 물과의 접촉을 차단하기 위해 석유나 액체 파라핀에 넣어 보관한다.

▲ **액체 파라핀에 보관된 알칼리 금속**

2. *할로젠

주기율표의 17족 원소인 플루오린(F), 염소(Cl), 브로민(Br), 아이오딘(I) 등을 할로젠이라고 한다.

(1) 물리적 성질

① 할로젠은 2개의 원자가 결합한 이원자 분자(F_2, Cl_2, Br_2, I_2)로 존재한다.

② 원소마다 특유의 색을 띠는데, 플루오린(F_2)은 옅은 노란색, 염소(Cl_2)는 황록색, 브로민(Br_2)은 적갈색, 아이오딘(I_2)은 보라색을 띤다.

③ 실온에서 플루오린과 염소는 기체 상태로 존재하고, 브로민은 액체 상태로 존재하며, 아이오딘은 고체 상태로 존재한다.

④ 할로젠은 비금속 원소로 열 전도성과 전기 전도성이 거의 없다.

(2) 화학적 성질

① 할로젠은 반응성이 매우 커서 다른 원소와 잘 반응한다.

② 금속과의 반응: 알칼리 금속과 반응하여 염을 생성한다.

$$2M + X_2 \longrightarrow 2MX$$

(M: Li, Na, K 등, X: F, Cl, Br, I 등)

▲ **염소와 나트륨의 반응** 할로젠인 염소 기체에 알칼리 금속인 나트륨 조각을 넣으면 반응이 일어나 흰색 가루인 염화 나트륨(염)이 생성된다.

③ 수소와의 반응: 할로젠은 수소를 비롯한 비금속 원소와 반응하여 화합물을 만든다. 할로젠은 수소와 반응하여 수소 화합물(HF, HCl, HBr, HI 등)을 생성하는데, 수소 화합물을 물에 녹인 수용액은 산성을 나타낸다.

④ 할로젠의 반응성: 원자 번호가 작을수록 반응성이 커진다. 따라서 금속이나 수소와의 반응성을 비교하면 $F_2 > Cl_2 > Br_2 > I_2$이다.

자연 상태에서의 할로젠
할로젠은 반응성이 크기 때문에 자연 상태에서 주로 다른 원소와 결합한 화합물 형태로 존재한다.

염
산의 음이온과 염기의 양이온이 결합한 물질을 염이라고 한다. 즉, 산의 수소 이온이 다른 양이온으로 치환된 물질 또는 염기의 수산화 이온이 다른 음이온으로 치환된 물질을 의미한다. 염은 산과 염기의 중화 반응, 산과 금속의 반응 등 다양한 반응으로 생성된다.

✔ 중요 개념 체크

정답과 해설 21쪽

3. 알칼리 금속에 대한 설명으로 옳은 것은 ○, 옳지 않은 것은 ×로 표시하시오.

(1) 알칼리 금속은 실온에서 고체 상태로 존재하며 매우 단단한 금속이다. ─────── (   )

(2) 알칼리 금속은 물과 반응하여 수소 기체를 발생하며 수용액은 염기성을 나타낸다. ─ (   )

4. 할로젠에 대한 설명으로 옳은 것은 ○, 옳지 않은 것은 ×로 표시하시오.

(1) 할로젠은 주기율표에서 17족에 위치한다. ─────────────── (   )

(2) 할로젠은 실온에서 모두 기체 상태로 존재한다. ──────────── (   )

(3) 할로젠은 반응성이 커서 금속이나 수소와 잘 반응한다. ───────── (   )

용어

***할로젠(Halogen)**
'염을 만드는'이라는 뜻으로, 할로젠이 금속 원소와 반응하여 염화 나트륨($NaCl$)과 같은 염을 형성하기 때문에 붙여진 이름이다.

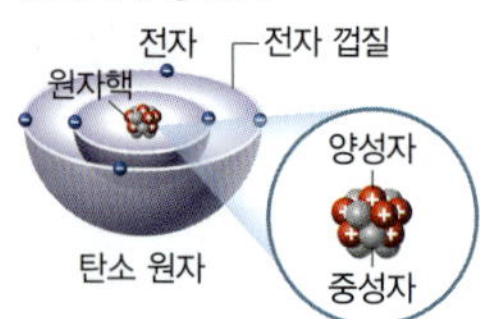

원자는 원자핵과 전자로 이루어져 있고, 원자핵은 양성자와 중성자로 이루어져 있다.

3 원자의 전자 배치와 원소의 주기성

같은 족 원소들의 화학적 성질이 유사한 것은 원자를 구성하는 전자의 배치와 관련이 있으며, 원자의 전자 배치에서도 주기성을 찾을 수 있다.

1. 원자의 전자 배치

(1) **전자 껍질**: 원자핵 주위에서 전자가 존재하는 특정한 에너지 준위를 갖는 궤도로, 원자핵에서 가까울수록 에너지 준위가 낮다.

(2) **전자 배치의 원리**: 전자는 에너지 준위가 낮은 전자 껍질, 즉 원자핵과 가까운 전자 껍질부터 차례대로 배치된다. 이때 각 전자 껍질에 배치될 수 있는 전자의 수는 정해져 있으며, 첫 번째 전자 껍질에는 최대 2개, 두 번째 전자 껍질에는 최대 8개의 전자가 배치될 수 있다. ➡ 원소의 종류에 따라 원자 번호, 즉 양성자 수가 다르고 이에 따라 전자 수가 다르므로 각 원소들은 고유한 전자 배치를 갖는다.

🔍 좀 더 자세히!

- 수소 원자를 구성하는 1개의 전자는 첫째 전자 껍질에 배치된다.
- 탄소 원자를 구성하는 6개의 전자 중 2개는 첫 번째 전자 껍질에, 나머지 4개는 두 번째 전자 껍질에 배치된다.
- 마그네슘 원자를 구성하는 12개의 전자 중 2개는 첫 번째 전자 껍질에, 8개는 두 번째 전자 껍질에, 나머지 2개는 세 번째 전자 껍질에 배치된다.

원소	수소(H)	탄소(C)	마그네슘(Mg)
원자 번호	1	6	12
양성자 수	1	6	12
전자 수	1	6	12
원자의 전자 배치 모형 🔍	1+	6+	12+

자료+ 분석 보어의 원자 모형과 전자 배치

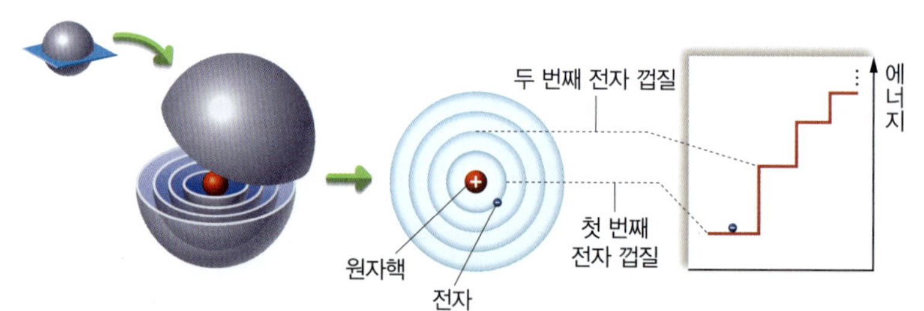

▲ 보어의 원자 모형에 따른 수소 원자의 에너지 준위

❶ 보어는 수소의 스펙트럼이 불연속적인 현상을 설명하기 위해 원자핵 주위의 전자가 특정한 에너지 준위를 갖는 원형 궤도(전자 껍질)를 따라 운동한다고 제안하였다.

❷ 전자는 전자 껍질에만 존재할 수 있고, 원자핵에 가까운 전자 껍질일수록 에너지 준위가 낮다.

❸ 전자는 에너지 준위가 다른 전자 껍질로 이동할 수 있으며, 이때 에너지 차이에 해당하는 파장의 빛을 흡수하거나 방출하기 때문에 흡수선이나 방출선의 스펙트럼이 나타난다.

전자 이동과 에너지 출입

전자가 에너지 준위가 낮은 전자 껍질에서 에너지 준위가 높은 전자 껍질로 이동할 때는 그 차이만큼 에너지를 흡수하고, 에너지 준위가 높은 전자 껍질에서 에너지 준위가 낮은 전자 껍질로 이동할 때는 그 차이만큼 에너지를 방출한다.

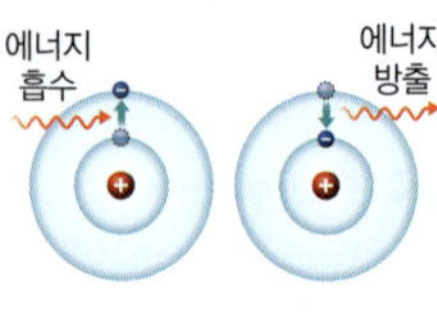

(3) **원자가 전자**: 원자의 전자 배치에서 가장 바깥 전자 껍질에 배치되는 전자로, 화학 결합에 참여하므로 원자가 전자는 원소의 화학적 성질을 결정하는 중요한 요소이다.

2. 원자의 전자 배치에서 나타나는 주기성 집중 분석 92쪽

(1) **같은 주기에 속하는 원소:** 원자들의 전자 배치에서 전자가 들어 있는 전자 껍질 수가 같다. 이때 전자가 들어 있는 전자 껍질 수는 주기 번호와 같다. ➡ 1주기, 2주기, 3주기 원소들의 전자 배치에서 전자가 들어 있는 전자 껍질 수는 각각 1, 2, 3이다.

(2) **같은 족에 속하는 원소:** 원자들의 전자 배치에서 원자가 전자 수가 같기 때문에 같은 족 원소들은 화학적 성질이 비슷하다. 각 족의 원소들의 원자가 전자 수는 족 번호의 끝자리 수와 같다. 단, 18족 원소들은 거의 화학 결합을 하지 않으므로 원자가 전자 수가 0이다.

족	1	2	13	14	15	16	17	18
원자가 전자 수	1	2	3	4	5	6	7	0

1족 금속 원소인 알칼리 금속은 원자가 전자 수가 1로 같다. ➡ 화학 결합에 참여하는 전자의 수가 1로 같으므로 알칼리 금속은 화학적 성질이 비슷하다.

17족 원소인 할로젠은 원자가 전자 수가 7로 같다. ➡ 화학 결합에 참여하는 전자의 수가 7로 같으므로 할로젠은 화학적 성질이 비슷하다.

2주기에 속하는 원자 번호 3~10번 원소들의 전자 배치에서 전자가 들어 있는 전자 껍질 수는 2로 같다.

3주기에 속하는 원자 번호 11~18번 원소들의 전자 배치에서 전자가 들어 있는 전자 껍질 수는 3으로 같다.

▲ **2, 3주기 원자들의 전자 배치** 원자들의 전자 배치에서 전자가 들어 있는 전자 껍질 수와 원자가 전자 수는 주기적으로 변한다.

(3) **원소의 주기성이 나타나는 까닭:** 주기율표에서 원자 번호가 커짐에 따라 원소의 화학적 성질을 결정하는 원자가 전자 수가 주기적으로 변하기 때문에 화학적 성질이 비슷한 원소들이 주기적으로 나타난다.

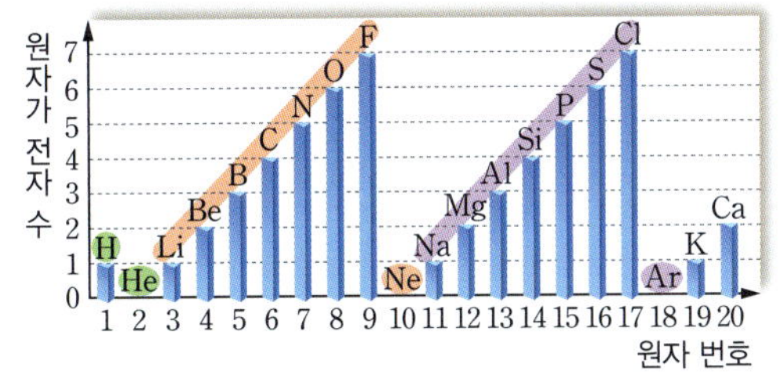

▲ **원자 번호 1~20번 원소의 원자가 전자 수** 같은 주기에서 원자가 전자 수는 원자 번호가 커짐에 따라 점차 증가하다가 18족 원소에서 0이 되는 주기성을 나타낸다.

> **원자가 전자와 화학 결합**
> 원자가 전자는 가장 바깥 전자 껍질에 들어 있어 안쪽 전자 껍질에 들어 있는 전자보다 원자핵과의 인력이 작기 때문에 원자가 이온이 되거나 다른 원소와 결합할 때 관여한다.

✔ 중요 개념 체크

정답과 해설 21쪽

5. 다음은 원자의 전자 배치에 대한 설명이다. ( ) 안에 들어갈 알맞은 말을 고르시오.

(1) 원자핵 주위의 전자는 특정한 에너지 준위를 갖는 전자 껍질에 존재하며, 전자는 에너지 준위가 (낮은, 높은) 전자 껍질부터 차례대로 배치된다.

(2) 주기율표에서 같은 ㉠ (주기, 족)에 속하는 원소들은 전자가 들어 있는 전자 껍질 수가 같고, 같은 ㉡ (주기, 족)에 속하는 원소들은 원자가 전자 수가 같다.

탐구 분석 같은 족 원소들의 유사성을 탐구하는 실험 설계하기

목표 | 알칼리 금속의 유사한 성질을 탐구하는 실험을 설계하여 유사성을 확인할 수 있다.

탐구 영상

과정

❶ 알칼리 금속의 단단한 정도와 칼로 잘랐을 때 단면의 변화를 관찰하는 실험을 설계한다.
- 물기가 없는 유리판 위에 리튬을 올려놓고 칼로 자른 후 단면의 변화를 관찰한다.
- 리튬 대신 나트륨, 칼륨을 이용하여 실험을 반복한다.

❷ 알칼리 금속과 물의 반응성과 반응 후 수용액의 성질을 알아보기 위한 실험을 설계한다.
- 비커에 물을 넣고, 페놀프탈레인 용액을 2~3방울 떨어뜨린다.
- 이 비커의 용액에 쌀알 크기의 리튬 조각을 넣고 리튬이 반응하는 모습과 수용액의 변화를 관찰한다.
- 리튬 대신 나트륨, 칼륨을 이용하여 실험을 반복한다.

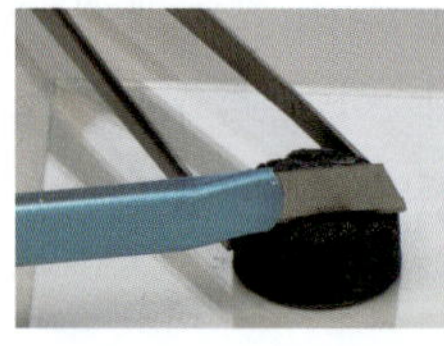

● **물기가 없는 유리판을 사용하는 까닭**

알칼리 금속은 물과 반응을 잘 하므로 유리판에는 물기가 없어야 한다.

● **실험에 사용하는 알칼리 금속 조각의 크기**

알칼리 금속은 물과 반응하여 열을 방출하기 때문에 많은 양이 물과 반응하면 위험하다. 따라서 실험에서는 쌀알 크기 정도의 금속을 사용해야 안전하다.

결과

1. 알칼리 금속의 단단한 정도와 칼로 잘랐을 때 단면의 변화

- 리튬, 나트륨, 칼륨은 모두 칼로 잘릴 정도로 무르다. 이때 무른 정도는 칼륨 > 나트륨 > 리튬의 순이다.
- 칼로 자른 단면은 공기 중의 산소와 반응하므로 광택이 사라진다. 이때 광택이 사라지는 정도는 칼륨 > 나트륨 > 리튬의 순이다.

2. 알칼리 금속과 물의 반응성과 반응 후 용액의 성질

- 알칼리 금속은 물과 잘 반응하며, 리튬, 나트륨, 칼륨은 물보다 밀도가 작아 물에 떠서 반응한다.
- 알칼리 금속은 물과 반응하여 수소 기체를 발생한다. 반응 후 페놀프탈레인 용액을 넣은 용액이 붉은색으로 변하였으므로 반응 후 수용액은 염기성을 나타낸다. 이때 물과 반응하는 정도는 칼륨 > 나트륨 > 리튬의 순이다.

● **알칼리 금속과 물의 반응에서 발생하는 기체의 확인**

시험관에 물을 반쯤 넣고 알칼리 금속을 넣은 후 다른 시험관으로 덮어 발생하는 기체를 모은다. 발생한 기체가 들어 있는 시험관의 입구에 성냥불을 대어보면 '퍽' 소리를 내며 연소한다. 이를 통해 수소 기체가 발생하는 것을 확인할 수 있다.

정리

- 알칼리 금속은 칼로 잘릴 정도로 무르다.
- 알칼리 금속은 공기 중의 산소와 반응하여 쉽게 광택을 잃는다.
- 알칼리 금속은 물과 잘 반응하며, 반응한 수용액은 염기성을 나타낸다.

탐구 확인 문제

01 앞의 탐구에 대한 설명으로 옳은 것은 ○, 옳지 <u>않은</u> 것은 ×로 표시하시오.

(1) 리튬, 나트륨은 칼로 쉽게 잘리지만 칼륨은 칼로 잘리지 않는다. ─────────────── ( )

(2) 알칼리 금속이 공기 중의 산소와 반응하는 정도를 확인하기 위해 칼로 잘린 단면의 광택 변화를 관찰한다. ─────────────── ( )

(3) 알칼리 금속과 물의 반응에서 반응 후 수용액의 성질을 확인하기 위해 페놀프탈레인 용액을 떨어뜨린다. ─────────────── ( )

02 알칼리 금속의 단단한 정도와 칼로 자른 단면의 변화를 확인하기 위한 탐구에 대한 설명으로 옳지 <u>않은</u> 것을 모두 고르면? (답 2개)

① 알칼리 금속의 단단한 정도를 확인하기 위해 리튬, 나트륨, 칼륨을 칼로 잘라본다.

② 알칼리 금속이 칼로 잘리는 정도로 알칼리 금속의 무른 정도를 확인할 수 있다.

③ 알칼리 금속을 칼로 자른 단면의 광택이 사라지는 것으로 알칼리 금속의 밀도를 확인할 수 있다.

④ 알칼리 금속을 칼로 자른 단면의 광택이 사라지는 빠르기로 알칼리 금속의 반응성을 비교할 수 있다.

⑤ 알칼리 금속을 칼로 자른 단면에서 생성된 물질은 알칼리 금속과 화학적 성질이 같다.

03 그림은 물과 페놀프탈레인 용액을 넣은 시험관에 리튬 조각을 넣고 발생하는 기체를 모은 후 성냥불을 대어보는 실험이다.

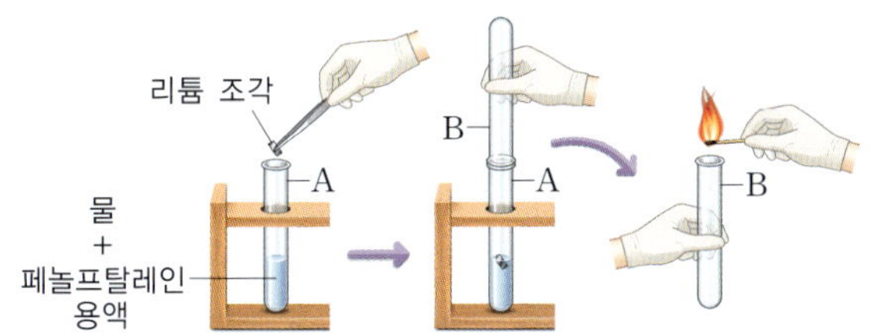

(1) 반응 후 시험관 A에 들어 있는 수용액의 색 변화를 쓰시오.

(2) 리튬과 물이 반응할 때 생성되는 기체의 종류를 실험 결과를 이용하여 설명하시오.

04 그림은 페놀프탈레인 용액을 넣은 물에 나트륨 조각을 넣었을 때의 모습을 나타낸 것이다. 이에 대한 설명으로 옳은 것만을 보기에서 있는 대로 고른 것은?

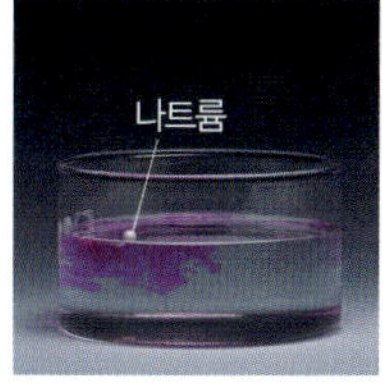

보기
ㄱ. 나트륨은 물보다 밀도가 작다.
ㄴ. 나트륨이 물과 반응한 후 생성된 수용액은 염기성을 나타낸다.
ㄷ. 나트륨 대신 리튬, 칼륨으로 실험해도 반응 후 수용액의 색 변화가 같다.

① ㄱ　　　　② ㄴ　　　　③ ㄱ, ㄷ
④ ㄴ, ㄷ　　　⑤ ㄱ, ㄴ, ㄷ

05 다음은 세 가지 금속 리튬(Li), 나트륨(Na), 칼륨(K)의 성질을 알아보기 위한 실험이다.

(가) 리튬, 나트륨, 칼륨 조각을 각각 칼로 잘라 단면의 변화를 살펴보았더니 광택이 사라졌다.

(나) 물이 들어 있는 비커에 쌀알 크기의 리튬, 나트륨, 칼륨 조각을 각각 넣었더니 모두 ㉠ (　　　) 기체가 발생하였다.

(다) (나)에서 비커에 들어 있는 수용액에 각각 페놀프탈레인 용액 2방울을 떨어뜨렸더니 수용액이 모두 붉은색으로 변하였다.

이에 대한 설명으로 옳은 것만을 보기에서 있는 대로 고른 것은?

보기
ㄱ. (가)에서 금속은 산소와 반응하였다.
ㄴ. ㉠은 산소이다.
ㄷ. 실험 결과를 통해 리튬, 나트륨, 칼륨은 화학적 성질이 유사하다는 것을 알 수 있다.

① ㄱ　　　　② ㄴ　　　　③ ㄱ, ㄷ
④ ㄴ, ㄷ　　　⑤ ㄱ, ㄴ, ㄷ

원자의 전자 배치와 주기성

전자는 특정한 에너지 준위를 갖는 전자 껍질에 존재하고, 각 전자 껍질에 배치될 수 있는 전자 수는 정해져 있으므로 전자 껍질에 채워지는 전자 수에 따라 원소의 성질이 주기적으로 나타난다. 따라서 원소의 화학적 성질은 원자의 전자 배치와 밀접한 관련이 있다. 원자들의 전자 배치 원리를 이용하면 같은 족 원소의 화학적 성질이 유사한 까닭을 이해할 수 있고, 전자 배치 모형과 주기율표에 관련된 문제를 쉽게 풀 수 있다.

1 주기율표에서 원자의 전자 배치는 어떤 주기성을 나타낼까?

전자가 들어 있는 전자 껍질 수는 주기율표에서 주기 번호와 같다. 또 2, 3주기 원소는 같은 주기에서 원자 번호가 1만큼 커질 때마다 원자가 전자 수가 1씩 증가하다가 18족에 이르면 가장 바깥 전자 껍질에 채울 수 있는 전자가 모두 채워져 안정한 상태가 되므로 원자가 전자 수가 0이 된다. 이처럼 주기율표에서 원자의 전자 배치는 주기성을 나타내기 때문에, 원자의 전자 배치 모형을 보면 주기율표에서 그 원소의 위치를 알 수 있고, 반대로 주기율표에서 원소의 위치를 알면 원자의 전자 배치 모형을 그릴 수 있다.

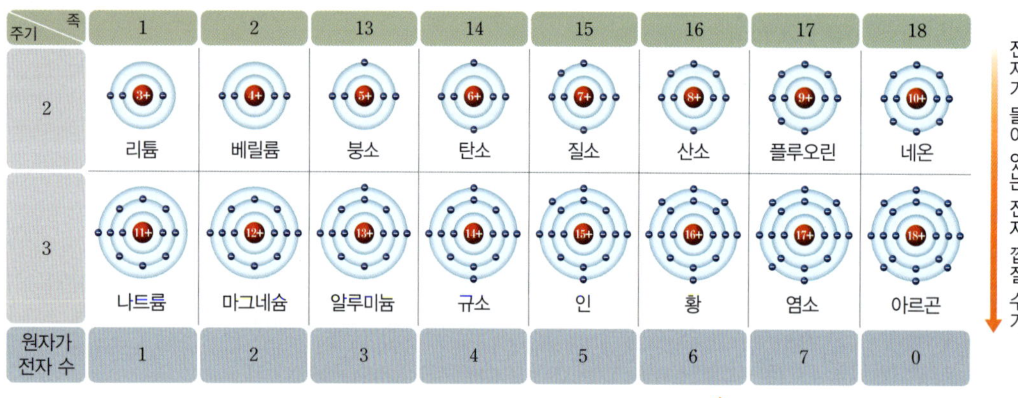

2 같은 족 원소의 화학적 성질이 유사한 까닭은 무엇일까?

원자핵과 전자 사이에는 정전기적 인력이 작용하는데, 가장 바깥 전자 껍질에 들어 있는 전자(원자가 전자)는 원자핵과 가까운 안쪽의 전자 껍질에 들어 있는 전자에 비해 원자핵과의 정전기적 인력이 작다. 따라서 원자가 전자는 안쪽 전자 껍질에 들어 있는 전자보다 떨어져 나가기 쉽기 때문에 다른 원자와 결합을 할 때 관여한다. 같은 족 원소들은 이러한 원자가 전자 수가 같으므로 화학적 성질이 유사하다.

📍 **정전기적 인력**

서로 다른 전하를 띤 두 입자 사이에 작용하는 힘으로, 두 입자 사이의 거리 제곱에 반비례하고 전하량의 곱에 비례한다.

1족 원소 중 Li, Na 원자의 전자 배치	2족 원소 중 Be, Mg 원자의 전자 배치
리튬(Li)　　나트륨(Na)	베릴륨(Be)　　마그네슘(Mg)
원자가 전자 수 1 ➡ 화학 결합에 관여하는 전자 수가 1로 같다.	원자가 전자 수 2 ➡ 화학 결합에 관여하는 전자 수가 2로 같다.

알칼리 금속의 반응성

알칼리 금속은 물과 잘 반응하고, 물과 반응하여 생성된 수용액은 염기성을 나타낸다. 하지만 같은 알칼리 금속이라도 물과 반응하는 정도가 원소에 따라 다르다. 또, 알칼리 금속은 산소와 반응하면 광택이 사라지는데, 광택이 사라지는 빠르기도 원소마다 다르다. 그 까닭은 각 원자의 전자 배치와 관련이 있다. 알칼리 금속의 반응을 전자 배치와 관련지어 이해하면 어려운 문제도 쉽게 풀 수 있다.

1 알칼리 금속과 물의 반응을 전자의 이동으로 어떻게 설명할 수 있을까?

알칼리 금속(M)은 물과 반응할 때 전자를 잃고, 물이 이 전자를 얻어 수소 기체(H_2)와 수산화 이온(OH^-)을 생성한다. 이를 각각 화학 반응식으로 나타내면 다음과 같다.

$$2M \longrightarrow 2M^+ + 2\ominus \text{ (M은 알칼리 금속, $\ominus$은 전자)}$$

$$2H_2O + 2\ominus \longrightarrow H_2 + 2OH^-$$

이처럼 반응 후 수용액에는 수산화 이온(OH^-)이 들어 있기 때문에 알칼리 금속과 물이 반응하여 생성된 수용액은 염기성을 나타낸다.

2 알칼리 금속이 산소와 반응하여 광택이 사라지는 것을 전자의 이동으로 어떻게 설명할 수 있을까?

알칼리 금속이 공기 중의 산소와 반응하면 금속의 성질을 잃고 광택이 사라진다. 이때 알칼리 금속은 전자를 잃고 양이온이 되고, 비금속 원소인 산소는 이 전자를 얻어 음이온인 산화 이온이 된다. 이를 각각 화학 반응식으로 나타내면 다음과 같다.

$$4M \longrightarrow 4M^+ + 4\ominus \text{ (M은 알칼리 금속, $\ominus$은 전자)}$$

$$O_2 + 4\ominus \longrightarrow 2O^{2-}$$

이렇게 생성된 알칼리 금속의 양이온과 산화 이온은 결합하여 산화물을 형성하는데, 이 산화물은 알칼리 금속의 성질을 갖지 않는다.

$$4M^+ + 2O^{2-} \longrightarrow 2M_2O$$

이처럼 알칼리 금속이 공기 중의 산소와 반응하면 알칼리 금속과 성질이 다른 산화물이 생성되므로 광택이 사라지는 것이다.

3 알칼리 금속이 물이나 산소와 반응하는 정도(반응성)가 원소에 따라 다른 까닭은 무엇일까?

알칼리 금속은 물이나 산소와 반응할 때 원소마다 반응하는 정도가 다르며, 원자 번호가 커질수록 반응성이 커진다. 알칼리 금속이 물이나 산소와 반응할 때 알칼리 금속 원자는 전자 1개를 잃는다. 이때 잃는 전자는 원자가 전자로 알칼리 금속은 원자가 전자가 떨어져 나가기 쉬울수록 반응이 잘 일어난다. 알칼리 금속에서 원자 번호가 클수록 원자가 전자가 들어 있는 전자 껍질이 원자핵에서 멀리 떨어져 있기 때문에 전자가 떨어져 나가기 쉽다. 알칼리 금속이 물이나 산소와 반응하는 정도가 리튬(Li)<나트륨(Na)<칼륨(K)의 순인 것은 바로 이 때문이다.

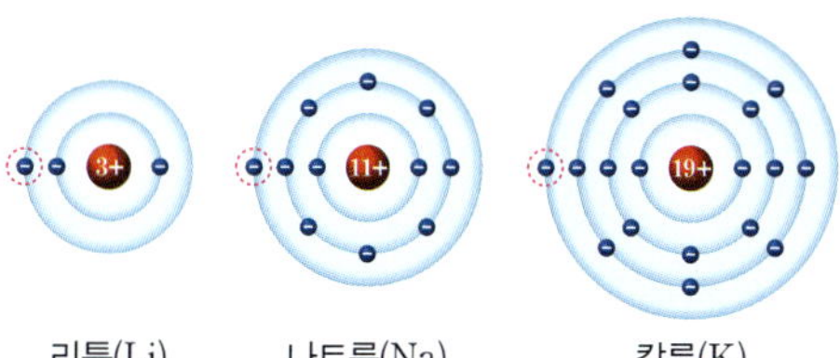

전자의 이동과 산화·환원

물질이 전자를 잃는 반응을 산화, 물질이 전자를 얻는 반응을 환원이라고 한다. 알칼리 금속과 물의 반응에서 알칼리 금속은 전자를 잃어 산화되고, 물은 전자를 얻어 환원된다. 산화·환원에 대해서는 통합과학2의 I-2. 화학 변화에서 배우게 된다.

금속 원소와 비금속 원소의 결합

알칼리 금속과 같은 금속 원소와 산소와 같은 비금속 원소가 반응하여 생성된 물질은 이온 결합 물질이다. 이온 결합에 대해서는 99쪽에서 자세히 배우게 된다.

01 금속 원소와 비금속 원소에 대한 설명으로 옳지 <u>않은</u> 것은?

① 금속 원소는 원소마다 특유의 광택이 있다.
② 금속 원소는 대부분 실온에서 고체 상태로 존재한다.
③ 비금속 원소는 힘을 가하면 얇게 펴지는 성질이 있다.
④ 비금속 원소는 대체로 열을 잘 전달하지 못한다.
⑤ 철, 구리, 금은 금속 원소이고 수소, 탄소, 질소는 비금속 원소이다.

02 다음은 주기율표에 대한 설명이다.

> 유사한 성질을 갖는 원소들이 일정한 규칙으로 배열된 표를 주기율표라고 한다. 현대 주기율표는 원소를 ㉠ (   ) 순서대로 나열하여 화학적 성질이 비슷한 원소들이 같은 ㉡ (   )줄에 오도록 배열한 표이다.

㉠과 ㉡에 해당하는 것을 각각 쓰시오.

03 그림은 주기율표의 원소를 (가)와 (나)로 구분하여 나타낸 것이다. (서술형)

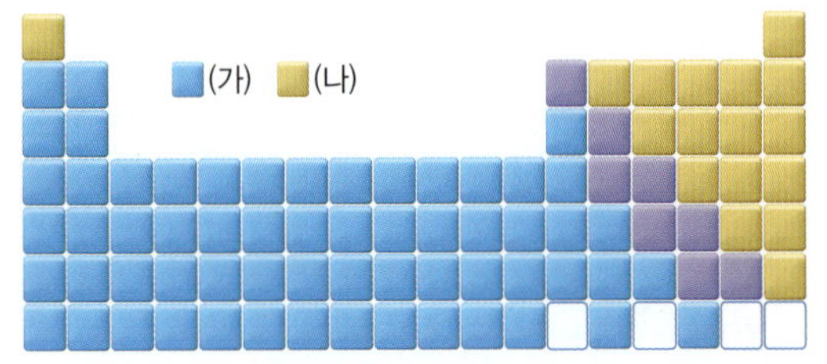

(1) (가)와 (나)에 속하는 원소를 각각 금속 원소와 비금속 원소로 구분하시오.

(2) (가)와 (나)에 속하는 원소의 열 전도성과 전기 전도성에 대해 설명하시오.

04 주기율표의 주기와 족에 대한 설명으로 옳은 것만을 보기에서 있는 대로 고르시오.

> **보기**
> ㄱ. 주기율표의 가로줄은 주기, 세로줄은 족이다.
> ㄴ. 주기는 1주기부터 7주기까지 있으며, 1주기에는 2개의 원소가 있다.
> ㄷ. 같은 주기에 속한 원소들은 화학적 성질이 비슷하다.

05 다음은 주기율표에서 같은 족에 속하는 3가지 원소이다.

> 리튬   나트륨   칼륨

이 원소들의 공통점으로 옳은 것만을 보기에서 있는 대로 고르시오.

> **보기**
> ㄱ. 금속 원소이다.
> ㄴ. 칼로 잘릴 정도로 무르다.
> ㄷ. 주기율표에서 1족에 속한다.

06 다음은 금속 나트륨(Na)의 성질을 알아보기 위한 실험 과정이다.

> (가) 물기 없는 유리판 위에 나트륨을 올려놓고 칼로 자른 후 단면의 변화를 관찰한다.
> (나) 페놀프탈레인 용액을 2~3방울 떨어뜨린 물에 쌀알 크기의 나트륨 조각을 넣은 후 수용액의 색 변화를 관찰한다.

(1) (가)에서 자른 단면의 색 변화를 쓰시오.

(2) (나)에서 반응 후 수용액의 색 변화를 쓰시오.

07 다음은 알칼리 금속의 성질을 알아보기 위한 실험이다.

서술형

> (가) 물이 담긴 비커에 페놀프탈레인 용액을 2방울 떨어뜨린 후 쌀알 크기의 리튬 조각을 넣으면 물과 반응하여 기체가 발생하고, 용액의 색이 변한다.
> (나) 리튬 대신 나트륨이나 칼륨으로 실험해도 같은 결과가 나타난다.

이 실험에서 리튬, 나트륨, 칼륨이 물과 반응하여 같은 결과가 나타나는 까닭을 원자의 전자 배치와 관련지어 설명하시오.

08 할로젠에 대한 설명으로 옳은 것만을 보기에서 있는 대로 고르시오.

> 보기
> ㄱ. 주기율표에서 17족에 속한다.
> ㄴ. 실온에서 2개의 원자가 결합한 분자로 존재한다.
> ㄷ. 반응성이 작아 다른 원소와 잘 반응하지 않는다.
> ㄹ. 수소와 반응하여 생성된 물질의 수용액은 염기성을 나타낸다.

09 그림은 주기율표에서 (가)~(라) 영역에 속하는 원소를 각각 나타낸 것이다.

주기 \ 족	1	2	13	14	15	16	17	18
1	H	(가)			(다)		(라)	
2	Li			C	N	O	F	
3	Na	(나)					Cl	
4	K						Br	

이에 대한 설명으로 옳은 것만을 보기에서 있는 대로 고르시오.

> 보기
> ㄱ. (가)와 (나)에 속하는 원소는 금속 원소이다.
> ㄴ. (나)에 속하는 원소는 은백색의 광택이 있다.
> ㄷ. (다)에 속하는 원소는 원자가 전자 수가 같다.
> ㄹ. (라)에 속하는 원소는 원자 번호가 작을수록 반응성이 크다.

10 그림은 원자 X의 전자 배치를 모형으로 나타낸 것이다.

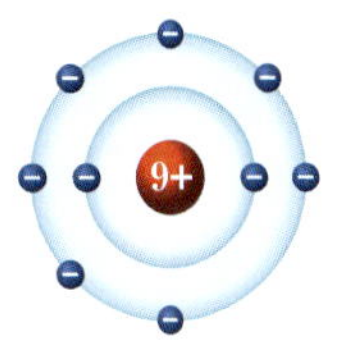

X에 대한 설명으로 옳은 것만을 보기에서 있는 대로 고른 것은? (단, X는 임의의 원소 기호이다.)

> 보기
> ㄱ. 17족 원소이다.
> ㄴ. 실온에서 1개의 원자 상태로 안정하게 존재한다.
> ㄷ. 염소(Cl)와 화학적 성질이 비슷하다.

① ㄱ 　② ㄴ 　③ ㄱ, ㄷ
④ ㄴ, ㄷ 　⑤ ㄱ, ㄴ, ㄷ

11 그림은 원자의 구조를 모형으로 나타낸 것이다.

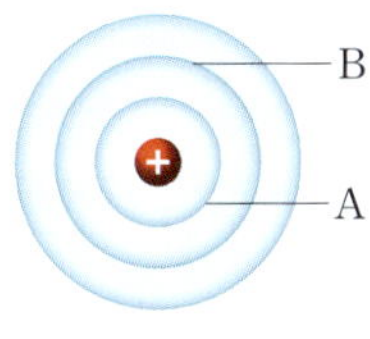

(1) 원자에서 원자핵 주위에 전자가 존재하는 궤도 A, B를 무엇이라고 하는지 쓰시오.

(2) A와 B 중 에너지 준위가 더 낮은 것을 쓰시오.

12 그림은 주기율표의 일부를 나타낸 것이다. (단, A~F는 임의의 원소 기호이다.)

주기 \ 족	1	2	13	14	15	16	17	18
1								A
2							B	
3	C							D
4	E	F						

(1) A~F 중 금속 원소를 모두 쓰시오.

(2) A~F 중 전자가 들어 있는 전자 껍질 수가 3인 원소를 모두 쓰시오.

(3) A~F 중 원자가 전자 수가 가장 큰 것을 쓰시오.

13 그림은 원자 A∼C의 전자 배치를 모형으로 나타낸 것이다. (단, A∼C는 임의의 원소 기호이다.)

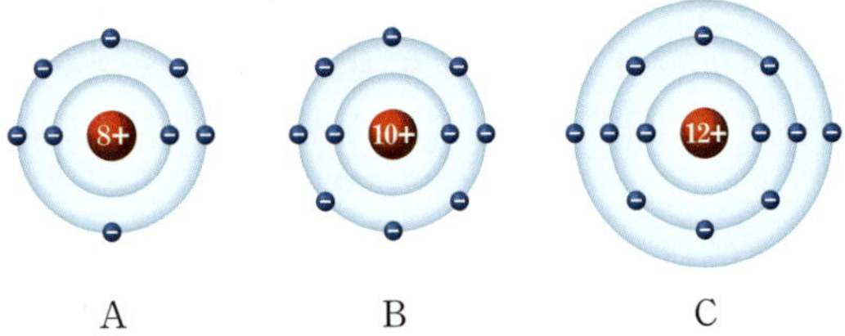

(1) 주기율표에서 A∼C는 각각 몇 주기에 속하는지 쓰시오.

(2) A∼C의 원자가 전자 수를 각각 쓰시오.

14 표는 18족 원소를 제외한 원자 A∼C에 대한 자료이다.

원자	A	B	C
원자 번호	3	㉠	11
원자가 전자 수	1	7	
전자가 들어 있는 전자 껍질 수		2	3

이에 대한 설명으로 옳은 것만을 보기에서 있는 대로 고르시오. (단, A∼C는 임의의 원소 기호이다.)

보기
ㄱ. ㉠은 9이다.
ㄴ. A와 B는 같은 주기 원소이다.
ㄷ. A와 C는 원자가 전자 수가 같다.

15 그림은 원자 X의 전자 배치를 모형으로 나타낸 것이다.
이에 대한 설명으로 옳은 것만을 보기에서 있는 대로 고른 것은? (단, X는 임의의 원소 기호이다.)

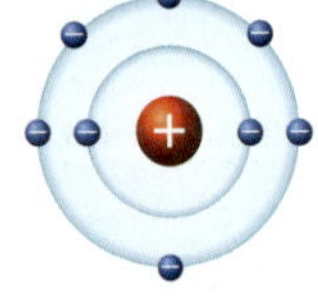

보기
ㄱ. 원자 번호는 8이다.
ㄴ. 원자가 전자 수는 6이다.
ㄷ. 금속 원소이다.

① ㄱ ② ㄷ ③ ㄱ, ㄴ
④ ㄴ, ㄷ ⑤ ㄱ, ㄴ, ㄷ

16 그림은 주기율표의 일부를 나타낸 것이다.

족 주기	1	2	13	14	15	16	17	18
1								A
2	B						C	D
3							E	

이에 대한 설명으로 옳지 <u>않은</u> 것은? (단, A∼E는 임의의 원소 기호이다.)

① A는 비금속 원소이고, B는 금속 원소이다.
② B와 C는 전자가 들어 있는 전자 껍질 수가 같다.
③ C와 E는 원자가 전자 수가 다르다.
④ D는 두 번째 전자 껍질에 전자가 최대로 채워져 있다.
⑤ A∼E 중 원자 번호가 가장 큰 원소는 E이다.

17 그림은 원자 A∼D의 전자 배치를 모형으로 나타낸 것이다.

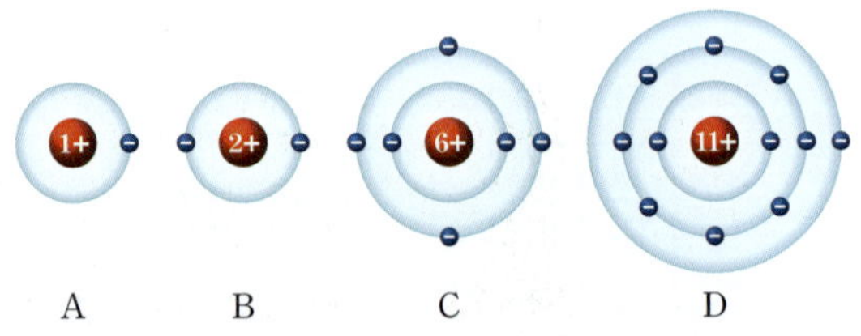

이에 대한 설명으로 옳은 것만을 보기에서 있는 대로 고른 것은? (단, A∼D는 임의의 원소 기호이다.)

보기
ㄱ. A와 B는 같은 주기 원소이다.
ㄴ. A와 D는 화학적 성질이 비슷하다.
ㄷ. 원자가 전자 수는 C＞A＞B이다.

① ㄱ ② ㄴ ③ ㄱ, ㄷ
④ ㄴ, ㄷ ⑤ ㄱ, ㄴ, ㄷ

JUMP 도전 문제

01 다음은 학생이 알칼리 금속(M)의 성질을 알아보기 위해 수행한 실험이다. 서술형

> **[실험 과정]**
> (가)   ⊙
> (나) 물이 든 시험관에 쌀알 크기의 금속 M을 넣고 발생하는 기체를 모은 후 성냥불을 대어본다.
> (다)   ⓒ
>
> **[실험 결과 및 정리]**
> • 금속 M은 무르다.
> • 금속 M은 물과 반응하여 수소 기체를 발생한다.
> • 금속 M이 물과 반응한 수용액은 염기성을 나타낸다.

학생이 수행한 실험 과정 ⊙, ⓒ을 설명하시오.

02 그림은 주기율표의 일부를 나타낸 것이다.

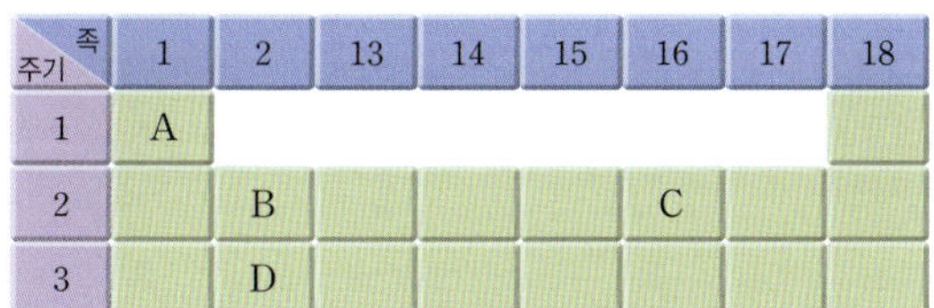

이에 대한 설명으로 옳은 것만을 보기에서 있는 대로 고른 것은? (단, A~D는 임의의 원소 기호이다.)

> **보기**
> ㄱ. A는 알칼리 금속이다.
> ㄴ. B와 D는 화학적 성질이 비슷하다.
> ㄷ. A~D 중 원자가 전자 수는 C가 가장 크다.

① ㄱ   ② ㄴ   ③ ㄱ, ㄷ
④ ㄴ, ㄷ   ⑤ ㄱ, ㄴ, ㄷ

03 그림은 원소 A~D의 원자가 전자 수(a)와 전자가 들어 있는 전자 껍질 수(b)의 차($|a-b|$)를 나타낸 것이다. A~D는 각각 리튬(Li), 플루오린(F), 나트륨(Na), 염소(Cl) 중 하나이다.

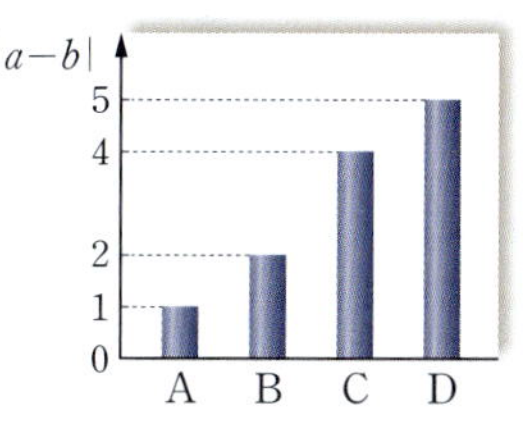

이에 대한 설명으로 옳은 것만을 보기에서 있는 대로 고른 것은?

> **보기**
> ㄱ. A는 리튬(Li)이다.
> ㄴ. B와 C는 같은 주기 원소이다.
> ㄷ. C와 D는 원자가 전자 수가 같다.

① ㄱ   ② ㄴ   ③ ㄱ, ㄷ   ④ ㄴ, ㄷ   ⑤ ㄱ, ㄴ, ㄷ

04 다음은 원소 A~C에 대한 자료이다.

> • 주기율표에서 (가)~(다)는 각각 A~C 중 하나이다.
>
> 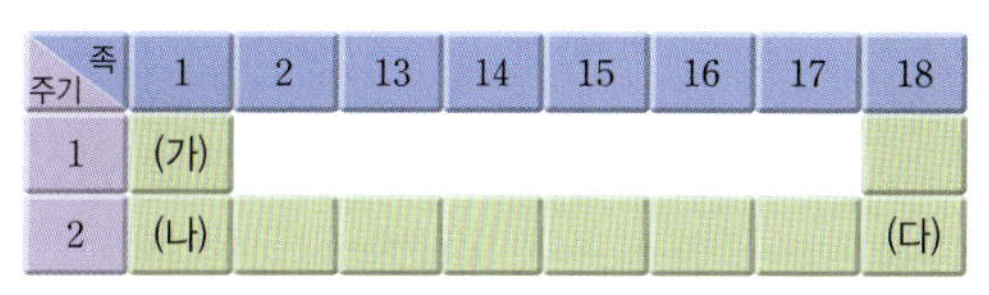
>
> • A가 물과 반응한 수용액은 염기성을 나타낸다.
> • 원자가 전자 수는 B가 C보다 크다.

A~C로 가장 적절한 것은? (단, A~C는 임의의 원소 기호이다.)

	A	B	C			A	B	C
①	(가)	(나)	(다)		②	(가)	(다)	(나)
③	(나)	(가)	(다)		④	(나)	(다)	(가)
⑤	(다)	(나)	(가)					

05 그림은 주기율표에서 18족 원소를 제외한 2주기 원소의 원자 번호에 따른 물리량 (가)와 (나)를 나타낸 것이다. 서술형

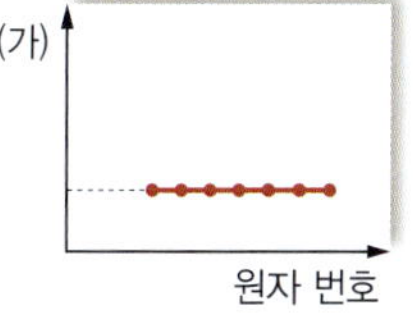 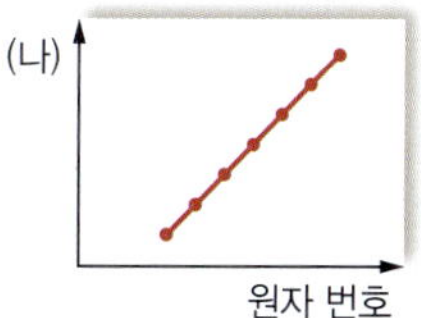

(가)와 (나)로 적절한 것을 각각 쓰고, 그 까닭을 설명하시오.

O2 화학 결합과 물질의 성질

1 화학 결합의 원리

여러 가지 원소 중 헬륨(He), 네온(Ne), 아르곤(Ar) 등은 원자 상태로 존재하지만, 대부분의 원소들은 원자 상태로 존재하는 것이 아니라 원자들이 결합한 형태로 존재한다. 원자들이 결합을 형성하는 까닭을 알아보자.

1. *비활성 기체

(1) 비활성 기체: 주기율표의 18족 원소로, 헬륨(He), 네온(Ne), 아르곤(Ar) 등이 있다.

(2) 비활성 기체의 전자 배치: 비활성 기체는 가장 바깥 전자 껍질에 전자가 모두 채워진 안정한 상태로, 다른 원소들과 화학 결합을 거의 하지 않는다. ➡ 원자가 전자 수가 0이다.

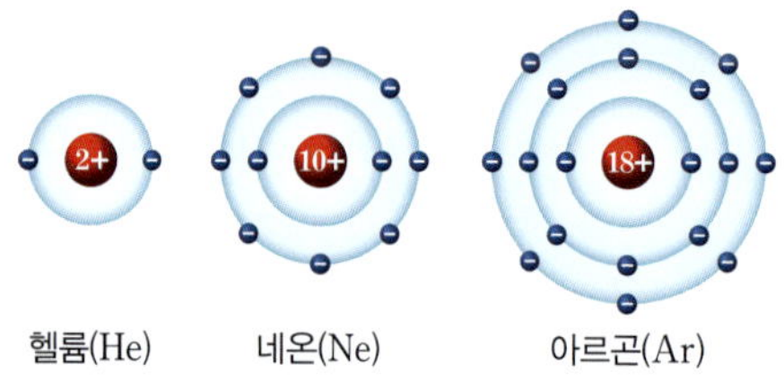

헬륨(He)　　네온(Ne)　　아르곤(Ar)

• 화학적으로 안정하여 다른 원소와 거의 반응하지 않는다.
• 다른 원소와 화학 결합을 형성하지 않고 원자 상태로 존재한다.

2. 화학 결합을 형성하는 까닭

18족 이외의 원소들은 전자를 잃거나 얻어서 18족 원소와 같은 안정한 전자 배치를 가지려는 경향이 있다. 그 과정에서 원소들은 화학 결합을 형성하며, 가장 바깥 전자 껍질에 있는 전자 수가 18족 원소와 같아진다.

옥텟 규칙
18족 이외의 원소들은 전자를 잃거나 얻어 가장 바깥 전자 껍질에 전자를 8개 배치해 비활성 기체와 같은 안정한 전자 배치를 가지려는 경향이 있는데, 이를 옥텟 규칙이라고 한다. 단, 첫 번째 전자 껍질에는 전자가 최대 2개까지 채워지므로 수소나 리튬 등은 전자 껍질에 전자 2개를 채워 비활성 기체인 헬륨과 같은 안정한 전자 배치를 이루려고 한다.

1족, 2족, 13족의 금속 원소			15족, 16족, 17족의 비금속 원소		
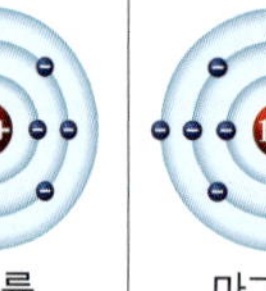			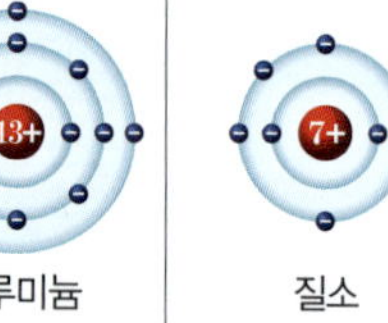	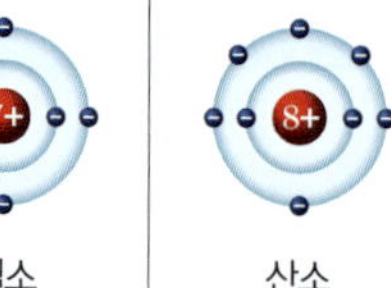	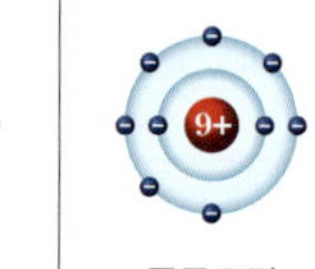
나트륨	마그네슘	알루미늄	질소	산소	플루오린

1족 원소는 원자가 전자 1개를, 2족 원소는 원자가 전자 2개를, 13족 원소는 원자가 전자 3개를 잃어 비활성 기체와 같은 전자 배치를 이루려고 한다.

15족 원소는 전자 3개를, 16족 원소는 전자 2개를, 17족 원소는 전자 1개를 얻거나 다른 원자와 전자를 공유하여 비활성 기체와 같은 전자 배치를 이루려고 한다.

✔ **중요 개념 체크**

정답과 해설 25쪽

1. 다음은 화학 결합을 형성하는 까닭에 대한 설명이다. (　　) 안에 들어갈 알맞은 말을 쓰시오.

물질을 구성하는 원소들은 화학 결합을 형성하여 ㉠ (　　)족 원소인 ㉡ (　　) 기체와 같은 안정한 전자 배치를 이루려는 경향이 있기 때문이다.

용어

*비활성(非 아니다, 活 살다, 性 성질) 기체
화학적으로 안정하여 다른 원소와 화학 반응을 하기 어려운 기체 원소

2 이온 결합과 공유 결합

금속 원소와 비금속 원소가 화학 결합을 이루는 방법과 비금속 원소들끼리 화학 결합을 이루는 방법에는 차이가 있다. 이는 금속 원소와 비금속 원소가 전자를 잃거나 얻으려는 성질이 다르기 때문이다.

1. 이온 결합 집중 분석 106쪽

금속 원소의 양이온과 비금속 원소의 음이온 사이의 *정전기적 인력에 의해 형성되는 화학 결합을 이온 결합이라고 한다.

(1) **이온의 형성**: 금속 원소는 전자를 잃어 양이온이 되면서, 비금속 원소는 전자를 얻어 음이온이 되면서 18족 비활성 기체와 전자 배치가 같아진다.

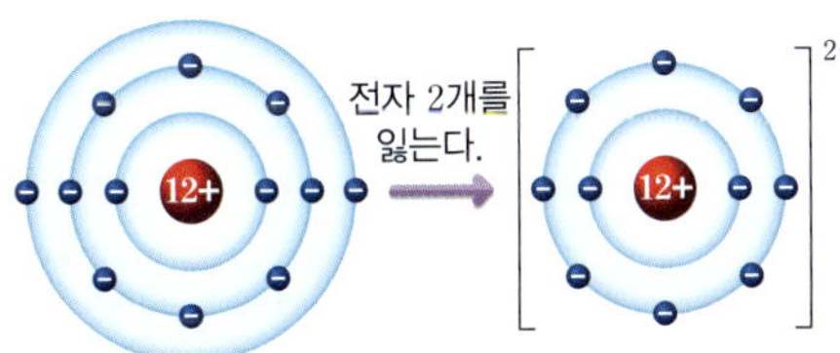

양이온의 형성과 전자 배치	음이온의 형성과 전자 배치
금속 원소는 가장 바깥 전자 껍질의 전자를 잃어 양이온이 되면서 비활성 기체와 전자 배치가 같아진다. 예 원자가 전자 수가 2인 Mg은 전자 2개를 잃고 Mg^{2+}이 되면서 비활성 기체인 Ne의 전자 배치와 같아진다.	비금속 원소는 가장 바깥 전자 껍질에 전자를 얻어 음이온이 되면서 비활성 기체의 전자 배치와 같아진다. 예 원자가 전자 수가 6인 O가 전자 2개를 얻어 O^{2-}이 되면서 비활성 기체인 Ne의 전자 배치와 같아진다.

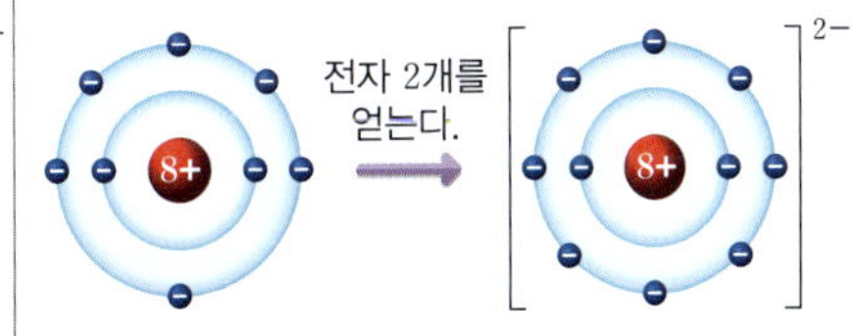

(2) **이온 결합의 형성**: 금속 원소의 원자가 비금속 원소의 원자에게 전자를 주고 양이온이 되고, 비금속 원소의 원자는 전자를 얻어 음이온이 되면 양이온과 음이온 사이의 정전기적 인력에 의해 이온 결합이 형성된다. 이때 금속 원소의 원자가 잃은 전자 수와 비금속 원소의 원자가 얻은 전자 수가 같도록 결합한다.

(3) **염화 나트륨(NaCl)의 형성과 전자 배치**: 나트륨 원자(Na)는 전자 1개를 잃어 나트륨 이온(Na^+)이 되고, 염소 원자(Cl)는 전자 1개를 얻어 염화 이온(Cl^-)이 된다. 이때 Na에서 Cl로 전자가 이동하여, 두 이온 사이에 정전기적 인력이 작용해 서로 결합하여 염화 나트륨(NaCl)이 생성된다.

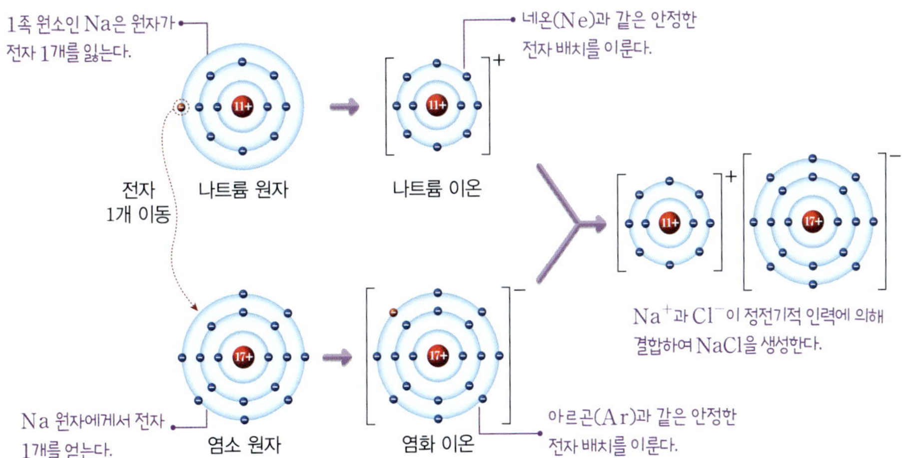

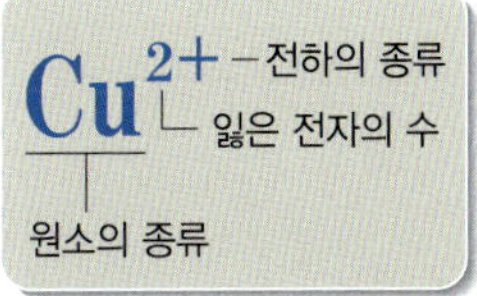

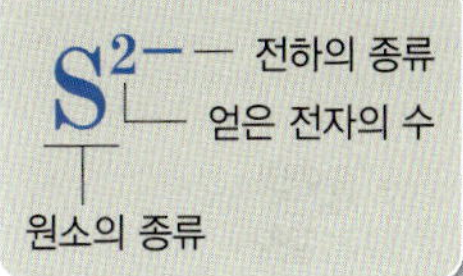

용어

*정전기적 인력

서로 다른 전하를 띤 입자들이 끌어당기는 힘을 말한다.

(4) 이온 결합으로 이루어진 결정

① 이온 결합으로 이루어진 고체는 수많은 양이온과 음이온이 3차원 구조로 규칙적으로 배열되어 결정을 이룬다.

② 이온 결합으로 형성된 물질은 전기적으로 중성이므로, 양이온의 총 전하량과 음이온의 총 전하량의 합이 0이다.

➡ 이온 결합 물질의 화학식에서 총 전하량이 0이 되는 이온의 개수비로 양이온과 음이온이 결합한다.

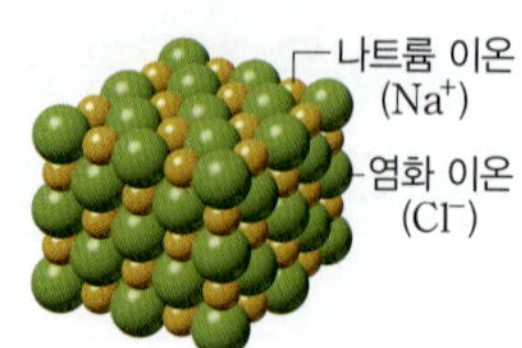

▲ Na^+과 Cl^-은 1 : 1의 개수비로 결합해 규칙적으로 배열된 NaCl 결정을 이룬다.

$$(양이온의\ 전하 \times 양이온의\ 개수) + (음이온의\ 전하 \times 음이온의\ 개수) = 0$$

자료 분석 ➕ 주기율표에서 이온 결합을 이루는 원소 찾기

이온 결합은 금속 원소의 양이온과 비금속 원소의 음이온 사이의 결합이므로 물질을 구성하는 원소들의 주기율표에서의 위치를 알면 원소끼리 이온 결합을 형성할 수 있는지 알 수 있다. 양이온이 되기 쉬운 1족, 2족의 금속 원소와 음이온이 되기 쉬운 16족, 17족의 비금속 원소는 이온 결합을 형성한다.

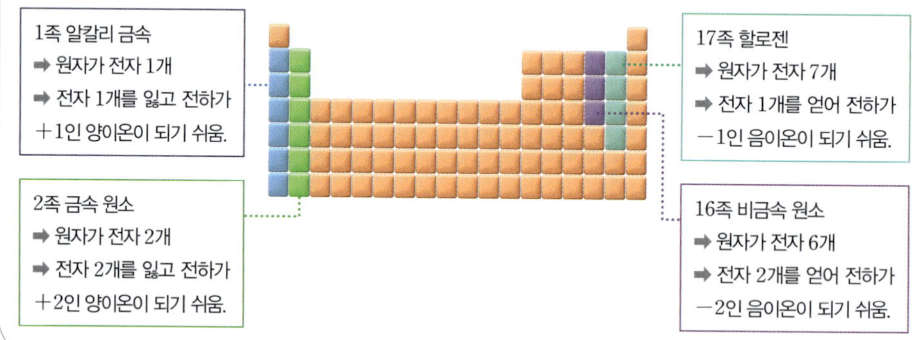

2. 공유 결합

비금속 원자 사이에서 전자의 이동이 일어나지 않고 전자쌍을 공유하면서 형성되는 화학 결합을 공유 결합이라고 한다.

(1) 공유 결합의 형성 심화 강의 108쪽

① 비금속 원소의 원자들이 전자를 내놓아 전자쌍을 만들고, 이 전자쌍을 공유하여 화학 결합을 형성한다. 공유 결합에서는 두 원자가 공유하는 전자쌍과 원자핵 사이의 정전기적 인력에 의해 원자들이 결합한다.

② 공유 결합을 통해 각 원자들은 18족 비활성 기체의 전자 배치를 이룬다.

(2) 수소 분자의 형성과 전자 배치: 2개의 수소 원자(H)가 각각 전자를 1개씩 내놓아 전자쌍을 만들고, 이 전자쌍을 공유하여 결합하면서 수소 분자(H_2)를 형성한다.

헬륨의 전자 배치

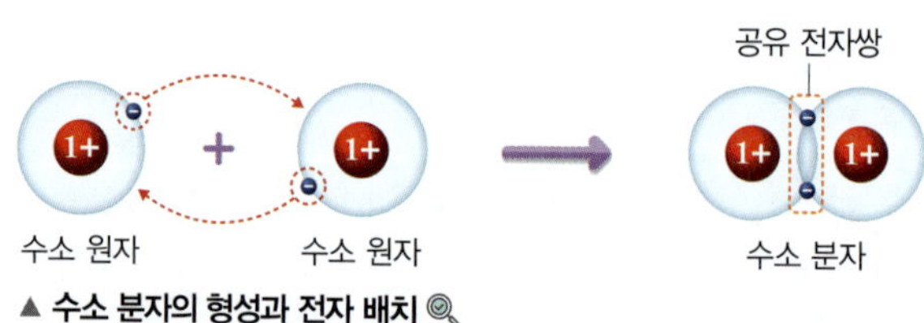

▲ 수소 분자의 형성과 전자 배치

(3) 물 분자의 형성과 전자 배치 : 물 분자(H_2O)는 수소 원자(H) 2개와 산소 원자(O) 1개로 이루어져 있다. 산소 원자 1개는 수소 원자 2개와 각각 1개의 전자쌍을 공유하여 결합한다.

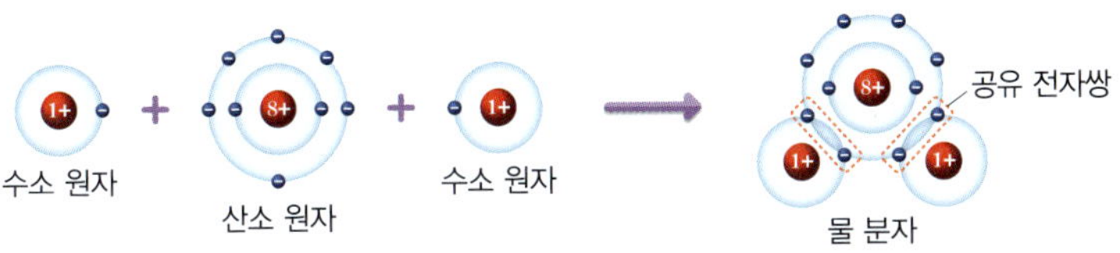

▲ 물 분자의 형성과 전자 배치

(4) 공유 결합 물질과 분자: 비금속 원소의 원자는 비활성 기체와 같은 전자 배치를 하기 위해 원자가 전자 중 일부를 이용하여 전자쌍을 만들고 이 전자쌍을 공유해 결합을 형성한다. 따라서 공유 결합 물질은 대부분 2개 이상의 원자가 결합한 독립적인 분자 형태로 존재한다.

물 분자에서 수소 원자는 헬륨(He)과 같은 전자 배치를 이루고, 산소 원자는 네온(Ne)과 같은 전자 배치를 이루어 안정해진다.

네온의 전자 배치

자료 분석 ➕ 공유 결합 물질의 화학 결합 모형을 쉽게 나타내는 방법

❶ 공유 결합을 형성하는 구성 원자들의 원자가 전자 수와 비활성 기체와 같은 전자 배치를 이루기 위해 필요한 전자 수를 파악한다.

원자	수소(H)	탄소(C)	질소(N)	산소(O)	플루오린(F)
전자 배치 모형	1+	6+	7+	8+	9+
원자가 전자 수	1	4	5	6	7
필요한 전자 수	1	4	3	2	1

❷ 원자가 비활성 기체의 전자 배치를 이루기 위해 필요한 전자 수를 바탕으로, 각 원자가 공유 결합을 형성하기 위해 공유해야 하는 전자쌍 수를 고려하여 화학 결합 모형을 만들고, 분자를 구성하는 원자의 종류와 수를 분자식으로 나타낸다.

분자	메테인	암모니아	플루오린화 수소	이산화 탄소
구성 원소	수소, 탄소	수소, 질소	수소, 플루오린	탄소, 산소
화학 결합 모형				
분자식	CH_4	NH_3	HF	CO_2

정답과 해설 25쪽

2. ㉠ (　　　　　)은/는 양이온과 음이온 사이의 정전기적 인력에 의해 형성되는 화학 결합이고,
　　㉡ (　　　　　)은/는 비금속 원소의 원자들이 전자쌍을 공유하여 형성되는 화학 결합이다.

3 화학 결합의 종류에 따른 물질의 성질 ^{탐구 104쪽}

체액의 삼투압을 유지하는 데 관여하는 소금의 주성분인 염화 나트륨은 이온 결합 물질이고, 우리가 숨을 쉬는 데 필요한 산소와 몸의 체온을 조절하고 살아가기 위해 필요한 영양분을 운반하는 데 관여하는 물은 공유 결합 물질이다. 인류의 생존에 필수적인 소금, 산소, 물을 비롯한 우리 주변에 존재하는 다양한 물질들은 화학 결합에 따라 그 성질이 다르다.

1. 이온 결합 물질의 성질

(1) **실온에서의 상태**: 수많은 양이온과 음이온이 3차원 구조로 규칙적으로 배열된 결정 상태로 존재한다.

(2) **물에 대한 용해성**: 이온 결합 물질은 물에 잘 녹는 것이 많으며 물에 녹으면 양이온과 음이온으로 나누어져 이온들이 자유롭게 이동할 수 있다.

(3) **전기 전도성**: 이온 결합 물질은 고체 상태에서는 전기 전도성이 없지만, 액체 상태나 수용액 상태에서는 전기 전도성이 있다.

① 고체 염화 나트륨의 전기 전도성: 고체 상태의 염화 나트륨에서는 Na^+과 Cl^-이 정전기적 인력으로 강하게 결합하고 있기 때문에 이온들이 자유롭게 이동할 수 없다. 따라서 고체 상태의 염화 나트륨에 전원을 연결해도 전류가 흐르지 않는다.

② 염화 나트륨 수용액의 전기 전도성: 염화 나트륨을 물에 녹인 수용액에서는 염화 나트륨이 Na^+과 Cl^-으로 나누어져 자유롭게 이동할 수 있다. 따라서 염화 나트륨 수용액에 전원을 연결하면 Na^+은 $(-)$극 쪽으로 이동하고, Cl^-은 $(+)$극 쪽으로 이동하여 전류가 흐른다.

이온 결합 물질의 용해와 수화

이온 결합 물질이 물에 녹으면(용해되면) 물 분자가 각 이온을 둘러싸서 안정화되는데, 이러한 상태를 수화되었다고 한다.

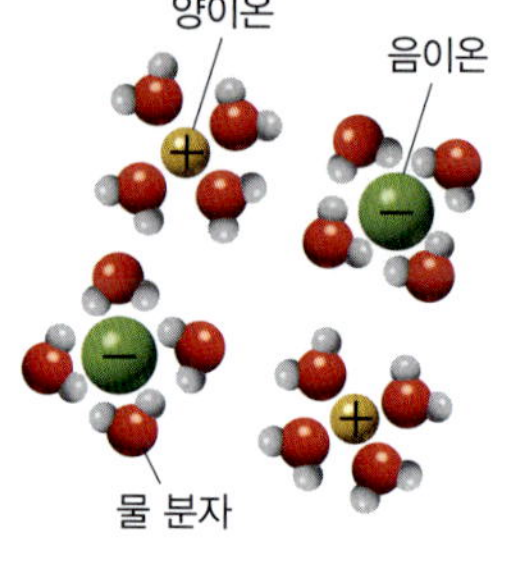

액체 염화 나트륨의 전기 전도성

고체 염화 나트륨을 가열하면 액체 상태의 염화 나트륨이 되는데, 이때 Na^+과 Cl^-이 자유롭게 이동할 수 있게 되어 전원을 연결하면 전류가 흐른다. 즉 이온 결합 물질은 액체 상태에서 전기 전도성이 있다.

▲ 염화 나트륨 수용액의 전기 전도성

(4) **이온 결합 물질의 예**: 이온 결합 물질은 반대 전하를 띤 이온이 강한 정전기적 인력으로 결합하고 있어 녹는점과 끓는점이 비교적 높다. 따라서 이온 결합 물질은 실온에서 고체 상태로 존재하는 물질이 많다.

염화 나트륨 (NaCl)	염화 칼슘 ($CaCl_2$)	탄산 칼슘 ($CaCO_3$)	수산화 마그네슘 ($Mg(OH)_2$)	산화 철(III) (Fe_2O_3)
짠맛을 내는 소금의 주성분이며, 식염수 등에 사용된다.	장마철에 습기 제거제로 사용되고, 겨울철에 *제설제로도 사용된다.	달걀 껍데기의 주성분이며, 대리석, 석회석 등에도 많이 포함되어 있다.	속이 쓰릴 때 먹는 약인 제산제의 주성분이다.	철이 공기 중의 산소와 반응해 부식되어 녹슨 상태의 물질로, 철광석의 주성분이다.

 **용어**

***제설제**

도로에 쌓인 눈을 녹이기 위해 뿌리는 물질

2. 공유 결합 물질의 성질

(1) **실온에서의 상태**: 일반적으로 일정한 수의 원자가 전자쌍을 공유하여 결합한 독립적인 분자 상태로 존재한다.

(2) **물에 대한 용해성**: 물에 잘 녹지 않는 물질이 많지만, 설탕($C_{12}H_{22}O_{11}$), 포도당($C_6H_{12}O_6$), 염화 수소(HCl), 암모니아(NH_3) 등은 물에 잘 녹는다.

(3) **전기 전도성**: 대부분의 공유 결합 물질은 고체 상태와 수용액 상태에서 모두 전기 전도성이 없다. 단, 물에 녹아 이온이 생성되는 염화 수소, 암모니아 등은 수용액 상태에서 전기 전도성이 있다.

① 고체 설탕의 전기 전도성: 고체 상태의 설탕은 구성 원자들이 공유 결합을 하여 전기직으로 중성인 분자 상태로 존재한다. 따라서 고체 상태의 설탕에 전원을 연결해도 전류가 흐르지 않는다.

② 설탕 수용액의 전기 전도성: 설탕은 수용액 상태에서 이온으로 나누어지지 않고 분자 상태로 존재한다. 따라서 설탕 수용액에 전원을 연결해도 전류가 흐르지 않는다.

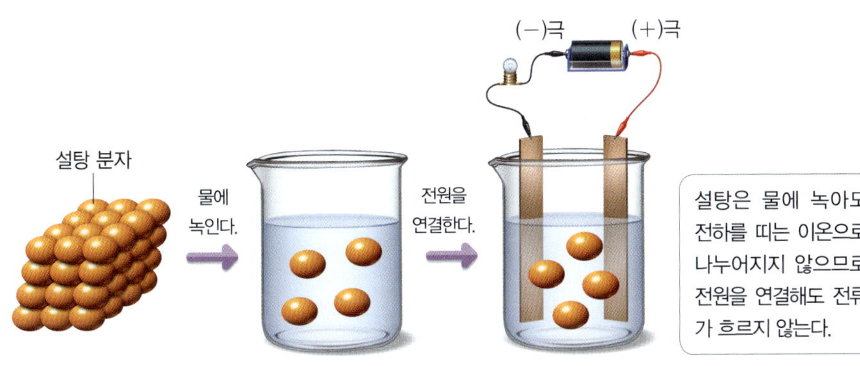

▲ 설탕 수용액의 전기 전도성

(4) **공유 결합 물질의 예**

설탕 ($C_{12}H_{22}O_{11}$)	질소 (N_2)	이산화 탄소 (CO_2)	포도당 ($C_6H_{12}O_6$)	에탄올 (C_2H_5OH)
음식의 조미료로 단맛을 낼 때 사용된다.	과자 봉지에 채우는 충전재로 사용된다.	생명체의 호흡으로 생성되고, 광합성에 사용된다.	광합성의 생성물로, 생명체의 에너지원으로 사용된다.	소독용 알코올로 사용된다.

> ✔ **중요 개념 체크**
>
> 정답과 해설 25쪽
>
> **3.** 다음은 염화 나트륨의 전기 전도성에 대한 설명이다. (　) 안에 들어갈 알맞은 말을 고르시오.
>
> > 염화 나트륨은 ㉠ (고체, 수용액) 상태에서는 전기 전도성이 없지만 ㉡ (고체, 수용액) 상태에서는 전기 전도성이 있다.
>
> **4.** 공유 결합 물질에 대한 설명으로 옳은 것은 ○, 옳지 <u>않은</u> 것은 ×로 표시하시오.
>
> (1) 대부분 분자 상태로 존재한다. —————————————— (　　)
>
> (2) 모든 공유 결합 물질은 고체 상태와 수용액 상태에서 전기 전도성이 있다. ——— (　　)

이온 결합 물질과 공유 결합 물질의 성질 비교하기

목표 | 이온 결합 물질과 공유 결합 물질의 전기 전도성을 비교할 수 있다.

탐구 영상

과정

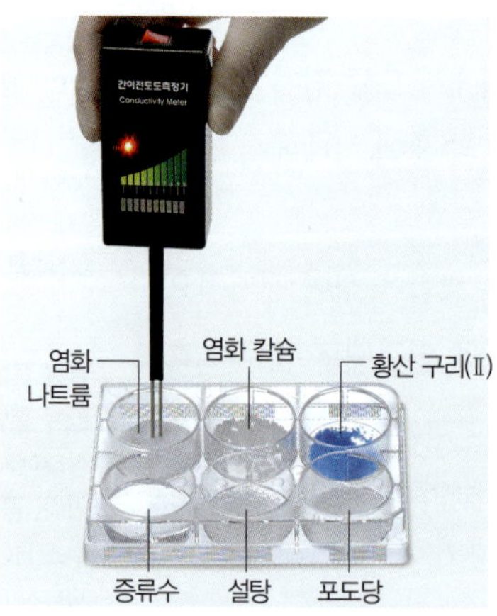

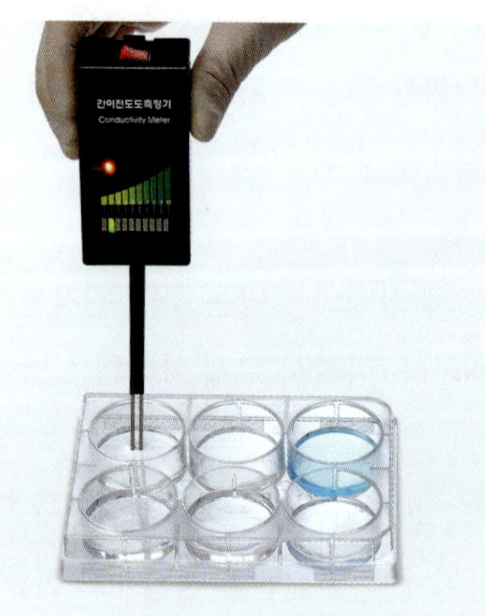

❶ 6 홈판의 첫 번째 가로줄에 각각 염화 나트륨, 염화 칼슘, 황산 구리(Ⅱ)를 넣고, 두 번째 가로줄에 각각 증류수, 설탕, 포도당을 넣는다.

❷ 각 물질에 전기 전도성 측정기를 담가 전류가 흐르는지 확인한다.

❸ 과정 ❶의 고체 물질들에 증류수를 조금씩 넣어 물질들을 녹인 뒤 전기 전도성 측정기를 담가 전류가 흐르는지 확인한다.

⬡ 전기 전도성 측정기
전류가 흐르는지 확인하는 장치로 전류가 흐르면 불이 켜지거나 소리가 난다.

⬡ 전기 전도성 측정기 사용 방법
전기 전도성 측정기는 측정하는 물질을 바꿀 때마다 전극을 증류수로 깨끗이 씻어서 사용한다.

⬡ 증류수를 사용하는 까닭
증류수는 전류가 흐르지 않는 물질이다. 따라서 물질의 전기 전도성을 확인할 때 대조군으로 사용하거나 물질을 녹여 수용액 상태의 전기 전도성을 확인할 때 사용한다.

결과

1. 전기 전도성

구분	이온 결합 물질			공유 결합 물질	
	염화 나트륨	염화 칼슘	황산 구리(Ⅱ)	설탕	포도당
고체	×	×	×	×	×
수용액	○	○	○	×	×

(○: 전류가 흐름, ×: 전류가 흐르지 않음)

2. 이온 결합 물질은 염화 나트륨, 염화 칼슘, 황산 구리(Ⅱ)이고, 공유 결합 물질은 설탕과 포도당이다.

정리

- 염화 나트륨, 염화 칼슘, 황산 구리(Ⅱ)는 고체 상태에서는 전류가 흐르지 않지만 수용액 상태에서는 전류가 흐른다. ➡ 고체 상태에서는 양이온과 음이온이 정전기적 인력으로 강하게 결합하고 있어 이동할 수 없기 때문에 전류가 흐르지 않는다. 한편 수용액 상태에서는 이온들이 자유롭게 이동할 수 있어 전류가 흐른다.

- 설탕과 포도당은 고체 상태와 수용액 상태에서 모두 전류가 흐르지 않는다. ➡ 고체 상태와 수용액 상태에서 모두 전기적으로 중성인 분자 상태로 존재하므로 전류가 흐르지 않는다.

- 염화 나트륨, 염화 칼슘, 황산 구리(Ⅱ)와 같은 이온 결합 물질은 고체 상태에서는 전기 전도성이 없지만 수용액 상태에서는 전기 전도성이 있다. 설탕, 포도당과 같은 공유 결합 물질은 고체 상태와 수용액 상태에서 모두 전기 전도성이 없다.

탐구 확인 문제

01 앞의 탐구 결과에 대한 설명으로 옳은 것은 ○, 옳지 않은 것은 ×로 표시하시오.

(1) 고체 상태의 염화 나트륨은 전기 전도성이 없다.
―――――――――――――――――― ( )

(2) 고체 상태의 염화 칼슘에는 이온이 존재하지 않는다. ―――――――――――――――― ( )

(3) 고체 상태의 설탕은 전기 전도성이 없다. ― ( )

(4) 포도당 수용액은 전기 전도성이 있다. ―― ( )

(5) 설탕 수용액에서 설탕은 분자 상태로 존재한다.
―――――――――――――――――― ( )

02 다음은 염화 나트륨($NaCl$)의 전기 전도성에 대한 세 학생의 대화이다.

제시한 내용이 옳은 학생을 있는 대로 고르시오.

03 그림은 세 가지 화합물 A~C를 각각 증류수에 녹인 모습을 모형으로 나타낸 것이다.

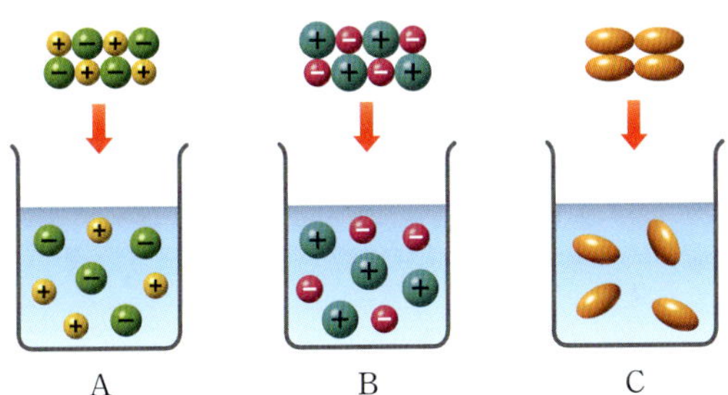

A~C의 수용액의 전기 전도성을 측정했을 때 전류가 흐르는 물질을 모두 쓰시오.

04 표는 물질 (가)와 (나)의 전기 전도성에 대한 자료이다. (가)와 (나)는 각각 염화 나트륨과 설탕 중 하나이다.

구분	(가)		(나)	
	고체	수용액	고체	수용액
전기 전도성	×	×	×	○

(○: 전기 전도성 있음, ×: 전기 전도성 없음)

이에 대한 설명으로 옳은 것만을 보기에서 있는 대로 고른 것은?

보기
ㄱ. (가)는 설탕이다.
ㄴ. 고체 상태의 (나)에는 양이온과 음이온이 존재한다.
ㄷ. 수용액 상태에서 (나)는 분자 상태로 존재한다.

① ㄱ 　② ㄷ 　③ ㄱ, ㄴ
④ ㄴ, ㄷ 　⑤ ㄱ, ㄴ, ㄷ

05 다음은 물질 A~C의 전기 전도성을 알아보는 실험이다. A~C는 각각 포도당, 질산 칼륨, 염화 나트륨 중 하나이다.

[실험 과정]
(가) 고체 A~C를 홈판의 서로 다른 홈에 넣고, 전기 전도성을 확인한다.
(나) (가)의 각 홈에 증류수를 넣어 수용액을 만든 다음, 전기 전도성을 확인한다.

[실험 결과]

상태＼물질	A	B	C
고체	×	×	×
수용액	×	○	○

(○: 전류가 흐름, ×: 전류가 흐르지 않음)

이에 대한 설명으로 옳은 것만을 보기에서 있는 대로 고른 것은?

보기
ㄱ. A는 포도당이다.
ㄴ. B는 금속 원소를 포함한다.
ㄷ. C는 이온 결합 물질이다.

① ㄱ 　② ㄴ 　③ ㄱ, ㄴ
④ ㄴ, ㄷ 　⑤ ㄱ, ㄴ, ㄷ

HIGH

집중 분석 이온의 전하와 이온 결합 물질의 화학식

원자가 전자를 잃거나 얻어 형성된 안정한 이온은 주기율표의 18족 비활성 기체와 같은 전자 배치를 이룬다. 이때 원자가 비활성 기체와 같은 전자 배치를 이루기 위해 잃거나 얻는 전자 수는 원자의 전자 배치에 따라 다르다. 따라서 각 원자들의 전자 배치를 알면 원자가 이온을 형성할 때의 전하를 알 수 있고, 이온들이 결합하여 형성된 이온 결합 물질의 화학식도 쉽게 알 수 있다.

1 원자의 전자 배치로부터 원자가 이온이 될 때 이온의 전하 알아보기

❶ 원자의 전자 배치로부터 원자가 전자 수를 파악하여 금속 원소와 비금속 원소로 구분한다.

❷ 비활성 기체와 같은 전자 배치를 이루기 위해 금속 원소의 원자는 전자를 잃어 양이온이 되고, 비금속 원소의 원자는 전자를 얻어 음이온이 된다.

❸ 금속 원소의 원자는 원자가 전자 수만큼의 전자를 잃어 양이온이 되는데, 이때 잃은 전자 수, 즉 원자가 전자 수만큼의 양전하를 띤다.

❹ 비금속 원소의 원자는 (8－원자가 전자 수)만큼의 전자를 얻어 음이온이 되는데, 이때 얻은 전자 수, 즉 (8－원자가 전자 수)만큼의 음전하를 띤다.

• 금속 원소의 원자가 이온이 될 때 이온의 전하

원자가 전자 수가 1 또는 2 또는 3 ➡ 금속 원소이다. ➡ 원자가 전자 수만큼 전자를 잃어 양이온이 된다. ➡ 양이온의 전하 ＝＋(원자가 전자 수)

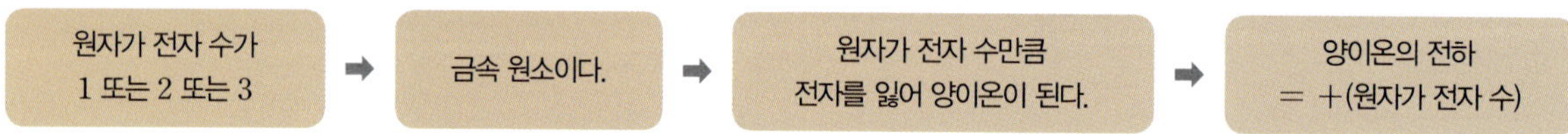

1족 금속 원소

원자가 전자 수가 1이므로, 전하가 ＋1인 양이온이 된다.

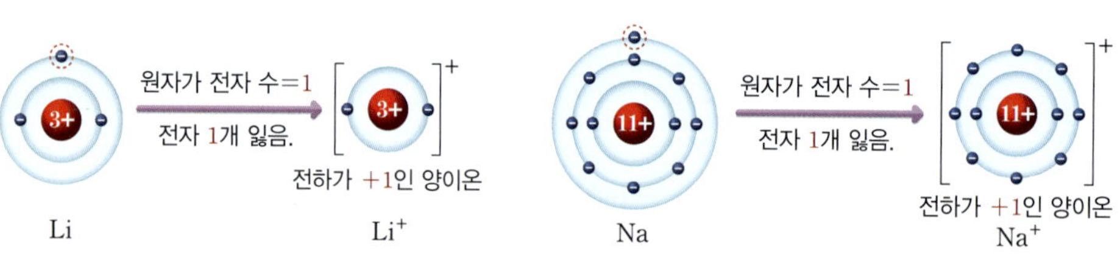

2족 금속 원소

원자가 전자 수가 2이므로, 전하가 ＋2인 양이온이 된다.

13족 금속 원소

원자가 전자 수가 3이므로, 전하가 ＋3인 양이온이 된다.

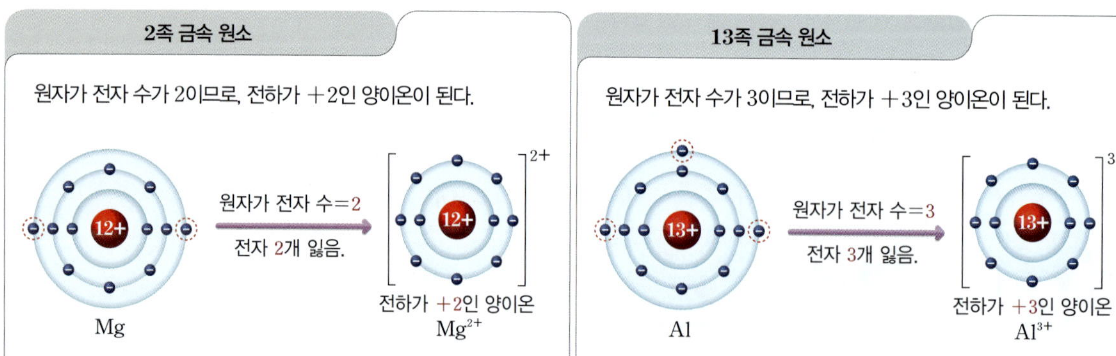

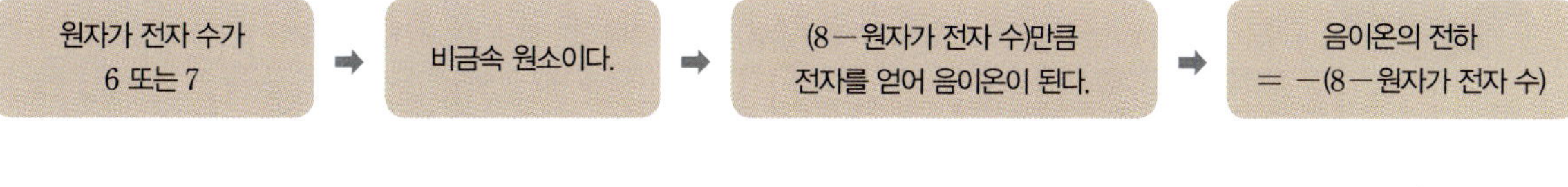

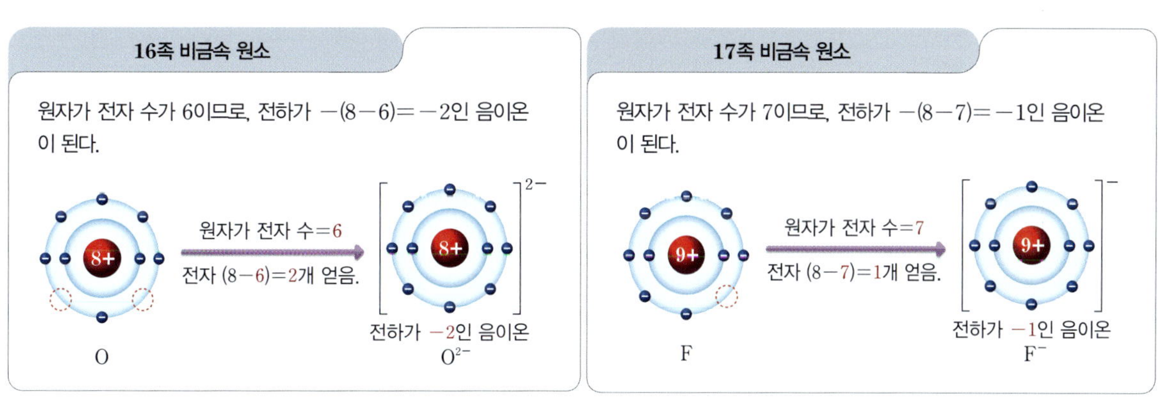

2 이온 결합 물질의 화학식을 나타내는 방법

(1) **이온 결합의 형성**: 이온 결합 물질이 생성될 때 전자는 금속 원소의 원자에서 비금속 원소의 원자로 이동하며, 금속 원소의 원자가 잃은 전자 수와 비금속 원소의 원자가 얻은 전자 수가 같도록 결합한다.

(2) **화학식을 나타내는 방법**

•금속 양이온의 원소 기호를 앞에, 비금속 음이온의 원소 기호를 뒤에 쓴다.

•원소 기호의 오른쪽 아래에는 결합하는 양이온과 음이온의 개수비를 숫자로 쓴다. 이때 개수비는 가장 간단한 정수비로 나타내고, 1인 경우 생략한다.

구성 원소	결합 방법	화학 결합 모형
Na, F	•금속 원소인 Na 원자는 전자 1개를 잃고 Na^+이 되고, 비금속 원소인 F 원자는 전자 1개를 얻어 F^-이 된다. •Na^+과 F^-은 1 : 1의 개수비로 결합하여 NaF을 생성한다.	
Na, O	•금속 원소인 Na 원자는 전자 1개를 잃고 Na^+이 되고, 비금속 원소인 O 원자는 전자 2개를 얻어 O^{2-}이 된다. •Na^+과 O^{2-}은 2 : 1의 개수비로 결합하여 Na_2O을 생성한다.	
Mg, F	•금속 원소인 Mg 원자는 전자 2개를 잃고 Mg^{2+}이 되고, 비금속 원소인 F 원자는 전자 1개를 얻어 F^-이 된다. •Mg^{2+}과 F^-은 1 : 2의 개수비로 결합하여 MgF_2을 생성한다.	

공유 결합에 의한 분자의 형성

비금속 원소들이 공유 결합을 형성할 때 분자를 구성하는 원자 수를 쉽게 알 수 있는 방법이 있을까? 또 수소 분자는 두 수소 원자가 전자쌍을 1개 공유하고, 산소 분자는 두 산소 원자가 전자쌍을 2개 공유하는 것처럼 두 원자가 공유 결합을 형성할 때 공유하는 전자쌍의 수는 어떻게 알 수 있을까? 비금속 원자들이 공유 결합을 형성하여 비활성 기체와 같은 전자 배치를 가지게 된다는 규칙을 이해하면 쉽게 답을 찾을 수 있다.

1 공유 결합의 종류

비금속 원소들은 전자쌍을 공유하여 결합을 형성하면서 18족 원소와 같은 안정한 전자 배치를 이루는데, 이때 두 원자가 1개의 전자쌍을 공유하기도 하고, 2개, 3개의 전자쌍을 공유하기도 한다. 공유 결합은 두 원자가 공유한 전자쌍의 수에 따라 단일 결합, 이중 결합, 삼중 결합으로 구분하며, 이중 결합과 삼중 결합을 통틀어 다중 결합이라고 한다.

결합의 종류	결합 방법	화학 결합 모형
단일 결합	두 원자 사이에 전자쌍 1개를 공유하여 형성되는 결합 ➡ 각 원자가 전자를 1개씩 내놓아 1개의 전자쌍을 만들어 공유한다.	플루오린 원자(F) 2개가 각각 전자를 1개씩 내놓아 1개의 전자쌍을 만들어 공유하면서 플루오린 분자(F_2)를 이룬다.
이중 결합	두 원자 사이에 전자쌍 2개를 공유하여 형성되는 결합 ➡ 각 원자가 전자를 2개씩 내놓아 2개의 전자쌍을 만들어 공유한다.	산소 원자(O) 2개가 각각 전자를 2개씩 내놓아 2개의 전자쌍을 만들어 공유하면서 산소 분자(O_2)를 이룬다.
삼중 결합	두 원자 사이에 전자쌍 3개를 공유하여 형성되는 결합 ➡ 각 원자가 전자를 3개씩 내놓아 3개의 전자쌍을 만들어 공유한다.	질소 원자(N) 2개가 각각 전자를 3개씩 내놓아 3개의 전자쌍을 만들어 공유하면서 질소 분자(N_2)를 이룬다.

2 비금속 원소의 원자가 비활성 기체와 같은 전자 배치를 이루기 위해 필요한 전자의 수

비금속 원자의 전자 배치에서 원자가 전자 수를 찾으면 비활성 기체와 전자 배치가 같아지기 위해 필요한 전자의 수를 구할 수 있다.

◉ 산소 원자가 비활성 기체와 전자 배치가 같아지기 위해 필요한 전자의 수

단, 첫 번째 전자 껍질에는 전자가 최대 2개 채워지므로, 수소는 1개의 전자를 채워 헬륨과 같은 전자 배치를 이룬다.

비금속 원자가 비활성 기체와 같은 전자 배치를 이루기 위해 필요한 전자의 수 = 8 − 원자가 전자 수

산소 원자의 전자 배치를 보면 산소의 원자가 전자 수는 6이라는 것을 알 수 있다. 이를 토대로 계산하면 산소가 비활성 기체인 네온(Ne)과 같은 전자 배치를 이루기 위해 필요한 전자의 수는 8 − 6 = 2개이다.

따라서 산소 원자는 다른 비금속 원자와 결합을 형성할 때 전자 2개를 내놓아 다른 원자가 내놓은 전자와 전자쌍을 만들고, 이 전자쌍을 공유하면서 비활성 기체와 같은 전자 배치를 이룬다.

$\underline{3}$ 공유 결합으로 화합물이 생성되는 과정

(1) 두 원자 사이에 전자쌍 1개를 공유하여 결합이 형성되는 과정

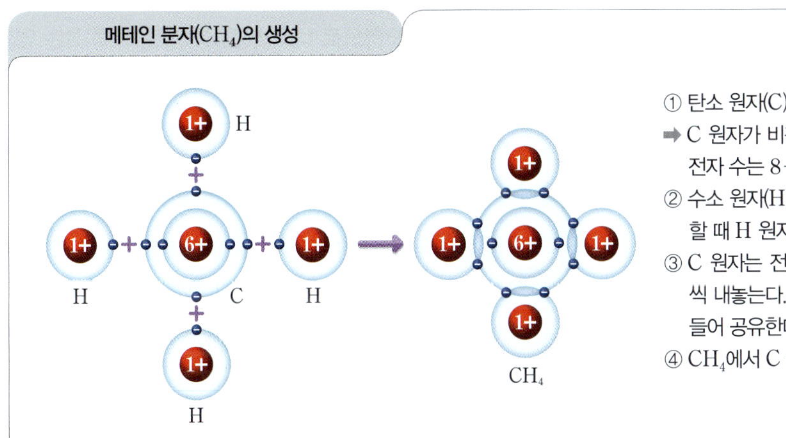

메테인 분자(CH_4)의 생성

① 탄소 원자(C)의 원자가 전자 수는 4이다.
➡ C 원자가 비활성 기체와 같은 전자 배치를 이루기 위해 필요한 전자 수는 $8-4=4$이다.
② 수소 원자(H)의 원자가 전자 수는 1이므로, C 원자 1개와 결합할 때 H 원자 4개가 필요하다.
③ C 원자는 전자를 4개 내놓고, H 원자 4개는 각각 전자를 1개씩 내놓는다. C 원자는 H 원자 4개와 각각 전자쌍 1개씩을 만들어 공유한다.
④ CH_4에서 C 원자와 H 원자 사이의 결합은 단일 결합이다.

(2) 두 원자 사이에 전자쌍 2개를 공유하여 결합이 형성되는 과정

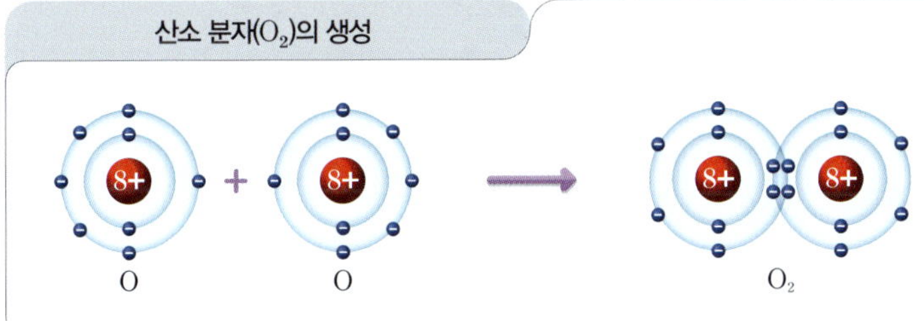

산소 분자(O_2)의 생성

① 산소 원자(O)의 원자가 전자 수는 6이다.
➡ O 원자가 비활성 기체와 같은 전자 배치를 이루기 위해 필요한 전자 수는 $8-6=2$이다.
② O 원자 2개가 각각 전자를 2개씩 내놓아 전자쌍 2개를 만들어 공유한다.
③ O_2에서 O 원자 사이의 결합은 이중 결합이다.

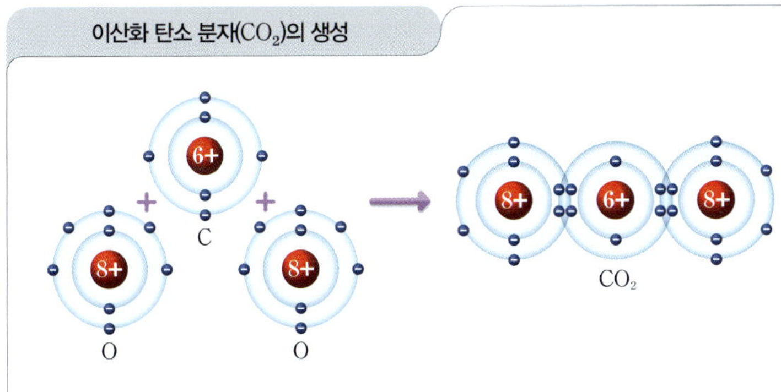

이산화 탄소 분자(CO_2)의 생성

① 탄소 원자(C)의 원자가 전자 수는 4이다.
➡ C 원자가 비활성 기체와 같은 전자 배치를 이루기 위해 필요한 전자 수는 $8-4=4$이다.
② 산소 원자(O)의 원자가 전자 수는 6이다.
➡ O 원자가 비활성 기체와 같은 전자 배치를 이루기 위해 필요한 전자 수는 $8-6=2$이다.
③ C 원자는 전자를 4개 내놓고, O 원자 2개는 각각 전자를 2개씩 내놓는다. 이때 C 원자는 O 원자 2개와 각각 전자쌍 2개씩을 만들어 공유한다.
④ CO_2에서 C 원자와 O 원자 사이의 결합은 이중 결합이다.

(3) 두 원자 사이에 전자쌍 3개를 공유하여 결합이 형성되는 과정

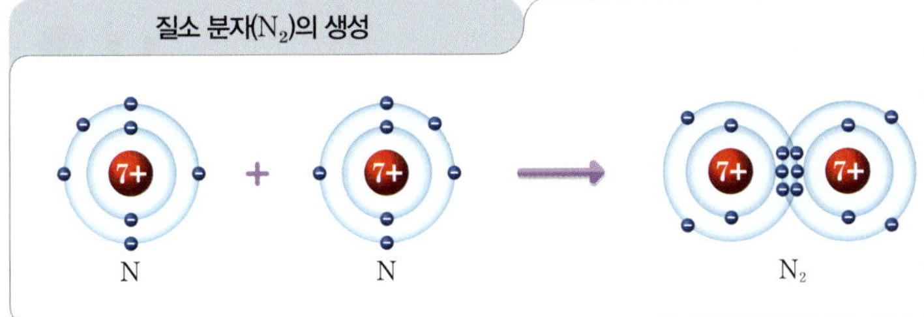

질소 분자(N_2)의 생성

① 질소 원자(N)의 원자가 전자 수는 5이다.
➡ N 원자가 비활성 기체와 같은 전자 배치를 이루기 위해 필요한 전자 수는 $8-5=3$이다.
② N 원자 2개가 각각 전자를 3개씩 내놓아 전자쌍 3개를 만들어 공유한다.
③ N_2에서 N 원자 사이의 결합은 삼중 결합이다.

START 내신 완성 문제

01 그림은 세 가지 원자의 전자 배치를 모형으로 나타낸 것이다.

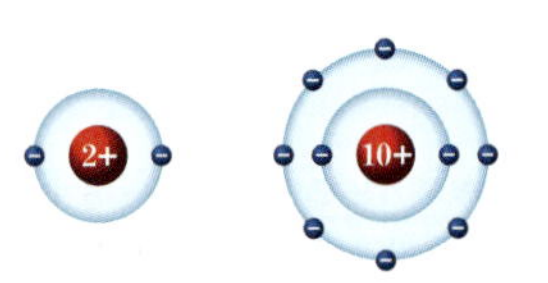

세 가지 원자의 공통점으로 옳은 것만을 보기에서 있는 대로 고르시오.

> **보기**
> ㄱ. 원자가 전자 수가 0이다.
> ㄴ. 주기율표의 18족 원소에 속한다.
> ㄷ. 비금속 원소로 금속 원소와 이온 결합을 형성한다.

02 표는 원자 A~C의 전자 배치에 대한 자료이다. (단, A~C 는 임의의 원소 기호이다.)

원자	A	B	C
전자가 들어 있는 전자 껍질 수	2	2	3
원자가 전자 수	6	1	7

(1) A~C 중 안정한 이온이 될 때 네온(Ne)과 같은 전자 배치를 이루는 것을 모두 쓰시오.

(2) A~C 중 음이온이 되기 쉬운 것을 모두 쓰시오.

03 화학 결합에 대한 설명으로 옳은 것만을 보기에서 있는 대로 고르시오.

> **보기**
> ㄱ. 이온 결합은 금속 원소와 비금속 원소 사이에 형성된다.
> ㄴ. 공유 결합은 비금속 원소 사이에 형성된다.
> ㄷ. 이온 결합 물질과 공유 결합 물질은 실온에서 모두 분자 상태로 존재한다.

04 그림은 원자 A와 B가 화학 결합을 하기 위해 이온으로 되는 과정을 모형으로 나타낸 것이다. (단, A와 B는 임의의 원소 기호이고, ➖ 는 전자를 나타낸다.)

서술형

A와 B가 결합하여 생성된 물질의 화학식을 쓰고, 이때 형성한 화학 결합의 종류를 까닭과 함께 설명하시오.

05 그림은 원자 A와 B가 결합하여 화합물 X를 생성하는 과정을 전자 배치 모형으로 나타낸 것이다.

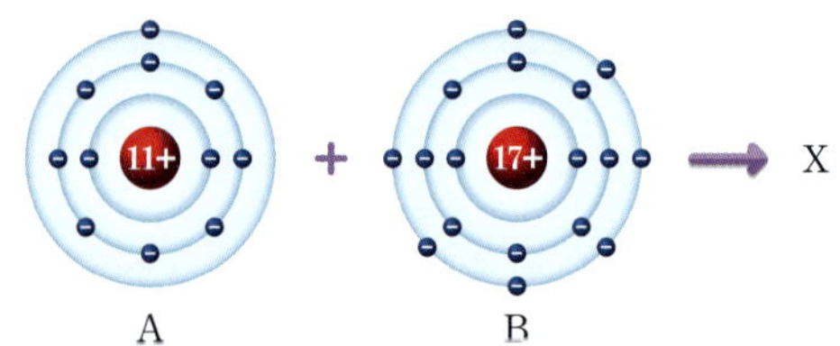

이에 대한 설명으로 옳은 것만을 보기에서 있는 대로 고른 것은? (단, A와 B는 임의의 원소 기호이다.)

> **보기**
> ㄱ. X가 생성될 때 전자는 A에서 B로 이동한다.
> ㄴ. X에서 A와 B의 전자 배치는 같다.
> ㄷ. X는 이온 결합 물질이다.

① ㄱ   ② ㄴ   ③ ㄱ, ㄷ
④ ㄴ, ㄷ   ⑤ ㄱ, ㄴ, ㄷ

06 그림은 A^{2-}의 전자 배치를 모형으로 나타낸 것이다.

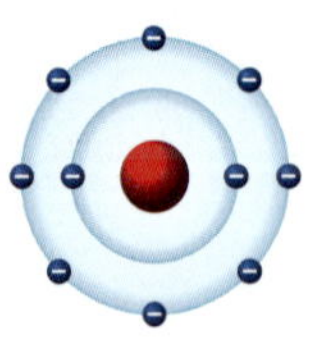

다음 원소 중에서 A와 이온 결합을 형성하는 것을 있는 대로 고르시오. (단, A는 임의의 원소 기호이다.)

H   Li   N   Mg   Cl

07 그림은 원소 A~C의 주기율표에서의 위치를 나타낸 것이다. (단, A~C는 임의의 원소 기호이다.)

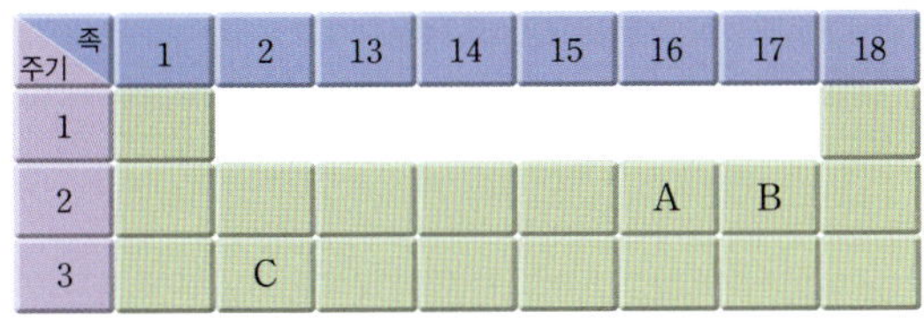

(1) A와 B로 이루어진 물질의 화학 결합의 종류를 쓰시오.

(2) B와 C로 이루어진 물질의 화학 결합의 종류와 화학식을 쓰시오.

08 그림은 원자 A~C의 전자 배치를 모형으로 나타낸 것이다.

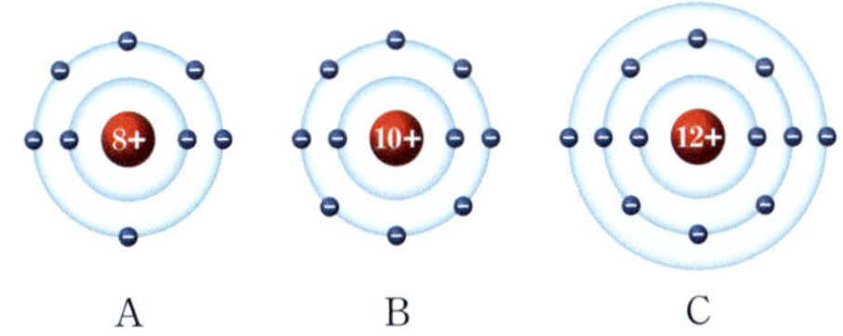

이에 대한 설명으로 옳은 것만을 보기에서 있는 대로 고르시오. (단, A~C는 임의의 원소 기호이다.)

보기
ㄱ. A_2는 공유 결합 물질이다.
ㄴ. A와 C로 이루어진 물질은 실온에서 분자로 존재한다.
ㄷ. A와 C로 이루어진 물질에서 C는 B와 같은 전자 배치를 이룬다.

09 그림은 화합물 X를 화학 결합 모형으로 나타낸 것이다.
이에 대한 설명으로 옳은 것만을 보기에서 있는 대로 고르시오. (단, A와 B는 임의의 원소 기호이다.)

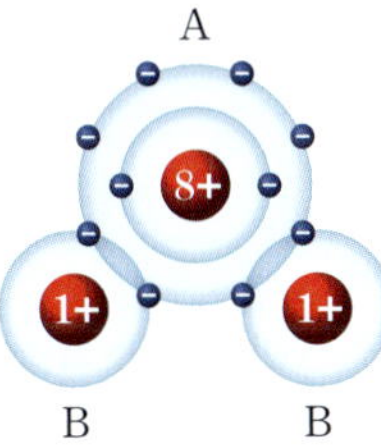

보기
ㄱ. X가 생성될 때 전자는 A에서 B로 이동한다.
ㄴ. X에서 A는 네온과 같은 전자 배치를 이룬다.
ㄷ. X는 공유 결합 물질이다.

10 그림은 물질 (가)~(다)를 화학 결합 모형으로 나타낸 것이다.

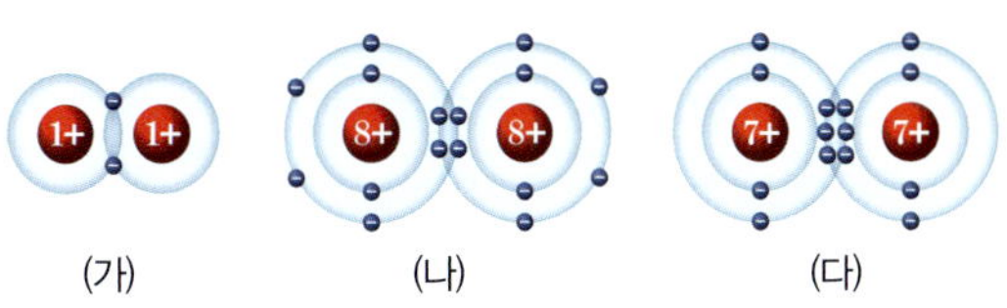

이에 대한 설명으로 옳은 것만을 보기에서 있는 대로 고른 것은?

보기
ㄱ. (가)는 전자쌍 1개를 공유한다.
ㄴ. (나)의 구성 원소는 비금속 원소이다.
ㄷ. (다)에서 각 원자의 모든 원자가 전자가 전자쌍을 만드는 데 사용된다.

① ㄱ　　　　② ㄷ　　　　③ ㄱ, ㄴ
④ ㄴ, ㄷ　　　⑤ ㄱ, ㄴ, ㄷ

11 그림은 주기율표의 일부를 나타낸 것이다.

족 주기	1	2	13	14	15	16	17	18
1	A							
2						B		
3	C						D	

이에 대한 설명으로 옳은 것만을 보기에서 있는 대로 고른 것은? (단, A~D는 임의의 원소 기호이다.)

보기
ㄱ. AD는 이온 결합 물질이다.
ㄴ. BD_2는 공유 결합 물질이다.
ㄷ. A_2B와 C_2B는 화학 결합의 종류가 같다.

① ㄱ　　　　② ㄴ　　　　③ ㄱ, ㄷ
④ ㄴ, ㄷ　　　⑤ ㄱ, ㄴ, ㄷ

12
^{서술형} 그림은 염화 나트륨(NaCl) 결정을 모형으로 나타낸 것이다. 염화 나트륨이 고체 상태일 때와 수용액 상태일 때의 전기 전도성을 그 까닭과 함께 설명하시오.

13 표는 물질을 두 가지로 분류한 것이다.

(가)	(나)
수산화 마그네슘(Mg(OH)$_2$), 염화 칼슘(CaCl$_2$)	포도당(C$_6$H$_{12}$O$_6$), 에탄올(C$_2$H$_5$OH)

(1) (가)와 (나)의 화학 결합의 종류를 각각 쓰시오.

(2) (가)와 (나) 중 수용액 상태에서 전기 전도성이 있는 것을 쓰시오.

14 그림은 물질 X가 수용액 상태일 때의 전기 전도성을 알아보기 위한 과정을 모형으로 나타낸 것이다.

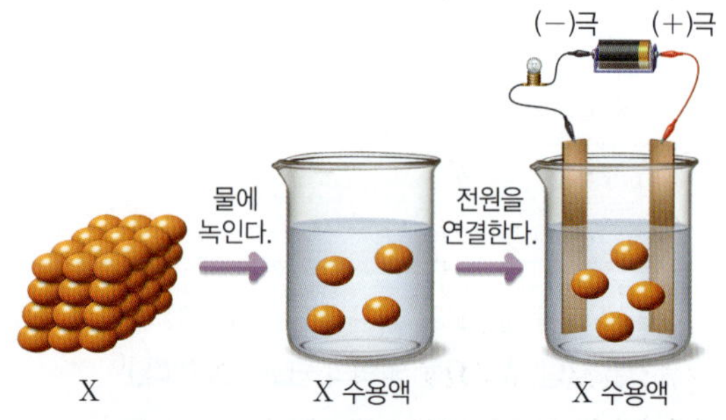

이에 대한 설명으로 옳은 것만을 보기에서 있는 대로 고르시오.

보기
ㄱ. X는 공유 결합 물질이다.
ㄴ. 고체 상태의 X는 전기 전도성이 없다.
ㄷ. X 수용액에는 이온이 존재한다.

15 수용액 상태에서 전기 전도성이 있는 물질만을 보기에서 있는 대로 고르시오.

보기
ㄱ. 설탕   ㄴ. 에탄올
ㄷ. 황산 구리(Ⅱ)   ㄹ. 탄산 칼륨

16 그림은 고체 물질 (가)와 (나)를 모형으로 나타낸 것이다. (가)와 (나)는 공유 결합 물질과 이온 결합 물질 중 하나이다.

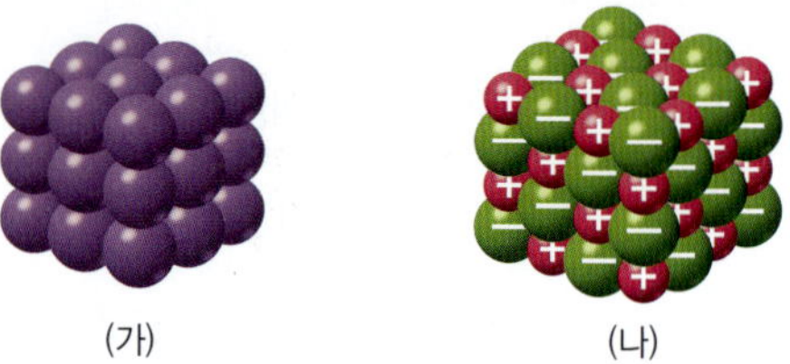

이에 대한 설명으로 옳은 것만을 보기에서 있는 대로 고른 것은?

보기
ㄱ. (가)는 공유 결합 물질이다.
ㄴ. (나)는 고체 상태에서 전기 전도성이 있다.
ㄷ. (가)와 (나)는 수용액 상태에서 모두 전기 전도성이 있다.

① ㄱ   ② ㄴ   ③ ㄱ, ㄷ
④ ㄴ, ㄷ   ⑤ ㄱ, ㄴ, ㄷ

17 표는 물질 A~C가 고체 상태와 수용액 상태일 때의 전기 전도성을 나타낸 것이다. A~C는 각각 설탕, 염화 나트륨, 염화 칼슘 중 하나이다.

물질		A	B	C
전기 전도성	고체	없음	없음	없음
	수용액	없음	있음	있음

이에 대한 설명으로 옳은 것만을 보기에서 있는 대로 고르시오.

보기
ㄱ. A는 염화 나트륨이다.
ㄴ. B는 이온 결합 물질이다.
ㄷ. C는 공유 결합 물질이다.

01 그림은 화합물 X를 화학 결합 모형으로 나타낸 것이다.

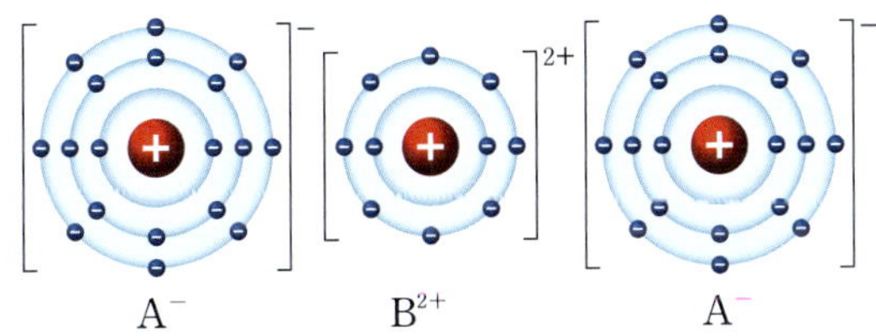

이에 대한 설명으로 옳은 것만을 보기에서 있는 대로 고른 것은? (단, A와 B는 임의의 원소 기호이다.)

보기
ㄱ. X가 생성될 때 전자는 A에서 B로 이동한다.
ㄴ. X의 화학식은 BA_2이다.
ㄷ. 원자 번호는 A > B이다.

① ㄱ   ② ㄴ   ③ ㄱ, ㄷ
④ ㄴ, ㄷ   ⑤ ㄱ, ㄴ, ㄷ

02 그림은 물(H_2O)과 메테인(CH_4)을 화학 결합 모형으로 나타낸 것이다.

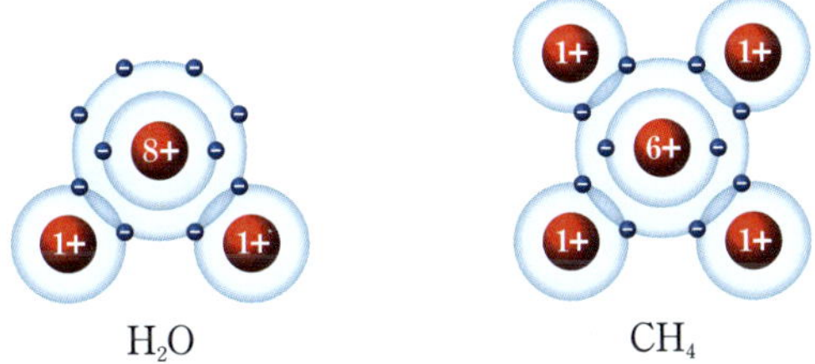

이에 대한 설명으로 옳은 것만을 보기에서 있는 대로 고른 것은?

보기
ㄱ. 물에는 이중 결합이 있다.
ㄴ. 메테인에서 탄소 원자는 네온(Ne)과 같은 전자 배치를 이룬다.
ㄷ. 물과 메테인은 모두 공유 결합 물질이다.

① ㄱ   ② ㄴ   ③ ㄱ, ㄷ
④ ㄴ, ㄷ   ⑤ ㄱ, ㄴ, ㄷ

03 그림은 화합물 AB를 화학 결합 모형으로 나타낸 것이다.

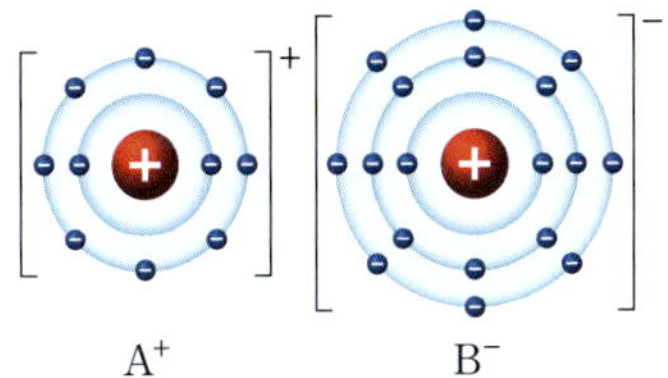

이에 대한 설명으로 옳은 것만을 보기에서 있는 대로 고른 것은? (단, A와 B는 임의의 원소 기호이다.)

보기
ㄱ. A와 B는 같은 주기 원소이다.
ㄴ. 원자가 전자 수는 B가 A보다 크다.
ㄷ. AB는 수용액 상태에서 전기 전도성이 있다.

① ㄱ   ② ㄴ   ③ ㄱ, ㄷ
④ ㄴ, ㄷ   ⑤ ㄱ, ㄴ, ㄷ

04 다음은 물질 A와 B의 전기 전도성을 알아보기 위한 실험이다. A와 B는 각각 염화 나트륨과 설탕 중 하나이다.

[실험 과정]
(가) 전기 전도성 측정기로 고체 A와 B에 전류가 흐르는지 확인한다.
(나) 고체 A와 B를 각각 증류수에 넣어 녹인 후 전기 전도성 측정기로 전류가 흐르는지 확인한다.

[실험 결과]
• 상태에 따른 전기 전도성

물질	고체 상태	수용액 상태
A	없음	없음
B	없음	있음

이에 대한 설명으로 옳은 것만을 보기에서 있는 대로 고른 것은?

보기
ㄱ. A는 공유 결합 물질인 설탕이다.
ㄴ. B는 고체 상태에서 이온이 존재하지 않는다.
ㄷ. B는 금속 원소를 포함한다.

① ㄱ   ② ㄴ   ③ ㄱ, ㄷ
④ ㄴ, ㄷ   ⑤ ㄱ, ㄴ, ㄷ

03 자연의 구성 물질

1 지각을 구성하는 물질의 규칙성

지각을 구성하는 암석은 광물로 이루어져 있으며, 광물 대부분은 규산염 광물이다. 규산염 광물을 구성하는 규산염 사면체의 결합 방식에 따라 감람석, 휘석, 각섬석, 흑운모 등 다양한 규산염 광물이 생성된다.

1. 지각을 구성하는 물질

지각은 지구의 외부를 덮고 있는 부분이다. 지각을 이루는 암석은 광물로 구성되어 있으며, 암석을 구성하는 주요 광물을 조암 광물이라고 한다. 조암 광물 대부분은 규산염 광물이다. 규산염 광물은 규소(Si)와 산소(O)가 결합한 기본 *단위체인 규산염 사면체(Si−O 사면체)가 규칙적으로 결합하여 형성되며, 전체 광물의 약 92 %를 차지한다.

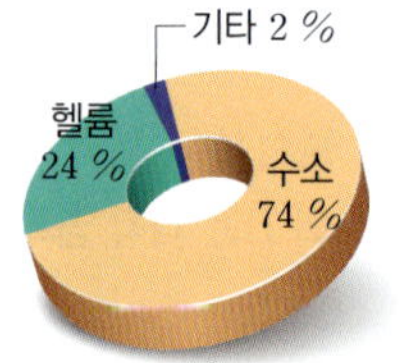

▲ 우주의 구성 원소 질량비

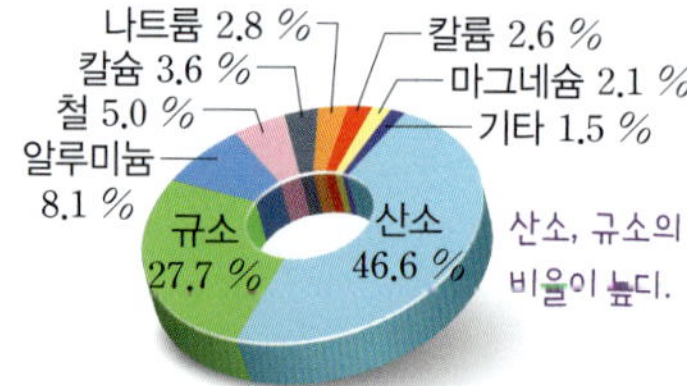

▲ 지각의 구성 원소 질량비

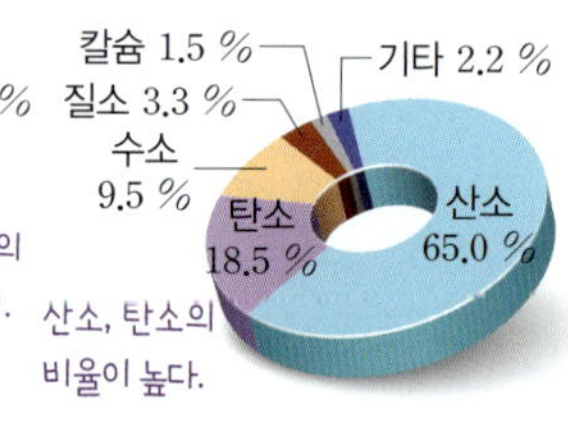

▲ 생명체(사람)의 구성 원소 질량비

2. 규산염 사면체(Si−O 사면체)

(1) **규산염 사면체**: 규산염 광물의 기본 구조는 4개의 산소(O) 원자로 된 사면체 중심에 규소(Si) 원자 1개가 공유 결합을 하여 정사면체 모양을 이룬 것이다.

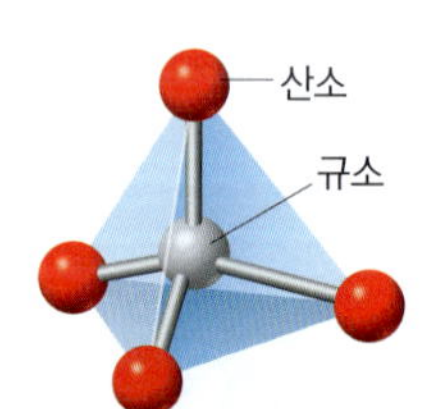

▲ 규산염 사면체

① 규산염 사면체에서 규소는 +4의 양전하를, 각 산소는 −2의 음전하를 나타내며, 결과적으로 규산염 사면체는 전체 전하가 −4이므로 $(SiO_4)^{4-}$로 표시된다.

② 전체적으로 음전하를 띠고 있는 규산염 사면체는 전기적으로 중성이 되어 더욱 안정화하기 위해 양전하를 띤 금속 이온(양이온)과 결합하거나, 산소를 다른 규산염 사면체와 공유함으로써 다양한 규산염 광물을 형성한다.

③ 산소를 공유하기 전 규산염 사면체는 −4의 음전하를 가지고 있지만, 옆의 사면체와 산소를 공유하게 되면 각각의 사면체가 공유하는 산소의 −2의 음전하 중 절반인 −1의 음전하의 영향을 받게 된다. 그 결과 규산염 사면체의 전체 전하는 −3의 음전하로 변하게 된다. 만약 산소를 2개 공유하면 −2의 음전하로, 3개 공유하면 −1의 음전하로 변화한다.

(2) **규산염 사면체의 결합 구조**: 규산염 광물 중에는 규산염 사면체가 서로 결합하지 않고 독립적으로 있는 것도 있지만, 대부분의 규산염 광물은 규산염 사면체가 규칙적으로 결합하여 만들어진다. 규산염 사면체가 이웃하는 다른 규산염 사면체와 산소를 공유하면서 결합하는 방식에 따라 다양한 규산염 광물의 골격이 만들어진다.

구분	독립형 구조	단사슬 구조	복사슬 구조	판상 구조	망상 구조
결합 방식	규산염 사면체 하나가 독립적으로 있고, 다른 규산염 사면체와는 중간에 철이나 마그네슘과 같은 양이온이 결합하여 연결된다.	규산염 사면체가 산소 2개를 다른 규산염 사면체와 공유하여 단일 사슬 모양으로 길게 결합한다.	규산염 사면체가 산소 2~3개를 다른 규산염 사면체와 공유하여 이중 사슬 모양을 이룬다.	규산염 사면체가 산소 3개를 다른 규산염 사면체와 공유하여 넓게 펼쳐진 판 모양을 이룬다.	규산염 사면체가 산소 4개를 모두 다른 규산염 사면체와 공유하여 3차원 입체 구조를 이룬다.
결합 구조					
광물	감람석	휘석	각섬석	흑운모	석영, 장석
특징	공유하는 산소 개수 증가, 산소 비율 감소, 구조는 더 복잡해짐 →				

자료 분석 ➕ 규산염 광물의 특징

규산염 광물을 이루는 규산염 사면체의 결합 구조는 광물의 특성에 영향을 준다.

❶ **쪼개짐**: 광물에 물리적인 힘을 가했을 때 일정한 방향으로 평탄하게 갈라지는 현상이다.

- 단사슬 구조의 휘석이나 복사슬 구조의 각섬석과 같이 규산염 사면체가 직선으로 결합한 광물은 기둥 모양의 결정을 보이며 두 방향의 쪼개짐이 나타난다.

- 판상 구조로 된 흑운모는 얇은 판이 겹겹이 쌓인 형태로, 한 방향의 쪼개짐이 나타나므로 얇은 판 모양으로 갈라진다.

❷ **깨짐**: 광물이 힘을 받았을 때 일정한 방향으로 갈라지지 않고, 불규칙하게 깨지는 현상이다.

- 독립형 구조의 감람석과 망상 구조로 된 석영은 깨짐이 발달한다.

❸ **화학적 풍화**: 광물이 가수분해, 산화, 이온 교환 등의 화학 반응에 의해 분해되는 과정이다.

- 규산염 사면체 사이에 공유하는 산소 원자 수가 많아 규산염 사면체의 결합 구조가 복잡한 광물일수록 화학적 풍화에 강하다.

- 독립형 구조의 감람석이 화학적 풍화에 가장 약하고, 망상 구조로 된 석영이 화학적 풍화에 가장 강하다.

✔ 중요 개념 체크

정답과 해설 29쪽

1. 다음은 규산염 사면체에 대한 설명이다. ( ) 안에 알맞은 말을 쓰시오.

> 규산염 사면체는 규산염 광물을 이루는 기본 구조로, ㉠ ( ) 원자 1개에 ㉡ ( ) 원자 4개가 공유 결합한 사면체 모양이다.

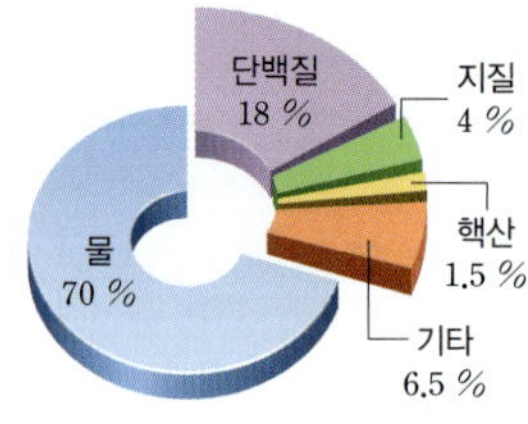

단백질의 구성
탄소(C), 수소(H), 산소(O), 질소(N)로 구성되며, 황(S)을 포함하기도 한다.

단백질의 종류
머리카락을 구성하는 케라틴, 근육을 구성하는 액틴과 마이오신, 산소를 운반하는 헤모글로빈, 혈당량을 조절하는 인슐린 등이 있다.

탈수 축합 반응
축합 반응이란 두 개 또는 그 이상의 단위체(또는 분자)가 반응할 때 그 일부를 제거하면서 새로운 결합 생성물을 만드는 반응을 의미하며, 반응 과정에서 물이 생성되면 탈수 축합 반응이라 한다. 펩타이드결합이 생성되는 반응은 대표적인 탈수 축합 반응이다.

펩타이드
펩타이드결합으로 이루어진 화합물을 통틀어 펩타이드라고 한다. 아미노산 2분자가 결합된 것은 다이펩타이드, 3분자가 결합된 것은 트라이펩타이드, 여러 분자가 결합된 것은 폴리펩타이드라고 한다. 다이(di−)는 둘, 트라이(tri−)는 셋, 폴리(poly−)는 다수를 뜻한다.

2 생명체를 구성하는 물질의 규칙성

생명체를 구성하는 물질에는 탄수화물, 단백질, 지질, 핵산, 물, 무기염류 등이 있다. 그중 탄수화물, 단백질, 지질, 핵산은 탄소 골격에 수소, 산소, 질소, 황과 같은 여러 원소가 결합하여 만들어진 탄소 화합물이다. 탄소 화합물 중에는 작고 간단한 단위체가 연결되어 크고 복잡한 물질을 이루는 것이 많다.

1. 단백질의 역할과 형성

(1) **단백질의 역할**: 단백질은 몸의 각 부분을 구성하고 다양한 기능을 담당한다.

① 피부, 근육, 머리카락, 혈액 등 사람 몸의 많은 부분을 구성한다.

> 예 머리카락의 주요 성분은 케라틴 단백질이다. 근육은 액틴과 마이오신이라는 단백질로 구성된다.

② 효소와 호르몬의 주성분으로 체내에서 일어나는 화학 반응을 조절하고 생명활동이 원활하게 일어나도록 한다.

> 예 소화효소는 음식물을 분해하여 흡수하기 쉽게 한다. 호르몬은 몸의 항상성을 조절한다.

③ 체내에 탄수화물이나 지방이 부족할 때 에너지원으로 사용되어 1 g당 4 kcal의 열량을 낸다.

(2) **단백질의 형성**: 단백질의 단위체는 아미노산으로, 단백질은 아미노산이 결합하여 만들어지며, 아미노산의 종류와 개수, 배열 순서에 따라 단백질의 종류가 달라진다.

① 아미노산은 탄소를 중심으로 아미노기($-NH_2$), 카복실기($-COOH$), 수소 원자, 곁사슬(R 부분)이 결합된 구조이다. 아미노산의 종류는 곁사슬에 의해 결정되며, 약 20종류가 있다.

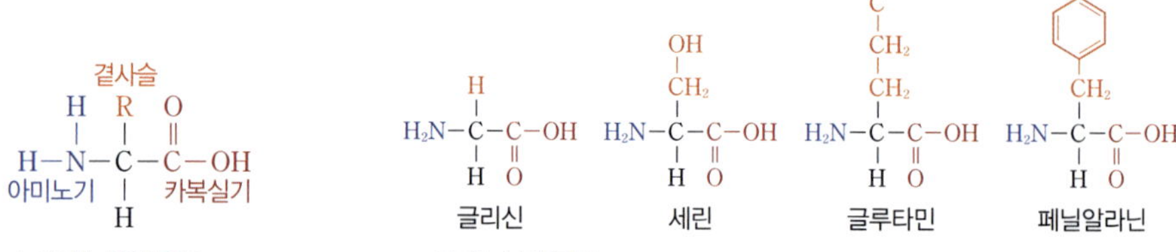

② 단백질의 종류는 그 단백질을 구성하는 아미노산의 종류와 개수, 배열 순서에 따라 결정된다. 예를 들어 아미노산 종류를 20개로 가정하면 2개의 아미노산으로 구성된 단백질의 종류는 20^2가지가, 10개의 아미노산으로 구성된 단백질의 종류는 20^{10}가지가 만들어질 수 있다.

③ 아미노산과 아미노산이 결합할 때 하나의 물 분자가 빠져나오면서 결합하는데 이를 펩타이드결합이라고 한다. 펩타이드결합은 한 아미노산의 카복실기와 다른 아미노산의 아미노기 사이에서 형성되는 공유 결합이다. 많은 수의 아미노산이 펩타이드결합으로 연결되어 긴 사슬 모양의 폴리펩타이드가 만들어진다.

2. 단백질의 구조

(1) 단백질의 입체 구조 형성

① 단백질은 고유한 입체 구조를 가지며, 이러한 입체 구조에 따라 단백질의 기능이 결정된다. 단백질의 입체 구조는 아미노산의 종류와 개수, 배열 순서에 따라 결정되며, 아미노산의 배열 순서는 핵산에 저장된 유전정보에 의해 결정된다.

② 폴리펩타이드가 아미노산의 배열 순서에 따라 규칙적으로 접히거나 일정한 방향으로 회전하며 병풍 또는 나선 모양의 구조를 만든다. 이러한 구조가 더욱 휘거나 비틀려서 입체 모양의 단백질 구조를 형성하게 된다.

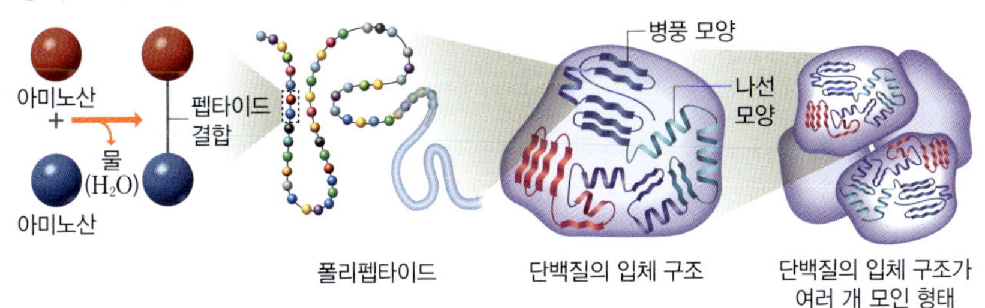

▲ 단백질의 구조

(2) 단백질의 입체 구조와 변성

단백질이 다양한 기능을 할 수 있는 것은 단백질이 기능에 맞는 입체 구조를 가지고 있기 때문이다. 단백질의 입체 구조는 열이나 산 또는 염기를 가하면 변형되어 본래 갖고 있던 단백질의 기능을 잃게 되는데, 이것을 변성이라고 한다.

예 달걀을 익히면 단단해지는 것은 달걀의 단백질이 열에 의해 변성되었기 때문이다.

단백질의 구조

- 1차 구조: 수많은 아미노산이 연결된 폴리펩타이드
- 2차 구조: 폴리펩타이드 사슬이 접히거나 꼬여 알파(α) 나선구조나 베타(β) 병풍구조를 이룬 것
- 3차 구조: 2차 구조가 다시 꺾이거나 접혀서 입체 모양 구조를 이룬 것
- 4차 구조: 3차 구조를 이룬 여러 개의 폴리펩타이드가 모여 하나의 기능을 갖는 단백질을 형성한 것

자료 분석 ✚ 탄수화물과 지질

❶ 탄수화물

- 1 g당 4 kcal의 열량을 내는 우리 몸의 주에너지원이다.

- 탄소(C), 수소(H), 산소(O)로 구성되며, 단위체인 단당류가 결합하여 형성된다.

- 탄수화물의 종류에는 단당류, 이당류, 다당류가 있다. 단당류는 포도당, 과당, 갈락토스와 같이 탄소 수가 적고 분자 구조가 단순한 것으로 탄수화물의 기본 단위이다. 이당류는 단당류 2분자가 결합한 것으로 엿당, 설탕, 젖당 등이 있다. 다당류는 수많은 단당류가 결합한 것으로 글리코젠, 녹말, 셀룰로스 등이 있다.

- 글리코젠은 동물에서, 녹말은 식물에서 포도당을 저장하는 작용을 하며, 셀룰로스는 식물 세포의 세포벽을 구성한다. 글리코젠과 녹말은 포도당이 가지 모양으로 이어지는 구조이며, 셀룰로스는 포도당이 여러 층의 선 모양으로 이어지는 구조이다.

❷ 지질

- 일반적으로 물에 녹지 않고 벤젠이나 아세톤과 같은 유기 용매에 잘 녹는다.

- 지질의 종류에는 중성지방, 인지질, 스테로이드 등이 있다. 인지질은 단백질과 함께 세포막의 주요 구성 성분이며, 스테로이드는 콜레스테롤, 성호르몬 등의 구성 성분이다.

- 중성지방은 1 g당 9 kcal의 열량을 내며, 저장 에너지원으로 이용된다.

3. 핵산 심화 강의 120쪽

핵산은 세포에서 유전정보를 저장하거나 전달하고, 단백질 합성에 관여하며, 종류로는 DNA(deoxyribonucleic acid)와 RNA(ribonucleic acid) 두 종류가 있다.

(1) **핵산의 단위체**: 핵산을 구성하는 단위체는 뉴클레오타이드이다.

① 뉴클레오타이드를 구성하는 원소는 탄소(C), 산소(O), 수소(H), 질소(N), 인(P)이다.

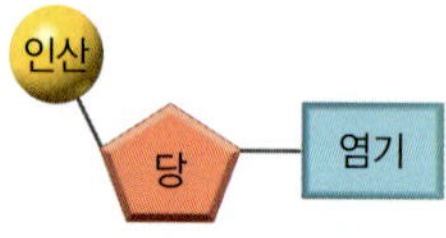

▲ **뉴클레오타이드의 구조**

② 뉴클레오타이드는 인산, 당, 염기가 1:1:1로 결합한 물질이며, 이때 결합한 염기의 종류에 따라 뉴클레오타이드의 종류가 달라진다.

③ 뉴클레오타이드를 구성하는 당은 탄소가 5개로 구성된 5탄당이며, 종류로는 디옥시라이보스(deoxyribose)와 라이보스(ribose)가 있다.

④ 뉴클레오타이드를 구성하는 염기에는 아데닌(A), 구아닌(G), 사이토신(C), 타이민(T), 유라실(U)이 있다.

(2) **핵산의 형성**

① 핵산은 많은 수의 뉴클레오타이드가 결합해 형성된 긴 가닥의 폴리뉴클레오타이드로 이루어져 있다.

② 하나의 뉴클레오타이드에 포함된 당이 다른 뉴클레오타이드의 인산과 결합하고, 이 결합이 반복되면 긴 사슬 모양의 폴리뉴클레오타이드가 형성된다.

(3) **DNA와 RNA의 기능과 구조**

① DNA는 핵에서 유전정보를 저장하는 역할을 하며, 염기 배열 순서에 따라 서로 다른 유전정보를 가진다. RNA는 핵과 세포질에서 DNA에 저장된 유전정보를 전달하거나 단백질 합성에 관여한다.

② 당: DNA를 구성하는 뉴클레오타이드의 당은 디옥시라이보스이고, RNA를 구성하는 당은 라이보스이다.

③ 염기: DNA의 뉴클레오타이드를 구성하는 염기에는 아데닌(A), 구아닌(G), 사이토신(C), 타이민(T)이 있으며, RNA의 뉴클레오타이드를 구성하는 염기에는 아데닌(A), 구아닌(G), 사이토신(C), 유라실(U)이 있다.

④ 분자 구조: DNA는 두 가닥의 폴리뉴클레오타이드가 결합한 이중나선구조이고, RNA는 단일 가닥 구조이다.

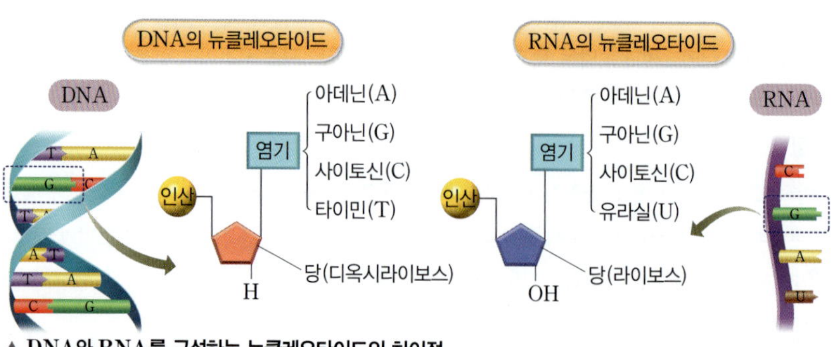

▲ **DNA와 RNA를 구성하는 뉴클레오타이드의 차이점**

(4) DNA와 RNA의 입체 구조 <심화 강의 121쪽>

① DNA는 두 가닥의 폴리뉴클레오타이드가 나선형으로 꼬여 있는 이중나선구조이다. 각 폴리뉴클레오타이드 가닥을 이루는 당과 인산 골격은 나선의 바깥쪽에 위치해 있으며, 나선의 안쪽에는 염기가 결합해 있어 유전정보를 안전하게 저장할 수 있다.

② DNA는 염기가 *수소결합을 하여 두 가닥의 폴리뉴클레오타이드가 연결된다. 이때 아데닌(A)은 항상 타이민(T)과 결합하고, 구아닌(G)은 항상 사이토신(C)과 결합한다. 이를 염기의 상보결합이라 한다.

③ RNA는 단일 가닥의 폴리뉴클레오타이드로 구성되어 있다.

④ DNA는 유전물질로 염기서열에 생물의 특성을 결정하는 유전정보를 저장한다. 염기가 다른 4종류의 뉴클레오타이드가 다양한 순서로 결합하여 염기서열이 다양한 DNA가 형성되고, 그 결과 DNA에 다양한 유전정보가 저장될 수 있다.

RNA의 구조
RNA는 이중나선구조인 DNA와 달리 한 가닥의 폴리뉴클레오타이드로 이루어진 단일 가닥 구조이다.

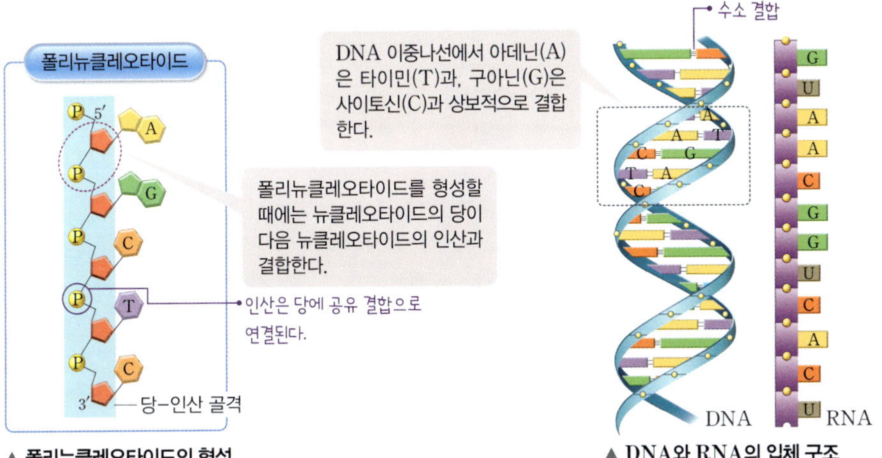

▲ 폴리뉴클레오타이드의 형성   ▲ DNA와 RNA의 입체 구조

자료 분석 DNA 이중나선에서 염기의 상보결합

· DNA 이중나선에서 아데닌(A)의 수는 항상 타이민(T)의 수와 같고, 구아닌(G)의 수는 항상 사이토신(C)의 수와 같다. 예 아데닌(A)의 수가 80개면 타이민(T)의 수도 80개이다.

· DNA 이중나선의 한 쪽 가닥의 염기서열을 알면 나머지 한 쪽 가닥의 염기서열도 알 수 있다.

예 − A T C G A T A G C C T A −
    − T A G C T A T C G G A T −

DNA와 RNA의 상보결합
염기서열에 저장된 DNA의 유전정보를 RNA로 전달하는 과정에서 일시적으로 상보결합이 일어난다. RNA에는 타이민(T)이 없지만, 타이민(T)과 구조가 비슷한 유라실(U)이 있어 아데닌(A)과 상보결합을 할 수 있다.

중요 개념 체크
정답과 해설 29쪽

2. 단백질의 단위체는 ㉠ (   )(이)고, ㉡ (   )결합으로 연결된다.

3. 다음 내용 중 옳은 것은 ○, 옳지 않은 것은 ×로 표시하시오.

(1) 뉴클레오타이드는 인산, 당, 염기가 1:1:1로 결합한 물질이다. ───────── (   )

(2) 핵산을 이루는 폴리뉴클레오타이드는 뉴클레오타이드의 당과 다음 뉴클레오타이드의 인산이 결합하여 만들어진다. ───────── (   )

용어

*수소결합(hydrogen bond)
수소를 가진 분자와 다른 분자 사이에서 상호작용이 일어나 형성되는 약한 결합을 말한다. 수소결합은 공유 결합이나 이온 결합보다 결합의 세기가 약하다.

뉴클레오타이드를 구성하는 당과 염기의 특성

DNA와 RNA를 구성하는 단위체인 뉴클레오타이드는 인산, 당, 염기가 1:1:1의 비율로 결합하고 있음을 배웠다. 그렇다면 뉴클레오타이드를 구성하는 당과 염기는 어떤 특성을 가지고 있을까? 이러한 특성을 이해하면 DNA와 RNA의 차이점과 DNA 이중나선 구조를 쉽게 이해할 수 있다.

1 DNA와 RNA를 구성하는 당은 어떠한 특성을 가지고 있을까?

DNA와 RNA를 구성하는 당은 탄소 5개로 구성된 5탄당이다. DNA를 구성하는 5탄당인 디옥시라이보스는 2번(2′) 탄소에 수소(−H)가, RNA를 구성하는 5탄당인 라이보스는 2번(2′) 탄소에 수산기(−OH)가 결합되어 있다. 그리고 1번(1′) 탄소에 염기, 5번(5′) 탄소에 인산이 결합한다. 뉴클레오타이드 2개가 연결될 때에는 한 뉴클레오타이드를 구성하는 5탄당의 3번(3′) 탄소에 연결된 수산기와 다른 뉴클레오타이드를 구성하는 5탄당의 5번(5′) 탄소에 연결된 인산 사이에서 공유 결합이 형성된다. 이러한 결합이 반복되면 폴리뉴클레오타이드가 형성된다.

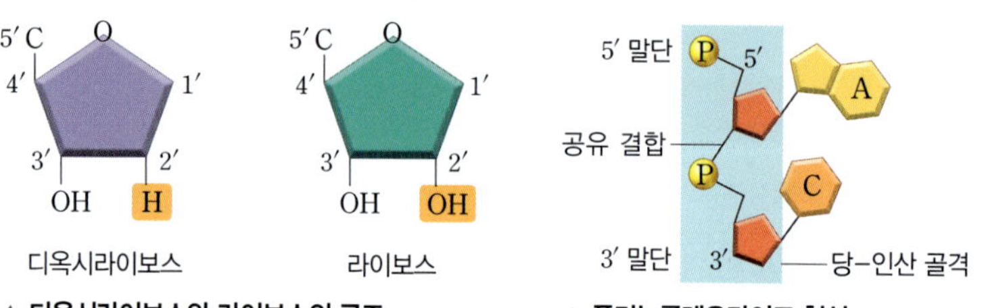

▲ 디옥시라이보스와 라이보스의 구조   ▲ 폴리뉴클레오타이드 형성

폴리뉴클레오타이드에서 당−인산 골격의 한쪽 끝에는 5탄당의 5번(5′) 탄소에 연결된 인산이 있고, 반대쪽 끝에는 5탄당의 3번(3′) 탄소에 연결된 수산기(−OH)가 있다. 따라서 양 끝을 각각 5′ 말단, 3′ 말단이라고 부른다. DNA 이중나선을 이루고 있는 두 가닥의 폴리뉴클레오타이드는 당−인산 골격이 서로 반대 방향으로 위치해 있기 때문에 5′ 말단에서 3′ 말단 방향이 서로 반대인데 이러한 구조를 역평행 구조라고 한다.

2 DNA와 RNA를 구성하는 염기는 어떤 물질일까?

뉴클레오타이드의 구성 성분에는 염기가 있다. 염기란 수산화 나트륨($NaOH$), 수산화 칼륨(KOH)과 같이 물에 녹아 수산화 이온(OH^-)을 형성하는 것 이외에도 수소 이온(H^+)을 받을 수 있는 물질을 말하며, 핵산을 구성하는 질소를 포함한 탄소 화합물도 수소 이온(H^+)을 받을 수 있기 때문에 염기라 부른다. 핵산을 구성하는 염기는 질소를 포함한 고리 모양이다. 2중 고리를 갖는 아데닌(A)과 구아닌(G)은 퓨린계 염기, 단일 고리를 갖는 사이토신(C), 타이민(T), 유라실(U)은 피리미딘계 염기로 구분한다.

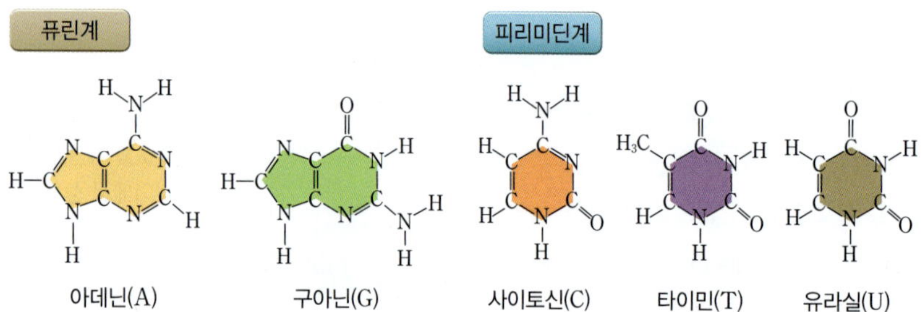

▲ DNA와 RNA를 구성하는 염기의 분자 구조

탄소 번호

탄소 화합물에 있는 탄소 원자를 구별하기 위해 부여한 번호로 5번 탄소인 경우 5′으로 표시한다.

디옥시라이보스

DNA의 5탄당인 디옥시라이보스는 라이보스와 달리 2′ 탄소에 산소 원자가 없다. 2′ 탄소에 −OH를 가진 RNA는 DNA보다 반응성이 커 불안정하기 때문에 RNA보다 DNA가 유전정보를 저장하기에 더 적합하다.

DNA의 이중나선구조와 상보결합

DNA의 이중나선구조에서 2개의 뉴클레오타이드 사이의 염기는 상보결합을 하고 있다. 이러한 상보결합은 이중나선구조의 유지 외에도 DNA에 저장된 유전정보를 이용하여 단백질을 합성할 때 중요한 역할을 한다. DNA의 한쪽 가닥의 염기서열만 알고 있는 경우에도 상보결합을 이용하여 다른 한쪽 가닥의 염기서열을 예측할 수 있다.

1 DNA 이중나선에서 염기가 상보적으로 결합하는 까닭은 무엇일까?

염기와 염기는 수소결합으로 결합한다. 수소결합은 약한 음($-$)전하를 띠는 질소나 산소와 약한 양($+$)전하를 띠는 수소 사이에 일어나는 결합이다($N-H\cdots N$, $N-H\cdots O$). 따라서 질소 및 산소의 수와 수소의 수가 짝이 맞아야 한다. 그에 따라 아데닌(A)은 타이민(T)과 2개의 수소결합($A=T$)으로, 구아닌(G)은 사이토신(C)과 3개의 수소결합($G\equiv C$)으로 상보적으로 결합하는 것이다.

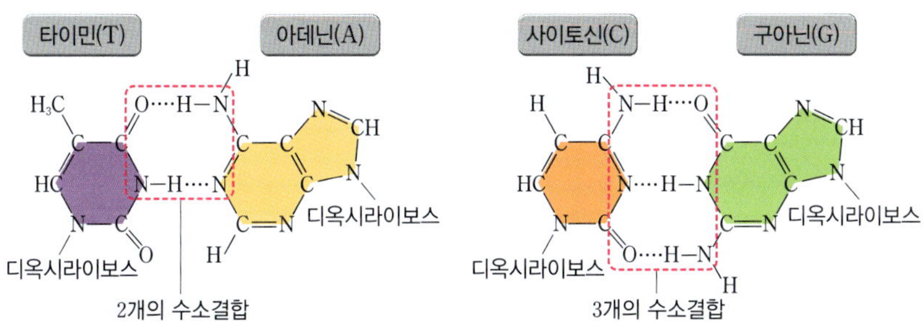

▲ 염기의 상보결합

염기의 상보결합으로 2중 고리의 큰 분자인 퓨린계 염기(A, G)와 단일 고리의 작은 분자인 피리미딘계 염기(T, C)가 짝 짓게 되어 DNA가 이중나선에서 나선의 폭을 일정하게 유지할 수 있다.

DNA와 RNA의 상보결합

DNA와 RNA의 상보결합이 형성되는 경우는 전사 과정이 일어날 때이다. 전사는 DNA에 저장된 유전정보가 RNA로 전달되는 과정이다. 전사 과정을 통해 전달된 유전정보를 이용하여 세포소기관인 라이보솜에서 단백질이 합성된다.

> DNA 가닥:
> … ACCGTAGGC …
> RNA 가닥:
> … UGGCAUCCG …

DNA에서 염기 비율

DNA에서 염기 비율은 상보결합으로 인해 항상 $\dfrac{A+G}{T+C}=1$이 적용된다.

예제

1 그림은 DNA에서 50개의 염기쌍으로 이루어진 구간 (가)와 (가)를 구성하는 폴리뉴클레오타이드 ㉠과 ㉡을, 표는 (가)와 ㉠의 특징을 나타낸 것이다. ⓐ와 ⓑ는 각각 염기 C와 T 중 하나이다.

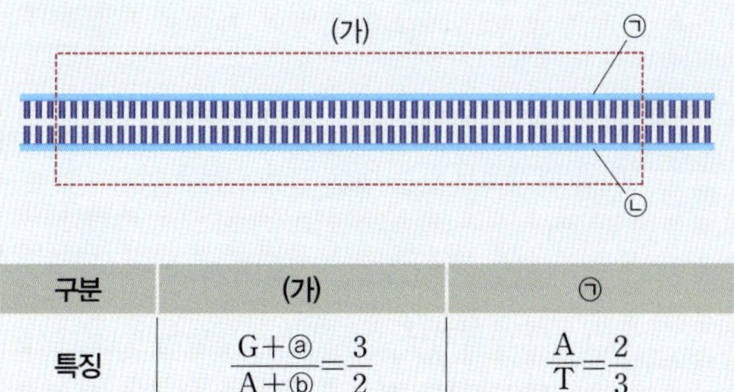

구분	(가)	㉠
특징	$\dfrac{G+ⓐ}{A+ⓑ}=\dfrac{3}{2}$	$\dfrac{A}{T}=\dfrac{2}{3}$

(1) ⓐ와 ⓑ에 해당하는 염기를 쓰시오.

(2) ㉡에 존재하는 염기 A의 수를 구하시오.

풀이 (1) DNA에서 염기 A와 T, G와 C는 상보결합을 한다. ⓐ가 염기 T, ⓑ가 염기 C라고 하면 $\dfrac{G+T}{A+C}=1$이 되어야 하므로 ⓐ는 염기 C, ⓑ는 염기 T가 되어야 한다.

(2) (가)의 전체 염기 수는 100개이므로 G+C는 60개, A+T는 40개가 된다. 따라서 G와 C는 각 30개, A와 T는 각 20개이다. 폴리뉴클레오타이드 ㉠과 ㉡에 존재하는 A와 T는 상보결합을 하므로 A+T의 수는 서로 같아야 한다(㉠에 존재하는 A의 수=㉡에 존재하는 T의 수, ㉠에 존재하는 T의 수=㉡에 존재하는 A의 수). 따라서 ㉠에 존재하는 A+T는 20개이며, 그중 T는 12개이므로 ㉡에 존재하는 A의 수는 12개이다.

답 (1) ⓐ C, ⓑ T (2) 12개

교과서 속 START 내신 완성 문제

01 그림 (가)와 (나)는 사람과 지각을 구성하는 주요 원소의 질량비를 순서 없이 나타낸 것이다.

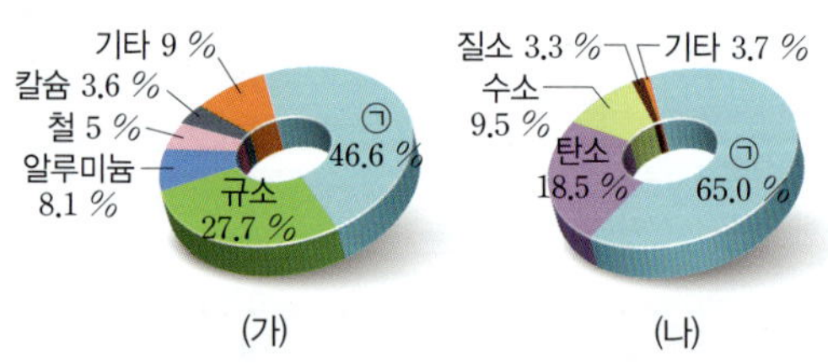

이에 대한 설명으로 옳은 것만을 보기에서 있는 대로 고른 것은?

> 보기
> ㄱ. (가)는 사람을 구성하는 주요 원소의 질량비이다.
> ㄴ. ㉠은 규소와 공유 결합을 통해 규산염 사면체를 구성한다.
> ㄷ. ㉠은 단백질의 구성 원소이다.

① ㄱ   ② ㄴ   ③ ㄷ
④ ㄱ, ㄴ   ⑤ ㄴ, ㄷ

02 그림은 규산염 사면체의 구조를 나타낸 것이다. ㉠과 ㉡은 각각 어떤 원소인지 쓰시오.

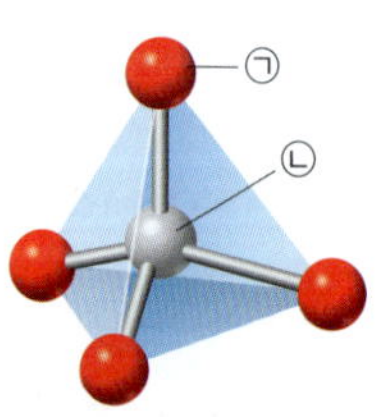

03 그림은 어느 규산염 광물의 결합 구조를 나타낸 것이다.
이에 대한 설명으로 옳은 것은?

① 판상 구조로 되어 있다.
② 각섬석의 결합 구조이다.
③ 산소 4개를 다른 규산염 사면체와 공유한다.
④ 휘석보다 기본 단위체가 공유하는 산소 수가 적다.
⑤ 규산염 광물을 구성하는 단위체는 양전하를 띠고 있다.

04 그림은 규산염 사면체의 기본 구조와 규산염 광물인 휘석의 결합 구조를 나타낸 것이다. ㉠과 ㉡은 각각 규소와 산소 중 하나이다.

이에 대한 설명으로 옳은 것만을 보기에서 있는 대로 고른 것은?

> 보기
> ㄱ. ㉠은 산소, ㉡은 규소이다.
> ㄴ. 휘석에서 규산염 사면체는 이웃한 규산염 사면체와 산소를 공유한다.
> ㄷ. 규산염 사면체의 결합 구조에 따라 다양한 규산염 광물이 만들어진다.

① ㄴ   ② ㄱ, ㄴ   ③ ㄱ, ㄷ
④ ㄴ, ㄷ   ⑤ ㄱ, ㄴ, ㄷ

05 (서술형) 그림은 규산염 광물의 결합 구조를 나타낸 것이다. 그림의 규산염 광물 구조 명칭과 이러한 구조가 생성되는 원리에 대해 설명하시오.

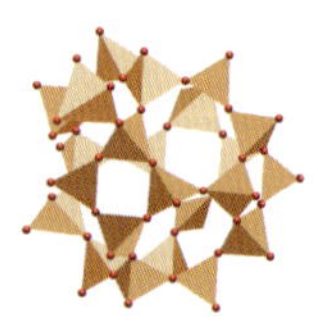

06 생명체를 구성하는 탄소 화합물에 대한 설명으로 옳은 것만을 보기에서 있는 대로 고른 것은?

> 보기
> ㄱ. 탄수화물, 단백질, 지질 등이 있다.
> ㄴ. 탄소 골격에 여러 원소가 결합하여 만들어진다.
> ㄷ. 탄소 화합물의 단위체로는 규산염 사면체가 있다.

① ㄴ   ② ㄱ, ㄴ   ③ ㄱ, ㄷ
④ ㄴ, ㄷ   ⑤ ㄱ, ㄴ, ㄷ

07 규산염 사면체에 대한 설명으로 옳은 것만을 보기에서 있는 대로 고른 것은?

보기
ㄱ. 규산염 광물의 기본 단위체이다.
ㄴ. 1개의 규소가 4개의 산소와 공유 결합하고 있다.
ㄷ. 규산염 사면체는 다른 규산염 사면체와 결합할 수 있다.

① ㄴ　　　② ㄱ, ㄴ　　　③ ㄱ, ㄷ
④ ㄴ, ㄷ　　　⑤ ㄱ, ㄴ, ㄷ

08 단백질에 대한 설명으로 옳은 것만을 보기에서 있는 대로 고른 것은?

보기
ㄱ. 효소와 항체의 주성분이다.
ㄴ. 아미노산이 펩타이드결합에 의해 연결되어 형성된다.
ㄷ. 열과 pH의 변화에 따라 입체 구조가 변할 수도 있다.

① ㄱ　　　② ㄱ, ㄴ　　　③ ㄱ, ㄷ
④ ㄴ, ㄷ　　　⑤ ㄱ, ㄴ, ㄷ

09 다음은 단백질 관련 대화 내용 중 일부를 나타낸 것이다. ( ) 안에 들어갈 알맞은 말을 쓰시오.

민수: 단백질의 입체 구조는 단백질의 단위체인 (㉠)의 종류와 배열 순서에 따라 결정돼.
주아: 20개의 (㉠)을 모두 연결하여 단백질을 만들 때 생성되는 펩타이드결합의 수는 (㉡) 개야.

10 그림은 단백질을 나타낸 것이다.

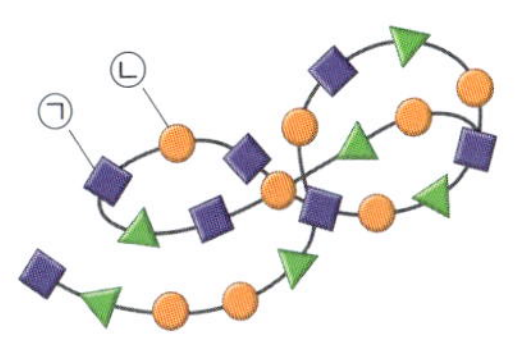

이에 대한 설명으로 옳은 것만을 보기에서 있는 대로 고른 것은?

보기
ㄱ. ㉠과 ㉡은 포도딩이다.
ㄴ. ㉠과 ㉡ 사이의 결합은 펩타이드결합이다.
ㄷ. ㉠과 ㉡이 결합할 때 물 분자 두 개가 빠져나온다.

① ㄴ　　　② ㄱ, ㄴ　　　③ ㄱ, ㄷ
④ ㄴ, ㄷ　　　⑤ ㄱ, ㄴ, ㄷ

11 다음은 생명체를 구성하는 어떤 물질 ㉠과 단위체 ㉡을 설명한 것이다.

- ㉠은 생명체에서 유전정보를 저장하거나 전달한다.
- ㉠의 구성 원소에는 탄소와 질소 등이 있다.
- ㉠을 구성하는 단위체 ㉡은 당, 인산, 염기가 1:1:1 의 비율로 결합해 있다.

㉠과 ㉡에 해당하는 용어를 쓰시오.

12 그림은 DNA의 단위체를 나타낸 것이다.
이에 대한 설명으로 옳은 것만을 보기에서 있는 대로 고른 것은?

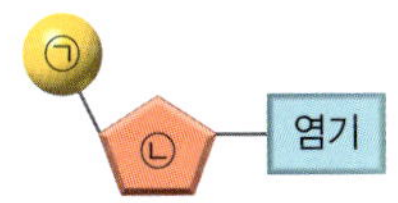

보기
ㄱ. 염기의 종류에는 유라실(U)이 있다.
ㄴ. ㉡은 디옥시라이보스이다.
ㄷ. 폴리뉴클레오타이드 한 가닥에서 앞 뉴클레오타이드의 ㉡에 다음 뉴클레오타이드의 ㉠이 연결된다.

① ㄱ　　　② ㄴ　　　③ ㄷ
④ ㄱ, ㄴ　　　⑤ ㄴ, ㄷ

13 그림 (가)와 (나)는 각각 RNA와 단백질의 단위체를 순서 없이 나타낸 것이다.

이에 대한 설명으로 옳은 것만을 보기에서 있는 대로 고른 것은?

> 보기
>
> ㄱ. (가)는 아미노산이다.
> ㄴ. (나)의 염기는 4종류이다.
> ㄷ. (가)와 (나)는 모두 탄소 화합물이다.

① ㄷ   ② ㄱ, ㄴ   ③ ㄱ, ㄷ
④ ㄴ, ㄷ   ⑤ ㄱ, ㄴ, ㄷ

14 이중나선을 이루는 DNA의 한쪽 가닥의 염기서열이 다음과 같을 때, 이와 결합되어 있는 다른 쪽 가닥의 염기서열을 왼쪽부터 순서대로 쓰시오.

$$- A T C C G A G C T T A C A C C -$$

15 그림은 생명체를 구성하는 핵산의 구조를 나타낸 것이다.

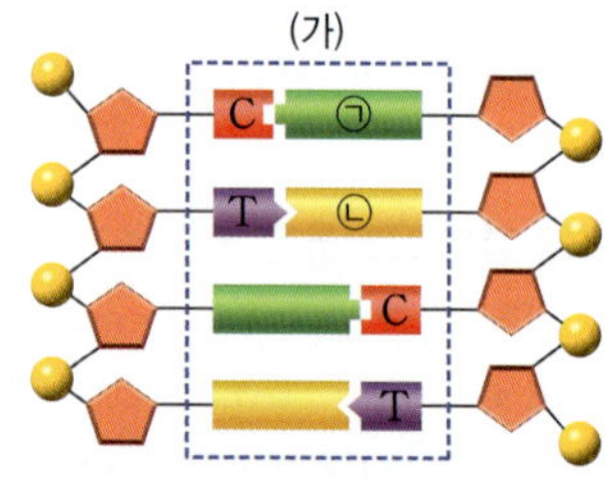

이에 대한 설명으로 옳지 <u>않은</u> 것은?

① 이 핵산은 DNA이다.
② 이 핵산의 단위체는 뉴클레오타이드이다.
③ ㉠은 아데닌(A), ㉡은 구아닌(G)이다.
④ 사이토신(C)과 염기 ㉠은 상보결합을 하고 있다.
⑤ (가)의 배열 순서와 조합에 따라 유전정보가 달라진다.

16 그림 (가)와 (나)는 사람의 DNA와 RNA의 구조 일부를 순서 없이 나타낸 것이다.

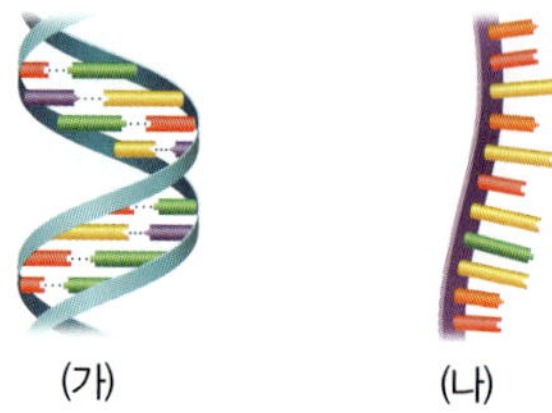

이에 대한 설명으로 옳은 것만을 보기에서 있는 대로 고른 것은?

> 보기
>
> ㄱ. (가)에서 염기 사이의 결합은 수소결합이다.
> ㄴ. (가)는 핵 속에 있으며 유전정보를 저장한다.
> ㄷ. (나)를 구성하는 뉴클레오타이드의 염기에는 유라실(U)이 있다.

① ㄴ   ② ㄱ, ㄴ   ③ ㄱ, ㄷ
④ ㄴ, ㄷ   ⑤ ㄱ, ㄴ, ㄷ

17 그림 (가)와 (나)는 생명체를 구성하는 탄소 화합물의 구조를 나타낸 것이다. (가)와 (나)는 각각 단백질과 RNA 중 하나이다.

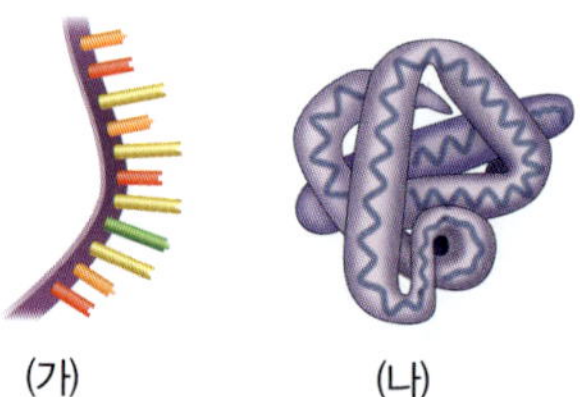

이에 대한 설명으로 옳은 것만을 보기에서 있는 대로 고른 것은?

> 보기
>
> ㄱ. (가)에서 구아닌(G)과 사이토신(C)의 수는 항상 같다.
> ㄴ. (나)를 구성하는 단위체는 4종류가 있다.
> ㄷ. (나)의 입체 구조가 변하면 고유 기능을 잃는다.

① ㄱ   ② ㄴ   ③ ㄷ
④ ㄱ, ㄴ   ⑤ ㄴ, ㄷ

JUMP 도전 문제

01 다음과 같이 규산염 광물의 결합 방식을 탐구하였다.

> (가) 규산염 사면체 도면을 이용하여 모형을 만든다.
> (나) 끈을 이용하여 모형을 규칙성 있게 연결한다.
>
> 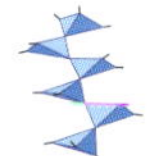 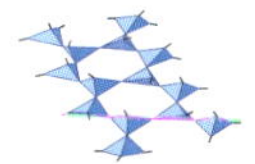
>
> ㉠ 사슬 모양으로 연결   ㉡ 사슬 모양 2개가 연결

이에 대한 설명으로 옳은 것만을 보기에서 있는 대로 고른 것은?

> **보기**
> ㄱ. 휘석은 ㉠과 같은 결합 구조로 되어 있다.
> ㄴ. 공유하는 산소(O)의 수는 ㉠이 ㉡보다 많다.
> ㄷ. ㉡으로 이루어진 규산염 광물이 ㉠으로 이루어진 규산염 광물보다 화학적 풍화에 강하다.

① ㄷ   ② ㄱ, ㄴ   ③ ㄱ, ㄷ
④ ㄴ, ㄷ   ⑤ ㄱ, ㄴ, ㄷ

02 표는 이중나선 DNA와 RNA를 구성하는 염기의 비율을 나타낸 것이다. (가)와 (나)는 각각 DNA와 RNA 중 하나이다.

구분	염기의 비율(%)				
	A	G	㉠	㉡	U
(가)	20	30	?	30	?
(나)	ⓐ	30	?	ⓑ	15

이에 대한 설명으로 옳은 것만을 보기에서 있는 대로 고른 것은?

> **보기**
> ㄱ. (가)는 DNA이다.
> ㄴ. ㉠은 사이토신(C)이다.
> ㄷ. ⓐ와 ⓑ의 합은 40이다.

① ㄱ   ② ㄴ   ③ ㄱ, ㄷ
④ ㄴ, ㄷ   ⑤ ㄱ, ㄴ, ㄷ

03 표 (가)는 생명체에 있는 물질의 특징을, (나)는 (가)의 특징 중 핵산과 물질 ㉠~㉢이 갖는 특징의 개수를 나타낸 것이다. ㉠~㉢은 각각 단백질, 녹말, 물 중 하나이다.

특징
• 아미노산으로 구성되어 있다.
• 탄소 화합물이다.
• 구성 원소에 산소가 있다.

(가)

물질	특징의 개수
핵산	ⓐ
㉠	3
㉡	ⓐ
㉢	ⓑ

(나)

이에 대한 설명으로 옳은 것만을 보기에서 있는 대로 고른 것은?

> **보기**
> ㄱ. ㉠은 단백질이다.
> ㄴ. 체내 구성 물질 중 가장 양이 많은 것은 ㉢이다.
> ㄷ. ⓐ는 2이다.

① ㄴ   ② ㄱ, ㄴ   ③ ㄱ, ㄷ
④ ㄴ, ㄷ   ⑤ ㄱ, ㄴ, ㄷ

04 그림은 규산염 사면체와 주요 규산염 광물 ㉠, ㉡의 결합 구조 일부를 모형으로 나타낸 것이다.

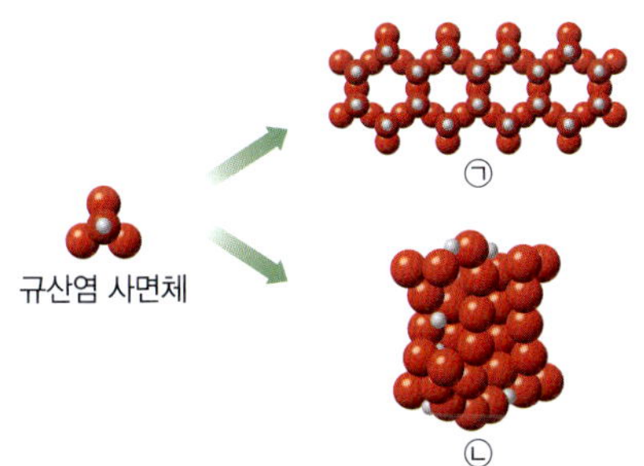

이에 대한 설명으로 옳은 것만을 보기에서 있는 대로 고른 것은?

> **보기**
> ㄱ. 규산염 사면체에는 공유 결합이 있다.
> ㄴ. 각섬석은 ㉠과 같은 결합 구조이다.
> ㄷ. ㉡에서 규산염 사면체는 인접한 규산염 사면체와 2개의 산소가 공유 결합을 한다.

① ㄱ   ② ㄱ, ㄴ   ③ ㄱ, ㄷ
④ ㄴ, ㄷ   ⑤ ㄱ, ㄴ, ㄷ

도체, 부도체, 반도체 → 반도체의 전기적 성질

→ 반도체 소자

1 지구를 구성하는 물질의 전기적 성질

지구를 구성하는 물질은 전기적 성질에 따라 도체, 부도체, 반도체로 구분하며, 물질의 전기적 성질을 응용하여 일상생활에서 다양한 소재로 활용된다.

1. 전기적 성질에 따른 물질의 구분

물질은 전기적 성질에 따라 도체, 부도체, 반도체로 구분할 수 있다.

(1) 전기 *전도도와 자유 전자

① 전기 전도도: 어떤 물질에 전압을 가했을 때 전류가 잘 흐르는 정도를 나타내는 양이다.

➡ 전기 전도도가 큰 물질일수록 전류가 잘 흐르고, 전기 전도도가 작은 물질일수록 전류가 잘 흐르지 않는다.

전기 전도도와 저항
전기 전도도는 그 물질에서 전류가 얼마나 잘 흐를 수 있는지를 나타내는 양이다. 따라서 물체의 크기와 모양이 같을 경우 전기 전도도가 큰 물질일수록 저항이 작고, 전기 전도도가 작은 물질일수록 저항이 크다.

② 자유 전자: 원자 내의 전자들은 원자핵과의 전기력에 의해 *속박되어 있다. 그러나 원자들이 결합하는 경우 원자 간의 상호작용으로 원자에서 떨어져 나와 물질 안을 자유롭게 이동할 수 있는 전자가 생길 수 있는데, 이러한 전자를 자유 전자라고 한다. ➡ 자유 전자가 많은 물질일수록 전류가 잘 흐른다.

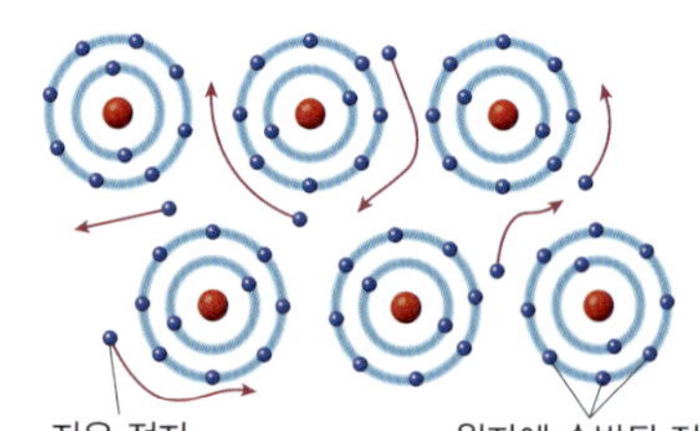

(2) *도체: 전기 전도도가 매우 큰 물질로, 금, 철, 구리, 알루미늄 등 대부분의 금속이 해당한다.

① 물질 안에 자유 전자가 많아 작은 전압을 가해 주어도 자유 전자가 쉽게 이동할 수 있으므로 전류가 잘 흐른다.

② 도체의 활용: 전류가 잘 흐르기 때문에 주로 전기 부품이나 전선 등에 활용된다.

예 • 구리: 전기 전도도는 은이 구리보다 크지만, 구리의 가격이 저렴하여 전선에 이용된다.

• 금: 부식이 적고 얇게 가공하기 쉽기 때문에 컴퓨터의 핵심 부품인 고성능 마이크로프로세서에 이용된다.

용어

*전도(傳 전하다, 導 이끌다)
물체를 따라 열 또는 전기가 이동하는 현상이다.

*속박(束 동여매다, 縛 묶다)
전자가 원자나 분자 속에 갇혀 있어 자유롭게 움직이지 못하는 상태이다.

*도체(導 소통하다, 體 몸)
(전기가) 통하는 물질이다.

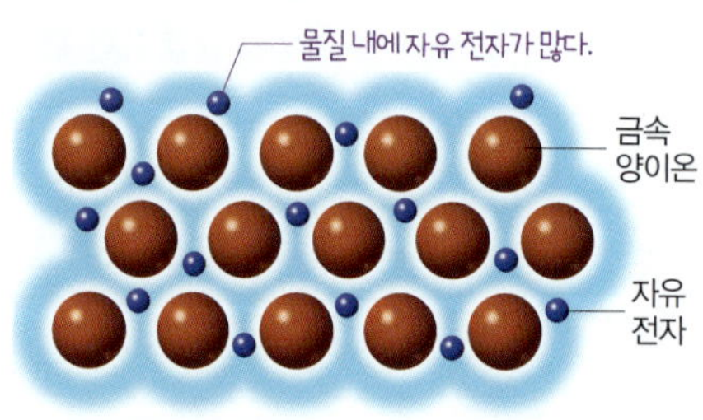

▲ 도체의 전기적 성질

▲ 구리

▲ 금

(3) ***부도체(절연체)**: 전기 전도도가 매우 작은 물질로, 유리, 고무, 플라스틱 등이 해당한다.

① 자유 전자가 거의 없어 전압을 가해도 전류가 거의 흐르지 않는다.

② 부도체의 활용: 전류가 거의 흐르지 않기 때문에 전기 절연 소재로 활용된다.

   예 • 고무: 습기와 화학 물질에 대한 저항성이 우수하고 유연성이 있어 절연 장갑이나 전선의 피복 등에 이용된다.

   • 세라믹: 고온을 견딜 수 있어 고전압 전기 분야의 절연 소재로 이용된다.

   • 유리: 투명도가 높아 반도체 소자가 이용되는 디스플레이, 센서 등의 보호막으로 이용된다.

▲ 부도체의 전기적 성질　　　▲ 고무로 만든 절연 장갑　　　▲ 세라믹으로 만든 *애자

(4) ***반도체**: 전기 전도도가 도체와 부도체 사이인 물질로, 규소, 저마늄 등이 해당한다.

① 순수한 상태에서는 자유 전자가 거의 없어 전류가 흐르지 않지만, 약간의 불순물을 첨가하면 자유 전자 등이 생겨 전압을 가하면 전류가 흐른다.

② 반도체의 활용: 조건에 따라 전기 전도도가 달라지는 특성을 이용하여 대부분의 전자 제품에 활용된다.

   예 규소: 대표적인 반도체 물질로 반도체 소자의 재료로 이용된다.

▲ 반도체 소자가 활용된 전자 제품

자료 분석 여러 가지 물질의 전기 전도도

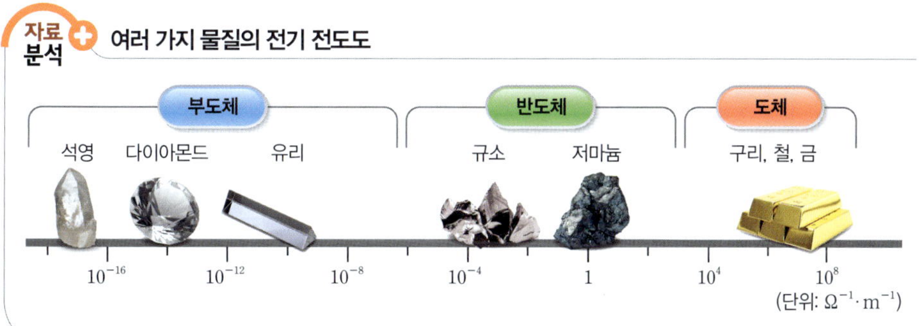

✔ 중요 개념 체크

정답과 해설 31쪽

1. 물질은 (　　　　) 성질에 따라 도체, 부도체, 반도체로 구분할 수 있다.

2. 도체, 부도체, 반도체에 대한 설명으로 옳은 것은 ○, 옳지 않은 것은 ×로 표시하시오.

  (1) 도체는 자유 전자가 많아 전류가 잘 흐르는 물질이다. ─────── (　　　)

  (2) 부도체는 특정 조건에 따라 전류가 흐르는 물질이다. ─────── (　　　)

  (3) 반도체는 순수한 상태에서 자유 전자가 생겨 전류가 잘 흐른다. ─────── (　　　)

전기 도선에서 도체와 부도체의 활용

반도체 소자

반도체를 이용해 만든 전기 회로 부품이다. 반도체 소자에는 다이오드, 트랜지스터, 집적 회로 등이 있다.

용어

***부도체(不 아니다, 導體 도체)**
(전기가) 통하지 않는 물질이다.

***애자(礙 막다, 子 아들)**
전선을 철탑 또는 전봇대 등에 고정하고 절연하기 위하여 사용하는 지지물이다.

***반도체(半 절반, 導體 도체)**
전기 전도도가 도체와 부도체 사이인 물질이다.

순수한 반도체에 불순물을 첨가하면 반도체의 전기적 성질을 변화시킬 수 있어 여러 가지 기능을 가진 반도체 소자를 만들 수 있다.

1. 반도체의 전기적 성질

반도체 소자의 재료
초기에는 반도체 소자를 저마늄을 이용해 만들었으나 현재는 지각에서 두 번째로 많은 규소를 이용하여 만들고 있다.

(1) **반도체의 원료**: 대부분의 전자 제품에는 반도체 소자가 있다. 반도체 소자를 만드는 재료인 반도체는 주로 규소(Si)를 이용하여 만든다. 규소는 지각에서 산소 다음으로 풍부한 원소로, 지각의 대부분을 차지하는 규산염 광물에서 쉽게 얻을 수 있다.

- 규소(Si) 원자: 원자 번호 14번인 규소(Si)는 14개의 전자가 원자핵과 가까운 전자 껍질부터 차례대로 채워지며, 원자가 전자는 4개이다.

▲ 반도체의 원료

(2) **순수한 반도체(고유 반도체)**: 규소 원자가 공유 결합을 하여 만들어진다.

① 원자가 전자가 4개인 규소는 이웃한 4개의 규소 원자들과 4개의 전자쌍을 공유하여 공유 결합을 형성한 안정한 구조를 이룬다.

② 순수한 반도체는 모든 원자가 전자가 공유 결합에 참여하고 있으므로, 자유 전자가 거의 없어 전류가 잘 흐르지 않는다.

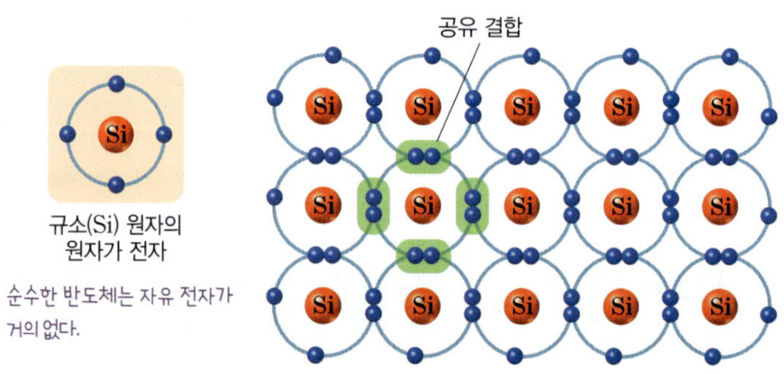

▲ 규소 결정의 공유 결합 모형

(3) **불순물 반도체**: 순수한 반도체에 약간의 불순물을 첨가하여 전기 전도도가 커지게 한 반도체로, 불순물을 첨가하는 과정을 *도핑이라고 한다.

① 불순물의 농도에 따라 반도체의 전기 전도도를 조절할 수 있다. 즉, 순수한 반도체에 불순물을 많이 넣을수록 *양공 또는 자유 전자의 수가 많아져 전기 전도도가 커진다.

② 첨가한 불순물의 종류에 따라 n형 반도체와 p형 반도체로 나눈다.

n형 반도체	p형 반도체
순수한 반도체에 원자가 전자가 5개인 인(P), 비소(As), 안티모니(Sb) 등을 첨가하여 만든다.	순수한 반도체에 원자가 전자가 3개인 붕소(B), 알루미늄(Al), 갈륨(Ga) 등을 첨가하여 만든다.

용어

***도핑(doping)**
순수한 반도체에 불순물을 소량 첨가하는 과정이다.

***양공(陽 양(＋), 孔 구멍)**
전자의 빈 자리로, 마치 (＋)전하를 띤 입자처럼 행동한다.

n형 반도체와 p형 반도체

구분	n형 반도체	p형 반도체
주요 전하 나르개	순수한 반도체에 원자가 전자가 5개인 원소를 첨가하면 공유 결합에 참여하지 않고 남는 전자 1개가 생긴다. 이때 전압을 걸면 여분의 전자가 자유 전자처럼 이동하며 전류가 흐른다.	순수한 반도체에 원자가 전자가 3개인 원소를 첨가하면 전자 1개가 부족하여 공유 결합을 하지 못한 빈 자리인 양공이 생긴다. 이때 전압을 걸면 양공으로 주위의 전자가 이동하면서 전류가 흐른다.
전기 전도도	불순물을 첨가하면 자유 전자의 수가 증가하여 전기 전도도가 커진다.	불순물을 첨가하면 양공의 수가 증가하여 전기 전도도가 커진다.

전하 나르개
반도체에서 전하를 나르는 입자를 의미한다. n형 반도체에서는 자유 전자, p형 반도체에서는 양공이 주요 전하 나르개이다.

2. 반도체 소자 심화 강의 132쪽

반도체가 가진 전기적 성질을 이용한 전기 부품을 반도체 소자라고 한다. 개별 부품 형태인 다이오드, 트랜지스터 등이 있고, 집적 회로 형태인 마이크로프로세서(MPU), 마이크로컨트롤러(MCU) 등이 있다.

(1) 다이오드: n형 반도체와 p형 반도체를 접합한 반도체 소자이다.

① 특징: 전류를 한 방향으로만 흐르게 하는 특성이 있어 교류를 직류로 바꿀 수 있다. ➡ *정류 작용

▲ 다이오드

다이오드의 구조

② 이용: 노트북의 어댑터(직류 전원 장치), 휴대 전화 충전기 등에 활용되어 발전소에서 가정에 공급되는 교류 전압을 전자 제품에서 사용할 수 있는 직류 전압으로 바꾸는 데 이용된다.

③ 여러 가지 다이오드

구분	발광 다이오드(LED)	유기 발광 다이오드(OLED)	광 다이오드
특징	전류가 흐를 때 빛을 방출하는 반도체 소자로, 전기 신호를 빛 신호로 변환하는 작용을 한다.	탄소와 같은 유기 물질의 전기적 성질을 변화시켜 만든 반도체 소자로, 얇고 변형이 자유롭다.	빛을 비추면 전류가 발생하는 반도체 소자로, 빛 신호를 전기 신호로 변환하는 작용을 한다.
이용	여러 가지 *디스플레이, 조명 장치 등	텔레비전, 휘어지는 디스플레이 등	태양 전지, 광센서 등

용어

*정류(整 가지런하다, 流 흐르다)
흐름을 고르게 하는 일로, 전기에서는 교류를 직류로 바꾸는 일을 말한다.

*디스플레이(display)
정보를 시각적으로 표현하는 영상 표시 장치이다.

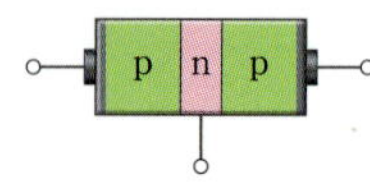

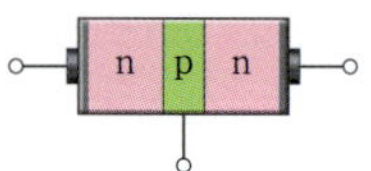

트랜지스터의 스위칭 작용은 교과서에 따라 스위치 작용으로 쓰기도 한다.

(2) 트랜지스터: n형 반도체와 p형 반도체를 복합적으로 접합하여 만든 반도체 소자이다.

- 특징: 약한 전류와 전압을 크게 하는 증폭 작용을 하므로 증폭기에 활용되어 약한 전기 신호의 세기를 크게 바꾼다. 또 전류의 흐름을 제어하여 전류를 흐르게 하거나 흐르지 않게 하는 스위칭 작용을 한다.

▲ 트랜지스터

(3) *집적 회로: 수많은 전자 부품의 회로를 매우 작은 하나의 칩으로 정밀하게 만든 반도체 소자이다.

① 특징: 회로 사이의 거리가 짧아 신호를 빠르게 전달할 수 있다.

② 이용: 데이터를 처리하거나 저장하는 디지털 기기에 이용되며, 메모리 반도체와 시스템 반도체로 나뉜다.

▲ 집적 회로　　▲ 반도체 웨이퍼

- 메모리 반도체: 데이터를 저장하고 기억하는 기능을 가진 반도체 소자로, 정보를 저장하고 기억하는 용도로 사용된다. 예 램, 롬, 플래시 메모리

- 시스템 반도체: 저장된 데이터를 연산하여 제품의 시스템이 잘 작동하도록 부품 간의 통신을 조율하는 등의 기능을 하는 반도체 소자로, 정보 처리를 목적으로 사용된다. 예 마이크로프로세서(MPU), 마이크로컨트롤러(MCU)

마이크로프로세서(MPU, Microprocessor Unit)
제어 장치, 연산 장치, 저항을 하나의 칩 속에 집적한 회로이다. 컴퓨터의 중앙 처리 장치(CPU)로 작동한다.

마이크로컨트롤러(MCU, Micro Controller Unit)
마이크로프로세서, 메모리, 입출력 장치 등을 하나의 칩에 통합한 것으로 정해진 기능을 수행하는 초소형 컴퓨터이다.

자료 분석 ➕ 어댑터(직류 전원 장치)

❶ **교류**(AC, Alternating Current): 발전소에서 생산되어 각 가정에 공급되는 전류와 같이 시간에 따라 전류의 세기와 방향이 주기적으로 바뀌는 전류이다.

❷ **직류**(DC, Direct Current): 전지가 연결된 회로에 흐르는 전류와 같이 전류가 한 방향으로만 흐르는 전류이다.

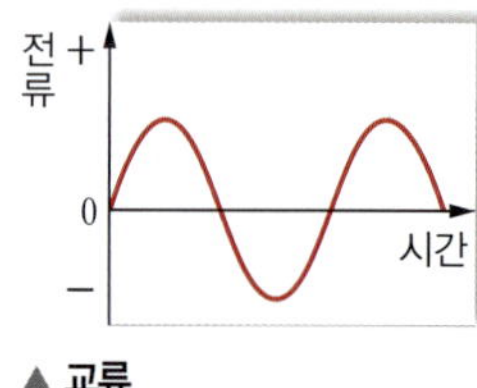

▲ 교류

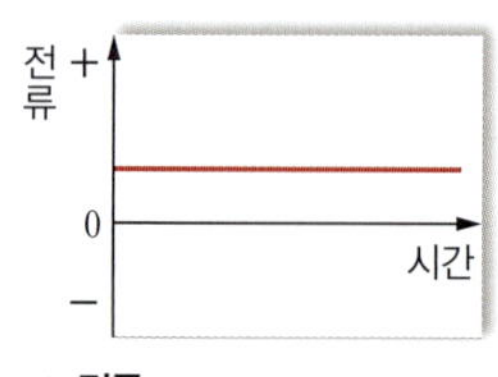

▲ 직류

❸ **어댑터**(직류 전원 장치): 교류를 직류로 바꾸는 장치이다. 교류 전원에 다이오드를 연결하면 한쪽 방향의 전류만 흐르게 하므로, 주기적으로 끊어지는 전류가 출력된다. 어댑터는 여러 개의 다이오드와 함께 다른 전기 부품을 이용하여 조금 더 안정적인 직류를 얻는다.

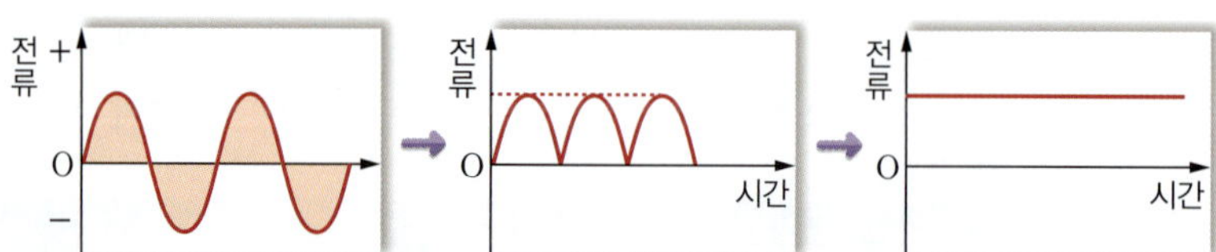

❹ 노트북이나 스마트폰 등과 같은 전자 기기에서는 대부분 직류를 사용하므로 교류를 직류로 바꾸어 주는 어댑터가 필요하다.

용어
*집적(集 모으다, 積 쌓다)
모아서 쌓다.

3. 반도체 소자의 기능과 활용 분야

(1) **반도체 소자의 기능**: 전기 신호 처리 기능과 데이터의 처리 기능 등이 있다.

① 전기 신호 처리 기능: 전기 신호의 흐름을 바꾸거나 전기 신호를 증폭하고, 전기 신호를 빛으로 또는 빛을 전기 신호로 변환하는 작용을 한다. 📵 다이오드, 트랜지스터

② 데이터 처리 기능: 데이터를 저장하거나 저장된 데이터를 연산하여 전체적인 시스템이 잘 작동되도록 한다. 📵 마이크로프로세서, 마이크로컨트롤러

(2) **반도체 소자의 활용**: 전자 제품, 컴퓨터, 정보 통신 등에 활용하고 있고, 로봇, 인공지능, 자율주행 자동차, 사물 인터넷, 우주 항공 기술 등 첨단 산업에도 이용하고 있다.

▲ 자율주행 자동차에서 반도체가 사용되는 예

플러스 강의 ➕ 반도체의 활용 분야의 예

❶ **컴퓨터와 스마트폰**: 컴퓨터에는 컴퓨터의 두뇌로 불리는 중앙 처리 장치(CPU), 램, 롬, USB 메모리, SD 저장 장치 등에 반도체가 사용되어 연산과 데이터 저장을 수행한다. 스마트폰에는 CPU 역할을 하는 애플리케이션프로세서(AP)와 저장 장치에 해당하는 플래시 메모리, GPS, 카메라의 이미지 센서, LCD 디스플레이, SIM 카드에 반도체가 활용된다.

❷ **가전 제품**: 전기 에너지를 사용하기 위해 교류를 직류로 변환하거나, 전압, 주파수를 제어하기 위한 전력 반도체, 가전 제품의 구동과 주변 기기를 제어하는 마이크로컨트롤러(MCU), 회로에 전류가 안정적으로 흐르도록 제어하는 MLCC 등에 반도체가 활용된다.

❸ **자동차**: 차량용 반도체는 자동차의 센서, 엔진, 제어 장치 및 구동 장치 같은 핵심 부품에 주로 사용된다. 자율주행 기술 수준이 높아지면서 CPU, 이미지 센서, 인포테인먼트용 칩셋 등 자동차에 탑재되는 반도체 종류가 늘고 있다.

✔ 중요 개념 체크

정답과 해설 31쪽

3. 순수한 반도체에 불순물을 첨가하여 만든 (　　　) 반도체는 전기적 성질이 변하여 전류가 흐른다.

4. 반도체 소자에 대한 설명으로 옳은 것은 ○, 옳지 <u>않은</u> 것은 ×로 표시하시오.

　(1) 규소는 반도체 소자의 재료로 많이 쓰이는 원소이다. ─────── (　　　)

　(2) 발광 다이오드는 빛 신호를 전기 신호로 변환한다. ─────── (　　　)

　(3) 집적 회로는 데이터를 처리하거나 저장하는 데 이용된다. ─────── (　　　)

차세대 반도체

인공지능 반도체와 전력 반도체 등이 있다.

• 인공지능 반도체: 많은 정보를 빠른 속도로 처리해야 하는 생성형 인공지능과 같은 기술을 구현한다.

• 전력 반도체: 전기 에너지를 효율적으로 사용하기 위해 최소한의 전력으로 작동할 수 있도록 전력을 변환하고 제어한다.

자율주행 자동차 한 대에는 다양한 반도체가 사용되며, 반도체 기술의 발달로 자율주행 자동차의 기능도 점차 발전하고 있다.

인공지능에서 반도체의 활용

인공지능을 만들기 위해서는 양질의 데이터를 많이 학습시키는 게 중요하다. 개발 이후에도 인공지능은 지속적으로 사용자의 요청에 답하기 위해 막대한 양의 데이터를 처리하므로 메모리 반도체가 활용된다.

다이오드의 기능과 활용

다이오드는 대표적인 반도체 소자 중의 하나로 컴퓨터와 스마트 기기에서 직류 사용을 가능하게 할 뿐 아니라 전기 신호를 빛 신호로 변환하거나 빛 신호를 전기 신호로 변환할 수 있는 기능이 있다. 이와 같은 다이오드의 기능은 p형 반도체와 n형 반도체와 같은 불순물 반도체의 특징에서 비롯된다.

1 p-n 접합 다이오드는 무엇으로 이루어져 있을까?

(1) **p-n 접합 다이오드**: p형 반도체와 n형 반도체를 접합한 것을 p-n 접합 다이오드라고 한다. p-n 접합 다이오드는 p형 반도체에서 n형 반도체 방향으로는 전류가 잘 흐르지만, 반대 방향으로는 전류가 거의 흐르지 않는 특성이 있다.

(2) **p-n 접합 다이오드의 구조와 자유 전자의 분포**: p형 반도체와 n형 반도체를 접합하면, 양공과 자유 전자가 접합면을 넘어 일부 확산한다. 이때 자유 전자에 의해 양공이 채워지며 접합면 근처에 전하 나르개의 밀도가 상대적으로 적은 영역이 생기는데, 이를 공핍층이라고 한다. 공핍층에는 고정된 불순물 이온만 남게 되어 전하를 띤 영역이 생기면서 자유 전자와 양공이 확산되는 것을 막는다.

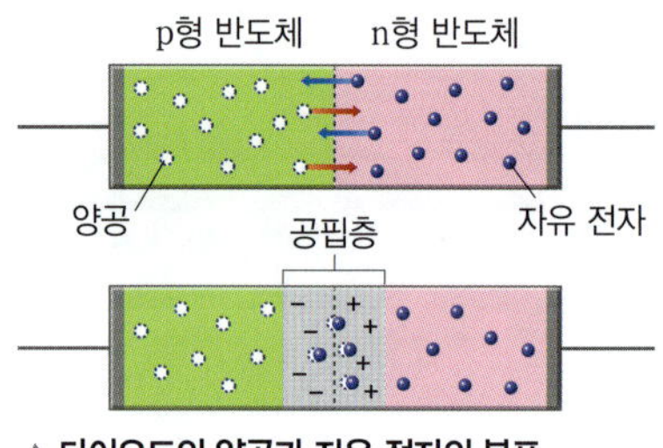

▲ 다이오드의 양공과 자유 전자의 분포

다이오드 소자는 방향 구분을 위해 n형 반도체 쪽에 띠 표시를 한다. 또 다이오드의 회로 기호는 전류가 화살표 방향으로 흐른다는 것을 나타낸다.

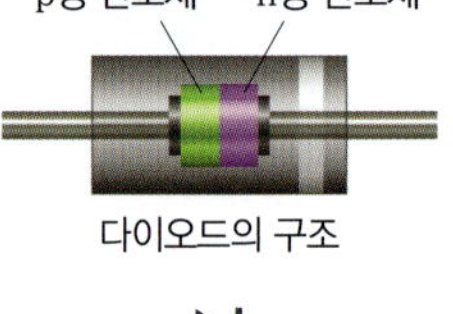

2 다이오드는 왜 한쪽 방향으로만 전류를 흐르게 할까?

(1) 다이오드의 전압 연결

순방향 전압 연결	역방향 전압 연결
① p형 반도체 쪽에 전원의 (+)극을 연결하고, n형 반도체 쪽에 (−)극을 연결하는 것을 의미한다.	① p형 반도체 쪽에 전원의 (−)극을 연결하고, n형 반도체 쪽에 (+)극을 연결하는 것을 의미한다.
② 접합면을 통해 양공이 n형 반도체 쪽으로 이동하고 자유 전자가 p형 반도체 쪽으로 이동하여 서로 결합한다.	② p형 반도체의 양공들은 (−)극 쪽으로 모이고 n형 반도체의 전자들은 (+)극 쪽으로 모인다.
③ p형 반도체에서는 전자가 전원의 (+)극 쪽으로 계속 이동하므로 양공이 계속 생기고, n형 반도체에는 전원의 (−)극에서 전자가 계속 이동하여 추가되므로 전류가 계속해서 흐른다.	③ p형 반도체에서는 전원의 (−)극에서 이동한 전자가 양공을 채워 양공이 없어진다. 또 n형 반도체에서는 자유 전자가 전원의 (+)극 쪽으로 빠져나간다. 따라서 p형 반도체나 n형 반도체에 남아도는 양공이나 전자가 없어 전류가 흐르지 못한다.

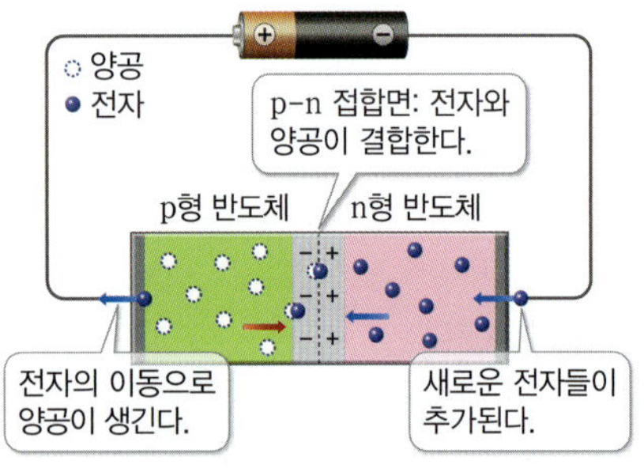

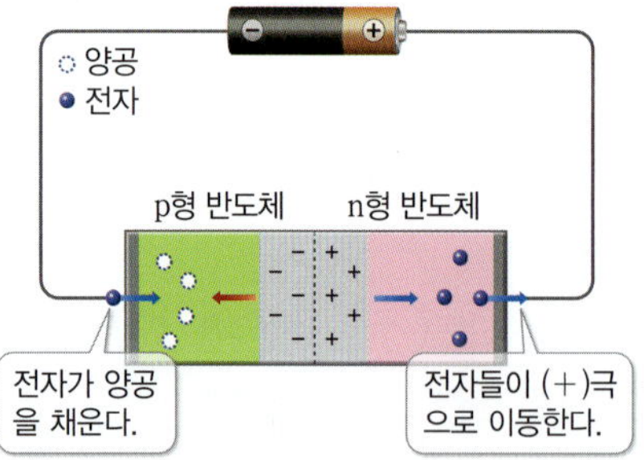

양공은 전자의 빈 자리이므로, 자유 전자가 양공을 만나면 빈 자리를 채우게 된다.

양공은 (+)전하를 띤 입자처럼 행동하기 때문에 전원의 (−)극 쪽으로 이동하고, 전자는 (−)전하를 띤 입자이기 때문에 전원의 (+)극 쪽으로 이동한다.

(2) **다이오드의 정류 작용**: p-n 접합 다이오드는 한쪽 방향으로는 전류를 흐르게 하지만 반대 방향으로는 전류를 흐르지 못하게 한다. 이처럼 한쪽 방향으로만 전류를 흐르게 하는 작용을 정류 작용이라고 한다.

3 다이오드의 정류 작용은 어디에 쓰일까?

(1) **정류 회로**: 전류를 한 방향으로만 흐르도록 하는 회로를 정류 회로라고 한다. 그림과 같이 다이오드로 교류 전압이 입력되었을 때 순방향 전류는 다이오드를 통과하지만, 역방향 전류는 다이오드를 통과하지 못한다. 따라서 출력 전압은 그림과 같이 순방향 전압만 남는 모습이 된다.

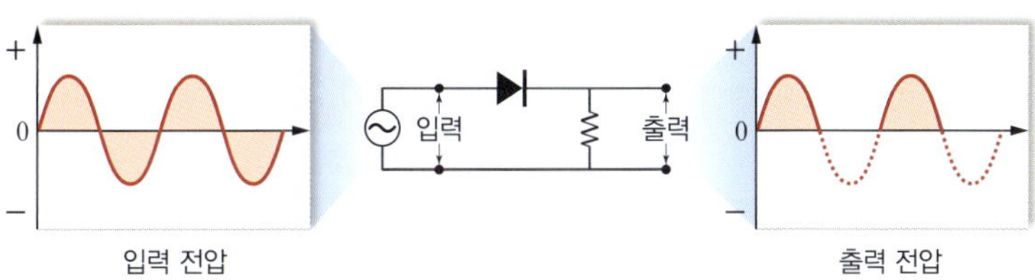

▲ 다이오드의 정류 작용

(2) **어댑터**: 가정에서 사용하는 대부분의 소형 가전 제품은 직류를 사용하기 때문에 교류를 직류로 바꾸어 주는 어댑터를 연결하여 사용한다. 어댑터는 다이오드를 이용한 정류 회로, 전압의 크기를 바꿀 수 있는 변압기, 일정한 세기의 전류를 만들어 주는 부품으로 구성된다.

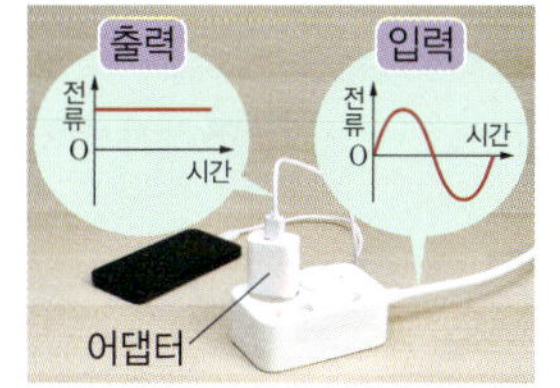

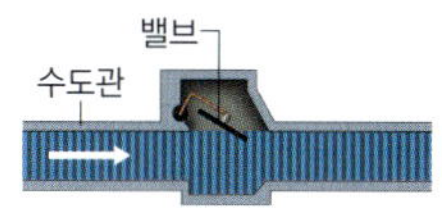

물이 오른쪽으로 흐를 때 밸브가 열리는 것은 순방향 전류가 다이오드를 통과하는 것과 같다.

물이 왼쪽으로 흐를 때 밸브가 닫히는 것은 역방향 전류가 다이오드를 통과하지 못하는 것과 같다.

4 정류 작용 이외의 다이오드의 다른 기능에는 무엇이 있을까?

발광 다이오드는 전류를 흘려 주면 빛을 방출하고, 광 다이오드는 빛을 받으면 전류가 발생하는데, 이를 이용하면 빛 신호와 전기 신호를 서로 전환할 수 있다. 특히, 발광 다이오드는 p-n 접합 다이오드의 일종으로, 순방향 전압을 연결하면 전자들이 p형 반도체 쪽으로 이동하다가 p-n 접합면에서 에너지를 잃고 양공과 결합한다. 이

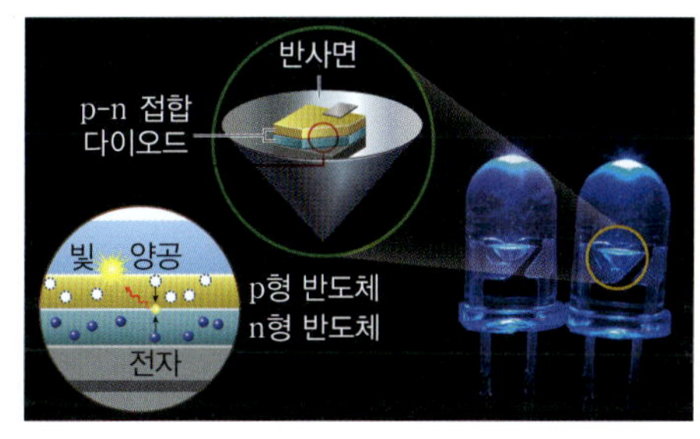

때 전자가 잃는 에너지만큼의 에너지를 갖는 빛을 방출한다. 발광 다이오드는 어떤 화합물을 반도체 재료로 사용하느냐에 따라 방출하는 빛의 색깔이 달라진다.

발광 다이오드는 규소나 저마늄이 아닌 질화 갈륨(GaN)이나 알루미늄갈륨비소(AlGaAs)와 같이 화합물 반도체에 불순물을 첨가하여 만든 반도체를 재료로 사용한다.

예제

1 그림 (가)는 불순물 반도체 A를 구성하는 원소와 원자가 전자의 배열을 모형으로 나타낸 것이고, (나)는 A를 포함한 p-n 접합 다이오드가 연결된 회로에서 전구에 불이 켜진 모습을 나타낸 것이다. X, Y는 각각 p형 반도체, n형 반도체 중 하나이다.

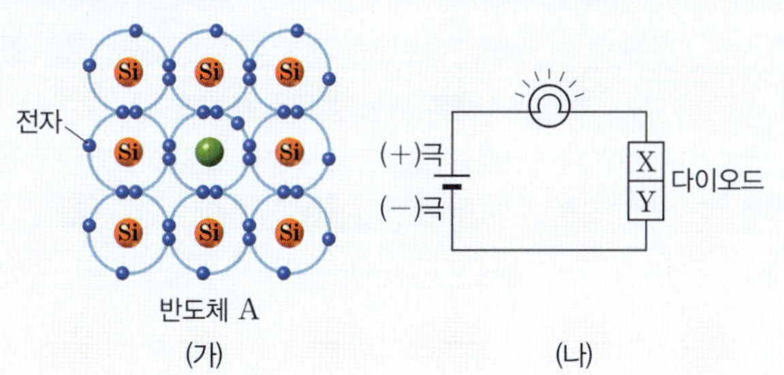

(1) 반도체 A의 종류를 쓰시오.
(2) 다이오드에 연결한 전압의 방향을 쓰시오.
(3) X, Y 중에서 반도체 A에 해당하는 것을 쓰시오.

- - -

풀이 (1) 반도체 A는 원자가 전자가 5개인 원소를 첨가하여 여분의 전자가 생긴 불순물 반도체이므로, n형 반도체이다.

(2) 다이오드에 전류가 흘러 전구에 불이 켜졌으므로 순방향 전압이 걸려 있다.

(3) 다이오드에 순방향 전압이 걸릴 때 p형 반도체는 전원의 (+)극에 연결되고 n형 반도체는 전원의 (−)극에 연결된다. 따라서 Y가 반도체 A에 해당한다.

답 (1) n형 반도체 (2) 순방향 전압 (3) Y

교과서 속 START 내신 완성 문제

01 지구를 구성하는 여러 가지 물질을 다음과 같이 분류한 기준으로 옳은 것은?

> (가) 금, 철, 구리, 알루미늄
> (나) 유리, 고무, 플라스틱
> (다) 규소, 저마늄

① 녹는점 　② 색깔 　③ 전기적 성질
④ 밀도 　⑤ 광택

02 자유 전자에 대한 설명으로 옳은 것만을 보기에서 있는 대로 고른 것은?

> **보기**
> ㄱ. 원자에 속박되어 원자핵을 중심으로 운동한다.
> ㄴ. 부도체보다 도체에 더 많다.
> ㄷ. 물질의 전기 전도도를 결정한다.

① ㄱ 　② ㄴ 　③ ㄷ
④ ㄱ, ㄴ 　⑤ ㄴ, ㄷ

03 그림은 고체 A, B, C의 전기 전도도를 상대적으로 나타낸 것이다. A, B, C는 각각 도체, 부도체, 반도체 중 하나이다.

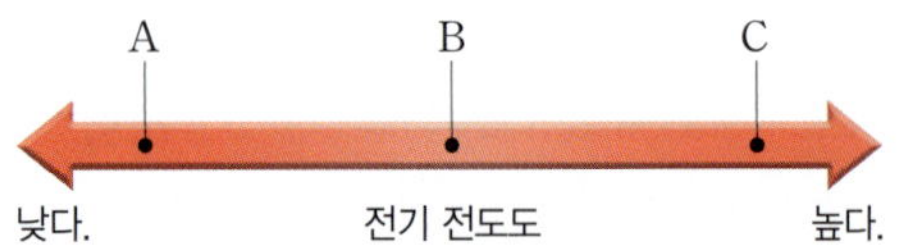

이에 대한 설명으로 옳은 것만을 보기에서 있는 대로 고른 것은?

> **보기**
> ㄱ. A는 도체이다.
> ㄴ. B는 불순물을 섞어 전기적 성질을 조절한다.
> ㄷ. C는 평소에는 전류가 흐르지 않지만 특정 조건에서 전류가 흐른다.

① ㄱ 　② ㄴ 　③ ㄱ, ㄷ
④ ㄴ, ㄷ 　⑤ ㄱ, ㄴ, ㄷ

04 그림 (가)와 (나)는 도체와 부도체를 구성하는 원소와 자유 전자를 모형으로 순서없이 나타낸 것이다.

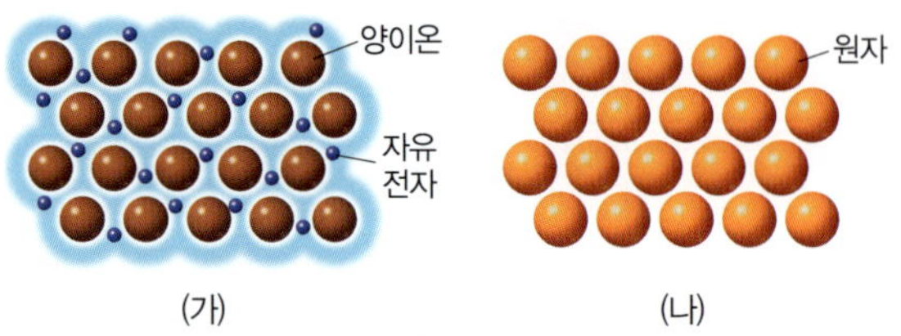

이에 대한 설명으로 옳은 것만을 보기에서 있는 대로 고른 것은?

> **보기**
> ㄱ. (가)에 전압을 가하면 전류가 흐른다.
> ㄴ. (나)는 자유 전자가 거의 없다.
> ㄷ. 전기 저항은 (가)가 (나)보다 크다.

① ㄴ 　② ㄱ, ㄴ 　③ ㄱ, ㄷ
④ ㄴ, ㄷ 　⑤ ㄱ, ㄴ, ㄷ

05 물질의 전기적 성질을 활용하는 예로 옳은 것만을 보기에서 있는 대로 고른 것은?

> **보기**
> ㄱ. 도체는 절연 장갑이나 전선의 피복 등을 만들 때 활용한다.
> ㄴ. 반도체는 대부분의 전자 기기, 자동차, 정보 통신, 첨단 기술의 핵심 부품에 활용한다.
> ㄷ. 부도체는 반도체 기판에서 회로를 보호하고 오작동을 막기 위해 표면을 코팅하는 데 활용한다.

① ㄴ 　② ㄱ, ㄴ 　③ ㄱ, ㄷ
④ ㄴ, ㄷ 　⑤ ㄱ, ㄴ, ㄷ

06 지각을 구성하는 원소 중 두 번째로 많은 원소로 현재 반도체 소자의 재료로 많이 쓰이는 원소는 무엇인지 쓰시오.

07 그림은 순수한 규소 결정을 이루는 규소 원자의 원자가 전자의 배열을 모형으로 나타낸 것이다.

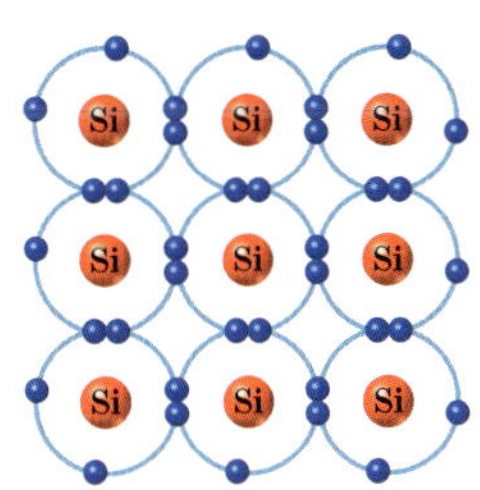

이와 같은 상태의 물질에 대한 설명으로 옳지 <u>않은</u> 것은?

① 규소 원자의 전자는 4개이다.
② 규소 원자는 이웃한 4개의 규소 원자들과 공유 결합을 한다.
③ 특정 불순물을 첨가하면 전류가 흐른다.
④ 인(P)을 첨가하면 소수의 자유 전자가 생긴다.
⑤ 순수한 상태에서는 전류가 잘 흐르지 않아 부도체에 가깝다.

08 불순물 반도체에 대한 설명으로 옳은 것만을 보기에서 있는 대로 고른 것은?

> 보기
> ㄱ. 순수한 반도체에 13족 원소나 15족 원소를 첨가하여 만든다.
> ㄴ. 순수한 반도체보다 전기 전도도가 작다.
> ㄷ. 전기적 신호를 처리할 수 있는 반도체 소자를 만드는 데 활용된다.

① ㄴ　　　　② ㄱ, ㄴ　　　　③ ㄱ, ㄷ
④ ㄴ, ㄷ　　　　⑤ ㄱ, ㄴ, ㄷ

09 다음은 불순물 반도체의 한 종류에 대한 설명이다.

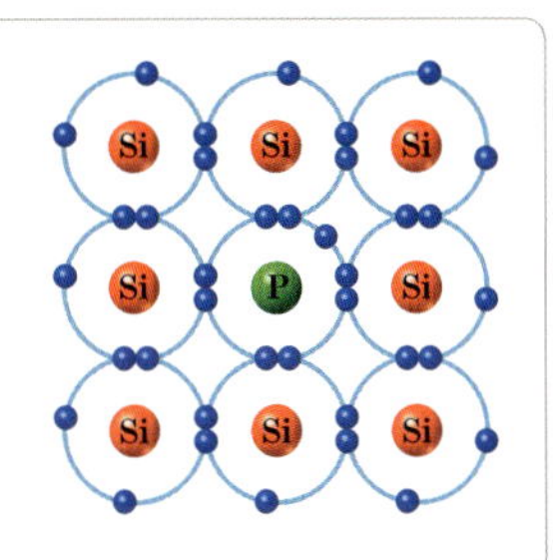

순수한 반도체인 규소(Si)에 원자가 전자가 ㉠ (　　　)개인 인(P)을 첨가하면, ㉡ (　　　)이/가 많아져 전류가 흐를 수 있게 된다.

㉠, ㉡에 들어갈 알맞은 말을 쓰시오.

10 다이오드에 대한 설명으로 옳은 것만을 보기에서 있는 대로 고른 것은?

> 보기
> ㄱ. p형 반도체와 n형 반도체를 접합하여 만든다.
> ㄴ. 전류를 한쪽 방향으로만 흐르게 한다.
> ㄷ. 약한 전기 신호를 증폭하는 작용을 한다.

① ㄴ　　　　② ㄱ, ㄴ　　　　③ ㄱ, ㄷ
④ ㄴ, ㄷ　　　　⑤ ㄱ, ㄴ, ㄷ

11 그림과 같이 스위치, 다이오드 D, 전구를 이용하여 회로를 구성하고, 스위치를 a에 연결했더니 전구에 불이 켜졌다.

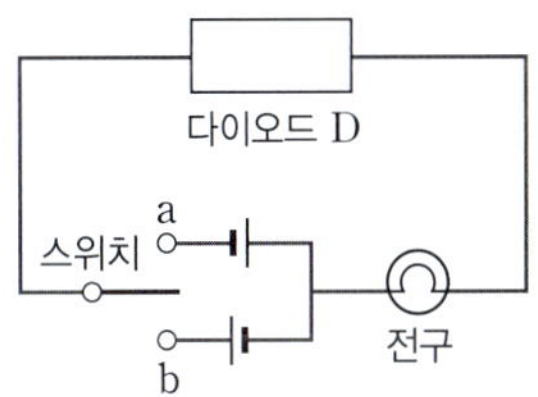

이에 대한 설명으로 옳은 것만을 보기에서 있는 대로 고른 것은?

> 보기
> ㄱ. D는 불순물 반도체로 만든다.
> ㄴ. 스위치를 b에 연결하면 전구에 불이 켜진다.
> ㄷ. D 대신 도체를 연결하면 스위치를 a에 연결할 때만 전구에 불이 켜진다.

① ㄱ　　　　② ㄴ　　　　③ ㄷ
④ ㄴ, ㄷ　　　　⑤ ㄱ, ㄴ, ㄷ

12 다음 설명에 해당하는 반도체 소자의 종류를 쓰시오.

> • n형 반도체와 p형 반도체를 복합적으로 접합하여
>   만든다.
> • 약한 전류와 전압을 크게 하는 증폭 작용을 한다.
> • 전류의 흐름을 제어하는 스위칭 작용을 한다.

13 그림은 노트북에 사용하는 어댑터를 나타낸 것이다.

이 장치의 기능에 대한 설명으로 옳은 것만을 보기에서 있는
대로 고른 것은?

보기
ㄱ. 직류 전원을 교류로 바꾸어 준다.
ㄴ. 전류를 한쪽 방향으로만 흐르게 한다.
ㄷ. 다이오드의 특성을 활용한 장치이다.

① ㄴ　　　　　② ㄷ　　　　　③ ㄱ, ㄴ
④ ㄴ, ㄷ　　　　⑤ ㄱ, ㄴ, ㄷ

14 다음 반도체 소자 중 데이터를 처리하거나 저장하는 기능
이 있는 반도체 소자는?

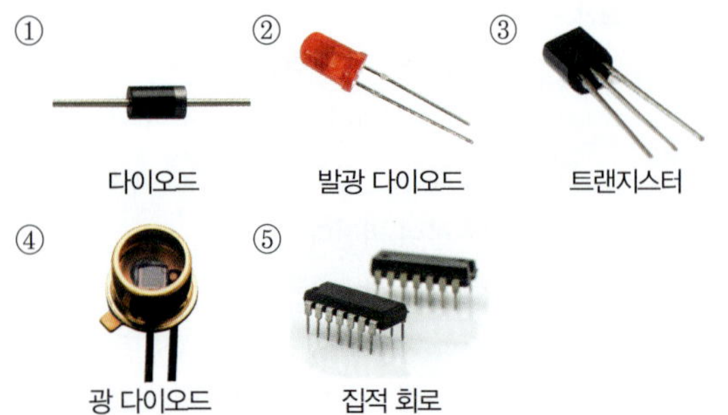

15 그림은 반도체 소자를 만드는 과정을 나타낸 것이다.

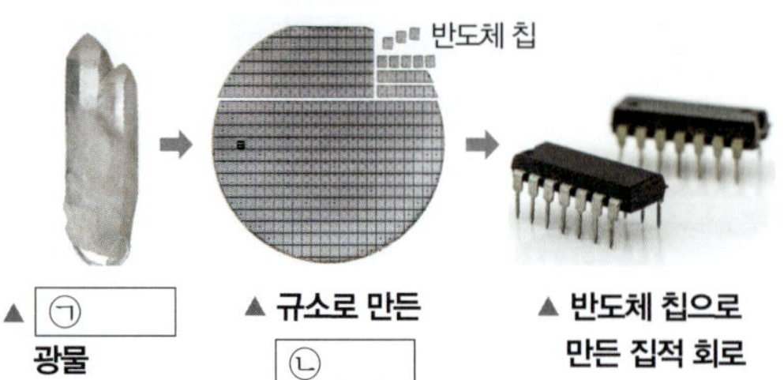

이에 대한 설명으로 옳은 것만을 보기에서 있는 대로 고른
것은?

보기
ㄱ. '규산염'이 ㉠에 해당한다.
ㄴ. '웨이퍼'가 ㉡에 해당한다.
ㄷ. 집적 회로는 회로 사이의 거리가 길다.

① ㄱ　　　　　② ㄴ　　　　　③ ㄷ
④ ㄱ, ㄴ　　　　⑤ ㄴ, ㄷ

16 반도체 소자의 기능과 거리가 <u>먼</u> 것은?

① 전류의 흐름을 바꾸는 기능
② 전기 신호의 증폭, 스위칭 기능
③ 고전압 전기 분야의 절연 기능
④ 전기 신호와 빛을 서로 변환할 수 있는 기능
⑤ 데이터를 처리하거나 저장하는 기능

17 반도체 소자와 그 활용에 대한 설명 중 옳지 <u>않은</u> 것은?

① 불순물 반도체의 전기적 성질을 이용해 만든다.
② 최근에는 주로 14족 원소인 저마늄을 이용하여 만
든다.
③ 일상생활에서 사용되는 전자 기기의 핵심 부품으로
활용된다.
④ 자율주행 장치, 태양광 발전 장치, 인공지능 장치 등에
활용된다.
⑤ 온도, 습도, 가스, 자외선 등을 감지하는 각종 센서로
활용된다.

JUMP 도전 문제

01 그림은 물질 A의 원자가 결합한 모습을 나타낸 모형이다. ㉠은 원자에 속박된 전자이고, ㉡은 물질 내를 자유롭게 이동하는 전자이다.

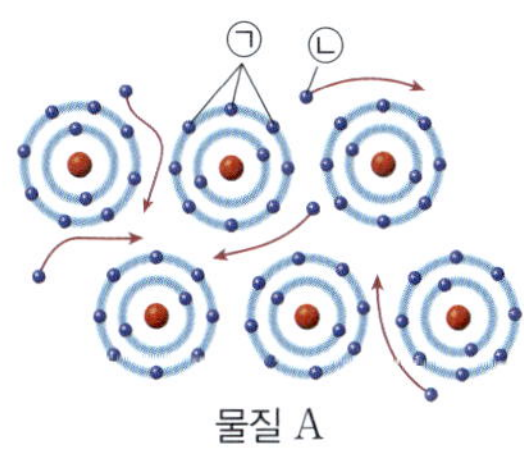

물질 A

이에 대한 설명으로 옳은 것만을 보기에서 있는 대로 고른 것은?

보기
ㄱ. A는 부도체이다.
ㄴ. ㉠이 많을수록 전기 전도도가 높다.
ㄷ. A에 전압을 걸면 ㉡이 이동하여 전류가 흐른다.

① ㄱ   ② ㄴ   ③ ㄷ
④ ㄱ, ㄴ   ⑤ ㄴ, ㄷ

02 그림 (가)와 (나)는 규소(Si)에 각각 인(P)과 붕소(B)를 첨가하여 만든 불순물 반도체를 나타낸 것이다.

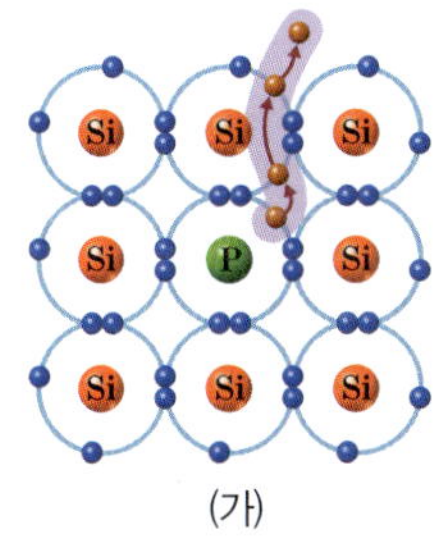
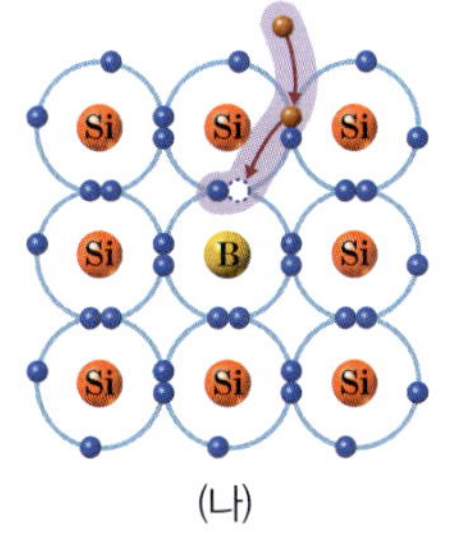

(가)   (나)

이에 대한 설명으로 옳은 것은?

① (가), (나)는 순수한 반도체보다 전류가 약하게 흐른다.
② 인(P)의 원자가 전자는 4개이다.
③ 붕소(B)의 원자가 전자는 규소(Si)보다 1개 많다.
④ (가)에서는 전자가 양공을 채우는 과정에서 전류가 흐른다.
⑤ (나)는 p형 반도체이다.

03 그림 (가)~(다)는 반도체 소자를 활용하는 예를 나타낸 것이다.

(가) 어댑터   (나) 신호등   (다) 태양 전지

이에 대한 설명으로 옳은 것만을 보기에서 있는 대로 고른 것은?

보기
ㄱ. (가)의 반도체 소자는 정류 작용을 한다.
ㄴ. (나)의 반도체 소자는 반도체 재료로 사용하는 물질에 따라 방출하는 빛의 색이 달라진다.
ㄷ. (다)의 반도체 소자는 전류가 흐를 때에 빛을 방출한다.

① ㄱ   ② ㄴ   ③ ㄷ
④ ㄱ, ㄴ   ⑤ ㄴ, ㄷ

04 다음은 어떤 디스플레이에 대한 설명이다.

기존의 액정을 사용한 디스플레이(LCD)에서는 별도의 빛을 내는 광원이 필요하지만, 현재는 많은 디스플레이에서 전류가 흐를 때 물질 자체에서 빛을 내는 ㉠ 유기 물질을 이용한 반도체 소자를 이용한다. 이러한 반도체 소자를 이용하는 디스플레이는 얇고 가벼워서 휘어지는 디스플레이를 제작할 수 있다.

㉠에 해당하는 반도체 소자의 이름을 쓰시오.

 중단원 핵/심/정/리

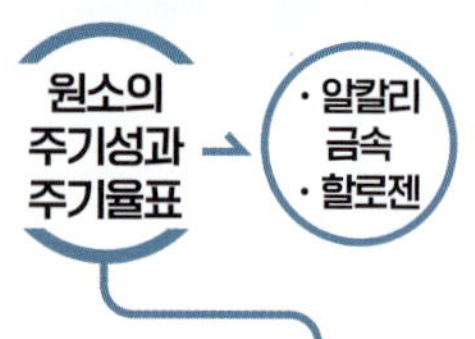 01 원소의 주기성

단원 흐름

원소의 주기성과 주기율표 → · 알칼리 금속 · 할로젠

원자의 전자 배치

1. 금속 원소와 비금속 원소

(**1**) 원소	(**2**) 원소
• 주기율표의 왼쪽과 가운데에 위치한다.	• 주기율표의 오른쪽에 위치한다. (단, 수소는 예외)
• 열 전도성과 전기 전도성이 있다.	• 대부분 열 전도성과 전기 전도성이 없다.

2. 현대의 주기율표
원소들을 (**3**) 순서대로 나열하여 화학적 성질이 비슷한 원소가 같은 세로줄에 오도록 배열한 표

3. 알칼리 금속과 할로젠

알칼리 금속	• 주기율표의 (**4**)족에 속하는 Li, Na, K 등의 금속 원소 • 은백색의 광택을 띠며 무른 금속으로, 공기 중의 산소, 물과 잘 반응한다.
할로젠	• 주기율표의 (**5**)족에 속하는 F, Cl, Br, I 등의 비금속 원소 • 실온에서 이원자 분자로 존재하며, 반응성이 커서 다른 원소와 잘 반응한다.

4. 원자의 전자 배치와 주기성

(1) 전자 껍질: 원자핵 주위에서 전자가 존재하는 궤도

(2) (**6**): 가장 바깥 전자 껍질에 위치해 화학 결합에 관여하는 전자이다. ➡ 같은 (**7**) 원소는 (**6**) 수가 같다.

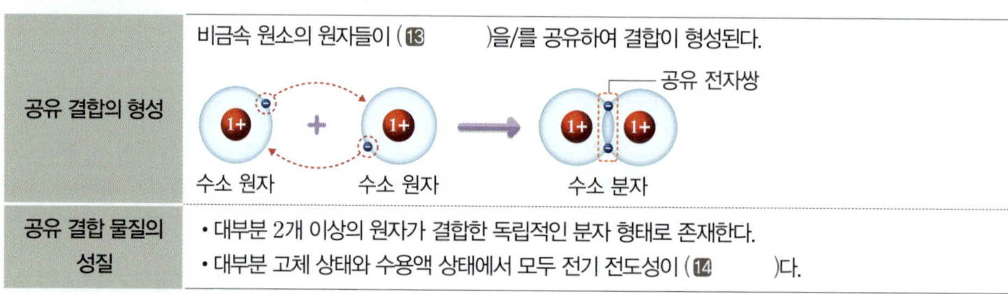

(3) 원소의 주기성이 나타나는 까닭: 원자의 전자 배치에서 가장 바깥 전자 껍질에 들어 있는 전자의 수가 주기적으로 변하기 때문이다.

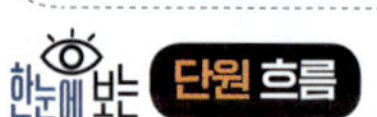 02 화학 결합과 물질의 성질

단원 흐름

비활성 기체 → 화학 결합

· 이온 결합 · 공유 결합

1. 비활성 기체: 주기율표의 (**8**)족에 속하는 원소이다. 가장 바깥 전자 껍질에 전자가 모두 채워진 안정한 상태로, 화학 결합을 거의 형성하지 않는다.

2. 화학 결합을 형성하는 까닭: 원자는 화학 결합을 하여 비활성 기체와 같은 안정한 전자 배치를 이룬다.

3. 이온 결합

이온 결합의 형성	금속 원소의 (**9**)와/과 비금속 원소의 (**10**)의 정전기적 인력에 의해 결합이 형성된다. 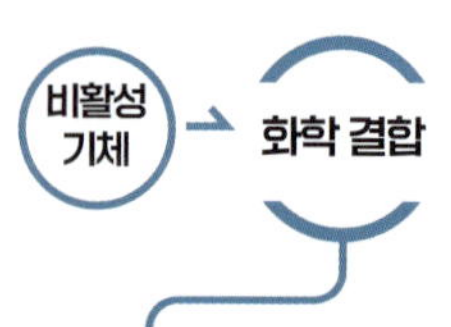
이온 결합 물질의 성질	• 고체는 양이온과 음이온이 3차원 구조로 규칙적으로 결합한 결정 상태로 존재한다. • 고체 상태에서는 전기 전도성이 (**11**)고, 수용액 상태에서는 (**12**)다.

4. 공유 결합

공유 결합의 형성	비금속 원소의 원자들이 (**13**)을/를 공유하여 결합이 형성된다.
공유 결합 물질의 성질	• 대부분 2개 이상의 원자가 결합한 독립적인 분자 형태로 존재한다. • 대부분 고체 상태와 수용액 상태에서 모두 전기 전도성이 (**14**)다.

03 자연의 구성 물질

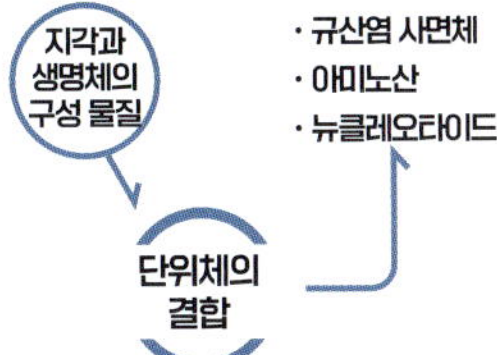

1. **규산염 광물:** 1개의 (⑮　　　)와/과 4개의 (⑯　　　)이/가 결합한 규산염 사면체가 단위체이며, 규산염 사면체가 다른 규산염 사면체와 산소를 공유하면서 결합하는 방식에 따라 다양한 규산염 광물의 골격이 만들어진다.

결합 구조	독립형 구조	단사슬 구조	복사슬 구조	(⑰　　　) 구조	망상 구조
공유 산소 수(개)	0	2	2 ~ 3	3	4
광물	감람석	휘석	각섬석	흑운모	석영, 장석

2. **단백질과 핵산:** 생명체를 구성하는 주요 물질로, 탄소 화합물이다.

단백질	· 단위체: 아미노산 · 아미노산은 (⑱　　　)결합으로 연결되어 폴리펩타이드를 형성한다. · 아미노산의 종류와 배열 순서에 따라 단백질의 구조와 기능이 결정된다. · 단백질의 입체 구조는 열과 산, 염기에 의해 변형된다.	곁사슬 H　R　O |　|　| H−N−C−C−OH 아미노기　|　카복실기 H 아미노산의 구조
핵산	· 단위체: 뉴클레오타이드 · 뉴클레오타이드가 연결되어 폴리뉴클레오타이드를 형성한다. · DNA: 이중나선구조 − 염기: 아데닌(A), 구아닌(G), 사이토신(C), 타이민(T) − 당: 디옥시라이보스 · RNA: 단일 가닥 구조 − 염기: 아데닌(A), 구아닌(G), 사이토신(C), (⑲　　　)(U) − 당: 라이보스	인산　당　염기 뉴클레오타이드의 구조

04 물질의 전기적 성질과 활용

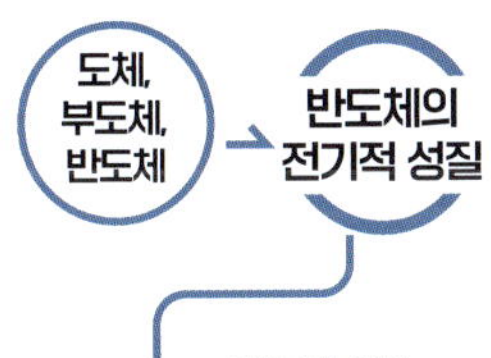

1. **전기적 성질에 따른 물질의 구분**

도체	부도체	(⑳　　　)
물질 안에 자유 전자가 많아 전류가 잘 흐르는 물질이다. 예 구리, 금	물질 안에 자유 전자가 거의 없어 전류가 거의 흐르지 않는 물질이다. 예 고무, 세라믹, 유리	전기 전도도가 도체와 부도체 사이인 물질이다. 예 규소, 저마늄

2. **반도체의 전기적 성질과 활용**

(1) **불순물 반도체:** 순수한 반도체에 특정한 불순물을 첨가하여 전기 전도도를 높인 반도체이다.

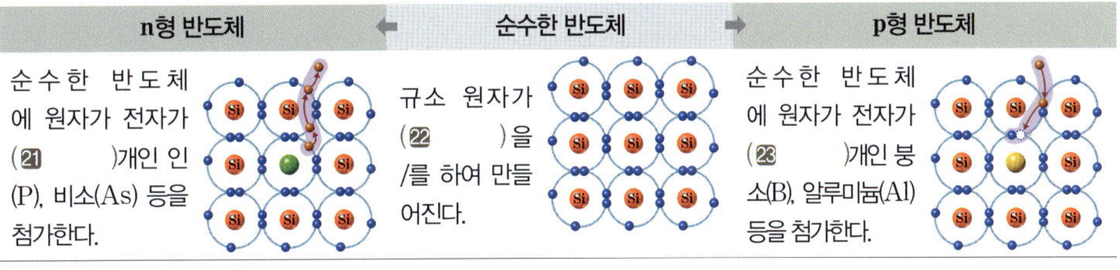

n형 반도체	순수한 반도체	p형 반도체
순수한 반도체에 원자가 전자가 (㉑　　　)개인 인(P), 비소(As) 등을 첨가한다.	규소 원자가 (㉒　　　)을/를 하여 만들어진다.	순수한 반도체에 원자가 전자가 (㉓　　　)개인 붕소(B), 알루미늄(Al) 등을 첨가한다.

(2) **반도체의 활용**

(㉔　　　)	트랜지스터	집적 회로
교류를 직류로 바꾸는 어댑터, 디스플레이 장치, 태양 전지 등에 사용된다.	증폭 작용과 스위칭 작용을 하여 대부분의 전자 기기에 이용된다.	수많은 전자 부품의 회로를 매우 작은 하나의 칩으로 만든 것이다.

화학 결합 모형

출제 0순위

출제 point에 따라 대표 자료를 분석하고, 문제에 대입하여 풀어보자.

출제 Point

Point ❶ 화학 결합 모형을 분석하여 화학 결합의 종류를 파악한다. ★☆☆

Point ❷ 화합물에서 구성 원소의 전자 배치를 보고, 구성 원소의 특징을 파악한다. ★★★

Point ❸ 화학 결합이 형성되는 과정을 파악한다. ★★☆

대표 자료

Point ❶ A₂B는 양이온과 음이온이 결합한 이온 결합 물질이다.

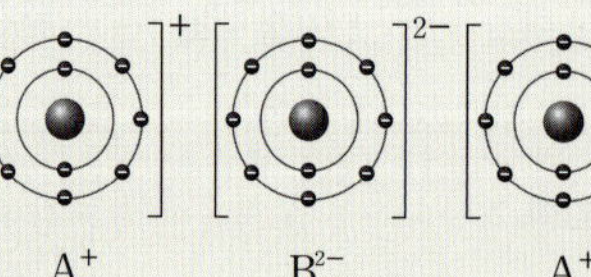

Point ❶ CBD는 원자들이 전자쌍을 공유하여 결합한 공유 결합 물질이다.

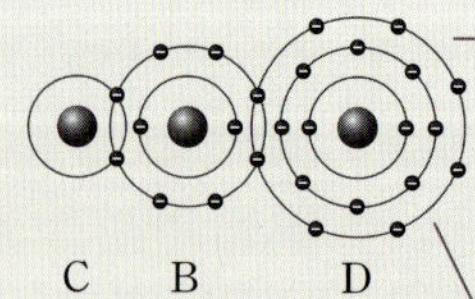

Point ❸ A는 전자 1개를 잃고 A^+이 되고, B는 전자 2개를 얻어 B^{2-}이 되며, 두 이온 사이에 정전기적 인력이 작용해 결합을 형성한다.

Point ❷ 화합물을 구성하는 원소의 특징

원소	원소의 특징
A	A^+은 A가 전자 1개를 잃어 형성된 양이온 → A는 3주기 1족 원소이다.
B	B^{2-}은 B가 전자 2개를 얻어 형성된 음이온 → B는 2주기 16족 원소이다.
C	C와 B는 결합할 때 각각 전자를 1개씩 내놓아 전자쌍 1개를 형성한다. → C 원자의 원자가 전자 수는 1이다. 따라서 C는 1주기 1족 원소이다.
D	B와 D는 결합할 때 각각 전자를 1개씩 내놓아 전자쌍 1개를 형성한다. → D 원자의 원자가 전자 수는 7이다. 따라서 D는 3주기 17족 원소이다.

Point ❸ B와 C가 각각 전자를 1개씩 내놓아 1개의 전자쌍을 만들고, B와 D가 각각 전자를 1개씩 내놓아 1개의 전자쌍을 만들어 공유하여 결합을 형성한다.

정답과 해설 34쪽

---

01 그림은 화합물 AB와 BC₂를 화학 결합 모형으로 나타낸 것이다.

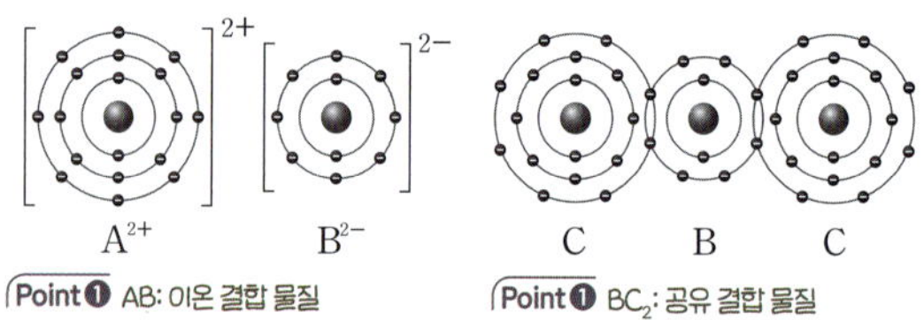

Point ❶ AB: 이온 결합 물질

Point ❶ BC₂: 공유 결합 물질

Point ❷ A: (　　)주기 2족 원소　　B: 2주기 (　　)족 원소

C: (　　)주기 (　　)족 원소

Point ❸

AB가 생성될 때 A는 전자 2개를 (　　)고, B는 전자 2개를 (　　)어 이온이 됨.

BC₂에서 B는 C 2개와 전자쌍을 각각 1개씩 공유하여 결합을 형성함.

이에 대한 설명으로 옳은 것만을 보기에서 있는 대로 고른 것은? (단, A~C는 임의의 원소 기호이다.)

보기

ㄱ. A와 C는 같은 주기 원소이다.

ㄴ. BC₂는 공유 결합 물질이다.

ㄷ. BC₂ 분자에서 공유 전자쌍 수는 2이다.

① ㄱ　　　② ㄴ　　　③ ㄱ, ㄷ

④ ㄴ, ㄷ　　　⑤ ㄱ, ㄴ, ㄷ

---

02 그림은 화합물 AB와 CD를 화학 결합 모형으로 나타낸 것이다.

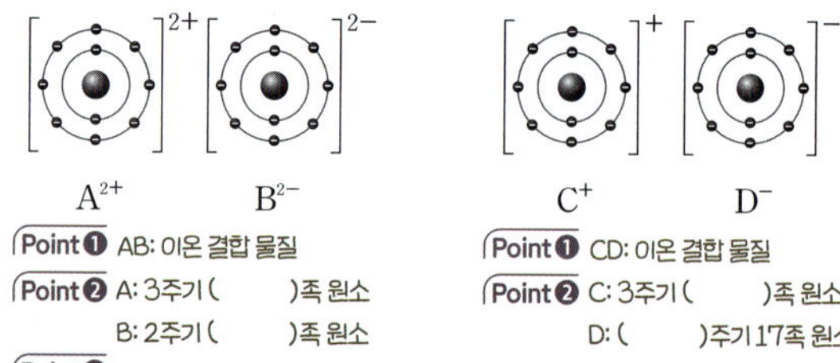

Point ❶ AB: 이온 결합 물질

Point ❷ A: 3주기 (　　)족 원소

B: 2주기 (　　)족 원소

Point ❶ CD: 이온 결합 물질

Point ❷ C: 3주기 (　　)족 원소

D: (　　)주기 17족 원소

Point ❸

AB가 생성될 때 A는 전자 (　　)개를 잃고, B는 전자 (　　)개를 얻어 이온이 됨.

CD가 생성될 때 C는 전자 (　　)개를 잃고, D는 전자 (　　)개를 얻어 이온이 됨.

이에 대한 설명으로 옳은 것만을 보기에서 있는 대로 고른 것은? (단, A~D는 임의의 원소 기호이다.)

보기

ㄱ. A와 B는 2주기 원소이다.

ㄴ. C는 알칼리 금속이다.

ㄷ. 화합물 AB가 만들어질 때 B 원자가 1개가 얻는 전자는 1개이다.

① ㄴ　　　② ㄷ　　　③ ㄱ, ㄷ

④ ㄴ, ㄷ　　　⑤ ㄱ, ㄴ, ㄷ

수능 WALK 실전 대비 문제

수능 실전 2점

01 다음은 원소 M에 대한 자료이다.

- 실온(25 ℃)에서 고체 상태이다.
- 광택이 있으며 칼로 쉽게 잘린다.
- 공기 중의 산소와 빠르게 반응한다.

M에 해당하는 원소로 가장 적절한 것은?

① 철
② 수소
③ 헬륨
④ 나트륨
⑤ 아이오딘

02 그림은 주기율표의 일부를 나타낸 것이다.

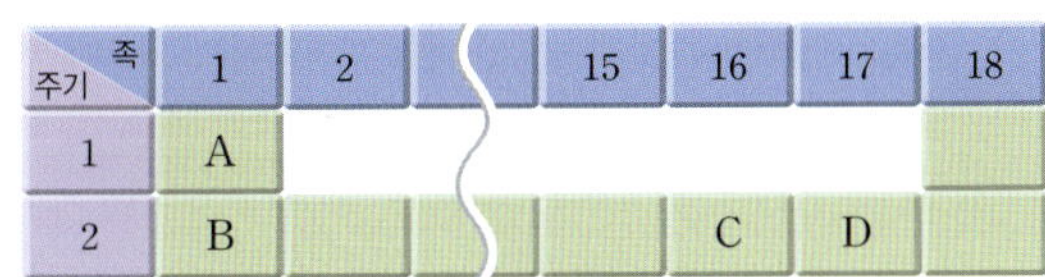

이에 대한 설명으로 옳은 것만을 보기에서 있는 대로 고른 것은? (단, A~D는 임의의 원소 기호이다.)

보기
ㄱ. A와 B는 알칼리 금속이다.
ㄴ. B는 고체 상태에서 전기 전도성이 있다.
ㄷ. B, C, D는 화학적 성질이 비슷하다.

① ㄱ
② ㄴ
③ ㄱ, ㄷ
④ ㄴ, ㄷ
⑤ ㄱ, ㄴ, ㄷ

03 다음은 주기율표의 ㉠~㉢에 위치하는 원소 A~C에 대한 자료이다.

A	B	C
• 실온에서 이원자 분자로 존재함. • 알칼리 금속과 반응하여 염을 생성함.	• 실온에서 원자 상태로 존재함. • 화학 결합을 형성하지 않음.	• 은백색 고체 • 물과 반응하여 수소 기체를 발생함.

주기 \ 족	1	...	17	18
2	㉠			㉡
3			㉢	

㉠~㉢에 해당하는 원소로 가장 적절한 것은? (단, A~C는 임의의 원소 기호이다.)

	㉠	㉡	㉢		㉠	㉡	㉢
①	A	B	C	②	A	C	B
③	B	A	C	④	C	A	B
⑤	C	B	A				

04 그림은 이온 A^{2+}과 B^-의 전자 배치를 모형으로 나타낸 것이다.

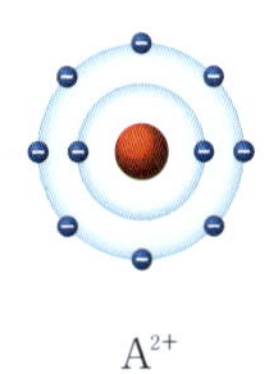
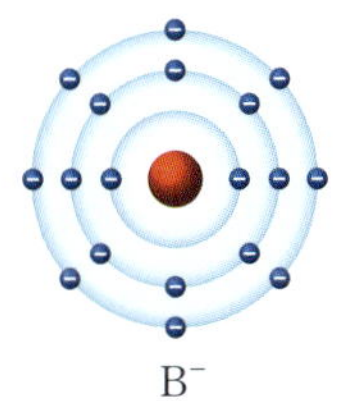

이에 대한 설명으로 옳은 것만을 보기에서 있는 대로 고른 것은? (단, A와 B는 임의의 원소 기호이다.)

보기
ㄱ. A와 B는 같은 주기 원소이다.
ㄴ. 원자가 전자 수는 B가 A보다 크다.
ㄷ. B는 금속 원소이다.

① ㄱ
② ㄴ
③ ㄱ, ㄴ
④ ㄴ, ㄷ
⑤ ㄱ, ㄴ, ㄷ

05 그림은 나트륨(Na)과 염소(Cl)가 결합하여 염화 나트륨(NaCl)을 생성하는 과정을 모형으로 나타낸 것이다.

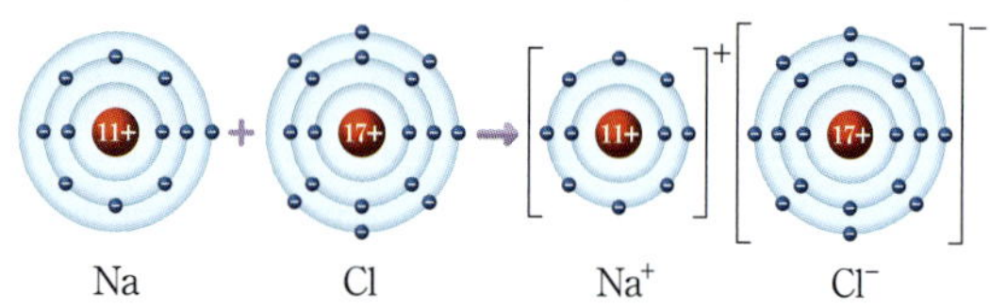

이에 대한 설명으로 옳은 것만을 보기에서 있는 대로 고른 것은?

보기
ㄱ. NaCl이 생성될 때 전자는 Na에서 Cl로 이동한다.
ㄴ. NaCl은 실온에서 분자로 존재한다.
ㄷ. NaCl 수용액은 전기 전도성이 있다.

① ㄱ   ② ㄴ   ③ ㄱ, ㄷ
④ ㄴ, ㄷ   ⑤ ㄱ, ㄴ, ㄷ

06 그림은 화합물 AB와 CD를 각각 화학 결합 모형으로 나타낸 것이다.

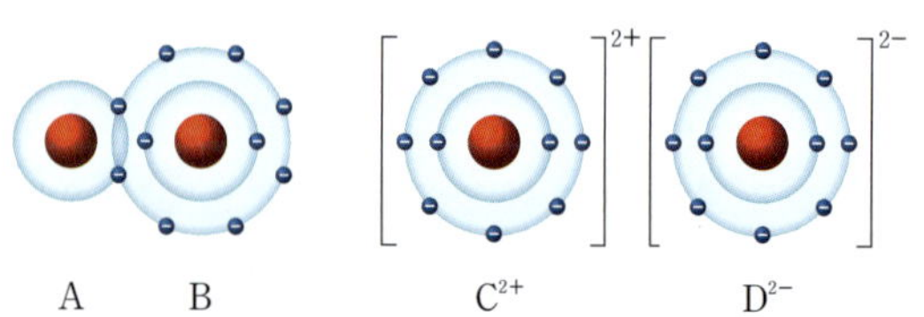

이에 대한 설명으로 옳은 것만을 보기에서 있는 대로 고른 것은? (단, A~D는 임의의 원소 기호이다.)

보기
ㄱ. A~D 중 2주기 원소는 2가지이다.
ㄴ. A_2D는 공유 결합 물질이다.
ㄷ. B와 C가 결합한 안정한 화합물의 화학식은 CB_2이다.

① ㄱ   ② ㄴ   ③ ㄱ, ㄷ
④ ㄴ, ㄷ   ⑤ ㄱ, ㄴ, ㄷ

07 그림은 산소 분자(O_2)와 물 분자(H_2O)를 화학 결합 모형으로 나타낸 것이다.

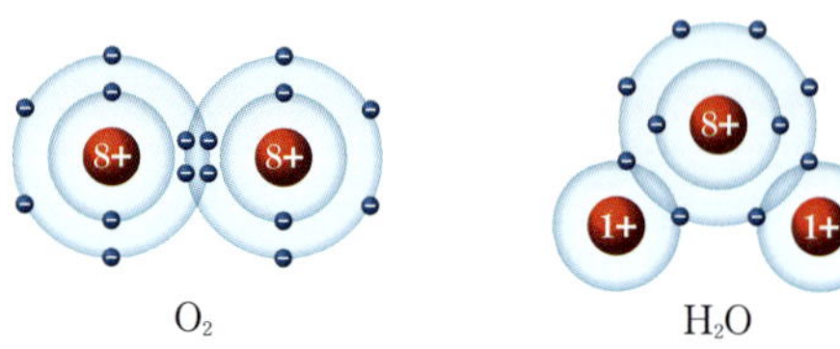

이에 대한 설명으로 옳지 <u>않은</u> 것은?

① O_2는 공유 결합 물질이다.
② 수소(H)의 원자가 전자 수는 1이다.
③ 공유 전자쌍 수는 O_2가 H_2O보다 크다.
④ O_2와 H_2O에서 산소(O) 원자는 네온(Ne)의 전자 배치를 이룬다.
⑤ H_2O에서 수소(H) 원자와 산소(O) 원자 사이의 결합은 단일 결합이다.

08 다음은 물질 A와 B의 전기 전도성을 알아보는 실험이다. A와 B는 각각 공유 결합 물질, 이온 결합 물질 중 하나이다.

[실험 과정]
(가) 고체 A와 B에서 전류가 흐르는지 확인한다.
(나) 고체 A와 B를 각각 증류수에 녹인 후 전류가 흐르는지 확인한다.

[실험 결과]   (○: 전류가 흐름, ×: 전류가 흐르지 않음)

물질	(가)	(나)
A	×	○
B	×	×

이에 대한 설명으로 옳은 것만을 보기에서 있는 대로 고른 것은?

보기
ㄱ. A는 한 가지 원소로 이루어진 물질이다.
ㄴ. B는 공유 결합 물질이다.
ㄷ. A의 수용액에는 이온이 들어 있다.

① ㄱ   ② ㄷ   ③ ㄱ, ㄴ
④ ㄴ, ㄷ   ⑤ ㄱ, ㄴ, ㄷ

09 그림은 이중나선구조인 DNA의 일부를 나타낸 것이다.

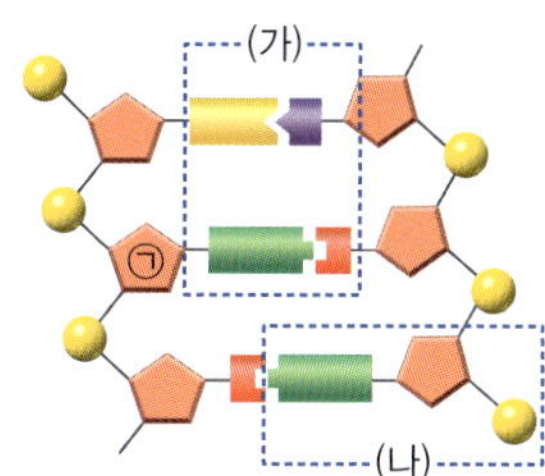

이에 대한 설명으로 옳은 것만을 보기에서 있는 대로 고른 것은?

보기
ㄱ. ㉠은 라이보스이다.
ㄴ. (가)에서 아데닌 수와 타이민 수는 같다.
ㄷ. (나)는 당, 인산, 염기로 구성되어 있다.

① ㄱ ② ㄷ ③ ㄱ, ㄴ
④ ㄴ, ㄷ ⑤ ㄱ, ㄴ, ㄷ

10 그림 (가)는 순수한 반도체의 원자와 원자가 전자의 배열을 모형으로 나타낸 것이고, (나)는 (가)에 불순물을 첨가했을 때의 모습이다.

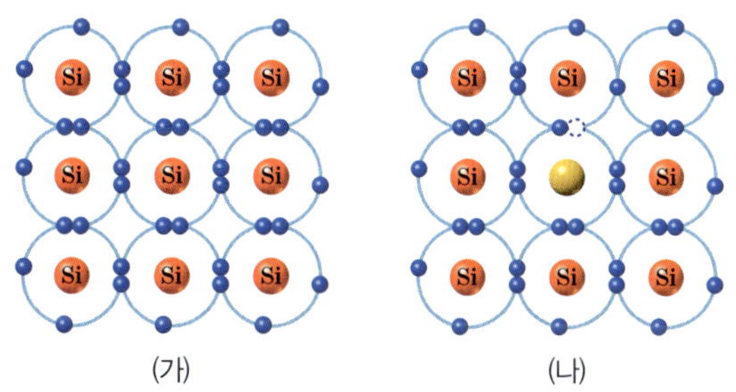

이에 대한 설명으로 옳은 것만을 보기에서 있는 대로 고른 것은?

보기
ㄱ. 전기 전도도는 (가)가 (나)보다 크다.
ㄴ. (나)에서는 주로 자유 전자가 전류를 흐르게 한다.
ㄷ. (나)와 같이 불순물을 첨가하는 까닭은 전기적 성질을 조절할 수 있기 때문이다.

① ㄱ ② ㄴ ③ ㄷ
④ ㄱ, ㄴ ⑤ ㄴ, ㄷ

11 다음은 주기율표의 빗금 친 부분에 위치하는 원소 A~E에 대한 자료이다.

족 주기	1	2	13	14	15	16	17	18
2								
3								

- A와 B는 알칼리 금속이다.
- A와 D는 같은 주기 원소이다.
- 원자가 전자 수는 D가 C보다 크다.
- 전자가 들어 있는 전자 껍질 수는 E가 A보다 크다.

이에 대한 설명으로 옳은 것만을 보기에서 있는 대로 고른 것은? (단, A~E는 임의의 원소 기호이다.)

보기
ㄱ. 전자가 들어 있는 전자 껍질 수는 B와 E가 같다.
ㄴ. C와 E의 화학적 성질은 비슷하다.
ㄷ. D의 원자가 전자 수는 7이다.

① ㄱ ② ㄴ ③ ㄱ, ㄷ
④ ㄴ, ㄷ ⑤ ㄱ, ㄴ, ㄷ

12 다음은 2, 3주기 원소 A~C에 대한 자료이다.

- A는 화학 결합을 형성하지 않는다.
- B는 알칼리 금속이다.
- 화합물 BC에서 B와 C의 전자 배치는 A와 같다.
- 전자가 채워진 전자 껍질 수는 B가 C의 1.5배이다.

이에 대한 설명으로 옳은 것만을 보기에서 있는 대로 고른 것은? (단, A~C는 임의의 원소 기호이다.)

보기
ㄱ. A는 네온(Ne)이다.
ㄴ. 화합물 BC는 이온 결합 물질이다.
ㄷ. C의 원자가 전자 수는 6이다.

① ㄱ ② ㄷ ③ ㄱ, ㄴ
④ ㄴ, ㄷ ⑤ ㄱ, ㄴ, ㄷ

13 표는 1, 2주기 원소 A~C에 대한 자료이다.

원소	A	B	C
원자가 전자 수 / 총 전자 수	1	$\dfrac{3}{4}$	$\dfrac{2}{3}$

이에 대한 설명으로 옳은 것만을 보기에서 있는 대로 고른 것은? (단, A~C는 임의의 원소 기호이다.)

보기
- ㄱ. A는 금속 원소이다.
- ㄴ. B와 C는 같은 주기 원소이다.
- ㄷ. A와 B는 이온 결합으로 안정한 화합물을 생성한다.

① ㄴ ② ㄱ, ㄴ ③ ㄱ, ㄷ
④ ㄴ, ㄷ ⑤ ㄱ, ㄴ, ㄷ

14 그림은 세 가지 원소를 기준에 따라 분류한 것이다.

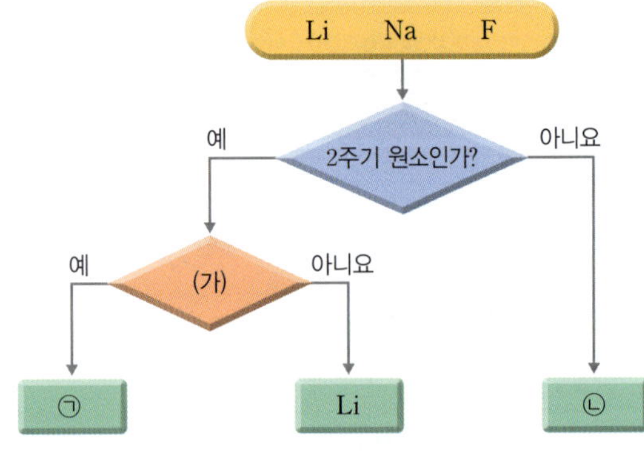

이에 대한 설명으로 옳은 것만을 보기에서 있는 대로 고른 것은?

보기
- ㄱ. '물과 반응한 후 수용액은 염기성을 나타내는가?' (가)로 적절하다.
- ㄴ. ㉡은 실온에서 이원자 분자로 존재한다.
- ㄷ. ㉠과 ㉡으로 이루어진 물질에서 ㉠은 음이온으로 존재한다.

① ㄱ ② ㄷ ③ ㄱ, ㄴ
④ ㄴ, ㄷ ⑤ ㄱ, ㄴ, ㄷ

15 다음은 나트륨(Na)과 염소(Cl_2)의 반응을 알아보기 위한 실험이다.

액체 물질 ㉠에 보관되어 있는 나트륨 조각을 염소 기체가 들어 있는 삼각 플라스크에 넣어 반응시켰더니, 흰색 고체 물질 ㉡이 생성되었다.

이에 대한 설명으로 옳은 것만을 보기에서 있는 대로 고른 것은?

보기
- ㄱ. ㉠은 물이다.
- ㄴ. ㉡이 생성될 때 나트륨은 전자를 잃는다.
- ㄷ. ㉡은 이온 결합 물질이다.

① ㄱ ② ㄴ ③ ㄷ
④ ㄱ, ㄷ ⑤ ㄴ, ㄷ

빈출
16 그림은 원자 A~C의 전자 배치를 모형으로 나타낸 것이고, 표는 A~C로 이루어진 물질 (가)~(다)에 대한 자료이다.

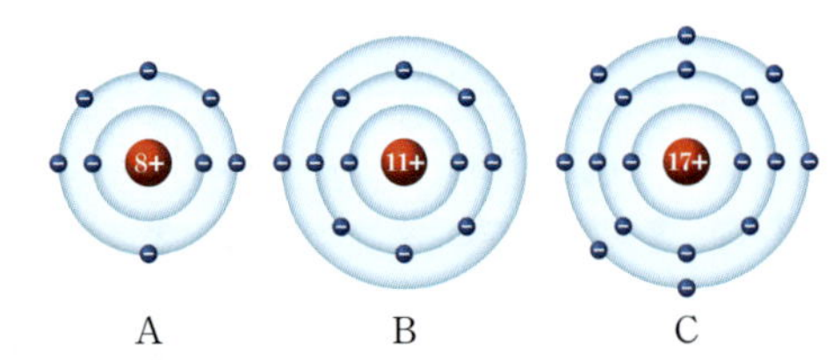

물질	(가)	(나)	(다)
구성 원소	A, B	A, C	B, C

(가)~(다)에 대한 설명으로 옳은 것만을 보기에서 있는 대로 고른 것은? (단, A~C는 임의의 원소 기호이다.)

보기
- ㄱ. (가)는 공유 결합 물질이다.
- ㄴ. (나)는 분자로 존재한다.
- ㄷ. (다)는 수용액 상태에서 전기 전도성이 있다.

① ㄱ ② ㄴ ③ ㄱ, ㄷ
④ ㄴ, ㄷ ⑤ ㄱ, ㄴ, ㄷ

17 그림 (가)와 (나)는 원자 A∼C로부터 화합물이 생성되는 과정을 모형으로 나타낸 것이다.

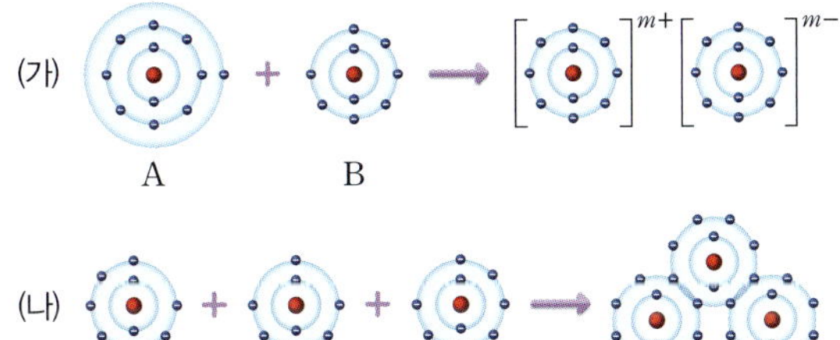

이에 대한 설명으로 옳은 것만을 보기에서 있는 대로 고른 것은? (단, A∼C는 임의의 원소 기호이다.)

<table>
<tr><td>보기</td></tr>
</table>

ㄱ. $m=1$이다.

ㄴ. (가)의 생성물은 수용액 상태에서 전기 전도성이 있다.

ㄷ. (나)의 생성물에서 B와 C는 모두 네온의 전자 배치를 이룬다.

① ㄱ   ② ㄴ   ③ ㄱ, ㄷ
④ ㄴ, ㄷ   ⑤ ㄱ, ㄴ, ㄷ

---

18 그림은 물질 X의 수용액과 Y의 수용액을 모형으로 나타낸 것이다. X와 Y는 각각 설탕과 염화 칼륨 중 하나이다.

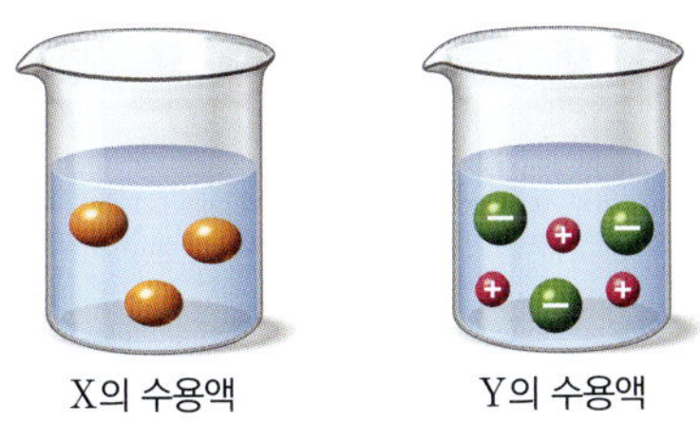

이에 대한 설명으로 옳은 것만을 보기에서 있는 대로 고른 것은?

ㄱ. X는 공유 결합 물질이다.

ㄴ. 고체 상태의 Y에는 이온이 존재한다.

ㄷ. Y의 수용액은 전기 전도성이 있다.

① ㄱ   ② ㄷ   ③ ㄱ, ㄴ
④ ㄴ, ㄷ   ⑤ ㄱ, ㄴ, ㄷ

---

19 그림은 지각과 생명체를 구성하는 단위체를 구분하는 과정을 나타낸 것이다.

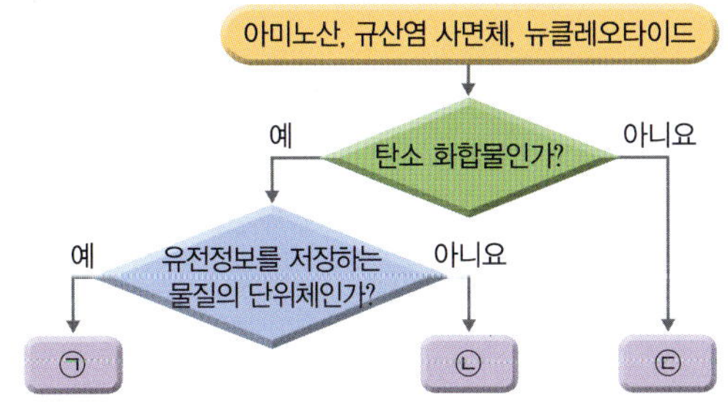

이에 대한 설명으로 옳은 것만을 보기에서 있는 대로 고른 것은?

ㄱ. ㉠은 뉴클레오타이드이다.

ㄴ. ㉡의 종류와 배열 순서에 따라 단백질의 입체 구조가 결정된다.

ㄷ. ㉢은 다른 단위체와 산소 3개를 공유하여 판상 구조를 이룬다.

① ㄴ   ② ㄱ, ㄴ   ③ ㄱ, ㄷ
④ ㄴ, ㄷ   ⑤ ㄱ, ㄴ, ㄷ

---

20 그림 (가)는 트랜지스터를, (나)는 다이오드를, (다)는 발광 다이오드를, (라)는 마이크로컨트롤러를 나타낸 것이다.

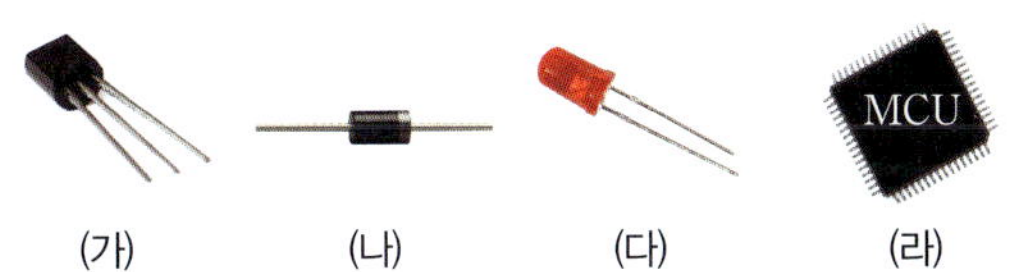

이에 대한 설명으로 옳은 것만을 보기에서 있는 대로 고른 것은?

ㄱ. (가)는 집적 회로의 한 종류이다.

ㄴ. (나)와 (다)에서 전류는 한 방향으로만 흐른다.

ㄷ. (라)는 주로 데이터를 저장하고 기억하는 용도로 사용된다.

① ㄴ   ② ㄷ   ③ ㄱ, ㄴ
④ ㄴ, ㄷ   ⑤ ㄱ, ㄴ, ㄷ

01 다음은 금속 리튬(Li)의 성질을 알아보기 위한 실험이다.

> (가) 물이 들어 있는 비커에 페놀프탈레인 용액을 2~3방울 떨어뜨리고, 쌀알 크기의 리튬 조각을 넣는다.
> (나) 리튬 조각이 물과 반응하여 기체 X가 발생하였다.
> (다) 비커 속 수용액은 붉은색으로 변하였다.

(1) (나)에서 일어나는 반응의 화학 반응식을 쓰고, 기체 X의 화학 결합의 종류를 그 까닭과 함께 설명하시오.

(2) (다)에서 수용액이 붉은색으로 변한 까닭을 설명하시오.

02 그림은 A^+과 B^{2-}의 전자 배치를 모형으로 나타낸 것이다. (단, A와 B는 임의의 원소 기호이다.)

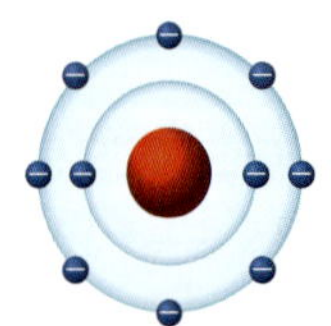

(1) 주기율표에서 A와 B의 주기와 족을 각각 쓰시오.

$$A (\qquad), \ B (\qquad)$$

(2) A와 B로 이루어진 안정한 물질의 화학식을 쓰고, 그 까닭을 설명하시오.

단계별로 **배경 지식 쌓기**

Step ❶ **문제 분석하기**

실험에 사용한 물질의 성질을 파악하고, 실험 결과를 해석한다.

→ 알칼리 금속이 물과 반응하면 (　　　) 기체가 발생한다.

→ 페놀프탈레인 용액은 (　　　)성 용액에서 붉은색을 나타낸다.

Step ❷ **Key Word 찾아 답안 작성하기**

• 수소(H)는 비금속 원소이므로 수소 기체(H_2)는 (❶) 결합 물질이다.

• 알칼리 금속과 물이 반응하여 생성된 수용액은 (❷)을/를 나타낸다.

KeyWord

❶ _______ ❷ _______

단계별로 **배경 지식 쌓기**

Step ❶ **문제 분석하기**

이온의 전자 배치로부터 원자의 전자 배치를 파악한다.

이온	전자 수	원자	전자 수
A^+	10	A	(　　)
B^{2-}	10	B	(　　)

Step ❷ **Key Word 찾아 답안 작성하기**

• A^+은 A 원자가 전자 (❶)개를 (❷)어 형성된 이온이다.

• B^{2-}은 B 원자가 전자 (❸)개를 (❹)어 형성된 이온이다.

• A^+과 B^{2-}은 (❺)의 개수비로 결합하여 전기적으로 중성인 화합물을 형성한다.

KeyWord

❶ _______ ❷ _______ ❸ _______
❹ _______ ❺ _______

03 다음은 원소 A~D에 대한 자료이다. (단, A~D는 임의의 원소 기호이다.)

> - A~D는 주기율표에서 각각 ㉠~㉣ 중 하나이다.
>
> | 주기＼족 | 1 | 2 | 13 | 14 | 15 | 16 | 17 | 18 |
> |---|---|---|---|---|---|---|---|---|
> | 2 | ㉠ | | | | | | ㉡ | |
> | 3 | | ㉢ | | | | | ㉣ | |
>
> - A와 C는 화학적 성질이 비슷하다.
> - 원자가 전자 수는 D>B이다.
> - 전자 수는 A>D이다.

(1) ㉠~㉣이 각각 어느 원소에 해당하는지 쓰시오.

    ㉠ (   ), ㉡ (   ), ㉢ (   ), ㉣ (   )

(2) A와 B가 화학 결합을 형성하여 비활성 기체의 전자 배치를 이룰 때 원자 사이의 전자의 이동에 대해 설명하시오.

> **조건**
> - 각 원자가 잃거나 얻는 전자 수를 포함하여 설명할 것

....

....

단계별로 | **배경 지식 쌓기**

Step ❶ 문제 분석하기

주기율표에서 주기와 족의 의미를 바탕으로 제시된 원소의 위치를 파악한다.

➡ 같은 족 원소인 ㉡, ㉣은 각각 (   ) 중 하나이다.

➡ 원자가 전자 수는 ㉠이 (   ), ㉡이 (   )이므로 ㉠이 (   ), ㉡이 (   )이다.

➡ 원자 번호가 클수록 양성자 수와 전자 수가 크므로, A와 D의 원자 번호를 비교하면 (   )>(   )이다. 따라서 ㉣이 (   )이다.

Step ❷ Key Word 찾아 답안 작성하기

- 1족 원소의 원자는 전자 (**1**)개를 (**2**)어 양이온이 되고, 17족 원소의 원자는 전자 (**3**)개를 (**4**)어 음이온이 되면서 비활성 기체와 같은 전자 배치를 이룬다.
- 금속 원소와 비금속 원소가 화학 결합을 형성할 때 전자는 (**5**) 원소에서 (**6**) 원소로 이동한다.

> **KeyWord**
> ❶ .... ❷ .... ❸ ....
> ❹ .... ❺ .... ❻ ....

---

04 그림은 물질 AB와 C_2의 화학 결합 모형을 나타낸 것이다. (단, A~C는 임의의 원소 기호이다.)

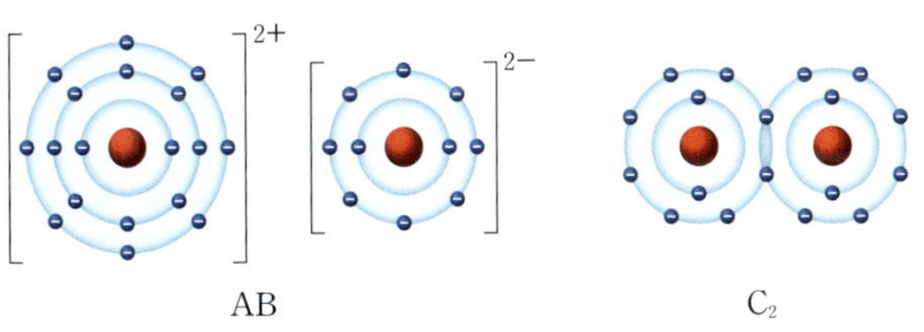

(1) B_2가 생성될 때 B 원자 사이에 공유한 전자쌍의 수를 설명하시오.

....

....

(2) A와 C로 이루어진 안정한 화합물의 화학 결합의 종류와 화학식을 쓰시오.

단계별로 | **배경 지식 쌓기**

Step ❶ 문제 분석하기

화학 결합 모형으로부터 각 물질을 이루는 구성 원소의 특징을 파악한다.

➡ A는 4주기 (   )족, B는 2주기 (   )족, C는 2주기 (   )족 원소이다.

Step ❷ Key Word 찾아 답안 작성하기

- 2주기 16족 원소는 원자가 전자 수가 (**1**)이므로 비활성 기체의 전자 배치를 이루기 위해 필요한 전자 수가 (**2**)이다.
- 금속 원소와 비금속 원소는 (**3**) 결합을 형성한다.

> **KeyWord**
> ❶ .... ❷ .... ❸ ....

05 다음은 학생 **A**가 수행해야 할 탐구 과제이다.

> 설탕, 에탄올, 염화 나트륨, 질산 칼륨을 다음과 같이 화학 결합의 종류에 따라 구분할 수 있는 실험을 설계하고 수행하시오.
>
> | 이온 결합 물질 | 공유 결합 물질 |
> |---|---|
> | 염화 나트륨, 질산 칼륨 | 설탕, 에탄올 |

학생 A가 수행해야 할 실험 과정과 예상되는 결과를 다음 조건을 모두 고려하여 설명하시오.

조건
- 실험 과정을 구체적으로 설명할 것
- 실험 과정에 대한 실험 결과를 구분한 물질과 관련지어 설명할 것

Step ❶ 문제 분석하기

이온 결합 물질과 공유 결합 물질을 구분할 수 있는 성질을 파악한다.

➜ 이온 결합 물질은 수용액 상태에서 전기 전도성이 (　　　), 공유 결합 물질은 수용액 상태에서 전기 전도성이 (　　　).

Step ❷ Key Word 찾아 답안 작성하기

- 이온 결합 물질은 수용액 상태에서 (❶) 이/가 자유롭게 이동할 수 있어 전기 전도성이 있다.
- 공유 결합 물질은 수용액 상태에서 (❷) 상태로 존재하므로 전기 전도성이 없다.

KeyWord

❶ ＿＿＿＿＿＿　❷ ＿＿＿＿＿＿

---

06 그림은 단위체의 결합으로 단백질이 형성되는 과정을 나타낸 것이다. 이 단백질은 **100개의 단위체로 구성되어 있다.**

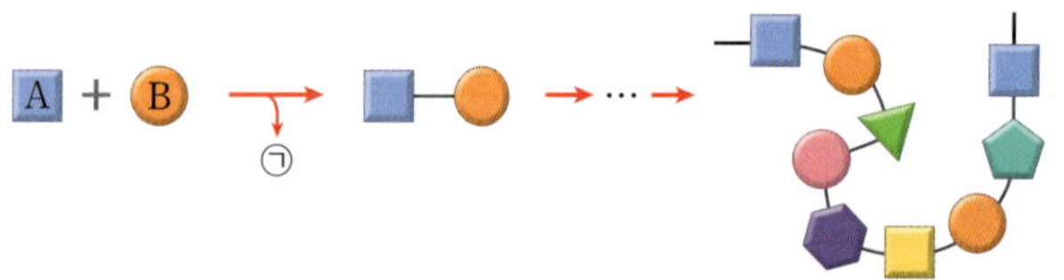

(1) 단위체의 결합으로 그림의 단백질이 생성될 때 생성된 물질 ㉠의 명칭과 수는 몇 개인지 설명하시오.

조건
- 단위체의 명칭, 결합 종류에 관련된 용어를 사용하여 설명할 것

(2) 단백질의 입체 구조를 결정하는 요인과 10개의 단위체로 구성된 단백질은 최대 몇 가지 종류가 만들어질 수 있는지 설명하시오(단, 아미노산의 종류는 20개로 가정한다).

Step ❶ 문제 분석하기

단백질의 단위체를 알고 단위체와 단위체의 결합으로 단백질이 형성됨을 파악한다.

➜ 단백질을 구성하는 단위체는 (　　　)(이) 다.
➜ 단백질을 구성하는 단위체와 단위체 사이의 결합은 (　　　)결합이다.

Step ❷ Key Word 찾아 답안 작성하기

- 단백질을 구성하는 단위체와 단위체 사이에서 결합이 형성될 때 (❶) 분자가 생성된다.
- 단백질은 기능에 따라 고유한 (❷)을/를 가지며, 이러한 (❷)은/는 아미노산의 종류와 개수, 배열 순서에 따라 결정된다.

Key Word

❶ ＿＿＿＿＿＿　❷ ＿＿＿＿＿＿

07 그림은 핵산 모형을 나타낸 것이다.

(1) 제시된 핵산 모형은 DNA와 RNA 중 무엇에 해당하는지 쓰고, 그렇게 생각한 까닭을 두 가지 설명하시오.

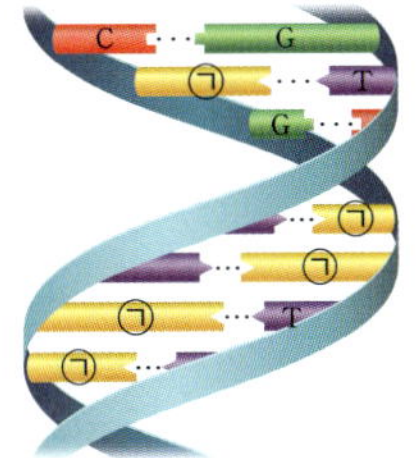

(2) 200쌍의 염기로 구성된 이중나선 DNA에서 ㉠의 수가 80개라면 구아닌(G)은 몇 개인지 설명하시오.

> **조건**
> • 상보결합이란 용어를 사용하여 설명할 것

DNA 구조와 RNA 구조의 차이점을 파악한다.

➡ DNA는 (　　　)구조, RNA는 (　　　) 구조이다.

➡ 타이민(T)은 염기 (　　　)와/과 상보결합을 하고 있다.

Step ❷ **Key Word** 찾아 답안 작성하기

• 염기 중 (　❶　)은/는 DNA에만 존재한다.

• 이중나선 DNA에서 타이민(T)의 수는 (　❷　)의 수와 같고, 구아닌(G)의 수는 (　❸　)의 수와 같다.

KeyWord

❶ .... ❷ .... ❸ ....

---

08 그림 (가)와 (나)는 순수한 반도체에 불순물을 첨가했을 때 원자가 전자의 배열을 모형으로 나타낸 것이다.

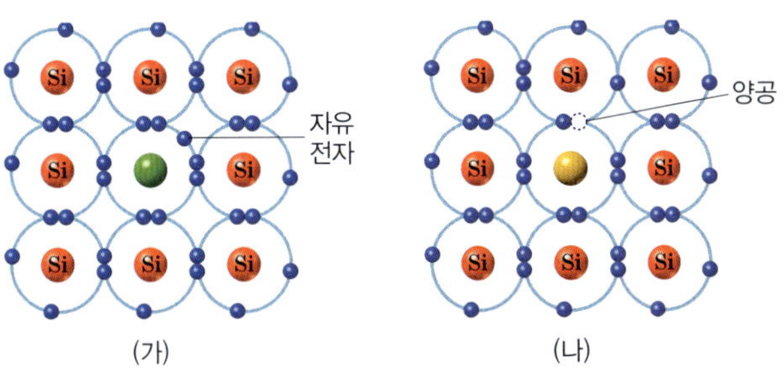

(1) (가)와 (나)는 각각 n형 반도체와 p형 반도체 중 어느 것인지를 쓰고, 자유 전자와 양공의 역할을 설명하시오.

(2) 순수한 반도체에 불순물을 첨가할 때 불순물의 농도가 높아지면 (가)와 (나)의 전기 전도도가 어떻게 변하는지 쓰고, 그 까닭을 설명하시오.

순수한 반도체의 규소 원자는 이웃한 4개의 원자와 (　　　) 결합을 한다.

Step ❷ **Key Word** 찾아 답안 작성하기

• 순수한 반도체는 (　❶　)이/가 거의 없어 전류가 잘 흐르지 않는다.

• p형 반도체는 공유 결합 할 전자가 부족하여 전자의 빈 자리인 (　❷　)이/가 생긴 반도체이다.

• n형 반도체는 공유 결합을 하고 남은 (　❸　)이/가 생긴 반도체이다.

KeyWord

❶ .... ❷ .... ❸ ....

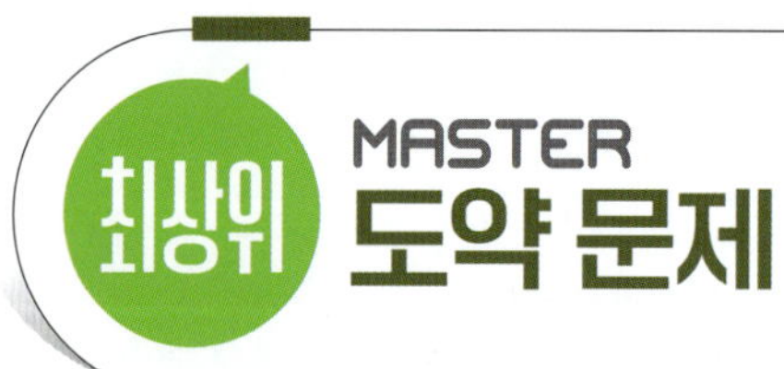

MASTER 도약 문제

최상위

---

01 다음은 나트륨등과 수은등에 대한 설명과 두 전등의 스펙트럼을 순서 없이 나타낸 그림이다.

○ 나트륨등은 노란색 불빛으로 보이며 터널 내부에서 주로 사용한다.
○ 수은등은 백색 불빛으로 보이며 주로 넓은 장소에서 사용된다.

이에 대한 설명으로 옳은 것만을 보기에서 있는 대로 고른 것은?

보기
ㄱ. 나트륨등은 A이다.
ㄴ. A와 B의 선 스펙트럼 파장은 각각 고유한 값을 갖는다.
ㄷ. 나트륨과 수은은 모두 별의 내부에서 핵융합 반응에 의해 생성된다.

① ㄱ　　　　　② ㄴ　　　　　③ ㄷ
④ ㄱ, ㄴ　　　⑤ ㄴ, ㄷ

---

02 그림은 빅뱅 이후 우주의 진화 과정 중 원자핵 생성과 원자 생성 시기의 우주 상태를 나타낸 것이다.

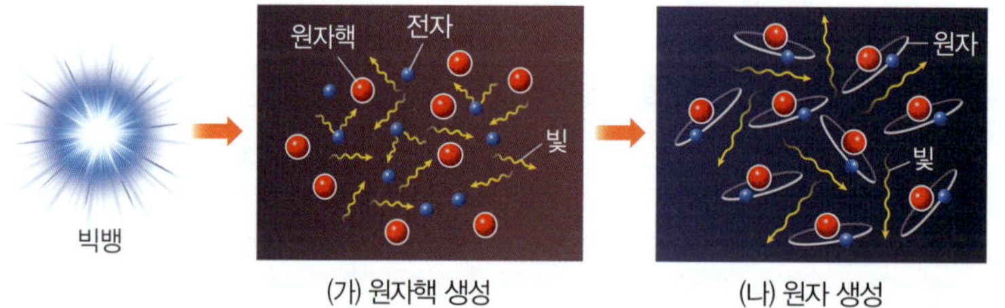

이에 대한 설명으로 옳은 것만을 보기에서 있는 대로 고른 것은?

보기
ㄱ. (가) 시기의 원자핵은 대부분 양성자 1개로 이루어져 있었다.
ㄴ. (나) 시기에 생성된 원자는 대부분 1주기 원소였다.
ㄷ. 빛과 입자의 상호작용은 (가) 시기보다 (나) 시기에 활발하였다.

① ㄱ　　　　　② ㄴ　　　　　③ ㄷ
④ ㄱ, ㄴ　　　⑤ ㄴ, ㄷ

03 다음은 태양의 표면에서 관측된 주요 구성 성분에 대한 설명이다.

태양은 지구에서 가장 가까운 별로, 다른 별에 비해 매우 상세한 연구가 가능하다. 특히, ㉠ (   )을 통해 알아낸 태양의 표면을 이루는 주요 원소의 질량비는 A가 약 73 %, B가 약 25 %이며, 나머지 약 2 %는 산소, 탄소, 철, 황의 순서이다.

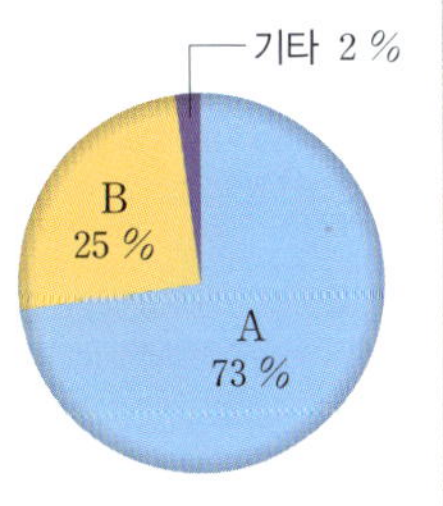

이에 대한 설명으로 옳은 것만을 보기에서 있는 대로 고른 것은?

보기

ㄱ. ㉠에 들어갈 연구 방법은 '스펙트럼 분석'이다.

ㄴ. 태양 표면에서 $\dfrac{\text{A의 개수}}{\text{B의 개수}}$ 는 약 12이다.

ㄷ. 현재 지구에 가장 풍부한 원소는 태양 표면에서 3번째로 풍부한 원소이다.

① ㄱ   ② ㄴ   ③ ㄷ

④ ㄱ, ㄴ   ⑤ ㄴ, ㄷ

원소의 스펙트럼에서는 특정한 파장에서 고유한 선 스펙트럼이 나타난다. 이러한 원리를 이용하여 별과 은하 등 우주를 구성하는 천체의 구성 원소를 알 수 있다.

---

04 그림 (가)와 (나)는 태양계가 형성되는 과정 중 일부를 나타낸 것이다.

(가) 태양계 성운의 회전과 수축

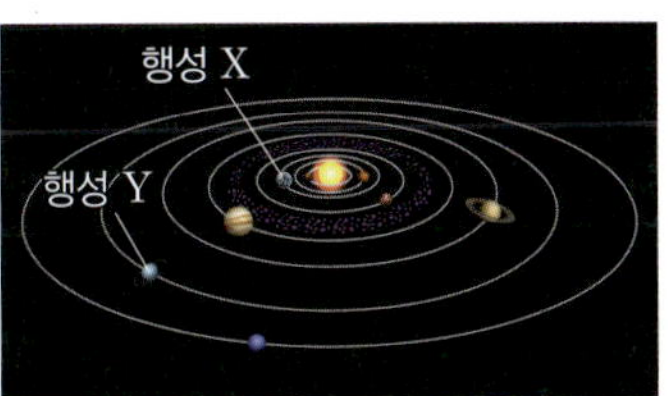

(나) 태양계 행성의 형성

이에 대한 설명으로 옳은 것만을 보기에서 있는 대로 고른 것은?

보기

ㄱ. (가)의 성운이 수축함에 따라 성운의 회전 속도는 빨라진다.

ㄴ. 행성 X와 Y의 공전 방향은 태양계 성운의 회전 방향과 같다.

ㄷ. 행성 Y에서 가장 풍부한 원소의 원자가 전자의 수는 1이다.

① ㄱ   ② ㄴ   ③ ㄱ, ㄷ

④ ㄴ, ㄷ   ⑤ ㄱ, ㄴ, ㄷ

성운이 수축함에 따라 원시 태양과 원시 원반이 만들어졌다. 이후 태양에서 가까운 곳에 지구형 행성이, 먼 곳에 목성형 행성이 만들어졌다.

05 그림은 주기율표의 일부를 나타낸 것이다.
이에 대한 설명으로 옳은 것만을 보기에서 있는
대로 고른 것은? (단, A~D는 임의의 원소 기호
이다.)

족 주기	1	2		16	17	18
1						A
2	B			C		
3						D

> **보기**
> ㄱ. A는 실온에서 원자 2개가 결합한 이원자 분자로 존재한다.
> ㄴ. 질량이 태양보다 훨씬 큰 별에서는 핵융합 반응으로 C가 생성된다.
> ㄷ. B와 D로 이루어진 안정한 화합물에서 B는 A와 같은 전자 배치를 이룬다.

① ㄱ　　　　　　② ㄷ　　　　　　③ ㄱ, ㄴ
④ ㄴ, ㄷ　　　　　⑤ ㄱ, ㄴ, ㄷ

06 다음은 원소 A~D에 대한 자료이다.

> • A~D는 각각 O, F, Na, Mg 중 하나이다.
> • A~D로 이루어진 화합물에서 A~D는 모두 네온(Ne)의 전자 배치를 이룬다.
> • B와 D는 3주기 원소이다.
> • A와 D는 2 : 1로 결합하여 안정한 화합물을 형성한다.

이에 대한 설명으로 옳은 것만을 보기에서 있는 대로 고른 것은? (단, A~D는 임의의 원소 기호
이다.)

> **보기**
> ㄱ. D는 알칼리 금속이다.
> ㄴ. BA는 이온 결합 물질이다.
> ㄷ. CA_2에서 공유한 전체 전자쌍 수는 2이다.

① ㄱ　　　　　　② ㄷ　　　　　　③ ㄱ, ㄴ
④ ㄴ, ㄷ　　　　　⑤ ㄱ, ㄴ, ㄷ

07 그림 (가)는 사람을 구성하는 원소의 질량비를 나타낸 것이고, (나)는 인류의 생존에 필수적인 물질 AB의 화학 결합 모형을 나타낸 것이다.

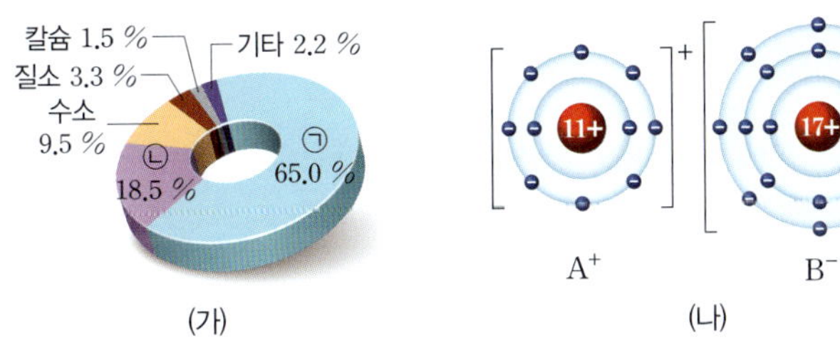

이에 대한 설명으로 옳은 것만을 보기에서 있는 대로 고른 것은? (단, A와 B는 임의의 원소 기호이다.)

보기

ㄱ. ⓖ과 ⓛ은 같은 주기에 속하는 원소이다.

ㄴ. 원자가 전자 수는 B가 A보다 크다.

ㄷ. ⓖ과 ⓛ으로 이루어진 화합물의 화학 결합은 AB를 이루는 화학 결합과 종류가 같다.

---

① ㄱ   ② ㄷ   ③ ㄱ, ㄴ

④ ㄴ, ㄷ   ⑤ ㄱ, ㄴ, ㄷ

08 그림 (가)는 주기율표의 일부를 나타낸 것이고, (나)는 순수한 반도체에 원소 X를 첨가하여 만든 반도체를 나타낸 것이다.

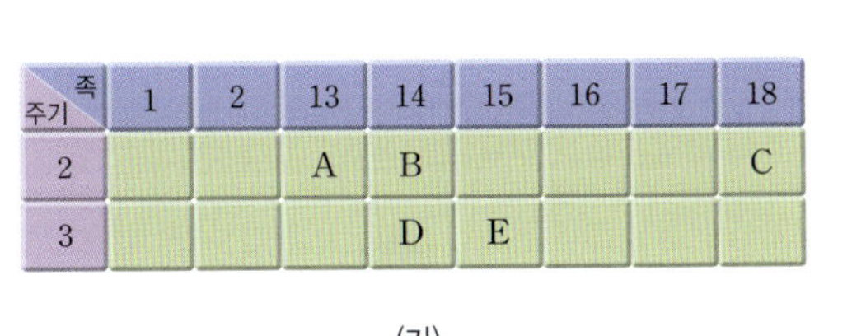

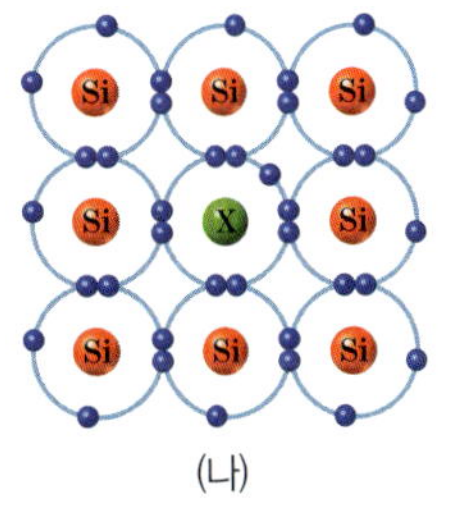

이에 대한 설명으로 옳은 것만을 보기에서 있는 대로 고른 것은? (단, A~E는 임의의 원소 기호이다.)

보기

ㄱ. A~E 중 X로 적절한 원소는 E이다.

ㄴ. (나)는 규소(Si)로만 이루어진 순수한 반도체보다 전류가 잘 흐른다.

ㄷ. (나)에서는 공유 결합에 참여하지 않고 남은 전자가 자유롭게 이동하며 전류가 흐른다.

---

① ㄱ   ② ㄴ   ③ ㄱ, ㄷ

④ ㄴ, ㄷ   ⑤ ㄱ, ㄴ, ㄷ

Solution Tip

생명체(사람)를 구성하는 주요 물질인 탄수화물, 단백질, 지질, 핵산은 탄소 골격에 산소, 질소, 수소와 같은 원소가 결합하여 만들어진 탄소 화합물이다. 또, 이온 결합은 금속 원소와 비금속 원소 사이에 형성되는 결합이다.

Solution Tip

규소(Si) 원자가 공유 결합을 하여 만들어진 순수한 반도체는 전류가 잘 흐르지 않지만 순수한 반도체에 불순물을 첨가하면 자유 전자나 양공의 수가 증가하여 전류가 잘 흐른다.

이차 전지의 핵심, 리튬 자원을 확보하라

스마트 기기, 무선 이어폰 등 일상에서 편리하게 사용하는 가전제품의 배터리에는 화학 에너지를 전기 에너지로 전환하고, 다시 전기 에너지를 공급하여 화학 에너지의 형태로 저장할 수 있는 이차 전지가 들어 있다. 이차 전지는 충전이 가능해 여러 번 사용할 수 있는 전지로, 그중 리튬 이온 전지는 오늘날 가장 대중적으로 사용되는 이차 전지이다. 배터리의 핵심 부품에 사용되는 리튬을 확보하기 위해 많은 나라들이 경쟁을 하고 있다.

통합과학1
Ⅱ-2. 자연을 구성하는 원소
◉ 알칼리 금속

❶ 배터리에 사용되는 리튬

리튬을 포함한 알칼리 금속은 가장 바깥 전자 껍질에 위치한 전자를 잃고 양이온이 되기 쉬워 이차 전지에 사용된다. 그중 리튬은 가장 가벼운 금속이므로 휴대용 전자 기기의 배터리로 많이 사용된다.

통합과학2
Ⅰ-2. 화학 변화
◉ 산화와 환원

❷ 리튬 이온 전지의 원리와 한계점

리튬 이온 전지에서는 리튬 이온이 (+)극과 (−)극 사이를 이동하면서 전자를 잃는 산화 반응과 전자를 얻는 환원 반응이 일어나 전기가 만들어진다. (+)극에 있는 리튬 이온이 (−)극으로 이동하며 전기가 충전되고, (−)극의 리튬 이온이 (+)극으로 돌아갈 때 에너지를 방출하며 방전된다.

최근 전기 자동차에 대한 관심이 높아지면서 이차 전지에 사용되는 리튬의 수요가 크게 늘고 있다. 하지만 리튬은 지각에서 차지하는 비율이 매우 삭아 선 세계가 리튬을 확보하기 위해 힘쓰고 있는 가운데, 리튬의 대안으로 리튬보다 매장량이 많고 리튬과 화학적 성질이 비슷한 나트륨, 칼륨을 활용한 연구가 끊임없이 이루어지고 있다.

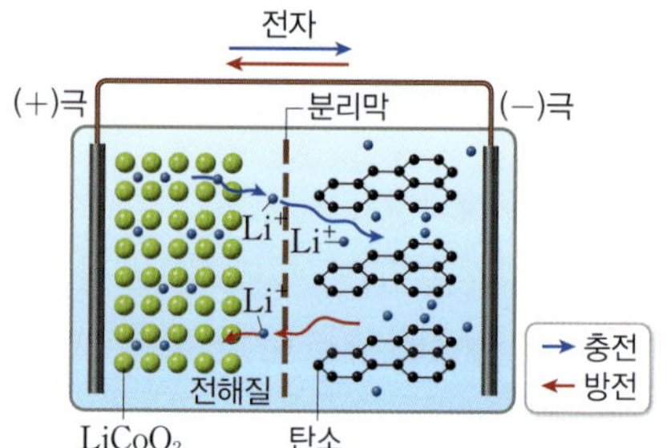

전기 자동차의 리튬 이온 전지

▲ 리튬 이온 전지의 구조

통합 사고력 문제

정답과 해설 43쪽

다음은 배터리에 사용되는 리튬에 대한 자료이다.

> 리튬은 전자를 잃고 양이온이 되기 쉬운 성질이 있어 이차 전지에 활용된다. 리튬은 주로 화합물의 형태로 매장되어 있는데, 리튬과 화학적 성질이 비슷한 나트륨이나 칼륨에 비해 매장량이 작아 최근에는 리튬 대신 나트륨 또는 칼륨을 사용하는 연구가 진행되고 있다.

이차 전지에 주로 리튬이 사용되는 까닭을 전자 배치와 관련지어 설명하고, 리튬 대신 나트륨이나 칼륨을 전지에 사용할 때의 단점과 장점을 다음 조건을 포함하여 설명하시오.

조건
- 전자 배치에서 원자가 전자 수와 반응성을 관련지어 설명할 것
- 알칼리 금속에서 원자 번호에 따른 반응성 차이와 관련지어 설명할 것

알칼리 금속의 이용은 최신 기술 관련 내용을 적용한 통합 문항에서 나올 수 있는 주제 중 하나야. 내용이 어렵지만 다음 두 가지를 잘 파악하면 쉽게 해결할 수 있어.

주제 ❶ 알칼리 금속의 전자 배치와 성질
- 알칼리 금속의 원자가 전자 수 1 → 2족, 13족에 속하는 금속보다 전자를 잃기 쉽다.
- 알칼리 금속 원소의 원자 번호 Li < Na < K → 원자 번호가 클수록 반응성이 증가한다.

주제 ❷ 리튬 금속이 전자를 잃고 산화되면 리튬 이온이 되고, 리튬 이온이 전자를 얻고 환원되면 리튬 금속이 된다.

시스템과 상호작용

1. 지구시스템   2. 역학 시스템   3. 생명 시스템

Overview

우리가 사는 세상은 어떤 요소들로 이루어져 있으며, 서로 어떻게 영향을 주고받을까?

지구시스템은 기권, 지권, 수권, 생물권 등 여러 권역들로 이루어지며, 이들 사이의 물질 순환과 에너지 흐름으로 다양한 자연 현상이 나타난다. 역학 시스템은 역학적 상호작용으로 물체의 운동 변화가 일어난다. 생명 시스템은 세포 내 화학 반응과 유전정보의 흐름을 통해 생명 현상을 유지하고 조절한다.

\# 지구시스템의 구성과 상호작용   \# 판 구조론과 지각 변동   \# 중력장 내의 운동   \# 충격량과 운동량

\# 생명 시스템의 기본 단위   \# 물질대사   \# 유전자와 단백질

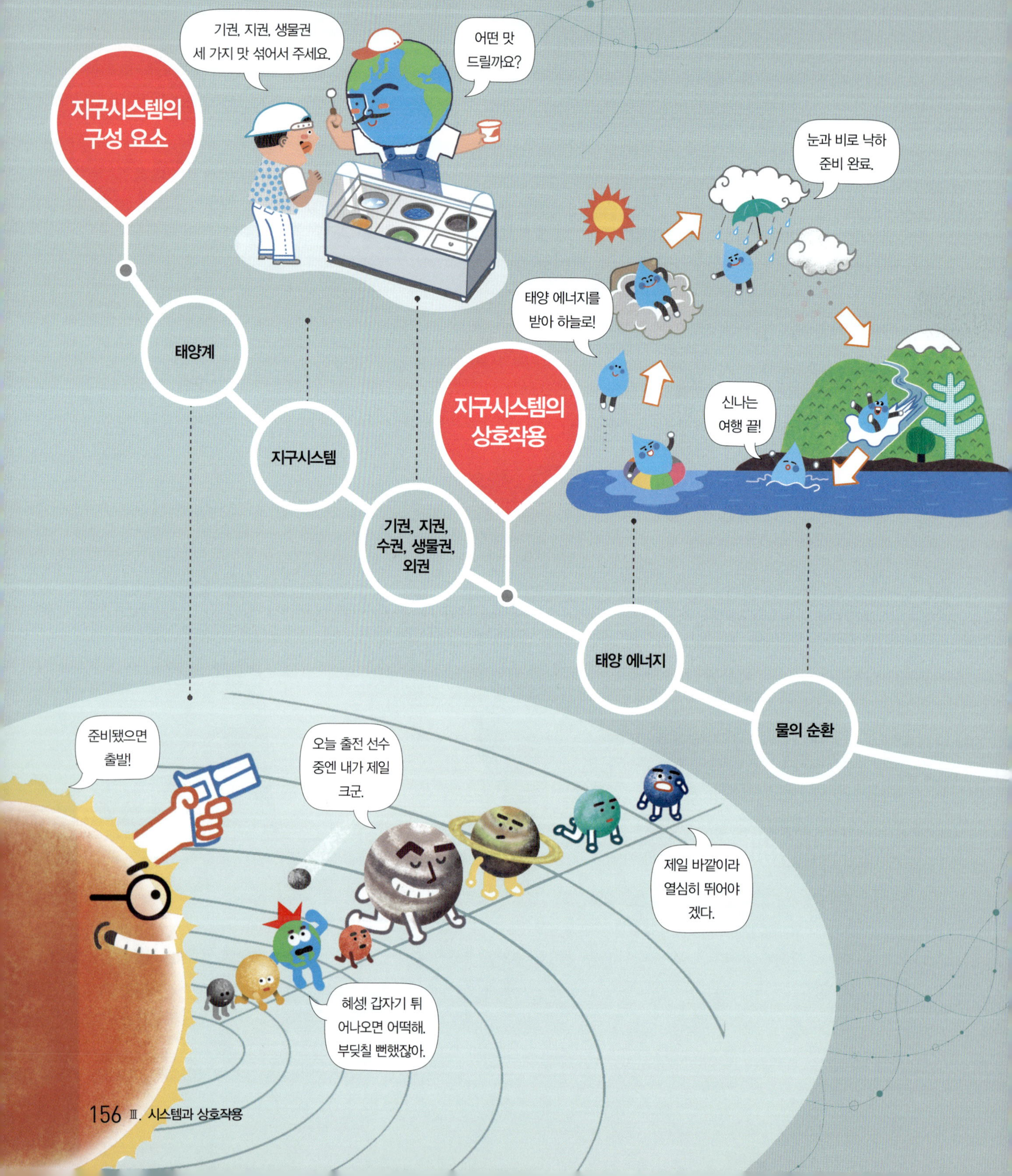

지구시스템의
구성 요소
기권, 지권, 생물권 세 가지 맛 섞어서 주세요.
어떤 맛 드릴까요?
태양계
지구시스템
지구시스템의
상호작용
기권, 지권, 수권, 생물권, 외권
눈과 비로 낙하 준비 완료.
태양 에너지를 받아 하늘로!
신나는 여행 끝!
태양 에너지
물의 순환
준비됐으면 출발!
오늘 출전 선수 중엔 내가 제일 크군.
제일 바깥이라 열심히 뛰어야 겠다.
혜성! 갑자기 튀어나오면 어떡해. 부딪칠 뻔했잖아.

1

지구시스템

지구시스템은 기권, 지권, 수권, 생물권, 외권으로 이루어져 있으며, 각 권역들이 상호작용 하는 과정에서 다양한 자연 현상이 나타난다.

1 지구시스템의 구성 요소

2 지구시스템의 상호작용

3 지권의 변화

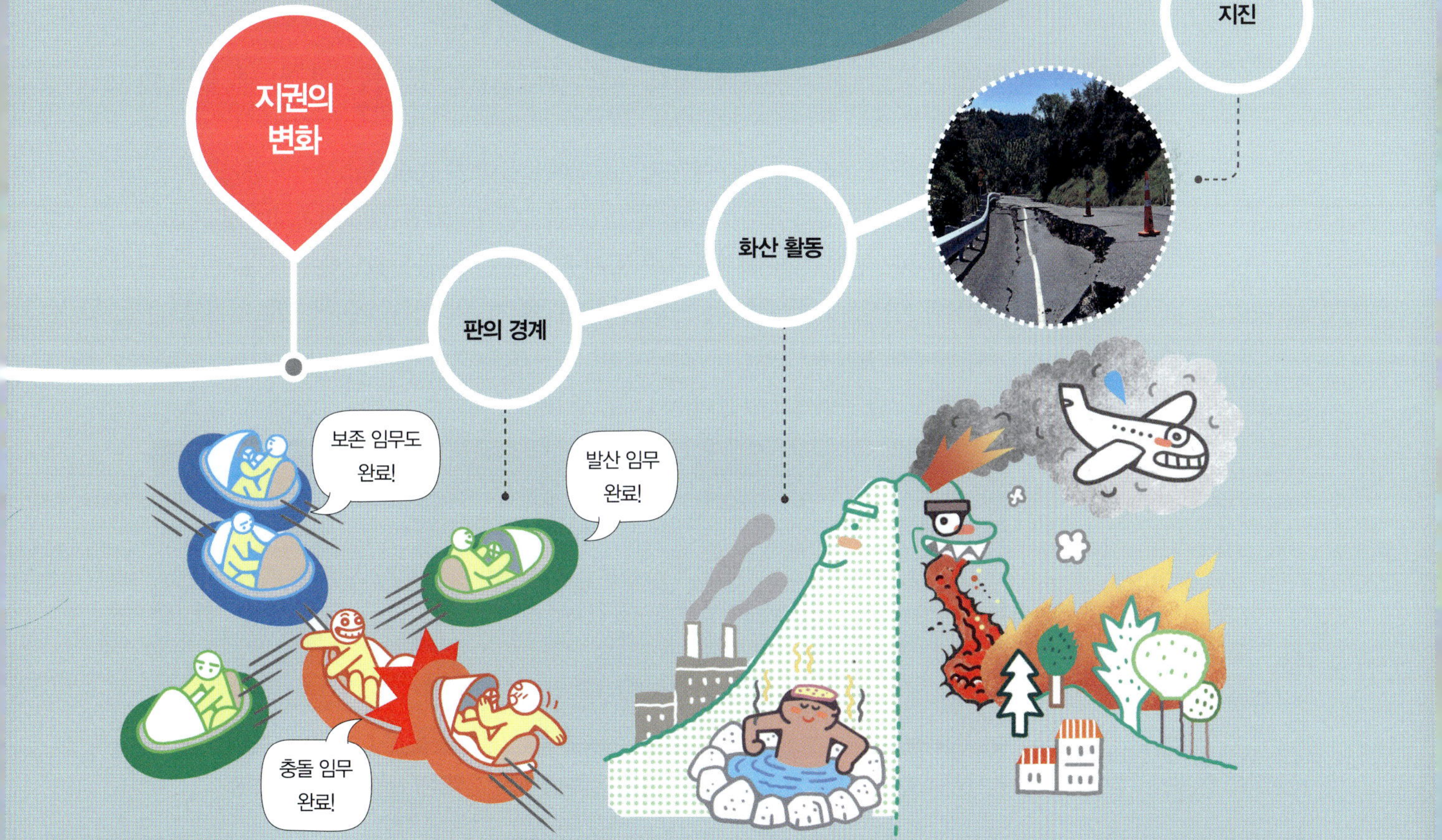

01 지구시스템의 구성 요소

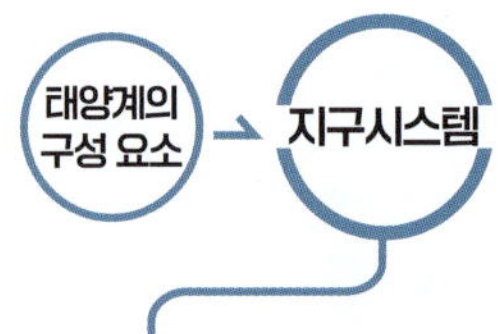

시스템의 구분
시스템은 크게 열린계, 닫힌계로 분류할 수 있다. 열린계는 외부와 에너지 이동 및 물질 교환이 일어나는 계(예 생태계)이고, 닫힌계는 외부와 에너지 이동은 일어나지만 물질 교환은 거의 일어나지 않는 계(예 태양계)이다.

기권의 영역
지구 대기의 99.99 %는 높이 약 1000 km 이내에 분포하며, 이 영역 바깥에 존재하는 성분은 대부분 수소와 헬륨이다. 따라서 기권의 영역을 지표면으로부터 높이 약 1000 km까지로 정의한다.

용어

＊시스템(system)
2개 이상의 구성 요소로 이루어져 있으며, 각 구성 요소가 서로 영향을 주고받는 집합체

1 지구시스템

태양계에 속하는 행성 중 하나인 지구는 다양한 환경으로 구성되어 있는 하나의 시스템이다. 지구의 다양한 환경들은 5가지 구성 요소로 나눌 수 있고, 각각의 구성 요소들은 서로 영향을 주고받는다.

1. 지구시스템의 구성 요소와 특징

(1) **태양계**: 태양과 태양 주위를 공전하는 천체 및 이들이 차지하는 공간 ➡ 이들은 태양을 중심으로 일정한 궤도를 따라 공전하며 서로 영향을 주고받는 ＊시스템을 이룬다.

▲ 태양계

(2) **지구시스템**: 지구를 구성하는 요소들이 서로 영향을 주고받으며 이루어진 하나의 시스템

① 지구는 태양계가 형성될 때 다른 행성들과 함께 형성되어 진화했다. 지구는 태양으로부터 안정적으로 에너지를 공급받아 생명체가 살아가기 위한 최적의 환경을 갖춘 하나의 시스템을 이루고 있다. ➡ 지구시스템은 태양계의 구성 요소이다.

② 지구시스템의 구성 요소: 기권, 지권, 수권, 생물권, 외권으로 이루어져 있으며, 각 구성 요소는 끊임없이 상호작용 하고 있다.

- **기권**: 지구를 둘러싸고 있는 대기로, 지표면에서 높이 약 1000 km까지의 공기층이다.
- **지권**: 지구의 표면과 내부를 포함하며, 지표면에서 깊이 약 6400 km까지의 영역이다.
- **수권**: 해수, 빙하, 지하수, 강과 호수 등 지구에 존재하는 물을 말한다.
- **생물권**: 인간을 포함하여 동물, 식물, 미생물 등 지구에 있는 모든 생명체로, 기권, 지권, 수권에 걸쳐 분포한다.
- **외권**: 지구를 둘러싸고 있는 기권의 바깥 영역이다.

▲ **지구시스템의 구성 요소** 기권, 지권, 수권, 생물권, 외권으로 이루어져 있으며, 서로 영향을 주고받는다.

2. 생명체가 존재하는 지구시스템

지구는 태양계에서 유일하게 생명체가 존재하는 행성이다. 행성에 생명체가 존재하기 위해서는 여러 가지 조건이 필요하다.

(1) **안정적인 에너지 공급**: 행성에 생명체가 존재하기 위해서는 에너지를 안정적으로 공급해 주는 별이 있어야 하며, 별은 일정한 광도를 유지할 수 있는 주계열성이어야 한다.

➡ 주계열성인 태양의 예상 수명은 약 100억 년으로, 지구는 생명체의 탄생과 진화, 생명 유지 활동 등에 필요한 에너지를 태양으로부터 안정적으로 공급받고 있다.

(2) **액체 상태의 물**: 액체 상태의 물은 생명체가 존재하기 위한 필수적인 조건이다. ➡ 지구는 태양으로부터 적당한 거리(1 AU)에 위치하여 평균 표면 온도가 적절해 액체 상태의 물이 존재한다.

플러스 강의 ➕ 액체 상태의 물이 존재하는 생명 가능 지대

❶ **생명 가능 지대**: 중심별 주변에서 액체 상태의 물이 존재할 수 있는 거리 범위이다.

➡ 중심별과 행성 사이의 거리가 너무 가까우면 물이 모두 증발하고, 너무 멀면 물이 고체 상태의 얼음이 된다.

❷ **태양계의 생명 가능 지대**: 금성과 화성 사이에 위치하며, 생명 가능 지대에 속하는 행성은 지구뿐이다. ➡ 지구는 태양계에서 유일하게 액체 상태의 물이 풍부하게 존재한다.

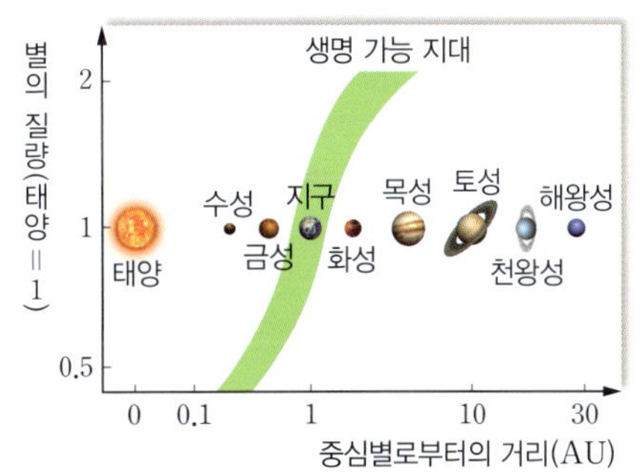

▲ 별의 질량에 따른 생명 가능 지대

---

(3) **적절한 대기층**: 행성에 적절한 구성 성분과 양의 대기가 있어야 한다. ➡ 지구의 대기는 온실 효과를 일으켜 생명체가 살아가기에 알맞은 온도를 유지해 주며, 외권으로부터 입사되는 유해한 자외선과 방사선 등을 막아 준다.

(4) **자기장**: 행성 주변에 자기장이 존재할 경우, 태양과 우주 공간에서 유입되는 고에너지 입자를 차단할 수 있다. ➡ 지구 자기장은 *태양풍과 *우주선을 막아 주는 보호막 역할을 한다.

별의 질량과 생명 가능 지대

중심별의 질량이 클수록 광도가 크기 때문에 생명 가능 지대는 별에서 멀어지고, 그 범위(폭)가 넓어진다.

행성의 대기압과 평균 기온

행성	대기압 (기압)	평균 기온(℃)
수성	0	179
금성	95	480
지구	1	15
화성	0.01	−63

용어

***태양풍(太 크다, 陽 별, 風 바람)**
태양의 대기층에서 방출된 전하를 띤 입자(전자, 양성자, 헬륨 원자핵 등)가 우주 공간으로 퍼져 나가는 흐름

***우주선(宇 집, 宙 하늘, 線 줄)**
우주에서 지구로 쏟아지는 고에너지 입자와 방사선을 총칭한다. 주로 양성자로 이루어져 있으며 대부분 우리은하 안에 있는 천체의 폭발로 만들어진 것이다.

✔ 중요 개념 체크

정답과 해설 43쪽

1. 지구시스템은 기권, 지권, 수권, (   ), 외권으로 이루어져 있다.

2. 지구시스템에 대한 설명으로 옳은 것은 ○, 옳지 않은 것은 ×로 표시하시오.

  (1) 지구시스템은 태양계와 구분되는 독립적인 시스템이다. ———————(   )

  (2) 지구는 상호작용 하는 여러 개의 구성 요소로 이루어진 하나의 시스템이다. ———(   )

  (3) 지구는 액체 상태의 물이 존재할 수 있는 생명 가능 지대에 위치한다. ————(   )

2 기권, 지권

기권은 지구를 둘러싸고 있는 약 1000 km 두께의 공기층으로, 대기권이라고도 한다. 지권은 암석과 토양으로 이루어진 지구의 겉 부분과 지구 내부를 포함하는 영역이다.

1. 기권 집중 분석 166쪽

(1) **구성 성분**: 지구의 대기는 질소와 산소가 전체 부피의 약 99 %를 차지하며, 그 외에 아르곤, 이산화 탄소 등이 소량 존재한다.

(2) **대기의 분포**: 지구의 대기는 지표면에서 높이 약 1000 km까지 분포하는데, 전체 대기의 약 99 %는 높이 약 30 km 이내에 분포한다.

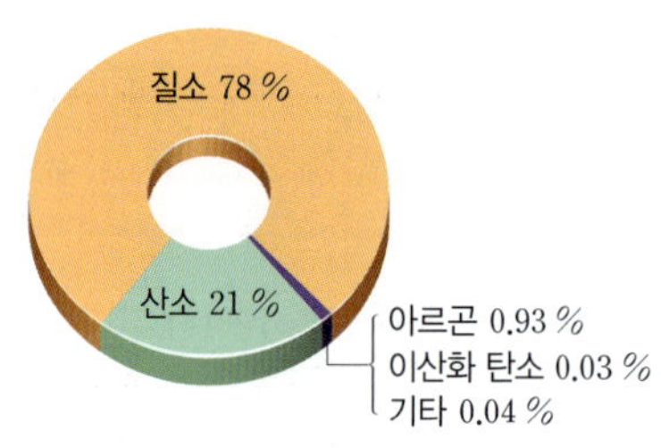

▲ 지구 대기의 구성 성분(부피비)

좀 더 자세히!

높이 올라갈수록 중력이 작아져 대기가 희박해지므로 공기의 밀도와 기압이 낮아진다.

대기는 중력에 의해 지표 부근에 더 많이 모여 있다.

▲ 높이에 따른 공기의 밀도 분포

(3) **기권의 성층 구조**: 높이에 따른 기온 분포를 기준으로 대류권, 성층권, 중간권, 열권으로 구분한다.

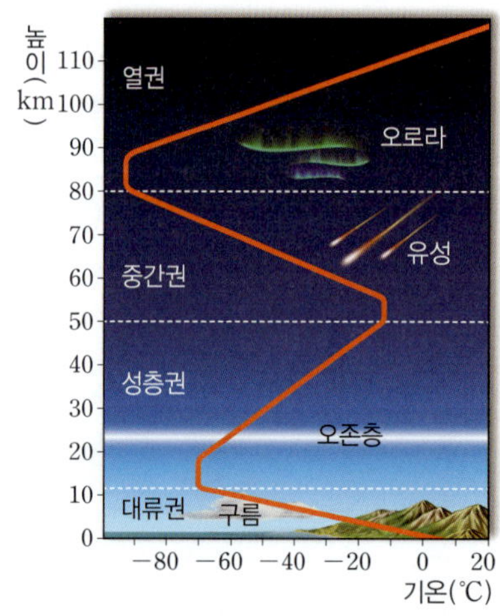

▲ 기권의 성층 구조

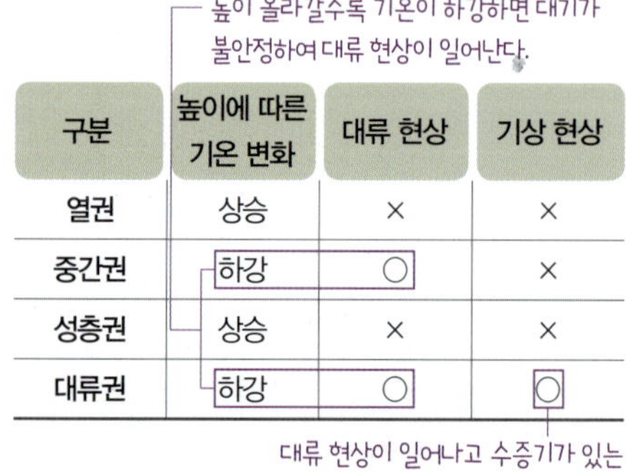

높이 올라갈수록 기온이 하강하면 대기가 불안정하여 대류 현상이 일어난다.

구분	높이에 따른 기온 변화	대류 현상	기상 현상
열권	상승	×	×
중간권	하강	○	×
성층권	상승	×	×
대류권	하강	○	○

대류 현상이 일어나고 수증기가 있는 대류권에서 기상 현상이 나타난다.

① 대류권(높이 약 0~11 km)
- 높이 올라갈수록 지구 복사 에너지가 적게 도달하기 때문에 기온이 낮아진다.
- 대류가 활발하게 일어나고 수증기가 있어서 구름이 형성되거나 비나 눈이 오는 등의 기상 현상이 나타난다.

② 성층권(높이 약 11~50 km)
- 오존이 태양의 자외선을 흡수하기 때문에 높이 올라갈수록 기온이 높아진다.
- 대류가 일어나지 않는 안정한 층이고, 높이 약 20~30 km 구간에 오존층이 있다.

성층권에서 높이 올라갈수록 온도가 상승하는 이유

성층권에서 자외선의 흡수는 성층권 하부보다 상부에서 활발하다. 또한 성층권 상부는 하부에 비해 공기의 밀도가 낮기 때문에 적은 양의 자외선 흡수로 공기 온도가 크게 상승한다.

③ 중간권(높이 약 50~80 km)

- 높이 올라갈수록 지구 복사 에너지의 영향을 적게 받아 기온이 낮아진다.
- 대류가 일어나지만, 수증기가 거의 없어 기상 현상이 나타나지 않는다.
- 중간권 상부에서 유성이 나타나기도 한다.
- 약 80 km 높이의 중간권 계면은 기온이 약 -90 ℃로, 기권에서 온도가 가장 낮다.

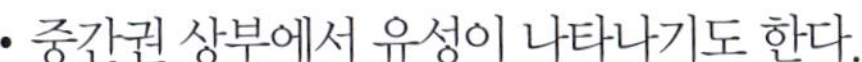

▲ 유성

④ 열권(높이 약 80~1000 km)

- 공기가 태양 복사 에너지를 직접 흡수하기 때문에 높이 올라갈수록 기온이 높아진다.
- 공기가 매우 희박하여 기온의 일교차가 매우 크다.
- 극지방에서는 *오로라가 나타나기도 한다.
- *전리층이 존재하여 전파 통신에 이용된다.

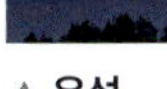

▲ 오로라

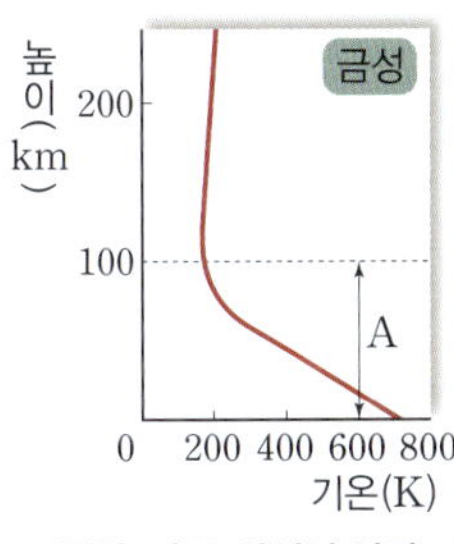

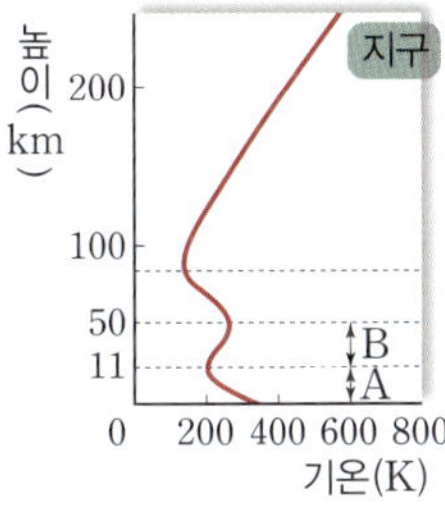

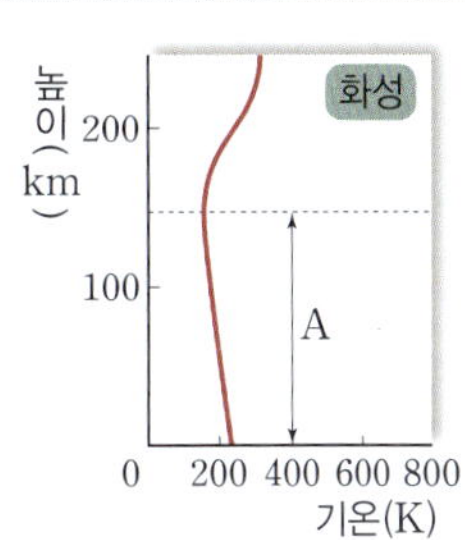

▲ 금성, 지구, 화성의 연직 기온 분포

❶ 높이에 따른 기온 분포를 기준으로 금성과 화성의 기권은 2개, 지구의 기권은 4개의 층으로 구분된다.
❷ 세 행성은 모두 지표 부근에 대류권(A)이 존재하므로 기권에서 대류 운동이 일어난다.
❸ 지구의 기권에는 금성이나 화성과 달리 오존층이 있기 때문에 자외선을 흡수하는 구간(성층권(B)의 오존층)이 존재하여 복잡한 성층 구조가 나타난다.

(4) 기권의 역할

① 수증기와 이산화 탄소는 대기에 적은 양이 있지만, 온실 효과를 일으켜 생물이 살기에 적합한 온도를 유지시켜 준다.
② 생물의 호흡과 광합성에 필요한 산소와 이산화 탄소를 공급하여 생물이 살 수 있는 환경을 만든다.
③ 성층권에 있는 오존이 유해한 자외선을 흡수하여 지상의 생명체를 보호한다.
④ 지구 궤도 주변에 있던 유성체들이 지구 중력에 의해 끌려 들어오면 공기와의 마찰로 지표면에 떨어지기 전에 대부분 타버린다. ➡ 외권에서 지구로 떨어지는 유성체를 막아 지상의 생명체를 보호한다.

온실 효과

대기 중 온실 기체가 지구 복사 에너지를 흡수하여 지표로 재방출하기 때문에 지구의 평균 기온이 높게 유지되는 현상을 말한다. 통합과학2의 'Ⅱ—2. 지구 환경 변화' 단원에서 자세하게 다룬다.

자외선이 생물에 미치는 영향

파장이 짧은 자외선은 식물의 엽록소를 파괴하기 때문에 광합성을 하는 생명체에게 치명적이다. 또한 사람의 피부 세포에 영향을 미쳐 피부암 등을 유발할 수 있다.

용어

*오로라(aurora)
태양풍 입자(전자, 양성자 등)가 지구 자기장을 따라 이동하다가 극지방 상공에서 대기와 충돌하여 빛을 내는 현상

*전리층(電 번개, 離 떠나다, 層 층)
태양 복사에 의해 이온화된 입자들이 많이 존재하는 영역으로, 지상에서 발사된 전파를 반사하기 때문에 장거리 통신에 이용된다.

2. 지권

(1) **지권의 성층 구조**: 구성 성분과 물질의 상태를 기준으로 지각, 맨틀, 외핵, 내핵으로 구분한다.

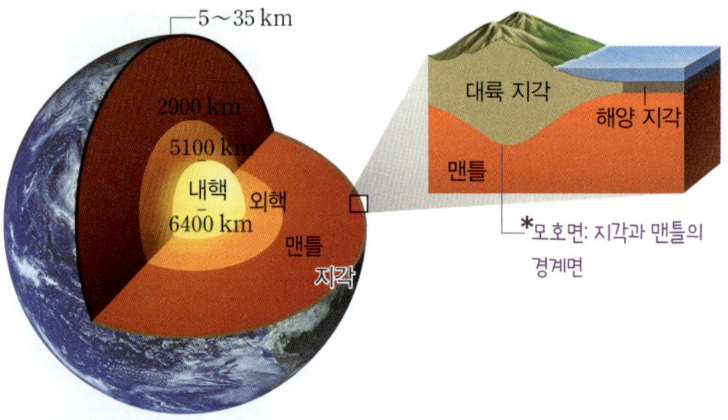

구분	대륙 지각	해양 지각
구성 암석	화강암질 암석	현무암질 암석
평균 두께	약 35 km	약 5 km
평균 밀도	약 2.7 g/cm^3	약 3.0 g/cm^3

▲ **지권의 성층 구조**

① 지각: 지구의 가장 겉 부분을 이루는 층으로, 비교적 가벼운 규산염 물질로 이루어져 있다. 고체 상태이며, 대륙 지각과 해양 지각으로 구분한다.

② 맨틀: 지구 전체 부피의 약 80 %를 차지하며, 지각을 구성하는 암석보다 밀도가 큰 감람암질 암석으로 이루어져 있다. 고체 상태이지만 유동성이 있어 대류가 일어난다.

③ 외핵: 주로 철과 니켈 등의 무거운 물질로 이루어져 있으며, 액체 상태이다. 상부와 하부의 온도 차이에 의해 철과 니켈의 대류가 일어나 지구 자기장을 형성한다.

④ 내핵: 주로 철과 니켈 등의 무거운 물질로 이루어져 있으며, 고체 상태이다. 지구 내부에서 온도, 밀도, 압력이 가장 높다.

(2) **지권의 역할**

① 생물의 서식처와 생명 활동에 필요한 물질을 제공한다.

② 대륙의 분포 및 다양한 지형은 대기의 순환과 해수의 흐름에 영향을 준다.

③ 화산 활동으로 지권에서 기권으로 방출된 물질은 기후 변화를 일으킨다. 특히 해저에서 화산 활동이 일어나면 수권에 다양한 물질이 공급되어 해양 생태계 유지에 큰 역할을 한다.

④ 지표의 토양은 물을 여과하고 오염 물질을 정화한다.

⑤ 지권은 다양한 형태로 이산화 탄소를 저장 및 방출하여 지구 온난화에 영향을 준다.

좀 더 자세히!

• 지구 내부는 구성 성분을 기준으로 지각, 맨틀, 핵으로 구분한다.

• 핵은 물질의 상태를 기준으로 다시 외핵과 내핵으로 구분한다.

내핵이 고체 상태인 까닭

압력이 높을수록 물질의 용융점이 높아진다. 내핵은 외핵보다 온도가 더 높지만, 외핵에 비해 압력이 훨씬 높기 때문에 고체 상태로 존재한다.

용어

***모호면(모호로비치치 불연속면)**

1909년 크로아티아 지진학자인 모호로비치치는 지각 하부에서 지진파 속도가 갑자기 증가하는 불연속면을 발견하였다. 모호로비치치는 이 지각과 맨틀의 불연속면을 모호면이라고 이름 붙였다. 모호면은 해양에서 얕고, 대륙에서 깊다.

중요 개념 체크

정답과 해설 43쪽

3. 기권은 높이에 따른 (　　　) 분포를 기준으로 대류권, 성층권, 중간권, 열권으로 구분한다.

4. 지권에 대한 설명으로 옳은 것은 ○, 옳지 않은 것은 ×로 표시하시오.

(1) 지구 내부 구조 중 가장 큰 부피를 차지하는 층은 맨틀이다. ────── (　　　)

(2) 외핵과 내핵은 모두 고체 상태이다. ────── (　　　)

(3) 지구 내부로 갈수록 온도, 밀도, 압력이 높아진다. ────── (　　　)

③ 수권, 생물권, 외권

지구는 전체 표면의 약 70 %를 바다가 차지하고 있어서 우주에서 푸르게 보인다. 지구는 인간을 비롯한 다양한 생물이 생물권이라는 하나의 권역을 이루고 있는 유일한 태양계 행성이다. 외권은 기권, 지권, 수권, 생물권과 물질 교환을 거의 하지 않는 권역이다.

1. 수권

(1) 수권의 구성

① 지구상의 물은 해수, 빙하, 지하수, 강, 호수 등으로 구성된다.

② 수권의 약 97.5 %는 해수가 차지하며, 육수는 약 2.5 %에 불과하다.

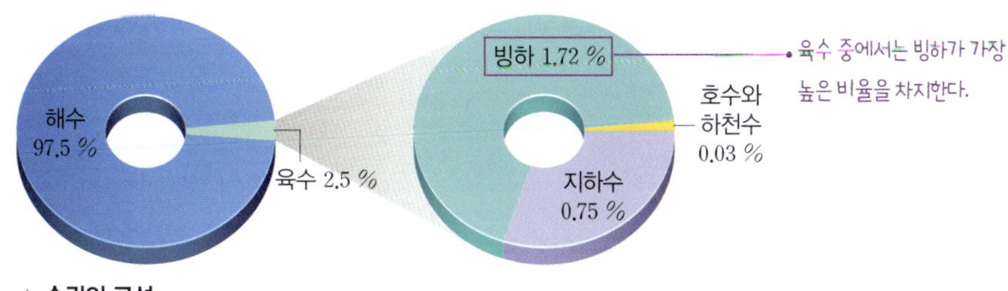

▲ 수권의 구성

(2) 수권의 성층 구조: 수권의 대부분을 차지하는 해수는 깊이에 따른 수온 분포를 기준으로 혼합층, 수온 약층, 심해층으로 구분한다.

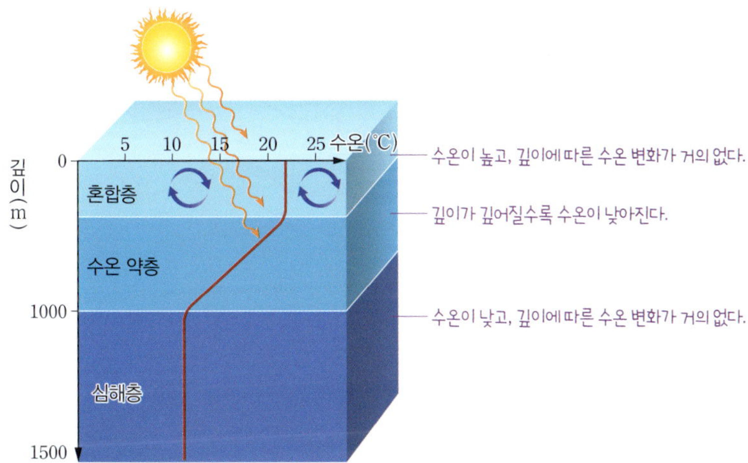

▲ 해수의 성층 구조

① 혼합층: 태양 에너지를 흡수하여 수온이 높고, 바람에 의해 해수가 섞여 깊이에 관계없이 수온이 거의 일정한 층이다. 혼합층의 두께는 바람이 강하게 불수록 두꺼워지고, 계절과 장소에 따라 달라진다.

② 수온 약층: 깊이가 깊어질수록 수온이 급격하게 낮아지는 층으로, 연직 운동이 거의 일어나지 않는 안정한 층이다. 혼합층과 심해층 사이의 물질 교환과 에너지 이동을 차단하는 역할을 한다.

③ 심해층: 태양 복사 에너지가 도달하지 않으므로 수온이 낮고, 깊이에 따른 수온 변화가 거의 없다. 계절에 관계없이 수온이 거의 일정하며 전체 해수에서 가장 많은 부피를 차지한다.

해수와 육수의 성분

해수와 육수에 각각 녹아 있는 물질의 종류와 양이 다르다.
- 해수의 주요 구성 성분: $Cl^- > Na^+ > SO_4^{2-} > Mg^{2+}$
- 육수의 주요 구성 성분: $HCO_3^- > Ca^{2+} > SO_4^{2-}$

수온 약층의 형성

태양 복사 에너지는 수심 10 m 이내에서 85 %, 100 m 이내에서 98 %가 흡수된다. 따라서 표층보다 깊은 곳은 태양 복사 에너지가 거의 도달하지 않기 때문에 수온이 급격하게 낮아지는 수온 약층이 형성된다.

(3) 수권의 역할

① 해양 생물에게 서식 공간을 제공한다.

② 생명체들은 다양한 물질이 녹아 있는 물을 통해 생명 활동에 필요한 여러 가지 물질들을 쉽게 흡수하고, 해로운 물질을 배출한다.

③ 기권과 상호작용 하며 기상 현상을 일으키고, 막대한 열에너지를 저장하여 지구의 기온을 일정하게 유지하는 데 기여한다.

④ 수권의 대부분을 차지하는 바다는 흡수한 태양 복사 에너지를 지구 전체에 고르게 분산하여 지구의 온도를 일정하게 유지한다. ➡ 해수의 순환은 지구 전체의 에너지 평형에 중요한 역할을 한다.

⑤ 물의 순환 과정은 해양 및 육상 생태계 보존에 중요한 역할을 한다.

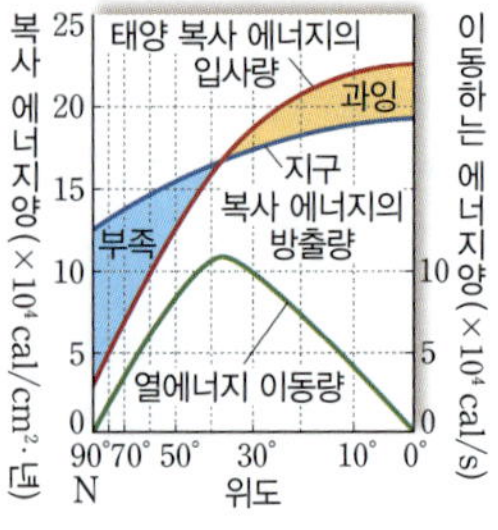

저위도에서는 에너지 과잉, 고위도에서는 에너지 부족 상태이지만, 대기와 해수의 순환으로 위도별 에너지 불균형이 해소된다.

 위도에 따른 해수의 성층 구조

❶ **저위도 지역(적도 부근):** 바람이 약하게 불기 때문에 혼합층이 얇게 나타나고, 일사량이 많아 표층 수온이 높기 때문에 수온 약층이 뚜렷하게 발달한다.

❷ **중위도 지역(위도 30° 부근):** 바람이 상대적으로 강하게 불기 때문에 혼합층이 두껍게 발달하고, 수온 약층이 깊은 곳에서 나타난다.

❸ **고위도 지역(위도 60° 이상):** 일사량이 적어 표층 수온이 매우 낮기 때문에 표층과 심층 수온의 차이가 거의 없어 해수의 성층 구조가 나타나지 않는다.

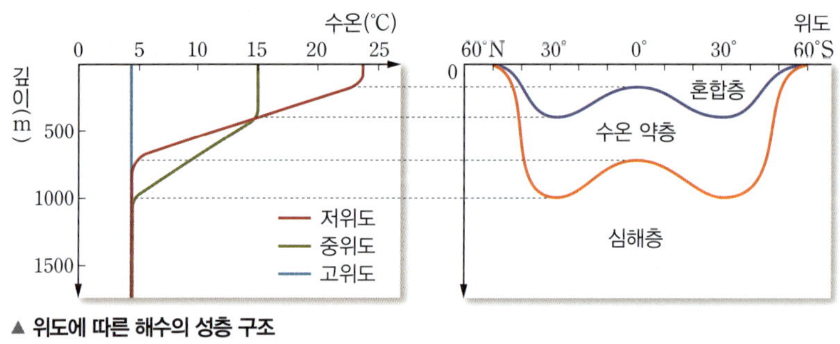

▲ 위도에 따른 해수의 성층 구조

2. 생물권   심화 강의 167쪽

인간을 포함한 지구에 사는 모든 생명체를 생물권이라고 한다.

(1) 생물권의 분포

① 생물권은 기권, 지권, 수권의 영역과 공간적으로 겹쳐 있다.

② 생명체는 지구에 최초로 출현한 시기부터 현재까지 다양한 방식으로 환경에 적응하면서 생물권의 영역을 점점 확대해 왔다.

(2) 생물권의 역할

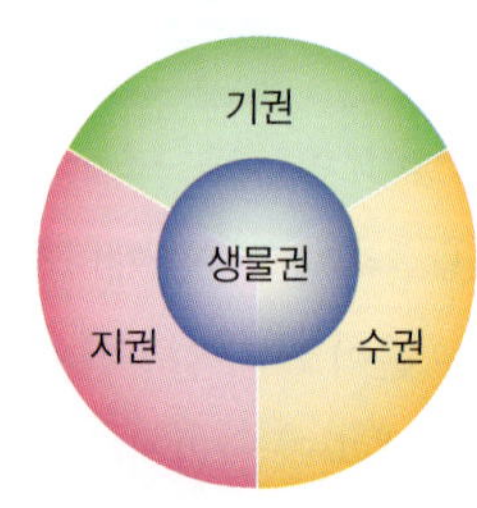

▲ 생물권의 분포

① 생물은 광합성과 호흡을 하며 대기 중의 이산화 탄소와 산소의 농도를 변화시키고, 해수에 녹은 물질을 흡수하여 해수의 성분을 변화시킨다.

② 식물의 뿌리는 지권의 단단한 암석을 풍화시킨다.

③ 토양 속 미생물은 생물의 사체나 배설물을 분해하는 과정에서 토양의 성분을 변화시킨다.

3. 외권

지구를 둘러싸고 있는 기권의 바깥 영역을 외권이라
고 한다.

▲ **기권과 외권** 파란색의 대기층은 기권이
고, 어둡게 보이는 부분은 외권이다.

(1) **외권의 에너지와 물질 교환**: 지구와 우주 공간 및 우
주 공간에 있는 천체 사이에는 끊임없이 에너지 흐
름이 일어나지만, 물질의 교환은 거의 일어나지 않
는다.

(2) **외권의 환경**: 지표 환경과 달리 태양풍과 우주선, 자
외신 등이 매우 강하다.

(3) **외권의 역할**

① 외권으로부터 지구로 들어 오는 태양 복사 에너지는 식물의 광합성에 이용되며, 대기와
해수를 순환시키는 등 지구시스템의 가장 중요한 에너지원이다.

② 지구 자기장은 우주선이나 태양풍의 고에너지 입자를 차단하여 지구의 생명체를 보호하
는 역할을 한다.

③ 달과 태양의 인력은 해수의 밀물과 썰물을 일으킨다.

플러스 ➕ 강의 지구 자기장

❶ **지구 자기장**: 지구 자기력이 미치는 공간을 지구
자기장이라고 한다.

❷ **지구 자기장의 형성**: 주로 철과 니켈로 이루어져
있으며 액체 상태인 외핵의 운동에 의해 유도 전류
가 발생하면서 형성되었을 것으로 추정하고 있다.

❸ **지구 자기장의 역할**: 양성자나 전자처럼 전하를
띤 대전 입자는 지구 자기장의 자기력선을 가로
질러 이동하지 못하고 대부분 자기력선을 따라
이동하거나 자기장 내부에 잡혀 있다. 따라서 지
구 자기장은 태양풍이나 유해한 우주선을 차단하
여 지구의 생명체를 보호하는 역할을 한다.

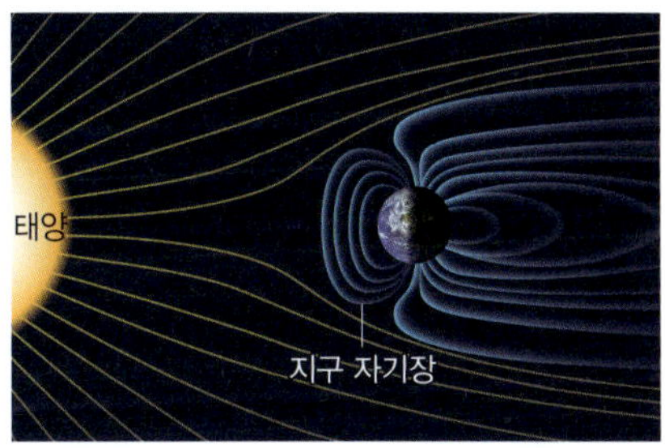

▲ **지구 자기장 분포** 태양풍이 불어오는 쪽은 압축
되어 있고, 반대쪽으로는 길게 늘어진 비대칭적인
모습이다.

✔ **중요 개념 체크**

정답과 해설 43쪽

5. 수권은 깊이에 따른 (   ) 분포를 기준으로 혼합층, 수온 약층, 심해층으로 구분한다.

6. 수권, 생물권, 외권에 대한 설명으로 옳은 것은 ◯, 옳지 않은 것은 ×로 표시하시오.

(1) 수권에서 혼합층은 바람이 강할수록 두껍게 나타난다. ————————— (   )

(2) 수권에서 수온 약층은 혼합층과 심해층 사이의 물질 교환과 에너지 이동을 차단한다. (   )

(3) 생물권은 지권과 수권에만 분포한다. ————————————— (   )

(4) 외권의 지구 자기장은 태양의 자외선을 차단한다. ————————— (   )

집중분석 지구시스템의 성층 구조 한눈에 보기

지구시스템의 구성 요소 중 기권, 지권, 수권은 성층 구조를 이루고 있다. 지권은 물질의 구성 성분과 상태에 따라 지각, 맨틀, 외핵, 내핵으로 구분하고, 기권은 높이에 따른 기온 분포에 따라 대류권, 성층권, 중간권, 열권으로 구분한다. 수권은 깊이에 따른 수온 분포에 따라 혼합층, 수온 약층, 심해층으로 구분한다.

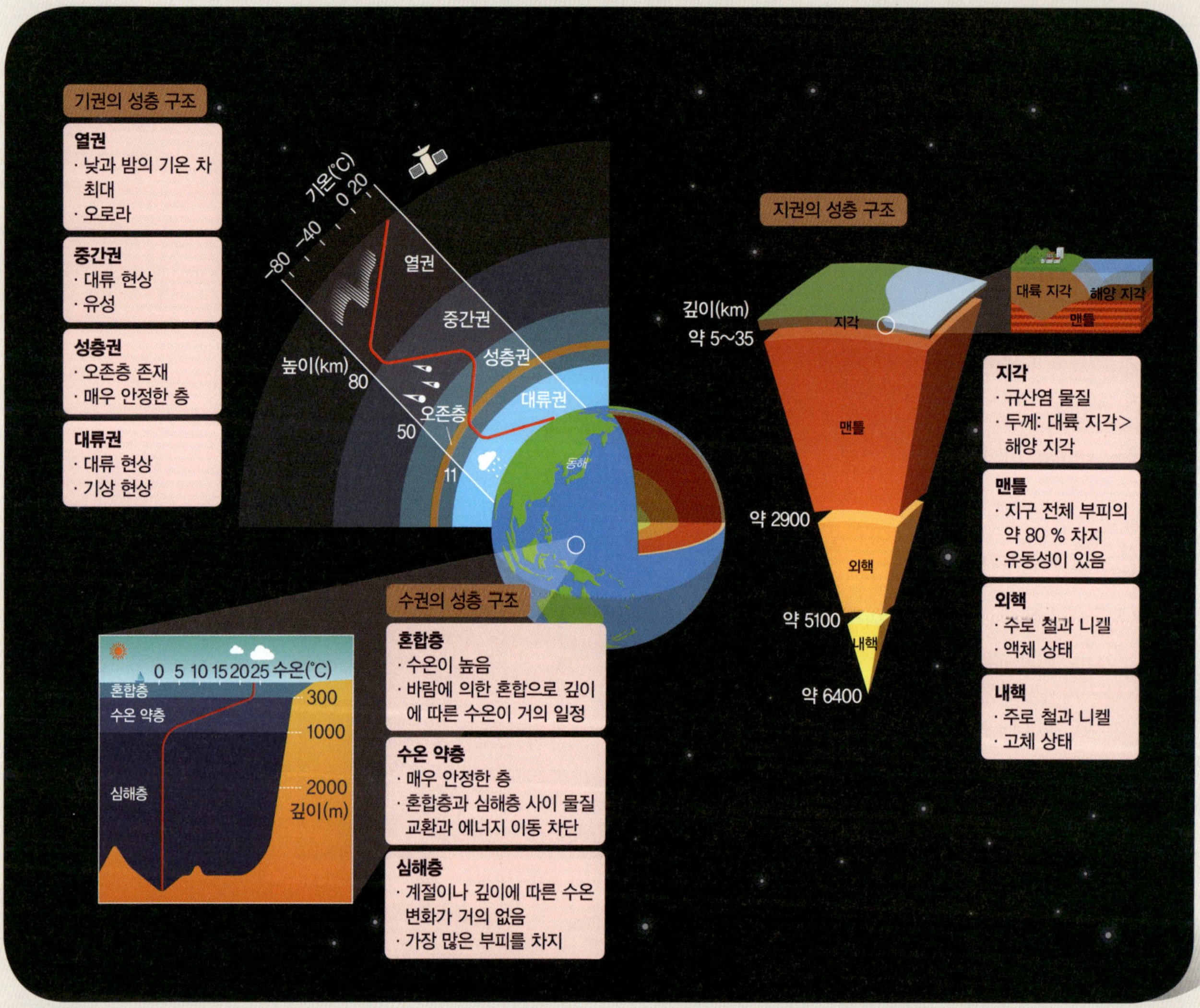

예제

1 다음은 지권의 성층 구조에 대한 설명이다. ( ) 안에 들어갈 알맞은 말을 쓰시오.

(1) 대륙 지각은 해양 지각보다 두께가 ( ).

(2) 지권의 성층 구조 중 액체 상태인 층은 ( )이다.

(3) 외핵과 ( )은/는 철과 니켈 등 무거운 물질로 이루어져 있다.

(4) 지구 중심으로 갈수록 밀도가 ( )진다.

2 기권의 성층 구조에서 대류 현상이 나타나는 곳은 어디인지 쓰시오.

3 수권의 성층 구조에서 안정한 층은 어디인지 쓰시오.

4 지권과 수권의 성층 구조에서 가장 많은 부피를 차지하는 층은 각각 어디인지 쓰시오.

답 **1** (1) 두껍다 (2) 외핵 (3) 내핵 (4) 커 **2** 대류권, 중간권 **3** 수온 약층 **4** 지권-맨틀, 수권-심해층

지구시스템 구성 요소의 변화

II단원에서 학습한 지구의 형성 과정과 관련지어 지구시스템은 어떻게 진화하였고, 지구 생명체가 탄생하여 진화하는 과정에서 지구 환경은 어떻게 변화되었는지 알아보자.

1 지구시스템 구성 요소의 형성 과정

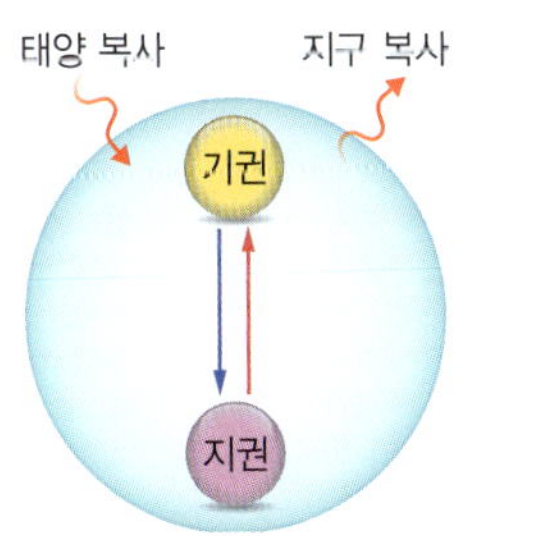

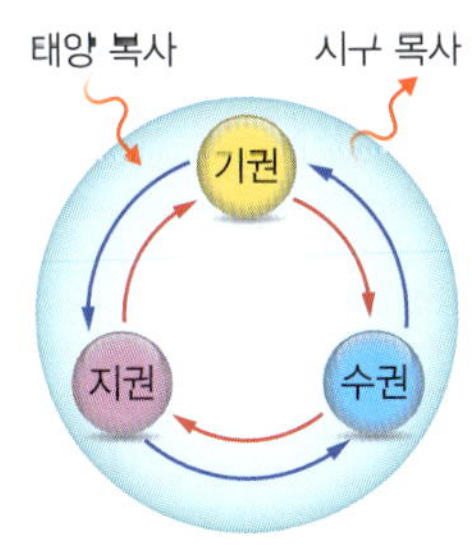

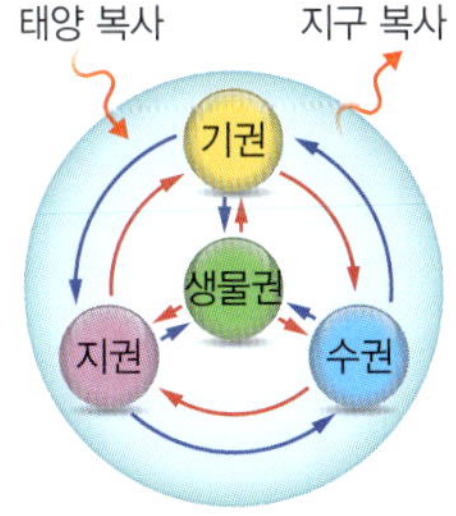

원시 지구에서 미행성체의 충돌이 줄어들면서 지표가 식어 원시 지각이 형성되었다. ➡ 기권, 지권, 외권으로 구성

지표 온도가 충분히 낮아져 대기 중의 수증기가 비로 내려 수권(원시 바다)이 형성되었다. ➡ 기권, 지권, 수권, 외권으로 구성

원시 바다가 형성된 이후 바다에서 최초의 생명체가 탄생하였다. ➡ 기권, 지권, 수권, 생물권, 외권으로 구성

2 지구 자기장과 오존층의 형성 원인과 시기

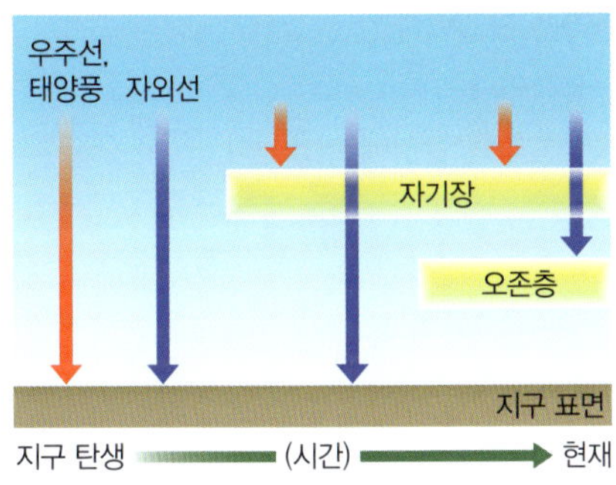

지구 자기장의 형성	오존층의 형성
• 형성 원인: 지구 자기장은 외핵의 운동에 의해 형성되었을 것으로 추정한다. • 형성 시기: 원시 지구에서 마그마 바다가 형성된 후 무거운 성분들은 지구 중심부로 가라앉아 핵을 이루었고, 가벼운 성분들은 떠올라 맨틀을 이루었다. 이와 같이 주로 철과 니켈로 이루어진 핵이 형성된 이후에 지구 자기장이 형성되었을 것이다.	• 형성 원인: 오존층은 대기 중에 산소가 충분히 축적된 이후, 화학 결합에 의해 형성되었을 것으로 추정한다. • 형성 시기: 오존층이 형성된 이후에 육상 식물이 등장했을 것으로 추정한다. 가장 오래된 육상 식물 화석이 약 4억 2천만 년 전에 생성된 것이므로, 오존층은 이 화석이 생성된 시기 이전에 형성되었을 것이다.

3 대기 성분의 변화와 생물권의 진화

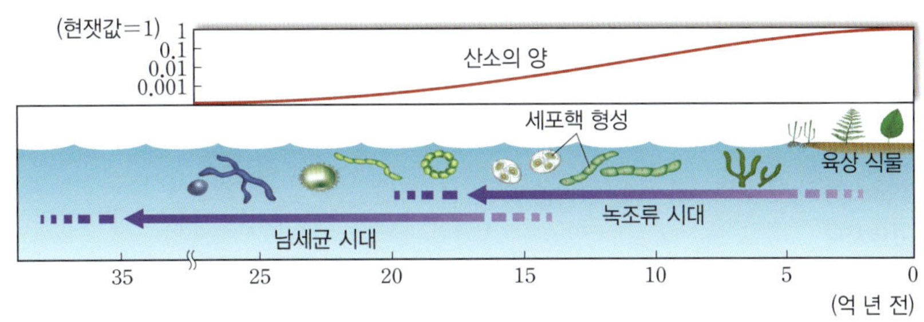

약 35억 년 전에 바다에서 최초의 광합성 생명체인 남세균이 탄생하였다.

바다에서 다양한 남세균이 번성하면서 대기 중의 산소량이 조금씩 증가하기 시작하였다.

대기 중에 산소가 충분히 많아지면서 오존층이 형성되었고, 지표로 유입되는 유해한 자외선이 차단되었다.

약 4억 2천만 년 전에 최초로 육상 식물이 출현하면서 생물권의 영역이 바다에서 육지로 확대되었다.

교과서 속 START 내신 완성 문제

01 지구시스템의 특징에 대한 설명으로 옳지 <u>않은</u> 것은?

① 태양계라는 더 큰 시스템을 이루는 요소이다.
② 상호작용 하는 여러 요소들로 이루어져 있다.
③ 구성 요소는 기권, 수권, 지권, 생물권, 외권이다.
④ 구성 요소들 사이에 에너지 이동과 물질 교환이 일어난다.
⑤ 구성 요소들은 서로 영향을 받지 않고 독립적으로 존재한다.

02 그림은 지구시스템의 구성 요소 A~E를 나타낸 것이다.

(1) A~E에 해당하는 각 지구시스템의 구성 요소를 쓰시오.

(2) A~E 중 온도 분포에 따라 성층 구조를 구분할 수 있는 구성 요소를 모두 쓰시오.

03 지구시스템의 구성 요소에 대한 설명으로 옳은 것만을 보기에서 있는 대로 고르시오.

> 보기
> ㄱ. 빙하는 지권에 해당한다.
> ㄴ. 오존층은 외권에 존재한다.
> ㄷ. 수권의 대부분은 해수가 차지한다.
> ㄹ. 생물권은 대기의 성분 변화에 영향을 미친다.

04 지구시스템을 구성하는 여러 요소의 성층 구조에 대한 설명이다. ( ) 안에 들어갈 알맞은 말을 쓰시오.

> • ㉠ (   )은/는 높이에 따른 기온 분포에 따라 대류권, 성층권, 중간권, 열권으로 구분한다.
> • 지권은 구성 성분과 물질의 ㉡ (   )에 따라 지각, 맨틀, 외핵, 내핵으로 구분한다.

05 그림은 지구시스템을 구성하는 어느 권역의 주요 성분을 나타낸 것이다. 이에 대한 설명으로 옳은 것만을 보기에서 있는 대로 고른 것은?

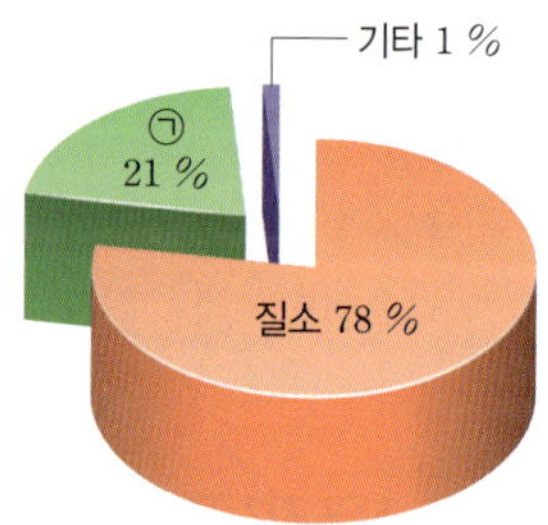

> 보기
> ㄱ. 이 권역은 지권이다.
> ㄴ. ㉠은 산소이다.
> ㄷ. ㉠은 생물의 광합성에 이용된다.

① ㄱ   ② ㄴ   ③ ㄱ, ㄷ
④ ㄴ, ㄷ   ⑤ ㄱ, ㄴ, ㄷ

06 그림은 기권의 성층 구조를 나타낸 것이다. 이에 대한 설명으로 옳지 <u>않은</u> 것은?

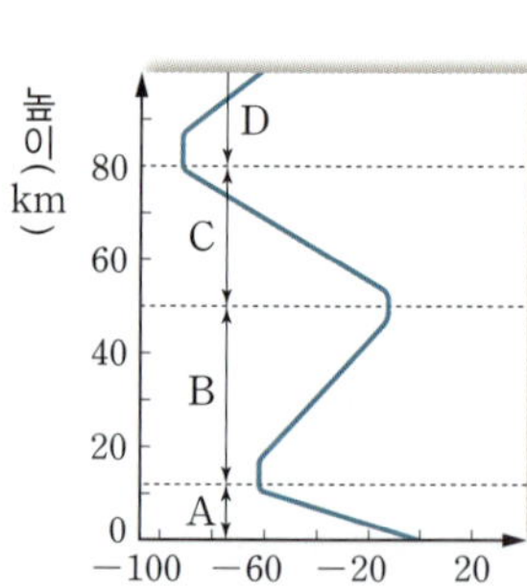

① A에서는 기상 현상이 일어난다.
② B에는 오존층이 존재한다.
③ C에서는 대류 운동이 일어난다.
④ D는 공기가 매우 희박하다.
⑤ A~D 중 기온의 일교차는 A에서 가장 크다.

07 기권의 역할에 대한 설명으로 옳은 것만을 보기에서 있는 대로 고른 것은?

> **보기**
> ㄱ. 외권에서 유입되는 자외선을 막는다.
> ㄴ. 호흡과 광합성에 필요한 성분을 제공해 준다.
> ㄷ. 대기 대순환으로 지구의 에너지 평형에 기여한다.

① ㄱ ② ㄴ ③ ㄱ, ㄷ
④ ㄴ, ㄷ ⑤ ㄱ, ㄴ, ㄷ

08 표는 지권의 성층 구조 A~D의 상태, 주요 성분, 부피비를 나타낸 것이다. A~D는 각각 지각, 맨틀, 외핵, 내핵 중 하나이다.

구분	상태	주요 성분	부피비(%)
A	고체	철, 니켈	( )
B	고체	산소, 규소	약 1
C	고체	산소, 규소	약 80
D	액체	철, 니켈	( )

A~D에 해당하는 층을 쓰시오.

09 그림은 지권의 성층 구조를 나타낸 것이다.

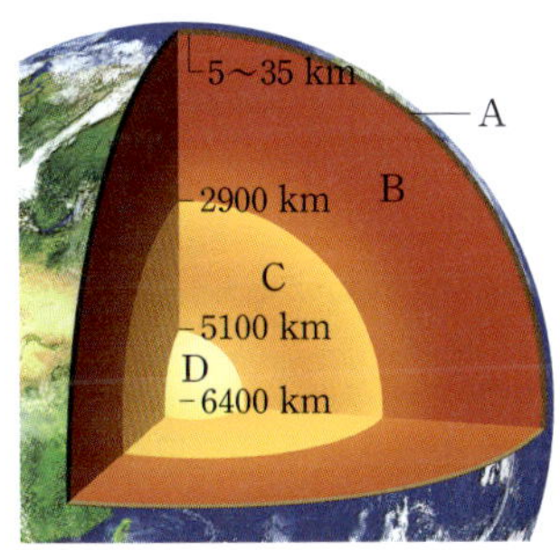

이에 대한 설명으로 옳은 것만을 보기에서 있는 대로 고른 것은?

> **보기**
> ㄱ. A는 D보다 밀도가 큰 물질로 이루어져 있다.
> ㄴ. B는 지권에서 가장 큰 부피를 차지한다.
> ㄷ. C에서 일어나는 열대류로 지구 자기장이 형성된다.

① ㄱ ② ㄴ ③ ㄱ, ㄷ
④ ㄴ, ㄷ ⑤ ㄱ, ㄴ, ㄷ

10 지권의 특징과 역할에 대한 설명으로 옳은 것만을 보기에서 있는 대로 고르시오.

> **보기**
> ㄱ. 화산 활동을 통해 기권과 수권으로 다양한 물질이 이동한다.
> ㄴ. 대륙과 해양의 분포는 대기 순환과 해수의 흐름에 영향을 준다.
> ㄷ. 지권은 생물에게 서식처를 제공하고 생명 활동에 필요한 물질을 공급한다.

11 그림은 지구상의 물의 분포를 나타낸 것이다.

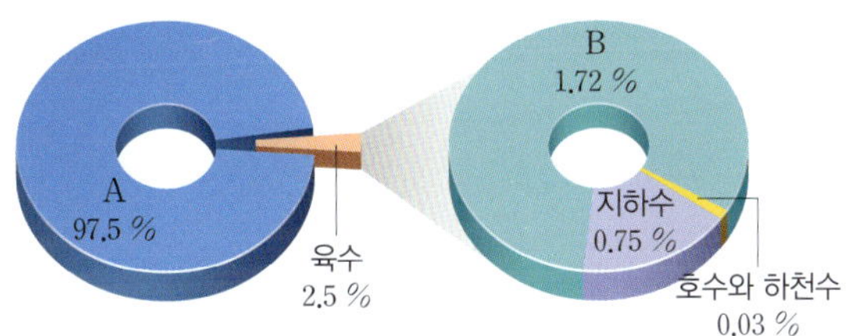

(1) A, B에 해당하는 것을 각각 쓰시오.

(2) A의 성층 구조를 구분하는 기준은 무엇인지 쓰시오.

12 수권에 대한 설명으로 옳은 것만을 보기에서 있는 대로 고른 것은?

> **보기**
> ㄱ. 액체 상태의 물만 포함한다.
> ㄴ. 수권의 물은 대부분 바다에 분포한다.
> ㄷ. 수권의 물은 다른 권역으로도 이동한다.

① ㄱ ② ㄷ ③ ㄱ, ㄴ
④ ㄴ, ㄷ ⑤ ㄱ, ㄴ, ㄷ

[13~14] 그림은 수권의 성층 구조를 나타낸 것이다.

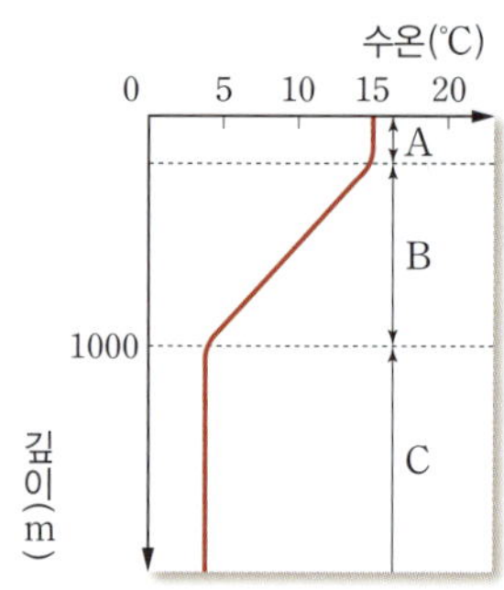

13 이에 대한 설명으로 옳은 것만을 보기에서 있는 대로 고른 것은?

> **보기**
> ㄱ. A는 바람이 강할수록 두껍게 나타난다.
> ㄴ. B에서는 연직 운동이 매우 활발하다.
> ㄷ. 계절에 따른 밀도 변화가 가장 크게 나타나는 층은 C이다.

① ㄱ　　　② ㄴ　　　③ ㄱ, ㄷ
④ ㄴ, ㄷ　　　⑤ ㄱ, ㄴ, ㄷ

14 (서술형) A~C 중 안정한 층의 기호와 이름을 쓰고, 해당하는 층의 역할을 설명하시오.

15 태양계를 구성하는 천체인 달과 비교하여 지구시스템에만 존재하는 권역을 있는 대로 쓰시오.

16 그림은 기권, 수권, 지권, 생물권을 순서 없이 A~D로 나타낸 것이다.

A~D에 대한 설명으로 옳지 **않은** 것은?

① A의 주요 구성 성분은 질소와 산소이다.
② B는 다른 권역과의 물질 교환이 거의 없다.
③ C의 구성 물질은 대부분 액체 상태이다.
④ D의 분포 영역은 A, B, C에 모두 걸쳐 있다.
⑤ A~D는 모두 지구시스템을 구성하는 권역이다.

17 기권과 수권의 특징에 대한 설명으로 옳은 것만을 보기에서 있는 대로 고른 것은?

> **보기**
> ㄱ. 기권은 대류가 활발하여 높이에 관계없이 온도가 거의 일정하다.
> ㄴ. 수권은 수중 생물에게 서식 공간과 생명 활동에 필요한 물질을 공급한다.
> ㄷ. 기권과 수권은 지구의 에너지 평형에 기여한다.

① ㄱ　　　② ㄴ　　　③ ㄱ, ㄷ
④ ㄴ, ㄷ　　　⑤ ㄱ, ㄴ, ㄷ

18 외권에 대한 설명으로 옳은 것만을 보기에서 있는 대로 고른 것은?

> **보기**
> ㄱ. 태양 복사 에너지는 외권에서 유입된다.
> ㄴ. 지권과 물질 교환이 가장 활발하게 일어나는 권역이다.
> ㄷ. 태양의 자외선이 지표로 유입되는 것을 차단해 주는 역할을 한다.

① ㄱ　　　② ㄷ　　　③ ㄱ, ㄴ
④ ㄴ, ㄷ　　　⑤ ㄱ, ㄴ, ㄷ

JUMP 도전 문제

01 그림 (가)는 기권의 구조를, (나)는 수권의 구조를 나타낸 것이다.

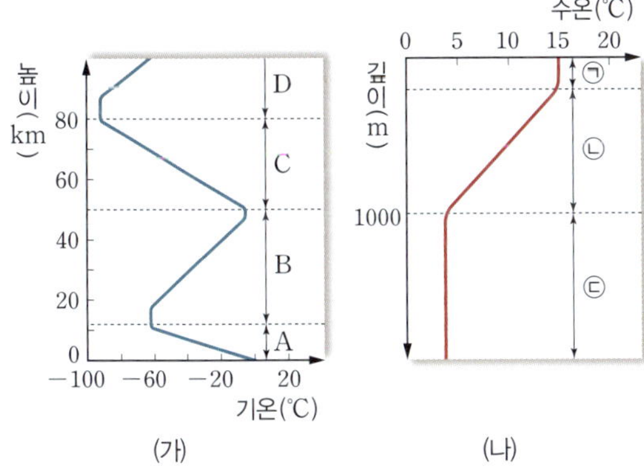

(가)   (나)

이에 대한 설명으로 옳은 것만을 보기에서 있는 대로 고른 것은?

> **보기**
> ㄱ. (가)의 A에서는 기상 현상이 일어난다.
> ㄴ. (가)에서 오로라 현상은 주로 B에서 일어난다.
> ㄷ. (나)의 ㉡은 깊어질수록 밀도가 증가한다.
> ㄹ. (나)에서 태양 에너지가 주로 저장되는 곳은 ㉢이다.

① ㄱ, ㄴ   ② ㄱ, ㄷ   ③ ㄴ, ㄷ
④ ㄴ, ㄹ   ⑤ ㄷ, ㄹ

02 태양계 행성 중 지구에서만 다양한 생물들이 탄생하고 번성할 수 있는 이유에 해당하는 것만을 보기에서 있는 대로 고른 것은?

> **보기**
> ㄱ. 기권에 산소가 풍부하다.
> ㄴ. 수권을 이루는 액체 상태의 물이 풍부하다.
> ㄷ. 지권의 외핵에 의해 지구 자기장이 존재한다.

① ㄱ   ② ㄴ   ③ ㄱ, ㄷ
④ ㄴ, ㄷ   ⑤ ㄱ, ㄴ, ㄷ

03 다음은 원시 지구의 진화 과정을 순서 없이 나타낸 것이다.

> (가) 원시 지각 형성
> (나) 원시 바다 형성
> (다) 마그마 바다 형성

이에 대한 설명으로 옳은 것만을 보기에서 있는 대로 고른 것은?

> **보기**
> ㄱ. 시간 순서는 (다) → (가) → (나)이다.
> ㄴ. 생물권은 (나)보다 먼저 형성되었다.
> ㄷ. 지권의 성층 구조는 (다)보다 먼저 형성되었다.

① ㄱ   ② ㄴ   ③ ㄱ, ㄷ
④ ㄴ, ㄷ   ⑤ ㄱ, ㄴ, ㄷ

04 다음은 금성의 모습과 특징을 나타낸 것이다.

〈서술형〉

평균 온도	약 480 ℃
대기압	약 95기압
액체 상태의 물	없음

금성에는 어떤 권역이 있는지 그 까닭과 함께 설명하시오.

02 지구시스템의 상호작용

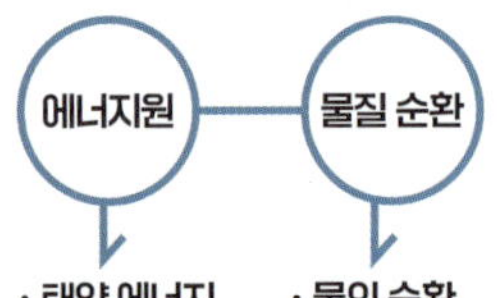

- 태양 에너지
- 지구 내부 에너지
- 조력 에너지

- 물의 순환
- 탄소 순환

1 지구시스템의 에너지원

지구시스템은 기상 현상, 지진과 화산 활동, 밀물과 썰물 등에 의해 끊임없이 변화하고 있다. 이와 같이 지구의 환경을 변화시키는 근원 에너지를 지구시스템의 에너지원이라고 한다.

1. 지구시스템의 에너지원

지구시스템의 에너지원에는 태양 에너지, 지구 내부 에너지, 조력 에너지가 있다. 이들은 모두 다양한 형태의 다른 에너지로 전환될 수 있다.

에너지원의 전환

지구시스템의 에너지원은 하위 권역의 상호작용으로 운동 에너지, 열에너지 등으로 전환될 수 있지만 다른 에너지원으로 전환될 수는 없다. 즉, 지구 내부 에너지가 태양 에너지 또는 조력 에너지로 전환되지 않는다.

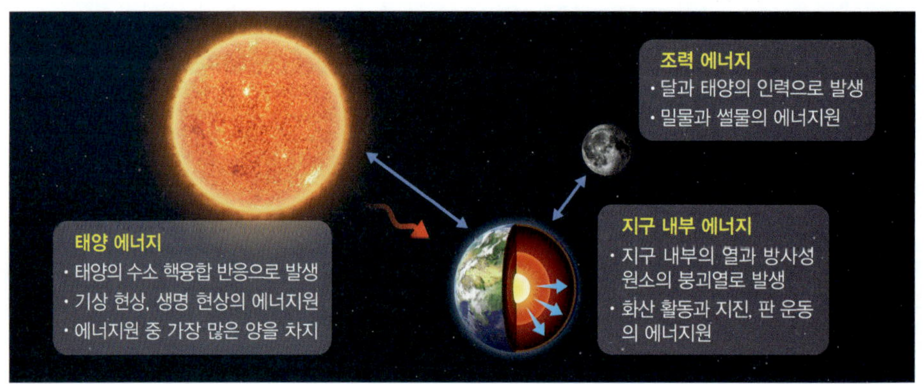

▲ **지구시스템의 에너지원** 에너지원의 상대적 크기는 태양 에너지>지구 내부 에너지>조력 에너지이다.

(1) 태양 에너지

① 태양 에너지는 태양의 중심부에서 일어나는 수소 핵융합 반응으로 발생한다.

② 지구로 유입되는 태양 에너지는 태양이 방출하는 에너지의 극히 일부이지만, 그 양은 지구시스템이 이용하는 전체 에너지양의 99.9 % 이상을 차지한다. ➡ 태양 에너지는 지구시스템의 환경 변화에 가장 큰 영향을 미치는 에너지원이다.

③ 영향

- 기권에서 기상 현상, 대기 순환 등을 일으키고, 수권에서 해수를 순환시킨다.
- 지권에서 풍화와 침식 작용을 일으켜 지표의 지형을 변화시킨다.
- 생물권에서는 식물의 광합성에 이용되어 생명 활동의 에너지원으로 이용된다.

▲ **태양 에너지가 지구에 미치는 영향**

(2) 지구 내부 에너지

① 지구 내부 에너지는 지구가 형성되는 과정에서 지구 내부에 축적된 열과 지각과 맨틀에 포함된 방사성 원소가 붕괴할 때 방출되는 열로 발생한다.

② 영향: 맨틀 대류를 일으키고 판을 움직이게 하는 근원 에너지로, 지진과 화산 활동, 조산 운동 등의 지각 변동을 일으켜 지각을 변화시킨다.

▲ 지구 내부 에너지로 발생한 지진

(3) 조력 에너지

① 조력 에너지는 달과 태양이 지구에 작용하는 인력으로 발생한다.

② 조력 에너지는 지구시스템의 에너지원에서 차지하는 비율이 가장 작다.

③ 영향

- 밀물과 썰물을 일으키고, 해안 침식 또는 퇴적을 일으켜 해안 지형을 변화시킨다.
- 해수면의 높이를 변화시켜 갯벌 생태계에 영향을 미친다.

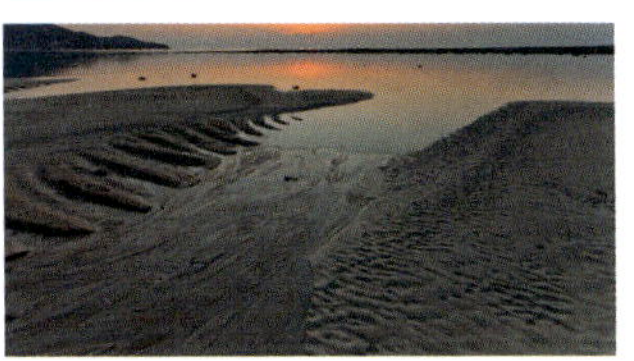

▲ 조력 에너지로 발생하는 밀물과 썰물

2. 지구시스템의 에너지 흐름

지구는 구형이기 때문에 위도별로 에너지 불균형이 나타나는데, 대기와 해수의 순환으로 저위도에서 고위도로 에너지가 이동하여 전체적으로 에너지 평형을 이룬다. 이때 지구시스템의 에너지는 각 권 사이를 이동하면서 다양한 자연 현상을 일으킨다.

> **플러스 강의** ➕ **위도에 따른 에너지 불균형**
>
> ❶ 지구는 구형이기 때문에 위도에 따라 태양의 남중 고도가 다르게 관측된다. ➡ 저위도에서 고위도로 갈수록 태양의 남중 고도가 낮아져 단위 면적당 받는 태양 복사 에너지양이 적어진다.
>
> ❷ 위도에 따른 에너지 불균형
> - 저위도 지역: 태양 복사 에너지양 > 지구 복사 에너지양
>   ➡ 에너지 과잉
> - 고위도 지역: 태양 복사 에너지양 < 지구 복사 에너지양
>   ➡ 에너지 부족
>
> ❸ 대기와 해수의 순환으로 저위도의 남는 에너지가 고위도로 이동하여 지구시스템은 에너지 평형을 이룬다.

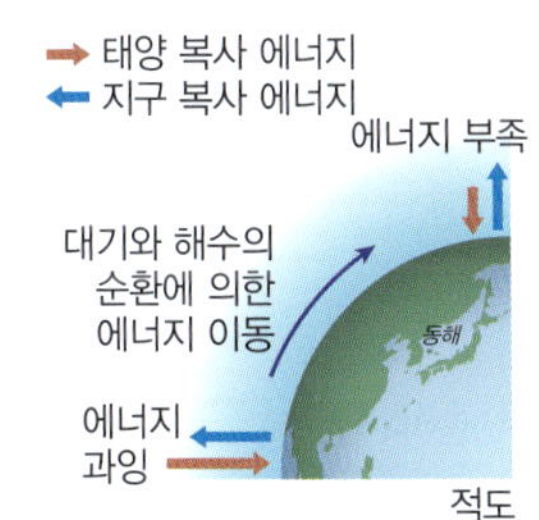

중요 개념 체크

정답과 해설 46쪽

1. 지구시스템의 에너지원에는 태양 에너지, 지구 내부 에너지, (　　　) 에너지가 있다.

2. 지구시스템의 에너지원 중 가장 많은 양을 차지하는 것은 (　　　) 에너지이다.

3. 맨틀 대류를 일으키고 판을 움직이게 하는 근원 에너지는 (　　　) 에너지이다.

방사성 원소

방사성 원소는 불안정한 원자핵을 갖고 있으며, 안정한 원소로 바뀌는 과정에서 에너지를 방출한다. 대표적인 방사성 원소로 우라늄, 토륨 등이 있다.

달과 태양이 지구에 작용하는 인력

달은 태양보다 질량이 작지만 지구와의 거리가 가까워 지구에 영향을 미치는 중력 에너지가 태양보다 크다.

조석력과 조석 현상

조석이란 조석 현상을 일으키는 힘을 말한다. 조석 현상은 달과 태양이 지구에 작용하는 인력에 의해 주기적으로 나타나는 해수면의 높이 변화이다. 조석력의 크기는 지구상의 각 지점에서 지구, 달, 태양의 위치 관계에 따라 다르게 나타난다.

2 지구시스템의 물질 순환

지구시스템에서는 각 권역 사이에서 물질의 순환과 에너지의 흐름이 지속적으로 일어난다. 지구시스템은 이러한 작용으로 권역별 물질과 에너지의 균형을 이루어 생명체들이 존속할 수 있는 안정적인 환경을 유지한다.

1. 물의 순환 집중 분석 177쪽

(1) **물의 순환을 일으키는 주된 에너지원**: 태양 에너지

(2) **물의 순환**: 물은 고체, 액체, 기체로 상태가 변하면서 지구시스템의 각 권역 사이를 순환한다.

(3) **물의 순환 과정에서 나타나는 현상**: 물이 순환하면서 지표의 풍화와 침식을 일으켜 지형을 변화시키고, 증발과 응결을 하며 에너지도 함께 이동시켜 지구의 에너지 흐름과 날씨 변화에 영향을 미친다.

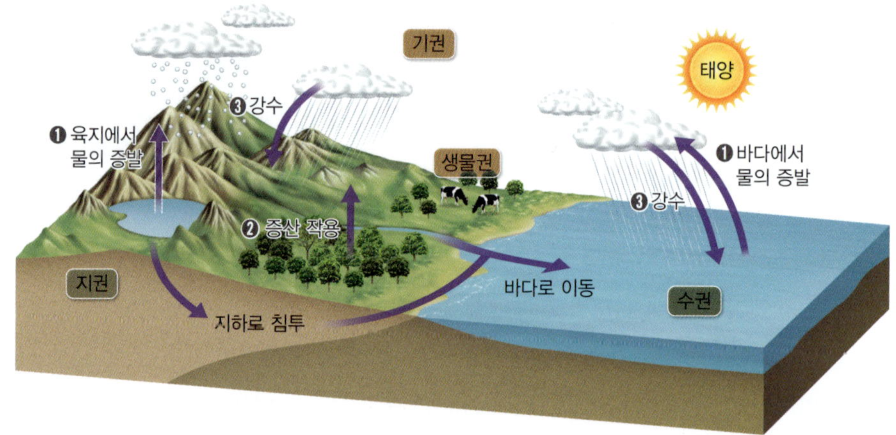

❶ 수권 → 기권	• 바다와 육지의 물이 태양 에너지를 흡수하여 증발하면 수증기의 형태로 대기로 이동한다. • 물이 수증기로 상태가 변할 때 태양 에너지가 *숨은열로 전환된다.
❷ 생물권 → 기권	식물의 *증산 작용에 의해 물이 수증기의 형태로 대기로 이동한다.
❸ 기권 → 수권, 지권, 생물권	• 대기 중의 수증기는 응결하여 구름을 형성하고 비나 눈이 되어 내린다. 수증기가 응결하여 구름을 형성할 때 에너지가 방출된다. • 육지로 내린 물의 일부는 얼어서 빙하가 되고, 일부는 지하로 스며들거나 하천이나 지하수를 통해 바다로 이동하면서 지표를 변화시키고 일부는 생물에 흡수되어 생명 유지에 이용된다.

(4) **물의 평형**: 물의 순환 과정에서 기권, 지권, 수권에 유입되는 물의 양과 유출되는 물의 양은 같다. ➡ 지구 전체적으로는 물의 평형을 이룬다.

① 육지에서는 강수량이 증발량보다 많고, 바다에서는 증발량이 강수량보다 많다. ➡ 육지의 물이 바다로 이동한다.

② 총 강수량은 총 증발량과 같다. ➡ 육지 강수＋바다 강수＝육지 증발＋바다 증발

③ 온실 효과 등에 의해 지구의 평균 기온이 변하면 해수면 변동이 일어나고, 바다나 육지에 분포하는 물의 양이 달라질 수 있지만 어느 한 영역의 물의 양이 변하더라도 지구 전체의 물의 총량은 변하지 않는다.

용어

***숨은열**

어떤 물질이 온도 변화 없이 상태가 변할 때 흡수하거나 방출하는 열을 말한다. 물이 증발할 때 숨은열을 흡수하고, 수증기가 응결할 때 숨은열을 방출한다.

***증산(蒸 데우다, 散 흩어지다) 작용**

식물이 뿌리를 통해 흡수한 물을 잎에 있는 기공을 통해 수증기의 형태로 대기 중으로 방출하는 작용

2. 탄소의 순환 집중 분석 178쪽

(1) **탄소의 분포**: 탄소는 각 권역에서 다양한 형태로 존재하며, 각 권역들 사이의 상호작용에 의해 끊임없이 순환한다.

① 지권: 탄소는 지권에 가장 많이 포함되어 있으며, 대부분 석회암(탄산염) 형태로 존재한다. 그 밖에 석유, 석탄, 천연가스 등 화석 연료로도 일부 존재한다.

② 기권: 주로 이산화 탄소(CO_2)로 존재하며, 메테인으로 존재하기도 한다.

③ 수권: 주로 물에 녹아 형성된 탄산 이온(CO_3^{2-}) 또는 탄산 수소 이온(HCO_3^-)의 형태로 존재한다.

④ 생물권: 생물의 몸체와 생명 활동을 유지시켜 주는 유기물 형태로 존재한다.

(2) **탄소의 순환**

각 권역에서 탄소의 분포량

구분	주요 형태	비율 (%)
지권	석회암	99.942
	화석 연료	0.005
수권	탄산 이온	0.049
생물권	유기물	0.003
기권	이산화 탄소	0.001

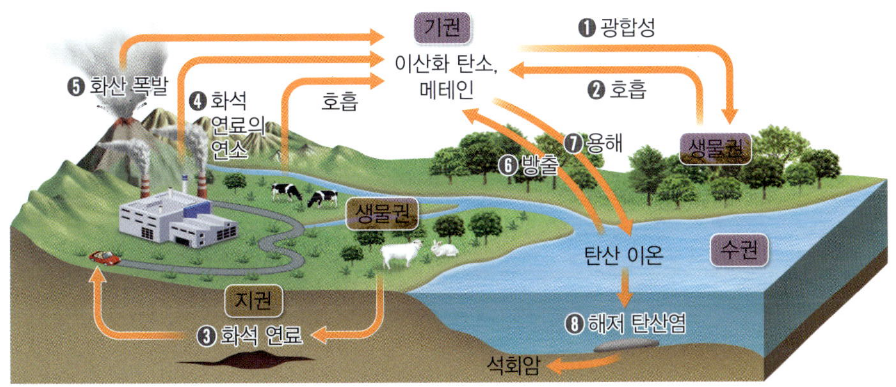

❶ 광합성(기권 → 생물권)	식물의 광합성으로 기권의 이산화 탄소가 유기물로 생물권에 저장된다.
❷ 호흡(생물권 → 기권)	생물의 호흡으로 유기물이 분해되어 이산화 탄소가 기권으로 배출된다.
❸ 화석 연료의 생성 (생물권 → 지권)	생물의 유해가 지층에 묻힌 후 화석 연료의 형태로 지권에 저장된다.
❹ 화석 연료의 연소(지권 → 기권)	화석 연료가 연소되는 과정에서 이산화 탄소 형태로 기권으로 방출된다.
❺ 화산 폭발(지권 → 기권)	화산이 폭발하면 이산화 탄소가 화산 기체에 포함되어 기권으로 방출된다.
❻ 방출(수권 → 기권)	수온이 상승하면 해수에 녹아 있던 이산화 탄소가 기권으로 방출된다.
❼ 용해(기권 → 수권)	대기 중의 이산화 탄소가 바닷물에 녹아 탄산 이온이 되어 수권에 저장된다.
❽ 해저 탄산염의 퇴적 (수권 → 지권, 생물권 → 지권)	해수 속에 녹아 있던 탄산 이온이 침전되거나 탄산 칼슘 성분의 껍데기를 가진 해양 생물의 사체가 퇴적되어 석회암으로 지권에 저장된다.

✔ 중요 개념 체크

정답과 해설 46쪽

4. 물의 순환을 일으키는 주된 에너지원은 (   ) 에너지이다.

5. 대기 중의 수증기가 응결하여 구름이 형성될 때 에너지를 (흡수, 방출)한다.

6. 지구시스템에서 일어나는 현상에서 탄소가 이동한 권역을 쓰시오.

  (1) 광합성: (   ) → (   ) 　　　(2) 화석 연료 생성: (   ) → (   )

지구시스템은 각 권역 간의 상호작용으로 균형을 유지하고 있으며, 어떤 급격한 변화가 발생하더라도 새로운 균형을 찾는 역동성을 갖고 있다.

상호작용과 인과 관계
두 가지 이상의 물체나 대상이 서로 영향을 주고받는 현상을 상호작용이라고 한다. 상호작용은 어느 한 방향으로만 영향이 나타나는 '인과 관계'와는 다르며, 항상 양방향으로 영향이 나타나는 특성이 있다.

1. 지구시스템의 상호작용 집중 분석 179쪽

(1) 지구시스템을 구성하는 각 권역은 끊임없이 상호작용하고 있으며, 이 과정에서 물질 교환과 에너지의 흐름이 일어난다.

(2) 상호작용은 각 권역 내에서도 일어나고, 다른 권역 사이에서도 일어난다.

(3) 지구시스템의 상호작용 예

외권과의 상호작용 예
- 기권 ↔ 외권: 오존층에서 자외선 흡수, 오로라, 유성 등
- 지권 ↔ 외권: 지구 자기장 형성, 운석 구덩이 형성 등

영향 근원	지권	기권	수권	생물권
지권	• 대륙 이동	• 화산 가스 방출	• 해수에 염류 공급 • *쓰나미	• 생물의 서식처와 양분 제공
기권	• 풍화·침식 작용 • 황사	• 전선의 형성	• 해류의 발생 • *엘니뇨 발생	• 종자와 포자의 이동 • 기체(산소) 제공
수권	• 물의 침식 작용 • 해식 동굴 형성	• 태풍의 발생	• 해수의 혼합	• 수중 생물의 서식처와 물 제공
생물권	• 풍화 작용 • 화석 연료 생성	• 광합성과 호흡 • 증산 작용	• 생물에 의한 용존 물질의 변화	• 먹이사슬 유지

지표 반사율의 변화
지표 반사율이란 지표면이 지구에 입사하는 태양 복사 에너지를 얼마나 반사하는지를 나타내는 비율이다. 지구 온난화 현상이 심해지면 극지방의 빙하 면적이 감소하여 지표 반사율이 낮아지며, 열대 지방에서 열대 우림을 파괴하면 지표면이 드러나 지표 반사율이 높아진다.

2. 지구시스템의 균형

지구시스템의 한 권역에서 일어난 급격한 변화는 다른 권역에도 변화를 일으킨다. 따라서 지구시스템의 균형이 깨지지 않도록 노력해야 한다.

(1) **화석 연료 사용량 증가로 인한 지구 온난화**: 대기 중 이산화 탄소의 양 증가는 온실 효과를 강화하여 지구의 평균 기온을 높이고 해양 산성화를 일으켜 생태계를 위협한다.

(2) **열대 우림 파괴와 과잉 경작으로 인한 지표면 변화**: 햇빛 반사율을 변화시켜 대기 순환과 지구의 에너지 평형에 영향을 준다. ➡ 대기 대순환의 변화로 강수량과 강수 지역이 달라져 사막 지역이 확대되고 있으며 생물의 서식지가 파괴되고, 황사 발생 등이 증가한다.

용어

쓰나미(tsunami)
해저 지진으로 발생한 해파가 해안으로 접근함에 따라 파고가 급격하게 높아지는 현상으로, 지진 해일이라고도 한다.

엘니뇨(El Niño)
무역풍이 약해지면서 동태평양 적도 부근 해역의 수온이 평상시보다 높아지는 현상을 말한다. 엘니뇨가 발생하면 전 세계적으로 기상 이변이 자주 나타난다.

✔ 중요 개념 체크

정답과 해설 46쪽

7. 지구시스템의 구성 요소는 끊임없이 상호작용 하면서 물질을 교환하고 (   )이/가 이동한다.

8. 다음은 지구시스템에서 일어나는 상호작용의 예이다. 어느 권역 사이의 상호작용인지 쓰시오.

  (1) 화산이 폭발하여 화산 가스가 방출된다. (   ) ↔ (   )

  (2) 열대 해역에서 태풍이 발생한다. (   ) ↔ (   )

  (3) 해저 지진으로 쓰나미가 발생한다. (   ) ↔ (   )

집중분석 물수지 평형과 지표의 변화

물은 지구시스템의 각 권 사이를 순환하며, 물의 순환과 함께 에너지도 이동한다. 물이 순환하면서 바다, 육지, 대기로 유입되는 물의 양과 유출되는 물의 양을 비교해 보고, 물이 순환하는 과정에서 나타나는 지표의 변화에 대해 알아보자.

1 바다, 육지, 대기에서 물수지 평형

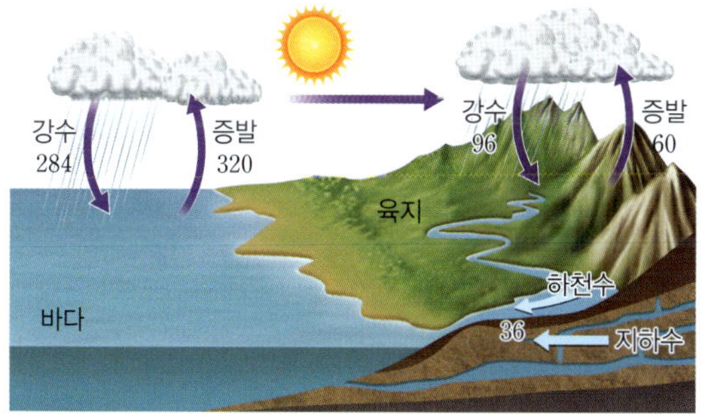

바다	유입량	강수 284 + 육지에서의 유입 36
	유출량	증발 320
육지	유입량	강수 96
	유출량	증발 60 + 바다로 유출 36
대기	유입량	바다에서 증발 320 + 육지에서 증발 60
	유출량	바다로 내리는 강수 284 + 육지로 내리는 강수 96

▲ 바다, 육지, 대기에서 연간 물의 이동량($\times 10^3$ km^3/년)

⑴ 바다, 육지, 대기에서 물의 이동량: 바다는 유입량과 유출량이 각각 320단위, 육지는 96단위, 대기는 380단위로 같다.
　➡ 세 영역 모두 유입량과 유출량이 같으므로 물수지 평형 상태이다.

⑵ 강수량과 증발량: 바다에서는 증발량(320단위)이 강수량(284단위)보다 많고, 육지에서는 강수량(96단위)이 증발량(60단위)보다 많다. ➡ 하천수와 지하수로 육지에서 바다로 물이 이동(36단위)하여 물수지 평형이 이루어진다. 지구시스템에서 연간 총 증발량(380단위)과 총 강수량(380단위)은 같다.

2 물의 순환 과정에서 만들어지는 지형

물은 하천수, 지하수, 빙하 등의 형태로 지표를 이동하고, 이 과정에서 지표의 변화가 나타나 다양한 지형이 만들어진다.

하천수에 의한 지형		지하수에 의한 지형	빙하에 의한 지형
곡류	V자곡	석회 동굴	U자곡
평평한 지역에서 침식과 퇴적 작용으로 구불구불하게 흐르는 하천	상류에서 빠른 유속으로 하천 바닥이 침식되어 형성된 V자 모양의 계곡	석회암 지대에서 지하수의 용해 작용으로 형성된 동굴	빙하가 골짜기를 이동하며 지표를 침식해 형성된 U자 모양의 계곡

 예제

표는 연간 증발량 및 강수량을 육지와 바다로 구분하여 나타낸 것이다.

증발량		강수량	
육지	바다	육지	바다
60	320	96	284

(단위: $\times 10^3$ km^3/년)

⑴ 증발과 강수 현상을 일으키는 지구시스템의 주요 에너지원을 쓰시오.

⑵ 이 자료에 근거하여 연간 육지에서 바다로 이동하는 물의 양을 쓰시오.

답 (1) 태양 에너지 (2) 36단위

탄소의 순환

통합과학에서는 지구시스템을 구성하는 권역들 간의 물질 순환과 에너지 흐름을 주요 내용으로 다루고 있으며, 특히 물질 순환의 대표적인 예로 탄소 순환을 다룬다. 여기에서는 '지구시스템의 각 권역에 분포하는 탄소량과 탄소 이동량', '인간 활동에 의한 탄소 순환의 변동'에 대해 학습해 보자.

1 지구시스템 각 권역의 탄소 분포량과 연간 탄소 이동량

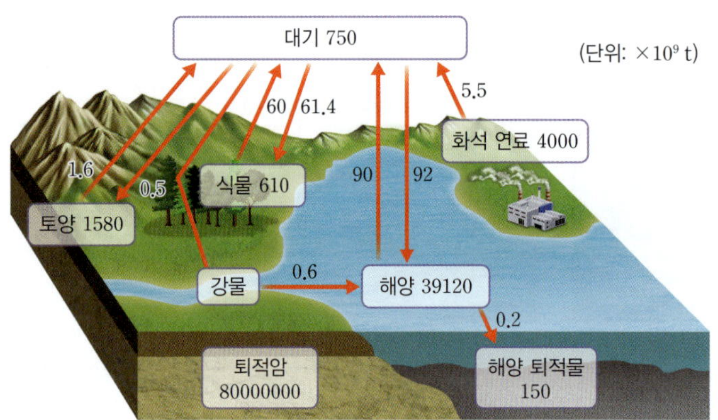

생물권의 탄소 분포량

이 자료에서 생물권의 탄소량은 식물만 나타낸 것이다. 동물, 토양, 미생물 등의 탄소량을 고려하면 기권보다 생물권에 분포하는 탄소량이 더 많다.

권역	분포 영역	분포량	이동량		증감량
지권	퇴적암, 화석 연료, 토양, 해양 퇴적물	80005730	유입량	$0.5+0.2=0.7$	-6.4
			유출량	$1.6+5.5=7.1$	
기권	대기	750	유입량	$1.6+60+90+5.5=157.1$	$+2.6$
			유출량	$0.5+0.6+61.4+92=154.5$	
수권	해양	39120	유입량	$92+0.6=92.6$	$+2.4$
			유출량	$90+0.2=90.2$	
생물권	식물	610	유입량	61.4	$+1.4$
			유출량	60	

(1) **지권에 분포하는 탄소**: 지권에 분포하는 탄소의 양이 가장 많으며, 대부분 퇴적암(석회암) 형태로 분포한다.

(2) **기권에 분포하는 탄소**: 기권에는 상대적으로 적은 양이 분포하지만, 지구시스템의 각 권역 사이에서 탄소 이동은 기권을 통해 가장 활발하게 일어난다.

(3) **탄소의 순이동량**: 지권에서는 탄소량이 감소하고 기권, 수권, 생물권에서는 탄소량이 증가한다.

2 인간 활동으로 각 권역에서 나타나는 탄소 분포량의 변화

(1) **지권과 기권**: 화석 연료 사용량 증가 등으로 지권에서는 탄소량이 감소하고, 기권에서는 연간 2.6단위씩 증가한다. ➡ 온실 효과 증가로 지구 온난화 현상이 나타난다.

(2) **수권**: 기권에서 바다로 이동하는 탄소량 증가 등으로 연간 2.4단위씩 증가한다. ➡ 이로 인해 해양 산성화가 나타난다.

(3) **생물권**: 기온 상승과 대기 중 이산화 탄소 증가로 광합성 효율이 증가하여 대기 중 이산화 탄소 흡수량이 배출량보다 많다.

해양 산성화

대기 중의 이산화 탄소가 해수에 녹아들면 수소 이온 농도가 증가하여 해수의 pH가 낮아진다. 해수의 산성도가 증가하면(pH가 낮아지면) 산호와 어패류의 골격이 바닷물에 녹기 때문에 해양 생태계가 큰 피해를 입는다.

집중분석 지구시스템의 상호작용

지구는 그 자체로 하나의 거대한 시스템이며, 각 구성 요소는 끊임없이 상호작용 하면서 역동적인 균형 상태를 유지하고 있다. 지구시스템의 구성 요소 사이에서 일어나는 상호작용의 예를 살펴보자.

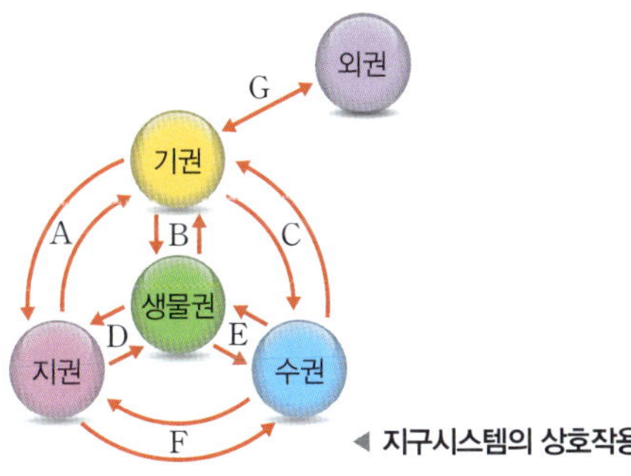

◀ 지구시스템의 상호작용

화산 폭발(A)

화산이 폭발하여 화산재가 대기로 방출되면 햇빛을 가려 지구의 기온이 낮아진다.

황사(A)

사막에서 모래 먼지가 상승 기류에 의해 대기로 올라가 편서풍을 타고 이동해 온다.

광합성과 호흡(B)

생물은 광합성과 호흡을 하면서 산소와 이산화 탄소를 기권과 주고받는다.

태풍 발생(C)

열대 해상에서 따뜻한 해수가 증발하여 태풍이 만들어진다.

해류 발생(C)

지속적으로 부는 바람은 해수를 일정한 방향으로 흐르게 하여 해류를 발생시킨다.

화석 연료 생성(D)

생물의 유해가 퇴적되어 화석 연료가 만들어진다.

서식처, 물과 염류 제공(E)

바다는 수중 생물의 서식처와 물과 염류를 제공한다.

쓰나미(F)

해저에서 발생한 지진에 의해 쓰나미가 발생한다.

해식 동굴 형성(F)

파도에 의해 해안 지역의 암석이 깎여 동굴이 만들어진다.

오로라(G)

태양에서 방출된 대전 입자가 공기 입자와 충돌하여 빛을 내는 오로라가 발생한다.

예제

다음은 지구시스템에서 일어나는 상호작용의 예이다. 각각 어느 구성 요소 간의 상호작용인지 쓰시오.

(1) 식물체가 매몰되어 석탄이 생성된다.

(2) 몽골에서 발생한 모래 먼지가 우리나라로 이동한다.

(3) 열대 해상에서 많은 양의 해수가 증발하여 태풍이 발생한다.

(4) 석회암 지대에 흐르는 지하수에 의해 석회 동굴이 형성된다.

답 (1) 생물권과 지권 (2) 기권과 지권 (3) 기권과 수권 (4) 지권과 수권

교과서 속 START 내신 완성 문제

01 표는 지구시스템의 에너지원의 종류와 형성 원인을 나타낸 것이다.

에너지원	형성 원인
A	(㉠)
B	태양과 달의 인력
C	방사성 원소의 붕괴열 등

(1) ㉠에 들어갈 알맞은 말을 쓰시오.

(2) 에너지원 A, B, C의 크기를 비교하시오.

02 지구시스템의 에너지원에 대한 설명으로 옳은 것만을 보기에서 있는 대로 고르시오.

보기
ㄱ. 태양 에너지는 에너지원 중 가장 많은 양을 차지한다.
ㄴ. 조력 에너지는 달보다 태양의 영향을 많이 받는다.
ㄷ. 태양 에너지는 지구시스템에서 상호작용을 하여 지구 내부 에너지로 전환될 수 있다.

03 그림 (가)~(다)는 지구시스템에서 일어나는 여러 가지 현상을 나타낸 것이다.

(가) 화산 활동   (나) 태풍   (다) 갯벌 형성

(가)~(다) 현상을 일으키는 지구시스템의 에너지원을 각각 쓰시오.

04 지구시스템에서 일어나는 물의 순환에 대한 설명으로 옳은 것만을 보기에서 있는 대로 고른 것은?

보기
ㄱ. 물의 순환은 주로 지구 내부 에너지에 의해 일어난다.
ㄴ. 강물에 의해 지형이 변하는 것은 수권과 지권의 상호작용에 해당한다.
ㄷ. 물의 순환이 일어나더라도 지구 전체의 물의 양은 일정하다.

① ㄱ   ② ㄴ   ③ ㄱ, ㄷ
④ ㄴ, ㄷ   ⑤ ㄱ, ㄴ, ㄷ

[05~06] 그림은 지구시스템에서 일어나는 물의 순환을 나타낸 것이다.

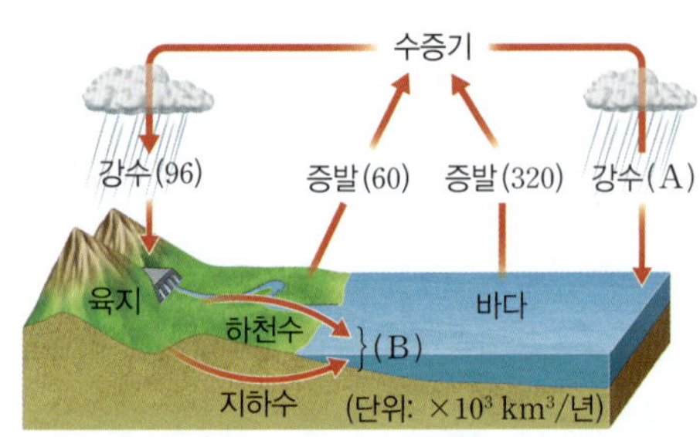

05 (서술형) A와 B에 해당하는 값을 계산하는 과정을 포함하여 구하시오.

06 그림에 대한 설명으로 옳지 <u>않은</u> 것은?
① 증발량은 바다가 육지보다 많다.
② 바다에서는 강수량이 증발량보다 많다.
③ A 과정에서 숨은열이 방출된다.
④ B 과정으로 석회 동굴이 만들어진다.
⑤ 지구 전체적으로 총 강수량과 총 증발량은 같다.

07 그림은 육지에서 일어나는 물의 순환 과정 일부를 나타낸 것이다.
이에 대한 설명으로 옳은 것만을 보기에서 있는 대로 고른 것은?

보기
ㄱ. B 과정에서 물은 태양 에너지를 흡수한다.
ㄴ. 육지에서는 A의 양이 B의 양보다 많다.
ㄷ. C 과정으로 물이 생물권에서 기권으로 이동한다.

① ㄱ　　　　② ㄷ　　　　③ ㄱ, ㄴ
④ ㄴ, ㄷ　　　⑤ ㄱ, ㄴ, ㄷ

08 탄소의 순환에 대한 설명으로 옳은 것만을 보기에서 있는 대로 고른 것은?

보기
ㄱ. 탄소는 지권에 가장 많이 분포한다.
ㄴ. 탄소 순환 과정에서 에너지의 이동은 거의 일어나지 않는다.
ㄷ. 수권의 탄소는 석회암 또는 해양 생물의 골격 형성에 이용된다.

① ㄱ　　　　② ㄴ　　　　③ ㄱ, ㄷ
④ ㄴ, ㄷ　　　⑤ ㄱ, ㄴ, ㄷ

09 표는 지구시스템의 각 권역에 분포하는 탄소의 비율을 나타낸 것이다.

권역	주요 형태	비율(%)
지권	㉠	99.942
	화석 연료	0.005
(가)	탄산 이온	0.049
(나)	유기물	0.003
(다)	㉡	0.001

(1) (가)~(다)에 해당하는 지구시스템의 권역을 쓰시오.

(2) ㉠, ㉡에 해당하는 탄소의 주요 형태를 쓰시오.

10 그림은 지구시스템에서 탄소의 순환 과정을 나타낸 것이다.

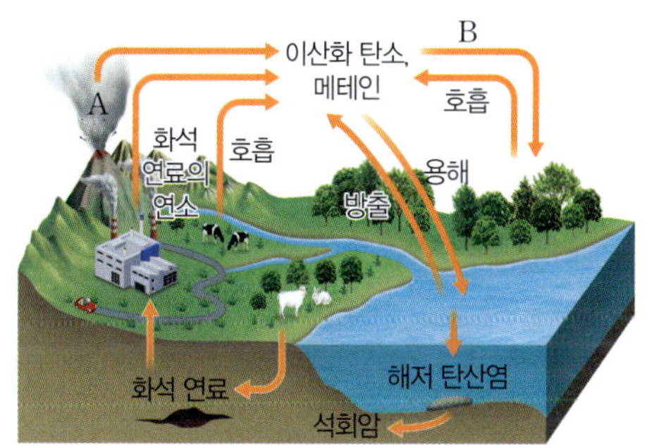

이에 대한 설명으로 옳은 것만을 보기에서 있는 대로 고른 것은?

보기
ㄱ. A 과정으로 지권의 탄소가 기권으로 이동한다.
ㄴ. 광합성은 B에 해당한다.
ㄷ. 탄소 순환이 지속되면 지구 전체적으로 탄소량이 감소한다.

① ㄱ　　　　② ㄷ　　　　③ ㄱ, ㄴ
④ ㄴ, ㄷ　　　⑤ ㄱ, ㄴ, ㄷ

11 ‹서술형›
최근 화석 연료 사용량 증가로 인해 지구시스템의 구성 요소 중 기권, 지권, 수권에 분포하는 탄소량은 어떻게 달라지고 있는지 설명하시오.

12 지구시스템의 상호작용에 대한 설명으로 옳은 것만을 보기에서 있는 대로 고른 것은?

보기
ㄱ. 상호작용이 일어날 때 물질과 에너지의 이동이 함께 나타난다.
ㄴ. 상호작용은 서로 다른 권역에서만 일어나고, 각 권역 내에서는 일어나지 않는다.
ㄷ. 지구시스템의 한 권역에서 변화가 발생하면 상호작용이 일어나 다른 권역에서도 변화가 나타난다.

① ㄱ　　　　② ㄴ　　　　③ ㄱ, ㄷ
④ ㄴ, ㄷ　　　⑤ ㄱ, ㄴ, ㄷ

13 그림은 지구시스템 구성 요소의 상호작용을 나타낸 것이다.

다음의 자연 현상은 A~F 중 어디에 해당하는지 쓰시오.

(1) 수중 생물이 물에 녹아 있는 물질을 흡수한다.

(2) 대기 중의 이산화 탄소가 바다로 녹아 들어간다.

(3) 강물에 의한 침식과 퇴적으로 곡류가 만들어진다.

14 지구시스템에서 일어나는 여러 가지 상호작용의 예 중에서 기권과 수권의 상호작용에 해당하는 것만을 보기에서 있는 대로 고른 것은?

보기
- ㄱ. 무역풍이 약해져 페루 연안의 수온이 높아진다.
- ㄴ. 몽골 고원에서 발생한 황사가 바람을 타고 우리 나라로 유입된다.
- ㄷ. 태양 활동이 활발해지면서 오로라 현상이 자주 나타난다.

① ㄱ 　② ㄴ 　③ ㄱ, ㄷ
④ ㄴ, ㄷ 　⑤ ㄱ, ㄴ, ㄷ

15 지구시스템에서 외권과 다른 권역 사이의 상호작용으로 나타나는 것만을 보기에서 있는 대로 고르시오.

보기

16 그림 (가)~(다)는 지구시스템에서 일어나는 여러 가지 자연 재해를 나타낸 것이다.

(가) 황사 　(나) 적조 　(다) 쓰나미

(가)~(다)는 각각 어떤 권역들 간의 상호작용으로 발생하는지 쓰시오.

17 그림은 인간 활동에 의한 화석 연료 소비량 변화를 나타낸 것이다.

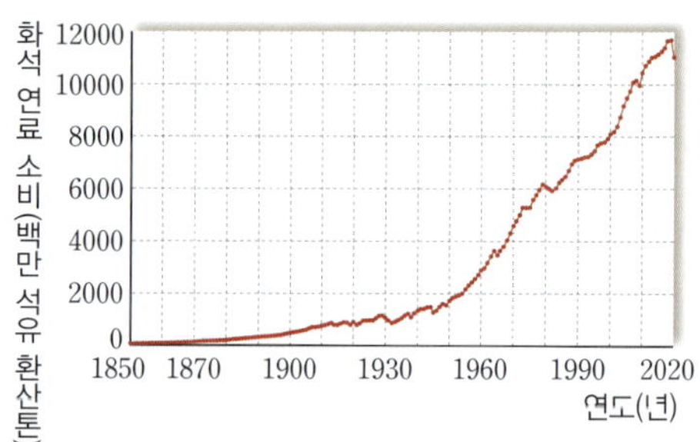

이와 관련한 지구시스템의 변화에 대한 설명으로 옳은 것만을 보기에서 있는 대로 고른 것은?

보기
- ㄱ. 지권의 탄소량은 감소할 것이다.
- ㄴ. 기권에 의한 온실 효과가 강해질 것이다.
- ㄷ. 극지방의 지표 반사율은 증가할 것이다.

① ㄱ 　② ㄷ 　③ ㄱ, ㄴ
④ ㄴ, ㄷ 　⑤ ㄱ, ㄴ, ㄷ

18 인간 활동이 지구시스템의 상호작용에 미치는 영향에 대한 설명으로 옳은 것만을 보기에서 있는 대로 고른 것은?

보기
- ㄱ. 환경 오염이 심해져 생태계다양성이 감소한다.
- ㄴ. 열대 우림이 파괴되어 지표 반사율이 변한다.
- ㄷ. 화석 연료 사용량의 증가로 이상 기후가 자주 발생한다.

① ㄱ 　② ㄴ 　③ ㄱ, ㄷ
④ ㄴ, ㄷ 　⑤ ㄱ, ㄴ, ㄷ

1등급 JUMP 도전 문제

01 그림은 지구시스템에서 일어나는 물의 순환을 모식적으로 나타낸 것이다.

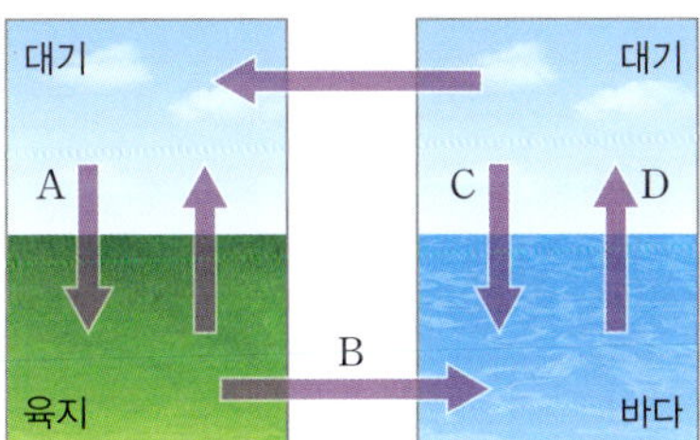

이에 대한 설명으로 옳은 것만을 보기에서 있는 대로 고르시오.

보기
ㄱ. C>D이다.
ㄴ. B+C=D이다.
ㄷ. B의 과정으로 지표의 변화가 일어난다.
ㄹ. 물의 순환은 주로 조력 에너지에 의해 일어난다.

02 그림은 지구시스템의 구성 요소 A가 다른 구성 요소와 상호작용 하는 사례를 나타낸 것이다.
<서술형>

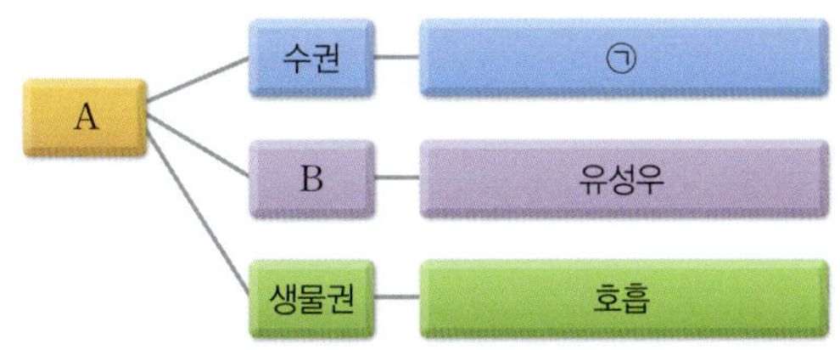

(1) A, B에 해당하는 구성 요소를 쓰시오.

(2) ㉠에 해당하는 상호작용의 예를 한 가지만 설명하시오.

03 그림은 지구시스템의 구성 요소 (가)~(라) 사이에서 탄소가 순환하는 과정의 예를 나타낸 것이다.

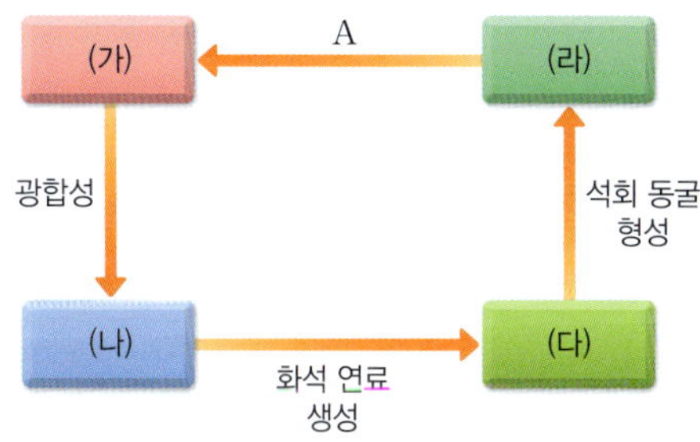

이에 대한 설명으로 옳은 것만을 보기에서 있는 대로 고른 것은?

보기
ㄱ. (라)는 수권이다.
ㄴ. 수온이 높아지면 A 과정이 활발해진다.
ㄷ. 탄소의 분포량은 (가)가 (다)보다 많다.

① ㄱ ② ㄴ ③ ㄷ
④ ㄱ, ㄴ ⑤ ㄱ, ㄷ

04 그림은 지구시스템의 상호작용을, 표는 상호작용 A~C의 예를 나타낸 것이다.

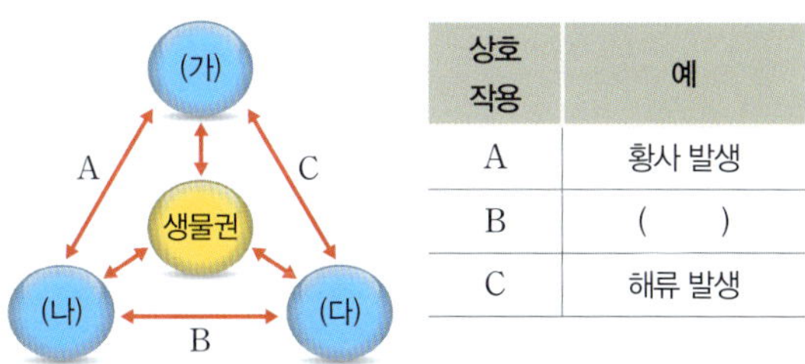

상호작용	예
A	황사 발생
B	( )
C	해류 발생

이에 대한 설명으로 옳은 것만을 보기에서 있는 대로 고른 것은?

보기
ㄱ. 화석 연료의 사용량이 증가하면 (가)의 탄소량이 증가한다.
ㄴ. A와 C의 주요 에너지원은 태양 에너지이다.
ㄷ. 해식 동굴의 형성은 B의 예에 해당한다.

① ㄱ ② ㄷ ③ ㄱ, ㄴ
④ ㄴ, ㄷ ⑤ ㄱ, ㄴ, ㄷ

03 지권의 변화

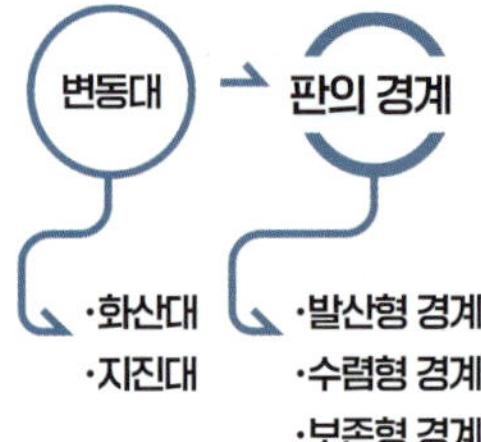

1 변동대와 판 구조론

지권에서는 지구 내부 에너지에 의한 화산 활동과 지진 등의 다양한 지각 변동이 일어난다. 판 구조론은 지권에서 일어나는 지각 변동을 판의 상대적인 운동으로 설명하는 이론이다.

1. 변동대

지구 내부 에너지가 방출되면서 화산 활동, 지진, 조산 운동 등의 지각 변동이 활발하게 일어나는 지역을 변동대라고 한다. ➡ 지각 변동을 일으키는 에너지원: 지구 내부 에너지

(1) **화산대와 지진대**: 화산 활동이 자주 일어나는 지점을 연결한 지역을 화산대라 하고, 지진이 자주 일어나는 지점을 연결한 지역을 지진대라고 한다.

(2) **화산대와 지진대의 분포**: 좁고 긴 띠 모양으로 분포하며, 화산대와 지진대는 거의 일치한다. ➡ 화산 활동과 지진은 주로 판의 경계에서 발생하기 때문이다.

조산 운동과 조산대
습곡 산맥이 형성되는 지각 변동을 조산 운동이라 하고, 이러한 조산 운동이 활발한 지역을 조산대라고 한다. 현재 조산 운동이 활발한 지역은 화산대 및 지진대와 거의 일치한다.

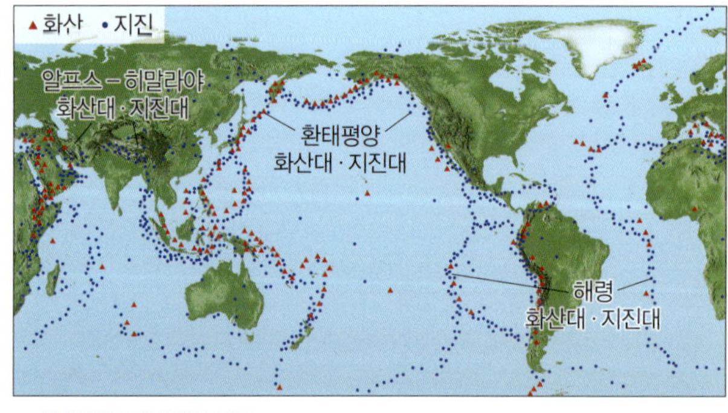

▲ 화산대와 지진대의 분포

🔍 좀 더 자세히!

- 알프스 – 히말라야 화산대·지진대: 지중해 – 히말라야산맥 – 인도네시아에 이르는 지역에 분포 ➡ 대규모 습곡 산맥이 발달해 있다.
- 환태평양 화산대·지진대: 태평양 주변을 따라 분포 ➡ 전 세계 화산 활동과 지진의 대부분이 이 지역에서 발생한다.
- 해령 화산대·지진대: 태평양, 대서양, 인도양의 해령을 따라 분포한다.

2. 판 구조론

지구의 표면은 여러 개의 판으로 이루어져 있으며, 판의 상대적인 운동에 의해 화산 활동이나 지진과 같은 지각 변동이 주로 판의 경계에서 일어난다는 이론이다.

(1) **판의 구조**

부분 용융
암석은 여러 종류의 광물로 이루어진 혼합 물질에 해당하며, 광물들의 용융 온도는 서로 다르다. 이때 온도가 높아지면 구성 광물 중 용융점이 낮은 광물이 먼저 녹기 시작해 부분 용융이 일어난다.

암석권	·지각과 상부 맨틀의 일부를 포함하는 두께 약 100 km의 단단한 부분이다. ·암석권은 여러 조각으로 나누어져 있으며, 각각의 조각을 판이라고 한다.
연약권	·암석권 아래의 깊이 약 100∼400 km 사이의 영역이다. ·연약권 물질의 일부는 부분 용융되어 유동성이 있으며, 맨틀 대류가 일어난다.

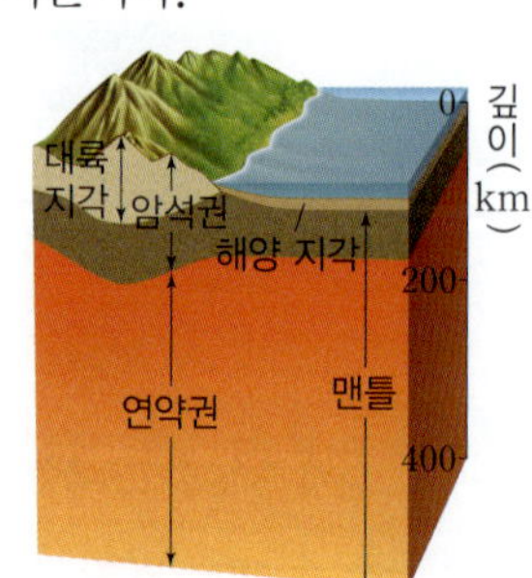

▲ 판의 구조

(2) **판의 구분**: 판에 포함된 지각의 종류에 따라 해양 지각을 포함하는 해양판과 대륙 지각을 포함하는 대륙판으로 구분한다.

구분	구성	지각의 구성 물질	밀도	두께
대륙판	대륙 지각＋상부 맨틀의 일부	화강암질 암석	작다	두껍다
해양판	해양 지각＋상부 맨틀의 일부	현무암질 암석	크다	얇다

(3) **판 이동의 원동력**: 판 아래의 맨틀 물질은 고체이지만 부분 용융 상태로 유동성이 있다. 온도가 높은 부분은 밀도가 작아서 서서히 상승하고, 점차 식으면서 옆으로 이동하다가 온도가 낮아지면 밀도가 커져서 다시 하강한다. 이와 같이 맨틀이 대류하면 연약권 위에 떠 있는 판은 맨틀의 대류를 따라 이동한다.

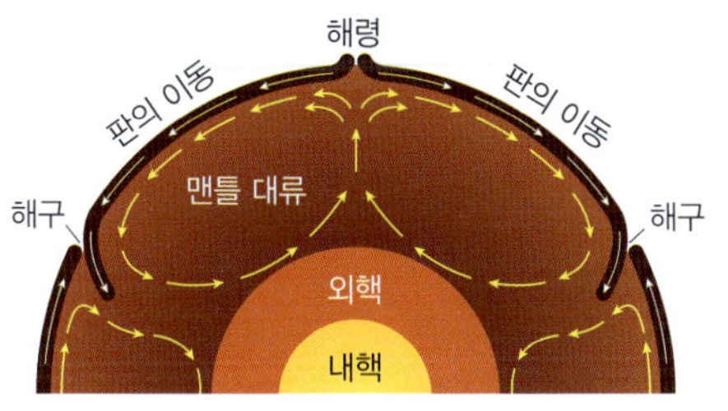

▲ 맨틀 대류와 판의 이동

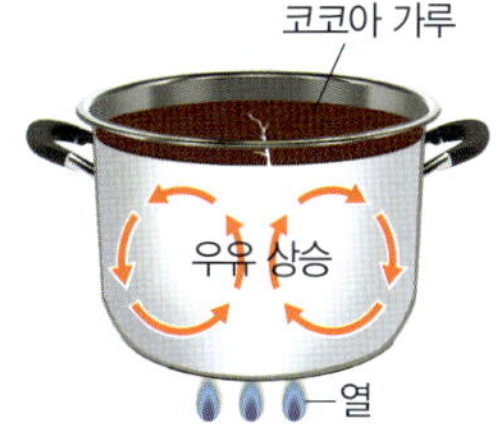

▲ 판 이동의 원동력 실험

실제 지구	실험 요소
지구 내부 에너지	열원
맨틀	우유
판	코코아 가루
맨틀 대류 상승	상승하는 우유
판 경계	코코아층이 갈라진 곳

(4) **판의 분포와 이동**

① 지구의 겉 부분은 10여 개의 주요 판과 여러 개의 작은 판으로 이루어져 있다.

② 판의 이동 속도는 대체로 수 cm/년이며, 각각의 판은 서로 다른 방향과 속도로 이동하기 때문에 판의 경계에서는 두 판이 서로 멀어지거나, 가까워지거나, 어긋난다.

▲ 판의 경계

좀 더 자세히!

• 화산대와 지진대가 판의 경계와 일치하는 것으로 보아, 판의 경계에서 대부분의 지각 변동이 일어나는 것을 알 수 있다.

• 점선으로 표시된 곳은 두 판의 경계가 뚜렷하지 않은 곳으로, 지각 변동이 상대적으로 적게 일어난다.

판의 이동 속도

지구 표면은 구면이기 때문에 판이 이동하는 방향과 빠르기가 하나의 판 내부에서도 위치마다 조금씩 다르다. 판의 이동 속도는 GPS 위성을 이용하여 측정한다. 현재 이동 속도가 가장 빠른 주요 판은 태평양판으로 약 5.6～10.2 cm/년이다.

중요 개념 체크

정답과 해설 49쪽

1. 화산대, 지진대 등의 ㉠ (　　　　)은/는 좁고 긴 띠 모양으로 분포하며, ㉡ (　　　　)와/과 거의 일치한다.

2. 암석권의 조각을 ㉠ (　　　　)(이)라고 하며, 암석권 아래 ㉡ (　　　　)에서는 맨틀 대류가 일어난다.

3. 대륙판은 해양판보다 두께가 ㉠ (두껍고, 얇고), 평균 밀도가 ㉡ (크다, 작다).

화산 활동, 지진과 같은 지각 변동은 주로 판의 경계를 따라 나타난다. 판의 경계의 종류는 서로 멀어지는 경계, 가까워지는 경계, 어긋나는 경계로 나눌 수 있으며, 판의 경계에 따라 특징적인 지형이 발달한다.

1. 판의 경계 집중 분석 194쪽

두 판의 상대적 이동 방향을 기준으로 발산형 경계, 수렴형 경계, 보존형 경계로 구분한다.

(1) **발산형 경계**: 맨틀 대류가 상승하면서 두 판이 서로 멀어지는 경계

(2) **수렴형 경계**: 맨틀 대류가 하강하면서 두 판이 서로 가까워지는 경계

(3) **보존형 경계**: 두 판이 서로 반대 방향으로 평행하게 어긋나는 경계

좀 더 자세히!

❶ 해구: 해양에 존재하는 폭이 좁고 깊은 골짜기

❷ 호상열도: 해구와 나란하게 활 모양을 이루면서 배열된 화산섬

❸ 해령: 대양의 해저에 발달한 거대한 해저 산맥

❹ 변환 단층: 해령과 해령 사이에서 판이 어긋난 곳에 지층이 끊어진 지형

❺ 습곡 산맥: 조산 운동으로 형성된 산맥

❻ 열곡대: 열곡이 길게 띠 모양으로 이어진 지형

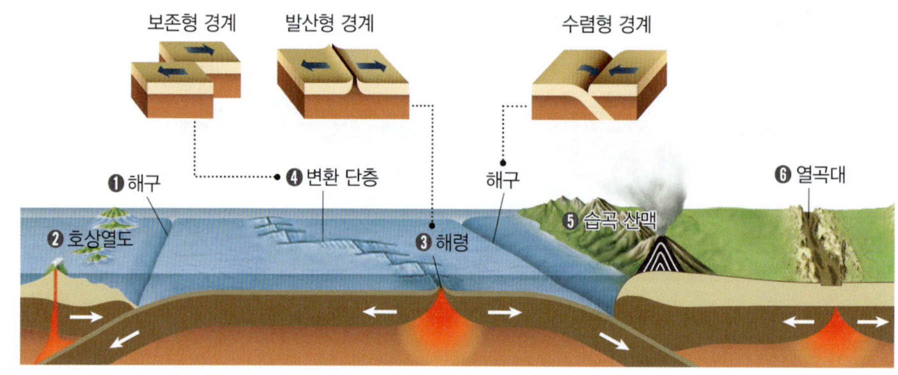

▲ 판의 이동과 경계

2. 발산형 경계 심화 강의 195쪽

맨틀 물질이 상승하면서 새로운 판이 생성되며, 해양판과 해양판이 발산하는 경계와 대륙판과 대륙판이 발산하는 경계로 구분한다.

(1) 해양판과 해양판의 발산

① 발달 지형: 해령, 열곡

- 해양판과 해양판이 멀어지면서 해저 산맥인 해령이 형성된다. 예 대서양 중앙 해령, 동태평양 해령
- 해령의 중심부에 V자 모양으로 갈라진 열곡이 형성된다. 열곡을 중심으로 두 판이 서로 멀어지며, 열곡에서 마그마가 분출하여 새로운 해양 지각이 생성된다. ➡ 해령의 중심에서 멀어질수록 해양 지각의 나이가 많아진다.

② 지각 변동: 마그마의 상승으로 화산 활동이 활발하고, 주로 천발 지진이 발생한다.

지진의 분류

지진은 진원의 깊이를 기준으로 천발 지진, 중발 지진, 심발 지진으로 구분할 수 있다.

구분	진원의 깊이
천발 지진	약 0~70 km
중발 지진	약 70~300 km
심발 지진	약 300 km 이상

좀 더 자세히!

- 해령은 대양의 해저에 발달한 대규모 해저 산맥으로, 주변의 심해저보다 수심이 약 2 km 얕다.
- 해령의 중심부에는 주변보다 약 500~1000 m 깊은 열곡이 발달해 있다.

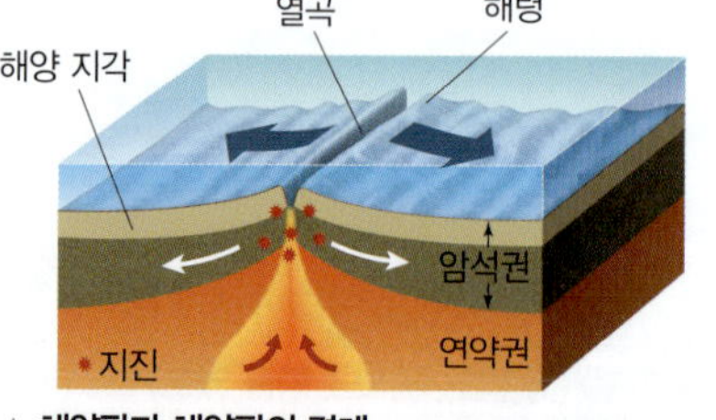

▲ 해양판과 해양판의 경계

▲ 대서양 중앙 해령

해령의 분포
해령은 태평양, 대서양, 인도양 및 북극해까지 연결되어 있어 전체 길이가 약 80000 km에 이른다.

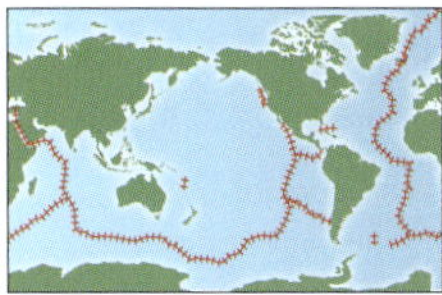

플러스 강의 ➕ 해령으로부터 거리에 따른 해양 지각의 나이와 심해 퇴적물의 두께

❶ **해양 지각의 나이**: 해령에서 새로운 해양 지각이 생성되어 양쪽으로 이동하므로 해령에서 멀어질수록 해양 지각의 나이는 점차 많아진다.

❷ **심해 퇴적물의 두께**: 해양 지각의 나이가 많을수록 해양 지각 위에 퇴적물이 더 많이 쌓인다. ➡ 해령에서 멀어질수록 심해 퇴적물의 두께도 두꺼워진다.

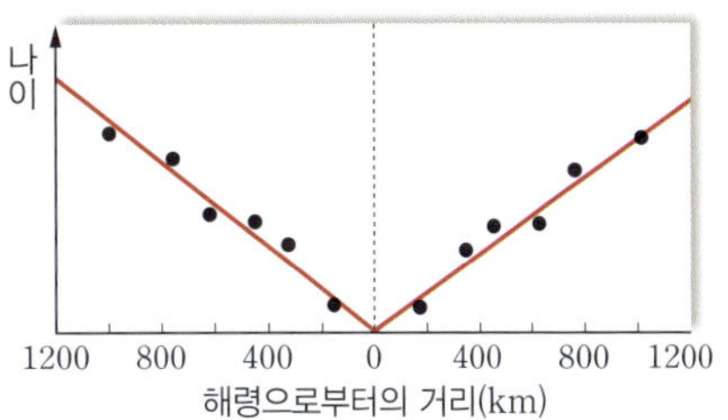

▲ 해령으로부터 거리에 따른 해양 지각의 나이

(2) 대륙판과 대륙판의 발산

① 발달 지형: 열곡대

- 맨틀 대류의 상승부에 위치하여 두 대륙판이 멀어지는 곳에서는 열곡이 띠 모양으로 길게 발달한 열곡대가 형성된다. 예 동아프리카 열곡대
- 시간이 지나면서 열곡대가 점점 넓고 깊어지면 두 대륙이 갈라진 곳에 바닷물이 들어와 새로운 바다가 형성된다.

② 지각 변동: 마그마의 상승으로 화산 활동이 활발하고, 주로 천발 지진이 발생한다.

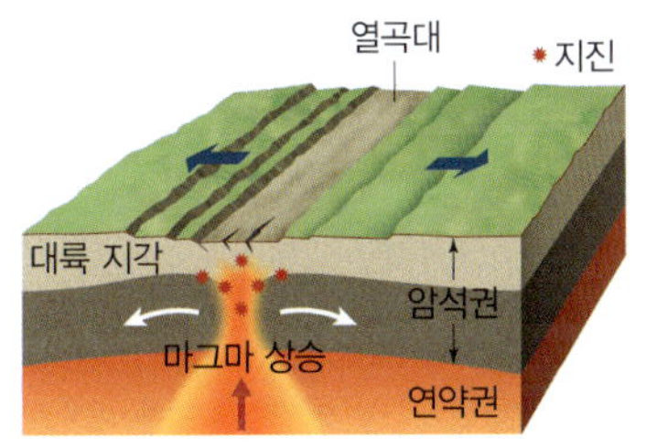

▲ 대륙판과 대륙판의 경계

▲ 동아프리카 열곡대

3. 수렴형 경계

맨틀 물질이 하강하면서 판이 소멸하거나 충돌하며, 밀도가 큰 판이 밀도가 작은 판 아래로 *섭입하는 섭입형 경계와 밀도가 비슷한 두 판이 충돌하는 충돌형 경계로 구분한다.

(1) 해양판과 해양판의 수렴(섭입형 경계)

① 발달 지형: 해구, 호상열도

- 상대적으로 밀도가 더 큰 해양판이 밀도가 작은 해양판 아래로 섭입하여 해구가 형성된다. 예 마리아나 해구
- 해양판이 섭입하면서 만들어진 마그마가 상승하여 지표로 분출하면 해구와 나란하게 호상열도가 형성된다.

② 지각 변동: 밀도가 작은 판 쪽에서 화산 활동이 활발하고, *베니오프대를 따라 천발 지진, 중발 지진, 심발 지진이 발생한다.

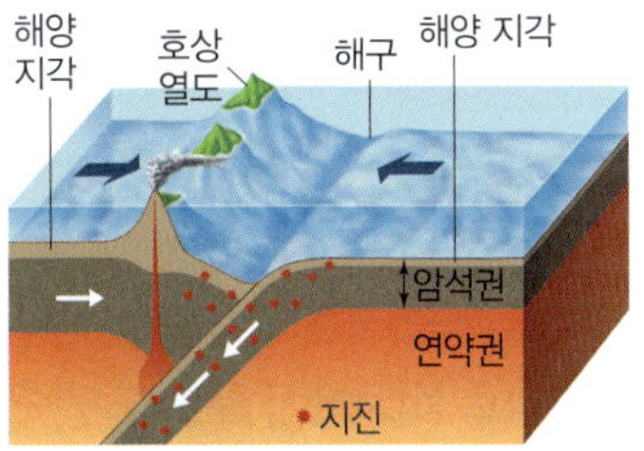

▲ 해양판과 해양판의 경계

***섭입(攝 당기다, 入 들다)**
밀도가 큰 판이 밀도가 작은 판 아래로 들어가는 현상이다.

***베니오프대(Benioff Zone)**
밀도가 큰 판이 밀도가 작은 판 아래로 비스듬히 섭입하는 과정에서 지진이 발생하는 곳을 베니오프대라고 한다. 해구에서 대륙 쪽으로 갈수록 진원의 깊이가 점차 깊어진다.

호상열도는 해양 지각에서 형성된 화산섬이고, 대륙 화산호는 대륙 지각에서 형성된 화산체이다.

해구의 분포
해구는 대부분 태평양의 가장자리에 분포한다.

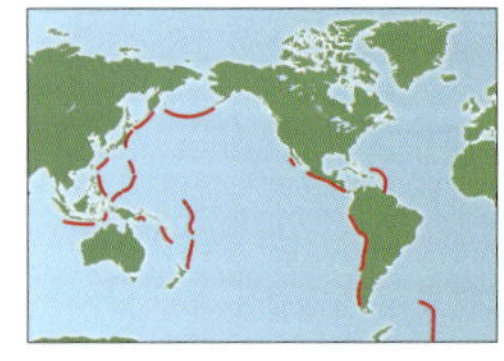

마그마가 만들어지는 조건
판이 섭입할 때 연약권으로 물이 공급되면 연약권 물질이 녹아 마그마가 만들어질 수 있다. 하지만 충돌형 경계에서는 판의 섭입이 잘 일어나지 않으므로 마그마가 생성되기 어렵다.

(2) 해양판과 대륙판의 수렴(섭입형 경계)

① 발달 지형: 해구, 습곡 산맥, 대륙 화산호

- 밀도가 큰 해양판이 대륙판 아래로 섭입하면서 해구, 습곡 산맥이 형성된다. 예 페루 – 칠레 해구, 안데스산맥

- 해양판이 섭입하면서 만들어진 마그마가 상승하여 지표로 분출하면 해구와 나란하게 대륙 화산호가 형성된다.

② 지각 변동: 대륙판 쪽에서 화산 활동이 활발하고, 해구에서 대륙 쪽으로 갈수록 지진이 발생하는 깊이가 점차 깊어져 천발 지진, 중발 지진, 심발 지진이 발생한다.

(3) 대륙판과 대륙판의 수렴(충돌형 경계)

① 발달 지형: 습곡 산맥

- 대륙판과 대륙판이 충돌하면 거대한 습곡 산맥이 형성된다. 예 히말라야산맥

- 대륙 지각은 밀도가 비슷하기 때문에 섭입대가 만들어지지 않는다.

② 지각 변동: 화산 활동이 거의 일어나지 않고, 천발 지진, 중발 지진이 발생한다.

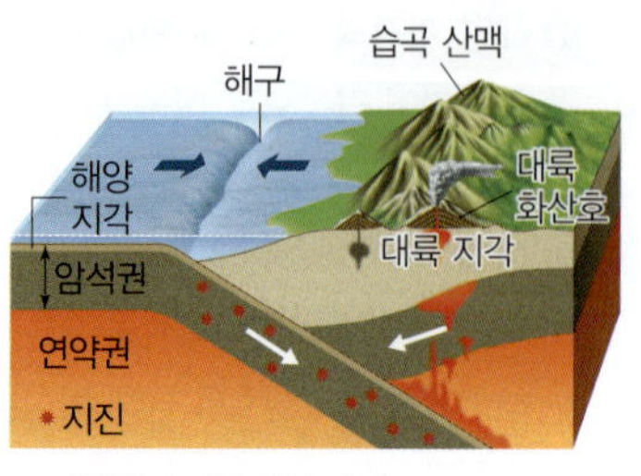
▲ 해양판과 대륙판의 경계

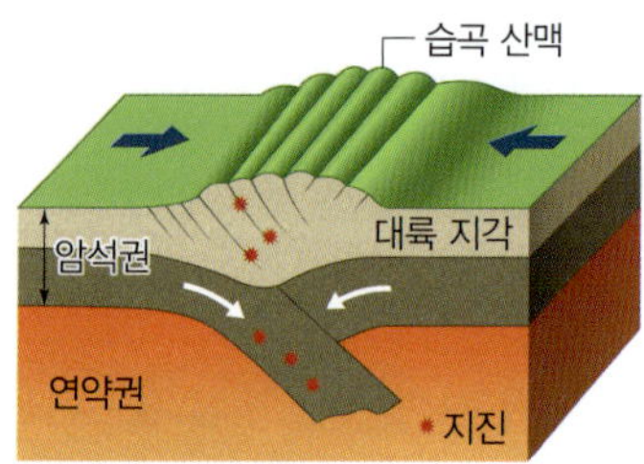
▲ 대륙판과 대륙판의 경계

플러스 강의 🔋 우리나라 주변에서 판의 운동

▲ 우리나라 주변에 분포하는 판

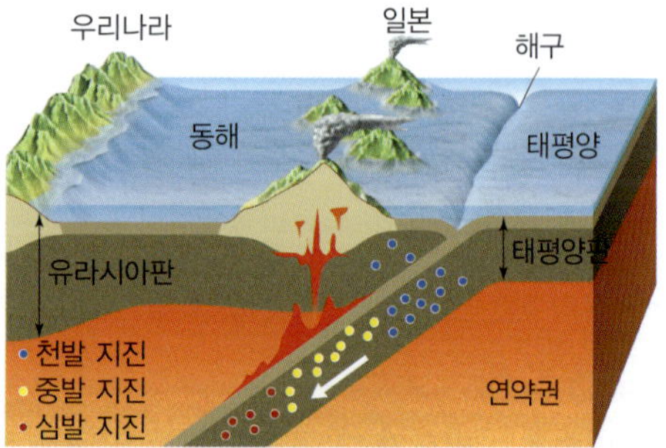

▲ 우리나라 주변 판의 구조와 발달 지형

❶ **우리나라 주변 판의 분포**: 대륙판인 유라시아판, 해양판인 태평양판과 필리핀판이 수렴형 경계를 형성한다.

❷ **우리나라 주변에 발달하는 지형**: 밀도가 큰 태평양판(해양판)이 밀도가 작은 유라시아판(대륙판) 아래로 섭입하면서 일본 해구가 형성되었고, 베니오프대를 따라 마그마가 분출하여 유라시아판 쪽에 호상열도인 일본 열도가 형성되었다.

❸ **우리나라 주변의 지각 변동**: 일본 해구 부근에서 천발 지진이 자주 발생하며, 일본에서 우리나라 쪽으로 올수록 평균적으로 진원의 깊이가 깊어진다.

4. 보존형 경계

두 판이 서로 반대 방향으로 이동하면서 어긋나, 판의 생성이나 소멸이 일어나지 않는다.

(1) **발달 지형**: 변환 단층

① 해령에서 발산하는 판의 이동 속도 차이로 해령이 끊어지면서 해령과 해령 사이에 수직으로 변환 단층이 발달한다.

② 주로 해령 부근에서 나타나지만, 산안드레아스 단층과 같이 육지로 드러난 곳도 있다.

(2) **지각 변동**: 마그마가 생성되지 않으므로 화산 활동이 거의 일어나지 않고, 주로 천발 지진이 발생한다.

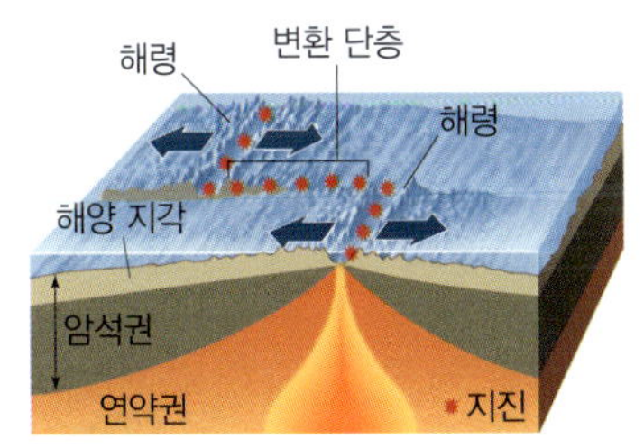

▲ 보존형 경계

▲ 산안드레아스 단층

변환 단층 주변의 판 경계와 지각 변동

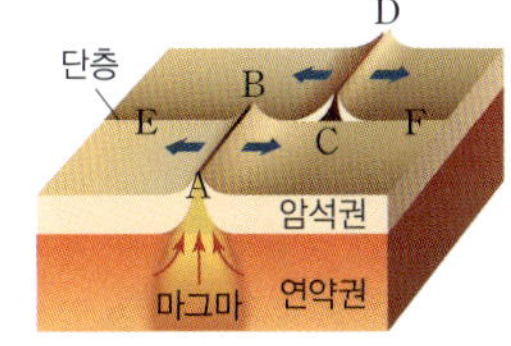

- A–B 구간, C–D 구간: 발산형 경계인 해령으로, 천발 지진과 화산 활동이 활발하다.
- B–C 구간: 보존형 경계인 변환 단층으로, 천발 지진이 활발하고 화산 활동은 거의 일어나지 않는다.
- E–B 구간, C–F 구간: 판이 같은 방향으로 이동하므로 판 경계에 해당하지 않는다. 따라서 지진이나 화산 활동이 거의 일어나지 않는다.

자료 분석 ➕ 판의 경계와 지각 변동

판 경계의 종류와 경계에 위치한 두 판의 종류에 따라 발달하는 지형과 지각 변동이 다르다.

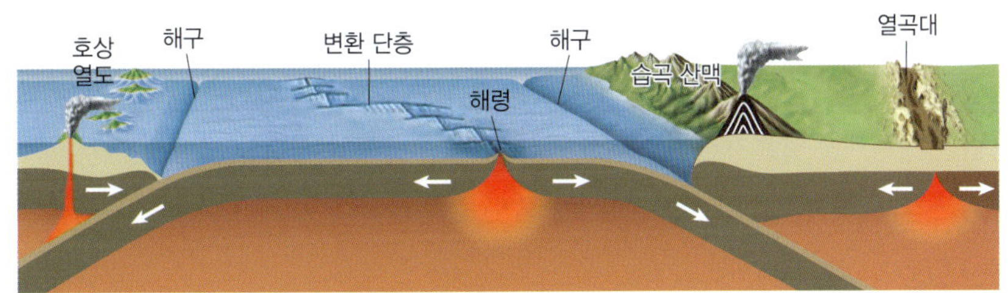

구분 \ 종류	발산형 경계		수렴형 경계			보존형 경계
판의 종류	해양판–해양판	대륙판–대륙판	해양판–해양판	해양판–대륙판	대륙판–대륙판	판–판
발달 지형	해령, 열곡	열곡대	해구, 호상열도	해구, 습곡 산맥, 대륙 화산호	습곡 산맥	변환 단층
화산 활동	활발	활발	활발	활발	거의 없음	거의 없음
지진	천발	천발	천발, 중발, 심발	천발, 중발, 심발	천발, 중발	천발

✔ 중요 개념 체크

정답과 해설 49쪽

4. 판 경계의 종류에는 발산형 경계, 수렴형 경계, (   ) 경계가 있다.

5. 판 경계와 지각 변동에 대한 설명으로 옳은 것은 ○, 옳지 <u>않은</u> 것은 ×로 표시하시오.

　(1) 발산형 경계에서는 새로운 판이 생성되며, 화산 활동과 천발 지진이 활발하다. —— (   )

　(2) 수렴형 경계에서는 밀도가 작은 판이 밀도가 큰 판 아래로 섭입한다. —— (   )

　(3) 보존형 경계에서는 천발 지진이 활발하고 화산 활동이 거의 일어나지 않는다. —— (   )

화산 활동과 지진이 일어나면 지구 내부 에너지와 지구 내부 물질이 방출된다. 이러한 지권의 변화는 생물권을 포함한 지구시스템에 다양한 영향을 미친다.

화산 분출물

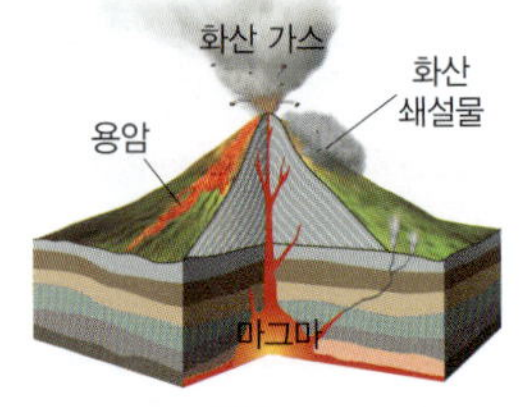

화산 가스의 성분

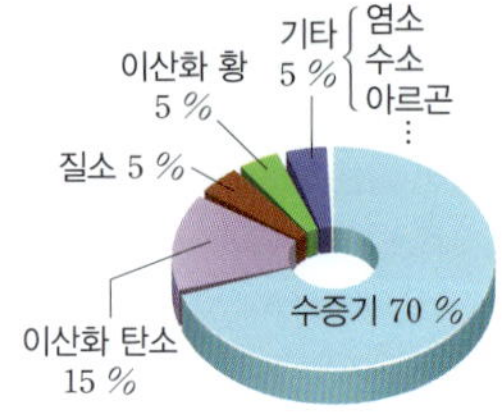

화산 분출물이 기후에 미치는 영향

화산 가스에 포함된 이산화 탄소는 대기의 온실 효과를 증가시켜 지구 온난화에 영향을 줄 수 있다. 한편, 화산재와 이산화 황은 지구의 반사율을 높이는 역할을 하여 지구 냉각화에 영향을 줄 수 있다.

1. 화산 활동이 지구시스템에 미치는 영향 탐구 192쪽

(1) **화산 활동**: 지하 깊은 곳에서 생성된 마그마가 지각의 약한 틈을 뚫고 지표로 분출하는 현상

① 화산 활동을 일으키는 에너지원: 지구 내부 에너지

② 화산 분출물: 화산 활동으로 분출되는 물질로 화산 가스, 화산 쇄설물, 용암 등이 있다.

- 화산 가스: 대부분이 수증기이며, 이산화 탄소, 이산화 황 등도 포함되어 있다.
- 화산 쇄설물: 화산 활동으로 분출되는 고체 물질로, 입자의 크기에 따라 화산진, 화산재, 화산력, 화산암괴 등으로 구분한다.
- 용암: 마그마에서 화산 가스가 빠져나가고 남은 고온의 액체 물질이다.

(2) **화산 활동에 의한 피해**

① 화산 가스와 화산재는 사람과 가축에 호흡기 질환을 일으킨다. ➡ 생물권에 영향

② 화산 가스는 기권의 성분과 온실 효과에 영향을 주고, 산성비를 내리게 하여 생물의 성장을 방해한다. ➡ 기권과 생물권에 영향

③ 성층권까지 올라간 화산재는 햇빛을 차단하여 식물의 광합성에 직접적인 영향을 미치고, 지구의 평균 기온을 낮춘다. ➡ 기권과 생물권에 영향

④ 화산재는 항공기 결항을 일으키기도 한다. ➡ 사회 경제적 피해

⑤ 용암은 산사태를 일으키거나 지형을 변화시킨다. ➡ 지권에 영향

⑥ 용암은 도로, 주택, 농경지 등을 파괴하고 산불을 일으키기도 한다. ➡ 사회 경제적 피해

(3) **화산 활동의 이점**

① 화산 쇄설물이 풍화를 받아 비옥한 토양을 만들기도 하고, 마그마가 지하에 금속 광물을 형성하기도 한다. ➡ 지권에 영향

② 해저 화산 활동으로 해수에 염류를 제공하고, 해양 생태계에 광물질을 공급한다. ➡ 수권과 생물권에 영향

③ 화산 지대에서는 지하의 열을 이용하여 온수를 공급하거나 난방과 발전을 한다.

④ 화산 지역의 독특한 지형과 온천은 관광 자원으로 활용할 수 있다.

▲ 화산재에 의한 피해

▲ 용암에 의한 피해

▲ 지열 발전

(4) **화산 활동의 대처**: 화산 주변에 제방을 쌓거나 화산 분출구 주변에 댐과 수로를 건설한다. 화산 활동은 전조 현상 등이 나타나므로 감시 체계를 강화하고 대피 계획을 세운다.

2. 지진이 지구시스템에 미치는 영향

(1) **지진**: 지층에 축적된 지구 내부 에너지가 지진파의
    형태로 방출되면서 땅이 흔들리는 현상

① **진원**: 지진이 발생한 지구 내부의 지점

② **진앙**: 진원의 바로 위쪽에 있는 지표상의 지점

▲ **진원과 진앙**

진원
진원은 암석이 파괴되면서 최초로 지진파가 발생한 지역이다. 단층 지진의 경우, 최초로 단층 운동이 시작된 지점에 해당한다.

(2) **지진에 의한 피해**

① 지진은 짧은 시간 동안 넓은 지역에 걸쳐 건물, 도로,
    구조물 등을 파괴시켜 많은 인명과 재산 피해를 일으킬 수 있다.

② 지진 발생 후 산사태나 화재 등으로 2차적인 피해를 주기도 한다.

③ 해저 지진의 경우 쓰나미를 일으켜 큰 피해를 줄 수 있다. ➡ 수권에 영향

▲ **지진에 의한 건물 파괴와 화재**

▲ **지진에 의한 산사태**

▲ **쓰나미에 의한 피해**

(3) **지진의 이용**: 지진이 일어날 때 발생하는 지진파를 이용하여 지구 내부의 구조와 지하 물질의 특성을 연구한다. 또한 자원 탐사, 터널 공사, 댐 건설 등에 지진파를 이용하기도 한다.

(4) **지진의 예측과 대비**

① 과거의 지진 기록과 지각 변화 유형을 분석하여 지진 발생 가능성을 예측한다.

② 인공위성을 이용하여 지형 변화를 관측하거나 지진계를 이용하여 지진을 감지한다. 그리고 지진 발생이 확인되면 지진 조기 경보를 발령하여 신속하게 위험을 알린다.

③ 건물을 지을 때는 지진에 대비하여 내진 설계를 한다.

④ 안전 교육을 시행하여 지진 발생 시 행동 요령을 익히도록 한다.

▲ **공공시설물의 내진 설계**

지진 조기 경보
지진파는 P파, S파, 표면파 순서대로 도착하며, 지진파에 의한 피해는 주로 S파 또는 표면파에 의해 발생한다. 따라서 가장 먼저 도달하는 P파로 지진을 감지하여 경보를 발령하면 지진에 대비할 수 있는 시간을 확보하여 피해를 줄일 수 있다.

정답과 해설 49쪽

6. 화산 활동과 지진을 일으키는 지구시스템의 에너지원은 (　　　) 에너지이다.

7. 화산 활동과 지진의 영향에 대한 설명으로 옳은 것은 ○, 옳지 <u>않은</u> 것은 ×로 표시하시오.

 (1) 화산 분출물 중 화산재는 대기의 온실 효과를 증가시키는 역할을 한다. ──── (　　　)

 (2) 지진은 화재, 산사태, 쓰나미 등의 2차적인 피해를 줄 수 있다. ──── (　　　)

 (3) 관측 기술의 발달로 화산 활동과 지진 발생에 대한 정확한 예보가 가능하다. ──── (　　　)

화산 분출에 따른 피해 조사 및 대책 마련하기

목표 | 화산 분출로 인한 환경 및 사회·경제적 피해의 종류를 알고, 피해를 줄이기 위한 대책을 수립할 수 있다.

과정 및 결과

최근 발생한 화산 분출로 인한 지구 환경의 변화와 피해를 조사하여 정리해 보자.

구분	(가) 스메루 화산	(나) 통가 해저 화산	(다) 킬라우에아 화산
위치	인도네시아	통가	미국 하와이
분출 시기	2022년	2022년	2023년
분출 모습			
지구 환경의 변화	많은 양의 화산 가스와 화산재 방출	해저 화산 폭발로 높이 약 1.2 m의 쓰나미 발생, 화산섬의 면적 변화	화산 주변으로 용암이 흐르고, 여러 차례의 강한 지진 발생
피해	용암과 화산 쇄설류에 의해 50여 명이 사망하고, 반경 15 km 지역의 주민들이 대피함	다량의 화산재 방출로 햇빛이 차단되고, 항공기 운항 경로가 변경됨	용암이 흘러 인근 해안으로 이동하여, 주택 수백 채와 도로를 파괴함

화산 분출 위치 비교

(가)와 (나)는 환태평양 화산대에 위치한 화산으로 판의 수렴형 경계에 속한다. (다)는 태평양판의 가운데에 위치해 있으며, 판의 경계에 위치한 화산이 아니다.

화산 쇄설류

화산 폭발로 인해 화산 가스, 화산재, 암석 부스러기 등이 뒤섞인 상태로 급격하게 분출되는 현상이다. 온도가 매우 높지만 밀도가 크기 때문에 산사면을 따라 이동하면서 큰 피해를 일으킨다.

정리

• **화산 분출이 지구시스템의 각 권역에 미친 영향**

지권	화산 분출로 지형이 변하고, 화산 쇄설물이 용암에 섞여 산사태가 발생한다.
수권	해저 화산 활동으로 해수에 염류를 제공한다.
기권	화산재가 햇빛을 가려 일시적으로 기온을 낮추고, 기권의 성분을 변화시킨다.
생물권	화산재와 화산 가스는 광합성에 영향을 미치고, 생물의 성장을 방해한다.

• **화산 분출로 인한 환경·사회·경제적 피해**

환경적 피해	화산 가스와 화산재 분출로 대기 오염이, 용암 분출로 수목 소실이 발생한다.
사회적 피해	화산 인근 지역에서 인명 피해가 나타나며, 인구 감소와 사회적 갈등(범죄율 증가, 빈곤층 증가 등)이 심화될 수 있다.
경제적 피해	곡물 생산량 감소, 경제 성장률 감소 등의 피해가 발생한다.

• **화산 분출로 인한 피해를 줄이기 위한 대책**
   – 화산 분출 전에 나타나는 여러 가지 전조 현상을 관측하여 화산 분출 시기를 예측하면 피해를 줄일 수 있다.
   – 화산 분출에 대비한 사회적, 국가적 재해 관리와 복구 시스템을 갖추어야 하며, 개인은 화산 분출 시 행동 요령을 숙지해야 한다.

화산 분출 시 전조 현상
   • 지표의 온도가 상승한다.
   • 지진 발생 횟수가 급격하게 증가한다.
   • 마그마 상승으로 지형 변화가 나타난다.
   • 화산 가스가 방출되고 지하수의 성분이 변한다.

[화산 분출 시 행동 요령]
• 문틈과 환기구를 물 묻힌 수건으로 막고, 창문은 테이프로 막는다.
• 배수로가 화산재로 막히지 않도록 배수관을 분리한다.
• 가능한 실내에 머무르고 재난 방송을 듣는다.
• 실외에 있을 경우 마스크나 옷으로 코와 입을 막고, 자동차나 건물 등으로 신속하게 대피한다.

탐구 확인 문제

01 앞의 탐구에 대한 설명으로 옳은 것을 모두 고르면?

(답 2개)

① 화산 활동이 일어나면 지구 내부로 물질이 유입된다.
② 대기 중으로 방출된 화산 가스는 지구의 평균 기온을 낮추는 역할을 한다.
③ 쓰나미는 해저 화산 활동에 의해 발생할 수 있다.
④ 화산 분출물은 대부분 식물의 광합성에 도움을 주는 성분으로 이루어져 있다.
⑤ 화산 활동은 환경적 피해뿐만 아니라 사회·경제적 피해도 일으킬 수 있다.

02 그림은 2022년 1월에 일어난 통가 해저 화산의 폭발 모습을 국제우주정거장에서 촬영한 것이다.

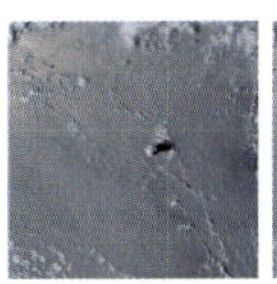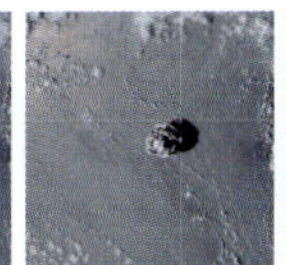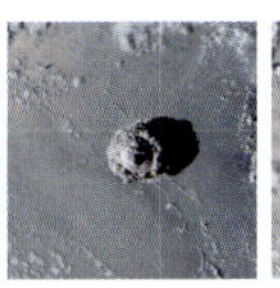

(1) 위 화산 분출의 에너지원을 쓰시오.

(2) 위 화산 분출로 일어난 쓰나미는 어느 권역 간의 상호작용으로 발생하는지 쓰시오.

03 화산 분출이 일어나기 전에 나타날 수 있는 전조 현상에 대한 설명으로 옳은 것만을 보기에서 있는 대로 고르시오.

보기
ㄱ. 온천수의 온도가 높아진다.
ㄴ. 화산체의 사면 기울기가 커진다.
ㄷ. 지진 발생 횟수가 평상시보다 감소한다.
ㄹ. 용암 분출에 의한 도로와 주택 파괴가 나타난다.

적용

04 그림 (가)와 (나)는 화산 활동이 활발한 지역에서 이를 이용하는 예를 나타낸 것이다.

(가) 지열 발전　　　　　(나) 온천

이에 대한 설명으로 옳은 것만을 보기에서 있는 대로 고른 것은?

보기
ㄱ. (가)는 지열이 높은 곳이 유리하다.
ㄴ. (나)는 관광 자원으로 활용할 수 있다.
ㄷ. 판의 경계 부근에 위치한 지역에서는 (가)와 (나)의 이용이 어렵다.

① ㄱ　　　　② ㄷ　　　　③ ㄱ, ㄴ
④ ㄴ, ㄷ　　　　⑤ ㄱ, ㄴ, ㄷ

수능형

05 그림은 필리핀의 피나투보 화산 분출 전후의 지구 평균 기온 변화를 나타낸 것이다.

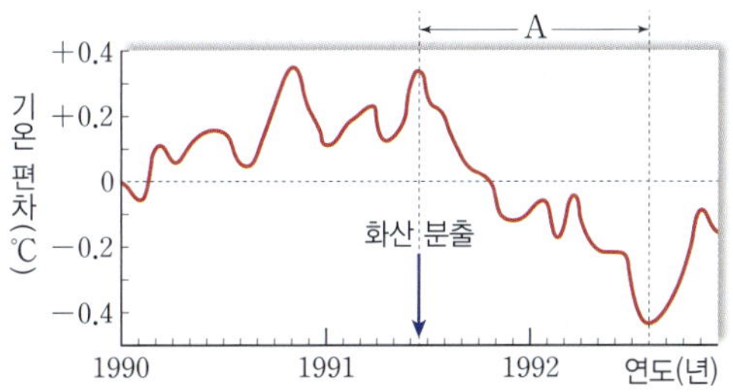

이에 대한 설명으로 옳은 것만을 보기에서 있는 대로 고른 것은?

보기
ㄱ. A 구간에서 기온 변화의 원인은 기권으로 방출된 다량의 온실 기체 때문이다.
ㄴ. 기권으로 방출된 화산재는 지구의 반사율을 증가시켰을 것이다.
ㄷ. 주변 지역에서 산성비가 내려 생태계에 피해가 발생했을 것이다.

① ㄱ　　　　② ㄷ　　　　③ ㄱ, ㄴ
④ ㄴ, ㄷ　　　　⑤ ㄱ, ㄴ, ㄷ

HIGH 집중 분석

세계 주요 판의 경계

판 구조론은 지권의 변화를 설명할 수 있는 종합적인 이론이다. 판의 경계에서는 판 경계의 종류에 따라 지각 변동과 지형이 다양하게 나타난다. 판의 경계를 찾아, 판의 경계에서 나타나는 지각 변동과 지형에 대해 알아보자.

❶ 히말라야산맥

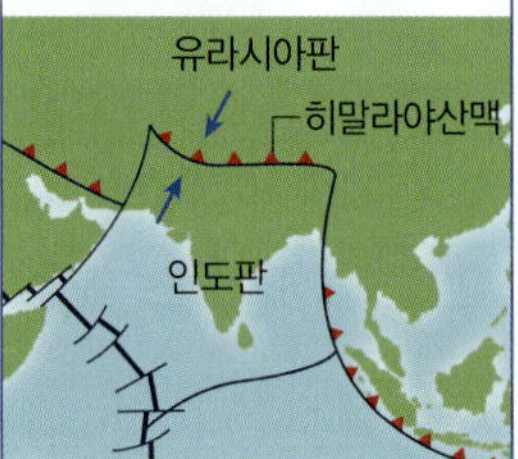

- 대륙판과 대륙판의 충돌
- 습곡 산맥 형성
- 천발~중발 지진 활발
- 화산 활동 거의 없음

❷ 마리아나 해구

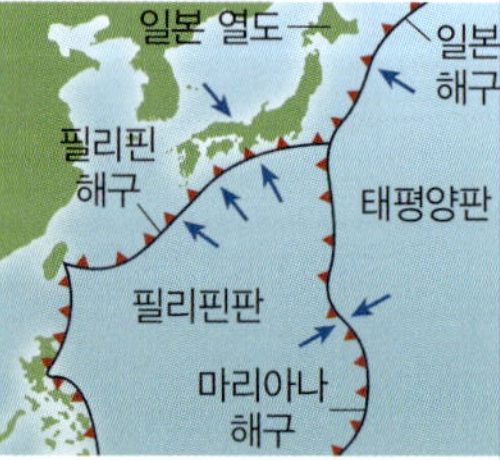

- 해양판과 해양판의 수렴
- 판이 소멸하는 해구 발달
- 천발~심발 지진 활발
- 화산 활동 활발

❸ 알류산 열도

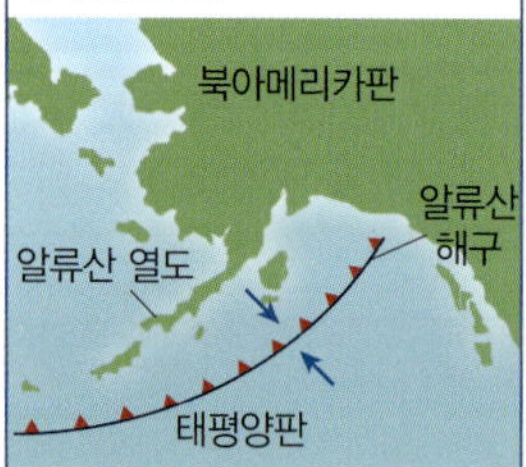

- 해양판과 대륙판의 수렴
- 호상열도 발달
- 천발~심발 지진 활발
- 화산 활동 활발

❹ 페루 - 칠레 해구, 안데스산맥

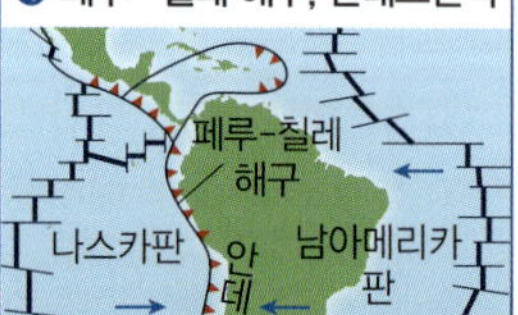

- 해양판과 대륙판의 수렴
- 해구, 습곡 산맥 형성
- 천발~심발 지진 활발
- 화산 활동 활발

❺ 대서양 중앙 해령

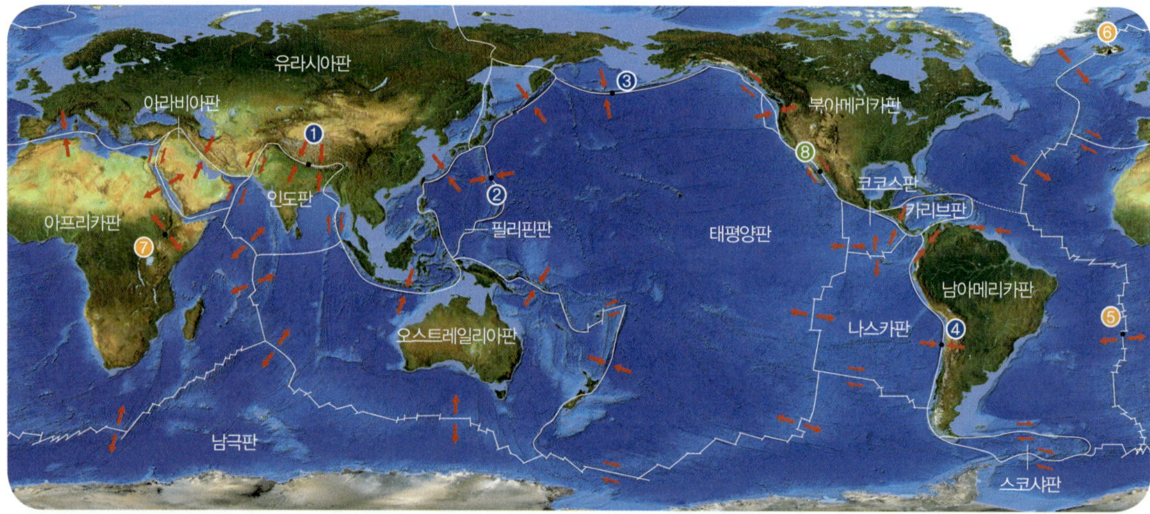

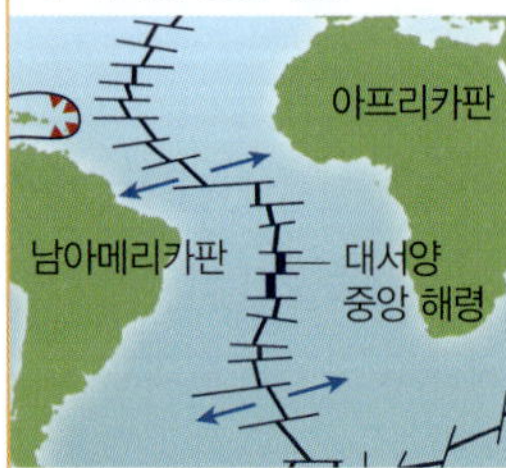

- 해양판과 해양판의 발산
- 해령 발달, 새로운 판 생성
- 천발 지진 활발
- 화산 활동 활발

❻ 아이슬란드 열곡대

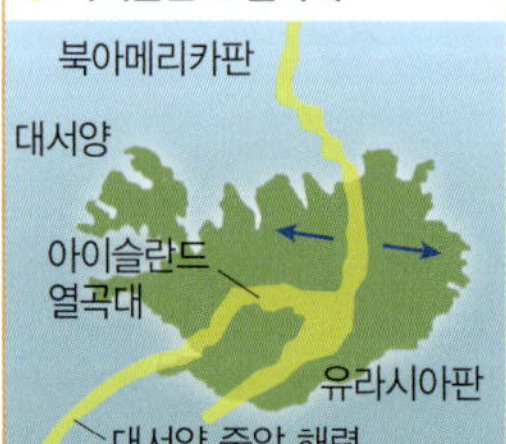

- 해양판과 해양판의 발산
- 열곡대 발달
- 천발 지진 활발
- 화산 활동 활발

❼ 동아프리카 열곡대

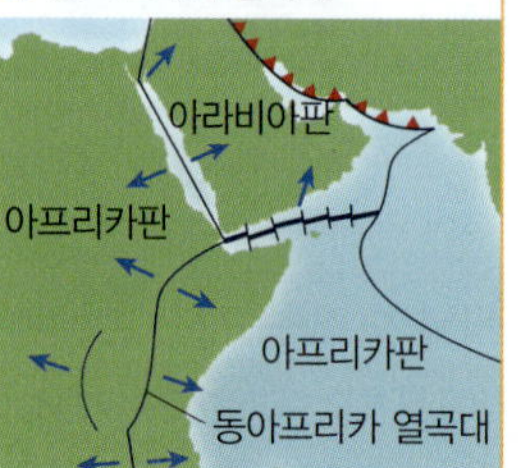

- 대륙판과 대륙판의 발산
- 열곡대 발달
- 천발 지진 활발
- 화산 활동 활발

❽ 산안드레아스 단층

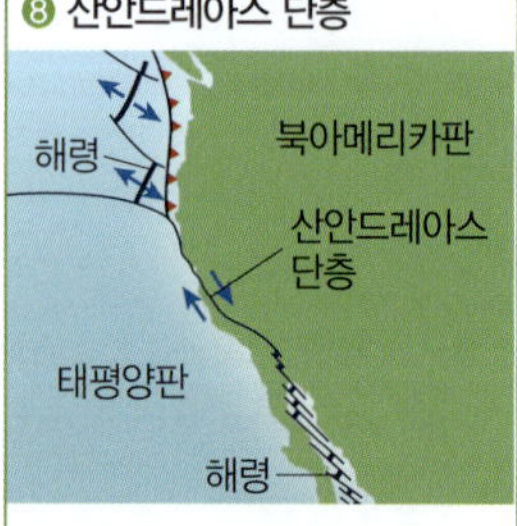

- 두 판이 서로 어긋남
- 변환 단층 발달
- 천발 지진 활발
- 화산 활동 거의 없음

해령에서 판의 확장 속도와 침강 속도

대륙 이동설을 설명하는 것에서 발전한 판 구조론은 맨틀 대류설과 해저 확장설을 거쳐 1960년대 후반에 정립되었다. 해저 확장설은 해령에서 새로운 지각이 생성된 뒤 해령을 중심으로 확장되어 오래된 해양 지각은 해구에서 소멸된다는 이론이다.

1 판의 확장과 침강

해령의 중심축(열곡)에서 생성된 해양 지각은 양옆으로 확장되면서 가라앉는다. 즉, 판의 확장과 침강이 동시에 일어나며, 그에 따라 해령 중심축에서 멀어질수록 해양 지각의 나이가 많고 수심이 깊다.

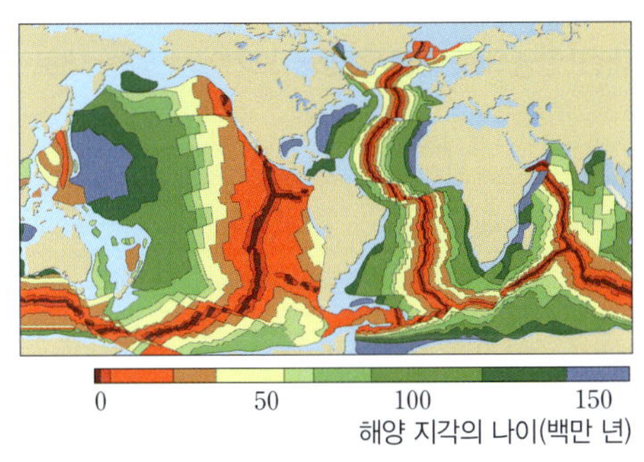

(가) 해양 지각의 나이 분포

(나) 해양 지각의 나이와 해령 정상으로부터의 깊이 관계

📍 **해령에서 멀어질수록 판이 침강하는 까닭**

해령 중심부에서 생성된 판은 맨틀 대류 상승부에 위치하여 판이 주변보다 솟아 오른 형태의 지형이 나타난다. 이후 해령 중심부에서 멀어질수록 냉각과 수축이 일어나면서 판의 침강 현상이 나타난다.

2 해양 지각의 나이 분포와 확장 속도

해령 중심축으로부터의 거리와 해양 지각의 나이를 비교하면 판의 확장 속도를 구할 수 있다. ➡ 판의 확장 속도는 태평양에서 가장 빠르고, 대서양에서 가장 느리다.

3 태평양, 인도양, 대서양에서 측정한 해양 지각의 나이와 해령 정상으로부터의 깊이 관계

세 해역에서 모두 해양 지각의 나이가 같으면 해령 정상으로부터의 깊이가 거의 같다. ➡ 이로부터 판이 침강하는 속도는 판의 확장 속도와 관계없이 거의 일정하다는 것을 알 수 있다.

예제

그림 (가)는 해역 A와 B에서 해양 지각의 나이와 해령으로부터의 거리 관계를, (나)는 해양 지각의 나이와 해령 정상으로부터의 깊이 관계를 나타낸 것이다.

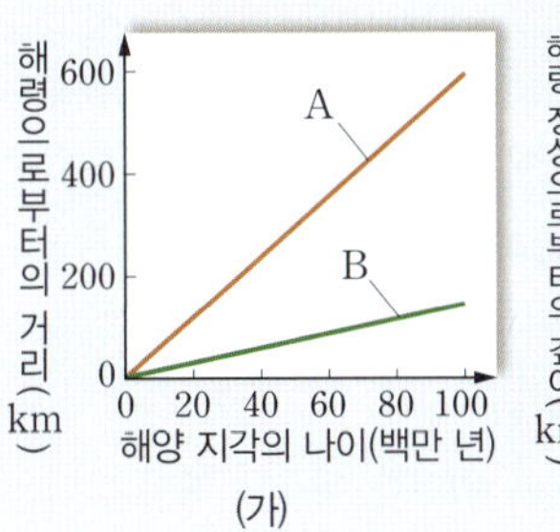

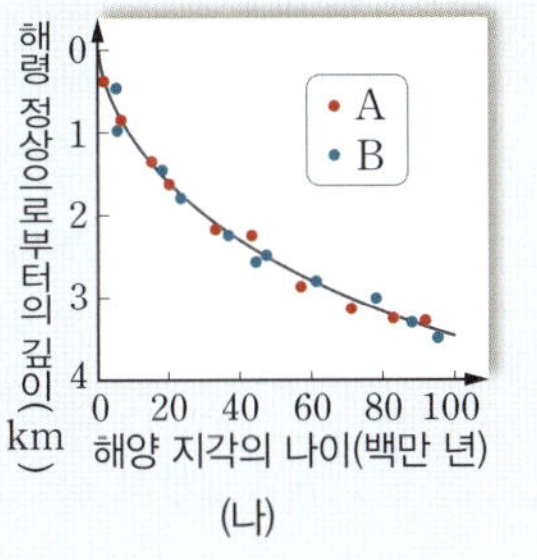

(가)   (나)

(1) A와 B에서 판의 확장 속도와 침강 속도를 비교하시오.

(2) A와 B에서 해령 정상의 수심이 같을 때, 해령으로부터의 거리가 200 km인 지점의 수심을 비교하시오.

풀이 (1) (가)에서 해령으로부터의 거리가 같은 지점에 분포하는 해양 지각의 나이는 A가 B보다 적으므로 확장 속도는 A가 B보다 빠르다. (나)에서 A와 B는 해령 정상으로부터의 깊이가 같으면 해양 지각의 나이도 같으므로 침강 속도는 A와 B에서 같다.

(2) 해령으로부터의 거리가 200 km인 지점에서 해양 지각의 나이는 A가 B보다 적으므로 침강 깊이는 A가 B보다 적다. 따라서 수심은 A가 B보다 얕다.

답 (1) 확장 속도: A>B, 침강 속도: A=B

(2) 해령으로부터의 거리가 200 km인 지점의 수심: A<B

교과서 속 START 내신 완성 문제

01 변동대에 대한 설명으로 옳은 것만을 보기에서 있는 대로 고른 것은?

보기
ㄱ. 지구 전체에 고르게 분포한다.
ㄴ. 대체로 좁고 긴 띠 모양으로 나타난다.
ㄷ. 화산 활동이나 지진 등의 지각 변동이 활발한 지역이다.

① ㄱ　　　　② ㄴ　　　　③ ㄱ, ㄷ
④ ㄴ, ㄷ　　　⑤ ㄱ, ㄴ, ㄷ

02 그림은 전 세계 화산과 지진의 분포를 나타낸 것이다.

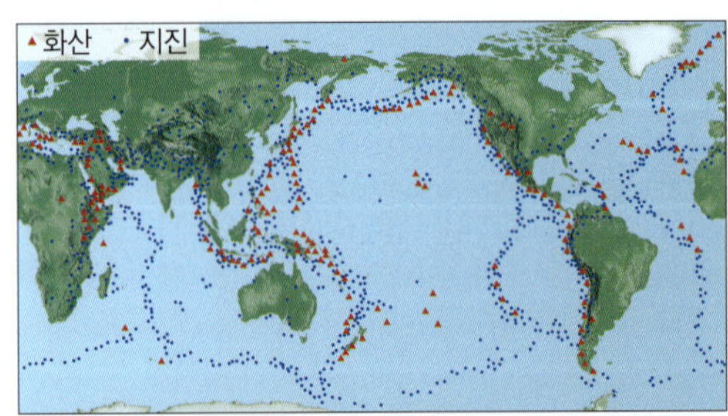

이에 대한 설명으로 옳지 <u>않은</u> 것은?

① 화산대와 지진대는 대체로 일치한다.
② 화산은 대륙의 주변부에 많이 분포한다.
③ 화산 활동은 태평양 가장자리에서 가장 활발하다.
④ 대서양에서 지진은 가장자리보다 중앙에서 활발하다.
⑤ 지진이 발생하는 곳에서는 항상 화산 활동이 일어난다.

03 화산 활동과 지진이 활발하게 일어나는 지역의 분포가 대체로 일치하는 까닭을 설명하시오.
〈서술형〉

04 그림은 판의 구조를 나타낸 것이다.

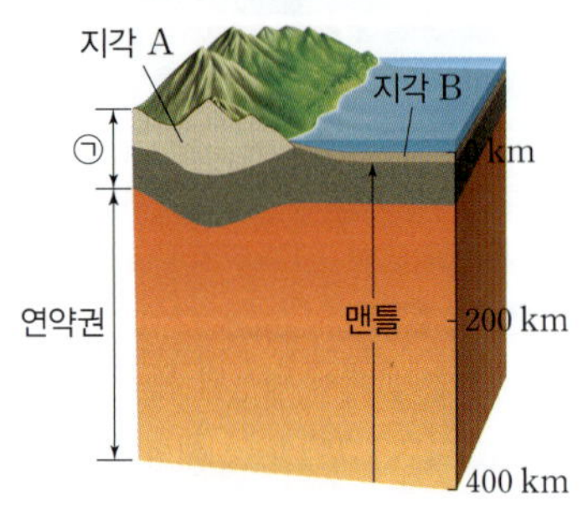

이에 대한 설명으로 옳은 것만을 보기에서 있는 대로 고른 것은?

보기
ㄱ. ㉠에서는 맨틀 대류가 일어난다.
ㄴ. 지각의 밀도는 A가 B보다 크다.
ㄷ. A가 포함된 판은 B가 포함된 판보다 두껍다.

① ㄱ　　　　② ㄷ　　　　③ ㄱ, ㄴ
④ ㄴ, ㄷ　　　⑤ ㄱ, ㄴ, ㄷ

05 판의 분포와 이동에 대한 설명으로 옳은 것만을 보기에서 있는 대로 고른 것은?

보기
ㄱ. 판의 이동 속도는 대체로 수 km/년이다.
ㄴ. 판 운동의 근원 에너지는 태양 에너지이다.
ㄷ. 지구는 10여 개의 판으로 이루어져 있다.

① ㄱ　　　　② ㄴ　　　　③ ㄷ
④ ㄱ, ㄷ　　　⑤ ㄴ, ㄷ

06 다음은 판의 경계에서 발달하는 여러 가지 지형에 대한 설명이다.

(가) 판의 경계에서 판이 서로 반대 방향으로 어긋나는 곳에 발달하는 단층이다.
(나) 활 모양을 이루면서 배열되어 있는 섬들로 해구와 나란하게 분포한다.
(다) 대양의 해저에 위치한 대규모 해저 산맥으로 주변의 심해저보다 수심이 2 km 정도 얕다.

(가)~(다)에 해당하는 지형을 쓰시오.

07 그림 (가)~(다)는 두 판의 상대적인 이동 방향을 나타낸 것이다.

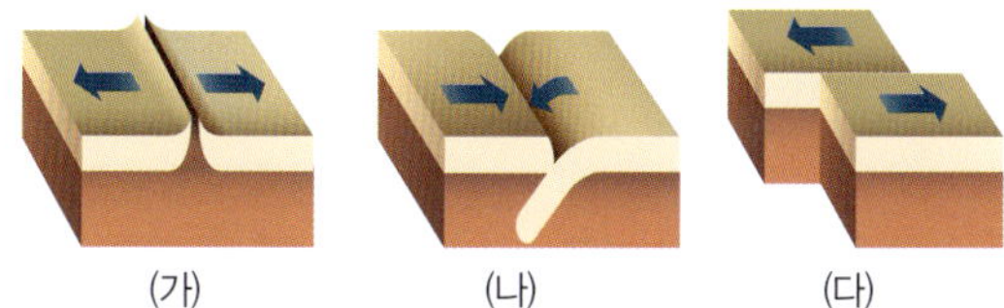

(1) (가)~(다)에서 발달하는 판 경계의 종류를 쓰시오.

(2) (가)~(다) 중 해양 지각이 생성되는 곳과 소멸되는 곳은 각각 어디인지 쓰시오.

08 그림은 판의 경계에서 만들어지는 여러 지형을 나타낸 것이다.

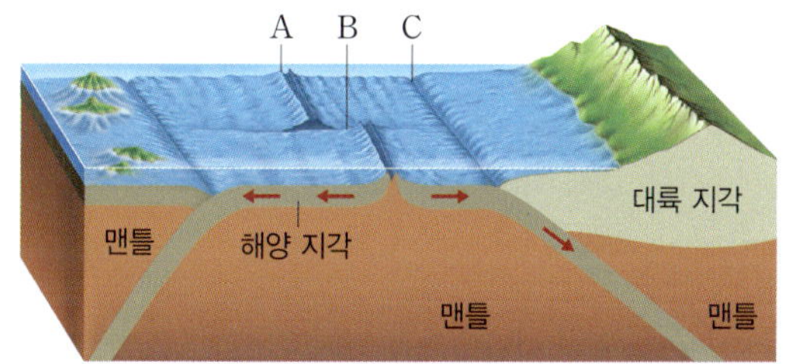

A~C에서 각각 발달하는 지형을 옳게 짝 지은 것은?

	A	B	C
①	해령	습곡 산맥	해구
②	해령	변환 단층	해구
③	해구	열곡대	해령
④	해구	변환 단층	호상열도
⑤	변환 단층	해령	습곡 산맥

09 화산 활동이 활발하게 일어나는 지형에 해당하는 것만을 보기에서 있는 대로 고른 것은?

보기
ㄱ. 해령　　　　　　ㄴ. 열곡대
ㄷ. 변환 단층　　　　ㄹ. 호상열도

① ㄱ, ㄴ　　　② ㄱ, ㄷ　　　③ ㄷ, ㄹ
④ ㄱ, ㄴ, ㄹ　　⑤ ㄴ, ㄷ, ㄹ

10 그림은 어느 판의 경계를 나타낸 것이다.

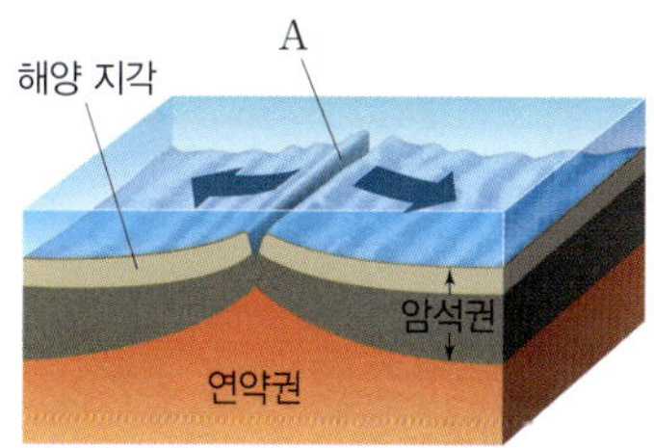

이에 대한 설명으로 옳은 것만을 보기에서 있는 대로 고른 것은?

보기
ㄱ. 심발 지진이 자주 발생한다.
ㄴ. 화산 활동이 활발하게 일어난다.
ㄷ. A의 하부에서는 맨틀 대류 상승이 일어난다.

① ㄱ　　　　　② ㄷ　　　　　③ ㄱ, ㄴ
④ ㄴ, ㄷ　　　⑤ ㄱ, ㄴ, ㄷ

11 보존형 경계에 대한 설명으로 옳은 것은?

① 해구와 호상열도가 발달한다.
② 맨틀 대류가 하강하는 곳이다.
③ 화산 활동과 지진이 활발하다.
④ 두 판이 서로 멀어지는 경계이다.
⑤ 해령과 해령 사이에 변환 단층이 발달한다.

12 그림은 어느 판의 경계를 모식적으로 나타낸 것이다.
이에 대한 설명으로 옳은 것만을 보기에서 있는 대로 고른 것은?

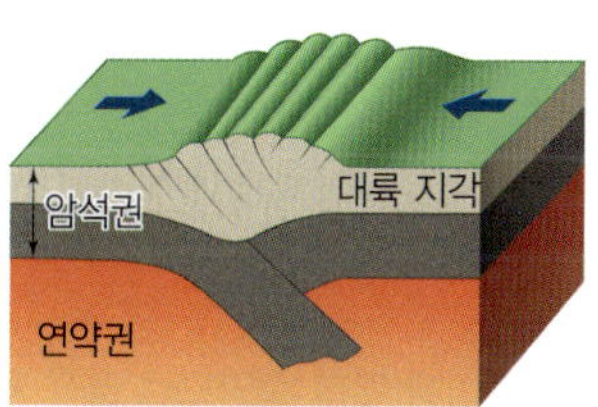

보기
ㄱ. 화산 활동이 활발하다.
ㄴ. 맨틀 대류의 하강부에 위치한다.
ㄷ. 이와 같은 지형을 산안드레아스 단층에서 볼 수 있다.

① ㄱ　　　　　② ㄴ　　　　　③ ㄷ
④ ㄱ, ㄴ　　　⑤ ㄱ, ㄷ

13 그림은 판의 경계를 나타낸 것이다.

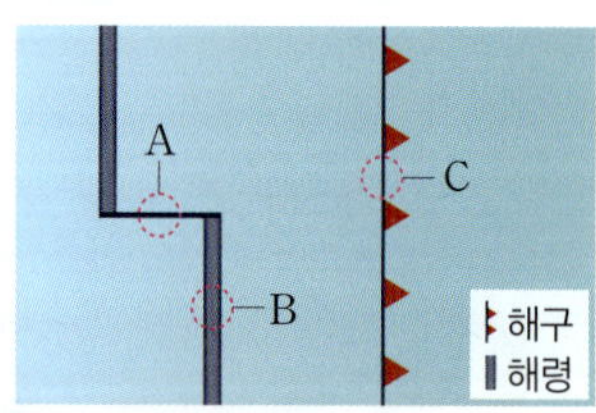

이에 대한 설명으로 옳은 것만을 보기에서 있는 대로 고른 것은?

보기
ㄱ. A에서는 지진이 발생하지 않는다.
ㄴ. B에서는 새로운 해양 지각이 생성된다.
ㄷ. C에서는 해양판이 섭입한다.

① ㄱ ② ㄴ ③ ㄱ, ㄷ
④ ㄴ, ㄷ ⑤ ㄱ, ㄴ, ㄷ

14 그림은 전 세계 주요 판의 경계와 이동 방향을 나타낸 것이다.

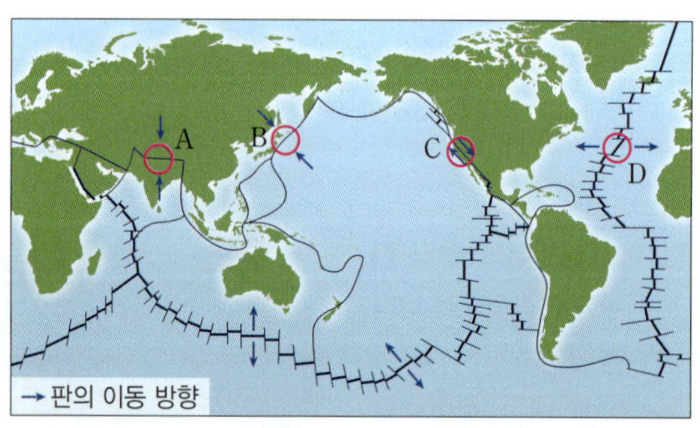

이에 대한 설명으로 옳은 것만을 보기에서 있는 대로 고른 것은?

보기
ㄱ. A와 B 지역의 하부에서는 맨틀 대류가 하강한다.
ㄴ. C 지역에서는 판의 생성 또는 소멸이 일어나지 않는다.
ㄷ. A~D 지역에서는 모두 지진이 활발하다.

① ㄱ ② ㄴ ③ ㄱ, ㄷ
④ ㄴ, ㄷ ⑤ ㄱ, ㄴ, ㄷ

15 화산 활동과 지진에 대한 설명으로 옳지 <u>않은</u> 것은?

① 화산 가스는 대기의 온실 효과를 강화시킨다.
② 화산 분출물이 풍화를 받으면 비옥한 토양을 만든다.
③ 화산 활동은 주변 지형에 영향을 미치지 않는다.
④ 지진으로 지구 내부 에너지가 지표로 방출된다.
⑤ 지진파를 이용해 지구 내부 구조를 파악할 수 있다.

16 다음은 화산 활동이 지구시스템에 미치는 영향에 대한 설명이다.

(가) 화산 가스에 포함된 이산화 탄소는 온실 효과에 영향을 줄 수 있다.
(나) 화산재는 햇빛을 차단하여 광합성 작용을 억제한다.
(다) 해저 화산 활동으로 다양한 성분이 해수에 공급된다.

(가)~(다)는 화산 활동이 각각 지구시스템의 어느 권역에 영향을 주는 것인지 쓰시오.

17 지권의 변화가 지구시스템에 미치는 영향과 피해 대책에 대한 설명으로 옳은 것만을 보기에서 있는 대로 고른 것은?

보기
ㄱ. 대규모 지진은 도로와 건물을 붕괴시킨다.
ㄴ. 화산 지대의 열은 발전에 이용할 수 있다.
ㄷ. 지진은 발생 시기를 정확하게 예측할 수 있다.
ㄹ. 화산 활동의 피해를 줄이기 위한 대책으로 인공위성을 이용한 지형 변화 관측이 있다.

① ㄱ, ㄴ ② ㄱ, ㄷ ③ ㄷ, ㄹ
④ ㄱ, ㄴ, ㄹ ⑤ ㄴ, ㄷ, ㄹ

JUMP 도전 문제

01 그림은 세계 주요 지진대의 분포를 나타낸 것이다.

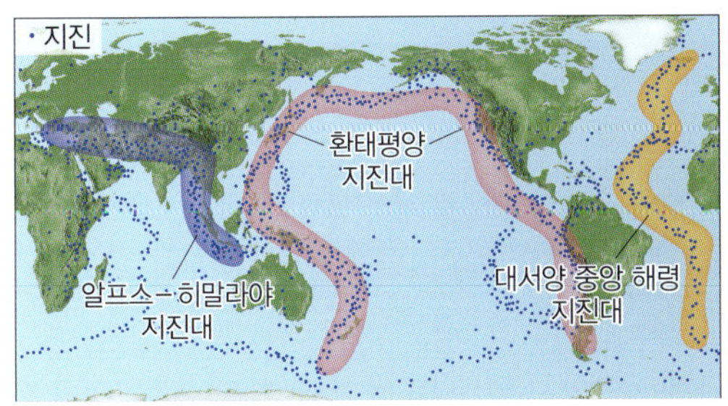

이에 대한 설명으로 옳지 <u>않은</u> 것은?

① 지진대는 변동대와 거의 일치한다.
② 대체로 좁고 긴 띠 모양으로 나타난다.
③ 알프스 – 히말라야 지진대에는 수렴형 경계가 발달한다.
④ 태평양은 가장자리보다 중앙부에서 지진이 활발하다.
⑤ 대서양 중앙 해령 지진대에는 열곡이 발달한다.

02 다음은 판의 경계에서 발달하는 지형을 구분하는 과정을 나타낸 것이다. A, B, C에 들어갈 지형을 쓰시오.

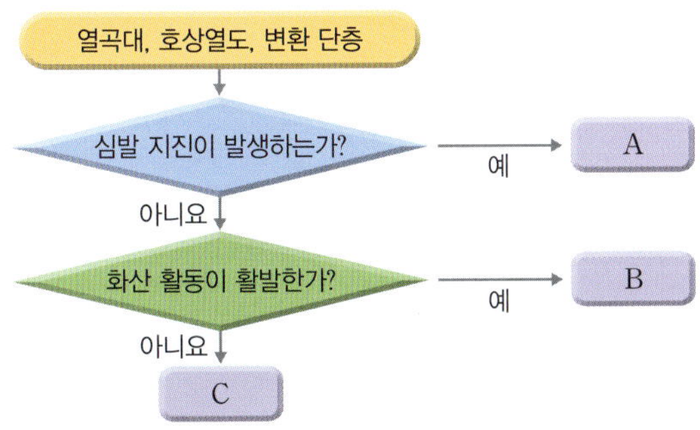

03 그림은 두 판의 상대적인 이동 방향과 속력을 나타낸 것이다. (가)와 (나)에서 발달하는 판 경계의 종류를 설명하시오.

〈서술형

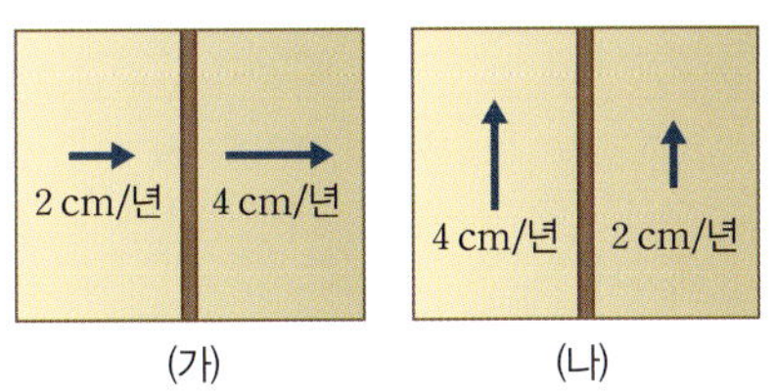

04 그림은 판의 경계에서 만들어지는 여러 지형을 나타낸 것이다.

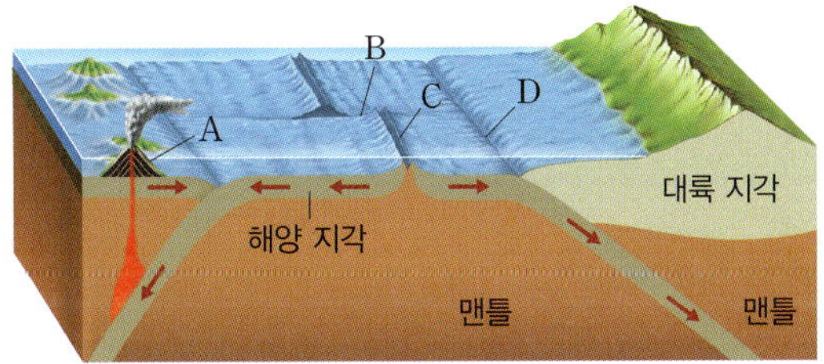

이에 대한 설명으로 옳은 것만을 보기에서 있는 대로 고른 것은?

> **보기**
> ㄱ. A는 수렴형 경계 부근에서 발달한다.
> ㄴ. 지진의 평균 발생 깊이는 A보다 B에서 깊다.
> ㄷ. 평균 수심은 C보다 D에서 깊다.
> ㄹ. C에서 D로 갈수록 해양 지각의 나이가 많아진다.

① ㄱ, ㄴ   ② ㄴ, ㄷ   ③ ㄷ, ㄹ
④ ㄱ, ㄷ, ㄹ   ⑤ ㄴ, ㄷ, ㄹ

05 다음은 화산 분출이 지구시스템에 미친 영향을 나타낸 것이다.

> (가) 화산 분출 이후 지구의 평균 기온이 낮아져 곡물 생산량이 크게 감소하였다.
> (나) 다량의 화산 쇄설물이 상층 대기로 분출하여 항공기 운항에 지장을 주었다.

이에 대한 설명으로 옳은 것만을 보기에서 있는 대로 고른 것은?

> **보기**
> ㄱ. (가)는 화산 가스에 포함된 이산화 탄소에 의해 발생하였다.
> ㄴ. (나)의 화산 쇄설물은 주로 화산암괴이다.
> ㄷ. 화산 활동은 환경적, 사회·경제적 피해를 일으킨다.

① ㄱ   ② ㄷ   ③ ㄱ, ㄴ
④ ㄱ, ㄷ   ⑤ ㄴ, ㄷ

중단원 핵/심/정리

01 지구시스템의 구성 요소

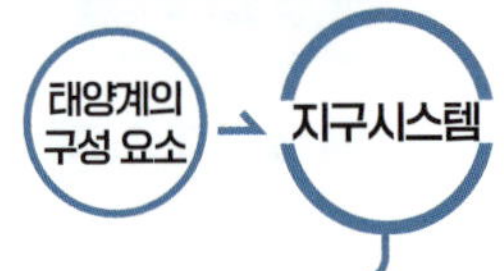

1. **지구시스템**: 기권, 지권, 수권, 생물권, (❶   )의 구성 요소가 상호작용 하고 있는 시스템

2. **지구시스템 구성 요소의 특징**

① **기권**: 지구를 둘러싸고 있는 대기 ➡ 온실 효과로 지표면 온도를 적절하게 유지하고, 유해한 자외선을 차단한다.

② **지권**: 지구 표면과 지구 내부를 포함하는 영역 ➡ 생명체에게 서식 공간과 필요한 물질을 공급한다.

③ (❷   ): 해수, 빙하, 지하수, 강, 호수 등 지구상의 물 ➡ 지구의 에너지 평형에 기여하고, 생명체에게 필요한 물질을 공급한다.

④ **생물권**: 인간을 포함한 동물, 식물, 미생물 등 지구의 모든 생명체 ➡ 지권, 기권, 수권에 걸쳐 분포한다.

⑤ **외권**: 기권의 바깥 영역 ➡ 외권의 (❸   )은/는 우주선과 태양풍을 차단한다.

3. **지구시스템의 성층 구조**

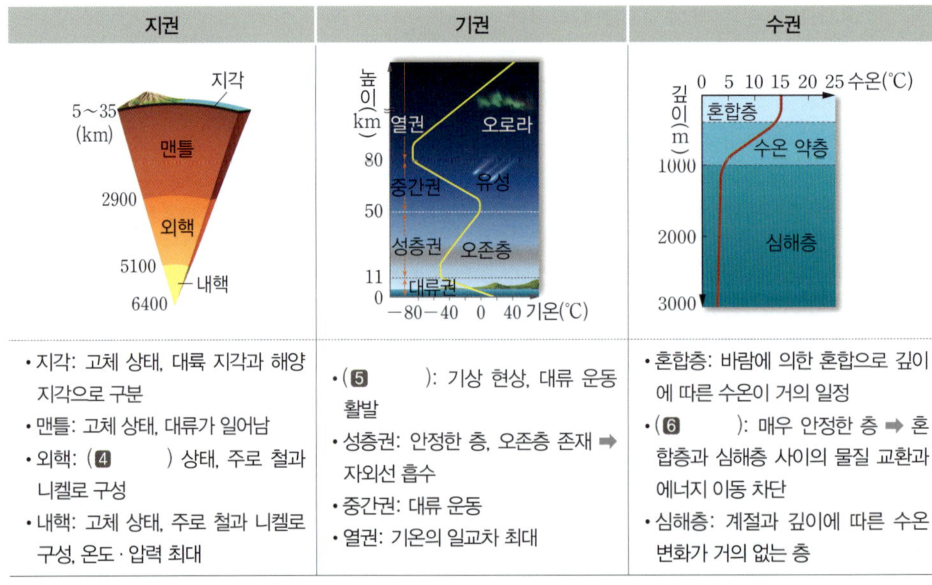

지권	기권	수권
• 지각: 고체 상태, 대륙 지각과 해양 지각으로 구분 • 맨틀: 고체 상태, 대류가 일어남 • 외핵: (❹) 상태, 주로 철과 니켈로 구성 • 내핵: 고체 상태, 주로 철과 니켈로 구성, 온도·압력 최대	• (❺): 기상 현상, 대류 운동 활발 • 성층권: 안정한 층, 오존층 존재 ➡ 자외선 흡수 • 중간권: 대류 운동 • 열권: 기온의 일교차 최대	• 혼합층: 바람에 의한 혼합으로 깊이에 따른 수온이 거의 일정 • (❻): 매우 안정한 층 ➡ 혼합층과 심해층 사이의 물질 교환과 에너지 이동 차단 • 심해층: 계절과 깊이에 따른 수온 변화가 거의 없는 층

02 지구시스템의 상호작용

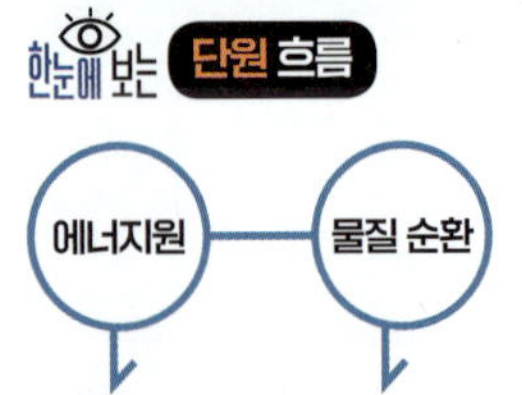

1. **지구시스템의 에너지원**

(❼) 에너지	지구 내부 에너지	조력 에너지
• 수소 핵융합 반응에 의해 생성 • 가장 많은 비율을 차지 • 역할: 대기와 해수의 순환, 기상 현상, 지표의 변화를 일으킴	• 지구 내부에 축적된 열, 방사성 원소 붕괴열로 생성 • 역할: 맨틀 대류, 화산 활동, 지진을 일으킴	• 달과 태양의 인력에 의해 생성 • 역할: 밀물과 썰물을 일으킴

2. **지구시스템의 물질 순환**

① 물의 순환

• 물의 순환을 일으키는 주된 에너지원: (❽   ) 에너지

• 물이 순환하는 과정에서 날씨의 변화, 지표의 변화 등이 일어난다.

② 탄소의 순환: 탄소는 각 권역에서 다양한 형태로 존재하며 각 권역들 사이의 상호작용에 의해 끊임없이 순환한다.

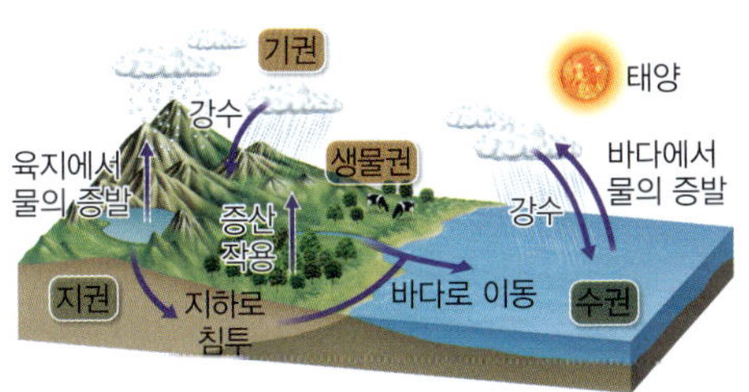

▲ 물의 순환

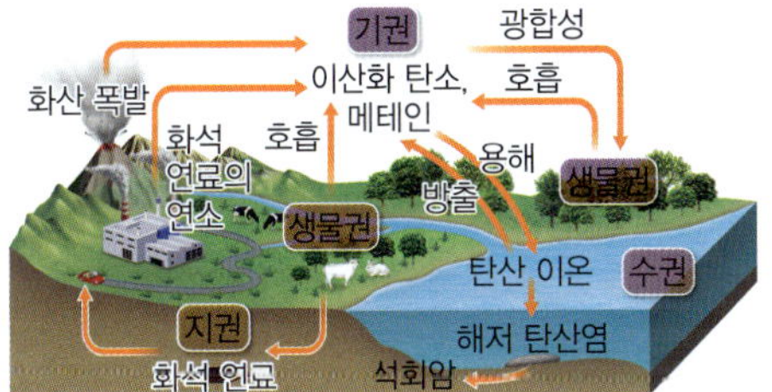

▲ 탄소의 순환

3. **지구시스템의 상호작용:** 지구시스템의 각 구성 요소들은 상호작용하여 끊임없이 (**⑨**   )와/과 에너지를 주고받는다.

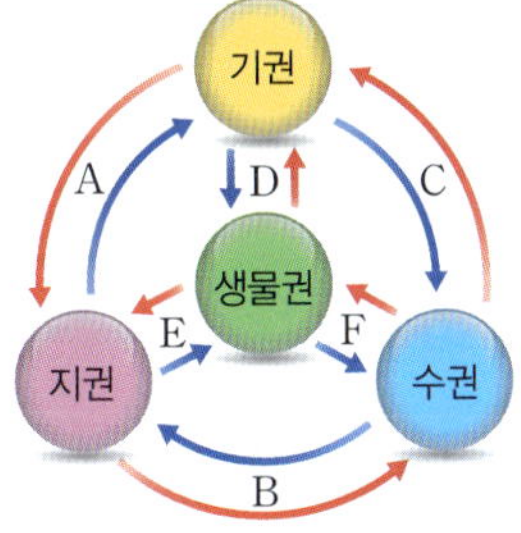

> **상호작용의 예**
> - A: 화산 가스 방출
> - B: 쓰나미
> - C: 태풍의 발생
> - D: 광합성
> - E: 화석 연료 생성
> - F: 수중 생물 서식처 제공

○3 지권의 변화

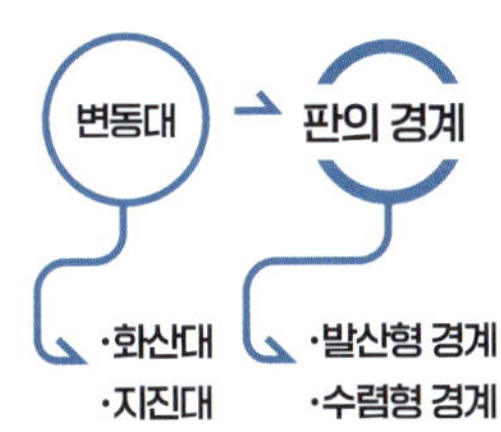

1. **화산대와 지진대:** 화산대와 지진대는 대체로 일치하며, 좁고 긴 띠 모양으로 분포한다. ➡ 화산 활동과 지진은 대부분 판의 (**⑩**   )에서 발생하기 때문이다.

2. **판의 경계와 지각 변동**

① 판의 구조

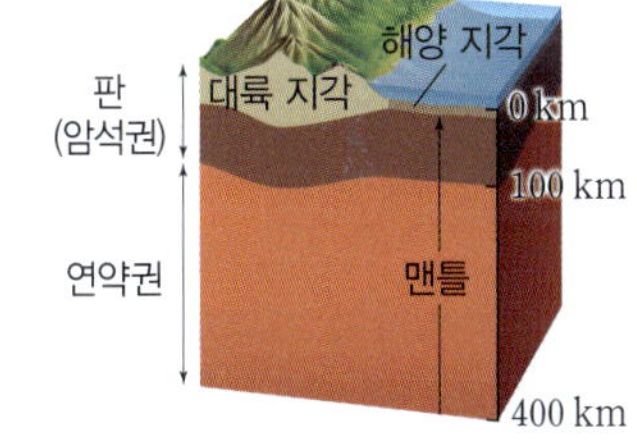

- (**⑪**   ): 지각과 상부 맨틀의 일부를 포함하는 두께 약 100 km의 단단한 부분
- 연약권: 깊이 약 100~400 km 구간으로, 맨틀 대류가 일어난다. ➡ 판 이동의 원동력

② 판 경계의 종류와 지각 변동

구분	(**⑫**) 경계	수렴형 경계		보존형 경계
		섭입형	충돌형	
지형	해령, 열곡, 열곡대	해구, 호상열도, 습곡 산맥	(**⑬**)	변환 단층
지진	천발 지진	천발 ~ 심발 지진	천발 ~ 중발 지진	(**⑭**)
화산 활동	활발	활발	거의 없음	거의 없음
예	대서양 중앙 해령, (**⑮**) 열곡대	페루−칠레 해구, 안데스산맥	히말라야산맥	산안드레아스 단층

3. **지권의 변화가 지구시스템에 미치는 영향:** 화산 활동과 지진은 지구 환경의 변화뿐만 아니라 인간 생활에도 큰 영향을 미친다. 또한 생태계 균형을 포함하여 지구시스템의 균형 유지와 밀접한 관련이 있다.

지구시스템의 상호작용

출제 point에 따라 대표 자료를 분석하고, 문제에 대입하여 풀어보자.

출제 Point

Point❶ 상호작용에 관여하는 지구시스템의 해당 권역을 찾는다. ★★★

Point❷ 두 권역 사이에 일어나는 상호작용의 적절한 예를 찾는다. ★★★

Point❸ 상호작용의 결과로 나타나는 지구 환경의 변화를 파악한다. ★☆☆

대표 자료

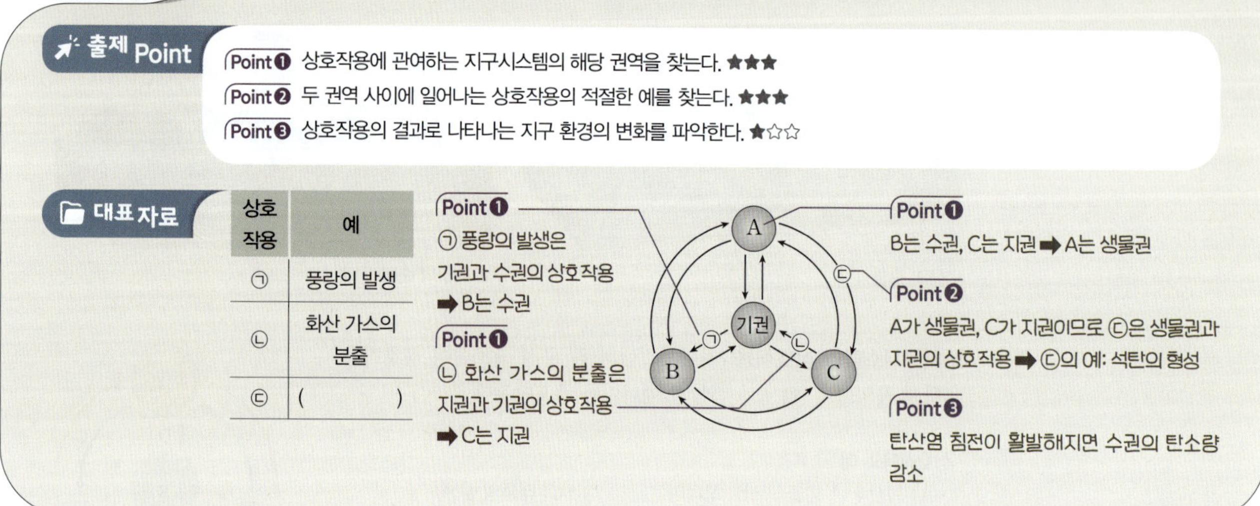

정답과 해설 52쪽

01 그림은 지구시스템의 구성 요소 A, B, C와 상호작용의 예를 나타낸 것이다.

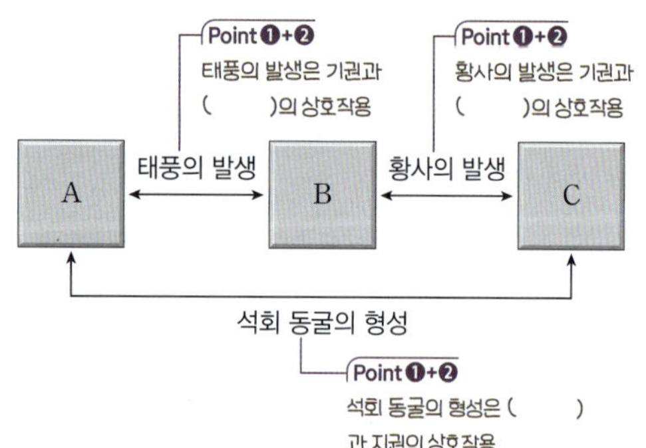

A, B, C에 해당하는 지구시스템의 구성 요소로 적절한 것은?

	A	B	C
①	기권	수권	지권
②	기권	지권	수권
③	수권	기권	지권
④	수권	지권	기권
⑤	지권	기권	수권

02 그림은 지구시스템의 구성 요소 사이의 상호작용 A~D를, 표는 A~D의 예를 나타낸 것이다. (가), (나), (다)는 각각 수권, 외권, 지권 중 하나이다.

Point❶
A는 ( )과 기권의 상호작용, B는 ( )과 기권의 상호작용, C는 기권과 수권의 상호작용 ➡ (가)는 ( ), (나)는 ( ), (다)는 ( )

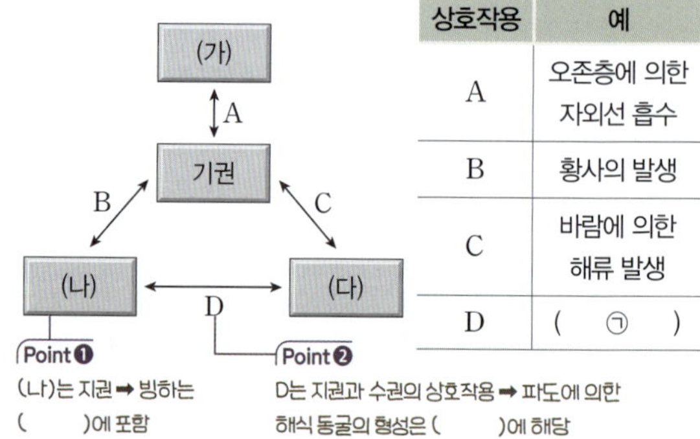

상호작용	예
A	오존층에 의한 자외선 흡수
B	황사의 발생
C	바람에 의한 해류 발생
D	(㉠)

이에 대한 설명으로 옳은 것만을 보기에서 있는 대로 고른 것은?

보기

ㄱ. (가)는 외권이다.

ㄴ. 빙하는 (나)에 속한다.

ㄷ. '파도에 의한 해식 동굴의 형성'은 ㉠에 올 수 있다.

① ㄱ   ② ㄴ   ③ ㄷ

④ ㄱ, ㄷ   ⑤ ㄴ, ㄷ

판의 경계와 지각 변동

출제 point에 따라 대표 자료를 분석하고, 문제에 대입하여 풀어보자.

Point❶ 판의 상대적인 이동 방향을 살펴보고 판 경계의 종류를 구분한다. ★★★
Point❷ 판 경계의 종류에 따른 지각 변동과 발달 지형을 파악한다. ★★★
Point❸ 지진, 화산 활동과 같은 지각 변동은 주로 판의 경계에서 일어남을 안다. ★☆☆
Point❹ 판 운동과 맨틀 대류를 일으키는 지구시스템의 에너지원을 안다. ★☆☆

대표 자료

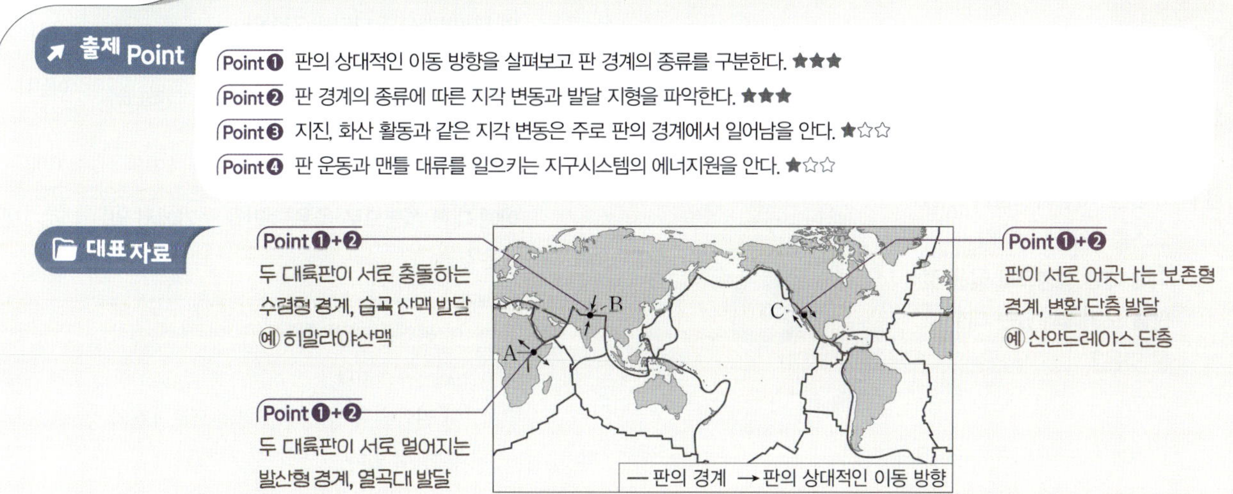

정답과 해설 52쪽

03 그림 (가)는 판의 경계에 위치한 지역 A, B와 주변 판들의 상대적 이동 방향을 나타낸 것이다. (나)는 (가)의 A, B에서 발달하는 지형 또는 지각 변동 ㉠, ㉡, ㉢을 벤 다이어그램으로 나타낸 것이다.

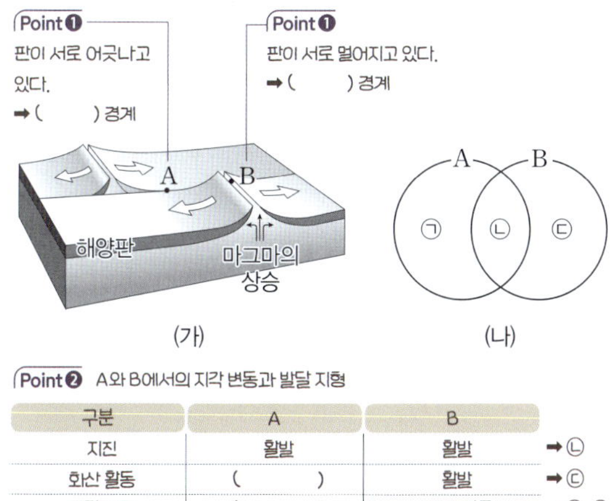

Point❷ A와 B에서의 지각 변동과 발달 지형

구분	A	B	
지진	활발	활발	➡ ㉡
화산 활동	( )	활발	➡ ㉢
발달 지형	( )	해령, 열곡	➡ ㉠, ㉢

이에 대한 설명으로 옳은 것은?

① A에서는 해양판이 생성된다.
② B에서는 해구가 발달한다.
③ 화산 활동은 ㉠에 속한다.
④ 지진은 ㉡에 속한다.
⑤ 호상열도는 ㉢에 속한다.

04 다음은 튀르키예 부근에서 발생한 지진에 대한 신문 기사의 일부이다.

○월 ○일 튀르키예 남동부 지역에서 규모 7.8의 강진이 발생하고 ㉠여러 차례 지진이 이어져 큰 피해가 일어났다. 판과 판이 만나는 이 지역에서는 과거에도 지진이 발생하였다.

이에 대한 설명으로 옳은 것만을 보기에서 있는 대로 고른 것은?

보기
ㄱ. ㉠은 주로 판의 경계 부근에서 발생하였다.
ㄴ. A 지역에는 두 판이 서로 멀어지는 경계가 있다.
ㄷ. 지진의 에너지원은 지구 내부 에너지이다.

① ㄱ   ② ㄴ   ③ ㄱ, ㄷ
④ ㄴ, ㄷ   ⑤ ㄱ, ㄴ, ㄷ

수능 실전 2점

01 그림은 지구시스템의 구성 요소를 나타낸 것이다. 이에 대한 설명으로 옳은 것만을 보기에서 있는 대로 고른 것은?

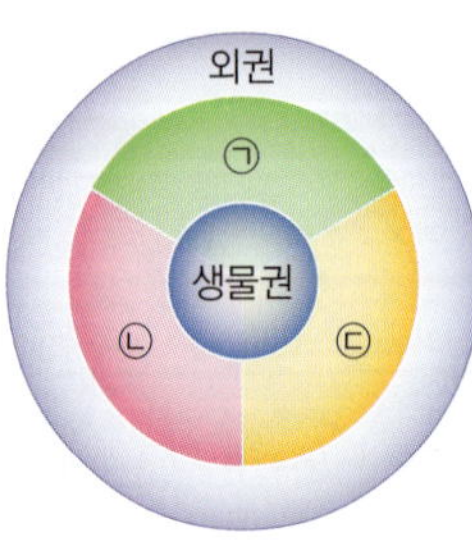

보기
ㄱ. 오존층은 외권에 존재한다.
ㄴ. ㉠~㉢은 모두 성층 구조가 나타난다.
ㄷ. 구성 요소 간의 상호작용이 일어날 때 물질과 에너지의 이동이 나타난다.

① ㄱ ② ㄴ ③ ㄱ, ㄷ
④ ㄴ, ㄷ ⑤ ㄱ, ㄴ, ㄷ

02 그림 (가)~(다)는 지각, 맨틀, 핵을 구성하는 주요 원소의 질량비(%)를 순서 없이 나타낸 것이다.

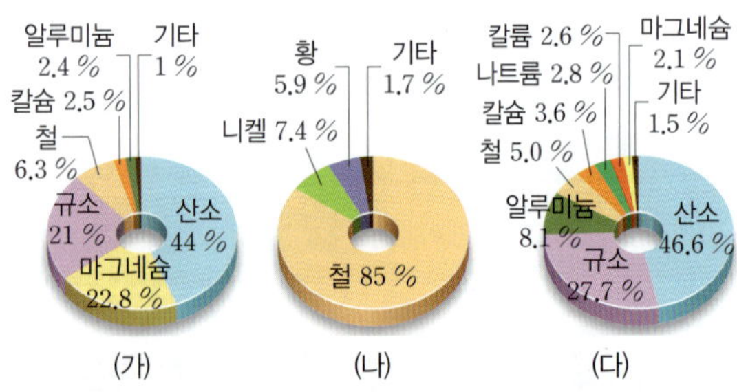

이에 대한 설명으로 옳은 것만을 보기에서 있는 대로 고른 것은?

보기
ㄱ. (가)는 지각이다.
ㄴ. (나)는 주로 규산염 물질로 이루어져 있다.
ㄷ. 구성 물질의 평균 밀도는 (나)>(가)>(다)이다.

① ㄱ ② ㄴ ③ ㄷ
④ ㄱ, ㄷ ⑤ ㄴ, ㄷ

03 표는 지구시스템을 구성하는 어느 권역의 주요 구성 원소의 부피비(%)를 나타낸 것이다.

구분	A	산소	아르곤	이산화탄소
부피비(%)	78	21	0.9	0.03

이에 대한 설명으로 옳은 것만을 보기에서 있는 대로 고른 것은?

보기
ㄱ. 이 권역은 기권이다.
ㄴ. A는 규소이다.
ㄷ. 이 권역은 구성 성분을 기준으로 4개의 층으로 구분할 수 있다.

① ㄱ ② ㄴ ③ ㄱ, ㄷ
④ ㄴ, ㄷ ⑤ ㄱ, ㄴ, ㄷ

04 그림 (가)와 (나)는 기권과 수권의 성층 구조를 순서 없이 나타낸 것이다.

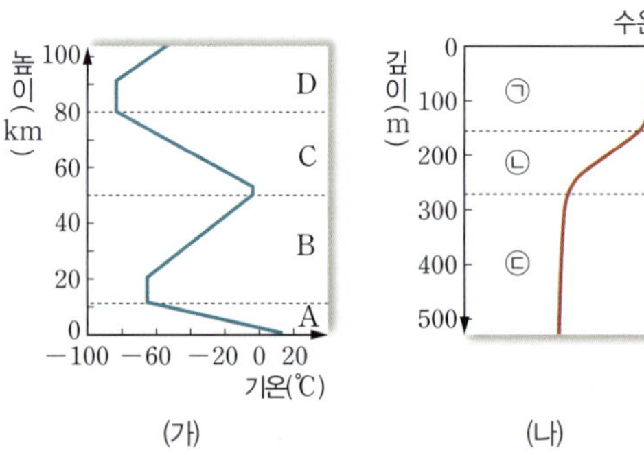

이에 대한 설명으로 옳은 것만을 보기에서 있는 대로 고른 것은?

보기
ㄱ. (가)에서 최대 오존 농도는 B에서 나타난다.
ㄴ. (나)에서 연직 운동이 가장 활발한 층은 ㉡이다.
ㄷ. (가)와 (나)에서 높이나 깊이에 따른 온도 변화가 가장 큰 곳은 D와 ㉢이다.

① ㄱ ② ㄴ ③ ㄱ, ㄷ
④ ㄴ, ㄷ ⑤ ㄱ, ㄴ, ㄷ

05 그림은 지구시스템의 에너지원을 나타낸 것이다.

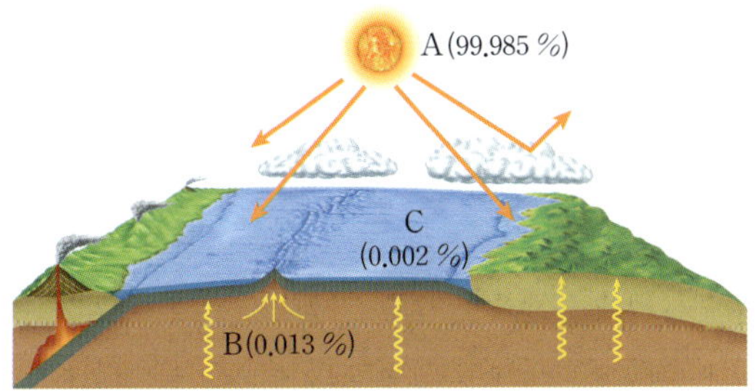

이에 대한 설명으로 옳은 것만을 보기에서 있는 대로 고른 것은?

> 보기
> ㄱ. 기상 현상을 일으키는 주요 에너지원은 A이다.
> ㄴ. 조력 에너지의 일부는 B로 전환된다.
> ㄷ. C는 주기적인 해수면의 높이 변화를 일으키는 근원 에너지이다.

① ㄱ　　　　② ㄴ　　　　③ ㄷ
④ ㄱ, ㄴ　　　⑤ ㄱ, ㄷ

06 그림은 지구시스템에서 물의 순환을 나타낸 것이다. 대기, 육지, 바다는 각각 물수지 평형 상태이다.

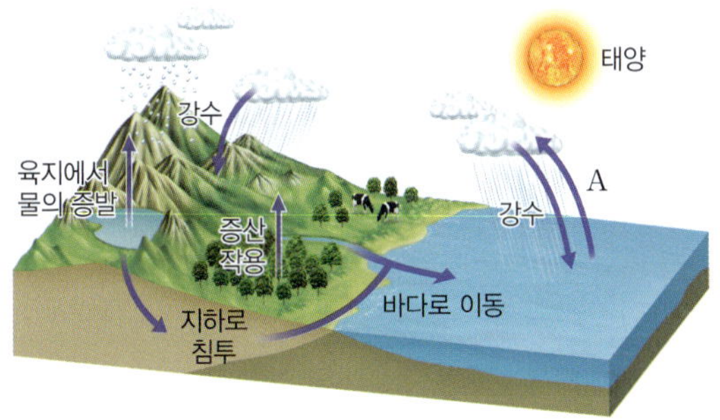

이에 대한 설명으로 옳지 <u>않은</u> 것은?

① A 과정에서 물은 태양 에너지를 흡수한다.
② 육지에서는 증발량보다 강수량이 많다.
③ 물의 순환 과정에서 지형의 변화가 나타난다.
④ 생물권은 물의 순환에 직접적인 관련이 없다.
⑤ 물의 순환은 지구의 에너지 평형에 기여한다.

07 그림은 지구에 존재하는 탄소의 분포량과 이동을 나타낸 것이다.

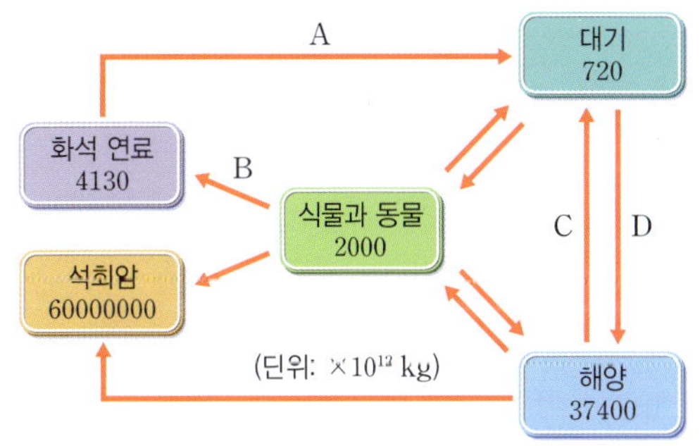

이에 대한 설명으로 옳은 것만을 보기에서 있는 대로 고른 것은?

> 보기
> ㄱ. 탄소는 기권보다 생물권에 많이 분포한다.
> ㄴ. 현재 탄소 이동량은 A가 B보다 많다.
> ㄷ. C가 D보다 많아지면 해양 산성화가 나타난다.

① ㄱ　　　　② ㄷ　　　　③ ㄱ, ㄴ
④ ㄴ, ㄷ　　　⑤ ㄱ, ㄴ, ㄷ

08 그림 (가)~(다)는 지구시스템에서 일어나는 상호작용의 예를 나타낸 것이다.

(가) 쓰나미로 인한 침수　　(나) 열대 우림 파괴　　(다) 화산재 분출

이에 대한 설명으로 옳은 것만을 보기에서 있는 대로 고른 것은?

> 보기
> ㄱ. (가)는 기권과 수권의 상호작용에 해당한다.
> ㄴ. (나)가 활발할수록 생물권의 탄소량은 감소한다.
> ㄷ. (다)는 지표에 도달하는 태양 복사 에너지양을 감소시킨다.

① ㄱ　　　　② ㄴ　　　　③ ㄱ, ㄷ
④ ㄴ, ㄷ　　　⑤ ㄱ, ㄴ, ㄷ

09 그림은 판의 구조를 나타낸 것이다. A와 B는 각각 암석권과 연약권 중 하나이다.

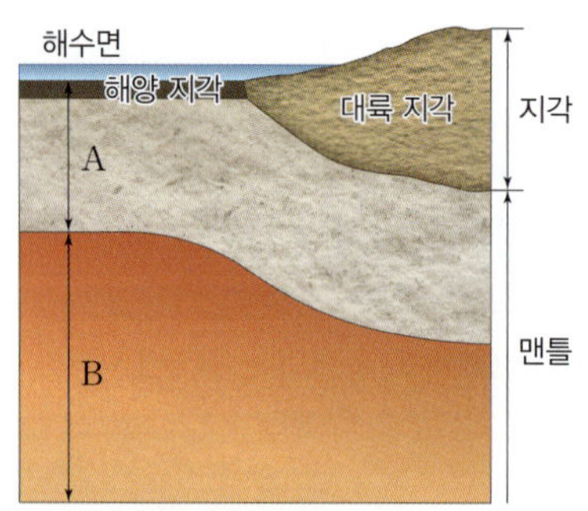

이에 대한 설명으로 옳은 것만을 보기에서 있는 대로 고른 것은?

보기
ㄱ. 판의 두께는 대륙보다 해양에서 두껍다.
ㄴ. A는 크고 작은 조각으로 나누어져 있다.
ㄷ. 구성 물질의 유동성은 A보다 B에서 크다.

① ㄱ ② ㄷ ③ ㄱ, ㄴ
④ ㄴ, ㄷ ⑤ ㄱ, ㄴ, ㄷ

10 그림은 어느 판의 경계 부근에서 판의 상대적 이동 방향을 나타낸 것이다.

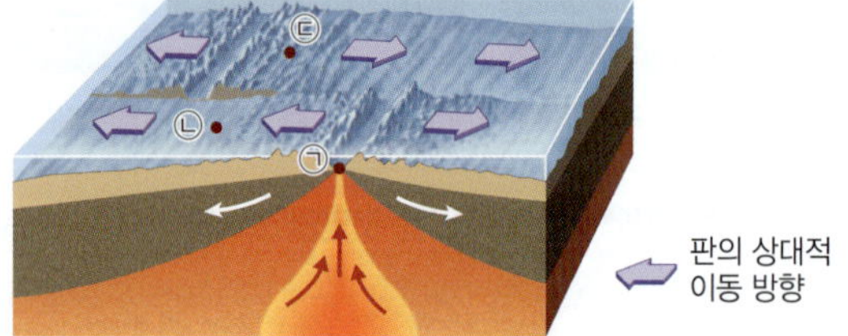

이에 대한 설명으로 옳은 것은?

① ㄱ에서 오래된 해양 지각이 소멸한다.
② ㄴ과 ㄷ은 서로 같은 판에 속해 있다.
③ ㄱ~ㄷ에서는 모두 지진이 활발하다.
④ ㄱ~ㄷ 중 화산 활동이 활발한 곳은 ㄴ이다.
⑤ 이 지역에는 발산형 경계와 보존형 경계가 모두 존재한다.

11 그림은 전 세계 주요 판의 경계와 이동 방향을 나타낸 것이다.

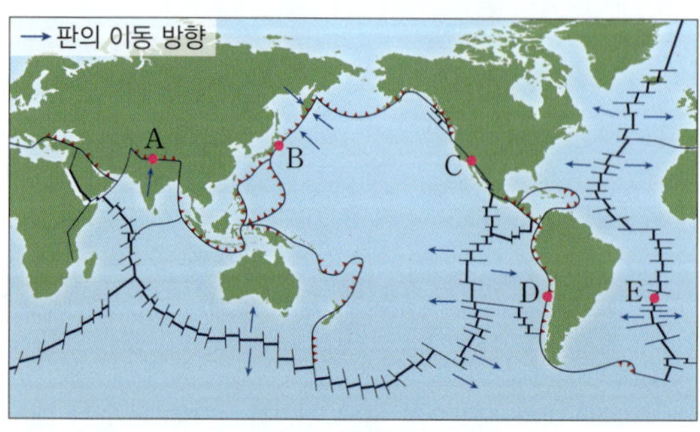

이에 대한 설명으로 옳지 <u>않은</u> 것은?

① A 지역에서는 대륙판이 충돌하여 습곡 산맥이 형성된다.
② B 지역의 하부에서는 맨틀 대류의 상승이 일어난다.
③ C 지역은 판의 경계를 따라 변환 단층이 발달한다.
④ D 지역에서 대륙 쪽으로 갈수록 진원의 깊이는 점점 깊어진다.
⑤ E 지역은 V 자 모양의 계곡이 발달한다.

12 다음은 화산 활동이 활발한 아이슬란드에 대한 설명이다.

아이슬란드는 판의 (㉠)형 경계에 위치하여 육지가 양쪽으로 확장되며 고온의 마그마가 분출하여 화산 활동이 활발

하다. 이곳 사람들은 이러한 ㉡지질학적 특성을 일상 생활에 이용하고 있다.

이에 대한 설명으로 옳은 것만을 보기에서 있는 대로 고른 것은?

보기
ㄱ. ㉠은 '발산'이다.
ㄴ. ㉡의 예로 '지구 내부 에너지를 이용한 전력 생산'이 있다.
ㄷ. 이 지역에서는 천발 지진이 매우 활발할 것이다.

① ㄱ ② ㄴ ③ ㄱ, ㄷ
④ ㄴ, ㄷ ⑤ ㄱ, ㄴ, ㄷ

13 그림 (가)~(다)는 지구시스템의 하위 권역으로 생물권의 공간적 분포 영역이 확대되는 과정을 나타낸 것이다.

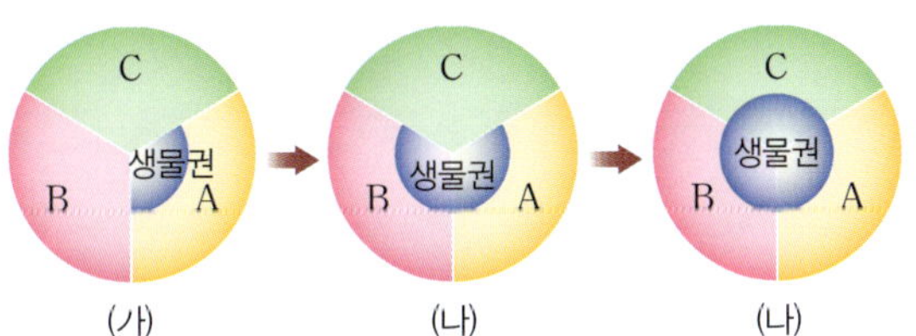

이에 대한 설명으로 옳지 <u>않은</u> 것은?

① A는 수권이다.
② B는 지표와 지구 내부를 포함한 영역이다.
③ C는 지구를 둘러싸고 있는 대기 영역이다.
④ 오존층은 (가) 시기 이전에 존재하였다.
⑤ 지구시스템의 상호작용은 (가) → (나) → (다)로 갈수록 다양해졌다.

14 그림 (가)와 (나)는 각각 지권과 기권의 성층 구조를 나타낸 것이다.

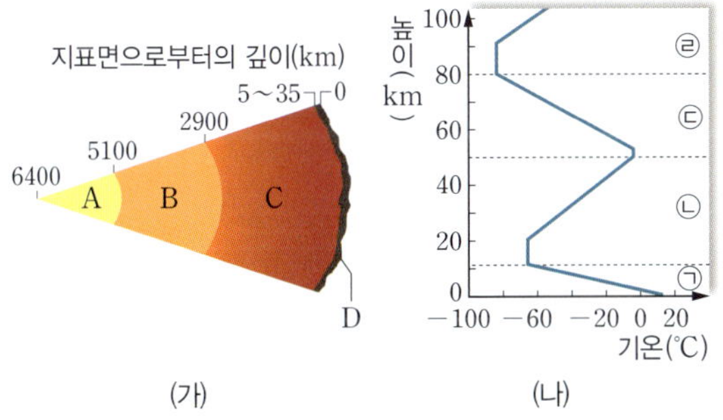

이에 대한 설명으로 옳은 것만을 보기에서 있는 대로 고른 것은?

보기

ㄱ. (가)와 (나)는 모두 온도 분포를 기준으로 4개의 층으로 나눌 수 있다.
ㄴ. (가)에서 대류가 일어나는 영역은 B와 C이다.
ㄷ. (나)에서 수증기가 가장 풍부한 층은 ㉠이다.

① ㄱ   ② ㄴ   ③ ㄱ, ㄷ
④ ㄴ, ㄷ   ⑤ ㄱ, ㄴ, ㄷ

15 그림은 북반구 중위도 해역에서 2월과 8월의 연직 수온 분포를 A와 B로 순서 없이 나타낸 것이다.

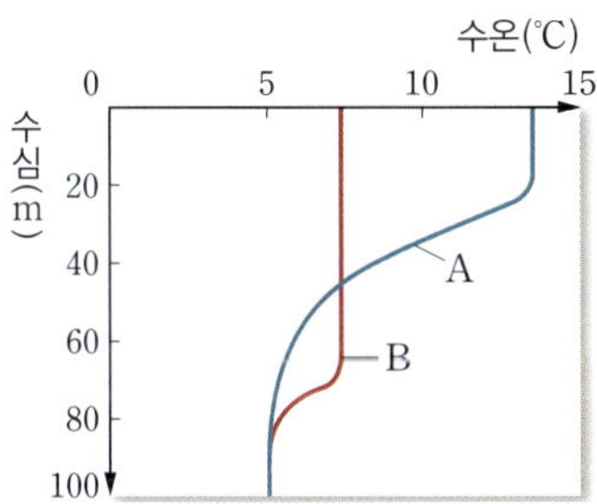

이에 대한 설명으로 옳은 것만을 보기에서 있는 대로 고른 것은?

보기

ㄱ. A는 2월의 수온 분포이다.
ㄴ. 바람의 평균 세기는 2월보다 8월에 강하다.
ㄷ. 수온 약층은 2월보다 8월에 뚜렷하게 발달한다.

① ㄱ   ② ㄷ   ③ ㄱ, ㄴ
④ ㄴ, ㄷ   ⑤ ㄱ, ㄴ, ㄷ

16 다음은 지구시스템의 세 권역 (가)~(다)가 생명 현상 유지에 기여하는 내용을 나타낸 것이다.

(가) 지권: 생물의 서식처와 생명 활동에 필요한 물질을 제공해 주는 역할을 한다.
(나) (   ): 수증기, 이산화 탄소 등이 ㉠(   )을/를 일으켜 생물이 살기에 적합한 온도를 유지시킨다.
(다) 수권: ㉡ (   )(으)로 지구 전체의 에너지 평형에 기여한다.

이에 대한 설명으로 옳은 것만을 보기에서 있는 대로 고른 것은?

보기

ㄱ. ㉠은 '온실 효과'이다.
ㄴ. ㉡의 예로 '해수의 순환'이 있다.
ㄷ. 자외선을 차단하여 생명체를 보호하는 역할을 하는 권역은 (나)이다.

① ㄱ   ② ㄴ   ③ ㄱ, ㄷ
④ ㄴ, ㄷ   ⑤ ㄱ, ㄴ, ㄷ

17 그림은 지구시스템에서 일어나는 세 가지 자연 현상을 특징에 따라 구분하는 과정을 나타낸 것이다.

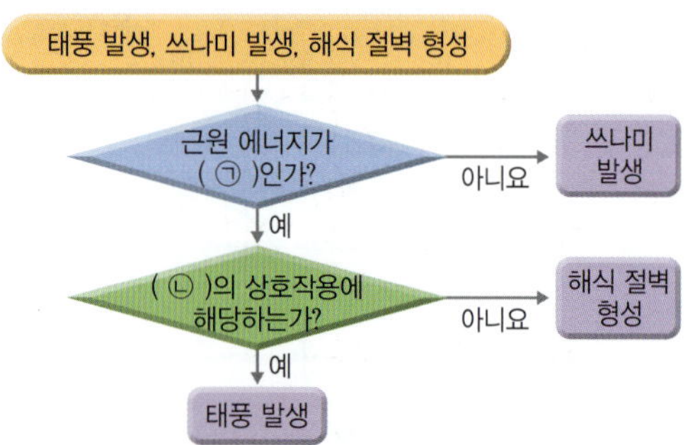

이에 대한 설명으로 옳은 것만을 보기에서 있는 대로 고른 것은?

보기
ㄱ. ㉠은 '지구 내부 에너지'이다.
ㄴ. ㉡은 '지권과 수권'이다.
ㄷ. 세 가지 자연 현상은 모두 물질과 에너지의 이동이 함께 나타난다.

① ㄱ   ② ㄷ   ③ ㄱ, ㄴ
④ ㄴ, ㄷ   ⑤ ㄱ, ㄴ, ㄷ

18 그림은 물수지 평형 상태에 있는 대기, 육지, 바다에서 연간 물의 이동량을 나타낸 것이다.

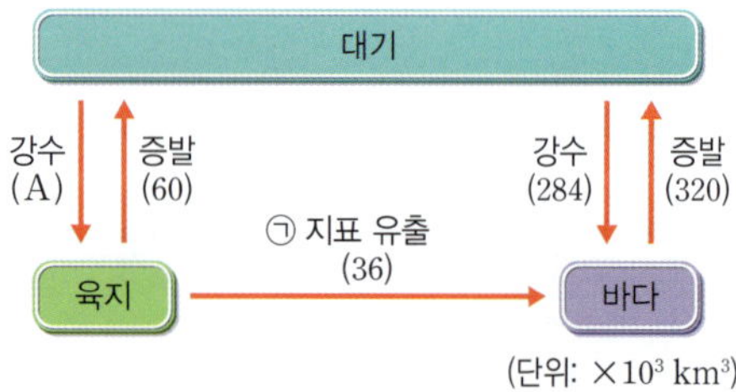

이에 대한 설명으로 옳은 것만을 보기에서 있는 대로 고른 것은?

보기
ㄱ. A는 96이다.
ㄴ. ㉠에 의해 현재 바다의 염분은 감소하는 추세이다.
ㄷ. 태양 에너지의 일부는 물의 순환을 통해 지형을 변화시키는 데 사용된다.

① ㄱ   ② ㄴ   ③ ㄱ, ㄷ
④ ㄴ, ㄷ   ⑤ ㄱ, ㄴ, ㄷ

19 그림은 지구시스템에서 일어나는 탄소 순환 과정을 나타낸 것이다.

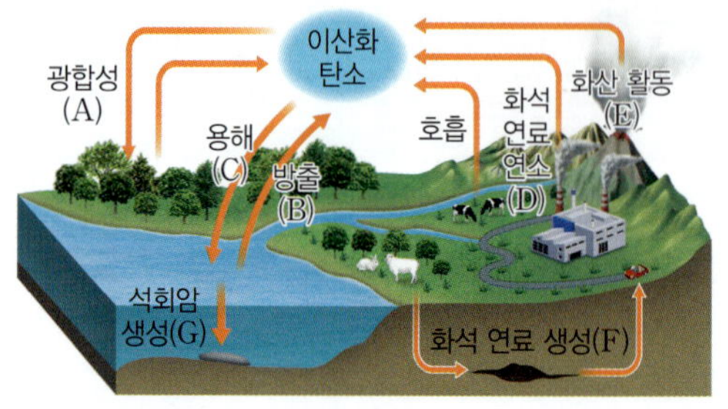

이에 대한 설명으로 옳은 것만을 보기에서 있는 대로 고른 것은?

보기
ㄱ. 기권의 탄소량이 증가하면 A가 증가한다.
ㄴ. 해수의 온도가 상승하면 B보다 C가 활발해진다.
ㄷ. 현재 $D+E=F+G$이다.

① ㄱ   ② ㄴ   ③ ㄱ, ㄷ
④ ㄴ, ㄷ   ⑤ ㄱ, ㄴ, ㄷ

20 그림은 지권과 지구시스템의 다른 구성 요소와의 상호작용을, 표는 그 상호작용의 예를 나타낸 것이다.

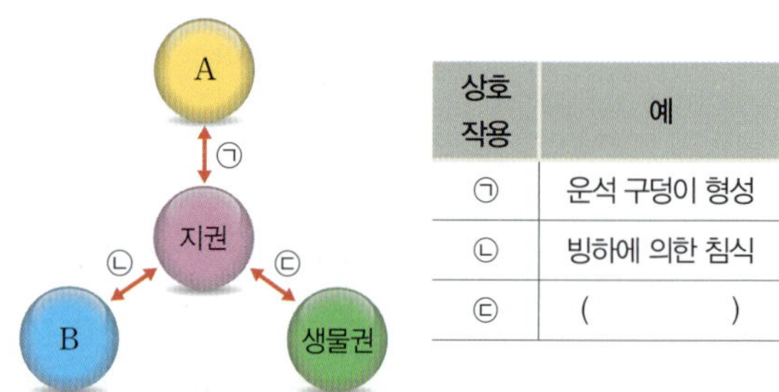

상호작용	예
㉠	운석 구덩이 형성
㉡	빙하에 의한 침식
㉢	( )

이에 대한 설명으로 옳은 것만을 보기에서 있는 대로 고른 것은?

보기
ㄱ. A는 외권이다.
ㄴ. B의 탄소는 주로 이산화 탄소 형태로 존재한다.
ㄷ. 석회암 형성은 ㉢의 예가 된다.

① ㄱ   ② ㄴ   ③ ㄷ
④ ㄱ, ㄴ   ⑤ ㄱ, ㄷ

21 그림은 전 세계 화산과 지진의 분포를 나타낸 것이다.

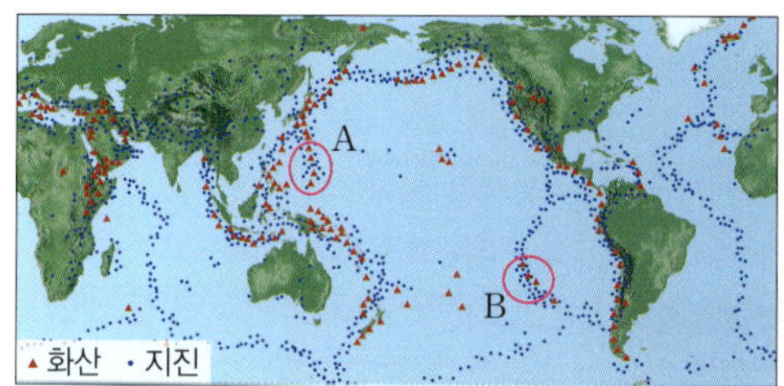

이에 대한 설명으로 옳은 것만을 보기에서 있는 대로 고른 것은?

보기
ㄱ. A의 화산섬은 호상열도를 이룬다.
ㄴ. B의 지진대는 환태평양 지진대에 속한다.
ㄷ. 판의 경계를 추정할 때, 지진보다 화산의 분포를 확인하는 것이 용이하다.

① ㄱ ② ㄴ ③ ㄱ, ㄷ
④ ㄴ, ㄷ ⑤ ㄱ, ㄴ, ㄷ

빈출
22 그림은 어느 지역에 분포하는 판의 단면을 모식적으로 나타낸 것이다.

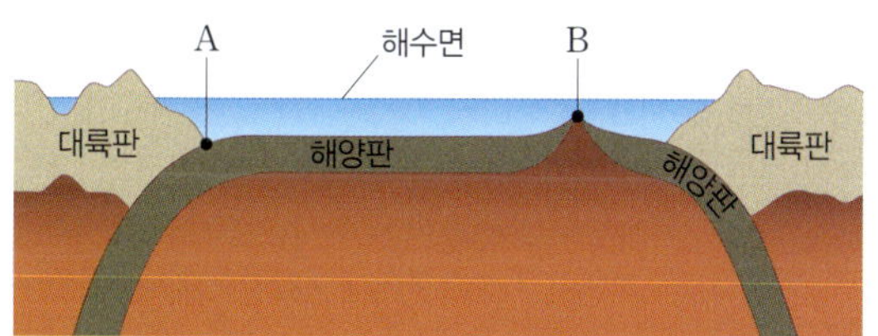

이에 대한 설명으로 옳은 것만을 보기에서 있는 대로 고른 것은?

보기
ㄱ. A 하부에서는 맨틀 대류의 상승이 일어난다.
ㄴ. B에서는 판의 충돌로 습곡 산맥이 발달한다.
ㄷ. 해양 지각의 나이는 A가 B보다 많다.

① ㄱ ② ㄷ ③ ㄱ, ㄴ
④ ㄴ, ㄷ ⑤ ㄱ, ㄴ, ㄷ

23 그림 (가)~(다)는 판의 경계 부근에 위치한 세 지역을 나타낸 것이다.

(가) 히말라야산맥 (나) 샌안드레아스 단층 (다) 안데스산맥

세 지역의 공통점으로 옳은 것만을 보기에서 있는 대로 고른 것은?

보기
ㄱ. 변동대에 위치 ㄴ. 천발 지진이 활발
ㄷ. 화산 활동이 활발 ㄹ. 오래된 판이 소멸

① ㄱ, ㄴ ② ㄱ, ㄷ ③ ㄴ, ㄷ
④ ㄴ, ㄹ ⑤ ㄷ, ㄹ

24 다음은 어느 화산이 폭발한 뒤 보도된 기사 내용이다.

'불의 고리'에 위치한 ○○ 화산이 폭발하여 ㉠화산재가 높이 20 km까지 분출되었고, 반경 500 km까지 퍼져 나갔다. 또한 용암이 반경 20 km까지 흘러 고속도로가 차단되었고, 항공기 운항도 제한되었다.

이에 대한 설명으로 옳은 것만을 보기에서 있는 대로 고른 것은?

보기
ㄱ. 열곡대 부근에서 일어난 화산 폭발이다.
ㄴ. ㉠에 의해 지구의 반사율이 감소하였을 것이다.
ㄷ. 화산의 하부에서는 해양판이 섭입하고 있다.

① ㄱ ② ㄷ ③ ㄱ, ㄴ
④ ㄴ, ㄷ ⑤ ㄱ, ㄴ, ㄷ

01 그림 (가)는 기권의 성층 구조를, (나)는 기권에서 일어나는 자연 현상 ㉠~㉢을 나타낸 것이다.

(1) ㉠~㉢은 기권의 성층 구조 A~D 중 각각 어느 층에서 주로 일어나는지 쓰시오.

㉠: (   ), ㉡: (   ), ㉢: (   )

(2) B층의 이름을 쓰고, B층에서 높이 올라갈수록 기온이 높아지는 까닭을 설명하시오.

Step **❶** 문제 분석하기

기권은 높이에 따른 기온 분포를 기준으로 4개의 층으로 구분한다.

➜ (   ), (   ), (   ), 열권

Step **❷** **Key Word** 찾아 답안 작성하기

• 오로라는 (**1**)에서 유입된 태양풍 입자들이 기권의 공기 입자들과 충돌하면서 빛을 내는 현상이다.

• 번개와 같은 기상 현상은 (**2**)에서 일어난다.

• 유성체가 지구 중력에 끌려 들어오면 대부분 (**3**)에서 타면서 밝은 빛을 낸다.

Key Word

1 .... **2** .... **3** ....

---

02 그림은 지구 전체에서 가장 풍부한 두 원소 ㉠, ㉡이 지권의 성층 구조 A, B, C에서 차지하는 질량비(%)를 나타낸 것이다. A, B, C는 각각 지각, 맨틀, 핵 중 하나이다.

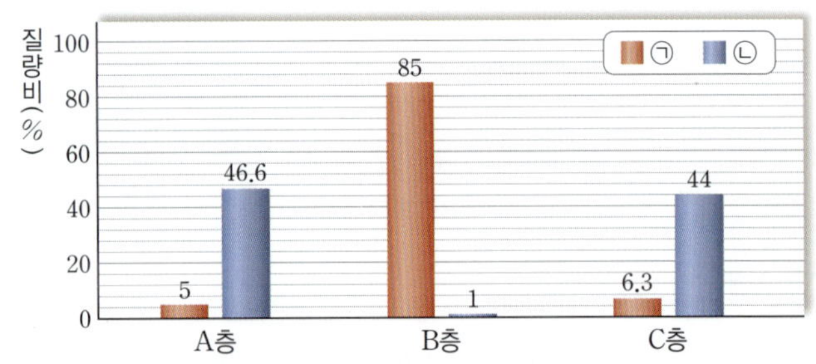

(1) ㉠과 ㉡에 해당하는 원소를 각각 쓰고, 그렇게 생각한 까닭을 설명하시오.

(2) A, B, C층은 각각 무엇인지 쓰고, 그렇게 생각한 까닭을 설명하시오.

Step **❶** 문제 분석하기

지구 내부 각 층에 가장 많이 분포하는 원소를 파악한다. 지각과 맨틀에서 가장 풍부한 원소는 (   )이고, 핵에서 가장 풍부한 원소는 (   )이다.

Step **❷** **Key Word** 찾아 답안 작성하기

• 지구 전체에 가장 풍부하게 분포하는 두 원소는 (**1**), (**2**)이다.

• 핵은 대부분 (**1**)로 이루어져 있다.

• 지각과 맨틀에 가장 풍부하게 분포하는 원소는 (**2**)이다. (**1**)은/는 지각보다 밀도가 큰 맨틀에 더 많이 분포한다.

KeyWord

1 .... **2** ....

03 다음은 해수의 깊이에 따른 수온 분포를 알아보기 위한 실험 과정이다.

> (가) 수조에 소금물을 채우고 잘 젓는다. 깊이 3 cm 간격으로 온도계를 설치한 뒤 온도를 측정한다.
> (나) 전등을 켜고 10분이 지난 뒤 온도를 측정한다.
> (다) 전등을 켠 채 3분 동안 부채질을 한 뒤 온도를 측정한다.

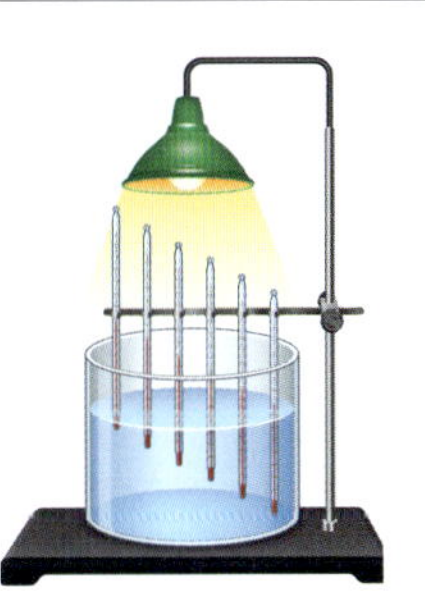

(1) (가)의 온도 측정 결과를 바탕으로 (나)와 (다)의 결과를 추정하여 그래프로 나타내시오.

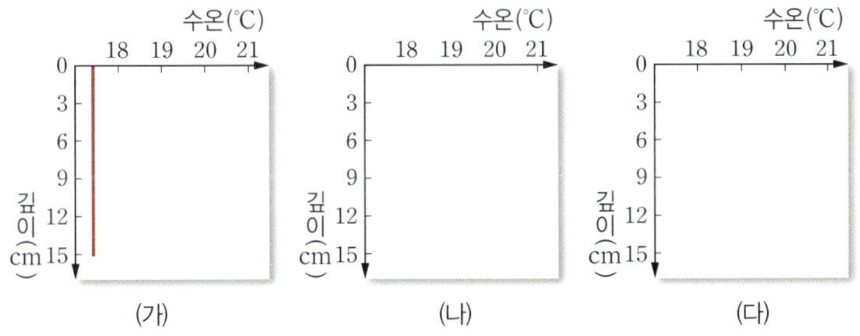

(2) (다)의 결과를 바탕으로 해수의 성층 구조에 대해 설명하시오.

---

04 그림은 지구시스템에서 물의 순환을 나타낸 것이다.

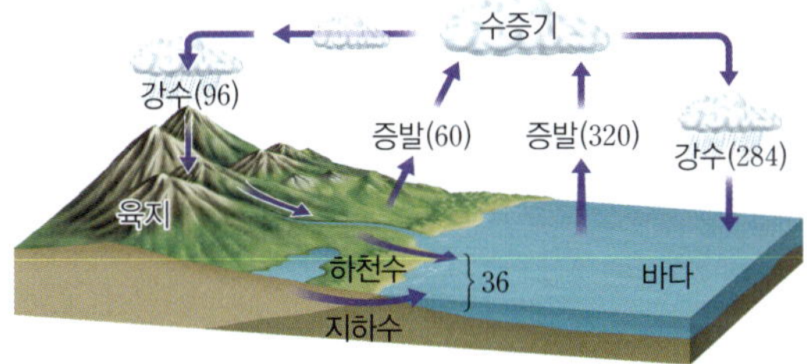

(1) 바다에서는 증발량이 강수량보다 많지만 해수의 양은 거의 변하지 않는다. 그 까닭을 설명하시오.

(2) 물의 순환 과정에서 태양 에너지는 어떤 형태의 에너지로 전환되는지 설명하시오.

Step ❶ 문제 분석하기

해수는 깊이에 따른 수온 분포에 따라 3개의 층으로 구분한다.

➡ (　　　　), (　　　　), 심해층

Step ❷ Key Word 찾아 답안 작성하기

- (나)에서는 전등에 의해 표층의 물이 가열되므로 깊이가 깊어질수록 (❶)이/가 낮아진다.
- (다)에서는 부채질에 의해 표층의 물이 혼합되어 (❷)이/가 형성된다. 이때 혼합층 아래의 물은 깊이에 따라 수온이 낮아지는 (❸)을/를 이룬다.

KeyWord

❶　………　❷　………　❸　………

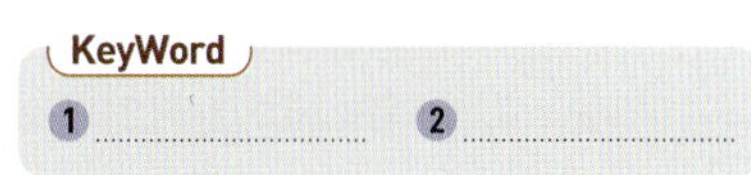

Step ❶ 문제 분석하기

육지와 바다에서 강수량과 증발량을 파악한다.

➡ 육지에서는 강수량이 증발량보다 (　　　)고, 바다에서는 강수량이 증발량보다 (　　　)다.

Step ❷ Key Word 찾아 답안 작성하기

- 육지, 바다, 대기는 유입량과 유출량이 각각 같으므로 물수지 (❶)을/를 이룬다.
- 물이 증발하여 수증기가 될 때, 태양 에너지를 흡수하여 (❷)로 저장된다.

KeyWord

❶　………　❷　………

05 그림은 지구시스템의 서로 다른 세 권역 (가), (나), (다)에서 탄소의 주요 분포 형태
와 탄소가 이동하는 예를 나타낸 것이다.

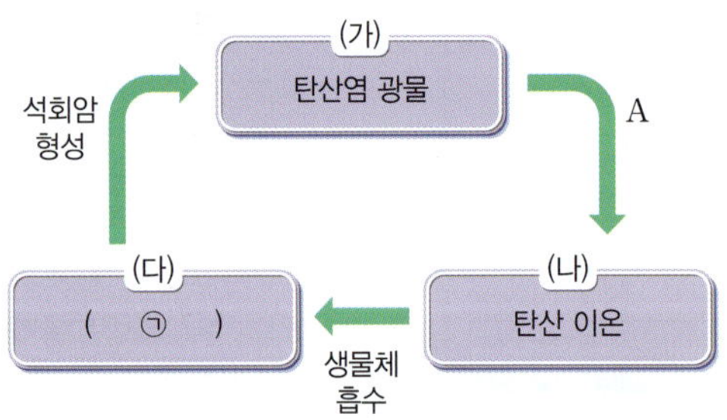

(1) (가), (나), (다)에 해당하는 지구시스템의 권역을 각각 쓰시오.

(2) (다)의 권역에 존재하는 탄소의 주요 분포 형태를 쓰시오.

(3) A에 해당하는 탄소 이동의 예를 한 가지만 설명하시오.

06 그림은 판의 경계와 상대적 이동 방향을 나타낸 것이다.

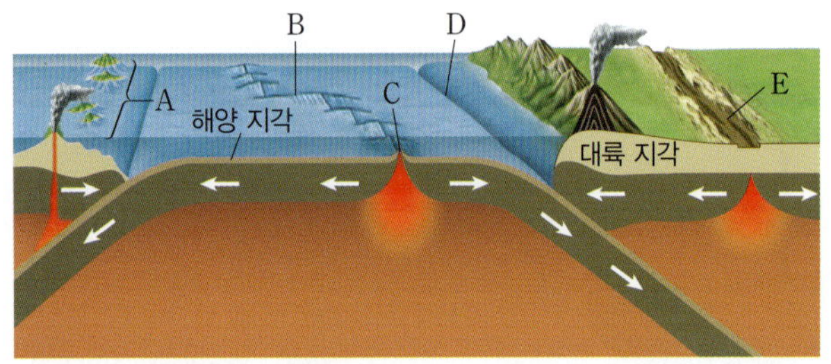

(1) A~E에 각각 발달하는 지형을 쓰시오.

(2) A~E 중에서 새로운 판이 만들어지는 곳을 쓰고, 판이 생성되는 과정을 설
    명하시오.

07 그림은 어느 해역의 A 지점에서 D 지점까지 해령을 수직으로 가로질러 이동하면서 측정한 해양 지각의 나이를 나타낸 것이다. 해령은 남북 방향으로 발달해 있으며, 판의 이동 방향은 해령에 수직이다.

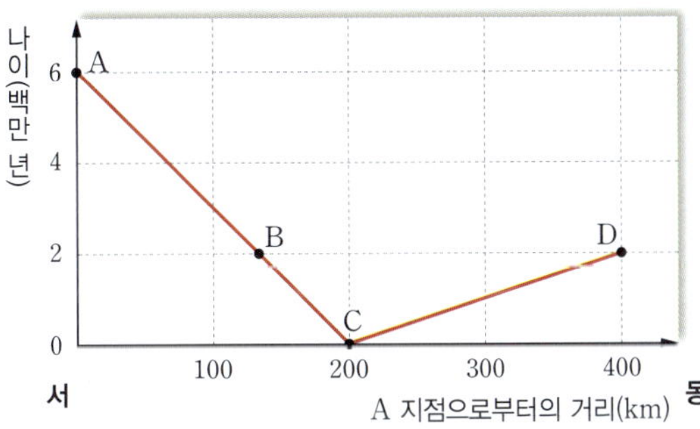

(1) A~D 중 판 경계가 위치하는 곳을 쓰고, 그렇게 생각한 까닭을 설명하시오.

(2) 판의 경계를 기준으로 양쪽에 위치한 A와 D가 속한 판의 이동 속력을 각각 구하시오.

08 그림은 화산 활동의 모습을, 표는 화산이 분출할 때 나오는 물질 A, B, C의 특징을 나타낸 것이다.

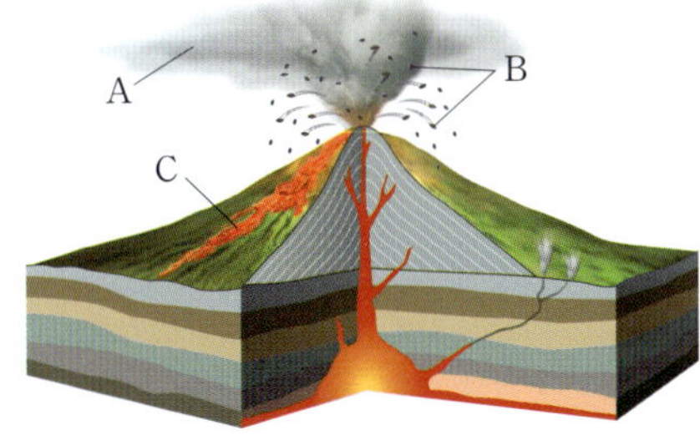

구분	특징
A	수증기, 이산화 탄소 등으로 구성된 기체 물질
B	다양한 크기의 고체 물질
C	암석이 용용된 물질

A~C가 지구시스템에 미치는 영향을 각각 한 가지씩 서술하시오.

Step ❶ 문제 분석하기

새로운 판이 생성되는 곳을 파악한다.

➡ (   )에서는 새로운 해양 지각이 생성되므로 해양 지각의 나이가 0이다.

Step ❷ Key Word 찾아 답안 작성하기

- C 지점을 중심으로 양옆으로 멀어질수록 해양 지각의 나이가 많아지므로 C 지점은 (❶) 경계에 위치한다.
- 판의 이동 속력이 빠를수록, 해령으로부터의 거리가 같은 지점에 나이가 (❷)은 암석이 분포한다.
- A 지점과 D 지점은 해령 중심으로부터의 거리가 200 km로 같지만, 해양 지각의 나이는 A 지점이 6백만 년, D 지점이 2백만 년이다.
  ➡ 판의 이동 속력은 A 지점이 속한 판이 D 지점이 속한 판의 (❸)배이다.

Key Word

❶ .... ❷ .... ❸ ....

Step ❶ 문제 분석하기

화산 분출물의 종류를 파악한다.

➡ A는 (   ), B는 (   ), C는 (   )이다.

Step ❷ Key Word 찾아 답안 작성하기

- (❶): 기권의 성분을 변화시키고, 대기의 온실 효과를 강화시킨다.
- (❷): 화산 쇄설물 중 하나로 햇빛을 차단하여 광합성에 직접적인 영향을 미치거나, 지구의 평균 기온을 낮출 수 있다.
- (❸): 지표로 분출되어 지형을 변화시킨다.

Key Word

❶ .... ❷ .... ❸ ....

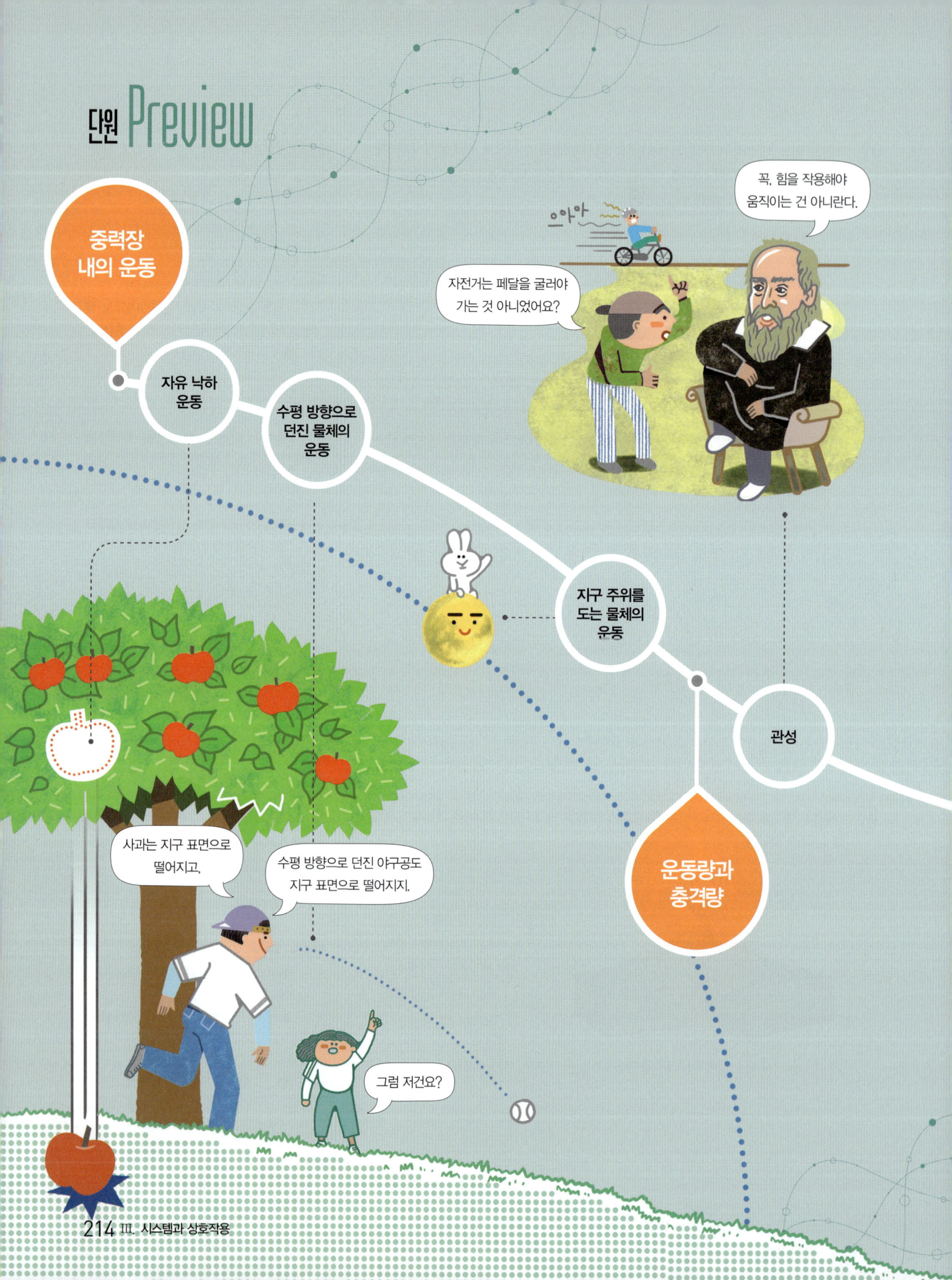
중력장
내의 운동
자유 낙하
운동
수평 방향으로
던진 물체의
운동
지구 주위를
도는 물체의
운동
관성
운동량과
충격량
꼭, 힘을 작용해야
움직이는 건 아니란다.
자전거는 페달을 굴러야
가는 것 아니었어요?
으아아
사과는 지구 표면으로
떨어지고,
수평 방향으로 던진 야구공도
지구 표면으로 떨어지지.
그럼 저건요?

2 역학 시스템

자연계에서 물체의 운동 변화는 역학적 상호작용으로 설명하며, 일상생활에서 안전하고 편리한 삶에 활용된다.

1 중력장 내의 운동

2 운동량과 충격량

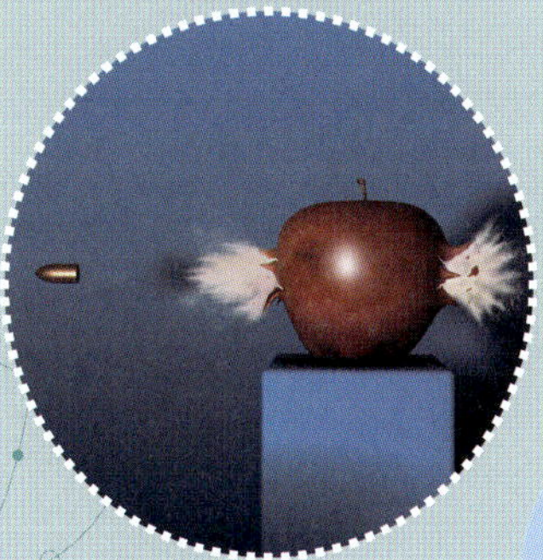

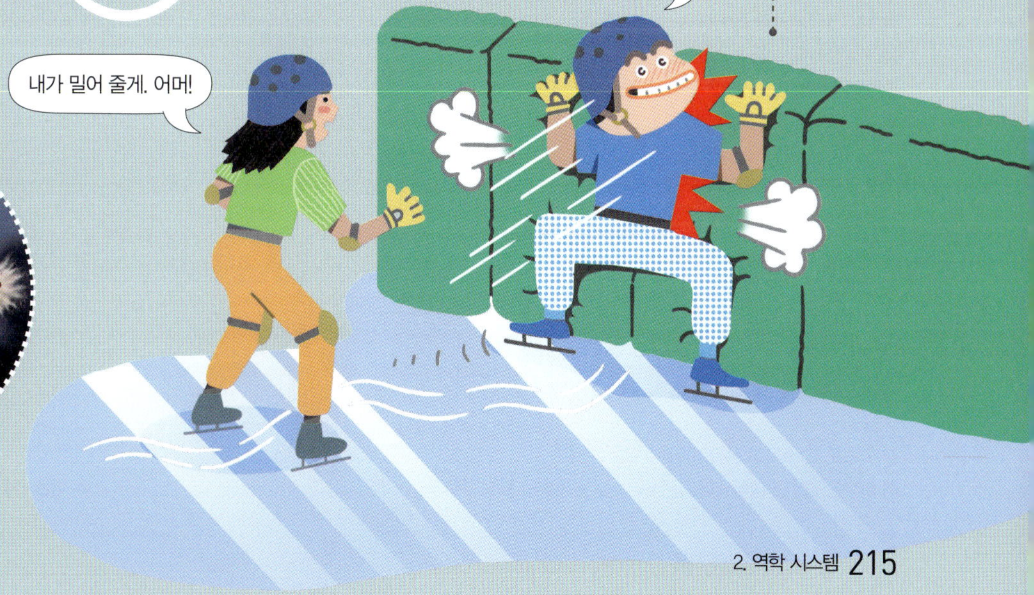

중력장 내의 운동

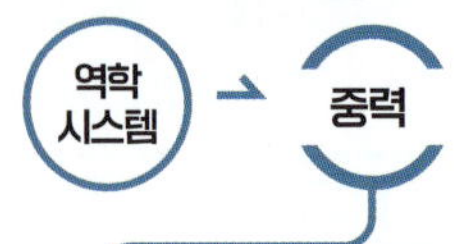

속력
단위 시간 동안 물체의 이동 거리로, 물체의 빠르기만을 나타내는 물리량이다.
$$속력 = \frac{이동\ 거리}{걸린\ 시간}\ (단위: m/s)$$

속도의 방향
직선상에서 운동하는 물체의 운동 방향은 (＋)와 (－) 부호를 붙여 나타낸다. 예를 들어 동쪽으로 움직이는 물체의 속도를 ＋2 m/s로 나타낼 때, 같은 속력으로 서쪽으로 움직이는 물체의 속도는 －2 m/s로 나타낸다.

등속 직선 운동
등속도 운동은 속력과 운동 방향이 일정하므로 등속 직선 운동이라고도 한다.

용어

변위(變 변하다, 位 자리)
물체의 위치 변화로, 운동 경로에 관계없이 처음 위치에서 나중 위치까지의 위치 변화량을 변위라고 한다.

등속도(等 같다, 速 빠르다, 度 법도)
같은 속도로, 속력과 운동 방향이 일정한 경우를 나타낸다.

1 역학 시스템

우리가 살고 있는 세상은 끊임없이 변화하면서도 여러 가지 힘이 상호작용 하는 역학 시스템에 의해 일정한 운동 질서가 유지된다.

1. 힘과 역학 시스템

(1) **힘**: 물체의 모양이나 운동 상태(속력과 운동 방향)를 변화시키는 원인을 힘이라고 한다.

(2) **역학 시스템**: 중력, 마찰력, 부력, 탄성력 등 자연에 존재하는 여러 가지 힘에 의해 물체의 운동 질서가 유지되는 체계를 역학 시스템이라고 한다.

2. 힘이 작용하지 않을 때 물체의 운동

물체에 작용하는 알짜힘이 0일 때 물체는 속력이나 운동 방향이 변하지 않는다. 즉, 물체는 정지해 있거나 속도가 일정한 운동을 한다.

(1) **속도**: 단위 시간 동안 물체의 위치 변화량(*변위)으로, 물체의 빠르기와 운동 방향을 함께 나타내는 물리량이다. 직선상에서 물체의 운동 방향은 (＋)와 (－) 부호로 나타낸다.

$$속도 = \frac{위치\ 변화량(변위)}{걸린\ 시간}\ (단위: m/s)$$

(2) ***등속도 운동***: 무빙워크에 서 있는 사람은 속력과 운동 방향이 일정한 운동을 한다. 이처럼 시간에 따라 속도가 변하지 않는 물체의 운동을 등속도 운동이라고 한다.

➡ 물체에 작용하는 알짜힘이 0일 때 등속도 운동을 한다.

① 등속도 운동의 식: 물체가 직선을 따라 일정한 속력 v로 시간 t 동안 운동했을 때 물체의 이동 거리 s는 다음과 같다.

$$s = vt \Rightarrow v = \frac{s}{t},\ t = \frac{s}{v}$$

② 등속도 운동의 그래프

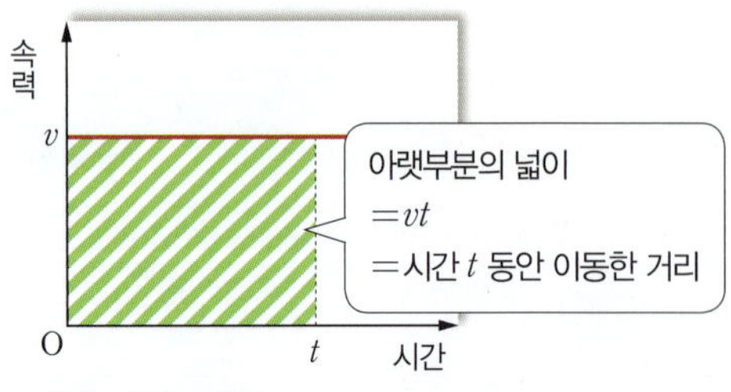

▲ 속력-시간 그래프

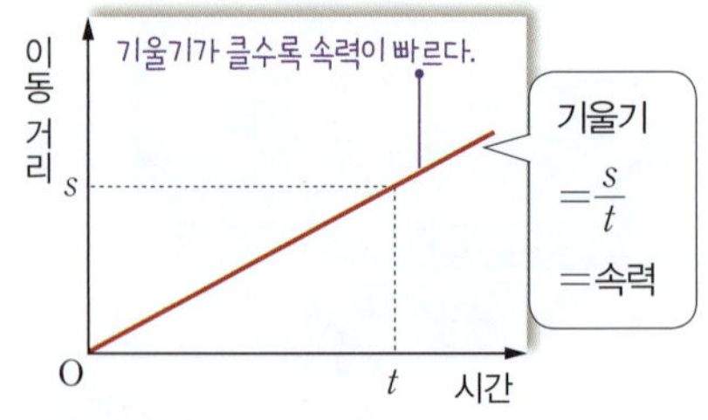

▲ 이동 거리-시간 그래프

3. 힘이 작용할 때 물체의 운동 심화 강의 224쪽

물체에 힘이 작용하면 물체의 속력이나 운동 방향이 변하는데, 이처럼 시간에 따라 속도가 변하는 운동을 *가속도 운동이라고 한다.

(1) **가속도**: 단위 시간 동안 물체의 속도 변화량으로, 크기와 방향을 함께 나타내는 물리량이다.

$$가속도 = \frac{\text{속도 변화량}}{\text{걸린 시간}} = \frac{\text{나중 속도} - \text{처음 속도}}{\text{걸린 시간}} \quad (\text{단위}: m/s^2)$$

자료 분석 ➕ 가속도의 방향

물체에 힘이 작용하면 힘의 방향으로 가속도가 생긴다. 또, 가속도는 단위 시간 동안의 속도 변화량이므로, 속도 변화량의 방향이 가속도의 방향이다. 예를 들어 자동차가 직선 도로를 따라 일정한 방향으로 운동할 때 자동차의 가속도의 방향은 다음과 같다.

속도가 빨라질 때	속도가 느려질 때
자동차가 출발할 때 속도가 점점 빨라지므로, 속도 변화량의 방향은 속도의 방향과 같다. ➡ 가속도와 속도의 방향이 같다.	자동차가 정지할 때 속도가 점점 느려지므로, 속도 변화량의 방향은 속도의 반대 방향이다. ➡ 가속도와 속도의 방향이 반대이다.

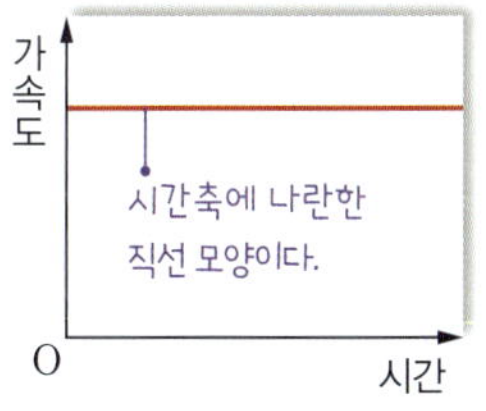

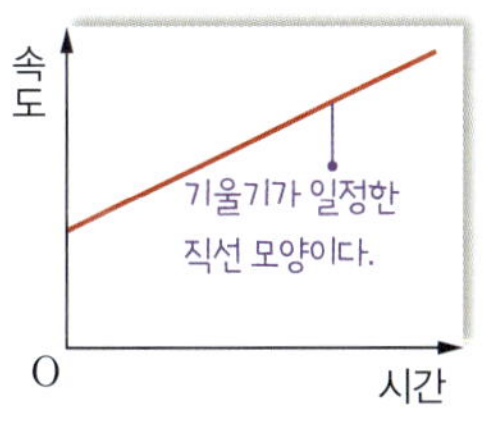

(2) ***등가속도 운동**: 기울기가 일정한 빗면을 미끄러져 내려오는 물체는 직선상에서 속력이 일정하게 증가하는 운동을 한다. 이처럼 가속도가 일정한 물체의 운동을 등가속도 운동이라고 한다. ➡ 물체에 일정한 힘이 작용할 때 등가속도 운동을 한다.

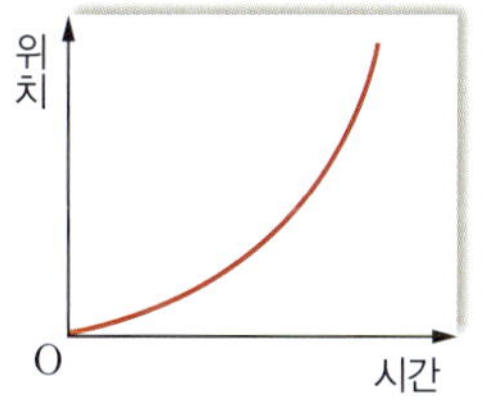

(가) 가속도–시간 그래프   (나) 속도–시간 그래프   (다) 위치–시간 그래프

▲ 등가속도 직선 운동의 그래프

✔ 중요 개념 체크

정답과 해설 59쪽

1. 힘에 의해 물체의 운동 질서가 유지되는 체계를 (   ) 시스템이라고 한다.

2. 힘과 운동에 대한 설명으로 옳은 것은 ○, 옳지 <u>않은</u> 것은 × 로 표시하시오.

   (1) 속도는 빠르기와 운동 방향을 함께 나타내는 물리량이다. ——————— (   )

   (2) 물체에 일정한 힘이 작용할 때 물체는 속도가 일정한 등속도 운동을 한다. ——— (   )

힘이 작용할 때 물체의 운동

• 운동 방향과 나란한 방향으로 힘이 작용할 때: 속력만 변하고 운동 방향은 변하지 않는다. 예 낙하 운동, 빗면을 따라 내려가는 물체의 운동

• 운동 방향에 수직인 방향으로 힘이 작용할 때: 속력은 변하지 않고 운동 방향만 변한다. 예 등속 원운동

• 운동 방향에 비스듬한 방향으로 힘이 작용할 때: 속력과 운동 방향이 모두 변한다. 예 포물선 운동, 진자 운동

가속도의 단위

가속도의 단위로는 m/s^2를 사용한다. $1\ m/s^2$는 1초 동안 속도가 $1\ m/s$씩 증가할 때의 가속도 크기이다.

등가속도 직선 운동

등가속도 운동 중 물체가 직선을 따라 일정한 가속도로 운동하는 것을 등가속도 직선 운동이라고 한다. 예 자유 낙하 운동

용어

***가속도(加 더하다, 速 빠르다, 度 법도)**
점점 더해지는 속도로, 단위 시간 동안 물체의 속도 변화량을 의미한다.

***등가속도(等 같다, 加 더하다, 速 빠르다, 度 법도)**
가속도가 일정한 경우를 나타낸다.

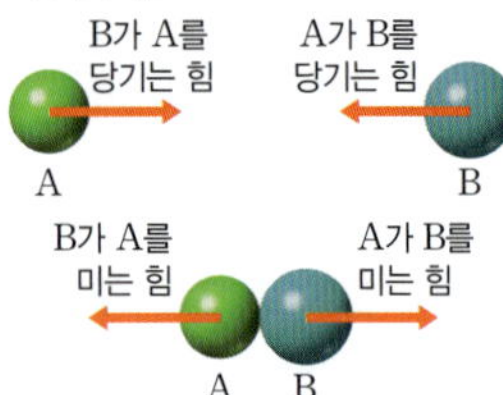

2 중력

중력은 지구상의 모든 물체에 끊임없이 작용하면서 영향을 주므로, 역학 시스템에서 중요한 역할을 한다.

1. 중력

중력은 보통 지구가 물체를 끌어당기는 힘을 말하지만, 일반적으로 질량이 있는 모든 물체 사이에 서로 당기는 힘을 중력이라고 한다.

(1) **중력의 크기**: 두 물체의 질량이 클수록, 두 물체 사이의 거리가 가까울수록 커진다.

(2) **중력의 작용**: 물체가 접촉해 있거나 멀리 떨어져 있어도 작용하며, 두 물체 사이에서 상호작용하여 서로를 중심 방향으로 각각 끌어당긴다.

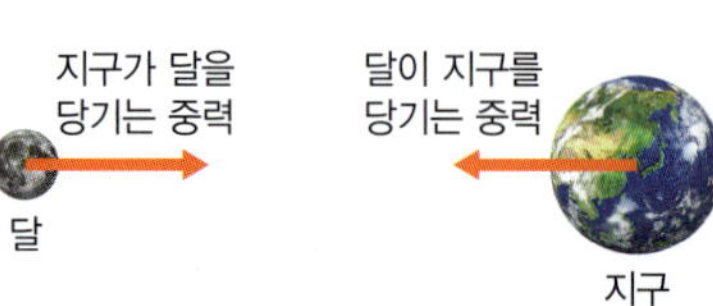

▲ 지구와 달 사이에 작용하는 중력

2. 지구상의 물체에 작용하는 중력

(1) **지구와 물체의 상호작용**: 물체가 지면으로 떨어질 때 지구와 물체 사이에는 중력이 작용한다. 이때 지구가 물체를 끌어당기는 힘만큼 동시에 물체도 지구를 크기가 같고 방향이 반대인 힘으로 끌어당긴다.

(2) **지구상의 물체에 작용하는 중력의 방향**: 중력은 *연직 아래 방향으로 작용하며, 둥근 형태인 지구 전체로 보았을 때 중력은 대체로 지구 중심 방향을 향한다.

좀 더 자세히!

질량이 작은 사과는 지구가 당기는 힘에 의해 아래로 떨어지지만 질량이 매우 큰 지구는 사과가 당기는 힘이 작용하여도 움직이지 않는다.

▲ 지구와 사과 사이의 상호이 작용하는 중력

(3) **무게**: 물체에 작용하는 중력의 크기를 무게라고 하며, 단위는 힘의 단위와 같은 N(뉴턴)을 사용한다. 지구 표면에서 질량이 $1\ kg$인 물체의 무게는 약 $9.8\ N$이다.

- 같은 물체라도 측정 장소의 중력에 따라 무게는 달라진다. 달 표면에서 중력의 크기는 지구 표면에서의 약 $\frac{1}{6}$배이므로, 질량이 같은 물체라도 달에서 측정한 무게는 지구에서 측정한 무게의 약 $\frac{1}{6}$배가 되어 가벼워진다.

***연직(鉛 납, 直 곧다)**
실에 추를 매달아 늘어뜨릴 때 실이 나타내는 방향이다.

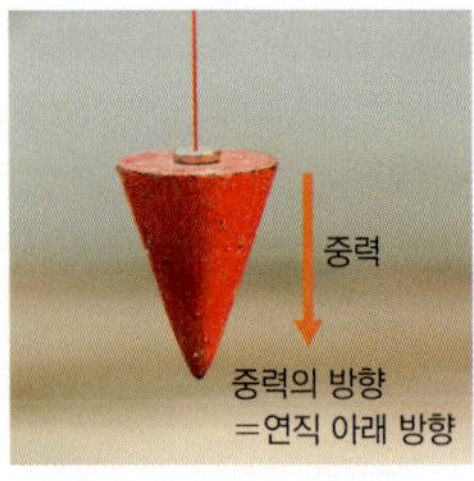

✓ 중요 개념 체크

정답과 해설 59쪽

3. 중력은 물체의 질량이 (   )수록, 물체 사이의 거리가 가까울수록 크다.

4. 지구상에서 물체에 작용하는 중력에 대한 설명으로 옳은 것은 ○, 옳지 <u>않은</u> 것은 ×로 표시하시오.

　(1) 나무에 매달려 있던 사과가 떨어질 때, 지구가 사과를 당기는 힘의 크기는 사과가 지구를 당기는 힘의 크기와 같다. ──────────────── (   )

　(2) 중력의 방향은 연직 아래 방향이다. ──────────── (   )

물체를 높은 곳에서 가만히 놓을 때나 수평 방향으로 던질 때 물체는 중력에 의해 지표면을 향해 떨어진다.

1. *자유 낙하 운동

(1) 자유 낙하 운동: 공기 저항을 무시할 때, 가만히 놓은 물체가 중력만을 받으며 아래로 떨어지는 운동을 자유 낙하 운동이라고 한다.

① 운동 방향: 중력의 방향과 같은 연직 아래 방향이다.

② 속력 변화: 지표면 근처에서 자유 낙하 하는 물제의 속력은 1초마다 약 9.8 m/s씩 일정하게 증가한다. ➡ 등가속도 직선 운동

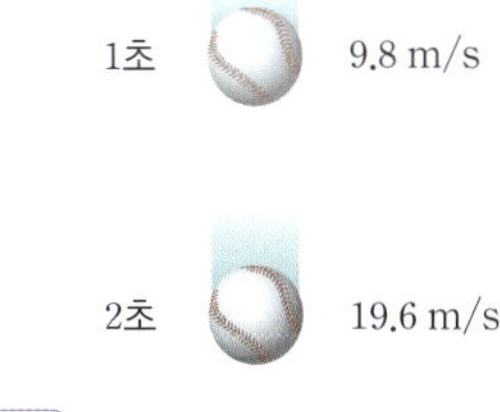

속력과 속도
물체가 일정한 방향으로 직선 운동을 하는 경우 속력과 속도의 크기를 구분하지 않고 사용한다.

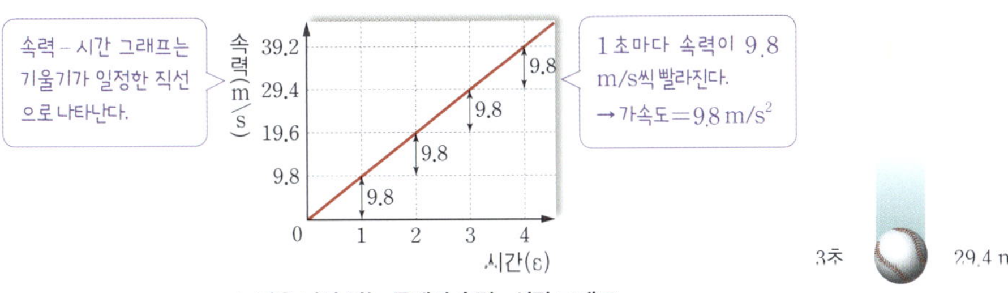

▲ 자유 낙하 하는 물체의 속력 – 시간 그래프

(2) 중력 가속도(g): 지표면 근처에서 중력만을 받으며 낙하하는 물체의 가속도 크기는 질량과 관계없이 모두 약 9.8 m/s²로 일정하다. 이를 중력 가속도라고 한다.

(3) 질량이 다른 물체의 지면 도달 시간: 물체의 질량이 다르면 중력의 크기는 다르지만, 중력 가속도의 크기는 같다. 따라서 같은 높이에서 동시에 자유 낙하 하는 물체는 질량과 관계없이 시간에 따라 속력이 일정하게 증가하여 지면에 동시에 도달한다.

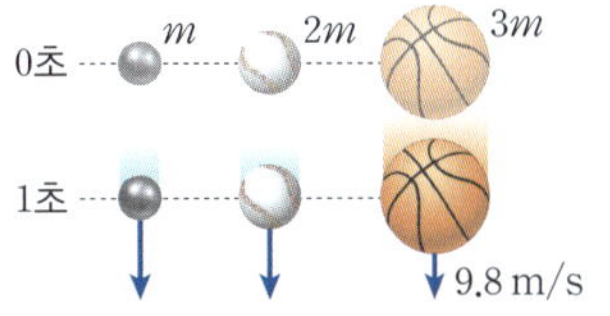

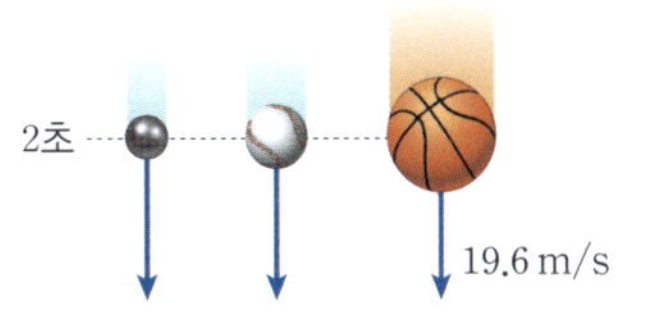

▲ 자유 낙하 하는 질량이 다른 물체

좀 더 자세히!

가속도 법칙(→ 231쪽)에서 물체의 가속도는 $a = \dfrac{F}{m}$이다. 자유 낙하 하는 물체의 경우 힘 F는 중력으로 질량에 비례하므로, 가속도는 다음과 같이 물체의 질량에 관계없이 g로 일정하다.

$$a = \frac{F}{m} = \frac{mg}{m} = g$$

플러스 강의 ➕ 진공과 공기 중에서의 낙하 운동 비교

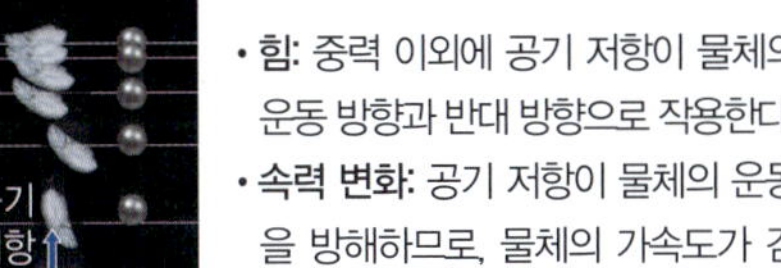

진공에서의 낙하 운동	공기 중에서의 낙하 운동
• **힘**: 깃털과 쇠구슬에는 중력만이 운동 방향과 같은 방향으로 작용한다. 즉, 두 물체는 자유 낙하 운동을 한다. • **속력 변화**: 물체의 종류에 관계없이 속력이 일정하게 증가한다. ➡ 깃털과 쇠구슬이 동시에 바닥에 떨어진다.	• **힘**: 중력 이외에 공기 저항이 물체의 운동 방향과 반대 방향으로 작용한다. • **속력 변화**: 공기 저항이 물체의 운동을 방해하므로, 물체의 가속도가 감소한다. ➡ 깃털이 쇠구슬보다 공기 저항의 영향을 더 크게 받으므로, 깃털이 더 늦게 바닥에 떨어진다.

용어

***자유 낙하(自 스스로, 由 말미암다, 落 떨어지다, 下 아래)**
물체를 가만히 놓아 스스로 아래로 떨어지는 것으로, 물체가 정지 상태에서 중력만을 받아 떨어지는 운동을 의미한다.

2. *수평 방향으로 던진 물체의 운동 탐구 222쪽

수평 방향으로 던진 물체에 중력이 작용하므로, 물체는 운동 방향이 계속 변하며 곡선을 그리는 운동을 한다. 연직 방향으로 작용하는 중력은 수평 방향의 운동에 영향을 주지 않으므로, 물체의 운동을 수평 방향과 연직 방향으로 나누어 분석할 수 있다.

(1) **수평 방향으로 던진 물체의 운동 분석**: 물체의 운동을 일정한 시간 간격으로 나타내고, 수평 방향과 연직 방향의 각 구간별 이동 거리를 분석한다.

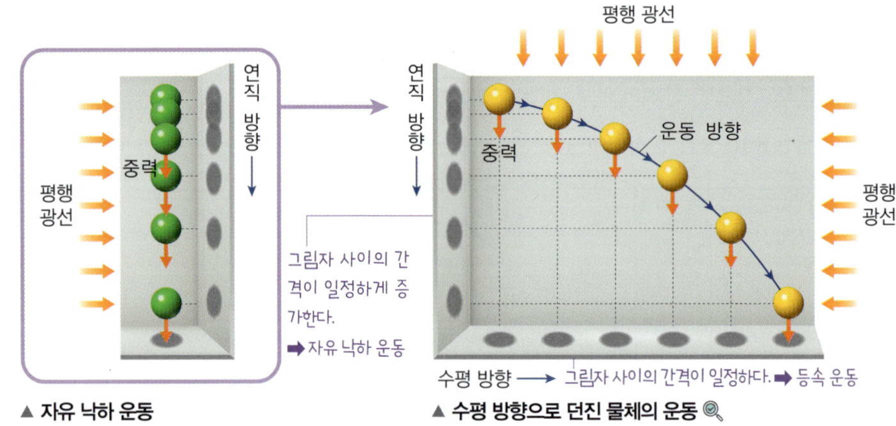

▲ 자유 낙하 운동　　　　▲ 수평 방향으로 던진 물체의 운동

① 수평 방향: 같은 시간 간격 동안 물체가 이동한 거리가 일정하다.

　➡ 수평 방향으로는 물체에 힘이 작용하지 않아 처음 던질 때의 속도로 등속 운동을 한다.

② 연직 방향: 같은 시간 간격 동안 물체가 이동한 거리는 자유 낙하 하는 물체와 같이 점점 증가한다. ➡ 연직 방향으로는 물체에 일정한 크기의 중력이 작용하여 자유 낙하 운동과 같은 운동을 한다.

③ 수평 방향으로 던진 물체는 수평 방향의 등속 운동과 연직 방향의 자유 낙하 운동이 합쳐진 *포물선 운동을 한다.

(2) **물체를 던진 속력에 따른 지면 도달 시간과 수평 이동 거리의 변화**

① 지면 도달 시간: 같은 높이에서 수평 방향으로 던진 물체의 연직 방향의 운동은 자유 낙하 운동과 같으므로, 세 물체가 지면에 도달하는 데 걸린 시간은 모두 같다.

② 수평 이동 거리: 같은 높이에서 던진 물체는 수평 방향으로는 등속 운동을 하고, 세 물체의 지면 도달 시간은 모두 같으므로, 물체가 수평 방향으로 이동한 거리는 물체를 던진 속력에 비례한다.

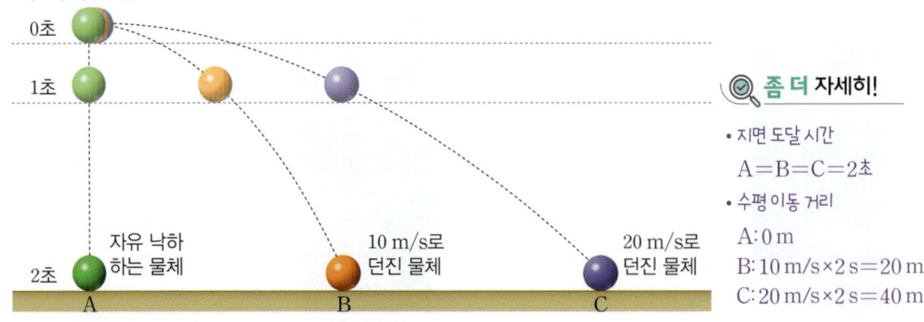

▲ 수평 방향으로 던지는 속력이 다른 세 물체의 운동

3. 지구 주위를 도는 물체의 운동

(1) 뉴턴의 *사고 실험: 사과는 지구의 중력에 의해 지표면으로 떨어지지만, 달은 지구의 중력을 계속 받고 있는데도 지표면으로 떨어지지 않고 지구 주위를 계속해서 돈다. 뉴턴은 그 까닭을 다음과 같은 사고 실험으로 설명하였다.

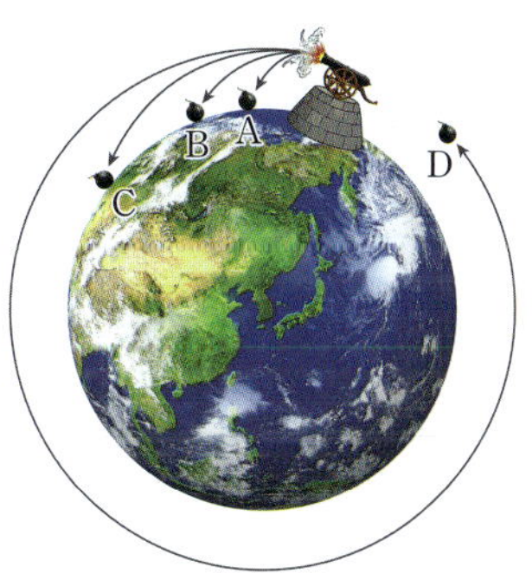

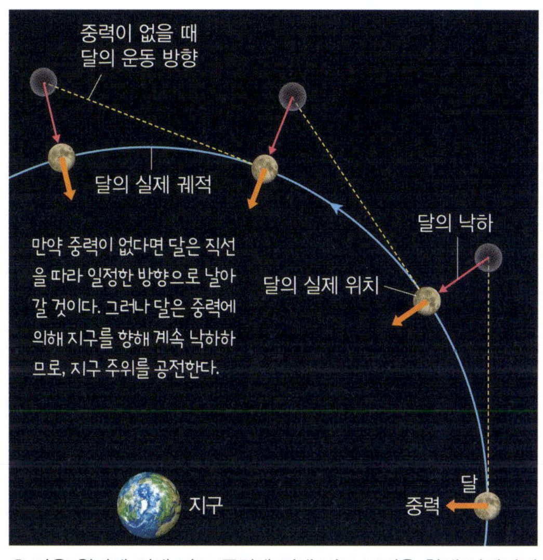

① 같은 높이에서 물체 A, B, C를 수평 방향으로 점점 빠르게 던지면 물체는 점점 더 먼 지점에 떨어진다.

② D와 같이 어떤 특정한 속력으로 물체를 던지면, 지구가 둥글기 때문에 지표면에 닿지 않고 지구 주위를 계속해서 돈다.

③ 같은 원리에 의해 달도 중력에 의해 지구 표면을 향해 낙하하지만 수평 방향의 속력이 빨라서 지표면에 닿지 않고 지구 주위를 계속 원운동 하는 것이다.

▲ 뉴턴의 사고 실험

플러스 강의 물체 D가 지구 주위를 돌기 위한 속력

❶ 자유 낙하 하는 물체는 처음 1초 동안 약 4.9 m를 떨어진다.

❷ 지구를 반지름 6400 km인 구라고 가정하면, 수평 방향으로 약 7.9 km 진행할 때마다 지면의 높이는 4.9 m만큼 낮아진다.

❸ 포탄을 지표면 근처에서 수평 방향으로 약 7.9 km/s의 속도로 발사하면, 포탄은 지구 주위를 계속해서 원운동 하게 된다.

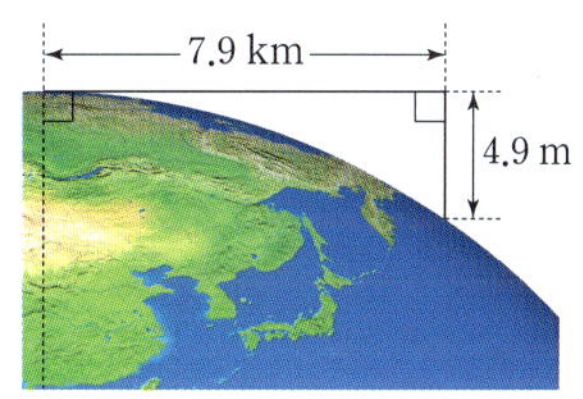

(2) 인공위성과 달의 운동: 지표면 근처에서 자유 낙하 하거나 수평 방향으로 던진 물체의 가속도 방향이 중력 방향인 것처럼, 지구 주위를 일정한 속력으로 도는 달이나 인공위성의 운동도 가속도의 방향은 중력 방향인 지구 중심을 향한다.

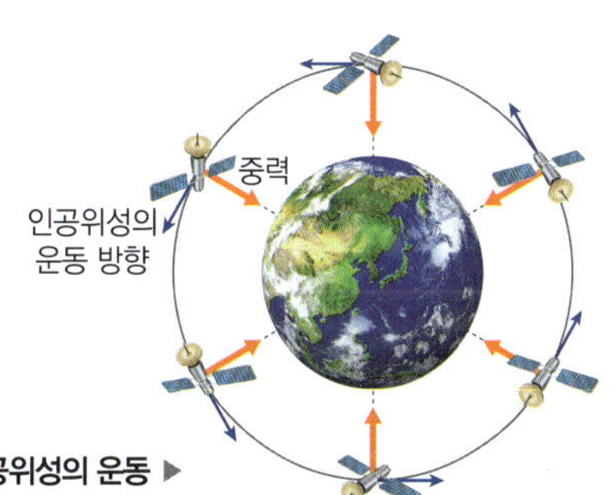

인공위성의 운동 ▶

등속 원운동 하는 물체에 작용하는 힘

해머 던지기를 할 때 헤머를 중심 방향으로 끌어당기며 해머를 돌리는 것처럼, 등속 원운동 하는 물체에 작용하는 알짜힘은 원의 중심을 향하는데, 이 힘을 구심력이라고 한다.

중요 개념 체크

정답과 해설 59쪽

5. 자유 낙하 하는 물체처럼 중력만을 받으며 운동하는 물체의 가속도를 ㉠ (   )(이)라고 하며, 그 크기는 지표면 근처에서 약 ㉡ (   ) m/s²이다.

6. 수평 방향으로 던진 물체의 운동에 대한 설명으로 옳은 것은 ○, 옳지 <u>않은</u> 것은 ×로 표시하시오.

   (1) 수평 방향으로는 등속 운동을 한다. ──────────── (   )

   (2) 연직 방향으로는 자유 낙하 운동과 같은 운동을 한다. ──── (   )

   (3) 같은 높이에서 수평 방향으로 던지는 속력을 빠르게 하면 더 늦게 떨어진다. ─── (   )

용어

*사고 실험(思 생각, 考 헤아리다, 實 열매, 驗 시험)
직접 하기 힘든 실험을 머릿속에서 논리적인 생각으로 진행하는 실험이다.

자유 낙하와 수평 방향으로 던진 물체의 운동

목표 │ 자유 낙하와 수평 방향으로 던진 물체의 운동을 비교할 수 있다.

탐구 영상

과정

❶ 눈금판과 동시 낙하 장치를 설치하고, 쇠구슬 A는 자유 낙하 하고, B는 수평 방향으로 운동하게 놓는다.

❷ 동시 낙하 장치를 작동시키고, 쇠구슬 A, B가 동시에 운동하는 모습을 스마트 기기의 다중 섬광 사진 앱을 활용하여 촬영한다.

❸ 쇠구슬 A, B의 위치를 같은 시간 간격마다 기록하고, 구간 거리와 구간 평균 속도를 구한다.

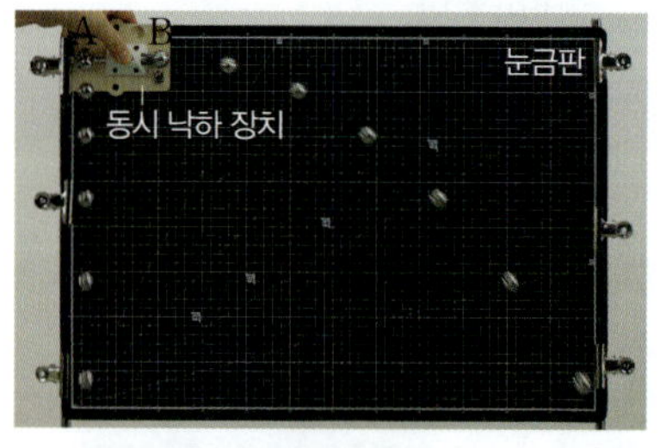

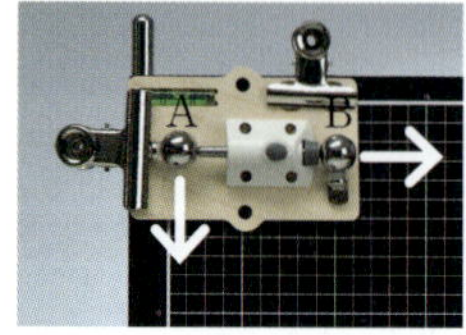
동시 낙하 장치

**결과
&
정리**

1. 자유 낙하 하는 쇠구슬 A

시간(s)		0.1	0.2	0.3	0.4	0.5
연직 방향	위치(cm)	4.9	19.6	44.1	78.4	122.5
	구간 거리(cm)		14.7	24.5	34.3	44.1	
	구간 평균 속도(m/s)		1.47	2.45	3.43	4.41	

➡ 쇠구슬 A의 속도는 0.1초마다 0.98 m/s씩 일정하게 증가한다.

2. 수평 방향으로 던진 쇠구슬 B

시간(s)		0.1	0.2	0.3	0.4	0.5
연직 방향	위치(cm)	4.9	19.6	44.1	78.4	122.5
	구간 거리(cm)		14.7	24.5	34.3	44.1	
	구간 평균 속도(m/s)		1.47	2.45	3.43	4.41	
수평 방향	위치(cm)	10	20	30	40	50
	구간 거리(cm)		10	10	10	10	
	구간 평균 속도(m/s)		1	1	1	1	

➡ 쇠구슬 B는 연직 방향으로는 쇠구슬 A와 같은 운동을 한다.

➡ 쇠구슬 B는 수평 방향으로는 속도가 일정한 운동을 한다.

유의점

- 쇠구슬이 떨어지는 곳의 바닥에 스펀지를 놓는다.
- 수평 방향으로 쇠구슬이 너무 멀리 날아가지 않게 하고, 날아가는 쇠구슬에 다치지 않도록 한다.

구간 평균 속도 구하기

쇠구슬 A의 0.1~0.2초 동안 구간 거리는 다음과 같다.
19.6 cm − 4.9 cm
= 14.7 cm
이 구간에서의 평균 속도

$$= \frac{변위}{걸린\ 시간} = \frac{14.7\ cm}{0.1\ s}$$

$$= \frac{0.147\ m}{0.1\ s} = 1.47\ m/s이다.$$

**이렇게도
할수 있어요!**

Tip 비상교육 교과서에서는 동시 낙하 장치 대신 자와 2개의 원형 나무 도막을 사용한다. 자를 화살표 방향으로 치면 A는 자유 낙하 하고, B는 수평 방향으로 날아간다.

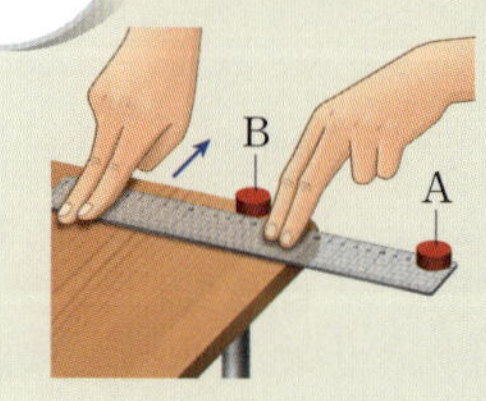

구분	공통점	차이점
자유 낙하 하는 A	• 시간에 따른 연직 방향의 위치 변화가 동일한 운동을 한다.	수평 방향으로 운동하지 않는다.
수평 방향으로 던진 B	• 두 물체는 연직 방향의 속도가 일정하게 증가하는 운동을 한다.	수평 방향으로는 등속 운동을 한다.

A의 자유 낙하 운동

자가 갑자기 옆으로 움직일 때 A는 정지 상태를 유지하려는 관성 때문에 아래로 떨어진다.

탐구 확인 문제

01 앞의 탐구에 대한 설명으로 옳은 것은 ○, 옳지 <u>않은</u> 것은 ×로 표시하시오.

(1) 쇠구슬 A의 낙하 거리는 시간에 따라 일정하게 증가한다. ──────────────── (   )

(2) 쇠구슬 A의 구간 평균 속도는 시간에 따라 일정하게 증가한다. ──────────────── (   )

(3) 쇠구슬 B의 연직 방향의 운동은 쇠구슬 A의 운동과 같다. ──────────────── (   )

(4) 쇠구슬 B의 수평 방향 운동은 등가속도 운동이다. ──────────────── (   )

02 앞의 탐구에 대한 설명으로 옳지 <u>않은</u> 것을 모두 고르면?

(답 3개)

① 쇠구슬 A, B는 모두 중력에 의한 운동을 한다.

② 쇠구슬 B의 운동 방향과 중력의 방향이 같다.

③ 쇠구슬 A, B의 구간 거리는 같은 시간 간격마다 이동한 거리이다.

④ 쇠구슬 A, B의 구간 평균 속도는 구간 거리를 걸린 시간으로 나눈 값이다.

⑤ 쇠구슬 A의 가속도는 $0.98 \ m/s^2$이다.

⑥ 쇠구슬 B의 연직 방향 운동은 자유 낙하 운동과 같다.

⑦ 쇠구슬 B의 수평 방향의 구간 거리는 시간에 따라 일정하게 증가한다.

03 다음은 수평 방향으로 던진 물체의 운동을 0.1초 간격으로 촬영하여 연직 방향과 수평 방향의 구간 거리를 기록한 것을 순서 없이 나타낸 것이다.

시간(s)	0.1	0.2	0.3	0.4
(가) 방향 구간 거리(cm)		10	10	10
(나) 방향 구간 거리(cm)		14.7	24.5	34.3

(1) (가)와 (나)는 각각 어떤 방향인지 쓰시오.

(2) (나) 방향의 속도는 1초마다 몇 m/s씩 증가하는지 구하시오.

04 그림은 책상에서 수평 방향으로 밀어 떨어뜨린 동전의 위치를 일정한 시간 간격으로 나타낸 것이다.

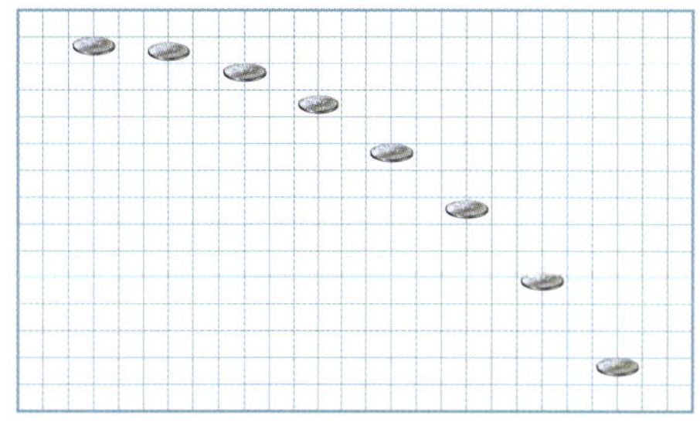

동전의 연직 방향의 속도와 수평 방향의 속도를 시간에 따라 나타낸 그래프를 보기에서 골라 옳게 짝 지은 것은? (단, 동전의 크기와 공기 저항은 무시한다.)

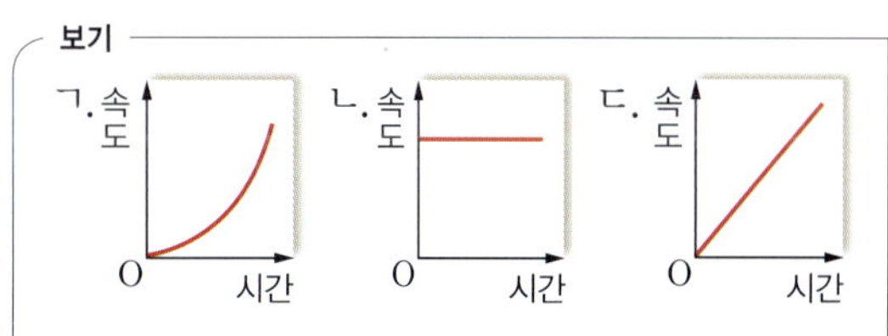

	연직 방향	수평 방향		연직 방향	수평 방향
①	ㄱ	ㄴ	②	ㄱ	ㄷ
③	ㄴ	ㄱ	④	ㄴ	ㄷ
⑤	ㄷ	ㄴ			

05 그림과 같이 같은 높이에서 공 **A**를 자유 낙하시키는 동시에 공 **B**를 수평 방향으로 던졌다.

두 공의 운동에 대한 설명으로 옳은 것만을 보기에서 있는 대로 고른 것은? (단, 공기 저항은 무시한다.)

보기

ㄱ. A와 B에 작용하는 힘의 방향은 같다.

ㄴ. A와 B의 연직 방향의 가속도의 크기는 같다.

ㄷ. A가 B보다 먼저 수평면에 도달한다.

① ㄴ   ② ㄱ, ㄴ   ③ ㄱ, ㄷ

④ ㄴ, ㄷ   ⑤ ㄱ, ㄴ, ㄷ

등가속도 직선 운동의 식과 그래프

등가속도 운동에는 수평 방향으로 던진 물체의 운동과 같이 곡선 경로를 따라 운동하면서 가속도가 일정한 운동이 있고, 자유 낙하 운동과 같이 직선 경로를 따라 운동하면서 가속도가 일정한 운동이 있다. 자유 낙하 운동처럼 직선 경로를 따라 운동하며 가속도가 일정한 운동을 등가속도 직선 운동이라고 한다. 등가속도 직선 운동을 하는 물체의 속도와 변위가 시간에 따라 어떻게 변하는지 그래프로 나타내고, 이를 해석하면 시간에 따른 속도와 변위의 식을 세울 수 있다.

1 속력이 일정하게 증가하는 등가속도 직선 운동

자유 낙하 하는 공이나 빗면을 따라 굴러 내려가는 공은 직선상에서 속력이 일정하게 증가하는 운동을 한다. 이처럼 속력이 일정하게 증가하는 등가속도 직선 운동은 물체의 운동 방향으로 알짜힘이 작용하므로, 가속도의 방향이 물체의 운동 방향과 같다.

다음 그림은 처음 속도가 v_0이고 가속도가 운동 방향으로 크기가 a인 공 A의 운동을 나타낸 것이다.

(1) 가속도 – 시간 그래프

가속도 – 시간 그래프는 오른쪽 그림과 같이 시간축에 나란한 직선으로 나타난다. 공 A의 속도의 크기는 1초나 가속도의 크기인 a만큼씩 증가한다. 따라서 t초 동안 공 A의 속도 변화량은 at이므로, 가속도 – 시간 그래프 아랫부분의 넓이는 속도 증가량을 나타낸다.

(2) 속도 – 시간 그래프

처음 속도가 v_0이므로, t초 후 공 A의 속도 v는 다음과 같이 시간 t의 일차함수로 표현된다.

$$v = v_0 + at$$

위 식을 속도 – 시간 그래프로 나타내면 오른쪽 그림과 같이 기울기가 a인 직선으로 나타난다.

(3) 변위 – 시간 그래프

속도 – 시간 그래프 아랫부분의 넓이는 물체의 변위(위치 변화량)를 나타내므로, t초 후 변위 s는 다음과 같이 시간 t의 이차함수로 표현된다.

$$s = \frac{1}{2} \times t \times \{v_0 + (v_0 + at)\}$$
$$= v_0 t + \frac{1}{2} at^2$$

위 식을 변위 – 시간 그래프로 나타내면 오른쪽 그림과 같다.

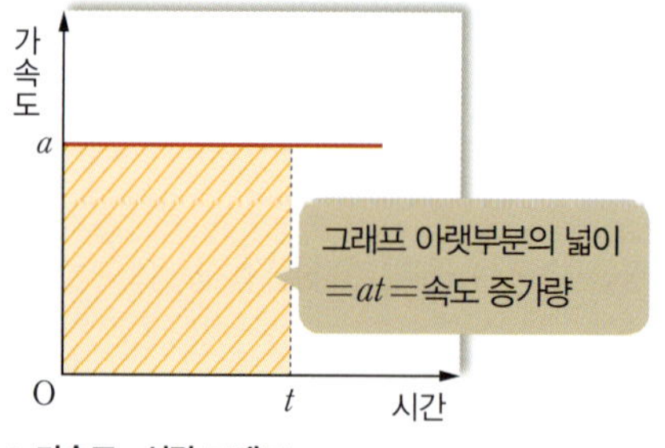

▲ 가속도 – 시간 그래프

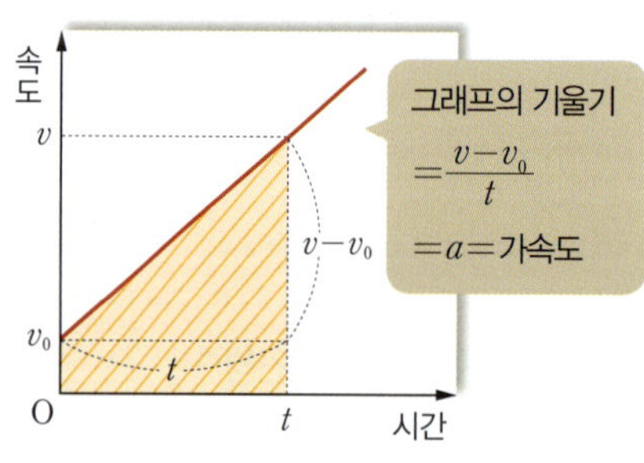

▲ 속도 – 시간 그래프

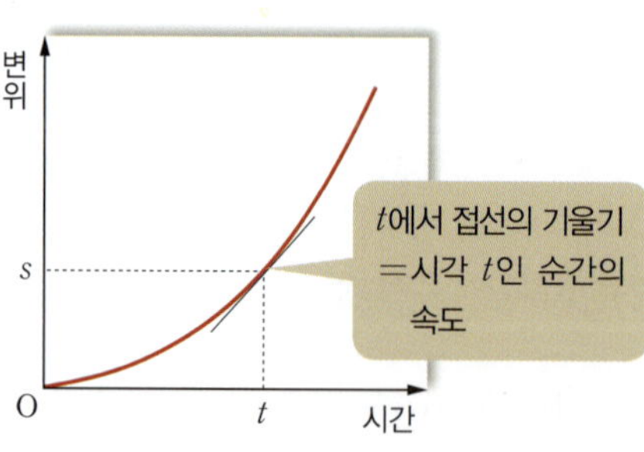

▲ 변위 – 시간 그래프

가속도의 식

$$\text{가속도} = \frac{\text{속도 변화량}}{\text{걸린 시간}}$$
$$a = \frac{\Delta v}{t} = \frac{v - v_0}{t}$$

(v_0: 처음 속도, v: 나중 속도)

가속도 부호

운동 방향의 부호가 (+)일 때 가속도의 부호가 (+)이면 속력이 증가한다.

연직 위로 올라가는 공이나 빗면을 따라 올라가는 공 등은 직선상에서 속력이 일정하게 감소하는 운동을 한다. 이처럼 속력이 일정하게 감소하는 등가속도 직선 운동은 물체의 운동 반대 방향으로 알짜힘이 작용하므로, 가속도의 방향이 물체의 운동 방향과 반대이다.

다음 그림은 처음 속도가 v_0이고 가속도가 운동 반대 방향으로 크기가 a인 공 B의 운동을 나타낸 것이다.

(1) 가속도 – 시간 그래프

공 B의 속도의 크기는 1초마다 가속도의 크기 a만큼씩 감소한다. 따라서 t초 동안 공 B의 속도 변화량은 $-at$이므로, 가속도 – 시간 그래프와 시간축 사이의 넓이는 속도 감소량을 나타낸다.

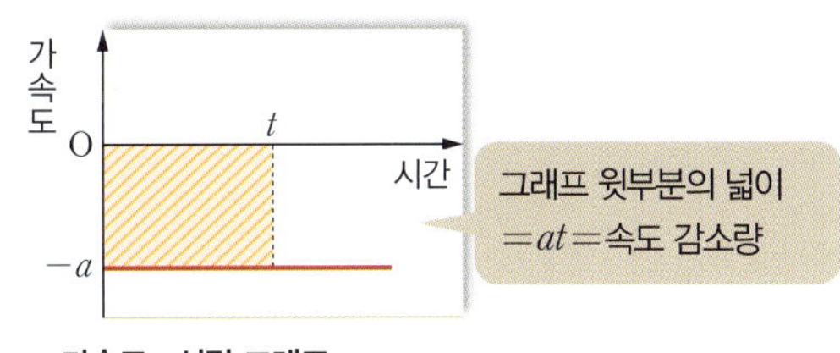

▲ 가속도 – 시간 그래프

(2) 속도 – 시간 그래프와 변위 – 시간 그래프

처음 속도가 v_0이므로, t초 후 공 B의 속도는 $v=v_0-at$이다. 이 식을 속도 – 시간 그래프로 나타내면 다음 그림과 같이 기울기가 $-a$인 직선으로 나타난다. 또, 속도 – 시간 그래프 아랫부분의 넓이는 물체의 변위(위치 변화량)를 나타내므로, t초 후 변위는 $s=\dfrac{1}{2}\times t\times\{v_0+(v_0-at)\}=v_0t-\dfrac{1}{2}at^2$이고, 이 식을 변위 – 시간 그래프로 나타내면 다음 그림과 같다.

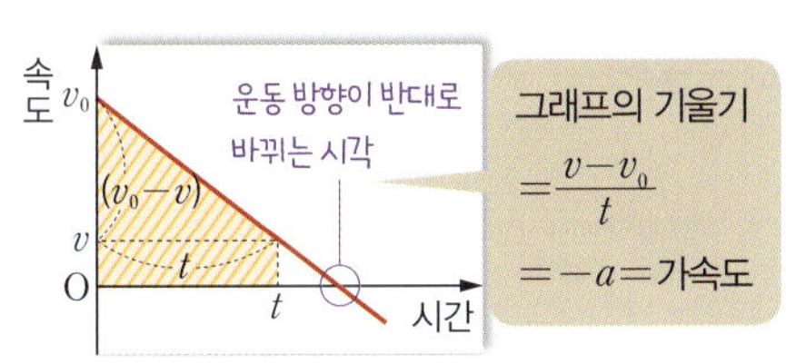

▲ 속도 – 시간 그래프

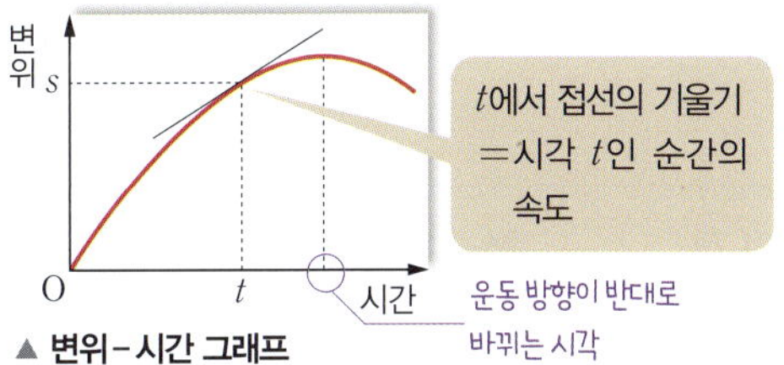

▲ 변위 – 시간 그래프

연직 위로 던져 올린 물체가 위로 올라갈 때는 운동 방향과 중력 가속도의 방향이 반대이므로, 속력이 감소하며 물체가 가장 높은 지점에 도달하는 순간 정지한다. 이후부터 다시 아래루 내려올 때는 운동 방향과 중력 가속도의 방향이 같으므로 속력이 증가한다.

가속도 부호

운동 방향의 부호가 (+)일 때 가속도의 부호가 (−)이면 속력이 감소한다.

예제

1 그림은 직선상에서 일정한 방향으로 운동하는 어떤 물체의 속력을 시간에 따라 나타낸 것이다.

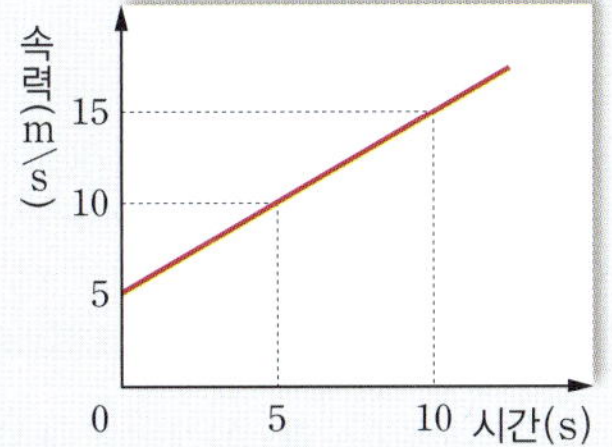

(1) 이 물체의 가속도의 크기는 몇 m/s²인지 구하시오.
(2) 7초일 때 물체의 속력은 몇 m/s인지 구하시오.
(3) 10초 동안 물체가 이동한 거리는 몇 m인지 구하시오.

풀이

(1) 가속도의 크기$=\dfrac{15\ \text{m/s}-5\ \text{m/s}}{10\ \text{s}}=1\ \text{m/s}^2$

(2) $v=v_0+at=5\ \text{m/s}+(1\ \text{m/s}^2\times7\ \text{s})=12\ \text{m/s}$

(3) 이동 거리$=$속력 – 시간 그래프 아랫부분의 넓이

$$=\dfrac{1}{2}\times(5+15)\ \text{m/s}\times10\ \text{s}=100\ \text{m}$$

또는 $s=v_0t+\dfrac{1}{2}at^2$

$$=5\ \text{m/s}\times10\ \text{s}+\dfrac{1}{2}\times1\ \text{m/s}^2\times(10\ \text{s})^2=100\ \text{m}$$

답 (1) $1\ \text{m/s}^2$ (2) $12\ \text{m/s}$ (3) $100\ \text{m}$

START 내신 완성 문제

01 다음은 공통적으로 어떤 힘에 의해 나타나는 현상인지 쓰시오.

> • 의자에 앉아 있을 수 있다.
> • 달이 지구 주위를 공전한다.
> • 수평 방향으로 던진 야구공이 포물선을 그리며 지면으로 떨어진다.

02 중력에 대한 설명으로 옳지 <u>않은</u> 것은?

① 질량이 있는 물체 사이에 작용한다.
② 중력은 물체의 질량이 클수록 크다.
③ 중력은 두 물체 사이의 거리가 가까울수록 크다.
④ 지구에서 멀리 떨어져 있는 물체에도 작용한다.
⑤ 물체의 질량이 같다면 중력의 크기는 측정 장소에 관계없이 항상 일정하다.

03 그림은 사과나무에 매달려 정지해 있는 사과 A와 나무에서 연직 아래로 떨어지는 사과 B의 모습을 나타낸 것이다.
이에 대한 설명으로 옳은 것만을 보기에서 있는 대로 고른 것은?

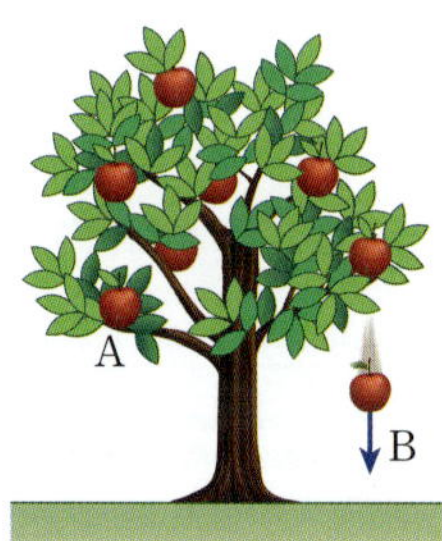

> **보기**
> ㄱ. A에는 중력이 작용하지 않는다.
> ㄴ. B에는 나무에서 떨어지는 순간에만 중력이 작용한다.
> ㄷ. B에 작용하는 중력의 방향은 운동 방향과 같다.

① ㄱ   ② ㄷ   ③ ㄱ, ㄴ
④ ㄴ, ㄷ   ⑤ ㄱ, ㄴ, ㄷ

04 그림은 지표면 근처에서 가만히 놓은 물체의 위치를 일정한 시간 간격으로 나타낸 것이다. 이에 대한 설명으로 옳은 것만을 보기에서 있는 대로 고른 것은? (단, 공기 저항은 무시한다.)

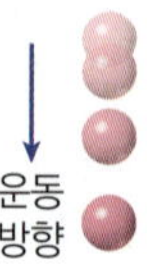

> **보기**
> ㄱ. 낙하하는 동안 물체의 속력은 점점 증가한다.
> ㄴ. 물체는 지표면에 도달할 때까지 등가속도 운동을 한다.
> ㄷ. 질량이 큰 물체일수록 단위 시간당 속도 변화량이 작다.

① ㄱ   ② ㄴ   ③ ㄷ
④ ㄱ, ㄴ   ⑤ ㄴ, ㄷ

05 그림은 자유 낙하 하는 물체의 속력을 시간에 따라 나타낸 것이다.
이 물체의 가속도의 크기는 몇 m/s^2인지 구하시오.

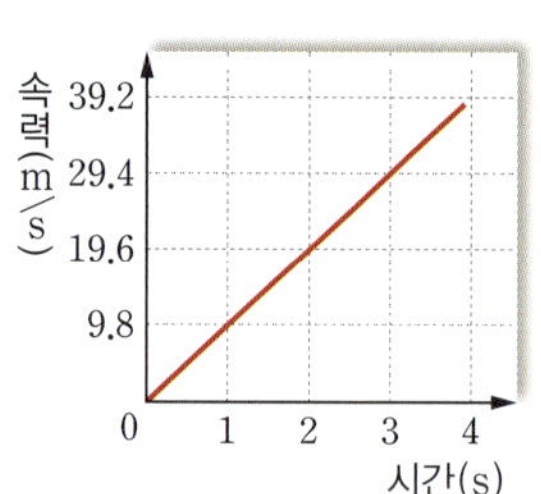

06 그림과 같이 지표면 근처에서 질량 m, $2m$, $3m$인 물체 A, B, C를 같은 높이에서 동시에 가만히 놓았다. (단, 공기 저항은 무시한다.)

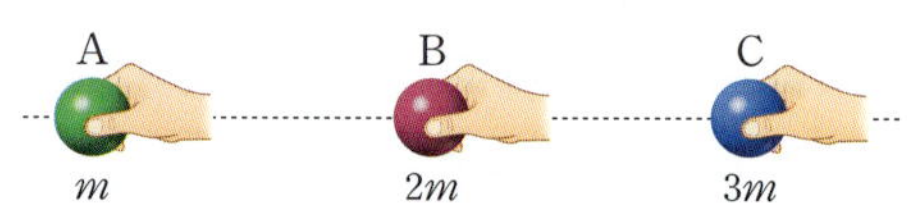

⑴ 2초 후 A, B, C의 속력을 등호 또는 부등호로 비교하시오.

⑵ 3초 동안 A, B, C가 낙하한 거리를 등호 또는 부등호로 비교하시오.

[07~08] 그림은 수평 방향으로 던진 물체의 위치를 일정한 시간 간격으로 나타낸 것이다. (단, 공기 저항은 무시한다.)

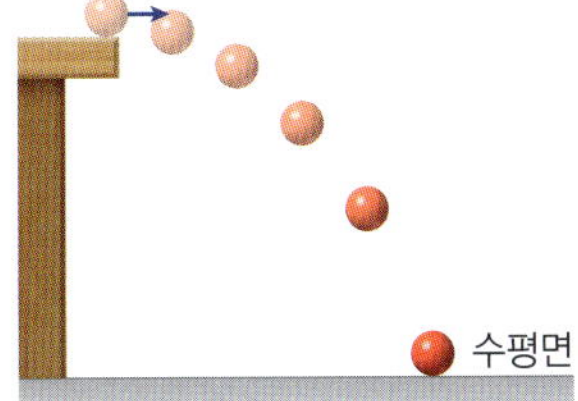

07 이 물체의 운동에 대한 설명으로 옳지 <u>않은</u> 것은?

① 가속도의 방향은 운동 방향과 같다.
② 수평 방향으로 힘이 작용하지 않는다.
③ 수평 방향 운동은 등속 운동이다.
④ 연직 방향으로 중력이 작용한다.
⑤ 연직 방향 운동은 등가속도 운동이다.

08 물체를 던지는 속력을 2배로 했을 때 이 물체의 운동에 대한 설명으로 옳은 것만을 보기에서 있는 대로 고른 것은?

> 보기
> ㄱ. 수평 방향으로 이동한 거리는 2배가 된다.
> ㄴ. 수평면에 도달하는 데 걸리는 시간이 $\frac{1}{2}$배가 된다.
> ㄷ. 연직 방향의 가속도 크기가 커진다.

① ㄱ   ② ㄴ   ③ ㄷ
④ ㄴ, ㄷ   ⑤ ㄱ, ㄴ, ㄷ

09 서술형

그림과 같이 어떤 물체를 수평 방향으로 3 m/s의 속력으로 던졌더니 5초 후 물체를 던진 위치에서 수평 거리 s만큼 떨어진 지점에 도달하였다. (단, 공기 저항은 무시하고, 중력 가속도의 크기는 9.8 m/s²이다.)

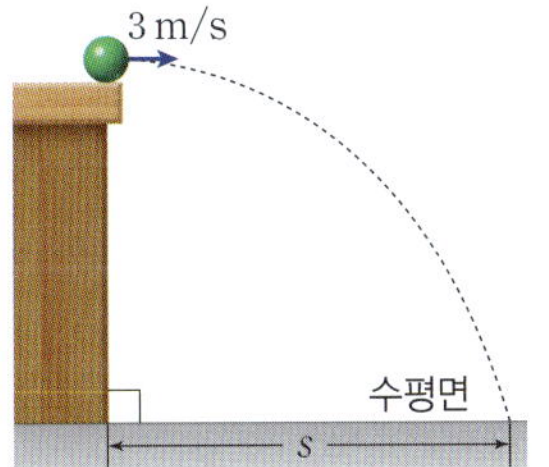

(1) 4초일 때 수평 방향의 속력과 연직 방향의 속력은 각각 몇 m/s인지 구하시오.

(2) s는 몇 m인지 구하시오.

(3) 만약 같은 위치에서 물체를 5 m/s의 속력으로 수평 방향으로 던진다면, s는 몇 m가 되는지를 쓰고, 그 까닭을 설명하시오.

10 그림은 같은 높이에서 자유 낙하 하는 물체 A와 동시에 수평 방향으로 던진 물체 B의 운동을 일정한 시간 간격으로 촬영한 것이다.

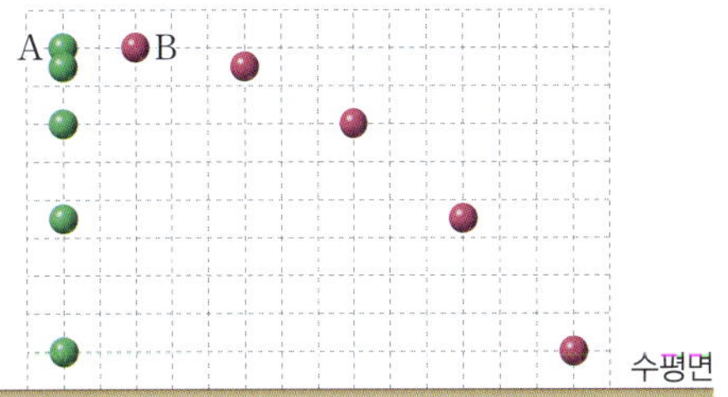

A와 B의 운동에 대한 설명으로 옳지 <u>않은</u> 것은? (단, 공기 저항은 무시한다.)

① A는 속력이 일정하게 증가한다.
② A와 B의 가속도의 방향은 같다.
③ A와 B는 동시에 수평면에 도달한다.
④ B의 연직 방향 운동은 A와 같다.
⑤ B에 작용하는 힘은 수평 방향의 운동에 영향을 준다.

11 그림은 질량이 다른 세 공 A, B, C를 같은 위치에서 동시에 수평 방향으로 던졌을 때, A, B, C의 위치를 일정한 시간 간격으로 나타낸 것이다.

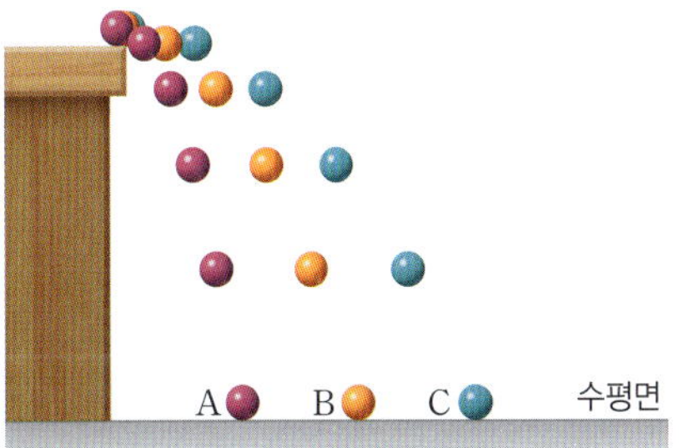

이에 대한 설명으로 옳은 것만을 보기에서 있는 대로 고른 것은? (단, 공의 질량의 크기는 A<B<C이고, 공기 저항은 무시한다.)

> 보기
> ㄱ. 공에 작용하는 중력은 C가 가장 크다.
> ㄴ. 가속도 크기는 A<B<C이다.
> ㄷ. 낙하하는 동안 매 순간 세 공의 높이는 같다.

① ㄱ   ② ㄴ   ③ ㄱ, ㄷ
④ ㄴ, ㄷ   ⑤ ㄱ, ㄴ, ㄷ

12 그림은 물체 **A**와 **B**를 거리 s만큼 떨어진 같은 높이에서 동시에 수평 방향으로 v, $2v$의 속력으로 던졌을 때, 물체가 수평면상의 같은 위치 **P**점에 도달하는 모습을 나타낸 것이다. **A**가 **P**점에 도달하는 데 걸린 시간은 2초이다.

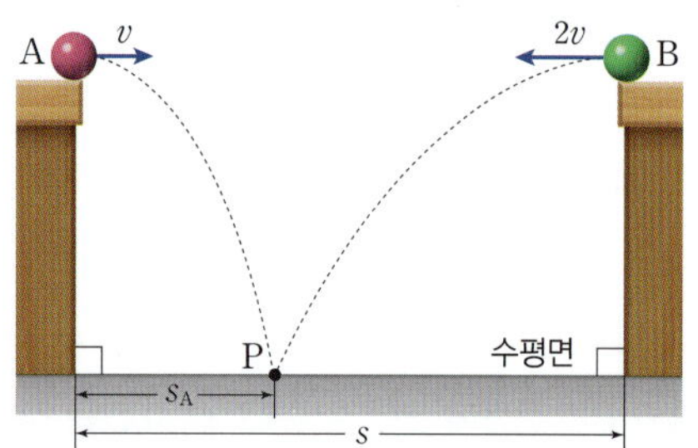

이에 대한 설명으로 옳은 것만을 보기에서 있는 대로 고른 것은? (단, 물체의 크기와 공기 저항은 무시한다.)

> **보기**
> ㄱ. B가 P점에 도달하는 데 걸리는 시간은 2초이다.
> ㄴ. P점에 도달하는 순간 A, B의 연직 방향의 속력의 비는 1 : 2이다.
> ㄷ. $s_A = \dfrac{1}{3}s$이다.

① ㄱ   ② ㄷ   ③ ㄱ, ㄴ
④ ㄱ, ㄷ   ⑤ ㄴ, ㄷ

13 그림 (가)는 연직 아래로 낙하하는 스카이다이버의 모습을, (나)는 지구 주위를 일정한 속력으로 원운동 하는 인공위성의 모습을 나타낸 것이다.

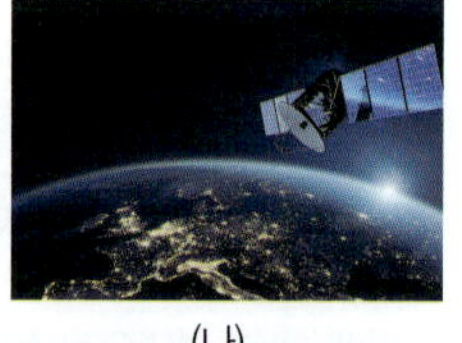

(가)   (나)

이에 대한 설명으로 옳은 것만을 보기에서 있는 대로 고른 것은?

> **보기**
> ㄱ. 스카이다이버에는 중력이 작용한다.
> ㄴ. 인공위성에는 중력이 작용하지 않는다.
> ㄷ. 인공위성은 가속도의 방향이 일정한 운동을 한다.

① ㄱ   ② ㄴ   ③ ㄷ
④ ㄱ, ㄴ   ⑤ ㄴ, ㄷ

[14~16] 다음은 뉴턴의 사고 실험에 대한 설명이다.

> 포탄을 수평 방향으로 ㉠ (   ) 던질수록 포탄은 더 먼 곳까지 가서 지면에 떨어진다. 포탄 C와 같이 어떤 특정한 속력으로 던지면 포탄은 중력이 작용하여 계속 지면을 향해 떨어지지만, 지구가 둥글기 때문에 지면에 닿지 않고 지구 주위를 계속해서 돌 수 있다.
>
> 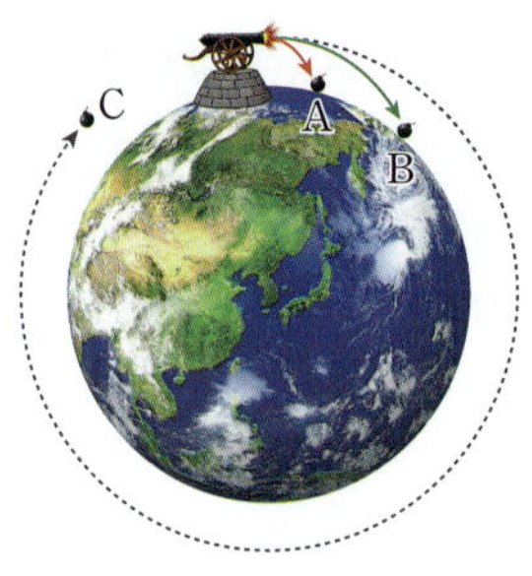
>

14 ㉠에 들어갈 내용과 포탄 **A**, **B**, **C**의 속력을 비교한 것을 옳게 짝 지은 것은?

	㉠	속력		㉠	속력
①	빠르게	A>B>C	②	빠르게	A<B<C
③	느리게	A>B>C	④	느리게	A<B<C
⑤	느리게	A=B=C			

15 만약 포탄 C에 중력이 작용하지 않는다면 포탄을 발사한 후 C의 운동 경로는 어떻게 변하는지 위 그림에 그리시오.

(서술형)

16 위의 뉴턴의 사고 실험으로 설명할 수 있는 현상으로 옳은 것만을 보기에서 있는 대로 고른 것은?

> **보기**
> ㄱ. 달이 지구 주위를 공전한다.
> ㄴ. 사과가 사과나무에서 땅으로 떨어진다.
> ㄷ. 진공 중에서 깃털과 쇠공이 동시에 떨어진다.

① ㄱ   ② ㄴ   ③ ㄷ
④ ㄱ, ㄴ   ⑤ ㄴ, ㄷ

01 그림은 물체 A를 높이 $2h$인 지점 P에서, 물체 B를 높이 h인 지점 Q에서 동시에 가만히 놓는 모습을 나타낸 것이다. A가 낙하하는 경로상의 지점 R에서 A의 속력은 v이다. 표는 A, B의 낙하 경로에 따른 걸린 시간이다.

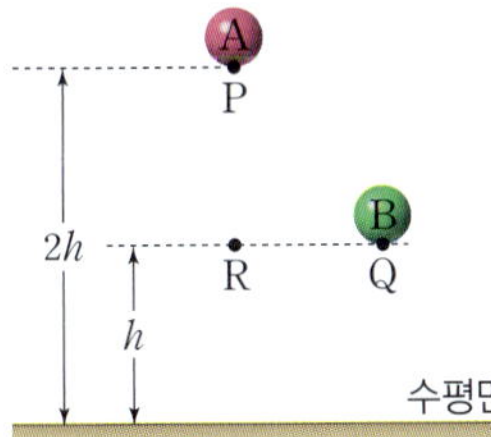

물체	낙하 경로	걸린 시간
A	P → R	t_1
	R → 수평면	t_2
B	Q → 수평면	t_3

이에 대한 설명으로 옳은 것만을 보기에서 있는 대로 고른 것은? (단, 물체의 크기, 공기 저항은 무시한다.)

보기
ㄱ. $t_1 > t_2$이다.
ㄴ. $t_1 = t_3$이다.
ㄷ. A의 속력은 R에서가 수평면에서의 $\frac{1}{2}$배이다.

① ㄱ ② ㄴ ③ ㄷ
④ ㄱ, ㄴ ⑤ ㄴ, ㄷ

02 그림과 같이 건물의 서로 다른 층에서 질량이 같은 두 물체 A, B를 각각 수평 방향으로 던졌더니 수평면상의 같은 지점에 떨어졌다.
이에 대한 설명으로 옳은 것만을 보기에서 있는 대로 고른 것은? (단, 공기 저항은 무시하고, 중력 가속도의 크기는 일정하다.)

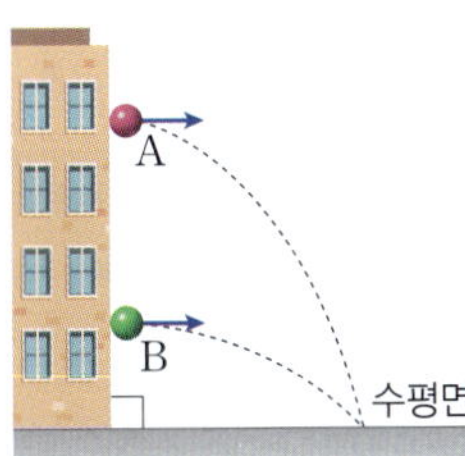

보기
ㄱ. 수평면에 도달하는 데 걸린 시간은 A가 B보다 길다.
ㄴ. 수평 방향으로 던진 속력은 A와 B가 같다.
ㄷ. 가속도의 크기는 A와 B가 같다.

① ㄱ ② ㄴ ③ ㄷ
④ ㄱ, ㄴ ⑤ ㄱ, ㄷ

03 그림과 같이 줄에 매달린 인형으로부터 수평 방향으로 $3\,\text{m}$ 떨어진 곳에서 인형을 향해 공을 수평 방향으로 던지는 순간 줄이 끊어져 인형이 수평면으로 떨어진다. 공을 던질 때의 높이와 줄에 매달린 인형의 높이는 같고, 인형이 수평면에 떨어지는 데 걸리는 시간은 2초이다.

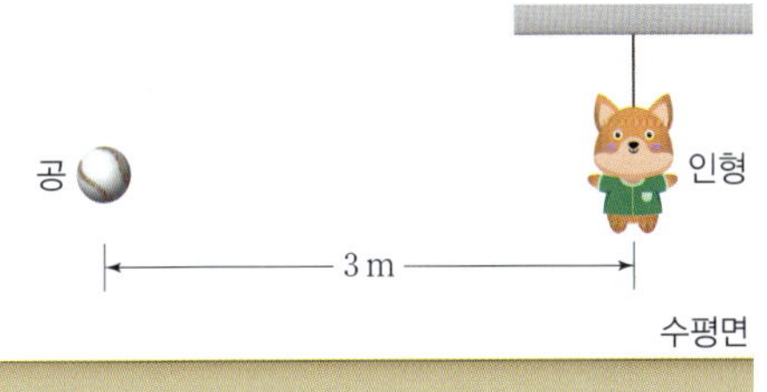

인형이 수평면에 떨어지기 직전에 공으로 인형을 맞추려면 공을 던지는 속력은? (단, 인형과 공의 크기, 공기 저항은 무시한다.)

① $1.5\,\text{m/s}$ ② $2\,\text{m/s}$ ③ $3\,\text{m/s}$
④ $4\,\text{m/s}$ ⑤ $6\,\text{m/s}$

04 그림은 지구 주위를 일정한 속력으로 원운동 하는 달의 모습을 나타낸 것이다.

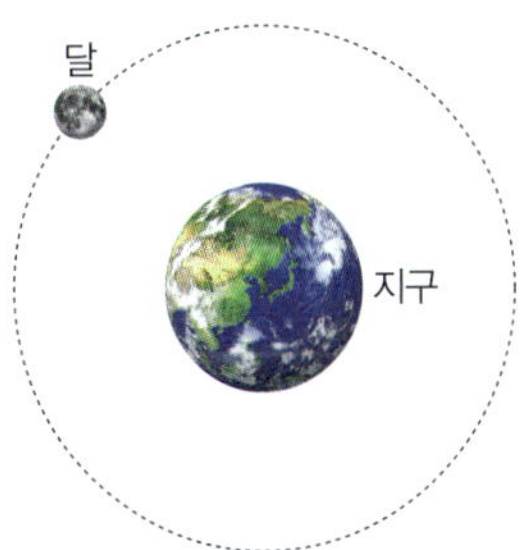

이에 대한 설명으로 옳은 것만을 보기에서 있는 대로 고른 것은?

보기
ㄱ. 달의 운동 방향은 일정하다.
ㄴ. 달에 작용하는 힘의 방향과 달의 운동 방향은 같다.
ㄷ. 달의 가속도의 방향은 지구 중심 방향이다.

① ㄱ ② ㄴ ③ ㄷ
④ ㄱ, ㄴ ⑤ ㄴ, ㄷ

O2 운동량과 충격량

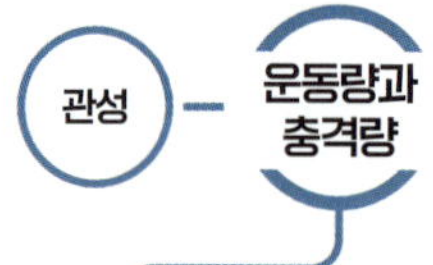

1 *관성

우리가 빠르게 달리다가 정지하려고 하면 바로 멈추지 못하고 몇 걸음 더 앞으로 나아가게 된다. 또, 달리던 피겨 스케이팅 선수는 더 이상 얼음을 지치지 않아도 한 발로 얼음판 위를 미끄러져 나아간다. 이것은 모든 물체에 관성이라는 성질이 있기 때문에 나타나는 현상이다.

1. 관성

(1) **관성**: 알짜힘이 작용하지 않을 때 물체가 현재의 운동 상태를 유지하려는 성질이다.

| 버스가 갑자기 출발할 때, 승객의 몸은 정지 상태를 유지하려는 관성에 의해 뒤로 쏠린다. | 옷을 두드릴 때, 먼지는 정지 상태를 유지하려는 관성에 의해 옷에서 떨어져 나온다. | 버스가 갑자기 정지할 때, 승객의 몸은 계속 운동하려는 관성에 의해 앞으로 쏠린다. | 달리던 사람이 돌부리에 걸리면, 발은 멈추지만 몸은 계속 운동하려는 관성에 의해 앞으로 넘어진다. |

(2) **관성의 크기**: 야구 방망이로 야구공을 치면 멀리 날아가지만, 볼링공을 친다면 얼마 날아가지 못할 것이다. 이는 질량이 큰 볼링공이 야구공보다 운동 상태를 유지하려는 성질이 크기 때문이다. 이처럼 물체의 질량이 클수록 관성이 크다.

▲ 야구공과 볼링공의 관성의 크기

(3) **관성 법칙**: 물체에 작용하는 *알짜힘이 0이면, 정지하고 있던 물체는 계속 정지해 있고 운동하던 물체는 등속 직선 운동을 한다.

질량이 큰 물체의 관성

질량이 큰 물체일수록 관성이 커서 정지 상태에서 출발하거나 운동하던 상태에서 멈추기 어렵다.

(예)
· 질량이 큰 기차는 관성이 크므로 정지 상태에서 출발할 때 속력이 서서히 증가한다.
· 대형 유조선은 관성이 크므로 멈추기가 어려워 항구에 들어오기 수 km 밖에서부터 엔진을 끄고 작은 예인선에 끌려서 들어온다.

[용어]

관성(慣 버릇, 性 성질)
물체가 현재의 운동 상태를 유지하려는 성질이다.

알짜힘
한 물체에 여러 힘이 동시에 작용할 때, 이 힘들의 합력과 같은 효과를 내는 하나의 힘이다.

✔ 중요 개념 체크

정답과 해설 62쪽

1. 물체가 현재의 운동 상태를 유지하려는 성질을 (　　　　)(이)라고 한다.

2. 알짜힘과 물체의 운동에 대한 설명으로 옳은 것은 ◯, 옳지 <u>않은</u> 것은 ×로 표시하시오.

　(1) 물체에 알짜힘이 작용하지 않으면 물체는 현재의 운동 상태를 유지한다. ─────(　)

　(2) 질량이 작은 야구공의 관성은 질량이 큰 볼링공의 관성보다 크다. ─────(　)

뉴턴은 『프린키피아(자연철학의 수학적 원리)』라는 책을 통해 물체에 작용하는 힘과 운동에 관한 세 가지 법칙을 발표하였다. 이를 통해 힘과 운동에 관한 근대 역학의 체계를 완성하였다.

❶ **관성 법칙(뉴턴 제1법칙):** 물체에 작용하는 알짜힘이 0이면, 정지하고 있던 물체는 계속 정지해 있고 운동하던 물체는 등속 직선 운동을 한다.

❷ **가속도 법칙(뉴턴 제2법칙):** 물체에 힘이 작용할 때 물체는 알짜힘의 방향으로 가속된다. 이때 물체의 가속도 크기 a는 알짜힘의 크기 F에 비례하고, 질량 m에 반비례한다.

$$a \propto \frac{F}{m} \Rightarrow F = ma \ (1\ \mathrm{N} = 1\ \mathrm{kg} \times 1\ \mathrm{m/s^2})$$

▲ 알짜힘과 질량, 가속도

❸ **작용 반작용 법칙(뉴턴 제3법칙):** 힘은 항상 두 물체 사이의 상호작용이다. 물체 A가 물체 B에 힘을 작용하면, 동시에 물체 B도 물체 A에 크기가 같고 방향이 반대인 힘을 작용한다.

⑩ 수영 선수가 발로 벽을 밀면, 동시에 벽도 수영 선수에게 힘을 작용하여 선수가 빠르게 나아갈 수 있다.

▲ 작용과 반작용

2 운동량과 충격량

운동량은 운동하는 물체의 운동 정도를 나타내며, 운동량이 클수록 다른 물체와 충돌할 때 충돌 효과가 커진다. 충격량은 충돌할 때 물체가 받는 충격의 정도를 나타내며, 충격량이 클수록 물체의 운동량이 크게 변한다.

1. 운동량

무거운 볼링공은 천천히 구르더라도 많은 볼링핀을 넘어뜨리고, 총알은 가벼워도 속도가 빨라 사과를 뚫고 지나간다. 이렇게 물체의 질량과 속도가 클수록 운동의 효과가 크게 나타나는데, 이와 관련된 물리량을 운동량이라고 한다.

▲ 총알의 운동량

⑴ **운동량(p):** 물체의 질량 m과 속도 v를 곱한 물리량으로, 크기와 방향을 함께 나타내는 물리량이다. 단위는 $\mathrm{kg \cdot m/s}$를 사용한다.

$$\text{운동량} = \text{질량} \times \text{속도}, \ p = mv \ (\text{단위: } \mathrm{kg \cdot m/s})$$

① 운동량의 방향: 속도의 방향과 같다.

② 운동량의 크기: 물체의 질량이 클수록, 속도가 빠를수록 운동량이 크다.

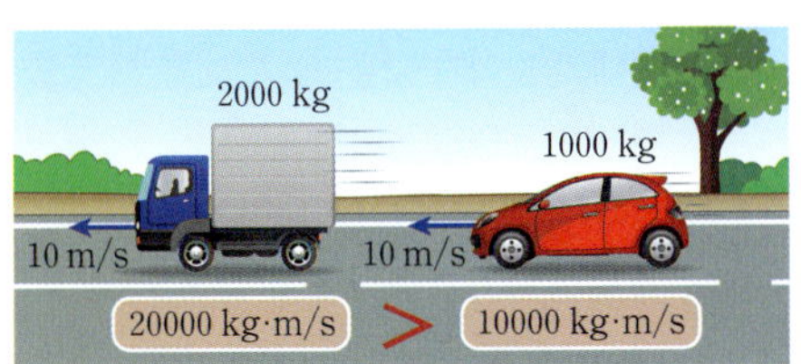

▲ 속도가 같을 때 질량이 클수록 운동량이 크다.

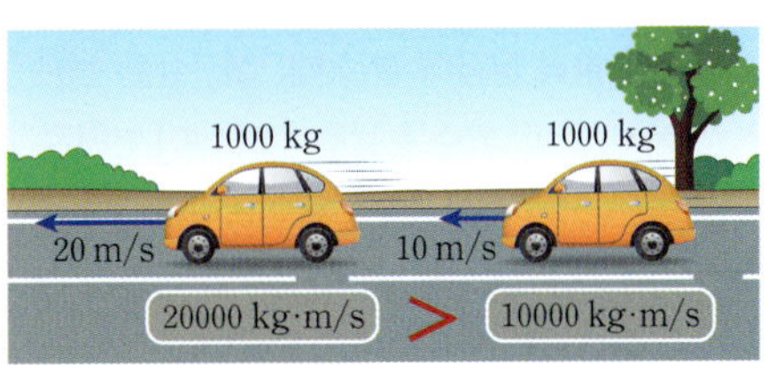

▲ 질량이 같을 때 속도가 빠를수록 운동량이 크다.

운동량의 방향
속도는 크기와 방향을 가지는 물리량이다. 따라서 질량과 속도의 곱인 운동량의 방향은 속도의 방향과 같다.

운동량의 크기
질량이 큰 물체라도 정지해 있으면 속도가 0이므로, 운동량은 0이 된다.
⑩ 운동하는 탁구공의 운동량 > 정지한 트럭의 운동량

2. 충격량

골프공을 칠 때 골프채를 세게 휘두를수록, 또 골프채를 끝까지 휘두를수록 공이 멀리 날아간다. 이처럼 공에 작용하는 힘의 크기가 크고 힘이 작용하는 시간이 길수록 공의 운동량이 크게 변하는데, 이와 관련된 물리량을 충격량이라고 한다.

▲ 골프공을 칠 때

(1) 충격량(I): 물체에 작용한 힘 F와 힘이 작용한 시간 *Δt를 곱한 물리량으로, 크기와 방향을 함께 나타내는 물리량이다. 단위는 $N \cdot s$를 사용한다.

$$\text{충격량} = \text{힘} \times \text{시간}, \quad I = F\Delta t \quad (\text{단위: } N \cdot s)$$

① 충격량의 방향: 힘의 방향과 같다.

② 충격량의 크기: 물체에 작용한 힘의 크기와 힘이 작용한 시간에 비례한다.

(2) 힘 – 시간 그래프와 충격량의 크기

① 힘의 크기가 일정할 때: 물체에 작용한 힘을 시간에 따라 나타낸 그래프의 아랫부분의 넓이는 힘의 크기와 시간의 곱이므로, 물체가 그 시간 동안 받은 충격량의 크기와 같다.

② 실제 충돌에서 물체가 받는 평균 힘: 실제 충돌에서는 물체에 작용하는 힘이 일정하지 않은 경우가 대부분이다. 이 경우에도 힘 – 시간 그래프 아랫부분의 넓이는 충격량의 크기를 나타내며, 충격량의 크기를 힘이 작용한 시간으로 나누어 물체에 작용한 평균 힘 $\overline{F}$의 크기를 구할 수 있다.

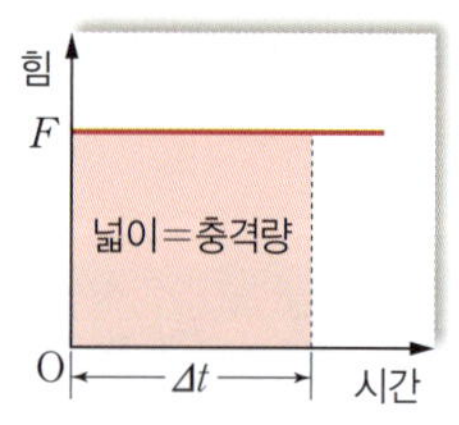

▲ 힘이 일정할 때

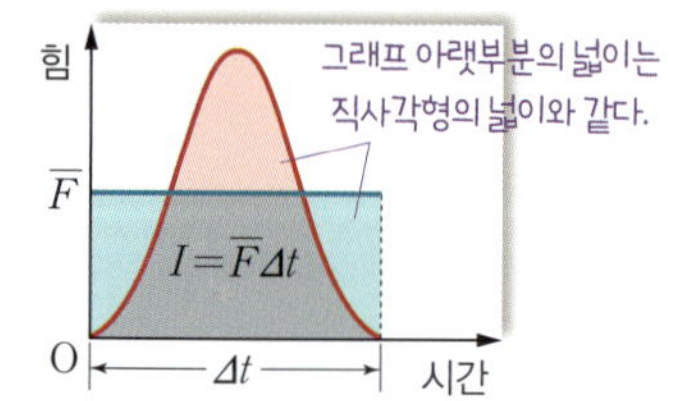

▲ 힘이 일정하지 않을 때

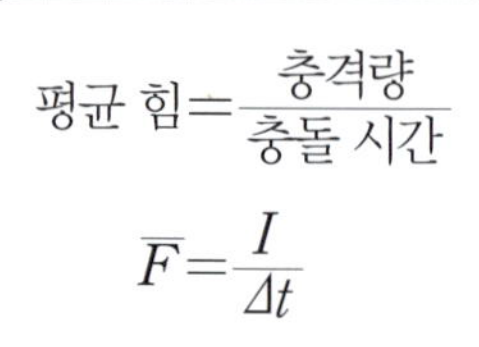

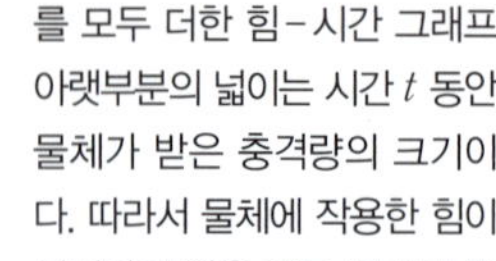

*Δ(델타)

물리량의 변화량을 나타낼 때 사용하는 그리스 문자이다.

예 Δt: 시간 변화량

자료분석 ➕ 운동량과 충격량 실험

[운동량] 쇠구슬 떨어뜨리기

❶ 같은 높이에서 떨어뜨릴 때: 쇠구슬의 질량이 클수록 찰흙이 더 많이 변형된다.

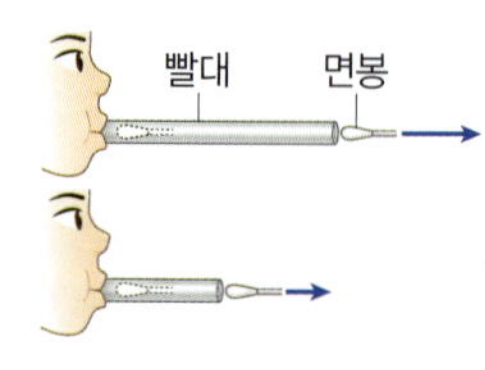

❷ 쇠구슬의 질량이 같을 때: 쇠구슬을 높은 곳에서 떨어뜨릴수록 찰흙이 더 많이 변형된다.

➡ 높은 곳에서 쇠구슬을 떨어뜨리면 충돌 직전 속도가 크다. 따라서 쇠구슬의 질량이 크고, 속도가 클수록 쇠구슬의 운동량이 크다.

[충격량] 빨대로 면봉 날리기

❶ 빨대를 부는 세기가 같을 때: 긴 빨대로 분 면봉이 더 멀리 날아간다.

❷ 빨대의 길이가 같을 때: 빨대를 세게 불수록 면봉이 더 멀리 날아간다.

➡ 빨대가 길수록 힘이 작용한 시간이 길다. 따라서 힘의 크기가 클수록, 힘이 작용하는 시간이 길수록 면봉이 받는 충격량이 크다.

3. 운동량과 충격량의 관계 집중 분석 238쪽, 239쪽 심화 강의 240쪽

물체에 작용하는 힘의 크기가 클수록 힘을 작용하는 시간이 길수록 물체의 속도가 크게 변하므로 운동량이 크게 변한다. 이처럼 물체는 충격량을 받은 만큼 운동량이 변한다.

(1) **운동량과 충격량의 관계**: 물체가 받은 충격량은 물체의 운동량의 변화량과 같다.

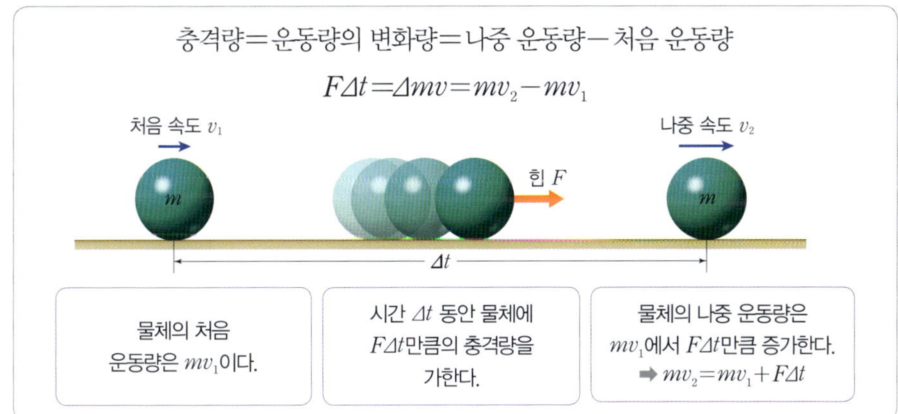

① 물체가 운동 방향으로 충격량을 받으면 그만큼 운동량의 크기가 증가한다.

② 물체가 운동 방향과 반대 방향으로 충격량을 받으면 그만큼 운동량의 크기가 감소한다.

(2) **충격량의 효과**: 테니스공을 빠르게 보내려면 공의 운동량을 크게 변화시켜야 하므로, 공에 큰 충격량을 가해야 한다. 이 때 공을 세게 치는 것도 중요하지만, 라켓을 끝까지 휘둘러 힘이 작용하는 시간을 길게 하면 공의 속력이 더 빨라진다.

▲ 테니스 공을 칠 때

> **운동량의 변화량**
> 나중 운동량에서 처음 운동량을 뺀 값으로, 물체의 질량이 일정하다면 운동량의 변화량은 물체의 속도 변화량에 비례한다.

> **권총보다 소총의 총신이 긴 까닭**
> 총신이 길수록 총알에 힘을 작용하는 시간이 길어져 총알이 받는 충격량이 커진다. 따라서 총알의 속력이 더 빨라져 멀리 날아간다.

자료 분석 ➕ 뉴턴 제2법칙으로부터 유도할 수 있는 운동량과 충격량의 관계식

질량이 m인 물체가 속도 v_1으로 운동하고 있을 때 일정한 힘 F가 시간 Δt 동안 운동 방향으로 작용하여 물체의 속도가 v_2가 되었다.

가속도$(a) = \dfrac{\text{속도 변화량}(\Delta v)}{\text{시간}(\Delta t)}$ 이므로, 뉴턴 제2법칙은 다음과 같이 나타낼 수 있다.

$$F = ma = m\frac{\Delta v}{\Delta t} = m\frac{v_2 - v_1}{\Delta t} \implies F\Delta t = mv_2 - mv_1$$

따라서 물체가 받은 충격량은 운동량의 변화량과 같다.

✔ 중요 개념 체크

정답과 해설 62쪽

3. 운동량은 운동하는 물체의 ㉠ (　　　)와/과 속도를 곱한 물리량이고, 충격량은 물체에 작용한 힘과 힘이 작용한 ㉡ (　　　)을/를 곱한 물리량이다.

4. 운동량과 충격량의 관계에 대한 설명으로 옳은 것은 ○, 옳지 <u>않은</u> 것은 ×로 표시하시오.

　(1) 힘-시간 그래프 아랫부분의 넓이는 충격량의 크기를 나타낸다. ────── (　　　)

　(2) 물체가 받은 충격량의 크기는 물체의 운동량의 크기와 같다. ────── (　　　)

3 충돌과 안전

교통수단을 이용할 때나 운동 경기를 할 때 관성이나 충돌과 관련된 안전사고를 예방하고 피해를 줄이기 위해서 다양한 안전장치를 설치하여 활용한다. 이러한 안전장치들은 대부분 관성에 의해 몸이 튀어나가는 것을 방지하거나, 운동량과 충격량의 관계를 활용해 충돌 시 작용하는 힘의 크기를 줄여 주는 역할을 한다.

1. 충돌이 일어날 때 물체에 작용하는 힘 탐구 236쪽

충돌에 의한 안전사고는 충돌하는 동안 물체에 작용하는 힘이 클수록 피해가 커진다. 이 때 물체가 받는 충격량이 같더라도 힘이 작용하는 시간에 따라 힘의 크기가 달라지는 것을 이용하면, 충돌 시 발생하는 피해를 줄일 수 있다.

(1) **평균 힘과 충돌 시간의 관계**: 물체가 받는 충격량이 같을 때 물체에 작용하는 평균 힘의 크기는 충돌 시간에 반비례한다.

자료분석 포수가 야구공을 맨손으로 잡을 때와 글러브를 끼고 잡을 때

그림은 포수가 맨손으로 야구공을 잡을 때 (가)와 두꺼운 글러브를 끼고 잡을 때 (나)에 손에 작용하는 힘의 크기를 시간에 따라 나타낸 것이다. 야구공을 잡는 순간 야구공의 속력은 (가)와 (나)가 같다.

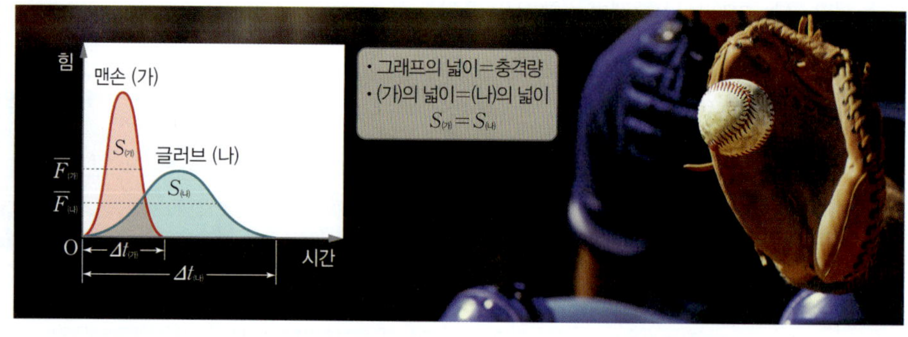

야구공의 운동량의 변화량	(가), (나)에서 충돌 전 야구공의 운동량이 같고, 야구공이 멈추었을 때 운동량도 0으로 같다. ➡ 야구공의 운동량의 변화량은 (가), (나)가 같다.	$\Delta p_{(가)}＝\Delta p_{(나)}$
충격량	야구공이 받은 충격량은 야구공의 운동량 변화량과 같다. ➡ 야구공이 받는 충격량은 (가), (나)가 같다.	$I_{(가)}＝I_{(나)}$
힘－시간 그래프 아랫부분의 넓이	충격량이 같으므로 (가), (나)의 힘－시간 그래프 아랫부분의 넓이가 같다.	$S_{(가)}＝S_{(나)}$
충돌 시간	야구공의 충돌 시간은 맨손보다 글러브를 끼고 잡을 때 더 크다.	$\Delta t_{(가)}<\Delta t_{(나)}$
평균 힘의 크기	(가), (나)에서 야구공이 받는 충격량의 크기가 같고, 충돌 시간은 (가)보다 (나)가 더 길므로, 야구공이 받는 평균 힘은 (가)보다 (나)가 더 작다.	$\overline{F}_{(가)}>\overline{F}_{(나)}$

➡ 손이 받는 힘의 크기는 야구공이 받는 힘의 크기와 같으므로, 야구공을 잡을 때 맨손으로 잡는 것보다 두꺼운 글러브를 끼고 잡는 것이 손에 가해지는 힘의 크기가 작아져 부상의 위험을 줄일 수 있다.

(2) **힘과 운동량이 변하는 시간의 관계**: 물체가 충돌할 때 충돌 시간 동안 운동량이 변하므로, 충격량이 같다면 물체에 작용하는 힘은 운동량이 변하는 시간에 반비례한다. 따라서 물체가 충돌하여 정지할 때까지의 시간이 길면 운동량의 변화가 긴 시간 동안에 일어나므로, 물체가 받는 힘의 크기는 작아진다. 반대로 물체가 충돌하여 정지할 때까지의 시간이 짧으면 운동량의 변화가 짧은 시간 동안에 일어나므로, 물체가 받는 힘의 크기는 커진다.

충격력

시간에 따라 크기가 변하는 힘이 작용할 때 물체가 받은 충격량을 충돌 시간으로 나누어 구한 평균 힘을 충격력이라고도 한다.

2. 충돌에 의한 안전사고를 예방하는 여러 가지 안전장치

(1) 관성에 의한 안전사고 예방 장치

자동차의 안전띠 ▶
달리던 자동차가 급정거를 하거나 충돌할 때 관성에 의해 몸이 앞으로 튀어나가는 것을 막는다.

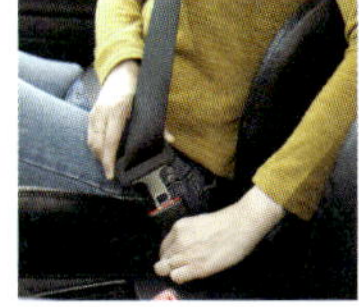

안전모의 턱끈 ▶
관성에 의해 안전모가 벗겨지는 것을 막는다.

(2) 충돌할 때 작용하는 힘의 크기를 줄이는 안전장치

① 운동 경기: 선수는 보호장비를 착용하고, 경기장에는 푹신한 매트 등을 설치한다.

▲ **야구공을 받을 때** 손을 뒤로 빼면서 받으면, 손이 힘을 받는 시간이 길어지므로 손에 작용하는 힘의 크기가 작아진다.

▲ **피겨 스케이팅 선수가 착지할 때** 무릎을 구부리면 다리가 힘을 받는 시간이 길어지므로, 다리에 작용하는 힘의 크기가 작아진다.

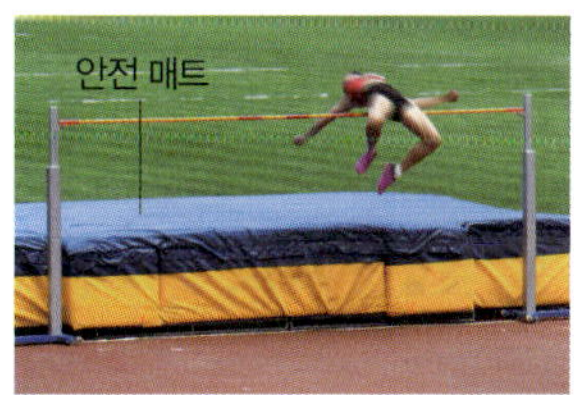

▲ **안전 매트** 높이뛰기 선수의 몸이 푹신한 매트에 떨어지면 충돌 시간이 길어지므로 선수에게 작용하는 힘의 크기를 줄여 준다.

유도의 낙법
등이 바닥에 떨어질 때 양 손바닥으로 바닥을 치면서 충돌 시간을 길게 한다.

② 교통 수단: 자동차에 에어백, 범퍼 등을 장착하고, 도로에 보호 난간 등을 설치한다.

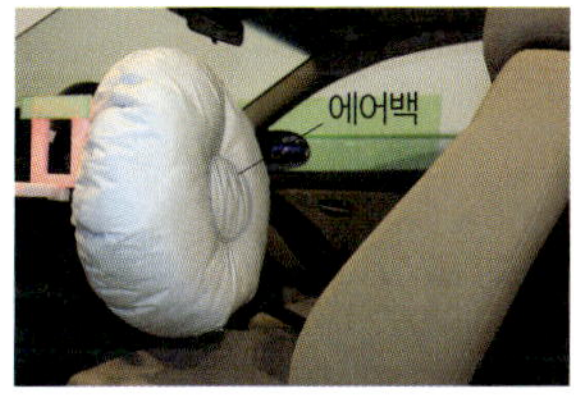

▲ **에어백** 사람이 운전대에 충돌할 때 에어백이 순간적으로 부풀어 충돌 시간이 길어지므로 사람에게 작용하는 힘의 크기를 줄여 준다.

▲ **범퍼** 자동차의 범퍼는 잘 찌그러지도록 만들어져서, 충돌할 때 충돌 시간이 길어지므로 자동차에 작용하는 힘의 크기를 줄여 준다.

▲ **도로에 설치된 보호 난간** 자동차가 난간에 충돌할 때 충돌 시간이 길어지므로 자동차에 작용하는 힘의 크기를 줄여 준다.

태권도 선수의 보호대
몸통을 가격당할 때 보호대가 압축되면서 충돌 시간을 길게 한다.

과속 방지턱
주행하는 자동차의 운동량을 줄이므로, 충돌 시 자동차가 받는 충격량을 줄인다.

③ 일상생활: 공기가 충전된 포장재, 안전모 등을 사용한다.

공기가 충전된 포장재 ▶
공기가 충전된 포장재는 충돌 시간을 길게 하여 충돌 시 유리병이 깨지지 않도록 보호한다.

안전모의 충격 흡수재 ▶
푹신한 충격 흡수재는 충돌 시간을 길게 하여 충돌 시 머리에 작용하는 힘의 크기를 줄여 준다.

✔ 중요 개념 체크

정답과 해설 62쪽

5. 충격량이 같을 때 충돌 시간이 (　　　)수록 물체가 받는 평균 힘이 작아진다.

6. 충돌에 대비한 안전장치 대한 설명으로 옳은 것은 ○, 옳지 <u>않은</u> 것은 ×로 표시하시오.

　(1) 자동차의 안전띠는 관성에 의해 몸이 튀어나가는 것을 막아 주는 장치이다. ——— (　　　)

　(2) 에어백, 범퍼, 안전모 등은 충돌에 의한 안전사고가 발생할 때 충돌 시간을 짧게 하여 사람에게 작용하는 힘의 크기를 줄여 주는 장치이다. ——— (　　　)

충돌할 때 힘이 작용한 시간에 따른 충격의 차이

목표 | 물체가 받는 충격량이 같을 때 물체에 작용하는 힘의 크기와 힘이 작용한 시간과의 관계를 알 수 있다.

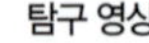

탐구 영상

과정

❶ 같은 높이에서 딱딱한 접시와 푹신한 방석 위로 동일한 달걀 A, B를 동시에 가만히 놓아 떨어뜨린 후, A, B의 상태를 관찰한다.

❷ A, B가 각각 접시와 방석에 충돌하는 과정에서 A, B의 물리량을 비교한다.

❸ 충돌 과정에서 A, B가 받는 힘의 크기를 시간에 따라 나타낸 그래프를 설명해 보자.

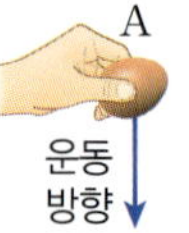
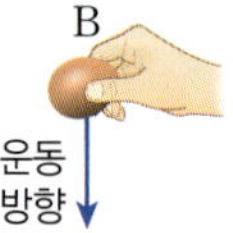

결과 및 정리

1. 접시 위에 떨어진 A는 깨지지만 방석 위에 떨어진 B는 깨지지 않는다.

2. 충돌 과정에서의 A, B의 물리량 비교

운동량의 변화량	두 달걀이 접시와 방석에 각각 충돌하기 직전의 속도가 같고, 달걀이 충돌하여 멈출 때의 속도가 0으로 같다. ➡ A의 운동량의 변화량＝B의 운동량의 변화량
충격량	달걀이 받은 충격량은 운동량의 변화량과 같다. ➡ A가 받은 충격량＝B가 받은 충격량
충돌 시간	충돌 직후부터 멈출 때까지의 시간은 A보다 B가 더 길다. ➡ A의 충돌 시간＜B의 충돌 시간
평균 힘의 크기	달걀이 받은 평균 힘＝$\dfrac{충격량}{충돌\ 시간}$이므로, 평균 힘의 크기는 충돌 시간이 긴 B가 A보다 작다. ➡ A에 작용한 평균 힘의 크기＞B에 작용한 평균 힘의 크기

3. A, B의 힘-시간 그래프

힘-시간 그래프 아랫부분의 넓이는 충격량을 나타내므로 A와 B의 그래프 아랫부분의 넓이가 같다. 넓이가 같을 때 충돌 시간이 길수록 평균 힘의 크기는 작아지므로, 충돌 과정에서 충돌 시간이 긴 B가 받는 평균 힘의 크기가 더 작다.

A, B의 충돌 직전 속도

공기 저항을 무시하면, 같은 높이에서 떨어뜨린 두 달걀은 자유 낙하 운동을 한다. 따라서 두 달걀은 시간에 따라 속도가 일정하게 증가하여 접시와 방석에 동시에 도달하므로, 충돌 직전의 속도가 같다.

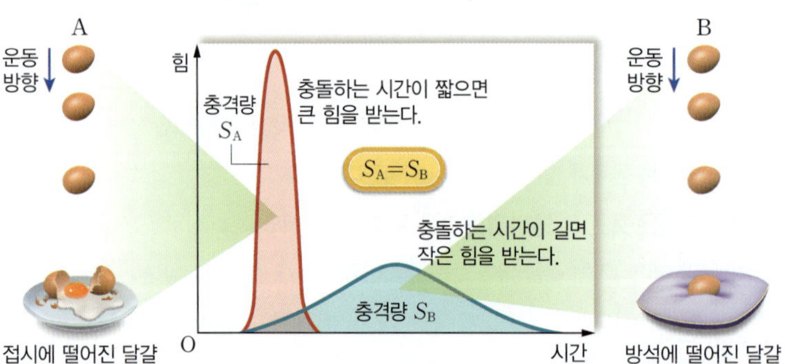

▲ 같은 높이에서 접시와 방석에 떨어진 달걀 A, B의 힘-시간 그래프

탐구 확인 문제

01 앞의 탐구에 대한 설명으로 옳은 것은 ○, 옳지 <u>않은</u> 것은 ×로 표시하시오.

(1) 달걀의 운동량의 변화량의 크기는 방석에 충돌한 B가 더 작다. ─────────── (   )

(2) 달걀이 받는 충격량의 크기는 접시에 충돌한 A가 더 크다. ─────────── (   )

(3) 달걀에 힘이 작용하는 시간은 방석에 충돌한 B가 더 길다. ─────────── (   )

(4) 달걀에 작용하는 평균 힘의 크기는 접시에 충돌한 A가 더 크다. ─────────── (   )

02 앞의 탐구에 대한 설명으로 옳지 <u>않은</u> 것을 모두 고르면? (단, 공기 저항은 무시한다.) (답 2개)

① A, B는 자유 낙하 운동을 한다.

② 충돌하기 직전의 운동량의 크기는 A가 더 크다.

③ A, B가 각각 접시와 방석에 충돌하여 멈출 때의 운동량은 모두 0이다.

④ A, B가 충돌하는 동안 받는 충격량의 방향은 운동 방향과 반대이다.

⑤ 충돌할 때 A, B가 받은 힘의 크기를 시간에 따라 나타낸 그래프 아랫부분의 넓이는 A, B가 같다.

⑥ 힘─시간 그래프 아랫부분의 넓이가 같을 때 충돌 시간이 길수록 평균 힘의 크기는 커진다.

03 그림은 같은 높이에서 딱딱한 접시와 푹신한 방석 위로 동일한 두 달걀 A, B를 동시에 떨어뜨렸을 때, A, B가 받은 힘의 크기를 시간에 따라 나타낸 그래프이다.

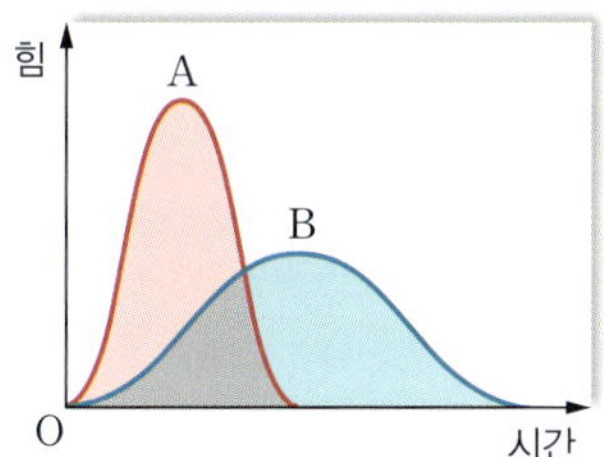

(1) 그래프 아랫부분의 넓이가 나타내는 물리량을 쓰시오.

(2) A와 B는 각각 접시와 방석 중 어디로 떨어진 달걀인지 쓰시오.

04 그림은 두 학생이 물풍선을 서로 주고받는 모습을 나타낸 것이다.

물풍선이 터지지 않도록 받는 방법과 그 까닭을 옳게 설명한 학생을 있는 대로 고른 것은? (단, 물풍선을 던질 때의 속력은 항상 같다.)

> • 학생 A: 손을 뒤로 빼면서 물풍선을 받아 물풍선이 받는 충격량의 크기를 줄여야 해.
> • 학생 B: 무릎을 구부리면서 물풍선을 받아서 물풍선에 힘이 작용하는 시간을 길게 해야 해.
> • 학생 C: 풍선에 물을 적게 넣어 손에 닿는 순간의 운동량을 작게 해야 해.

① A   ② C   ③ A, B

④ B, C   ⑤ A, B, C

05 그림은 질량이 같은 자동차 A, B가 같은 속력으로 벽에 충돌하여 정지하는 것을 나타낸 것이다. 충돌하여 정지할 때까지의 시간은 A가 B보다 길다.

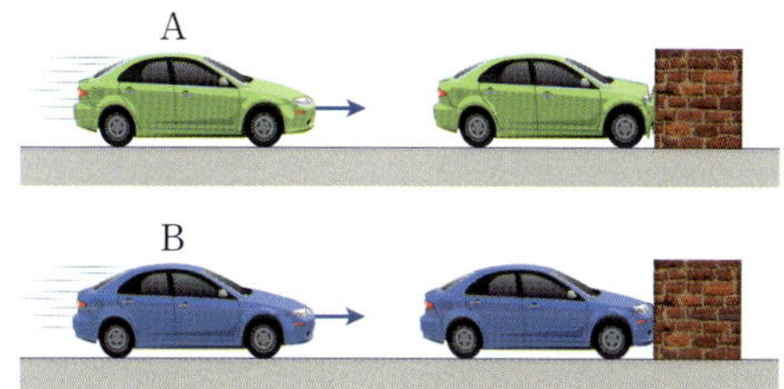

이에 대한 설명으로 옳은 것만을 보기에서 있는 대로 고른 것은?

> **보기**
> ㄱ. 운동량의 변화량의 크기는 A와 B가 같다.
> ㄴ. 자동차가 받은 충격량의 크기는 A가 B보다 작다.
> ㄷ. 충돌하여 정지할 때까지 자동차에 작용하는 평균 힘의 크기는 A가 B보다 작다.

① ㄱ   ② ㄴ   ③ ㄱ, ㄷ

④ ㄴ, ㄷ   ⑤ ㄱ, ㄴ, ㄷ

집중분석 충돌 후 되튕길 때의 충격량의 크기

실제로 자동차가 벽에 충돌하는 사고가 발생할 때 충돌 후 자동차가 정지하지 않고 다시 튀어나오는 경우가 있다. 이때 튀어나오는 정도에 따라서 발생하는 피해의 정도가 달라진다.

물체가 벽에 충돌한 후 정지한다면 충돌하는 동안 물체는 운동 방향과 반대 방향으로 충격량을 받는다. 이때 물체가 받은 충격량의 크기는 운동량의 감소량과 같다. 만일 물체가 벽에 충돌한 후 다시 튀어나온다면, 물체가 받는 충격량의 크기는 어떻게 달라질까? 질량이 m으로 동일한 물체 A, B가 각각 $3v$의 속력으로 벽에 충돌할 때 A는 벽에 달라붙고 B는 v의 속력으로 다시 튀어나온다고 가정하자. A, B가 수평 방향으로만 운동할 때 충돌하는 동안 A, B가 받은 충격량의 크기는 다음과 같다. 이때 운동량과 충격량은 모두 방향을 포함하는 물리량이므로, 운동량과 충격량의 방향이 오른쪽일 때의 부호를 ($+$)로 정하면 왼쪽일 때의 부호는 ($-$)이다.

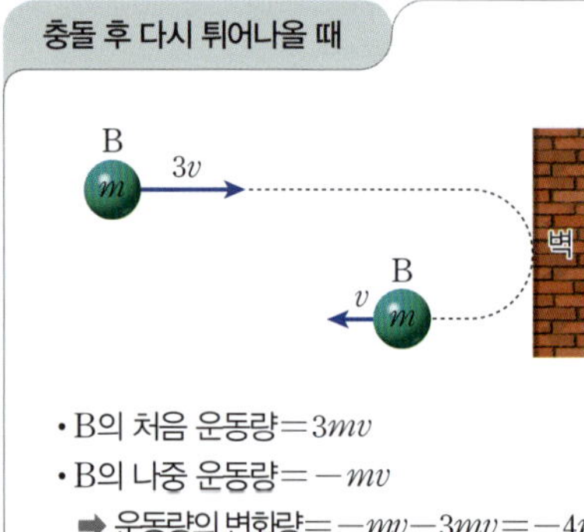

충돌 후 정지할 때

- A의 처음 운동량＝$3mv$
- A의 나중 운동량＝0
  ➡ 운동량의 변화량＝$0-3mv=-3mv$
- A가 받은 충격량＝$-3mv$
  ➡ A가 받은 충격량의 크기＝$3mv$

충돌 후 다시 튀어나올 때

- B의 처음 운동량＝$3mv$
- B의 나중 운동량＝$-mv$
  ➡ 운동량의 변화량＝$-mv-3mv=-4mv$
- B가 받은 충격량＝$-4mv$
  ➡ B가 받은 충격량의 크기＝$4mv$

위 결과로부터 물체가 충돌한 후 정지하는 것보다 튀어나올 때 물체가 더 큰 충격량을 받는 것을 알 수 있다.

운동량과 충격량의 방향

운동량의 방향은 속도의 방향과 같고, 충격량의 방향은 물체에 작용한 힘의 방향과 같다.

직선상에서 운동하는 물체의 운동량과 충격량

직선상에서 어느 한쪽 방향의 운동량을 ($+$)로 나타내면, 반대 방향의 운동량은 ($-$)로 나타낸다.

ㄱ의 운동량: -2 kg·m/s
ㄴ의 운동량: 2 kg·m/s

A, B가 받은 충격량을 계산하면 모두 ($-$)값이 나오는데, 여기서 ($-$)의 부호는 충격량의 방향이 왼쪽이라는 것을 나타낸다.

예제

1 그림은 질량 m인 테니스공이 v의 속력으로 벽에 수직으로 충돌한 후, $0.5v$의 속력으로 반대 방향으로 튀어나온 것을 나타낸 것이다.

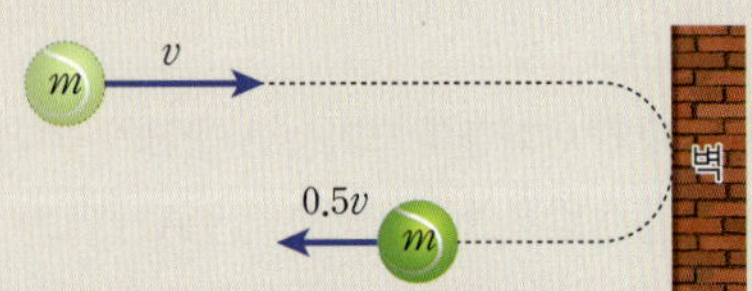

(1) 벽과 충돌 전후 테니스공의 운동량의 변화량의 크기를 구하시오.

(2) 충돌 과정에서 테니스공이 받은 충격량의 방향과 충격량의 크기를 구하시오.

풀이 (1) 오른쪽을 ($+$)로 나타내면 테니스공의 처음 운동량은 mv이고 나중 운동량은 $-0.5mv$이다.

운동량 변화량＝나중 운동량－처음 운동량
$$=-0.5mv-mv=-1.5mv$$

따라서 테니스공의 운동량 변화량의 크기는 $1.5mv$이다.

(2) 테니스공이 받은 충격량＝테니스공의 운동량 변화량
$$=-1.5mv$$

따라서 충격량의 부호가 ($-$)이므로 테니스공이 받은 충격량의 방향은 왼쪽이고, 충격량의 크기는 $1.5mv$이다.

답 (1) $1.5mv$ (2) 왼쪽, $1.5mv$

집중분석 힘–시간 그래프와 운동량의 변화

충돌이 일어날 때 물체가 받은 충격량만큼 운동량이 변한다. 이때 물체가 받는 충격량의 방향에 따라 물체의 운동량은 증가하기도 하고 감소하기도 한다. 이와 같이 충돌이 일어나 물체의 운동량이 변하는 상황에 대한 문제는 힘–시간 그래프와 함께 자주 제시된다.

1 충격량의 방향과 운동량의 방향이 같을 때

힘이 물체의 운동 방향으로 작용하면 속력이 증가하므로 물체의 운동량의 크기가 증가한다. 충격량의 방향은 힘의 방향과 같으므로, 물체의 운동량의 방향과 물체가 받은 충격량의 방향이 같으면 운동량의 크기가 증가한다.

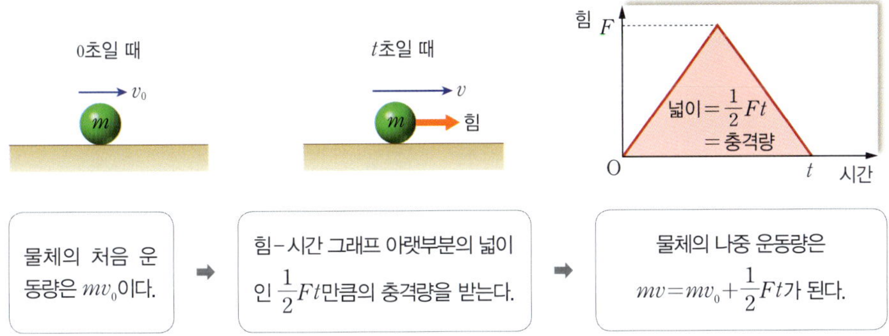

물체의 처음 운동량은 mv_0이다. → 힘–시간 그래프 아랫부분의 넓이인 $\frac{1}{2}Ft$만큼의 충격량을 받는다. → 물체의 나중 운동량은 $mv = mv_0 + \frac{1}{2}Ft$가 된다.

2 충격량의 방향과 운동량의 방향이 반대일 때

힘이 물체의 운동 방향과 반대 방향으로 작용하면 속력이 감소하므로 물체의 운동량의 크기가 감소한다. 즉, 물체의 운동량의 방향과 물체가 받은 충격량의 방향이 반대이면 운동량의 크기가 감소한다. 만약 1의 물체에 힘–시간 그래프와 같은 힘이 물체의 운동 방향과 반대 방향으로 작용한다면, 물체의 나중 운동량은 $\frac{1}{2}Ft$만큼 감소하여 $mv = mv_0 - \frac{1}{2}Ft$가 된다.

예제

1 그림 (가)는 마찰이 없는 수평면에서 2 m/s의 속력으로 운동하는 질량 2 kg인 물체에 운동 방향과 반대 방향으로 힘 F를 작용하는 것을 나타낸 것이고, 그림 (나)는 힘을 작용한 순간부터 F의 크기를 시간에 따라 나타낸 것이다.

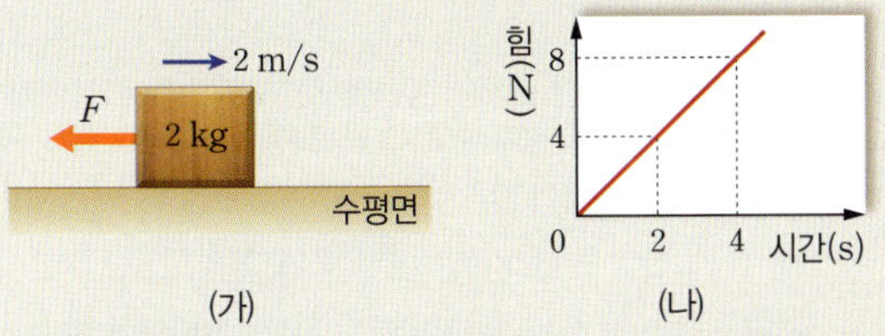

(1) 2초일 때 물체의 운동량의 크기는 몇 kg · m/s인지 구하시오.

(2) 4초일 때 물체의 운동 방향을 처음 운동 방향과 비교하고, 이때 물체의 속력은 몇 m/s인지 구하시오.

풀이 물체의 처음 운동 방향을 (+)로 나타내면 힘 F의 방향은 (−)이므로, 운동량은 힘–시간 그래프 아랫부분의 넓이만큼 감소한다.

(1) 2초일 때 물체의 운동량

= 처음 운동량 − (0~2초 동안 힘–시간 그래프 아랫부분의 넓이)

$= 2 \text{ kg} \times 2 \text{ m/s} - \frac{1}{2} \times 4 \text{ N} \times 2 \text{ s} = 0$

(2) 4초일 때 물체의 운동량

= 처음 운동량 − (0~4초 동안 힘–시간 그래프 아랫부분의 넓이)

$= 2 \text{ kg} \times 2 \text{ m/s} - \frac{1}{2} \times 8 \text{ N} \times 4 \text{ s} = -12 \text{ kg} \cdot \text{m/s}$

$$\therefore 속도 = \frac{운동량}{질량} = \frac{-12 \text{ kg} \cdot \text{m/s}}{2 \text{ kg}} = -6 \text{ m/s}$$

운동 방향은 처음 운동 방향과 반대이고, 속력은 6 m/s이다.

답 (1) 0 (2) 처음 운동 방향과 반대 방향, 속력은 6 m/s

운동량 보존 법칙

두 물체가 충돌할 때 서로 힘이 작용하여 속도가 변하기 때문에 각 물체의 운동량은 충돌 전과 충돌 후가 달라진다. 이때 뉴턴 운동 법칙을 적용하여 물체가 받는 충격량과 운동량의 변화량의 식을 세워 보면, 충돌 전후 두 물체의 운동량의 합을 비교할 수 있다.

1 두 물체가 충돌할 때 충돌 전후 운동량은 어떻게 될까?

질량이 m_A, m_B이고 속도가 v_A, v_B인 물체 A, B가 마찰이 없는 수평면에서 직선을 따라 운동하다가 서로 충돌한 후 속도가 v_A', v_B'이 되었다고 하자. (단, 두 물체가 충돌할 때 물체 사이에서만 힘이 작용하고 외력은 작용하지 않는다.)

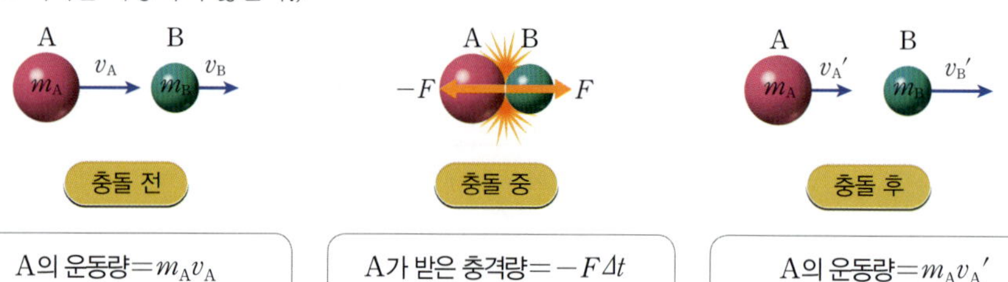

⑴ A, B에 작용하는 힘: 작용 반작용 법칙에 의해 충돌하는 동안 A, B에는 각각 크기가 같고 방향이 반대인 힘이 작용한다. 따라서 물체 B에 작용한 힘을 F라고 하면 물체 A에 작용한 힘은 $-F$가 된다.

⑵ A, B가 받은 충격량: 힘은 두 물체가 접촉한 동안에만 작용하므로 이 시간을 $\varDelta t$라고 하면, A가 받은 충격량은 $-F\varDelta t$이고 B가 받은 충격량은 $F\varDelta t$이다. 따라서 충돌 과정에서 A, B가 받은 충격량은 크기가 같고 방향은 반대이다.

⑶ A, B의 운동량의 변화량: A, B의 운동량의 변화량은 충돌 과정에서 받은 충격량과 같다.
- A의 운동량의 변화량: $m_A v_A' - m_A v_A = -F\varDelta t$ ············· ①
- B의 운동량의 변화량: $m_B v_B' - m_B v_B = F\varDelta t$ ············· ②

식 ①, ②에 의해 $m_A v_A' - m_A v_A = -(m_B v_B' - m_B v_B)$이므로, 이 식을 정리하면 다음과 같다.
$$m_A v_A + m_B v_B = m_A v_A' + m_B v_B'$$
충돌 전 A, B의 운동량의 합＝충돌 후 A, B의 운동량의 합

즉, 외력이 작용하지 않고 물체 사이에서만 힘이 작용할 때 충돌 전 두 물체의 운동량의 합은 충돌 후 두 물체의 운동량의 합과 같다. 이를 운동량 보존 법칙이라고 한다.

♥ 힘의 부호

오른쪽 방향을 (＋)로 정하면, 왼쪽 방향은 (－)로 나타내어 식에 대입한다.

♥ 충격량의 방향과 운동량의 변화

A는 운동 방향과 반대 방향으로 충격량을 받으므로 운동량의 크기가 감소하고, B는 운동 방향과 같은 방향으로 충격량을 받으므로 운동량의 크기가 증가한다. 이때 A, B가 받은 충격량의 크기가 같으므로, A, B의 운동량 변화량의 크기가 같다. 즉, A의 운동량이 감소한 만큼 B의 운동량이 증가하므로, 충돌 전후 A, B의 운동량의 합은 일정하게 보존된다.

예제

1 그림은 마찰이 없는 수평면에서 같은 방향으로 운동하던 질량 2 kg, 4 kg인 물체 A, B가 서로 충돌하기 전과 후의 모습을 나타낸 것이다.

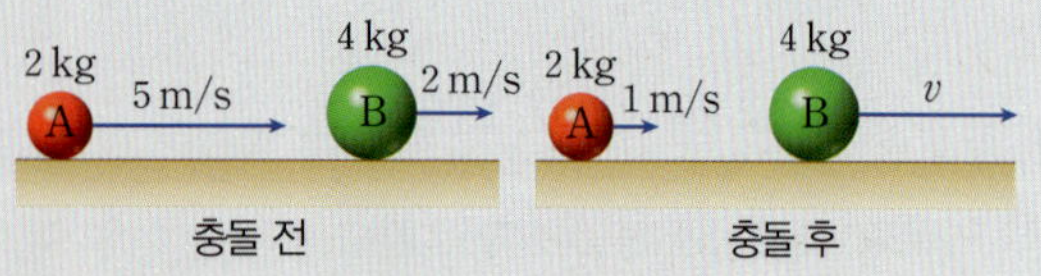

충돌 후 B의 속력은 몇 m/s인지 구하시오.

풀이 운동량 보존 법칙에 의해 충돌 전 두 물체의 운동량의 합은 충돌 후 두 물체의 운동량의 합과 같다.

충돌 전 A, B의 운동량의 합＝충돌 후 A, B의 운동량의 합
$$2\ kg \times 5\ m/s + 4\ kg \times 2\ m/s = 2\ kg \times 1\ m/s + 4\ kg \times v$$
$$v = 4\ m/s$$

답 4 m/s

<u>2</u> 운동량 보존 법칙이 성립하는 충돌에는 어떤 것들이 있을까?

운동량 보존 법칙은 같은 방향으로 운동하던 두 물체가 충돌할 때뿐만 아니라, 두 물체가 서로 반대 방향으로 운동하다가 충돌할 때에도 성립한다. 또, 한 덩어리인 물체가 내부의 힘에 의해 두 물체로 분열되거나, 두 물체가 충돌한 후 붙어서 한 덩어리가 될 때에도 운동량 보존 법칙은 성립한다. 이처럼 외력이 작용하지 않고 물체 사이에서만 힘이 작용한다면 운동량의 합은 항상 보존된다.

한 덩어리의 물체에 외부의 힘이 작용하여 두 물체로 분열되는 경우가 아니라 내부의 힘에 의해 두 물체로 분열되는 경우에 운동량 보존 법칙이 성립한다.
예 폭발에 의한 분열, 용수철의 팽창에 의한 분열

(1) 한 덩어리인 물체가 두 물체로 분열할 때(단, 용수철의 질량은 무시한다.)

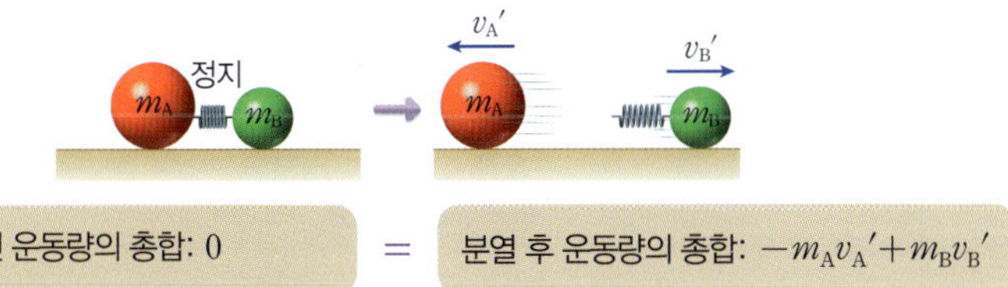

분열 전 운동량의 총합: 0 $=$ 분열 후 운동량의 총합: $-m_A v_A' + m_B v_B'$

(2) 두 물체가 충돌한 후 붙어서 한 덩어리로 융합할 때

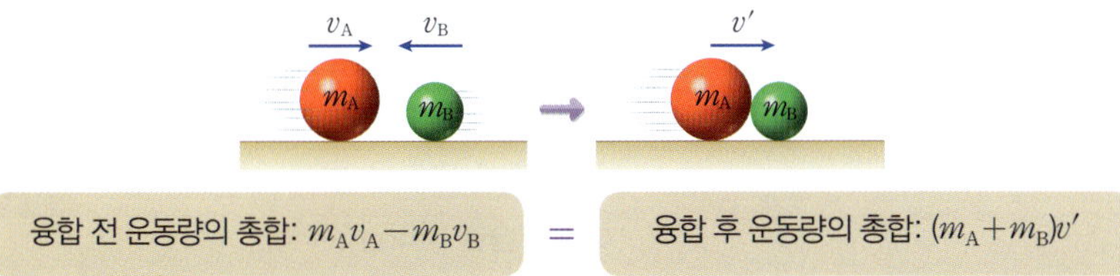

융합 전 운동량의 총합: $m_A v_A - m_B v_B$ $=$ 융합 후 운동량의 총합: $(m_A + m_B)v'$

(3) 여러 개의 물체가 일직선상에서 충돌할 때

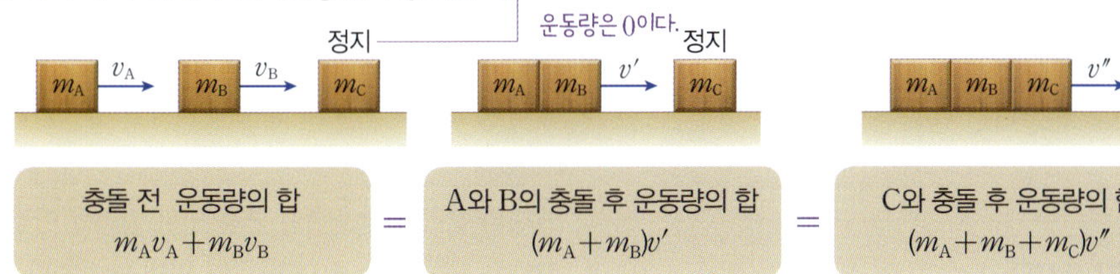

충돌 전 운동량의 합 $m_A v_A + m_B v_B$ $=$ A와 B의 충돌 후 운동량의 합 $(m_A + m_B)v'$ $=$ C와 충돌 후 운동량의 합 $(m_A + m_B + m_C)v''$

예제

2 그림은 수평면에서 수레 A에 달린 용수철을 압축하여 고정한 후 수레 B를 가만히 접촉시키고, A의 용수철을 팽창시켰더니 A, B가 각각 2 m/s, 1 m/s의 속력으로 서로 반대 방향으로 운동하는 것을 나타낸 것이다.

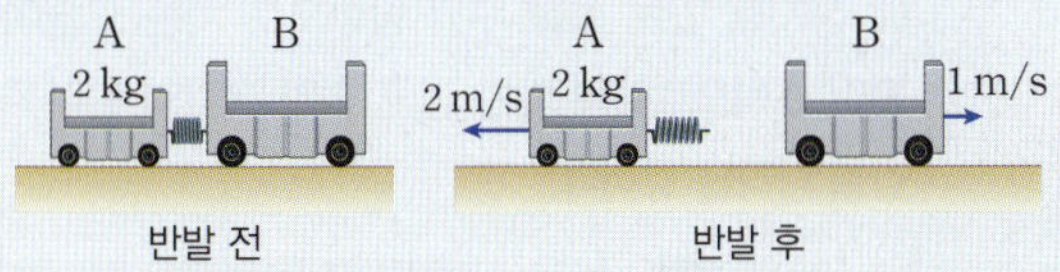

A의 질량이 2 kg일 때, B의 질량은 몇 kg인지 구하시오. (단, 모든 마찰과 용수철의 질량은 무시한다.)

풀이 분열 전 A, B의 운동량의 합＝분열 후 A, B의 운동량의 합

$0 = 2 \text{ kg} \times (-2 \text{ m/s}) + m_B \times 1 \text{ m/s}$

$m_B = 4 \text{ kg}$

답 4 kg

3 그림은 수평면에서 질량이 각각 1 kg, 3 kg인 수레 A와 B가 서로 반대 방향으로 2 m/s의 속력으로 운동하다가 충돌 후 붙어서 함께 움직이는 모습을 나타낸 것이다.

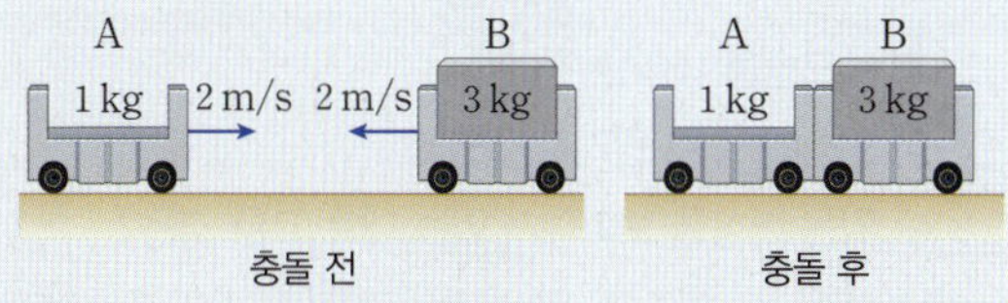

충돌 후 두 수레의 운동 방향과 속력은 몇 m/s인지 구하시오. (단, 모든 마찰은 무시한다.)

풀이 충돌 전 A, B의 운동량의 합＝충돌 후 A, B의 운동량의 합

$1 \text{ kg} \times 2 \text{ m/s} + 3 \text{ kg} \times (-2 \text{ m/s}) = (1 \text{ kg} + 3 \text{ kg}) \times v$

$v = -1 \text{ m/s}$

답 두 수레의 운동 방향은 왼쪽, 속력은 1 m/s

교과서 속 START 내신 완성 문제

01 관성에 대한 설명으로 옳은 것만을 보기에서 있는 대로 고른 것은?

보기
ㄱ. 관성은 물체의 질량이 클수록 크다.
ㄴ. 정지한 물체에는 관성이 나타나지 않는다.
ㄷ. 물체에 알짜힘이 작용하지 않을 때 운동하던 물체는 계속 일정한 속도로 운동한다.

① ㄱ   ② ㄷ   ③ ㄱ, ㄴ
④ ㄱ, ㄷ   ⑤ ㄴ, ㄷ

02 다음은 관성 법칙에 대한 설명이다.

물체에 작용하는 ㉠ (   )이/가 0이면, 정지하고 있던 물체는 계속 정지해 있고 운동하던 물체는 ㉡ (   ) 운동을 한다.

㉠, ㉡에 들어갈 알맞은 말을 각각 쓰시오.

03 그림은 정지한 두루마리 휴지의 끝을 빠르게 잡아당겼을 때, 휴지가 풀리지 않고 끊어지는 모습을 나타낸 것이다.
이 현상과 같은 원리로 설명할 수 있는 현상을 보기에서 있는 대로 고른 것은?

보기
ㄱ. 이불을 막대기로 두드려 먼지를 털어 낸다.
ㄴ. 로켓이 가스를 뒤쪽으로 분사하며 날아간다.
ㄷ. 활시위를 세게 당기면 화살이 멀리 날아간다.
ㄹ. 자전거의 페달을 밟다가 멈추더라도 자전거는 얼마 동안 계속 달린다.

① ㄱ, ㄴ   ② ㄴ, ㄹ   ③ ㄴ, ㄷ
④ ㄷ, ㄹ   ⑤ ㄱ, ㄴ, ㄷ, ㄹ

04 그림은 골프공, 야구공, 볼링공의 질량과 속력을 나타낸 것이다.

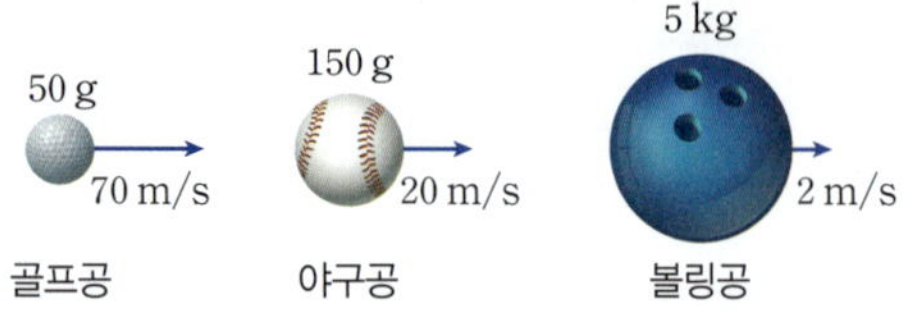

세 공의 운동량의 크기를 등호 또는 부등호를 이용하여 비교하시오.

05 그림은 면봉을 빨대 속에 입과 가까운 부분에 넣고, 빨대를 수평 방향으로 불어 면봉을 발사하는 모습을 나타낸 것이다.

빨대의 길이와 빨대를 부는 세기를 다르게 할 때의 결과에 대한 설명으로 옳은 것만을 보기에서 있는 대로 고른 것은?

보기
ㄱ. 빨대의 길이는 면봉에 힘이 작용하는 시간과 관계가 있다.
ㄴ. 빨대의 길이가 짧을수록 면봉이 더 멀리 날아간다.
ㄷ. 빨대를 세게 불수록 면봉이 더 멀리 날아간다.

① ㄷ   ② ㄱ, ㄴ   ③ ㄱ, ㄷ
④ ㄴ, ㄷ   ⑤ ㄱ, ㄴ, ㄷ

06 그림은 아이스하키 선수가 스틱을 이용하여 수평인 얼음판에 정지해 있는 퍽을 수평 방향으로 치는 모습이다. 표는 퍽이 스틱으로부터 받는 평균 힘의 크기와 힘이 작용한 시간을 나타낸 것이다.

구분	평균 힘의 크기	시간
(가)	F_0	t_0
(나)	$2F_0$	t_0
(다)	$\dfrac{2}{3}F_0$	$2t_0$

(가)~(다) 중 스틱으로 퍽을 친 후 퍽의 속력이 가장 빠른 것은 어느 것인지 쓰시오.

07 그림과 같이 타자가 야구 방망이로 야구공을 칠 때, 같은 힘을 가하더라도 야구 방망이를 앞으로 밀며 끝까지 휘두르면 야구공을 더 멀리 날려 보낼 수 있다.

이 동작의 원리에 대한 설명으로 옳은 것만을 보기에서 있는 대로 고른 것은?

보기
ㄱ. 충격량의 크기가 같을 때 야구공에 힘이 작용한 시간이 길수록 힘의 크기는 작아진다.
ㄴ. 힘의 크기가 같아도 힘이 작용한 시간이 길면 야구공에 가한 충격량의 크기는 커진다.
ㄷ. 야구공에 가한 충격량이 클수록 야구공의 운동량이 크게 변한다.

① ㄱ   ② ㄷ   ③ ㄱ, ㄴ
④ ㄴ, ㄷ   ⑤ ㄱ, ㄴ, ㄷ

08 (서술형) 그림은 마찰이 없는 수평면 위에 정지해 있는 질량 4 kg인 물체에 수평면과 나란한 방향으로 작용하는 힘의 크기를 시간에 따라 나타낸 것이다.

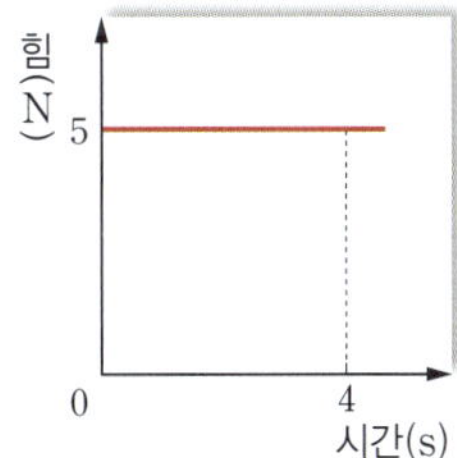

(1) 물체가 0~2초 동안 받은 충격량의 크기는 몇 N·s인지 구하시오.

(2) 4초일 때 이 물체의 속력은 몇 m/s인지 구하고, 그 까닭을 서술하시오.

09 그림과 같이 수평면에서 2 m/s의 속도로 운동하는 질량 4 kg인 물체에 운동 방향과 같은 방향으로 크기가 10 N인 힘이 2초 동안 작용하였다.

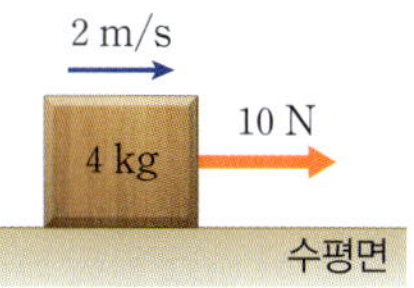

2초 후 이 물체의 속력은? (단, 모든 마찰은 무시한다.)

① 3 m/s   ② 5 m/s   ③ 7 m/s
④ 10 m/s   ⑤ 12 m/s

10 그림은 수평면에서 질량 3 kg인 물체가 3 m/s로 등속 운동을 하다가 A 구간에서 0.2초 동안 운동 방향으로 일정한 크기의 힘을 받은 후, 5 m/s로 등속 운동을 하는 모습을 나타낸 것이다.

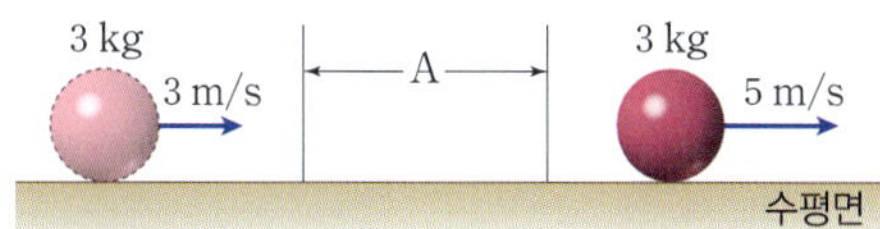

A 구간에서 물체에 작용한 힘의 크기는 몇 N인지 구하시오. (단, 모든 마찰은 무시한다.)

11 그림은 빨대 속에 물체를 넣고 수평 방향으로 불어서 발사하는 모습을 나타낸 것이고, 표는 물체 A, B, C의 질량, 빨대를 빠져나오는 순간의 속력, 빨대 속에서 힘을 받은 시간을 나타낸 것이다.

물체	질량	속력	시간
A	m	v	$2t$
B	m	$2v$	t
C	$2m$	$2v$	$2t$

이에 대한 설명으로 옳은 것만을 보기에서 있는 대로 고른 것은?

보기
ㄱ. 물체의 운동량 변화량의 크기는 A가 가장 작다.
ㄴ. 물체가 받은 충격량의 크기는 C가 가장 크다.
ㄷ. 물체가 받은 평균 힘의 크기는 B와 C가 같다.

① ㄱ   ② ㄷ   ③ ㄴ
④ ㄴ, ㄷ   ⑤ ㄱ, ㄴ, ㄷ

12 그림 (가)는 같은 높이에서 동일한 달걀 A, B를 동시에 가만히 놓아 접시와 스펀지에 각각 떨어뜨리는 모습을 나타낸 것이다. 그림 (나)는 (가)에서 달걀 A, B가 충돌하는 동안 받은 힘의 크기를 순서없이 나타낸 것이다. S_1, S_2는 곡선 ㉠, ㉡의 아랫부분의 넓이이다. (단, 공기 저항은 무시한다.)

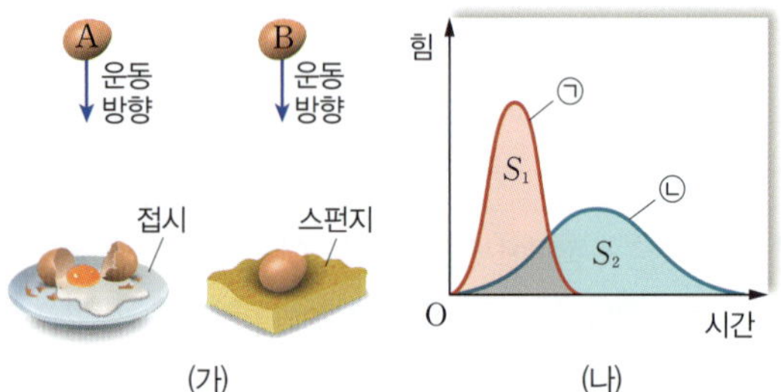

(1) 접시와 스펀지에 충돌하는 과정에서 A와 B의 물리량을 비교한 것 중 옳은 것만을 보기에서 있는 대로 고르시오.

보기
ㄱ. 충돌 직전 달걀의 속력: A＝B
ㄴ. 충돌 직전 운동량의 크기: A＝B
ㄷ. 운동량의 변화량의 크기: A＞B
ㄹ. 달걀이 받은 충격량의 크기: A＞B

(2) S_1, S_2의 크기를 등호 또는 부등호를 이용하여 비교하시오.

(3) ㉠, ㉡ 중에서 달걀 B에 작용한 힘의 크기를 나타낸 것을 고르고, B가 깨지지 않은 까닭을 그래프와 관련지어 설명하시오.

13 질량이 같은 두 물체 A, B가 같은 속도로 운동하고 있다. A, B가 각각 다른 물체와 충돌한 후부터 정지하기까지 A는 2초가 걸렸고, B는 3초가 걸렸다. 충돌하는 동안 A와 B에 작용한 평균 힘의 크기의 비는 얼마인지 쓰시오.

14 그림과 같이 뜀틀을 넘어 착지할 때 다리를 구부리는 동작에 적용되는 원리를 가장 잘 설명한 것은?

① 충돌 전후의 물체의 운동량은 같다.
② 물체가 받은 충격량이 크면 속력의 변화는 크다.
③ 충격량이 같을 때 충돌 시간이 길면 물체가 받은 평균 힘의 크기는 작다.
④ 힘이 작용한 시간이 길면 물체가 받은 충격량은 크다.
⑤ 물체가 받은 충격량이 작으면 운동량 변화량은 작다.

15 그림은 자동차의 여러 가지 안전장치를 나타낸 것이다.

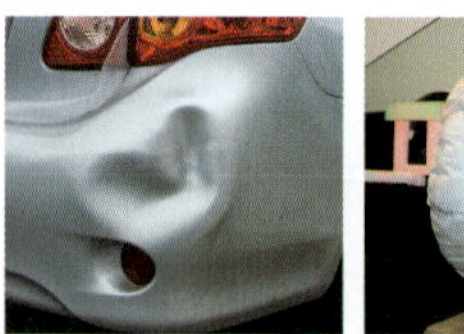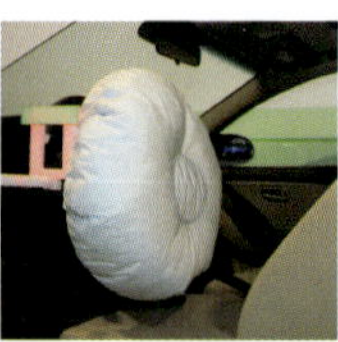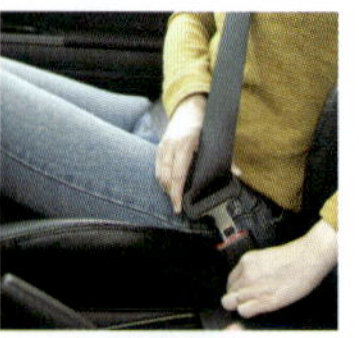

충돌 사고가 발생할 때 이 장치들의 역할에 대한 설명으로 옳은 것만을 보기에서 있는 대로 고른 것은?

보기
ㄱ. 범퍼는 충돌 시간을 길게 하여 자동차가 받는 힘의 크기를 줄인다.
ㄴ. 에어백은 사람이 받는 충격량의 크기를 줄인다.
ㄷ. 안전띠는 사람이 앞으로 튀어나가는 것을 막는다.

① ㄱ
② ㄷ
③ ㄱ, ㄴ
④ ㄱ, ㄷ
⑤ ㄴ, ㄷ

16 충돌에 의한 안전사고를 예방하기 위한 행동이나 장치 중 원리가 다른 것은?

① 배의 옆면에 폐타이어를 매단다.
② 자전거를 탈 때 안전모를 착용한다.
③ 권투 시합을 할 때 글러브를 착용한다.
④ 자동차를 운행할 때 제한 속도를 지킨다.
⑤ 번지 점프를 할 때 늘어나는 줄을 사용한다.

JUMP 도전 문제

01 그림 (가), (나)는 동일한 면봉 A, B를 각각 빨대의 끝과 입 근처에 넣은 후, 같은 세기로 빨대를 불어 면봉을 수평 방향으로 발사하는 모습을 나타낸 것이다.

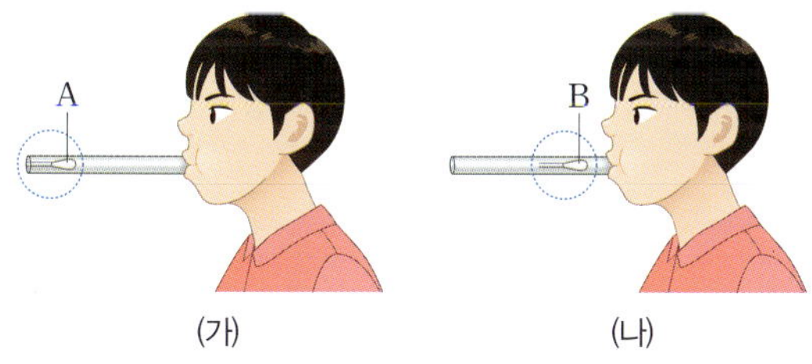

(가)   (나)

이에 대한 설명으로 옳은 것만을 보기에서 있는 대로 고른 것은?

보기
ㄱ. 면봉이 빨대 속에서 힘을 받는 시간은 A가 B보다 작다.
ㄴ. 면봉이 받은 충격량의 크기는 A와 B가 같다.
ㄷ. 빨대에서 빠져나올 때 면봉의 속력은 A가 B보다 크다.

① ㄱ   ② ㄴ   ③ ㄷ
④ ㄱ, ㄷ   ⑤ ㄴ, ㄷ

02 그림 (가)는 마찰이 없는 수평면에서 4 m/s의 속력으로 직선 운동하는 질량 2 kg인 물체에 운동 방향과 반대 방향으로 힘을 작용한 모습을 나타낸 것이고, 그림 (나)는 이 물체에 작용하는 힘의 크기를 시간에 따라 나타낸 것이다.

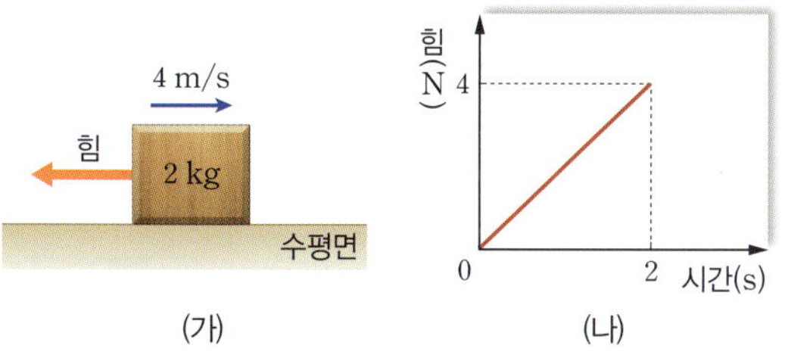

(가)   (나)

(1) 1초일 때 물체의 운동량의 크기는 몇 kg · m/s인지 구하시오.

(2) 2초일 때 물체의 속력은 몇 m/s인지 구하시오.

03 그림 (가)는 수평면에서 1 m/s의 속력으로 직선 운동하던 질량 2 kg인 물체에 운동 방향으로 일정한 힘 F를 3초 동안 작용하는 것을 나타낸 것이고, 그림 (나)는 이 물체의 운동량의 크기를 시간에 따라 나타낸 것이다.

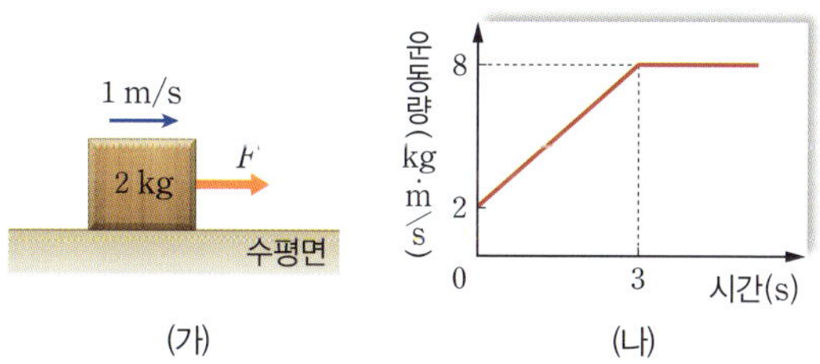

(가)   (나)

이에 대한 설명으로 옳은 것만을 보기에서 있는 대로 고른 것은? (단, 모든 마찰은 무시한다.)

보기
ㄱ. 물체가 받은 충격량의 크기는 8 N·s이다.
ㄴ. 힘 F의 크기는 2 N이다.
ㄷ. 3초 때 물체의 속력은 4 m/s이다.

① ㄱ   ② ㄴ   ③ ㄱ, ㄷ
④ ㄱ, ㄷ   ⑤ ㄴ, ㄷ

04 그림은 동일한 자동차 A, B가 벽에 충돌하여 정지할 때까지 시간에 따른 자동차의 속력을 나타낸 것이다.

이에 대한 설명으로 옳은 것만을 보기에서 있는 대로 고른 것은?

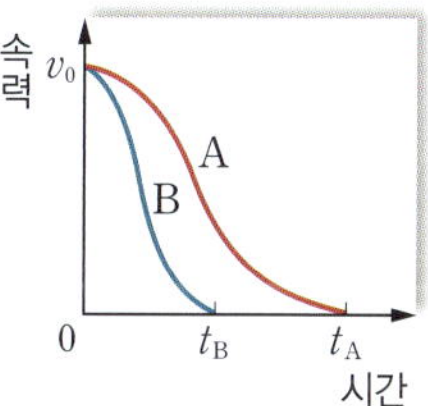

보기
ㄱ. 0초일 때 운동량의 크기는 A와 B가 같다.
ㄴ. 충돌 과정에서 자동차가 받은 충격량의 크기는 A가 B보다 크다.
ㄷ. 충돌 과정에서 자동차가 받은 평균 힘의 크기는 A가 B보다 작다.

① ㄱ   ② ㄷ   ③ ㄱ, ㄴ
④ ㄱ, ㄷ   ⑤ ㄴ, ㄷ

중단원 핵/심/정리

01 중력장 내의 운동

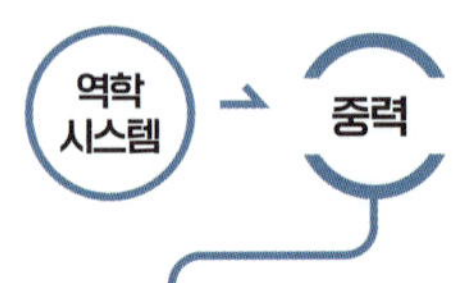

한눈에 보는 **단원 흐름**

역학 시스템 → 중력

· 자유 낙하 운동
· 수평 방향으로 던진 물체의 운동
· 지구 주위를 도는 물체의 운동

1. 속도와 가속도

속도	가속도
단위 시간 동안 물체의 위치 변화량 속도 $= \dfrac{\text{위치 변화량(변위)}}{\text{걸린 시간}}$ (단위: m/s) ➡ 물체에 알짜힘이 작용하지 않을 때 정지해 있거나 (**1**)이/가 일정한 운동을 한다.	단위 시간 동안 물체의 (**2**) 변화량 가속도 $= \dfrac{\text{속도 변화량}}{\text{걸린 시간}}$ (단위: m/s^2) ➡ 물체에 일정한 알짜힘이 작용할 때 가속도가 일정한 운동을 한다.

2. (**3**): 질량이 있는 모든 물체 사이에 서로 당기는 힘으로, 두 물체 사이에 상호작용 하여 서로를 중심 방향으로 끌어당긴다.

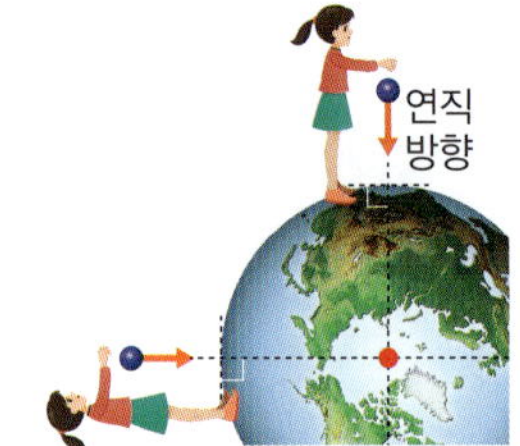

· 지구상의 물체에 작용하는 중력

중력의 방향	중력의 크기(무게)
연직 아래 방향이며, 이를 지구 전체로 보면 (**4**) 방향이다.	질량에 비례하며, 지구 표면에서 질량 1 kg인 물체의 무게는 약 9.8 N이다.

3. 중력에 의한 물체의 운동: 자유 낙하 운동, 수평 방향으로 던진 물체의 운동, 지구 주위를 도는 물체의 운동은 모두 중력에 의한 운동이다.

⑴ 지구 표면에서 물체의 운동

① 중력 가속도: 지표면 근처에서 (**5**)만을 받으며 운동하는 물체의 가속도로, 질량에 관계없이 약 (**6**) m/s^{2}로 일정하다.

② 자유 낙하 운동과 수평으로 던진 물체의 운동: 두 물체에는 지구에 의한 중력만 작용하므로 (**7**) 방향의 운동이 같다.

구분	자유 낙하 운동	수평 방향으로 던진 물체의 운동	
		연직 방향	수평 방향
힘	중력	중력	없음
속도	1초에 약 9.8 m/s씩 증가	1초에 약 9.8 m/s씩 증가	일정
가속도	중력 가속도	중력 가속도	0
운동	등가속도 운동	등가속도 운동	(**8**)

⑵ 지구 주위를 도는 물체의 운동: 물체를 수평 방향으로 던지는 속력을 점점 증가시키면 물체는 점점 더 먼 지점에 떨어진다. 그러다 어떤 특정한 속력에 도달하면 지구가 둥글기 때문에 물체는 지면에 떨어지지 않고 계속 지구 주위를 돌게 된다.

· 달과 인공위성의 운동: 지구 중력에 의한 원운동이며, 가속도 방향이 (**9**) 방향을 향한다.

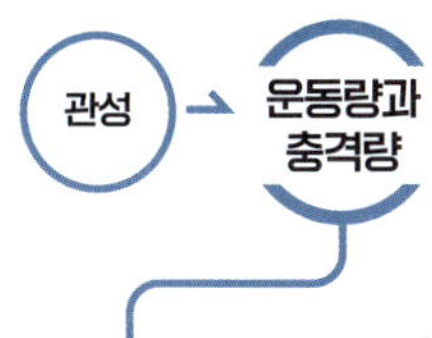

O2 운동량과 충격량

1. 관성

(1) 관성: 물체에 작용하는 알짜힘이 0일 때 정지하고 있던 물체는 계속 정지하고, 운동하던 물체는 (⑩) 운동을 계속하는 성질이다.

(2) 관성의 크기: 물체의 질량이 클수록 관성이 크다.

2. 운동량과 충격량

구분	운동량	충격량
정의	운동량＝질량×속도 (단위: kg·m/s)	충격량＝힘×(⑫) (단위: N·s)
방향	(⑪)의 방향	힘의 방향

(1) 힘－시간 그래프와 충격량의 크기: 물체에 작용한 힘을 시간에 따라 나타낸 그래프에서 그래프 아랫부분의 넓이는 (⑬)의 크기를 나타낸다.

(2) 평균 힘: 충돌 과정에서 물체가 받은 (⑭)을/를 힘이 작용한 시간으로 나누어 물체에 작용한 평균 힘을 구할 수 있다.

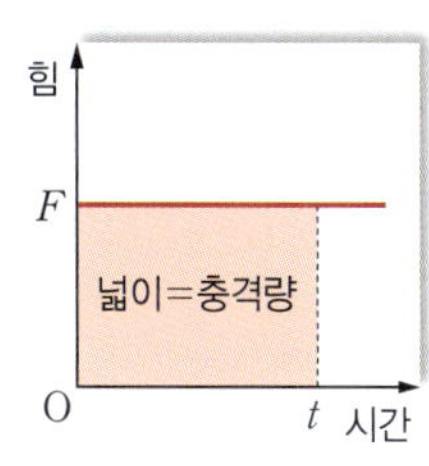

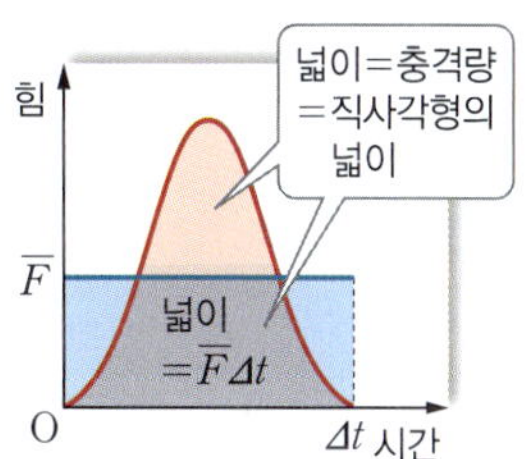

3. 운동량과 충격량의 관계: 물체가 받은 충격량은 (⑮)와/과 같다.

$$충격량＝운동량의 변화량$$
$$＝나중 운동량－처음 운동량$$
$$F \Delta t＝mv_2 - mv_1$$

- 충격량의 방향과 운동량의 변화: 물체의 운동 방향과 충격량의 방향이 (⑯) 충격량의 크기만큼 운동량의 크기가 증가하고, 물체의 운동 방향과 충격량의 방향이 (⑰) 충격량의 크기만큼 운동량의 크기가 감소한다.

4. 충돌과 안전

(1) 힘과 충돌 시간의 관계: 물체가 받는 충격량이 같을 때, 충돌 시간이 길수록 물체가 받는 힘(평균 힘)은 (⑱)진다.

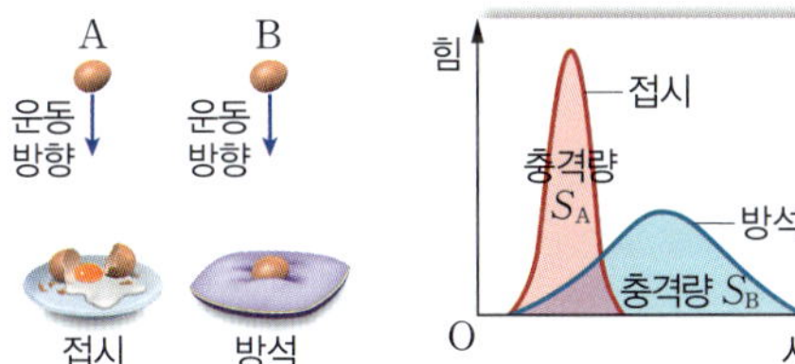

충격량	$S_A＝S_B$
충돌 시간	$\Delta t_A < \Delta t_B$
평균 힘의 크기	$\overline{F}_A > \overline{F}_B$

(2) 충돌에 의한 안전사고를 예방하는 안전장치의 원리: (⑲)에 의해 사람의 몸이 앞으로 튀어나가는 것을 막아주거나, 동일한 충격량을 받더라도 힘이 작용하는 시간을 (⑳)하여 충돌할 때 받는 힘의 크기를 줄여서 피해를 줄여 준다.

교통수단	운동 경기	일상생활
자동차의 에어백, 범퍼, 안전띠, 차나 도로의 충격 흡수 장치, 과속 방지턱 등	안전모, 보호 장비, 푹신한 매트, 안전 펜스, 글러브 등	공기가 충전된 포장재, 안전모, 보호대 등

충돌할 때 받는 평균 힘과 충돌 시간의 관계

출제 point에 따라 대표 자료를 분석하고, 문제에 대입하여 풀어보자.

출제 Point

Point ❶ 힘−시간 그래프 아랫부분의 넓이로 두 물체가 받은 충격량의 크기를 비교할 수 있다. ★★☆

Point ❷ 물체가 받은 충격량이 운동량의 변화량과 같음을 이용해 운동량 또는 충격량을 구할 수 있다. ★★☆

Point ❸ 힘−시간 그래프에서 충돌 시간을 찾아 두 물체가 충돌할 때 받는 평균 힘의 크기를 비교할 수 있다. ★★★

Point ❹ 운동량이 질량과 속도의 곱임을 이용해, 두 물체의 속력 또는 질량을 비교할 수 있다. ★☆☆

대표 자료

A, B가 기준선을 동시에 통과한 후부터 벽에 충돌하여 정지할 때까지 벽으로부터 받는 힘의 크기를 시간에 따라 나타낸 그래프

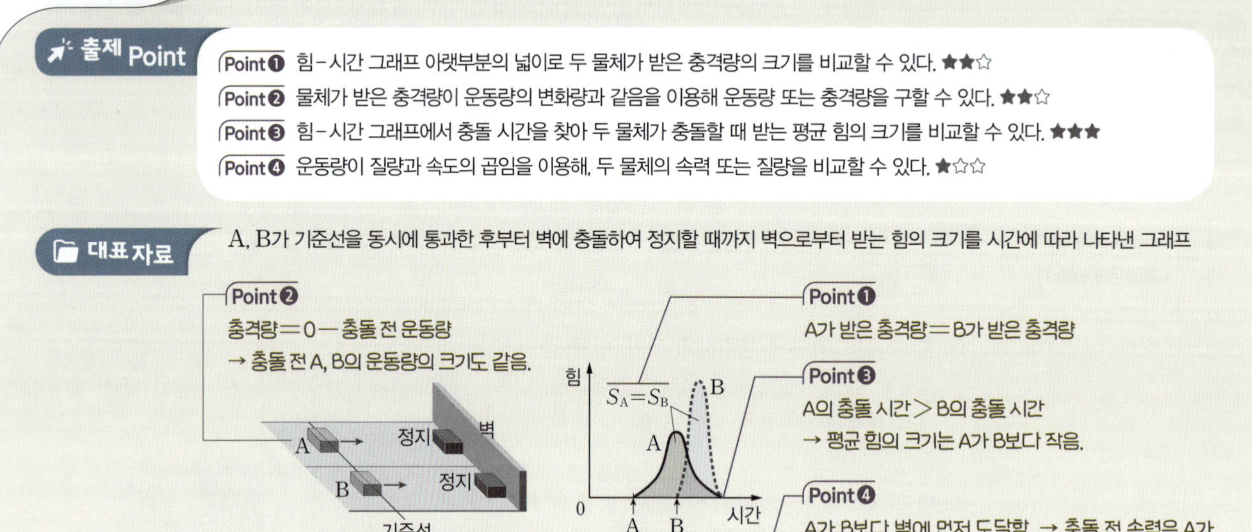

정답과 해설 66쪽

---

01 그림 (가)는 수평면에서 질량이 각각 2 kg, 3 kg인 물체 A, B가 각각 5 m/s, 2 m/s의 속력으로 등속도 운동하는 모습을 나타낸 것이다. 그림 (나)는 A와 B가 충돌하는 동안 A가 B에 작용한 힘의 크기를 시간에 따라 나타낸 것이다. 곡선과 시간 축이 만드는 넓이는 6 N·s이다.

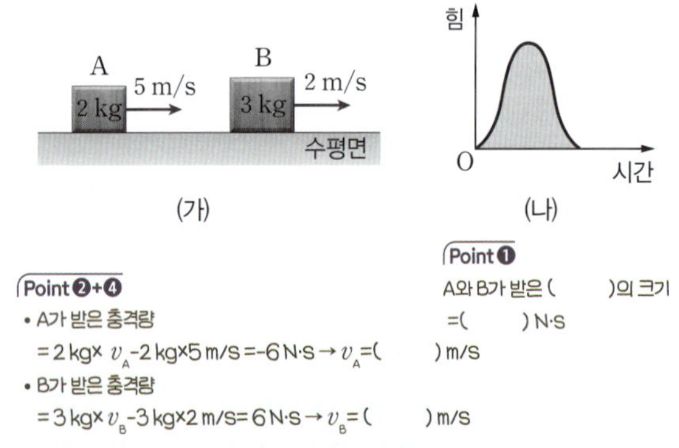

Point ❷+❹

A와 B가 받은 (　　)의 크기
=(　　) N·s

- A가 받은 충격량
= 2 kg× v_A −2 kg×5 m/s =−6 N·s → v_A =(　　) m/s

- B가 받은 충격량
= 3 kg× v_B −3 kg×2 m/s = 6 N·s → v_B =(　　) m/s

Point ❶

충돌 후, 등속도 운동하는 A, B의 속력을 각각 v_A, v_B라고 할 때 $\dfrac{v_B}{v_A}$ 는? (단, A와 B는 동일 직선상에서 운동하며, 마찰은 무시한다.)

① $\dfrac{2}{3}$　　② 1　　③ $\dfrac{3}{2}$　　④ 2　　⑤ 4

---

02 그림 (가)는 질량이 각각 $2m$, m인 물체 A, B가 벽과 충돌하기 전과 후의 속력을 나타낸 것이고, 그림 (나)는 A, B가 충돌하는 동안 벽으로부터 받은 힘의 크기를 시간에 따라 나타낸 것이다.

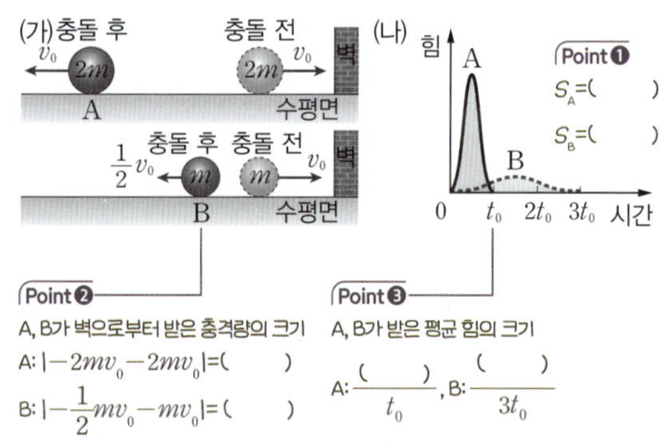

Point ❷
A, B가 벽으로부터 받은 충격량의 크기

A: $|-2mv_0 - 2mv_0|$ =(　　)

B: $|-\frac{1}{2}mv_0 - mv_0|$ =(　　)

Point ❸
A, B가 받은 평균 힘의 크기

A: $\dfrac{(\quad)}{t_0}$, B: $\dfrac{(\quad)}{3t_0}$

이에 대한 설명으로 옳은 것만을 보기에서 있는 대로 고른 것은? (단, A, B는 직선 상에서 운동하며, 마찰은 무시한다.)

보기

ㄱ. A가 받은 충격량의 크기는 $4mv_0$이다.

ㄴ. (나)에서 B 곡선 아랫부분의 넓이는 $\dfrac{1}{2}mv_0$이다.

ㄷ. A가 받은 평균 힘의 크기는 B의 4배이다.

① ㄱ　　　② ㄴ　　　③ ㄷ

④ ㄱ, ㄴ　　　⑤ ㄴ, ㄷ

수능 WALK 실전 대비 문제

수능 실전 2점

01 다음은 무게에 관한 세 학생의 대화이다.

제시한 내용이 옳은 학생만을 있는 대로 고른 것은?

① A   ② B   ③ C
④ A, B   ⑤ A, C

02 그림은 지표면 근처에서 공을 가만히 놓아 떨어뜨리는 모습을 나타낸 것이다.

공의 운동에 대한 설명으로 옳은 것만을 보기에서 있는 대로 고른 것은? (단, 공기 저항은 무시한다.)

보기
ㄱ. 공의 질량이 클수록 큰 중력이 작용한다.
ㄴ. 떨어지는 동안 공의 속력은 일정하게 증가한다.
ㄷ. 공의 질량이 클수록 바닥에 빨리 도달한다.

① ㄱ   ② ㄴ   ③ ㄷ
④ ㄱ, ㄴ   ⑤ ㄴ, ㄷ

03 그림은 사과나무에서 사과가 떨어지고 있는 모습을 나타낸 것이다.
이에 대한 설명으로 옳은 것만을 보기에서 있는 대로 고른 것은?

보기
ㄱ. 지구가 사과를 당기는 힘의 크기는 사과가 지구를 당기는 힘보다 크다.
ㄴ. 지구가 사과를 당기는 힘의 방향과 사과가 지구를 당기는 힘의 방향은 반대이다.
ㄷ. 사과는 움직이지만 지구가 움직이지 않는 까닭은 지구의 질량이 사과에 비해 매우 크기 때문이다.

① ㄱ   ② ㄴ   ③ ㄱ, ㄷ
④ ㄴ, ㄷ   ⑤ ㄱ, ㄴ, ㄷ

04 (빈출) 그림과 같이 지표면 근처의 같은 높이에서 물체 **A**를 자유 낙하시키는 동시에 물체 **B**를 수평 방향으로 던졌다. **B**는 낙하하는 동안 수평 방향으로 L만큼 이동한다.

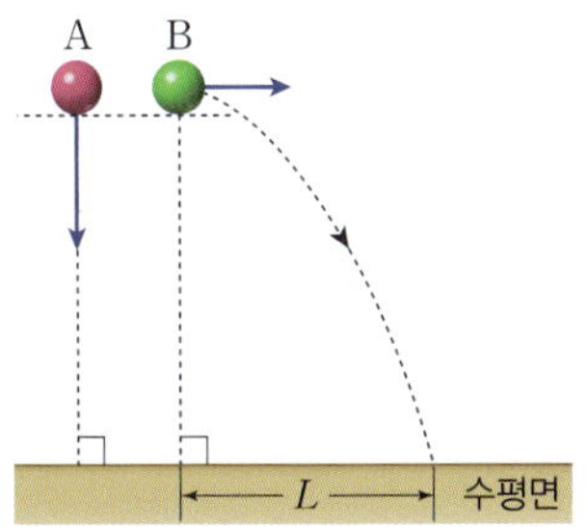

A, **B**의 운동에 대한 설명으로 옳지 **않은** 것은? (단, 물체의 크기와 공기 저항은 무시하고, 중력 가속도는 9.8 m/s^2이다.)

① A와 B에 작용하는 힘의 방향은 같다.
② B에 작용하는 힘은 운동 방향만 변화시킨다.
③ B의 연직 방향 속력은 1초마다 9.8 m/s씩 증가한다.
④ A와 B는 수평면에 동시에 도달한다.
⑤ L은 B를 수평 방향으로 던지는 속력에 비례한다.

05 그림과 같이 언덕 위에 있는 사람이 공을 가만히 놓아 떨어뜨렸더니 3초 후에 수평면에 도달하였다. 같은 높이에서 공을 수평 방향으로 던졌더니 15 m 떨어진 A 지점에 도달하였다.

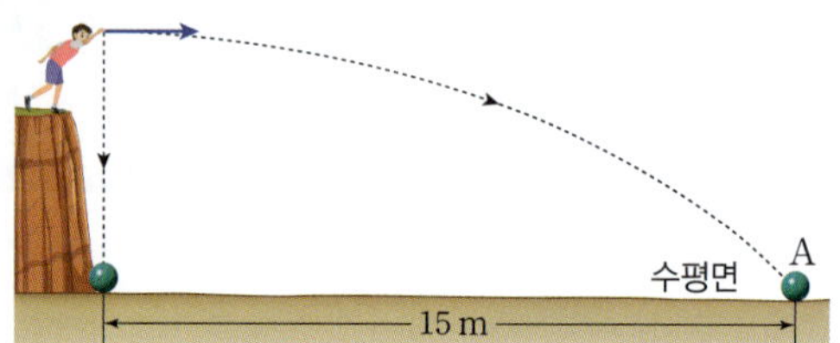

이 사람이 수평 방향으로 공을 던진 속력은? (단, 공기 저항은 무시한다.)

① 5 m/s   ② 10 m/s   ③ 15 m/s
④ 20 m/s   ⑤ 30 m/s

06 그림 (가), (나), (다)는 지표면 근처에서 일어나는 운동과 지구 주위를 도는 달의 원운동을 나타낸 것이다.

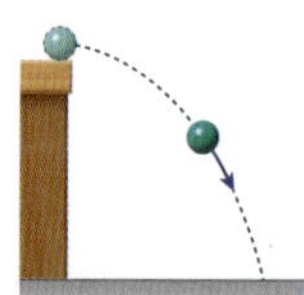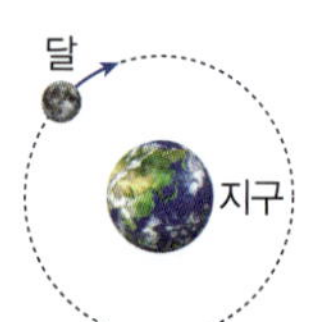

(가) 사과의 자유 낙하 운동   (나) 수평으로 던진 공의 운동   (다) 달의 원운동

이에 대한 설명으로 옳은 것만을 보기에서 있는 대로 고른 것은?

> 보기
>
> ㄱ. (가)~(다)는 모두 중력에 의한 운동이다.
> ㄴ. (가)~(다)의 가속도 크기는 모두 약 9.8 m/s^2이다.
> ㄷ. (가)~(다)는 모두 가속도가 지구 중심 방향인 운동이다.

① ㄴ   ② ㄱ, ㄴ   ③ ㄱ, ㄷ
④ ㄴ, ㄷ   ⑤ ㄱ, ㄴ, ㄷ

07 그림은 줄에 공을 매단 장난감 트럭이 직선상에서 일정한 속력으로 움직이다가 벽에 충돌하여 공이 앞으로 기울어지는 모습을 나타낸 것이다.

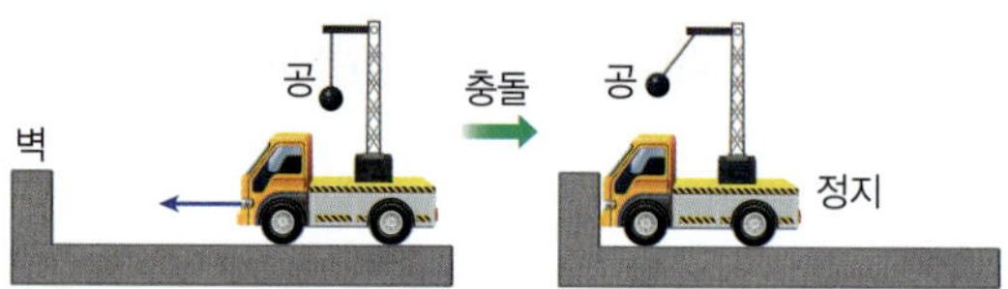

공이 앞으로 기울어지는 현상과 같은 원리로 설명할 수 있는 현상을 보기에서 있는 대로 고른 것은?

> 보기
>
> ㄱ. 수영 선수가 물을 뒤로 밀며 앞으로 나아간다.
> ㄴ. 달리던 사람이 돌부리에 걸려 앞으로 넘어진다.
> ㄷ. 헐거워진 망치를 고정하기 위해 자루 부분을 바닥에 내리친다.

① ㄱ   ② ㄷ   ③ ㄱ, ㄴ
④ ㄴ, ㄷ   ⑤ ㄱ, ㄴ, ㄷ

08 그림과 같이 마찰이 없는 수평면에서 속력 $2v_0$으로 등속도 운동하던 물체 A, B가 각각 풀 더미와 벽에 충돌한 후 속력 v_0으로 운동하였다. A의 운동 방향은 일정하고, B의 운동 방향은 충돌 전과 후가 반대이다. A, B의 질량은 각각 m, $2m$이다.

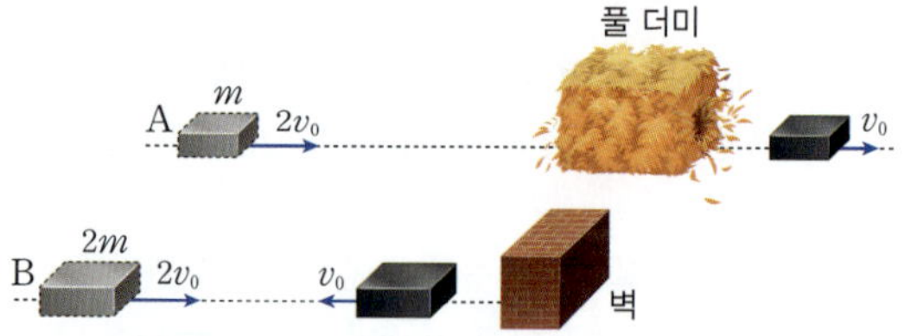

A와 B가 받은 충격량의 크기를 각각 I_A, I_B라고 할 때 $I_A : I_B$는?

① 1 : 2   ② 1 : 4   ③ 1 : 6
④ 2 : 1   ⑤ 4 : 1

09 그림 (가)는 수평면에서 질량 2 kg인 물체가 3 m/s의 속력으로 운동할 때 운동 방향으로 힘을 작용하는 모습이고, 그림 (나)는 물체에 작용한 힘을 시간에 따라 나타낸 것이다.

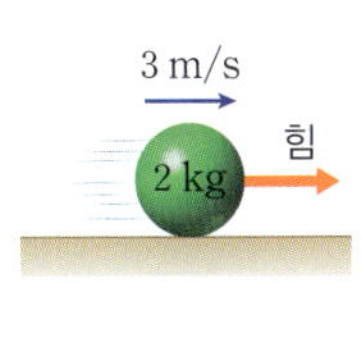

이에 대한 설명으로 옳은 것만을 보기에서 있는 대로 고른 것은? (단, 모든 마찰은 무시한다.)

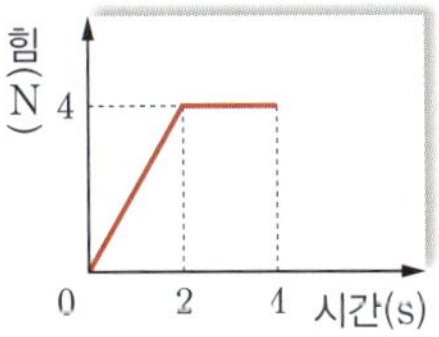

보기
ㄱ. 0초일 때 물체의 운동량의 크기는 6 kg·m/s이다.
ㄴ. 4초 동안 물체에 작용한 평균 힘의 크기는 2 N 이다.
ㄷ. 4초 후 물체의 속력은 6 m/s이다.

① ㄱ   ② ㄴ   ③ ㄷ
④ ㄱ, ㄴ   ⑤ ㄴ, ㄷ

10 그림은 정지해 있는 축구공과 풋살 공을 발로 찰 때, 공에 작용한 힘을 각각 시간에 따라 나타낸 것이다. 축구공의 질량은 풋살 공보다 크고, 두 곡선 아랫부분의 넓이는 같다.

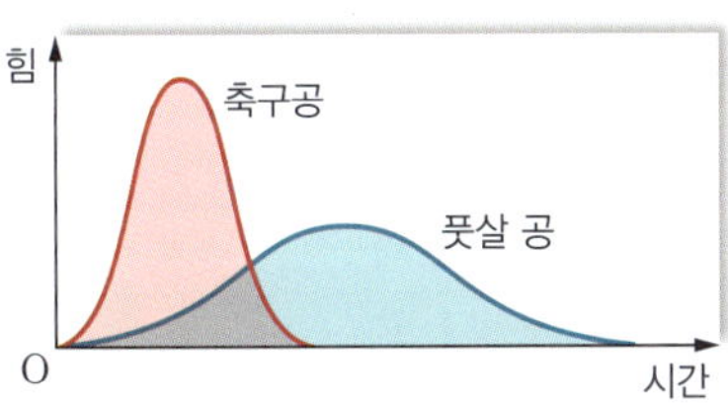

이에 대한 설명으로 옳은 것만을 보기에서 있는 대로 고른 것은? (단, 모든 마찰은 무시한다.)

보기
ㄱ. 발로 차기 전후 운동량의 변화량의 크기는 두 공이 같다.
ㄴ. 발로 차는 동안 공에 작용한 평균 힘의 크기는 축구공이 풋살 공보다 크다.
ㄷ. 발을 떠나는 순간의 속력은 두 공이 같다.

① ㄴ   ② ㄱ, ㄴ   ③ ㄱ, ㄷ
④ ㄴ, ㄷ   ⑤ ㄱ, ㄴ, ㄷ

11 힘이 작용하는 시간을 길게 하여 물체에 작용하는 힘의 크기를 줄이는 것과 관계가 <u>없는</u> 것은?

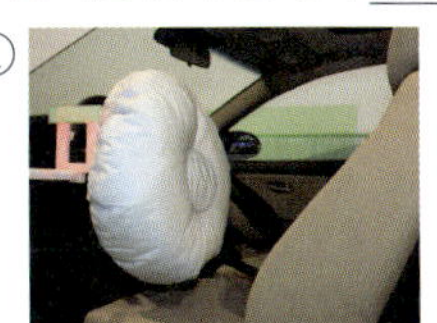
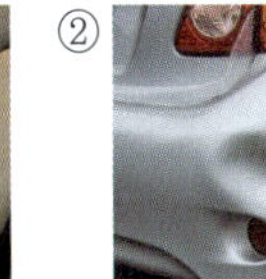
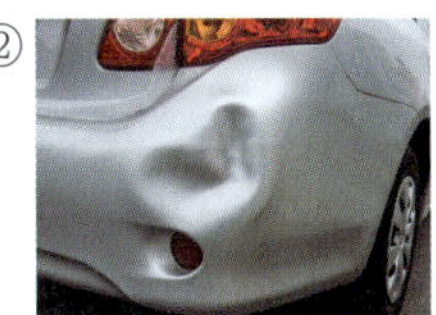

① 자동차의 에어백   ② 자동차의 범퍼

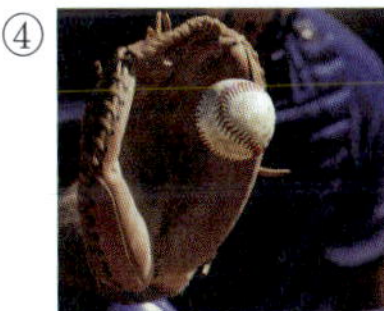

③ 끝까지 휘두르는 골프 스윙   ④ 두꺼운 글러브

⑤ 탄성이 있는 번지 점프의 줄

12 그림은 어떤 사람이 안전모를 쓰고, 속력 제한 장치가 있는 전동 킥보드를 타는 모습을 나타낸 것이다.

충돌이 일어날 때 각 장치가 충격을 줄여 주는 원리로 옳은 것만을 보기에서 있는 대로 고른 것은?

보기
ㄱ. 턱끈은 충돌시 관성에 의해 안전모가 벗겨지는 것을 막아 준다.
ㄴ. 안전모 안의 충격 흡수재는 충돌시 머리가 힘을 받는 시간을 줄인다.
ㄷ. 속력 제한 장치는 운동량의 최댓값을 제한한다.

① ㄱ   ② ㄷ   ③ ㄱ, ㄴ
④ ㄱ, ㄷ   ⑤ ㄴ, ㄷ

13 그림은 지표면 근처에서 가만히 놓은 공이 떨어지는 모습을 **0.1초** 간격으로 나타낸 것이다.

이에 대한 설명으로 옳은 것만을 보기에서 있는 대로 고른 것은? (단, 공의 크기, 공기 저항은 무시한다.)

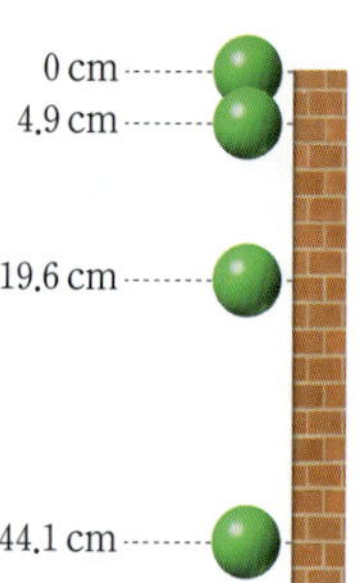

보기
ㄱ. 0.1초마다 공 사이의 간격은 9.8 cm씩 증가한다.
ㄴ. 공의 속력은 1초마다 9.8 m/s씩 증가한다.
ㄷ. 공의 질량이 커질수록 공 사이의 간격은 그림에서보다 더 커진다.

① ㄱ   ② ㄴ   ③ ㄱ, ㄴ
④ ㄱ, ㄷ   ⑤ ㄴ, ㄷ

14 그림 (가)는 가만히 놓은 야구공이 낙하하는 모습을 나타낸 것이고, 그림 (나)는 야구공의 속력을 시간에 따라 나타낸 것이다.

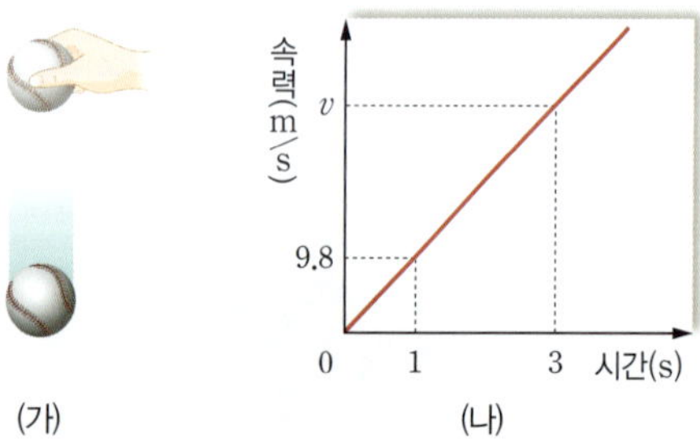

이에 대한 설명으로 옳은 것만을 보기에서 있는 대로 고른 것은? (단, 야구공의 크기와 공기 저항은 무시한다.)

보기
ㄱ. (나)에서 그래프의 기울기는 중력 가속도의 크기를 나타낸다.
ㄴ. v는 29.4 m/s이다.
ㄷ. 0~3초 동안 야구공이 낙하한 거리는 0~1초 동안 낙하한 거리의 3배이다.

① ㄱ   ② ㄷ   ③ ㄱ, ㄴ
④ ㄴ, ㄷ   ⑤ ㄱ, ㄴ, ㄷ

15 그림은 동일한 높이에서 물체 **A**를 가만히 놓아 떨어뜨리는 동시에 물체 **B**와 **C**를 수평 방향으로 던진 모습을 나타낸 것이다. 물체를 던진 속력은 **C**가 **B**보다 크다.

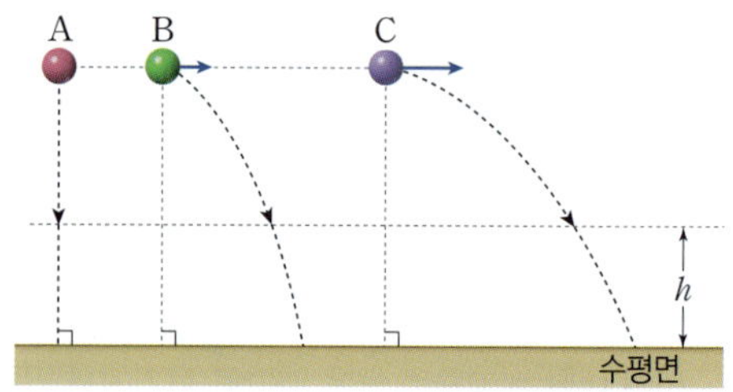

A, **B**, **C**가 수평면으로부터 높이 h인 곳을 통과하는 순간, 세 물체의 물리량을 비교한 것 중 같은 것을 보기에서 있는 대로 고른 것은? (단, 공기 저항은 무시한다.)

보기
ㄱ. 높이 h인 지점을 통과하는 시간
ㄴ. 연직 방향의 속도
ㄷ. 연직 방향의 가속도

① ㄴ   ② ㄱ, ㄴ   ③ ㄱ, ㄷ
④ ㄴ, ㄷ   ⑤ ㄱ, ㄴ, ㄷ

16 그림은 지구 주위를 공전하는 물체 **A**와 **P**에서 자유 낙하 하는 물체 **B**를 나타낸 것이다. **P**는 물체 **A**가 운동하는 원궤도에 있는 한 점이다.

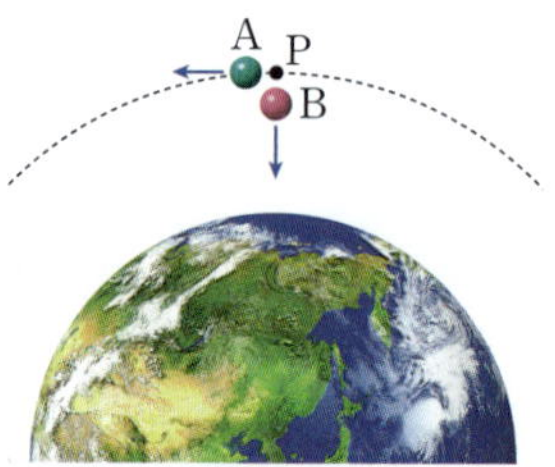

이에 대한 설명으로 옳은 것만을 보기에서 있는 대로 고른 것은? (단, 공기 저항은 무시한다.)

보기
ㄱ. A에는 중력이 작용하지 않는다.
ㄴ. A의 속력이 현재의 속력보다 작아져도 계속 같은 궤도에서 원운동 한다.
ㄷ. P에서 A와 B의 가속도 방향은 같다.

① ㄱ   ② ㄴ   ③ ㄷ
④ ㄴ, ㄷ   ⑤ ㄱ, ㄴ, ㄷ

17 그림 (가)는 마찰이 없는 수평면에 정지해 있던 질량 $2\ \text{kg}$ 인 물체가 수평면과 나란한 방향의 힘을 받아 $0{\sim}2$초까지 오른쪽으로 직선 운동을 하는 모습을 나타낸 것이고, 그림 (나)는 (가)에서 물체에 작용한 힘을 시간에 따라 나타낸 것이다.

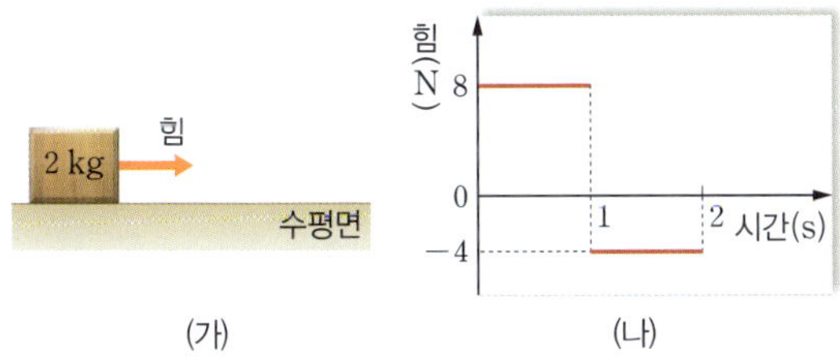

(가)   (나)

이에 대한 설명으로 옳은 것만을 보기에서 있는 대로 고른 것은?

> **보기**
> ㄱ. $0{\sim}1$초 동안 물체가 받은 충격량의 크기는 $1{\sim}2$초 동안 받은 충격량 크기의 2배이다.
> ㄴ. 1.5초일 때 물체의 운동 방향과 가속도 방향은 같다.
> ㄷ. 2초일 때 물체의 속력은 $6\ \text{m/s}$이다.

① ㄱ   ② ㄷ   ③ ㄱ, ㄴ
④ ㄴ, ㄷ   ⑤ ㄱ, ㄴ, ㄷ

빈출
18 그림 (가)는 마찰이 없는 수평면에서 질량 $2\ \text{kg}$인 물체 A 가 정지해 있는 물체 B를 향하여 운동하는 모습을 나타낸 것이고, 그림 (나)는 충돌 전후 물체 A의 속도를 시간에 따라 나타낸 것이다.

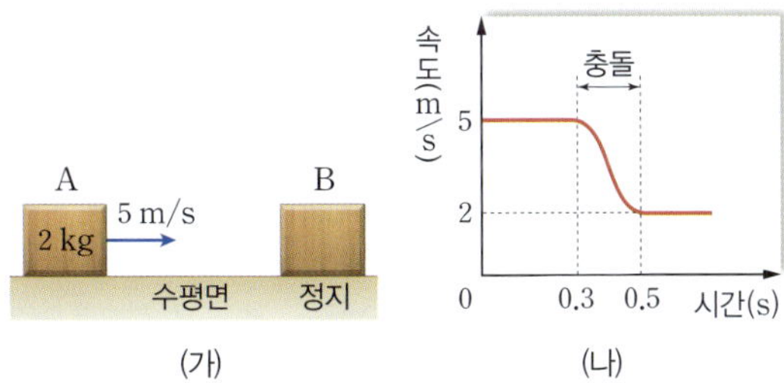

(가)   (나)

충돌 과정에서 B가 받은 평균 힘의 크기는?

① $3\ \text{N}$ ② $6\ \text{N}$ ③ $10\ \text{N}$
④ $30\ \text{N}$ ⑤ $50\ \text{N}$

19 다음은 자유 낙하 운동을 예로 들어 운동량과 충격량의 관계를 설명한 것이다.

> 자유 낙하 하는 물체의 속도는 일정하게 증가하므로 낙하 하는 동안 운동량의 변화량은 다음과 같다.
> 운동량의 변화량＝질량×속도 변화량
>   ＝질량×(㉠ ×시간)
> 물체가 자유 낙하 하는 동안 받은 충격량은 다음과 같다.
> 충격량＝ ㉡ ×시간＝(질량× ㉠)×시간
> 따라서 자유 낙하 하는 물체가 받은 ㉢ 충격량은 운동량의 변화량과 같다.

> **보기**
> ㄱ. '중력 가속도'가 ㉠에 해당한다.
> ㄴ. '중력'이 ㉡에 해당한다.
> ㄷ. ㉢은 자유 낙하 하는 물체의 경우에만 성립한다.

① ㄱ   ② ㄷ   ③ ㄱ, ㄴ
④ ㄴ, ㄷ   ⑤ ㄱ, ㄴ, ㄷ

20 그림 (가)~(다)는 야구 선수들의 동작을 나타낸 것이다.

(가) 투수가 공에 힘을 더 오래 작용하며 던진다.   (나) 타자가 방망이를 이용해 더 큰 힘으로 공을 친다.   (다) 포수가 글러브를 뒤로 빼면서 공을 받는다.

이에 대한 설명으로 옳은 것만을 보기에서 있는 대로 고른 것은?

> **보기**
> ㄱ. (가)에서 공이 받는 충격량이 더 커진다.
> ㄴ. (나)에서 공의 운동량의 변화량이 더 커진다.
> ㄷ. (다)에서 글러브가 받는 평균 힘이 더 작아진다.

① ㄱ   ② ㄷ   ③ ㄱ, ㄴ
④ ㄴ, ㄷ   ⑤ ㄱ, ㄴ, ㄷ

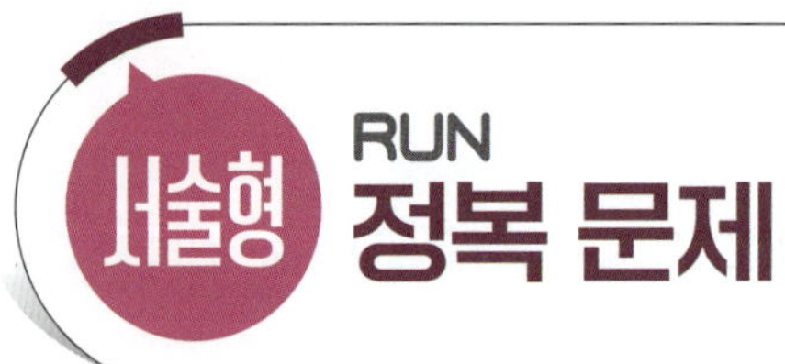

01 지구 표면에서의 중력 가속도는 약 9.8 m/s^2로 화성 표면에서의 중력 가속도 약 3.7 m/s^2보다 크다. 그림 (가), (나)는 같은 질량의 돌을 지구와 화성 표면의 같은 높이에서 각각 가만히 놓아 떨어뜨리는 모습을 나타낸 것이다. (단, 공기 저항은 무시한다.)

(가) 지구

(나) 화성

(1) 지구와 화성에서 낙하하는 돌의 속력 변화를 오른쪽 속력 – 시간 그래프에 나타내시오.

(2) 지구와 화성에서 돌을 같은 높이에서 같은 속력으로 수평 방향을 향해 던졌을 때, 돌이 지표면에 도달할 때까지 수평 방향으로 이동한 거리를 비교하고, 그 까닭을 설명하시오.

---

02 그림 (가)는 해머가 일정한 속력으로 원운동을 하는 모습이고, 그림 (나)는 인공위성이 일정한 속력으로 지구 주위를 원운동 하는 모습을 나타낸 것이다.

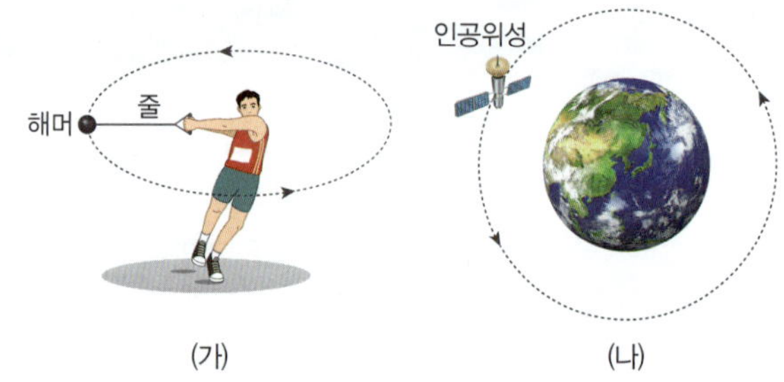

(1) (가)에서 선수가 해머에 연결된 줄을 놓았을 때 해머가 날아가는 방향을 위 그림 (가)에 화살표로 표시하시오.

(2) (가)와 (나)에서 해머와 인공위성에 작용하는 힘의 공통점을 쓰고, 인공위성이 지구 주위를 원운동 하는 까닭을 설명하시오.

단계별로 배경 지식 쌓기

Step ❶ 문제 분석하기

중력 가속도는 중력만을 받으며 낙하하는 물체의 단위 시간 동안의 (　　　　)(이)다.

Step ❷ Key Word 찾아 답안 작성하기

· 자유 낙하 하는 물체의 속력−시간 그래프의 기울기는 (❶)(으)로, 지구에서가 화성에서보다 크다.

· 수평 방향으로 던진 속력이 같을 때 수평 도달 거리는 (❷)에 비례한다.

Key Word
❶ ....　　❷ ....

단계별로 배경 지식 쌓기

Step ❶ 문제 분석하기

· 해머와 인공위성은 속력이 일정하고 (　　　　)이/가 계속 변하는 가속도 운동을 한다.

· 해머에는 줄이 해머를 당기는 힘이 작용하고, 인공위성에는 (　　　　)이/가 작용한다.

Step ❷ Key Word 찾아 답안 작성하기

· 원운동을 하는 물체의 운동 방향은 매 순간 원의 (❶) 방향이다.

· 선수는 해머를 (❷) 방향으로 당긴다.

· 인공위성은 (❸) 방향으로 중력이 작용하여 운동 방향이 매 순간 변한다.

KeyWord
❶ ....　　❷ ....　　❸ ....

03 그림은 원주민이 긴 대롱의 한쪽에 사냥용 침을 넣고, 침을 넣은 쪽 대롱을 입으로 불어 사냥을 하는 모습을 나타낸 것이다.

(1) 대롱의 길이와 사냥용 침이 도달하는 거리의 관계를 운동량과 충격량을 이용하여 설명하시오. (단, 원주민이 대롱을 부는 세기는 같고, 입으로 불 때 대롱은 항상 같은 높이에서 수평 방향을 향한다.)

(2) 운동 경기 중에서 (1)과 비슷한 원리를 활용하는 예를 한 가지 설명하시오.

정답과 해설 70쪽

단계별로 배경 지식 쌓기

Step ❶ 문제 분석하기

• 대롱의 길이가 길수록 침에 힘이 작용하는 시간이 ( ).
• 침이 대롱을 지나는 동안 받은 ( )만큼 침의 운동량이 변한다.

Step ❷ Key Word 찾아 답안 작성하기

• 충격량＝힘×(**①**)
• 충격량＝운동량의 변화량
　　　　＝질량×(**②**)
• 물체의 운동량을 크게 증가시키기 위해 물체에 힘을 가하는 (**③**)을/를 길게 한다.

KeyWord

① .... **②** .... **③** ....

---

04 그림은 수평인 직선 도로를 따라 달리던 자동차 **A**가 정지해 있던 자동차 **B**에 충돌하는 모습을 나타낸 것이다. 운전자를 포함한 자동차의 질량은 **A**가 **B**보다 크다. (단, 충돌 과정에서 마찰은 무시한다.)

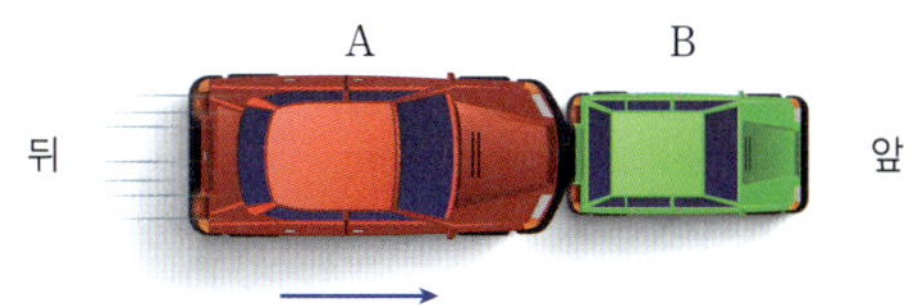

(1) 충돌하는 순간 자동차 A의 운전자가 어느 쪽으로 쏠리는지 쓰고, 그 까닭을 설명하시오.

(2) 충돌 과정에서 두 자동차 A, B가 받는 충격량의 크기를 비교하고, 그 까닭을 설명하시오.

(3) 충돌 과정에서 두 자동차 A, B의 속도 변화량의 크기를 비교하고, 그 까닭을 설명하시오.

단계별로 배경 지식 쌓기

Step ❶ 문제 분석하기

A, B가 충돌할 때 A, B가 받는 힘은 ( )이/가 같고, ( )이/가 반대이다.

Step ❷ Key Word 찾아 답안 작성하기

• 물체에 작용하는 알짜힘이 0이면 (**①**)에 의해 운동하던 물체는 계속 일정한 속도로 운동한다.
• 힘과 힘이 작용한 시간의 곱을 (**②**)(이)라고 한다.
• 운동량 변화량의 크기가 같을 때 (**③**)이/가 클수록 속도 변화량의 크기는 작다.

KeyWord

① .... **②** .... **③** ....

05 그림은 마찰이 없는 수평면에서 질량 3 kg인 물체가 각각 3 m/s, 2 m/s의 일정한 속력으로 벽 A, B에 충돌한 후 정지하는 모습을 나타낸 것이다. 표는 벽 A, B와 충돌하는 동안 물체가 받은 충격량의 크기와 충돌 시간을 각각 나타낸 것이다.

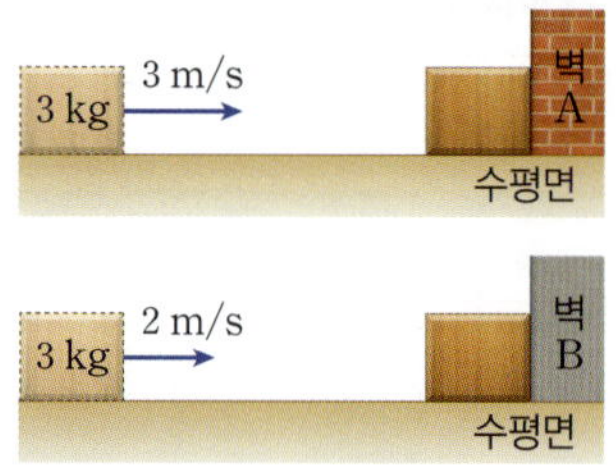

구분	충격량의 크기 (N·s)	충돌 시간 (s)
벽 A와 충돌	9	0.1
벽 B와 충돌	㉠	0.3

(1) ㉠에 해당하는 값을 풀이 과정과 함께 구하시오.

(2) 물체가 각각 벽 A, B에 충돌할 때 받은 평균 힘의 크기를 풀이 과정과 함께 구하여 비교하시오.

Step ❶ 문제 분석하기

충돌 전 물체의 운동량을 파악한다.

➡ A와 충돌 전: (　　　) kg·m/s
　 B와 충돌 전: (　　　) kg·m/s

Step ❷ Key Word 찾아 답안 작성하기

• 충격량의 크기는 (　❶　)의 크기와 같다.

• 평균 힘의 크기 $= \dfrac{(\ ❷\ )의\ 크기}{충돌\ 시간}$

Key Word
❶ ＿＿＿＿＿＿　❷ ＿＿＿＿＿＿

---

06 그림은 수평면에서 물체 A, B가 서로 충돌할 때, A, B의 운동량을 시간에 따라 나타낸 것이다. (단, 모든 마찰은 무시하고, A, B는 일직선상에서 운동한다.)

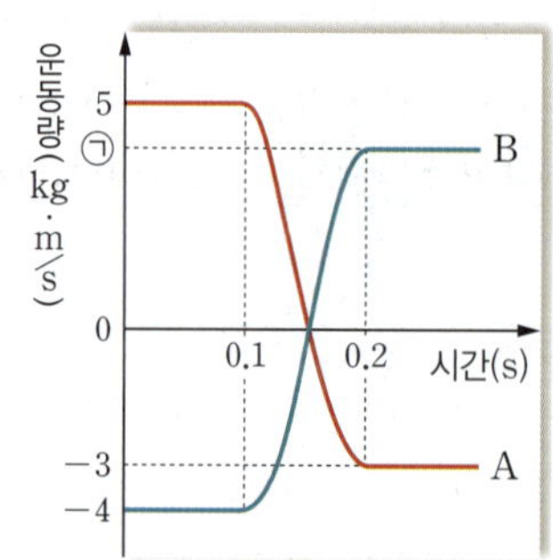

(1) ㉠에 해당하는 값을 풀이 과정과 함께 구하시오.

(2) 충돌 과정에서 B가 받은 평균 힘의 크기를 풀이 과정과 함께 구하시오.

Step ❶ 문제 분석하기

A의 운동량의 변화량=(　　　) kg·m/s

Step ❷ Key Word 찾아 답안 작성하기

• A, B가 충돌할 때 B가 A에 가한 충격량의 크기와 A가 B에 가한 충격량의 크기는 (　❶　).

• B가 받는 평균 힘의 크기
$= \dfrac{(\ ❷\ ) N·s}{0.1\ s}$

Key Word
❶ ＿＿＿＿＿＿　❷ ＿＿＿＿＿＿

07 그림 (가)는 수평면에서 질량 3 kg인 물체 A가 정지해 있는 질량 8 kg인 물체를 향해 5 m/s의 속력으로 직선 운동하는 모습을 나타낸 것이다. 그림 (나)는 물체 A와 B가 충돌한 후 각각 1 m/s, v의 속력으로 서로 반대 방향으로 멀어지는 모습을 나타낸 것이다. (단, 모든 마찰은 무시한다.)

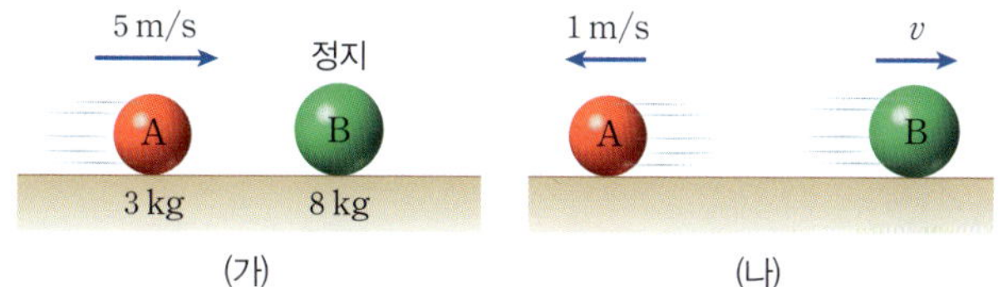

(1) 물체 A가 물체 B에 가한 충격량의 크기를 풀이 과정과 함께 구하시오.

(2) 충돌 후 물체 B의 속력 v는 몇 m/s인지 풀이 과정과 함께 구하시오.

Step **1** 문제 분석하기

A가 받은 충격량

=A의 (   )의 변화량

=3 kg×(   ) m/s−3 kg×5 m/s

=(   ) N·s

Step **2** Key Word 찾아 답안 작성하기

· B가 받은 충격량의 크기는 A가 받은 충격량의 크기와 같으므로, (**1**) N·s이다.

· B가 받은 충격량=B의 운동량의 변화량

　(**2**) N·s=8 kg×v−(**3**)

KeyWord

1 ____________　**2** ____________　**3** ____________

---

08 그림은 질량이 같고 종류가 다른 자동차 A, B가 같은 속력으로 동일한 벽에 충돌하였을 때 충돌 순간부터 정지할 때까지 자동차에 작용하는 힘의 크기를 시간에 따라 나타낸 것이다. A, B의 그래프 아랫부분의 넓이는 각각 S_A, S_B이다.

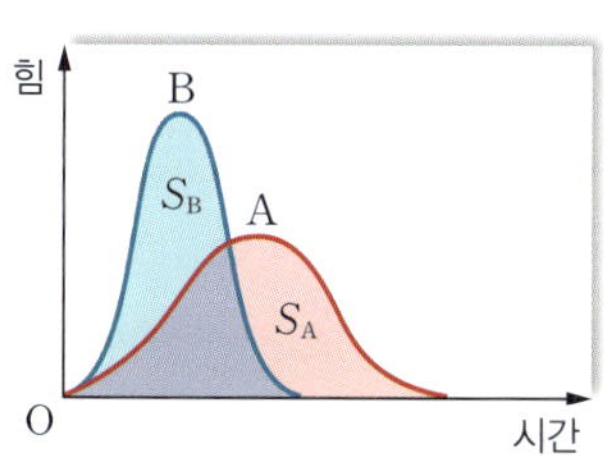

(1) S_A, S_B가 의미하는 물리량을 쓰시오.

(　　　　　　　　　　　　　　　　　　　　　　)

(2) S_A, S_B의 크기를 비교하고, 그 까닭을 설명하시오.

(3) A, B 중 안전성이 높은 자동차를 쓰고, 그 까닭을 설명하시오.

Step **1** 문제 분석하기

충돌 시 A, B의 물리량을 비교한다.

· A의 충돌 시간 (   ) B의 충돌 시간

· A의 운동량의 변화량 (   ) B의 운동량의 변화량

Step **2** Key Word 찾아 답안 작성하기

· 운동량의 변화량은 충격량과 같으므로 A와 B가 받은 충격량의 크기는 (**1**).

· 자동차가 받는 평균 힘이 (**2**)수록 안전성이 높다.

KeyWord

1 ____________　**2** ____________

생명 시스템의 기본 단위
물질대사와 효소
난 대장균, 효소 덕분에 포도당을 더 빠르게 분해할 수 있어.
난 해바라기, 효소 덕분에 빠르게 양분을 만들 수 있어.
포도당
분해
에너지
세포
난 적혈구야.
난 양파의 표피세포야.
어, 너희들은 누구니? 개성 있게 생겼네.
선택적 투과성
물질대사
효소와 활성화에너지
우린 단백질로 들어가자.
난 포도당
우린 인지질 2중층으로 바로 통과할 수 있지.
우리는 산소
마이토콘드리아와 엽록체에서는 어떤 물질대사가 일어날까?

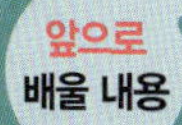

3

생명 시스템

생명체는 여러 기관들이 상호작용하여 생명을 유지하는 생명 시스템이다.
생명체를 구성하는 기본 단위인 세포 역시 다양한 세포소기관이 상호작용하며
다양한 화학 반응과 세포 내 유전정보의 흐름을 통해 생명 현상을 나타내고
조절하는 하나의 생명 시스템이다.

1 생명 시스템의 기본 단위

2 물질대사와 효소

3 세포 내 정보의 흐름

세포 내
정보의 흐름

유전자와
단백질

전사와 번역

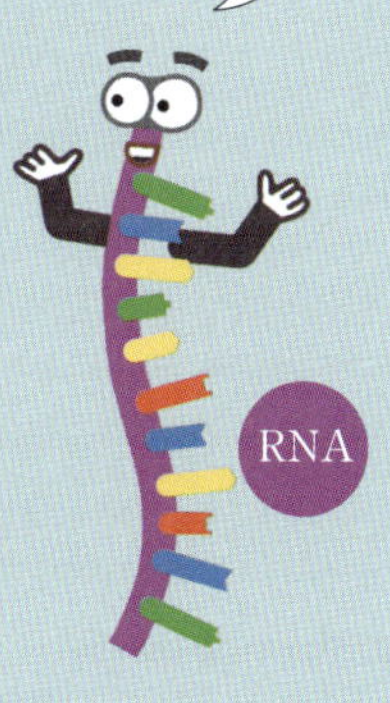

01 생명 시스템의 기본 단위

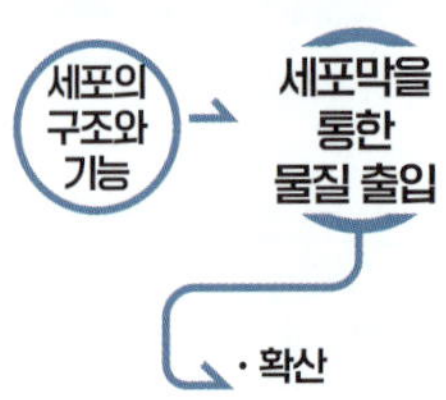

단세포 생물
몸이 세포 하나로 이루어진 생물이다. 세포 하나에서 모든 생명활동이 일어나며, 분열하여 개체수가 증가한다. 세균, 아메바, 짚신벌레 등이 있다.

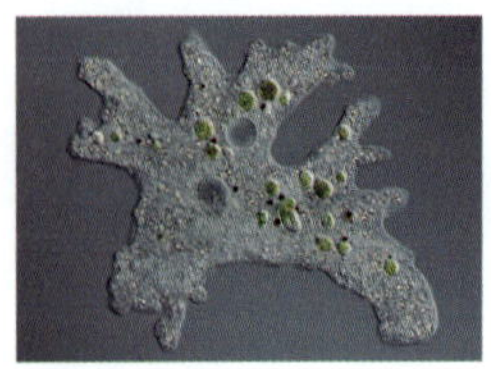

▲ 아메바

1 생명 시스템의 기본 단위, 세포

지구에 살고 있는 모든 생물은 세포들이 유기적으로 모여 정교한 체계를 이루고, 이들의 상호작용으로 생명활동이 일어나는 생명 시스템이라고 할 수 있다.

1. 생명 시스템의 구성 단계

(1) **생명체의 구성 단계**: 단세포 생물은 하나의 세포가 곧 개체가 되지만, 동물이나 식물 같은 다세포 생물은 모양과 기능이 다양한 세포가 유기적으로 조직되어 정교한 체계를 이룬다.

> 세포 → 조직 → 기관 → 개체

① 세포: 생물체를 구성하는 기본 단위이다. **예** 적혈구, 상피세포, 잎살세포 등

② 조직: 모양과 기능이 비슷한 세포들의 모임이다. **예** 결합조직, 상피조직, 울타리조직 등

③ 기관: 여러 조직이 모여 고유한 모양과 기능을 갖춘 단계이다. **예** 위, 심장, 잎, 줄기 등

④ 개체: 여러 기관이 모여 구성된 독립된 하나의 생물체이다. **예** 인간, 고양이, 소나무 등

(2) **동물과 식물의 구성 단계의 차이**: 동물에는 기관계, 식물에는 조직계의 단계가 있다.

① 기관계: 서로 연관된 기능을 담당하는 기관들의 모임으로, 동물에는 있지만 식물에는 없는 단계이다. **예** 소화계, 순환계, 호흡계, 배설계 등

② 조직계: 서로 관련된 조직들이 모여 일정한 기능을 하는 단계로, 식물에는 있지만 동물에는 없는 단계이다. **예** 표피조직계, *관다발조직계, 기본조직계

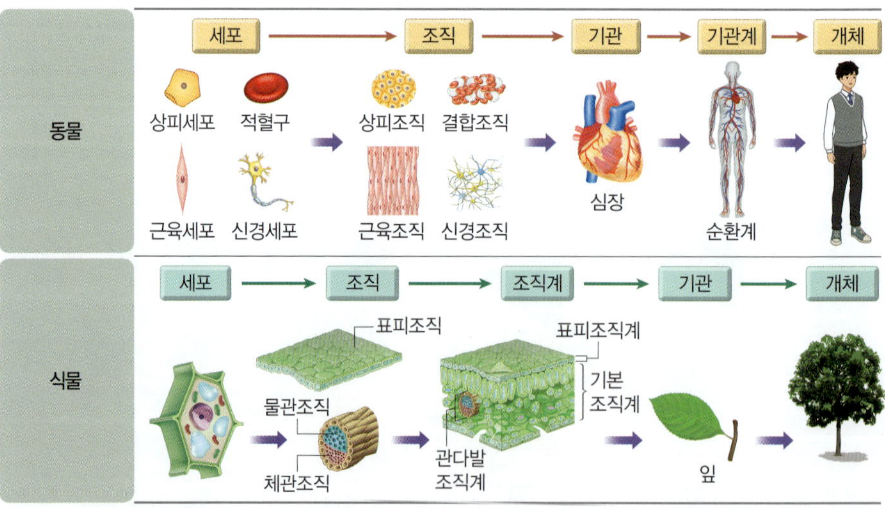

▲ 동물과 식물의 구성 단계

 용어

*관다발(vascular bundle)
물관과 체관이 다발을 이루며 분포하는 구조이다.

2. 세포의 구조와 세포소기관의 기능 집중분석 267쪽

(1) **세포**: 생명 시스템을 구성하는 구조적 단위이며, 생명활동이 일어나는 기능적 단위이다.

(2) **세포의 구조**: 세포는 모양과 크기가 다양하지만 모두 세포막으로 둘러싸여 있고, 핵과 *세포질로 구성되어 있다. 세포질에는 독특한 구조와 기능을 하는 다양한 세포소기관이 있다.

(3) **세포소기관의 기능**

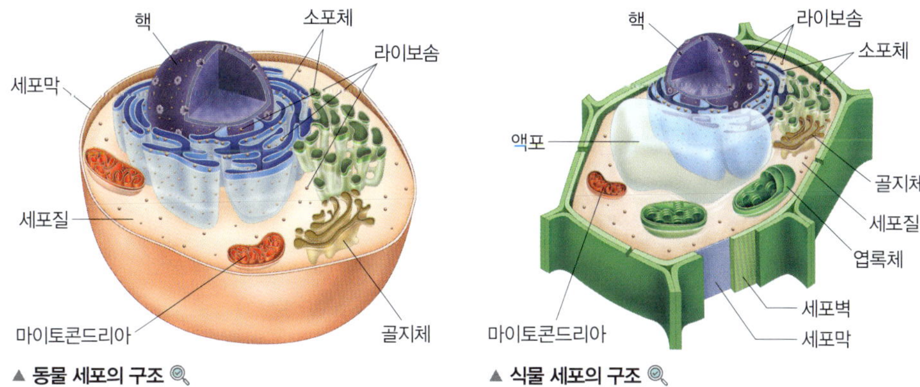

① **핵**: 핵막으로 둘러싸여 있어 주변의 세포질과 분리된다. 핵 속에는 유전정보를 저장하고 있는 유전물질인 DNA가 들어 있다. 핵은 세포의 구조와 기능을 결정하고 여러 가지 세포의 생명활동을 조절한다.

② **세포막**: 세포 전체를 둘러싸고 있는 막으로, 세포의 형태를 유지하고 세포 안을 주변 환경과 분리한다. 세포의 생명활동을 유지하기 위하여 끊임없이 외부와 상호작용하는 경계막으로, 세포 안팎으로의 물질 출입을 조절한다.

③ **엽록체**: 광합성을 하는 식물 세포에만 있으며, 막으로 싸여 있다. 빛에너지를 흡수하여 이산화 탄소와 물로부터 포도당을 합성하는 광합성이 일어나는 장소이다.

④ **마이토콘드리아**: 둥근 막대 모양으로, 막으로 싸여 있다. 세포호흡이 일어나는 장소로, 산소를 이용해 유기물을 분해하여 세포의 생명활동에 사용되는 형태의 에너지를 생산한다. 마이토콘드리아는 동물 세포와 식물 세포에 모두 있다.

자료분석 엽록체와 마이토콘드리아에서 일어나는 에너지 전환

❶ 엽록체에서는 빛에너지가 포도당의 화학 에너지로 전환되어 저장된다.

❷ 마이토콘드리아에서는 유기물의 화학 에너지가 ATP의 화학 에너지로 전환된다.

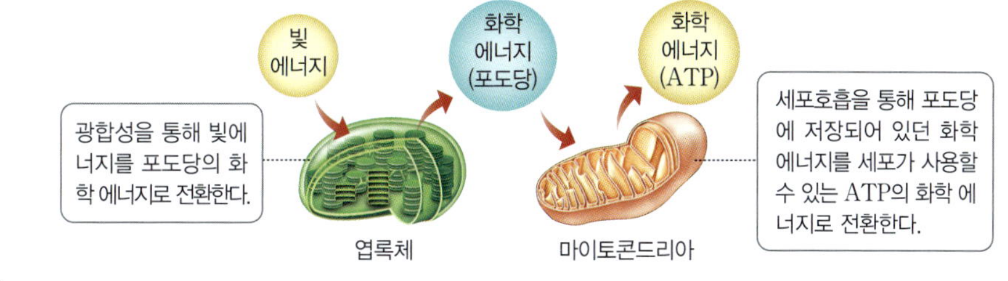

세포의 생명활동에 사용되는 형태의 에너지(ATP)

포도당과 같은 유기물에는 많은 에너지가 저장되어 있지만, 생명체가 물질합성, 운동, 성장 등과 같은 생명활동에 직접 사용하는 에너지는 ATP(Adenosine Tri-Phosphate)에 저장된 에너지이다. 세포호흡은 포도당에 저장된 화학 에너지를 ATP의 화학 에너지로 전환하는 과정이라고 할 수 있다.

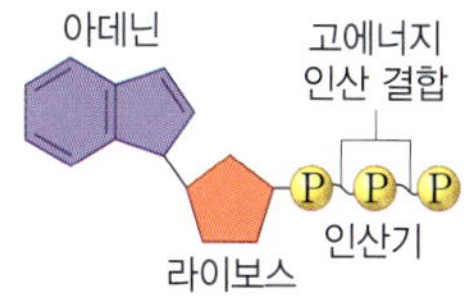

용어

*세포질(cytoplasm)

세포막으로 둘러싸여 있으며 세포 내부를 채우고 있는 균일하고 투명한 점액 형태의 부위로, 핵을 제외한 세포액과 세포소기관으로 이루어진다.

⑤ 라이보솜: 작은 알갱이 모양의 세포소기관으로, 막으로 싸여 있지 않다. 유전정보에 따라 단백질을 합성하는 장소이다.

⑥ 소포체: 막으로 된 미세한 관이 구불구불하게 연결된 모양으로, 핵막과 연결되어 세포질에 퍼져 있다. 라이보솜에서 합성된 단백질을 골지체나 세포의 다른 부위로 운반하는 통로가 된다. 일부 소포체에서는 지질을 합성하기도 한다.

⑦ 골지체: 막으로 싸인 납작한 주머니가 여러 층으로 포개져 있는 모양이다. 소포체에서 운반된 단백질이나 지질을 저장하거나 변형한 후 막으로 싸서 세포 밖으로 분비한다.

자료 분석 ➕ 세포소기관의 유기적 작용 – 단백질의 합성과 분비

❶ 세포에서 단백질을 합성하고 분비하는 과정과 같은 생명활동은 여러 세포소기관의 상호작용으로 일어난다.

❷ 핵 속에 있는 DNA의 유전정보가 라이보솜에 전달되면, 라이보솜에서는 유전정보에 따라 단백질을 합성한다. 합성된 단백질은 소포체를 통해 운반되고, 골지체로 이동한 후에는 변형 과정을 거쳐 특정한 기능을 수행할 수 있게 되며 막으로 싸여 세포 밖으로 분비된다.

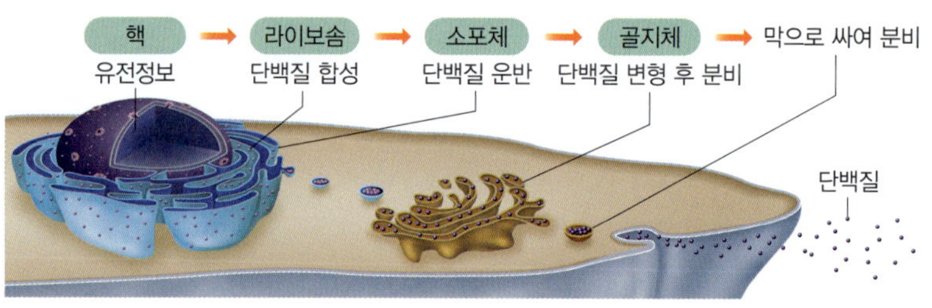

⑧ *액포: 막으로 둘러싸인 주머니 모양이며, 물, 색소, 노폐물 등을 저장한다. 성숙한 식물 세포에서 크게 발달한다.

⑨ 세포벽: 식물 세포의 세포막 바깥에 있는 단단한 구조물로, 세포의 모양을 유지하고 세포 내부를 보호한다. 식물 세포에는 세포벽이 있고, 동물 세포에는 세포벽이 없다.

⑩ 그 밖에도 세포 내로 들어온 외부 물질이나 노후한 세포소기관을 분해하는 역할을 하는 세포소기관(라이소솜), 세포의 형태를 결정하는 뼈대 역할을 하는 세포소기관(세포골격), 세포의 운동에 관여하는 세포소기관(편모, 섬모) 등이 있다.

✔ 중요 개념 체크

정답과 해설 73쪽

1. 생명 시스템의 구성 단계에 대한 설명으로 옳은 것은 ○, 옳지 <u>않은</u> 것은 ×로 표시하시오.

(1) 기관은 모양과 기능이 비슷한 세포들의 모임이다. ──────── (   )

(2) 식물의 구성 단계는 '세포 → 조직 → 기관 → 기관계 → 개체'이다. ──── (   )

2. 다음에서 설명하는 세포소기관의 이름을 (   ) 안에 쓰시오.

(1) 유전물질인 DNA가 있으며 세포의 생명활동을 조절한다. ──── (   )

(2) 세포의 생명활동에 필요한 에너지를 생산한다. ──────── (   )

(3) 단백질 합성이 일어나는 장소이다. ──────────── (   )

2 세포막의 구조와 선택적 투과성

세포를 둘러싸고 있는 세포막은 선택적 투과성으로 물질 출입을 조절하여 세포 내부를 여러 가지 생명활동이 일어날 수 있는 독립적인 환경으로 유지한다.

1. 세포막의 구조

(1) **세포막의 주성분**: 세포막의 주성분은 인지질과 단백질이다. 인지질의 머리 부분은 인산 등을 포함하고 있어 친수성이고, 꼬리 부분은 지방산 2개로 되어 있어 소수성이다.

(2) **세포막의 구조**: 세포 안과 밖에는 물이 풍부하므로 인지질의 친수성 머리 부분이 양쪽 바깥으로 배열하고, 소수성 꼬리 부분은 안쪽에서 서로 마주 보며 배열하여 인지질 2중층을 이룬다. 인지질 2중층에는 단백질이 군데군데 박혀 있다. 세포막에 존재하는 단백질인 막단백질은 세포 외부의 신호를 받아들이거나 물질 이동의 주요 통로가 되기도 한다.

> **인지질**
> 글리세롤에 인산과 2개의 지방산이 결합한 것으로, 인산기는 다른 유기물과 결합되어 있다. 인산이 있는 머리 부분은 친수성을 띠고, 지방산이 있는 꼬리 부분은 소수성을 띤다.

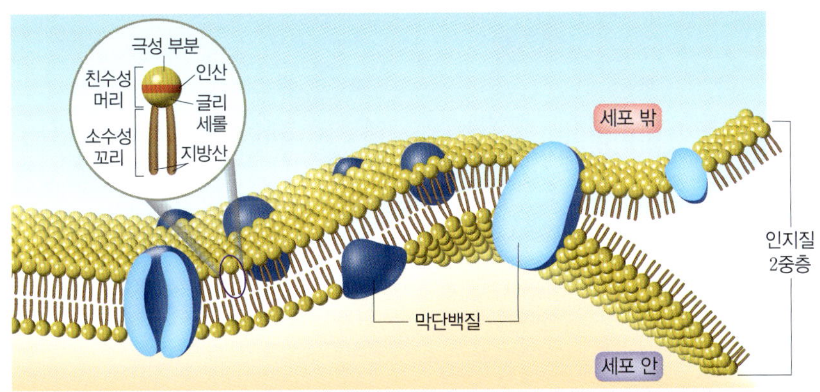

(3) **세포막의 유동성**: 세포막을 구성하는 인지질은 특정 위치에 고정되어 있는 것이 아니라 유동성이 있어 수평으로 이동할 수 있다. 인지질의 움직임에 따라 막단백질도 움직일 수 있다.

> **친수성과 소수성**
> 친수성은 물과의 친화력이 강한 성질이고, 소수성은 물과의 친화력이 약한 성질이다. 친수성 물질은 물과 잘 섞이고, 소수성 물질은 물과 잘 섞이지 않는다.

2. 세포막의 선택적 투과성

(1) **선택적 투과성**: 세포막을 통해 물질이 이동할 때 물질의 종류, 크기, 성질 등에 따라 물질의 투과도가 다른데, 이와 같은 세포막의 특성을 선택적 투과성이라고 한다.

(2) **세포막의 물질 투과도**: 세포막에서 물질의 투과도에 영향을 주는 물질의 특성은 분자의 크기, 지질에 대한 용해도, 전하를 띠는지 여부 등이 있다. 일반적으로 분자의 크기가 작고, 지질과 잘 섞이며, 전하를 띠지 않는 물질이 세포막을 잘 투과한다.

> **세포막을 통한 물질의 이동**
> 산소 분자는 세포막의 인지질 2중층을 투과할 수 있지만, 설탕 분자는 인지질 2중층을 투과할 수 없다.

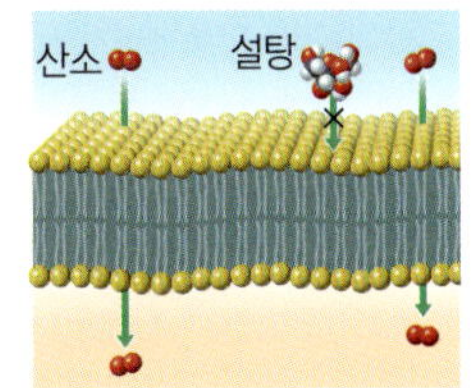

✔ 중요 개념 체크

정답과 해설 73쪽

3. 다음은 세포막에 대한 설명이다. (   ) 안에 들어갈 알맞은 말을 쓰시오.

> 세포막의 구조는 ㉠ (   ) 2중층에 ㉡ (   )이/가 군데군데 박혀 있는 구조이며, 세포막은 어떤 물질은 잘 투과시키고 어떤 물질은 잘 투과시키지 않는 ㉢ (   )을/를 나타낸다.

세포막을 통해 물질은 확산, 삼투 등의 방식으로 이동하는데, 확산은 물질의 종류에 따라 인지질 2중층이나 막단백질을 통해 일어난다.

1. 확산 심화 강의 271쪽

(1) **확산**: 분자가 스스로 운동하여 농도가 높은 쪽에서 낮은 쪽으로 퍼져 나가는 현상이다.

(2) **세포막을 통한 확산**: 세포막을 경계로 농도가 높은 쪽에서 낮은 쪽으로 물질의 확산이 일어난다.

(3) **세포막에서의 확산 경로**: 세포막에서는 인지질 2중층을 통해 이동하는 물질도 있고, 단백질을 통해 이동하는 물질도 있다.

인지질 2중층을 통한 이동	단백질을 통한 이동
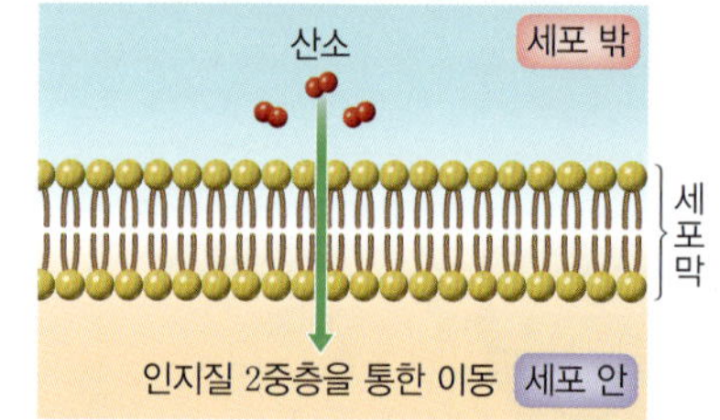	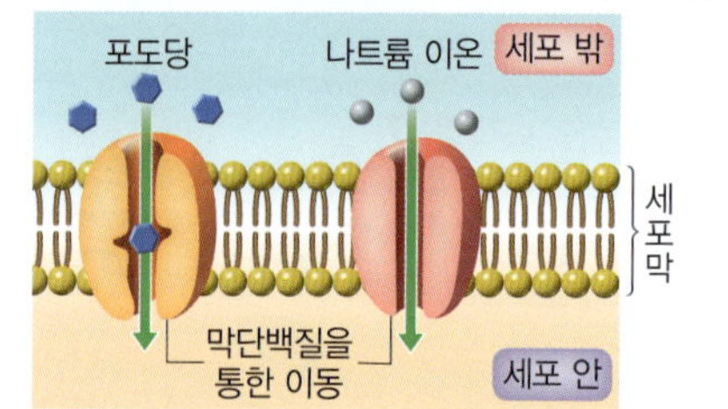
지용성 물질, 지질 입자 등 물과 잘 결합하지 않는 물질, 산소나 이산화 탄소 등 크기가 작은 기체 분자는 세포막의 인지질 2중층을 통해 이동한다. 예 허파꽈리(폐포)와 모세혈관 사이의 산소와 이산화 탄소의 기체 교환	전하를 띤 이온, 포도당이나 아미노산과 같이 비교적 분자의 크기가 큰 물질은 인지질 2중층을 관통하고 있는 막단백질을 통해 이동한다. 예 신경세포 막을 통한 나트륨 이온과 칼륨 이온의 확산, 혈액 속 포도당의 세포로의 흡수

(4) **세포막을 통한 확산 속도**: 세포막에서 인지질 2중층을 통한 확산(단순확산)의 경우 세포 안팎의 농도 차가 클수록 확산 속도가 빠르다. 그러나 세포막의 단백질을 통한 확산(촉진확산)은 세포 안팎의 농도 차가 클수록 확산 속도가 증가하지만, 일정 농도 차 이상에서는 확산 속도가 더 이상 증가하지 않는다. 이것은 특정 물질이 이동할 수 있는 통로가 되는 단백질의 수가 정해져 있기 때문이다.

자료 분석 허파꽈리(폐포)와 모세혈관 사이의 기체 교환

❶ 막을 경계로 두 가지 이상의 물질이 있을 경우, 각각의 물질은 다른 물질의 농도와는 관계없이 그 물질만의 농도 차이에 의해 확산이 일어난다. ➡ 평형 상태에서 막을 경계로 각 물질의 농도는 같다.

❷ **기체 교환**: 폐에서 기체 교환이 일어날 때 산소는 허파꽈리에서 모세혈관 쪽으로, 이산화 탄소는 모세혈관에서 허파꽈리 쪽으로 동시에 확산이 일어난다. 세포막을 경계로 농도 차가 클수록 물질의 확산 속도가 빠르다. 허파꽈리와 모세혈관의 농도 차는 산소가 이산화 탄소보다 커서 산소가 이산화 탄소보다 빠르게 확산이 일어나고, 확산으로 이동하는 양도 많다.

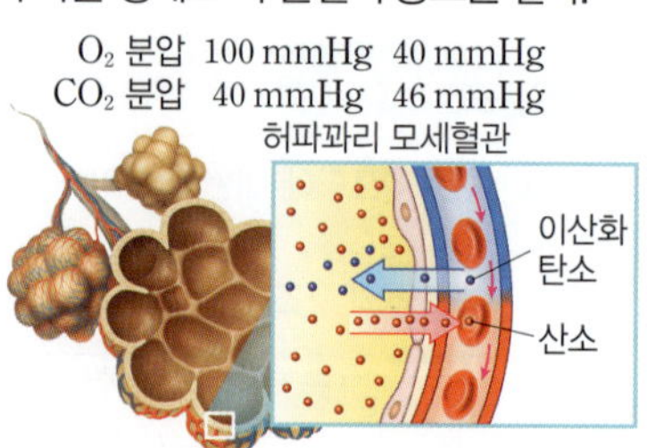

▲ 허파꽈리와 모세혈관 사이의 기체 교환

단순확산과 촉진확산

물질이 인지질 2중층을 통해 확산하는 것을 단순확산이라 하고, 물질이 막단백질을 통해 확산하는 것을 촉진확산이라고 한다.

통로단백질과 운반체 단백질

물질 이동에 관여하는 막단백질에는 특정 물질의 통로 역할을 하는 통로단백질과, 특정 물질과 결합한 후 구조가 변하면서 물질을 세포막의 반대쪽으로 이동시키는 운반체 단백질이 있다.

세포막을 통한 확산 속도

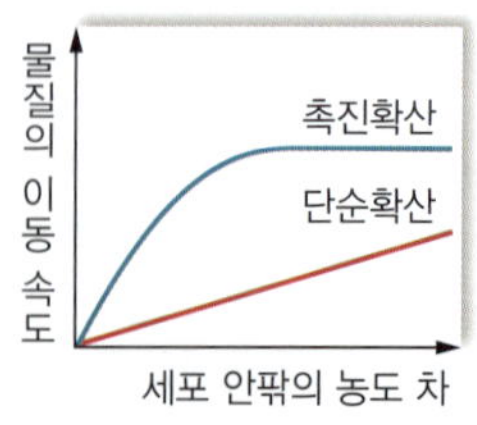

확산 속도

물질의 확산 속도는 분자의 크기가 작을수록, 온도가 높을수록, 농도 차가 클수록 빠르다. 또한, 여러 물질이 섞여 있을 때, 각 물질은 다른 물질의 농도와는 관계없이 자체의 농도 기울기에 따라 독립적으로 확산한다.

(5) 세포막을 통한 확산의 특징

① 확산은 분자 운동으로 일어나므로 세포에서 따로 에너지를 공급하지 않아도 일어난다.

② 확산은 농도 차에 의해서 일어나므로 세포막을 경계로 물질이 세포 안에서 밖으로 이동할 수도 있고 세포 밖에서 안으로 이동할 수도 있다.

③ 산소와 같이 분자의 크기가 작은 물질, 인지질의 소수성 부분과 잘 섞이는 지용성 물질은 인지질 2중층을 잘 통과하고, 이온과 같이 전하를 띠는 물질은 인지질 2중층을 통과하지 못한다.

④ 물질 운반에 관여하는 세포막의 단백질은 특정 물질만 선택적으로 이동시킨다. 예를 들어 나트륨 이온, 칼륨 이온, 포도당 등은 각기 다른 단백질을 통해 세포막을 이동한다.

⑤ 물질 운반에 관여하는 세포막의 단백질은 조건에 따라 열리거나 닫혀 세포막을 통한 물질 이동을 조절한다.

2. 삼투 탐구 268쪽 심화 강의 270쪽

(1) **삼투**: 용질은 투과시키지 못하고 용매는 투과시키는 반투과성 막을 경계로 두 용액의 농도가 다를 때, 농도가 낮은 쪽에서 높은 쪽으로 용매가 이동하는 현상이다. 세포막을 경계로 삼투에 의해 저농도에서 고농도로 물이 이동한다. 삼투는 확산과 마찬가지로 세포에서 따로 에너지를 공급하지 않아도 일어난다. 예 식물 뿌리털에서의 물의 흡수 등

자료 분석 삼투에 의한 물의 이동

그림은 U자관의 가운데를 물 분자는 통과시키지만 설탕 분자는 통과시키지 않는 반투과성 막으로 막고, 양쪽에 농도가 다른 설탕 용액을 같은 양씩 넣은 후 용액의 높이 변화를 관찰한 것이다.

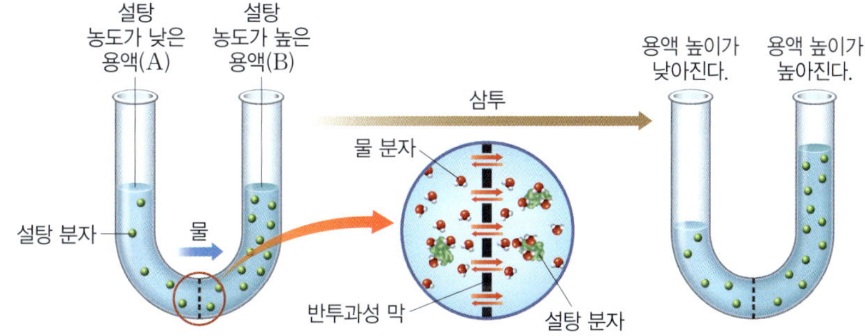

❶ **삼투에 의한 물의 이동**: 농도가 낮은 용액 쪽(A)에서 농도가 높은 용액 쪽(B)으로 용매인 물 분자가 이동한다. ➡ 물의 농도가 높은 쪽(A)에서 물의 농도가 낮은 쪽(B)으로 물 분자가 이동한다.

❷ **용액의 높이 차이 발생**: 일정 시간 경과 후 A의 용액 높이는 낮아지고, B의 용액 높이는 높아진다.
  ➡ A쪽의 설탕 용액 농도는 처음보다 높아지고, B쪽의 설탕 용액 농도는 처음보다 낮아진다.

❸ **평형 상태 도달**: 충분한 시간이 지나면 A와 B의 높이가 변하지 않는 평형 상태에 도달한다.

(2) 일상생활 속 삼투의 예

① 배추에 소금을 뿌려 두면 배추 세포 속의 물이 빠져나가 배추의 숨이 죽는다.

② 마른 콩을 물에 담가두면 물이 콩 안으로 들어가 콩이 부푼다.

③ 시든 채소를 물에 담가두면 물이 흡수되어 세포의 부피가 증가하여 다시 싱싱하게 된다.

용질, 용매, 용액
용질은 다른 물질에 녹는 물질, 용매는 다른 물질을 녹이는 물질. 용액은 용질과 용매가 고르게 섞여 있는 것이다.
예 설탕(용질)＋물(용매)＝설탕물(용액)

반투과성 막
미세한 구멍이 뚫려 있는 막으로, 막의 구멍보다 크기가 작은 물질만 통과시킨다.

삼투가 일어날 때 물의 이동
실제로는 물이 세포막을 통해 양방향으로 이동하는데, 농도가 낮은 쪽에서 높은 쪽으로 이동하는 물 분자 수가 그 반대로 이동하는 물 분자 수보다 많아 농도가 높은 쪽 용액의 양이 많아지는 것이다.

(3) **삼투에 의한 세포의 변화**: 세포를 세포액과 농도가 다른 용액에 넣으면 삼투에 의해 물이 이동하여 세포의 부피와 모양이 달라진다.

① 동물 세포: 적혈구를 세포액보다 농도가 낮은 용액에 넣으면 적혈구가 팽창하다가 세포막이 터지기도 한다(용혈). 적혈구를 세포액보다 농도가 높은 용액에 넣으면 쭈그러든다.

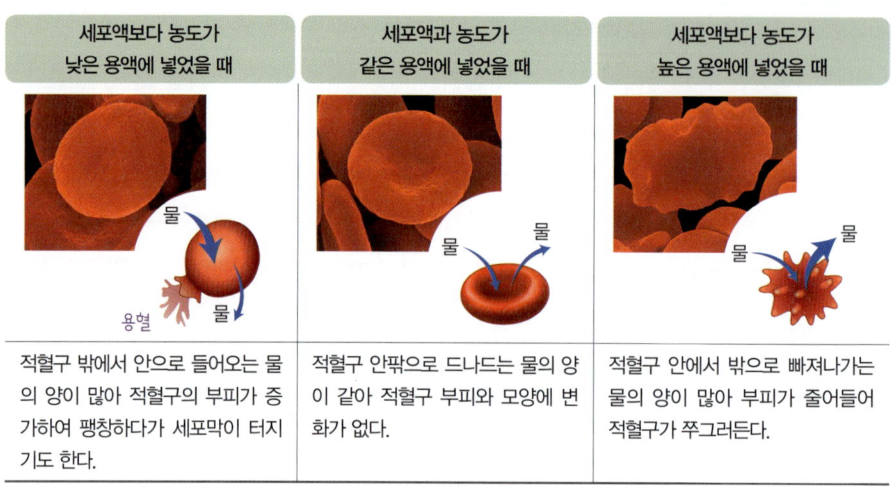

세포액보다 농도가 낮은 용액에 넣었을 때	세포액과 농도가 같은 용액에 넣었을 때	세포액보다 농도가 높은 용액에 넣었을 때
적혈구 밖에서 안으로 들어오는 물의 양이 많아 적혈구의 부피가 증가하여 팽창하다가 세포막이 터지기도 한다.	적혈구 안팎으로 드나드는 물의 양이 같아 적혈구 부피와 모양에 변화가 없다.	적혈구 안에서 밖으로 빠져나가는 물의 양이 많아 부피가 줄어들어 적혈구가 쭈그러든다.

원형질
세포에서 생명활동과 직접적으로 관련이 있는 부분으로, 세포막 안에 있는 핵과 세포질을 통틀어 말한다.

② 식물 세포: 식물 세포는 세포막 바깥에 단단한 세포벽이 있다. 이 때문에 양파 표피세포를 세포액보다 농도가 낮은 용액에 넣으면 세포의 부피가 증가하지만 단단한 세포벽이 있어 터지지는 않고 일정 수준까지만 부피가 커진다. 또한, 양파 표피세포를 세포액보다 농도가 높은 용액에 넣으면 세포의 부피가 감소하는데, 이때 세포막과 세포질은 수축하지만 세포벽은 그대로 있어 결국 세포막과 세포벽이 분리되는 원형질분리가 일어난다.

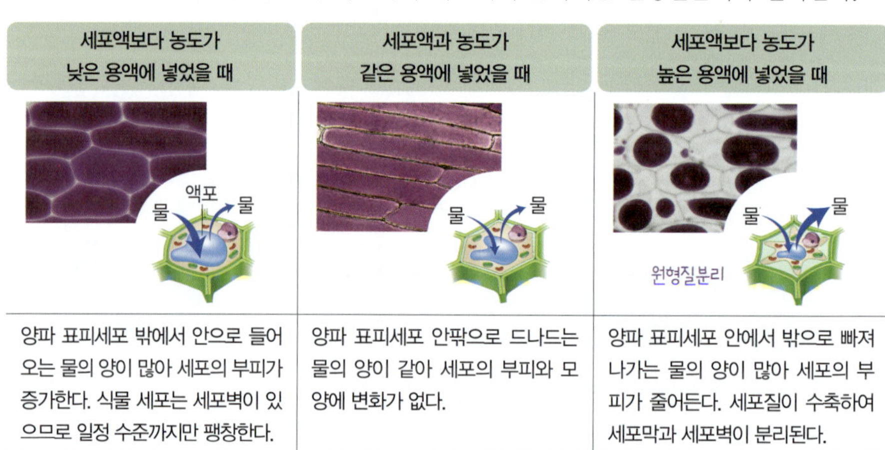

세포액보다 농도가 낮은 용액에 넣었을 때	세포액과 농도가 같은 용액에 넣었을 때	세포액보다 농도가 높은 용액에 넣었을 때
양파 표피세포 밖에서 안으로 들어오는 물의 양이 많아 세포의 부피가 증가한다. 식물 세포는 세포벽이 있으므로 일정 수준까지만 팽창한다.	양파 표피세포 안팎으로 드나드는 물의 양이 같아 세포의 부피와 모양에 변화가 없다.	양파 표피세포 안에서 밖으로 빠져나가는 물의 양이 많아 세포의 부피가 줄어든다. 세포질이 수축하여 세포막과 세포벽이 분리된다.

세포의 생명활동과 세포막의 역할
세포막의 선택적 투과성으로 인해 세포는 세포 안팎으로 물질의 출입을 조절할 수 있으며 이는 생명 시스템을 유지하는 데 중요한 역할을 한다.

✔ 중요 개념 체크

정답과 해설 73쪽

4. 세포막을 통한 물질 이동에 대한 설명으로 옳은 것은 ○, 옳지 <u>않은</u> 것은 ×로 표시하시오.

(1) 확산은 세포막을 경계로 고농도에서 저농도로 일어난다. ─────── (   )

(2) 산소는 인지질 2중층, 나트륨 이온은 단백질을 통해 확산한다. ─────── (   )

(3) 식물 세포는 세포액보다 농도가 낮은 용액에 있을 때 세포막과 세포벽이 분리된다. ─ (   )

집중 분석

세포막과 막성 세포소기관

동물 세포나 식물 세포와 같은 진핵세포에서 발견되는 핵, 소포체, 골지체 등과 같은 막성 세포소기관의 막은 기본적으로 세포막과 같은 구조로 이루어져 있다. 세포막의 구조와 특징을 이해하면 세포소기관의 기능을 이해하는 데 도움이 된다.

1 세포막이 유동성이 있다는 것을 어떻게 알 수 있을까?

세포막은 유동모자이크막 모델로 설명한다. 이에 따르면 세포막은 인지질 2중층에 단백질이 군데 군데 모자이크처럼 박혀 있다. 인지질은 특정 위치에 고정되어 있는 것이 아니라 끊임없이 움직이는데, 인지질 2중층에 분포하는 막단백질은 인지질의 유동성으로 인해 수평으로 이동할 수 있다. 세포막의 유동성은 다음과 같은 실험으로 입증되었다.

유동모자이크막 모델

세포막을 구성하는 인지질과 막단백질의 유동성을 바탕으로 세포막의 구조를 설명한 모델이다. 현재 세포막의 구조는 유동모자이크막 모델에 기초하여 설명하고 있다.

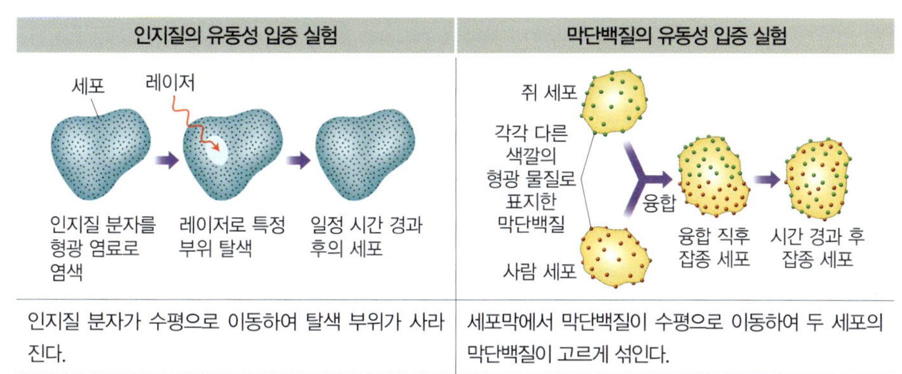

2 세포막과 막성 세포소기관은 어떤 관련이 있을까?

진핵세포에는 핵, 마이토콘드리아, 엽록체, 소포체, 골지체 등의 다양한 세포소기관이 있는데, 이들 세포소기관은 막으로 구분되어 있어 구역이 나누어져 서로 다른 기능을 담당한다. 핵막과 소포체는 일부가 서로 연결되어 있고, 소포체, 골지체, 세포막은 소낭에 의해 간접적으로 연결된다. 막진화설에서 세포에서 발견되는 막은 세포막으로부터 유래된 것으로 여겨진다. 세포막이 안쪽으로 함입되어 핵막과 소포체를 형성하였고, 세포막 함입 과정에서 막의 일부가 떨어져 나와 골지체가 되었다는 것이다. 이것은 세포막이 유동성이 있는 막이기 때문에 가능하다.

라이보솜에서 합성된 단백질이 소포체에서 골지체로 이동할 때나 골지체에서 세포 밖으로 분비될 때는 소낭에 담겨 운반된다. 인지질 2중층의 막이 단백질을 담은 채 작은 주머니(소낭) 형태로 떨어져 나온 후 다른 막성 세포소기관에 융합함으로써 단백질이 운반되는 것이다. 이를 통해 세포막을 직접 통과할 수 없는 단백질과 같은 큰 분자도 세포막을 통과하여 이동할 수 있다.

내막계와 막진화설

내막계는 진핵세포를 기능적인 구획으로 나누는 막성 세포소기관의 연결망으로, 핵막, 소포체, 골지체, 소낭, 세포막 등으로 구성되어 있다. 막진화설은 세포막이 함입되어 내막계를 형성하였다고 설명하는 학설이다.

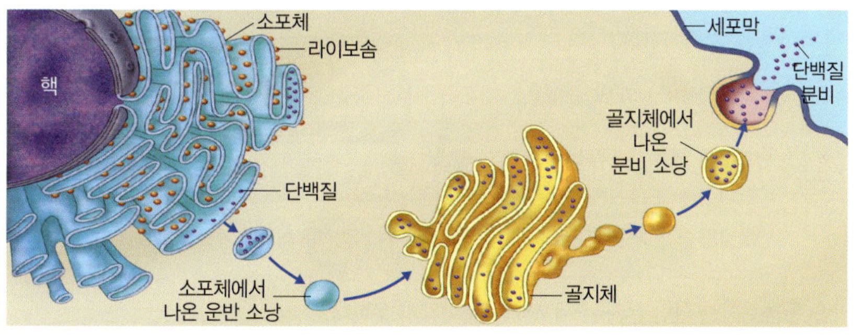

막을 통한 물질의 이동 실험하기

목표 | 세포막을 통한 물질의 이동을 탐구 활동으로 확인하고, 세포막의 역할을 설명할 수 있다.

탐구 영상

과정

❶ 붉은 양파의 겉 표피에 칼집을 낸 뒤 표피 조각을 벗겨낸다.

❷ 받침 유리에 벗겨 낸 표피 조각을 놓고 스포이트로 증류수를 한두 방울 떨어뜨린 후, 덮개 유리를 덮고 현미경으로 관찰한다.

❸ 스포이트로 20 % 설탕물을 덮개 유리 옆에 떨어뜨리고, 반대편에서 거름종이를 대어 안쪽으로 스며들게 한다.

❹ 설탕물을 떨어뜨린 세포가 변화하는 과정을 현미경으로 관찰한다.

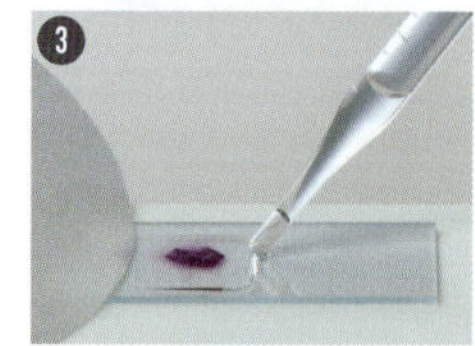

증류수와 20 % 설탕물을 사용하는 까닭

양파 표피세포를 세포액보다 농도가 낮은 용액(증류수)과 농도가 높은 용액(20 % 설탕물)에 넣고 세포막을 경계로 일어나는 삼투에 의한 물의 이동에 따라 양파 표피세포의 모습이 어떻게 변하는지를 알아보기 위해서이다.

결과

증류수와 설탕물을 떨어뜨렸을 때의 양파 표피세포 모습

증류수를 떨어뜨린 것	20 % 설탕물을 떨어뜨린 것
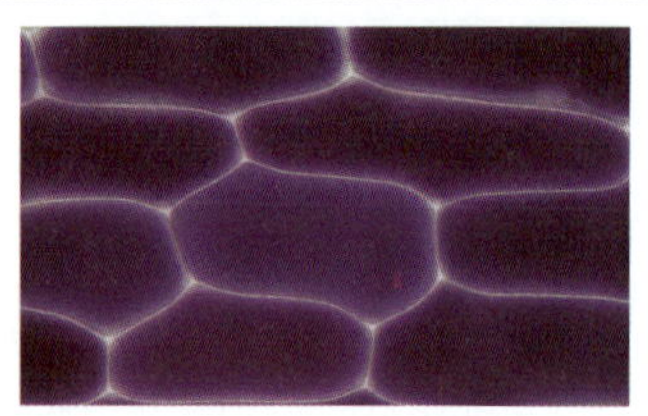	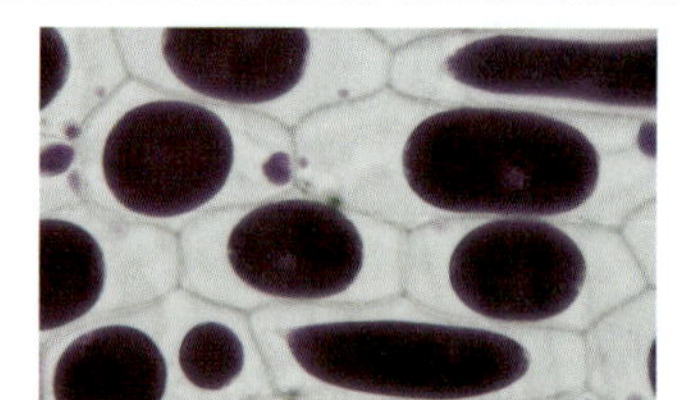
세포 안으로 물이 많이 들어와 세포의 부피가 증가하였다.	세포 밖으로 물이 많이 빠져나가 세포질의 부피가 감소하여 세포막이 세포벽으로부터 분리되었다(원형질분리).

다른 탐구 방법

20 % 설탕물 대신 10 % 소금물을 사용할 수 있다. 또한, 양파 표피세포의 현미경 표본을 만들어 증류수나 20 % 설탕물을 한쪽에서 떨어뜨리고 스며들게 하는 대신 양파 표피세포를 용액에 담가둔 후 꺼내 현미경 표본을 만들어 관찰할 수도 있다.

정리

- 세포막을 경계로 농도가 낮은 용액에서 농도가 높은 용액 쪽으로 물이 이동한다.
- 세포막은 세포를 둘러싸는 막으로, 세포 안팎으로의 물질 출입을 조절한다.

이렇게도 할 수 있어요!

Tip 지학사 교과서에서는 달걀 노른자를 사용하여 세포의 부피 변화를 탐구한다. 달걀 노른자를 증류수, 10 % 설탕물, 20 % 설탕물에 10분간 담가 두었다가 달걀 노른자의 지름과 각 용액의 당도를 측정한다.

구분	증류수	10 % 설탕물	20 % 설탕물
달걀 노른자의 지름	증가	변화 없음	감소
담가 둔 용액의 당도	당도는 0	변화 없음	처음보다 감소

▲ 달걀 노른자의 지름 측정

달걀 노른자를 담가 두었던 용액의 당도를 측정하는 까닭

삼투에 의해 물이 달걀 노른자 안으로 많이 이동하면 용액의 당도가 처음보다 증가하는지와 물이 달걀 노른자 밖으로 많이 이동하면 용액의 당도가 처음보다 감소하는지를 확인하기 위한 것이다.

- 물은 달걀 노른자의 세포막을 통과하지만 설탕 분자는 세포막을 통과하지 못한다.

탐구 확인 문제

01 앞의 탐구에 대한 설명으로 옳은 것은 ○, 옳지 <u>않은</u> 것은 ×로 표시하시오.

(1) 세포막을 통해 물이 이동한다. ——————— (   )

(2) 물의 이동은 삼투에 의해 일어난다. ——— (   )

(3) 양파 표피세포의 부피 변화는 물의 이동으로 나타난다. ————————————— (   )

(4) 양파 표피세포의 세포액은 20 % 설탕물보다 농도가 높다. —————————— (   )

02 앞의 탐구에 대한 설명으로 옳은 것을 모두 고르면?

(답 2개)

① 과정 ❶에서 양파의 안쪽 부분을 사용하면 다른 결과가 나타난다.

② 과정 ❷, ❸에서 양파 표피세포의 부피는 증류수를 떨어뜨린 것이 가장 작다.

③ 과정 ❷, ❸에서 세포막을 경계로 물은 용액의 농도가 낮은 쪽에서 높은 쪽으로 이동한다.

④ 과정 ❸에서 설탕 분자는 양파 표피세포의 세포막을 통해 확산한다.

⑤ 과정 ❸에서 20 % 설탕물을 떨어뜨린 양파 표피세포는 세포막이 세포벽으로부터 분리된다.

⑥ 현미경으로 관찰할 때는 고배율에서 저배율 순으로 관찰한다.

03 그림 (가)는 양파 표피세포에 20 % 설탕물을 떨어뜨리기 전의 모습이고, 그림 (나)는 20 % 설탕물을 떨어뜨린 후 일정 시간이 지났을 때의 모습이다.

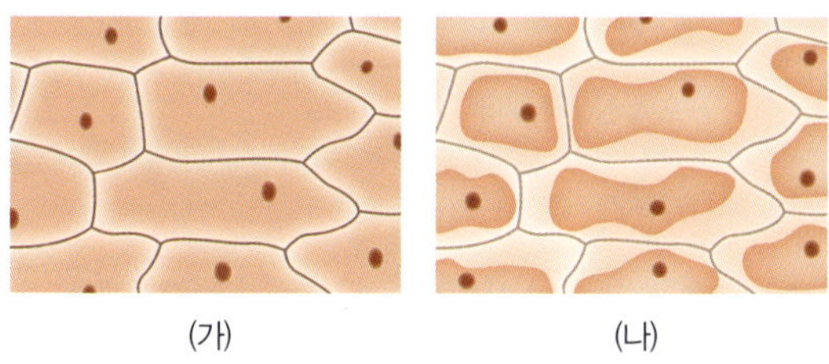

(가)　　　　　　　(나)

(1) 양파 표피세포의 모습이 (나)와 같이 나타나는 까닭을 물의 이동과 관련지어 설명하시오.

(2) (나) 상태의 양파 표피세포를 증류수에 넣으면 어떻게 되는지 설명하시오.

04 그림은 적혈구를 서로 다른 농도의 설탕 용액에 각각 넣었을 때의 변화를 나타낸 것이다.

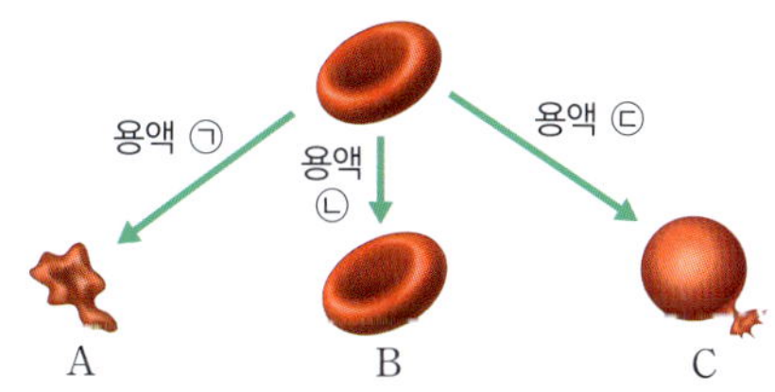

이에 대한 설명으로 옳은 것만을 보기에서 있는 대로 고르시오.

보기
ㄱ. 설탕 용액의 농도는 ㉠＞㉡＞㉢이다.

ㄴ. B에서 세포막을 통해 물이 이동하지 않는다.

ㄷ. A~C 중 적혈구 내부의 농도는 C가 가장 높다.

05 다음은 삼투 현상을 알아보기 위한 실험이다.

(가) 4개의 비커 A~D를 준비하여 서로 다른 농도의 설탕 용액을 200 mL씩 각각 넣는다.

(나) 하나의 감자로부터 한 변이 1 cm인 정육면체 모양의 감자 조각 4개를 만들어 각각 무게를 측정하고, 각 비커에 1개씩 넣는다.

(다) 20분 후 감자 조각의 무게 변화량을 알아본다.

[결과]

비커	A	B	C	D
감자 무게 변화량(g)	0	−0.38	+0.19	−0.70

이에 대한 설명으로 옳은 것만을 보기에서 있는 대로 고른 것은?

보기
ㄱ. 설탕 용액의 농도는 B가 C보다 높다.

ㄴ. A에서 감자 세포 안팎으로 이동하는 물의 양은 같다.

ㄷ. 감자 세포의 내부에서 세포벽을 미는 힘은 D에서가 가장 크다.

① ㄱ　　　　　② ㄴ　　　　　③ ㄱ, ㄴ

④ ㄱ, ㄷ　　　　⑤ ㄴ, ㄷ

식물 세포와 삼투

『통합과학』에서는 삼투에 의한 물의 이동에 따른 동물 세포와 식물 세포의 모양 변화만을 다룬다. 그러나 식물 세포를 세포액보다 농도가 낮은 용액에 넣었을 때 세포의 부피 변화를 삼투에 의한 물의 이동에 따른 압력의 변화로 과학적으로 이해하면 삼투에 관한 어려운 문제도 쉽게 풀 수 있다.

1 삼투압이란 무엇일까?

삼투가 일어날 때 반투과성 막은 용액의 농도가 낮은 쪽에서 높은 쪽으로 물이 이동하려는 압력을 받는데, 이를 삼투압이라고 한다. U자관을 이용하여 삼투압을 측정할 때는 반투과성 막으로 막은 관의 한 쪽에 증류수를 넣고 다른 쪽에 삼투압을 측정하고자 하는 용액을 넣는다. 용액이 든 쪽에 적당한 압력을 가하면 삼투에 의한 물의 이동이 일어나지 않는데, 이때 가한 압력(P)이 용액의 삼투압과 크기가 같다. 삼투압은 용액의 농도가 높을수록, 온도가 높을수록 크다.

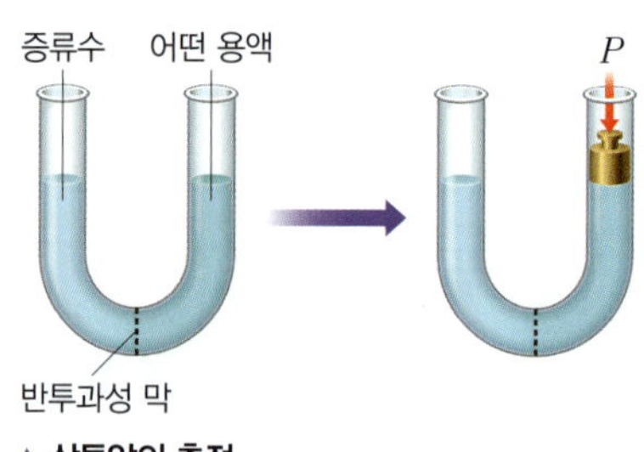

▲ 삼투압의 측정

등장액, 고장액, 저장액

세포액의 삼투압을 기준으로 수용액의 삼투압이 세포액과 같으면 등장액, 세포액보다 높으면 고장액, 세포액보다 낮으면 저장액이라고 한다.

2 식물 세포의 부피 변화를 압력 변화로 설명할 수 있을까?

그림은 고장액에서 원형질분리 상태이던 식물 세포를 저장액으로 옮긴 후 세포의 부피에 따른 삼투압, 팽압, 흡수력의 변화를 나타낸 것이다.

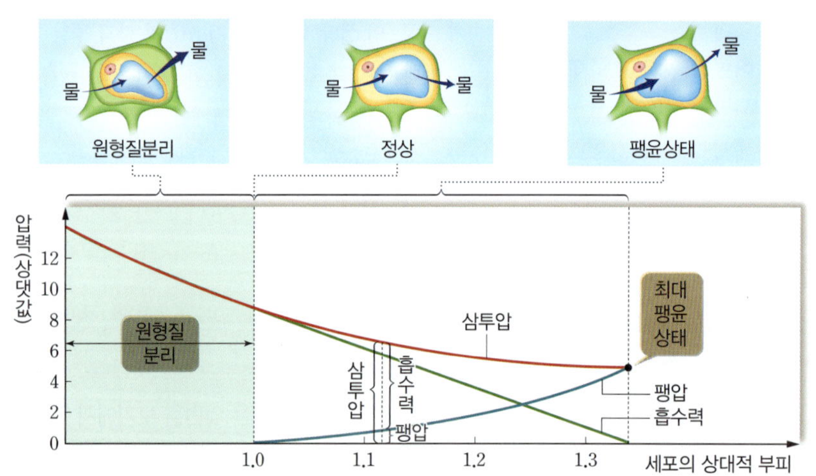

▲ 삼투압, 팽압, 흡수력의 변화

삼투압, 팽압, 흡수력

- 삼투압: 삼투에 의해 세포막이 받는 압력
- 팽압: 세포 내부로부터 세포벽을 밀어내는 압력
- 흡수력: 식물 세포가 물을 흡수하는 힘

흡수력＝삼투압－팽압

고장액에서 원형질분리 상태이던 식물 세포를 저장액에 넣으면 삼투에 의해 세포 안으로 물이 많이 들어와 세포의 부피가 증가하는데, 이를 팽윤이라고 한다. 삼투에 의해 식물 세포 안으로 물이 들어오면 세포액의 농도가 감소하여 삼투압이 감소한다. 그러나 물이 들어와 세포의 부피가 증가함에 따라 세포벽을 바깥으로 미는 힘, 즉 팽압이 발생하는데, 팽압은 세포의 부피가 증가함에 따라 증가한다. 삼투압은 물이 세포 안으로 들어오려는 힘으로 작용하고, 팽압은 물이 세포 안으로 들어오는 것을 방해하는 힘으로 작용한다. 따라서 식물 세포가 물을 흡수하는 힘, 즉 흡수력은 '삼투압－팽압'이다. 삼투압과 팽압이 같아지면 흡수력이 0이 되어 식물 세포는 더 이상 물을 흡수하지 않으며, 세포의 부피가 최대인 최대 팽윤 상태가 된다.

세포막을 통한 수동수송과 능동수송

『통합과학』에서는 세포막을 통한 물질 이동을 확산과 삼투만 다룬다. 그런데 세포가 필요한 물질이나 생성된 노폐물을 농도 차에 따른 확산이나 삼투만으로 획득하거나 제거할 수 있을까? 세포막을 통과할 수 없는 고분자 물질은 어떻게 세포막으로 출입할 수 있을까? 이는 『생명과학』『세포와 물질대사』에서 자세히 배우지만 미리 알고 있으면 어려운 문제도 쉽게 풀 수 있다.

1 세포막을 통한 확산과 삼투의 공통점은 무엇일까?

확산은 물질의 종류에 따라 인지질 2중층이나 막단백질을 통해 농도가 높은 쪽에서 낮은 쪽으로 물질이 이동하는 현상이다. 삼투는 용질의 농도가 낮은 쪽(물의 농도가 높은 쪽)에서 용질의 농도가 높은 쪽(물의 농도가 낮은 쪽)으로 막을 통해 물이 이동하는 현상이다. 즉, 삼투는 물의 농도가 높은 쪽에서 낮은 쪽으로 물 분자가 확산하는 현상이라고 할 수 있다. 확산과 삼투는 세포에서 주어지는 에너지(ATP) 없이 물질이 농도 차에 따라 세포막을 통해 이동한다는 공통점이 있다. 이 때문에 확산과 삼투는 수동수송(passive transport)이라고 한다.

2 세포막을 경계로 저농도에서 고농도로 물질이 이동할 수 있을까?

세포의 생명활동에 필요한 물질이 항상 세포 안보다 세포 밖에 더 많은 것은 아니다. 세포는 에너지를 소비하며 세포막을 경계로 물질의 농도가 낮은 쪽에서 높은 쪽으로 농도 기울기를 거슬러 물질을 이동시키기도 한다. 이와 같이 에너지를 소비하여 물질을 이동시키는 방식을 능동수송(active transport)이라고 한다. 능동수송은 막단백질인 운반체 단백질에 의해 일어나며, 에너지는 ATP로부터 공급받는다. 능동수송을 통해 세포는 특정 물질의 세포 안팎의 농도 차를 유지한다. 예를 들어 적혈구는 능동수송(Na^+-K^+ 펌프)으로 혈장보다 Na^+ 농도는 낮게, K^+ 농도는 높게 유지한다. 콩팥 세뇨관에서 포도당과 아미노산을 재흡수할 때, 식물 뿌리털에서 무기양분을 흡수할 때도 능동수송이 일어난다.

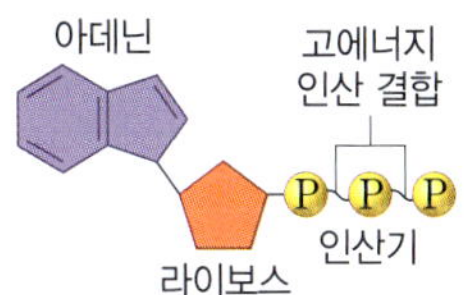

농도(mM)

	혈장(적혈구 밖)	적혈구 안
Na^+	145	5~15
K^+	5	140

▲ 적혈구 안팎의 이온 분포

3 확산과 능동수송은 어떤 차이점이 있을까?

세포막을 통해 일어나는 물질의 확산과 능동수송은 몇 가지 차이점이 있다. 능동수송은 막단백질을 통해 물질이 이동한다는 점에서 촉진확산과 공통점이 있다. 그러나 능동수송은 촉진확산과는 달리 물질이 저농도에서 고농도로 이동한다는 것과 세포가 에너지를 소비해야만 일어난다는 차이점이 있다.

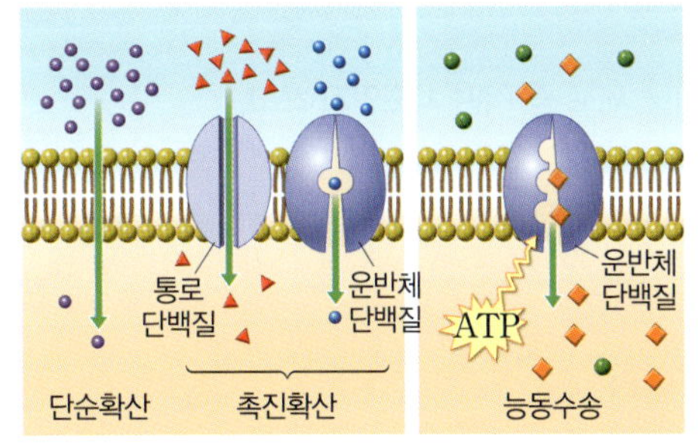

구분	단순확산	촉진확산	능동수송
물질 이동	고농도 → 저농도	고농도 → 저농도	저농도 → 고농도
막단백질	불필요	필요	필요
ATP 에너지	소모 안 함	소모 안 함	소모함

◉ ATP(Adenosine Tri−Phosphate)

아데노신(아데닌＋라이보스)에 인산기 3개가 결합한 화합물로, 생명활동에 직접적으로 사용되는 에너지원이다.

◉ Na^+-K^+ 펌프

Na^+-K^+ 펌프는 모든 동물 세포의 세포막에서 발견되는 대표적인 능동수송 기구이다. Na^+ 농도는 세포 밖이 세포 안보다 10배 정도 높고, K^+ 농도는 세포 안이 세포 밖보다 20~30배 정도 높다. 이러한 이온 농도 차이는 세포가 살아있는 동안 유지되는데, 이것은 Na^+-K^+ 펌프가 Na^+은 세포 안에서 세포 밖으로, K^+은 세포 밖에서 세포 안으로, 즉 저농도에서 고농도 쪽으로 이동시키기 때문이다.

교과서 속 START 내신 완성 문제

01 생명 시스템에 대한 설명으로 옳은 것만을 보기에서 있는 대로 고른 것은?

> 보기
> ㄱ. 세포는 생명체를 구성하는 구조적, 기능적 단위이다.
> ㄴ. 동물과 식물의 공통적인 구성 단계는 '세포 → 조직 → 기관 → 개체'이다.
> ㄷ. 세포는 여러 세포소기관이 상호작용하는 하나의 생명 시스템이다.

① ㄴ ② ㄱ, ㄴ ③ ㄱ, ㄷ
④ ㄴ, ㄷ ⑤ ㄱ, ㄴ, ㄷ

[02~03] 그림은 어떤 세포의 구조를 나타낸 것이다. A~E는 핵, 세포막, 엽록체, 라이보솜, 마이토콘드리아 중 하나이다.

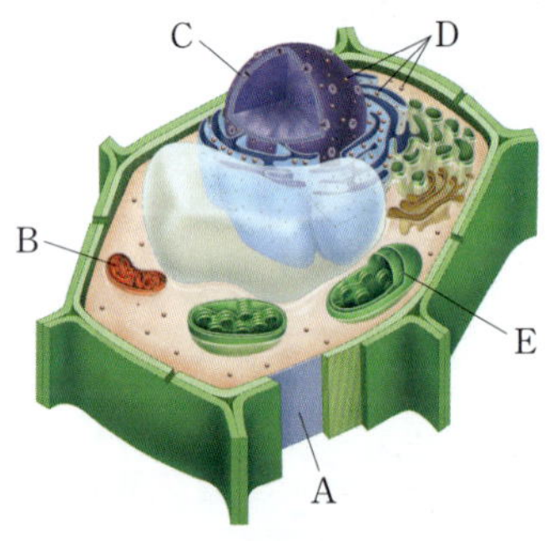

02 위 세포는 동물 세포와 식물 세포 중 어떤 세포인지 쓰고, (서술형) 그렇게 생각한 근거를 설명하시오.

03 이에 대한 설명으로 옳은 것은?
① A는 식물 세포에는 있고 동물 세포에는 없다.
② B는 세포 밖으로 물질을 분비한다.
③ C는 세포 활동에 필요한 에너지를 생산한다.
④ D는 세포의 생명활동을 조절한다.
⑤ E는 빛에너지를 흡수하여 포도당을 합성한다.

04 세포소기관에 대한 설명으로 옳은 것만을 보기에서 있는 대로 고른 것은?

> 보기
> ㄱ. 핵에는 유전물질이 있다.
> ㄴ. 식물 세포의 액포는 색소와 노폐물을 저장하며 세포가 성숙할수록 크게 발달한다.
> ㄷ. 마이토콘드리아는 동물 세포와 식물 세포에 모두 존재한다.

① ㄱ ② ㄴ ③ ㄱ, ㄷ
④ ㄴ, ㄷ ⑤ ㄱ, ㄴ, ㄷ

[05~06] 그림은 동물 세포의 구조를 나타낸 것이다.

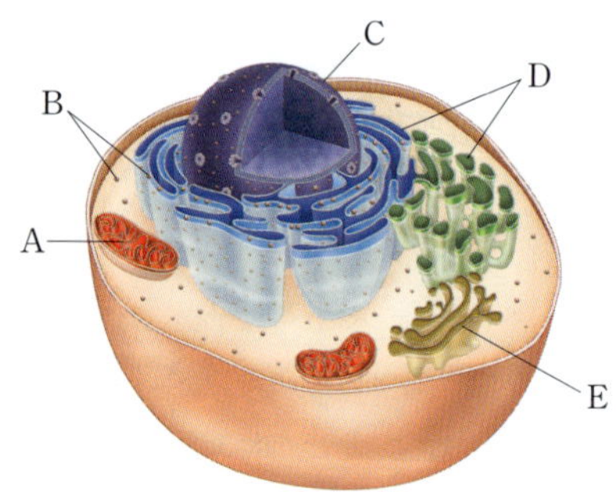

05 A~E 중 인지질 2중층의 막 구조를 갖는 세포소기관의 기호를 모두 쓰시오.

06 다음은 세포에서 단백질이 합성되어 분비되기까지의 과정을 설명한 것이다.

> 동물 세포의 (㉠) 속에 있는 DNA의 유전정보에 따라 (㉡)에서 단백질이 합성된다. 합성된 단백질은 (㉢)을/를 통해 (㉣)(으)로 운반되어 이곳에서 변형된 후 세포 밖으로 분비된다.

㉠~㉣에 해당하는 세포소기관의 기호와 이름을 쓰시오.

[07~08] 그림 (가)는 세포막의 구조를, (나)는 세포막의 성분인 B를 확대하여 나타낸 것이다.

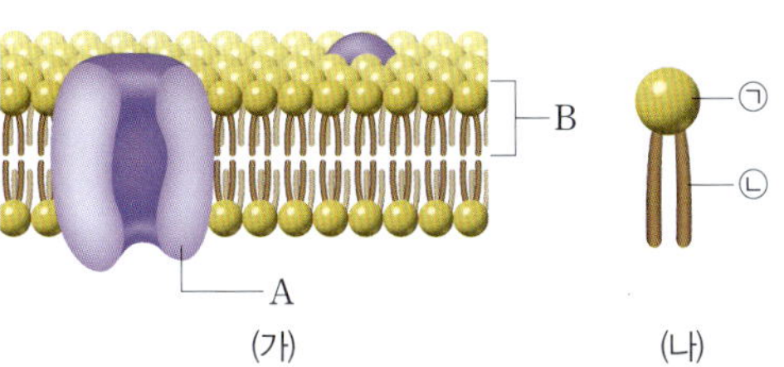

(가)   (나)

07 세포막을 구성하는 A와 B는 각각 어떤 성분인지 쓰시오.

08 이에 대한 설명으로 옳은 것만을 보기에서 있는 대로 고른 것은?

보기
ㄱ. A는 단위체가 펩타이드결합으로 연결된다.
ㄴ. B에서 ㉠은 친수성 부분이고, ㉡은 소수성 부분이다.
ㄷ. 세포막에서는 물질의 이동이 A를 통해서만 일어나므로 물질 출입이 조절된다.

① ㄴ ② ㄱ, ㄴ ③ ㄱ, ㄷ
④ ㄴ, ㄷ ⑤ ㄱ, ㄴ, ㄷ

09 세포막의 구조와 특성에 대한 설명으로 옳은 것만을 보기에서 있는 대로 고른 것은?

보기
ㄱ. 단백질은 모두 세포막의 특정 위치에 고정되어 있다.
ㄴ. 인지질의 꼬리 부분이 서로 마주보고 2중층 구조를 이루고 있다.
ㄷ. 물질의 종류에 따라 투과되는 정도가 다른 선택적 투과성을 나타낸다.

① ㄴ ② ㄱ, ㄴ ③ ㄱ, ㄷ
④ ㄴ, ㄷ ⑤ ㄱ, ㄴ, ㄷ

10 다음은 세포막을 통한 물질 이동 방식을 설명한 것이다.

㉠ (   )은/는 세포막을 경계로 물질의 농도가 높은 쪽에서 낮은 쪽으로 물질이 이동하는 것이고, ㉡ (   )은/는 세포막을 경계로 농도가 낮은 용액에서 높은 용액으로 용매인 물이 이동하는 현상이다.

㉠과 ㉡에 알맞은 물질 이동 방식을 쓰시오.

[11~12] 그림은 세포막을 통해 물질이 확산하는 (가)와 (나) 두 가지 방식을 나타낸 것이다.

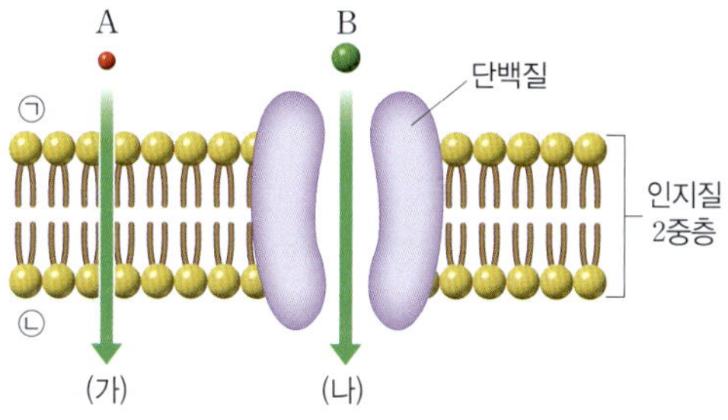

11 이에 대한 설명으로 옳은 것만을 보기에서 있는 대로 고른 것은?

보기
ㄱ. A의 농도는 ㉡보다 ㉠에서 높다.
ㄴ. B의 이동에는 세포에서 에너지가 소모된다.
ㄷ. (나)와 같은 방식으로 이동하는 물질은 모두 같은 단백질을 통해 이동한다.

① ㄱ ② ㄴ ③ ㄱ, ㄴ
④ ㄴ, ㄷ ⑤ ㄱ, ㄴ, ㄷ

12 (가), (나)의 방식으로 이동하는 물질을 각각 한 가지씩 쓰시오.

13 표는 세포막을 통해 물질이 확산하는 두 가지 방식 (가)와 (나)를 나타낸 것이다.

구분	단백질	이동 물질
(가)	㉠	포도당
(나)	사용하지 않음	㉡

이에 대한 설명으로 옳은 것만을 보기에서 있는 대로 고른 것은?

보기
ㄱ. ㉠은 '사용함'이다.
ㄴ. 산소는 ㉡에 해당한다.
ㄷ. (가)와 (나)에서 물질은 항상 세포 밖에서 세포 안으로 이동한다.

① ㄱ ② ㄱ, ㄴ ③ ㄱ, ㄷ
④ ㄴ, ㄷ ⑤ ㄱ, ㄴ, ㄷ

14 그림은 사람의 적혈구를 각각 농도가 다른 소금물에 넣고 일정 시간이 지났을 때의 변화를 순서 없이 나타낸 것이다.

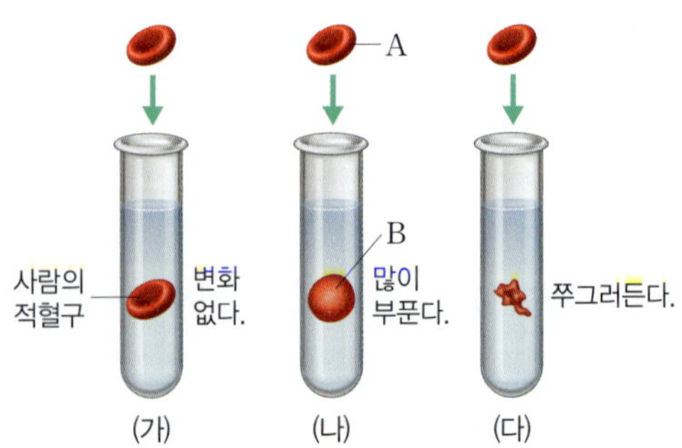

이에 대한 설명으로 옳은 것만을 보기에서 있는 대로 고른 것은?

보기
ㄱ. (가)에서는 적혈구 안팎으로 물이 이동하지 않는다.
ㄴ. 소금물의 농도는 (나)에서보다 (다)에서가 높다.
ㄷ. (나)에서 $\dfrac{\text{B의 부피}}{\text{A의 부피}}$ 값은 1보다 크다.

① ㄴ ② ㄱ, ㄴ ③ ㄱ, ㄷ
④ ㄴ, ㄷ ⑤ ㄱ, ㄴ, ㄷ

15 양파 표피세포에 증류수를 떨어뜨린 후 현미경 표본으로 만들어 관찰하다가 설탕물을 떨어뜨렸더니 그림과 같은 변화가 나타났다.

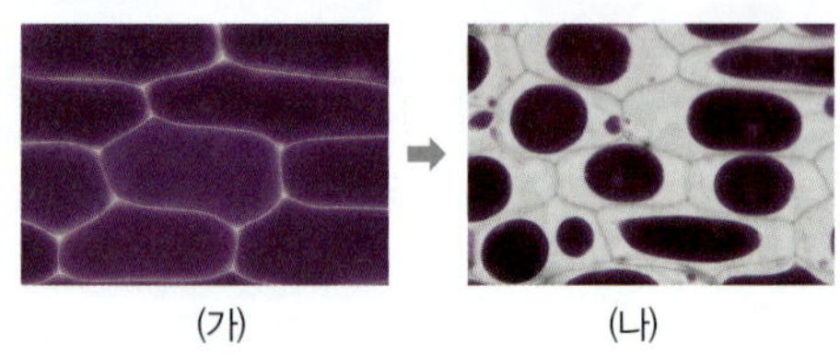

이에 대한 설명으로 옳은 것만을 보기에서 있는 대로 고른 것은?

보기
ㄱ. 설탕물의 농도는 양파 표피세포의 세포액보다 높다.
ㄴ. (나)에서 세포막이 세포벽과 분리되었다.
ㄷ. (가) → (나) 과정에서 세포 안으로 들어온 물의 양이 세포 밖으로 나간 물의 양보다 많다.

① ㄴ ② ㄱ, ㄴ ③ ㄱ, ㄷ
④ ㄴ, ㄷ ⑤ ㄱ, ㄴ, ㄷ

16 〈서술형〉 그림 (가)는 반투과성 막으로 구분한 U자관의 A와 B에 각각 농도가 다른 설탕 용액을 같은 양씩 넣은 모습을, (나)는 (가)에서 충분한 시간이 지난 후 더 이상 수면의 높이 변화가 없을 때의 모습을 나타낸 것이다. 물 분자는 반투과성 막을 통과할 수 있고, 설탕 분자는 반투과성 막을 통과할 수 없다.

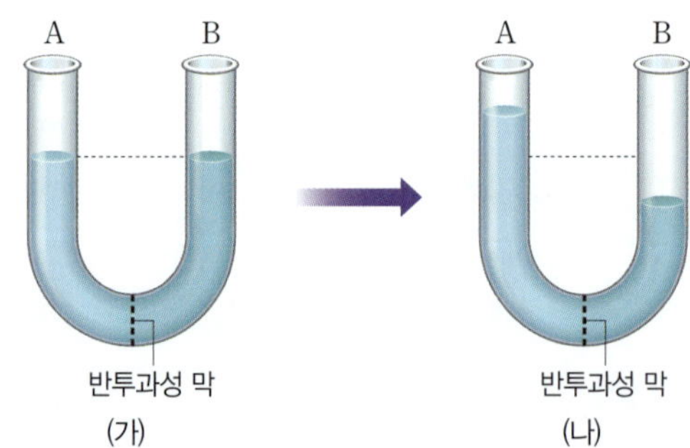

A와 B에 넣은 설탕 용액의 농도를 비교하고, (나)와 같은 변화가 나타난 까닭을 설명하시오.

JUMP 1등급 도전 문제

01 표 (가)는 세포소기관 A~C에서 특징 ㉠~㉢의 해당 여부를, (나)는 특징 ㉠~㉢을 순서 없이 나타낸 것이다. A~C는 각각 엽록체, 골지체, 라이보솜 중 하나이다.

구분	㉠	㉡	㉢
A	×	○	×
B	○	ⓐ	○
C	○	ⓑ	×

(○: 해당함. X: 해당 안 함.)

(가)

특징 ㉠~㉢
- 식물 세포에 있다.
- 포도당을 합성한다.
- 인지질 2중층의 막구조를 갖는다.

(나)

이에 대한 설명으로 옳은 것만을 보기에서 있는 대로 고른 것은?

보기
- ㄱ. ⓐ와 ⓑ는 모두 '○'이다.
- ㄴ. ㉠은 '인지질 2중층의 막구조를 갖는다.'이다.
- ㄷ. C는 단백질을 변형하여 분비하는 작용을 한다.

① ㄱ ② ㄱ, ㄴ ③ ㄱ, ㄷ
④ ㄴ, ㄷ ⑤ ㄱ, ㄴ, ㄷ

02 그림은 세포막을 통한 물질 A와 B의 이동 방식을 나타낸 것이다. A와 B는 각각 산소와 Na^+ 중 하나이다.

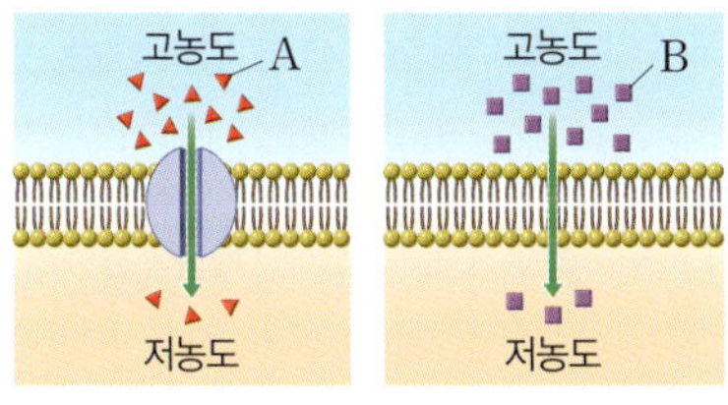

이에 대한 설명으로 옳은 것만을 보기에서 있는 대로 고른 것은?

보기
- ㄱ. 농도 차가 커지면 A의 확산 속도가 계속 빨라진다.
- ㄴ. B는 산소이다.
- ㄷ. A와 B의 이동에 에너지를 소모하지 않는다.

① ㄴ ② ㄱ, ㄴ ③ ㄱ, ㄷ
④ ㄴ, ㄷ ⑤ ㄱ, ㄴ, ㄷ

03 그림 (가)와 (나)는 식물 세포와 동물 세포를 순서 없이 나타낸 것이다. A~D는 각각 핵, 엽록체, 세포막, 마이토콘드리아 중 하나이다.

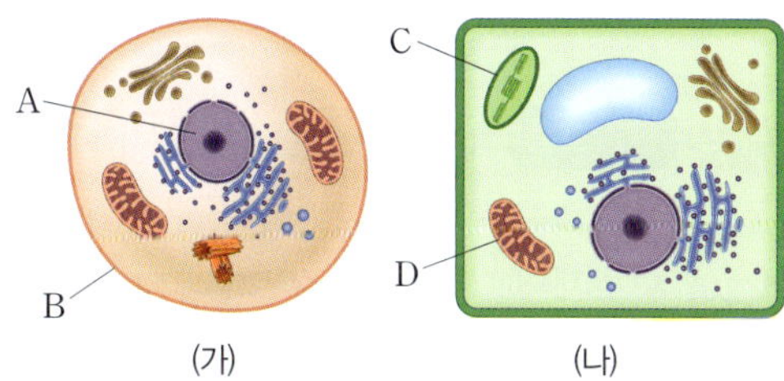

이에 대한 설명으로 옳은 것만을 보기에서 있는 대로 고른 것은?

보기
- ㄱ. A에는 뉴클레오타이드를 단위체로 하는 탄소 화합물이 있다.
- ㄴ. B는 동물 세포에는 있고 식물 세포에는 없다.
- ㄷ. C는 산소를 방출하고, D는 산소를 흡수한다.

① ㄱ ② ㄷ ③ ㄱ, ㄷ
④ ㄴ, ㄷ ⑤ ㄱ, ㄴ, ㄷ

04 그림은 식물 세포를 농도가 서로 다른 설탕 용액 A~C에 각각 넣고 일정 시간이 지난 후의 모습을 나타낸 것이다.

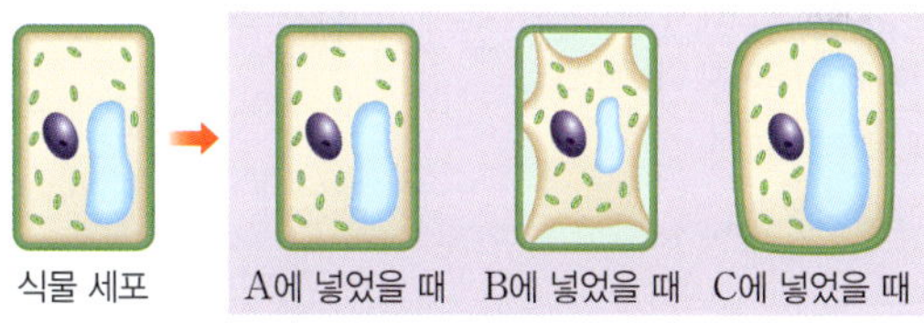

이에 대한 설명으로 옳은 것만을 보기에서 있는 대로 고른 것은?

보기
- ㄱ. 설탕 용액의 농도는 C>A>B이다.
- ㄴ. B에 넣었을 때 $\dfrac{\text{세포 밖으로 나가는 물의 양}}{\text{세포 안으로 들어오는 물의 양}}$ 값은 1보다 크다.
- ㄷ. C에 넣어 두는 시간이 길어질수록 세포의 부피는 계속 증가한다.

① ㄱ ② ㄴ ③ ㄷ
④ ㄱ, ㄴ ⑤ ㄱ, ㄴ, ㄷ

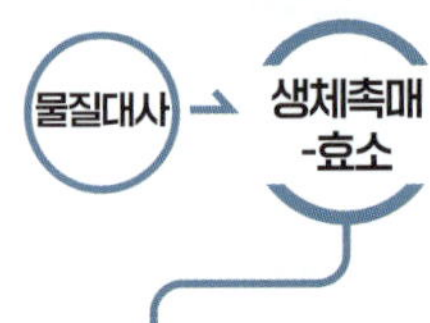

1 생명체 내의 화학 반응, 물질대사

생명체는 외부에서 받아들인 물질을 새로운 물질로 합성하거나 분해하여 물질과 에너지를 얻어 생명활동을 한다. 생명체 내에서 일어나는 화학 반응을 통틀어 물질대사라고 한다.

1. 물질대사

(1) **물질대사의 필요성**: 물질대사는 생명체 내에서 일어나는 모든 화학 반응이다. 생명체는 물질대사를 통해 몸을 구성하는 성분을 만들고, 에너지를 얻어 생명활동을 한다. 따라서 물질대사는 생명체가 생명을 유지하는 데 필수적이다.

(2) **물질대사의 특징**

① 반드시 에너지 출입이 함께 일어난다. ➡ 물질대사는 생명체 내에서 일어나는 화학 반응이며, 화학 반응이 일어나는 과정에서 에너지가 흡수되거나 방출된다.

② 효소가 관여한다. ➡ 효소는 생명체 내에서 화학 반응을 촉진하는 촉매 역할을 한다. 이 때문에 생명체 밖에서는 고온, 고압에서 일어나는 화학 반응도 체내에서는 체온 정도의 낮은 온도에서 반응이 일어날 수 있다.

③ 반응이 단계적으로 일어난다. ➡ 생명체 내에서 일어나는 화학 반응은 여러 단계에 걸쳐 일어나며, 에너지가 여러 단계에 걸쳐 소량씩 출입한다. 또한, 각 단계마다 반응물이 달라 작용하는 효소도 다르다. 이 때문에 한 종류의 효소라도 없거나 이상이 생기면 그 효소가 관여하는 물질대사에 문제가 생긴다.

(3) **생명체 밖에서 일어나는 화학 반응과 물질대사의 차이**: 물질대사는 반응물과 최종 생성물이 생명체 밖에서 일어나는 화학 반응과 같다 하더라도 반응 경로가 다르다.

연소와 물질대사

포도당을 생명체 밖에서 연소시키면 400 ℃ 이상에서 이산화 탄소와 물로 분해되지만, 생명체 내에서는 세포호흡을 통해 37 ℃ 정도에서 단계적인 화학 반응을 거쳐 이산화 탄소와 물로 분해된다.

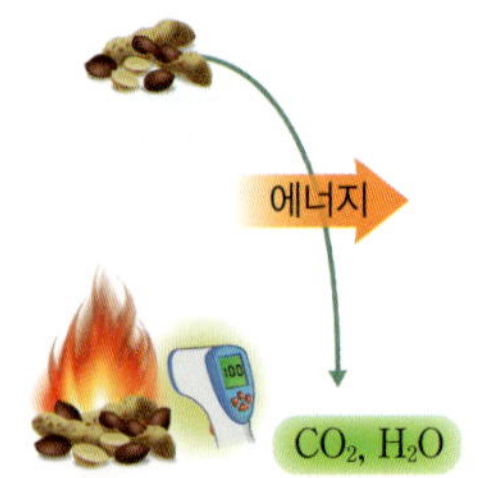

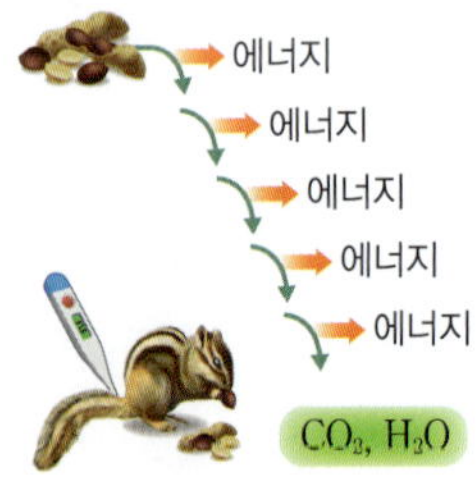

생명체 밖에서 일어나는 화학 반응	생명체 내에서 일어나는 화학 반응(물질대사)
· 고온, 고압 상태에서 반응이 잘 일어난다. · 촉매 없이도 반응이 일어날 수 있다. · 반응이 한 번에 일어나 다량의 에너지가 한꺼번에 방출되거나 흡수된다. 예 연소 반응	· 체온(37 ℃) 정도에서 반응이 일어난다. · 생체촉매(효소)가 필요하다. · 반응이 단계적으로 일어나며, 에너지가 소량씩 방출되거나 흡수된다. 예 세포호흡

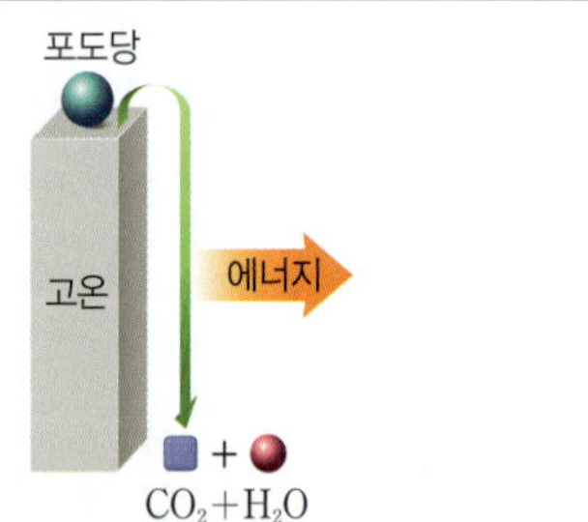

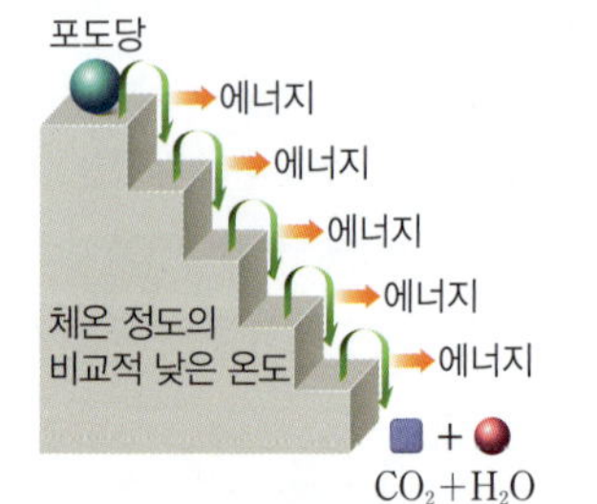

2. 물질대사의 구분

(1) **동화작용**: 작고 간단한 분자(저분자)를 크고 복잡한 분자(고분자)로 합성하는 반응으로, 동화작용이 일어날 때는 에너지가 흡수되어 생성물에 저장된다. 세포는 동화작용을 통해 세포의 구성 성분이나 생명활동에 필요한 물질을 합성한다. 📵 단백질 합성, DNA 합성, 광합성 등

(2) **이화작용**: 크고 복잡한 분자(고분자)를 작고 간단한 분자(저분자)로 분해하는 반응으로, 이화작용이 일어날 때는 반응물 속에 저장되어 있던 에너지가 방출된다. 세포는 이화작용을 통해 세포의 생명활동에 필요한 에너지를 얻는다. 📵 세포호흡, 영양소의 소화 등

세포호흡
세포에서 영양소를 분해하여 에너지를 얻는 과정으로, 이화작용에 속한다.

자료 분석 ⊕ 동화작용과 이화작용

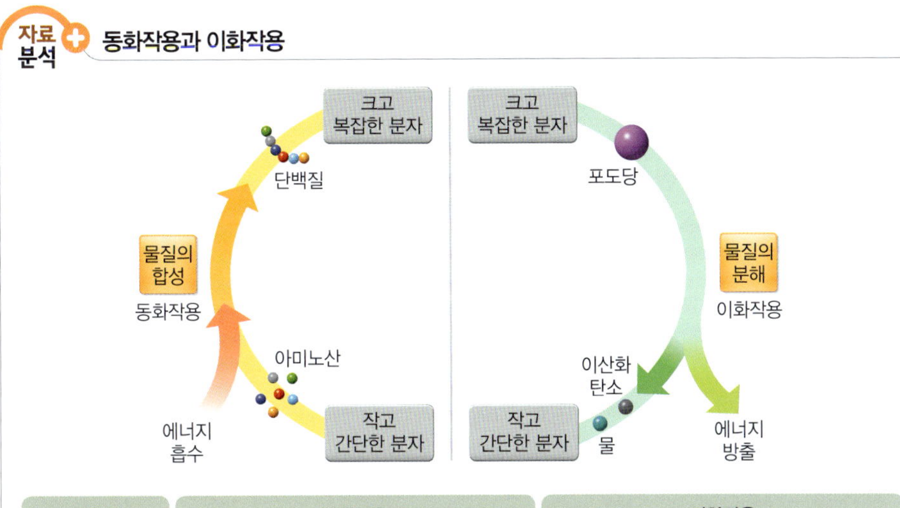

구분	동화작용	이화작용
물질의 변화	작고 간단한 분자를 크고 복잡한 분자로 합성	크고 복잡한 분자를 작고 간단한 분자로 분해
에너지 변화	에너지 흡수(흡열 반응) 에너지 크기: 반응물＜생성물	에너지 방출(발열 반응) 에너지 크기: 반응물＞생성물
예	단백질 합성, DNA 합성, 광합성	세포호흡, 영양소의 소화

영양소의 소화
음식물 속의 녹말, 단백질, 지방 등의 영양소가 포도당, 아미노산, 지방산과 모노글리세리드로 분해되는 작용이다. 소화를 통해 크고 복잡한 분자가 세포막을 통과할 수 있을 만큼 작고 간단한 분자로 분해된다.

✔ 중요 개념 체크

정답과 해설 78쪽

1. 물질대사의 특징에 대한 설명으로 옳은 것은 ○, 옳지 <u>않은</u> 것은 ×로 표시하시오.

(1) 생명체 안과 밖에서 일어나는 모든 화학 반응이다. ——————————— (　　　)

(2) 반드시 에너지의 출입이 함께 일어난다. ——————————— (　　　)

(3) 아미노산이 단백질로 되는 반응은 이화작용에 속한다. ——————————— (　　　)

2 효소의 작용

물질대사가 생명체 밖에서 일어나는 화학 반응에 비해 상대적으로 낮은 온도에서 일어날 수 있는 것은 생체촉매인 효소가 반응을 촉진하기 때문이다.

1. 효소의 기능  탐구 282쪽  심화 강의 285쪽

화학 반응과 활성화에너지
화학 반응은 반응물에서 원자 간 결합이 끊어지고 새로운 결합을 형성하여 반응물과는 다른 생성물이 만들어지는 반응이다. 활성화에너지는 반응물이 넘어야 할 에너지 장벽으로, 활성화에너지의 크기는 반응의 종류에 따라 다르다.

(1) **화학 반응과 활성화에너지**: 화학 반응이 일어나기 위해 필요한 최소한의 에너지를 활성화에너지라고 하는데, 활성화에너지가 작으면 반응 속도가 빠르고, 활성화에너지가 크면 반응 속도가 느리다. 한편 반응물과 생성물의 에너지 차이를 반응열이라고 한다.

(2) **효소와 화학 반응**: 효소는 활성화에너지를 감소시켜 물질대사의 반응 속도를 증가시키는 생체촉매이다. 효소를 사용하더라도 반응열의 크기는 변하지 않는다.

자료 분석 ➕ 효소의 유무와 활성화에너지

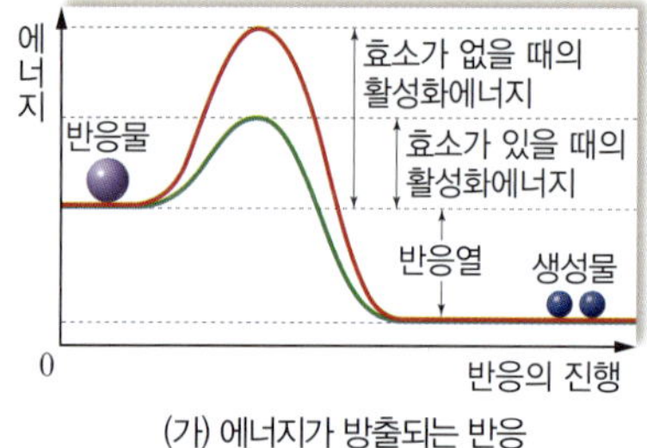

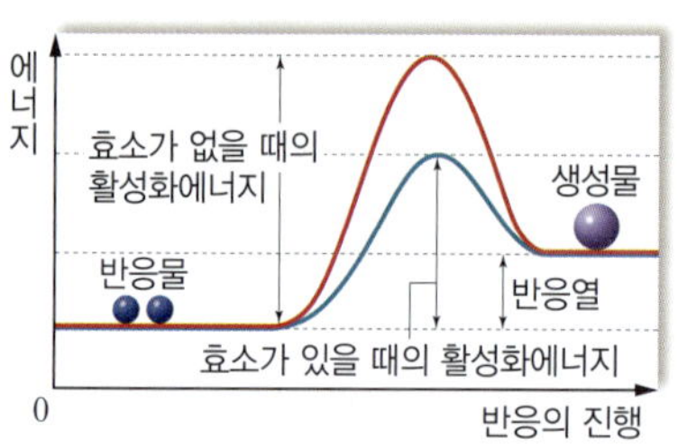

❶ 효소가 없을 때에 비해 효소가 있을 때는 활성화에너지가 감소하여 반응 속도가 빨라진다.
❷ (가)는 반응물의 에너지가 생성물의 에너지보다 커서 에너지가 방출되는 반응이다.
❸ (나)는 반응물의 에너지가 생성물의 에너지보다 작아서 에너지가 흡수되는 반응이다. 활성화에너지는 반응물이 넘어야 할 에너지 장벽이므로, 반응열이 포함된다.
❹ (가)와 (나)에서 효소의 유무에 관계 없이 반응열은 일정하다.

2. 효소의 주성분과 작용 원리 집중 분석 281쪽

활성부위
효소에는 반응물과 결합하는 부분이 있는데, 이를 활성부위라고 한다. 효소의 활성부위에 들어맞는 반응물만 효소와 결합할 수 있다.

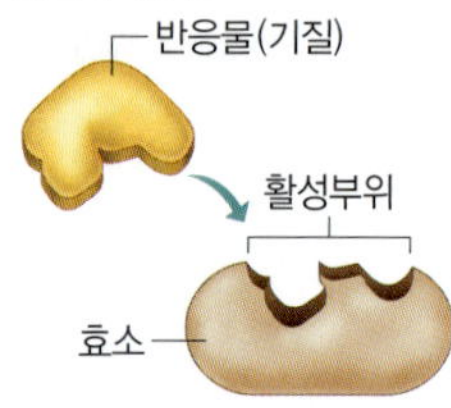

(1) **효소의 주성분**: 효소의 주성분은 단백질이다. 효소는 다른 단백질과 마찬가지로 독특한 입체 구조를 지니고 있으며, 반응물과 결합할 수 있는 부분(활성부위)이 있다.

(2) **효소의 작용 원리**: 효소는 특정 반응물과 결합하여 활성화에너지를 낮춤으로써 반응을 촉진한다. 효소와 반응물이 결합하여 반응이 일어난 후 효소는 생성물과 분리되고 새로운 반응물과 결합하여 다시 반응을 촉매할 수 있다.

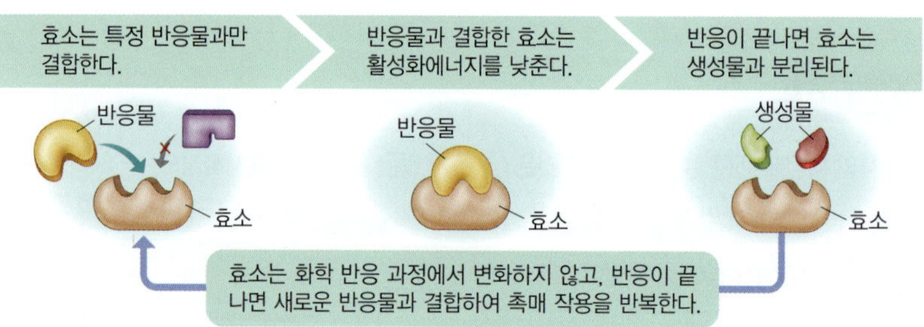

▲ 효소의 촉매 반응

3. 효소의 특성

(1) **효소의 기질특이성**: 효소는 특정 반응물과만 결합해 작용하는 기질특이성이 있다. 기질특이성은 효소가 구조가 들어맞는 반응물(*기질)과만 결합할 수 있기 때문에 나타난다. 예를 들어 *수크레이스는 설탕은 분해할 수 있지만 엿당은 분해할 수 없는데, 이것은 수크레이스가 설탕하고는 결합할 수 있지만 엿당하고는 결합할 수 없기 때문이다.

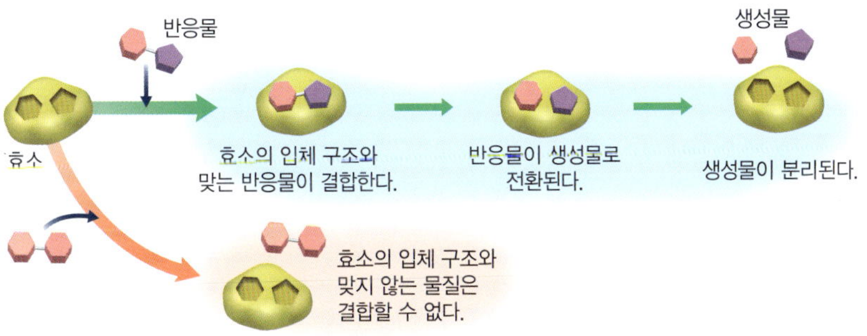

▲ 효소의 기질특이성

(2) **효소의 재사용**: 효소는 반응 전후에 구조와 성질이 변하지 않으므로 생성물과 분리된 후 새로운 반응물과 결합하여 다시 반응을 촉매할 수 있다.

4. 효소와 생명 현상

생명체에서 나타나는 대부분의 생명 현상은 효소가 관여하는 화학 반응에 의해 나타난다. 영양소의 소화, 성장, 혈액응고, 생식과 유전, 광합성 등 다양한 생명 현상에 효소가 관여한다.

영양소의 소화	성장	혈액응고
음식물로 섭취한 영양소는 소화기관을 지나는 동안 여러 가지 소화 효소의 작용으로 작게 분해된 후 세포막을 통해 흡수된다.	성장 과정에서 필요한 단백질, 핵산 등의 여러 물질을 합성할 때 효소가 필요하다.	상처가 났을 때 혈액을 응고시켜 피가 멎게 하는 과정에 효소가 관여한다.

설탕과 엿당

설탕은 포도당과 과당이 결합한 물질이고, 엿당은 포도당과 포도당이 결합한 물질이다.

효소의 재사용

효소가 기질과 결합하여 작용하고 생성물과 분리된 후 새로운 기질과 결합하기까지의 순환 과정은 매우 빠르게 진행된다.

효소의 종류

물질대사는 여러 단계를 거쳐 일어나며, 각 단계마다 물질이 다르므로 작용하는 효소의 종류도 다르다. 이에 따라 생명체 내에는 수많은 종류의 효소가 있다. 만일 효소가 한 가지라도 결핍되면 그 효소가 관여하는 물질대사에 이상이 생겨 이상 증세가 나타난다.

중요 개념 체크

정답과 해설 78쪽

2. 다음은 효소에 대한 설명이다. ( ) 안에 들어갈 알맞은 말을 쓰시오.

효소는 ㉠ (   )을/를 낮추어 화학 반응이 빠르게 일어나도록 하는 생체촉매로, 주성분은 ㉡ (   )(이)며, 구조가 들어맞는 반응물하고만 결합하여 반응을 촉진하는 ㉢ (   )이/가 있다.

용어

*기질(substrate)
효소와 결합하여 효소의 작용을 받는 특정 반응물을 말한다.

*수크레이스(sucrase)
설탕을 포도당과 과당으로 분해하는 효소이다.

인류는 효소의 존재를 과학적으로 규명하기 훨씬 전부터 발효식품 등에 미생물의 효소를 이용해 왔다. 현재는 식품, 의약품, 생활용품 등 다양한 분야에서 효소가 활용되고 있다.

1. 식품 분야에서의 활용

(1) 발효식품: 포도주, 막걸리, 된장, 고추장, 김치, 요구르트 등 발효식품은 미생물에 있는 효소의 작용으로 만들어진다.

(2) 식혜: 엿기름에 들어 있는 아밀레이스를 이용하여 밥 속의 녹말을 엿당으로 분해하여 단맛이 나는 식혜를 만든다.

(3) 연육제: 배나 키위 같은 과일에 들어 있는 단백질분해효소로 고기를 연하게 만든다.

2. 의약품 분야에서의 활용

(1) 요 검사지: 요 검사지에는 포도당 산화 효소 등이 있어 오줌 속 포도당의 양에 따라 색깔이 달라지므로 오줌 속 포도당의 양을 추정할 수 있다.

(2) 혈당량 측정기: 혈당 검사지의 끝에 포도당 산화 효소가 있어 혈액을 묻히면 포도당이 산화하면서 발생하는 전류의 세기를 측정하여 혈당량을 알아낸다.

(3) 소화제: 효소 소화제에는 아밀레이스와 단백질분해효소, 지방분해효소 등이 들어 있어 음식물 속의 녹말, 단백질, 지방을 분해하여 소화를 돕는다.

3. 산업 분야에서의 활용

(1) 생활용품 분야: 때의 성분인 지방과 단백질을 분해하는 효소를 첨가하여 세척력을 높인 효소 세제, 탄수화물분해효소를 넣어 치아에 남기 쉬운 녹말과 당분 등을 제거하는 효소 치약, 단백질분해효소를 첨가한 각질 제거 화장품 등을 제조한다.

(2) 섬유 분야: 청바지를 가공할 때 섬유소분해효소를 첨가하여 청바지의 질감을 부드럽게 하고 특정 부분을 탈색한다.

(3) 식품 분야: 치즈, 과즙 음료, 젖당 분해 우유 등의 식품을 대량 생산할 때 효소를 이용한다.

4. 기타 분야에서의 활용

생명공학 분야	새로운 조합을 가진 DNA를 만들기 위해 DNA를 자르거나 연결할 때 효소를 이용한다.
환경 분야	생활 하수나 공장 폐수에 있는 오염 물질을 미생물의 효소를 이용하여 분해한다.
에너지 분야	미생물의 효소를 이용하여 식물체를 구성하는 탄수화물을 발효시켜 바이오에탄올과 같은 바이오연료를 만든다.

연육제

고기를 연하게 만드는 물질이다. 배, 무, 키위, 파파야, 파인애플 등의 식물성 연육제와 여러 가지 화학 물질이나 식물로부터 추출한 효소 등을 첨가하여 만든 화학적 연육제가 있다.

요 검사지와 혈당량 측정기

▲ 요 검사지

▲ 혈당량 측정기

산업 분야에서의 효소 사용의 장점

- 상온, 대기압에서 작용하므로 위험성이 적다.
- 반응을 일으키는 데 필요한 에너지와 반응 시간을 줄일 수 있어 경제적이다.
- 유해한 중간 산물이 생기지 않아 친환경적이다.

과즙 음료와 효소

과즙 음료를 만들 때 펙틴 분해 효소를 넣어 과즙이 불투명하고 혼탁하게 되는 것을 막는다.

✔ **중요 개념 체크**

정답과 해설 78쪽

3. 다음은 효소의 활용에 대한 설명이다. ( ) 안에 들어갈 알맞은 말을 쓰시오.

> 식혜는 엿기름에 들어 있는 ㉠ ( )을/를 이용하여 밥 속의 녹말을 엿당으로 분해하여 만든 음료이고, 혈당량 측정기에는 ㉡ ( ) 산화효소가 이용된다.

집중분석 효소의 작용 원리

생명 시스템을 유지하기 위해서는 끊임없이 화학 반응이 일어나야 하는데, 이것은 활성화에너지를 낮추어 반응 속도를 촉진하는 효소가 있기 때문에 가능하다. 효소는 어떤 방식으로 작용하는지, 이 과정에서 물질의 농도는 어떻게 변하는지를 설명할 수 있다면 효소와 관련된 문제를 쉽게 풀 수 있다.

1 효소는 어떤 방식으로 작용할까?

효소는 활성화에너지를 낮추어 체온 정도에서도 화학 반응이 수만 배 이상 빨리 일어나도록 하여 생명 현상이 원활하게 나타나도록 한다. 효소는 기질과 결합하여 효소기질복합체를 형성하여 활성화에너지를 낮춘다. 이때 기질은 효소의 활성부위에 결합하는데, 활성부위는 효소 표면에 있는 작은 주머니나 움푹 팬 홈 같은 모양이다.

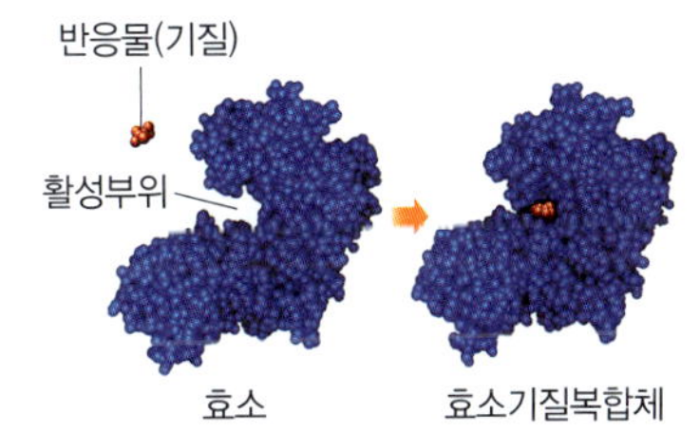

일반적으로 효소는 기질에 비해 분자의 크기가 매우 커서 활성부위에 기질이 결합하면 기질을 꼭 붙들어 압박하고 뒤틀리게 하여 더 적은 에너지를 흡수하고도 반응이 일어날 수 있게 하는 것으로 여겨진다. 이러한 효과 이외에도 기질의 배치나 반응이 일어나기 적합한 환경을 제공하는 등 다양한 방식으로 활성화에너지를 낮추는 것으로 여겨지고 있다.

2 효소 반응에서 물질의 농도는 어떻게 변화할까?

효소와 기질을 넣어주면 반응이 일어나는 초기에는 효소와 기질이 결합하여 효소기질복합체를 형성하므로 기질과 효소의 농도가 감소하고 효소기질복합체의 농도가 증가한다. 반응이 진행됨에 따라 기질이 생성물로 전환되고 효소는 생성물과 분리되므로 효소기질복합체의 농도는 감소하고 효소와 생성물의 농도는 증가한다. 반응이

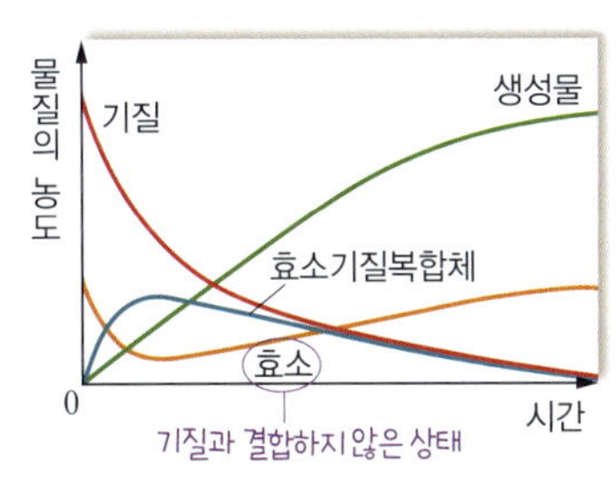

효소기질복합체

효소의 활성부위에 기질이 결합한 상태를 효소기질복합체라고 한다. 효소는 기질과 결합하여 활성화에너지를 낮추므로, 효소에 의한 반응 속도는 효소기질복합체의 형성 속도로 결정된다.

끝나면 기질과 효소기질복합체의 농도는 0이 되고, 생성물의 농도는 최대치에 이르며, 효소는 반응 전후에 변하지 않으므로 처음에 넣어 준 농도와 같아진다.

예제

1 그림 (가)는 효소의 작용을, (나)는 이 효소에 의한 반응이 진행될 때 물질 ㉠~㉢의 농도 변화를 나타낸 것이다. ㉠~㉢은 각각 A~C 중 하나이다.

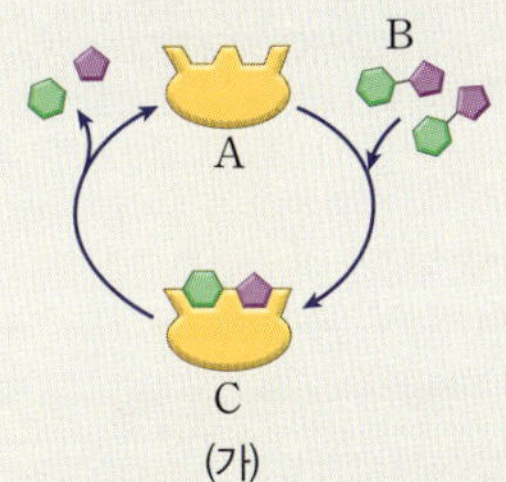

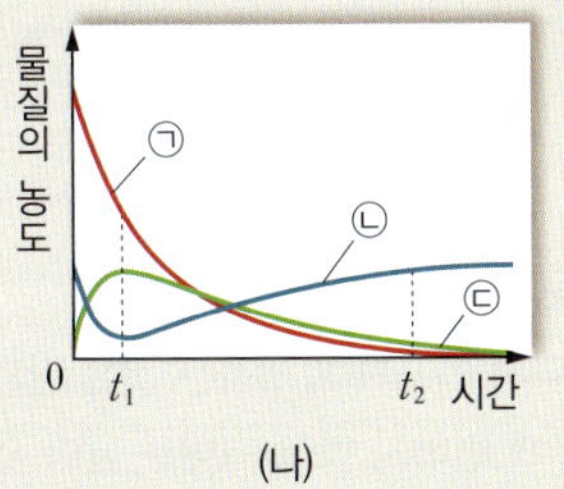

(1) A~C는 각각 무엇인지 쓰시오.

(2) ㉠~㉢은 A~C 중 각각 어떤 것인지 쓰시오.

(3) t_1일 때와 t_2일 때 활성화에너지를 비교하여 쓰시오.

풀이 (1) A는 반응 전후에 변하지 않으므로 효소이고, B는 기질(반응물)이며, C는 효소와 기질이 결합한 상태이다.

(2) 반응이 진행되면서 농도가 계속 감소하는 ㉠은 기질(B)이고, 반응이 끝난 후의 농도가 반응이 일어나기 전과 같아 반응 전후에 농도 변화가 없는 ㉡은 효소(A)이며, 반응 초기에 농도가 증가하였다가 점차 감소하는 ㉢은 효소기질복합체(C)이다.

(3) 동일한 효소에 의한 반응에서는 활성화에너지가 같다.

답 (1) A: 효소, B: 기질, C: 효소기질복합체

(2) ㉠–B, ㉡–A, ㉢–C

(3) 동일한 효소에 의한 반응이므로 t_1일 때와 t_2일 때 활성화에너지는 같다.

효소 작용의 원리에 관한 실험하기

목표 | 카탈레이스에 의해 과산화 수소가 분해되는 화학 반응을 통해 효소 작용의 원리를 설명할 수 있다.

탐구 영상

과정

❶ 시험관 A~C에 3 % 과산화 수소수를 5 mL씩 넣는다.
❷ 시험관 A는 그대로 두고, 시험관 B에는 생간 조각을, 시험관 C에는 감자 조각을 넣고 기포가 발생하는지 관찰한다.
❸ 향에 불을 붙였다 끈 뒤 남은 불씨를 시험관 A~C에 각각 넣고 불씨의 변화를 관찰한다.
❹ 기포 발생이 끝난 뒤, 시험관 A~C에 3 % 과산화 수소수를 5 mL씩 더 넣고 기포가 발생하는지 관찰한다.

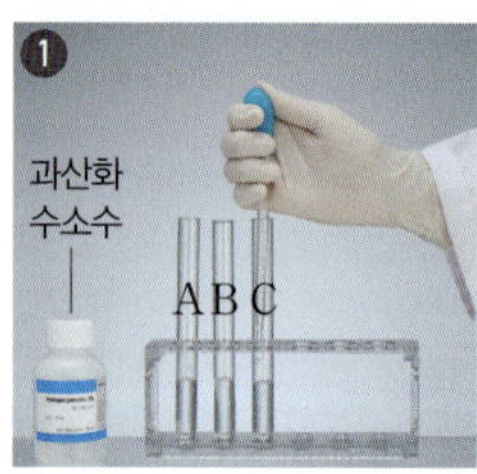

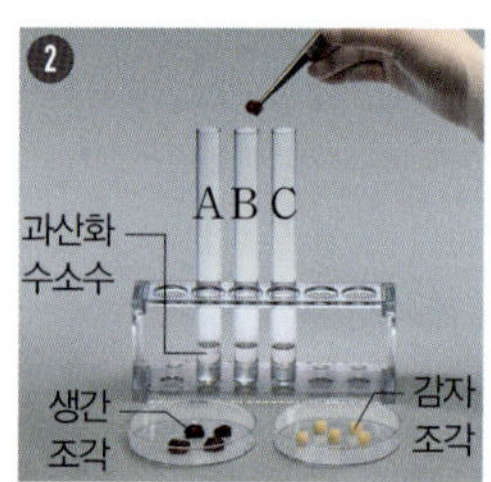

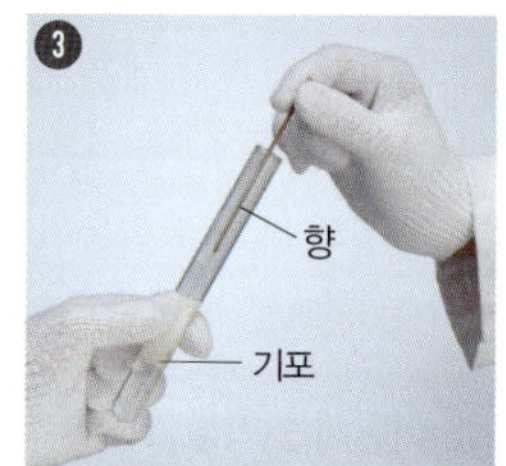

결과

시험관 A~C에서 나타난 변화

시험관	A (과산화 수소수)	B (과산화 수소수 +생간 조각)	C (과산화 수소수 +감자 조각)
과정 ❷의 결과	거의 변화 없다.	기포가 발생한다.	기포가 발생한다.
과정 ❸의 결과	변화 없다.	불씨가 잘 탄다.	불씨가 잘 탄다.
과정 ❹의 결과	거의 변화 없다.	다시 기포가 발생한다.	다시 기포가 발생한다.

정리

• 시험관 A에서는 과산화 수소의 분해 속도가 느려 기포 발생이 관찰되지 않는다.
• 시험관 B와 C에서는 과산화 수소의 분해가 활발하게 일어나 기포가 발생하는 것이 관찰된다. ➡ 간과 감자의 세포에 들어 있는 카탈레이스의 촉매 작용으로 과산화 수소가 빠르게 분해되어 산소 기포가 발생한다.

$$2H_2O_2 \xrightarrow{\text{카탈레이스}} 2H_2O + O_2\uparrow$$

과산화 수소　　　물　　산소

• 시험관 B, C에서 불씨가 잘 타는 것이 관찰된다. ➡ 발생한 기포는 산소이다.
• 기포 발생이 끝난 뒤 과산화 수소수를 더 넣으면 다시 기포가 발생하는 것은 간과 감자의 세포에 들어 있는 카탈레이스가 반응 전후에 변하지 않고 그대로 남아 있기 때문이다. ➡ 효소는 재사용될 수 있다.
• 결론: 효소는 생명체 밖에서 일어나기 어려운 화학 반응이 빠르게 일어나도록 촉진하는 역할을 하며, 반응 전후에 변하지 않는다.

간과 감자를 익히지 않고 사용하는 까닭

효소의 주성분인 단백질이 열에 약하기 때문에 가열하여 익히게 되면 구조가 변하여 효소의 기능을 잃기 때문이다. 이를 확인하기 위해 삶은 간이나 삶은 감자 조각을 넣는 실험을 함께 하기도 한다.

불씨를 넣는 까닭

실험 결과 발생한 기포가 산소인지를 확인하기 위한 것이다. 산소는 다른 물질이 타는 것을 돕는 성질이 있으므로 불씨가 잘 타는지를 통해 기포 속에 산소가 있는지를 확인할 수 있다.

다른 탐구 방법

미래엔 교과서에서는 과산화 수소수와 에탄올을 비교하여 탐구하고, 지학사 교과서에서는 한천 조각과 감자 조각을 비교하여 탐구한다.

탐구 확인 문제

01 앞의 탐구 결과에 대한 설명으로 옳은 것은 ○, 옳지 <u>않은</u> 것은 ×로 표시하시오.

(1) 시험관 B에서 발생한 기포에는 산소가 있다. ————————————————————— ( )

(2) 감자에는 과산화 수소의 분해를 촉진하는 효소가 있다. ———————————————— ( )

(3) 효소는 한 번 반응에 참여하면 재사용되지 않는다. ——————————————————— ( )

(4) 기포 발생이 끝난 시험관 B와 C에 효소가 남아 있다. ———————————————— ( )

02 앞의 탐구에 대한 설명으로 옳은 것을 모두 고르면?

(답 2개)

① 과정 ❶에서 과산화 수소수 10 mL를 사용하면 과정 ❷에서 시험관 A에서 기포가 활발하게 발생한다.

② 과정 ❶에서 5 % 과산화 수소수를 사용하면 과정 ❷에서 시험관 B의 기포 발생량이 증가한다.

③ 과정 ❷에서 넣어주는 생간의 양을 2배로 늘리면 시험관 B에서 생성되는 기포의 총량이 2배로 증가한다.

④ 과정 ❷에서 감자 조각 대신 감자즙을 사용하더라도 시험관 C의 과정 ❸의 결과는 같게 나타난다.

⑤ 과정 ❹의 결과를 통해 효소는 특정 반응물하고만 결합하여 반응을 촉진한다는 것을 확인할 수 있다.

03 그림과 같이 삼각 플라스크에 과산화 수소수를 넣고 소의 생간을 넣으면 기포가 발생한다.

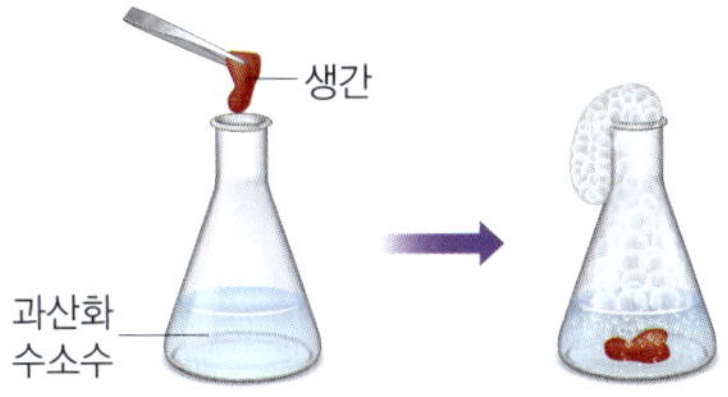

과산화 수소수에 생간을 넣었을 때 기포가 발생하는 까닭을 다음 요소를 포함하여 설명하시오.

- 효소의 이름
- 발생한 기체의 이름

04 시험관 A~C에 과산화 수소수를 같은 양씩 넣고 시험관 B에는 생간 조각을, C에는 익힌 간 조각을 넣은 후 기포가 발생하는지 관찰하였더니 그 결과가 표와 같았다.

시험관	A	B	C
기포	발생 안 함	발생함	발생 안 함

이에 대한 설명으로 옳은 것만을 보기에서 있는 대로 고르시오.

보기
ㄱ. 시험관 B에 불씨를 넣으면 불씨가 밝게 잘 탄다.

ㄴ. 시험관 C의 실험 결과를 통해 효소는 고온에서 촉매 기능을 잃는다는 것을 알 수 있다.

ㄷ. 반응이 끝난 후 시험관 B에 과산화 수소수를 넣으면 기포가 다시 발생한다.

05 다음은 감자를 이용한 과산화 수소 분해 실험이다.

(가) 삼각 플라스크 A와 B에 5 % 과산화 수소수를 100 mL씩 넣고, C에 150 mL를 넣었다.

(나) 삼각 플라스크 B와 C에 같은 크기의 감자 조각을 4개씩 넣고 A~C에 풍선을 씌워 관찰하였다.

[실험 결과]

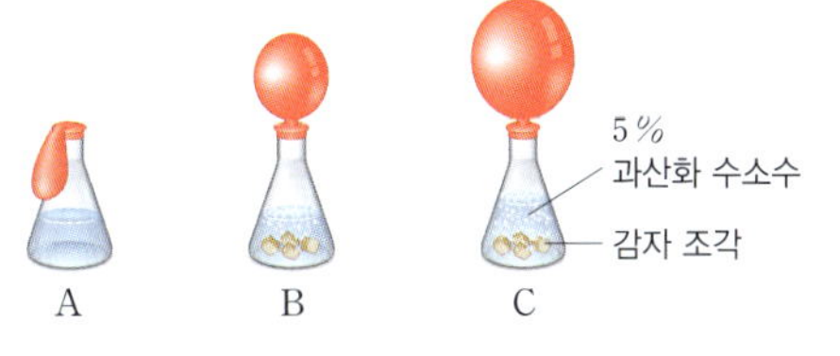

이에 대한 설명으로 옳은 것만을 보기에서 있는 대로 고른 것은?

보기
ㄱ. 감자에는 카탈레이스가 들어 있다.

ㄴ. 효소의 양이 일정할 때 반응물의 양이 많을수록 생성물이 많이 생성된다.

ㄷ. 활성화에너지는 C에서가 B에서보다 낮다.

① ㄱ   ② ㄷ   ③ ㄱ, ㄴ

④ ㄴ, ㄷ   ⑤ ㄱ, ㄴ, ㄷ

효소를 활용하는 사례 조사하기

목표 | 효소를 활용하는 다양한 사례를 조사하여 발표할 수 있다.

 **과정**

우리 생활 속에서 효소를 활용하고 있는 사례를 조사하여 효소와 화학 반응이 잘 드러나는 발표 자료를 만들어 보자.

 **결과**

우리 생활 속 효소의 활용 사례

식혜	효소 세제
엿기름 속의 아밀레이스가 밥 속의 녹말을 엿당으로 분해한다.	세제에 계면 활성제와 함께 단백질분해효소와 지방분해효소를 첨가하여 옷의 섬유에 고착된 단백질과 지방에 의한 오염물을 제거한다.

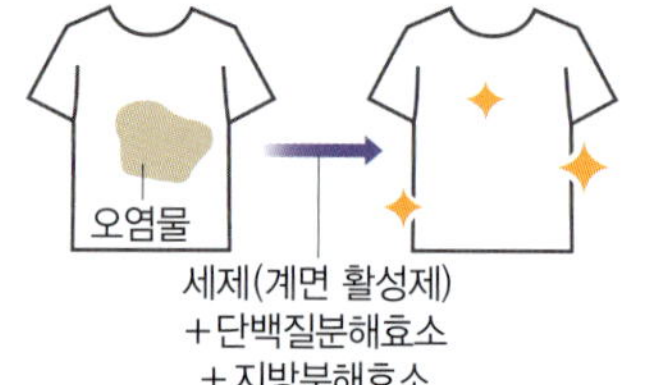

요 검사지	DNA 재조합
오줌 속의 포도당이 요 검사지에 닿으면 요 검사지에 있는 포도당 산화 효소의 작용으로 과산화 수소가 생성되고, 퍼옥시데이스에 의해 과산화 수소가 물과 산소로 분해된다. 이때 발생한 산소가 색원체를 산화시켜 색이 변하는 정도에 따라 오줌 속의 포도당 양을 추정하여 당뇨 가능성을 진단한다.	사람의 인슐린 유전자와 같은 유용한 유전자와 운반체 DNA를 같은 제한효소로 자른 후 DNA 연결효소로 연결하여 재조합 DNA를 만든다. 재조합 DNA를 대장균에 넣으면 대장균에서 사람의 단백질(인슐린)이 합성될 수 있다.

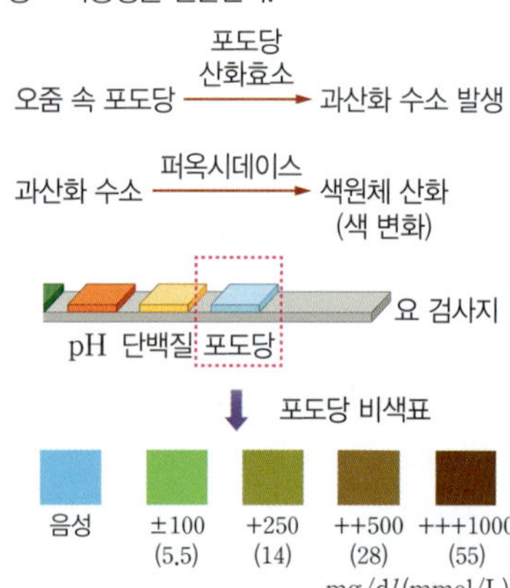

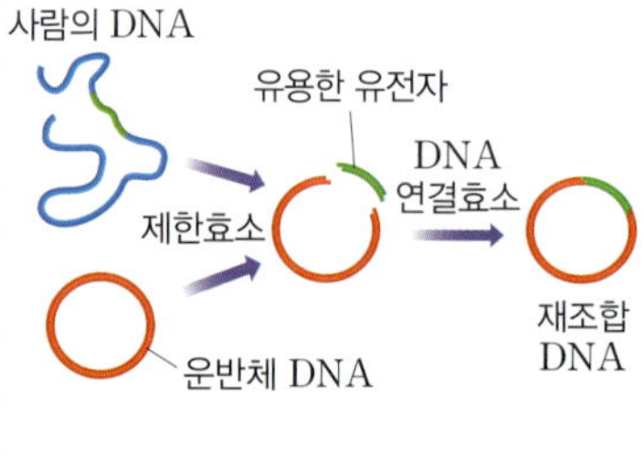

퍼옥시데이스

과산화물의 분해를 촉매하는 효소로, 과산화 수소를 물과 산소로 분해하는 카탈레이스도 퍼옥시데이스의 일종이다.

색원체

무색이거나 색깔이 매우 연하여 그 자체로는 색소라고 할 수 없지만, 조건에 따라 색깔을 낼 수 있는 물질이다. 요 검사지의 색원체는 무색이지만 산소에 의해 색깔이 변하는 물질을 사용한다.

 **정리**

효소는 우리 생활에서 식품, 생활용품, 의약품 등의 제조와 생명공학 등 다양한 분야에 활용되고 있다.

효소의 작용에 영향을 주는 요인

『통합과학』에서는 생명 현상에서 효소의 성분과 역할을 간단히 다루고, 효소의 상세 구조나 결합 방식은 다루지 않는다. 그러나 효소의 주성분이 단백질이라는 것과 기질과 결합하여 활성화에너지를 낮춘다는 것을 알고 있으므로 효소와 기질의 결합에 영향을 주는 요인에 의해 효소의 작용이 영향을 받는다는 것을 알고 있다면 어려운 문제도 쉽게 풀 수 있다.

1 단백질의 입체 구조에 영향을 미치는 요인에는 어떤 것이 있을까?

단백질은 독특한 입체 구조를 가짐으로써 특정한 기능을 할 수 있다. 단백질의 3차원 입체 구조는 폴리펩타이드 사슬이 수소결합, 이온 결합, 황이 이루는 결합 등으로 꼬이고 접혀 만들어진 것이다. 펩타이드결합은 공유 결합으로, 매우 강한 결합이므로 열을 받아도 쉽게 끊어지지 않지만, 수소결합, 이온 결합, 황이 이루는 결합은 열을 받거나 pH 변화에 따라 결합이 끊어지기 쉽다. 그 결과 단백질의 3차원 입체 구조가 변하여 기능을 잃게 되는데, 이를 변성이라고 한다. 효소의 주성분도 단백질이므로 효소에 열을 가하거나 pH가 변하면 활성부위의 입체 구조가 변하고, 그에 따라 기질과 구조가 들어맞지 않게 되어 효소기질복합체를 형성하지 못하게 된다.

공유 결합

두 원자가 서로 전자쌍을 공유하여 형성되는 결합으로, 비금속 원소 사이에 일어난다.

단백질의 변성

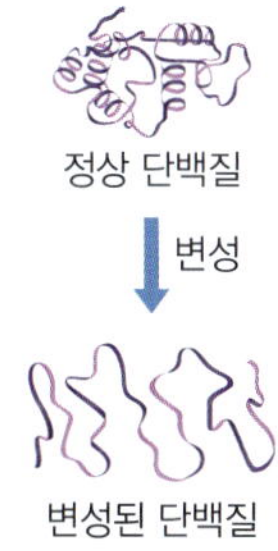

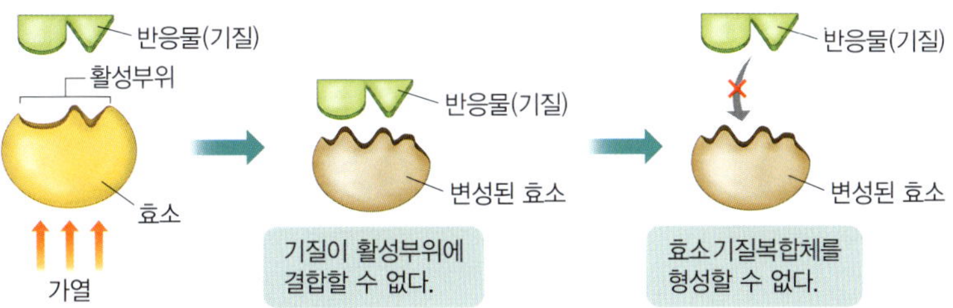

▲ 열에 의해 효소가 기능을 잃는 원리

2 온도와 pH에 따라 효소에 의한 반응 속도는 어떻게 변할까?

(1) 온도: 효소에 의한 반응 속도는 온도가 높아짐에 따라 증가하다가 일정 온도에서 최대가 된다. 효소의 반응 속도가 최대일 때의 온도를 최적온도라고 하며, 최적온도보다 높은 온도에서는 반응 속도가 급격하게 감소한다. 최적온도에 이르기까지 온도가 높아질수록 반응 속도가 증가하는 까닭은 분자 운동이 활발해져 효소와 반응물이 결합하는 속도가 빨라지기 때문이다. 최적온도를 넘어서면 반응 속도가 감소하는 까닭은 효소의 주성분인 단백질이 변성되어 효소의 활성이 떨어지기 때문이다. 사람이 가진 효소의 최적온도는 대부분 35~40 ℃이지만, 다른 동물이나 식물, 미생물 효소의 최적온도는 다양하다.

(2) pH: 효소는 특정 pH에서 반응 속도가 최대가 되고, 이를 벗어나면 반응 속도가 급격히 감소한다. 효소의 반응 속도가 최대일 때의 pH를 최적 pH라고 한다. 최적 pH를 벗어나면 효소의 주성분인 단백질의 입체 구조가 변하여 효소의 활성이 떨어진다. 대부분 효소의 최적 pH는 중성인 pH 7이지만, 펩신은 강한 산성인 pH 2, 트립신은 약 염기성인 pH 8 정도에서 최대 활성을 나타낸다.

최적온도와 최적 pH

효소 반응에 있어서 '최적'은 효소의 입체 구조가 유지되면서 가장 활발하게 기질과 결합하여 기질을 생성물로 변환시키기에 적합한 상태를 의미한다.

내열성 세균

내열성은 생물이 열에 견디며 생존할 수 있는 성질을 말한다. 63 ℃에서 30분 이상의 열처리에도 살 수 있는 세균을 내열성 세균이라고 하는데, 뜨거운 온천수에서 사는 세균이 이에 속한다.

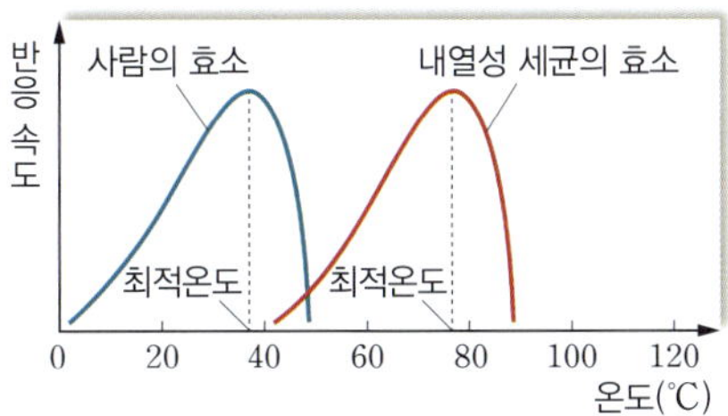

▲ 온도에 따른 효소의 반응 속도

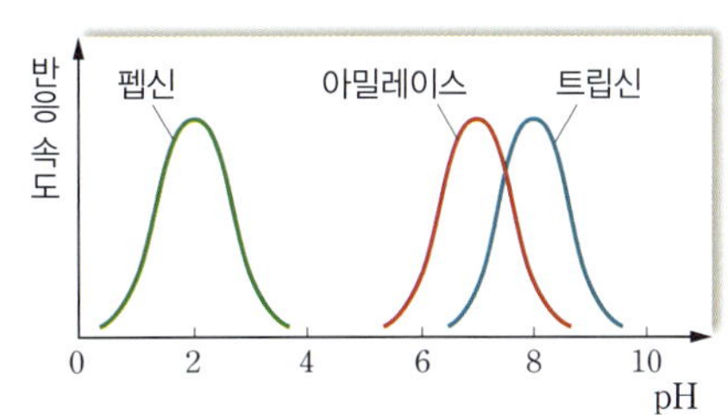

▲ pH에 따른 효소의 반응 속도

01 다음에서 설명하는 것은 무엇인지 쓰시오.

> • 생명체 내에서 일어나는 화학 반응이다.
> • 생명체는 이를 통해 생명활동에 필요한 물질을 합성하고 에너지를 얻는다.

02 물질대사에 대한 설명으로 옳은 것만을 보기에서 있는 대로 고르시오.

> 보기
> ㄱ. 효소가 관여한다.
> ㄴ. 반드시 에너지 출입이 일어난다.
> ㄷ. 생명체 내에서 일어나는 모든 화학 반응이다.

03 그림 (가)는 생명체 밖에서 땅콩이 연소되는 것을, (나)는 다람쥐가 땅콩을 섭취하여 에너지를 얻는 것을 나타낸 것이다.

(가)   (나)

이에 대한 설명으로 옳은 것만을 보기에서 있는 대로 고른 것은?

> 보기
> ㄱ. (가)는 (나)보다 높은 온도에서 일어난다.
> ㄴ. (가)에서 땅콩에 저장된 화학 에너지는 빛과 열의 형태로 방출된다.
> ㄷ. (나)에서 다람쥐가 땅콩 속의 영양소를 분해하여 에너지를 얻는 과정은 동화작용에 해당한다.

① ㄴ   ② ㄱ, ㄴ   ③ ㄱ, ㄷ
④ ㄴ, ㄷ   ⑤ ㄱ, ㄴ, ㄷ

04 다음은 세포 밖에서 포도당이 연소될 때와 세포호흡으로 포도당이 분해될 때, 포도당이 산소와 결합하여 이산화 탄소와 물이 되는 반응을 나타낸 것이다.

> 포도당 + 산소 → 이산화 탄소 + 물 + 에너지

(1) 포도당의 연소와는 달리 세포호흡에는 효소가 필요한데, 효소의 기능은 무엇인지 설명하시오.

(2) 효소가 관여하는 것 외에 포도당의 연소와 세포호흡에 의한 분해의 차이점을 두 가지 설명하시오.

05 그림은 생명체 내에서 일어나는 화학 반응 (가)와 (나)를 나타낸 것이다.

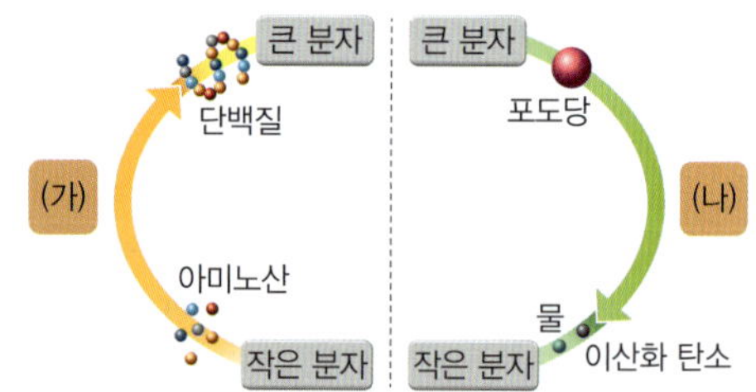

이에 대한 설명으로 옳은 것만을 보기에서 있는 대로 고른 것은?

> 보기
> ㄱ. (가)에는 효소가 필요하고, (나)에는 효소가 필요 없다.
> ㄴ. (가)는 동화작용이고, (나)는 이화작용이다.
> ㄷ. (가) 과정에서 에너지가 방출되고, (나) 과정에서 에너지가 흡수된다.

① ㄱ   ② ㄴ   ③ ㄷ
④ ㄱ, ㄷ   ⑤ ㄱ, ㄴ, ㄷ

06 다음 ㉠과 ㉡에 들어갈 알맞은 단어를 쓰시오.

> ㉠( )은/는 화학 반응이 일어나기 위해 필요한 최소한의 에너지이며, 생명체에 있는 ㉡( )은/는 이를 낮추어 반응 속도를 빠르게 한다.

07 그림은 효소가 있을 때와 없을 때의 활성화에너지를 비교한 것이다.

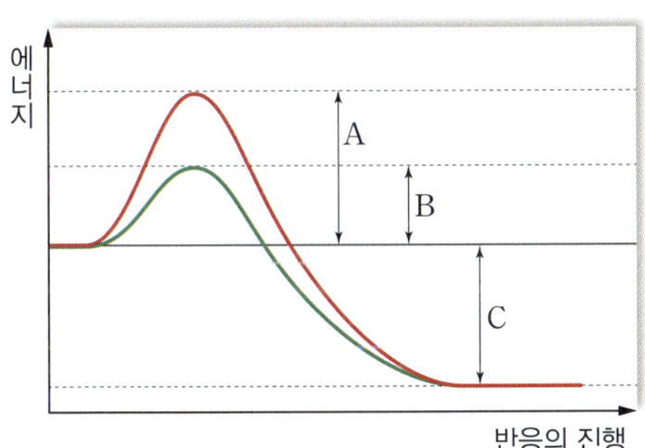

이에 대한 설명으로 옳은 것만을 보기에서 있는 대로 고른 것은?

> **보기**
> ㄱ. A는 효소가 있을 때의 활성화에너지이다.
> ㄴ. 효소의 유무에 관계 없이 C의 크기는 일정하다.
> ㄷ. 화학 반응의 결과 방출되는 에너지는 효소가 없을 때가 효소가 있을 때보다 'A−B' 만큼 많다.

① ㄴ　　　　② ㄱ, ㄴ　　　　③ ㄱ, ㄷ
④ ㄴ, ㄷ　　　⑤ ㄱ, ㄴ, ㄷ

08 그림은 효소의 작용을 나타낸 것이다.

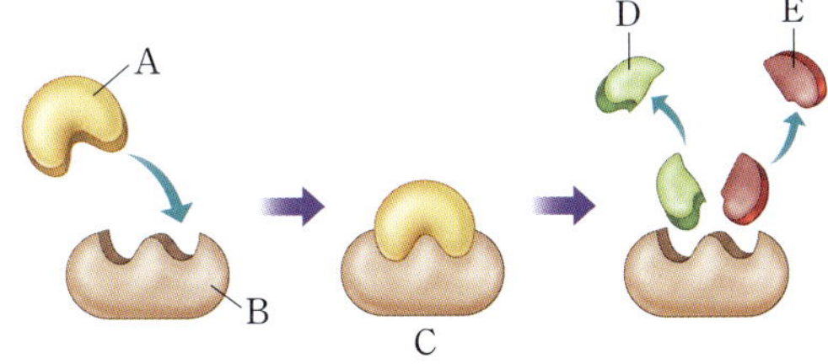

이에 대한 설명으로 옳은 것은?

① A는 효소로 주성분이 단백질이다.
② B는 이화작용에 관여한다.
③ B는 한 번만 반응에 참여한다.
④ C를 형성하면 반응의 활성화에너지가 높아진다.
⑤ B의 양이 많을수록 D와 E의 생성량이 증가한다.

09 감자 세포에 들어 있는 카탈레이스의 작용을 알아보기 위해 시험관 A∼C에 각각 표와 같이 물질을 넣고 기포 발생 여부를 확인하였다.

구분	A	B	C
넣은 물질	3 % 과산화 수소수 + 증류수	3 % 과산화 수소수 + 감자즙	3 % 에탄올 + 감자즙
기포 발생 여부	X	○	X

(○: 해당함. X: 해당 안 함.)

이에 대한 설명으로 옳은 것만을 보기에서 있는 대로 고른 것은?

> **보기**
> ㄱ. 과산화 수소 분해 반응의 활성화에너지는 A에서가 B에서보다 높다.
> ㄴ. B에서 발생한 기포에는 산소가 포함되어 있다.
> ㄷ. 카탈레이스는 과산화 수소의 분해는 촉진하지만 에탄올의 분해는 촉진하지 않는다.

① ㄱ　　　　② ㄴ　　　　③ ㄷ
④ ㄱ, ㄷ　　　⑤ ㄱ, ㄴ, ㄷ

10 다음은 물질대사와 효소에 대한 학생들의 대화 내용이다.

> • 학생 A: 생명체는 물질대사를 통해 생명활동에 필요한 물질과 에너지를 얻어.
> • 학생 B: 물질대사에는 효소가 관여하는데, 효소는 반응물과 결합해서 작용해.
> • 학생 C: 효소 중에는 활성화에너지를 높이는 것도 있어.

옳게 말한 학생만을 있는 대로 고른 것은?

① A　　　　② A, B　　　　③ A, C
④ B, C　　　⑤ A, B, C

11 다음은 유빈이가 과산화 수소를 이용하여 효소 작용을 실험한 내용이다.

[과정]

(가) 삼각 플라스크 A, B에 3 % 과산화 수소수를 100 mL씩 넣는다.

(나) A, B에 각각 증류수와 감자즙을 10 mL씩 넣은 뒤 삼각 플라스크 입구에 고무풍선을 끼운다.

(다) 충분한 시간이 지나 더 이상 반응이 일어나지 않게 되었을 때 ㉠ 고무풍선의 부피 변화를 관찰한다.

[결과]

A의 고무풍선은 변화가 없었으며, B의 고무풍선은 부풀어 올랐다.

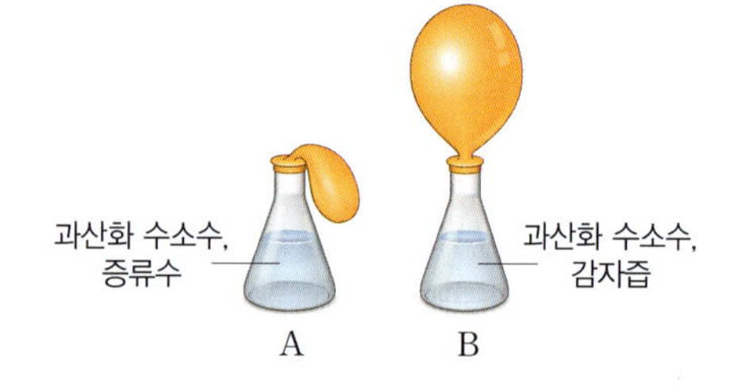

(1) B에서 고무풍선이 부풀어 오르는 현상과 관련된 화학 반응은 무엇인지 설명하시오.

(2) A와 B의 실험 결과가 다르게 나타난 까닭은 무엇인지 효소의 이름을 포함하여 설명하시오.

(3) 유빈이가 이 실험을 통해 도출할 수 있는 결론은 무엇인지 설명하시오.

(4) (다)에서 ㉠이 더 커질 수 있는 실험 방법을 한 가지 설명하시오.

(5) 화학 반응에 한 번 사용된 효소가 재사용될 수 있는지를 확인하기 위한 실험 방법을 한 가지 설명하시오.

12 산업 현장에서 효소를 사용하는 것의 장점을 보기에서 있는 대로 고르시오.

보기

ㄱ. 화학 반응에 걸리는 시간이 길어진다.

ㄴ. 고온, 고압 조건에서 반응이 일어나게 한다.

ㄷ. 유해한 중간 산물이 생기지 않아 친환경적이다.

13 다음은 실생활에 효소를 사용하는 사례를 설명한 것이다.

(가) 식혜는 엿기름에 들어 있는 ㉠ 효소가 밥에 있는 녹말을 엿당으로 만드는 것을 활용한 음료이다.

(나) 혈당 검사지에는 ㉡ 효소가 고정되어 있어 혈액 속의 포도당이 산화하면서 전류가 발생한다.

(다) 불고기 양념에 배즙이나 키위즙을 넣으면 과일에 들어 있는 ㉢ 효소가 고기를 연하게 만든다.

이에 대한 설명으로 옳은 것만을 보기에서 있는 대로 고른 것은?

보기

ㄱ. ㉠은 아밀레이스이다.

ㄴ. ㉡은 포도당의 산화를 촉진한다.

ㄷ. ㉢은 아미노산을 펩타이드결합으로 연결하는 반응을 촉진한다.

① ㄴ　　　② ㄱ, ㄴ　　　③ ㄱ, ㄷ

④ ㄴ, ㄷ　　　⑤ ㄱ, ㄴ, ㄷ

14 효소가 활용되는 사례를 보기에서 있는 대로 고른 것은?

보기

ㄱ. 큰 감자를 작게 잘라 삶으면 빨리 익는다.

ㄴ. 위산 과다로 속이 쓰릴 때 제산제를 복용한다.

ㄷ. 사람과 대장균의 DNA를 자르고 연결하여 재조합 DNA를 만든다.

① ㄱ　　　② ㄴ　　　③ ㄷ

④ ㄱ, ㄷ　　　⑤ ㄴ, ㄷ

01 그림은 효소가 있을 때와 없을 때 어떤 화학 반응의 진행과 에너지 변화를 나타낸 것이다.

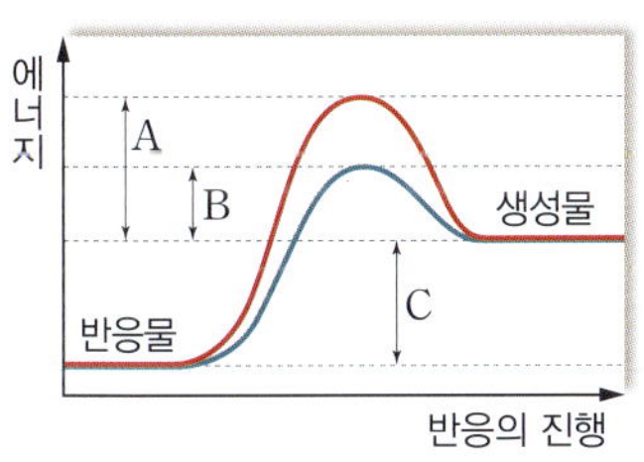

이에 대한 설명으로 옳은 것만을 보기에서 있는 대로 고른 것은?

보기
ㄱ. 효소가 없을 때의 활성화에너지는 A이다.
ㄴ. 효소의 작용으로 감소하는 활성화에너지의 크기는 'A−B'로 나타낼 수 있다.
ㄷ. 효소가 있을 때 C가 감소하여 반응이 빠르게 일어난다.

① ㄱ　　　　② ㄴ　　　　③ ㄱ, ㄷ
④ ㄴ, ㄷ　　　⑤ ㄱ, ㄴ, ㄷ

02 그림 (가)는 어떤 효소의 작용을, (나)는 이 반응이 진행되는 동안 일어나는 에너지 변화를 나타낸 것이다.

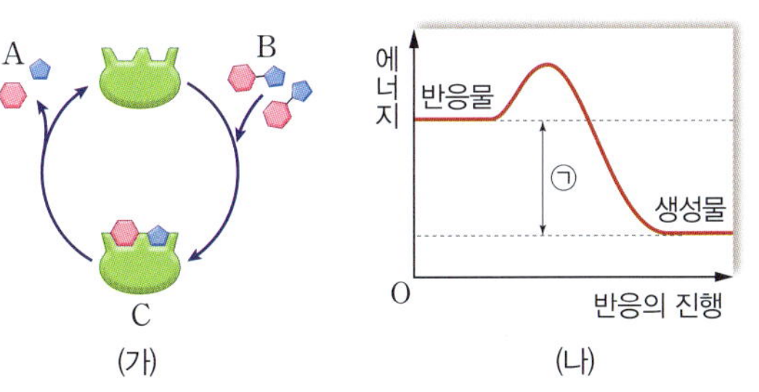

이에 대한 설명으로 옳은 것만을 보기에서 있는 대로 고른 것은?

보기
ㄱ. 이 효소는 이화작용에 관여한다.
ㄴ. A의 에너지가 B의 에너지보다 작다.
ㄷ. C를 형성하면 ㉠의 크기가 줄어든다.

① ㄱ　　　　② ㄷ　　　　③ ㄱ, ㄴ
④ ㄴ, ㄷ　　　⑤ ㄱ, ㄴ, ㄷ

03 다음은 감자즙을 이용한 과산화 수소 분해 실험이다.

[실험 과정]
(가) 3 % 과산화 수소수를 삼각 플라스크 A와 B에 100 mL씩 넣는다.
(나) 플라스크 A에는 ㉠ 10 mL를, B에는 ㉡ 10 mL를 넣고 잘 섞는다. ㉠과 ㉡은 각각 감자즙과 증류수 중 하나이다.
(다) 삼각 플라스크 A와 B의 입구에 1 cm 간격으로 2개의 점을 표시한 고무풍선을 끼우고, ⓐ 일정 시간이 지난 후 고무풍선의 두 점 사이의 거리 변화를 측정한다.

[실험 결과]

삼각 플라스크	A	B
두 점 사이의 거리	변화 없음	늘어남

이에 대한 설명으로 옳은 것만을 보기에서 있는 대로 고른 것은?

보기
ㄱ. ㉡에는 카탈레이스가 들어 있다.
ㄴ. A와 B에서 과산화 수소 분해 속도는 같다.
ㄷ. (가)에서 5 % 과산화 수소수를 사용하면 3 % 과산화 수소수를 사용할 때보다 B의 ⓐ 값이 크다.

① ㄱ　　　　② ㄷ　　　　③ ㄱ, ㄴ
④ ㄱ, ㄷ　　　⑤ ㄱ, ㄴ, ㄷ

03 세포 내 정보의 흐름

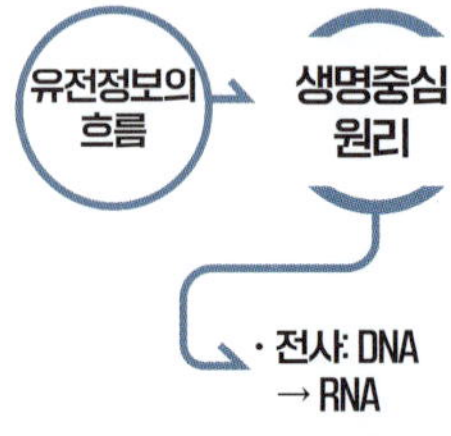

1 유전자와 단백질

생명체는 유전정보에 따라 눈동자 색, 머리카락 모양 등과 같은 형질을 나타낸다. 유전자에는 어떤 방식으로 형질에 대한 유전정보가 저장되어 있는지 알아보자.

1. DNA와 유전자

(1) **DNA**: 세포의 핵 속에는 유전물질인 DNA가 들어 있다. DNA는 다수의 뉴클레오타이드가 길게 연결된 폴리뉴클레오타이드 두 가닥이 서로 마주 보며 꼬여 있는 이중나선구조이다. DNA는 단백질과 결합하여 실 모양의 형태로 있으며, 세포가 분열할 때 응축되어 막대 모양의 염색체가 된다.

(2) **유전자**: DNA에는 생물의 *형질을 결정하는 유전정보가 저장되어 있는데, 유전정보가 저장되어 있는 DNA의 특정 부분을 유전자라고 한다. DNA의 한 분자에는 많은 유전자가 있으며, 유전정보는 DNA의 특정 부분의 염기서열에 저장된다.

2. 유전자와 단백질

(1) **유전자와 단백질의 관계**: 유전자에 이상이 생기면 효소, 인슐린, 헤모글로빈 등의 단백질이 정상적으로 합성되지 않는다. 즉, 각 유전자에는 특정한 단백질을 만드는 데 필요한 유전정보가 저장되어 있다.

(2) **단백질과 형질 발현의 관계**: 단백질은 생물체를 구성하며, 효소의 주성분으로 물질대사를 촉매하고, 인슐린과 같은 호르몬의 성분으로 생리작용을 조절하는 등 다양한 생명활동을 담당한다. 즉, 유전자의 유전정보에 따라 합성된 단백질이 특정 기능을 수행함으로써 형질이 발현된다.

유전자
DNA의 유전정보에 대한 연구가 발달함에 따라 최근에는 유전자를 DNA 염기서열에서 단백질이나 RNA를 만들 수 있는 단위로 정의한다.

진핵세포
막으로 싸인 핵이 있고, 소포체, 골지체, 마이토콘드리아와 같은 막성 세포소기관이 발달한 세포이다. 진핵세포에는 식물 세포, 동물 세포 등이 있다.

염색체
부모의 유전물질은 염색체의 형태로 생식세포로 나뉘어 들어가 자손에게 전달된다.

용어

***형질(形 모양, 質 바탕)**
머리카락 색, 피부색, 키, 혈액형 등과 같이 유전자의 영향을 받아 나타나는 생물의 모든 특성이다.

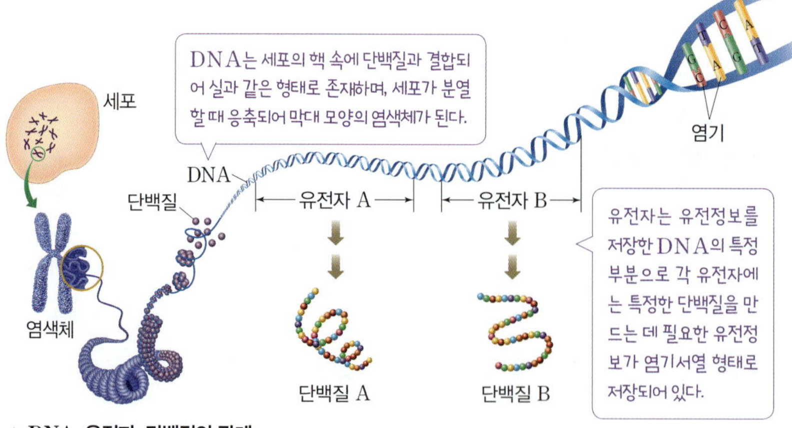

▲ DNA, 유전자, 단백질의 관계

3. 유전자와 생명 시스템

(1) **유전자와 형질 발현**: DNA의 유전자에 저장된 유전정보에 따라 세포에서 다양한 종류의 단백질이 합성된다. 각각의 단백질이 특정한 기능을 함으로써 털색, 눈동자 색, 눈꺼풀, 머리카락 모양 등과 같은 여러 형질이 나타나게 된다.

자료 분석 ➕ 유전자, 단백질, 형질의 관계

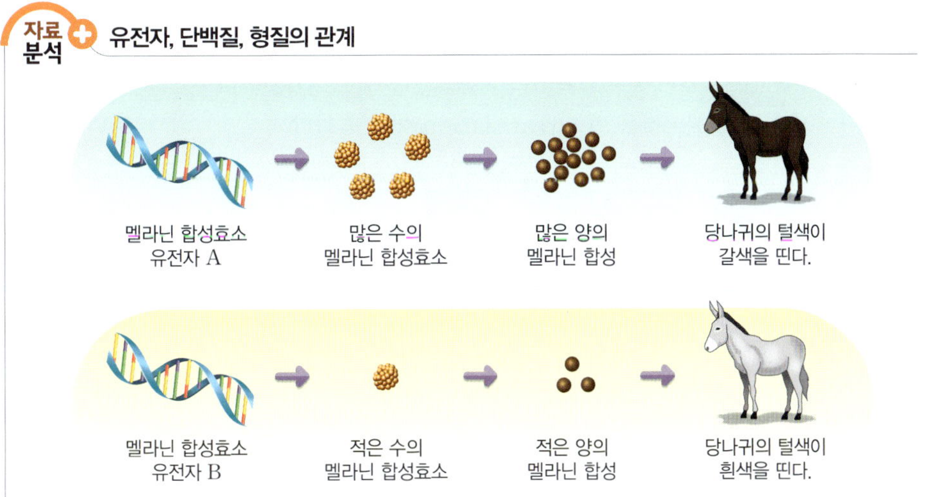

❶ 멜라닌 합성효소 유전자 A를 가진 당나귀는 멜라닌 합성효소(단백질)가 많이 합성되고, 많은 수의 효소의 작용으로 많은 양의 멜라닌이 합성되어 털색이 갈색을 띤다.

❷ 멜라닌 합성효소 유전자 B를 가진 당나귀는 멜라닌 합성효소(단백질)가 적게 합성되고, 적은 수의 효소의 작용으로 적은 양의 멜라닌이 합성되어 털색이 흰색을 띤다.

❸ 생물의 형질이 결정되는 과정은 다음과 같다.

❹ 단백질에 대한 정보는 특정 유전자에 저장되어 있음을 알 수 있다.

멜라닌
흑갈색 알갱이의 색소로 피부, 털, 눈의 홍채 등에 존재한다. 피부 등에 분포하는 멜라닌 세포에서 생성된다.

(2) **유전자와 생명 시스템의 유지**: 생명체의 생명활동은 단백질로 표현되고 조절되지만, 부모에게서 자손에게 전달되는 것은 단백질 그 자체가 아니라 단백질을 합성하는 데 필요한 정보를 저장하고 있는 DNA이다. DNA는 염색체 형태로 부모의 생식세포를 통해 자손에게 전달된다. 자손의 세포에서는 필요한 시기에 적절한 세포에서 DNA의 유전자에 따라 특정 단백질이 합성됨으로써 부모에게서 물려받은 형질이 나타나고, 생명활동이 일어나 생명 시스템을 유지한다.

✔ 중요 개념 체크

정답과 해설 82쪽

1. 다음 설명에 해당하는 용어는 무엇인지 쓰시오.

(1) 이중나선구조이며, 유전정보를 저장하고 있는 물질이다. ───────── (   )

(2) 유전정보를 저장하고 있는 DNA의 특정 부분이다. ───────── (   )

(3) 유전자에 저장된 유전정보에 따라 합성되는 물질로, 이것이 특정 기능을 수행함으로써 형질이 발현된다. ───────── (   )

DNA의 유전자에는 3개의 염기조합이 하나의 아미노산을 지정하는 형태로 유전정보가 저장되어 있으며, DNA의 유전정보는 RNA로 전사된 후 단백질로 번역된다.

1. 생명중심원리(central dogma) 집중 분석 296쪽

DNA의 유전정보가 RNA로 전달되고, 이 RNA가 단백질 합성에 관여한다는 학설이다. DNA의 유전정보가 RNA로 전달되는 것을 전사(transcription), RNA의 유전정보에 따라 단백질이 합성되는 것을 번역(translation)이라고 한다.

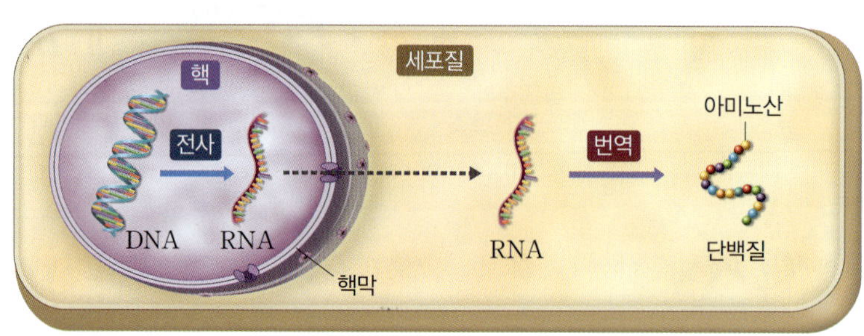

▲ 생명중심원리

2. 유전정보의 저장

(1) DNA의 유전정보: 유전정보는 DNA를 구성하는 4종류의 염기 배열 순서에 저장된다. DNA의 염기서열에는 단백질을 구성하는 아미노산서열에 대한 정보가 담겨 있다.

(2) 유전부호: DNA의 염기서열과 아미노산을 연결하는 부호로, 단백질을 구성하는 20종류의 아미노산을 모두 지정하려면 유전부호는 최소 20종류 이상이 있어야 한다.

① 3염기조합(triplet code): DNA의 연속된 3개의 염기로 이루어진 부호로, 하나의 아미노산을 암호화한다.

② 코돈(codon): RNA의 연속된 3개의 염기로 이루어진 부호로, 64종류가 있다. 코돈은 하나의 아미노산을 지정한다.

자료 분석 ➕ 유전부호를 이루는 염기의 수

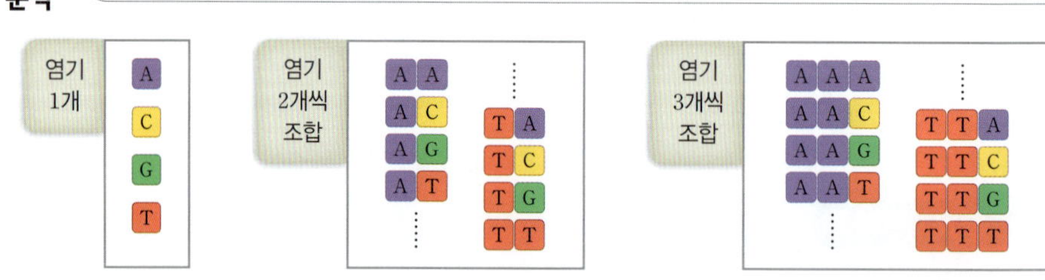

❶ 염기 1개 ➡ $4^1=4$종류, 염기 2개 ➡ $4^2=16$종류, 염기 3개 ➡ $4^3=64$종류, 염기 4개 ➡ $4^4=256$종류의 유전부호가 가능하다.

❷ 유전부호가 염기 1개나 2개의 조합으로 이루어진다면 20종류가 되지 않고, 4개의 조합은 하나의 아미노산을 지정하는 유전부호가 평균 10개 이상으로 비효율적이다.

❸ 따라서 유전부호는 염기 3개의 조합으로 이루어진다. ➡ 3염기조합

생명중심원리

크릭이 'DNA의 유전정보는 RNA를 거쳐 단백질로 전달되며, 그 반대 방향으로는 전달되지 않는다.'라고 가설로써 처음 제안한 이후에 DNA의 복제, 전사, 번역의 전 과정과 관련 효소가 규명됨으로써 생명현상을 설명하는 핵심적인 원리로 인정받게 되었다.

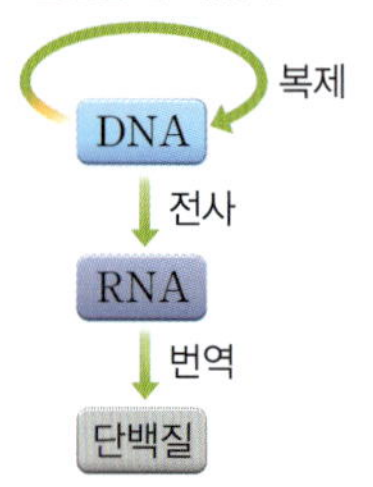

3염기조합과 코돈

3염기조합은 DNA의 A, G, C, T 4가지 염기로 이루어지고, 코돈은 RNA의 A, G, C, U 4가지 염기로 이루어진다.

코돈

64종류의 코돈이 있으며 아미노산을 지정하는 코돈은 61종류이고, 이 중 하나는 단백질 합성을 시작하는 개시코돈이다. 나머지 3종류는 지정하는 아미노산이 없어 단백질 합성을 중지하는 종결코돈이다.

3. 유전정보의 전사와 번역

(1) **전사 과정**: DNA 이중나선 중 한 가닥으로부터 RNA가 합성된다. DNA 이중나선이 풀리면서 염기 사이의 수소결합이 끊어진 후 두 가닥의 폴리뉴클레오타이드 사슬 중 한 가닥을 *주형으로 하여 이 가닥에 상보적인 염기를 가진 RNA 뉴클레오타이드가 결합한다. 전사가 완료되면 DNA에서 주형으로 작용한 가닥에 상보적인 염기서열을 가진 RNA 가닥이 만들어진다.

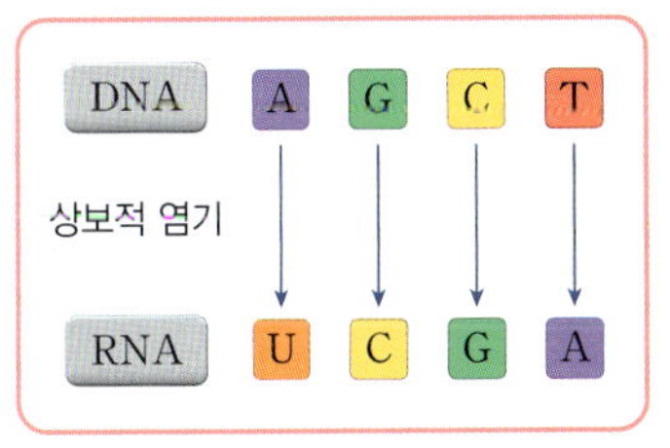

▲ **DNA와 RNA 염기의 상보적 관계** RNA에는 염기 타이민(T)이 없고 유라실(U)이 있으므로, 전사될 때 주형 가닥 DNA의 염기가 아데닌(A)이면 유라실(U)을 갖는 뉴클레오타이드가 결합한다.

(2) **번역 과정**: RNA의 유전정보에 따라 라이보솜에서 단백질을 합성한다. 핵 속에서 전사된 RNA는 핵막에 있는 구멍을 통해 세포질로 이동하여 라이보솜과 결합한다. 라이보솜에서는 RNA의 코돈에 따라 아미노산이 순서대로 결합하고 펩타이드결합으로 연결되어 단백질이 합성된다.

(3) **형질 발현**: 라이보솜에서 합성된 직후의 단백질은 아미노산이 길게 연결된 폴리펩타이드이다. 이것이 소포체와 골지체를 거쳐 이동하는 동안 구부러지고 꼬이고 접혀 독특한 입체 구조를 가진 단백질이 되어 특정한 기능을 함으로써 형질이 발현된다.

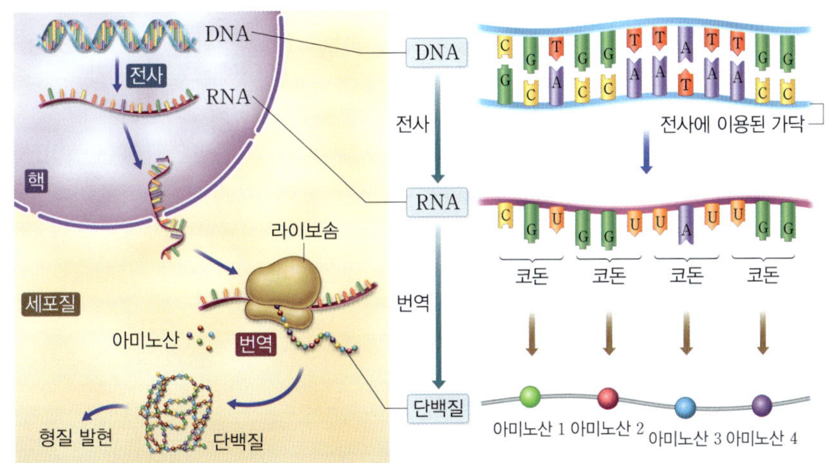

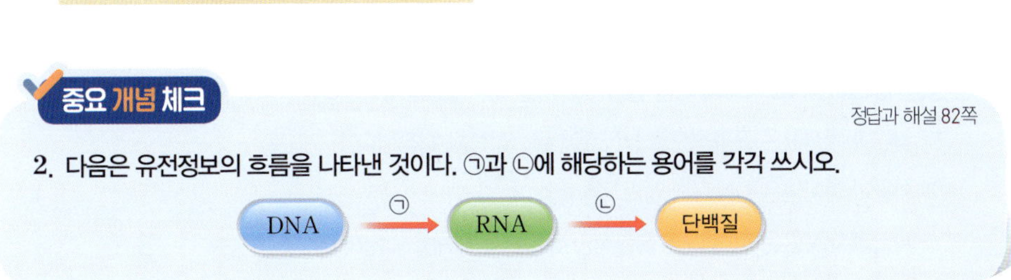

정답과 해설 82쪽

전사(傳 전하다, 寫 베끼다)

DNA에서 RNA로 유전정보가 전달될 때는 뉴클레오타이드라는 동일한 물질을 사용하고 염기서열이라는 동일한 부호 체계를 사용하므로 '옮기어 베낀다'는 뜻의 전사라고 한다.

번역(飜 뒤집다, 譯 풀이하다)

RNA로부터 단백질이 합성될 때는 뉴클레오타이드와 아미노산이라는 다른 물질을 사용하고, 염기서열이 아미노산서열로 바뀌는 것이므로 '어떤 언어로 된 글을 다른 언어의 글로 옮긴다'는 뜻의 번역이라고 한다.

용어

*주형(鑄 부어 만들다, 型 모형) 주물을 만들 때 쇠붙이를 녹인 쇳물을 부어 넣는 거푸집을 주형이라고 한다. DNA의 복제나 전사가 일어날 때 틀로 쓰이는 것을 의미한다.

3 유전부호 체계의 공통성

세균에서 사람에 이르기까지 모든 생명체는 유전부호 체계가 같은데, 이것은 모든 생물이 공통조상으로부터 진화하였기 때문이라고 주장한다.

진화와 염기서열

유전부호 체계의 공통성을 인식하게 된 후 생물의 진화를 DNA와 RNA의 염기서열의 유사성이나 단백질의 아미노산 서열의 유사성에 근거하여 설명한다. 이는 공통조상으로부터 오래 전에 분리된 생물종은 유전자의 염기서열 차이가 크고, 최근에 분리된 생물종은 유전자의 염기서열 차이가 작을 것이라는 생각에 기초한 것이다.

1. 생명체의 유전부호 체계 심화 강의 297쪽

지구상에 서식하는 생명체의 유전부호 체계는 가장 단순한 구조의 세균으로부터 크고 복잡한 구조의 사람에 이르기까지 모든 생명체에서 공통적이다. 예를 들어 AGC라는 코돈은 세균이나 사람에서 모두 세린이라는 아미노산을 지정한다.

2. 유전부호 체계의 공통성

(1) **의의**: 생물은 유전정보가 저장된 DNA를 자손에게 물려줌으로써 그 생물종의 독특한 형질을 자손에게 전달하여 생명의 연속성을 유지한다. 그런데 모든 생명체가 동일한 유전부호를 사용한다는 것은 지구상의 생명체가 공통조상으로부터 진화해 왔으며 이들이 진화적으로 연결되어 있다는 것을 암시한다.

(2) **활용**: 사람의 유전자를 세균에 넣으면 유전부호 체계가 같으므로 세균 내에서 전사와 번역을 거쳐 사람의 단백질을 합성할 수 있다. 이러한 사실은 생명 공학 분야의 혁신적인 발전을 이끌었다. 오늘날 당뇨병 환자의 치료제로 사용되고 있는 인슐린은 사람의 인슐린 유전자를 대장균에 넣어서 합성한 것이다.

플라스미드

세균의 주 DNA와는 별도로 존재하는 고리 모양의 DNA이다. 플라스미드는 크기가 작아 세균에서 분리하여 조작하기 쉽고 세포 안으로 쉽게 들어갈 수 있으며, 세균 안에서 독립적으로 복제하여 수가 늘어날 수 있다. 이 때문에 DNA 재조합에서 유용한 유전자를 끼워 넣어 숙주세포에 도입하기 위한 운반체로 널리 사용된다.

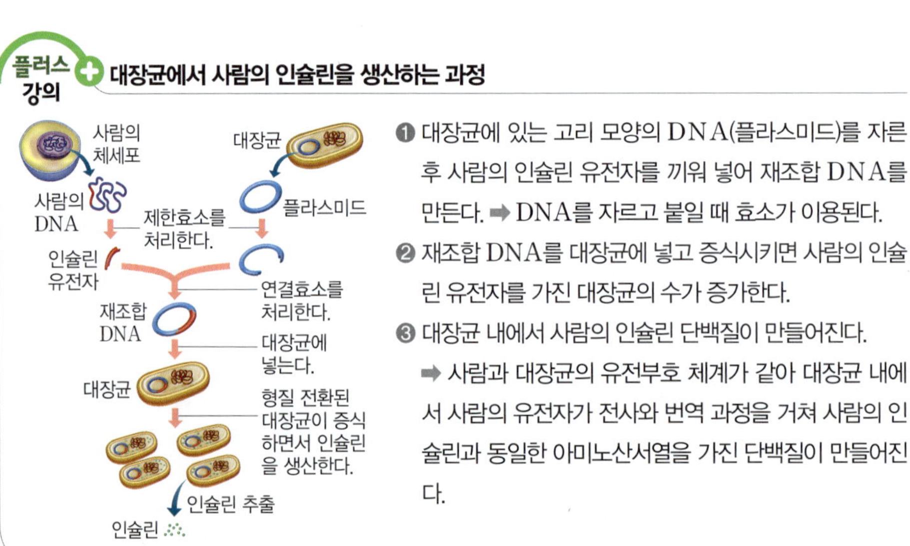

❶ 대장균에 있는 고리 모양의 DNA(플라스미드)를 자른 후 사람의 인슐린 유전자를 끼워 넣어 재조합 DNA를 만든다. ➡ DNA를 자르고 붙일 때 효소가 이용된다.

❷ 재조합 DNA를 대장균에 넣고 증식시키면 사람의 인슐린 유전자를 가진 대장균의 수가 증가한다.

❸ 대장균 내에서 사람의 인슐린 단백질이 만들어진다.
➡ 사람과 대장균의 유전부호 체계가 같아 대장균 내에서 사람의 유전자가 전사와 번역 과정을 거쳐 사람의 인슐린과 동일한 아미노산서열을 가진 단백질이 만들어진다.

✔ **중요 개념 체크**

정답과 해설 82쪽

3. 생명체의 유전부호 체계에 대한 설명으로 옳은 것은 ○, 옳지 <u>않은</u> 것은 ×로 표시하시오.

(1) 사람과 대장균은 공통적으로 DNA에 유전정보를 저장한다. —————— ( )

(2) 사람과 대장균은 DNA의 염기서열이 같다. —————— ( )

(3) 사람과 대장균은 각기 다른 독립적인 유전부호 체계를 갖는다. —————— ( )

세포 내 유전정보가 전달되는 과정에서 DNA나 RNA의 염기서열에 이상이 생기면 단백질이 정상적으로 만들어지지 않아 이상 증상이 나타날 수 있다.

1. 유전자 이상

유전자를 이루는 DNA의 염기 중 한두 개가 없어지거나 끼어들거나 다른 염기로 바뀌는 등 염기서열에 이상이 생기면 단백질 이상에 의해 유전 질환이 발생할 수 있다.

2. 유전자 이상에 의한 유전 질환

(1) **낫모양적혈구빈혈증**: 헤모글로빈 유전자의 염기 1개가 바뀌어 돌연변이 헤모글로빈이 만들어지고, 이 때문에 적혈구가 찌그러져 낫 모양이 된다. 낫 모양의 적혈구는 정상 적혈구에 비해 수명이 짧고 산소 운반 능력이 떨어져 빈혈을 일으킨다.

자료분석 ➕ 낫모양적혈구빈혈증이 나타나는 과정

❶ 헤모글로빈 유전자의 염기 1개가 바뀌었다.

❷ RNA로 전사되어 코돈이 달라진다.

❸ 바뀐 코돈이 지정하는 아미노산이 정상 코돈이 지정하는 아미노산과 다르다.
➡ 단백질을 구성하는 아미노산 중 한 개가 달라졌다.

❹ 단백질의 입체 구조가 달라진다.
➡ 돌연변이 헤모글로빈은 서로 달라붙어 긴 바늘 모양을 형성한다.

❺ 세포의 모양이 달라진다. ➡ 적혈구가 찌그러지는 이상 형질이 나타난다.

❻ 질환 증상이 나타난다. ➡ 낫모양적혈구는 수명이 짧고 산소를 운반하는 능력이 떨어져 빈혈을 일으키며, 모세혈관을 막아 혈액 순환을 방해하여 신체 여러 기관에 손상을 입힌다.

(2) **백색증**: 멜라닌 합성효소 유전자의 이상으로 멜라닌 합성효소가 부족하여 발생한다. 멜라닌이 결핍되어 피부, 털, 눈동자 등의 색소 감소 또는 소실이 나타난다.

(3) **페닐케톤뇨증**: 페닐알라닌분해효소 유전자의 이상으로 페닐알라닌분해효소가 부족하거나 결핍되어 발생한다. 페닐알라닌이 체내에 축적되어 심각한 뇌 손상을 일으킨다.

✔ 중요 개념 체크

정답과 해설 82쪽

4. 다음은 유전자 이상으로 유전 질환이 나타나는 과정이다. ( ) 안에 들어갈 알맞은 말을 쓰시오.

> 유전자를 이루는 DNA의 ㉠ ( )이/가 바뀌면 RNA의 ㉡ ( )이/가 바뀌고, 그에 따라 지정하는 ㉢ ( )이/가 달라지면 돌연변이 ㉣ ( )이/가 합성되어 유전 질환이 나타날 수 있다.

유전자 이상

유전자 이상은 부모에게서 이상이 있는 유전자를 물려받아 발생할 수도 있지만, DNA 복제 과정에서 자연적으로 발생하기도 하고, 돌연변이를 일으키는 물질이니 환경에 노출되어 발생하기도 한다.

돌연변이

유전자나 염색체의 변화로 부모에게 없던 형질이 갑자기 새로 나타나는 현상으로, 자손에게 유전될 수 있다. 방사선, 자외선, 타르와 같은 화학 물질 등이 돌연변이를 유발할 수 있다.

헤모글로빈

척추동물의 적혈구 속에 다량으로 들어 있는 색소 단백질로, 4개의 폴리펩타이드로 구성되며 산소를 운반한다.

페닐케톤뇨증의 진단

페닐케톤뇨증은 신생아 검사를 통해 출생 직후에 바로 진단할 수 있다. 페닐케톤뇨증으로 진단된 아기에게는 출생 직후부터 페닐알라닌이 포함되지 않은 특수 제조 분유를 먹이고, 식단을 관리하면 뇌 손상을 억제할 수 있다.

생명중심원리

생명 시스템 유지에 필요한 세포 내 정보의 흐름을 설명하는 생명중심원리에 따르면 DNA의 유전정보는 RNA를 거쳐 단백질로 전달된다. 그렇다면 DNA가 직접 단백질을 합성하지 않고 RNA를 유전정보의 전달자로 사용하는 것은 어떤 이점이 있을까? 유전정보가 전달되는 장소는 모든 생물에서 같을까? 생명중심원리에 대해 더 알아보자.

1 DNA가 직접 단백질을 합성하지 않고 RNA를 유전정보의 전달자로 사용하는 것은 어떤 이점이 있을까?

유전물질인 DNA는 생명체의 형질을 결정하고 생명 시스템이 정상적으로 작동하도록 조절한다. DNA는 생명 시스템에 필요한 모든 유전정보가 염기서열 형태로 저장되어 있는 거대한 분자이다. 유전정보의 원본에 해당하는 DNA가 직접 단백질을 합성한다면 이 과정에서 원본인 DNA에 손상이 생길 위험이 높고, DNA 한 분자에 있는 여러 유전자가 동시에 필요할 경우 이를 조절하기도 어렵다. 또한, DNA는 분자가 커서 핵막을 통과할 수도 없다. 그러나 RNA를 유전정보의 전달자로 사용한다면 유전정보의 원본인 DNA는 핵 속에 안전하게 보존하면서 세포질의 라이보솜에서 단백질을 합성할 수 있고, RNA로의 전사를 조절함으로써 단백질 합성을 효율적으로 조절할 수도 있다.

♀ RNA의 종류

RNA에는 여러 종류가 있다. mRNA(전령 RNA)는 DNA의 유전정보를 라이보솜으로 전달하고, rRNA(라이보솜 RNA)는 라이보솜을 구성하며, tRNA(운반 RNA)는 라이보솜으로 아미노산을 운반한다. miRNA(마이크로 RNA), snRNA(소형 핵 RNA) 등은 유전자의 발현을 조절한다.

2 유전정보가 전달되는 장소는 모든 생물에서 같을까?

전사는 DNA가 있는 장소에서 일어나고, 번역은 라이보솜에서 일어난다. 동물 세포나 식물 세포와 같이 핵막으로 둘러싸인 핵이 있는 진핵세포는 DNA가 핵 속에 있으므로 전사가 핵 속에서 일어나고, 번역은 라이보솜이 있는 세포질에서 일어난다. 반면, 세균과 같은 원핵세포는 DNA와 라이보솜이 모두 세포질에 있으므로 전사와 번역이 모두 세포질에서 일어난다. 원핵세포의 경우 세포질에서 DNA로부터 전사되고 있는 RNA에 라이보솜이 결합하여 전사와 번역이 동시에 일어난다. 이와 같이 진핵세포와 원핵세포는 유전정보의 흐름은 생명중심원리에 따라 DNA → RNA → 단백질로 일어나지만, 유전정보가 전사되는 장소에는 차이가 있다.

♀ DNA와 RNA의 크기

사람의 1번 염색체를 이루는 DNA는 약 2억 4900만 염기쌍으로 이루어져 있다. DNA에 비해 RNA의 염기의 수는 수 십~3000여 개 정도로 분자 크기가 훨씬 작다.

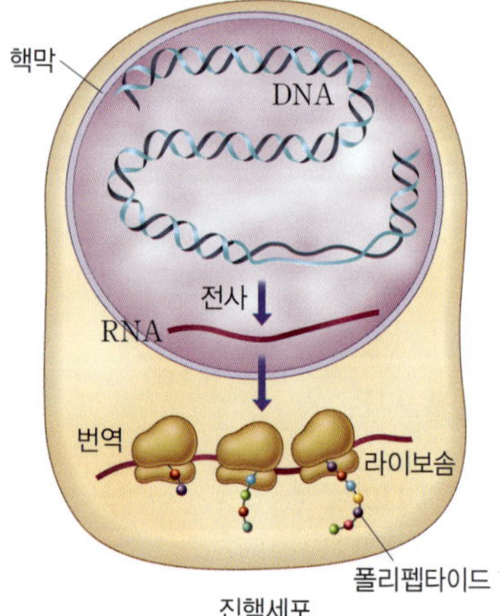

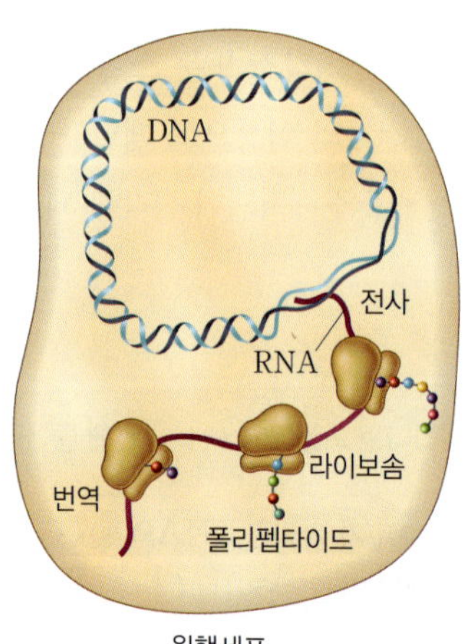

유전부호 표와 유전정보의 번역

통합과학에서는 전사와 번역을 용어 수준에서 다룬다. 그러나 용어의 정확한 이해를 위해서는 전사와 번역 과정을 좀 더 깊이 알아볼 필요가 있다. RNA의 유전부호 표를 이용하여 유전정보를 번역하는 것은 『생명과학』의 유전에서 자세히 배우지만 미리 알고 있으면 어려운 문제도 쉽게 풀 수 있다.

1 유전부호 표를 알 수 있을까?

유선부호 표는 RNA의 코돈이 지정하는 아미노산을 표로 나타낸 것이다. 64종류의 코돈 중 아미노산을 지정하는 것은 61종류이다. AUG는 메싸이오닌을 지정하는 동시에 단백질 합성을 시작하게 하는 개시코돈이고, UAA, UAG, UGA는 지정하는 아미노산이 없어 단백질 합성을 끝나게 하는 종결코돈이다.

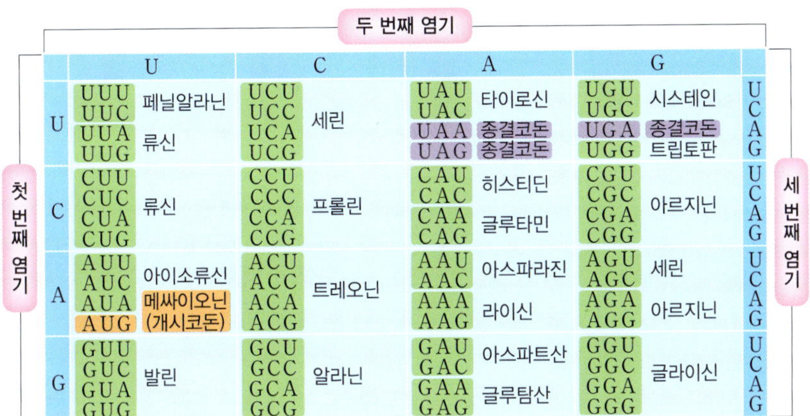

> **코돈과 아미노산의 종류**
>
> 코돈은 64종류이고, 아미노산은 20종류이나. 따라서 한 종류의 아미노산을 지정하는 코돈은 한 개 이상 있을 수 있다. 메싸이오닌을 지정하는 코돈은 AUG 1종류밖에 없지만 세린을 지정하는 코돈은 UCU, UCC, UCA, UCG, AGU, AGC로 6종류나 있다.

2 유전자의 염기서열이 바뀌면 항상 유전 질환이 발생할까?

유전 질환은 정상 단백질이 결핍되었을 때 나타나는 이상 증상으로, 단백질에 대한 정보를 저장하고 있는 DNA나 RNA의 염기서열의 변화가 원인이 되어 나타난다. 그런데 유전자의 염기서열이 바뀌더라도 유전 질환이 나타나지 않는 경우가 있다.

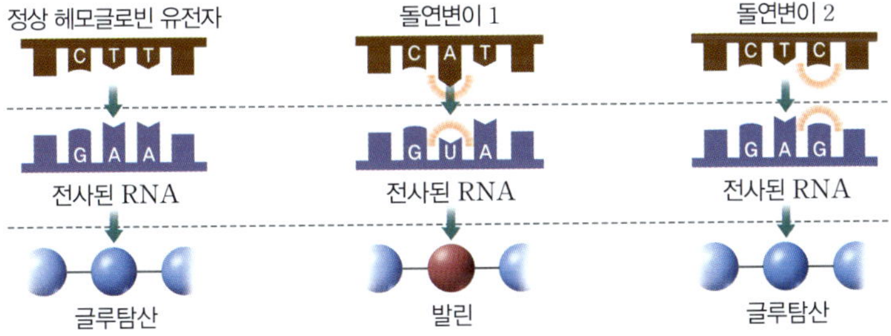

헤모글로빈 단백질의 6번째 아미노산은 글루탐산이고, 이를 지정하는 코돈은 GAA이다. '돌연변이 1'은 DNA의 염기 T이 A으로 치환되어 코돈이 GUA로 바뀌어 발린으로 번역된다. 그 결과 돌연변이 헤모글로빈이 형성되어 낫모양적혈구빈혈증이 나타난다. 그런데 '돌연변이 2'는 DNA의 염기 T이 C으로 치환되어 코돈이 GAG로 바뀌었지만, GAG는 GAA와 마찬가지로 글루탐산으로 번역된다. 이런 경우에는 DNA의 염기서열이 바뀌는 돌연변이가 일어났지만 단백질의 아미노산서열은 바뀌지 않았으므로 형질은 정상으로 발현된다.

> **유전자와 형질 발현**
>
> DNA의 유전자에 저장된 유전정보는 전사와 번역을 거쳐 합성된 단백질의 작용으로 형질이 발현된다.

01 그림은 세포에서 유전정보를 담고 있는 부분을 나타낸 것이다. A~C는 각각 DNA, 유전자, 염색체 중 하나이다.

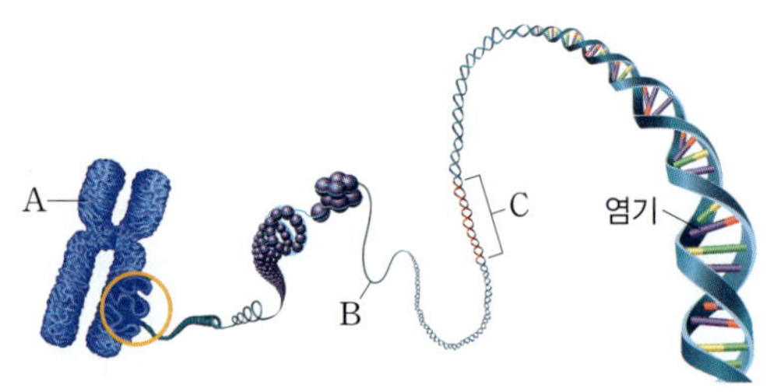

이에 대한 설명으로 옳은 것만을 보기에서 있는 대로 고른 것은?

> **보기**
> ㄱ. A의 구성 성분에는 단백질이 있다.
> ㄴ. B를 구성하는 단위체는 뉴클레오타이드이다.
> ㄷ. C는 유전정보를 저장하고 있다.

① ㄱ   ② ㄱ, ㄴ   ③ ㄱ, ㄷ
④ ㄴ, ㄷ   ⑤ ㄱ, ㄴ, ㄷ

02 유전자에 대한 설명으로 옳은 것만을 보기에서 있는 대로 고른 것은?

> **보기**
> ㄱ. DNA에 있는 특정 부분이다.
> ㄴ. 특정한 염기서열로 되어 있다.
> ㄷ. DNA 한 분자에는 유전자가 한 개 있다.

① ㄴ   ② ㄱ, ㄴ   ③ ㄱ, ㄷ
④ ㄴ, ㄷ   ⑤ ㄱ, ㄴ, ㄷ

03 유전자와 단백질의 관계에 대한 설명으로 옳은 것만을 보기에서 있는 대로 고르시오.

> **보기**
> ㄱ. 단백질은 유전자의 유전정보에 따라 합성된다.
> ㄴ. 단백질의 아미노산서열은 라이보솜이 결정한다.
> ㄷ. 유전 형질은 단백질을 통해 자손에게 전달된다.

04 그림은 유전자와 단백질의 관계를 나타낸 것이다.

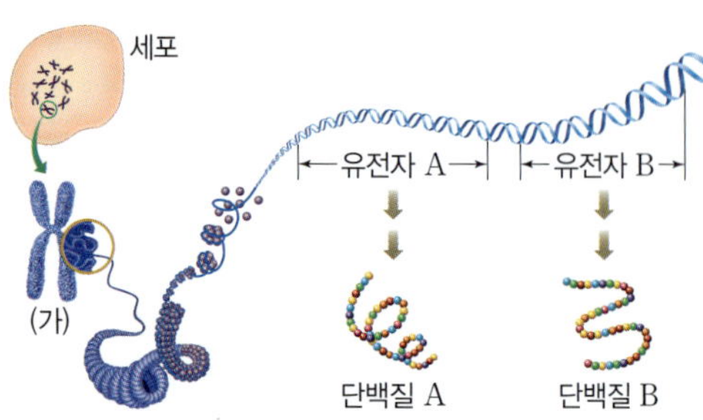

이에 대한 설명으로 옳은 것만을 보기에서 있는 대로 고른 것은?

> **보기**
> ㄱ. (가)는 DNA와 단백질로 구성된다.
> ㄴ. 유전자 A와 B의 염기 배열 순서는 다르다.
> ㄷ. 유전자 A에 이상이 생기면 정상적인 단백질 A가 합성되지 않을 수 있다.

① ㄴ   ② ㄱ, ㄴ   ③ ㄱ, ㄷ
④ ㄴ, ㄷ   ⑤ ㄱ, ㄴ, ㄷ

05 그림은 유전자에 의해 꽃 색깔이 붉은색을 띠게 되는 과정을 나타낸 것이다.

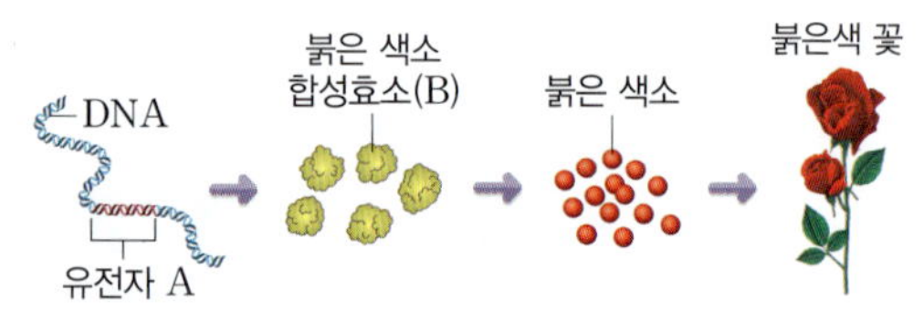

이에 대한 설명으로 옳은 것만을 보기에서 있는 대로 고른 것은?

> **보기**
> ㄱ. A에는 붉은 색소에 대한 정보가 저장되어 있다.
> ㄴ. B는 펩타이드결합을 포함한다.
> ㄷ. B에 의해 붉은 색소가 합성됨에 따라 형질이 발현된다.

① ㄱ   ② ㄴ   ③ ㄷ
④ ㄱ, ㄷ   ⑤ ㄴ, ㄷ

06 그림은 세포 내 정보의 흐름을 나타낸 것이다.

이에 대한 설명으로 옳은 것만을 보기에서 있는 대로 고른 것은?

> **보기**
> ㄱ. (가) 과정은 번역이다.
> ㄴ. (나) 과정에는 세포소기관인 라이보솜이 관여한다.
> ㄷ. ㉠은 단백질이다.

① ㄴ ② ㄷ ③ ㄱ, ㄷ
④ ㄴ, ㄷ ⑤ ㄱ, ㄴ, ㄷ

[07~08] 그림은 세포 내 유전정보의 흐름을 나타낸 것이다.

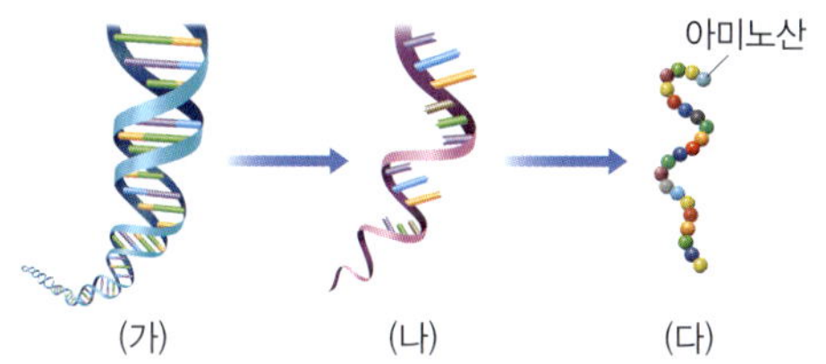

07 (가)~(다)에 해당하는 물질을 각각 쓰시오.

08 이에 대한 설명으로 옳은 것만을 보기에서 있는 대로 고른 것은?

> **보기**
> ㄱ. (가)를 구성하는 단위체는 뉴클레오타이드이다.
> ㄴ. (나)의 염기서열은 (가)의 두 가닥 중 한 가닥의 염기서열과 같다.
> ㄷ. (나)의 연속된 염기 3개가 (다)의 아미노산 1개를 지정한다.

① ㄴ ② ㄷ ③ ㄱ, ㄴ
④ ㄱ, ㄷ ⑤ ㄱ, ㄴ, ㄷ

09 유전부호에 대한 설명으로 옳은 것만을 보기에서 있는 대로 고른 것은?

> **보기**
> ㄱ. 3개의 염기로 이루어진 DNA의 유전부호를 3염기조합이라고 한다.
> ㄴ. RNA의 유전부호는 20종류의 아미노산을 모두 지정한다.
> ㄷ. 코돈은 64종류이다.

① ㄱ ② ㄴ ③ ㄱ, ㄴ
④ ㄴ, ㄷ ⑤ ㄱ, ㄴ, ㄷ

10 그림은 세포에서 단백질이 합성되는 과정을 나타낸 것이다.

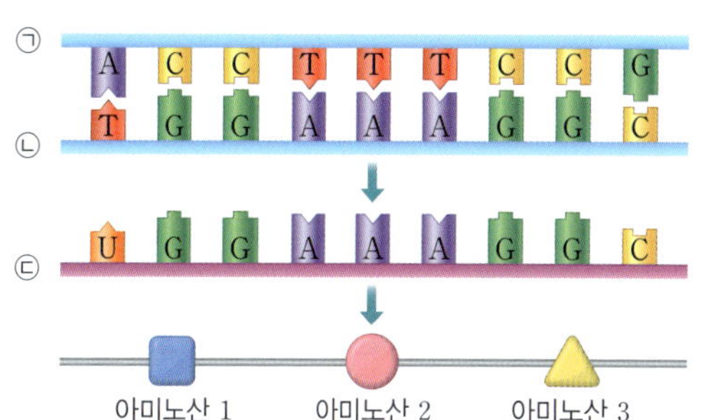

이에 대한 설명으로 옳은 것만을 보기에서 있는 대로 고른 것은? (단, 그림에 제시되어 있는 것만 고려한다.)

> **보기**
> ㄱ. ㉠에는 9개의 유전부호가 저장되어 있다.
> ㄴ. ㉢은 ㉡을 이용하여 전사되었다.
> ㄷ. 단백질 합성에 직접 이용되는 것은 RNA이다.

① ㄴ ② ㄷ ③ ㄱ, ㄷ
④ ㄴ, ㄷ ⑤ ㄱ, ㄴ, ㄷ

11 다음에서 설명하는 것은 무엇인지 쓰시오.

> • RNA에 있는 3개의 염기로 구성된다.
> • 하나의 아미노산을 지정하는 유전부호이다.

12 그림 (가)~(다)는 각각 DNA, RNA, 폴리펩타이드를 순서 없이 나타낸 것이다.

〈서술형〉

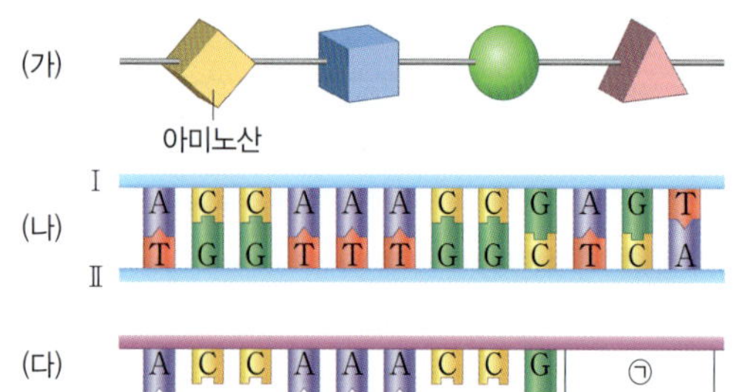

⑴ (가)~(다)를 유전정보의 흐름에 따라 나열하시오.

⑵ (나)에서 전사에 이용된 가닥은 I과 II 중 어떤 것인지 쓰고, 그렇게 판단한 근거를 설명하시오.

⑶ ㉠에 들어갈 알맞은 염기를 왼쪽부터 순서대로 쓰시오.

13 그림은 사람의 인슐린을 대장균에서 생산하는 과정을 나타낸 것이다.

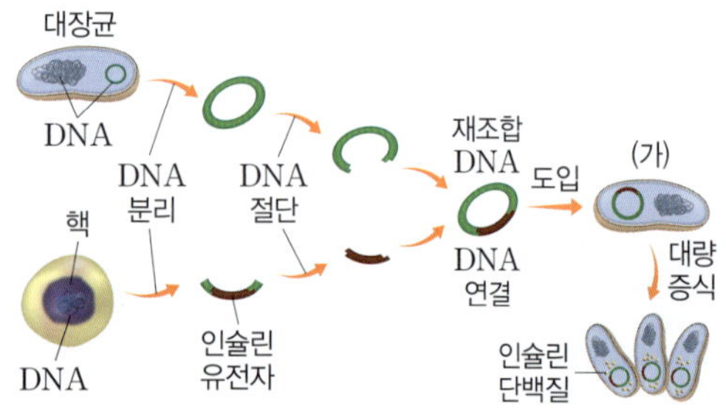

이에 대한 설명으로 옳은 것만을 보기에서 있는 대로 고른 것은?

보기
ㄱ. DNA의 절단과 연결에는 효소가 관여한다.
ㄴ. 사람과 대장균은 같은 유전부호 체계를 사용한다.
ㄷ. (가)에서 인슐린 유전자의 전사와 번역이 일어난다.

① ㄴ　　　　② ㄱ, ㄴ　　　　③ ㄱ, ㄷ
④ ㄴ, ㄷ　　　　⑤ ㄱ, ㄴ, ㄷ

14 그림은 RNA의 염기서열과 유전부호 표의 일부를 나타낸 것이다.

RNA　　AUGUUAAAUGUC

코돈	아미노산	코돈	아미노산
AUG	ⓐ	GUU, GUC	ⓓ
AAA, AAG	ⓑ	UUA, UUG	ⓔ
AAU, AAC	ⓒ	UGU, UGC	ⓕ

이 RNA의 왼쪽 첫 번째 염기부터 번역되어 합성되는 폴리펩타이드의 아미노산 배열 순서를 쓰시오.

15 그림은 낫모양적혈구빈혈증이 발현되는 과정을 나타낸 것이다.

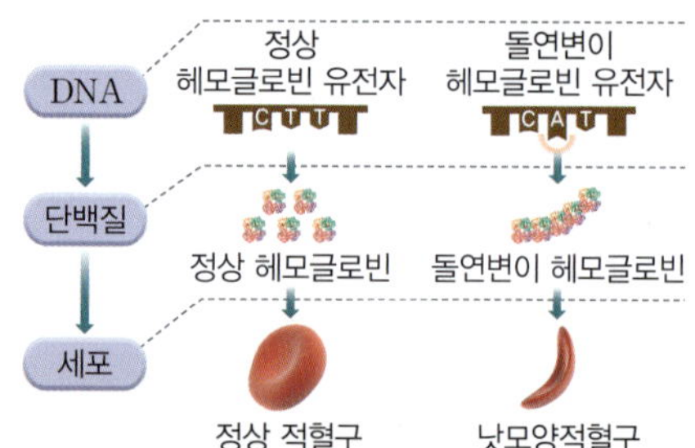

이에 대한 설명으로 옳은 것만을 보기에서 있는 대로 고른 것은? (단, 유전자에서 제시된 것 이외의 나머지 염기서열은 모두 정상이다.)

보기
ㄱ. 낫모양적혈구빈혈증은 헤모글로빈 유전자의 염기 1개가 바뀐 것이 원인이다.
ㄴ. 코돈 GAA와 GUA는 같은 아미노산을 지정한다.
ㄷ. 낫모양적혈구는 정상 적혈구에 비해 산소 운반 능력이 높다.

① ㄱ　　　　② ㄴ　　　　③ ㄷ
④ ㄱ, ㄷ　　　　⑤ ㄴ, ㄷ

JUMP 도전 문제

01 그림은 세포 내 유전정보의 흐름을 나타낸 것이다. A~C 는 각각 단백질, DNA, RNA 중 하나이다.

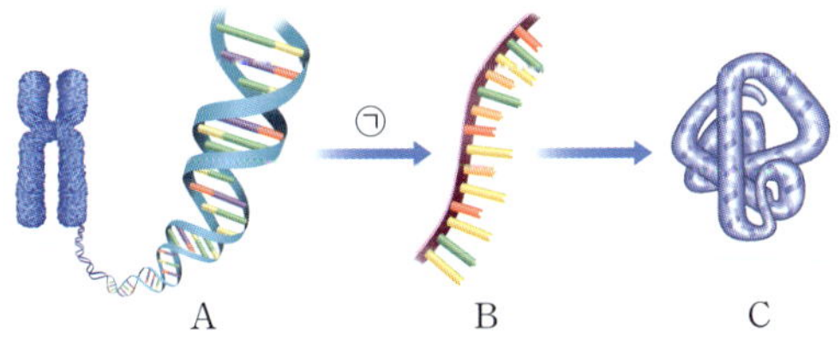

이에 대한 설명으로 옳은 것만을 보기에서 있는 대로 고르 시오.

보기
ㄱ. A의 유전부호는 코돈이다.
ㄴ. 라이보솜이 B의 정보를 이용해 C를 합성한다.
ㄷ. ㉠ 과정에서 A 중 한 가닥의 염기서열이 모두 B 의 염기서열로 전사된다.

02 표는 DNA에서 전사가 일어난 부분을 구성하는 각 가닥 Ⅰ, Ⅱ와 이 중 DNA 가닥 Ⅰ로부터 전사된 RNA를 구성 하는 염기의 조성 비율을 순서 없이 나타낸 것이다.

구분	염기 조성 비율(%)					
	아데닌 (A)	구아닌 (G)	사이토신 (C)	타이민 (T)	유라실 (U)	계
(가)	23	30	27	20	0	100
(나)	20	㉠	30	23	㉡	100
(다)	23	㉢	㉣	0	㉤	100

이에 대한 설명으로 옳은 것만을 보기에서 있는 대로 고른 것은?

보기
ㄱ. DNA 가닥 Ⅰ은 (나)이다.
ㄴ. ㉠＋㉡＝㉣이다.
ㄷ. $\frac{㉢}{㉤}$의 값은 1보다 크다.

① ㄴ ② ㄱ, ㄴ ③ ㄱ, ㄷ
④ ㄴ, ㄷ ⑤ ㄱ, ㄴ, ㄷ

03 그림은 동물 세포에서 일어나는 핵산의 합성 과정의 일부를 나타 낸 것이다.
이에 대한 설명으로 옳은 것만을 보기에서 있는 대로 고른 것은?

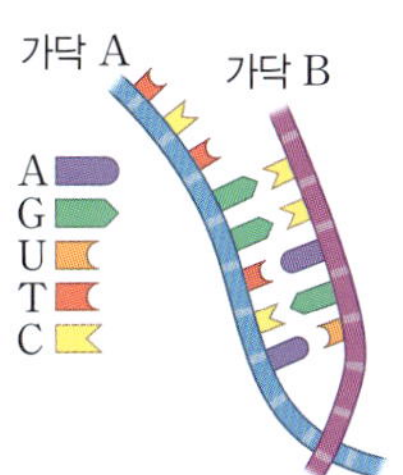

보기
ㄱ. 핵 속에서 이와 같은 과정이 일어난다.
ㄴ. A를 주형으로 하여 B가 합성되고 있다.
ㄷ. 합성이 완료되면 A가 세포질로 이동한다.

① ㄱ ② ㄴ ③ ㄱ, ㄴ
④ ㄴ, ㄷ ⑤ ㄱ, ㄴ, ㄷ

04 그림은 DNA, RNA, 단백질을 나타낸 것이고, 표는 일부 코돈이 지정하는 아미노산의 종류를 나타낸 것이다.

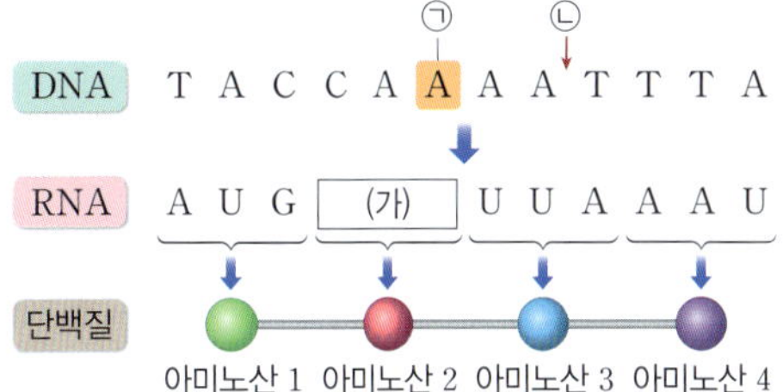

코돈	아미노산	코돈	아미노산
AUG	메싸이오닌	GUU, GUC	발린
AAA, AAG	라이신	UUA, UUG	류신
AAU, AAC	아스파라진	CAA, CAG	글루타민

이에 대한 설명으로 옳은 것만을 보기에서 있는 대로 고른 것은?

보기
ㄱ. (가)는 CAA이다.
ㄴ. ㉠ 부분의 염기 A이 G으로 바뀌면 이상 형질이 나타난다.
ㄷ. ㉡ 부분에 염기 A이 1개 삽입되면 네 번째 아미 노산이 라이신이 된다.

① ㄱ ② ㄴ ③ ㄷ
④ ㄱ, ㄴ ⑤ ㄴ, ㄷ

중단원 핵/심/정/리

01 생명 시스템의 기본 단위

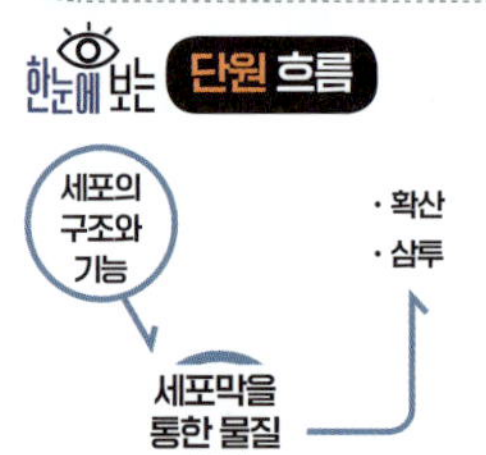

1. 세포의 구조와 기능

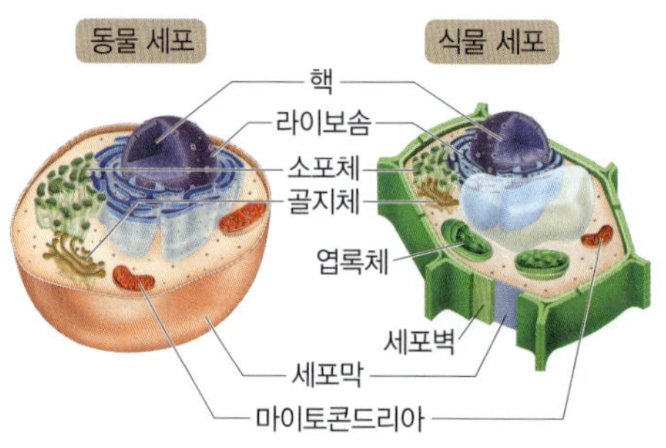

(①)	DNA가 있어 생명활동 조절
(②)	단백질 합성 장소
소포체	단백질 이동 통로
골지체	단백질 변형 및 분비
(③)	생명활동에 필요한 에너지 생산
엽록체	광합성 장소
액포	물, 노폐물 등 저장
세포벽	세포 보호 및 세포 모양 유지

2. 세포막의 구조와 기능

① 구조: 친수성 머리와 소수성 꼬리를 가진 (④) 2중층에 단백질이 박혀 있는 구조로, 유동성이 있다.

② 기능: 선택적 투과성이 있어 세포 안팎으로의 물질 출입을 조절한다.

3. 세포막을 통한 물질의 이동

① (⑤): 세포막을 경계로 고농도에서 저농도로 물질이 이동하는 현상이다.

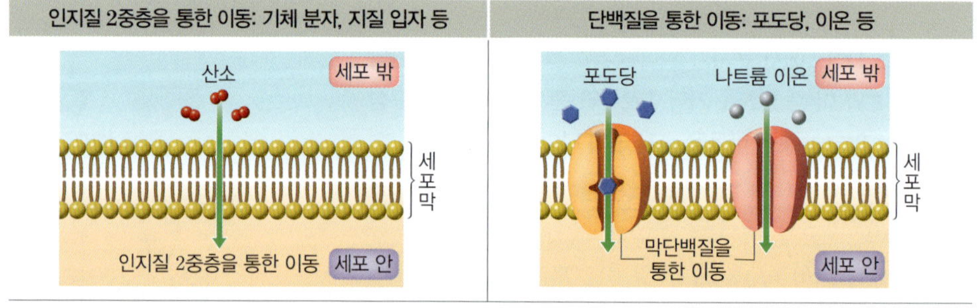

② (⑥): 세포막을 경계로 용액의 농도가 낮은 쪽에서 높은 쪽으로 용매인 물이 이동하는 현상이다.

구분	세포액 농도＞용액 농도	세포액 농도＝용액 농도	세포액 농도＜용액 농도
동물 세포 (적혈구)	물 / 물 / 터질 수도 있음	물 / 물	물 / 물
식물 세포 (양파 표피세포)	물 / 액포 / 물	물 / 물	물 / 물 / 세포막과 세포벽 분리
세포의 부피 변화	세포 안으로 들어오는 물의 양이 많아 세포의 부피 증가	세포 안팎으로 드나드는 물의 양이 같아 세포의 부피 변화 없음	세포 밖으로 빠져나가는 물의 양이 많아 세포의 부피 감소

○2 물질대사와 효소

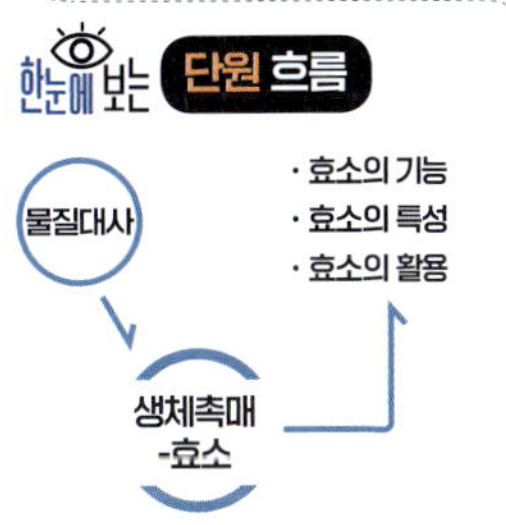

1. 물질대사: 생명체 내에서 일어나는 모든 (❼   )(으)로, 효소가 관여한다.

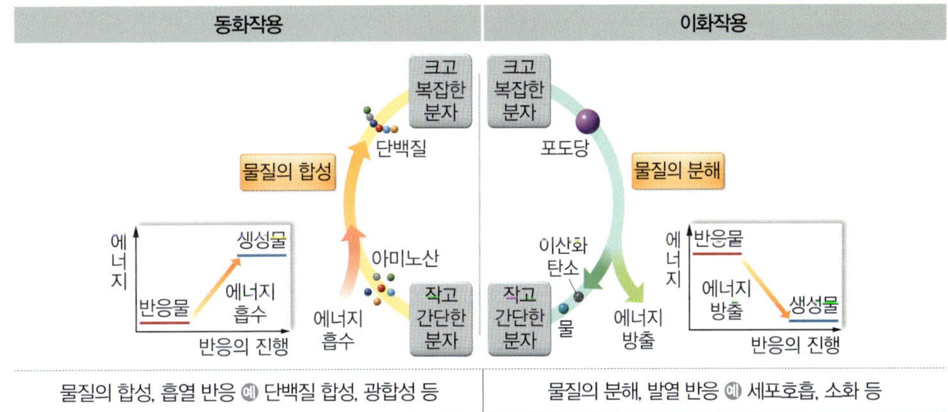

동화작용	이화작용
물질의 합성, 흡열 반응 예 단백질 합성, 광합성 등	물질의 분해, 발열 반응 예 세포호흡, 소화 등

2. 효소의 작용

기능: (❽)을/를 낮추어 반응 속도를 높인다.	작용 원리: 효소는 특정 반응물과만 결합하여 반응을 촉진하는 기질특이성이 있으며, 재사용이 가능하다.

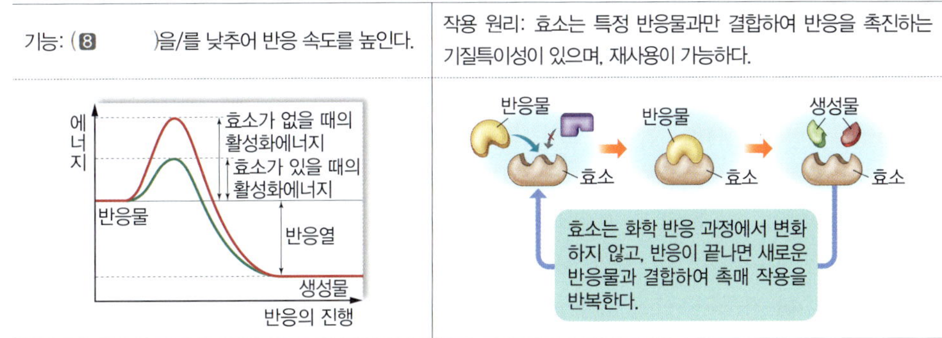

○3 세포 내 정보의 흐름

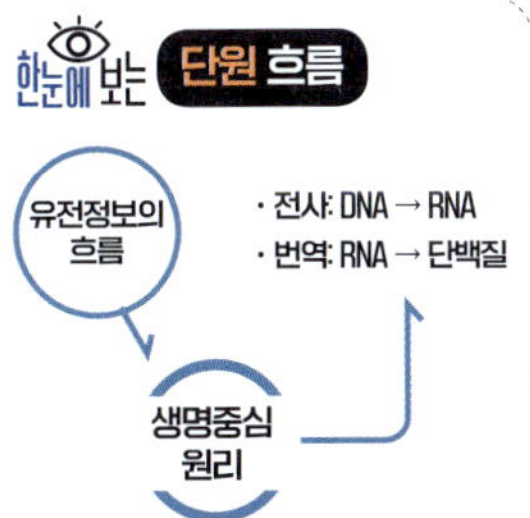

1. 유전자와 단백질: DNA에는 유전정보가 저장된 특정 부분인 (❾   )이/가 있다. ➡ 유전자의 유전정보에 따라 단백질이 합성된다. ➡ 단백질에 의해 유전형질이 발현된다.

2. 유전정보의 흐름

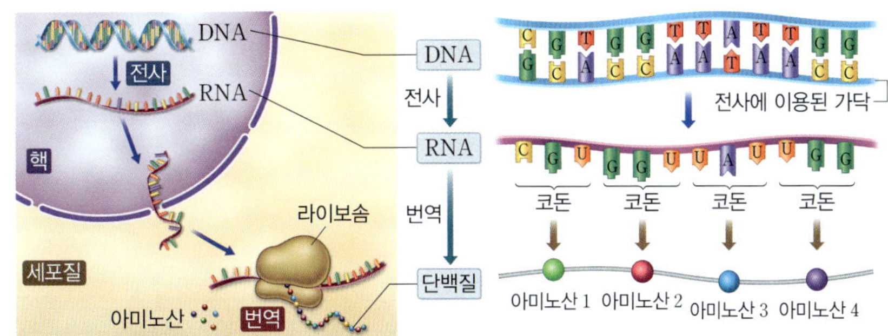

유전정보의 흐름	DNA → RNA → 단백질
유전부호	• 3염기조합: 연속된 3개의 염기로 이루어진 DNA의 유전부호 • (❿): 연속된 3개의 염기로 이루어진 RNA의 유전부호, 총 (⓫) 종류
전사	DNA 이중나선 중 한 가닥을 주형으로 상보적인 염기서열을 갖는 RNA가 만들어진다. [A → (⓬), G → C, C → G, T → A]
번역	라이보솜에서 RNA의 코돈에 따라 아미노산이 순서대로 결합하여 단백질이 합성된다.

효소의 기능

출제 point에 따라 대표 자료를 분석하고, 문제에 대입하여 풀어보자.

출제 Point

- **Point ❶** 물질대사가 일어나기 위해서는 생체촉매인 효소가 필요함을 안다. ★★★
- **Point ❷** 효소의 작용으로 활성화에너지가 변화함을 안다. ★★★
- **Point ❸** 효소는 특정 반응물과 결합하여 반응을 촉진하며, 반응 전후에 변하지 않아 재사용됨을 안다. ★★★

대표 자료

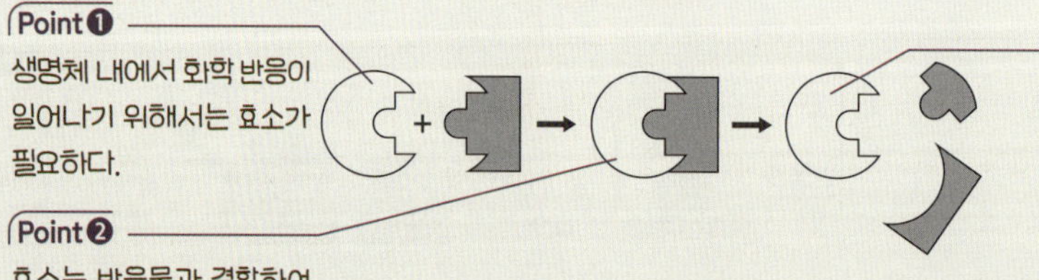

정답과 해설 86쪽

01 다음은 감자즙을 이용한 효소 반응 실험이다.

> (가) 시험관 I과 II에 각각 3 % 과산화 수소수 5 mL를 넣는다.
>
> (나) I에는 (ⓐ) 1 mL를, II에는 (ⓑ) 1 mL를 넣은 직후 일정한 시간 동안 I과 II에서 기포가 발생하는지를 관찰한다. ⓐ와 ⓑ는 감자즙과 증류수를 순서 없이 나타낸 것이다.
>
> **Point ❶** 감자즙에는 과산화 수소의 분해를 촉진하는 (　　　)가 있다.
>
> **Point ❸** (나)에서 분해된 과산화 수소의 양은 기포 발생량으로 알 수 있다.
>
> (다) 관찰 결과는 표와 같다.
>
> | 시험관 | I | II |
> |---|---|---|
> | 결과 | 기포가 발생하지 않음 | ⊙ 기포가 발생함 |
>
> **Point ❷** 기포가 발생한 시험관 II가 과산화 수소 분해 속도가 빠르다. ➡ 시험관 II에 넣은 ⓑ는 (　　　)이며, 기포에는 (　　　)가 있다.

이에 대한 설명으로 옳은 것만을 보기에서 있는 대로 고른 것은? (단, 제시된 조건 이외는 고려하지 않는다.)

> **보기**
>
> ㄱ. ⓐ는 감자즙이다.
>
> ㄴ. ⊙에 과산화 수소의 분해로 생성된 산소가 있다.
>
> ㄷ. 과산화 수소 분해 반응의 활성화에너지는 I에서보다 II에서가 낮다.

① ㄱ 　　② ㄴ 　　③ ㄱ, ㄷ

④ ㄴ, ㄷ 　　⑤ ㄱ, ㄴ, ㄷ

02 그림은 과산화 수소 분해 반응에서의 에너지 변화를 나타낸 것으로, ⊙과 ⓒ은 각각 생체촉매인 카탈레이스가 있을 때와 없을 때 중 하나이다.

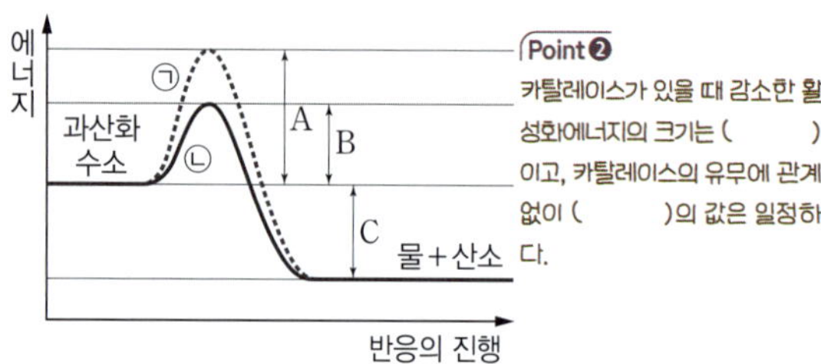

Point ❶+❸ 효소의 유무에 따른 그래프 변화

구분	그래프 ⊙	그래프 ⓒ
카탈레이스의 유무	(　　　)	(　　　)
활성화에너지	(　　　)	(　　　)
과산화 수소의 분해 속도	상대적으로 (　　　)	상대적으로 (　　　)

이에 대한 설명으로 옳은 것만을 보기에서 있는 대로 고른 것은?

> **보기**
>
> ㄱ. ⊙은 카탈레이스가 있을 때이다.
>
> ㄴ. 카탈레이스가 있을 때의 활성화에너지는 B이다.
>
> ㄷ. 카탈레이스가 과산화 수소와 결합하면 C의 크기가 감소한다.

① ㄱ 　　② ㄴ 　　③ ㄷ

④ ㄱ, ㄴ 　　⑤ ㄴ, ㄷ

세포 내 유전정보의 흐름

출제 point에 따라 대표 자료를 분석하고, 문제에 대입하여 풀어보자.

출제 Point

Point❶ DNA 이중나선에서 두 가닥의 폴리뉴클레오타이드는 상보적인 염기의 결합으로 연결됨을 안다. ★★☆

Point❷ 유전정보는 DNA에서 RNA로 전사되고, RNA로부터 단백질로 번역됨을 안다. ★★★

Point❸ RNA의 염기서열은 전사에 이용된 DNA 가닥의 염기서열과 상보적임을 안다. ★★★

Point❹ RNA의 연속된 3개의 염기로 이루어진 코돈에 따라 아미노산이 결합하여 단백질이 합성됨을 안다. ★★★

대표 자료

Point❷
진핵세포에서 전사는 DNA가 있는 핵 속에서 일어나고, 번역은 라이보솜에서 일어난다.

Point❸
RNA를 구성하는 염기는 A, G, C, U이며 전사될 때 DNA 주형 가닥의 A→U, G→C, C→G, T→A으로 전사된다.

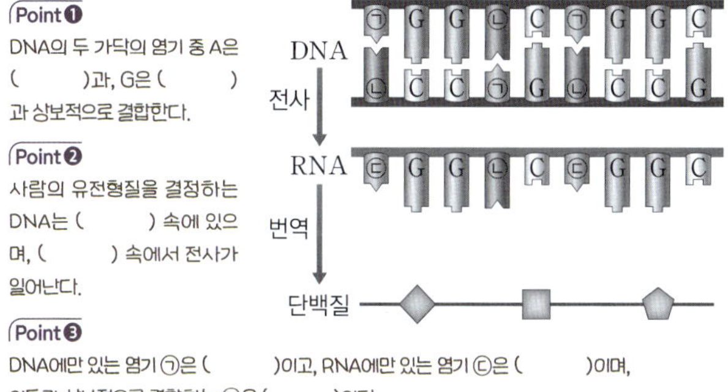

Point❶
DNA를 구성하는 염기는 A, G, C, T이며, 이중나선에서 A은 T과, G은 C과 상보결합을 한다.

Point❹
코돈은 RNA의 연속된 염기 3개로 이루어지며, 아미노산 하나를 지정한다.

정답과 해설 86쪽

---

03 그림은 사람의 유전정보의 흐름을 나타낸 것이다. ㉠~㉢은 각각 아데닌(A), 유라실(U), 타이민(T) 중 하나이다.

Point❶
DNA의 두 가닥의 염기 중 A은 (   )과, G은 (   )과 상보적으로 결합한다.

Point❷
사람의 유전형질을 결정하는 DNA는 (   ) 속에 있으며, (   ) 속에서 전사가 일어난다.

Point❸
DNA에만 있는 염기 ㉠은 (   )이고, RNA에만 있는 염기 ㉢은 (   )이며, 이들과 상보적으로 결합하는 ㉡은 (   )이다.

Point❹
아미노산 하나를 지정하는 RNA의 유전부호는 염기 (   )개로 이루어진다.

이에 대한 설명으로 옳은 것만을 보기에서 있는 대로 고른 것은? (단, 돌연변이는 고려하지 않는다.)

보기
ㄱ. ㉠은 타이민(T)이다.
ㄴ. 핵 속에서 전사가 일어난다.
ㄷ. RNA는 염기 1개가 아미노산 1개를 지정한다.

① ㄱ   ② ㄴ   ③ ㄱ, ㄴ
④ ㄴ, ㄷ   ⑤ ㄱ, ㄴ, ㄷ

---

04 그림은 어떤 세포에서 일어나는 유전정보의 흐름을 나타낸 것이다. (가)는 전사와 번역 중 하나이며, ⓐ는 단백질의 단위체이다.

Point❷
유전정보의 흐름 중 DNA→RNA는 (   )이고, RNA→단백질은 (   )이다. 번역에는 단백질 합성이 일어나는 세포소기관 (   )이 관여한다.

Point❸
RNA의 염기서열은 DNA에서 전사에 이용된 주형 가닥의 염기서열과 (   )이므로, 주형 DNA 가닥은 (   )이다.

Point❹
㉠은 네 번째 아미노산을 지정하는 (   )이며, ⓐ를 지정하는 코돈은 (   )이다.

이에 대한 설명으로 옳지 <u>않은</u> 것은?

① (가)는 번역이다.
② (가)에는 라이보솜이 관여한다.
③ ㉠은 코돈이다.
④ RNA를 만드는 데 이용된 DNA 가닥은 Ⅱ이다.
⑤ ⓐ를 지정하는 RNA의 염기서열은 AGG이다.

WALK
수능 실전 대비 문제

수능 실전 2점

01 그림은 동물 세포의 구조를 나타낸 것이다. A~D는 각각 핵, 라이보솜, 소포체, 마이토콘드리아 중 하나이다.

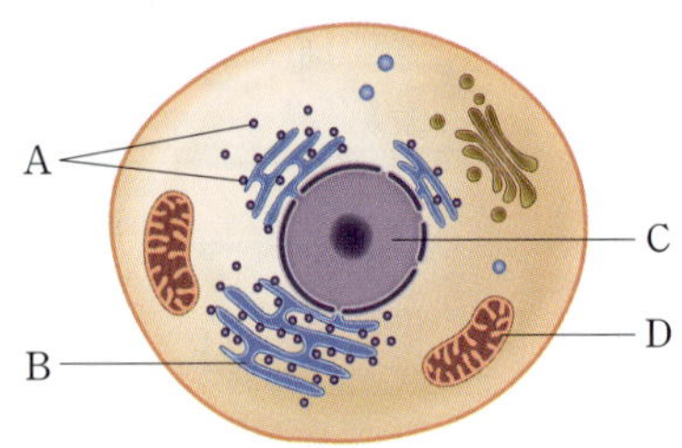

A~D에 대한 설명으로 옳지 <u>않은</u> 것은?

① A에서 펩타이드결합이 일어난다.
② B는 막구조를 갖는다.
③ C에는 유전물질이 있다.
④ D에서 이산화 탄소를 흡수한다.
⑤ A~D는 모두 식물 세포에도 존재한다.

02 표 (가)는 동물 세포의 세포소기관 A, B의 특징 ㉠, ㉡의 유무를, (나)는 ㉠, ㉡을 순서 없이 나타낸 것이다. A, B는 각각 핵과 골지체 중 하나이다.

특성 세포소기관	㉠	㉡
A	○	×
B	○	○

(○: 있음, ×: 없음)

(가)

특징(㉠, ㉡)
• 유전물질이 있다.
• 인지질 2중층의 막구조를 갖는다.

(나)

이에 대한 설명으로 옳은 것만을 보기에서 있는 대로 고른 것은?

보기
ㄱ. ㉠은 '유전물질이 있다.'이다.
ㄴ. A는 식물 세포에 존재한다.
ㄷ. B에서 RNA가 합성된다.

① ㄷ　　② ㄱ, ㄴ　　③ ㄱ, ㄷ
④ ㄴ, ㄷ　　⑤ ㄱ, ㄴ, ㄷ

03 그림 (가)와 (나)는 세포막 안팎의 농도 차에 따라 세포 밖에서 세포 안으로 이동하는 물질 A와 B의 이동 속도를 나타낸 것이다. A와 B 중 하나는 막단백질을 통해 이동한다.

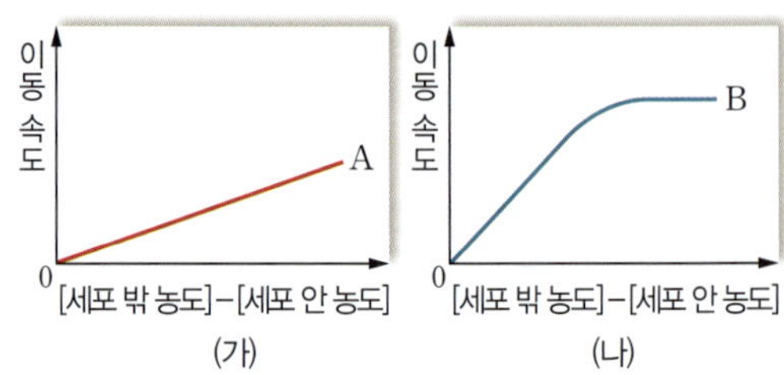

이에 대한 설명으로 옳은 것만을 보기에서 있는 대로 고른 것은?

보기
ㄱ. A는 친수성 물질이다.
ㄴ. B의 이동에는 에너지가 사용되지 않는다.
ㄷ. 세포막에는 B를 선택적으로 투과시키는 단백질이 있다.

① ㄱ　　② ㄴ　　③ ㄷ
④ ㄱ, ㄷ　　⑤ ㄴ, ㄷ

04 그림은 세포막을 통한 물질의 확산 방식 (가)와 (나)를 나타낸 것이다.

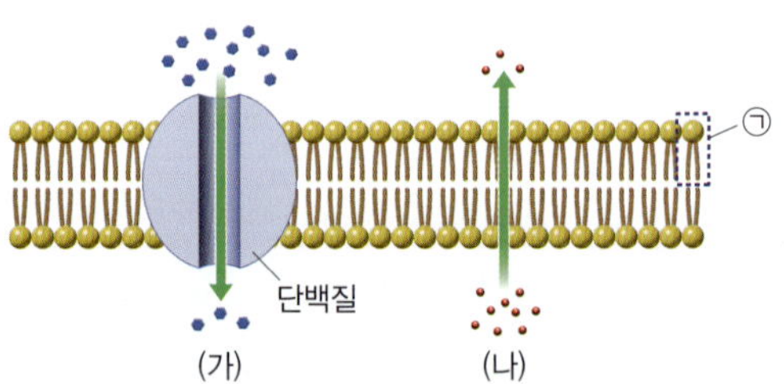

이에 대한 설명으로 옳은 것만을 보기에서 있는 대로 고른 것은?

보기
ㄱ. ㉠은 인지질이다.
ㄴ. (가) 방식으로 이동하는 물질에는 이온이 있다.
ㄷ. (나) 방식으로 이동하는 물질은 세포막 안팎의 농도 차에 따라 이동한다.

① ㄴ　　② ㄱ, ㄴ　　③ ㄱ, ㄷ
④ ㄴ, ㄷ　　⑤ ㄱ, ㄴ, ㄷ

05 그림은 어떤 식물 세포를 설탕 수용액에 넣기 전과 넣은 후의 세포의 모습을 나타낸 것이다.

  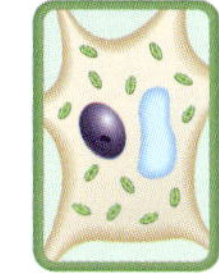

설탕 수용액에 넣기 전 → 설탕 수용액에 넣은 후

세포의 모습이 변하는 과정에 대한 설명으로 옳은 것만을 보기에서 있는 대로 고른 것은?

보기
ㄱ. 세포막을 통해 삼투에 의한 물의 이동이 일어난다.
ㄴ. 설탕 수용액의 농도는 식물 세포의 세포액보다 낮다.
ㄷ. 세포질의 부피가 감소한다.

① ㄴ ② ㄷ ③ ㄱ, ㄴ
④ ㄱ, ㄷ ⑤ ㄱ, ㄴ, ㄷ

빈출
06 그림은 적혈구 A~C를 서로 다른 농도의 설탕 용액 ㉠~㉢에 각각 넣었을 때의 변화를 순서 없이 나타낸 것이다. 설탕 용액의 농도는 ㉠＞㉡＞㉢이다.

   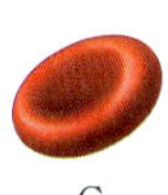

적혈구 A B C

이에 대한 설명으로 옳은 것만을 보기에서 있는 대로 고른 것은?

보기
ㄱ. A는 적혈구를 ㉠에 넣었을 때의 모습이다.
ㄴ. C에서는 적혈구 막을 통한 물의 이동이 일어나지 않는다.
ㄷ. 적혈구의 상태 변화는 식물 뿌리에서 물을 흡수하는 것과 같은 원리에 의해 일어난다.

① ㄱ ② ㄷ ③ ㄱ, ㄷ
④ ㄴ, ㄷ ⑤ ㄱ, ㄴ, ㄷ

빈출
07 다음은 감자즙을 이용한 효소 반응 실험이다.

감자즙에 있는 ㉠효소는 다음 반응에서 촉매로 작용한다.

과산화 수소 → ㉡＋ 산소

[실험 과정 및 결과]
(가) 시험관 Ⅰ과 Ⅱ에 각가 3 % 과산회 수소수 5 mL를 넣는다.
(나) Ⅰ에는 ⓐ 1 mL를, Ⅱ에는 ⓑ 1 mL를 넣은 직후 일정한 시간 동안 Ⅰ과 Ⅱ에서 기포가 발생하는지를 관찰한다. ⓐ와 ⓑ는 감자즙과 증류수를 순서 없이 나타낸 것이다.
(다) 관찰 결과는 표와 같다.

시험관	Ⅰ	Ⅱ
결과	기포가 발생하지 않음	㉢ 기포가 발생함

이에 대한 설명으로 옳지 <u>않은</u> 것은? (단, 제시된 조건 이외는 고려하지 않는다.)

① ㉠은 카탈레이스이다.
② ㉡은 물이다.
③ ㉢에는 산소가 있다.
④ ⓐ는 감자즙, ⓑ는 증류수이다.
⑤ 분해된 과산화 수소의 양은 Ⅱ에서가 Ⅰ에서보다 많다.

08 그림은 효소 X에 의한 반응을 나타낸 것이다.
이에 대한 설명으로 옳은 것만을 보기에서 있는 대로 고른 것은?

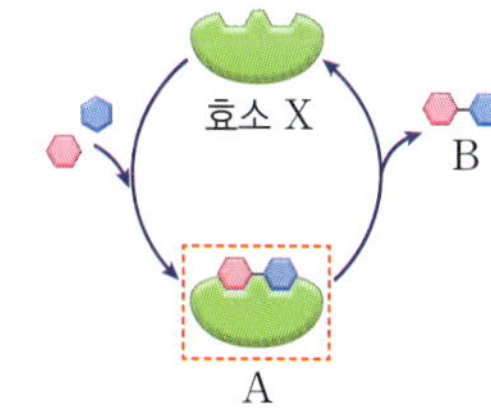

보기
ㄱ. X는 동화작용에 관여한다.
ㄴ. A를 형성하면 반응의 활성화에너지가 커진다.
ㄷ. 반응이 끝난 후 X의 양은 감소하고 B의 양은 증가한다.

① ㄱ ② ㄴ ③ ㄷ
④ ㄱ, ㄷ ⑤ ㄴ, ㄷ

09 그림은 DNA, 단백질, 유전자를 구분하는 과정을 나타낸 것이다.

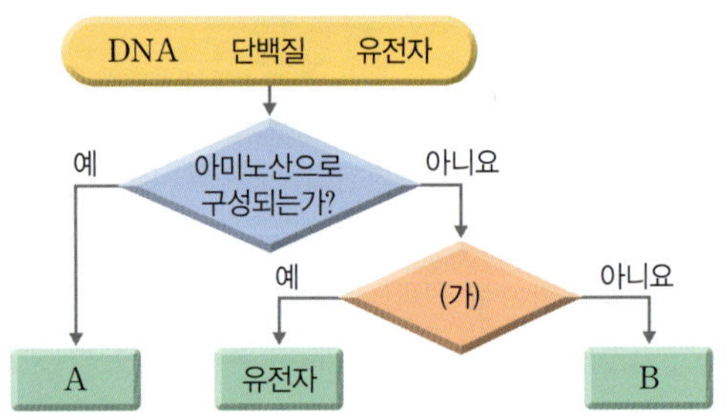

이에 대한 설명으로 옳은 것만을 보기에서 있는 대로 고른 것은?

보기
ㄱ. A에 의해 형질이 발현된다.
ㄴ. B를 구성하는 단위체는 뉴클레오타이드이다.
ㄷ. (가)는 '유전정보를 저장한다.'가 될 수 있다.

① ㄴ ② ㄷ ③ ㄱ, ㄴ
④ ㄱ, ㄷ ⑤ ㄱ, ㄴ, ㄷ

10 그림은 과산화 수소 분해 반응에서 에너지 변화를 나타낸 것으로, ㉠과 ㉡은 각각 생체촉매인 카탈레이스가 있을 때와 없을 때 중 하나이다.

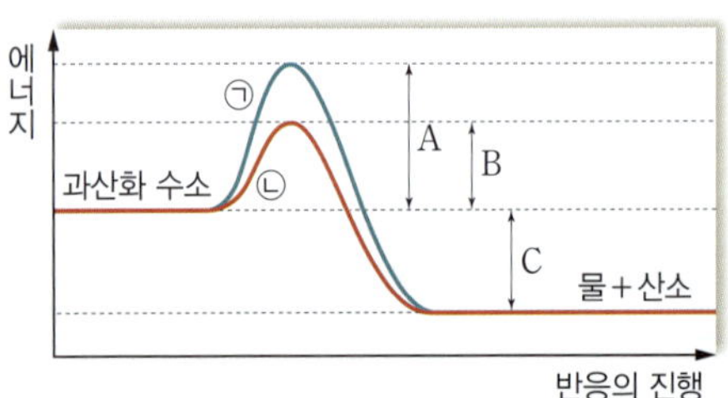

이에 대한 설명으로 옳은 것만을 보기에서 있는 대로 고른 것은?

보기
ㄱ. 카탈레이스가 없을 때의 반응 경로는 ㉠이다.
ㄴ. 카탈레이스의 농도를 높이면 활성화에너지가 B보다 작아져 반응 속도가 빨라진다.
ㄷ. 이 반응에서 방출되는 에너지는 C이다.

① ㄱ ② ㄴ ③ ㄷ
④ ㄱ, ㄷ ⑤ ㄴ, ㄷ

11 그림은 세포에서 일어나는 유전정보의 흐름을 나타낸 것이다.

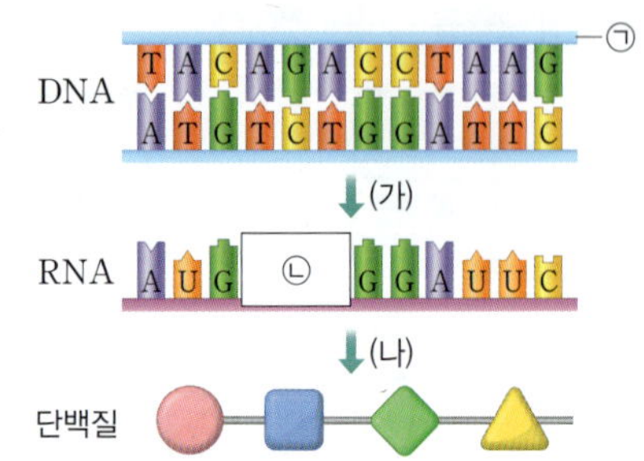

이에 대한 설명으로 옳지 <u>않은</u> 것은?

① ㉠이 전사에 이용된 가닥이다.
② ㉡의 염기서열은 UGU이다.
③ (가) 과정에 효소가 필요하다.
④ (가)와 (나)에서 동화작용이 일어난다.
⑤ (나) 과정은 라이보솜에서 일어난다.

12 그림은 어떤 RNA의 염기서열과 이로부터 단백질이 합성되는 과정을 나타낸 것이고, 표는 일부 코돈이 지정하는 아미노산의 종류를 나타낸 것이다.

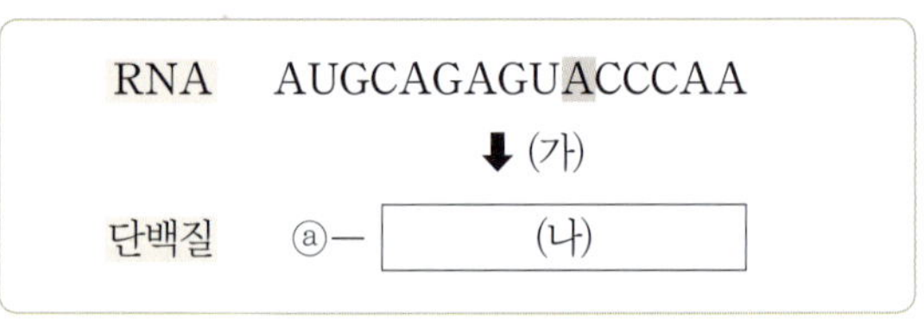

코돈	아미노산	코돈	아미노산
AUG	ⓐ	CAG, CAA	ⓓ
AGU, AGC	ⓑ	CCA, CCC	ⓔ
ACC, ACA	ⓒ	GCC, GCG	ⓕ

이에 대한 설명으로 옳은 것만을 보기에서 있는 대로 고른 것은?

보기
ㄱ. (가) 과정은 번역이다.
ㄴ. (나)는 3종류의 아미노산으로 구성된다.
ㄷ. RNA의 염기 A이 G으로 바뀌면 단백질에 ⓕ가 포함된다.

① ㄴ ② ㄷ ③ ㄱ, ㄴ
④ ㄱ, ㄷ ⑤ ㄱ, ㄴ, ㄷ

13 표 (가)는 세포소기관 A~C가 특징 ㉠~㉢에 해당하는 개수를, (나)는 ㉠~㉢을 나타낸 것이다. A~C는 각각 액포, 엽록체, 라이보솜 중 하나이다.

세포소기관	특징의 개수
A	1
B	3
C	?

(가)

특징(㉠~㉢)
- 식물 세포에 존재한다.
- 막으로 싸여 있다.
- 포도당을 합성한다.

(나)

이에 대한 설명으로 옳은 것만을 보기에서 있는 대로 고른 것은?

보기
ㄱ. A는 유전정보의 번역에 관여한다.
ㄴ. B는 동물 세포에는 존재하지 않는다.
ㄷ. C는 빛에너지를 화학 에너지로 전환한다.

① ㄴ ② ㄱ, ㄴ ③ ㄱ, ㄷ
④ ㄴ, ㄷ ⑤ ㄱ, ㄴ, ㄷ

14 표 (가)는 세포 A와 B에서 특징 ㉠~㉢의 유무를, (나)는 ㉠~㉢을 순서 없이 나타낸 것이다. A와 B는 사람의 간세포와 은행나무의 잎세포를 순서 없이 나타낸 것이다.

구분	㉠	㉡	㉢
A	○	○	ⓐ
B	×	?	×

(○: 있음, ×: 없음)

특징(㉠~㉢)
- 핵막이 있다.
- 광합성을 한다.
- 세포벽이 있다.

(가) (나)

이에 대한 설명으로 옳은 것만을 보기에서 있는 대로 고른 것은?

보기
ㄱ. ⓐ는 '○'이다.
ㄴ. ㉡은 '광합성을 한다.'이다.
ㄷ. B는 사람의 간세포이다.

① ㄱ ② ㄴ ③ ㄱ, ㄷ
④ ㄴ, ㄷ ⑤ ㄱ, ㄴ, ㄷ

15 표는 세포막을 통한 물질 이동 방식에서 특징의 유무를 나타낸 것이다. Ⅰ과 Ⅱ는 모두 확산이다.

이동 방식 \ 특징	고농도에서 저농도로 용질이 이동함	막단백질이 사용됨	㉠
Ⅰ	○	×	○
Ⅱ	ⓐ	○	○

이에 대한 설명으로 옳은 것만을 보기에서 있는 대로 고른 것은?

보기
ㄱ. 산소는 Ⅰ과 같은 방식으로 이동한다.
ㄴ. ⓐ는 '○'이다.
ㄷ. ㉠은 '세포에서 에너지를 소모하지 않음'이 될 수 있다.

① ㄴ ② ㄱ, ㄴ ③ ㄱ, ㄷ
④ ㄴ, ㄷ ⑤ ㄱ, ㄴ, ㄷ

16 그림은 물질 ㉠과 ㉡이 세포막을 통해 확산하는 방향을, 표는 세포막을 통한 물질 이동의 예를 나타낸 것이다.

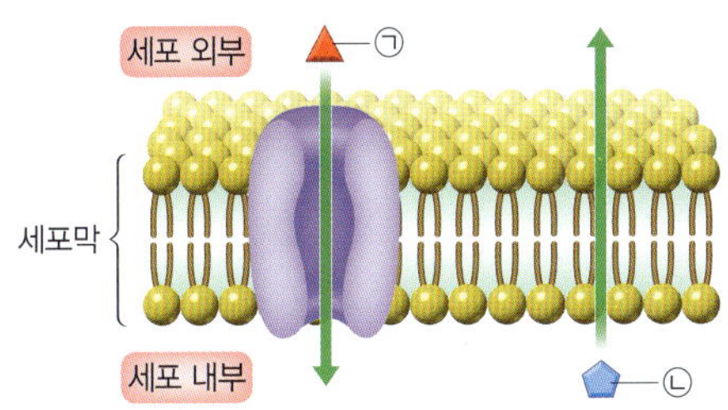

이동 방식	예
Ⅰ	조직세포와 모세혈관 사이의 기체 교환
Ⅱ	신경세포에서 Na^+ 통로를 통한 Na^+의 이동

이에 대한 설명으로 옳은 것만을 보기에서 있는 대로 고른 것은?

보기
ㄱ. ㉠의 이동 방식은 Ⅰ, ㉡의 이동 방식은 Ⅱ이다.
ㄴ. ㉠의 농도는 세포 외부가 세포 내부보다 높다.
ㄷ. ㉡의 예로는 이산화 탄소가 있다.

① ㄱ ② ㄴ ③ ㄱ, ㄷ
④ ㄴ, ㄷ ⑤ ㄱ, ㄴ, ㄷ

17 그림 (가)는 선택적 투과성 막으로 분리된 U자관의 A와 B에 농도가 다른 설탕 용액을 같은 양씩 넣은 모습이고, (나)는 시간에 따른 B에서의 수면의 높이 변화를 나타낸 것이다. 이 막은 물 분자는 통과시키지만 설탕 분자는 통과시키지 않는다.

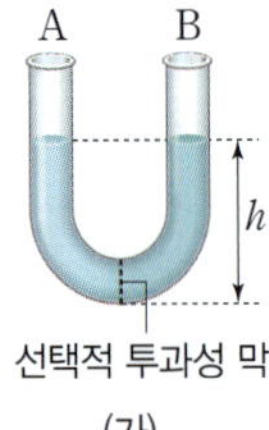

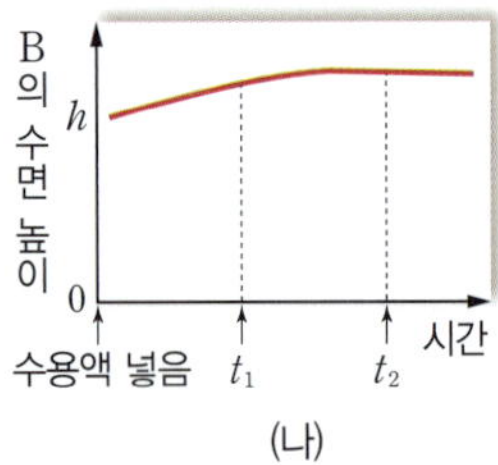

이에 대한 설명으로 옳은 것만을 보기에서 있는 대로 고른 것은?

보기
ㄱ. (가)에서 설탕 용액의 농도는 A에서가 B에서보다 높다.
ㄴ. A에서 설탕 용액의 농도는 t_2일 때가 t_1일 때보다 높다.
ㄷ. t_2일 때 설탕 용액의 농도는 A와 B에서 같다.

① ㄴ   ② ㄱ, ㄴ   ③ ㄱ, ㄷ
④ ㄴ, ㄷ   ⑤ ㄱ, ㄴ, ㄷ

18 그림 (가)~(다)는 사람의 적혈구를 동물 A~C의 혈장에 넣은 후 일정 시간이 지났을 때의 상태 변화를 나타낸 것이다.

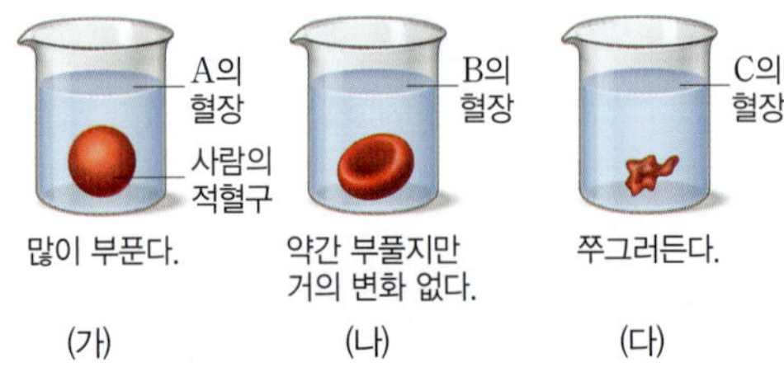

이에 대한 설명으로 옳지 않은 것은?

① (나)에서 적혈구 안팎으로 물이 이동한다.
② 적혈구 안의 농도는 (가)보다 (다)에서가 높다.
③ 혈장의 농도는 사람이 A보다 높다.
④ C의 적혈구를 B의 혈장에 넣으면 부푼다.
⑤ B의 적혈구를 사람의 혈장에 넣었을 때보다 C의 혈장에 넣었을 때 적혈구의 부피가 크다.

19 시험관에 표와 같이 용액을 넣었더니 B에서만 기포가 발생하였다. ㉠과 ㉡은 각각 감자즙과 증류수 중 하나이다.

시험관	시험관에 넣은 용액(mL)			기포 발생 결과
	3% 과산화 수소수	㉠	㉡	
A	10	2	0	발생하지 않음
B	10	0	2	발생함

이에 대한 설명으로 옳은 것만을 보기에서 있는 대로 고른 것은?

보기
ㄱ. ㉠은 감자즙이다.
ㄴ. ㉡에는 활성화에너지를 감소시키는 물질이 들어 있다.
ㄷ. 과산화 수소 분해 속도는 A보다 B에서 빠르다.

① ㄴ   ② ㄱ, ㄴ   ③ ㄱ, ㄷ
④ ㄴ, ㄷ   ⑤ ㄱ, ㄴ, ㄷ

20 표는 효소 E에 의한 반응에서 실험 I~Ⅲ의 조건을, 그래프는 I~Ⅲ에서 기질(반응물) 농도에 따른 초기 반응 속도를 나타낸 것이다.

실험	I	Ⅱ	Ⅲ
E의 농도 (상댓값)	1	2	1
X	없음	없음	있음

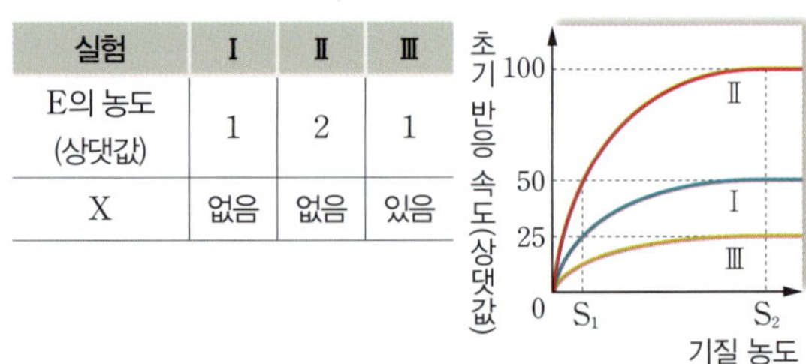

이에 대한 설명으로 옳은 것만을 보기에서 있는 대로 고른 것은? (단, X는 효소의 작용에 영향을 주는 물질이며, 제시된 조건 이외의 다른 조건은 동일하다.)

보기
ㄱ. X는 E의 작용을 억제한다.
ㄴ. I에서 E에 의한 반응의 활성화에너지는 S_1일 때가 S_2일 때보다 크다.
ㄷ. S_2일 때 반응물과 결합한 효소의 농도는 Ⅱ에서가 I에서보다 높다.

① ㄱ   ② ㄴ   ③ ㄷ
④ ㄱ, ㄴ   ⑤ ㄱ, ㄷ

21 그림 (가)는 효소 X가 관여하는 반응을, (나)는 이 반응의 진행에 따른 에너지 변화를 나타낸 것이다.

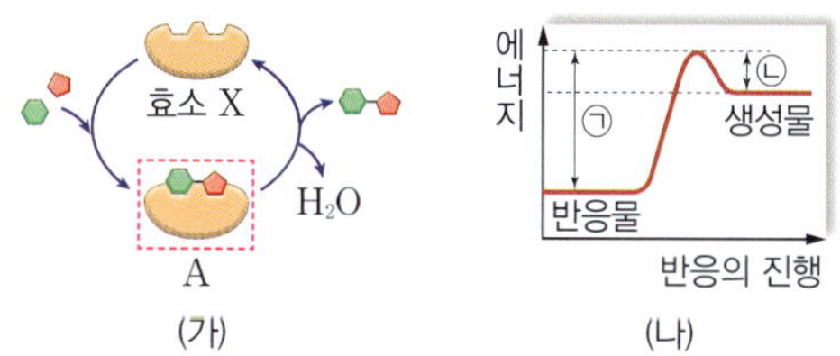

이에 대한 설명으로 옳은 것만을 보기에서 있는 대로 고른 것은?

> **보기**
> ㄱ. X는 물이 첨가되는 물질 분해 반응을 촉진한다.
> ㄴ. (가)의 활성화에너지는 ㉠이다.
> ㄷ. (가)에서 A의 농도가 증가하면 ㉡이 감소한다.

① ㄱ   ② ㄴ   ③ ㄷ   ④ ㄱ, ㄴ   ⑤ ㄱ, ㄷ

22 그림은 어떤 RNA의 염기서열이고, 표는 일부 코돈이 지정하는 아미노산의 종류를 나타낸 것이다.

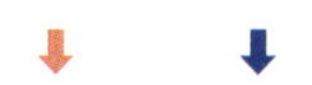

RNA   AUGAGCUUAUGGAAU

코돈	아미노산	코돈	아미노산	코돈	아미노산	코돈	아미노산
UUA	류신	UCA	세린	UAA	종결코돈	UGA	종결코돈
UUG		UCG		UAG	종결코돈	UGG	트립토판
AUU	아이소류신	ACU	트레오닌	AAU	아스파라진	AGU	세린
AUA		ACC		AAC		AGC	

이에 대한 설명으로 옳은 것만을 보기에서 있는 대로 고른 것은? (단, RNA 왼쪽 첫 번째 염기부터 번역되며, AUG는 메싸이오닌을 지정하는 개시코돈이고, 종결코돈은 지정하는 아미노산이 없어 단백질 합성을 멈추게 한다.)

> **보기**
> ㄱ. 이 RNA로부터 만들어지는 폴리펩타이드의 두번째 아미노산은 세린이다.
> ㄴ. ⬇의 U이 A으로 바뀌면 세 번째 아미노산이 아이소류신으로 바뀐다.
> ㄷ. ⬇의 G과 A 사이에 U이 삽입되면 정상보다 길이가 짧은 폴리펩타이드가 만들어진다.

① ㄴ   ② ㄷ   ③ ㄱ, ㄷ   ④ ㄴ, ㄷ   ⑤ ㄱ, ㄴ, ㄷ

---

23 (가)와 (나)는 핵과 라이보솜에서 일어나는 반응을 순서 없이 나타낸 것이다.

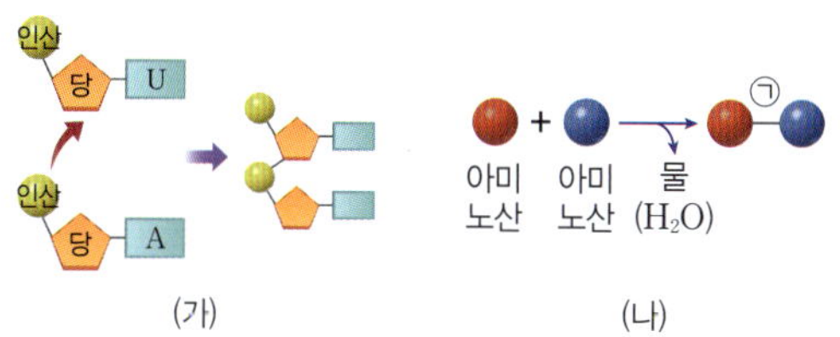

이에 대한 설명으로 옳은 것만을 보기에서 있는 대로 고른 것은?

> **보기**
> ㄱ. (가)와 (나)는 모두 동화작용에 해당한다.
> ㄴ. (가)는 핵에서 유전정보가 전사될 때 일어난다.
> ㄷ. (나)에서 ㉠은 펩타이드결합이다.

① ㄷ   ② ㄱ, ㄴ   ③ ㄱ, ㄷ
④ ㄴ, ㄷ   ⑤ ㄱ, ㄴ, ㄷ

24 다음은 정상 유전자와 이 유전자에 이상이 생긴 유전자 (가)에서 전사된 RNA의 염기서열과 이에 대응하는 아미노산 배열을 나타낸 것이다. (가)는 정상 유전자에서 전사에 이용된 DNA 가닥의 염기 하나가 ㉠에서 ㉡으로 바뀐 것이다.

정상	RNA: −C U G A A G A G− 아미노산: − 프롤린 − 글루탐산 − 글루탐산 −
(가)	RNA: −C U G U A G A G− 아미노산: − 프롤린 − 발린 − 글루탐산 −

이에 대한 설명으로 옳은 것만을 보기에서 있는 대로 고른 것은? (단, 제시된 것 이외의 염기서열과 아미노산서열은 정상과 같다.)

> **보기**
> ㄱ. 코돈 GAA와 GAG는 지정하는 아미노산이 다르다.
> ㄴ. ㉠은 T이고, ㉡은 A이다.
> ㄷ. (가)에 의해 합성된 단백질을 구성하는 아미노산 개수는 정상 단백질보다 적다.

① ㄱ   ② ㄴ   ③ ㄷ
④ ㄱ, ㄴ   ⑤ ㄱ, ㄷ

01 그림 (가)와 (나)는 식물 세포와 동물 세포를 순서 없이 나타낸 것이다.

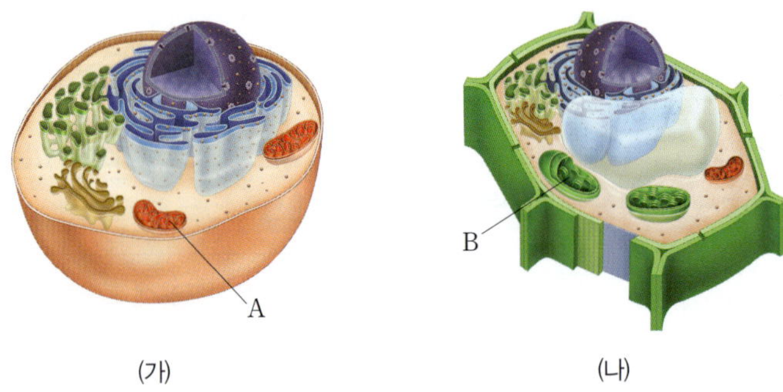

(가)　　　　　　　　　　　(나)

(1) (가)와 (나) 중 식물 세포는 어떤 것인지 근거를 들어 설명하시오.

(2) 세포소기관 A와 B의 기능은 무엇인지 각각 설명하고, 두 세포소기관의 공통점을 한 가지 설명하시오.

02 그림은 세포막의 구조를 나타낸 것이다.

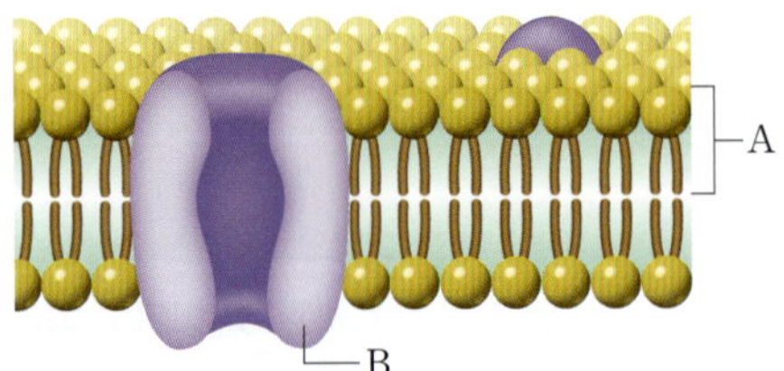

(1) A가 무엇인지 쓰고, 세포막에서 A가 2중층 구조를 이루고 있는 까닭을 A의 구조적 특징과 관련지어 설명하시오.

(2) B의 성분이 무엇인지 쓰고, 세포막에서의 기능을 한 가지 설명하시오.

단계별로 배경 지식 쌓기

Step ❶ 문제 분석하기

(　　　　)와/과 (　　　　)은/는 동물 세포에는 없고 식물 세포에만 있는 세포소기관이다.

Step ❷ Key Word 찾아 답안 작성하기

· A는 (　❶　)(이)고, B는 (　❷　)(이)다.
· A와 B는 (　❸　)(으)로 싸여 있고, (　❹　) 전환에 관여한다.

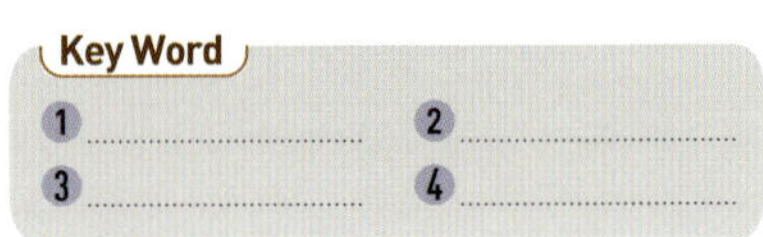

Key Word

❶	❷
❸	❹

단계별로 배경 지식 쌓기

Step ❶ 문제 분석하기

A는 (　　　　)(이)며, (　　　) 머리와 (　　　) 꼬리를 갖는다.

Step ❷ Key Word 찾아 답안 작성하기

B의 성분은 (　❶　)(이)며, 막을 관통하고 있는 것이 있다.

KeyWord

❶

03 그림 (가)는 양파 표피세포를 용액 A에, 그림 (나)는 양파 표피세포를 용액 B에 넣고 충분한 시간이 지난 후의 모습을 나타낸 것이다. A와 B는 각각 0.5 % 소금물과 10 % 소금물 중 하나이다. (단, (가)와 (나)는 같은 종류의 양파 표피세포를 사용하였다.)

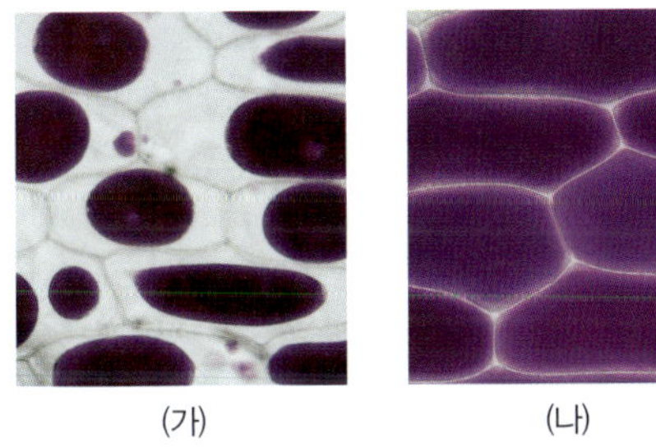

(가) (나)

A와 B는 각각 어떤 용액인지 쓰고, 그렇게 생각한 근거를 조건에 맞게 설명하시오.

조건
- 물질 이동 원리를 쓸 것
- 물질의 이동 방향을 설명할 것
- 세포에 나타난 변화를 쓸 것

단계별로 **배경 지식 쌓기**

Step ❶ 문제 분석하기

세포액과 농도가 다른 용액에 세포를 넣으면 (　　　　　)의 이동으로 세포의 부피가 변한다.

Step ❷ **Key Word** 찾아 답안 작성하기

- 세포막을 통한 물의 이동 원리는 (❶)(이)고, 용액의 농도가 (❷) 쪽에서 (❸) 쪽으로 물이 이동한다.
- 식물 세포는 세포막 바깥에 (❹)이/가 있다.

Key Word

❶ .... ❷ ....
❸ .... ❹ ....

---

04 다음은 세포막을 통해 물질이 이동하는 두 가지 예를 나타낸 것이다.

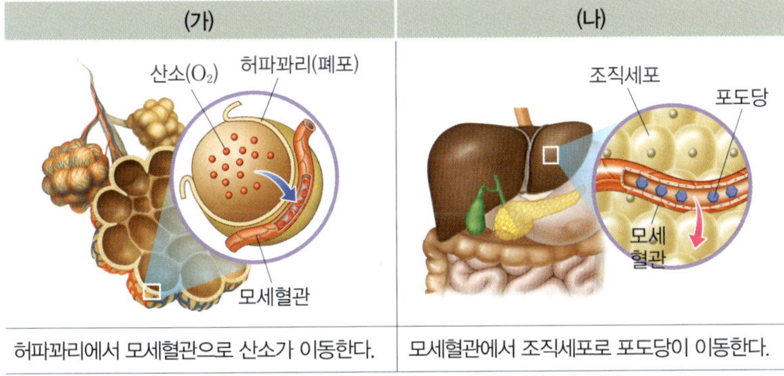

(가)	(나)
허파꽈리에서 모세혈관으로 산소가 이동한다.	모세혈관에서 조직세포로 포도당이 이동한다.

⑴ (가)와 (나)의 물질 이동 방식의 공통점을 한 가지 설명하시오.

⑵ (가)와 (나)의 물질 이동 방식의 차이점을 한 가지 설명하시오.

단계별로 **배경 지식 쌓기**

Step ❶ 문제 분석하기

- 산소와 포도당은 세포막을 경계로 농도가 (　　　) 쪽에서 (　　　) 쪽으로 이동한다.
- 세포막을 경계로 농도 차에 의한 (　　　)(으)로 물질이 이동할 때는 세포에서 (　　　)을/를 사용하지 않는다.

Step ❷ **Key Word** 찾아 답안 작성하기

산소는 세포막의 (❶)을/를 통해 이동하고, 포도당은 세포막의 (❷)을/를 통해 이동한다.

KeyWord

❶ .... ❷ ....

05 그림은 효소 X가 관여하는 반응을 나타낸 것이다.

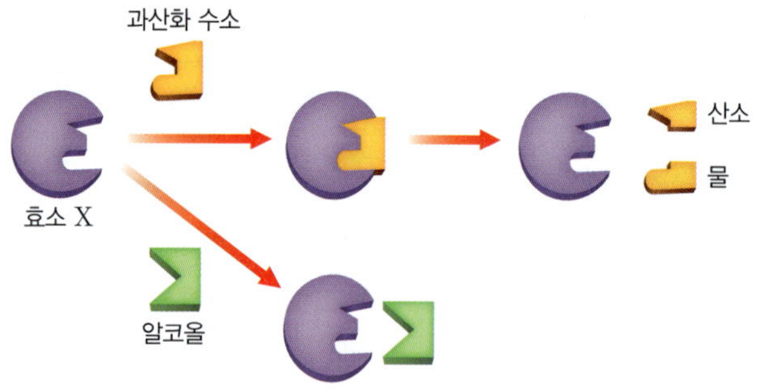

(1) 효소 X가 없을 때보다 효소 X가 있을 때 과산화 수소의 분해 반응이 더 빠르게 일어나는데, 그 까닭은 무엇인지 설명하시오.

(2) 효소 X는 과산화 수소의 분해는 촉진하지만, 알코올 분해 반응에는 관여하지 않는 것을 통해 알 수 있는 효소의 특성을 설명하시오.

(3) 효소 X를 가열하면 효소로서의 기능을 상실하는 까닭을 설명하시오.

06 그림은 세포 내에서의 유전정보의 흐름을 나타낸 것이다.

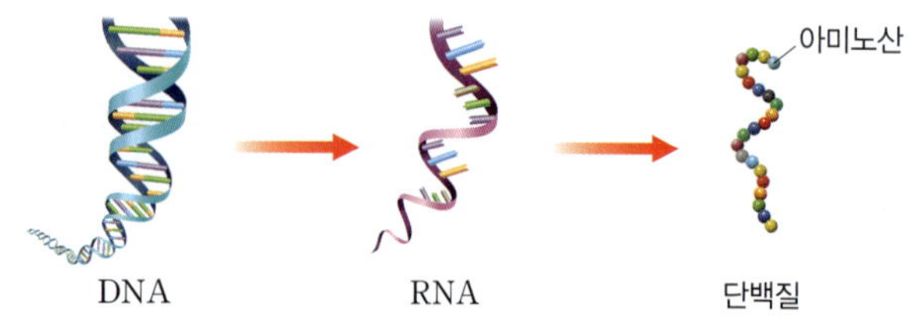

(1) DNA에 단백질에 대한 유전정보가 저장되어 있는 방식을 설명하시오.

(2) 90개의 아미노산으로 구성된 단백질을 암호화하는 RNA는 최소 몇 개 이상의 염기로 이루어져 있는지 그 까닭과 함께 설명하시오.

07 그림과 같이 사람의 인슐린 유전자를 대장균에 주입함으로써 대장균에서 인슐린을 대량 생산할 수 있다.

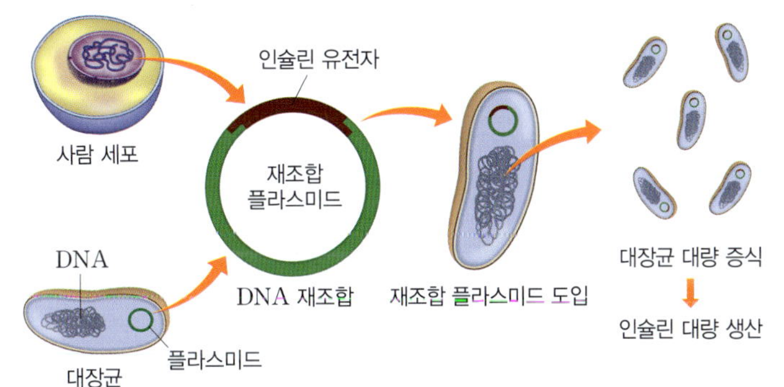

이처럼 대장균에서 사람의 인슐린을 합성할 수 있는 까닭을 설명하시오.

Step ❶ 문제 분석하기

대장균의 유전정보는 (　　　)(에)서 저장되어 있으며, (　　　)(에)서 단백질이 합성된다.

Step ❷ Key Word 찾아 답안 작성하기

- 사람과 대장균의 유전부호 체계는 (❶) 하다.
- 사람의 유전자를 대장균에 주입하면 (❷)와/과 (❸) 과정을 거쳐 대장균에서 사람의 (❹)이/가 합성된다.

Key Word

❶ 　　　　　　　❷
❸ 　　　　　　　❹

---

08 다음은 페닐케톤뇨증에 관한 설명이다.

> 페닐케톤뇨증은 유전자 이상으로 페닐알라닌을 분해하는 효소가 몸속에서 만들어지지 않아 몸속에 페닐알라닌이 축적되어 신경 발달을 저해하는 유전병이다. 페닐케톤뇨증과 같이 유전자 이상으로 효소가 결핍되어 물질대사 과정이 제대로 일어나지 않는 질병을 선천성 대사 이상 질환이라고 한다.

(1) 페닐케톤뇨증이 나타나는 과정을 유전자와 관련지어 설명하시오.

(2) 선천성 대사 이상 질환은 유전자의 염기 중 한 개만 바뀌어도 나타날 수 있다. 그렇지만 어떤 경우에는 유전자의 염기 중 한 개가 바뀌어도 질환이 나타나지 않고 정상인 경우가 있다. 이러한 차이가 나타나는 까닭을 코돈과 관련지어 설명하시오.

Step ❶ 문제 분석하기

- 유전자는 유전정보를 저장하고 있는 DNA의 특정 부분의 (　　　)(이)다.
- 유전자의 유전정보에 따라 합성된 (　　　)이/가 특정 기능을 수행함으로써 형질이 발현된다.
- 페닐케톤뇨증은 (　　　) 이상 → (　　　) 이상 → 페닐알라닌 축적으로 나타난다.

Step ❷ Key Word 찾아 답안 작성하기

- RNA의 코돈은 (❶)종류이고, 단백질을 구성하는 아미노산의 종류는 (❷)종류이다.
- 유전자의 염기서열이 바뀌더라도 단백질의 (❸)서열이 같으면 형질은 정상적으로 발현된다.

KeyWord

❶ 　　　　❷ 　　　　❸

최상위 MASTER 도약 문제

01 그림 (가)는 원시 지구의 탄생 이후 현재까지 기권의 성분 변화를, (나)는 지구시스템을 구성하는 각 권역의 상호작용을 나타낸 것이다.

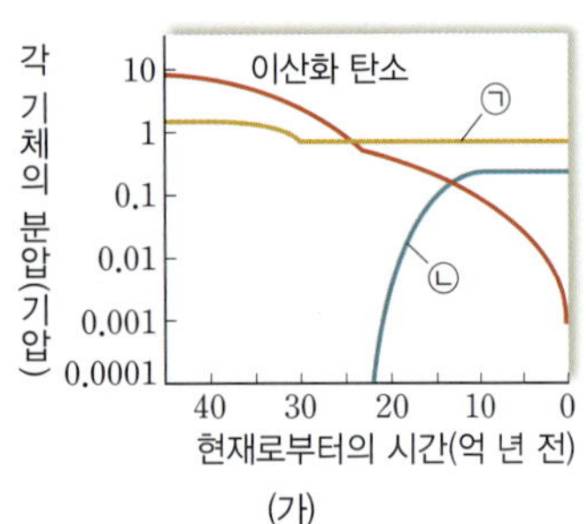

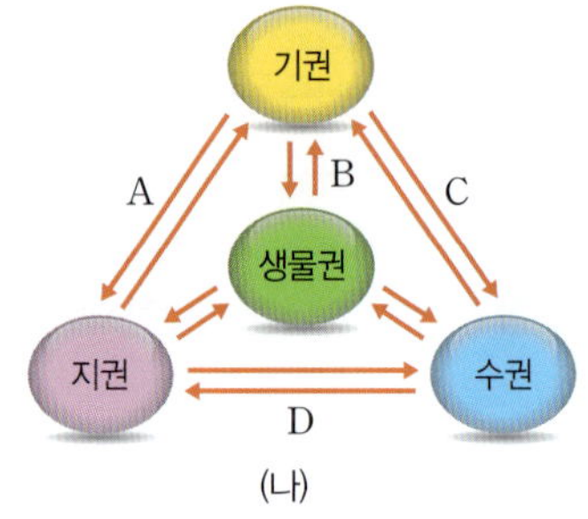

이에 대한 설명으로 옳은 것만을 보기에서 있는 대로 고른 것은?

보기

ㄱ. ㉠은 질소이다.

ㄴ. 기권에서 ㉡이 증가한 이유와 관련된 상호작용은 A이다.

ㄷ. 원시 지구의 이산화 탄소는 C와 D에 의해 급격하게 감소하였다.

① ㄱ ② ㄴ ③ ㄷ

④ ㄱ, ㄷ ⑤ ㄴ, ㄷ

> **Solution Tip**
>
> 원시 지구에 가장 풍부했던 이산화 탄소는 바다에 녹은 다음 석회암의 형태로 지권에 저장되었다. 산소는 생물의 광합성 활동에 의해 대기 중에 축적될 수 있었다.

02 그림은 판의 발산형, 수렴형, 보존형 경계가 모두 존재하는 어느 지역의 판 경계를, 표는 세 지점 ㉠ ~㉢에서 일어나는 지각 변동을 나타낸 것이다.

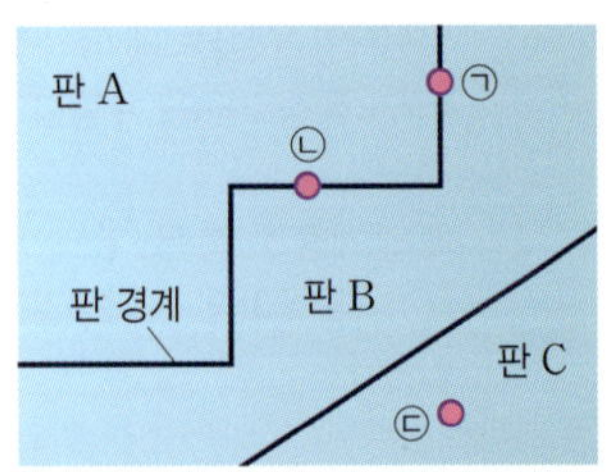

구분	화산 활동	천발 지진	심발 지진
㉠	○	○	×
㉡	×	○	×
㉢	○	○	○

이에 대한 설명으로 옳은 것만을 보기에서 있는 대로 고른 것은?

보기

ㄱ. 해양 지각의 나이는 ㉠이 ㉡보다 많다.

ㄴ. 판의 평균 밀도는 B가 C보다 작다.

ㄷ. 판 경계의 지각 변동을 일으키는 에너지원은 지구 내부 에너지이다.

① ㄱ ② ㄷ ③ ㄱ, ㄷ

④ ㄴ, ㄷ ⑤ ㄱ, ㄴ, ㄷ

> **Solution Tip**
>
> 발산형 경계에서는 화산 활동과 천발 지진이 활발하고, 보존형 경계에서는 천발 지진이 활발하다. 판이 섭입하는 수렴형 경계에서는 밀도가 작은 판 쪽에서 화산 활동이 활발하다.

03 그림 (가)는 건물의 옥상에서 물체 **A**를 가만히 놓아 떨어뜨리고, **0.5초** 후에 물체 **B**를 같은 위치에서 가만히 놓아 떨어뜨리는 모습을 나타낸 것이다. 그림 (나)는 물체 **A**가 낙하한 후부터 시간에 따른 **A**, **B**의 속력을 나타낸 것이다.

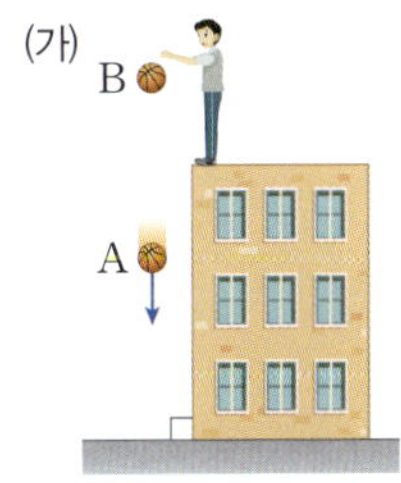

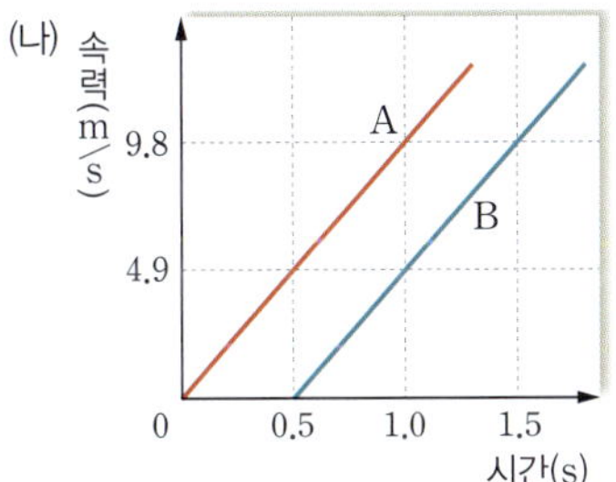

이에 대한 설명으로 옳은 것만을 보기에서 있는 대로 고른 것은? (단, 물체의 크기와 공기 저항은 무시한다.)

> **보기**
> ㄱ. B가 낙하하는 동안 매 순간 낙하 속력은 A가 B의 2배이다.
> ㄴ. 두 물체 A, B의 가속도의 크기는 9.8 m/s^2로 같다.
> ㄷ. B가 낙하하는 동안 A와 B 사이의 거리는 변하지 않고 일정하다.

① ㄱ 　② ㄴ 　③ ㄷ 　④ ㄱ, ㄴ 　⑤ ㄴ, ㄷ

04 그림 (가)는 자유 낙하 하는 물체의 속력을 시간에 따라 나타낸 것이고, 그림 (나)는 질량이 **1 kg**인 고리 모양의 물체를 원통형 막대에 끼워 점 **p**에 가만히 놓았더니 물체가 점 **q**까지 자유 낙하 하고, **q**에서부터 지면까지 속력이 일정하게 감소하다가 정지하는 순간 지면에 닿는 모습을 나타낸 것이다. **p**에서 **q**까지의 거리는 **20 m**이고, 물체가 **q**에서부터 정지할 때까지 걸린 시간은 **1초**이다.

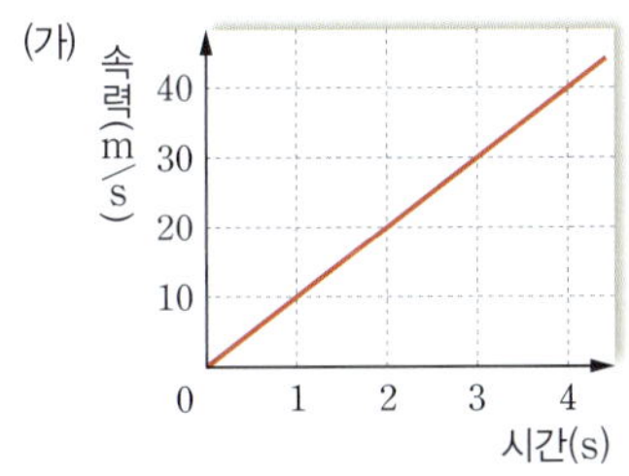

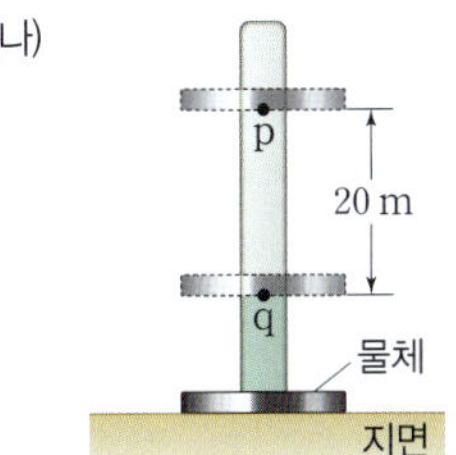

이 물체의 운동에 대해 옳게 설명한 학생을 보기에서 있는 대로 고른 것은? (단, 물체와 원통형 막대 사이의 마찰과 물체의 크기, 공기 저항은 무시한다.)

> **보기**
> • 학생 A: 그래프를 이용하면 물체가 q를 통과하는 순간의 속력은 20 m/s인 것을 알 수 있어.
> • 학생 B: 물체가 q에서 정지할 때까지 받은 충격량의 크기를 구하면 20 N·s야.
> • 학생 C: q에서 지면까지 이동한 거리는 5 m야.

① 학생 A 　② 학생 C 　③ 학생 A, 학생 B
④ 학생 B, 학생 C 　⑤ 학생 A, 학생 B, 학생 C

Solution Tip

직선을 따라 운동하는 물체의 속력–시간 그래프에서 직선의 기울기는 가속도의 크기를 나타낸다.

Solution Tip

속력–시간 그래프 아랫부분의 넓이는 이동 거리를 나타내므로, 넓이가 20 m가 되는 순간의 속력이 q를 통과할 때의 속력이다.

05 그림 (가)는 마찰이 없는 수평면 위에서 질량이 **1 kg**인 물체 **A**와 **2 kg**인 물체 **B**가 충돌하기 전에 각각 등속 직선 운동하는 모습을 나타낸 것이고, 그림 (나)는 기준선으로부터 **A**의 위치를 시간에 따라 나타낸 것이다. **A**가 기준선을 통과하는 순간 **A**와 **B** 사이의 거리는 **2 m**이다.

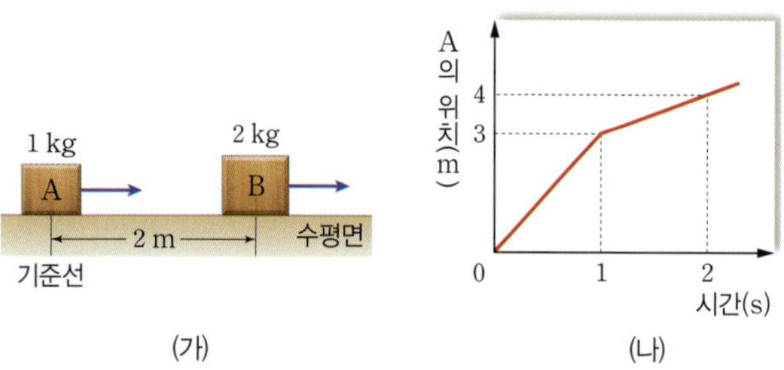

(가)   (나)

이에 대한 설명으로 옳은 것만을 보기에서 있는 대로 고른 것은? (단, **A**와 **B**는 일직선상에서 운동하며, 물체의 크기는 무시한다.)

보기
ㄱ. 1.5초일 때 A와 B가 충돌하였다.
ㄴ. B가 받은 충격량의 크기는 2 N·s이다.
ㄷ. 충돌 후 B의 속력은 3 m/s이다.

① ㄱ   ② ㄴ   ③ ㄷ   ④ ㄱ, ㄴ   ⑤ ㄱ, ㄷ

06 그림 (가)는 동물 세포의 구조를 나타낸 것이고, (나)는 세포 내 유전정보의 흐름을 나타낸 것이다.

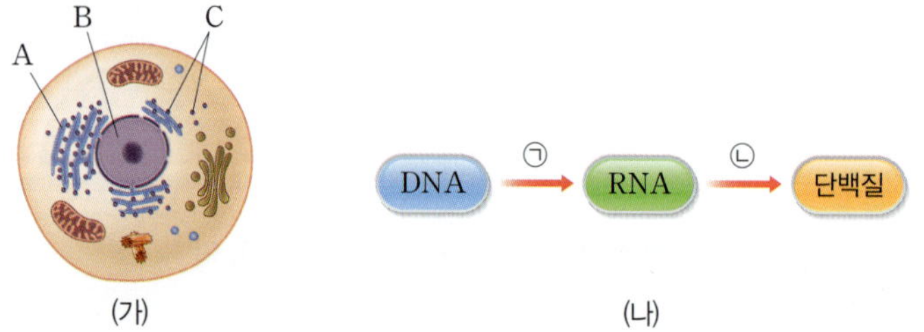

(가)   (나)

이에 대한 설명으로 옳은 것만을 보기에서 있는 대로 고른 것은?

보기
ㄱ. B에는 ㉠ 과정에 필요한 효소가 있다.
ㄴ. ㉡ 과정에 C가 관여한다.
ㄷ. (나) 과정을 거쳐 합성된 단백질은 A를 통해 운반된다.

① ㄱ   ② ㄴ   ③ ㄱ, ㄷ   ④ ㄴ, ㄷ   ⑤ ㄱ, ㄴ, ㄷ

Solution Tip

직선을 따라 운동하는 A의 위치-시간 그래프의 기울기는 A의 속력을 나타낸다. A의 속력이 변하는 시각에 충돌이 일어났으며, 충돌하는 순간 A의 위치 변화로부터 B의 속력을 알 수 있다.

Solution Tip

핵 속의 DNA에 저장된 유전정보는 RNA로 전사된 후 라이보솜으로 전달되어 단백질 합성에 이용된다.

07 그림 (가)는 어떤 효소의 작용을, (나)는 이 효소가 관여하는 반응에서 시간에 따른 반응액 내 물질 ㉠~㉢의 농도를 나타낸 것이다. ㉠~㉢은 각각 $A \sim C$ 중 하나이다.

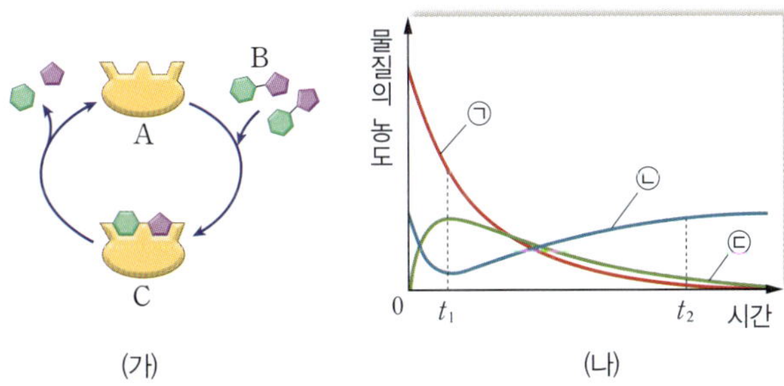

이에 대한 설명으로 옳은 것만을 보기에서 있는 대로 고른 것은?

보기

ㄱ. ㉡은 C이다.

ㄴ. 반응 속도는 t_1일 때가 t_2일 때보다 빠르다.

ㄷ. 효소 반응의 활성화에너지는 t_2일 때가 t_1일 때보다 크다.

① ㄴ   ② ㄷ   ③ ㄱ, ㄴ   ④ ㄱ, ㄷ   ⑤ ㄴ, ㄷ

08 그림은 세포 내 유전정보의 흐름을 나타낸 것이고, 표는 유전부호 표의 일부를 나타낸 것이다. ㉠~㉢은 각각 아데닌(A), 유라실(U), 타이민(T) 중 하나이다.

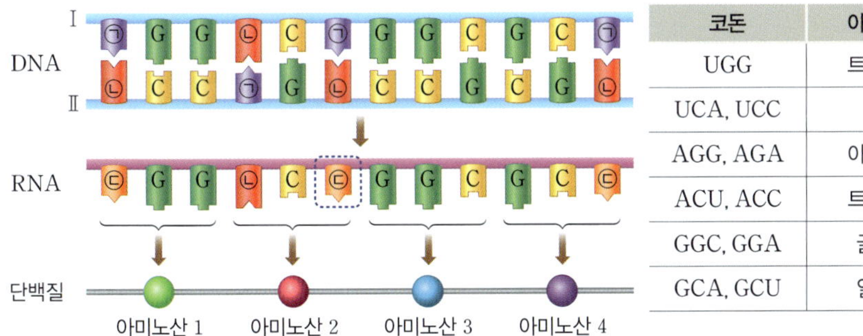

코돈	아미노산
UGG	트립토판
UCA, UCC	세린
AGG, AGA	아르지닌
ACU, ACC	트레오닌
GGC, GGA	글리신
GCA, GCU	알라닌

이에 대한 설명으로 옳지 <u>않은</u> 것은?

① ㉠은 타이민(T)이다.

② 전사에 이용된 DNA 가닥은 Ⅱ이다.

③ 아미노산 1을 지정하는 코돈은 AGG이다.

④ 아미노산 4는 알라닌이다.

⑤ ☐ 부분의 염기 ㉢이 C으로 바뀌어도 형질은 정상적으로 발현된다.

지구시스템과 중력

중력은 지구에서 일어나는 여러 가지 현상을 일으키는 데 중요한 역할을 한다. 물과 대기의 순환 및 그 과정에서 생기는 구름, 고기압과 저기압, 바람 등은 모두 대류 때문에 생기는데, 대류는 중력이 있을 때 활발하게 일어난다. 강물이 흐르고, 비나 눈이 내리는 것 역시 연직 아래로 작용하는 중력이 있기 때문이다.

통합과학1
Ⅲ-1. 지구시스템
⊙ 물의 순환

❶ 물의 순환

지구의 물은 끊임없이 순환한다. 육지에서 물은 강에서 바다로 흘러간다. 수권의 물은 태양 에너지를 흡수하여 수증기가 되어 기권으로 이동한다. 수증기의 일부가 응결하여 구름이 되고, 비나 눈으로 내리면서 다시 지권이나 수권, 생물권으로 되돌아온다.

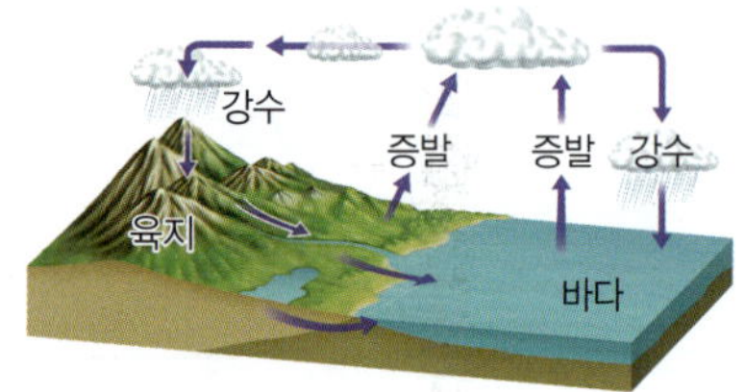

▲ 물의 순환

통합과학1
Ⅲ-2. 역학 시스템
⊙ 중력

❷ 물의 순환이 일어날 때 중력의 역할

지구에 대기가 존재할 수 있는 것은 지구가 대기를 구성하는 기체 분자들을 끌어당기는 중력을 작용하기 때문이다. 이로 인해 나타나는 대기에 의한 압력은 생명 유지에 필수적인 물이 액체 상태로 존재할 수 있게 하는 하나의 요인이 된다. 또, 증발한 물이 수증기가 되어 상승한 후 다시 응결하면 중력에 의해 비나 눈이 되어 지표면에 떨어진다. 육지에 내린 비는 중력에 의해 더 낮은 하천이나 바다로 흘러들어 다시 증발하는 과정을 반복하며 물의 순환이 이루어진다.

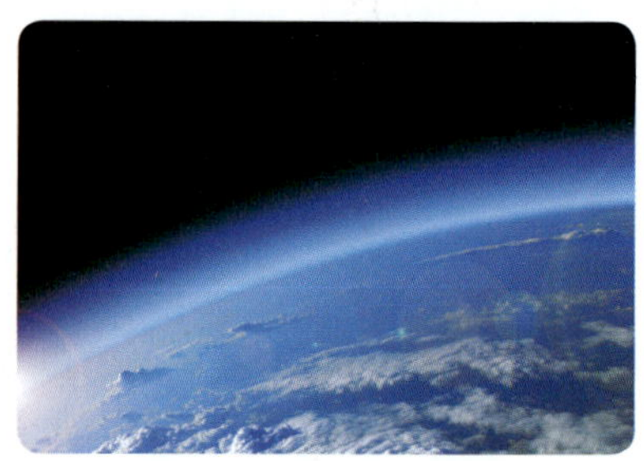

▲ 우주에서 본 지구의 대기

통합 사고력 문제

정답과 해설 97쪽

다음은 지구 규모로 일어나는 대기의 순환에 대한 설명이다.

지구는 구형이기 때문에 위도에 따라 흡수하는 에너지양과 방출하는 에너지양이 다르다. 이와 같은 에너지 불균형 때문에 상대적으로 따뜻한 적도 지역의 공기는 상승하고, 차가운 극지방의 공기는 하강하며, 지구의 자전으로 오른쪽 그림과 같은 지구 전체 규모의 대기 대순환이 일어난다.

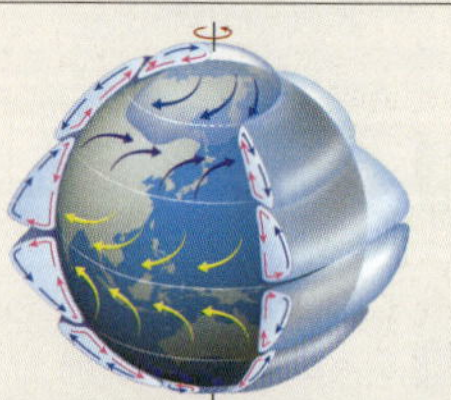

만약 중력이 사라진다면 대기 대순환은 어떻게 될지 쓰고, 그 까닭을 설명해 보자. (단, 대기가 우주 공간으로 빠져나가지 않는다고 가정한다.)

┌ 조건
• 대기 대순환이 일어나는 과정에서 중력의 역할을 포함하여 설명할 것

중력이 지구시스템에 작용하여 나타나는 여러 가지 자연 현상은 통합 문항으로 나올 수 있는 주제 중 하나야. 각 자연 현상에 중력이 영향을 미치는 때가 언제일지 파악하는 것이 좋요해.

⎯ 주제 ❶ **대기 대순환**
적도는 흡수하는 에너지가 방출하는 에너지보다 커서 공기가 따뜻해지고, 극지방은 흡수하는 에너지가 방출하는 에너지보다 작아서 공기가 차가워진다.

⎯ 주제 ❷ **대류가 일어날 때 중력의 역할**
차가운 공기는 주변 공기보다 밀도가 커서 더 큰 중력이 작용하므로 하강하고, 반대로 따뜻한 공기는 밀도가 작아 주변 공기보다 더 작은 중력이 작용하여 상승한다.

HIGH TOP

고등학교
통합과학 1

하이탑	중학	과학 1, 2, 3
	고등	**22개정** 통합과학1, 통합과학2, 물리학, 화학, 생명과학, 지구과학
		15개정 물리학Ⅰ, 물리학Ⅱ, 화학Ⅰ, 화학Ⅱ, 생명과학Ⅰ, 생명과학Ⅱ, 지구과학Ⅰ, 지구과학Ⅱ
내신 탑티어	중학	과학 1~3학년 1·2학기
	고등	**22개정** 통합과학1, 통합과학2

동아출판

Telephone 1644-0600
Homepage www.bookdonga.com
Address 서울시 영등포구 은행로 30 (우 07242)

• 정답과 해설은 동아출판 홈페이지 내 학습자료실에서 내려받을 수 있습니다.
• 교재에서 발견된 오류는 동아출판 홈페이지 내 정오표에서 확인 가능하며, 잘못 만들어진 책은 구입처에서 교환해 드립니다.
• 학습 상담, 제안 사항, 오류 신고 등 어떠한 이야기라도 들려주세요.

HIGH TOP

과학 고수들의 필독서

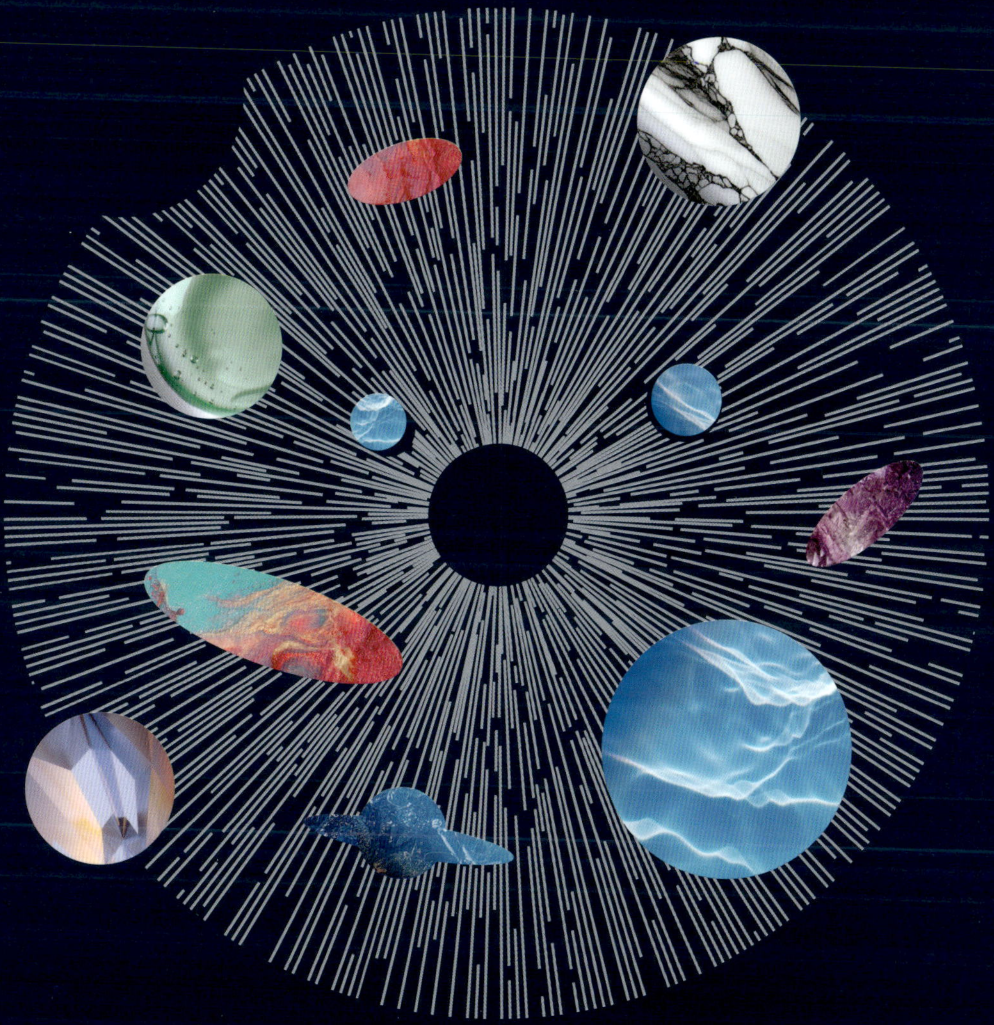

고등학교
하이탑 통합과학 1

정답과 해설

동아출판

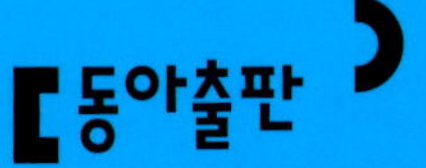

HIGH TOP

통합과학 1

정답과 해설

I 과학의 기초

1 과학의 기초

01 기본량과 측정

✓ 중요 개념 체크

11쪽	**1** 규모	**2** (1) ◯ (2) ×	
13쪽	**3** 기본량	**4** (1) × (2) ◯	
15쪽	**5** (1) 측정 (2) 대략적인 값	**6** 측정 표준	

START 교과서 속 내신 완성 문제   17~19쪽

01 ㉠ 다르며, ㉡ 다르다	**02** ⑤	**03** ①	**04** ⑤
05 해설 참조	**06** ②	**07** ⑤	**08** 해설 참조	**09** ①
10 국제단위계(SI)	**11** ㄱ	**12** ④	**13** 학생 B, 학생 C
14 ⑤			

01 자연 현상을 탐구하는 과학은 원자에서부터 우주까지 다양한 규모에서 일어나는 현상을 다룬다. 이렇게 다양한 규모의 자연 현상을 탐구할 때는 측정 대상의 규모를 고려하여 알맞은 연구 방법을 정해야 한다. 원자의 운동과 태양계 행성의 운동은 그 규모가 달라 설명하는 방식이 다르며, 규모에 따라 관찰하거나 측정하는 방법도 다르다.

02 ㄱ. 전자 현미경으로 세포나 원자의 크기를 측정할 수 있지만, 지구에서 달까지의 거리는 측정하기 어렵다. 이처럼 자연 세계의 규모에 따라 길이를 측정하는 도구가 다르다.

ㄴ. 현대에는 빛의 속력이 일정함을 이용해 빛이 진행한 시간을 재거나, 물체에서 반사된 두 빛을 비교하여 길이를 정밀하게 측정할 수 있다.

ㄷ. 과거에는 눈으로 보이는 물체의 크기만 측정이 가능하였지만, 현대에는 측정 기술이 발달하면서 위성 위치 확인 시스템(GPS)이나 우주 망원경, 전자 현미경 등을 이용하여 더 크고 더 미세한 길이도 측정할 수 있게 되었다.

03 ㄱ. 스마트폰에는 위성 위치 확인 시스템(GPS)의 수신기가 있어, 인공위성에서 오는 신호를 이용해 스마트폰의 위치를 측정한다. 이 위치 정보를 바탕으로 지도 앱은 사용자에게 길을 찾는 정보를 제공한다.

바로알기 ㄴ. 위성 위치 확인 시스템(GPS)의 수신기는 인공위성에서 신호가 오는 데 걸리는 시간을 이용해 수신기에서 인공위성까지의 거리를 측정한다. 이 거리로 수신기의 위치를 계산하기 위해서는 4개의 위성 신호가 필요하다.

ㄷ. 위성 위치 확인 시스템(GPS)의 위성에는 정밀하게 시간을 측정할 수 있는 원자시계가 있어 더 정밀하게 길이를 측정한다.

04 ㄱ, ㄴ. 지구에서 달까지의 거리를 측정하기 위해 빛의 속력이 일정함을 이용한다. 빛의 속력을 c라고 하고, 레이저 빛이 지구와 달 표면의 거울 사이를 왕복하는 데 걸린 시간을 t라고 하면, 지구와 달 사이의 거리 $D = c \times \dfrac{t}{2}$로 구할 수 있다.

ㄷ. 레이저 빛의 왕복 시간을 정밀하게 측정할수록 지구와 달 사이의 거리를 정밀하게 측정할 수 있으며, 현재는 이 거리를 cm 단위까지 정밀하게 측정한다.

05 **모범 답안** 시간을 측정할 때는 규칙적으로 반복되는 현상을 이용하는데, 세슘 원자시계가 수정 시계보다 더 빠르게 반복되는 현상을 이용하므로, 더 세밀한 눈금을 만들 수 있기 때문이다.

채점 기준	배점(%)
세슘 원자시계가 수정시계보다 더 빠르게 반복되는 현상을 이용하기 때문이라고 서술한 경우	100
세슘 원자시계의 눈금 간격이 수정시계보다 더 세밀하다고만 설명한 경우	60

06 ① 물리량의 값은 수와 단위의 곱으로 표현한다.

③ m는 길이의 기본 단위이고, kg은 질량의 기본 단위이다.

④ 물리량의 값이 아주 크거나 작을 경우 이들의 크기를 쉽게 나타내기 위해 단위 앞에 m(밀리), k(키로)와 같은 10의 거듭제곱을 나타내는 접두어를 함께 사용하기도 한다.

⑤ 전류의 단위 A는 19세기에 전기가 인류 문명에 본격적으로 등장하면서 새롭게 도입되었다. 이처럼 새로운 물리량이 발견되면 그에 맞는 새로운 단위가 추가되기도 한다.

바로알기 ② 하나의 물리량의 값은 여러 가지 단위로 표현할 수 있다. 예를 들어 연필의 길이는 cm(센티미터), in(인치) 등 여러 가지 단위로 나타낼 수 있다.

07 ①, ② 기본량은 다른 물리량으로 정의할 수 없는 기본이 되는 7개의 물리량으로, 길이, 시간, 질량, 전류, 온도, 물질량, 광도가 있다. 길이의 기본 단위는 m, 시간의 기본 단위는 s이다.

③, ④ 기본량을 조합해 나타내는 물리량을 유도량이라고 하며, 부피는 길이^{3}으로 나타내고, 속력은 $\dfrac{이동\ 거리}{시간}$로 나타낸다.

바로알기 ⑤ 온도는 기본량으로, 기본 단위는 K이다.

08 질량, 시간, 길이는 모두 기본량이다.

모범 답안 Ah, 배터리 용량은 전류와 시간의 곱으로 나타낸다.

채점 기준	배점(%)
유도량의 단위를 옳게 고르고, 전류와 시간의 곱으로 옳게 설명한 경우	100
유도량의 단위만 옳게 고른 경우	50

09 ㄴ. 측정은 측정 도구를 사용하여 어떤 대상의 물리량을 기준이 되는 양과 비교하고, 수와 단위로 그 값을 나타내는 것을 말한다. 측정할 때에는 적절한 단위와 측정 도구를 사용해야 한다.

바로알기 ㄱ. 측정과 어림은 과학 탐구뿐만 아니라 일상생활 등 다양한 분야에서 활용된다.

ㄷ. 어림은 어떠한 양의 값을 추정하는 활동으로, 그 값의 대략적인 범위만을 알 수 있다.

10 국제단위계(SI)는 국제도량형총회에서 정하고 현재 세계 대부분의 국가에서 채택하여 사용하고 있는 단위계이다. 7개의 기본 단위와 이를 조합한 유도 단위로 구성된다.

11 ㄱ. 국제단위계의 정의에 따라 현재 1초는 '세슘−133 원자에서 방출되는 특정한 파장의 빛이 9 192 631 770번 진동하는 데 걸리는 시간'으로 정의한다.

바로알기 ㄴ. 1 m의 정의로 계산한 1초의 값이다.

ㄷ. 과거에 사용하던 1초의 정의로, 지구의 자전 속도가 불규칙한 것이 측정으로 밝혀지면서, 현재는 변하지 않는 빛의 속력을 이용한 정의로 교체되었다.

12 ㄴ. 측정한 길이는 수치와 단위를 이용하여 5 큐빗 등으로 나타낼 수 있다.

ㄷ. 사람마다 팔의 길이가 다르므로 큐빗 단위는 표준화할 수 없는 단점이 있다.

바로알기 ㄱ. 팔의 길이는 사람마다 다르고, 같은 사람이라도 자라면서 팔의 길이가 달라진다. 따라서 1 큐빗의 길이는 일정하지 않다.

13 • 학생 B, C: 측정 표준을 활용하면 누가 측정해도 같은 측정값을 얻을 수 있으므로, 측정 표준을 활용한 측정 결과는 신뢰할 수 있다. 따라서 측정 표준을 활용하면 원활한 의사소통이 가능하고, 공정한 거래를 할 수 있다.

바로알기 • 학생 A: 유도량은 기본량을 조합하여 나타낼 수 있으므로, 기본 단위를 정의하면 유도량의 단위도 정의된다. 따라서 국제단위계에서는 7개의 기본 단위를 정의하여 그 값으로부터 모든 단위를 구성한다.

14 ①~④는 모두 측정 표준이 활용되는 사례이다.

바로알기 ⑤ 측정 표준은 정확한 측정을 위해 필요한 것으로 어림하는 과정에서는 측정 표준이 의미가 없다.

01 ⑤   **02** 해설 참조

01 자료 해석하기

거시 세계와 미시 세계의 물체의 크기에 따른 차이점

구분	태양계의 일부	수소 원자
모형	태양 / 지구	전자 / 원자핵
길이	지구와 태양 사이의 거리: 1 AU	수소 원자의 지름: 약 0.1 nm
시간	지구가 한바퀴 공전하는 데 걸리는 시간: 365일	전자가 원자핵 주위를 도는 데 걸리는 시간: 약 150 as

ㄴ. 전자 현미경 등을 이용하여 원자의 배열을 관찰하고, 우주 망원경 등으로 천체를 관찰한다.

ㄷ. 원자는 주로 nm(나노미터) 이하의 단위를 사용하여 크기를 나타내고, 태양계는 m(미터), 천문단위(AU) 등의 단위로 크기를 나타낸다.

ㄹ. 거시 세계의 태양계 행성의 운동과 미시 세계의 원자를 이루는 입자의 운동은 서로 다른 방식으로 설명한다.

바로알기 ㄱ. 규모와 관계없이 물질은 원자로 되어 있다.

02 1 m의 길이를 지구의 북극점에서 적도까지 거리의 1000 만분의 1로 정하고, 이 길이를 미터원기로 만들어 길이의 표준으로 사용했다. 그러나 미터원기 자체가 마모되고 손상되는 등 물리적 특성이 변할 수 있어서, 현재는 변하지 않는 기준인 빛의 속력을 이용해 1 m를 정의하여 측정 표준으로 활용한다.

모범 답안 (가)의 미터원기는 시간이 지나면 손상되지만, (나)의 빛의 속력을 이용한 정의는 시간이 지나도 변하지 않는다.

채점 기준	배점(%)
시간이 지나도 변하지 않는다는 점을 포함하여 옳게 설명한 경우	100
미터원기가 손상되기 때문이라고만 설명한 경우	50

O2 신호와 디지털 정보

21쪽	**1** ㉠ 신호, ㉡ 정보	**2** (1) 아 (2) 디
23쪽	**3** 전기 신호	**4** (1) ㄴ (2) ㄱ (3) ㄷ
24쪽	**5** 디지털	**6** (1) ○ (2) ○ (3) ×

6 (3) 상점에 가지 않고도 원하는 물건을 구입하는 전자 상거래에 디지털 정보가 활용된다.

25쪽

01 광센서, 빛 　　**02** ㄱ, ㄴ, ㄷ

01 레이저 거리 측정기에는 반사되어 되돌아오는 레이저 빛을 감지하는 광센서가 있다.

02 비접촉형 체온계는 적외선 형태로 방출되는 열을 광센서로 감지하여 온도를 측정한다.

27~29쪽

01 ⑤ 　**02** ④ 　**03** ③, ⑤ 　**04** ② 　**05** ③ 　**06** ③
07 ④ 　**08** ③ 　**09** ③ 　**10** ④ 　**11** (1) (나) − (다) − (라) − (가) (2) 해설 참조 　**12** ④

01 ㄱ. 자연의 변화가 전달되는 것을 신호라고 한다.
ㄴ. 자연이 보내는 신호를 측정하고 분석하여 우리에게 의미 있는 형태로 만든 것을 정보라고 한다.
ㄷ. 센서는 자연의 신호를 받아들여 전기 신호로 변환하는 장치로, 센서를 이용하면 자연의 신호를 측정할 수 있다.

02 신호는 자연의 변화가 전달되는 것으로, 빛, 소리, 힘, 지진파, 온도, 압력 등 여러 가지 형태를 띠고 있다.
바로알기 ④ 소리는 신호이며, 이를 통해 동료에게 알리는 위험은 정보이다.

03 • (가)의 나침반의 바늘은 자기장의 방향으로 정렬되어 N극이 북쪽을 가리킨다. 따라서 나침반으로 감지하는 신호는 자기장이고, 자기장 신호로부터 얻는 정보는 나침반이 있는 위치에서 북쪽의 방향이다.
• (나)의 풍향 풍속계로 바람이 부는 방향과 속력을 측정하여 날씨에 관한 정보를 알 수 있다.

04 ①, ③, ⑤의 체중계, 시계, 온도계는 모두 측정한 물리량을 숫자를 이용하여 불연속적인 값으로 나타내므로 디지털 방식의 장치이다.
④ 디지털카메라는 이미지 센서를 이용해 빛 신호를 디지털 정보로 변환하여 이미지를 저장한다. 필름을 사용하는 카메라가 아날로그 방식의 장치이다.
바로알기 ② 바늘이 회전하여 무게를 가리키는 저울은 연속적으로 변하는 값으로 무게를 나타내므로 아날로그 방식의 장치이다.

05 ㄱ, ㄴ. 디지털 신호를 0과 1로 표현하는 것처럼, 봉수대에서 정보를 전달할 때 연기가 있고 없고의 두 가지 상태로 표현되는 신호를 사용한다. 이 방식은 연기를 조금 적게 피워도 연기가 나는 봉수대와 연기가 나지 않는 봉수대를 구분하는 것에 문제가 생기지 않는다. 따라서 전송되는 과정에서 정보가 왜곡되지 않고, 정보를 손실 없이 보낼 수 있다.
바로알기 ㄷ. 미세한 변화도 정확하게 표현할 수 있는 것은 연속적으로 변하는 값으로 신호를 표현하는 아날로그 신호의 장점으로, 문제의 그림과는 관계가 없다.

06

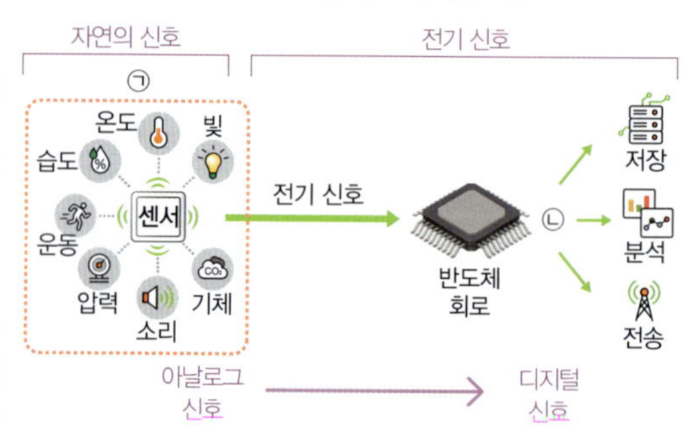

• 센서는 자연에서 오는 신호를 받아들여 전기 신호로 변환하는 장치이다.
• 자연의 신호는 아날로그 신호이고, 디지털 기기에서 저장, 분석, 전송되는 신호는 디지털 신호이다.

ㄱ. ㉠은 센서로 입력되는 여러 가지 자연의 신호이다. 빛을 감지하는 센서는 광센서, 소리를 감지하는 센서는 소리 센서 등 입력되는 신호의 종류에 따라 다양한 센서가 있다.
ㄷ. 디지털 신호는 0과 1의 이진수로만 표현되므로, 정보의 저장과 전송이 쉽고 빠르다. 또, 선명한 신호를 만들 수 있으므로 잡음의 영향이 적고 안정적인 전송이 가능하다.
바로알기 ㄴ. ㉡은 센서에서 출력되어 디지털 기기에서 저장, 분석, 전송되는 신호이므로 디지털 신호이다.

07 ㄴ, ㄷ. 초음파 기계의 탐촉자에 있는 센서가 초음파 신호를 전기 신호로 변환하여 컴퓨터로 전달하면 이를 분석하여 태아의 발달 상태와 같은 정보를 얻는다.

[바로알기] ㄱ. 초음파 기계의 탐촉자는 태아에서 반사되어 오는 초음파 신호를 감지하므로 소리 센서가 있다.

08 ㄷ. 촉각은 피부로 느끼는 감각으로, 열, 압력 등을 감지한다. 따라서 온도 센서를 이용한 요리용 온도계와 압력 센서를 이용한 스타일러스 펜 등이 대응된다.

[바로알기] ㄱ. 후각은 기체 상태의 물질을 감지하며, 가스 센서를 사용하는 음주 측정기가 대응된다. 바코드 스캐너는 광센서를 사용하므로 시각에 대응된다.

ㄴ. 시각은 빛을 감지하므로, 이미지 센서를 사용하는 디지털 카메라가 대응된다. 어군 탐지기는 초음파 센서를 사용하므로 청각에 대응된다.

09 ㄱ. 물체에서 나와 이미지 센서에 도달하는 빛은 자연의 신호이므로 아날로그 신호이다.

ㄷ. 디지털카메라와 같은 디지털 기기에서 처리하는 정보는 모두 디지털 형태이다. 즉, 아날로그 형태의 빛 신호는 이미지 센서를 거치며 디지털 신호로 출력되어 이미지 신호 처리 장치에서 가공된 후 메모리 카드에 저장된다.

[바로알기] ㄴ. 물체에서 나온 빛 신호를 전기 신호로 변환하는 장치는 이미지 센서이다.

10 ①, ③ 디지털 신호는 0 또는 1의 두 가지 상태만을 이용해 신호를 표현하므로, 외부 환경에 의해 그 값이 조금 달라져도 신호를 인식하는 데는 거의 문제가 생기지 않는다. 따라서 디지털 신호는 아날로그 신호에 비해 잡음에 덜 민감하고, 전송 과정에서 정보의 손실이 거의 없다.

② 아날로그 정보의 경우 시간이 지나면 저장 매체의 마모나 변형에 의해 자료가 변형되지만, 디지털 정보의 경우 심각한 손상이 아니라면 0 또는 1로 저장된 정보 자체의 변형은 거의 발생하지 않아 반영구적으로 보존이 가능하다.

⑤ 컴퓨터, 스마트폰 등과 같은 디지털 기기는 디지털 형태의 정보를 쉽게 저장, 분석, 전송한다.

[바로알기] ④ 아날로그 신호를 디지털 신호로 변환하는 과정에서 정보의 일부가 손실되므로, 변환된 디지털 신호를 다시 원래의 아날로그 신호로 완벽하게 재생할 수는 없다.

11 [모범답안] (2) • 온라인 쇼핑은 디지털 형태의 상품 정보를 통해 상점에 가지 않고도 원하는 물건을 구입할 수 있게 해 준다.

• 영상, 소리 등의 디지털 정보를 통해 시간과 장소에 상관없이 원하는 교육을 받을 수 있다.

채점 기준	배점(%)
디지털 기술이 정보 통신에 활용되는 사례를 '디지털', '정보'라는 말을 포함하여 옳게 쓴 경우	100
그 외의 정보 통신에 활용되는 사례를 쓴 경우	50

12 ㄴ. 디지털 정보는 전송하기 쉽기 때문에 정보를 주고 받으며 소통하는 정보 통신에 활용된다.

ㄷ. 디지털 정보 처리 기술이 발전하면서 대용량의 정보도 빠르게 전송이 가능하다.

[바로알기] ㄱ. 스마트폰으로 촬영을 하면 이미지가 디지털 정보로 저장된다.

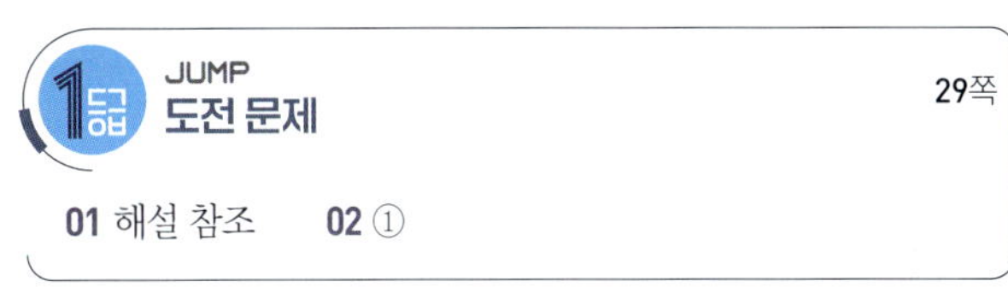

01 해설 참조　　**02** ①

01 [모범답안] (1) (가): 아날로그 온도계, 알코올이 좁은 관을 따라 오르내리며 온도를 나타내는 값이 연속적으로 변하기 때문이다.
(나): 디지털 온도계, 숫자로 온도를 나타내므로 온도를 나타내는 값이 불연속적으로 변하기 때문이다.

(2) • 장점: 누구나 같은 값을 읽는다.

• 단점: 미세한 온도 변화를 나타낼 수 없다.

	채점 기준	배점(%)
(1)	(가), (나) 온도계와 그 까닭을 모두 옳게 설명한 경우	50
	(가), (나) 온도계의 종류만 옳게 쓴 경우	30
(2)	디지털 온도계의 장단점을 모두 옳게 설명한 경우	50
	장점과 단점 중 한 가지만 옳게 설명한 경우	30

02 ㄱ. 열화상 카메라에는 적외선을 감지하는 센서가 있다.

[바로알기] ㄴ. 자연에서 발생하는 신호는 아날로그 신호이다.

ㄷ. 열화상 카메라의 촬영 화면은 디지털 정보로 저장된다.

1 미시 세계　**2** 규모　**3** 단위

4 기본량　**5** 기본량　**6** 어림

7 측정 표준　**8** 국제단위계(SI)　**9** 신호

10 연속적　**11** 디지털　**12** 전기

01 ㄴ. (가)는 흑연 표면의 탄소 원자를 나타낸 것으로 미시 세계에 해당하고, (나)는 상대적으로 큰 거시 세계에 해당한다. 따라서 (가)와 (나)는 공간 규모가 서로 다르다.

바로알기 ㄱ. (가)는 미시 세계에 해당한다.

ㄷ. (가)는 전자 현미경 등으로 관측할 수 있고, (나)는 우주 망원경, 천체 망원경 등으로 관측할 수 있다.

02 ㄴ. 기본량의 단위의 정의는 국제단위계의 정의를 따르며, 더 정확한 정의를 위해 수정될 수 있다.

바로알기 ㄱ. 기본량은 길이나 시간처럼 다른 물리량으로 유도할 수 없는 가장 기본이 되는 물리량을 말한다.

ㄷ. 기본량의 단위는 다른 단위를 조합하여 나타낼 수 없는 고유한 기본 단위이다.

03 유도량의 단위는 각 유도량을 정의하는 데 사용한 기본량 단위의 조합으로 나타낸다. 따라서 유도량의 단위를 보면, 부피는 길이로부터 유도되었고, 속력은 길이와 시간, 밀도는 질량과 길이, 압력은 질량과 길이와 시간, 농도는 물질량과 길이로부터 유도되었음을 알 수 있다.

04 ㄱ, ㄷ. 국제단위계에서 1 m는 빛이 진공에서 $\dfrac{1}{299\ 792\ 458}$초 동안 진행한 경로의 길이로 정의한다. 따라서 1 m를 정확하게 정의하기 위해서는 먼저 1초의 정의가 명확해야 한다.

바로알기 ㄴ. 국제단위계에서 정한 단위의 정의는 국제 공통의 측정 표준이므로, 1 m의 정의는 나라에 관계없이 같다.

05 측정 도구를 사용해 어떤 양을 재는 ㉠은 측정이고, 측정 도구 없이 어떤 양을 추정하는 ㉡은 어림이다. ①, ③, ⑤는 측정 도구 없이 길이, 부피, 밀도를 추정하므로 어림의 예시이고, ②, ④는 측정 도구인 자와 저울을 사용해 길이와 질량을 측정하므로, 측정의 예시이다.

06 ㄴ. 의사소통을 원활하게 하기 위해 단위를 통일할 필요가 있음을 보여 주는 사례이다.

바로알기 ㄱ. ㉠의 lb(파운드)는 야드파운드법의 질량 단위로 국제단위계의 단위가 아니다.

ㄷ. 문제의 사례는 우주에서 다른 단위계를 사용해야 할 필요성을 보여 주는 것보다 단위를 서로 통일하는 것이 중요하다는 것을 보여 주는 사례이다.

07 ㄱ. 식품 속 첨가물, 잔류 농약 등의 측정은 국민의 건강과 밀접하게 연관된 것으로 측정 표준으로 허용 기준과 측정 방법 등을 관리한다.

ㄴ. 여러 회사에서 만드는 수많은 부품은 측정 표준을 활용하여 정확한 크기와 성능을 가지도록 한다.

ㄷ. 전기, 수도, 가스 등의 사용량을 측정하는 기기는 측정 표준을 활용하여 주기적으로 그 성능을 확인한다.

ㄹ. 국가의 상징이나 표식 등은 색상이나 크기, 비율 등을 정해 동일하게 생산할 수 있도록 측정 표준으로 정한다.

08 (가)의 마약 탐지견은 후각을 이용해 마약을 찾아내므로 기체 성분을 감지하는 가스 센서를 이용하는 가스 누설 경보기가 해당한다. (나)의 수의사는 청각으로 진찰을 하므로 소리 센서를 사용하는 음파 탐지기가 해당한다.

09 ㄱ. (가)는 자연의 신호를 비슷하게 표현한 아날로그 신호이다.

바로알기 ㄴ. (나)는 (가)의 신호를 변환한 디지털 신호이다. 따라서 0과 1의 두 가지 상태만을 이용해 신호를 전송하므로 신호의 왜곡없이 전송할 수 있는 장점이 있다.

ㄷ. 연속적인 아날로그 신호를 불연속적인 디지털 신호로 변환하기 때문에 변환 과정에서 정보의 일부가 손실된다. 따라서 디지털 신호를 다시 아날로그 신호로 변환하더라도 원래의 신호로 완벽하게 복원할 수는 없다.

10 ㄴ. 현대에는 세슘 원자시계로 시간을 정밀하게 측정한다.

바로알기 ㄱ. 세슘 원자시계는 세슘-133 원자에서 방출된 특정한 빛의 진동수를 기준으로 시간을 측정한다.

ㄷ. 시간은 규칙적으로 되풀이되는 현상을 이용해 측정한다. 세슘 원자시계가 수정 시계보다 더 빠르게 진동하는 현상을 이용하므로 시간을 더 정밀하게 측정할 수 있다.

11 ㄷ. Ah는 전류의 단위 A와 시간의 단위 h의 곱으로 나타낸 유도 단위이다.

바로알기 ㄱ. 노트북의 제품 상세 정보에 표시된 기본량은 길이, 전류, 시간, 온도, 질량으로 5개이다.

ㄴ. 노트북의 제품 상세 정보에 표시된 유도량은 전류와 시간의 곱인 배터리 용량으로 1개이다.

12 ㄷ. 질량의 단위인 g(그램)은 기본량의 단위이므로, 다른 기본 단위를 조합하여 나타낼 수 없다.

[바로알기] ㄱ. ㉠은 질량을 측정한 값으로, 기본량에 해당한다.

ㄴ. (가)는 측정 도구인 전자저울을 이용해 질량을 측정하므로, 측정에 해당한다. 그러나 (나)는 도구를 이용하지 않고 눈으로 물의 높이를 비교하므로 어림에 해당한다.

13 ①, ②, ③ 어떤 양을 측정하는 기준으로 쓰기 위하여 단위를 정의하고 이를 재현하는 기기, 측정 방법, 체계를 정한 것을 측정 표준이라고 한다. 층간 소음 차단 성능을 검사할 때 소음을 발생시키는 방법, 소음을 측정하는 기기의 종류, 소리를 측정하는 위치 등 층간 소음의 측정과 관계된 모든 사항을 측정 표준으로 정한다.

④ 측정 표준을 활용하면 누구나 같은 측정 결과를 얻을 수 있으므로 측정 결과를 신뢰할 수 있다.

[바로알기] ⑤ 측정 표준을 활용하면 누구나 같은 측정 결과를 얻을 수 있다.

14 ㄱ. 연기가 나면 1, 연기가 나지 않으면 0으로 일종의 이진법을 사용하므로 디지털 신호에 비유할 수 있다.

ㄷ. 날씨가 맑고 가시거리가 좋은 이상적인 조건이라면 화두의 개수를 늘릴수록 많은 정보를 전달할 수 있다.

[바로알기] ㄴ. 연기가 나는 것과 나지 않는 것의 두 가지 상태로 신호를 전달하므로 연기의 양은 관계없다.

15

아날로그 신호를 디지털 신호로 변환하는 방법

아날로그 신호를 0.1초 간격으로 나누고, 신호의 세기에 가까운 정수 값을 구한다.

ㄴ. 빨간색 점은 원래의 아날로그 신호를 0.1초 간격으로 잘라 불연속적인 값으로 나타낸 디지털 신호이다.

ㄷ. 빨간색 점으로 표현된 디지털 신호를 다시 아날로그 신호로 재생하면 초록색 그래프의 신호가 된다. 이 신호를 원래의 아날로그 신호와 비교해 보면 정보의 일부가 손실되었음을 알 수 있다.

[바로알기] ㄱ. 디지털 신호는 불연속적인 값으로 나타난다.

16 과거에는 1 m를 자연을 기준으로 정의하였지만, 현재는 빛을 이용해 정의한다. 18세기 말, 지구의 둘레를 기준으로 1 m를 처음 정의하고(→ (가)), 이후 1 m를 더욱 정밀하게 정의하기 위해 미터원기를 제작하여 그 길이로 1 m를 나타냈다(→ (다)). 하지만 미터원기 또한 마모되고 손상되면서 그 길이가 변할 수 있는 문제점이 밝혀졌고, 현재는 변하지 않는 값인 빛의 속력을 이용해 1 m를 정의한다(→ (나)).

17 ㄷ. 혈류량의 변화는 아날로그 신호이지만, 센서를 통해 디지털 신호로 변환되어 스마트 시계에서 처리된다.

[바로알기] ㄱ. 초록색 빛이 적혈구에서 일부 흡수되므로, 적혈구의 양이 많아지면 흡수되는 빛의 양도 많아진다. 따라서 반사된 빛의 세기는 감소한다.

ㄴ. 반사된 빛의 세기를 감지해야 하므로 광센서가 쓰인다.

RUN 정복 문제 36~37쪽

01 Step ❶ 10만, 90만 Step ❷ ❶ 측정

02 Step ❶ 질량, 부피

Step ❷ ❶ 길이 ❷ 유도량 ❸ 질량 ❹ 부피

03 Step ❶ 센서 Step ❷ ❶ 압력 ❷ 전기

04 Step ❶ 무단 복제되어 배포되기 쉽다.

Step ❷ ❶ 이진수 ❷ 왜곡

---

01 다양한 규모의 자연 현상을 측정하고자 하는 과학자들의 노력이 인류의 경험 범위를 확장하는 데 기여하게 되었으며 인류가 우주를 이해하는 데 도움이 되었다.

[모범 답안] 우주의 크기를 측정하고자 하는 과학자들의 노력으로 인간의 경험 범위는 확장되었다.

채점 기준	배점(%)
제시된 단어를 모두 포함해 ㉠이 가지는 의미를 옳게 설명한 경우	100
제시된 단어의 일부만을 포함하여 ㉠이 가지는 의미를 옳게 설명한 경우	70
제시된 단어를 사용하지 않았지만 ㉠이 가지는 의미를 옳게 설명한 경우	30

02 [모범 답안] 유도량, 실험에서 밀도를 구하기 위해 금속 조각의 질량과 부피를 측정했다. 부피는 (길이)³으로 나타낼 수 있으므로, 밀도는 질량과 길이를 조합해 나타내는 유도량이다.

채점 기준	배점(%)
유도량이라고 쓰고, 밀도를 구하기 위해 질량과 부피를 측정하였고, 부피는 (길이)^{3}으로 나타내므로 밀도가 질량과 길이로부터 유도되는 유도량임을 옳게 설명한 경우	100
유도량이라고 쓰고, 밀도$=\dfrac{질량}{부피}$이기 때문이라고만 쓴 경우	80
유도량이라고만 쓰고, 그 까닭을 옳게 쓰지 못한 경우	40

03 **모범 답안** (1) 압력

(2) 전자 피부의 센서에서 압력 신호를 감지하여 전기 신호로 변환한 후 디지털 신호로 바꿔 정보를 얻는다.

	채점 기준	배점(%)
(1)	'압박', '누르는' 등 압력과 의미가 유사한 경우	40
	힘 센서, 터치 센서 등 압력을 감지하는 센서를 쓴 경우	20
(2)	압력, 전기 신호, 디지털을 포함하여 센서에서 신호를 감지하여 정보를 얻는 과정을 옳게 설명한 경우	60
	압력, 전기 신호, 디지털 중 일부만을 포함하여 설명한 경우	30

04 **모범 답안** 디지털 신호는 0과 1의 이진수로 신호를 표현하므로, 신호의 왜곡없이 원본과 동일하게 복제하고 전송할 수 있다.

채점 기준	배점(%)
이진수로 신호를 단순화한 것과 신호의 왜곡이 적음을 들어 설명한 경우	100
이진수로 신호를 표현하기 때문이라고만 설명한 경우	50

통합 주제탐구 38쪽

01 **모범 답안** 미세 플라스틱을 감지하는 센서,바다의 위치에 따른 미세 플라스틱 분포를 파악하여 오염원과 오염 경로를 추적한다. 또, 바다의 깊이에 따른 미세 플라스틱 농도를 측정하여, 수권의 성층 구조에 따라 미세 플라스틱이 축적되는 지점이 생기는지 분석한다.

채점 기준	배점(%)
센서를 선택하고, 센서를 통해 얻을 수 있는 정보를 활용 방안과 함께 옳게 설명한 경우	100
센서를 선택하였으나, 센서를 통해 얻을 수 있는 정보만 서술하고 활용 방안을 쓰지 못한 경우	40

Ⅱ 물질과 규칙성

1 원소의 생성

01 우주 초기의 원소

중요 개념 체크

43쪽	**1** 방출	**2** (1) ○ (2) ○
44쪽	**3** ㉠ 원자핵, ㉡ 쿼크	**4** 빅뱅
47쪽	**5** 헬륨	**6** (1) ○ (2) × (3) ○

6 (1) 현재 우주에 존재하는 수소와 헬륨은 대부분 초기 우주에서 생성되었다. 수소 원자는 별의 진화 과정에서 생성되는 비율이 극히 적고, 헬륨 원자는 별의 진화 과정에서 생성되지만 초기 우주에서 생성된 양에 비하면 상대적으로 매우 적다.

(2) 우주의 나이가 약 38만 년이 되었을 때 원자핵과 전자가 결합하여 원자가 생성되었다.

(3) 우주를 구성하는 천체에서 관측되는 스펙트럼을 분석한 결과, 우주를 구성하는 원소의 대부분은 수소와 헬륨이고, 수소와 헬륨의 질량비가 약 3:1이라는 것을 알아내었다.

탐구 확인 문제 49쪽

01 (1) × (2) ○ (3) ○ (4) ○   **02** ①, ③

03 (1) (가) 연속 스펙트럼, (나) 흡수 스펙트럼 (2) 해설 참조

04 ④   **05** ②

01 (2) 원소마다 고유한 파장의 빛을 방출하므로 원소의 방출 스펙트럼에서 관찰되는 방출선의 위치(파장)가 서로 다르다.

(3) 한 종류의 원소에서 관찰되는 흡수선과 방출선은 같은 위치에서 나타난다. 햇빛의 스펙트럼에는 수소의 방출 스펙트럼에 나타나는 방출선과 같은 파장의 흡수선이 나타나는 것을 통해 햇빛의 대기에는 수소가 포함되어 있음을 알 수 있다.

(4) 별과 성간 물질의 스펙트럼을 분석하면 원소 고유의 선 스펙트럼을 확인할 수 있으므로 우주의 주요 구성 원소를 알아낼 수 있다.

바로 알기 (1) 기체 방전관에서 나오는 빛에서는 방출 스펙트럼이 관찰된다.

02 ② 백열등에서는 무지개 색의 연속 스펙트럼이 관찰된다.

④, ⑤ 수소, 헬륨, 네온의 방전관에서 나오는 빛을 분광기로 관찰하면 원소마다 고유한 파장의 방출 스펙트럼이 관찰된다.

[바로알기] ① 형광등에서는 방출 스펙트럼이 관찰된다.
③ 과정 ❶의 햇빛의 스펙트럼에서는 태양의 대기에서 특정한 파장의 빛이 흡수되어 만들어진 어두운 흡수선이 관찰된다.

03 ⑴ (가)는 백색 광원의 빛이므로 프리즘에 통과시키면 무지개 색의 연속 스펙트럼이 나타난다. (나)는 저온의 기체에 의해 특정한 파장의 빛이 흡수되므로 프리즘에 통과시키면 연속 스펙트럼을 바탕으로 어두운 선이 보이는 흡수 스펙트럼이 나타난다.

⑵ (가)와 (나)의 스펙트럼이 차이 나는 까닭은 저온의 기체에 의해 특정 파장의 빛이 흡수되기 때문이다.

[모범답안] ⑵ (가)에서는 고온의 광원에서 방출되는 빛이 연속 스펙트럼으로 나타나지만 (나)에서는 저온의 기체가 광원의 빛 중에서 특정 파장의 빛을 흡수하여 흡수 스펙트럼으로 나타나기 때문이다.

채점 기준	배점(%)
(가)와 (나)의 스펙트럼이 나타나는 원리를 모두 옳게 설명한 경우	100
(가)와 (나)의 스펙트럼이 나타나는 원리 중 한 가지만 옳게 설명한 경우	50

04 ㄴ. (나)는 고온의 기체에서 잘 나타나는 방출 스펙트럼이다.
ㄷ. 햇빛을 프리즘에 통과시키면 연속 스펙트럼에 어두운 흡수선이 나타나므로 (다)와 같은 종류의 스펙트럼이 나타난다.

[바로알기] ㄱ. (가)는 연속 스펙트럼이다.

05 ㄷ. 별 S의 스펙트럼에서 나타난 흡수선의 파장은 원소 ㉠과 ㉢의 방출 스펙트럼에 나타난 방출선의 파장과 일치하므로, ㉠과 ㉢에 의해 형성되었다.

[바로알기] ㄱ. ㉠, ㉡, ㉢의 스펙트럼은 방출 스펙트럼이다.
ㄴ. ㉠, ㉡, ㉢은 서로 다른 종류의 원소이므로 방출 스펙트럼에 나타난 방출선의 파장은 모두 다르다.

01 (가) 연속 스펙트럼, (나) 방출 스펙트럼, (다) 흡수 스펙트럼
02 ④   **03** 해설 참조   **04** ⑤   **05** ⑤   **06** 수소, 헬륨, 칼슘   **07** ④   **08** ④   **09** ③   **10** ③   **11** (가) → (다) → (라) → (마) → (나)   **12** ⑤   **13** ④   **14** ③   **15** ㉠ 1, ㉡ 2   **16** ③   **17** ④

01 프리즘으로 빛을 분해한 것을 스펙트럼이라고 한다. 스펙트럼은 크게 연속 스펙트럼과 선 스펙트럼으로 구분할 수 있으며, 선 스펙트럼에는 흡수 스펙트럼과 방출 스펙트럼이 있다. (가)의 광원에서 나온 빛은 연속 스펙트럼이, (나)의 고온의 기체에서 나온 빛은 방출 스펙트럼이 관찰된다. (다)와 같이 광원에서 나온 빛이 저온의 기체를 통과하면 흡수 스펙트럼이 관찰된다.

02 ㄴ. (나)의 밝은색 선은 고온의 기체에서 전자가 더 낮은 에너지 준위로 이동할 때 방출된 빛에 의해 나타난다.
ㄷ. (가)와 (나)에 나타난 흡수선과 방출선의 위치(파장)가 같으므로 (가)와 (나)는 같은 원소에 의해 형성된 것이다.

[바로알기] ㄱ. (가)는 연속 스펙트럼을 배경으로 검은색의 흡수선이 보이는 흡수 스펙트럼이다.

03 백열등을 분광기로 관측하면 무지개 색이 나타나며, 형광등을 분광기로 관측하면 몇 개의 밝은 선이 나타나는 방출 스펙트럼이 관측된다.

[모범답안] 백열등은 연속 스펙트럼으로 관측되고, 형광등은 방출 스펙트럼으로 관측된다.

채점 기준	배점(%)
백열등과 형광등을 관측할 때 나타나는 스펙트럼을 모두 옳게 설명한 경우	100
백열등과 형광등을 관측할 때 나타나는 스펙트럼 중 한 가지만 옳게 설명한 경우	50

04 ㄱ. 스펙트럼은 크게 연속 스펙트럼과 선 스펙트럼으로 구분할 수 있고, 선 스펙트럼은 흡수 스펙트럼과 방출 스펙트럼으로 구분할 수 있다.
ㄴ, ㄷ. 원소마다 고유한 파장의 선 스펙트럼이 나타나기 때문에 동일한 원소에 의해 만들어지는 방출선과 흡수선의 파장은 같다. 이런 원리를 이용하여 별빛의 스펙트럼을 분석하면 별을 구성하는 원소를 알 수 있다.

05 원소는 모든 파장의 빛을 흡수하거나 방출하는 것이 아니라 전자의 에너지 준위에 따라 특정한 파장의 에너지만 흡수하거나 방출한다. 이때 원소마다 전자의 에너지 준위가 모두 다르기 때문에 원소마다 고유한 파장의 흡수선이나 방출선을 갖는다.

06 별 A의 스펙트럼에서 관측된 흡수선의 파장을 원소의 방출 스펙트럼의 파장과 비교하면, 수소, 헬륨, 칼슘에 의해 형성된 방출선의 파장과 같은 파장의 흡수선이 나타난다. 따라서 별 A에는 수소, 헬륨, 칼슘이 존재한다는 것을 알 수 있다.

07 ④ 원자는 원자핵과 전자로 이루어져 있으며, 전기적으로 중성이다.

 ① 양성자는 기본 입자(쿼크) 3개가 결합하여 형성된다.

② 중성자는 전기적으로 중성이며, 양성자는 양전하(+)를 띤다.

③ 원자핵은 양성자와 중성자로 이루어져 있다.

⑤ 쿼크는 더 이상 분해할 수 없는 가장 작은 입자로, 물질의 기본 단위이다. 양성자와 중성자는 3개의 쿼크로 이루어진다.

08 자료 해석하기

물질을 구성하는 입자

물질을 이루는 입자는 원자이고, 원자는 양(+)전하를 띠는 원자핵과 음(-)전하를 띠는 전자로 이루어져 있다. 원자핵은 양성자와 중성자로 이루어져 있으며, 양성자와 중성자는 쿼크라고 하는 기본 입자들의 조합으로 만들어진다.

ㄱ. A는 원자핵 바깥쪽에 있는 전자이다.

ㄴ. 원자핵은 전자에 비해 훨씬 무겁다. 따라서 원자핵은 원자 질량의 대부분을 차지한다.

 ㄷ. 쿼크와 전자는 기본 입자에 해당하며, 양성자와 중성자는 쿼크가 결합하여 만들어진다.

09 미국의 천문학자 허블은 멀리 있는 외부 은하들을 관측하여 거리가 먼 은하일수록 더 빨리 멀어진다는 사실로부터 우주가 팽창하고 있다는 사실을 알아냈다.

10 ㄱ, ㄷ. 빅뱅 우주론은 우주가 한 점에서 빅뱅(대폭발)으로 시작되었다는 이론으로, 현재 우주에 존재하는 수소와 헬륨의 질량비를 가장 잘 설명해 주는 이론이다.

 ㄴ. 빅뱅 우주론에 따르면 우주가 팽창함에 따라 우주의 온도가 점점 낮아지고 있다.

11 빅뱅 후 기본 입자(쿼크, 전자 등)가 가장 먼저 생성되었고, 이후 쿼크가 결합하여 양성자와 중성자가 생성되었다. 이후 양성자와 중성자가 결합하여 헬륨 원자핵이 생성되었고, 우주의 온도가 약 3000 K으로 낮아졌을 때, 원자핵과 전자가 결합하여 원자가 생성되었다. 따라서 시간 순서대로 나열하면 (가) → (다) → (라) → (마) → (나)이다.

12 ㄱ. A는 빅뱅 직후에 우주의 온도가 낮아지면서 쿼크와 함께 형성된 전자로 기본 입자에 해당한다.

ㄷ. C는 헬륨 원자핵이고, D는 수소 원자핵이다. 현재 우주에는 수소와 헬륨의 질량비가 약 3:1이므로 C:D≒1:3이다.

 ㄴ. 초기 우주에서 양성자와 중성자(B)가 처음 생성될 당시에는 양성자와 중성자(B)의 개수가 비슷하였고, 시간이 흐르면서 양성자의 개수가 중성자(B)의 개수보다 많아졌다.

13 ㄱ. 시간 순서는 (가) → (나)이므로 (가) → (나) 동안 우주의 온도는 낮아졌다.

ㄴ. (가)일 때 양성자의 수는 14개, 중성자의 수는 2개이다. 양성자와 중성자의 질량은 거의 비슷하므로 양성자와 중성자의 개수비와 질량비는 약 7:1이다.

 ㄷ. (나)일 때 수소 원자핵의 수는 12개이고, 헬륨 원자핵의 수는 1개이므로 개수비는 약 12:1이고, 질량비는 12개×1:1개×4=3:1이다.

14 ㄷ. 우주에 존재하는 수소와 헬륨의 질량비는 약 3:1이다. (가)는 헬륨 원자핵이고, (나)는 수소 원자핵이므로 우주에는 (나)가 (가)보다 풍부하다.

 ㄱ. 헬륨 원자핵은 빅뱅 후 약 3분이 지났을 때 양성자 2개와 중성자 2개가 결합하여 생성되었다.

ㄴ. (가)는 양성자 2개와 중성자 2개가 결합하여 생성된 헬륨 원자핵이고, (나)는 양성자 1개로 이루어진 수소 원자핵이다.

15 수소 원자의 원자핵에는 양성자 1개가, 헬륨 원자의 원자핵에는 양성자 2개가 있다. 따라서 전기적으로 중성 상태인 수소 원자에는 전자가 1개 있고, 헬륨 원자에는 전자가 2개 있다.

16 ㄱ. 우주 배경 복사는 빅뱅 후 약 38만 년이 지났을 때 우주의 온도가 약 3000 K으로 낮아져 원자핵과 전자의 결합으로 수소 원자와 헬륨 원자가 형성되면서 우주로 퍼져 나간 빛이다.

ㄴ. 펜지어스와 윌슨은 우주의 모든 방향에서 거의 동일한 세기로 관측되는 전파를 발견하였다. 이 전파가 우주 배경 복사로, 온도 약 2.7 K인 물체에서 방출되는 에너지의 파장과 거의 일치한다.

 ㄷ. 우주가 팽창함에 따라 우주의 온도가 낮아져 우주 배경 복사의 파장은 점점 길어졌다.

17 플랑크 우주 망원경으로 관측한 복사 에너지는 빅뱅 후 약 38만 년 뒤 우주의 온도가 약 3000 K으로 낮아졌을 때, 우주 공간을 채우고 있던 빛이다. 이 빛은 현재 약 2.7 K에 해당하는 우주 배경 복사로 관측된다.

01 **모범 답안** 흡수선은 태양 빛이 대기를 통과하면서 태양의 대기에 있는 원소들에 의해 특정 파장의 빛이 흡수되어 나타나므로 이를 분석하여 태양의 대기 성분을 알 수 있다.

채점 기준	배점(%)
태양 빛이 대기를 통과하면서 특정 파장의 빛이 흡수되어 흡수선이 나타난다고 설명한 경우	100
태양 스펙트럼에 나타난 흡수선을 이용한다고만 설명한 경우	50

02 자료 해석하기

우주 초기 원소의 생성 과정

빅뱅(대폭발) → (A) 양성자 생성 → (B) 중성 원자 생성

기본 입자 생성 · · · 원자핵 생성

원소의 생성 과정: 기본 입자(전자, 쿼크) 생성 → 양성자와 중성자 생성 → 원자핵 생성 → 원자 생성

⑤ 빅뱅 이후 시간이 지날수록 우주가 팽창하면서 우주의 온도는 낮아졌다.

바로알기 ① 헬륨 원자핵은 B 시기에 생성되었다.

② 전자는 기본 입자이며, 기본 입자는 A 시기에 생성되었다.

③ 우주 배경 복사는 원자가 생성된 이후에 형성되었다.

④ 빅뱅 이후 우주의 크기는 계속 커졌으므로 우주의 크기는 B 시기가 A 시기보다 컸다.

03 헬륨 원자핵이 핵융합하여 탄소 원자핵이 만들어지려면 수억 K의 온도가 한동안 지속되어야 한다. 하지만 초기 우주가 급격히 냉각되었기 때문에 탄소 원자핵이 형성될 수 없었다.

모범 답안 우주가 빠르게 팽창하면서 온도가 급격하게 낮아졌기 때문에 헬륨보다 무거운 원자핵을 형성하는 핵합성 반응이 일어날 수 없었다.

채점 기준	배점(%)
무거운 원자핵의 형성을 우주의 온도 변화와 관련지어 옳게 설명한 경우	100
우주의 온도 변화만 설명한 경우	50

04 자료 해석하기

투명한 우주와 불투명한 우주

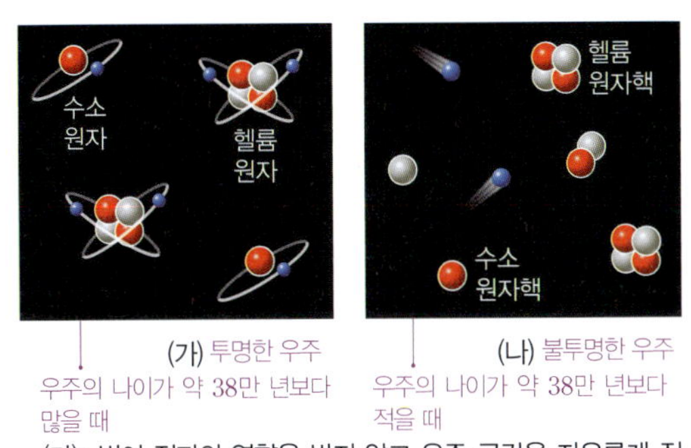

(가) 우주의 나이가 약 38만 년보다 많을 때

(나) 우주의 나이가 약 38만 년보다 적을 때

• (가): 빛이 전자의 영향을 받지 않고 우주 공간을 자유롭게 진행할 수 있었다.

• (나): 전자가 빛을 흡수하고 다시 방출하는 과정이 반복되어 빛이 자유롭게 진행하지 못하였다.

ㄱ. 우주의 온도가 약 3000 K으로 낮아졌을 때 원자핵과 전자가 결합하여 원자가 만들어졌다. 따라서 시간 순서는 (나) → (가)이다.

바로알기 ㄴ. (가) 시기는 빅뱅 후 약 38만 년이 지난 이후이다.

ㄷ. (나) 시기에는 빛이 전하를 띤 입자들과 상호작용 하여 산란이 일어났기 때문에 빛이 직진할 수 없었다.

05 자료 해석하기

원자의 구조

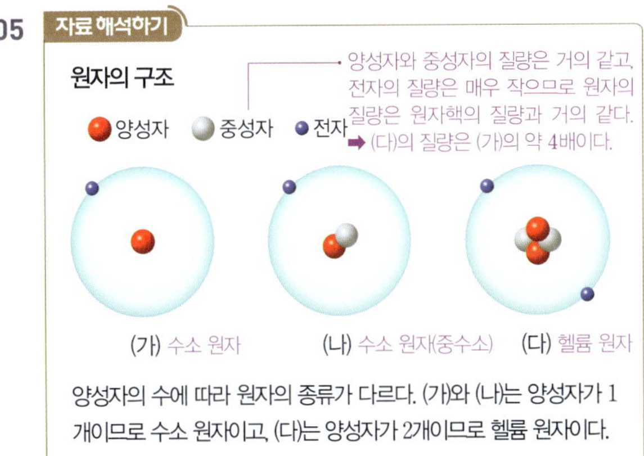

양성자와 중성자의 질량은 거의 같고, 전자의 질량은 매우 작으므로 원자의 질량은 원자핵의 질량과 거의 같다.
➡ (다)의 질량은 (가)의 약 4배이다.

양성자의 수에 따라 원자의 종류가 다르다. (가)와 (나)는 양성자가 1개이므로 수소 원자이고, (다)는 양성자가 2개이므로 헬륨 원자이다.

ㄱ. (가)와 (나)는 양성자의 수가 1개이므로 수소 원자이다.

ㄴ. 원자의 질량은 대부분 원자핵이 차지하며, 양성자와 중성자는 질량이 거의 비슷하다. 따라서 질량은 (다)가 (가)의 약 4배이다.

바로알기 ㄷ. 현재 우주에 존재하는 원자는 대부분 수소와 헬륨이며, 원자의 수는 (가)가 (다)의 약 12배이다. 한편, 중수소인 (나)의 원자 수는 매우 적다. 따라서 원자 수는 (가)>(다)>(나)이다.

○2 지구와 생명체를 이루는 원소의 생성

57쪽	**1** ㉠크, ㉡낮		**2** (1) ○ (2) ○
59쪽	**3** 철		**4** (1) × (2) ○ (3) ×
61쪽	**5** ㉠원시 태양, ㉡원시 행성		
	6 ㉠암석, ㉡기체		
63쪽	**7** 마그마 바다		**8** (1) ○ (2) ×

1 성운 내부에서 상대적으로 밀도가 크고, 온도가 낮은 곳은 자체 중력에 의해 물질의 수축이 잘 일어날 수 있다. 따라서 이러한 영역에서 성간 물질이 모여 원시별이 탄생한다.

4 (1) 철보다 무거운 원소는 별 내부의 핵융합 반응으로 만들어지지 않고, 초신성 폭발 과정에서 만들어진다.
(3) 태양보다 질량이 훨씬 큰 별은 최후에 중성자별이나 블랙홀이 된다.

8 (2) 지구 전체에서 가장 많은 양을 차지하는 원소는 철로, 철의 대부분은 지구 내부의 핵에 포함되어 있다.

탐구 확인 문제
64쪽

01 (1) ○ (2) × (3) ×   **02** 해설 참조

01 (1) 지구에는 철이 가장 풍부하게 존재하며, 철의 대부분은 지구의 핵에 분포한다.
바로알기 (2) 생명체를 구성하는 원소 중 가장 많은 원소는 산소이다.
(3) 철은 질량이 태양보다 훨씬 큰 별의 내부에서 핵융합 반응으로 만들어진다.

02 질량이 태양보다 훨씬 큰 별의 내부에서는 핵융합 반응으로 수소, 헬륨, 탄소, 질소, 산소, 규소, 철까지 만들어진다. 철보다 무거운 원소는 초신성 폭발 과정에서 만들어진다.
모범 답안 (가)와 (나)는 초신성 폭발 과정에서 생성되었고, (다)는 질량이 태양보다 훨씬 큰 별의 내부에서 핵융합 반응으로 생성되었다.

채점 기준	배점(%)
(가), (나), (다)의 유래를 모두 옳게 설명한 경우	100
(가), (나), (다)의 유래 중 한 가지만 옳게 설명한 경우	30

01 ㉠ 낮아, ㉡ 낮, ㉢ 큰   **02** ①   **03** 해설 참조
04 해설 참조   **05** ②   **06** ①   **07** ⑤   **08** ③
09 (가) ㄱ, ㄷ, ㄹ, ㅁ, (나) ㄴ, ㅂ   **10** ⑤   **11** (다) − (가) − (나)   **12** ⑤   **13** ①   **14** ③   **15** ①   **16** ⑤   **17** 해설 참조   **18** ③

01 빅뱅 이후 생성된 수소와 헬륨은 우주 전역에 존재했으나 밀도가 완전히 균일하지는 않았다. 온도가 상대적으로 낮고 밀도가 큰 곳에서 중력에 의해 성간 물질이 모여 성운이 형성되었다.

02 ㄴ. 성운이 수축하여 원시별이 만들어지고, 원시별이 계속 수축하여 중심부 온도가 1000만 K 이상으로 높아지면 수소 핵융합 반응을 하는 별(주계열성)이 된다.
바로알기 ㄱ. 성운 내부의 밀도가 큰 곳에서 중력 수축이 활발하고, 새로운 별이 탄생한다.
ㄷ. 질량이 태양 정도인 별에서는 핵융합 반응에 의해 탄소(일부 산소)까지 생성될 수 있다.

03 원시별이 수축하면 중심부 온도가 상승한다. 중심부 온도가 약 1000만 K에 도달하면 수소 핵융합 반응이 시작되고, 이때부터 별은 더 이상 수축하지 않고 일정한 크기를 유지한다.
모범 답안 중력 수축에 의해 별의 크기는 감소하고, 중심부 온도는 점점 높아진다.

채점 기준	배점(%)
별의 크기 변화와 중심부 온도 변화를 모두 옳게 설명한 경우	100
별의 크기 변화와 중심부 온도 변화 중 한 가지만 옳게 설명한 경우	50

04 수소 핵융합 반응은 수소 원자핵 4개가 융합하여 1개의 헬륨 원자핵이 생성되는 반응으로, 이 과정에서 질량 감소가 나타나며, 감소한 질량은 에너지로 전환된다.
모범 답안 헬륨 원자핵 1개의 질량은 수소 원자핵 4개의 질량의 합보다 작다. 이때 감소한 질량만큼 에너지로 전환되어 방출된다.

채점 기준	배점(%)
반응 전후의 질량 변화와 감소한 질량이 에너지로 전환된다는 것을 옳게 설명한 경우	100
반응 전후의 질량 변화만 옳게 설명한 경우	50

05 주계열성은 중심핵에서 수소 핵융합 반응이 일어나 헬륨 원자핵이 생성된다. 주계열성은 안정적으로 에너지를 생성하면서 별의 일생 중 대부분의 시간을 이 단계에서 보낸다.

바로알기 ② 주계열성은 내부에서 수소 핵융합 반응에 의해 기체의 운동 에너지가 높아져 밖으로 팽창하려는 내부 압력과 중심쪽으로 수축하려는 중력이 평형을 이루어 더 이상 수축하지 않고 크기가 일정하게 유지된다.

06 자료 해석하기

적색 거성의 진화 과정 중 한 시기의 내부 구조

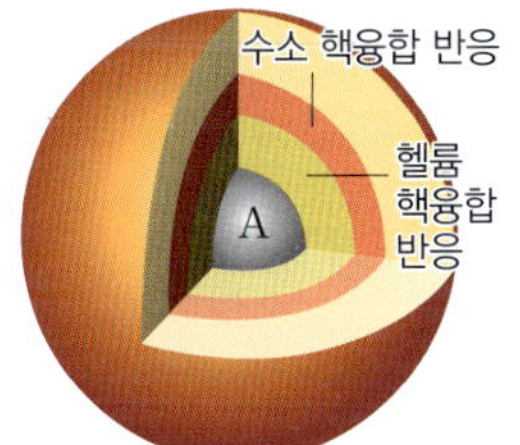

적색 거성은 중심핵을 둘러싼 영역에서 핵융합 반응이 일어나 별의 바깥층이 팽창하기 때문에 주계열성 단계일 때보다 크기가 크다.

ㄱ. 질량이 태양과 비슷한 별이므로, 이 별이 주계열성이었을 때 태양과 크기가 비슷했을 것이다. 현재는 적색 거성 단계에 해당하므로 크기가 태양보다 훨씬 크다.

바로알기 ㄴ. A는 주로 탄소로 이루어진 핵이다.

ㄷ. 철보다 무거운 원소는 질량이 태양보다 훨씬 큰 별이 초신성 폭발을 일으킬 때 만들어진다.

07 ①, ③ 질량이 태양보다 훨씬 큰 별의 내부 구조로, 내부에서 철(A)까지 생성된다.

② 중심으로 갈수록 온도가 높으므로 더 무거운 원소를 만드는 핵융합 반응이 일어난다.

④ 초신성으로 폭발하고 남은 중심부는 밀도가 큰 중성자별 또는 블랙홀이 된다.

바로알기 ⑤ 별의 내부에서 철까지 만들어지면 더 이상 핵융합 반응이 일어나지 못하고 중심부가 급격히 수축하다가 폭발하여 초신성이 된다.

08 ㄱ, ㄴ. 게 성운은 질량이 태양보다 훨씬 큰 별이 초신성 폭발을 일으켜 생성된 초신성 잔해이다. 따라서 이 성운에는 철보다 무거운 원소가 존재한다.

바로알기 ㄷ. 태양은 진화 마지막 단계에서 행성상 성운, 백색 왜성이 될 것이다.

09 질량이 태양보다 훨씬 큰 별의 내부에서 만들어질 수 있는 원소

는 철, 탄소, 산소, 헬륨이고, 초신성 폭발 과정에서만 만들어질 수 있는 원소는 납과 우라늄이다.

10 ⑤ 원자핵의 질량이 클수록 더 높은 온도를 유지해야 핵융합 반응이 일어날 수 있다.

바로알기 ① 수소 핵융합 반응에 의해 생성되는 원자핵은 헬륨이다.

③ 우주에 존재하는 헬륨은 대부분 초기 우주에서 빅뱅 핵합성을 거쳐 생성되었다.

②, ④ 탄소보다 무거운 원소는 질량이 태양보다 훨씬 큰 별의 내부에서 생성될 수 있다. 철보다 무거운 원소는 초신성 폭발 과정에서 생성된다.

11 태양은 현재 중심부에서 수소 핵융합 반응이 일어나는 주계열성 단계에 있으며 크기가 일정하게 유지된다(다). 이후 적색 거성 단계에서는 중심부에서 헬륨 핵융합 반응이 일어나고(가), 최종적으로 탄소와 산소로 이루어진 백색 왜성이 된다(나).

12 ① 태양계 성운이 수축하여 중심부에서는 온도가 높아지면서 원시 태양이 형성되었다.

② 원시 태양은 중력 수축하여 중심부의 온도가 높아졌고, 수소 핵융합 반응을 하는 주계열성인 태양이 되었다.

③ 원반에서는 가스와 먼지가 모여 작은 덩어리를 형성하였고, 이들이 뭉쳐 미행성체가 형성되었다. 미행성체는 충돌과 병합 과정을 거쳐 원시 행성이 되었다.

④ 태양에서 먼 곳에서는 주변의 기체를 끌어들여 주로 기체로 이루어진 목성형 행성이 형성되었다.

바로알기 ⑤ 지구형 행성은 주로 암석 성분으로 구성되어 있다. 따라서 지구형 행성은 기체 성분으로 이루어진 목성형 행성보다 무거운 물질로 이루어져 있다.

13 자료 해석하기

태양계의 형성 과정

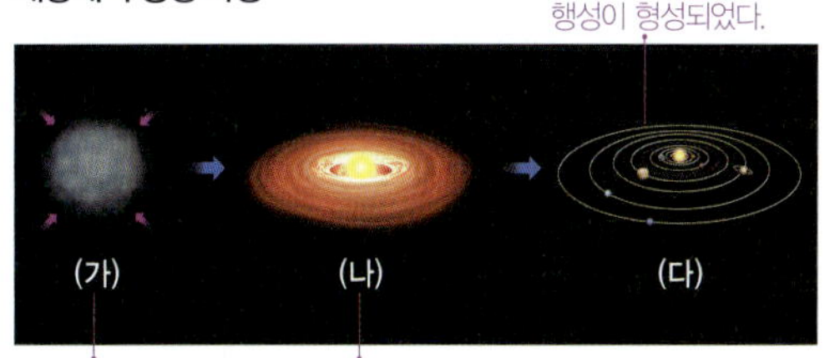

• (가) → (나): 태양계 성운의 수축 및 회전이 일어나 원시 태양과 원시 원반이 형성되었다.
• (나) → (다): 미행성체의 충돌과 병합을 거쳐 원시 행성이 형성되었다.

ㄱ. 우리은하 내부에서 일어난 초신성 폭발로 거대한 태양계 성운이 형성되었다.

바로알기 ㄴ. (가) → (나)에서 태양계 성운이 수축하면서 밀도가 커지고 온도가 높아졌다.

ㄷ. (다)의 원시 원반에서는 미행성체가 충돌하고 합쳐져 원시 행성이 형성되었다. 태양과 상대적으로 가까운 거리에 있는 행성들은 암석 성분의 지구형 행성이 되었고, 먼 거리에 있는 행성들은 기체 성분의 목성형 행성이 되었다.

14 바로알기 ③ 원시 지구가 형성될 당시 지구의 대기는 주로 수증기와 이산화 탄소로 이루어져 있었으며, 산소는 거의 존재하지 않았다. 대기 중의 산소는 바다에서 광합성을 하는 생명체가 탄생한 이후에 형성되기 시작하였다.

15 ㄱ. 우주에 가장 풍부한 원소는 수소와 헬륨이며, 수소와 헬륨의 질량비는 약 3:1이다.

바로알기 ㄴ. 지구 전체에서 가장 풍부한 원소는 철이다.

ㄷ. 인간의 몸을 구성하는 원소는 산소, 탄소, 질소, 수소, 칼슘 등이다. 이들 중 수소를 제외한 성분은 대부분 별의 진화 과정에서 핵융합 반응을 거쳐 생성되었고, 수소는 초기 우주에서 생성되었다.

16 ㄱ. 시간 순서대로 나열하면 (다) 최초의 헬륨 원자 생성 → (나) 최초의 초신성 폭발 → (가) 원시 태양 형성 → (라) 지구에서 최초의 생명체 탄생이다.

ㄴ. 철보다 무거운 원소는 (나)의 초신성 폭발 과정에서 생성되었다.

ㄷ. 지구에서 생명체는 풍부한 액체 상태의 물이 존재하는 바다에서 탄생한 것으로 추정하고 있다.

17 현재 태양계에서 새로 생성될 수 있는 원소는 헬륨뿐이므로 지구와 생명체의 주요 구성 원소는 대부분 태양계가 형성되기 이전에 생성되었다.

모범답안 현재 태양 내부에서는 헬륨 원자핵이 생성되고 있으며, 헬륨보다 무거운 원소는 만들어질 수 없다. 지구와 생명체를 구성하는 주요 원소는 대부분 헬륨보다 무거운 원소이므로 태양계 형성 이전에 생성된 것이다.

채점 기준	배점(%)
현재 태양계의 원소 생성과 지구와 생명체의 주요 구성 원소를 비교하여 옳게 설명한 경우	100
지구와 생명체의 주요 구성 원소에 대해서만 옳게 설명한 경우	50

18 ㄱ. 우리은하는 주로 별과 성간 물질로 이루어져 있으므로 가장

주요한 원소는 (가) 수소와 헬륨이다.

ㄷ. (다)는 지구에 가장 주요한 원소로 철과 산소이다.

바로알기 ㄴ. 산소와 탄소는 생명체에서 가장 주요한 원소이며, 이들은 별의 내부에서 핵융합 반응을 거쳐 생성되었다.

01 자료 해석하기

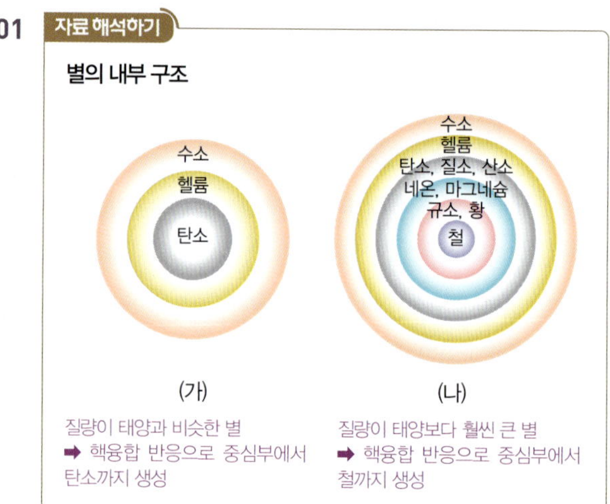

ㄷ. (가)의 중심부에는 탄소로 이루어진 핵이 있고, (나)의 중심부에는 철로 이루어진 핵이 있다. 따라서 (가)는 (나)보다 질량이 작은 별이다. 주계열성은 질량이 작을수록 수명이 길다. 따라서 주계열성의 수명은 (가)가 (나)보다 길다.

바로알기 ㄱ, ㄴ. (나)는 (가)보다 질량이 훨씬 크므로 중심부 온도가 높아 핵융합 반응에 의해 철까지 생성된다.

02 ㄴ. 미행성체는 원반에 있던 티끌 성분의 고체 물질이 뭉쳐져 형성되었다.

ㄷ. 태양의 자전 방향과 원시 행성의 공전 방향은 모두 태양계 성운이 회전했던 방향과 같다.

바로알기 ㄱ. (가) → (나)에서 성운이 수축하면서 회전 속도는 빨라졌다.

03 ③ (나) → (다)에서 무거운 물질이 가라앉아 핵을 형성하였고, 상대적으로 가벼운 물질이 떠올라 맨틀을 형성하였다.

바로알기 ① (가)의 미행성체는 고체 물질(금속, 암석, 얼음 등)로 이루어져 있었다.

② (가) → (나)에서 미행성체의 충돌로 합쳐지면서 원시 지구의 질량은 계속 증가하였다.

④ 최초의 생명체는 바다에서 출현하였으므로 (라) 이후에 탄생하였다.

⑤ (라)의 원시 바다는 담수로 이루어져 있었으므로 현재의 바다보다 염분이 낮았다.

04 자료 해석하기

우주와 지구의 구성 성분 비교

(가) 우주를 구성하는 주요 원소: 수소와 헬륨으로 이루어져 있으며, 수소와 헬륨의 질량비는 약 3:10이다.

(나) 지구를 구성하는 주요 원소: 철 > 산소 > 규소 > … ➡ 철은 대부분 핵에 존재하며, 산소와 규소는 맨틀과 지각에 풍부하다.

ㄱ. (가)의 A는 수소이다. 수소는 초기 우주에서 만들어졌다.

바로 알기 ㄴ. (나)의 B는 산소이다. 산소는 별 내부에서 일어나는 핵융합 반응으로 생성되었다.

ㄷ. 태양을 구성하는 주요 원소는 수소와 헬륨이므로 (나)보다 (가)와 유사하다.

05 원시 지구는 태양계 성운에 존재했던 고체 물질(주로 금속과 암석)이 뭉쳐져 형성된 미행성체의 충돌로 만들어졌다. 따라서 지구와 생명체를 이루는 주요 성분은 대부분 헬륨보다 무거운 성분이다.

모범 답안 원시 지구는 미행성체의 충돌과 병합 과정으로 생성되었다. 미행성체의 주요 구성 성분은 금속과 암석 성분이었으므로 지구와 생명체에는 수소와 헬륨이 적게 분포한다.

채점 기준	배점(%)
우주의 주요 구성 원소와 지구와 생명체의 주요 구성 원소가 다른 까닭을 미행성체의 성분과 관련지어 옳게 설명한 경우	100
우주의 주요 구성 원소와 지구와 생명체의 주요 구성 원소의 차이에 대해서만 설명한 경우	50

중단원 핵/심/정/리   70~71쪽

❶ 연속	❷ 방출	❸ 기본 입자
❹ 원자핵	❺ 3:1	❻ 3000
❼ 우주 배경	❽ 수소	❾ 철
❿ 지구형	⓫ 원반	⓬ 마그마
⓭ 원시 바다	⓮ 철	⓯ 산소

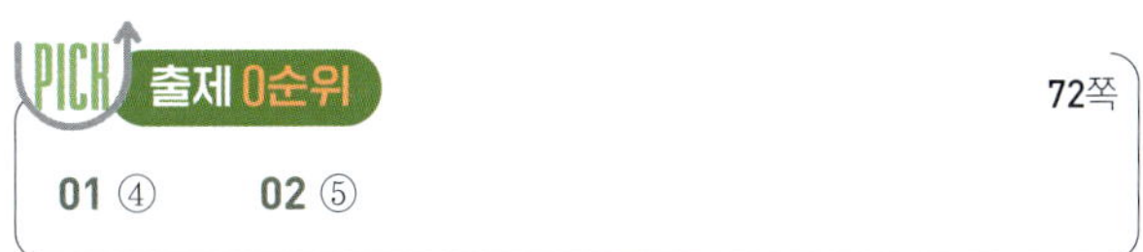

01 문제 해결 전략

❶ 출제 Point 파악하기

스펙트럼의 종류와 특징을 이해한다.

❷ 자료 파악하기

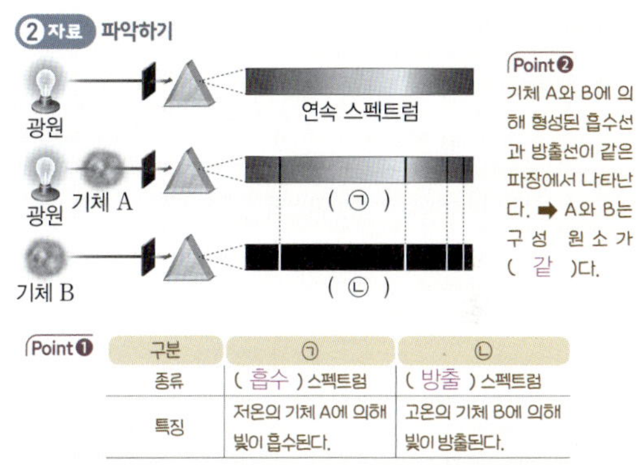

Point ❶ 구분	㉠	㉡
종류	(흡수) 스펙트럼	(방출) 스펙트럼
특징	저온의 기체 A에 의해 빛이 흡수된다.	고온의 기체 B에 의해 빛이 방출된다.

❸ 지문 이해하기

빛을 분광기에 통과시키면 빛이 파장에 따라 나누어지는데, 이를 스펙트럼이라고 한다. 스펙트럼의 종류는 크게 연속 스펙트럼과 선 스펙트럼으로 구분하고, 선 스펙트럼은 흡수 스펙트럼과 방출 스펙트럼으로 구분할 수 있다.

ㄱ. ㉡은 기체 B에서 방출한 빛을 분광기에 통과시킨 모습으로, 특정한 파장의 방출선이 보이는 방출 스펙트럼이다.

ㄷ. 기체 A와 B에 의해 만들어진 선 스펙트럼의 파장이 같으므로 두 기체의 구성 원소는 같다.

바로 알기 ㄴ. 고온의 기체에서는 방출선이 만들어지고, 저온의 기체에서는 흡수선이 만들어진다. 따라서 기체의 온도는 B가 A보다 높다.

(X) ㄹ. 형광등을 프리즘에 통과시키면 ㉠과 비슷하게 나타난다.
→ 형광등을 프리즘에 통과시키면 특정한 파장의 선이 밝게
나타난다. 따라서 형광등은 ㉡과 비슷하게 나타난다.

(X) ㅁ. 햇빛을 프리즘에 통과시키면 ㉡과 비슷하게 나타난다.
→ 햇빛을 프리즘에 통과시키면 무지개 색의 연속 스펙트럼
을 바탕으로 어두운 흡수선이 나타난다. 따라서 ㉡보다
㉠과 비슷하게 나타난다.

02 문제 해결 전략

❶ 출제 Point 파악하기

스펙트럼을 분석하여 구성 원소의 종류를 알아내는 원리를 이해
한다.

❷ 자료 파악하기

Point ❸
별의 스펙트럼과 원소의
스펙트럼에서 선 스펙트
럼의 (파장)을 비교
하여 구성 원소의 종류를
알 수 있다.

Point ❷
별의 스펙트럼에서 원소 (A), (C)의 흡수선이 관측된다.

❸ 지문 이해하기

스펙트럼은 원소의 종류나 온도에 따라 다르게 나타나므로 스펙
트럼을 분석하면 여러 가지 정보를 얻을 수 있다. 특히, 스펙트럼
에 나타나는 선의 위치는 원소의 종류에 따라 다르게 나타나므로
별빛의 스펙트럼을 원소의 스펙트럼과 비교하여 별을 구성하는
원소의 종류를 알 수 있다.

ㄱ. A, B, C는 각각 서로 다른 원소이므로 방출하는 빛을 분
광기에 통과시켜 나타나는 스펙트럼을 분석하면, 각각 고유한
파장의 빛을 방출한다는 것을 알 수 있다.
ㄴ. 별 S의 스펙트럼에 나타난 흡수선의 파장을 원소의 방출
스펙트럼과 비교하면, A와 C의 방출선과 동일한 파장의 흡수
선이 나타난다. 흡수선은 별의 대기에서 형성되므로 별 S의 대
기에는 A와 C가 존재한다는 것을 알 수 있다.
ㄷ. 원소의 종류에 따라 고유한 파장의 선 스펙트럼을 가진다.
따라서 별의 스펙트럼에 나타난 흡수선으로 별을 구성하는 원
소의 종류를 확인할 수 있다.

(○) ㄹ. 별 S의 스펙트럼에서 흡수선이 나타난다.
→ 별 S의 스펙트럼에서는 검은색 선이 나타나는데, 이는
별 S의 대기에서 특정 파장의 빛이 흡수되어 만들어진
흡수선이다.

(X) ㅁ. A, B, C의 방출 스펙트럼에는 파장이 같은 방출선이 존
재한다.
→ 원소마다 고유한 파장의 선 스펙트럼을 가지므로 동일한
파장의 방출선은 존재하지 않는다.

수능 WALK 실전 대비 문제   73~77쪽

수능 실전 2점

01 ④	02 ④	03 ③	04 ⑤	05 ③	06 ②	07 ④
08 ④	09 ③	10 ①	11 ①			

수능 실전 3점

12 ④	13 ③	14 ④	15 ②	16 ①	17 ①	18 ⑤
19 ⑤	20 ⑤	21 ⑤				

01 ㄴ. 백열등 빛은 무지개 색의 연속적인 빛의 띠가 보이는 연속
스펙트럼이므로 (다)와 같이 나타난다.
ㄷ. (가)와 (나)의 흡수선과 방출선이 같은 파장에서 나타나므
로 동일한 기체에 의해 만들어졌음을 알 수 있다.

바로알기 ㄱ. 방출 스펙트럼은 특정한 파장의 빛만 밝은 선으
로 나타나는 (나)이다.

02 ④ 전자의 질량은 양성자와 중성자에 비해 상대적으로 매우 작
으므로 원자의 질량은 대부분 원자핵을 이루는 양성자와 중성
자가 차지한다.

바로알기 ① A는 원자핵으로, 양성자와 중성자로 이루어져
있다. 따라서 전기적으로 양전하(+)를 띤다.
② B는 기본 입자인 전자이다.
③ C는 기본 입자인 쿼크로, 더 작은 입자로 분해되지 않는다.
⑤ 초기 우주에서는 수소와 헬륨이 생성되었고, 별의 진화 과
정을 거치면서 점차 무거운 원소가 만들어졌다.

03 ㄱ, ㄷ. 빅뱅 우주론에 따르면 빅뱅(대폭발)이 일어나 우주가 탄
생한 이후 우주의 크기는 계속 커지고 있으며, 우주의 온도는
낮아지고 있다. 따라서 우주 배경 복사의 온도도 낮아지고
있다.

바로알기 ㄴ. 빅뱅 우주론에서는 우주가 팽창하더라도 우주
에 존재하는 물질의 총 질량은 변하지 않는다고 설명한다.

04 우주 전역을 대상으로 천체에서 방출되는 빛을 관측하여 스펙
트럼을 분석하면 우주에 존재하는 원소의 종류와 질량비 등을
알아낼 수 있다.

05 ㄷ. (나)는 (다)보다 우주의 온도가 더 낮아졌을 때의 모습이다. 따라서 우주의 평균 밀도는 (나)보다 (다)일 때 높았다.

바로알기 ㄱ. (가)는 헬륨 원자핵이 생성되기 이전이고, (나)는 중성 상태의 원자가 생성된 시기이다. (다)는 원자핵과 전자가 서로 결합하기 이전이다. 따라서 시간 순서는 (가) → (다) → (나)이다.

ㄴ. A는 원자핵을 구성하는 양성자이고, B는 전자이다. 양성자는 쿼크, 전자와 같은 기본 입자가 생성된 뒤에 만들어졌으므로 초기 우주에서 B가 A보다 먼저 등장하였다.

06 ㄱ. 성운은 대부분 수소와 헬륨 등 기체로 이루어져 있으며, 고체 물질인 티끌도 약간 포함하고 있다.

ㄹ. 주계열성은 중심부에서 수소 핵융합 반응이 일어난다.

바로알기 ㄴ. 원시별은 성운 내부에서 밀도가 크고, 온도가 낮은 곳에서 중력 수축이 일어나 형성된다.

ㄷ. (나) → (다)에서 원시별은 중력에 의해 수축하기 때문에 크기가 계속 작아진다.

07 ㄴ. 태양은 중심부에서 수소 핵융합 반응이 일어나므로, 이는 태양 복사 에너지의 근원이 되는 반응이다.

ㄷ. 수소 원자핵 4개가 결합하여 1개의 헬륨 원자핵이 되는 과정에서 질량이 감소하며, 감소한 질량이 에너지로 전환된다. 따라서 이 반응이 일어나는 동안 별의 질량은 감소한다.

바로알기 ㄱ. 이 반응은 수소 핵융합 반응이다.

08 자료 해석하기

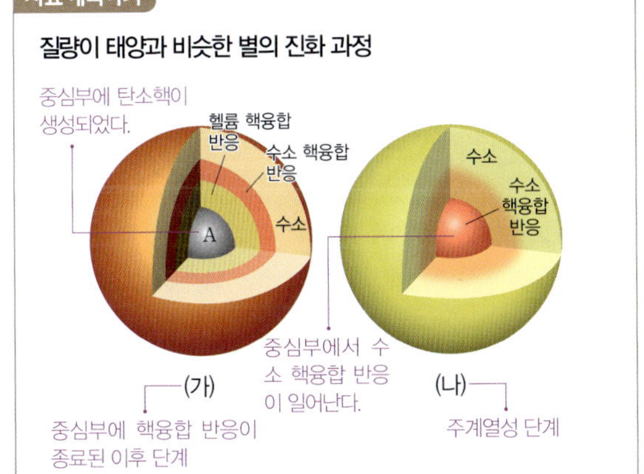

④ (나)에서는 4개의 수소 원자핵(양성자)이 융합하여 1개의 헬륨 원자핵을 만드는 수소 핵융합 반응이 일어난다.

바로알기 ① 이 별은 태양과 질량이 비슷한 별이므로 중심부에서 탄소(또는 산소)까지 생성될 수 있다.

② 진화 순서는 (나) 주계열성 → (가) 적색 거성이다.

③ 별의 중심부 온도가 높을수록 더 무거운 원자핵이 생성된다. 따라서 중심부 온도는 (가)가 (나)보다 높다.

⑤ 초신성 폭발은 태양보다 질량이 훨씬 큰 별이 진화할 때 일어난다.

09 ㄱ. A 과정에서 회전하는 성운은 중력에 의해 수축하여 원반 모양이 된다.

ㄷ. (다)의 원시 행성들은 모두 최초에 성운이 회전하던 방향과 같은 방향으로 공전한다.

바로알기 ㄴ. (나)의 미행성체는 금속, 암석, 얼음 등의 고체 물질로 이루어져 있다.

10 ㄱ. (가) 과정에서 미행성체의 충돌로 지구의 질량은 계속 증가하였다.

바로알기 ㄴ. 최초의 생명체는 원시 바다에서 탄생하였으므로 (나) 과정 이후이다.

ㄷ. 마그마 바다가 형성된 이후에 무거운 물질이 지구 중심부로 가라앉아 핵을 형성하였다. 따라서 지구 중심부의 밀도는 마그마 바다가 형성되기 이전인 (가)보다 이후인 (나)일 때 크다.

11 ㄱ. (나)에서 사람을 구성하는 원소 중 가장 많은 양을 차지하는 원소 A는 산소이다.

바로알기 ㄴ. 지각에는 규소와 산소가 결합한 규산염 광물이 가장 풍부하다. 철은 대부분 핵에 존재하므로 지각에는 철과 산소(A)가 결합한 물질은 상대적으로 적은 편이다.

ㄷ. 사람의 주요 구성 원소는 산소, 탄소, 질소, 수소 등이다. 이들은 대부분 별의 내부에서 핵융합 반응을 거쳐 형성되었다.

12 ㄱ. 햇빛을 분광기에 통과시키면 연속 스펙트럼 위에 검은색 흡수선이 나타난다.

ㄷ. 원소마다 고유한 파장의 선 스펙트럼이 나타나므로 태양의 스펙트럼을 분석하여 태양에 수소, 헬륨, 나트륨 등의 원소가 존재한다는 것을 알아내었다.

바로알기 ㄴ. 태양의 스펙트럼에서 관찰되는 흡수선은 태양 표면에서 방출된 빛이 태양의 대기층을 통과하는 과정에서 만들어진 것이다.

13 ㄱ. A 시기에는 물질을 이루는 가장 근원이 되는 기본 입자가 생성되었다. 기본 입자에는 쿼크, 전자 등이 있다.

ㄷ. D 시기의 성운에는 헬륨보다 무거운 물질이 거의 존재하지 않았으므로 최초로 형성된 별에도 헬륨보다 무거운 원소가 거의 존재하지 않았다.

바로알기 ㄴ. 우주가 팽창함에 따라 우주의 온도는 계속 낮아졌으므로 우주의 온도는 C 시기가 B 시기보다 낮았다.

14

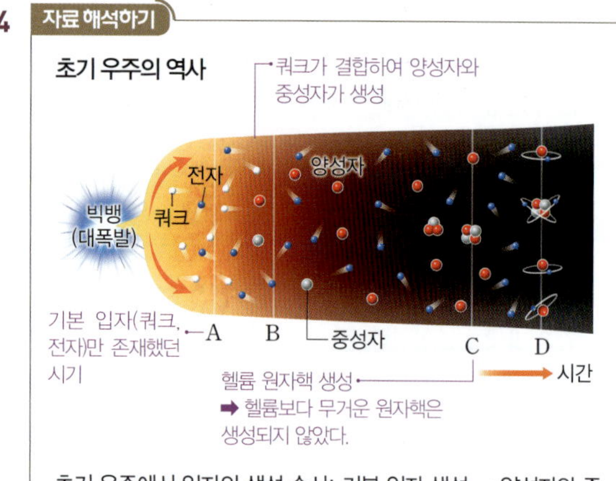

초기 우주에서 입자의 생성 순서: 기본 입자 생성 → 양성자와 중성자 생성 → 헬륨 원자핵 생성 → 원자 생성

ㄱ. A와 B 시기 사이에는 쿼크가 결합하여 양성자와 중성자가 생성되었다.

ㄷ. D 시기에 전자와 원자핵이 결합하여 원자가 생성되었다. 이 시기에 생성된 수소 원자와 헬륨 원자의 질량비는 약 3:1이었다.

[바로알기] ㄴ. C 시기는 수소 원자핵, 헬륨 원자핵, 전자가 우주 공간에 존재했던 시기이다. 헬륨보다 무거운 탄소, 산소 등의 원자핵은 별의 내부에서 생성되었다.

15 ㄷ. (가)는 투명한 우주이고, (나)는 불투명한 우주이므로 빛이 자유롭게 이동할 수 있는 평균 거리는 (가)가 (나)보다 길다.

[바로알기] ㄱ. (가)는 빛이 전기를 띤 입자의 영향을 받지 않고 자유롭게 우주 공간을 진행할 수 있는 투명한 우주 상태에 해당한다.

ㄴ. (나)는 불투명한 우주로 빛이 전기를 띤 입자들에 의해 계속 산란되는 시기에 해당한다. 이 시기의 빛은 현재 관측이 불가능하다.

16 ① 우주 배경 복사는 과거에 우주가 매우 뜨거운 상태였다는 것을 알려주므로, 빅뱅 우주론이 옳다는 증거가 된다.

[바로알기] ② 현재 우주 배경 복사는 마이크로파 영역에서 관측된다.

③ 우주 배경 복사는 특정한 천체에서 방출된 빛이 아니라 우주 공간에 존재하는 복사 에너지이다.

④ 우주 배경 복사는 전 우주에서 거의 고르게 관측되며 관측 방향에 따라 아주 미세한 온도 차이가 있다.

⑤ 우주 배경 복사를 포함하여 우주에서 관측되는 여러 관측 자료들은 모두 우주에 특별한 중심이 존재하지 않는다는 것을 알려준다.

17 ㄱ. (가)는 초신성 잔해이고, (나)는 행성상 성운이다. 따라서 (가)를 형성한 별의 질량은 태양의 20배이고, (나)를 형성한 별의 질량은 태양의 1배이다.

[바로알기] ㄴ. (나)의 행성상 성운을 형성한 별은 진화 과정에서 탄소와 일부 산소까지 생성될 수 있다.

ㄷ. (가)와 (나)에는 헬륨보다 무거운 원소가 별이 처음 형성되었을 때보다는 많아졌으나 별의 전체 질량에서 차지하는 비율은 극히 적다. (가)와 (나)에서 가장 풍부한 두 원소는 수소와 헬륨이다.

18

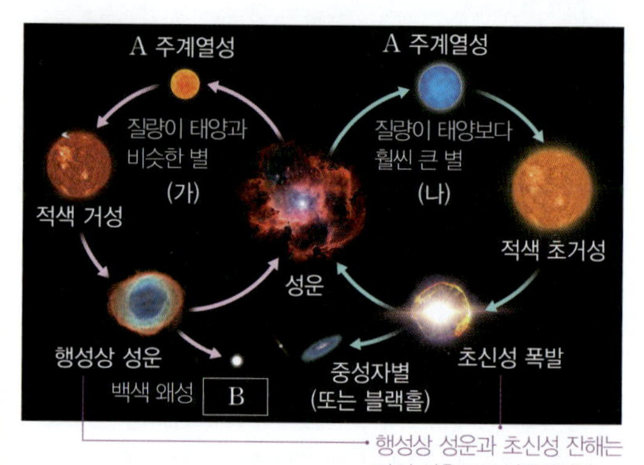

• (가) 질량이 태양과 비슷한 별의 진화 과정: 성운 → 원시별 → 주계열성 → 적색 거성 → 행성상 성운, 백색 왜성

• (나) 질량이 태양보다 훨씬 큰 별의 진화 과정: 성운 → 원시별 → 주계열성 → 초거성 → 초신성 폭발 → 중성자별 또는 블랙홀

⑤ 별은 성운에서 탄생하여 다시 성운으로 되돌아간다. 이때 별의 진화가 반복될수록 무거운 원소의 비율이 증가한다.

[바로알기] ① 질량이 태양보다 훨씬 큰 별은 질량이 태양과 비슷한 별에 비해 중심부의 온도가 높아질 수 있기 때문에 더 많은 핵융합 반응이 일어난다.

② 별은 일생의 대부분을 주계열성(A)으로 보낸다.

③ B는 주로 탄소와 산소로 이루어진 백색 왜성이다.

④ 태양의 진화 과정은 (가)에 가깝다.

19 ㄴ. B → C 과정에서 미행성체는 충돌과 병합 과정을 거치면서 원시 행성을 형성하기 때문에 개수가 감소한다.

ㄷ. 태양으로부터 가까운 곳에서 형성된 집단 ⊙은 지구형 행성이고, 먼 곳에서 형성된 집단 ⓒ은 목성형 행성이다. 행성의 평균 밀도는 ⊙이 ⓒ보다 크다.

[바로알기] ㄱ. A 과정에서 만들어진 원반은 성운이 회전하면서 수축할 때 만들어진다.

지구형 행성과 목성형 행성

- A: 밀도가 큰 금속과 암석 성분으로 이루어진 행성이다.
  → 지구형 행성(수성, 금성, 지구, 화성)
- B: 밀도가 작은 수소와 헬륨 등으로 이루어진 행성이다.
  → 목성형 행성(목성, 토성, 천왕성, 해왕성)

ㄱ. A는 질량이 작지만 평균 밀도가 큰 지구형 행성이다. 따라서 지구는 A에 속한다.

ㄴ. B는 주로 수소와 헬륨으로 이루어진 기체 성분의 목성형 행성이므로 주요 구성 성분이 태양과 비슷한 집단은 B이다.

ㄷ. 태양계가 형성될 당시 A와 B는 모두 원시 원반에서 형성되었다.

21 ㄱ. (가)에서 중심부로 갈수록 무거운 원자핵이 존재하므로 A는 규소, 산소, 철 중 질량이 가장 작은 산소이다. 산소는 생명체를 구성하는 주요 성분이다.

ㄴ. B는 규소이고, C는 철이다. 맨틀에는 규소가 철보다 풍부하므로 맨틀 구성 물질의 질량비는 B가 C보다 많다.

ㄷ. (나)에서 지구를 구성하는 주요 성분은 산소(A), 규소(B), 철(C)이며, 이들은 모두 별의 진화 과정에서 핵융합 반응을 거쳐 생성되었다.

서술형 RUN 정복 문제

78~81쪽

01 Step ❶ 방출선   Step ❷ ❶ 파장 ❷ 원소

02 Step ❶ 2   Step ❷ ❶ 개수 ❷ 수소 ❸ 온도

03 Step ❶ 원자   Step ❷ ❶ 투명 ❷ 불투명

04 Step ❶ 수소, 헬륨   Step ❷ ❶ 헬륨 ❷ 진화

05 Step ❶ 초신성   Step ❷ ❶ 수소 ❷ 철

06 Step ❶ 미행성체   Step ❷ ❶ 회전 ❷ 거리 ❸ 기체

07 Step ❶ 미행성체, 핵   Step ❷ ❶ 미행성체 ❷ 철, 니켈   ❸ 지각

08 Step ❶ 수소, 철, 산소   Step ❷ ❶ 산소 ❷ 탄소 ❸ 초기 우주

---

01 원소는 고유한 파장의 빛을 흡수하거나 방출하므로 원소의 방출 스펙트럼에 나타난 방출선의 위치, 개수 등은 고유하다. 따라서 혼합 기체에서는 A와 B에 의한 방출선이 모두 나타난다.

모범 답안

원소는 고유한 파장의 빛을 흡수하거나 방출하기 때문에 원소 A와 B에 의해 만들어진 방출선의 파장은 각각 고유하게 나타난다.

채점 기준	배점(%)
원소 A와 B의 방출선을 모두 포함하여 그리고, 그렇게 그린 까닭을 옳게 설명한 경우	100
방출 스펙트럼만 옳게 그리거나 까닭만 옳게 설명한 경우	50

02 (1) 양성자와 중성자는 질량이 거의 비슷하므로 헬륨 원자핵이 생성되기 전 양성자와 중성자의 질량비와 개수비는 모두 약 7:1이었다. 헬륨 원자핵이 생성되었을 때, 양성자의 수는 12개, 헬륨 원자핵의 수는 1개이므로 수소와 헬륨의 개수비는 약 12:1, 질량비는 약 3 : 1이다.

모범 답안 (1) 약 12:1, 약 3:1

(2) 헬륨 원자핵이 생성된 이후 우주의 온도는 핵융합 반응이 일어나기 어려울 정도로 낮아졌기 때문에 헬륨보다 무거운 원자핵이 생성될 수 없었다.

	채점 기준	배점(%)
(1)	개수비와 질량비를 모두 옳게 쓴 경우	50
	개수비와 질량비 중 한 가지만 옳게 쓴 경우	25
(2)	헬륨 원자핵보다 무거운 원자핵이 만들어지지 않은 까닭을 옳게 설명한 경우	50

03 (가)일 때는 우주의 온도가 약 3000 K으로 낮아져 전자와 원자핵이 결합하여 원자가 생성되었으므로 빛이 입자의 영향을 받지 않고 우주 공간을 자유롭게 진행할 수 있는 투명한 우주였다. (나)일 때는 전자와 양성자 등이 빛을 흡수하고, 다시 방출하는 과정이 반복되면서 빛이 자유롭게 진행하지 못하는 불투명한 우주였다.

모범 답안 (1) (가)일 때 원자, (나)일 때 전자와 양성자가 존재하므로 (가)는 우주의 나이가 38만 년, (나)는 우주의 나이가 1분일 때의 모습이다.

(2) (가)에서는 빛이 우주 공간을 자유롭게 진행할 수 있었고, (나)에서는 전자와 양성자가 빛을 산란시켜 자유롭게 진행하지 못하였다.

	채점 기준	배점(%)
(1)	(가)와 (나)일 때 우주의 나이와 그렇게 생각한 까닭을 모두 옳게 설명한 경우	50
	(가)와 (나)일 때 우주의 나이만 옳게 쓴 경우	20
(2)	(가)와 (나)에서 빛의 진행할 때의 특징을 옳게 설명한 경우	50

04 A 시기에는 수소와 헬륨이 생성되었고 헬륨보다 무거운 원소는 거의 존재하지 않았다. 따라서 B 시기에 형성된 최초의 별은 수소와 헬륨으로만 구성되어 있었다. 현재 우주에서 형성되는 별은 진화 과정을 거쳐 헬륨보다 무거운 원소를 일부 포함하고 있다.

모범 답안 (1) 수소, 헬륨

(2) B 시기에 생성된 별은 수소와 헬륨으로 구성되어 있었으며, 현재 형성되는 별은 헬륨보다 무거운 성분도 포함하고 있다.

	채점 기준	배점(%)
(1)	수소와 헬륨을 모두 옳게 쓴 경우	40
(2)	B 시기에 생성된 별과 현재 생성되는 별의 구성 성분을 옳게 비교한 경우	60
	B 시기에 생성된 별과 현재 생성되는 별의 구성 성분 중 한 가지만 옳게 설명한 경우	30

05 (1) 별은 일생의 대부분을 주계열 단계에서 보낸다. 주계열성에서는 수소 핵융합 반응이 안정적으로 일어나기 때문에 크기, 표면 온도 등이 거의 일정하게 유지된다.

(2) 주계열성은 중심부에서 수소 핵융합 반응이 일어나 헬륨 원자핵이 생성되고, 초거성 단계에서는 중심부로 갈수록 점점 더 무거운 원자핵이 생성되어 철 원자핵까지 생성된다. 초신성 폭발 과정에서는 철 원자핵보다 무거운 원자핵이 생성된다.

모범 답안 (1) (나), 수소는 별에서 가장 풍부한 원소이므로 수소 핵융합 반응이 주계열성의 중심부에서 매우 긴 시간 동안 일어날 수 있다.

(2) (나)에서 헬륨 원자핵, (다)에서 헬륨~철 원자핵, (라)에서 철보다 무거운 원자핵이 생성된다.

	채점 기준	배점(%)
(1)	(나)를 쓰고, 그 까닭을 옳게 설명한 경우	40
	(나)만 쓴 경우	10
(2)	(나), (다), (라) 단계에서 생성되는 원자핵의 종류를 모두 옳게 설명한 경우	60
	(나), (다), (라) 각 단계 중 한 가지만 옳게 설명한 경우	20

06 (1) 태양계 성운은 형성될 당시, 크기는 매우 컸고 회전 속도는 매우 느렸다. 그러다 성운의 수축에 의해 성운의 반지름이 감소하면서 각운동량 보존으로 성운 전체의 회전 속도는 빨라지게 되었다.

(2) 태양계 원반에서 태양과 가까운 곳은 온도가 높아서 철, 니켈, 규소와 같은 녹는점이 높고 무거운 물질이 남아 미행성체를 형성하였고, 태양계 원반에서 태양과 멀리 떨어진 곳은 온도가 낮아서 녹는점이 낮은 얼음이나 메테인 등이 응축되어 미행성체를 형성하였다.

(3) 태양으로부터 가까운 곳에서는 미행성체의 충돌과 병합 과정을 거쳐 주로 암석과 금속 성분의 지구형 행성이 형성되었다. 태양으로부터 먼 곳에서는 암석과 얼음으로 이루어진 미행성체가 빠르게 성장한 후 주변의 기체(수소와 헬륨)를 끌어들여 거대한 목성형 행성이 형성되었다.

모범 답안 (1) 태양계 성운이 회전하면서 수축이 일어나 회전 속도가 점점 빨라져 원심력의 작용으로 납작한 원반이 형성되었다.

(2) 원시 태양으로부터 거리가 가까운 곳에는 주로 금속과 암석 성분의 미행성체가, 먼 곳에는 주로 암석과 얼음 성분의 미행성체가 형성되었다.

(3) 원시 태양으로부터 거리가 가까운 곳에는 질량이 작고 밀도가 큰 지구형 행성이, 먼 곳에는 질량이 크고 밀도가 작은 목성형 행성이 형성되었다.

	채점 기준	배점(%)
(1)	수축과 회전 속도를 모두 포함하여 옳게 설명한 경우	30
	수축과 회전 속도 중 한 가지만 포함하여 설명한 경우	15
(2)	태양으로부터의 거리에 따른 미행성체의 주요 성분을 구분하여 설명한 경우	40
	태양으로부터의 거리에 관계없이 미행성체의 주요 성분을 설명한 경우	20
(3)	질량과 밀도를 비교하여 옳게 설명한 경우	30
	질량과 밀도 중 한 가지만 비교하여 옳게 설명한 경우	15

07 미행성체의 충돌과 병합 과정에서 마그마 바다가 형성되었다. 이때 철과 니켈 등 무거운 성분은 지구 중심부로 가라앉아 핵을 형성하였고, 규소, 산소 등의 가벼운 물질은 위로 떠올라 맨틀을 형성하였다. 이후 지표가 충분히 식어 원시 지각이 형성되었다. 지구 중심부의 밀도는 마그마 바다 이전보다 이후에 커졌으므로 지구 중심부의 밀도가 가장 큰 단계는 (나)이다.

모범 답안 (1) (다) → (가) → (나)

(2) (나), 마그마 바다 상태에서 철, 니켈 등의 무거운 성분이 지구 중심부로 가라앉아 핵을 형성하므로 지구 중심부의 밀도는 (나) 단계일 때 가장 크다.

	채점 기준	배점(%)
(1)	지구의 형성 과정을 시간 순서대로 옳게 나열한 경우	40
(2)	(나)를 고르고, 그 까닭을 옳게 설명한 경우	60
	(나)만 옳게 고른 경우	30

08 우주에서 가장 풍부한 원소는 수소, 지구에서 두 번째로 풍부한 원소는 산소, 사람의 몸에서 두 번째로 풍부한 원소는 탄소이다. 산소와 탄소는 별의 내부에서 핵융합 반응에 의해 생성되었고, 수소는 빅뱅 이후 초기 우주에서 생성되었다.

[모범 답안] (1) A: 수소, B: 산소, C: 탄소
(2) A는 초기 우주에서 생성되었고, B와 C는 별 내부에서 일어난 핵융합 반응으로 생성되었다.

	채점 기준	배점(%)
(1)	A~C에 해당하는 원소의 종류를 모두 옳게 쓴 경우	30
	A~C에 해당하는 원소의 종류 중 한 가지만 옳게 쓴 경우	10
(2)	A~C의 생성 과정을 모두 옳게 설명한 경우	70
	A~C의 생성 과정 중 한 가지만 옳게 설명한 경우	20

② 자연을 구성하는 원소

01 원소의 주기성

3 (1) 알칼리 금속은 실온에서 고체 상태로 존재하지만, 칼로 쉽게 자를 수 있을 정도로 무르다.

4 (2) 할로젠은 실온에서의 상태가 각각 다르다.

탐구 확인 문제   91쪽

01 (1) × (2) ○ (3) ○   **02** ③, ⑤   **03** (1) 붉은색으로 변한다. (2) 해설 참조   **04** ⑤   **05** ③

01 (1) 리튬, 나트륨, 칼륨을 칼로 자르면 모두 쉽게 잘린다.
(2) 금속의 잘린 단면이 공기 중의 산소와 반응하여 산화물을 생성하는 정도가 클수록 단면의 광택이 사라지는 속도가 빠르다.
(3) 알칼리 금속과 물이 반응한 수용액에 페놀프탈레인 용액을 떨어뜨렸을 때 붉은색이 나타나는 것으로 반응 후 수용액이 염기성인지를 확인할 수 있다.

02 ①, ② 알칼리 금속을 칼로 자르면 쉽게 잘리므로 알칼리 금속은 무른 금속임을 확인할 수 있다.
④ 알칼리 금속은 칼로 자른 단면의 광택이 빨리 사라질수록 산소와 반응하는 정도가 크다.
[바로 알기] ③ 알칼리 금속을 칼로 자른 단면의 광택이 사라지는 것으로 알칼리 금속과 산소가 반응하는 것을 확인할 수 있다.
⑤ 알칼리 금속을 칼로 자른 단면의 광택이 사라지는 것은 알칼리 금속과 산소가 결합하여 생성된 산화물이 알칼리 금속과 화학적 성질이 다르기 때문이다.

03 (1) 알칼리 금속과 물이 반응한 수용액은 염기성을 나타내므로 페놀프탈레인 용액을 넣은 수용액의 색은 붉은색으로 변한다.
(2) [모범 답안] 시험관 B의 입구에 성냥불을 대었을 때 '퍽' 소리를 내며 타는 것으로 수소 기체가 발생한다는 것을 알 수 있다.

채점 기준	배점(%)
실험 결과를 이용하여 반응 후 생성되는 기체 종류를 옳게 설명한 경우	100
반응 후 생성되는 기체의 종류만 옳게 설명한 경우	50

04 ㄱ. 나트륨이 물 위에 떠서 반응하는 것으로 보아 나트륨은 물보다 밀도가 작다.

ㄴ, ㄷ. 나트륨이 물과 반응한 수용액이 붉은색으로 변한 것으로 보아 염기성을 나타냄을 알 수 있으며, 리튬, 칼륨도 알칼리 금속이므로 같은 실험 결과가 나타난다.

05 ㄱ. 칼로 자른 단면의 광택이 사라지는 것은 리튬이 공기 중의 산소와 반응하여 산화물을 생성하기 때문이다.

ㄷ. 리튬, 나트륨, 칼륨으로 실험했을 때 모두 같은 실험 결과가 나왔으므로, 알칼리 금속은 유사한 화학적 성질을 갖는다는 것을 알 수 있다.

[바로알기] ㄴ. (나)에서 알칼리 금속이 물과 반응하면 수소 기체가 발생한다.

START 내신 완성 문제

01 ③　　**02** ㉠ 원자 번호, ㉡ 세로　　**03** (1) (가) 금속 원소, (나) 비금속 원소 (2) 해설 참조　　**04** ㄱ, ㄴ　　**05** ㄱ, ㄴ, ㄷ　　**06** (1) 은백색 광택이 사라진다. (2) 붉은색으로 변한다.　　**07** 해설 참조　　**08** ㄱ, ㄴ　　**09** ㄴ, ㄹ　　**10** ③　　**11** (1) 전자 껍질 (2) A　　**12** (1) C, E, F (2) C, D (3) B　　**13** (1) A: 2주기, B: 2주기, C: 3주기 (2) A: 6, B: 0, C: 2　　**14** ㄱ, ㄴ, ㄷ　　**15** ③　　**16** ③　　**17** ③

01 ① 금속 원소는 원소마다 특유의 광택이 있으며, 대부분 금속 원소는 은백색이나 회백색의 광택이 있다.

② 수은(Hg)을 제외한 금속 원소는 실온에서 고체 상태로 존재한다.

④ 비금속 원소는 대체로 열이나 전기를 잘 전달하지 못한다.

⑤ 철, 구리, 금은 금속 원소이고, 수소, 탄소, 질소는 비금속 원소이다.

[바로알기] ③ 고체 상태의 비금속 원소는 대부분 힘을 가하면 쉽게 부서진다.

02 현대 주기율표는 원자 번호 순서대로 나열하여 화학적 성질이 유사한 원소들이 같은 세로줄에 오도록 배열한 표이다.

03 (1) 주기율표에서 금속 원소는 주로 왼쪽과 가운데에 있고, 비금속 원소는 주로 오른쪽에 위치한다.

(2) [모범답안] (가)에 속한 금속 원소는 열 전도성과 전기 전도성이 있고, (나)에 속하는 비금속 원소는 대부분 열 전도성과 전기 전도성이 없다.

채점 기준	배점(%)
금속 원소와 비금속 원소의 열 전도성과 전기 전도성을 모두 옳게 설명한 경우	100
금속 원소와 비금속 원소 중 한 가지의 열 전도성과 전기 전도성을 옳게 설명한 경우	50

04 ㄱ. 주기율표의 가로줄은 주기, 세로줄은 족이다.

ㄴ. 주기는 주기율표의 가로줄로 1주기부터 7주기까지 있으며, 1주기에는 수소와 헬륨 2개의 원소가 있다.

[바로알기] ㄷ. 같은 족에 위치한 원소들은 화학적 성질이 비슷하다.

05 ㄱ. 제시된 원소들은 1족에 속하는 알칼리 금속이다.

ㄴ. 알칼리 금속은 매우 무른 금속으로 칼로 잘린다.

ㄷ. 알칼리 금속은 주기율표에서 1족에 속한다.

06 (1) 알칼리 금속은 공기 중의 산소와 반응하여 산화물을 형성하므로 칼로 자르면 단면의 광택이 사라진다.

(2) 알칼리 금속이 물과 반응한 후 수용액은 염기성을 나타내므로 페놀프탈레인 용액을 넣은 수용액은 붉은색으로 변한다.

07 알칼리 금속 원소의 전자 배치에서 가장 바깥 전자 껍질의 전자 수는 1로 같다.

[모범답안] 알칼리 금속은 원자의 전자 배치에서 화학 결합에 관여하는 원자가 전자 수가 1로 모두 같아 화학적 성질이 비슷하다. 따라서 알칼리 금속이 물과 반응할 때 같은 결과가 나타난다.

채점 기준	배점(%)
원자의 전자 배치에서 원자가 전자 수가 같아 화학적 성질이 비슷하다고 설명한 경우	100
같은 족 원소이므로 화학적 성질이 비슷하다고 설명한 경우	70
같은 족 원소라고만 설명한 경우	30

08 ㄱ. 할로젠은 주기율표의 17족에 속한다.

ㄴ. 할로젠은 실온에서 원자 2개가 결합한 이원자 분자로 존재한다.

[바로알기] ㄷ. 할로젠은 반응성이 매우 커서 다른 원소와 잘 반응한다.

ㄹ. 할로젠이 수소와 반응하여 생성된 수소 화합물의 수용액은 산성을 나타낸다.

09 (가)는 수소, (나)는 알칼리 금속, (라)는 할로젠이다.

ㄴ. (나) 알칼리 금속은 은백색의 광택이 있다.

ㄹ. (라) 할로젠은 원자 번호가 작을수록 반응성이 크다.

[바로알기] ㄱ. 수소는 비금속 원소, 알칼리 금속은 금속 원소이다.

ㄷ. (다)에 속하는 원소는 같은 주기 원소이므로 전자가 들어 있는 전자 껍질 수가 같고, 원자가 전자 수는 다르다.

10 ㄱ. X의 전자 배치에서 전자가 들어 있는 전자 껍질 수는 2이고 원자가 전자 수가 7이므로 X는 2주기 17족 원소이다.

ㄷ. 염소(Cl)는 17족에 속하는 할로젠이므로 X는 염소와 화학적 성질이 비슷하다.

[바로알기] ㄴ. X는 17족에 속하는 할로젠이고 할로젠은 실온에서 이원자 분자로 존재한다.

11 (1) 원자핵 주위에 전자가 존재하는 궤도를 전자 껍질이라고 한다.

(2) 전자가 들어 있는 전자 껍질은 특정한 에너지를 갖는데, 이 특정한 에너지를 에너지 준위라고 한다. 원자핵에 가까울수록 전자 껍질의 에너지 준위가 낮으므로 에너지 준위는 B>A이다.

12 (1) 금속 원소는 주기율표의 왼쪽에 위치하는 C, E, F이다.

(2) 전자가 들어 있는 전자 껍질 수는 주기율표의 주기 번호와 같으므로 전자가 들어 있는 전자 껍질 수가 3인 원소는 3주기에 속하는 C, D이다.

(3) 원자가 전자는 가장 바깥 전자 껍질에 들어 있는 전자로, 화학 결합에 참여하는 전자이다. 주기율표에서 각 원소의 원자가 전자는 주기율표의 족 번호의 끝자리 수와 같고, 18족 원소는 원자가 전자 수가 0이다. 따라서 A와 D의 원자가 전자 수는 0, B의 원자가 전자 수는 7, C와 E의 원자가 전자 수는 1, F의 원자가 전자 수는 2이다.

13 [자료 해석하기]

원자의 전자 배치

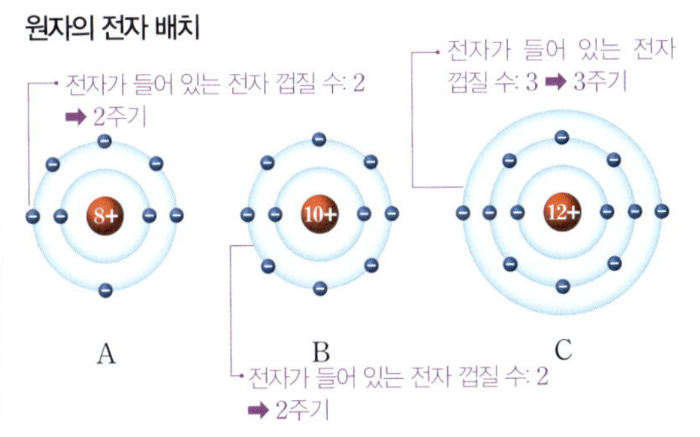

- A는 전자가 들어 있는 전자 껍질 수가 2이고, 가장 바깥 전자 껍질에 들어 있는 전자(원자가 전자) 수가 6이다.
- B는 전자가 들어 있는 전자 껍질 수가 2이고, 가장 바깥 전자 껍질에 들어 있는 전자가 8이지만, 18족 원소로 다른 원소와 결합을 거의 형성하지 않으므로 원자가 전자 수는 0이다.
- C는 전자가 들어 있는 전자 껍질 수가 3이고, 가장 바깥 전자 껍질에 들어 있는 전자 수가 2이다.

(1) A와 B는 전자가 들어 있는 전자 껍질 수가 2이므로 2주기 원소이고, C는 전자가 들어 있는 전자 껍질 수가 3이므로 3주기 원소이다.

(2) 가장 바깥 전자 껍질에 배치되어 화학 결합에 참여하는 전자가 원자가 전자이므로 원자가 전자 수는 A~C가 각각 6, 0, 2이다. 이때 B는 18족 원소로, 화학 결합에 참여하는 전자가 없으므로 원자가 전자 수가 0이다.

14 A는 원자 번호가 3이고 원자가 전자 수가 1이므로, 2주기 1족 원소이다. B는 원자가 전자 수가 7이고 전자가 들어 있는 전자 껍질 수가 2이므로, 2주기 17족 원소이다. C는 원자 번호가 11이고 전자가 들어 있는 전자 껍질 수가 3이므로, 3주기 1족 원소이다.

ㄱ. B는 첫 번째 전자 껍질에 전자가 2개, 두 번째 전자 껍질에 전자가 7개 있으므로, 원자 번호가 9이다.

ㄴ. A와 B는 전자가 들어 있는 전자 껍질 수가 2로 같으므로, 2주기 원소이다.

ㄷ. A와 C는 모두 1족 원소로 원자가 전자 수가 1로 같다.

15 ㄱ. 원자 X의 전자 배치 모형에서 전자 수가 8이므로 X의 원자 번호는 8이다.

ㄴ. 가장 바깥 전자 껍질에 들어 있는 전자 수가 6이므로 X의 원자가 전자 수는 6이다.

[바로알기] ㄷ. X는 2주기 16족 원소로 주기율표에서 오른쪽에 위치하는 비금속 원소이다.

16 ① A, C, D, E는 비금속 원소이고, B는 금속 원소이다.

② B와 C는 같은 주기에 속하는 원소로 전자가 들어 있는 전자 껍질 수가 같다.

④ D는 첫 번째 전자 껍질에 2개, 두 번째 전자 껍질에 8개의 전자가 채워져 있다.

⑤ 원자 번호는 A가 2, B가 3, C가 9, D가 10, E가 17로 E가 가장 크다.

[바로알기] ③ C와 E는 17족에 속하는 할로젠으로, 원자가 전자 수가 7로 같다.

17 [자료 해석하기]

원자의 전자 배치와 원소의 성질

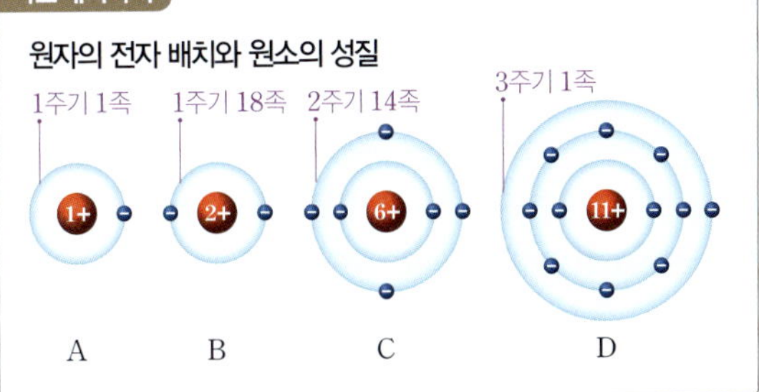

ㄱ. A와 B에서 전자가 들어 있는 전자 껍질 수가 1로 같으므로 A와 B는 모두 1주기 원소이다.

ㄷ. 원자가 전자 수가 A는 1이고, C는 4이다. B는 18족 원소로, 원자가 전자수가 0이므로 원자가 전자 수는 C>A>B이다.

[바로알기] ㄴ. A와 D는 원자가 전자 수가 같으므로 같은 족 원소이지만 A는 비금속 원소인 수소, D는 알칼리 금속이므로 A와 D는 화학적 성질이 다르다.

JUMP 도전 문제

97쪽

01 해설 참조   **02** ④   **03** ⑤   **04** ③   **05** 해설 참조

01 금속 M이 무르다는 결과를 얻기 위해서는 금속 M을 칼로 잘라 보는 실험을 해야 한다. 금속 M이 물과 반응한 후 수용액의 성질을 알기 위해서는 금속 M과 물이 반응한 수용액에 지시약을 떨어뜨려 색 변화를 관찰하는 실험을 해야 한다.

[모범 답안] ㉠ 금속 M을 칼로 잘라 본다.

㉡ 금속 M과 물이 반응한 수용액에 지시약(페놀프탈레인 용액)을 떨어뜨려 색 변화를 관찰한다.

채점 기준	배점(%)
㉠과 ㉡을 모두 옳게 설명한 경우	100
㉠과 ㉡ 중 한 가지만 옳게 설명한 경우	50

02 자료 해석하기

주기율표와 원소의 성질

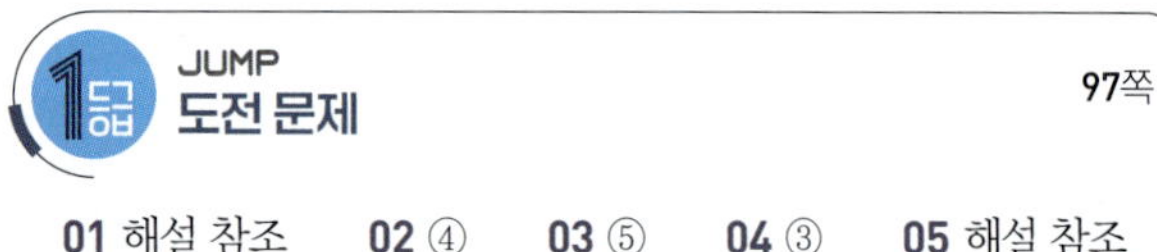

• 원자가 전자 수는 A가 1, B와 D가 2, C가 6이다.

• 원자에서 전자가 들어 있는 전자 껍질 수는 주기율표의 주기 번호와 같고, 원자가 전자 수는 족의 끝 번호와 같다.

ㄴ. B와 D는 같은 족에 속하는 원소로 화학 결합에 참여하는 원자가 전자 수가 같아 화학적 성질이 비슷하다.

ㄷ. A~D 중 원자가 전자 수는 C가 가장 크다.

[바로알기] ㄱ. A는 수소(H)로 1족에 속하지만 비금속 원소이다.

03 자료 해석하기

원자가 전자 수와 전자가 들어 있는 전자 껍질 수

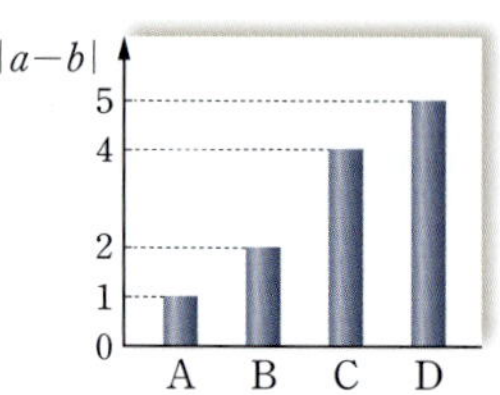

• 리튬과 나트륨은 원자가 전자 수가 1로 같고, 플루오린과 염소는 원자가 전자 수가 7로 같다.

• 리튬과 플루오린은 2주기 원소이고, 나트륨과 염소는 3주기 원소이다. 2주기 원소는 전자가 들어 있는 전자 껍질 수가 2이고, 3주기 원소는 전자가 들어 있는 전자 껍질 수가 3이다.

• 각 원소의 원자가 전자 수(a)와 전자가 들어 있는 전자 껍질 수(b)의 차($|a-b|$)는 아래 표와 같다.

구분	원자가 전자 수 (a)	전자가 들어 있는 전자 껍질 수(b)	$\|a-b\|$
리튬	1	2	1
나트륨	1	3	2
플루오린	7	2	5
염소	7	3	4

ㄱ. A, B는 각각 리튬, 나트륨이고, C와 D는 각각 염소, 플루오린이다.

ㄴ. B는 나트륨, C는 염소로 모두 3주기 원소이다.

ㄷ. C와 D는 각각 염소, 플루오린으로 같은 족에 속하는 원소이므로 원자가 전자 수가 7로 같다.

04 자료 해석하기

주기율표와 원소의 성질

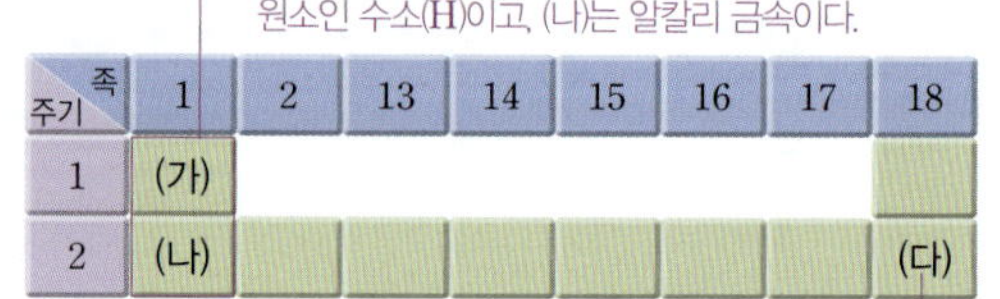

• 물과 반응한 수용액이 염기성을 나타내는 것은 (가)~(다) 중 알칼리 금속인 (나)이다. (가)는 1족 원소이지만 알칼리 금속이 아니다. ➡ A는 (나)이다.

• B와 C는 각각 (가)와 (다) 중 하나이고, (가)와 (다)의 원자가 전자 수는 각각 1, 0이다. ➡ B는 (가)이고, C는 (다)이다.

A는 (나), B는 (가), C는 (다)이다.

원자의 전자 배치에서 나타나는 주기성

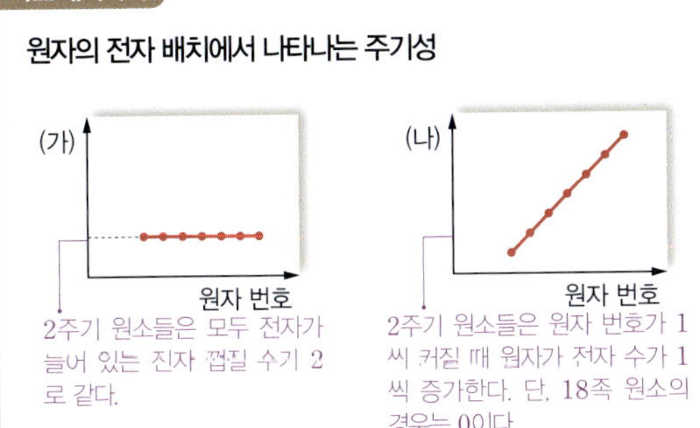

같은 주기 원소들은 전자가 들어 있는 전자 껍질 수가 같고, 같은 주기에서 원자 번호가 증가할수록 원자가 전자 수가 증가한다. (단, 18족은 예외)

[모범 답안] (가)는 원자 번호가 커지더라도 그 값이 일정하므로 '전자가 들어 있는 전자 껍질 수'가 적절하다. (나)는 원자 번호가 커질 때 그 값이 일정한 비율로 증가하므로 '원자가 전자 수'가 적절하다.

채점 기준	배점(%)
(가)와 (나)에 해당하는 물리량을 옳게 쓰고, 그 까닭을 모두 옳게 설명한 경우	100
(가)와 (나) 중 한 가지만 물리량을 그 까닭과 함께 옳게 설명한 경우	50
까닭을 설명하지 않고 (가)와 (나)의 물리량만 옳게 쓴 경우	30

○2 화학 결합과 물질의 성질

✔ [중요 개념 체크]

98쪽 　**1** ㉠ 18, ㉡ 비활성
101쪽 　**2** ㉠ 이온 결합, ㉡ 공유 결합
103쪽 　**3** ㉠ 고체, ㉡ 수용액 　　**4** (1) ○ (2) ✕

4 (2) 대부분의 공유 결합 물질은 고체 상태와 수용액 상태에서 모두 전기적으로 중성인 분자 상태로 존재하므로 전기 전도성이 없다.

탐구 확인 문제 　　　　　　　　　　　105쪽

01 (1) ○ (2) ✕ (3) ○ (4) ✕ (5) ○ 　**02** C 　**03** A, B
04 ③ 　　**05** ⑤

---

01 (1) 염화 나트륨($NaCl$)은 고체 상태에서 나트륨 이온(Na^+)과 염화 이온(Cl^-)이 존재하지만 강한 정전기적 인력으로 결합하고 있어 이온들이 이동할 수 없기 때문에 고체 상태에서 전기 전도성이 없다.
(2) 염화 칼슘($CaCl_2$)은 고체 상태에서 칼슘 이온(Ca^{2+})과 염화 이온(Cl^-)이 강한 정전기적 인력으로 결합하고 있다.
(3) 설탕은 전기적으로 중성인 분자로 이루어진 물질이므로 고체 상태에서 전기 전도성이 없다.
(4) 포도당은 물에 녹아 분자 상태로 존재하므로 수용액 상태에서 전기 전도성이 없다.
(5) 설탕은 물에 녹아 분자 상태로 존재한다.

02 C. 염화 나트륨은 수용액 상태에서 나트륨 이온(Na^+)과 염화 이온(Cl^-)이 자유롭게 이동할 수 있어 전기 전도성이 있다.
[바로 알기] A. 염화 나트륨은 고체 상태에서 나트륨 이온(Na^+)과 염화 이온(Cl^-)이 존재하지만 강한 정전기적 인력으로 결합하고 있어 이온들이 이동할 수 없기 때문에 전기 전도성이 없다.
B. 고체 상태에서 분자로 이루어진 것은 설탕과 같은 공유 결합 물질로, 전기적으로 중성이므로 전류가 흐르지 않는다.

03 A의 수용액과 B의 수용액은 이온들이 자유롭게 이동할 수 있는 상태이므로 전기 전도성이 있다.
[바로 알기] C의 수용액에서 C는 전기적으로 중성인 분자 상태로 존재하므로 전기 전도성이 없다.

04 ㄱ. 고체 상태와 수용액 상태에서 모두 전류가 흐르지 않는 (가)는 공유 결합 물질인 설탕이다.
ㄴ. 고체 상태에서는 전류가 흐르지 않고 수용액 상태에서는 전류가 흐르는 (나)는 이온 결합 물질이다. 따라서 (나)는 염화 나트륨이고, 고체 상태에서 양이온과 음이온이 강한 정전기적 인력에 의해 결합하고 있다.
[바로 알기] ㄷ. (나)는 이온 결합 물질이므로 수용액 상태에서 양이온과 음이온 나누어져 자유롭게 이동할 수 있다.

05 ㄱ. 고체 상태와 수용액 상태에서 모두 전류가 흐르지 않는 A는 공유 결합 물질이다. 제시된 포도당, 질산 칼륨, 염화 나트륨 중 공유 결합 물질은 포도당이므로 A는 포도당이다.
ㄴ. 고체 상태에서는 전류가 흐르지 않고 수용액 상태에서는 전류가 흐르는 B는 이온 결합 물질이다. 이온 결합 물질은 금속 원소와 비금속 원소로 이루어지므로 B는 금속 원소를 포함한다.
ㄷ. 고체 상태에서는 전류가 흐르지 않고 수용액 상태에서는 전류가 흐르는 C는 이온 결합 물질이다.

01 ㄱ, ㄴ	**02** ⑴ A ⑵ A, C	**03** ㄱ, ㄴ	**04** 해설 참조	
05 ③	**06** Li, Mg	**07** ⑴ 공유 결합 ⑵ 이온 결합, CB_2		
08 ㄱ, ㄷ	**09** ㄴ, ㄷ	**10** ③	**11** ②	**12** 해설 참조
13 ⑴ (가) 이온 결합, (나) 공유 결합 ⑵ (가)			**14** ㄱ, ㄴ	
15 ㄷ, ㄹ	**16** ①	**17** ㄴ		

01 ㄱ. 주어진 세 가지 원자는 모두 가장 바깥 전자 껍질에 전자를 모두 채워 다른 원소와 화학 결합을 형성하지 않으므로 원자가 전자 수가 0이다.

ㄴ. 주어진 세 가지 원자는 각각 1, 2, 3주기의 18족 원소인 비활성 기체이다.

바로알기 ㄷ. 비활성 기체는 비금속 원소이지만 가장 바깥 전자 껍질에 전자가 모두 채워진 안정한 전자 배치를 하고 있어 다른 원소와 화학 결합을 잘 형성하지 않는다.

02 ⑴ 원자 A~C에서 형성된 안정한 이온의 전자 배치 모형은 아래 표와 같다. 따라서 이온의 전자 배치가 원자 번호 10인 네온과 같은 것은 A이다.

⑵ 음이온이 되기 쉬운 것은 원자가 전자 수가 6인 A와 원자가 전자 수가 7인 C이다. A와 C는 각각 (8−원자가 전자 수)만큼의 전자를 얻어 18족 비활성 기체와 전자 배치가 같아진다.

원자	A	B	C
원자의 전자 배치 모형	8+	3+	17+
잃거나 얻는 전자의 수	전자 2개 얻음	전자 1개 잃음	전자 1개 얻음
이온의 전자 배치 모형	8+	3+	17+
이온식	A^{2-}	B^+	C^-

03 ㄱ. 이온 결합은 금속 원소와 비금속 원소 사이에 형성된다.

ㄴ. 공유 결합은 비금속 원소의 원자들이 전자쌍을 공유하여 형성된다.

바로알기 ㄷ. 실온에서 이온 결합 물질은 수많은 양이온과 음이온이 3차원 구조로 규칙적으로 배열된 결정 상태로 존재하고, 공유 결합 물질은 대체로 분자 상태로 존재한다.

---

04 자료 해석하기

이온 형성 과정

• A 원자는 전자 2개를 잃는다. ➔ A는 양이온이 되기 쉬운 금속 원소이고, A 이온은 전하가 +2인 양이온인 A^{2+}이다.
• B 원자는 전자 2개를 얻는다. ➔ B는 음이온이 되기 쉬운 비금속 원소이고, B 이온은 전하가 −2인 음이온인 B^{2-}이다.

A 이온은 A 원자가 전자 2개를 잃고 형성된 양이온인 A^{2+}이고, B 이온은 B 원자가 전자 2개를 얻어 형성된 음이온인 B^{2-}이다. A^{2+}과 B^{2-}이 결합하여 생성된 물질은 전기적으로 중성이 되어야 하므로 A^{2+}과 B^{2-}이 1 : 1의 개수비로 결합한다.

모범답안 AB, A와 B가 결합을 형성할 때 A는 전자를 잃고 양이온이 되고, B는 전자를 얻어 음이온이 되어 결합을 형성한다. 따라서 A와 B로 이루어진 물질은 A의 양이온과 B의 음이온이 정전기적 인력에 의해 결합한 이온 결합 물질이다.

채점 기준	배점(%)
화학식을 옳게 쓰고, 화학 결합의 종류를 그 까닭과 함께 옳게 설명한 경우	100
화학식과 화학 결합의 종류만 옳게 쓴 경우	50

05 ㄱ. A는 3주기 1족, B는 3주기 17족 원소이다. A와 B가 결합하여 화합물 X를 생성할 때 A는 전자를 1개 잃고, B는 A가 내놓은 전자를 얻는다. 즉 전자는 A에서 B로 이동한다.

ㄷ. X는 A의 양이온과 B의 음이온이 정전기적 인력으로 결합한 이온 결합 물질이다.

바로알기 ㄴ. X에서 A는 네온과 같은 전자 배치를 이루고, B는 아르곤과 같은 전자 배치를 이룬다.

06 원자 A가 전자 2개를 얻어 A^{2-}이 되면서 두 번째 전자 껍질에 전자가 8개 모두 채워졌으므로 A는 전자가 들어 있는 전자 껍질 수가 2이고, 원자가 전자 수가 6인 비금속 원소이다. 따라서 A는 금속 원소인 Li, Mg과 이온 결합을 형성한다.

07 ⑴ A와 B는 모두 비금속 원소이므로 A와 B로 이루어진 물질은 공유 결합으로 생성된다.

⑵ B는 전자 1개를 얻어 네온과 같은 전자 배치를 이루고, C는 전자 2개를 잃고 네온과 같은 전자 배치를 이룬다. 즉 B는 전하가 −1인 음이온, D는 전하가 +2인 양이온이 되어 2 : 1의 개수비로 결합한다. 따라서 B와 C로 이루어진 물질의 화학식은 CB_2이다.

08 ㄱ. A는 비금속 원소로, A_2는 공유 결합 물질이다.

ㄷ. A와 C가 이온 결합을 형성할 때 A는 전자 2개를 얻어 B와 같은 전자 배치를 이루고, C는 전자 2개를 잃어 B와 같은 전자 배치를 이룬다.

바로알기 ㄴ. A는 비금속 원소, C는 금속 원소이므로 A와 C로 이루어진 물질은 이온 결합 물질이다. 따라서 실온에서 양이온과 음이온이 3차원 구조로 규칙적으로 배열된 결정 상태로 존재한다.

09 ㄴ. X에서 A 원자는 네온과 같은 전자 배치를 이루고, B 원자는 헬륨과 같은 전자 배치를 이룬다.

ㄷ. X는 원자 사이에 전자쌍을 공유하면서 결합한 공유 결합 물질이다.

바로알기 ㄱ. 화합물 X는 A 원자와 B 원자가 전자를 각각 내놓아 전자쌍을 만들어 공유하면서 결합을 형성하고 있다. 즉 X가 생성될 때 원자 사이에서 전자는 이동하지 않는다.

10 자료 해석하기

공유 결합 물질

• (가)는 원자 2개가 각각 전자를 1개씩 내놓아 전자쌍 1개를 만들어 공유하여 단일 결합을 형성한다.
• (나)는 원자 2개가 각각 전자를 2개씩 내놓아 전자쌍 2개를 만들어 공유하여 이중 결합을 형성한다.
• (다)는 원자 2개가 각각 전자를 3개씩 내놓아 전자쌍 3개를 만들어 공유하여 삼중 결합을 형성한다.

ㄱ. (가)는 두 원자 사이에 전자쌍 1개를 공유한다.

ㄴ. (나)는 두 원자 사이에 전자쌍을 공유하면서 결합한 공유 결합 물질이므로 구성 원소는 비금속 원소이다.

바로알기 ㄷ. (다)에서 결합하는 원자의 원자가 전자 수는 5인데, 두 원자가 각각 전자를 3개씩 내놓아 3개의 전자쌍을 만들어 공유하여 결합한다. 따라서 원자의 모든 원자가 전자가 공유 전자쌍을 만드는 데 사용되는 것은 아니다.

11 ㄴ. B와 D는 모두 비금속 원소이므로 BD_2는 공유 결합 물질이다.

바로알기 ㄱ. A는 비금속 원소인 수소(H)이고 D는 비금속 원소인 할로젠이다. AD는 비금속 원소로 이루어진 물질이므로 공유 결합 물질이다.

ㄷ. A_2B는 비금속 원소로 이루어진 물질이므로 공유 결합 물질인 반면, C_2B는 금속 원소인 C와 비금속 원소인 B로 이루어진 물질이므로 이온 결합 물질이다.

12 이온 결합 물질은 고체 상태에서는 전기 전도성이 없고 수용액 상태에서는 전기 전도성이 있다.

모범답안 염화 나트륨은 고체 상태일 때 양이온과 음이온이 정전기적 인력으로 강하게 결합하고 있어 이동할 수 없으므로 전기 전도성이 없고, 수용액 상태일 때는 양이온과 음이온이 자유롭게 이동할 수 있으므로 전기 전도성이 있다.

채점 기준	배점(%)
상태에 따른 전기 전도성을 그 까닭과 함께 옳게 설명한 경우	100
상태에 따른 전기 전도성은 옳게 썼으나, 그 까닭에 대한 설명을 한 가지만 옳게 설명한 경우	70
상태에 따른 전기 전도성 유무만 옳게 쓴 경우	50

13 (1) 수산화 마그네슘과 염화 칼슘은 모두 금속 원소와 비금속 원소로 이루어진 이온 결합 물질이다. 또 포도당과 에탄올은 모두 비금속 원소로 이루어진 공유 결합 물질이다.

(2) 이온 결합 물질인 (가)는 수용액 상태에서 이온들이 자유롭게 이동할 수 있으므로 전기 전도성이 있다. 공유 결합 물질인 (나)는 수용액 상태에서 전기적으로 중성인 분자로 존재하므로 전기 전도성이 없다.

14 ㄱ, ㄴ. X는 전기적으로 중성인 분자로 이루어져 있으므로 공유 결합 물질이며, 고체 상태의 X는 전기 전도성이 없다.

바로알기 ㄷ. X는 수용액 상태에서 분자로 존재하므로 X 수용액에는 이온이 존재하지 않는다.

15 수용액 상태에서 전기 전도성이 있는 물질은 이온 결합 물질인 황산 구리(Ⅱ)와 탄산 칼륨이다.

16 ㄱ. (가)는 전기적으로 중성인 분자로 구성된 공유 결합 물질이다.

바로알기 ㄴ. (나)는 양이온과 음이온이 정전기적 인력에 의해 결합한 이온 결합 물질로, 고체 상태에서 이온들이 자유롭게 이동하지 못하므로 전기 전도성이 없다.

ㄷ. (가)는 수용액 상태에서 전기적으로 중성인 분자로 존재하므로 전기 전도성이 없다. 반면, (나)는 수용액 상태에서 이온들이 자유롭게 이동할 수 있으므로 전기 전도성이 있다.

17 ㄴ. 고체 상태에서는 전기 전도성이 없지만 수용액 상태에서는 전기 전도성이 있는 B는 이온 결합 물질이다.

바로알기 ㄱ. 고체 상태와 수용액 상태에서 모두 전기 전도성이 없는 A는 공유 결합 물질인 설탕이다.

ㄷ. 고체 상태에서는 전기 전도성이 없지만 수용액 상태에서는
전기 전도성이 있는 C는 이온 결합 물질이다.

01 ④　　**02** ④　　**03** ⑤　　**04** ③

01 자료 해석하기

이온 결합 물질의 화학 결합 모형

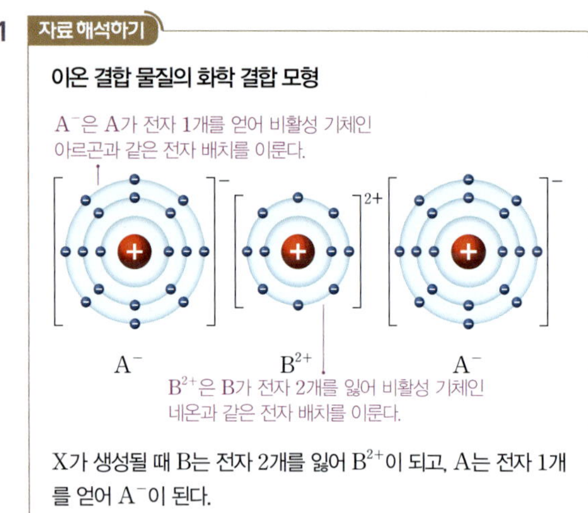

X가 생성될 때 B는 전자 2개를 잃어 B^{2+}이 되고, A는 전자 1개
를 얻어 A^-이 된다.

ㄴ. X는 전기적으로 중성인 화합물이므로 B와 A는 1 : 2로
결합한다. 따라서 X의 화학식은 BA_2이다.

ㄷ. A^-이 아르곤(Ar)과 같은 전자 배치를 이루므로 A는 원자
번호가 17이고, B^{2+}이 네온(Ne)과 같은 전자 배치를 이루므
로 B의 원자 번호는 12이다. 따라서 원자 번호는 A>B이다.

바로 알기 ㄱ. X가 생성될 때 전자는 금속 원소의 원자인 B에
서 비금속 원소의 원자인 A로 이동한다.

02 자료 해석하기

물(H_2O)과 메테인(CH_4)의 화학 결합 모형

물과 메테인은 모두 비금속 원소인 H, C, O가 전자쌍을 공유하
여 생성된 공유 결합 물질이다.

ㄴ. 메테인에서 C 원자는 H 원자와 전자쌍을 공유하여 비활성
기체인 네온과 같은 전자 배치를 이룬다.

ㄷ. 물과 메테인에서 구성 원자는 모두 전자쌍을 공유하면서
결합하고 있다. 즉, 물과 메테인은 공유 결합 물질이다.

바로 알기 ㄱ. 물에서 H 원자와 O 원자는 각각 전자쌍을 1개
씩 공유하고 있으므로 H 원자와 O 원자는 단일 결합을 형성한
다. 따라서 물에는 단일 결합만 있고 이중 결합이 없다.

03 자료 해석하기

이온 결합 물질의 화학 결합 모형

ㄱ. A^+은 A 원자가 전자 1개를 잃고 형성된 이온이므로 A 원
자의 전자 배치는 A^+의 전자 배치에서 전자 1개를 더해주면
된다. A 원자의 전자 배치에서 전자가 들어 있는 전자 껍질 수
는 3이고, 원자가 전자 수는 1이므로 A는 3주기 1족 원소이
다. B^-은 B 원자가 전자 1개를 얻어 형성된 이온이므로 B 원
자의 전자 배치는 B^-의 전자 배치에서 전자 1개를 빼주면 된
다. B 원자의 전자 배치에서 전자가 들어 있는 전자 껍질 수는
3이고, 원자가 전자 수는 7이므로 B는 3주기 17족 원소이다.
따라서 A와 B는 같은 주기 원소이다.

ㄴ. 원자가 전자 수는 A가 1이고 B가 7이므로 원자가 전자 수
는 B가 A보다 크다.

ㄷ. AB는 양이온과 음이온이 결합한 이온 결합 물질이므로 수
용액 상태에서는 양이온과 음이온으로 나누어져 자유롭게 이
동할 수 있어 전기 전도성이 있다.

04 ㄱ. 고체 상태와 수용액 상태에서 모두 전기 전도성이 없는 A
는 공유 결합 물질인 설탕이다.

ㄷ. B는 이온 결합 물질이므로 금속 원소와 비금속 원소로 구
성된다.

바로 알기 ㄴ. 고체 상태에서는 전기 전도성이 없지만 수용액
상태에서는 전기 전도성이 있는 B는 이온 결합 물질인 염화 나
트륨이다. B는 고체 상태에서 이온이 존재하지만 자유롭게 이
동하지 못하므로 전류가 흐르지 않는다.

○3 자연의 구성 물질

115쪽	**1** ㉠ 규소, ㉡ 산소	
119쪽	**2** ㉠ 아미노산, ㉡ 펩타이드	**3** (1) ○ (2) ○

START
내신 완성 문제   122~124쪽

01 ⑤   **02** ㉠ 산소, ㉡ 규소   **03** ①   **04** ④   **05** 해설 참조   **06** ②   **07** ⑤   **08** ⑤   **09** ㉠ 아미노산, ㉡ 19   **10** ①   **11** ㉠ 핵산, ㉡ 뉴클레오타이드   **12** ⑤   **13** ⑤   **14** – TAGGCTCGAATGTGG –   **15** ③   **16** ⑤   **17** ③

01 ㄴ. ㉠은 산소에 해당하며, 산소는 규소와 함께 규산염 사면체를 구성한다.
　ㄷ. 산소는 탄소, 수소, 질소 등과 함께 단백질의 구성 원소이다.
　[바로알기] ㄱ. 규소가 많은 (가)는 지각을 구성하는 주요 원소의 질량비를, 탄소가 많은 (나)는 사람을 구성하는 주요 원소의 질량비를 나타낸 것이다.

02 규산염 사면체는 규소 원자(㉡) 1개와 산소 원자(㉠) 4개로 이루어져 있다.

03 ① 그림의 규산염 광물 결합 구조는 판상 구조이다.
　[바로알기] ② 판상 구조에 해당하는 규산염 광물에는 흑운모가 있으며 각섬석은 복사슬 구조에 해당한다.
　③ 판상 구조는 규산염 사면체가 산소 3개를 다른 규산염 사면체와 공유하여 만들어진다.
　④ 휘석은 규산염 사면체가 산소 2개를 다른 규산염 사면체와 공유하고 있다.
　⑤ 규산염 사면체는 전체적으로 음전하를 띤다.

04 ㄴ. 휘석은 규산염 사면체가 산소 2개를 다른 규산염 사면체와 공유하여 만들어진다.
　ㄷ. 규산염 사면체는 양이온이나 다른 규산염 사면체와 산소를 공유하는 형태로 다양한 규산염 광물이 만들어질 수 있다.
　[바로알기] ㄱ. 규산염 사면체는 1개의 규소와 4개의 산소로 구성되어 있으므로 ㉠은 규소, ㉡은 산소에 해당한다.

05 [모범답안] 망상 구조, 규산염 사면체가 산소 4개를 모두 다른 규산염 사면체와 공유하여 만들어진다.

채점 기준	배점(%)
광물 구조 명칭과 구조 생성 원리를 규산염 사면체의 공유 산소 수를 포함하여 모두 옳게 설명한 경우	100
광물 구조 생성 원리만 규산염 사면체의 공유 산소 수를 포함하여 옳게 설명한 경우	70
광물 구조 명칭만 옳게 설명한 경우	30

06 ㄱ. 탄소 화합물은 생명체를 구성하는 중요한 물질로 탄수화물, 단백질, 지질 등이 있다.
　ㄴ. 탄소 화합물은 탄소 골격에 산소, 수소, 질소와 같은 여러 원소가 결합하여 만들어진다.
　[바로알기] ㄷ. 탄소 화합물 중 단백질의 단위체는 아미노산, 탄수화물의 단위체는 단당류로, 규산염 사면체는 규산염 광물의 기본 단위체이다.

07 규산염 사면체는 규산염 광물의 기본 단위체로 1개의 규소 원자와 4개의 산소 원자가 공유 결합을 하고 있다. 규산염 사면체는 다른 규산염 사면체와 산소를 공유하는 형태로 결합할 수 있다.

08 단백질은 단위체인 아미노산이 펩타이드결합으로 연결되어 만들어진다. 단백질은 효소, 항체, 호르몬 등 생리작용을 조절하는 물질의 주성분으로 입체 구조가 기능을 결정한다. 열과 pH의 변화(산, 염기)에 따라 단백질의 고유한 입체 구조가 변하면 단백질의 고유한 기능을 잃는다.

09 단백질의 단위체는 아미노산이며 아미노산과 아미노산이 결합할 때 펩타이드결합을 한다. 펩타이드결합은 한 아미노산의 카복실기와 다른 아미노산의 아미노기 사이에서 형성되는 공유 결합으로 이때 한 개의 물 분자가 빠져 나온다. 따라서 아미노산 20개가 결합하면 19개의 펩타이드결합이 형성된다.

10 ㄴ. 아미노산끼리 결합할 때 펩타이드결합을 한다.
　[바로알기] ㄱ. ㉠과 ㉡은 아미노산이다.
　ㄷ. 두 아미노산이 결합할 때에는 한 아미노산의 카복실기와 다른 아미노산의 아미노기 사이에서 물 분자 한 개가 빠져나오면서 공유 결합이 이루어진다.

11 생명체에서 유전정보를 저장 또는 전달하는 역할을 하는 물질은 핵산이다. 핵산은 탄소, 산소, 수소, 질소, 인으로 구성된 탄소 화합물이며 뉴클레오타이드가 단위체이다. 뉴클레오타이드는 당, 인산, 염기가 1:1:1로 결합하고 있다.

12 ㄴ. DNA의 단위체인 뉴클레오타이드는 인산(㉠)과 당(㉡), 염기로 구성되어 있으며 당은 디옥시라이보스이다.

ㄷ. 뉴클레오타이드와 뉴클레오타이드가 연결되어 폴리뉴클레오타이드를 구성하는데 이때 하나의 뉴클레오타이드에 포함된 당이 다른 뉴클레오타이드의 인산과 결합한다.

[바로알기] ㄱ. DNA의 염기에는 아데닌(A), 구아닌(G), 타이민(T), 사이토신(C)이 있다. 유라실(U)은 RNA를 구성하는 염기이다.

13 ㄱ. (가)는 단백질의 단위체인 아미노산을, (나)는 RNA의 단위체인 뉴클레오타이드를 나타낸 것이다.

ㄴ. RNA의 단위체인 뉴클레오타이드를 구성하는 염기에는 아데닌(A), 구아닌(G), 사이토신(C), 유라실(U) 4종류가 있다.

ㄷ. 단백질과 핵산(RNA)은 모두 탄소 화합물에 해당한다.

14 이중나선을 이루는 DNA의 한쪽 가닥 염기는 다른 쪽 가닥 염기와 상보결합을 하며, 아데닌(A)은 타이민(T)과, 구아닌(G)은 사이토신(C)과 상보결합을 한다.

15 ① DNA는 이중나선구조로, RNA는 단일 가닥 구조로 되어 있다. 그림은 이중나선구조이므로 DNA에 해당한다.

② DNA의 단위체는 뉴클레오타이드이다.

④ 이중나선구조를 형성하는 폴리뉴클레오타이드에서 염기인 아데닌(A)은 타이민(T)과, 구아닌(G)은 사이토신(C)과 상보결합을 한다.

⑤ 유전정보를 저장하는 DNA는 염기의 배열 순서에 따라 저장하는 유전정보가 달라진다.

[바로알기] ③ 사이토신(C)과 상보결합을 하는 ㉠은 구아닌(G), 타이민(T)과 상보결합을 하는 ㉡은 아데닌(A)이다.

16 ㄱ. (가)는 이중나선구조인 DNA, (나)는 단일 가닥 구조인 RNA이다. DNA의 이중나선에서 염기와 염기는 수소결합으로 연결된다.

ㄴ. DNA는 유전정보를 저장하고 핵 속에 들어 있다.

ㄷ. RNA를 구성하는 염기는 아데닌(A), 구아닌(G), 사이토신(C), 유라실(U)이다.

17 단일 가닥을 이루고 있는 (가)는 RNA, 입체 구조를 이루고 있는 (나)는 단백질이다.

ㄷ. 단백질의 입체 구조에 의해 고유 기능이 결정된다. 단백질은 열이나 산, 염기에 의해 입체 구조가 변하면 고유 기능을 잃는다.

[바로알기] ㄱ. RNA는 이중나선구조가 아니므로 DNA와 달리 염기의 상보결합이 이루어지지 않는다. 따라서 구아닌(G)과 사이토신(C)의 수는 같을 수도 있고, 다를 수도 있다.

ㄴ. 단백질인 (나)를 구성하는 단위체는 아미노산으로, 약 20종류가 있다.

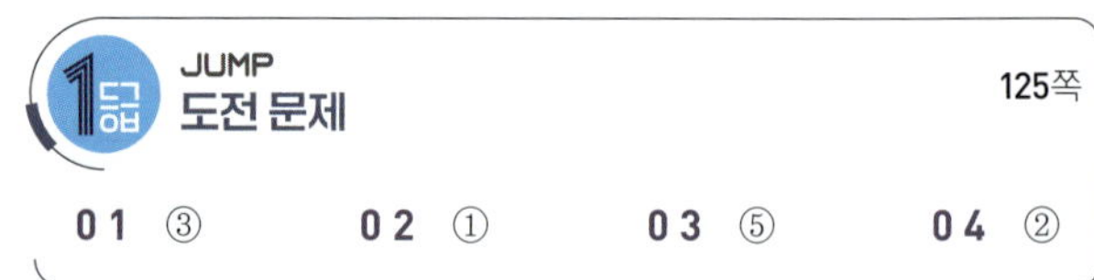

01 ③   02 ①   03 ⑤   04 ②

01 ㄱ. 규산염 광물 중 사슬 모양으로 연결된 단사슬 구조를 가진 광물에는 휘석(㉠)이 있고, 사슬 모양 2개가 연결된 복사슬 구조를 가진 광물에는 각섬석(㉡)이 있다.

ㄷ. 공유하는 산소 수가 증가하여 규산염 사면체의 결합 구조가 복잡해질수록 화학적 풍화에 강하다.

[바로알기] ㄴ. ㉠으로 이루어진 휘석의 경우에는 규산염 사면체가 산소 2개를 다른 규산염 사면체와 공유하고 있으며, ㉡으로 이루어진 각섬석의 경우에는 규산염 사면체가 다른 규산염 사면체와 산소 2~3개를 공유하고 있다. 따라서 공유하는 산소(O)의 수는 ㉡이 ㉠보다 많다.

02 자료 해석하기

DNA와 RNA에서 염기의 비율

구분	염기의 비율(%)				
	A	G	㉠ T	㉡ C	U
(가) DNA	20	30	? 20	30	? 0
(나) RNA	ⓐ	30	? 0	ⓑ	15

ⓐ+ⓑ=55 %

DNA의 뉴클레오타이드를 구성하는 염기에는 아데닌(A), 구아닌(G), 사이토신(C), 타이민(T)이 있으며, RNA의 뉴클레오타이드를 구성하는 염기에는 아데닌(A), 구아닌(G), 사이토신(C), 유라실(U)이 있다.

ㄱ. 유라실(U)이 존재하는 (나)가 RNA, (가)가 DNA에 해당한다.

[바로알기] ㄴ. DNA는 이중나선으로 이루어져 있으므로 상보결합으로 인해 아데닌(A)과 타이민(T)의 수가 같으며, 구아닌(G)과 사이토신(C)의 수가 같다. 따라서 DNA인 (가)에서 구아닌(G)과 염기의 비율이 같은 ㉡은 사이토신(C), 나머지 ㉠은 타이민(T)며, 유라실(U)의 비율은 0 %이다.

ㄷ. RNA인 (나)에는 타이민이 존재하지 않으므로 ㉠에 해당하는 염기의 비율은 0 %이고, ⓐ+ⓑ의 염기 비율은 55 %이다.

03 아미노산은 단백질의 단위체이므로 단백질의 특징에만 해당한다. 단백질과 녹말, 핵산은 탄소 화합물이며, 단백질과 녹말, 핵산, 물은 모두 구성 원소로 산소를 가지고 있다. 따라서 단백질에 해당하는 특징의 개수는 3개, 녹말과 핵산에 해당하는 특징의 개수는 2개, 물에 해당하는 특징의 개수는 1개이므로 ㉠은 단백질, ㉡은 녹말, ㉢은 물, ⓐ는 2, ⓑ는 1이다. 체내 구성 물질 중에서 가장 양이 많은 것은 물이며, 그 다음 양이 많은 것은 단백질이다.

04 ㄱ. 규산염 광물을 구성하는 규산염 사면체는 규소 1개와 산소 4개가 공유 결합을 하고 있다.

ㄴ. ㉠은 복사슬 구조, ㉡은 망상 구조로, 복사슬 구조를 가지고 있는 광물에는 각섬석, 망상 구조를 가지고 있는 광물에는 석영, 장석이 있다.

바로알기 ㄷ. ㉡은 망상 구조로, 망상 구조를 이루기 위해서는 규산염 사면체가 다른 규산염 사면체와 4개의 산소를 공유해야 한다. 인접한 규산염 사면체와 2개의 산소를 공유하는 것은 단사슬 구조이다.

○4 물질의 전기적 성질과 활용

✔중요 개념 체크

127쪽	**1** 전기적	**2** (1) ○ (2) × (3) ×	
131쪽	**3** 불순물	**4** (1) ○ (2) × (3) ○	

2 (2) 부도체는 자유 전자가 거의 없어 전류가 흐르지 않는 물질이고, 특정 조건에 따라 전류가 흐르는 물질은 반도체이다.
(3) 반도체는 순수한 상태에서 전류가 거의 흐르지 않는다.

4 (2) 발광 다이오드는 전기 신호를 빛 신호로 변환한다.

01 ③	**02** ⑤	**03** ②	**04** ②	**05** ④	**06** 규소
07 ①	**08** ③	**09** ㉠ 5, ㉡ 자유 전자	**10** ②	**11** ①	
12 트랜지스터	**13** ④	**14** ⑤	**15** ④	**16** ③	
17 ②					

01 (가)는 전류가 잘 흐르는 도체이고, (나)는 전류가 거의 흐르지 않는 부도체이다. (다)는 반도체이다. 따라서 (가)~(다)의 분류 기준은 물질의 전기적 성질이다.

02 ㄴ. 도체는 자유 전자가 많아 전류가 잘 흐르지만 부도체는 자유 전자가 거의 없어 전류가 잘 흐르지 않는다. 따라서 자유 전자는 부도체보다 도체에 더 많다.

ㄷ. 물질에 자유 전자가 많을수록 전류가 잘 흐르므로 물질의 전기 전도도를 결정하는 것은 자유 전자이다.

바로알기 ㄱ. 자유 전자는 원자핵의 전기적인 인력에서 벗어나 물질 내에서 자유롭게 이동할 수 있는 전자이다.

03 ㄴ. B는 전기 전도도가 도체와 부도체 사이인 물질로 반도체이다. 순수한 반도체는 자유 전자가 거의 없어 부도체와 같이 전기 전도도가 낮지만, 불순물을 첨가하여 전기 전도도를 높일 수 있다.

바로알기 ㄱ. A는 전기 전도도가 낮으므로 부도체이다.

ㄷ. C는 전기 전도도가 높은 도체로, 전류가 잘 흐른다. 평소에는 자유 전자가 거의 없어 전류가 잘 흐르지 않지만 특정 조건에서 자유 전자가 생겨 전류가 흐르는 물질은 반도체이다.

04 자료 해석하기

도체와 부도체

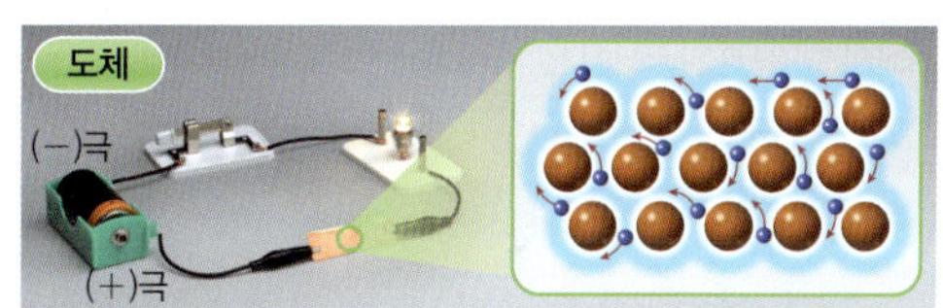

도체에 전압을 가하면 자유 전자가 일정한 방향으로 이동하여 전류가 흐른다.

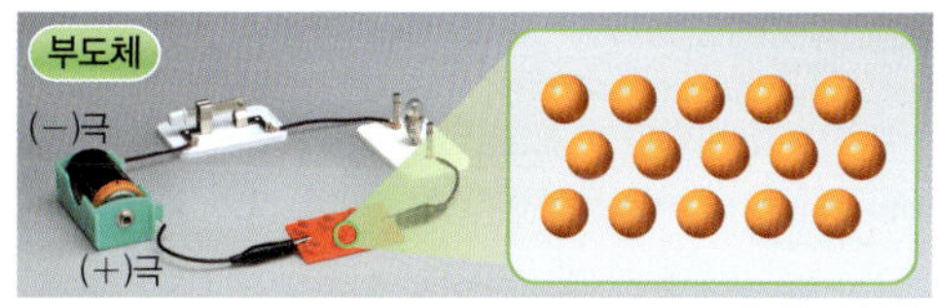

부도체에 전압을 가해도 자유 전자가 거의 없어 전류가 거의 흐르지 않는다.

ㄱ. (가)는 도체로, 물질 내에서 자유롭게 움직일 수 있는 자유 전자가 많으므로, 전압을 가하면 자유 전자가 일정한 방향으로 이동하여 전류가 흐른다.

ㄴ. (나)는 부도체로, 전자들이 원자에 속박되어 원자핵을 중심으로 운동하므로, 자유 전자가 거의 없다.

바로알기 ㄷ. 전기 저항은 도체인 (가)가 부도체인 (나)보다 작다.

05 ㄴ. 반도체 소자는 전류 제어, 신호 증폭 및 스위칭, 데이터 저장 등 전기적 신호를 처리할 수 있기 때문에 대부분의 전자 기기, 자동차, 정보 통신, 첨단 기술의 핵심 부품에 활용한다.

ㄷ. 부도체는 전류가 거의 흐르지 않으므로 반도체 기판에서 전류가 흐르는 회로를 보호하고 오작동을 막기 위해 표면을 코팅하는 데 활용한다.

바로알기 ㄱ. 도체는 전류가 잘 흐르는 물질이므로, 전력 케이블의 전선, 피뢰침, 정전기 방지 패드 등을 만들 때 활용한다. 절연 장갑이나 전선의 피복 등을 만들 때 활용하는 것은 전류가 거의 흐르지 않는 부도체이다.

06 지각의 대부분을 차지하는 규산염 광물은 규소와 산소가 주성분이다. 규소는 지각에서 산소 다음으로 두 번째로 많은 원소로, 반도체 소자의 재료로 많이 쓰인다.

07 ② 규소 원자는 원자가 전자가 4개로 이웃한 4개의 규소 원자들과 4개의 전자쌍을 공유하여 공유 결합을 형성한다.

③ 순수한 반도체에 특정 불순물을 첨가하면 자유 전자 또는 양공이 생겨 전류가 흐른다.

④ 원자가 전자가 5개인 인(P)을 순수한 반도체에 첨가하면 공유 결합에 참여하지 않는 여분의 전자가 자유 전자가 된다.

⑤ 그림에서 규소 원자의 원자가 전자가 모두 공유 결합에 참여하고 있으므로, 자유 전자가 거의 없어 부도체에 가깝다.

바로알기 ① 원자 번호가 14번인 규소는 14개의 전자가 안쪽 전자 껍질부터 차례대로 채워지며, 원자가 전자는 4개이다.

08 ㄱ. 불순물 반도체는 순수한 반도체에 원자가 전자가 3개인 13족 원소(붕소(B), 알루미늄(Al), 갈륨(Ga) 등)나 원자가 전자가 5개인 15족 원소(인(P), 비소(As) 등)를 첨가하여 만든다.

ㄷ. 불순물 반도체는 전기적 성질을 쉽게 제어할 수 있어, 전기적 신호를 처리할 수 있는 반도체 소자를 만드는 데 활용된다.

바로알기 ㄴ. 불순물 반도체는 자유 전자나 양공으로 인해 전류가 잘 흐르므로, 순수한 반도체보다 전기 전도도가 크다.

09 순수한 반도체인 규소에 원자가 전자가 5개인 인(P)을 첨가하면, 인의 원자가 전자 4개가 규소와 공유 결합을 하고 전자 1개가 남게 된다. 이때 전압을 걸면 여분의 전자가 자유 전자가 되어 전류가 흐르게 되는데, 이러한 반도체를 n형 반도체라고 한다.

10 ㄱ. 다이오드는 p형 반도체와 n형 반도체를 접합하여 만든다.

ㄴ. 다이오드는 전류를 한쪽 방향으로만 흐르게 하는 특성이 있어 교류를 직류로 바꾸는 정류 작용을 한다.

바로알기 ㄷ. 약한 전기 신호를 증폭하는 작용을 하는 반도체 소자는 트랜지스터이다.

11 자료 해석하기

다이오드의 정류 작용

전류가 흐른다.　전류가 흐르지 않는다.
다이오드 D　다이오드 D
전류
a (−) (+)　a
스위치　스위치
b　b
전구　전구
(+)(−)

• 스위치를 a에 연결한다.
  → 전구에 불이 켜지므로, 다이오드 D에 전류가 흐른다.
  → 다이오드 D의 왼쪽에 전지의 (−)극, 오른쪽에 (+)극이 연결될 때 전류가 흐른다.
• 스위치를 b에 연결한다.
  → 다이오드 D에 전압이 반대 방향으로 걸린다.
  → 다이오드 D에 전류가 흐르지 않으므로, 전구에 불이 켜지지 않는다.

ㄱ. 다이오드 D는 불순물 반도체인 n형 반도체와 p형 반도체를 접합하여 만든다.

바로알기 ㄴ. 다이오드는 한쪽 방향으로만 전류를 흐르게 하는 특성이 있다. 따라서 스위치를 a에 연결했을 때 전류가 흘러 전구에 불이 켜졌다면, 스위치를 b에 연결하여 다이오드에 전압이 반대 방향으로 걸리면 전류가 흐르지 않아 전구에 불이 켜지지 않는다.

ㄷ. 도체는 어느 방향으로나 전류가 흐를 수 있으므로 스위치를 a, b에 연결했을 때 모두 전구에 불이 켜진다.

12 n형 반도체와 p형 반도체를 복합적으로 접합하여 만든 반도체 소자로서, 증폭 작용과 스위칭 작용을 하는 반도체 소자는 트랜지스터이다.

13 ㄴ. 교류는 전류의 세기와 방향이 주기적으로 바뀌는 전류이고, 직류는 한 방향으로만 흐르는 전류이다. 어댑터는 교류 전원을 직류 전원으로 바꾸어 주므로, 전류를 한쪽 방향으로만 흐르게 한다.

ㄷ. 어댑터에는 정류 작용을 하는 다이오드가 사용된다.

바로알기 ㄱ. 어댑터는 가정에 공급되는 교류 전원을 노트북에서 사용하는 직류로 변환한다.

14 ⑤ 집적 회로는 트랜지스터나 다이오드, 저항 등 수많은 전자 부품의 회로를 매우 작은 하나의 칩으로 정밀하게 만든 반도체 소자로서 데이터를 처리하거나 저장하는 기능을 한다.

바로알기 ①, ②, ④ 다이오드는 전류를 한쪽 방향으로만 흐르게 하는 기능을 하고, 발광 다이오드는 전류가 흐를 때 빛을 내는 기능을 하며, 광 다이오드는 빛을 전기 신호로 바꾸는 기능을 한다.

③ 트랜지스터는 약한 전류와 전압을 크게 하는 증폭 기능과 전류의 흐름을 제어하는 스위칭 기능을 한다.

15 ㄱ. 반도체 소자에 활용되는 규소가 많이 포함된 광물은 지각의 대부분을 차지하는 규산염 광물이므로, '규산염'이 ㉠에 해당한다.

ㄴ. 반도체 칩의 재료가 되는 얇은 원형의 판을 웨이퍼라고 하므로, '웨이퍼'가 ㉡에 해당한다.

바로알기 ㄷ. 집적 회로는 수많은 전자 부품의 회로를 매우 작은 하나의 칩으로 정밀하게 만든 반도체 소자로, 회로 사이의 거리가 짧아 신호를 빠르게 전달할 수 있다.

16 ① 다이오드는 전류의 흐름을 바꾸는 기능을 한다.

② 반도체 소자 중 트랜지스터는 약한 전류와 전압을 크게 하는 증폭 작용과 전류의 흐름을 제어하는 스위칭 작용을 한다.

④ 반도체 소자 중 발광 다이오드와 광 다이오드는 전기 신호를 빛으로 변환하거나, 빛을 전기 신호로 변환하는 기능을 한다.

⑤ 반도체 소자 중 집적 회로는 데이터를 처리하거나 저장하는 기능을 한다.

바로알기 ③ 반도체 소자는 특정한 조건에 따라 전류가 흐르는 정도가 달라지는 성질을 이용해 전기적 신호를 처리하는 기능을 활용하므로, 전류의 흐름을 막아 주는 절연 기능과는 거리가 멀다. 고전압 전기 분야의 절연체로는 고온에 잘 견디는 부도체인 세라믹이 이용된다.

17 ①, ③ 반도체 소자는 불순물 반도체의 전기적 성질을 제어할 수 있는 특성을 이용하며, 전기적 신호를 처리할 수 있으므로 일상생활에서 사용되는 전자 기기의 핵심 부품으로 활용된다.

④, ⑤ 반도체는 전류, 빛 등 여러 조건에 따라 다양한 특성을 가지기 때문에 자율주행 장치, 태양광 발전 장치, 인공지능 장치 등에 활용된다. 또 온도, 습도, 가스, 자외선 등을 감지하는 각종 센서에도 활용된다.

바로알기 ② 초기에는 저마늄을 이용해 반도체 소자를 만들었으나, 최근에는 지각에서 두 번째로 많은 규소를 이용하여 만들고 있다.

JUMP
도전 문제
137쪽

01 ③　　**02** ⑤　　**03** ④　　**04** 유기 발광 다이오드(OLED)

01 ㄷ. ㉡은 물질 내를 자유롭게 이동하는 자유 전자이다. 따라서 물질 A에 전압을 걸면 자유 전자인 ㉡이 이동하여 전류가 흐른다.

바로알기 ㄱ. 물질 A는 자유 전자가 많으므로 도체의 모습이다.

ㄴ. 자유 전자가 많은 물질일수록 전압을 걸었을 때 전류가 잘 흐르므로 전기 전도도가 높다. ㉠은 원자에 속박된 전자로, 물질 A에 전압을 걸어도 이동할 수 없으므로 전기 전도도에 영향을 주지 않는다.

02 ⑤ (나)는 양공으로 인해 전류가 잘 흐르므로, p형 반도체이다.

바로알기 ① (가), (나)는 불순물을 첨가하여 전기 전도도를 높인 불순물 반도체이다. 따라서 순수한 반도체보다 전류가 잘 흐른다.

② 인(P)을 첨가하여 공유 결합에 참여하지 않고 남는 전자 1개가 생겼으므로, 인은 원자가 전자가 5개인 원소이다.

③ 붕소(B)를 첨가하여 공유 결합을 하지 못한 빈 자리인 양공이 생겼으므로, 붕소는 원자가 전자가 3개인 원소이다. 따라서 규소(Si)보다 붕소(B)의 원자가 전자가 1개 적다.

④ (가)는 n형 반도체로, 전압이 걸릴 때 공유 결합에 참여하지 않은 여분의 자유 전자가 이동하여 전류가 흐른다.

03 ㄱ. (가) 휴대 전화 충전기의 어댑터에 활용되는 반도체 소자는 다이오드이다. 다이오드는 전류를 한쪽 방향으로만 흐르게 하는 특성이 있어, 교류를 직류로 바꾸는 정류 작용을 한다.

ㄴ. (나) 신호등에 활용되는 반도체 소자인 발광 다이오드(LED)는 전류가 흐를 때 빛을 방출하는 반도체 소자로, 어떤 물질을 반도체 재료로 사용하는가에 따라 방출하는 빛의 색이 달라지므로 빛의 3원색을 구현할 수 있다.

바로알기 ㄷ. (다) 태양 전지에 사용되는 반도체 소자는 광 다이오드로, 태양 빛의 에너지를 전기 에너지로 변환하는 역할을 한다. 전류가 흐를 때 빛을 방출하는 반도체 소자는 발광 다이오드(LED)이다.

04 현재 많은 텔레비전과 스마트 기기의 디스플레이에는 유기 물질을 이용한 반도체 소자인 유기 발광 다이오드(OLED)가 사용된다. 이전에 액정을 사용했던 디스플레이(LCD)에서는 별도의 광원이 필요했다. 탄소와 같은 유기 물질의 전기적 성질을 변화시켜 만든 반도체 소자인 유기 발광 다이오드는 전류가 흐를 때 스스로 빛을 내기 때문에 유기 발광 다이오드를 활용한 디스플레이는 별도의 광원이 필요 없으므로 얇고 가볍게 만들 수 있고, 변형이 자유로워 휘어지는 특성이 있다.

중단원 핵/심/정/리

1 금속　　　2 비금속　　　3 원자 번호
4 1　　　5 17　　　6 원자가 전자
7 족　　　8 18　　　9 양이온
10 음이온　　　11 없　　　12 있
13 전자쌍　　　14 없　　　15 규소
16 산소　　　17 판상　　　18 펩타이드
19 유라실　　　20 반도체　　　21 5
22 공유 결합　　　23 3　　　24 다이오드

PICK↑ 출제 0순위

140쪽

01 ④　　　02 ①

01 문제 해결 전략

1 출제 Point 파악하기

화학 결합 모형으로부터 구성 원소의 특징을 파악하고 화학 결합의 종류에 따른 물질의 성질을 이해한다.

2 자료 파악하기

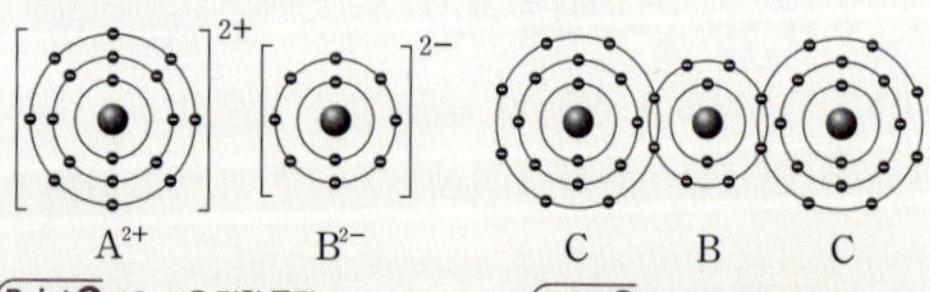

Point❶ AB: 이온 결합 물질
Point❶ BC₂: 공유 결합 물질

Point❷ A: (4)주기 2족 원소　B: 2주기 (16)족 원소
C: (3)주기 (17)족 원소

Point❸
AB가 생성될 때 A는 전자 2개를 (잃)고, B는 전자 2개를 (얻)어 이온이 됨.
BC₂에서 B는 C 2개와 전자쌍을 각각 1개씩 공유하여 결합을 형성함.

3 지문 이해하기

A는 4주기 2족, B는 2주기 16족, C는 3주기 17족 원소이다. → A는 금속 원소이고, B와 C는 비금속 원소이다.

ㄴ. BC_2는 두 원자 사이에 전자쌍을 공유하여 결합하므로 공유 결합 물질이다.

ㄷ. BC_2에서 B 원자 1개는 C 원자 2개와 각각 전자쌍 1개씩을 만들어 공유한다. 따라서 BC_2의 공유 전자쌍 수는 2개이다.

바로알기 ㄱ. A는 4주기 원소이고, C는 3주기 원소이다.

플러스 지문⁺

(×) ㄹ. A와 C는 2 : 1로 결합하여 안정한 화합물을 형성한다.
→ A는 원자가 전자 수가 2인 금속 원소이고, C는 원자가 전자 수가 7인 비금속 원소이므로 A와 C가 화학 결합을 형성할 때 A는 전자 2개를 잃고 A^{2+}이 되고, C는 전자 1개를 얻어 C^-이 되어 비활성 기체와 같은 전자 배치를 이룬다. 이때 A^{2+}과 C^-은 1 : 2로 결합하여 안정한 화합물을 형성한다.

(○) ㅁ. C의 원자가 전자 수는 7이다.
→ C는 17족 원소로, 원자가 전자 수가 7이다.

02 문제 해결 전략

1 출제 Point 파악하기

화학 결합 모형으로부터 구성 원소의 주기와 족을 파악하고 각 원소의 특징을 이해한다.

2 자료 파악하기

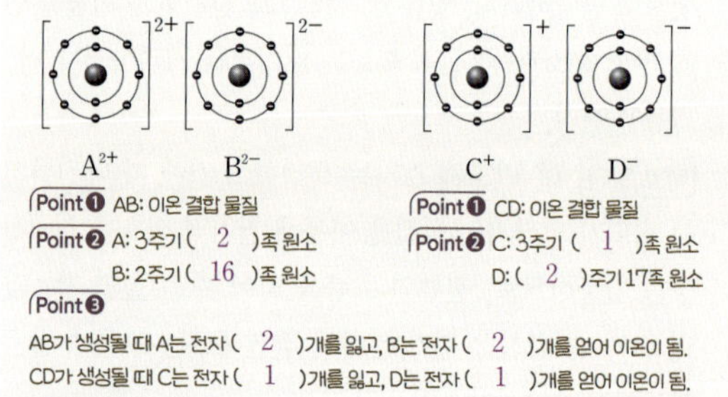

Point❶ AB: 이온 결합 물질
Point❷ A: 3주기 (2)족 원소
B: 2주기 (16)족 원소

Point❶ CD: 이온 결합 물질
Point❷ C: 3주기 (1)족 원소
D: (2)주기 17족 원소

Point❸
AB가 생성될 때 A는 전자 (2)개를 잃고, B는 전자 (2)개를 얻어 이온이 됨.
CD가 생성될 때 C는 전자 (1)개를 잃고, D는 전자 (1)개를 얻어 이온이 됨.

3 지문 이해하기

A는 3주기 2족, B는 2주기 16족, C는 3주기 1족, D는 2주기 17족 원소이다. → A와 C는 금속 원소이고, B와 D는 비금속 원소이다.

ㄴ. C는 3주기 1족 원소로 알칼리 금속이다.

바로알기 ㄱ. A는 3주기 원소이고, B는 2주기 원소이다.

ㄷ. 화합물 AB가 만들어질 때 A는 전자 2개를 잃고 양이온이 되고, B는 전자 2개를 얻어 음이온이 된다.

플러스 지문⁺

(○) ㄹ. BD_2는 공유 결합 물질이다.
→ B와 D는 모두 비금속 원소이므로, B와 D로 형성된 BD_2는 공유 결합 물질이다.

(×) ㅁ. A와 B의 원자가 전자 수가 같다.
→ A는 3주기 2족 원소이므로 원자가 전자 수가 2이고, B는 2주기 16족 원소이므로 원자가 전자 수가 6이다. 따라서 A와 B는 원자가 전자 수가 다르다.

수능 실전 2점
01 ④ 02 ② 03 ⑤ 04 ③ 05 ③ 06 ⑤ 07 ③
08 ④ 09 ④ 10 ③

수능 실전 3점
11 ③ 12 ③ 13 ① 14 ② 15 ⑤ 16 ④ 17 ⑤
18 ⑤ 19 ⑤ 20 ①

01 ④ 제시된 자료는 알칼리 금속에 대한 설명이므로 M으로 가장 적절한 원소는 나트륨이다.

바로알기 ① 철은 매우 단단한 금속으로 칼로 잘리지 않는다. ②, ③ 수소와 헬륨은 비금속 원소이며 실온에서 기체 상태이다. ⑤ 아이오딘은 실온에서 보라색을 띠는 고체 상태로 존재하므로 광택이 없다.

02 ㄴ. B는 금속 원소이므로 전기 전도성이 있다.

바로알기 ㄱ. A는 수소로 비금속 원소이고, B는 알칼리 금속이다.

ㄷ. B, C, D는 같은 주기 원소로 원자가 전자 수가 다르므로 화학적 성질이 서로 다르다. 같은 족 원소의 경우 화학적 성질이 비슷하다.

03 A에 해당하는 원소는 할로젠이므로 A의 위치는 ⓒ이다. B에 해당하는 원소는 비활성 기체이므로 B의 위치는 ⓛ이다. C에 해당하는 원소는 알칼리 금속이므로 C의 위치는 ㉠이다.

04 ㄱ. A^{2+}의 전자 수가 10이므로 A 원자의 전자 수는 12이다. 즉, A는 3주기 2족 원소이다. B^-의 전자 수가 18이므로 B 원자의 전자 수는 17이다. 즉, B는 3주기 17족 원소이다. 따라서 A와 B는 모두 3주기 원소이다.

ㄴ. 원자가 전자 수는 A가 2이고, B가 7이므로 B가 A보다 크다.

바로알기 ㄷ. B는 17족에 속하는 할로젠이므로 비금속 원소이다.

05 ㄱ. NaCl이 생성될 때 Na 원자는 전자 1개를 잃고 Cl 원자는 Na이 내놓은 전자를 얻는다. 따라서 전자는 Na에서 Cl로 이동한다.

ㄷ. NaCl 수용액은 Na^+과 Cl^-이 자유롭게 이동할 수 있으므로 전기 전도성이 있다.

바로알기 ㄴ. NaCl은 실온에서 Na^+과 Cl^-이 3차원 구조로 규칙적으로 배열된 결정 상태로 존재한다.

06 자료 해석하기

이온 결합 물질과 공유 결합 물질의 화학 결합 모형

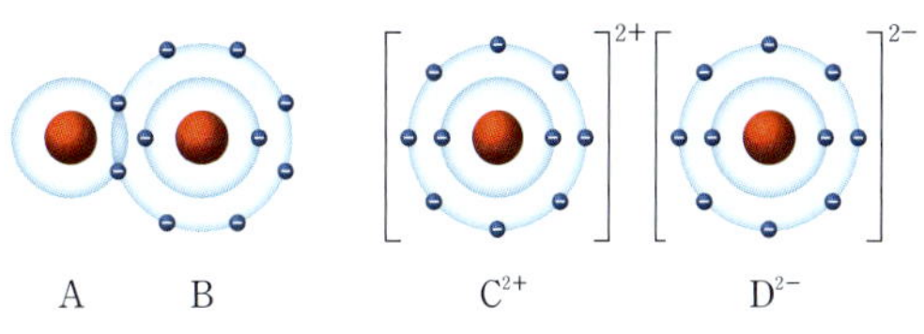

- 화합물 AB에서 A와 B 사이의 공유 전자쌍이 1개이므로 A의 원자가 전자 수는 1이고, B의 원자가 전자 수는 7이다.
- 화합물 CD에서 C^{2+}의 전자 수가 10이므로 C 원자의 전자 수는 12이고, 원자가 전자 수는 2이다. D^{2-}의 전자 수가 10이므로 D 원자의 전자 수는 8이고, 원자가 전자 수는 6이다.

ㄱ. 화합물 AB에서 A와 B 사이의 공유 전자쌍은 1개이다. 따라서 A는 전자 껍질 수가 1, 원자가 전자 수가 1이므로 1주기 1족 원소이고, B는 전자 껍질 수가 2, 원자가 전자 수가 7이므로 2주기 17족 원소이다. 화합물 CD에서 C^{2+}은 C 원자가 전자 2개를 잃고 형성된 것으로 C의 전자 껍질 수는 3, 원자가 전자 수는 2이므로 3주기 2족 원소이다. 또, D^{2-}은 D 원자가 전자 2개를 얻어 형성된 것으로 D의 전자 껍질 수는 2, 원자가 전자 수는 6이므로 2주기 16족 원소이다. 따라서 2주기 원소는 B와 D, 2가지이다.

ㄴ. 화합물 AB에서 A 원자와 B 원자는 전자를 각각 1개씩 내놓아 전자쌍 1개를 공유해 공유 결합을 형성하므로, A와 B는 모두 비금속 원소이다. 화합물 CD에서 C는 양이온으로 존재하고, D는 음이온으로 존재하므로 C는 금속 원소이고, D는 비금속 원소이다. 따라서 A와 D는 모두 비금속이므로 A와 D로 이루어진 물질 A_2D는 공유 결합 물질이다.

ㄷ. B는 원자가 전자 수가 7로, 전자 1개를 얻어 B^-이 될 때 비활성 기체와 같은 안정한 전자 배치가 된다. C는 원자가 전자 수가 2로, 전자 2개를 잃고 C^{2+}이 될 때 비활성 기체와 같은 안정한 전자 배치가 된다. 따라서 B와 C로 이루어진 화합물은 C^{2+}과 B^-이 1 : 2의 개수비로 결합하여 CB_2를 생성한다.

07 ① O_2는 2개의 O 원자가 전자쌍을 공유하여 형성된 공유 결합 물질이다.

② H_2O에서 H 원자와 O 원자는 각각 전자 1개씩을 내놓아 공유하고 있다. 즉 H 원자의 전자 배치에서 가장 바깥 전자 껍질에 들어 있는 전자 수가 1이므로 수소(H)의 원자가 전자 수는 1이다.

④ O_2와 H_2O에서 O 원자는 비활성 기체인 네온(Ne)의 전자 배치를 이룬다.

⑤ H_2O에서 H 원자와 O 원자는 각각 전자 1개씩을 내놓아 전자쌍 1개를 공유하고 있으므로 두 원자 사이의 결합은 단일 결합이다.

[바로알기] ③ 공유 전자쌍 수는 O_2와 H_2O에서 모두 2로 같다.

08 ㄴ. B는 고체 상태와 수용액 상태에서 모두 전기 전도성이 없으므로 공유 결합 물질이다.

ㄷ. A는 이온 결합 물질이므로 A의 수용액에는 이온이 있다.

[바로알기] ㄱ. A는 고체 상태에서는 전기 전도성이 없지만 수용액 상태에서는 전기 전도성이 있으므로 A는 이온 결합 물질이다. 이온 결합 물질은 금속 원소와 비금속 원소로 구성되므로 A는 한 가지 원소로 이루어진 물질이 아니다.

09

이중나선을 구성하고 있는 DNA는 아데닌(A)과 타이민(T), 구아닌(G)과 사이토신(C) 사이의 상보결합으로 인해 항상 아데닌(A) 수=타이민(T) 수, 구아닌(G) 수 =사이토신(C) 수이다.

ㄴ. DNA는 두 가닥의 폴리뉴클레오타이드가 꼬여 있는 이중나선구조이다. 염기의 상보결합으로 항상 아데닌(A)과 타이민(T)의 수가 같고, 구아닌(G)과 사이토신(C)의 수가 같다.

ㄷ. (나)는 뉴클레오타이드로 인산과 당, 염기로 구성되어 있다.

[바로알기] ㄱ. ㉠은 DNA의 뉴클레오타이드를 구성하는 당으로 디옥시라이보스이다. 라이보스는 RNA의 뉴클레오타이드를 구성하는 당이다.

10 ㄷ. 순수한 반도체인 (가)는 전류가 잘 흐르지 않으므로 전기 신호를 제어할 수 없다. 따라서 (나)와 같이 불순물을 첨가하여 전기 전도도를 크게 하여 전기적 성질을 조절한다.

[바로알기] ㄱ. 순수한 반도체인 (가)는 전류가 잘 흐르지 않고 불순물 반도체인 (나)는 전류가 잘 흐르므로, 전기 전도도는 (가)가 (나)보다 작다.

ㄴ. (나)에서는 순수한 반도체에 원자가 전자가 3개인 원소를 첨가함에 따라 공유 결합할 전자 1개가 부족하여 생긴 양공이 주로 전류를 흐르게 한다.

11

• A와 B는 알칼리 금속이다. ➡ A와 B는 각각 2, 3주기 1족 원소 중 하나이다.
• 전자가 들어 있는 전자 껍질 수는 E가 A보다 크다. ➡ A는 2주기, E는 3주기 원소이다.
• A와 D는 같은 주기 원소이다. ➡ D는 2주기 원소이다.
• 원자가 전자 수는 D가 C보다 크다. ➡ D는 2주기 17족, C는 2주기 16족 원소이다. ➡ E는 3주기 17족 원소이다.

ㄱ. B와 E는 모두 3주기 원소이므로 전자가 들어 있는 전자 껍질 수가 3으로 같다.

ㄷ. D는 2주기 17족 원소이므로 원자가 전자 수가 7이다.

[바로알기] ㄴ. C는 16족 원소, E는 17족 원소로 서로 다른 족에 속한다. 따라서 C와 E의 화학적 성질은 서로 다르다.

12 A는 화학 결합을 형성하지 않으므로 비활성 기체이다. A~C는 각각 2, 3주기 원소 중 하나이고 전자가 채워진 전자 껍질 수는 주기 번호와 같으므로 B는 3주기 원소이고, C는 2주기 원소이다. B는 알칼리 금속이므로 B는 3주기 1족 원소인 나트륨(Na)이고, 화합물 BC에서 B와 C의 전자 배치는 A와 같으므로 A는 네온(Ne)이고, C는 플루오린(F)이다.

ㄱ. A는 비활성 기체인 네온(Ne)이다.

ㄴ. B는 금속 원소이고 C는 비금속 원소이다. 따라서 화합물 BC는 금속 원소의 양이온과 비금속 원소의 음이온이 정전기적 인력에 의해 결합한 이온 결합 물질이다.

[바로알기] ㄷ. C는 17족에 속하는 원소이므로 원자가 전자 수가 7이다.

13

원소	A	B	C
$\dfrac{\text{원자가 전자 수}}{\text{총 전자 수}}$	1	$\dfrac{3}{4}$	$\dfrac{2}{3}$

ㄴ. B와 C는 모두 2주기 원소이다.

바로알기 ㄱ. A는 수소로 비금속 원소이다.

ㄷ. A는 수소, B는 산소로 모두 비금속 원소이다. 따라서 비금속 원소인 A와 B는 전자를 내놓아 전자쌍을 만들고 이 전자쌍을 공유하여 화합물을 생성한다.

14 Li, Na, F은 각각 2주기, 3주기, 2주기 원소이다. 따라서 ㉠은 2주기 원소인 F이고, ㉡은 3주기 원소인 Na이다.

ㄷ. ㉠은 비금속 원소이고, ㉡은 금속 원소이므로 ㉠과 ㉡으로 이루어진 물질은 이온 결합 물질이다. 이때 비금속 원소인 ㉠은 금속 원소인 ㉡으로부터 전자를 얻어 음이온으로 존재한다.

바로알기 ㄱ. 2주기 원소인 Li, F을 구분하는 기준 (가)에 F은 해당하고, Li은 해당하지 않아야 한다. 알칼리 금속인 Li이 물과 반응한 수용액은 염기성을 나타내므로, '물과 반응한 수용액은 염기성을 나타내는가?'는 (가)로 적절하지 않다.

ㄴ. ㉡은 Na으로 금속 원소이므로 분자로 존재하지 않는다.

15 ㄴ. ㉡은 나트륨과 염소가 반응하여 생성된 염화 나트륨이다. 염화 나트륨이 생성될 때 나트륨은 전자를 잃고 나트륨 이온이 되고 염소는 전자를 얻어 염화 이온이 된다.

ㄷ. ㉡은 양이온인 나트륨 이온과 음이온인 염화 이온이 정전기적 인력으로 결합한 이온 결합 물질이다.

바로알기 ㄱ. 알칼리 금속은 반응성이 커서 물과 잘 반응하므로 물과 접촉하지 않는 액체 파라핀 등에 넣어 보관해야 한다.

16 자료 해석하기

원자의 전자 배치와 화학 결합 모형

A: 2주기 6족 원소인 산소(O)
C: 3주기 17족 원소인 염소(Cl)
B: 3주기 1족 원소인 나트륨(Na)

물질	(가)	(나)	(다)
구성 원소	A, B	A, C	B, C

- (가)는 A(O)와 B(Na)로 이루어진 Na_2O이다.
- (나)는 A(O)와 C(Cl)로 이루어진 Cl_2O이다.
- (다)는 B(Na)와 C(Cl)로 이루어진 NaCl이다.

ㄴ. (나)는 비금속 원소인 A와 C로 이루어진 공유 결합 물질로, 분자로 존재한다.

ㄷ. (다)는 금속 원소인 B와 비금속 원소인 C로 이루어진 이온 결합 물질이므로 수용액 상태에서 전기 전도성이 있다.

바로알기 ㄱ. (가)는 금속 원소인 B와 비금속 원소인 A로 이루어진 이온 결합 물질이다.

17 자료 해석하기

화학 결합 모형

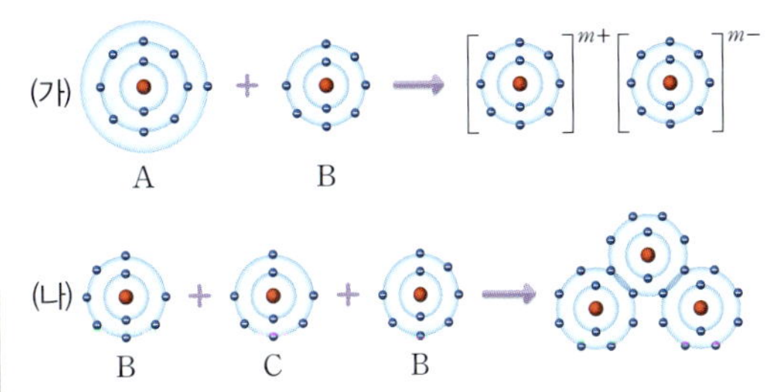

(가)에서는 원자 A가 전자 1개를 잃고 원자 B가 전자 1개를 얻어 이온 결합을 형성하고, (나)에서는 원자 B와 C가 전자쌍을 공유하여 각각 네온의 전자 배치를 이루면서 공유 결합을 형성한다.

ㄱ. 원자가 전자 수는 A가 1, B가 7이다. 따라서 A와 B로 이루어진 화합물에서 A 이온과 B 이온의 전자 배치는 네온(Ne)과 같으므로 $m=1$이다.

ㄴ. (가)의 생성물은 이온 결합 물질이므로 수용액 상태에서 전기 전도성이 있다.

ㄷ. (나)의 생성물에서 B와 C는 가장 바깥 전자 껍질에 전자가 8개 있으므로 모두 네온(Ne)의 전자 배치를 이룬다.

18 ㄱ. X는 수용액 상태에서 전기적으로 중성인 분자로 존재하므로 X는 공유 결합 물질이다.

ㄴ. Y는 수용액 상태에서 이온으로 존재하므로 이온 결합 물질이고, 고체 상태에서 금속의 양이온과 비금속의 음이온이 정전기적 인력으로 결합하고 있다.

ㄷ. Y의 수용액에서는 이온이 자유롭게 이동할 수 있으므로 Y의 수용액은 전기 전도성이 있다.

19 ㄱ. 생명체를 구성하는 물질 중 탄소 골격에 수소, 산소 등 여러 원소가 결합하여 만들어진 물질을 탄소 화합물이라 하고 단백질, 지질, 핵산 등이 이에 속한다. 유전정보를 저장하거나 전달하는 물질은 핵산으로, 뉴클레오타이드로 구성되어 있다. 따라서 ㉠은 뉴클레오타이드, ㉡은 아미노산, ㉢은 규산염 사면체에 해당한다.

ㄴ. 아미노산(㉡)은 단백질의 단위체로 아미노산의 종류와 배열 순서에 따라 단백질의 입체 구조가 결정된다.

ㄷ. 규산염 사면체(㉢)는 다른 규산염 사면체와 산소 3개를 공유하여 판상 구조를 이루고, 이에 해당하는 규산염 광물에는 흑운모가 있다.

20 ㄴ. (나)의 다이오드와 (다)의 발광 다이오드(LED)는 모두 p형 반도체와 n형 반도체를 접합한 다이오드로, 전류가 한 방향으로만 흐르게 하는 특성이 있다.

바로알기 ㄱ. 트랜지스터는 p형 반도체와 n형 반도체를 복합적으로 접합한 반도체 소자이고, 집적 회로는 트랜지스터나 다이오드, 저항 등의 회로를 매우 작은 하나의 칩으로 정밀하게 만든 반도체 소자이다. 따라서 (가)의 트랜지스터는 집적 회로에 해당되지 않는다.

ㄷ. (라)의 마이크로컨트롤러(MCU)는 마이크로프로세서, 메모리, 입출력 장치 등을 하나의 칩에 통합한 것으로 정해진 기능을 수행하는 매우 작은 컴퓨터이다. 반면에 주로 데이터를 저장하고 기억하는 용도로 사용되는 반도체 소자는 메모리 반도체로 램, 롬, 플래시 메모리 등이 있다.

서술형 RUN 정복 문제

146~149쪽

01 Step ❶ 수소, 염기 Step ❷ ❶ 공유 ❷ 염기성

02 Step ❶ 11, 8 Step ❷ ❶ 1 ❷ 잃 ❸ 2 ❹ 얻 ❺ 2 : 1

03 Step ❶ A와 C, 1, 2, B, D, A, D, A

  Step ❷ ❶ 1 ❷ 잃 ❸ 1 ❹ 얻 ❺ 금속 ❻ 비금속

04 Step ❶ 2, 16, 17 Step ❷ ❶ 6 ❷ 2 ❸ 이온

05 Step ❶ 있고, 없다 Step ❷ ❶ 이온 ❷ 분자

06 Step ❶ 아미노산, 펩타이드

  Step ❷ ❶ 물 ❷ 입체 구조

07 Step ❶ 이중나선, 단일 가닥, 아데닌(A)

  Step ❷ ❶ 타이민(T) ❷ 아데닌(A) ❸ 사이토신(C)

08 Step ❶ 공유

  Step ❷ ❶ 자유 전자 ❷ 양공 ❸ 자유 전자

01 알칼리 금속은 물과 반응하여 수소 기체를 발생하고, 반응 후 수용액은 염기성을 나타내므로 페놀프탈레인 용액을 떨어뜨린 수용액이 붉은색으로 변한다. 알칼리 금속이 물과 반응할 때 알칼리 금속은 전자를 잃어 양이온이 되고 물은 전자를 얻어 수소 기체(H_2)가 발생한다. 수소는 비금속 원소이므로 H_2는 H 원자가 전자쌍을 공유하여 형성된 공유 결합 물질이다.

모범 답안 (1) $2Li + 2H_2O \longrightarrow 2LiOH + H_2$, 수소(H)는 비금속 원소이므로, H_2는 H 원자가 전자쌍을 공유하여 형성된 공유 결합 물질이다.

(2) 리튬과 물이 반응한 수용액은 염기성을 띠므로, (다)에서 페놀프탈레인 용액을 떨어뜨린 수용액이 붉은색으로 변한다.

	채점 기준	배점(%)
(1)	화학 반응식을 옳게 쓰고, 기체 X의 화학 결합의 종류와 그 까닭을 옳게 설명한 경우	50
	화학 반응식과 기체 X의 화학 결합의 종류만 옳게 쓴 경우	30
(2)	수용액의 색이 변한 까닭을 리튬과 물이 반응한 수용액의 액성과 관련지어 옳게 설명한 경우	50
	액성이 변했기 때문이라고만 설명한 경우	30

02 A^+은 A 원자가 전자 1개를 잃고 형성된 이온이므로 A 원자의 전자 수는 A^+보다 1개 더 많다. 따라서 A는 3주기 1족 원소이다. B^{2-}은 B 원자가 전자 2개를 얻어 형성된 이온이므로 B 원자의 전자 수는 B^{2-}보다 2개 더 적다. 따라서 B는 2주기 16족 원소이다. A^+과 B^{2-}이 이온 결합을 형성할 때 전기적으로 중성이 되도록 결합하므로 A^+과 B^{2-}은 2 : 1의 개수비로 결합하고, 이온 결합 물질의 화학식을 쓸 때는 양이온을 먼저 쓰므로 화학식은 A_2B이다.

모범 답안 (1) A: 3주기 1족, B: 2주기 16족

(2) A_2B, A는 전자 1개를 잃어 A^+이 되고, B는 전자 2개를 얻어 B^{2-}이 된다. 이때 A^+과 B^{2-}은 2 : 1의 개수비로 결합하므로 화학식은 A_2B이다.

	채점 기준	배점(%)
(1)	A와 B의 주기, 족을 모두 옳게 쓴 경우	50
	A와 B 중 한 가지의 주기, 족만 옳게 쓴 경우	20
(2)	화학식을 옳게 쓰고, 그 까닭을 옳게 설명한 경우	50
	화학식만 옳게 쓴 경우	20

03 A와 C는 화학적 성질이 비슷하므로 각각 주기율표의 ⓛ과 @ 중 하나이다. 남은 B와 D는 각각 ⓘ과 ⓒ 중 하나인데 원자의 전자 수는 ⓒ이 ⓘ보다 크므로 D는 ⓒ, 즉 3주기 2족 원소이고 B는 ⓘ, 즉 2주기 1족 원소이다. 원자의 전자 수는 양성자 수와 같고, 양성자 수는 원자 번호와 같다. 이때 전자 수, 즉 원자 번호는 A>D이므로 3주기 2족 원소보다 원자 번호가 큰 A는 @, 즉 3주기 17족 원소이다. 따라서 C는 ⓛ, 즉 2주기 17족 원소이다. 17족 비금속 원소인 A와 1족 금속 원소인 B가 화학 결합을 형성할 때 전자는 금속 원소인 B에서 비금속 원소인 A로 이동한다.

(2) A는 3주기 17족 원소이고 B는 2주기 1족 원소이다. A와 B가 화학 결합을 형성할 때 B 원자는 전자 1개를 잃고 B^+이 되면서 비활성 기체와 같은 전자 배치를 이루고, A 원자는 전자 1개를 얻어 A^-이 되면서 비활성 기체와 같은 전자 배치를 이룬다. 따라서 화학 결합을 형성할 때 전자는 B에서 A로 이동한다.

	채점 기준	배점(%)
(1)	㉠~㉣에 해당하는 원소를 모두 옳게 쓴 경우	50
(2)	원자 사이의 전자 이동을 잃거나 얻는 전자 수를 포함하여 옳게 설명한 경우	50
	원자 사이의 전자 이동만 옳게 설명한 경우	20

04 (1) 화학 결합 모형으로부터 A는 4주기 2족, B는 2주기 16족, C는 2주기 17족 원소임을 알 수 있다. B는 16족 원소로 원자가 전자 수가 6이므로 비활성 기체의 전자 배치를 이루기 위해 필요한 전자 수는 $8-6=2$이다. 따라서 2개의 B 원자는 각각 전자를 2개씩 내놓아 전자쌍 2개를 만들어 공유해 비활성 기체의 전자 배치를 이룬다.

(2) A는 4주기 2족 원소이고 C는 2주기 17족 원소이므로 A와 C가 각각 비활성 기체와 같은 전자 배치를 이루기 위해서 A는 전자 2개를 잃어 A^{2+}이 되고, C는 전자 1개를 얻어 C^-이 된다. 따라서 A^{2+}과 C^-은 1 : 2의 개수비로 결합하여 AC_2의 이온 결합 물질을 형성한다.

 (1) 2개의 B 원자는 각각 전자를 2개씩 내놓아 2개의 전자쌍을 공유해 결합을 형성한다. 따라서 B_2에서 B 원자 사이에 공유한 전자쌍의 수는 2이다.

(2) 이온 결합, AC_2

	채점 기준	배점(%)
(1)	공유한 전자쌍의 수와 판단 근거를 모두 옳게 설명한 경우	50
	공유한 전자쌍의 수만 옳게 쓴 경우	20
(2)	화학 결합의 종류와 화학식을 모두 옳게 쓴 경우	50
	화학 결합의 종류와 화학식 중 한 가지만 옳게 쓴 경우	20

05 이온 결합 물질인 염화 나트륨과 질산 칼륨은 수용액 상태에서 이온이 자유롭게 이동할 수 있는 반면, 공유 결합 물질인 설탕과 에탄올은 물에 녹아 분자 상태로 존재한다. 따라서 화학 결합에 따라 물질을 구분하기 위해서는 수용액 상태에서 전기 전도성 유무를 확인하는 실험을 해야 한다.

 각 물질을 물에 녹여 수용액 상태로 만든 뒤 전류가 흐르는지 확인한다. 이온 결합 물질인 염화 나트륨과 질산 칼륨은 수용액 상태에서 이온이 자유롭게 이동할 수 있으므로 전류가 흐른다. 반면, 공유 결합 물질인 설탕과 에탄올은 수용액 상태에서 분자 상태로 존재하므로 전류가 흐르지 않는다.

채점 기준	배점(%)
실험 과정을 옳게 설명하고, 실험 결과에 따른 각 물질의 전기 전도성을 모두 옳게 설명한 경우	100
실험 과정은 옳게 설명하였으나, 실험 결과에 따른 각 물질의 전기 전도성 중 하나만 옳게 설명한 경우	70
실험 과정과 실험 결과에 따른 각 물질의 전기 전도성 중 하나만 옳게 설명한 경우	50

06 (1) 아미노산과 아미노산의 결합은 한 개의 물 분자가 생성되는 펩타이드결합이다. 펩타이드결합은 한 아미노산의 카복실기와 다른 아미노산의 아미노기 사이에서 형성된 공유 결합이다.

(2) 두 개의 아미노산으로 구성된 단백질을 만든다고 한다면 아미노산의 종류는 20종류이므로 첫 번째 아미노산에서 20종류 중 하나를 선택할 수 있고 두 번째 아미노산에서도 20종류 중 하나를 선택할 수 있어 최대 $20 \times 20 = 20^2$개를 만들 수 있다. 따라서 10개의 아미노산으로 구성된 단백질의 종류는 최대 20^{10}개이다.

 (1) 단백질의 단위체인 아미노산과 아미노산은 펩타이드결합을 한다. 펩타이드결합이 이루어질 때 물 분자 한 개가 빠져나오므로 ㉠은 물 분자이며, 단백질은 100개의 아미노산으로 구성되어 있으므로 99개의 물 분자가 생성된다.

(2) 단백질의 입체 구조는 아미노산의 종류와 개수, 배열 순서에 따라 결정된다. 아미노산은 20종류가 있으므로, 10개의 단위체로 구성된 단백질의 종류는 최대 20^{10}개가 만들어질 수 있다.

	채점 기준	배점(%)
(1)	펩타이드결합 용어를 사용하여 물 분자의 명칭과 생성된 물 분자 수를 옳게 설명한 경우	50
	펩타이드결합 용어를 사용하여 물 분자의 명칭을 옳게 설명한 경우	30
	펩타이드결합을 언급하지 않고 물 분자의 명칭과 생성된 물 분자의 수만 옳게 설명한 경우	30
(2)	단백질의 입체 구조를 결정하는 요인과 생성된 단백질의 수를 모두 옳게 설명한 경우	50
	단백질의 입체 구조를 결정하는 요인 또는 생성된 단백질의 수 중 하나만 옳게 설명한 경우	30

07 (1) RNA는 DNA와 달리 단일 가닥 구조이며 DNA에는 존재하지 않는 염기인 유라실(U)을 가지고 있다.

(2) DNA는 이중나선구조를 가지고 있어 염기끼리 상보결합을 한다. 따라서 항상 타이민(T)과 아데닌(A), 구아닌(G)과 사이토신(C)의 수가 같다. RNA는 단일 가닥 구조로 두 가닥 사이의 상보결합이 일어나지 않으므로 구아닌(G)과 사이토신(C)의 수가 같지 않을 수도 있다.

모범 답안 (1) 제시된 핵산 모형은 이중나선구조이고 염기 중 타이민(T)을 가지고 있으므로 DNA이다.

(2) ㉠은 타이민(T)과 상보결합을 하는 염기이므로 아데닌(A)이며 타이민(T)의 수와 같다. 따라서 타이민(T)과 아데닌(A)의 수는 각각 80개씩이다. 또 다른 염기인 구아닌(G)은 사이토신(C)과 상보결합을 하므로 둘의 수는 같다. DNA가 200쌍(400개)의 염기로 구성되어 있고 이 중 타이민(T)과 아데닌(A)을 제외한 염기 수는 240개이므로 구아닌(G)의 수는 120개이다.

	채점 기준	배점(%)
(1)	핵산 종류와 그렇게 생각한 까닭 두 가지를 관련 용어를 사용하여 모두 옳게 설명한 경우	50
	핵산 종류와 그렇게 생각한 까닭 두 가지 중 관련 용어를 사용하여 한 가지만 옳게 설명한 경우	30
(2)	상보결합이란 단어를 사용하여 구아닌(G)의 수를 옳게 유추한 경우	50
	상보결합이란 단어 사용 없이 구아닌(G)의 수만 옳게 유추한 경우	30

08 (1) (가)는 전압을 걸면 여분의 자유 전자가 전류를 흐르게 하는 n형 반도체이고, (나)는 전압을 걸면 양공이 전류를 흐르게 하는 p형 반도체이다.

(2) (가)와 같이 순수한 반도체에 원자가 전자가 5개인 원소를 첨가하면 공유 결합에 참여하지 않는 여분의 전자가 자유 전자가 된다. (나)와 같이 순수한 반도체에 원자가 전자가 3개인 원소를 첨가하면 공유 결합을 하지 못한 빈 자리인 양공이 생긴다. 따라서 불순물의 농도가 높아질수록 (가), (나)에서 자유 전자와 양공의 수가 증가하여 전류가 더 잘 흐르게 된다.

모범 답안 (1) (가)는 n형 반도체이고, (나)는 p형 반도체이다. (가)와 (나)에서 자유 전자와 양공은 불순물 반도체에 전류를 흐르게 한다.

(2) (가)와 (나) 모두 전기 전도도가 커진다. 첨가하는 불순물의 농도가 높아지면 (가)는 자유 전자의 수가 증가하고, (나)는 양공의 수가 증가하기 때문이다.

	채점 기준	배점(%)
(1)	(가)와 (나)의 불순물 반도체의 종류를 쓰고, 자유 전자와 양공의 역할을 옳게 설명한 경우	50
	(가)와 (나)의 불순물 반도체의 종류를 쓰고, 자유 전자와 양공의 역할을 옳게 설명하지 못한 경우	30
(2)	(가)와 (나) 모두 전기 전도도가 커진다고 쓰고, 그 까닭을 자유 전자와 양공의 수의 변화를 들어 옳게 설명한 경우	50
	(가)와 (나) 모두 전기 전도도가 커진다고 썼으나, 그 까닭을 쓰지 못한 경우	30

최상위 MASTER 도약 문제

150~153쪽

01 ②	02 ④	03 ④	04 ⑤	05 ④	06 ④
07 ③	08 ⑤				

01 **자세한 자료 해설**

출제 Point 원소의 방출 스펙트럼의 특징을 이해한다.

○ 나트륨등은 노란색 불빛으로 보이며 터널 내부에서 주로 사용한다.

○ 수은등은 백색 불빛으로 보이며 주로 넓은 장소에서 사용된다.

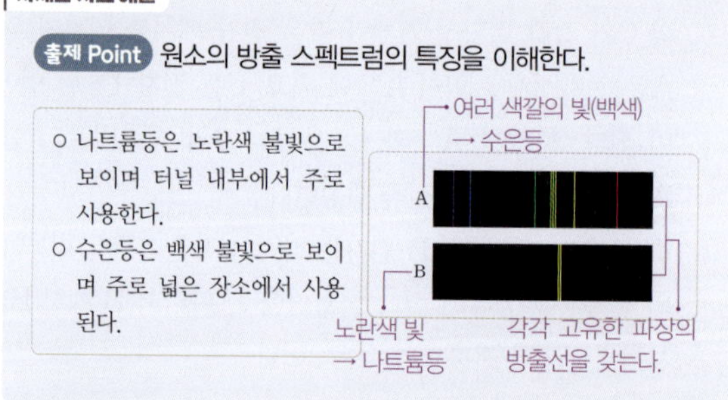

자세한 보기 해설

ㄱ. 나트륨등은 A이다. (×)

→ 나트륨등의 불빛 색이 노란색이라고 했으므로 방출 스펙트럼에서 노란색이 뚜렷하게 보이는 B가 나트륨등이다.

ㄴ. A와 B의 선 스펙트럼 파장은 각각 고유한 값을 갖는다. (○)

→ 나트륨과 수은은 서로 다른 원소이므로 선 스펙트럼의 파장은 각각 고유한 값을 갖는다.

ㄷ. 나트륨과 수은은 모두 별의 내부에서 핵융합 반응에 의해 생성된다. (×)

→ 나트륨의 원자 번호는 11번이고, 수은의 원자 번호는 80번이다. 철의 원자 번호가 26번이므로 나트륨은 별의 내부에서 핵융합 반응에 의해 생성되고, 수은은 초신성 폭발 과정에서 생성된다.

출제 Point 초기 우주에서 생성된 원소의 특징을 이해한다.

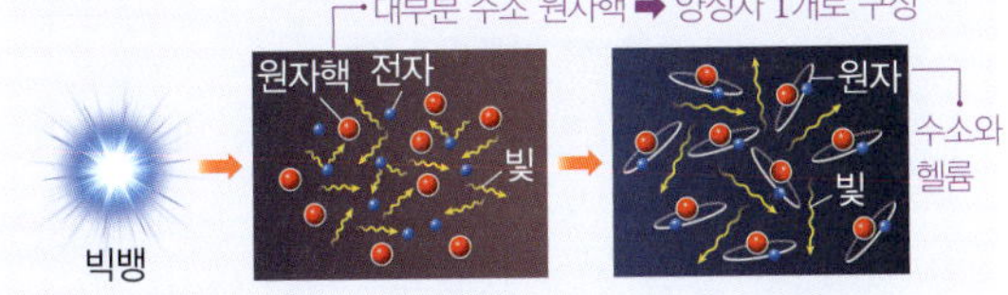

- (가): 빛과 입자가 활발하게 상호작용 한다. → 불투명한 우주
- (나): 빛과 입자가 거의 상호작용 하지 않는다. → 투명한 우주

자세한 보기 해설

ㄱ. (가) 시기의 원자핵은 대부분 양성자 1개로 이루어져 있었다. (○)

→ (가) 시기에는 수소 원자핵과 헬륨 원자핵이 존재했으며, 수소 원자핵과 헬륨 원자핵의 질량비는 약 3:1, 개수비는 약 12:1이었다. (가) 시기의 원자핵은 대부분 수소 원자핵이므로 양성자 1개로 이루어져 있었다.

ㄴ. (나) 시기에 생성된 원자는 대부분 1주기 원소였다. (○)

→ (나) 시기의 원자는 수소와 헬륨이다. 두 원소는 모두 1개의 전자 껍질을 갖고 있는 1주기 원소이다.

ㄷ. 빛과 입자의 상호작용은 (가) 시기보다 (나) 시기에 활발하였다. (×)

→ (가) 시기에는 빛과 입자가 활발하게 상호작용 하여 빛이 직진하기 어려웠으나, (나) 시기에는 빛이 입자의 영향을 받지 않고 자유롭게 진행할 수 있었다.

03 자세한 자료 해설

출제 Point 태양의 주요 구성 성분을 이해한다.

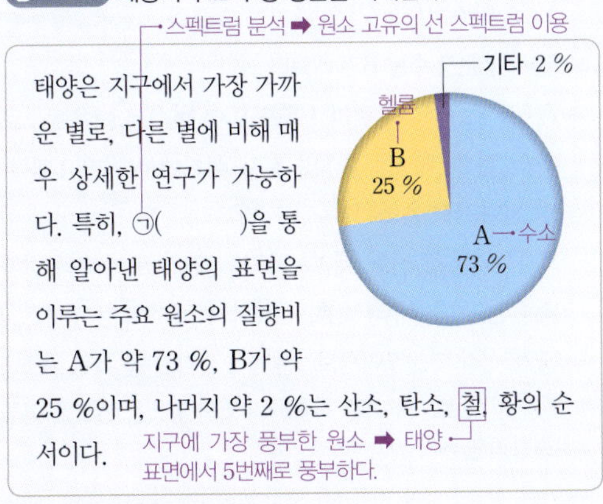

태양은 지구에서 가장 가까운 별로, 다른 별에 비해 매우 상세한 연구가 가능하다. 특히, ㉠( )을 통해 알아낸 태양의 표면을 이루는 주요 원소의 질량비는 A가 약 73 %, B가 약 25 %이며, 나머지 약 2 %는 산소, 탄소, 철, 황의 순서이다.

- 태양의 주요 구성 원소: 수소, 헬륨
- 지구의 주요 구성 원소: 철, 산소

자세한 보기 해설

ㄱ. ㉠에 들어갈 연구 방법은 '스펙트럼 분석'이다. (○)

→ 원소의 스펙트럼에서는 특정한 파장에서 고유한 선 스펙트럼이 나타난다. 따라서 별에서 관측된 스펙트럼과 비교하여 구성 원소의 종류와 질량비를 알 수 있다.

ㄴ. 태양 표면에서 $\dfrac{\text{A의 개수}}{\text{B의 개수}}$ 는 약 12이다. (○)

→ A는 수소이고, B는 헬륨이다. 헬륨의 질량은 수소의 약 4배이며, 수소와 헬륨의 질량비가 약 73 : 25 ≒ 3 : 1이므로 개수비는 약 12 : 1이다.

ㄷ. 현재 지구에 가장 풍부한 원소는 태양 표면에서 3번째로 풍부한 원소이다. (×)

→ 지구에 가장 풍부한 원소는 철이다. 철은 태양 표면의 구성 원소 중 5번째로 풍부하다.

04 자세한 자료 해설

출제 Point 태양계 형성 과정과 행성의 구성 물질을 이해한다.

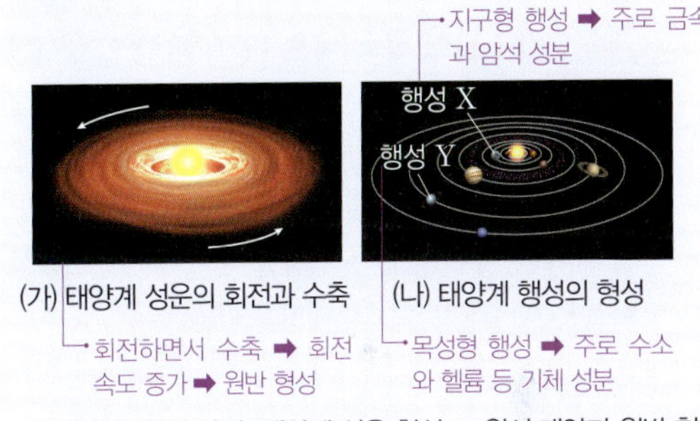

- 태양계의 형성 과정: 태양계 성운 형성 → 원시 태양과 원반 형성 → 미행성체 형성 → 원시 행성과 태양계 형성
- 태양계 행성의 형성: 원시 원반에서 가스와 먼지가 뭉쳐 미행성체가 탄생하였고, 미행성체는 서로 충돌하고 성장하여 원시 행성이 형성되었다. 이후 현재의 태양계 행성이 되었다.

자세한 보기 해설

ㄱ. (가)의 성운이 수축함에 따라 성운의 회전 속도는 빨라진다. (○)

→ 각운동량이 보존되어야 하므로 수축하는 성운은 회전 속도가 빨라진다.

ㄴ. 행성 X와 Y의 공전 방향은 태양계 성운의 회전 방향과 같다. (○)

→ 태양계 행성들의 공전 방향은 태양의 자전 방향과 같다. 이 방향은 최초에 태양계 성운이 회전했던 방향에 해당한다.

ㄷ. 행성 Y에서 가장 풍부한 원소의 원자가 전자의 수는 1이다. (○)

→ 행성 Y는 태양으로부터 먼 곳에 위치한 목성형 행성이다. 따라서 Y에 가장 풍부한 원소는 수소이며, 수소의 원자가 전자의 수는 1이다.

자세한 자료 해설

출제 Point 주기율표에서 각 원소의 주기와 족을 파악하여 각 원소의 성질을 이해한다.

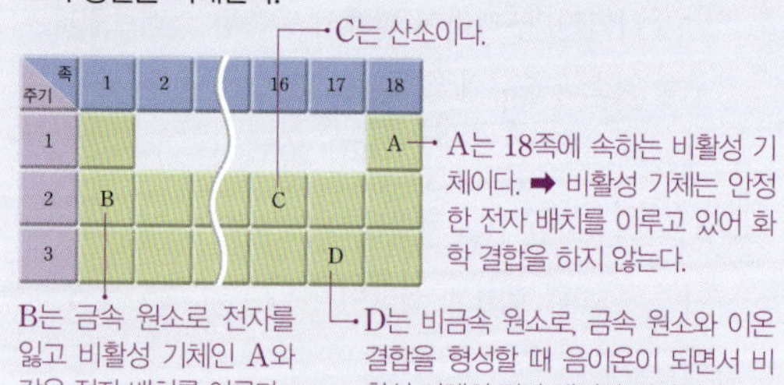

자세한 보기 해설

ㄱ. A는 실온에서 원자 2개가 결합한 이원자 분자로 존재한다. (×)

➡ A는 비활성 기체인 헬륨(He)으로 다른 원자와 화학 결합을 형성하지 않고 원자로 존재한다.

ㄴ. 질량이 태양보다 훨씬 큰 별에서는 핵융합 반응으로 C가 생성된다. (○)

➡ 질량이 태양보다 훨씬 큰 별에서는 중심부의 핵융합 반응이 계속 일어나 질소, 산소, 네온, 마그네슘 등이 생성된다.

ㄷ. B와 D로 이루어진 안정한 화합물에서 B는 A와 같은 전자 배치를 이룬다. (○)

➡ B는 화학 결합을 형성할 때 전자를 잃고 A(헬륨)와 같은 전자 배치를 이루고, D는 전자를 얻어 3주기 비활성 기체인 아르곤(Ar)과 같은 전자 배치를 이룬다.

---

06 **자세한 자료 해설**

출제 Point 각 원소의 성질을 파악해 주기율표에서의 위치를 이해한다.

- A~D는 각각 O, F, Na, Mg 중 하나이다.
- A~D로 이루어진 화합물에서 A~D는 모두 네온(Ne)의 전자 배치를 이룬다.
- B와 D는 3주기 원소이다.
- A와 D는 2 : 1로 결합하여 안정한 화합물을 형성한다.

- O, F는 2주기 비금속 원소이고, Na, Mg은 3주기 금속 원소이다. ➡ B와 D는 각각 Na, Mg 중 하나이고, A와 C는 각각 O, F 중 하나이다.
- Ne의 전자 배치를 이루는 각 원소의 이온은 각각 O^{2-}, F^-, Na^+, Mg^{2+}이다. ➡ 비금속 원소인 A와 금속 원소인 D가 2 : 1로 결합하므로 A는 F이고, D는 Mg이다.

자세한 보기 해설

ㄱ. D는 알칼리 금속이다. (×)

➡ O, F, Na, Mg 중 3주기 원소는 Na, Mg이므로 B와 D는 각각 Na, Mg 중 하나이고, A와 C는 각각 O, F 중 하나이다.

이때 A와 D가 2 : 1로 결합하므로 A는 F, D는 Mg이고, B는 Na, C는 O이다. 따라서 D는 Mg이므로 알칼리 금속이 아니다.

ㄴ. BA는 이온 결합 물질이다. (○)

➡ A는 비금속 원소인 F이고, B는 금속 원소인 Na이므로 BA는 이온 결합 물질이다.

ㄷ. CA_2에서 공유한 전체 전자쌍 수는 2이다. (○)

➡ CA_2는 비금속 원소인 O와 F으로 이루어진 물질이다. 비활성 기체의 전자 배치를 이루기 위해 필요한 전자 수는 O가 2, F이 1이므로 O 원자 1개는 F 원자 2개와 각각 전자쌍 1개를 공유하므로 CA_2에서 공유한 전체 전자쌍 수는 2이다.

---

07 **자세한 자료 해설**

출제 Point 생명체(사람)를 구성하는 물질과 화학 결합의 종류를 이해한다.

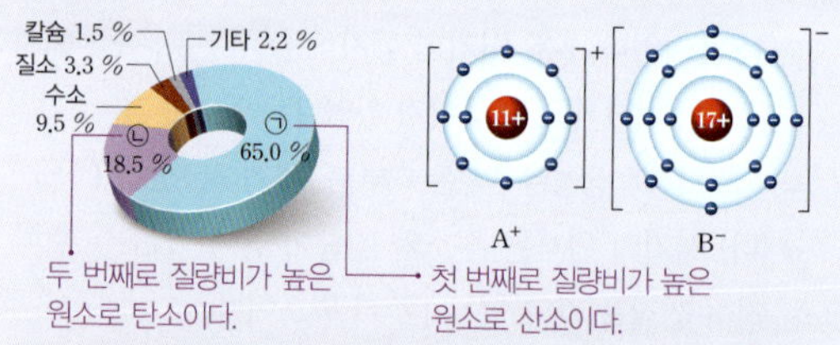

- A^+은 A 원자가 전자 1개를 잃어 형성된 이온이므로 A는 3주기 1족 원소이다. B^-은 B 원자가 전자 1개를 얻어 형성된 이온이므로 B는 3주기 17족 원소이다.

자세한 보기 해설

ㄱ. ㉠과 ㉡은 같은 주기에 속하는 원소이다. (○)

➡ ㉠은 생명체(사람)를 구성하는 물질 중 첫 번째로 질량비가 높은 원소인 산소이고, ㉡은 두 번째로 질량비가 높은 원소인 탄소이다. 산소는 2주기 16족 원소이고, 탄소는 2주기 14족 원소이므로 같은 주기에 속한다.

ㄴ. 원자가 전자 수는 B가 A보다 크다. (○)

➡ A^+은 A 원자가 전자 1개를 잃어 형성된 이온이므로, A 원자의 전자 배치는 A^+의 전자 배치에서 전자 1개를 더해주면 된다. B^-은 B 원자가 전자 1개를 얻어 형성된 이온이므로 B 원자의 전자 배치는 B^-의 전자 배치에서 전자 1개를 빼주면 된다. 따라서 A의 원자가 전자 수는 1이고, B의 원자가 전자 수는 7이므로, 원자가 전자 수는 B가 A보다 크다.

ㄷ. ㉠과 ㉡으로 이루어진 화합물의 화학 결합은 AB를 이루는 화학 결합과 종류가 같다. (×)

➡ ㉠은 산소, ㉡은 탄소로, 모두 비금속 원소이므로 ㉠과 ㉡으로 이루어진 화합물의 화학 결합은 공유 결합이다. 화합물 AB를 이루는 결합은 양이온과 음이온이 결합한 이온 결합이다.

출제 Point 순수한 반도체에 불순물을 첨가해 불순물 반도체가 만들어지는 원리를 파악한다.

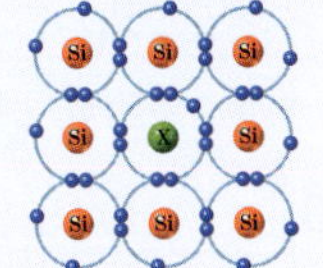

원자가 전자가 5개인 원소를 첨가한 n형 반도체이다.

- A: 원자가 전자가 3개
- B, D: 원자가 전자가 4개
- C: 원자가 전자가 0개
- E: 원자가 전자가 5개

자세한 보기 해설

ㄱ. A~E 중 X로 적절한 원소는 E이다. (○)

→ (나)는 순수한 반도체에 원자가 전자 5개인 원소를 첨가한 것으로, X로 적절한 원소는 15족 원소인 E이다.

ㄴ. (나)는 규소(Si)로만 이루어진 순수한 반도체보다 전류가 잘 흐른다. (○)

→ 불순물 반도체는 순수한 반도체에 불순물을 첨가하여 전기 전도도를 높인 반도체이다.

ㄷ. (나)에서는 공유 결합에 참여하지 않고 남은 전자가 자유롭게 이동하며 전류가 흐른다. (○)

→ 순수한 반도체에 원자가 전자가 5개인 원소를 추가하면 공유 결합에 참여하지 않고 남는 전자 1개가 생긴다. 이때 전압을 걸면 남는 전자가 자유롭게 이동하며 전류가 흐른다.

통합 주제탐구 154쪽

<u>모범 답안</u> 알칼리 금속은 원자가 전자 수가 1이므로 다른 금속에 비해 전자를 내놓으려는 성질이 크기 때문에 이차 전지에 사용된다. 나트륨과 칼륨은 리튬보다 원자가 전자가 들어 있는 전자 껍질 수가 크기 때문에 원자가 전자가 떨어져 나가기 쉽다. 즉, 리튬보다 나트륨, 칼륨은 반응성이 커서 안전 문제가 발생할 수 있다. 하지만 리튬에 비해 매장량이 많아 얻기 쉽다는 장점이 있다.

채점 기준	배점(%)
리튬이 전지에 사용되는 까닭과 리튬 대신 나트륨이나 칼륨을 사용할 때의 단점과 장점을 모두 옳게 설명한 경우	100
리튬이 전지에 사용되는 까닭과 리튬 대신 나트륨이나 칼륨을 사용할 때의 단점과 장점 중 한 가지만 옳게 설명한 경우	70
리튬이 전지에 사용되는 까닭만 옳게 설명한 경우	30

Ⅲ 시스템과 상호작용

1 지구시스템

01 지구시스템의 구성 요소

✔ 중요 개념 체크

159쪽	1 생물권	2 (1) × (2) ○ (3) ○
162쪽	3 기온	4 (1) ○ (2) × (3) ○
165쪽	5 수온	6 (1) ○ (2) ○ (3) × (4) ×

2 (1) 지구는 태양계라는 큰 시스템을 구성하는 하나의 요소이면서 동시에 지구 자체로 하나의 시스템을 이루고 있다.

4 (2) 외핵과 내핵은 주로 철과 니켈로 이루어져 있으며, 외핵은 액체 상태, 내핵은 고체 상태이다.

6 (3) 생물권은 지권, 수권, 기권에 걸쳐 분포한다.
(4) 외권의 지구 자기장은 우주선이나 태양풍의 고에너지 입자를 차단한다. 자외선을 차단하는 역할은 기권의 오존층이 하고 있다.

START 내신 완성 문제 168~170쪽

01 ⑤ **02** ⑴ A: 지권, B: 생물권, C: 기권, D: 수권, E: 외권 ⑵ C, D **03** ㄷ, ㄹ **04** ㉠ 기권, ㉡ 상태 **05** ② **06** ⑤ **07** ⑤ **08** A: 내핵, B: 지각, C: 맨틀, D: 외핵 **09** ④ **10** ㄱ, ㄴ, ㄷ **11** ⑴ A: 해수, B: 빙하 ⑵ 깊이에 따른 수온 분포 **12** ④ **13** ① **14** 해설 참조 **15** 기권, 수권, 생물권 **16** ② **17** ④ **18** ①

01 지구시스템은 기권, 수권, 지권, 생물권, 외권으로 이루어져 있으며, 각각의 구성 요소는 독립적으로 존재할 수 없다.

02 ⑴ 지구시스템은 지권(A), 생물권(B), 기권(C), 수권(D), 외권(E)으로 이루어져 있다.
⑵ 기권(C)은 높이에 따른 기온 분포를 기준으로 대류권, 성층권, 중간권, 열권으로 구분한다. 수권(D)은 깊이에 따른 수온 분포를 기준으로 혼합층, 수온 약층, 심해층으로 구분한다.

03 ㄷ. 수권은 해수가 대부분(약 97.5 %)을 차지하며, 나머지(약 2.5 %)는 육지의 물(빙하, 지하수, 호수, 하천수 등)이 차지한다.

ㄹ. 생물권은 광합성과 호흡 등으로 대기의 성분 변화에 영향을 미친다.

[바로알기] ㄱ. 빙하는 고체 상태의 물로, 수권에 속한다.

ㄴ. 오존층은 성층권에 분포하므로 기권에 속한다.

04 기권은 높이에 따른 기온 분포를 기준으로 대류권, 성층권, 중간권, 열권으로 구분하고, 지권은 구성 성분과 물질의 상태를 기준으로 지각, 맨틀, 외핵, 내핵으로 구분한다.

05 ㄴ. 기권의 주요 구성 성분은 질소와 산소(㉠)이다.

[바로알기] ㄱ. 이 권역은 기권이다.

ㄷ. 생물의 광합성에 이용되는 기체는 이산화 탄소이다.

06 A는 기상 현상과 대류 운동이 모두 일어나는 대류권이고, B는 오존층이 존재하는 성층권이다. C는 대류 운동이 일어나는 중간권이고, D는 공기가 매우 희박한 열권이다.

[바로알기] ⑤ A~D 중 기온의 일교차는 열권(D)에서 가장 크다.

07 ㄱ. 기권의 오존층은 태양 자외선이 지표로 직접 유입되는 것을 막는다.

ㄴ. 기권은 생물의 광합성에 필요한 이산화 탄소와 호흡에 필요한 산소를 제공한다.

ㄷ. 대기 대순환으로 저위도의 남는 에너지를 고위도로 수송하여 지구의 에너지 평형에 기여한다.

08 A는 주요 성분이 철과 니켈이고, 고체 상태이므로 내핵이다. B는 주요 성분이 산소와 규소이고, 지구 전체에서 차지하는 비율이 약 1 %이므로 지각이다. C는 지구 전체에서 가장 큰 부피비를 차지하는 맨틀이다. D는 주요 성분이 철과 니켈이고, 액체 상태이므로 외핵이다.

09 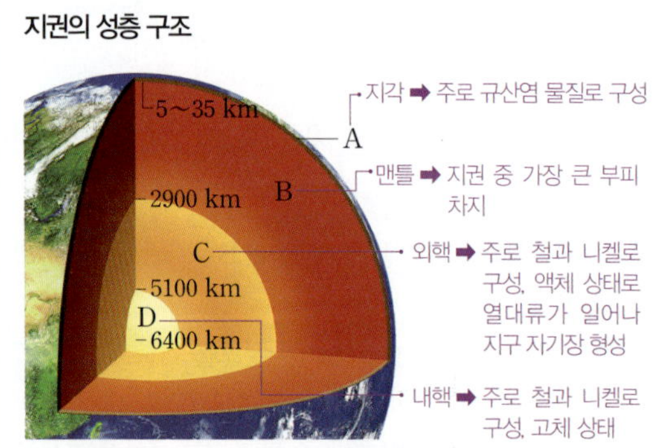

ㄴ. 맨틀(B)은 지구 전체 부피의 약 80 %를 차지한다.

ㄷ. 주로 철과 니켈로 이루어진 액체 상태의 외핵(C)에서 열대류가 일어나 지구 자기장이 만들어지는 것으로 추정한다.

[바로알기] ㄱ. 지구 내부의 밀도는 지각, 맨틀, 외핵, 내핵으로 갈수록 점점 증가한다.

10 ㄱ. 해저 화산 활동으로 수권에 공급된 물질은 염류의 근원이 된다.

ㄴ. 대륙과 해양의 비열 차이로 대륙과 해양 사이에는 온도 차가 발생한다. 대기에서는 이러한 온도 차에 의해 기압 차가 발생하여 대기 순환이 일어난다. 그리고 이러한 대기 순환은 해수의 흐름에 영향을 준다. 따라서 대륙과 해양의 분포에 따라 대기 순환과 해수의 흐름은 달라질 수 있으므로, 대륙과 해양의 분포는 대기 순환과 해수의 흐름에 영향을 준다.

ㄷ. 지권은 생물의 서식처와 생명 활동에 필요한 물질을 제공한다.

11 ⑴ 수권의 약 97.5 %는 해수(A)이며, 육수의 대부분은 빙하(B)이다.

⑵ 해수는 깊이에 따른 수온 분포를 기준으로 해수면으로부터 혼합층, 수온 약층, 심해층으로 구분한다.

12 ㄴ. 전체 물의 약 97.5 %는 바다에 분포한다.

ㄷ. 물의 순환 과정으로 수권의 물은 수권, 기권, 지권, 생물권 사이를 끊임없이 이동한다.

[바로알기] ㄱ. 수권은 고체(빙하), 액체(해수, 지하수, 하천수 등)를 포함한다.

13 ㄱ. A는 바람에 의한 혼합 작용으로 생성된 혼합층이다. 혼합층의 두께는 바람이 강할수록 두꺼워진다.

[바로알기] ㄴ. B는 수온 약층이다. 수온 약층은 매우 안정하여 연직 운동이 거의 일어나지 않는다.

ㄷ. 깊이에 따라 밀도가 가장 크게 변하는 층은 깊어질수록 수온이 급격하게 낮아지는 수온 약층(B)이다. 심해층(C)은 밀도가 가장 크지만 깊이에 따른 밀도 변화는 거의 없다.

14 모범답안 | B, 수온 약층, 혼합층과 심해층 사이의 물질 교환과 에너지 이동을 차단한다.

채점 기준	배점(%)
기호와 이름을 쓰고, 역할을 옳게 설명한 경우	100
기호와 이름만 옳게 쓴 경우	40

15 달에는 공기, 물, 생명체가 존재하지 않는다. 따라서 달과 비교하여 지구시스템에만 존재하는 권역은 기권, 수권, 생물권이다.

지구시스템의 구성 요소

A는 기권, B는 지권, C는 수권, D는 생물권이다.

바로알기 ② 지권에서는 기권, 수권, 생물권과 물질 교환이 활발하게 일어난다.

17 ㄴ. 수권은 수중 생물에게 서식처를 제공해 주고 생물이 살아가는 데 필요한 물질을 공급한다.

ㄷ. 기권과 수권은 각각 대기 대순환과 해수의 순환을 통해 지구의 에너지 평형에 기여한다.

바로알기 ㄱ. 기권은 높이에 따른 기온 분포에 따라 4개의 층으로 구분한다. 기권의 성층 구조 중 대류가 활발한 층은 대류권, 중간권이다. 성층권과 열권에서는 대류가 일어나지 않는다.

18 ㄱ. 외권은 지구를 둘러싸고 있는 기권의 바깥 영역으로, 태양 복사 에너지가 유입되는 영역이다.

바로알기 ㄴ. 외권과 지구시스템의 다른 권역 사이에는 물질 교환이 거의 일어나지 않는다.

ㄷ. 외권의 자기장은 우주선이나 태양풍의 고에너지 입자를 차단해 주는 역할을 한다.

JUMP 도전 문제

171쪽

01 ② **02** ④ **03** ① **04** 해설 참조

기권과 수권의 성층 구조

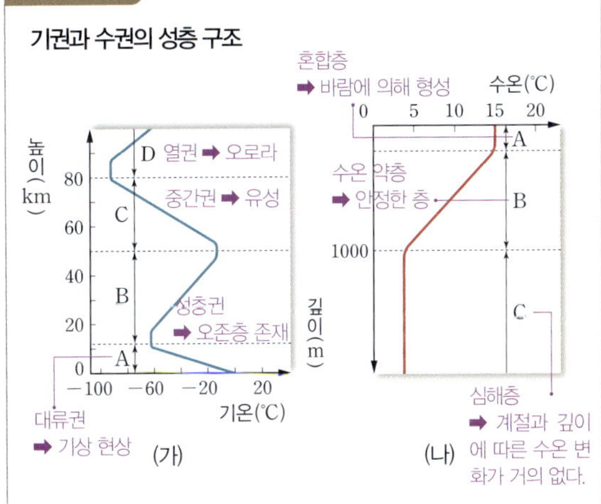

ㄱ. 기상 현상은 대류 운동이 일어나고 수증기가 존재하는 대류권(A)에서 일어난다.

ㄷ. 수온 약층(ⓒ)은 수심이 깊어질수록 밀도가 증가하는 매우 안정한 층이다.

바로알기 ㄴ. 오로라 현상은 주로 고위도 지방의 열권(D)에서 일어난다.

ㄹ. 수권에서 태양 에너지는 수심 100 m 이내에서 약 98 %가 흡수된다. 심해층(ⓒ)에는 태양 에너지가 도달하지 않는다.

02 ㄴ, ㄷ. 생명체가 탄생하고 존속하기 위한 필수 조건은 액체 상태의 물이다. 또한 적절한 구성 성분과 양의 대기와 행성의 자기장도 생명체 존속을 위해 매우 중요한 요소이다.

바로알기 ㄱ. 지구에서 최초의 생명체가 탄생할 당시에는 대기 중에 산소가 존재하지 않았다. 따라서 산소는 생물권이 형성되기 위한 필수 조건이 아니다.

03 ㄱ. 원시 지구의 진화 과정은 (다) 마그마 바다 형성 → (가) 원시 지각 형성 → (나) 원시 바다 형성이다.

바로알기 ㄴ. 최초의 생명체는 원시 바다에서 탄생했으므로, 생물권이 형성된 시기는 (나) 이후이다.

ㄷ. 지권의 성층 구조는 마그마 바다가 형성되고 무거운 물질이 가라앉아 핵과 맨틀이 분리된 이후에 만들어졌다.

04 모범답안 금성은 지구보다 평균 온도와 대기압이 훨씬 높아 액체 상태의 물이 존재하지 않는다. 따라서 금성은 기권, 지권, 외권으로 이루어져 있다.

채점 기준	배점(%)
기권, 지권, 외권을 쓰고, 그 까닭을 설명한 경우	100
기권, 지권, 외권만 쓴 경우	50

O2 지구시스템의 상호작용

중요 개념 체크

173쪽	**1** 조력	**2** 태양	**3** 지구 내부
175쪽	**4** 태양	**5** 방출	
	6 (1) 기권, 생물권 (2) 생물권, 지권		
176쪽	**7** 에너지		
	8 (1) 지권, 기권 (2) 수권, 기권 (3) 지권, 수권		

5 대기 중에서 수증기가 물로 응결할 때 숨은열이 방출된다.

6 (2) 생물체가 땅속에 매몰된 이후 고온·고압 상태가 지속되면 유기물이 탄화 작용을 받아 화석 연료(석탄, 석유 등)가 된다.

교과서속 START 내신 완성 문제

180~182쪽

01 (1) 수소 핵융합 반응 (2) A>C>B　　**02** ㄱ

03 (가) 지구 내부 에너지, (나) 태양 에너지, (다) 조력 에너지

04 ④　　**05** 해설 참조　　**06** ②　　**07** ⑤　　**08** ③

09 (1) (가) 수권, (나) 생물권, (다) 기권 (2) ㉠ 석회암(또는 탄산염), ㉡ 이산화 탄소　　**10** ③　　**11** 해설 참조　　**12** ③

13 (1) E (2) C (3) F　　**14** ①　　**15** ㄱ, ㄷ　　**16** (가) 기권과 지권, (나) 수권과 생물권, (다) 지권과 수권　　**17** ③　　**18** ⑤

01 지구시스템의 에너지원에는 태양 에너지, 지구 내부 에너지, 조력 에너지가 있다. 태양 에너지(A)는 태양의 중심부에서 일어나는 수소 핵융합 반응에 의해 형성되고, 조력 에너지(B)는 태양과 달의 인력에 의해 형성된다. 지구 내부 에너지(C)는 방사성 원소의 붕괴열과 원시 지구에서 축적되었던 지구 내부의 열에 의해 형성된다. 지구시스템의 에너지원 A, B, C가 차지하는 비율은 A>C>B이다.

02 ㄱ. 지구시스템에 이용되는 전체 에너지양의 약 99.9 % 이상을 태양 에너지가 차지한다.

바로알기 ㄴ. 달은 태양보다 질량이 작지만 지구와의 거리가 가까워 지구에 작용하는 인력이 태양보다 크다. 따라서 조력 에너지는 태양보다 달의 영향을 많이 받는다.

ㄷ. 지구시스템의 에너지원은 다른 근원 에너지원으로 전환될 수 없다.

03 화산 활동은 지구 내부 에너지에 의해, 태풍과 같은 기상 현상은 태양 에너지에 의해 일어난다. 갯벌은 조력 에너지로 생기는 밀물과 썰물에 의해 형성된다.

04 ㄴ. 강물이 바다로 흘러갈 때 지형을 변화시키는 것은 수권과 지권의 상호작용에 해당한다.

ㄷ. 물의 순환이 일어나더라도 지구 전체에서 물의 양은 변하지 않는다.

바로알기 ㄱ. 물의 순환을 일으키는 주요 에너지원은 태양 에너지이다.

05 자료 해석하기

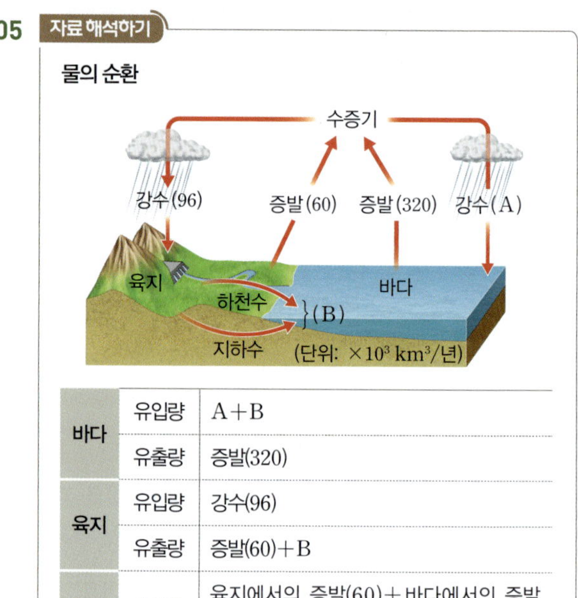

바다	유입량	A+B
	유출량	증발(320)
육지	유입량	강수(96)
	유출량	증발(60)+B
대기	유입량	육지에서의 증발(60)+바다에서의 증발(320)
	유출량	강수(96)+A

육지와 바다에서 연간 증발하는 물의 총량과 강수로 내린 물의 총량은 같다. 지구 전체에서 물의 양은 일정하고 바다, 육지, 대기는 각각 물수지 평형 상태이다.

모범 답안 육지와 바다의 총 강수량은 총 증발량과 같다. 따라서 96+A=60+320이므로 A는 284단위이다. 육지와 바다는 각각 물수지 평형을 이루므로 육지에서 강수 96−증발 60=바다 유출 B이다. 따라서 B는 36단위이다.

채점 기준	배점(%)
A와 B의 값을 계산 과정을 포함하여 옳게 구한 경우	100
A와 B의 값만 옳게 쓴 경우	50

06 ① 증발량은 바다에서 연간 320단위, 육지에서 연간 60단위이다.
③ 수증기가 응결하여 구름이 형성될 때 숨은열이 방출된다.

④ B 과정으로 석회암이 지하수에 용해되어 석회 동굴이 형성된다.

[바로알기] ② 육지의 물이 하천수, 지하수 등의 형태로 바다로 이동하므로 육지는 강수량＞증발량이고, 바다는 증발량＞강수량이다.

07 ㄱ. 육지의 물이 태양 에너지를 흡수하여 증발(B)해 수증기가 된다.

ㄴ. 육지 전체에서는 강수량이 증발량보다 많고 ㄴ 차이에 해당하는 양의 물이 육지에서 바다로 유출된다.

ㄷ. 증산 작용(C)은 식물의 잎에 있는 기공에서 물이 대기로 이동하는 과정에 해당한다.

08 ㄱ. 탄소는 각 권에 다양한 형태로 분포하며, 대부분은 석회암(탄산염) 형태로 지권에 존재한다.

ㄷ. 수권의 탄소가 탄산염 물질로 해저에 침전되면 석회암을 형성한다. 또한 바다에 녹아 있던 탄산 이온이 해양 생물에 흡수되어 골격 형성에 이용된다.

[바로알기] ㄴ. 탄소 순환 과정에서 물질과 에너지 이동은 함께 일어난다.

09 지권의 탄소는 대부분 석회암 형태로 존재하며 화석 연료(석유, 석탄, 천연가스 등)로도 일부 존재한다. (가) 수권의 탄소는 주로 물에 녹아 형성된 탄산 이온 또는 탄산 수소 이온의 형태로 존재한다. (나) 생물권의 탄소는 생물의 몸체와 생명 활동을 유지시켜 주는 유기물 형태로 존재한다. (다) 기권의 탄소는 주로 이산화 탄소 형태로 존재하며, 다른 권역과의 탄소 이동이 매우 활발하다.

10 ㄱ. 화산 폭발로 화산 가스에 포함된 이산화 탄소가 기권으로 방출된다.

ㄴ. 광합성은 대기 중의 이산화 탄소가 생물권에 유기물로 저장되는 과정이므로 B에 해당한다.

[바로알기] ㄷ. 탄소 순환이 일어나더라도 외권으로부터 탄소의 유입 또는 유출은 거의 없다고 볼 수 있으므로 지구상의 총 탄소량은 일정하게 유지된다.

11 화석 연료 사용량 증가로 지권의 탄소가 대기로 이동하여 기권의 탄소량이 증가하고 있다. 한편, 대기에서 해수로 녹아 들어가는 이산화 탄소량이 증가하면서 해양 산성화 현상이 나타난다. 따라서 현재 지권의 탄소는 감소하고, 기권과 수권의 탄소는 증가하는 추세이다.

[모범 답안] 지권의 탄소는 감소하고, 기권과 수권의 탄소는 증가하는 추세이다.

채점 기준	배점(%)
지권, 기권, 수권의 탄소량 변화를 모두 옳게 쓴 경우	100
지권, 기권, 수권의 탄소량 변화 중 두 가지만 옳게 쓴 경우	60
지권, 기권, 수권의 탄소량 변화 중 한 가지만 옳게 쓴 경우	30

12 ㄱ. 지구시스템의 구성 요소들 사이에서 상호작용이 일어날 때 물질 이동과 에너지의 흐름이 함께 나타나며, 이를 통해 서로 영향을 주고받는다.

ㄷ. 지구시스템의 각 권역들은 서로 유기적으로 연결되어 있기 때문에 한 권역에서 변화가 발생하면 다른 권역에서도 변화가 나타난다.

[바로알기] ㄴ. 상호작용은 서로 다른 권역 간에도 일어나고, 각 권역 내에서도 일어난다.

13 (1) 물에 녹아 있는 물질을 수중 생물이 흡수하는 과정은 생물권과 수권의 상호작용(E)에 해당한다.

(2) 대기 중의 이산화 탄소가 바다로 녹아 들어가는 과정은 기권과 수권의 상호작용(C)에 해당한다.

(3) 강물에 의한 침식과 퇴적으로 지형이 달라지는 과정은 수권과 지권의 상호작용(F)에 해당한다.

14 ㄱ. 무역풍이 약해지면서 수온이 변하는 현상은 기권과 수권의 상호작용에 해당한다.

[바로알기] ㄴ. 몽골 고원에서 발생한 황사가 바람을 타고 우리나라로 유입되는 과정은 지권과 기권의 상호작용에 해당한다.

ㄷ. 태양 활동에 의해 오로라 현상이 나타나는 것은 외권과 기권의 상호작용에 해당한다.

15 ㄱ, ㄷ. 운석 구덩이는 외권의 운석이 지구 중력에 끌려 들어와 지표에 떨어지면서 생긴 것이고, 오로라는 외권의 태양풍 입자가 지구 자기장에 붙잡혀 지구의 극지방 상공에서 대기 입자와 충돌하여 빛을 내는 현상이다.

[바로알기] ㄴ. 해식 동굴은 파도에 의해 암석이 침식되어 만들어진 지형이다. 따라서 수권과 지권의 상호작용에 해당한다.

ㄹ. U자곡은 빙하가 골짜기를 따라 이동할 때 침식 작용으로 형성된 U자 모양의 계곡이다. 따라서 수권과 지권의 상호작용에 해당한다.

16 황사는 건조한 토양에서 발생한 모래 먼지가 편서풍을 타고 우리나라 쪽으로 이동해 오는 현상이므로 지권과 기권의 상호작용이다. 적조는 해양의 부영양화로 조류가 급격하게 번식하는 현상이므로 수권과 생물권의 상호작용이다. 쓰나미는 해저에서 발생한 지진에 의해 해파가 발생하여 전파되는 현상이므로 지권과 수권의 상호작용이다.

화석 연료 소비량의 변화

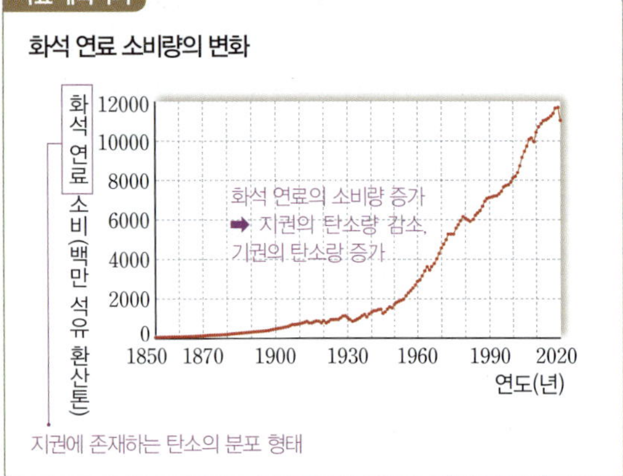

ㄱ, ㄴ. 화석 연료의 사용량이 증가하고 있으므로 지권의 탄소량은 감소하고, 기권의 탄소량은 증가한다. 따라서 대기 중 이산화 탄소의 농도가 증가하여 기권에 의한 온실 효과는 강해진다.

바로 알기 ㄷ. 지구 온난화 현상이 심해지면 극지방의 빙하 면적이 감소하여 지표 반사율은 감소할 것이다.

18 ㄱ. 산업 활동으로 배출된 각종 유해 물질들은 토양 오염, 대기 오염, 수질 오염 등을 일으켜 생태계다양성을 감소시킨다.

ㄴ. 인간 활동으로 열대 우림이 파괴되는 등 지표면 변화로 인해 지표 반사율의 변화가 나타나고 있다.

ㄷ. 화석 연료 사용량의 증가로 지구의 평균 기온이 높아져 슈퍼 태풍의 발생 빈도수가 증가하거나, 폭염이나 가뭄 등의 이상 기후 현상이 자주 발생하고 있다.

JUMP 1등급 도전 문제 183쪽

01 ㄴ, ㄷ　　**02** (1) A: 기권, B: 외권 (2) 해설 참조　　**03** ④
04 ⑤

01 ㄴ. B는 육지에서 바다로 유입되는 물의 양이고, C는 대기에서 바다로 유입되는 물의 양이며, D는 바다에서 대기로 유출되는 물의 양이다. 바다에서 유입 및 유출되는 물의 양은 서로 같으므로 B+C=D이다.

ㄷ. B는 지하수와 하천수 등으로 육지에서 바다로 유출되는 물의 양이다. B의 과정은 지표면을 변화시키는 주요 원인 중 하나이다.

바로 알기 ㄱ. 바다에서는 증발량이 강수량보다 많으므로 C＜D이다.

ㄹ. 물의 순환을 일으키는 주요 에너지원은 태양 에너지이다.

02 **모범 답안** (1) A: 기권, B: 외권
(2) 지속적으로 부는 바람으로 인해 해류가 발생한다.(엘니뇨 발생, 태풍의 발생 등)

	채점 기준	배점(%)
(1)	A와 B를 모두 옳게 쓴 경우	40
	A와 B 중 한 가지만 옳게 쓴 경우	20
(2)	상호작용의 예를 옳게 설명한 경우	60

03 **자료 해석하기**

탄소의 순환

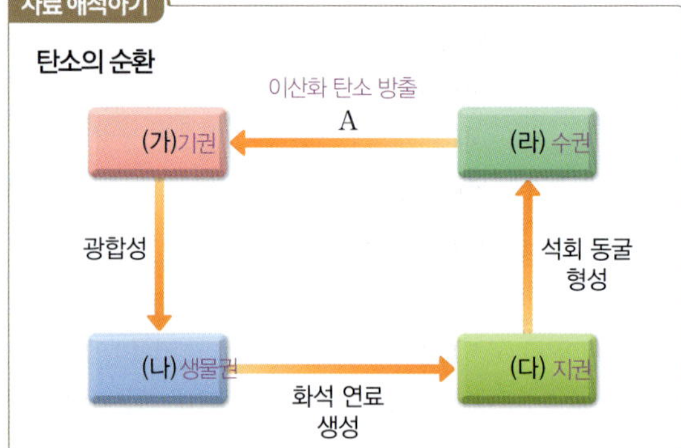

• 광합성: 탄소가 기권 ➡ 생물권으로 이동
• 화석 연료 생성: 탄소가 생물권 ➡ 지권으로 이동
• 석회 동굴 형성: 탄소가 지권 ➡ 수권으로 이동
• A(이산화 탄소 방출): 탄소가 수권 ➡ 기권으로 이동

ㄱ. (라)는 수권이다.

ㄴ. 수온이 높을수록 기체의 용해도가 감소하므로 수온이 높아지면 수권에서 기권으로 이산화 탄소가 방출되는 과정(A)이 활발해진다.

바로 알기 ㄷ. 탄소의 분포량은 (다) 지권이 (가) 기권보다 많다.

04 ㄱ. A는 황사 발생이므로 기권과 지권의 상호작용이고, C는 해류 발생이므로 기권과 수권의 상호작용이다. 따라서 A와 C에 공통적으로 속한 권역인 (가)는 기권이다. 화석 연료의 사용량이 증가하면 지권의 탄소량은 감소하고 기권(가)의 탄소량은 증가한다.

ㄴ. 황사와 해류는 바람에 의해 생기는 현상이므로 A와 C의 주요 에너지원은 태양 에너지이다.

ㄷ. B는 지권과 수권의 상호작용이므로 해식 동굴의 형성, 쓰나미 등이 이에 해당한다.

중요 개념 체크

185쪽	**1** ㉠ 변동대, ㉡ 판의 경계
	2 ㉠ 판, ㉡ 연약권 **3** ㉠ 두껍고, ㉡ 작다
189쪽	**4** 보존형 **5** (1) ○ (2) × (3) ○
191쪽	**6** 지구 내부 **7** (1) × (2) ○ (3) ×

5 (2) 수렴형 경계에서는 상대적으로 밀도가 큰 해양판이 밀도가 작은 해양판 또는 대륙판 아래로 섭입한다.

7 (1) 화산 분출물 중 대기의 온실 효과를 증가시키는 역할을 하는 것은 이산화 탄소가 포함된 화산 가스이다.
(3) 화산 활동이나 지진 발생의 가능성을 예측할 수 있으나 정확한 발생 시기를 알아내는 것은 불가능하다.

탐구 확인 문제

193쪽

01 ③, ⑤ **02** (1) 지구 내부 에너지 (2) 지권과 수권

03 ㄱ, ㄴ **04** ③ **05** ④

01 [바로알기] ① 화산 활동으로 지구 내부 물질과 에너지가 방출된다.
② 화산 가스는 이산화 탄소와 같은 온실 기체를 포함하고 있기 때문에 지구의 평균 기온을 높이는 역할을 한다.
④ 화산 분출물 중 화산재는 식물의 광합성을 억제하는 역할을 한다.

02 (1) 화산 활동을 일으키는 지구시스템의 에너지원은 지구 내부 에너지이다.
(2) 대규모 해저 화산 분출이나 해저 산사태가 일어날 경우에 쓰나미가 발생한다. 쓰나미는 지권과 수권의 상호작용에 해당한다.

03 화산 분출이 일어나기 전에 발생하는 현상에는 화산 가스 분출, 지하 온천수 온도 상승, 화산체의 사면 기울기 증가, 지진 발생 횟수 증가 등이 있다.

04 ㄱ. 화산 활동이 활발한 지역에서는 지하의 열을 이용하여 지열 발전을 할 수 있다. 따라서 (가)는 지열이 높은 곳에 건설하는 것이 유리하다.
ㄴ. 지하의 온천수를 이용하여 난방, 관광 자원 등으로 활용할 수 있다.
[바로알기] ㄷ. 화산 활동은 주로 판의 경계 부근에서 활발하므

로 (가)와 (나)의 이용도 주로 판의 경계 부근에서 이루어진다.

05 ㄴ. 기권으로 방출되어 대기 상층으로 퍼진 화산재는 햇빛을 차단하여 반사율을 증가시키는 역할을 한다.
ㄷ. 화산 가스에 포함된 이황산 가스와 질소 산화물은 산성비를 내리게 하여 생태계에 큰 피해를 일으키기도 한다.
[바로알기] ㄱ. A 구간에서는 평균 기온이 급격하게 하강하였다. 온실 기체는 기온을 상승시키는 역할을 하므로 A 구간의 기온 변회 인인에 해당하지 않는다.

교과서속 START 내신 완성 문제

196~198쪽

01 ④ **02** ⑤ **03** 해설 참조 **04** ② **05** ③ **06** (가) 변환 단층, (나) 호상열도, (다) 해령 **07** (1) (가) 발산형 경계, (나) 수렴형 경계, (다) 보존형 경계 (2) 생성 – (가), 소멸 – (나)
08 ② **09** ④ **10** ④ **11** ⑤ **12** ② **13** ④ **14** ⑤
15 ③ **16** (가) 기권, (나) 생물권, (다) 수권 **17** ④

01 ㄴ, ㄷ. 변동대는 지진, 화산 활동, 습곡 산맥 형성 등의 지각 변동이 활발한 지역으로, 대체로 좁고 긴 띠 모양으로 분포한다.
[바로알기] ㄱ. 지진대, 화산대와 같은 변동대는 지구 전체에 고르게 분포하지 않고, 판의 경계에 해당하는 특정 지역에 분포한다.

02 ① 화산대와 지진대는 거의 일치하는데, 이는 판의 경계를 따라 지각 변동이 활발하기 때문이다.
② 화산은 대륙의 중앙부보다 대륙의 주변부에 많이 분포한다.
③ 화산 활동은 불의 고리라고 불리는 태평양 가장자리에서 가장 활발하다.
④ 대서양 중앙은 해령이 있어 지진이 활발하지만, 대서양 가장자리에는 지진대 또는 화산대가 거의 분포하지 않는다.
[바로알기] ⑤ 화산 활동이 일어나는 곳에서는 지진이 대부분 발생하지만, 지진이 발생하는 곳에서 항상 화산 활동이 일어나는 것은 아니다.

03 판 구조론에서는 지구 표면은 크고 작은 여러 개의 판으로 이루어져 있고, 이 판들의 상대적인 운동으로 화산 활동이나 지진과 같은 지각 변동이 주로 판의 경계에서 일어난다고 설명한다.
[모범 답안] 화산 활동과 지진과 같은 지각 변동은 대부분 판의 경계에서 판의 상대적인 운동으로 발생하기 때문이다.

채점 기준	배점(%)
판의 상대적인 운동과 판의 경계를 포함하여 옳게 설명한 경우	100
판의 경계에서 발생하기 때문이라고만 설명한 경우	80

04 ㄷ. A는 대륙 지각, B는 해양 지각이다. 대륙 지각이 포함된 대륙판은 해양 지각이 포함된 해양판보다 두껍다.

바로알기 ㄱ. ㉠은 암석권으로, 맨틀 대류는 암석권 아래의 연약권에서 일어난다.

ㄴ. 지각의 밀도는 화강암질 암석으로 이루어진 대륙 지각이 현무암질 암석으로 이루어진 해양 지각보다 작다.

05 ㄷ. 지구의 겉 부분을 이루는 암석권은 크고 작은 10여 개의 판으로 이루어져 있다.

바로알기 ㄱ. 판의 이동 속도는 대체로 수 cm/년이다.

ㄴ. 판을 움직이는 근원 에너지는 지구 내부 에너지이다.

06 (가) 판의 경계에서 판이 서로 반대 방향으로 어긋나는 곳에 발달하는 단층은 변환 단층이다.

(나) 활 모양을 이루면서 배열되어 있는 화산섬들을 호상열도라고 한다. 호상열도는 해양판이 소멸하는 해구와 나란하게 분포한다.

(다) 대양의 해저에 위치한 대규모 해저 산맥을 해령이라고 한다. 해령은 주변의 심해저보다 수심이 2 km 정도 얕으며, 중심부에는 V자 모양의 열곡이 나타난다.

07 (1) (가)에서는 두 판이 서로 멀어지고 있고, (나)에서는 두 판이 서로 가까워지고 있다. (다)에서는 두 판이 서로 평행하게 어긋나고 있다.

(2) (가)에서는 맨틀 대류가 일어나면서 두 판이 서로 멀어진다. 이때 상승하는 맨틀의 일부가 녹아 마그마가 생성되고, 마그마가 분출하면서 해양 지각이 생성된다. (나)에서는 두 판 중 밀도가 더 큰 해양판이 밀도가 작은 해양판 또는 대륙판 아래로 섭입하면서 지각이 소멸한다. 해양 지각은 대체로 밀도가 크기 때문에 (나)에서 소멸되는 지각은 해양 지각이다.

08 A는 두 해양판이 서로 멀어지는 발산형 경계로 해령이 발달한다. 해령의 중심에는 열곡이 나타난다. B는 두 판이 서로 어긋나는 보존형 경계로 변환 단층이 발달한다. C는 해양판과 대륙판이 서로 가까워지는 수렴형 경계로 해구가 발달한다.

09 ㄱ. 발산형 경계에서 발달하는 해령은 맨틀 대류 상승이 일어나는 곳으로 화산 활동이 활발하다.

ㄴ. 열곡대는 판이 서로 갈라지면서 만들어지는 좁고 긴 골짜기가 띠 모양으로 이어진 지형이다. 이곳은 발산형 경계로 화산 활동이 활발하다.

ㄹ. 호상열도는 판이 섭입하면서 생성된 마그마가 지표로 분출하여 만들어진 화산섬이다.

바로알기 ㄷ. 보존형 경계에서 발달하는 변환 단층에서는 지진은 활발하지만 화산 활동은 거의 없다.

10 ㄴ, ㄷ. A는 두 해양판이 서로 멀어지는 발산형 경계이다. 따라서 A의 하부에서는 맨틀 대류 상승이 일어나고 있으며 마그마가 지표로 분출하여 화산 활동이 활발하게 일어난다.

바로알기 ㄱ. 해양판이 서로 멀어지는 발산형 경계에서는 천발 지진이 일어난다.

11 ⑤ 보존형 경계는 두 판이 서로 어긋나는 경계로, 변환 단층이 발달한다. 변환 단층은 해령과 해령이 수직으로 어긋나 있는 부분에서 잘 발달한다.

바로알기 ①, ② 해구와 호상열도가 발달하고, 맨틀 대류가 하강하는 곳은 수렴형 경계이다.

③ 보존형 경계에서는 지진은 활발하지만, 화산 활동은 거의 일어나지 않는다.

④ 두 판이 서로 멀어지는 경계는 발산형 경계이다.

12 ㄴ. 이 지역은 두 대륙판이 서로 충돌하는 수렴형 경계로 맨틀 대류의 하강부에 위치한다.

바로알기 ㄱ. 대륙판과 대륙판이 수렴하는 충돌형 경계에서는 화산 활동이 거의 일어나지 않는다.

ㄷ. 두 대륙판이 서로 충돌하면서 거대한 습곡 산맥이 형성된다. 이와 같은 지형의 예로는 히말라야산맥이 있다. 산안드레아스 단층은 보존형 경계에서 발달하는 지형의 예이다.

13

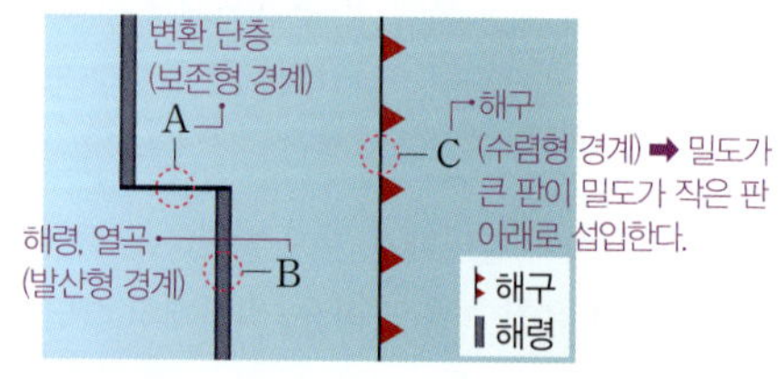

- A(변환 단층): 해령과 해령 사이에 나타나는 보존형 경계이다.
  ➡ 지진 활발
- B(해령): 새로운 해양 지각이 생성되는 발산형 경계이다.
  ➡ 지진, 화산 활동 활발
- C(해구): 밀도가 큰 해양판이 밀도가 작은 판 아래로 섭입하는 수렴형 경계이다. ➡ 지진, 화산 활동 활발

ㄴ. B의 열곡에서는 새로운 해양 지각이 생성된다.

ㄷ. C에서는 상대적으로 밀도가 큰 해양판이 섭입한다.

바로 알기 ㄱ. A는 판의 경계이므로 지진이 활발하다.

14 자료 해석하기

전 세계 주요 판의 경계

ㄱ. A와 B 지역은 모두 두 판이 서로 가까워지는 수렴형 경계에 해당하므로 하부에서 맨틀 대류 하강이 일어난다.

ㄴ. C는 보존형 경계로, 판이 생성되지도 소멸되지도 않는다.

ㄷ. A~D 지역은 모두 판의 경계에 위치하여 지진이 활발하다.

15 바로 알기 ③ 화산 활동으로 분출된 용암은 산사태를 일으키거나 지형을 변화시킨다.

16 (가) 기권으로 분출된 화산 가스에는 이산화 탄소 등의 온실 기체가 포함되어 있으므로 지구의 온실 효과에 영향을 줄 수 있다.
(나) 다량의 화산재가 햇빛을 차단하면 생물의 광합성을 억제할 수 있다.
(다) 해저 화산 활동이 일어나면 다양한 성분이 해수 속에 녹아들어가므로 수권에 영향을 미칠 수 있다.

17 바로 알기 ㄷ. 대규모 화산 분출은 지표 온도 상승, 화산 가스 분출 등의 전조 현상을 관찰하여 분출 시기를 어느 정도 예측할 수 있지만, 지진의 경우 상대적으로 발생 시기를 예측하기가 어렵다.

JUMP
도전 문제

199쪽

01 ④　　**02** A: 호상열도, B: 열곡대, C: 변환 단층

03 해설 참조　　**04** ④　　**05** ②

---

01 ①, ② 세계의 주요 지진대는 지각 변동이 활발한 변동대와 거의 일치하며, 대체로 좁고 긴 띠 모양으로 분포한다.
③ 알프스 – 히말라야 지진대에는 주로 수렴형 경계가 발달해 있으며, 습곡 산맥, 해구 등이 분포한다.
⑤ 대서양 중앙 해령 지진대에는 발산형 경계인 해령과 열곡이 발달해 있다.

바로 알기 ④ 환태평양 지진대는 태평양의 가장자리를 따라 발달해 있으며, 전 세계에서 지진이 가장 활발한 지역이다.

02 심발 지진은 판이 지구 내부로 섭입하는 지역에서만 일어날 수 있다. 따라서 섭입대 부근에서 발달하는 호상열도에서는 심발 지진이 일어날 수 있다. 열곡대는 판의 발산형 경계에 있으므로 화산 활동이 활발하지만, 변환 단층은 보존형 경계에 있으므로 화산 활동이 거의 일어나지 않는다.

03 모범 답안 (가)에서는 왼쪽에 있는 판이 오른쪽에 있는 판보다 느리게 이동하므로 두 판이 서로 멀어져 발산형 경계가 발달하고, (나)에서는 두 판이 같은 방향으로 이동하지만 이동 속력이 다르기 때문에 서로 어긋나 보존형 경계가 발달한다.

채점 기준	배점(%)
(가)와 (나)를 모두 옳게 설명한 경우	100
(가)와 (나) 중 한 가지만 옳게 설명한 경우	50

04 ㄱ. A는 섭입하는 판의 위쪽에 형성된 호상열도로 수렴형 경계에서 발달한다.
ㄷ. C는 해령이고, D는 해구이다. 평균 수심은 해령에서 해구로 갈수록 대체로 깊어진다.
ㄹ. C에서 새로운 해양 지각이 생성되어 양쪽으로 이동하면서 D에서 소멸된다. 해령축을 중심으로 멀어질수록 해양 지각의 나이가 많아진다.

바로 알기 ㄴ. 판이 섭입하는 A에서는 천발~심발 지진이 발생하고, B에서는 주로 천발 지진이 발생하므로 지진의 평균 발생 깊이는 A보다 B에서 얕다.

05 ㄷ. 화산 활동은 기후 변화, 생태계 파괴 등을 일으켜 환경적 피해를 일으킬 수 있다. 또한 인명 피해, 사회 문제 발생, 곡물 생산량 감소 등을 일으켜 사회적, 경제적 피해도 일으킬 수 있다.

바로 알기 ㄱ. 화산 가스에는 다량의 이산화 탄소와 같은 온실 기체가 포함되어 있어 온실 효과를 강화하는 역할을 한다. 한편, 화산 가스에 포함된 이산화 황은 대기 중에 에어로졸을 형성하여 지표로 유입되는 햇빛을 감소시켜 (가)와 같이 지구의 평균 기온을 낮추는 역할을 하기도 한다.

ㄴ. 화산 쇄설물은 입자의 크기에 따라 화산진, 화산재, 화산력, 화산암괴 등으로 구분한다. 화산암괴는 크기가 커서 대기 상층에 머물지 못하고, 화산 분출구 주변에 떨어진다. 입자의 크기가 작은 화산재는 대기 상층으로 다량 분출되어 햇빛을 차단하거나 항공기 운항에 지장을 준다.

중단원 핵/심/정/리 200~201쪽

1 외권 2 수권 3 자기장
4 액체 5 대류권 6 수온 약층
7 태양 8 태양 9 물질
10 경계 11 암석권(판) 12 발산형
13 습곡 산맥 14 천발 지진 15 동아프리카

PICH 출제 0순위 202~203쪽

01 ③ 02 ④ 03 ④ 04 ③

01 문제 해결 전략

1 출제 Point 파악하기

지구시스템의 구성 요소와 상호작용의 예를 이해한다.

2 자료 파악하기

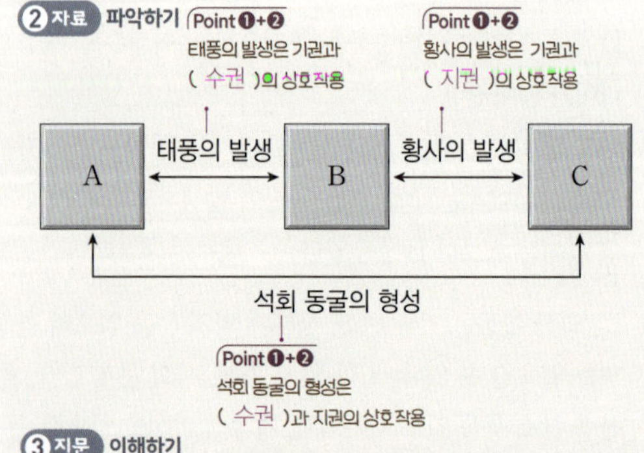

3 지문 이해하기

태풍은 열대 해상에서 많은 양의 물이 증발하고, 증발한 물이 상승 기류에 의해 적란운을 형성할 때 발생한다. 황사는 건조한 토양에서 만들어진 모래 먼지가 상층의 편서풍을 타고 이동하면서 발생한다. 석회 동굴은 지하수에 의해 석회암 지대가 용해되어 형성된다.

태풍의 발생은 기권과 수권의 상호작용, 황사의 발생은 기권과 지권의 상호작용, 석회 동굴의 형성은 수권과 지권의 상호작용이다. 따라서 A는 수권, B는 기권, C는 지권이다.

플러스 보기+

(○) ⑥ 태풍과 황사 발생의 에너지원은 태양 에너지이다.
→ 태풍의 에너지원은 수증기의 숨은열이고, 황사의 에너지원은 바람의 운동 에너지이므로 태양 에너지가 태풍과 황사 발생의 근원 에너지이다.

(○) ⑦ 쓰나미의 형성은 A와 C의 상호작용의 예이다.
→ 쓰나미는 해저에서 발생한 지진에 의해 발생한 해파가 육지로 유입되는 현상이다. 따라서 쓰나미의 형성은 수권(A)과 지권(C)의 상호작용의 예이다.

02 문제 해결 전략

1 출제 Point 파악하기

지구시스템의 구성 요소와 상호작용의 예를 이해한다.

2 자료 파악하기

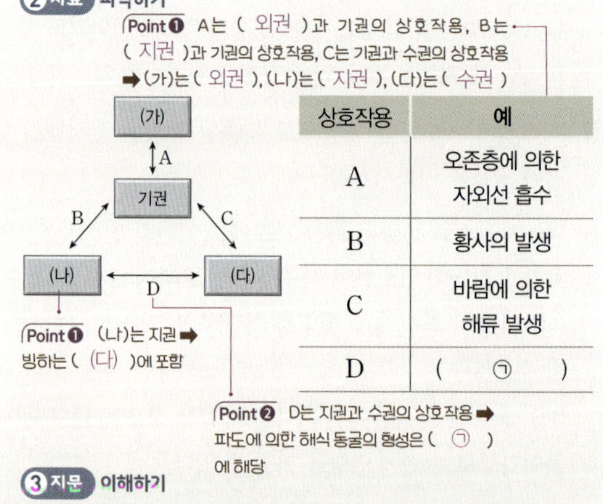

상호작용	예
A	오존층에 의한 자외선 흡수
B	황사의 발생
C	바람에 의한 해류 발생
D	(㉠)

3 지문 이해하기

표에서 오존층에 의한 자외선 흡수는 외권과 기권의 상호작용(A), 황사의 발생은 지권과 기권의 상호작용(B), 바람에 의한 해류 발생은 기권과 수권의 상호작용(C)이다.

ㄱ. 오존층에 의한 자외선 흡수는 외권과 기권의 상호작용(A)으로 일어나므로 (가)는 외권이다.

ㄷ. 황사는 지권과 기권의 상호작용(B)으로 일어나므로, (나)는 지권이다. 그리고 바람에 의한 해류는 기권과 수권의 상호작용(C)으로 일어나므로 (다)는 수권이다. 파도에 의한 해식 동굴의 형성은 지권과 수권의 상호작용에 해당하므로 D의 예가 될 수 있다.

바로알기 ㄴ. 수권은 지구상에 존재하는 물로, 빙하는 수권에 속한다. 따라서 빙하는 수권인 (다)에 속한다.

(×) ㄹ. '화석의 생성'은 B의 예이다.
→ 화석의 생성은 생물권과 지권의 상호작용에 해당한다. B
는 기권과 지권의 상호작용이다.

(○) ㅁ. '석회암의 형성'은 ㉠에 올 수 있다.
→ 석회암은 수권과 지권의 상호작용 또는 생물권과 지권의
상호작용을 거쳐 생성될 수 있다. 따라서 석회암의 형성
은 지권과 수권의 상호작용인 D의 예이므로 ㉠에 올 수
있다.

03 문제 해결 전략

① 출제 Point 파악하기

판 경계의 종류와 지각 변동의 특징을 이해한다.

② 자료 파악하기

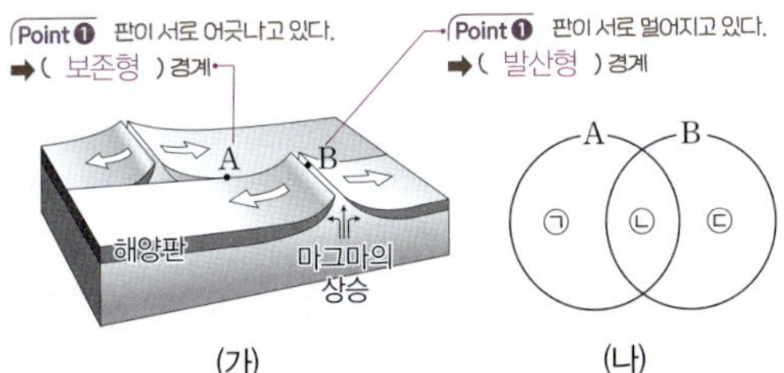

Point ❷ A와 B에서의 지각 변동과 발달 지형

구분	A	B	
지진	활발	활발	➡㉡
화산 활동	(거의 없음)	활발	➡㉢
발달 지형	(변환 단층)	해령, 열곡	➡㉠, ㉢

③ 지문 이해하기

(가)에서 판의 경계 A에서는 두 판이 서로 평행하게 어긋나고 있
고, B에서는 두 판이 서로 멀어지고 있다. 따라서 A는 보존형 경
계, B는 발산형 경계이므로, (나)에서 ㉠은 보존형 경계에서만 일
어나는 특징, ㉡은 보존형 경계와 발산형 경계에서 모두 일어나는
특징, ㉢은 발산형 경계에서만 일어나는 특징이다.

④ 지진은 모든 종류의 판 경계에서 공통적으로 일어나는 지각
변동이므로 ㉡에 속한다.

바로 알기 ① A는 보존형 경계로 판이 생성되지도 소멸되지
도 않는다. 해양판이 생성되는 곳은 발산형 경계(B)이다.
② B는 발산형 경계로 해령이나 열곡이 발달한다. 해구는 수렴
형 경계에서 발달하는 지형이다.
③ 보존형 경계와 발산형 경계 중 화산 활동은 발산형 경계에
서만 일어나므로 ㉢에 속한다.
⑤ 호상열도는 수렴형 경계에서 형성되므로 ㉠, ㉡, ㉢ 모두에
속하지 않는다.

(○) ⑥ 천발 지진은 ㉡에 속한다.
→ 발산형 경계와 보존형 경계에서는 모두 천발 지진이 일
어나므로 천발 지진은 ㉡에 속한다.

(×) ⑦ '맨틀 대류의 상승부에 위치'는 ㉠에 속한다.
→ 발산형 경계 B는 맨틀 대류의 상승부에 위치한다. 따라
서 '맨틀 대류의 상승부에 위치'는 ㉢에 속한다.

04 문제 해결 전략

① 출제 Point 파악하기

판의 경계에서 발생한 지진의 특징과 에너지원을 이해한다.

② 자료 파악하기

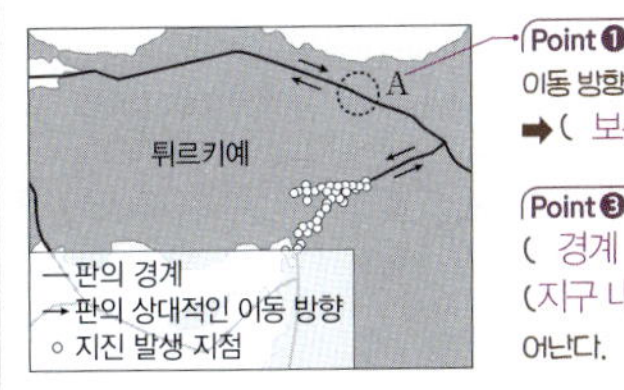
○월 ○일 튀르키예 남동부 지역에서 규모 7.8의 강진이
발생하고 ㉠여러 차례 지진이 이어져 큰 피해가 일어났다.
판과 판이 만나는 이 지역은 과거에도 지진이 발생하였다.

③ 지문 이해하기

지진이 집중적으로 발생한 튀르키예 남동부 지역에는 판의 경계
가 존재한다. 이 경계는 두 판이 서로 어긋나고 있으므로 보존형
경계에 해당한다. 보존형 경계에서는 천발 지진이 매우 활발한 반
면, 화산 활동은 거의 일어나지 않는다.

ㄱ. 지진 발생 지점과 판의 경계를 비교해 보았을 때, 여러 차례
의 지진은 주로 판의 경계 부근에서 발생하였다.

ㄷ. 지진을 일으키는 에너지원은 지구 내부 에너지이다.

바로 알기 ㄴ. A 지역의 판 경계에서는 두 판이 서로 어긋나
는 방향으로 이동하고 있으므로 A에는 보존형 경계가 존재한
다. 두 판이 서로 멀어지는 경계는 발산형 경계이다.

(×) ㄹ. 지진이 발생한 지역에서는 화산 활동도 활발하다.
→ 지진이 발생한 튀르키예 남동부 지역에는 보존형 경계가
존재한다. 보존형 경계에서는 화산 활동이 거의 일어나
지 않는다.

(×) ㅁ. A 지역 부근에는 열곡대가 발달한다.
→ 열곡대는 판이 서로 멀어지는 발산형 경계에서 발달한
다. 보존형 경계인 A 지역에는 변환 단층이 발달한다.

수능 실전 2점

01 ④　02 ③　03 ①　04 ①　05 ⑤　06 ④　07 ③
08 ④　09 ④　10 ⑤　11 ②　12 ⑤

수능 실전 3점

13 ④　14 ②　15 ②　16 ⑤　17 ②　18 ③　19 ①
20 ⑤　21 ①　22 ②　23 ①　24 ②

01 ㄴ. ㉠~㉢은 지권, 기권, 수권 중 하나이며, 이 구성 요소들은 모두 성층 구조가 나타난다.

ㄷ. 지구시스템을 구성하는 요소들 사이에 상호작용이 일어날 때, 물질과 에너지의 이동이 함께 나타난다.

바로알기 ㄱ. 오존층은 기권에서 오존 농도가 가장 높은 영역으로 성층권에 존재한다.

02 ㄷ. 지구 구성 물질의 평균 밀도는 지구 내부로 갈수록 커지므로 (나) 핵＞(가) 맨틀 ＞(다) 지각이다.

바로알기 ㄱ. (가)는 산소＞마그네슘＞규소 순으로 풍부하므로 맨틀이다. 지각은 산소＞규소＞알루미늄 순으로 풍부한 (다)이다.

ㄴ. (나)는 대부분 철과 니켈로 이루어져 있으므로 핵이다. 핵에는 규산염 물질이 거의 존재하지 않는다.

03 ㄱ. 주요 구성 원소에 산소, 아르곤, 이산화 탄소 등이 포함되므로 이 권역은 기권이다.

바로알기 ㄴ. A는 기권에서 가장 큰 부피비를 차지하는 질소이다.

ㄷ. 기권은 높이에 따른 기온 분포를 기준으로 4개의 층으로 구분할 수 있다.

04 ㄱ. 기권에서 오존 농도가 최대인 곳은 높이 약 20~30 km 구간(B)이며, 이 구간을 오존층이라고 한다.

바로알기 ㄴ. (나)에서 연직 운동이 가장 활발한 곳은 혼합층(㉠)이다. 수온 약층(㉡)은 깊이가 깊어질수록 밀도가 증가하여 해수의 연직 운동이 거의 일어나지 않는 매우 안정한 층이다.

ㄷ. (가)와 (나)에서 높이나 깊이에 따른 온도 변화가 가장 크게 나타나는 곳은 열권(D)과 수온 약층(㉡)이다.

05 ㄱ. 물의 순환과 기상 현상 등을 일으키는 주요 에너지원은 태양 에너지(A)이다.

ㄷ. 해수면 높이가 주기적으로 변하는 현상을 조석 현상이라고 한다. 조석 현상을 일으키는 근원 에너지는 조력 에너지(C)이다.

바로알기 ㄴ. 지구시스템의 주요 에너지원은 다른 에너지원으로 전환되지 않는다.

06 ① 바다에서 물이 태양 에너지를 흡수하면 증발(A)하여 수증기가 된다.

② 육지에서는 증발량보다 강수량이 많으며, 그 차이만큼 육지에서 바다로 유출된다.

바로알기 ④ 생물권의 증산 작용은 육지의 물을 기권으로 이동시키는 역할을 한다.

07 자료 해석하기

탄소의 순환

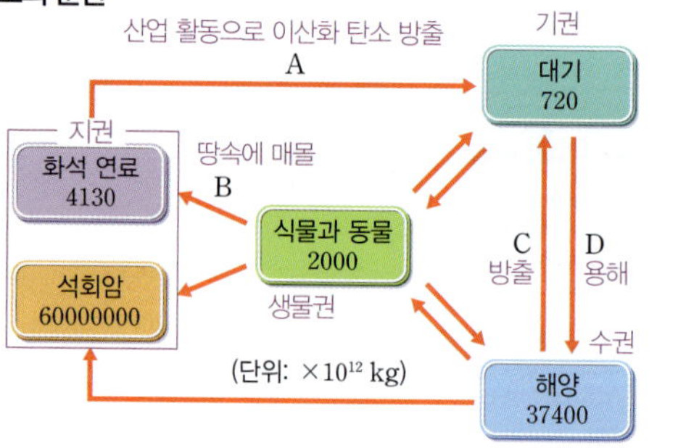

- 탄소의 분포량: 지권＞수권＞생물권＞기권
- A: 인간 활동에 의해 지권에 화석 연료 형태로 저장됐던 탄소가 기권으로 이동하는 양
- B: 생물권에 해당하는 식물과 동물이 지권에 매몰되어 화석 연료가 생성되는 양
- C: 수권의 해수에 녹아 있던 이산화 탄소가 기권으로 방출되는 양
- D: 기권에 있는 이산화 탄소가 수권의 해수에 녹는 양

ㄱ. 지구시스템에서 탄소의 분포량은 지권＞수권＞생물권＞기권이다.

ㄴ. 현재 지구시스템에서 화석 연료의 사용 등으로 지권에서 기권으로 탄소가 이동하는 양 A는 화석 연료의 생성량 B보다 훨씬 많다.

바로알기 ㄷ. 해양 산성화는 대기에서 해양으로 이동하는 탄소량 D가 해양에서 대기로 이동하는 탄소량 C보다 많을 때 나타난다.

08 ㄴ. 열대 우림이 파괴될수록 식물체를 구성하는 탄소량이 감소하므로 생물권의 탄소량은 감소한다.

ㄷ. 대기 중으로 분출된 화산재는 태양 복사 에너지를 반사하여 지표로 유입되는 태양 복사 에너지양을 감소시키는 역할을 한다.

바로알기 ㄱ. 쓰나미는 지권과 수권의 상호작용에 해당한다.

09 ㄴ. 그림에서 A는 암석권, B는 연약권이다. 판은 암석권의 조각으로 지각과 맨틀 최상부층으로 이루어져 있다.

ㄷ. 암석권(A)은 단단한 강체의 성질을 갖고 있지만, 연약권(B)은 부분적으로 용융되어 있어 상대적으로 유동성이 있는 고체 상태이다.

바로알기 ㄱ. 대륙 지각은 해양 지각보다 두께가 두꺼우므로 대륙 지각을 포함하는 대륙판이 해양 지각을 포함하는 해양판보다 두께가 두껍다.

10 ⑤ 이 지역에는 두 판이 서로 멀어지는 발산형 경계와 두 판이 서로 어긋나는 보존형 경계가 모두 존재한다.

바로알기 ① ㉠은 새로운 해양 지각이 생성되는 해령의 중심부에 위치한다.

② ㉡과 ㉢은 판의 상대적 이동 방향이 다르므로 서로 다른 판에 위치하며, ㉡과 ㉢ 사이에는 두 판이 서로 어긋나는 보존형 경계가 있다.

③ ㉠은 발산형 경계인 해령에 위치하므로 ㉠에서는 지진이 일어난다. ㉡과 ㉢은 판의 경계가 아니므로 지진이 거의 일어나지 않는다.

④ ㉡은 마그마가 상승하는 지역이 아니므로 화산 활동이 거의 일어나지 않는다.

11 자료 해석하기

판 경계와 지각 변동

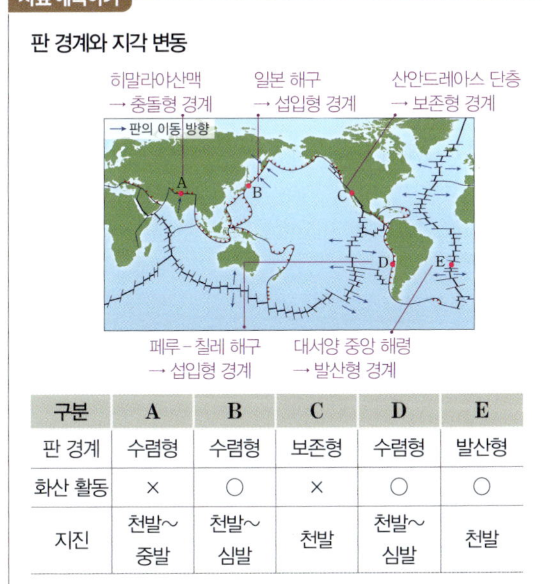

구분	A	B	C	D	E
판 경계	수렴형	수렴형	보존형	수렴형	발산형
화산 활동	×	○	×	○	○
지진	천발~중발	천발~심발	천발	천발~심발	천발

① A 지역에서는 두 대륙판의 충돌로 습곡 산맥인 히말라야산맥이 형성된다.

③ C 지역은 두 판이 서로 어긋나면서 형성된 변환 단층이 발달한다.

④ D 지역에서는 해양판이 대륙판 아래로 섭입함에 따라 대륙 쪽으로 갈수록 진원의 깊이가 점점 깊어진다.

⑤ E 지역은 발산형 경계로 새로운 해양 지각이 생성되는 V자

모양의 열곡이 발달한다.

바로알기 ② B는 수렴형 경계이므로 B의 하부에서는 맨틀 대류의 하강이 일어난다.

12 ㄱ. 아이슬란드의 가운데에는 발산형 경계인 대서양 중앙 해령이 지나가고 있다.

ㄴ. 이 지역은 화산 활동이 활발하여 지하의 열을 이용한 지열 발전을 하고 있다.

ㄷ. 발산형 경계에 위치하여 천발 지진이 매우 활발하다.

13 ① 최초의 생명체는 바다에서 탄생했으므로 A는 수권이다.

② 지질 시대 동안 생물권의 분포 영역은 바다에서 육지로 확대되었다. 따라서 B는 지권으로, 지표와 지구 내부를 포함한 영역이다.

③ 생물다양성이 증가하여 조류가 나타나면서 기권까지 생물의 분포 영역이 확대되었다. 따라서 C는 기권이며, 지구를 둘러싸고 있는 대기 영역이다.

⑤ 생물권의 분포 영역이 지구시스템의 여러 구성 요소로 확대되면서 지구시스템의 상호작용도 점점 다양해졌다.

바로알기 ④ 오존층이 형성된 이후에 육상까지 생물권의 분포 영역이 확대될 수 있었다. 따라서 오존층은 (가) 시기 이후에 생겼다.

14 ㄴ. 지권에서 대류가 일어나는 영역은 유동성이 있는 맨틀(C)과 액체 상태의 외핵(B)이다.

ㄷ. 기권에서 수증기가 가장 풍부한 층은 대류권(㉠)이다.

바로알기 ㄱ. 지권은 구성 성분과 물질의 상태에 따라 4개의 층으로 구분하고, 기권은 높이에 따른 온도 분포를 기준으로 4개의 층으로 구분한다.

15 ㄷ. 수온 약층은 깊이에 따른 수온 변화가 클수록 밀도 변화가 커서 뚜렷하게 발달한다. 이 해역에서 깊이에 따른 수온 변화는 2월(B)보다 8월(A)에 크므로 수온 약층도 2월(B)보다 8월(A)에 뚜렷하게 발달한다.

바로알기 ㄱ. 북반구 중위도 해역에서는 2월보다 8월에 표층 수온이 높다. 따라서 A는 8월, B는 2월의 연직 수온 분포를 나타낸 것이다.

ㄴ. 바람이 강할수록 혼합층이 두껍게 발달한다. 따라서 바람의 평균 세기는 혼합층의 두께가 더 두꺼운 2월(B)이 8월(A)보다 강하다.

16 ㄱ. 수증기, 이산화 탄소 등은 대표적인 온실 기체로, 온실 효과를 일으켜 생물이 살기에 적합한 온도를 유지시킨다.

ㄴ. 수권은 해수의 순환으로 저위도에서 고위도로 에너지를 운반하여 지구의 에너지 평형에 기여한다.

ㄷ. (나)는 대기의 온실 효과가 나타나는 기권이다. 기권의 오존은 자외선을 차단하여 생명체를 보호하는 역할을 한다.

17 ㄷ. 태풍 발생, 쓰나미 발생, 해식 절벽 형성은 모두 지구시스템의 구성 요소 사이에 일어나는 상호작용에 해당하며, 상호작용이 일어날 때 물질과 에너지의 이동이 함께 나타난다.

[바로알기] ㄱ. 태풍 발생, 해식 절벽 형성을 일으키는 근원 에너지는 태양 에너지이고, 쓰나미를 일으키는 근원 에너지는 지구 내부 에너지이다. 따라서 ㉠은 '태양 에너지'이다.

ㄴ. 태풍은 기권과 수권의 상호작용으로 발생하고, 해식 절벽은 지권과 수권의 상호작용으로 형성된다. 따라서 ㉡은 '기권과 수권'이다.

18 ㄱ. 지구는 물수지 평형 상태이므로 총 강수량과 총 증발량은 같다. 따라서 $A+284=60+320$이므로 A는 96이다.

ㄷ. 태양 에너지로 물의 순환이 일어나며, 물의 순환 과정에서 나타나는 물의 이동은 지형을 변화시키는 주요 원인이 된다.

[바로알기] ㄴ. 육지에서 바다로 이동하는 지표 유출(㉠) 36은 담수이다. 그리고 바다에서 증발과 강수의 차이로 바다에서 대기로 이동하는 물의 양도 36이며, 이 물도 담수이다. 따라서 바다에서 담수 형태로 유입되는 물의 양과 담수 형태로 유출되는 물의 양이 같기 때문에 해수의 염분은 일정하게 유지된다.

19 ㄱ. 기권의 이산화 탄소 농도가 높을수록 광합성이 활발해지므로 A가 증가한다.

[바로알기] ㄴ. 기체의 용해도는 수온에 반비례하므로 해수의 온도가 상승하면 방출되는 양(B)이 용해되는 양(C)보다 많아진다.

ㄷ. D+E는 지권에서 기권으로 이동하는 양에 해당하며, F+G는 생물권과 수권에서 지권으로 이동하는 양에 해당한다. 현재 지구시스템에서는 인간 활동에 의해 지권의 탄소량이 계속 감소하는 추세이므로 D+E>F+G이다.

20 **자료 해석하기**

지구시스템의 상호작용

상호작용	예
㉠	운석 구덩이 형성
㉡	빙하에 의한 침식
㉢	(석회암 형성)

· 운석 구덩이 형성: 외권과 지권의 상호작용(㉠)의 예 ➜ A는 외권
· 빙하에 의한 침식: 수권과 지권의 상호작용(㉡)의 예 ➜ B는 수권

ㄱ. 운석 구덩이는 외권의 유성체가 지표에 떨어져 형성되므로 외권과 지권의 상호작용(㉠)의 예에 해당한다. 따라서 A는 외권이다.

ㄷ. 석회암은 석회질 껍데기를 가진 생물의 사체가 해저에 가라앉아 형성될 수 있으므로 석회암 형성은 ㉢의 예가 된다.

[바로알기] ㄴ. 빙하에 의한 침식은 지권과 수권의 상호작용이므로, B는 수권이다. 수권에서 탄소는 주로 탄산 이온 형태로 존재한다.

21 ㄱ. A에는 해양판이 섭입하는 수렴형 경계가 존재한다. 따라서 A의 화산섬은 호상열도를 이룬다.

[바로알기] ㄴ. B에는 동태평양 해령이 분포한다. 따라서 B의 지진대는 해령 지진대에 속한다. 환태평양 지진대는 태평양 가장자리를 따라 분포한다.

ㄷ. 판의 경계에서는 지진이 활발하게 일어나지만, 모든 판의 경계에서 화산 활동이 일어나는 것은 아니다. 따라서 판의 경계를 추정할 때, 화산보다 지진의 분포를 확인하는 것이 더 용이하다.

22 ㄷ. B에서는 새로운 해양 지각이 생성되고, A에서는 오래된 해양 지각이 소멸한다. 따라서 해양 지각의 나이는 A가 B보다 많다.

[바로알기] ㄱ. A에는 수렴형 경계인 해구가 존재한다. A 하부에서는 맨틀 대류의 하강이 일어난다.

ㄴ. B에는 발산형 경계인 해령이 분포한다. 해령은 주변보다 수심이 얕은 해저 산맥이다. 습곡 산맥은 수렴형 경계에서 발달하는 지형이다.

23 (가)는 수렴형(충돌형) 경계, (나)는 보존형 경계, (다)는 수렴형(섭입형) 경계에 해당한다. 따라서 세 지역 모두 변동대에 위치하여 천발 지진이 활발하다.

[바로알기] ㄷ. (다)에서는 화산 활동이 일어나지만, (가)와 (나)에서는 화산 활동이 거의 일어나지 않는다.

ㄹ. 오래된 판이 소멸하는 지역은 수렴형(섭입형) 경계인 (다)이다.

24 ㄷ. 화산의 하부에서는 태평양판이 북아메리카판 아래로 섭입하고 있다. 태평양판은 상대적으로 밀도가 큰 해양판이다.

[바로알기] ㄱ. 이 지역은 환태평양 화산대에 속하며, 수렴형 경계 부근에 위치한다. 열곡대는 발산형 경계에서 발달하는 지형이다.

ㄴ. 화산재는 햇빛을 차단하므로 지구의 반사율을 증가시키는 역할을 한다.

01 Step ❶ 대류권, 성층권, 중간권

Step ❷ ❶ 외권 ❷ 대류권 ❸ 중간권

02 Step ❶ 산소, 철　　Step ❷ ❶ 철 ❷ 산소

03 Step ❶ 혼합층, 수온 약층

Step ❷ ❶ 수온 ❷ 혼합층 ❸ 수온 약층

04 Step ❶ 많, 적　　Step ❷ ❶ 평형 ❷ 숨은열

05 Step ❶ 지권, 수권

Step ❷ ❶ 석회암 ❷ 유기물 ❸ 석회 동굴 형성

06 Step ❶ 해구, 해령

Step ❷ ❶ 호상열도 ❷ 변환 단층 ❸ 열곡대

07 Step ❶ 해령　　Step ❷ ❶ 발산형 ❷ 적 ❸ $\frac{1}{3}$

08 Step ❶ 화산 가스, 화산 쇄설물, 용암

Step ❷ ❶ 화산 가스 ❷ 화산재 ❸ 용암

01 (1) 기권은 높이에 따른 기온 분포를 기준으로 대류권(A), 성층권(B), 중간권(C), 열권(D)으로 구분한다. 오로라(㉠)는 외권에서 유입된 태양풍 입자가 지구 대기와 충돌하면서 빛을 내는 현상으로 열권(D)에서 나타난다. 그리고 번개, 소나기 등의 기상 현상은 대류권(A)에서 일어나며, 유성(㉢)은 외권의 유성체가 지구 중력에 끌려 들어오면서 주로 중간권(C)에서 타면서 밝은 빛을 내는 현상이다.

(2) 성층권은 높이 올라갈수록 기온이 높아지므로 연직 운동이 억제되어 안정한 층이다.

모범 답안 (1) ㉠ D, ㉡ A, ㉢ C

(2) 성층권, 성층권에 있는 오존이 태양의 자외선을 흡수하기 때문이다.

	채점 기준	배점(%)
(1)	㉠~㉢을 모두 옳게 쓴 경우	30
	㉠~㉢ 중 한 가지만 옳게 쓴 경우	10
(2)	B층의 이름을 쓰고, 까닭을 옳게 설명한 경우	70
	B층의 이름만 옳게 쓴 경우	20

02 지구 전체에서 가장 풍부한 두 원소는 철과 산소이다. 지구 내부는 성층 구조를 이루며 각 층은 구성 성분이 다르다. 지각과 맨틀에서는 산소가 가장 풍부하고, 핵에서는 철이 가장 풍부하다. 따라서 B는 핵이며, ㉠은 철이다. 원시 지구가 형성될 때 가벼운 성분이 떠올라 맨틀을 이루고, 무거운 성분이 가라앉아 핵을 이루었다. 맨틀은 지각보다 평균 밀도가 크므로 철 성분이 많다. 따라서 A는 지각이고, C는 맨틀이다.

모범 답안 (1) ㉠ 철, ㉡ 산소, 지구에서 가장 풍부한 두 원소는 철과 산소이고, 핵에는 철이, 지각과 맨틀에는 산소가 가장 풍부하다. 따라서 두 층에서 풍부한 ㉡은 산소이고, 나머지 ㉠은 철이다.

(2) A는 지각, B는 핵, C는 맨틀이다. 주로 철로 이루어진 B는 핵이고, 맨틀은 지각보다 평균 밀도가 크기 때문에 무거운 철 성분은 지각보다 맨틀에 많으므로 C가 맨틀, A가 지각이다.

	채점 기준	배점(%)
(1)	㉠과 ㉡의 원소를 쓰고, 그 까닭을 옳게 설명한 경우	50
	㉠과 ㉡의 원소만 옳게 쓴 경우	20
(2)	A~C층의 이름을 쓰고, 그 까닭을 옳게 설명한 경우	50
	A~C층의 이름만 옳게 쓴 경우	30

03 (1) (가)는 전등으로 가열되기 이전이므로 수온이 낮고 일정하게 나타난다. (나)는 전등에 의해 물이 가열되어 표면의 수온이 가장 높고 깊어질수록 수온이 낮아진다. 이때 수심이 깊은 곳은 거의 가열되지 않는다. (다)는 부채질에 의해 표층의 물이 혼합되어 깊이에 따른 수온이 일정한 층이 만들어진다.

(2) (다)는 깊이에 따른 수온 분포를 기준으로 3개의 층으로 구분할 수 있다. 표층에서 수온이 일정한 층(혼합층), 깊어질수록 수온이 낮아지는 층(수온 약층), 가열의 영향을 받지 않아 수온이 낮고 깊이에 따른 수온이 일정한 층(심해층)이다.

모범 답안 (1)

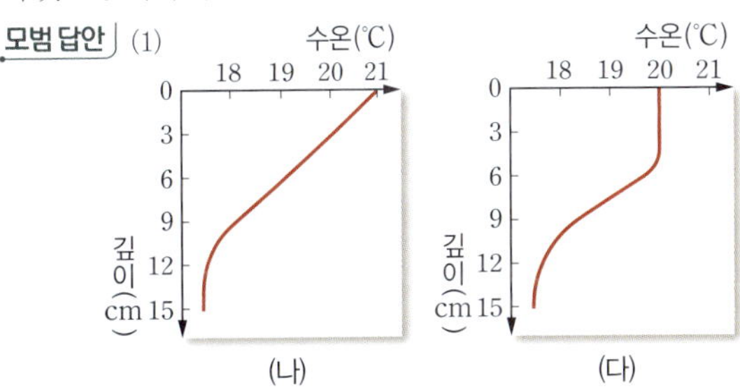

(2) 바람에 의한 혼합 작용으로 깊이에 따른 수온이 거의 일정한 혼합층, 깊어질수록 수온이 낮아지는 수온 약층, 태양 에너지가 도달하지 않아 수온이 낮고 깊이에 따른 수온이 거의 일정한 심해층이 나타난다.

	채점 기준	배점(%)
(1)	(나)와 (다)의 그래프를 모두 옳게 그린 경우	60
	(나)와 (다)의 그래프 중 한 가지만 옳게 그린 경우	30
(2)	(다)의 결과를 바탕으로 해수의 성층 구조를 옳게 설명한 경우	40

04 (2) 태양 에너지는 지표면을 가열하는 열에너지로 전환되고, 지표면의 온도 차이에 따라 공기의 운동 에너지로 전환되기도 한다. 물이 증발하여 수증기가 될 때 태양 에너지를 흡수하여 수증기의 숨은열로 전환된다.

모범 답안 (1) 바다에서 '증발량＝강수량＋육지에서의 유입량'이므로 해수의 양은 거의 변하지 않는다.

(2) 태양 에너지는 물의 열에너지와 운동 에너지, 수증기의 숨은열 등으로 전환된다.

	채점 기준	배점(%)
(1)	바다에서 증발량은 강수량과 육지에서의 유입량을 합친 것과 같다고 설명한 경우	50
	바다에서 유입량과 유출량이 같아 변하지 않는다고 설명한 경우	30
(2)	물의 열에너지, 운동 에너지, 수증기의 숨은열 등을 포함하여 설명한 경우	50
	물의 열에너지, 운동 에너지, 수증기의 숨은열 중 한 가지만 포함하여 설명한 경우	20

05 지권(가)의 탄소는 대부분 탄산염 광물 형태로 존재하고, 수권(나)의 탄소는 주로 탄산 이온 형태로 존재하며, 생물권(다)의 탄소는 대부분 유기물 형태로 존재한다.

모범 답안 (1) (가) 지권, (나) 수권, (다) 생물권

(2) 유기물

(3) 석회암이 지하수에 의해 용해되어 석회 동굴이 만들어질 때 탄소가 지권에서 수권으로 이동한다.

	채점 기준	배점(%)
(1)	(가)~(다)를 모두 옳게 쓴 경우	30
	(가)~(다) 중 한 가지만 옳게 쓴 경우	10
(2)	유기물이라고 쓴 경우	10
(3)	석회 동굴의 형성이라고 옳게 설명한 경우	60

06 **모범 답안** (1) A는 호상열도, B는 변환 단층, C는 해령, D는 해구, E는 열곡대이다.

(2) C와 E. 맨틀 대류의 상승 과정에서 만들어진 마그마가 지표로 분출하여 새로운 판을 형성한다.

	채점 기준	배점(%)
(1)	A~E에 발달하는 지형의 이름을 모두 옳게 쓴 경우	50
	A~E 중 한 가지만 옳게 쓴 경우	10
(2)	판이 만들어지는 곳의 기호를 쓰고, 생성 과정을 옳게 설명한 경우	50
	판이 만들어지는 곳의 기호만 옳게 쓴 경우	20

07 (1) C 지점을 중심으로 양옆으로 멀어질수록 해양 지각의 나이가 많아지므로 C 지점은 새로운 해양 지각이 생성되는 발산형 경계에 위치한다.

(2) 해양 지각은 발산형 경계인 C 지점에서 생성되어 양옆으로 이동하고 있다. 따라서 A가 속한 판의 경우, 이동 속력은 $\dfrac{200\ \text{km}}{600\text{만 년}}＝\dfrac{10}{3}$ cm/년이고, D가 속한 판의 경우, 이동 속력은 $\dfrac{200\ \text{km}}{200\text{만 년}}＝10$ cm/년이다. 따라서 판의 이동 속력은 A가 속한 판이 D가 속한 판의 $\dfrac{1}{3}$배이다.

모범 답안 (1) C, C는 해양 지각의 나이가 0이므로 새로운 해양 지각이 생성되는 해령이다.

(2) A가 속한 판의 이동 속력은 $\dfrac{200\ \text{km}}{600\text{만 년}}＝\dfrac{10}{3}$ cm/년이고, D가 속한 판의 이동 속력은 $\dfrac{200\ \text{km}}{200\text{만 년}}＝10$ cm/년이다.

	채점 기준	배점(%)
(1)	판 경계가 위치하는 곳을 쓰고, 그 까닭을 옳게 설명한 경우	40
	판 경계가 위치하는 곳만 옳게 쓴 경우	10
(2)	A와 D가 속한 판의 이동 속력을 모두 옳게 구한 경우	60
	A와 D가 속한 판의 이동 속력 중 한 가지만 옳게 구한 경우	30

08 화산 분출물은 크게 화산 가스, 화산 쇄설물, 용암으로 구분할 수 있다. 이 중 화산 가스는 온실 효과에 영향을 미치거나 산성비의 원인이 되고, 화산 쇄설물 중 화산재는 광합성을 방해하거나 지구의 평균 기온을 낮추는 역할을 한다. 용암은 지형을 변화시키거나 새로운 땅을 형성하며, 오랜 시간 동안 풍화 작용을 받으면 식물이 잘 자랄 수 있는 토양을 형성한다.

모범 답안 • A: 화산 가스는 대기의 온실 효과를 강화시킨다.

• B: 화산재는 햇빛을 차단하여 광합성에 직접적인 영향을 미친다.

• C: 용암은 산사태를 일으키거나 지형을 변화시킨다.

채점 기준	배점(%)
A, B, C가 지구시스템에 미치는 영향을 모두 옳게 설명한 경우	100
A, B, C 중 두 가지만 옳게 설명한 경우	60
A, B, C 중 한 가지만 옳게 설명한 경우	30

② 역학 시스템

◯1 중력장 내의 운동

✔ 중요 개념 체크

217쪽	**1** 역학	**2** (1) ◯ (2) ×
218쪽	**3** 클	**4** (1) ◯ (2) ◯
221쪽	**5** ㉠ 중력 가속도, ㉡ 9.8	
	6 (1) ◯ (2) ◯ (3) ×	

2 (2) 물체에 일정한 힘이 작용할 때 가속도가 일정한 운동을 한다.

6 (3) 같은 높이에서 수평 방향으로 물체를 던질 때 물체를 던지는 속력에 관계없이 물체가 지면에 도달하는 시간은 같다.

탐구 확인 문제
223쪽

01 (1) × (2) ◯ (3) ◯ (4) ×　　**02** ②, ⑤, ⑦

03 (1) (가) 수평, (나) 연직 (2) 9.8 m/s　　**04** ⑤　　**05** ②

---

01 (1) 쇠구슬 A의 구간 평균 속도가 시간에 따라 일정하게 증가하므로, 쇠구슬 A의 낙하 거리는 시간에 따라 증가하는 정도가 점점 커진다.

(2) 쇠구슬 A의 구간 평균 속도는 1.47 m/s, 2.45 m/s, 3.43 m/s, 4.41 m/s로 0.1초마다 0.98 m/s씩 일정하게 증가한다.

(3) 쇠구슬 B의 연직 방향의 구간 거리와 구간 평균 속도가 쇠구슬 A와 같으므로, 쇠구슬 B의 연직 방향의 운동은 쇠구슬 A의 운동과 같다.

(4) 쇠구슬 B는 수평 방향의 구간 평균 속도가 일정하므로 수평 방향으로는 속도가 일정한 등속 운동을 한다.

02 바로알기 ② 쇠구슬 B의 운동 방향은 매 순간 운동 경로의 접선 방향으로 계속 변하고, 중력의 방향은 연직 아래 방향이므로 서로 다르다.

⑤ 쇠구슬 A의 구간 평균 속도는 0.1초마다 0.98 m/s씩 증가하므로 가속도는 $\dfrac{0.98 \text{ m/s}}{0.1 \text{ s}} = 9.8 \text{ m/s}^2$이다.

⑦ 쇠구슬 B의 수평 방향의 구간 거리는 시간에 따라 일정하다.

03 (1) (가) 방향은 구간 거리가 일정하므로, 등속 운동을 하는 수평 방향이다. (나) 방향은 구간 거리가 일정하게 증가하므로, 등가속도 운동을 하는 연직 방향이다.

(2) (나) 방향의 구간 평균 속도는 1.47 m/s, 2.45 m/s,

3.43 m/s로 변하므로, 0.1초마다 0.98 m/s씩 증가한다. 따라서 (나) 방향의 속도는 1초마다 9.8 m/s씩 증가한다.

04 수평 방향으로 던진 동전의 연직 방향의 운동은 속도가 일정하게 증가하는 운동이므로 속도-시간 그래프는 원점을 지나는 직선 모양(ㄷ)이다. 수평 방향의 운동은 속도가 일정한 운동이므로 속도-시간 그래프는 시간축에 나란한 직선 모양(ㄴ)이다.

05 ㄱ. A와 B에는 중력이 작용하므로, A와 B에 작용하는 힘의 방향은 연직 아래 방향으로 같다.

ㄴ. A와 B는 모두 중력에 의한 가속도 운동을 한다. 따라서 A와 B의 연직 방향의 가속도는 중력 가속도로 그 크기가 같다.

바로알기 ㄷ. A와 B의 연직 방향의 운동은 자유 낙하 운동으로 동일하므로 A와 B는 동시에 수평면에 도달한다.

226~228쪽

01 중력　　**02** ⑤　　**03** ②　　**04** ④　　**05** 9.8 m/s²

06 (1) A＝B＝C (2) A＝B＝C　　**07** ①　　**08** ①　　**09** (1) 3 m/s, 39.2 m/s (2) 15 m (3) 해설 참조　　**10** ⑤　　**11** ③

12 ④　　**13** ①　　**14** ②　　**15** 해설 참조　　**16** ①

---

01 의자에 앉아 있을 수 있는 것, 달이 지구 주위를 공전하는 현상, 수평 방향으로 던진 야구공이 포물선을 그리며 지면으로 떨어지는 현상은 지구상의 물체에 모두 중력이 작용하기 때문에 나타나는 현상이다.

02 ① 중력은 질량이 있는 모든 물체 사이에 작용하는 서로 끌어당기는 힘이다.

②, ③ 중력의 크기는 두 물체의 질량이 클수록, 두 물체 사이의 거리가 가까울수록 크다.

④ 중력은 두 물체가 서로 접촉해 있을 때뿐만 아니라 멀리 떨어져 있을 때도 작용한다.

바로알기 ⑤ 질량이 같은 물체라도 측정 장소(지구 표면으로부터의 높이, 행성의 종류 등)에 따라 중력의 크기는 달라진다.

03 ㄷ. B의 운동 방향과 B에 작용하는 중력의 방향은 모두 연직 아래 방향으로 같다.

바로알기 ㄱ. 중력은 질량이 있는 모든 물체 사이에 작용하므로 정지해 있는 A에도 중력이 작용한다.

ㄴ. B가 운동하는 동안에도 중력이 계속 작용한다.

04 ㄱ. 그림에서 일정한 시간 간격으로 나타낸 물체 사이의 간격이 점점 증가하고 있다. 같은 시간 동안 이동한 거리는 속력에 비례하므로, 낙하 하는 동안 물체의 속력은 점점 증가한다.

ㄴ. 지표면 근처에서 가만히 놓은 물체는 중력만을 받으며 낙하하므로, 가속도가 중력 가속도로 일정한 운동을 한다.

[바로알기] ㄷ. 단위 시간당 속도 변화량은 가속도를 의미한다. 지표면 근처에서 중력만을 받으며 낙하 하는 물체의 가속도 크기는 질량에 관계없이 약 9.8 m/s^2로 일정하다. 따라서 단위 시간당 속도 변화량은 물체의 질량과 관계없다.

05

자유 낙하 운동의 속력 – 시간 그래프

속력–시간 그래프의 기울기는 중력 가속도를 나타내고, 그래프 아랫부분의 넓이는 물체가 낙하한 거리를 나타낸다.

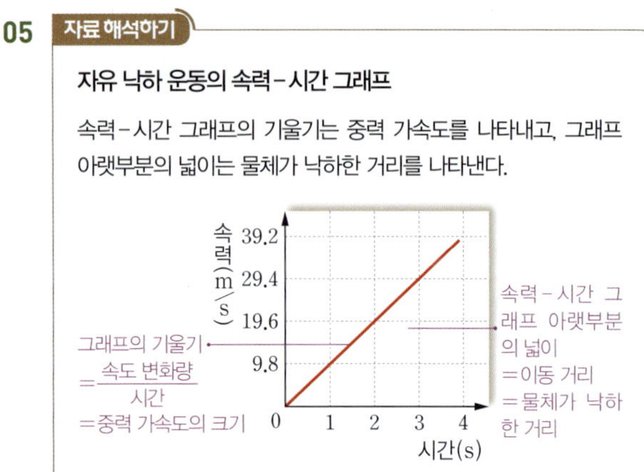

가속도는 단위 시간당 속도 변화량이다. 물체의 속력은 1초마다 9.8 m/s씩 증가하므로, 가속도는 9.8 m/s^2이다. 또는 물체가 자유 낙하 할 때 가속도의 크기는 속력 – 시간 그래프의 기울기와 같으므로 그래프의 기울기를 구하면 9.8 m/s^2이다.

06 ⑴ 자유 낙하 하는 물체의 가속도는 질량과 관계없이 중력 가속도인 9.8 m/s^2로 일정하다. A, B, C는 1초마다 속력이 9.8 m/s씩 똑같이 증가하므로 2초 후 A, B, C의 속력은 같다.

⑵ A, B, C의 연직 방향의 운동은 동일하므로, 3초 동안 낙하한 거리도 서로 같다.

07 ②, ③ 수평 방향으로 던진 물체는 연직 아래 방향의 중력만을 받으므로, 수평 방향으로 힘이 작용하지 않는다. 따라서 수평 방향으로는 운동 상태가 변하지 않으므로 처음 던진 속력과 같은 속력으로 등속 운동을 한다.

④, ⑤ 수평 방향으로 던진 물체에는 연직 아래 방향으로 일정한 크기의 중력이 작용하므로, 연직 방향으로는 속도가 일정하게 증가하는 등가속도 운동을 한다.

[바로알기] ① 물체의 가속도 방향은 중력이 작용하는 방향과 같은 연직 아래 방향이다. 수평으로 던진 물체의 운동 방향은 매 순간 운동 경로의 접선 방향이다.

08 ㄱ. 수평 방향으로 던진 물체는 수평 방향으로는 등속 운동을 하므로, 물체를 던지는 속력이 2배가 되면 수평 방향으로 이동한 거리도 2배가 된다.

[바로알기] ㄴ. 수평 방향으로 던진 물체의 연직 방향 운동은 자유 낙하 운동과 같다. 따라서 물체가 수평면에 도달하는 데 걸린 시간은 물체를 던지는 속력에 관계없이 일정하다.

ㄷ. 수평 방향으로 던지는 속력과 관계없이 연직 방향의 운동은 자유 낙하 운동과 같다. 따라서 연직 방향의 가속도는 중력 가속도로 일정하다.

09 ⑴ 물체는 수평 방향으로는 등속 운동을 하므로 4초일 때 수평 방향의 속력은 처음 던진 속력과 같은 3 m/s이다. 한편, 물체는 연직 방향으로는 1초에 속력이 9.8 m/s씩 일정하게 증가하는 등가속도 운동을 하므로, 4초일 때 연직 방향의 속력은 $9.8 \text{ m/s}^2 \times 4 \text{ s} = 39.2 \text{ m/s}$이다.

⑵ 수평 방향으로 이동한 거리는 수평 방향의 속력과 걸린 시간의 곱으로 구할 수 있다. 물체가 5초 후에 수평면에 도달하였으므로, $s = 3 \text{ m/s} \times 5 \text{ s} = 15 \text{ m}$이다.

⑶ [모범 답안] 25 m, 물체를 던지는 속력이 달라져도 연직 방향의 운동은 변하지 않으므로 (또는 낙하 시간이 5초로 변함이 없으므로), $s = 5 \text{ m/s} \times 5 \text{ s} = 25 \text{ m}$이다.

채점 기준	배점(%)
25 m를 옳게 구하고, 연직 방향의 운동이 변하지 않음을 들어 그 까닭을 옳게 설명한 경우	100
25 m만 옳게 구한 경우	50

10

자유 낙하 하는 물체 A와 수평 방향으로 던진 물체 B의 운동

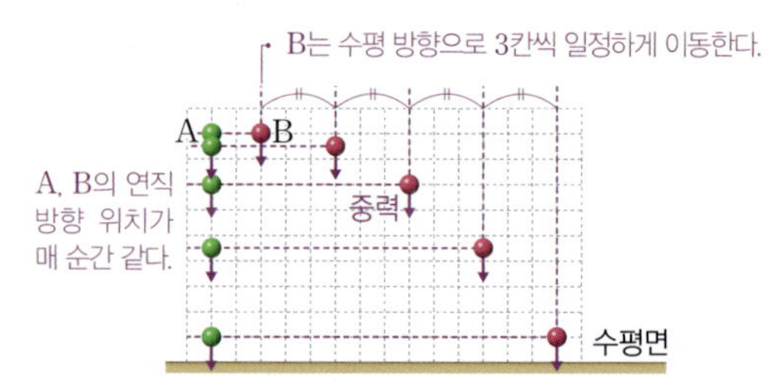

• A와 B에는 모두 연직 아래 방향의 중력이 작용하여, 연직 방향으로는 등가속도 운동을 한다.

• B는 수평 방향으로는 힘이 작용하지 않아 등속 운동을 한다.

① A는 운동 방향으로 중력이 작용하여 속력이 일정하게 증가하는 운동을 한다.

② A와 B는 중력에 의한 가속도 운동을 하므로, A와 B의 가속도의 방향은 연직 아래 방향으로 같다.

③, ④ A와 B의 연직 방향의 운동은 자유 낙하 운동으로 동일하므로, A와 B는 수평면에 동시에 도달한다.

[바로알기] ⑤ B에 작용하는 힘은 연직 아래 방향의 중력이므로 연직 방향의 운동에만 영향을 주고, 수평 방향의 운동에는 영향을 주지 않는다.

11 ㄱ. 중력의 크기는 물체의 질량이 클수록 크다. 공의 질량은 C가 가장 크므로, 공에 작용하는 중력의 크기도 C가 가장 크다.

ㄷ. A, B, C의 연직 방향 운동은 자유 낙하 운동으로 모두 같다. 따라서 낙하 하는 동안 매 순간 높이는 A, B, C 모두 같다.

[바로알기] ㄴ. A, B, C의 운동은 모두 중력에 의한 가속도 운동이므로 A, B, C의 가속도의 크기는 중력 가속도로 같다.

12 ㄱ. 같은 높이에서 수평 방향으로 던진 A, B의 연직 방향 운동은 자유 낙하 운동으로 같다. 따라서 A, B는 연직 방향의 속력이 일정하게 증가하며 수평면에 동시에 도달하므로 B가 P점에 도달하는 데 걸리는 시간도 A와 같은 2초이다.

ㄷ. A, B는 수평 방향으로 등속 운동을 한다. 따라서 A, B가 P점에 도달하는 시간이 같을 때, 수평 방향으로 이동한 거리는 물체를 던진 속력에 비례한다. 수평 방향의 속력의 비가 $1:2$이므로 수평 방향의 이동 거리의 비도 $1:2$가 되어 $s_A = \dfrac{1}{3}s$이다.

[바로알기] ㄴ. A, B는 연직 방향의 운동이 동일하므로, P점에 도달하는 순간 A, B의 연직 방향의 속력은 같다.

13 ㄱ. 스카이다이버에는 연직 아래 방향으로 중력이 작용한다.

[바로알기] ㄴ, ㄷ. 인공위성에는 중력이 작용하여 지구 중심 방향의 가속도 운동을 하므로, 인공위성이 공전하는 동안 계속해서 가속도의 방향이 변한다.

14 포탄을 수평 방향으로 빠르게 던질수록 포탄은 더 멀리 가서 지면에 떨어진다. 따라서 포탄의 속력은 A<B<C가 된다.

15 포탄 C에 중력이 작용하지 않는다면, 포탄은 원의 접선 방향으로 직선 운동을 한다.

[모범 답안]

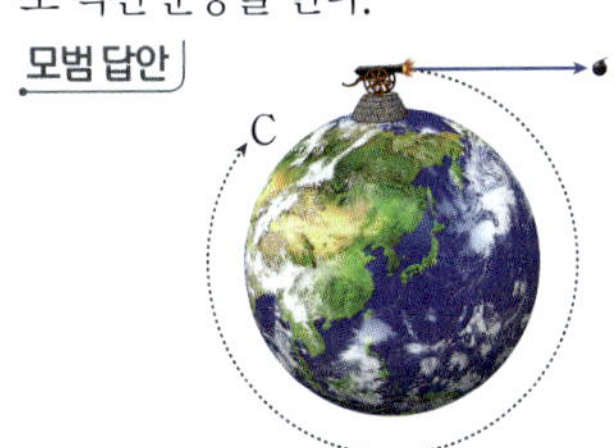

채점 기준	배점(%)
C의 운동 경로를 원의 접선 방향인 직선으로 그린 경우	100
C의 운동 경로를 직선으로 그렸으나 접선 방향이 아닌 경우	50

16 뉴턴의 사고 실험으로 지구 주위를 공전하는 달이나 인공위성의 운동을 설명할 수 있다.

01 ④　　**02** ⑤　　**03** ①　　**04** ③

01 [자료 해석하기]

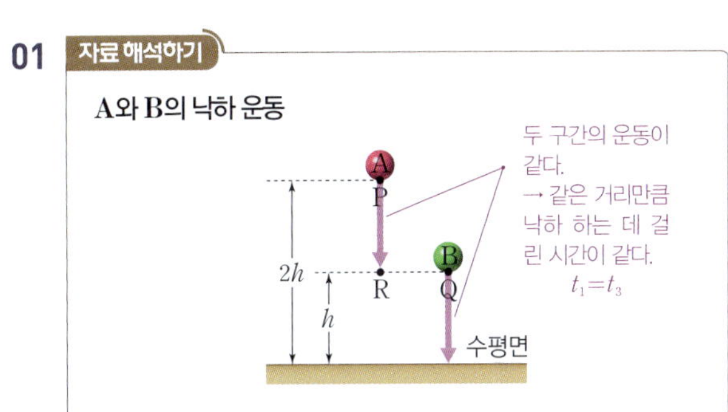

ㄱ. 자유 낙하 운동하는 물체의 속력은 시간에 따라 일정하게 증가하므로 A는 P→R 구간보다 R→수평면 구간을 더 빠르게 통과한다. 따라서 $t_1 > t_2$이다.

ㄴ. A, B가 P와 Q에서 각각 자유 낙하를 시작한 후 같은 거리만큼 낙하하여 R와 수평면에 도달하므로, A가 P→R 구간을 운동하는 데 걸리는 시간은 B가 Q→수평면 구간을 운동하는 데 걸리는 시간과 같다. 따라서 $t_1 = t_3$이다.

[바로알기] ㄷ. 자유 낙하 운동의 속력 – 시간 그래프에서 그래프 아랫부분의 넓이는 시간 t 동안 낙하한 거리이다. 중력 가속도의 크기를 g라 할 때 시간 t일 때 속력 $v = gt$이므로, $t = \dfrac{v}{g}$이고, 이를 이용해 속력 – 시간 그래프 아랫부분의 넓이를 구하면 다음과 같다.

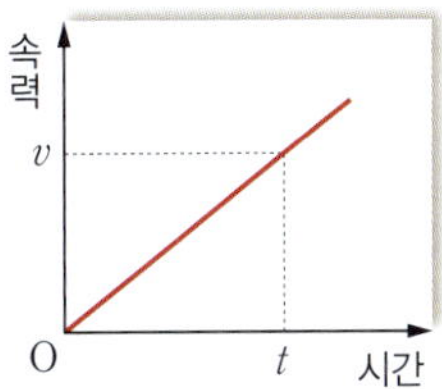

넓이＝낙하 거리
$$= \dfrac{1}{2}vt = \dfrac{1}{2}v\left(\dfrac{v}{g}\right) = \dfrac{v^2}{2g}$$

R에서 A의 속력을 v_R, 수평면에서 A의 속력을 $v_수$라고 하면 P→R까지의 거리와 P→수평면까지의 거리의 비가 $1:2$이므로, 다음 식이 성립한다.

$$\dfrac{v_R{}^2}{2g} : \dfrac{v_수{}^2}{2g} = 1:2 \rightarrow v_R = \dfrac{v_수}{\sqrt{2}}$$

따라서 A의 속력은 R에서가 수평면에서의 $\dfrac{1}{\sqrt{2}}$배이다.

02 ㄱ. 높은 곳에서 낙하할수록 수평면에 도달하는 데 걸리는 시간이 길다. A와 B의 연직 방향의 운동은 자유 낙하 운동과 같으므로, 처음 높이가 더 높은 A가 B보다 수평면에 도달하는 데 걸리는 시간이 더 길다.

ㄷ. A와 B는 중력에 의한 가속도 운동을 하므로, A와 B의 가속도의 크기는 중력 가속도로 같다.

[바로알기] ㄴ. 등속 운동 할 때 이동한 거리는 속력과 걸린 시간의 곱이므로, 이동 거리가 같을 때 속력과 시간은 반비례한다. A와 B가 수평 방향으로 이동한 거리가 같으므로, 수평면에 도달하는 데 걸린 시간이 A가 B보다 길 때, 수평 방향으로 던진 속력은 A가 B보다 작다.

03 공을 수평 방향으로 던질 때의 높이와 인형의 높이가 같으므로, 공과 인형이 수평면에 떨어지는 시간이 같다. 따라서 인형이 떨어지는 2초 동안 공은 수평 방향으로 3 m를 이동하여 인형이 떨어지는 지점에 동시에 도달해야 하므로, 공을 수평 방향으로 던지는 속력은 $\dfrac{3\text{ m}}{2\text{ s}}=1.5$ m/s이다.

04

달의 운동

물체를 수평 방향으로 빠르게 던질수록 더 멀리까지 날아가서 떨어진다. 만약 물체를 충분히 빠른 속력으로 던지면 물체는 계속 떨어지기는 하지만, 지구가 둥글기 때문에 땅에 닿지 않고 원운동을 할 수 있게 된다. 이처럼 달도 중력의 작용으로 계속 아래로 떨어지지만 지표면에 닿지 않고 원운동을 하고 있으므로, 달은 지구 중심 방향으로 중력에 의한 가속도 운동을 한다고 할 수 있다.

ㄷ. 가속도의 방향은 힘의 방향과 같으므로, 달의 가속도의 방향은 중력이 작용하는 방향과 같은 지구 중심 방향이다.

[바로알기] ㄱ. 원운동 하는 물체의 운동 방향은 원의 접선 방향으로 매 순간 바뀐다.

ㄴ. 달에 작용하는 중력의 방향은 지구 중심 방향이고, 달의 운동 방향은 원의 접선 방향이므로 서로 수직이다.

○2 운동량과 충격량

230쪽	**1** 관성	**2** (1) ○ (2) ×	
233쪽	**3** ㉠ 질량, ㉡ 시간	**4** (1) ○ (2) ×	
235쪽	**5** 길	**6** (1) ○ (2) ×	

2 (2) 물체의 질량이 클수록 관성이 크다.

4 (2) 물체가 받은 충격량의 크기는 운동량 변화량의 크기와 같다.

6 (2) 에어백, 범퍼, 안전모 등은 충돌시 충돌 시간을 길게 하여 사람에게 작용하는 힘의 크기를 줄여 주는 장치이다.

 237쪽

01 (1) × (2) × (3) ○ (4) ○　　　**02** ②, ⑥

03 (1) 충격량의 크기 (2) A: 접시, B: 방석　　　**04** ④

05 ③

01 (1) A, B는 같은 높이에서 자유 낙하 하므로 접시와 방석에 각각 충돌하기 직전의 속도가 같다. 따라서 A, B는 충돌 직전의 운동량이 같고, 충돌 후 멈출 때의 운동량도 0으로 같으므로, A, B의 운동량의 변화량의 크기는 같다.

(2) 물체가 받는 충격량은 운동량의 변화량과 같으므로, A, B가 받는 충격량의 크기는 같다.

(3) 달걀이 충돌하는 순간부터 멈출 때까지 걸리는 시간은 딱딱한 접시보다 푹신한 방석에 충돌한 B가 더 길다.

(4) 평균 힘$=\dfrac{충격량}{충돌\ 시간}$이므로 충격량이 같을 때 달걀에 작용하는 평균 힘의 크기는 충돌 시간이 짧을수록 크다. A, B가 받은 충격량의 크기가 같으므로, 달걀에 작용한 평균 힘의 크기는 딱딱한 접시에 충돌하여 충돌 시간이 짧은 A가 더 크다.

02 ① A, B는 지표면 근처에서 가만히 놓아 떨어뜨리므로, 공기 저항을 무시하면 자유 낙하 운동을 한다.

③ 운동량은 질량과 속도의 곱이므로, 달걀이 충돌하여 멈출 때의 운동량은 A, B 모두 0으로 같다.

④ A, B가 받는 충격량은 운동량의 변화량과 같다. A, B는 바닥에 충돌하여 운동량이 감소하므로, 충돌할 때 A, B가 받은 충격량의 방향은 운동 방향과 반대이다.

⑤ A, B가 충돌할 때 받은 힘의 크기를 시간에 따라 나타낸 그래프 아랫부분의 넓이는 충격량의 크기를 나타내므로 A, B가 같다.

[바로알기] ② A, B는 같은 높이에서 자유 낙하 하므로 연직 방향의 운동이 동일하다. 따라서 충돌 직전 A, B의 속력이 같으므로 운동량의 크기도 같다.

⑥ 평균 힘=$\dfrac{충격량}{충돌\ 시간}$이므로, 힘-시간 그래프의 아랫부분의 넓이가 같을 때 충돌 시간이 길수록 평균 힘의 크기는 작아진다.

03 (1) 힘-시간 그래프 아랫부분의 넓이는 A, B가 충돌하는 동안 받은 충격량의 크기를 나타낸다.

(2) 힘-시간 그래프에서 A가 B보다 충돌 시간이 짧고, 충돌 과정에서 받은 평균 힘의 크기는 더 크다. 따라서 A가 딱딱한 접시에 떨어진 달걀이고, B가 푹신한 방석에 떨어진 달걀이다.

04 물풍선을 터뜨리지 않으려면 손으로 받을 때 물풍선이 받는 평균 힘의 크기를 작게 해야 한다. 평균 힘=$\dfrac{충격량}{충돌\ 시간}$이므로, 물풍선의 충돌 시간을 길게 하거나, 물풍선이 받는 충격량을 작게 해야 물풍선이 터지지 않는다.

• 학생 B: 무릎을 구부리면서 물풍선을 받으면 물풍선의 충돌 시간이 길어진다.

• 학생 C: 풍선에 물을 적게 넣으면 물풍선의 질량이 작아지므로, 손에 닿는 순간의 운동량이 작아진다. 따라서 물풍선이 정지할 때까지의 운동량의 변화량이 작아지므로, 물풍선이 받는 충격량도 작아진다.

[바로알기] • 학생 A: 손을 뒤로 빼면서 물풍선을 받더라도 물풍선이 손에 닿는 순간의 운동량과 멈추는 순간의 운동량이 같으므로, 물풍선의 운동량의 변화량은 변하지 않는다. 충격량은 운동량의 변화량과 같으므로, 손을 뒤로 빼면서 받더라도 물풍선이 받는 충격량의 크기는 같다.

05 ㄱ. 자동차 A, B가 충돌하기 직전의 운동량이 같고 충돌 후 멈출 때의 운동량도 0으로 같으므로, 운동량의 변화량은 A와 B가 같다.

ㄷ. 평균 힘=$\dfrac{충격량}{충돌\ 시간}$이므로, 충격량이 같을 때 자동차에 작용하는 평균 힘의 크기는 충돌 시간이 길수록 작다. 충돌하여 정지할 때까지의 시간은 A가 B보다 길므로, 충돌할 때 자동차에 작용하는 평균 힘의 크기는 A가 B보다 작다.

[바로알기] ㄴ. 자동차가 받은 충격량은 운동량의 변화량과 같다. 질량이 같은 자동차 A, B가 같은 속력으로 벽에 충돌한 후 정지했으므로 A, B의 운동량의 변화량이 같아 A, B가 받은 충격량의 크기는 같다.

01 ④   **02** ㉠ 알짜힘, ㉡ 등속 직선(등속도)   **03** ②

04 볼링공>골프공>야구공   **05** ③   **06** (나)   **07** ④

08 (1) 10 N·s (2) 해설 참조   **09** ③   **10** 30 N   **11** ⑤

12 (1) ㄱ, ㄴ (2) $S_1=S_2$ (3) 해설 참조   **13** 3 : 2   **14** ③

15 ④   **16** ④

01 ㄱ. 물체의 질량이 클수록 관성이 크다.

ㄷ. 물체에 작용하는 알짜힘이 0이면 운동하던 물체는 관성에 의해 일정한 속도로 운동한다.

[바로알기] ㄴ. 물체에 작용하는 알짜힘이 0이면 정지한 물체는 관성에 의해 계속 정지 상태를 유지하려고 한다.

02 관성 법칙에 의해 물체에 작용하는 알짜힘이 0이면, 정지하고 있던 물체는 계속 정지해 있고 운동하던 물체는 등속 직선 운동을 한다.

03 정지한 두루마리 휴지의 끝을 빠르게 잡아당길 때 휴지가 풀리지 않고 끊어지는 현상은 관성으로 설명할 수 있다. 즉, 휴지가 정지 상태를 유지하려는 관성에 의해 제자리에 그대로 있으므로 휴지가 풀리지 않고 끊어지게 된다.

ㄱ. 이불을 막대기로 두드리면 이불은 힘이 작용하여 밀려나지만, 먼지는 관성에 의해 계속 정지해 있으므로 먼지가 이불에서 떨어져 나온다.

ㄹ. 자전거의 페달을 밟다가 멈추더라도 자전거는 현재의 운동 상태를 유지하려는 관성에 의해 얼마 동안 계속 달린다.

[바로알기] ㄴ. 로켓이 가스에 힘을 작용해 가스가 뒤쪽으로 분사될 때 가스도 로켓을 반대 방향으로 밀어 로켓이 앞으로 날아간다.

ㄷ. 활시위를 세게 당겨 화살에 큰 힘을 작용하면, 화살의 가속도가 커지므로 화살이 멀리 날아간다.

04 운동량은 물체의 질량과 속도의 곱이므로, 세 공의 운동량의 크기는 다음과 같다.

• 골프공의 운동량=0.05 kg×70 m/s=3.5 kg·m/s

• 야구공의 운동량=0.15 kg×20 m/s=3 kg·m/s

• 볼링공의 운동량=5 kg×2 m/s=10 kg·m/s

따라서 볼링공>골프공>야구공 순으로 운동량이 크다.

05 ㄱ. 빨대의 길이가 길수록 면봉이 빨대 속에서 힘을 받는 시간이 길어진다. 따라서 빨대의 길이는 면봉에 힘이 작용하는 시간과 관계가 있다.

ㄷ. 충격량은 힘과 힘이 작용한 시간의 곱이다. 빨대를 세게 불수록 면봉에 작용하는 힘의 크기가 커지므로, 면봉이 받는 충격량의 크기가 커지고 면봉이 더 멀리 날아간다.

[바로알기] ㄴ. 빨대의 길이가 짧을수록 면봉에 힘이 작용하는 시간이 짧다. 따라서 빨대의 길이가 짧을수록 면봉이 받는 충격량이 작아지므로, 면봉이 날아가는 길이도 짧아진다.

06 스틱으로 퍽을 칠 때 퍽이 스틱으로부터 받은 충격량만큼 퍽의 운동량이 변한다. 충격량은 퍽이 받은 평균 힘과 힘이 작용한 시간의 곱과 같으므로, (가)~(다)에서 퍽이 받은 충격량의 크기는 다음과 같다.

구분	평균 힘의 크기	시간	퍽이 받은 충격량의 크기
(가)	F_0	t_0	$F_0 t_0$
(나)	$2F_0$	t_0	$2F_0 t_0$
(다)	$\dfrac{2}{3}F_0$	$2t_0$	$\dfrac{4}{3}F_0 t_0$

퍽이 받은 충격량의 크기는 (나)가 가장 크므로, 충돌 후 퍽의 운동량의 크기도 (나)가 가장 크다. 따라서 퍽의 속력도 (나)에서 가장 빠르다.

07 ㄴ. 야구 방망이를 앞으로 밀며 끝까지 휘두르면 야구공에 힘이 작용하는 시간이 길어진다. 야구공이 받은 충격량의 크기는 힘의 크기와 힘이 작용한 시간의 곱이므로, 야구공에 힘이 작용하는 시간이 길어지면 충격량의 크기가 커진다.

ㄷ. 야구공이 받은 충격량만큼 야구공의 운동량이 변하므로, 야구공에 힘을 가하는 시간을 길게 하여 충격량을 크게 하면 야구공의 운동량도 크게 변한다.

[바로알기] ㄱ. 야구공을 앞으로 밀어치는 동작은 야구공에 가하는 충격량을 크게 하는 동작이므로, '충격량의 크기가 같을 때 야구공에 힘이 작용한 시간이 길수록 힘의 크기는 작아진다.'는 것은 이 동작과는 거리가 멀다.

08 (1) 충격량의 크기는 힘-시간 그래프 아랫부분의 넓이와 같으므로, 물체가 0~2초 동안 받은 충격량의 크기는 5 N×2 s=10 N·s이다.

[모범답안] (2) 5 m/s, 물체의 운동량의 변화량은 충격량과 같다. 0~4초 동안 물체가 받은 충격량의 크기를 힘-시간 그래프 아랫부분의 넓이로 구하면 5 N×4 s=20 N·s이므로, 4초일 때 운동량의 크기는 20 kg·m/s이다. 운동량은 질량과 속도의 곱이므로 4초일 때 물체의 속력은 다음과 같다.

$$속력=\dfrac{운동량의\ 크기}{질량}=\dfrac{20\ kg·m/s}{4\ kg}=5\ m/s$$

채점 기준	배점(%)
4초일 때 물체의 속력을 옳게 구하고, 물체가 받은 충격량과 물체의 운동량의 변화량이 같고, 운동량이 질량과 속도의 곱임을 이용하여 그 까닭을 옳게 설명한 경우	100
4초일 때 물체의 속력을 옳게 구하였으나, 그 까닭을 설명할 때 충격량과 운동량의 관계와 운동량이 질량과 속도의 곱임을 언급하지 않은 경우	60

09 처음 운동량의 크기는 4 kg×2 m/s=8 kg·m/s이고 2초 동안 물체가 받은 충격량의 크기는 10 N×2 s=20 N·s이다. 물체가 받은 충격량은 물체의 운동량의 변화량과 같으므로, 2초 후 물체의 속력을 v라 하면 다음과 같다.

20 N·s=4 kg×v−8 kg·m/s

v=7 m/s

10 물체가 받은 충격량은 물체의 운동량의 변화량과 같으므로, A 구간에서 운동 방향으로 물체가 받은 힘의 크기를 F라고 하면 다음과 같다.

F×0.2 s=3 kg×5 m/s−3 kg×3 m/s=6 kg·m/s

F=30 N

11 자료 해석하기

A, B, C가 받은 충격량과 평균 힘

물체	질량	속력	시간	운동량 변화량의 크기=충격량의 크기	평균 힘의 크기=충격량의 크기÷시간
A	m	v	$2t$	mv	$\dfrac{mv}{2t}$
B	m	$2v$	t	$2mv$	$\dfrac{2mv}{t}$
C	$2m$	$2v$	$2t$	$4mv$	$\dfrac{2mv}{t}$

ㄱ. A, B, C의 처음 운동량은 모두 0이고, 나중 운동량은 각각 mv, $2mv$, $4mv$이므로, 운동량 변화량의 크기는 A가 가장 작다.

ㄴ. 물체가 받은 충격량은 운동량의 변화량과 같다. 운동량 변화량의 크기는 C가 가장 크므로, 충격량의 크기도 C가 가장 크다.

ㄷ. 물체가 받은 평균 힘의 크기는 충격량의 크기를 힘이 작용한 시간으로 나눈 값이므로, B와 C가 같다.

12 (1) ㄱ. 공기 저항을 무시하면, 같은 높이에서 떨어뜨린 두 달걀은 자유 낙하 운동을 한다. 따라서 속력이 시간에 따라 일정하게 증가하므로 충돌 직전 달걀의 속력은 A와 B가 같다.

ㄴ. 충돌 직전 달걀의 속력과 달걀의 질량이 A와 B가 같으므로, 충돌 직전 운동량의 크기도 A와 B가 같다.

바로알기 ㄷ. 충돌 직전 운동량은 A와 B가 같고 충돌 후 정지했을 때 운동량은 A와 B가 0으로 같으므로, 달걀의 운동량의 변화량의 크기는 A와 B가 같다.

ㄹ. 달걀이 받은 충격량은 운동량의 변화량과 같다. 운동량의 변화량이 A와 B가 같으므로, 충격량도 A와 B가 같다.

(2) 힘 - 시간 그래프의 아랫부분의 넓이는 충격량의 크기를 나타낸다. A, B가 받은 충격량의 크기가 같으므로 $S_1=S_2$이다.

(3) 모범답안 ⓛ. A, B가 받은 충격량의 크기가 같으므로 $S_1=S_2$이지만, 충돌 시간은 푹신한 스펀지에 충돌한 B가 더 길다. 따라서 ⓛ과 같이 달걀이 받은 평균 힘의 크기가 더 작아지므로 B는 깨지지 않는다.

채점 기준	배점(%)
ⓛ을 고르고, B가 깨지지 않은 까닭을 충격량의 크기는 같지만 충돌 시간이 길어서 평균 힘의 크기가 작기 때문이라고 옳게 설명한 경우	100
ⓛ을 고르고, B가 깨지지 않은 까닭을 충돌 시간이 길기 때문이라고만 설명한 경우	70
ⓛ만 옳게 고른 경우	30

13 질량이 같은 두 물체 A, B가 같은 속도로 운동하다가 다른 물체와 충돌한 후 정지했다면, A와 B의 처음 운동량이 같고 나중 운동량이 0으로 같다. 따라서 A와 B의 운동량의 변화량은 같으므로 A와 B가 받은 충격량도 같다. 평균 힘 $=\dfrac{충격량}{충돌\ 시간}$ 이므로, A와 B에 작용한 평균 힘의 비 $\overline{F_A}:\overline{F_B}$는 다음과 같다.

$$\overline{F_A}:\overline{F_B}=\frac{I}{2\,\text{s}}:\frac{I}{3\,\text{s}}=3:2$$

14 ③ 착지할 때 다리를 구부리면 충격량은 같지만 힘을 받는 시간이 길어져 사람이 받는 평균 힘의 크기가 작아진다.

바로알기 ① 착지하여 멈추면 운동량이 0이 되므로, 충돌 전후의 사람의 운동량은 다르다.

②, ④, ⑤ 착지할 때 다리를 구부리면서 멈추면 힘을 받는 시간이 길어지지만, 운동량의 변화량은 같으므로 사람이 받는 충격량도 같다.

15 ㄱ. 자동차의 범퍼는 잘 찌그러지도록 만들어졌기 때문에 충돌할 때 자동차의 충돌 시간을 길게 하여, 자동차에 작용하는 힘의 크기를 줄여 준다.

ㄷ. 안전띠는 충돌 사고가 발생했을 때 관성에 의해 사람이 앞으로 튀어나가는 것을 막아 준다.

바로알기 ㄴ. 충돌 사고가 발생할 때 자동차의 에어백이 작동하여 사람이 에어백에 부딪치면, 충돌 시간이 길어져 사람이 받는 평균 힘의 크기가 작아진다. 그러나 충돌하는 동안 사람의 운동량의 변화량은 같으므로, 사람이 받는 충격량의 크기는 변하지 않는다.

16 ①, ②, ③, ⑤ 배에 매단 폐타이어, 안전모 내부의 충격 흡수재, 글러브, 번지 점프의 늘어나는 줄은 충격량은 같더라도 충돌 시간을 길게 하여 사람이 받는 힘의 크기를 줄여 준다.

바로알기 ④ 자동차를 운행할 때 제한 속도를 지키면 충돌 전 운동량의 크기를 제한할 수 있어 사고가 발생했을 때 피해를 줄일 수 있다.

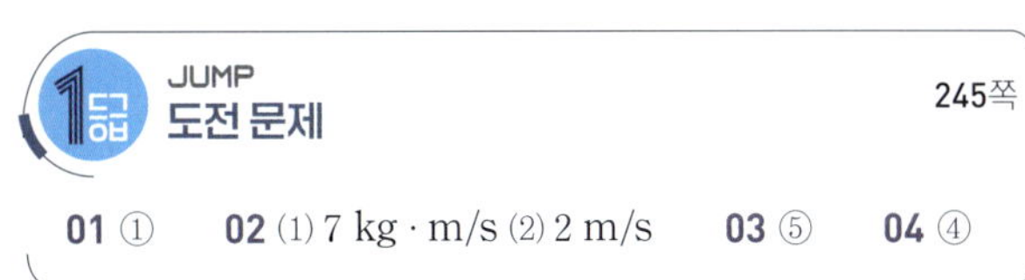

01 ①   **02** (1) 7 kg·m/s (2) 2 m/s   **03** ⑤   **04** ④

01 ㄱ. 면봉이 빨대 속에서 빠져나오는 데 걸리는 시간이 A가 B보다 작으므로, 면봉이 빨대 속에서 힘을 받는 시간은 A가 B보다 작다.

바로알기 ㄴ. 충격량의 크기는 힘의 크기와 힘이 작용하는 시간의 곱이다. 면봉이 빨대 속에서 받는 힘의 크기가 A와 B가 같을 때, 힘이 작용하는 시간은 A가 B보다 작으므로, 충격량의 크기는 A가 B보다 작다.

ㄷ. 면봉이 받은 충격량의 크기는 A가 B보다 작으므로, 운동량의 변화량도 A가 B보다 작다. 따라서 빨대에서 빠져나올 때 면봉의 속력은 A가 B보다 작다.

02 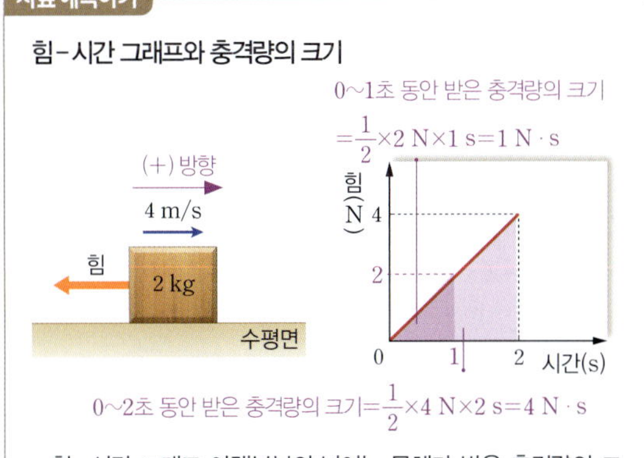

• 힘 - 시간 그래프 아랫부분의 넓이는 물체가 받은 충격량의 크기를 나타낸다.

• 물체에 작용하는 힘의 방향이 물체의 운동 방향과 반대이므로, 물체의 운동량은 물체가 받은 충격량의 크기만큼 감소한다.

(1) 힘 – 시간 그래프 아랫부분의 넓이는 충격량과 같으므로, 0~1초 동안 물체가 받은 충격량은 $\frac{1}{2}\times1\ \text{s}\times2\ \text{N}=1\ \text{N}\cdot\text{s}$이다. 이때 물체에 작용한 힘의 방향이 물체의 운동량과 반대 방향이므로 충격량의 방향도 물체의 운동 방향과 반대 방향이다. 따라서 처음 운동 방향의 부호를 (+)로 나타내면 물체가 받은 충격량의 부호는 (−)이다. 물체가 받은 충격량은 운동량의 변화량과 같으므로 나중 운동량 p는 다음과 같다.

$-1\ \text{N}\cdot\text{s}=p-2\ \text{kg}\times4\ \text{m/s}$

$p=7\ \text{kg}\cdot\text{m/s}$

(2) 0~2초 동안 물체가 받은 충격량의 크기는 힘 – 시간 그래프 아랫부분의 넓이와 같으므로 $\frac{1}{2}\times2\ \text{s}\times4\ \text{N}=4\ \text{N}\cdot\text{s}$이다.

물체는 운동 방향과 반대 방향으로 충격량을 받으므로, 2초 동안 물체가 받은 충격량은 $-4\ \text{N}\cdot\text{s}$이다. 물체가 받은 충격량은 운동량의 변화량과 같으므로 2초일 때 물체의 속력을 v라고 하면 다음과 같다.

$-4\ \text{N}\cdot\text{s}=2\ \text{kg}\times v-2\ \text{kg}\times4\ \text{m/s}$

$v=2\ \text{m/s}$

03 ㄴ. 힘 F의 크기는 물체가 받은 충격량의 크기를 힘을 받은 시간으로 나눈 양이다. 0~3초 동안 물체가 받은 충격량의 크기는 $6\ \text{N}\cdot\text{s}$이므로, 힘 F의 크기는 다음과 같다.

$$F=\frac{6\ \text{N}\cdot\text{s}}{3\ \text{s}}=2\ \text{N}$$

ㄷ. 3초일 때 운동량의 크기는 $8\ \text{kg}\cdot\text{m/s}$이므로 이때 물체의 속력을 v라고 하면, $8\ \text{kg}\cdot\text{m/s}=2\ \text{kg}\times v$에서 $v=4\ \text{m/s}$이다.

바로 알기 ㄱ. 물체가 받은 충격량은 운동량의 변화량과 같으므로, 0~3초 동안 물체가 받은 충격량의 크기는 다음과 같다.

$8\ \text{kg}\cdot\text{m/s}-2\ \text{kg}\cdot\text{m/s}=6\ \text{kg}\cdot\text{m/s}=6\ \text{N}\cdot\text{s}$

04 ㄱ. 0초일 때 자동차의 속력은 A와 B가 v_0으로 같으므로, 벽에 닿는 순간 운동량의 크기는 A와 B가 같다.

ㄷ. 충돌 과정에서 자동차가 받은 평균 힘의 크기는 충격량의 크기를 힘을 받은 시간으로 나눈 양이다. 충격량은 A와 B가 같고 힘을 받은 시간은 A가 B보다 크므로, 평균 힘의 크기는 A가 B보다 작다.

바로 알기 ㄴ. 벽에 닿는 순간 운동량의 크기는 A와 B가 같고 정지할 때의 운동량도 A와 B가 0으로 같으므로, 운동량 변화량의 크기는 A와 B가 같다. 충돌 과정에서 자동차가 받은 충격량은 운동량의 변화량과 같으므로, 자동차가 받은 충격량의 크기는 A와 B가 같다.

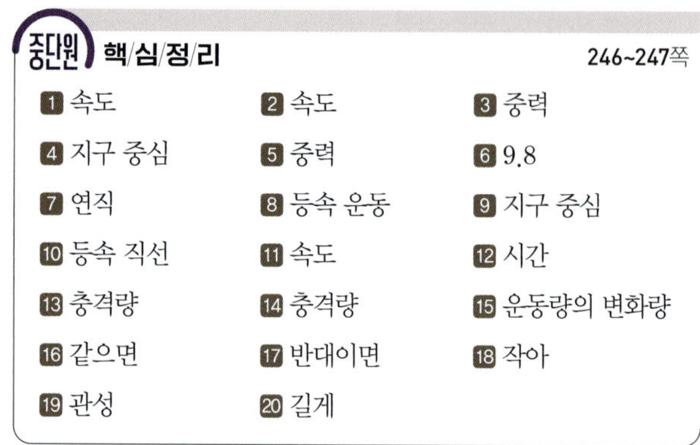

PICK 출제 0순위
248쪽

01 ④　　02 ①

01 문제 해결 전략

❶ 출제 Point 파악하기

힘 – 시간 그래프 아랫부분의 넓이는 A, B가 받은 충격량의 크기이고, A, B가 받은 충격량은 각각 운동량의 변화량과 같음을 이해한다.

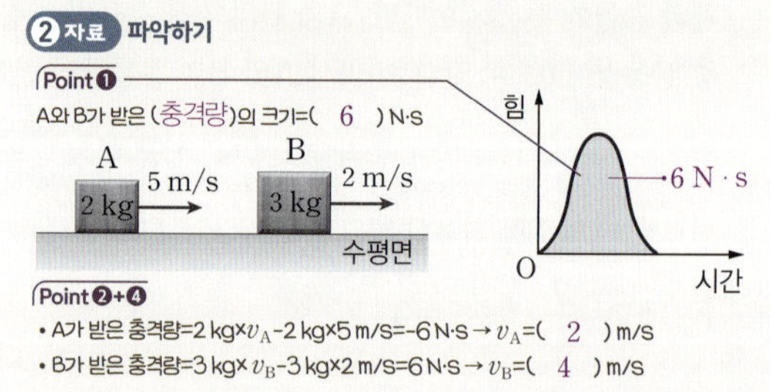

A, B가 서로 충돌하는 동안 A, B에 작용한 힘의 크기와 힘이 작용한 시간은 서로 같으므로, A, B가 충돌 과정에서 받은 충격량의 크기는 같다. (나)의 힘 – 시간 그래프 아랫부분의 넓이는 A, B가 받은 충격량의 크기와 같으므로, 충돌하는 동안 A, B가 받은 충격량의 크기는 $6\ \text{N}\cdot\text{s}$이다. 이때 A가 받은 충격량의 방향은 운동 방향과 반대 방향이므로, A는 $6\ \text{N}\cdot\text{s}$만큼 운동량이 감소한다. B가 받은 충격량의 방향은 운동 방향과 같은 방향이므로, B는 $6\ \text{N}\cdot\text{s}$만큼 운동량이 증가한다. 따라서 처음 A, B의 운동 방향을 (+)로 나타내면, 충돌 후 A, B의 속력 v_A, v_B는 다음과 같다.

• A: $2\ \text{kg}\times v_A-2\ \text{kg}\times5\ \text{m/s}=-6\ \text{N}\cdot\text{s}$, $v_A=2\ \text{m/s}$
• B: $3\ \text{kg}\times v_B-3\ \text{kg}\times2\ \text{m/s}=6\ \text{N}\cdot\text{s}$, $v_B=4\ \text{m/s}$

따라서 $\dfrac{v_B}{v_A}=\dfrac{4\ \text{m/s}}{2\ \text{m/s}}=2$이다.

① 출제 Point 파악하기

힘–시간 그래프 아랫부분의 넓이는 A, B가 받은 충격량의 크기이고, A, B가 받은 충격량은 각각 운동량의 변화량과 같음을 이해한다.

② 자료 파악하기

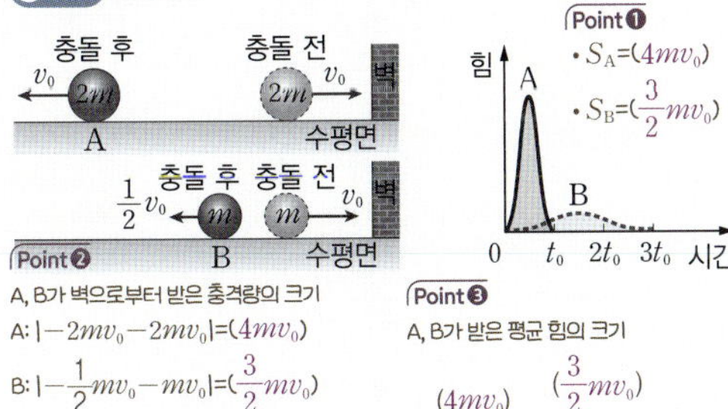

③ 지문 이해하기

(가)에서 A, B가 받은 충격량은 운동량의 변화량으로 구한다. (나)에서 그래프 아랫부분의 넓이는 A, B가 받은 충격량이므로 운동량의 변화량으로 구한다. 충돌하는 동안 A, B에 작용한 평균 힘의 크기는 충격량의 크기를 충돌 시간으로 나눈 값과 같다.

ㄱ. A가 받은 충격량의 크기는 운동량 변화량의 크기와 같으므로 다음과 같다.

A가 받은 충격량의 크기 $=|-2mv_0-2mv_0|=4mv_0$

바로알기 ㄴ. B의 힘–시간 그래프 아랫부분의 넓이는 충격량의 크기로 다음과 같다.

B가 받은 충격량의 크기 $=|-\frac{1}{2}mv_0-mv_0|=\frac{3}{2}mv_0$

ㄷ. 충돌하는 동안 A, B가 받은 평균 힘의 크기는 충격량의 크기를 충돌 시간으로 나눈 값으로 다음과 같다.

· A에 작용한 평균 힘의 크기 $=\dfrac{4mv_0}{t_0}$

· B에 작용한 평균 힘의 크기 $=\dfrac{\frac{3}{2}mv_0}{3t_0}=\dfrac{mv_0}{2t_0}$

따라서 평균 힘의 크기는 A가 B의 8배이다.

플러스 지문⁺

(○) ㄹ. (나)에서 A 곡선 아랫부분의 넓이는 $4mv_0$이다.

➡ A 곡선 아랫부분의 넓이는 A가 받은 충격량의 크기와 같으므로, $|-2mv_0-2mv_0|=4mv_0$이다.

(×) ㅁ. B가 받은 충격량의 크기는 $\frac{1}{2}mv_0$이다.

➡ B가 받은 충격량의 크기는 운동량 변화량의 크기와 같으므로, $|-\frac{1}{2}mv_0-mv_0|=\frac{3}{2}mv_0$이다.

01 · 학생 A, C: 무게는 물체에 작용하는 중력의 크기로, 같은 물체라도 측정 장소의 중력에 따라 무게가 달라진다.

바로알기 · 학생 B: 지표면 근처에서 질량이 1 kg인 물체의 무게는 약 9.8 N이다.

02 ㄱ. 중력의 크기는 물체의 질량에 비례하므로, 공의 질량이 클수록 공에 작용하는 중력의 크기는 크다.

ㄴ. 공은 일정한 크기의 중력이 작용하여 자유 낙하 운동을 하므로, 시간에 따라 속력이 일정하게 증가하는 운동을 한다.

바로알기 ㄷ. 지표면 근처에서 중력만을 받으며 운동하는 물체는 질량에 관계없이 가속도가 중력 가속도로 일정한 운동을 한다. 따라서 일정한 높이에서 가만히 놓아 바닥에 도달하는 데 걸리는 시간은 공의 질량과 관계없이 항상 같다.

03 ㄴ. 지구와 사과 사이에 중력이 상호작용 하여 서로를 중심 방향으로 각각 끌어당긴다. 따라서 지구가 사과를 당기는 힘과 사과가 지구를 당기는 힘의 방향은 반대이다.

ㄷ. 지구가 사과를 당기는 힘의 크기와 사과가 지구를 당기는 힘의 크기는 같지만, 사과는 움직이고 지구는 움직이지 않는 까닭은 지구의 질량이 사과에 비해 매우 크기 때문이다.

바로알기 ㄱ. 중력은 두 물체 사이의 상호작용이므로, 지구가 사과를 당기는 힘의 크기와 사과가 지구를 당기는 힘의 크기는 서로 같다.

04 ① A와 B는 모두 연직 아래 방향으로 중력이 작용한다.

③ B의 연직 방향 운동은 자유 낙하 운동과 동일하므로, B의 연직 방향의 속력은 1초에 9.8 m/s씩 일정하게 증가한다.

④ A와 B는 연직 방향으로는 자유 낙하 운동을 하므로, 연직 방향으로 속력이 일정하게 증가하여 수평면에 동시에 도달한다.

⑤ B에는 수평 방향으로 힘이 작용하지 않으므로, B는 수평 방향으로는 등속 운동을 한다. 따라서 수평 도달 거리인 L은 B를 수평 방향으로 던지는 속력에 비례한다.

바로알기 ② B에 작용하는 중력은 운동 방향과 비스듬하게 작용하므로, B의 속력과 운동 방향을 모두 변화시킨다.

05 수평으로 던진 공은 연직 방향으로는 자유 낙하 운동을 하므로, 자유 낙하 하는 공이 수평면에 도달하는 시간과 같이 3초 후에 수평면에 도달한다. 수평으로 던진 공은 수평 방향으로는 힘이 작용하지 않아 등속 운동을 하므로, 공이 수평 방향으로 이동한 거리는 공을 던진 속력과 걸린 시간의 곱과 같다. 따라서 공을 던진 속력 v는 다음과 같다.

$15 \text{ m}=v\times3 \text{ s}, v=5 \text{ m/s}$

06 ㄱ, ㄷ. (가)~(다)에서 사과, 공, 달은 모두 지구가 끌어당기는 중력에 의한 가속도 운동을 한다. 따라서 가속도의 방향은 모두 지구 중심 방향을 향한다.

바로알기 ㄴ. 지표면 근처에서 중력만을 받으며 운동하는 물체는 가속도의 크기가 약 9.8 m/s^2로 일정하다. 그러나 달은 지구에서 멀리 떨어져 있으므로, 달의 가속도 크기는 다른 값을 가진다.

07 자료 해석하기

관성에 의한 여러 가지 현상

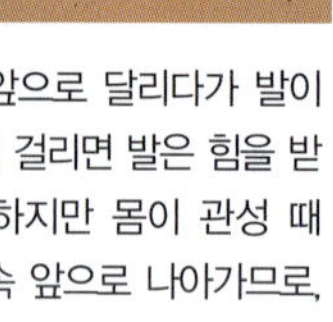

사람이 앞으로 달리다가 발이 돌부리에 걸리면 발은 힘을 받아 정지하지만 몸이 관성 때문에 계속 앞으로 나아가므로, 중심을 잃고 앞으로 넘어진다.

망치가 헐거울 때 자루를 바닥에 치면, 자루는 힘을 받아 정지하지만 망치 머리는 관성 때문에 계속 내려가므로, 망치 머리가 자루에 꽉 끼게 된다.

ㄴ, ㄷ. 앞으로 움직이던 트럭이 벽에 충돌하여 갑자기 정지하면, 공은 관성 때문에 계속 앞으로 나아가려고 하므로 공이 앞으로 기울어진다. ㄴ과 ㄷ은 모두 관성에 의한 현상이다.

바로알기 ㄱ. 수영 선수가 물을 뒤로 밀며 앞으로 나아가는 것은 힘이 두 물체 사이의 상호작용이기 때문이다. 즉, 수영 선수가 물을 뒤로 밀면, 수영 선수도 물로부터 크기가 같고 방향이 반대인 힘을 받아 앞으로 나아간다.

08 운동량은 크기와 방향을 갖는 물리량으로 운동량의 방향은 속도의 방향과 같다. 물체가 받은 충격량은 운동량의 변화량과 같으므로, 오른쪽 방향을 (+)로 나타낼 때 A와 B가 풀 더미와 벽에 충돌하는 동안 받은 충격량은 각각 다음과 같다.

- A가 받은 충격량: $I_A=mv_0-2mv_0=-mv_0$
- B가 받은 충격량: $I_B=-2mv_0-4mv_0=-6mv_0$

따라서 A와 B가 받은 충격량의 크기의 비 $I_A:I_B=1:6$이다.

09 ㄱ. 운동량은 질량과 속도의 곱이므로, 0초일 때 물체의 운동량의 크기는 다음과 같다.

$2 \text{ kg}\times3 \text{ m/s}=6 \text{ kg}\cdot\text{m/s}$

바로알기 ㄴ. 4초 동안 물체가 받은 충격량의 크기는 힘-시간 그래프 아랫부분의 넓이와 같으므로 다음과 같다.

$\dfrac{1}{2}\times4 \text{ N}\times2 \text{ s}+4 \text{ N}\times2 \text{ s}=12 \text{ N}\cdot\text{s}$

평균 힘은 물체가 받은 충격량을 힘이 작용한 시간으로 나눈 양이므로, 4초 동안 물체에 작용한 평균 힘의 크기는 다음과 같다.

$$\text{평균 힘의 크기}=\dfrac{\text{충격량의 크기}}{\text{시간}}=\dfrac{12 \text{ N}\cdot\text{s}}{4 \text{ s}}=3 \text{ N}$$

ㄷ. 물체가 받은 충격량은 운동량의 변화량과 같으므로, 4초 때 물체의 속력을 v라고 하면 다음과 같다.

$2 \text{ kg}\times v-2 \text{ kg}\times3 \text{ m/s}=12 \text{ N}\cdot\text{s}, v=9 \text{ m/s}$

10 ㄱ. 힘-시간 그래프에서 두 곡선 아랫부분의 넓이가 같으므로, 발로 차는 동안 두 공이 받은 충격량의 크기는 같다. 공의 운동량의 변화량은 발로 차는 동안 받은 충격량과 같으므로, 발로 차기 전후 두 공의 운동량의 변화량의 크기는 서로 같다.

ㄴ. 힘-시간 그래프를 보면 공의 충돌 시간은 축구공이 풋살 공보다 짧다. 평균 힘$=\dfrac{\text{충격량}}{\text{충돌 시간}}$이므로, 공에 작용한 평균 힘의 크기는 충돌 시간이 짧은 축구공이 풋살 공보다 크다.

바로알기 ㄷ. 처음에 두 공은 모두 정지해 있었고 두 공이 받은 충격량의 크기는 같으므로, 발을 떠나는 순간 두 공의 운동량의 크기는 같다. 운동량은 질량과 속도의 곱이므로, 발을 떠나는 순간의 속력은 질량이 큰 축구공이 풋살 공보다 작다.

11 ①, ②, ④, ⑤ 에어백, 범퍼, 두꺼운 글러브, 탄성이 있는 번지 점프의 줄은 충격량이 같을 때 충돌 시간을 길게 하여 사람이 받는 힘의 크기를 줄이는 안전장치이다.

바로알기 ③ 골프 스윙을 할 때 골프채를 끝까지 휘두르면 공에 힘이 작용하는 시간이 길어져 공에 더 큰 충격량을 가한다.

12 ㄱ. 턱끈으로 안전모를 머리에 고정하면 충돌이 일어나 사람이 갑자기 정지할 때 안전모가 계속 운동하려는 관성에 의해 벗겨지는 것을 막을 수 있다.

ㄷ. 속력 제한 장치로 속력을 제한하면 운동량의 최댓값을 제한할 수 있으므로, 충돌이 일어날 때 사람이 받는 충격량의 크기를 줄여서 피해를 줄일 수 있다.

바로알기 ㄴ. 안전모 안의 충격 흡수재는 충돌이 일어날 때 머리가 힘을 받는 시간을 길게 하여 머리에 가해지는 힘의 크기를 줄인다.

자유 낙하 운동의 다중 섬광 사진
자유 낙하 하는 공의 운동을 일정한 시간 간격으로 나타낸 다중 섬광 사진에서 공 사이의 간격은 구간 평균 속력에 비례한다.

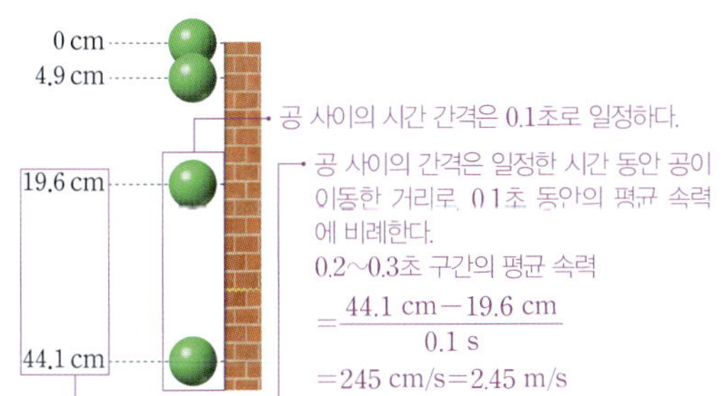

공의 운동을 분석하면 다음 표와 같다.

시간(s)	0	0.1	0.2	0.3
위치(cm)	0	4.9	19.6	44.1
구간 거리(cm)		4.9	14.7	24.5
구간 평균 속력 (m/s)		0.49	1.47	2.45
구간 평균 속력의 변화량(m/s)			0.98	0.98

ㄱ. 공 사이의 간격은 4.9 cm, 14.7 cm, 24.5 cm로 0.1초마다 9.8 cm씩 일정하게 증가한다.

ㄴ. 각 구간의 평균 속력은 0.49 m/s, 1.47 m/s, 2.45 m/s로 0.1초마다 0.98 m/s씩 일정하게 증가한다. 따라서 공의 속력은 1초마다 9.8 m/s씩 증가한다.

<u>바로 알기</u> ㄷ. 자유 낙하 하는 물체의 속력은 질량에 관계없이 1초마다 약 9.8 m/s씩 일정하게 증가한다. 따라서 공의 질량이 커지더라도 공 사이의 간격은 변하지 않는다.

자유 낙하 운동의 속력 – 시간 그래프 분석하기

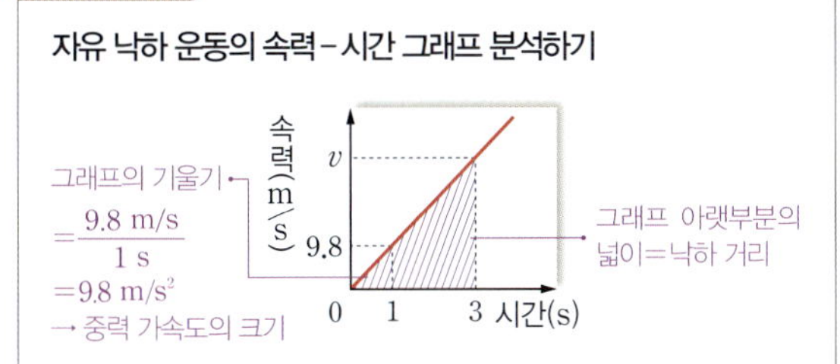

ㄱ. 지표면 근처에서 가만히 놓은 야구공은 자유 낙하 운동을 하므로, 속력 – 시간 그래프의 기울기는 중력 가속도의 크기를 나타낸다.

ㄴ. 속력 – 시간 그래프의 기울기가 9.8 m/s²이므로, 3초일 때 야구공의 속력 v는 다음과 같다.

$v=9.8\ m/s^2 \times 3\ s=29.4\ m/s$

<u>바로 알기</u> ㄷ. 속력 – 시간 그래프 아랫부분의 넓이는 야구공이 낙하한 거리를 나타내므로, 0~1초 동안과 0~3초 동안 야구공이 낙하한 거리는 각각 다음과 같다.

- 0~1초 동안 낙하한 거리: $\dfrac{1}{2}\times 1\ s \times 9.8\ m/s=4.9\ m$

- 0~3초 동안 낙하한 거리: $\dfrac{1}{2}\times 3\ s \times 29.4\ m/s=44.1\ m$

따라서 0~3초 동안 낙하한 거리는 0~1초 동안 낙하한 거리의 9배이다.

15 A, B, C는 모두 연직 아래 방향의 중력만을 받으며 운동하므로, 연직 방향의 운동은 자유 낙하 운동으로 모두 같다. 따라서 높이 h인 지점을 통과하는 시간, 연직 방향의 속도는 같다. 또 연직 방향의 가속도는 중력 가속도로 같다.

16 ㄷ. 지구 주위를 공전하는 물체 A는 중력이 작용하여 지구 중심 방향의 가속도 운동을 한다. P에서 중력만을 받으며 자유 낙하 하는 B는 가속도가 연직 아래 방향으로, 둥근 형태인 지구 전체로 보았을 때 지구 중심 방향을 향한다. 따라서 같은 지점인 P를 지나는 A와 B의 가속도 방향은 같다.

<u>바로 알기</u> ㄱ. 지구 주위를 공전하는 물체는 중력에 의한 가속도 운동을 한다.

ㄴ. A가 원운동을 할 수 있는 까닭은 A를 수평 방향의 어떤 특정한 속도로 던지면 A는 지구 표면을 향해 낙하하지만 지구가 둥글기 때문에 지면에 닿지 않고 지구 주위를 계속해서 돌게 되기 때문이다. 따라서 A의 속력이 현재 속력보다 작아지면 A는 원운동을 하지 못하고 지표면을 향해 점점 낙하한다.

17 ㄱ. 충격량의 크기는 힘 – 시간 그래프에서 직선과 시간 축이 이루는 넓이와 같으므로, 0~1초 동안과 1~2초 동안 물체가 받은 충격량의 크기는 각각 다음과 같다.

- 0~1초: 8 N×1 s=8 N·s
- 1~2초: 4 N×(2−1) s=4 N·s

따라서 0~1초 동안 물체가 받은 충격량의 크기는 1~2초 동안 받은 충격량 크기의 2배이다.

<u>바로 알기</u> ㄴ. 오른쪽 방향을 (+)로 나타내면 0~1.5초까지 물체가 받은 충격량은 다음과 같다.

8 N×1 s+(−4 N)×0.5 s=6 N·s

물체는 처음에 정지해 있었으므로 1.5초일 때 물체의 운동량은 6 kg·m/s이고, 부호가 (+)이므로 물체의 운동 방향은 오른쪽이다. 그런데 힘 – 시간 그래프에서 1.5초일 때 물체에 작용하는 힘은 −4 N으로 부호가 (−)이므로, 물체에 왼쪽 방향으로 힘이 작용하고 가속도 방향도 왼쪽이다. 따라서 1.5초일 때, 물체의 운동 방향과 가속도 방향은 서로 반대이다.

ㄷ. 0~2초까지 물체가 받은 충격량은 다음과 같다.

$8\,N×1\,s+(-4\,N)×1\,s=4\,N\cdot s$

따라서 2초일 때 물체의 운동량은 $4\,kg\cdot m/s$이고, 이때 물체의 속력 v는 다음과 같다.

$4\,kg\cdot m/s=2\,kg×v,\ v=2\,m/s$

18 자료 해석하기

충돌하는 물체의 속도-시간 그래프 분석하기

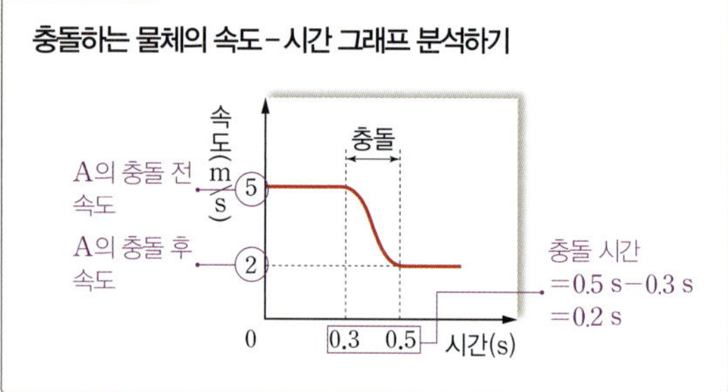

A의 속도가 $5\,m/s$에서 $2\,m/s$로 변하였으므로, A의 운동량 변화량은 다음과 같다.

$2\,kg×2\,m/s-2\,kg×5\,m/s=-6\,kg\cdot m/s$

따라서 A가 받은 충격량의 크기는 $6\,N\cdot s$이므로, 충돌하는 동안 A에 작용하는 평균 힘의 크기는 다음과 같다.

$$평균\ 힘의\ 크기=\frac{충격량의\ 크기}{충돌\ 시간}=\frac{6\,N\cdot s}{(0.5-0.3)\,s}=30\,N$$

충돌 과정에서 A, B에는 크기가 같고 방향이 반대인 힘이 각각 작용하므로, B에 작용하는 평균 힘의 크기도 A와 같은 $30\,N$이다.

19 ㄱ. 자유 낙하 하는 물체의 처음 속도는 0이고 지표면에 도달할 때의 속도는 중력 가속도와 시간의 곱이므로, '중력 가속도'가 ㉠에 해당한다.

ㄴ. 자유 낙하 하는 물체에 작용하는 힘은 중력이므로, 자유 낙하 하는 물체가 받는 충격량은 중력과 시간의 곱이다. 따라서 '중력'이 ㉡에 해당한다.

바로알기 ㄷ. 자유 낙하 하는 물체뿐만 아니라 모든 운동에서 물체가 받는 충격량은 운동량의 변화량과 같다.

20 ㄱ. 충격량은 힘을 작용한 시간에 비례하므로, 투수가 공에 힘을 더 오래 작용하면 공이 받는 충격량은 더 커진다.

ㄴ. 충격량은 작용한 힘의 크기에 비례하므로, 타자가 더 큰 힘으로 공을 치면 공이 받는 충격량이 더 커진다. 공이 받은 충격량만큼 운동량이 변하므로, 공의 운동량의 변화량도 더 커진다.

ㄷ. 포수가 글러브를 뒤로 빼면서 공을 받으면 공에 힘이 작용하는 시간이 길어지므로, 글러브가 받는 평균 힘이 더 작아진다.

01 Step ❶ 속도 변화량   Step ❷ ❶ 중력 가속도 ❷ 낙하 시간

02 Step ❶ 운동 방향, 중력

   Step ❷ ❶ 접선 ❷ 원의 중심 ❸ 지구 중심

03 Step ❶ 길다, 충격량

   Step ❷ ❶ 시간 ❷ 속도 변화량 ❸ 시간

04 Step ❶ 크기, 방향   Step ❷ ❶ 관성 ❷ 충격량 ❸ 질량

05 Step ❶ 9, 6   Step ❷ ❶ 운동량의 변화량 ❷ 충격량

06 Step ❶ −8   Step ❷ ❶ 같다 ❷ 8

07 Step ❶ 운동량, −1, −18

   Step ❷ ❶ 18 ❷ 18 ❸ 0

08 Step ❶ >, =   Step ❷ ❶ 같다 ❷ 작을

01 ⑴ 자유 낙하 하는 돌의 속력은 일정하게 증가하므로, 속력-시간 그래프의 모양은 원점을 지나는 직선 모양이다. 이때 속력-시간 그래프의 기울기는 중력 가속도와 같고, 지구가 화성보다 기울기가 큰 직선으로 나타난다.

⑵ 자유 낙하 하는 돌의 속력-시간 그래프 아랫부분의 넓이는 낙하 거리를 나타낸다. 돌이 지구와 화성 표면의 같은 높이에서 각각 자유 낙하 하면 속력-시간 그래프 아랫부분의 넓이가 같아야 한다. 따라서 돌이 지표면에 닿을 때까지 걸린 시간은 지구에서가 화성에서보다 짧다.

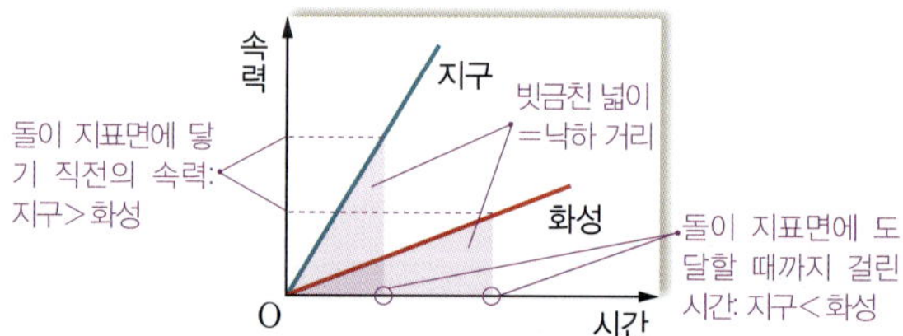

돌을 수평 방향으로 던진 속력이 같을 때 돌이 지표면에 도달할 때까지 수평 방향으로 이동한 거리는 돌의 낙하 시간에 비례한다. 돌의 낙하 시간은 지구에서가 화성에서보다 짧으므로, 돌이 수평 방향으로 이동한 거리도 지구에서가 화성에서보다 작다.

모범 답안 ⑴

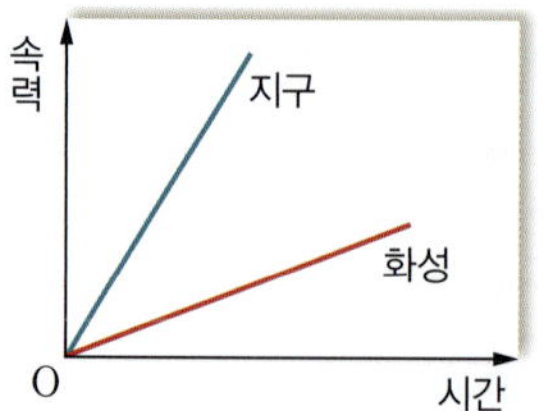

(2) 수평 방향으로 던진 물체는 수평 방향으로는 힘이 작용하지 않아 등속 운동을 하므로, 돌의 수평 도달 거리는 낙하 시간에 비례한다. 돌의 낙하 시간은 중력 가속도가 큰 지구에서가 화성에서보다 짧으므로, 돌의 수평 도달 거리도 지구에서가 화성에서보다 작다.

	채점 기준	배점(%)
(1)	지구와 화성의 속도–시간 그래프가 원점을 지나고, 지구의 기울기를 화성보다 크게 그린 경우	30
(2)	돌의 수평 도달 거리를 옳게 비교하고, 그 까닭을 지구와 화성에서의 돌의 낙하 시간을 이용하여 옳게 설명한 경우	70
	돌의 수평 도달 거리는 옳게 비교했으나, 그 까닭을 옳게 설명하지 못한 경우	30

02 해머가 원운동을 하기 위해서는 해머를 원의 중심 방향으로 끌어당기는 힘이 필요하다. 선수가 해머를 당기고 있는 줄을 놓으면, 해머는 관성 때문에 그 순간의 운동 방향인 원의 접선 방향으로 날아간다. 지구 주위를 원운동 하는 인공위성에도 지구 중심 방향으로 중력이 작용한다.

모범 답안 (1) 원의 접선 방향

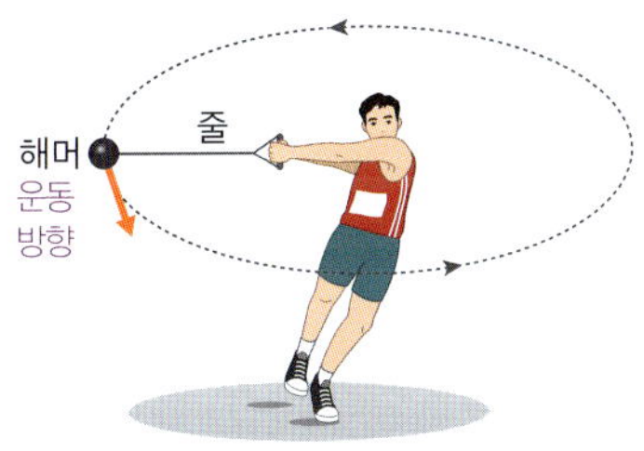

(2) 해머와 인공위성에 작용하는 힘의 방향은 모두 원의 중심 방향이다. 인공위성에는 지구 중심 방향으로 끌어당기는 중력이 작용하여 인공위성이 지구 주위를 원운동 한다.

	채점 기준	배점(%)
(1)	해머가 날아가는 방향을 원의 접선 방향으로 옳게 그린 경우	30
(2)	해머와 인공위성에 작용하는 힘의 방향이 원의 중심 방향이라고 쓰고, 인공위성이 원운동 하는 까닭을 중력이 지구 중심 방향으로 작용하기 때문임을 들어 옳게 설명한 경우	70
	해머와 인공위성에 작용하는 힘의 방향이 원의 중심 방향이라고 썼으나, 인공위성이 지구 주위를 원운동 하는 까닭을 옳게 설명하지 못한 경우	40

03 (2) 충격량은 힘의 크기와 힘이 작용한 시간에 비례한다. 테니스, 야구와 같이 공을 이용하는 운동 경기에서 공에 같은 크기

의 힘을 주더라도 라켓이나 야구 방망이를 앞으로 밀며 끝까지 휘두르면, 공에 힘을 작용하는 시간이 길어지므로 공이 받는 충격량이 커져서 공의 속력이 빨라진다.

모범 답안 (1) 대롱의 길이가 길수록 침에 힘이 작용하는 시간이 길어지므로, 침이 받는 충격량의 크기가 커진다. 이에 따라 침의 운동량의 변화량이 커져서 침이 대롱을 빠져나가는 순간의 속도가 빨라져 침이 도달하는 거리가 길어진다.

(2) 골프를 칠 때 골프채를 끝까지 휘둘러 더 긴 시간 동안 골프공에 힘을 작용하면 골프공이 받는 충격량이 커진다. 이에 따라 충돌 후 골프공의 운동량이 커져서 골프공을 멀리 날려 보낼 수 있다.

	채점 기준	배점(%)
(1)	대롱의 길이와 침이 도달하는 거리의 관계를 대롱의 길이와 침에 힘이 작용하는 시간의 관계, 충격량 변화, 운동량 변화, 대롱을 빠져나가는 순간의 속도를 모두 포함하여 서술한 경우	50
	대롱의 길이와 침이 도달하는 거리의 관계를 대롱의 길이와 침에 힘이 작용하는 시간의 관계, 충격량 변화, 운동량 변화, 대롱을 빠져나가는 순간의 속도 중 두 가지만 포함하여 서술한 경우	30
(2)	힘이 작용하는 시간을 길게 하여 충격량을 크게 하는 운동 경기 예를 들어 옳게 설명한 경우	50
	충격량과 운동량의 관계를 이용한 운동 경기의 예를 들었으나 힘이 작용하는 시간을 길게 하는 것 이외의 예를 설명한 경우	30

04 (2) 충돌 과정에서 두 자동차 A, B에 작용하는 힘의 크기는 작용 반작용 법칙에 의해 서로 같다. 충격량은 힘과 힘이 작용한 시간의 곱이므로, 충돌 과정에서 두 자동차 A, B가 받는 충격량의 크기는 같다.

(3) 충격량은 운동량의 변화량과 같고, 운동량의 변화량이 같을 때 물체의 질량이 클수록 속도 변화량의 크기가 작다.

모범 답안 (1) 앞쪽, 자동차 A는 충돌할 때 힘이 작용하여 정지하지만, 운전자는 운동을 계속하려는 관성에 의해 앞쪽으로 쏠린다.

(2) A, B가 받는 충격량의 크기는 같다. 두 자동차가 충돌할 때 서로에게 작용한 힘의 크기는 매 순간 같고, 힘이 작용한 시간도 충돌 시간으로 서로 같으므로, 충돌하는 동안 A, B가 받는 충격량의 크기는 같다.

(3) 충돌하는 동안 A, B가 받는 충격량의 크기가 같으므로, A, B의 운동량의 변화량의 크기가 같다. 운동량은 질량과 속도의 곱이므로, 질량이 큰 A가 B보다 속도 변화량의 크기가 작다.

	채점 기준	배점(%)
(1)	운전자가 쏠리는 방향을 옳게 쓰고, 그 까닭을 관성을 포함하여 옳게 설명한 경우	30
	운전자가 쏠리는 방향을 옳게 썼으나, 그 까닭을 관성을 포함하지 않고 설명한 경우	15
(2)	A, B가 받는 충격량의 크기가 같다고 쓰고, 그 까닭을 A, B가 받는 힘의 크기가 같고 충돌 시간이 같음을 들어 옳게 설명한 경우	30
	A, B가 받는 충격량의 크기가 같다고 썼으나, 그 까닭을 옳게 설명하지 못한 경우	10
(3)	속도 변화량의 크기를 옳게 비교하고, 운동량 변화량의 크기를 이용하여 옳게 설명한 경우	40
	속도 변화량의 크기를 옳게 비교했으나, 그 까닭을 옳게 설명하지 못한 경우	20

05 (1) 물체가 받은 충격량은 운동량의 변화량과 같다. 물체의 처음 운동 방향을 (+)로 나타낼 때, 물체가 벽 B에 충돌하기 전 운동량은 $3 \text{ kg} \times 2 \text{ m/s} = 6 \text{ kg} \cdot \text{m/s}$이다. 벽에 충돌한 후 물체가 정지하였으므로 운동량은 0이 되어 물체가 벽 B와 충돌할 때 받은 충격량은 다음과 같다.

$$0 - 6 \text{ kg} \cdot \text{m/s} = -6 \text{ N} \cdot \text{s}$$

따라서 물체가 벽 B와 충돌하는 동안 받은 충격량의 크기는 $6 \text{ N} \cdot \text{s}$이다.

(2) 물체가 벽에 충돌할 때 받은 평균 힘의 크기는 충격량의 크기를 충돌 시간으로 나누어 구한다. 따라서 벽 A, B에 충돌하는 물체가 받은 평균 힘의 크기는 각각 다음과 같다.

• A에 충돌하는 물체가 받은 평균 힘의 크기 $= \dfrac{9 \text{ N} \cdot \text{s}}{0.1 \text{ s}} = 90 \text{ N}$

• B에 충돌하는 물체가 받은 평균 힘의 크기 $= \dfrac{6 \text{ N} \cdot \text{s}}{0.3 \text{ s}} = 20 \text{ N}$

따라서 물체가 벽 A에 충돌할 때 받은 평균 힘의 크기는 벽 B에 충돌할 때 받은 평균 힘의 크기보다 크다.

모범 답안 (1) 물체가 벽 B에 충돌할 때 받은 충격량은 운동량의 변화량과 같으므로 $0 - 3 \text{ kg} \times 2 \text{ m/s} = -6 \text{ N} \cdot \text{s}$이다. 따라서 ㉠에 해당하는 값은 6이다.

(2) 물체가 벽에 충돌할 때 받은 평균 힘의 크기 $= \dfrac{\text{충격량의 크기}}{\text{충돌 시간}}$로 구할 수 있다. 물체가 벽 A와 충돌할 때 받는 평균 힘의 크기는 $\dfrac{9 \text{ N} \cdot \text{s}}{0.1 \text{ s}} = 90 \text{ N}$이고, 벽 B와 충돌할 때 받는 평균 힘의 크기는 $\dfrac{6 \text{ N} \cdot \text{s}}{0.3 \text{ s}} = 20 \text{ N}$이다. 따라서 물체가 벽에 충돌할 때 받은 평균 힘의 크기는 A에서가 B에서보다 크다.

	채점 기준	배점(%)
(1)	㉠에 해당하는 값과 풀이 과정을 옳게 설명한 경우	50
	㉠에 해당하는 값을 옳게 썼으나, 풀이 과정을 설명하지 않은 경우	30
(2)	A, B에 각각 충돌할 때 받은 평균 힘의 크기를 옳게 비교하고, 풀이 과정을 옳게 설명한 경우	50
	A, B에 각각 충돌할 때 받은 평균 힘의 크기를 옳게 비교했으나, 풀이 과정을 옳게 설명하지 않은 경우	30

06 (1) A, B가 충돌할 때 물체는 서로에게 크기가 같고 방향이 반대인 힘을 작용한다. 이때 힘이 작용한 시간도 충돌 시간으로 같으므로, 충돌하는 동안 A, B가 받은 충격량은 크기가 같고 방향이 반대가 된다.

(2) 충돌 과정에서 물체가 받은 평균 힘의 크기는 충격량의 크기를 충돌 시간으로 나누어 구한다. B가 받은 충격량의 크기는 A의 운동량의 변화량의 크기와 같으므로 $8 \text{ N} \cdot \text{s}$이다. A, B는 0.1~0.2초 동안 충돌하므로 B가 받은 평균 힘의 크기는 $\dfrac{8 \text{ N} \cdot \text{s}}{0.1 \text{ s}} = 80 \text{ N}$이다.

모범 답안 (1) A, B가 받은 충격량은 크기가 같고 방향은 반대이다. 따라서 A의 운동량이 감소한 만큼 B의 운동량이 증가하므로, ㉠은 다음과 같다.

$$|(-3 \text{ kg} \cdot \text{m/s}) - 5 \text{ kg} \cdot \text{m/s}| = |㉠ - (-4 \text{ kg} \cdot \text{m/s})|$$
$$㉠ = 4 \text{ kg} \cdot \text{m/s}$$

(2) 평균 힘의 크기 $= \dfrac{\text{충격량의 크기}}{\text{충돌 시간}}$이고, B가 받은 충격량은 운동량의 변화량과 같으므로, B가 받은 평균 힘의 크기는 다음과 같다.

$$\text{B가 받은 평균 힘의 크기} = \dfrac{8 \text{ N} \cdot \text{s}}{0.1 \text{ s}} = 80 \text{ N}$$

	채점 기준	배점(%)
(1)	㉠에 해당하는 값을 옳게 구하고, 서로 충돌하는 물체가 받는 충격량의 크기가 같음을 이용해 풀이 과정을 옳게 쓴 경우	50
	㉠에 해당하는 값을 옳게 구하였으나, 서로 충돌하는 물체가 받는 충격량의 크기가 같음을 포함하지 않고 풀이 과정을 쓴 경우	30
(2)	B가 받는 평균 힘의 크기를 옳게 구하고, 충격량의 크기와 충돌 시간을 포함하여 풀이 과정을 옳게 쓴 경우	50
	B가 받는 평균 힘의 크기를 옳게 구하였으나, 충격량의 크기와 충돌 시간을 포함하지 않고 풀이 과정을 쓴 경우	30

07 <u>모범 답안</u> ⑴ 충돌 과정에서 A, B가 받은 충격량의 크기는 같다. A가 받은 충격량은 운동량의 변화량과 같으므로, $3\ \mathrm{kg}\times(-1\ \mathrm{m/s})-3\ \mathrm{kg}\times5\ \mathrm{m/s}=-18\ \mathrm{kg\cdot m/s}$이다. 따라서 A가 B에 가한 충격량의 크기는 $18\ \mathrm{N\cdot s}$이다.

⑵ B의 운동량의 변화량은 B가 받은 충격량과 같으므로, 충돌 후 B의 속력 v는 다음과 같다.

$$18\ \mathrm{kg\cdot m/s}=8\ \mathrm{kg}\times v-0,\ v=\frac{18\ \mathrm{kg\cdot m/s}}{8\ \mathrm{kg}}=\frac{9}{4}\ \mathrm{m/s}$$

	채점 기준	배점(%)
⑴	충격량의 크기를 옳게 구하고, 서로 충돌하는 물체가 받는 충격량의 크기가 같음을 이용해 풀이 과정을 옳게 쓴 경우	50
	B가 받은 충격량의 크기를 옳게 구하였으나, 서로 충돌하는 물체가 받는 충격량의 크기가 같음을 포함하지 않고 풀이 과정을 쓴 경우	30
⑵	충돌 후 B의 속력을 옳게 구하고, 충격량과 운동량의 변화량이 같음을 들어 풀이 과정을 옳게 쓴 경우	50
	충돌 후 B의 속력을 옳게 구하였으나, 충격량과 운동량의 변화량이 같음을 포함하지 않고 풀이 과정을 쓴 경우	30

08 ⑴ 힘 – 시간 그래프 아랫부분의 넓이는 충격량의 크기와 같다.

<u>모범 답안</u> ⑴ S_A – A가 받은 충격량의 크기, S_B – B가 받은 충격량의 크기

⑵ $S_A=S_B$, 자동차 A, B의 질량과 충돌 전 속력이 같고, 충돌 후 A, B 모두 정지하므로 A, B의 운동량의 변화량의 크기는 같다. 운동량의 변화량은 충돌하는 동안 A, B가 받는 충격량과 같으므로, 힘 – 시간 그래프 아랫부분의 넓이 S_A, S_B는 같다.

⑶ A, 벽에 충돌하는 과정에서 A, B가 받는 충격량의 크기가 같을 때, 충돌 시간이 긴 A가 받는 평균 힘의 크기가 더 작으므로 A의 안전성이 더 높다.

	채점 기준	배점(%)
⑴	S_A, S_B 모두 충격량의 크기라고 쓴 경우	20
⑵	S_A, S_B를 옳게 비교하고, A, B의 운동량의 변화량이 충격량과 같음을 이용하여 그 까닭을 옳게 설명한 경우	40
	S_A, S_B를 옳게 비교했으나, 그 까닭을 옳게 설명하지 못한 경우	20
⑶	A를 고르고, 충돌 시간과 평균 힘의 크기와의 관계를 이용하여 옳게 설명한 경우	40
	A가 안전성이 높다고만 쓴 경우	20

0**1** 생명 시스템의 기본 단위

✔ 중요 개념 체크

262쪽	**1** ⑴ × ⑵ ×
	2 ⑴ 핵 ⑵ 마이토콘드리아 ⑶ 라이보솜
263쪽	**3** ㉠ 인지질, ㉡ 단백질, ㉢ 선택적 투과성
266쪽	**4** ⑴ ◯ ⑵ ◯ ⑶ ×

1 ⑴ 기관은 여러 조직이 모여 고유한 형태를 가지고 특정한 기능을 하는 단계이다. 모양과 기능이 비슷한 세포들의 모임은 조직이다.

⑵ 식물의 구성 단계는 '세포 → 조직 → 조직계 → 기관 → 개체'이다. 기관계는 동물에만 있는 구성 단계로, 서로 연관된 기능을 담당하는 기관들의 모임이다.

4 ⑴ 세포막을 통한 물질 이동 중 확산은 물질이 고농도에서 저농도로 이동하는 현상이다.

⑵ 산소, 이산화 탄소와 같은 기체 분자는 인지질 2중층을 통해 확산하고, 나트륨 이온과 같은 전하를 띠는 물질은 막단백질을 통해 확산한다.

⑶ 식물 세포를 세포액보다 농도가 낮은 용액에 넣으면 물이 세포 안으로 많이 들어와 세포의 부피가 증가한다. 그러나 식물 세포를 세포액보다 농도가 높은 용액에 넣으면 물이 세포 밖으로 많이 빠져나가 세포질의 부피가 감소하여 세포막과 세포벽이 분리되는 원형질분리가 일어난다.

탐구 확인 문제 269쪽

01 ⑴ ◯ ⑵ ◯ ⑶ ◯ ⑷ × **02** ③, ⑤ **03** ⑴ 해설 참조 ⑵ 해설 참조 **04** ㄱ **05** ③

01 ⑴ 양파 표피세포에 증류수와 설탕물을 떨어뜨리면 세포막을 통해 물이 이동한다.

⑵ 세포막을 통한 물의 이동은 삼투에 의해 일어난다.

⑶ 세포막을 통해 물이 이동하여 세포질의 부피가 변하면 양파 표피세포의 부피가 변한다.

⑷ 20 % 설탕물을 떨어뜨린 양파 표피세포에서 세포막이 세포벽과 분리되는 현상이 나타났으므로 세포액이 20 % 설탕물보다 농도가 낮아 물이 세포 밖으로 많이 빠져나갔다.

02 ③ 과정 ❷, ❸에서 세포막을 경계로 물은 용액의 농도가 낮은 쪽에서 높은 쪽으로 삼투에 의해 이동한다.

⑤ 과정 ❸에서 양파 표피세포에 20 % 설탕물을 떨어뜨린 것은 세포 밖으로 물이 많이 빠져나가 세포막이 세포벽으로부터 분리된다.

(바로알기) ① 과정 ❶에서 양파의 안쪽 부분의 표피세포를 사용해도 세포액의 농도가 같으므로 같은 결과가 나타난다.

② 과정 ❷, ❸에서 양파 표피세포에 증류수를 떨어뜨린 것이 설탕물을 떨어뜨린 것보다 세포 안으로 들어온 물의 양이 많아 세포의 부피가 더 크다.

④ 과정 ❸에서 설탕 분자는 세포막을 통해 확산하지 못하고, 물 분자는 세포막을 통해 이동한다.

⑥ 현미경으로 관찰할 때는 시야가 넓은 저배율에서 상을 먼저 찾고 고배율로 바꾸어 상을 크게 확대하여 관찰한다.

03 (1) (나)에서는 세포막이 세포벽으로부터 분리되는 원형질분리가 일어났다. 이것은 양파 표피세포에서 물이 많이 빠져나가 세포질의 부피가 감소하여 나타나는 현상이며, 물은 삼투에 의해 농도가 낮은 용액에서 농도가 높은 용액 쪽으로 이동한다.

(2) 양파 표피세포를 세포 안보다 농도가 낮은 증류수에 넣으면 삼투에 의해 물이 세포 안으로 많이 들어와 세포의 부피가 증가하여 세포막이 세포벽으로부터 분리되는 현상이 사라질 것이다.

(모범답안) (1) 20 % 설탕물은 양파 표피세포의 세포액보다 농도가 높아 삼투에 의해 물이 세포 밖으로 많이 빠져나가 세포질의 부피가 감소하였기 때문이다.

(2) 증류수는 세포액보다 농도가 낮으므로 삼투에 의해 양파 표피세포 안으로 물이 많이 이동하여 세포의 부피가 증가할 것이다.

채점 기준	배점(%)
상대적인 농도 비교, 삼투에 의한 물의 이동 방향, 세포의 부피 변화를 모두 옳게 설명한 경우	50
(1) 상대적인 농도 비교, 삼투에 의한 물의 이동 방향, 세포의 부피 변화 중 두 가지를 옳게 설명한 경우	30
상대적인 농도 비교, 삼투에 의한 물의 이동 방향, 세포의 부피 변화 중 한 가지만 옳게 설명한 경우	20
세포 안으로 물이 이동하여 세포의 부피가 증가할 것이라고 설명한 경우	50
(2) 세포 안으로 물이 이동한다고만 설명한 경우	30
세포의 부피가 증가한다고만 설명한 경우	30

삼투에 의한 적혈구의 변화

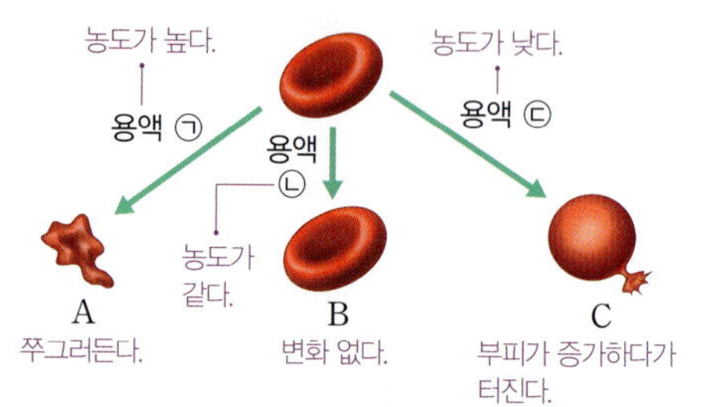

· A: 적혈구에서 물이 많이 빠져나가 수축하였다.
　➡ 용액 ㉠의 농도 > 적혈구 안의 농도
· B: 적혈구 안팎으로 이동하는 물의 양이 같아 모양의 변화가 없다.
　➡ 용액 ㉡의 농도 = 적혈구 안의 농도
· C: 적혈구 안으로 물이 많이 들어와 적혈구의 부피가 증가하고 심하면 터진다.
　➡ 용액 ㉢의 농도 < 적혈구 안의 농도

ㄱ. 설탕 용액의 농도는 ㉠ > ㉡ > ㉢이다.

(바로알기) ㄴ. B에서 적혈구의 부피 변화가 없는 것은 세포막을 통한 물의 이동이 일어나지 않아서가 아니라 세포 안으로 들어오는 물의 양과 세포 밖으로 나가는 물의 양이 같기 때문이다.

ㄷ. A는 적혈구 밖으로 물이 많이 빠져나가 적혈구 내부의 농도가 처음보다 높아졌고, B는 처음 상태와 같으며, C는 적혈구 안으로 물이 많이 들어와 적혈구 내부의 농도가 처음보다 낮아졌다. 따라서 적혈구 내부의 농도는 A가 가장 높다.

05 ㄱ. 감자 조각을 세포액보다 농도가 높은 용액에 넣으면 물이 세포 밖으로 많이 빠져나가 감자 조각의 무게가 감소하고, 반대로 세포액보다 농도가 낮은 용액에 넣으면 세포 안으로 물이 많이 들어와 감자 조각의 무게가 증가한다. 따라서 비커의 설탕 용액의 농도는 D > B > A > C이다.

ㄴ. A에서 감자의 무게 변화가 없는 것은 설탕 용액의 농도가 감자 세포액과 같아 감자 세포 안팎으로 이동하는 물의 양이 같기 때문이다.

(바로알기) ㄷ. 감자 세포의 세포질의 부피가 증가하면 세포 내부에서 세포벽을 미는 힘이 생긴다. 따라서 감자 세포 안으로 물이 많이 들어와 감자 조각의 무게가 증가한 C에서가 세포 내부에서 세포벽을 미는 힘이 가장 크다. 감자 조각의 무게가 감소한 B와 D에서는 세포질의 부피가 감소하여 세포막이 세포벽과 분리되므로 세포 내부에서 세포벽을 미는 힘이 없다.

01 ⑤ **02** 해설 참조 **03** ⑤ **04** ⑤ **05** A, C, D, E
06 ㉠ C—핵, ㉡ B—라이보솜, ㉢ D—소포체, ㉣ E—골지체
07 A: 단백질, B: 인지질 **08** ② **09** ④ **10** ㉠ 확
산, ㉡ 삼투 **11** ① **12** (가) 산소, 이산화 탄소 등, (나)
나트륨 이온 등 **13** ② **14** ④ **15** ② **16** 해설 참조

01 ㄱ. 세포는 생명체를 구성하는 구조적 단위이며, 생명활동이 일어나는 기능적 단위이다.

ㄴ. 동물과 식물을 구성하는 기본 단위는 세포이며, 모양과 기능이 비슷한 세포들이 모여 조직을 이루고, 여러 조직이 모여 일정한 형태를 갖추고 특정 기능을 담당하는 기관이 되며, 기관들이 모여 개체를 형성한다. 즉, 동물과 식물의 공통적인 구성 단계는 '세포 → 조직 → 기관 → 개체'이다.

ㄷ. 세포는 핵, 라이보솜, 마이토콘드리아 등 다양한 세포소기관이 상호작용 하여 생명 현상이 나타나는 하나의 생명 시스템이다.

02 자료 해석하기

식물 세포의 구조와 기능

- A(세포막): 세포 안팎으로의 물질 출입을 조절한다.
- B(마이토콘드리아): 유기물을 분해하여 세포의 생명활동에 필요한 에너지를 생산한다.
- C(핵): 유전물질인 DNA가 있으며, 세포의 생명활동을 조절한다.
- D(라이보솜): 단백질 합성 장소이다.
- E(엽록체): 빛에너지를 흡수하여 이산화 탄소와 물로부터 포도당을 합성한다. ➡ 식물 세포에는 있지만 동물 세포에는 없다.

모범 답안 | 식물 세포, 광합성이 일어나는 장소인 엽록체(E)가 있고, 세포막 바깥에 세포벽이 있기 때문이다.

채점 기준	배점(%)
근거를 들어 식물 세포라는 것을 옳게 설명한 경우	100
식물 세포라고만 쓴 경우	30

03 ⑤ E(엽록체)에서는 빛에너지를 흡수하여 이산화 탄소와 물로부터 포도당을 합성하는 광합성이 일어난다.

바로 알기 ① A(세포막)는 식물 세포와 동물 세포에 모두 있다.

② B(마이토콘드리아)는 유기물을 분해하여 세포의 생명활동에 필요한 에너지를 생산한다.

③ C(핵)에는 DNA가 있으며 세포의 생명활동을 조절한다.

④ D(라이보솜)는 유전정보에 따라 아미노산을 순서대로 결합하여 단백질을 합성하는 장소이다.

04 ㄱ. 핵에는 유전물질인 DNA가 들어 있다.

ㄴ. 식물 세포의 액포에는 물, 색소, 노폐물 등이 들어 있으며, 세포가 성숙할수록 크게 발달한다.

ㄷ. 마이토콘드리아는 동물 세포뿐 아니라 식물 세포에도 있다.

05 A는 마이토콘드리아, B는 라이보솜, C는 핵, D는 소포체, E는 골지체이다. 라이보솜(B)을 제외한 나머지 세포소기관은 모두 막 구조를 가지고 있으며, 세포에서 발견되는 막은 세포막과 같은 인지질 2중층으로 되어 있다.

06 동물 세포에서 핵(C) 속에 들어 있는 DNA의 유전정보에 따라 라이보솜(B)에서 아미노산이 펩타이드결합으로 연결되어 단백질이 합성된다. 단백질은 소포체(D)를 통해 골지체(E)로 전달된 후 세포 밖으로 분비된다.

07 자료 해석하기

세포막의 구조와 성분

- A(단백질): 라이보솜에서 아미노산이 펩타이드결합으로 연결되어 합성된다. 인지질 2중층을 관통하고 있는 단백질 중에는 물질의 이동 통로가 되는 것이 있다.
- B(인지질): 인지질은 친수성 머리 부분(㉠)과 소수성 꼬리 부분(㉡)이 있다. 세포 안팎에 물이 풍부한 환경에서 머리 부분은 바깥을 향하고 소수성인 꼬리 부분은 안쪽으로 모여 2중층을 이룬다.

세포막의 주성분은 인지질(B)과 단백질(A)이다.

08 ㄱ. 단백질(A)은 기본 단위체인 아미노산이 펩타이드결합으로 연결되어 만들어진다.

ㄴ. 인지질(B)에서 바깥쪽을 향하고 있는 ㉠은 친수성 부분이고, 안쪽으로 모여 있는 ㉡은 소수성 부분이다.

바로알기 ㄷ. 세포막에서 산소, 이산화 탄소와 같은 기체 분자는 인지질 2중층을 직접 통과하고, 포도당이나 이온 같은 물질은 막단백질(A)을 통해서 이동한다.

09 ㄴ. 세포의 안팎은 물이 풍부한 환경이므로, 인지질의 친수성 머리 부분은 물과 접하는 바깥쪽을 향하고, 소수성 꼬리 부분은 안쪽으로 서로 마주보고 2중층 구조를 이룬다.

ㄷ. 세포막은 물질의 종류에 따라 투과되는 정도가 다른 선택적 투과성을 나타내며, 이를 통해 세포 안팎으로의 물질 출입을 조절한다.

바로알기 ㄱ. 세포막의 주성분인 인지질은 물이 풍부한 환경에서 유동성을 갖는다. 이 때문에 인지질 2중층에 있는 막단백질도 세포막의 특정 위치에 고정되어 있지 않고 움직인다.

10 세포막을 경계로 물질의 농도가 높은 쪽에서 낮은 쪽으로 물질이 이동하는 현상은 확산(㉠)이고, 농도가 낮은 용액에서 높은 용액으로 용매인 물이 이동하는 현상은 삼투(㉡)이다.

11 자료 해석하기

세포막을 통한 물질의 확산

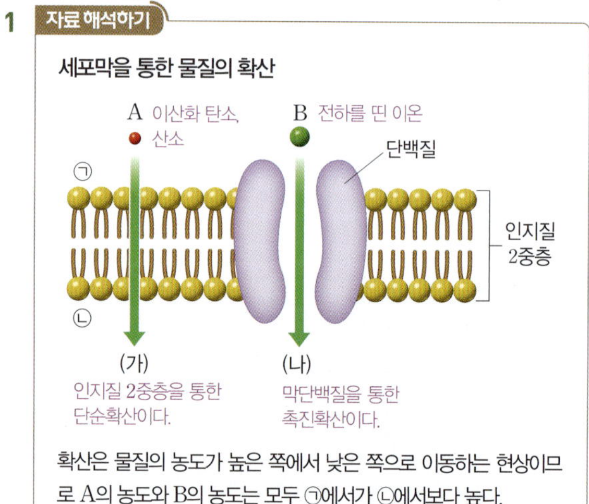

확산은 물질의 농도가 높은 쪽에서 낮은 쪽으로 이동하는 현상이므로 A의 농도와 B의 농도는 모두 ㉠에서가 ㉡에서보다 높다.

ㄱ. A가 ㉠에서 ㉡ 쪽으로 확산하고 있으므로 A의 농도는 ㉡보다 ㉠에서 높다.

바로알기 ㄴ. 확산은 분자가 스스로 운동하여 퍼져나가는 현상이므로 A와 B의 이동에는 세포에서 별도의 에너지를 소모하지 않는다.

ㄷ. (나)와 같이 막단백질을 통해 물질이 이동하는 경우, 물질의 종류에 따라 특정 단백질을 통해 이동한다.

12 (가)와 같이 인지질 2중층을 직접 통과하는 물질의 예에는 산소, 이산화 탄소와 같은 기체 분자와 지질 입자, 지용성 물질 등이 있다. (나)와 같이 막단백질(통로단백질)을 통해 이동하는 물질의 예에는 나트륨 이온 같이 전하를 띠는 물질 등이 있다.

13 ㄱ. 포도당은 세포막의 막단백질을 통해 확산하므로 (가)는 단백질을 통한 확산, 즉 촉진확산이고 ㉠은 '사용함'이다.

ㄴ. (나)는 세포막의 단백질을 사용하지 않고 일어나는 확산, 즉 단순확산이며 산소, 이산화 탄소는 ㉡에 해당한다.

바로알기 ㄷ. (가)와 (나)에서 물질의 이동은 세포막을 경계로 물질의 농도가 높은 쪽에서 낮은 쪽으로 일어나는 것이지 세포 밖에서 세포 안으로 방향이 정해져 있는 것은 아니다.

14 자료 해석하기

삼투에 의한 적혈구의 변화

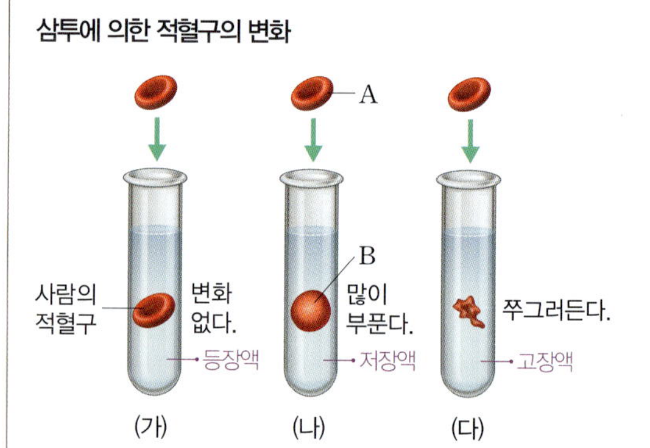

• (가) 적혈구의 모양이 변하지 않은 것은 적혈구 안팎으로 이동하는 물의 양이 같기 때문이다.
　→ 소금물의 농도와 적혈구 안의 농도가 같다.
• (나) 적혈구 안으로 물이 많이 들어와 부피가 증가하였다.
　→ 소금물의 농도는 적혈구 안의 농도보다 낮다.
• (다) 적혈구에서 물이 많이 빠져나가 수축하였다.
　→ 소금물의 농도는 적혈구 안의 농도보다 높다.

ㄴ. 소금물의 농도는 (다) > (가) > (나)이다.

ㄷ. (나)에서는 소금물에 넣기 전의 적혈구(A)의 부피에 비해 소금물에 넣고 일정 시간이 지났을 때의 적혈구(B)의 부피가 증가하였다. 따라서 $\dfrac{\text{B의 부피}}{\text{A의 부피}}$ 값이 1보다 크다.

바로알기 ㄱ. (가)에서 적혈구 모양에 변화가 없는 까닭은 적혈구 안팎으로 물이 이동하지 않아서가 아니라 적혈구 안팎으로 이동하는 물의 양이 같기 때문이다.

15 ㄱ. 설탕물을 떨어뜨렸을 때 세포막이 세포벽에서 분리되는 현상이 나타났다. 이것은 설탕물의 농도가 양파 표피세포의 세포액보다 높아서 삼투에 의해 물이 세포 밖으로 많이 빠져나갔기 때문이다.

ㄴ. (나)에서는 물이 세포 밖으로 많이 빠져나가 세포질의 부피가 감소하면서 세포막이 세포벽에서 분리되는 원형질분리가 일어났다.

바로알기 ㄷ. (가)에서 (나)가 되는 과정에서 세포 밖으로 나간 물의 양이 세포 안으로 들어온 물의 양보다 많다.

16 선택적 투과성 막은 물 분자는 통과시키지만 설탕 분자는 통과시키지 않으므로 막을 경계로 양쪽의 용액 농도가 다르면 저농도에서 고농도로 물 분자가 이동한다. 물이 이동하면 설탕 용액의 농도가 높은 쪽의 수면 높이가 높아진다.

모범 답안 설탕 용액의 농도는 A에 넣은 것이 B에 넣은 것보다 높다. 선택적 투과성 막을 경계로 물이 삼투에 의해 용액의 농도가 낮은 B 쪽에서 농도가 높은 A 쪽으로 이동하여 (나)에서 A 쪽 용액의 높이가 높아지고, B 쪽 용액의 높이가 낮아졌기 때문이다.

채점 기준	배점(%)
설탕 용액의 농도를 비교하고, (나)와 같은 변화가 나타난 까닭을 옳게 설명한 경우	100
(나)와 같은 변화가 나타난 까닭을 옳게 설명한 경우	70
설탕 용액의 농도가 A 쪽이 높다고만 쓴 경우	30

1등급 JUMP 도전 문제 275쪽

01 ⑤ **02** ④ **03** ③ **04** ②

01 자료 해석하기

세포소기관의 기능

구분	㉠	㉡	㉢	특징 ㉠~㉢
라이보솜 A	×	○	×	• 식물 세포에 있다. -㉡
엽록체 B	○	ⓐ○	○	• 포도당을 합성한다. -㉢
골지체 C	○	ⓑ○	×	• 인지질 2중층의 막구조를 갖는다. -㉠

(○: 해당함. ×: 해당 안 함.)

• 식물 세포에 있다. ➡ 엽록체, 골지체, 라이보솜 ⇨ ㉡
• 포도당을 합성한다. ➡ 엽록체 ⇨ ㉢
• 인지질 2중층의 막구조를 갖는다. ➡ 엽록체, 골지체 ⇨ ㉠

ㄱ. 특징 ㉡은 '식물 세포에 있다.'이며, 이것은 엽록체, 골지체, 라이보솜 3가지 세포소기관의 공통 특징이므로 ⓐ와 ⓑ는 모두 '○'이다.

ㄴ. '인지질 2중층의 막구조를 갖는다.'는 엽록체와 골지체 2가지 세포소기관의 공통 특징이므로 ㉠에 해당한다.

ㄷ. A는 라이보솜, B는 엽록체, C는 골지체이며, 골지체는 단백질을 변형하고 막으로 싸서 분비하는 작용을 한다.

02 A는 Na^+으로 막단백질을 통한 촉진확산을 하고, B는 산소로 인지질 2중층을 통한 단순확산을 한다.

ㄴ. B는 인지질 2중층을 직접 통과하므로 산소이다.

ㄷ. A와 B는 확산에 의해 세포막을 통과하므로 세포에서 에너지를 소모하지 않는다.

바로알기 ㄱ. A는 막단백질을 통해 확산하므로 세포막 안팎의 농도 차가 커지면 어느 정도까지는 확산 속도가 증가한다. 그러나 통로단백질이 모두 A의 이동에 관여하고 있으면 세포막 안팎의 농도 차가 커지더라도 더 이상 확산 속도가 증가하지 않는다.

03 (가)는 동물 세포, (나)는 식물 세포이다. A는 핵, B는 세포막, C는 엽록체, D는 마이토콘드리아이다.

ㄱ. 핵(A)에는 DNA가 있다. DNA의 단위체는 뉴클레오타이드이며, 핵산은 탄소 화합물이다.

ㄷ. 엽록체(C)는 광합성이 일어나는 장소로 이산화 탄소를 흡수하고 산소를 방출하며, 마이토콘드리아(D)는 세포호흡이 일어나는 장소로 산소를 흡수하고 이산화 탄소를 방출한다.

바로알기 ㄴ. 세포막(B)은 세포를 둘러싸는 막으로, 모든 세포에 공통적으로 존재한다.

04 A는 세포의 모습이 변하지 않았으므로 세포 안과 용액의 농도가 같고, B는 원형질분리가 일어났으므로 세포 안보다 용액의 농도가 높다. C는 세포의 부피가 증가하였으므로 세포 안보다 용액의 농도가 낮다.

ㄴ. B에 넣었을 때 세포질의 부피가 줄어들었으므로 세포 안으로 들어오는 물의 양보다 세포 밖으로 나가는 물의 양이 더 많다. 즉, $\dfrac{\text{세포 밖으로 나가는 물의 양}}{\text{세포 안으로 들어오는 물의 양}}$ 의 값은 1보다 크다.

바로알기 ㄱ. 설탕 용액의 농도는 B>A>C이다.

ㄷ. C는 세포 안보다 농도가 낮은 설탕 용액이므로 식물 세포를 넣어 두면 세포 안으로 물이 많이 들어와 부피가 증가한다. 그러나 세포의 부피가 증가함에 따라 세포의 흡수력은 감소하고, 세포막 바깥에 단단한 세포벽이 있어 C에 넣어 두는 시간이 길어지더라도 세포의 부피는 일정 수준 이상으로 커지지 않는다.

중요 개념 체크

277쪽	**1** (1) × (2) ○ (3) ×	
279쪽	**2** ㉠ 활성화에너지, ㉡ 단백질, ㉢ 기질특이성	
280쪽	**3** ㉠ 아밀레이스, ㉡ 포도당	

1 (1) 물질대사는 생명체 안에서 일어나는 모든 화학 반응으로, 생명체 밖에서 일어나는 화학 반응은 포함하지 않는다.
(3) 아미노산이 펩타이드결합으로 연결되어 단백질로 되는 반응은 동화작용에 속한다.

2 효소는 주성분이 단백질이며, 반응물(기질)과 결합하여 활성화에너지를 낮추어 반응을 촉진하므로 구조가 들어맞는 기질에만 작용하는 기질특이성이 있다.

3 식혜는 엿기름에 들어 있는 아밀레이스를 활용하여 만든 음료이고, 혈당량 측정기는 포도당 산화효소를 이용하여 혈액 속의 포도당량을 측정하는 장치이다.

탐구 확인 문제 283쪽

01 (1) ○ (2) ○ (3) × (4) ○ **02** ②, ④ **03** 해설 참조 **04** ㄱ, ㄴ, ㄷ **05** ③

01 (1) 생간 속에 들어 있는 카탈레이스는 과산화 수소를 물과 산소로 분해하는 반응을 촉진하므로 시험관 B에서 발생한 기포에는 산소가 있다.
(2) 시험관 C에서도 기포가 발생하였으므로 감자에는 과산화 수소의 분해를 촉진하는 카탈레이스가 있다는 것을 알 수 있다.
(3) 기포 발생이 끝난 시험관 B와 C에 과산화 수소수를 첨가하면 기포가 다시 발생하는 것은 효소가 반응이 끝난 후 생성물과 분리되어 새로운 반응물과 결합하여 다시 반응을 촉진하기 때문이다.
(4) 효소는 반응 전후에 변하지 않으므로 기포 발생이 끝난 시험관 B와 C에는 카탈레이스가 남아 있다.

02 ② 과정 ❶에서 과산화 수소수의 농도를 3 %에서 5 %로 높이면 반응물인 과산화 수소의 양이 증가하는 효과가 있으므로 과정 ❷에서 시험관 B의 기포 발생량이 증가한다.
④ 과정 ❷에서 감자 조각 대신 감자즙을 사용하더라도 감자의 카탈레이스는 작용하므로 시험관 C의 실험 결과는 같다.

바로알기 ① 과정 ❶에서 과산화 수소수의 양을 2배로 늘리더라도 효소가 없는 시험관 A에서는 기포가 발생하지 않는다.
③ 과정 ❷에서 넣어주는 생간의 양을 2배로 늘리면 카탈레이스의 양이 증가하여 기포 발생 속도는 빨라지지만 반응물의 양은 변하지 않았으므로 발생하는 기포의 총량은 그대로이다.
⑤ 과정 ❹에서 반응이 끝난 시험관에 과산화 수소수를 추가로 넣어주면 기포가 다시 발생하는 것을 통해 효소는 재사용된다는 것을 확인할 수 있지만 특정 반응물에만 결합하는지는 확인할 수 없다.

03 소의 생간에 있는 카탈레이스는 과산화 수소를 물과 산소로 분해하는 반응을 촉진한다. 산소는 기체 상태이므로 기포가 발생하는 것으로 관찰된다.

모범 답안 소의 생간에 있는 카탈레이스는 과산화 수소가 물과 산소 기체로 분해되는 반응을 촉진하기 때문이다.

채점 기준	배점(%)
효소와 발생한 기체의 이름을 정확하게 사용하여 옳게 설명한 경우	100
효소와 발생한 기체의 이름 중 한 가지만을 정확하게 사용하여 옳게 설명한 경우	50

04 ㄱ. 시험관 B에서 발생한 기포에는 산소 기체가 포함되어 있으므로 불씨를 넣으면 불씨가 밝게 잘 탄다.
ㄴ. 익힌 간 조각을 넣은 시험관 C에서 기포가 발생하지 않은 것은 효소의 주성분인 단백질의 구조가 변해 반응물과 결합하지 못하여 반응을 촉진하지 못하기 때문이다. 즉, 시험관 C의 실험 결과를 통해 효소는 고온에서 촉매 기능을 잃는다는 것을 확인할 수 있다.
ㄷ. 생간에는 과산화 수소를 물과 산소로 분해하는 반응을 촉진하는 효소인 카탈레이스가 있다. 효소는 반응 전후에 변하지 않으므로 재사용된다. 과산화 수소수를 넣은 시험관 B에 생간을 넣어 기포 발생이 끝난 후에도 카탈레이스는 그대로 남아 있으므로 과산화 수소수를 추가하면 다시 기포가 발생한다.

05 ㄱ. 과산화 수소수가 들어 있는 삼각 플라스크 중 감자 조각을 넣은 B와 C의 고무풍선이 부푼 것은 감자에 들어 있는 카탈레이스가 과산화 수소 분해 반응을 촉진하여 산소 기체가 발생하였기 때문이다.

ㄴ. 삼각 플라스크 B와 C에 같은 크기의 감자 조각을 4개씩 넣었으므로 효소의 양은 일정하다. 그런데 삼각 플라스크 B보다 C의 풍선이 더 크게 부풀었으므로 과산화 수소, 즉 반응물의 양이 많을수록 생성물이 많이 생성된다는 것을 알 수 있다.

바로알기 ㄷ. 삼각 플라스크 B와 C에서 감자 세포의 카탈레이스에 의해 일어나는 과산화 수소 분해 반응의 활성화에너지는 같다.

START 내신 완성 문제

01 물질대사 **02** ㄱ, ㄴ, ㄷ **03** ② **04** (1) 해설 참조 (2) 해설 참조 **05** ② **06** ㉠ 활성화에너지, ㉡ 효소 **07** ① **08** ② **09** ⑤ **10** ② **11** (1) 해설 참조 (2) 해설 참조 (3) 해설 참조 (4) 해설 참조 (5) 해설 참조 **12** ㄷ **13** ② **14** ③

01 생명체 내에서 일어나는 모든 화학 반응을 물질대사라고 한다.

02 ㄱ. 생명체 밖에서 일어나는 화학 반응은 고온, 고압 조건에서 잘 일어나지만 물질대사는 체온 정도의 온도와 대기압에서 일어나는데, 이것은 생체촉매인 효소가 관여하기 때문이다.

ㄴ. 물질대사는 화학 반응이므로 반드시 에너지 출입이 수반된다.

ㄷ. 물질대사는 생명체 내에서 일어나는 모든 화학 반응으로, 물질의 합성 반응인 동화작용과 물질의 분해 반응인 이화작용으로 구분한다.

03 (가)는 생명체 밖에서 일어나는 연소 반응이고, (나)는 생명체 내에서 일어나는 물질대사이다.

ㄱ. (가) 연소는 발화점 이상의 높은 온도에서 일어나지만 (나) 물질대사는 다람쥐의 체온에서 일어난다. 따라서 (가)는 (나)보다 높은 온도에서 일어난다.

ㄴ. (가) 연소에서는 땅콩에 저장된 영양소의 화학 에너지가 빛에너지와 열에너지의 형태로 전환된다.

바로알기 ㄷ. (나)에서 다람쥐가 땅콩 속의 영양소를 분해하여 에너지를 얻는 소화와 세포호흡 과정은 크고 복잡한 물질을 작고 간단한 물질로 분해하는 이화작용이다.

04 (1) 효소는 반응 전후에 변하지 않지만 활성화에너지를 낮추어 반응을 촉진하는 기능을 한다.

모범답안 (1) 효소는 반응의 활성화에너지를 낮추어 반응을 촉진하는 촉매 기능을 한다.

(2) • 연소는 고온 상태에서 반응이 잘 일어나지만 세포호흡은 체온 정도에서 진행된다.

• 연소는 반응이 한 번에 일어나지만 세포호흡은 반응이 단계적으로 일어난다.

• 연소는 에너지가 한꺼번에 방출되지만 세포호흡은 에너지가 여러 단계에 걸쳐 소량씩 방출된다.

채점 기준		배점(%)
(1)	활성화에너지를 낮추어 반응을 촉진하는 촉매 기능을 한다고 옳게 설명한 경우	50
	반응을 촉진한다고만 쓴 경우	30
(2)	차이점 두 가지를 모두 옳게 설명한 경우	50
	차이점 한 가지만 옳게 설명한 경우	30

05 자료 해석하기

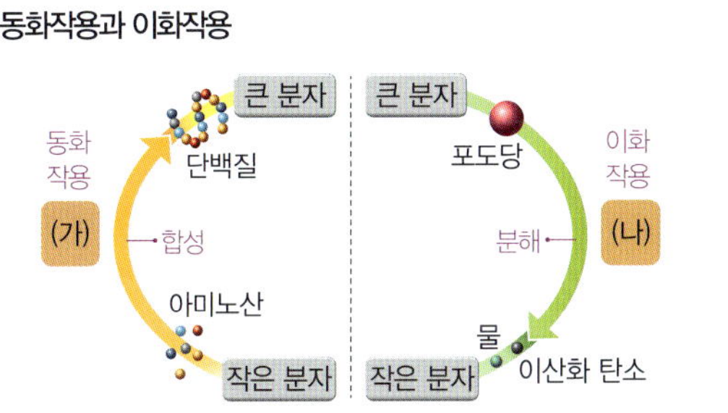

• (가) 단백질 합성: 동화작용이며, 에너지를 흡수한다.
→ 에너지 크기: 반응물<생성물
• (나) 세포호흡: 이화작용이며, 에너지를 방출한다.
→ 에너지 크기: 반응물>생성물

ㄴ. (가)는 단위체인 아미노산이 펩타이드결합으로 연결되어 고분자 물질인 단백질이 합성되는 반응이므로 동화작용이고, (나)는 포도당이 물과 이산화 탄소로 분해되는 반응이므로 이화작용이다.

바로알기 ㄱ. (가) 동화작용과 (나) 이화작용에는 모두 효소가 필요하다.

ㄷ. (가) 동화작용은 생성물의 에너지가 반응물의 에너지보다 크므로 에너지가 흡수되어 일어나고, (나) 이화작용은 반응물의 에너지가 생성물의 에너지보다 커서 반응이 일어나면서 에너지가 방출된다.

06 화학 반응이 일어나기 위해 필요한 최소한의 에너지는 활성화에너지이고, 생명체에 있는 효소는 활성화에너지를 낮추어 반응 속도를 빠르게 한다.

효소의 유무와 활성화에너지

- A: 효소가 없을 때의 활성화에너지
- B: 효소가 있을 때의 활성화에너지
- C: 반응열(반응물과 생성물의 에너지 차이)
- 반응물의 에너지가 생성물의 에너지보다 크므로 물질의 분해 반응이다.

ㄴ. 반응열(C)은 반응물과 생성물의 에너지 차이이므로 효소의 유무에 관계없이 크기가 일정하다.

바로 알기 ㄱ. 효소는 활성화에너지를 낮추어 반응을 촉진하므로 A는 효소가 없을 때의 활성화에너지이고, B는 효소가 있을 때의 활성화에너지이다.

ㄷ. 화학 반응의 결과 방출되는 에너지의 양은 반응열(C)이다. 'A－B'는 효소가 있을 때 효소가 없을 때보다 감소하는 활성화에너지의 크기이다.

08 A는 반응물(기질), B는 효소, C는 효소기질복합체, D와 E는 생성물이다.

② 이 효소(B)는 반응물(A)을 생성물(D와 E)로 분해하는 반응을 촉진하므로 이화작용에 관여한다.

바로 알기 ① A는 반응물이고, B가 효소이다. 효소(B)의 주성분은 단백질이다.

③ 효소(B)는 반응물(A)과 결합하여 반응을 촉진하고, 생성물과 분리된 다음 다시 새로운 반응물(A)과 결합하여 반응을 촉진한다. 즉, 효소는 재사용된다.

④ 효소는 반응물과 결합하여 효소기질복합체(C)를 형성하고 활성화에너지를 낮춘다.

⑤ 효소(B)는 반응 속도를 빠르게 하여 생성물의 생성 속도는 높이지만 생성물의 총량에는 영향을 주지 않는다. 생성물 D와 E의 양은 반응물 A의 양에 의해 결정된다. 즉, 반응물(A)의 양이 많을수록 D와 E의 생성량이 증가한다.

09 ㄱ. 과산화 수소가 분해되면 산소 기체가 발생하는데, 증류수를 넣은 시험관 A에서는 기포가 발생하지 않았고 감자즙을 넣은 시험관 B에서는 기포가 발생했다. 이것은 감자즙 속의 효소가 반응의 활성화에너지를 낮추어 과산화 수소의 분해를 촉진했기 때문이다. 따라서 과산화 수소 분해 반응의 활성화에너지는 A에서가 B에서보다 높다.

ㄴ. 시험관 B에서 발생한 기포에는 감자즙의 카탈레이스에 의해 과산화 수소가 분해되어 생성된 산소 기체가 포함되어 있다.

ㄷ. 에탄올은 산소와 반응하여 물과 이산화 탄소 기체가 생성된다. 시험관 C에 과산화 수소수 대신 에탄올을 넣었을 때는 기포가 발생하지 않았으므로 감자즙의 카탈레이스는 에탄올 분해 반응을 촉진하지 않는다는 것을 알 수 있다.

10 학생 A. 생명체는 물질대사를 통해 몸을 구성하는 물질을 합성하거나 생명활동에 필요한 에너지를 얻는다.

학생 B. 물질대사는 생명체 밖에서 일어나는 화학 반응에 비해 체온 정도의 상대적으로 낮은 온도에서 일어나는데, 이것은 생체촉매인 효소가 관여하기 때문이다. 효소는 주성분이 단백질이어서 고유의 입체 구조를 갖는데, 구조에 들어맞는 반응물과만 결합하여 활성화에너지를 낮추어 반응을 촉진한다.

바로 알기 학생 C. 모든 효소는 활성화에너지를 낮추어 반응을 촉진하는 기능을 한다.

11 (1) 과산화 수소가 물과 산소로 분해되면서 발생한 산소 기체에 의해 고무풍선이 부푼다.

(2) A에는 증류수를 넣어주었고 B에는 감자즙을 넣어주었는데, 감자즙에는 과산화 수소의 분해를 촉진하는 카탈레이스가 들어 있다. 과산화 수소는 분해되어 산소 기체가 발생하므로 과산화 수소의 분해량이 많을수록 발생하는 산소 기체의 양이 많아져 고무풍선이 크게 부푼다.

(3) 감자즙에는 과산화 수소의 분해를 촉진하는 효소인 카탈레이스가 있다는 것이나 카탈레이스에 의해 과산화 수소의 분해가 촉진되어 산소 기체가 빠르게 발생한다와 같이 실험 결과를 설명할 수 있도록 결론을 도출한다.

(4) ㉠은 충분한 시간이 지나 더 이상 반응이 일어나지 않게 되었을 때의 고무풍선의 부피이므로 산소 기체 발생량이 많아져야 ㉠이 더 커질 수 있다. 생성물의 총량은 반응물의 양에 의해 결정되므로 과산화 수소의 양을 늘릴 수 있는 방법으로 고안되어야 한다. 과산화 수소수의 농도를 3 %보다 진하게 하거나 넣어주는 과산화 수소수의 양을 늘려주어야 산소 기체 발생량이 증가한다.

(5) 반응이 끝난 후에도 효소는 남아 있으므로 반응물인 과산화 수소수를 추가하여 산소 기체가 발생하는지를 관찰하면 반응에 한 번 사용된 효소가 재사용될 수 있다는 것을 확인할 수 있다.

모범답안 (1) 과산화 수소가 물과 산소로 분해된다.

(2) 감자즙에는 과산화 수소의 분해를 촉진하는 효소인 카탈레이스가 있어 B에서는 과산화 수소가 빠르게 분해되어 산소 기체가 발생하여 고무풍선이 부풀어 올랐다.

(3) 감자즙에는 과산화 수소의 분해를 촉진하는 카탈레이스가 있다. 감자즙의 카탈레이스는 과산화 수소의 분해를 촉진하여 산소 기체가 빠르게 발생하도록 한다. 등

(4) • 과산화 수소수의 농도를 3 %보다 진하게 한다.

• 삼각 플라스크에 과산화 수소수를 100 mL보다 많이 넣어 준다.

(5) 반응이 끝난 삼각 플라스크 B에 과산화 수소수를 추가로 넣고 기체 발생이 일어나는지 관찰한다.

	채점 기준	배점(%)
(1)	반응물과 생성물을 모두 옳게 설명한 경우	20
	산소 기체가 발생한다고만 쓴 경우	10
(2)	효소의 이름과 과산화 수소의 분해 촉진을 정확히 써서 옳게 설명한 경우	20
	효소의 이름이나 과산화 수소의 분해 촉진 중 한 가지만 옳게 쓴 경우	10
(3)	타당한 결론을 도출하여 설명한 경우	20
	결론을 설명하였으나 타당성이 다소 부족한 경우	10
(4)	과산화 수소수의 농도나 양을 증가시키는 것 중 한 가지를 옳게 설명한 경우	20
(5)	과산화 수소수를 추가하여 반응을 관찰한다고 옳게 설명한 경우	20

12 ㄷ. 효소가 관여하는 반응에서는 유해한 중간 산물이 생기지 않아 친환경적이다.

바로알기 ㄱ. 효소는 활성화에너지를 낮추어 반응을 촉진하므로 화학 반응에 필요한 에너지와 반응 시간을 줄일 수 있어 경제적이다.

ㄴ. 효소 반응은 상온, 대기압에서 일어나므로 고온, 고압에서 일어나는 화학 반응보다 위험성이 적다.

13 ㄱ. (가)에서 식혜를 만들 때 활용되는 효소 ㉠은 엿기름에 들어 있는 아밀레이스이다.

ㄴ. (나)에서 혈당 검사지에 활용되는 효소 ㉡은 포도당의 산화를 촉진하는 포도당 산화효소이다.

바로알기 ㄷ. (다)에서 고기를 연하게 만드는 과일 속의 효소 ㉢은 단백질분해효소로, 아미노산 사이의 펩타이드결합을 끊는 반응을 촉진한다.

14 ㄷ. DNA를 자를 때는 제한효소가 사용되고 DNA 조각을 연결할 때는 DNA 연결효소가 사용된다.

바로알기 ㄱ. 큰 감자를 작게 잘라 삶으면 부피에 대한 표면적의 비가 증가하여 감자가 빨리 익으므로 효소와는 관계없다.

ㄴ. 위산 과다로 속이 쓰릴 때 제산제를 복용하면 제산제의 염기성 물질이 위산을 중화시켜 복통을 줄이고 위를 보호한다. 즉, 제산제 복용은 중화반응을 이용한 것이다.

289쪽

JUMP 1등급 도전 문제

01 ②   **02** ③   **03** ④

01 자료 해석하기

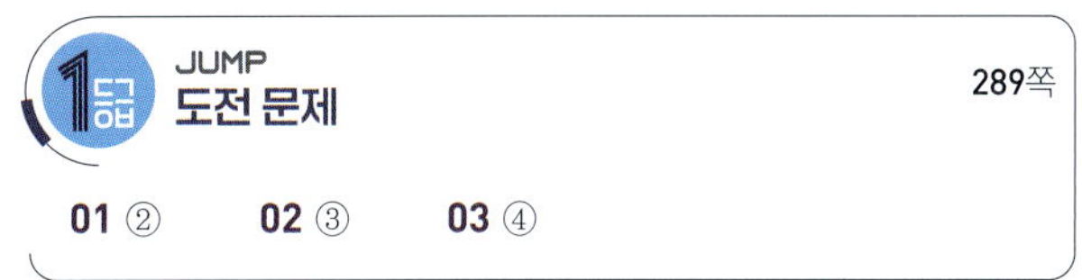

• 활성화에너지는 반응이 일어나기 위해 필요한 최소한의 에너지이므로 반응물의 에너지로부터 시작되어야 한다.

• 효소가 없을 때의 활성화에너지는 A+C이다.

• 효소가 있을 때의 활성화에너지는 B+C이다.

• C는 반응물과 생성물의 에너지 차이로 반응열이다.

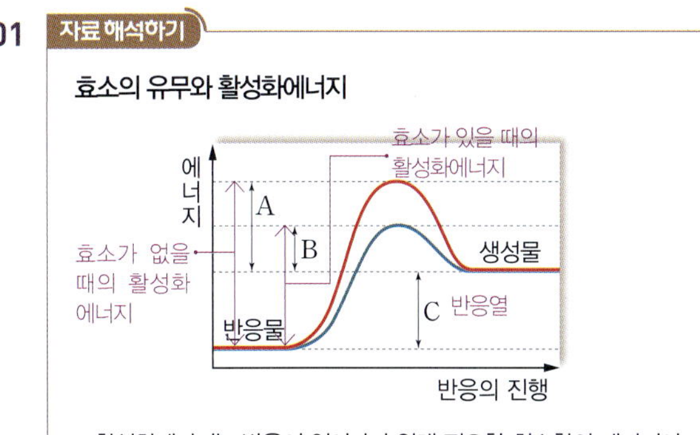

ㄴ. 효소가 없을 때의 활성화에너지는 'A+C'이고, 효소가 있을 때의 활성화에너지는 'B+C'이므로 효소의 작용으로 감소하는 활성화에너지는 (A+C)−(B+C)='A−B'로 나타낼 수 있다.

바로알기 ㄱ. 효소가 없을 때의 활성화에너지는 'A+C'로 나타낼 수 있다.

ㄷ. C는 반응물과 생성물의 에너지 차이이므로 반응물과 생성물이 같으면 효소의 유무에 관계없이 일정하다.

효소의 작용과 활성화에너지

생성물 반응물
A B

C 효소기질복합체
(가)

에너지 / 반응물 / ⊙ 반응열 / 생성물
O 반응의 진행
(나)

• 반응열: 반응물과 생성물의 에너지 차이
• 반응이 진행되면 반응열에 해당하는 ⊙만큼 에너지가 방출된다.

ㄱ. 이 효소는 큰 분자 B를 작은 분자 A로 분해하는 이화작용에 관여한다. 이것은 (나)에서 반응물이 생성물보다 에너지가 크고 반응이 진행되면 에너지가 방출되는 것으로 확인할 수 있다.

ㄴ. (나)에서 생성물의 에너지가 반응물의 에너지보다 작으므로, A의 에너지가 B의 에너지보다 작다.

[바로 알기] ㄷ. 효소는 반응물과 결합하여 C와 같은 효소기질복합체를 형성하였을 때 활성화에너지를 낮춘다. 그러나 ⊙은 반응물과 생성물의 에너지 차이인 반응열이며, 반응열의 크기는 효소의 유무에 관계없이 일정하다. 반응이 진행되면 반응열에 해당하는 ⊙만큼 에너지가 방출된다.

03 ⊙은 증류수, ⊙은 감자즙으로, 감자즙을 넣은 삼각 플라스크 B의 과산화 수소가 분해되어 산소 기체가 발생하면 고무풍선이 부풀어 두 점 사이의 거리가 늘어난다. 즉, 산소 기체 발생량이 많을수록 ⓐ 값이 커진다.

ㄱ. ⊙을 넣은 삼각 플라스크 B에서는 고무풍선의 두 점 사이의 거리가 늘어났으므로 ⊙은 과산화 수소의 분해를 촉진하는 효소인 카탈레이스가 들어 있는 감자즙이다.

ㄷ. (가)에서 5 % 과산화 수소수를 사용하면 같은 양의 과산화 수소수를 넣어주더라도 3 % 과산화 수소수에 비해 과산화 수소의 양이 증가하는 효과가 있다. 그에 따라 삼각 플라스크 B에서 발생하는 산소 기체의 총량이 증가하여 고무풍선의 부피가 더 크게 증가하므로 고무풍선의 두 점 사이의 거리 ⓐ의 값이 커진다.

[바로 알기] ㄴ. 증류수(⊙)를 넣어준 A에서는 고무풍선의 두 점 사이의 거리가 변화 없고, 감자즙(⊙)을 넣어준 B에서는 고무풍선의 두 점 사이의 거리가 늘어났으므로 A보다 B에서 과산화 수소의 분해가 빠르게 일어나 산소 기체 발생량이 많다는 것을 알 수 있다.

○3 세포 내 정보의 흐름

✔ 중요 개념 체크

291쪽	**1** (1) DNA (2) 유전자 (3) 단백질
293쪽	**2** ⊙ 전사, ⊙ 번역
294쪽	**3** (1) ○ (2) × (3) ×
295쪽	**4** ⊙ 염기서열, ⊙ 코돈, ⓒ 아미노산, ⓔ 단백질

1 (1) DNA는 이중나선구조이며, 유전정보를 저장하고 있는 유전물질이다.
(2) 유전정보를 저장하고 있는 DNA의 특정 부분을 유전자라고 한다.
(3) 유전자에 저장된 유전정보는 단백질 합성에 관여하며, 단백질이 특정 기능을 수행함으로써 유전형질이 발현된다.

2 DNA의 유전정보가 RNA로 전달되는 ⊙은 전사이고, RNA의 유전정보에 따라 단백질이 합성되는 ⊙은 번역이다.

3 (1) 사람과 대장균은 공통적으로 DNA에 유전정보를 저장한다.
(2) 사람과 대장균의 유전형질이 다른 것은 DNA에 저장된 유전정보, 즉 DNA의 염기서열이 다르기 때문이다.
(3) 모든 생명체는 유전부호 체계가 공통적이다.

교과서 속 START 내신 완성 문제   298~300쪽

01 ⑤ **02** ② **03** ㄱ **04** ⑤ **05** ⑤ **06** ④ **07** (가) DNA, (나) RNA, (다) 단백질 **08** ④ **09** ⑤ **10** ②
11 코돈 **12** (1) (나) → (다) → (가) (2) 해설 참조 (3) AGU
13 ⑤ **14** ⓐ–ⓔ–ⓒ–ⓓ **15** ①

01 ㄱ. A는 분열하는 세포에서 나타나는 막대 모양의 구조물인 염색체이다. 염색체는 DNA와 단백질로 이루어져 있다.

ㄴ. B는 염색체를 구성하는 DNA이다. DNA는 뉴클레오타이드 단위체가 연결되어 만들어진 두 가닥의 폴리뉴클레오타이드가 나선 모양으로 꼬여 있는 구조이다.

ㄷ. C는 DNA의 특정 부분으로 유전정보를 저장하고 있는 유전자이다. 한 분자의 DNA에는 많은 수의 유전자가 있다.

02 ㄱ. 유전자는 DNA의 특정 부분에 있다.
ㄴ. 유전정보는 특정한 염기서열로 저장되어 있다.
[바로 알기] ㄷ. 한 분자의 DNA에는 많은 수의 유전자가 있다.

03 ㄱ. 단백질의 종류는 아미노산서열에 의해 결정되며, 아미노산 서열에 대한 정보는 유전자에 저장되어 있다. 따라서 단백질은 유전자의 유전정보에 따라 합성된다.

바로알기 ㄴ. 라이보솜은 유전정보에 따라 아미노산이 차례대로 결합하여 단백질이 합성되는 장소이고, 단백질의 아미노산서열은 유전자에 의해 결정된다.

ㄷ. 부모의 유전형질은 DNA를 통해 자손에게 전달되고, DNA의 유전정보에 따라 단백질이 합성되어 기능힘으로써 형질이 발현된다.

04 ㄱ. 염색체(가)는 DNA와 단백질로 구성되며, 분열하는 세포에서 응축되어 나타나는 막대 모양의 구조물이다.

ㄴ. 유전자는 유전정보를 염기서열의 형태로 저장한다. 유전자 A와 B가 각각 단백질 A와 B에 대한 정보를 저장한다는 것은 서로 염기 배열 순서가 다르다는 것을 의미한다.

ㄷ. 유전자 A의 염기서열에 이상이 생기면 지정하는 아미노산이 달라지고, 정상적인 기능을 하는 단백질 A가 합성되지 않을 수 있다.

05 ㄴ. B는 효소이고, 효소의 주성분은 단백질이다. 단백질은 아미노산이 펩타이드결합으로 연결되어 형성되므로 B는 펩타이드결합을 포함한다.

ㄷ. 유전자 A(DNA)에 저장된 정보에 따라 B가 만들어지고, B가 기능을 하여 붉은 색소가 합성됨에 따라 꽃 색이 붉은색이 되어 형질이 발현된다.

바로알기 ㄱ. 유전자 A에는 붉은 색소가 아닌 붉은 색소 합성효소(B)에 대한 정보가 저장되어 있다.

06 ㄴ. (나) 번역 과정에서 단백질의 합성이 일어나는 세포소기관은 라이보솜이다.

ㄷ. 세포 내 유전정보의 흐름에 따라 합성되는 물질 ㉠은 단백질이다.

바로알기 ㄱ. DNA의 유전정보가 RNA로 전달되는 과정 (가)는 전사이고, RNA의 유전정보에 따라 단백질이 합성되는 과정 (나)는 번역이다.

07 (가)는 이중나선구조이며 유전정보를 저장하고 있는 물질인 DNA이고, (나)는 DNA로부터 전사되어 합성된 RNA이며, (다)는 아미노산이 펩타이드결합으로 연결되어 만들어지는 단백질이다.

08 ㄱ. (가) DNA와 (나) RNA는 모두 뉴클레오타이드 단위체가 결합하여 형성된 핵산이다.

ㄷ. (나) RNA의 연속된 염기 3개가 (다) 단백질의 단위체인 아미노산 1개를 지정하는 유전부호인 코돈이 된다.

바로알기 ㄴ. (가) DNA의 두 가닥 중 한 가닥을 주형으로 하여 상보적인 염기를 가진 뉴클레오타이드가 결합하여 (나) RNA가 합성된다. 그런데 DNA에는 타이민(T)이 있고 유라실(U)이 없지만 RNA에는 타이민(T)이 없고 유라실(U)이 있으므로 RNA의 염기서열은 DNA의 염기서열과 같을 수는 없다.

09 ㄱ. DNA에서 연속된 3개의 염기로 이루어진 유전부호를 3염기조합이라고 한다.

ㄴ, ㄷ. RNA에서 연속된 3개의 염기로 이루어진 유전부호를 코돈이라고 한다. 코돈은 아데닌(A), 구아닌(G), 사이토신(C), 유라실(U) 4가지의 염기 중 3개의 염기조합으로 이루어지며 총 64종류가 있어 20종류의 아미노산을 모두 지정한다.

10 ㄷ. DNA에 저장된 유전정보는 RNA로 전사되고, RNA가 세포질의 라이보솜과 결합하여 단백질 합성에 이용된다. RNA는 ㉢이다.

바로알기 ㄱ. ㉠과 ㉡은 염기 타이민(T)이 있으므로 DNA이다. ㉠은 염기 9개로 이루어져 있는데, 유전부호는 3개의 염기조합으로 이루어지므로 ㉠에는 3개의 유전부호가 있다.

ㄴ. ㉢은 염기 유라실(U)이 있으므로 RNA이다. RNA는 이중가닥 DNA 중 한 가닥을 틀로 하여 상보적인 염기서열을 갖게 되므로, ㉢은 상보적인 염기서열을 갖는 ㉠으로부터 전사되어 만들어졌다.

11 RNA에 있는 연속된 3개의 염기로 구성된 유전부호를 코돈이라고 한다.

12 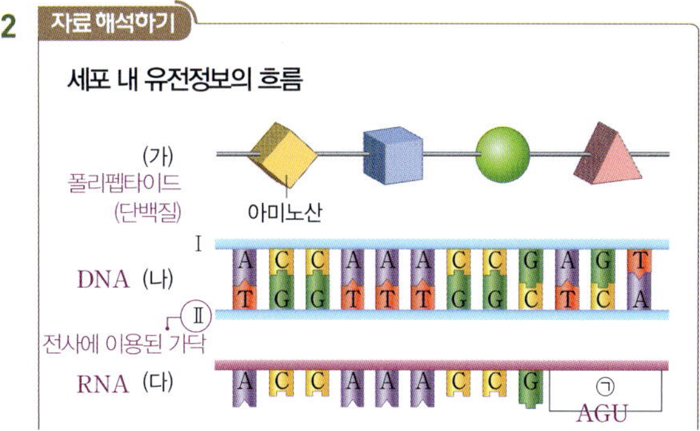

- (가): 아미노산 단위체가 연결되어 합성된 폴리펩타이드(단백질)
  이다.
- (나): 염기 타이민(T)이 있고 두 가닥의 폴리뉴클레오타이드로 이
  루어져 있으므로 DNA이다.
- (다): 단일 가닥의 폴리뉴클레오타이드로 이루어져 있으므로
  RNA이다.
- 유전정보는 DNA → RNA → 단백질(폴리펩타이드)로 흐른다.

(1) (가)는 아미노산이 순서대로 배열되어 형성된 폴리펩타이드
이고, (나)는 염기 타이민(T)이 있으며 두 가닥의 폴리뉴클레오
타이드가 염기의 상보적인 결합으로 연결되어 있으므로 DNA
이다. (다)는 단일 가닥의 폴리뉴클레오타이드로 이루어져 있
으므로 RNA이다. 유전정보의 흐름은 (나) DNA → (다)
RNA → (가) 폴리펩타이드(단백질)로 나타낼 수 있다.

(2) 전사 과정에서 DNA 이중가닥 중 한 가닥을 주형으로 하
여 DNA의 염기 A, G, C, T에 각각 상보적인 염기 U, C, G,
A를 갖는 RNA 뉴클레오타이드가 결합하여 RNA가 만들어
진다. 따라서 전사에 이용된 DNA 가닥의 염기서열과 RNA
의 염기서열은 상보적이다.

모범 답안 Ⅱ, RNA는 전사에 이용된 DNA 가닥과 상보적인
염기서열을 가지므로 DNA 가닥 Ⅱ가 전사에 이용된 가닥이다.

채점 기준	배점(%)
Ⅱ라는 것과 근거를 모두 옳게 설명한 경우	100
Ⅱ라고만 쓰거나, RNA는 전사에 이용된 가닥과 상보적인 염기서열을 갖는다고만 쓴 경우	50

(3) RNA의 ㉠ 부분에 상보적인 DNA 가닥 Ⅱ의 염기는
TCA이므로 ㉠ 부분의 염기 배열은 AGU이다.

13

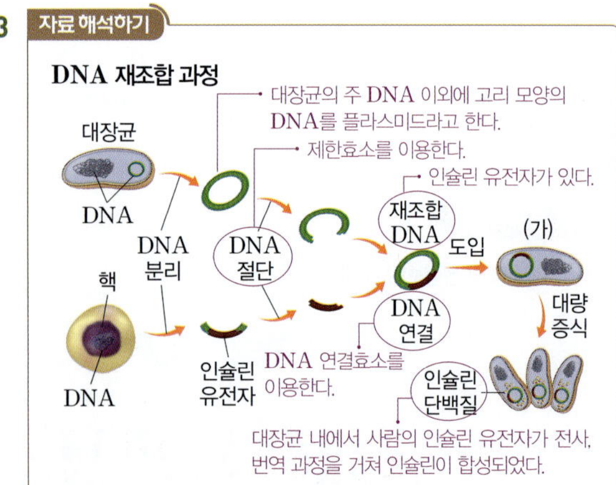

ㄱ. DNA의 절단과 연결에는 각각 제한효소와 DNA 연결효
소와 같은 효소가 이용된다.

ㄴ. 사람의 인슐린 유전자를 대장균의 DNA에 끼워넣어 만든
재조합 DNA를 대장균에 넣어주었을 때 대장균에서 인슐린
단백질이 합성되는 것은 사람과 대장균이 같은 유전부호 체계
를 사용하기 때문이다.

ㄷ. 재조합 DNA를 도입한 (가)에서 인슐린 단백질이 합성되
었으므로, 인슐린 유전자의 전사와 번역이 일어났다.

14 RNA의 왼쪽 첫 번째 염기부터 3개씩 하나의 코돈이 된다.
제시된 RNA에는 AUG/UUA/AAU/GUC의 4개의 코돈
이 있고, 번역 과정을 거쳐 합성된 폴리펩타이드의 아미노산 배
열 순서는 ⓐ-ⓔ-ⓒ-ⓓ이다.

15 ㄱ. 정상 헤모글로빈 유전자의 DNA 염기서열은 CTT이고,
돌연변이 헤모글로빈 유전자의 DNA 염기서열은 CAT로,
낫모양적혈구빈혈증은 헤모글로빈 유전자의 염기 1개가 T에
서 A으로 바뀐 것이 원인이다.

바로알기 ㄴ. 유전자가 전사와 번역을 거쳐 합성된 단백질에
의해 형질이 발현된다. DNA의 염기서열 CTT가 전사되면
GAA이고, CAT가 전사되면 GUA이다. 만일 GAA와
GUA가 같은 아미노산을 지정한다면 단백질의 아미노산서열
에는 이상이 없어 정상 헤모글로빈이 만들어져 유전 질환이 나
타나지 않았을 것이다. 그러나 GAA와 GUA가 지정하는 아
미노산이 달라서 돌연변이 헤모글로빈이 만들어지고 서로 달
라붙어 낫모양적혈구가 되었다.

ㄷ. 낫모양적혈구는 정상 적혈구에 비해 산소 운반 능력이 떨어
져 빈혈이 나타나고, 혈액 순환을 방해하여 조직이 손상될 수
있다.

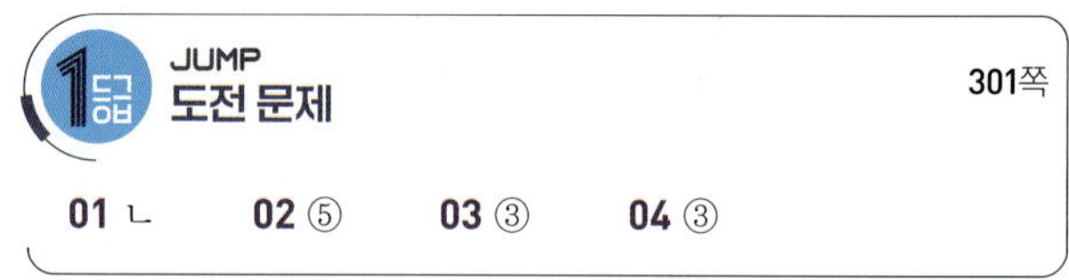

01 ㄴ   02 ⑤   03 ③   04 ③

01

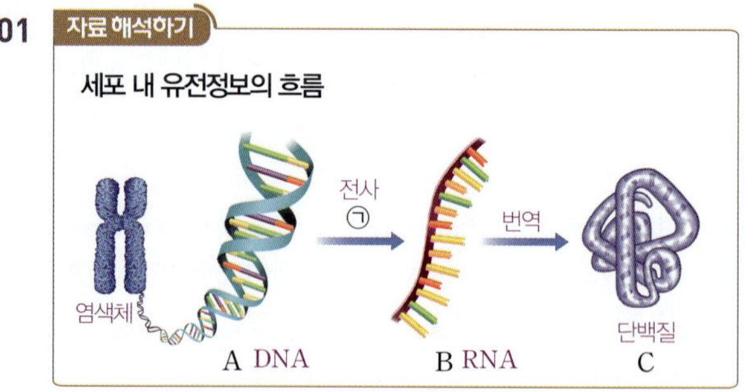

ㄴ. 라이보솜에서는 RNA(B)의 유전정보에 따라 아미노산을 하나씩 결합하여 단백질(C)을 합성한다.

[바로알기] ㄱ. DNA(A)의 3개 염기조합으로 된 유전부호는 3염기조합이다. 코돈은 RNA(B)의 3개 염기조합으로 이루어진 유전부호이다.

ㄷ. ㉠ 전사 과정에서는 DNA(A)의 한 쪽 가닥을 주형으로 하여 상보적인 염기서열을 갖는 RNA(B)를 합성한다. 그러나 DNA 가닥 전체기 이니리 유전지를 이루는 DNA의 특정 부분만이 RNA로 전사되므로 RNA는 DNA에 비해 분자의 크기가 작다.

 자료 해석하기

전사와 염기 조성 비율

구분	염기 조성 비율(%)					
	아데닌 (A)	구아닌 (G)	사이토신 (C)	타이민 (T)	유라실 (U)	계
Ⅱ (가)	23	30	27	20	0	100
Ⅰ (나)	20	㉠27	30	23	㉡0	100
(다) RNA	23	㉢30	㉣27	0	㉤20	100

- (가)는 전사에 이용되지 않은 DNA 가닥 Ⅱ이다.
- (나)는 전사에 이용된 DNA 가닥 Ⅰ이다. (나)의 구아닌(G)의 비율 ㉠은 (가)의 사이토신(C)의 비율과 같으므로 27이다.
- (다)는 RNA이며, 각 염기 비율은 (나)의 상보적인 염기 비율과 같다. 따라서 (다)의 구아닌(G)의 비율 ㉢은 (나)의 사이토신(C)의 비율과 같은 30이고, (다)의 사이토신(C)의 비율 ㉣은 (나)의 구아닌(G)의 비율과 같은 27이며, (다)의 유라실(U)의 비율은 (나)의 아데닌(A)의 비율과 같은 20이다.

ㄱ. RNA는 염기 타이민(T)이 없으므로 (다)이다. RNA의 염기서열은 전사에 이용된 DNA 가닥의 염기서열과 상보적이므로 RNA의 아데닌(A)의 비율은 전사에 이용된 DNA 가닥의 타이민(T)의 비율과 같다. 따라서 (나)가 전사에 이용된 DNA 가닥 Ⅰ이다.

ㄴ. ㉠은 27, ㉡은 0, ㉣은 27이다. 따라서 ㉠(27)+㉡(0)=㉣(27)이다.

ㄷ. ㉢은 30, ㉤은 20이다. 따라서 $\frac{㉢}{㉤}$의 값은 1.5로 1보다 크다.

 ㄱ. 가닥 A는 염기 타이민(T)이 있으므로 DNA 가닥이고, 가닥 B는 염기 유라실(U)이 있으므로 RNA 가닥이다. 그림은 DNA 가닥(가닥 A)을 주형으로 하여 RNA(가닥 B)가 합성

되는 전사를 나타낸 것이며, 동물 세포에서 DNA가 있는 핵 속에서 전사가 일어난다.

ㄴ. A가 주형 DNA 가닥이고, B는 합성되고 있는 RNA 가닥이다.

[바로알기] ㄷ. 전사가 완료되면 RNA(가닥 B)는 주형 가닥(가닥 A)으로부터 분리되어 핵막에 있는 구멍을 통해 세포질로 이동하고, 주형 가닥 DNA는 다른 DNA 가닥과 다시 염기 사이에 수소 결합으로 연결되어 이중나선을 이룬다.

 자료 해석하기

전사와 번역

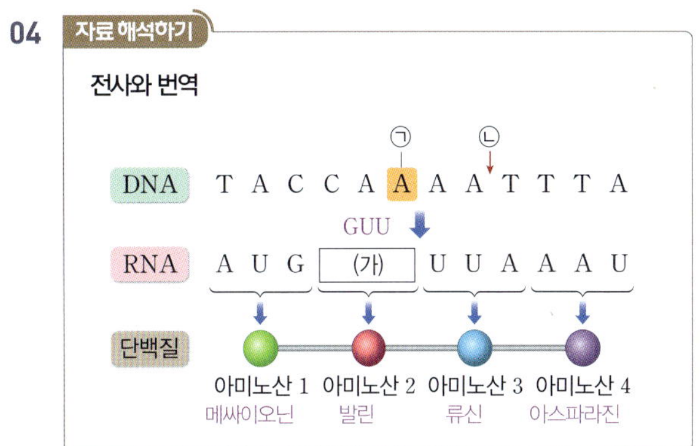

ㄷ. ㉡ 부분에 염기 A이 1개 삽입되면 RNA의 3번째 코돈이 UUU, 4번째 코돈이 AAA가 되어 네 번째 아미노산이 라이신이 된다.

[바로알기] ㄱ. (가)는 DNA의 염기서열 CAA에 상보적이고 RNA에는 타이민(T) 대신 유라실(U)이 있으므로 GUU이다.

ㄴ. ㉠ 부분의 염기 A이 G으로 바뀌면 RNA의 코돈이 GUU에서 GUC로 바뀌지만, GUU와 GUC 모두 발린을 지정하므로 아미노산서열은 바뀌지 않아 정상 단백질이 만들어진다. 형질은 단백질에 의해 나타나므로 ㉠ 부분의 염기 A이 G으로 바뀌어도 이상 형질이 나타나지 않는다.

중단원 핵/심/정/리 302~303쪽

1 핵   2 라이보솜   3 마이토콘드리아
4 인지질   5 확산   6 삼투
7 화학 반응   8 활성화에너지   9 유전자
10 코돈   11 64   12 U

 출제 0순위

01 ④　　　**02** ②　　　**03** ③　　　**04** ⑤

01 문제 해결 전략

① 출제 Point 파악하기

효소의 작용으로 반응 속도가 촉진되는 원리를 이해한다.

② 자료 파악하기

시험관	I	II
결과	기포가 발생하지 않음	㉠ 기포가 발생함

Point ❶
감자즙에는 과산화 수소의 분해를 촉진하는 (카탈레이스)가 있다.

Point ❷
기포가 발생한 시험관 II가 과산화 수소 분해 속도가 빠르다. ➡ 시험관 II에 넣은 ⓑ는 (감자즙)이며, 기포에는 (산소)가 있다.

Point ❸
(나)에서 분해된 과산화 수소의 양은 기포 발생량으로 알 수 있다.

③ 지문 이해하기

시험관 I에 ⓐ를 넣었으나 기포가 발생하지 않았고, 시험관 II에 ⓑ를 넣었을 때 기포가 발생하였으므로 ⓑ가 과산화 수소 분해 효소가 들어 있는 감자즙이라는 것을 파악하여야 한다. I과는 달리 II에서는 효소에 의해 반응의 활성화에너지가 낮아져서 과산화 수소의 분해가 빠르게 일어난다.

ㄴ. 시험관 II에서 발생한 기포(㉠)에는 과산화 수소의 분해로 발생한 산소 기체가 포함되어 있다.

ㄷ. 시험관 I에서는 과산화 수소의 분해가 매우 느리게 일어나 산소 기체 발생이 관찰되지 않지만 시험관 II에서는 감자 속의 효소(카탈레이스)가 활성화에너지를 낮추어 반응이 촉진되므로 기체 발생이 관찰된다. 따라서 과산화 수소 분해 반응의 활성화에너지는 I에서보다 II에서가 낮다.

바로 알기 ㄱ. ⓐ를 넣은 시험관 I에서는 기포가 발생하지 않았고, ⓑ를 넣은 시험관 II에서는 기포가 발생하였으므로 ⓑ가 과산화 수소 분해 반응을 촉진하는 효소가 들어 있는 감자즙이다.

플러스 보기⁺

(✕) ㄹ. (나)에서 분해된 과산화 수소의 양은 I에서가 II에서보다 많다.
→ (나)에서 과산화 수소의 분해량이 많을수록 기포 발생량이 많으므로 분해된 과산화 수소의 양은 II에서가 I에서보다 많다.

(✕) ㅁ. I에는 효소와 결합한 과산화 수소가 있다.
→ I에는 증류수(ⓐ)를 넣어주었으므로 효소가 없다.

02 문제 해결 전략

① 출제 Point 파악하기

효소가 있을 때와 없을 때 반응에서의 에너지 변화 그래프를 해석한다.

② 자료 파악하기

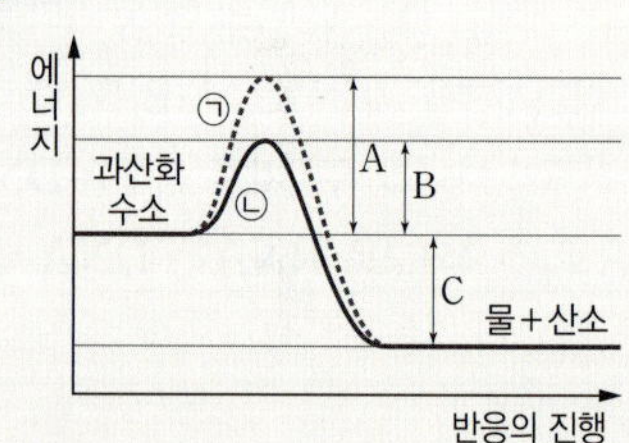

Point ❶+❸
효소의 유무에 따른 그래프 변화

구분	그래프 ㉠	그래프 ㉡
카탈레이스의 유무	(없음)	(있음)
활성화에너지	(A)	(B)
과산화 수소의 분해 속도	상대적으로 (느림)	상대적으로 (빠름)

Point ❷
카탈레이스가 있을 때 감소한 활성화에너지의 크기는 (A−B)이고, 카탈레이스의 유무에 관계없이 (C)의 값은 일정하다.

③ 지문 이해하기

활성화에너지는 반응이 일어나기 위해 필요한 최소한의 에너지이고, 효소는 활성화에너지를 낮추어 반응 속도를 빠르게 하므로 ㉠이 카탈레이스가 없을 때, ㉡이 카탈레이스가 있을 때의 반응이다. 따라서 카탈레이스가 없을 때의 활성화에너지는 A이고, 카탈레이스가 있을 때의 활성화에너지는 B이며, C는 반응열이다.

ㄴ. 카탈레이스가 있을 때의 반응은 ㉡이고, 카탈레이스가 있을 때의 활성화에너지는 B이다.

바로 알기 ㄱ. ㉠은 카탈레이스가 없을 때이고, 카탈레이스가 없을 때의 활성화에너지는 A이다.

ㄷ. 효소는 반응물과 결합하여 활성화에너지를 낮추므로 카탈레이스가 과산화 수소와 결합하여 감소한 활성화에너지의 크기는 'A−B'이다. C는 반응물과 생성물의 에너지 차이인 반응열이며, 카탈레이스의 유무에 관계없이 일정하다.

플러스 보기⁺

(✕) ㄹ. 카탈레이스의 농도가 높아지면 B의 크기가 감소한다.
→ 효소의 농도에 관계없이 카탈레이스가 관여하는 반응의 활성화에너지 B의 크기는 일정하다.

(◯) ㅁ. 카탈레이스는 이화작용에 관여하는 효소이다.
→ 카탈레이스가 촉매하는 반응은 물질의 분해 반응이며, 반응물의 에너지가 생성물의 에너지보다 커서 반응이 진행되면서 에너지가 방출되므로 이화작용에 해당한다.

① 출제 Point 파악하기

DNA와 RNA를 구성하는 염기의 차이를 알고, 세포 내 유전
정보의 흐름을 이해한다.

② 자료 파악하기

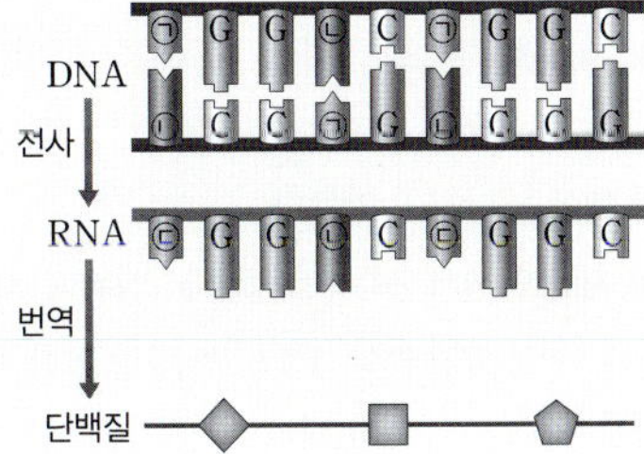

Point ❶
DNA의 두 가닥의 염기 중 A은 (T)과, G은 (C)과 상보적으로 결합한다.

Point ❷
사람의 유전형질을 결정하는 DNA는 (핵) 속에 있으며, (핵) 속에서 전사가
일어난다.

Point ❸
DNA에만 있는 염기 ㉠은 (T)이고, RNA에만 있는 염기 ㉢은 (U)이며, 이들
과 상보적으로 결합하는 ㉡은 (A)이다.

Point ❹
아미노산 하나를 지정하는 RNA의 유전부호는 염기 (3)개로 이루어진다.

③ 지문 이해하기

㉠은 DNA에만 있으므로 타이민(T)이고, ㉡은 타이민(T)과 상
보적으로 결합하므로 아데닌(A)이며, ㉢은 RNA에만 있으므로
유라실(U)이다.

ㄱ. ㉠은 DNA에만 있고 RNA에는 없으므로 타이민(T)이다.

ㄴ. 사람의 유전형질을 결정하는 DNA는 핵 속에 있다.
DNA가 있는 핵 속에서 DNA의 유전정보가 RNA로 전달
되는 전사가 일어난다.

바로 알기 ㄷ. 전사되어 만들어진 RNA의 염기는 9개인데 이
로부터 번역되어 만들어진 단백질의 아미노산은 3개이다. 이것
은 RNA의 염기 3개가 아미노산 1개를 지정하는 유전부호가
되기 때문이다.

플러스 보기⁺

(○) ㄹ. 세포의 핵에는 DNA가 있다.
　➔ 세포의 핵에는 DNA가 있어 유전형질을 결정하고 세포
　　의 생명활동을 조절한다.

(○) ㅁ. 제시된 RNA에서 코돈은 3개이다.
　➔ 코돈은 RNA의 연속된 3개의 염기로 이루어진 유전부
　　호로 하나의 아미노산을 지정한다. 단백질이 3개의 아미
　　노산으로 이루어져 있으므로 제시된 RNA에서 코돈은
　　3개이다.

① 출제 Point 파악하기

전사 과정에서의 상보적인 염기서열과 번역 과정에서의 RNA
의 유전부호와 아미노산의 관계를 이해한다.

② 자료 파악하기

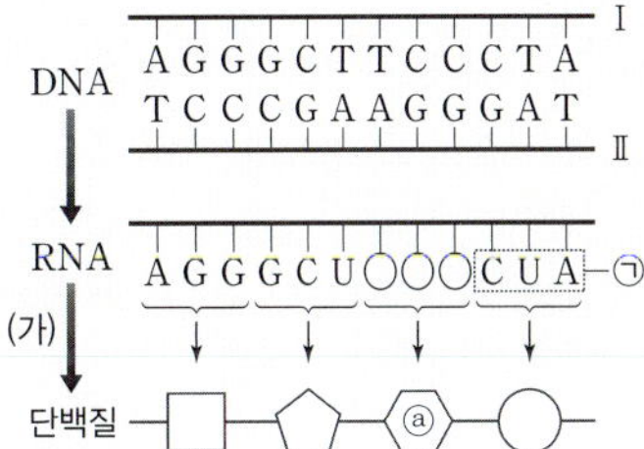

Point ❷
유전정보의 흐름 중 DNA→RNA는 (전사)이고, RNA→단백질은 (번역)이다. 번역
에는 단백질 합성이 일어나는 세포소기관 (라이보솜)이 관여한다.

Point ❸
RNA의 염기서열은 DNA에서 전사에 이용된 주형 가닥의 염기서열과 (상보적)이므로, 주
형 DNA 가닥은 (Ⅱ)이다.

Point ❹
㉠은 네 번째 아미노산을 지정하는 (코돈)이며, ⓐ를 지정하는 코돈은 (UCC)이다.

③ 지문 이해하기

RNA의 전사에 이용된 DNA 가닥은 RNA와 염기서열이 상
보적인 DNA 가닥 Ⅱ이다.
(가)는 번역 과정이며, ㉠은 RNA의 연속된 3개의 염기로 이루
어져 하나의 아미노산을 지정하는 유전부호인 코돈이며, 아미노
산 ⓐ를 지정하는 코돈은 UCC이다.

① (가)는 RNA에서 단백질이 합성되는 과정인 번역이다.

② 번역 과정인 (가) 과정에서 단백질 합성 장소인 라이보솜이
　관여한다.

③ ㉠은 RNA의 유전부호인 코돈이다.

④ RNA를 만드는 데 이용된 DNA 가닥은 RNA와 상보적
인 염기서열을 갖는 DNA 가닥 Ⅱ이다.

바로 알기 ⑤ ⓐ를 지정하는 RNA의 염기서열은 DNA 가닥
Ⅱ의 염기서열 AGG와 상보적인 UCC이다.

플러스 보기⁺

(○) ⑥ ⓐ는 아미노산이다.
　➔ 단백질의 단위체 ⓐ는 아미노산이다.

(×) ⑦ RNA의 코돈은 총 20종류가 있다.
　➔ RNA의 유전부호인 코돈은 총 64종류가 있다.

(×) ⑧ (가)는 핵에서 일어난다.
　➔ 번역은 세포질의 라이보솜에서 일어난다.

수능 실전 2점						
01 ④	02 ④	03 ⑤	04 ⑤	05 ④	06 ③	07 ④
08 ①	09 ③	10 ④	11 ②	12 ⑤		

수능 실전 3점						
13 ②	14 ③	15 ⑤	16 ④	17 ①	18 ⑤	19 ④
20 ⑤	21 ②	22 ⑤	23 ⑤	24 ②		

01 ① A는 라이보솜이고, 아미노산 사이에 펩타이드결합이 일어나 단백질이 합성되는 장소이다.

② B는 소포체로, 막구조를 갖는다.

③ C는 핵이며, 핵 속에는 유전물질인 DNA가 있다.

⑤ 라이보솜(A), 소포체(B), 핵(C), 마이토콘드리아(D)는 모두 식물 세포에도 있는 세포소기관이다.

바로알기 ④ D는 마이토콘드리아이며, 유기물을 분해하여 생명활동에 필요한 에너지를 생산한다. 이 과정에서 산소를 흡수하고 이산화 탄소를 방출한다.

02 A는 골지체, B는 핵이다.

ㄴ. 골지체(A)는 식물 세포에도 존재하는 세포소기관이다.

ㄷ. 핵(B)에는 DNA가 있으며, 핵 속에서 전사가 일어날 때 RNA가 합성된다.

바로알기 ㄱ. ㉠은 핵과 골지체에 공통으로 있는 특징이므로 '인지질 2중층의 막구조를 갖는다.'이다. ㉡은 '유전물질이 있다.'이며, 핵에는 있지만 골지체에는 없는 특징이다. 따라서 A는 골지체, B는 핵이다.

03 자료 해석하기

세포막을 통한 물질의 확산

• (가) 물질의 이동 속도가 세포막 안팎의 농도 차에 비례하여 증가한다. → 인지질 2중층을 통한 단순확산

• (나) 물질의 이동 속도가 어느 정도까지는 세포막 안팎의 농도 차에 따라 증가하지만 일정 수준 이상에서는 더 이상 증가하지 않는다. 이것은 모든 단백질 통로가 물질 이동에 관여하면 이동 속도가 더 이상 증가하지 않기 때문이다. → 막단백질을 통한 촉진확산

ㄴ. B는 세포막 안팎의 농도 차에 따라 확산에 의해 이동하는 물질로 확산은 에너지가 사용되지 않는다.

ㄷ. 촉진확산은 물질의 종류에 따라 특정 막단백질을 통해 일어난다. 따라서 세포막에는 B를 선택적으로 투과시키는 단백질이 있다.

바로알기 ㄱ. A와 같이 인지질 2중층을 통해 이동하는 물질은 산소, 이산화 탄소와 같은 기체 분자와 지방산과 같은 소수성 물질이다. 친수성 물질은 인지질 2중층을 통과할 수 없으므로 A의 예에 해당하지 않는다.

04 ㄱ. ㉠은 세포막에서 2중층을 이루고 있는 인지질이다.

ㄴ. (가)와 같이 막단백질(통로단백질)을 통해 확산하는 물질에는 전하를 띤 이온 등이 있다.

ㄷ. (나)는 인지질 2중층을 통한 확산이며, 세포막 안팎의 농도 차에 따라 물질이 이동한다. (나)와 같은 방식으로 이동하는 물질에는 산소, 이산화 탄소 등이 있다.

05 ㄱ. 설탕 수용액에 넣은 후에 세포막이 세포벽에서 분리되었다. 이것은 세포막을 통해 삼투에 의해 세포 안에서 세포 밖으로 물이 많이 빠져나갔기 때문이다.

ㄷ. 세포 밖으로 빠져나가는 물의 양이 많아 세포질의 부피가 줄어들면서 세포막이 세포벽으로부터 분리되는 원형질분리가 일어났다.

바로알기 ㄴ. 삼투는 용액의 농도가 낮은 쪽에서 높은 쪽으로 물이 이동하는 현상이다. 세포 밖으로 빠져나간 물의 양이 더 많으므로 설탕 수용액의 농도가 세포액 농도보다 높다.

06 자료 해석하기

삼투에 의한 동물 세포의 변화

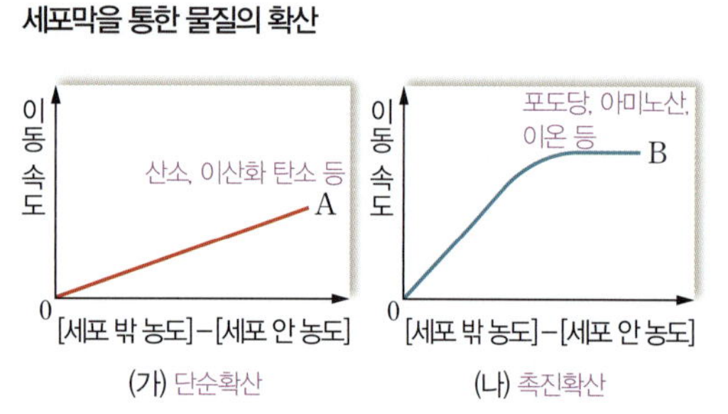

• 적혈구 A: 물이 빠져나가 쭈그러들었다.
　→ 적혈구 안의 농도 < 설탕 용액의 농도

• 적혈구 B: 물이 많이 들어와 적혈구의 부피가 증가하고 터졌다.
　→ 적혈구 안의 농도 > 설탕 용액의 농도

• 적혈구 C: 적혈구의 부피가 변하지 않았다.
　→ 적혈구 안의 농도 = 설탕 용액의 농도

ㄱ. A는 적혈구를 설탕 용액의 농도가 가장 높은 ㉠에 넣어서 물이 적혈구 밖으로 많이 빠져나가 쭈그러든 상태이다.

ㄷ. A~C에서의 적혈구의 상태 변화는 삼투에 의한 물의 이동으로 나타난다. 식물 뿌리에서 물을 흡수하는 원리도 삼투에 의한 것이다.

[바로알기] ㄴ. C에서 적혈구의 모습이 변하지 않은 것은 적혈구 막을 통한 물의 이동이 일어나지 않았기 때문이 아니라 설탕 용액의 농도가 적혈구 안과 비슷하여 적혈구 막 안팎으로 이동한 물의 양이 비슷하기 때문이다.

07 ① 감자즙에 있는 과산화 수소 분해를 촉진하는 효소 ㉠은 카탈레이스이다.

②, ③ 과산화 수소는 물(㉡)과 산소로 분해된다. 따라서 과산화 수소의 분해로 발생하는 기포 ㉢에는 산소가 있다.

⑤ 분해된 과산화 수소의 양은 기포가 발생한 Ⅱ에서가 기포가 발생하지 않은 Ⅰ에서보다 많다.

[바로알기] ④ Ⅰ에서는 기포가 발생하지 않았고 Ⅱ에서는 기포가 발생하였으므로 시험관 Ⅱ에는 반응을 촉진하는 효소가 있다. 따라서 시험관 Ⅰ에 넣은 ⓐ는 증류수이고, 시험관 Ⅱ에 넣은 ⓑ는 감자즙이다.

08 ㄱ. 효소 X는 2개의 반응물을 연결하여 생성물 B를 합성하는 반응을 촉진하므로 동화작용에 관여한다.

[바로알기] ㄴ. A는 효소기질복합체로, 효소는 이와 같이 반응물과 결합하여 활성화에너지를 낮추어 반응을 촉진한다.

ㄷ. 효소는 촉매로 반응 전후에 변하지 않으므로 반응이 끝난 후 X의 양은 반응 전과 같고, 생성물인 B의 양은 처음보다 증가한다.

09 자료 해석하기

DNA, 유전자, 단백질 구분

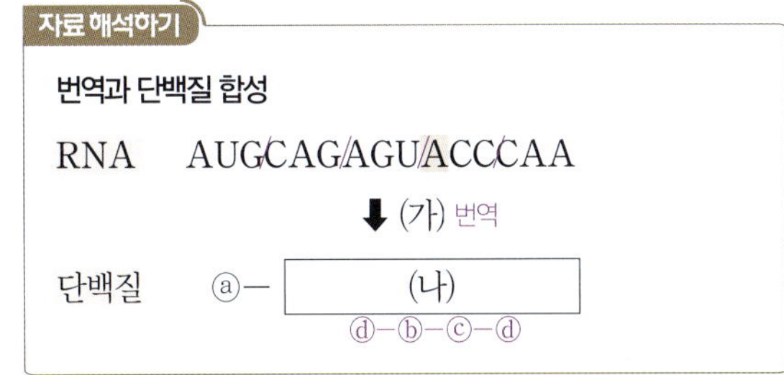

ㄱ. 아미노산으로 구성된 A는 단백질이다. 유전정보에 따라 단백질이 합성되고, 단백질이 특정 기능을 수행하면 형질이 발현된다.

ㄴ. B는 DNA이고, DNA는 단위체인 뉴클레오타이드가 결합하여 형성된 폴리뉴클레오타이드 두 가닥이 이중나선을 이루는 구조이다.

[바로알기] ㄷ. (가)는 유전자에는 있는 특징이지만 DNA에는 없는 특징이다. 따라서 (가)는 '유전정보를 저장하는 단위인가?'는 될 수 있다. 그러나 '유전정보를 저장한다.'는 유전자와 DNA에 모두 해당하는 특징이므로 (가)로 적합하지 않다.

10 ㄱ. ㉠ 반응 경로에서 활성화에너지는 A이고, ㉡ 반응 경로에서 활성화에너지는 B이므로 활성화에너지는 ㉠이 ㉡보다 크다. 따라서 ㉠은 효소인 카탈레이스가 없을 때의 반응 경로이고, ㉡은 카탈레이스가 있을 때의 반응 경로이다.

ㄷ. 과산화 수소의 분해 반응은 반응물이 생성물보다 에너지가 커서 반응열(C)이 방출된다.

[바로알기] ㄴ. 효소는 반응물(기질)과 결합하여 활성화에너지를 낮춘다. 따라서 카탈레이스의 농도를 높이면 효소기질복합체의 양이 증가하여 반응 속도가 빨라진다. 그러나 동일한 효소의 작용에서 활성화에너지는 변하지 않으므로 카탈레이스의 농도가 높아지더라도 활성화에너지는 B로 일정하다.

11 (가)는 전사, (나)는 번역이다.

① ㉠과 RNA의 염기서열이 상보적이므로 ㉠이 전사에 이용된 가닥이다.

③ (가) 전사가 일어날 때는 주형 가닥 DNA에 상보적인 염기를 갖는 뉴클레오타이드를 하나씩 결합하여 RNA가 합성되는데, 이와 같은 물질대사 과정에 효소가 필요하다.

④ (가)에서는 뉴클레오타이드를 결합하여 RNA를 합성하고, (나)에서는 아미노산을 펩타이드결합으로 연결하여 단백질을 합성한다. 따라서 (가)와 (나)에서 모두 동화작용이 일어난다.

⑤ (나) 번역 과정에서 라이보솜에서 단백질 합성이 일어난다.

[바로알기] ② ㉡은 전사에 이용된 ㉠의 염기서열 AGA에 상보적인 염기서열 UCU이다.

12 자료 해석하기

번역과 단백질 합성

RNA   AUGCAG⫽AGU⫽ACCCAA

⬇ (가) 번역

단백질   ⓐ— [(나)   ]
ⓓ—ⓑ—ⓒ—ⓓ

ㄱ. (가)는 RNA로부터 단백질이 합성되는 번역이다.

ㄴ. (나) 부분의 아미노산서열은 ⓓ—ⓑ—ⓒ—ⓓ이므로 3종류의 아미노산 4개로 구성된다.

ㄷ. RNA의 염기 A이 G으로 바뀌면 코돈이 GCC로 바뀌고, GCC가 지정하는 아미노산 ⓕ가 단백질에 포함된다.

ㄷ. ㉡은 인지질 2중층을 직접 통과하여 확산하는데, 이와 같은 방식으로 이동하는 물질의 예에는 산소, 이산화 탄소와 같은 기체 분자가 있다.

13

세포소기관의 특징

특징(㉠~㉢)
• 식물 세포에 존재한다. ⇨ 액포, 엽록체, 라이보솜
• 막으로 싸여 있다. ⇨ 액포, 엽록체
• 포도당을 합성한다. ⇨ 엽록체

• A: 라이보솜, B: 엽록체, C: 액포

ㄱ. 라이보솜(A)은 단백질 합성이 일어나는 장소로, 유전정보의 번역 과정에 관여한다.

ㄴ. 엽록체(B)는 동물 세포에는 존재하지 않고 광합성을 하는 식물 세포에 존재한다.

바로 알기 ㄷ. 액포(C)는 막으로 싸여 있으며 물, 색소, 노폐물 등을 저장한다. 빛에너지를 흡수하여 화학 에너지로 전환하는 광합성은 엽록체(B)에서 일어난다.

14 자료 해석하기

동물 세포와 식물 세포의 비교

구분	㉠	㉡	㉢	특징(㉠~㉢)
A 잎세포	○	○	ⓐ ○	• 핵막이 있다. ㉡
B 간세포	×	? ○	×	• 광합성을 한다. ㉠, ㉢ • 세포벽이 있다.
			(○: 있음, ×: 없음)	
(가)				(나)

ㄱ. A는 은행나무의 잎세포이고, 특징 ㉠~㉢이 모두 있으므로 ⓐ는 '○'이다.

ㄷ. B는 사람의 간세포이다.

바로 알기 ㄴ. 사람의 간세포(B)는 특징 ㉠과 ㉢이 없으므로 ㉡은 '핵막이 있다.'이고 ?는 '○'이다.

15 ㄱ. Ⅰ은 막단백질을 사용하지 않는 확산 방식이므로 인지질 2중층을 통해 물질이 직접 확산하는 단순확산이다. 이와 같은 방식으로 이동하는 물질에는 산소, 이산화 탄소와 같은 기체 분자와 지질 입자, 지용성 물질 등이 있다.

ㄴ. Ⅱ는 막단백질을 통해 물질이 확산하는 방식으로 촉진확산이며, 확산은 고농도에서 저농도로 물질이 이동하는 것이므로 ⓐ는 '○'이다.

ㄷ. ㉠은 Ⅰ과 Ⅱ의 공통적인 특징이므로 물질이 이동할 때 '세포에서 에너지를 소모하지 않음.'이 될 수 있다.

16 ㄴ. 확산은 세포막을 경계로 농도가 높은 쪽에서 낮은 쪽으로 일어난다. ㉠은 막단백질을 통해 세포 외부에서 세포 내부로 이동하므로 ㉠의 농도는 세포 외부에서가 세포 내부에서보다 높다.

ㄷ. ㉡은 인지질 2중층을 직접 통과하여 확산하는데, 이와 같은 방식으로 이동하는 물질의 예에는 산소, 이산화 탄소와 같은 기체 분자가 있다.

바로 알기 ㄱ. Ⅰ에서 기체 교환이 일어날 때 기체 분자는 인지질 2중층을 직접 통과하므로 ㉡의 이동 방식은 Ⅰ이다. Ⅱ에서 이온의 이동은 막단백질을 통해 일어나므로 ㉠의 이동 방식은 Ⅱ이다.

17 자료 해석하기

삼투에 의한 물의 이동

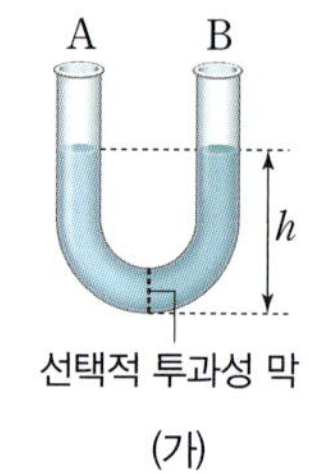

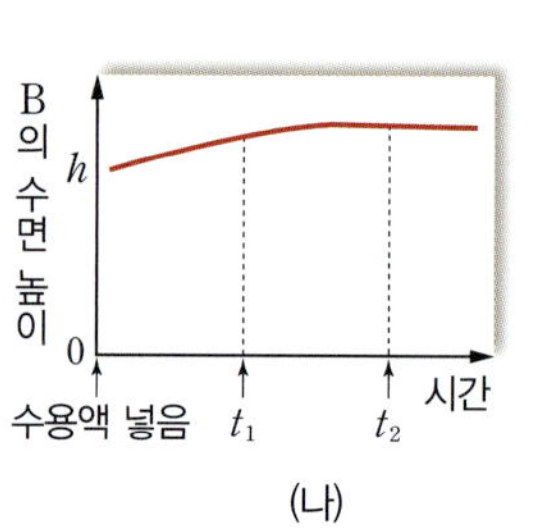

• (나)에서 시간이 지나면서 B의 수면이 상승하였다. → 물은 A 쪽에서 B 쪽으로 이동하였다.
  → 넣어준 설탕 용액의 농도는 A<B이다.
• 일정 시간이 지난 후 A 쪽의 설탕 용액의 농도는 처음보다 높아지고, B 쪽의 설탕 용액의 농도는 처음보다 낮아진다.

ㄴ. B의 수면이 t_2일 때가 t_1일 때보다 높아졌으므로, A 쪽에서 B 쪽으로 이동한 물의 양이 더 많다. 따라서 A에서 설탕 용액의 농도는 t_2일 때가 t_1일 때보다 높고, B에서 설탕 용액의 농도는 t_2일 때가 t_1일 때보다 낮다.

바로 알기 ㄱ. (가)에서 설탕 용액의 농도는 A에서가 B에서보다 낮아서 삼투에 의해 물이 A 쪽에서 B 쪽으로 이동하였다.

ㄷ. t_2일 때 B의 수면이 더 이상 높아지지 않는 것은 삼투에 의해 물이 A 쪽에서 B 쪽으로 이동하려는 힘과 B 쪽에서 물의 양이 많아져 수면이 높아지면서 생긴 압력이 같아졌기 때문이다. 즉, A에서와 B에서의 설탕 용액의 농도가 같아져서가 아니다.

18 혈장 농도는 C>사람>B>A이다.

① (나)에서 적혈구 안팎으로 물이 이동하지만 적혈구 안으로 들어오는 물의 양이 밖으로 빠져나가는 물의 양보다 약간 더 많아서 적혈구가 약간 부푼다.

② (가)에서는 적혈구 안으로 들어온 물의 양이 많아서 적혈구의 부피가 증가하였고, (다)에서는 적혈구 밖으로 빠져나간 물의 양이 많아서 적혈구의 부피가 감소하였다. 따라서 적혈구 안의 농도는 (가)보다 (다)에서가 높다.

③ 혈장의 농도는 사람이 A와 B보다 높고, C보다 낮다.

④ 동물의 적혈구 안의 농도는 혈장의 농도와 같아서 일정한 형태를 유지한다. 혈장의 농도는 C가 B보다 높으므로 C의 적혈구를 B의 혈장에 넣으면 삼투에 의해 물이 많이 들어와 적혈구가 부푼다.

바로알기 ⑤ 혈장 농도는 C>사람>B이므로 B의 적혈구를 사람의 혈장에 넣었을 때보다 C의 혈장에 넣으면 적혈구 밖으로 빠져나가는 물의 양이 더 많아서 적혈구의 부피가 더 작아진다.

19 ㄴ. ⓛ을 넣은 시험관 B에서만 기포가 발생하였으므로 ⓛ은 감자즙이다. 감자즙에는 과산화 수소의 분해를 촉진하는 효소가 들어 있어 반응 속도를 빠르게 하기 때문에 기포가 발생하는 것을 관찰할 수 있다.

ㄷ. B에서는 효소에 의해 활성화에너지가 낮아져 과산화 수소가 물과 산소로 분해되는 반응이 촉진되어 산소 기포가 발생하였다. 따라서 과산화 수소의 분해 속도는 A에서보다 B에서가 빠르다.

바로알기 ㄱ. 과산화 수소수와 함께 넣었을 때 기포가 발생한 ⓛ은 감자즙이고, 기포가 발생하지 않은 ㉠은 증류수이다.

20 ㄱ. Ⅰ과 Ⅲ에서 다른 조건이 같을 때 X가 있으면 효소의 반응 속도가 느리다. 이를 통해 X는 E의 작용을 억제한다는 것을 알 수 있다.

ㄷ. 효소는 기질과 결합하여 활성화에너지를 낮춘다. 효소가 기질과 결합한 상태를 효소기질복합체라고 하는데 효소의 반응 속도는 단위 시간당 효소기질복합체의 형성량에 비례한다. 따라서 S_2일 때 효소기질복합체의 농도는 효소의 반응 속도가 빠른 Ⅱ에서가 Ⅰ에서보다 높다.

바로알기 ㄴ. E에 의한 반응의 활성화에너지는 효소의 농도나 기질의 농도에 관계 없이 일정하다.

21 자료 해석하기

효소의 작용과 에너지 변화

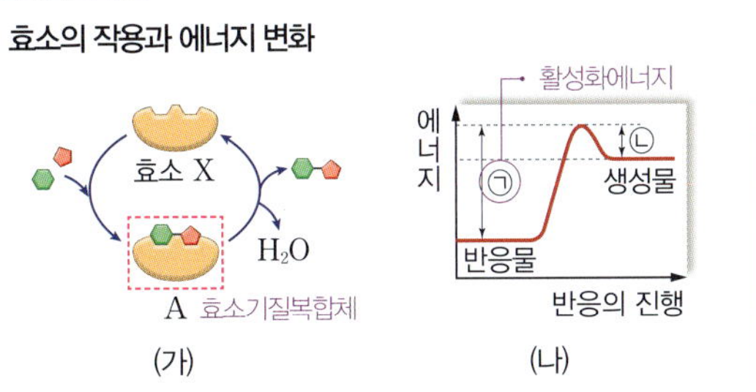

- 효소 X: 반응물을 결합하여 생성물을 합성하는 반응을 촉진한다. ➡ 동화작용에 관여하며, 흡열반응이다.
- A: 효소기질복합체, 효소는 기질과 결합하여 활성화에너지를 낮춘다.

ㄴ. 활성화에너지는 반응이 일어나기 위해 필요한 최소한의 에너지로, (가) 반응이 일어날 때의 활성화에너지는 ㉠이다.

바로알기 ㄱ. X는 반응물을 결합하여 생성물을 합성하는 반응을 촉진하며, 이때 물이 빠져나온다. 즉, X는 동화작용에 관여한다.

ㄷ. (가)에서 A의 농도가 증가하면 반응 속도가 빨라진다. 그러나 반응물과 생성물이 가진 에너지는 일정하며, 효소가 동일할 때 반응의 활성화에너지도 일정하므로 A의 농도가 증가한다고 해서 ㉠과 ⓛ의 값이 변하는 것은 아니다.

22 자료 해석하기

번역과 단백질 합성

RNA   AUGAGCUUAUGGAAU
메싸이오닌-세린-류신-트립토판-아스파라진

ㄱ. 이 RNA로부터 만들어지는 폴리펩타이드의 두 번째 아미노산은 코돈 AGC가 지정하는 세린이다.

ㄴ. ↓의 U이 A으로 바뀌면 코돈이 AUA로 바뀌고 그에 따라 세 번째 아미노산이 아이소류신으로 바뀐다.

ㄷ. ↓의 G과 A 사이에 U이 삽입되면 다섯 번째 코돈이 UAA로 종결코돈이 되어 단백질 합성이 메싸이오닌-세린-류신-트립토판으로 종결되어 정상보다 길이가 짧은 폴리펩타이드가 만들어진다.

23 (가)는 핵산의 단위체인 뉴클레오타이드가 연결되는 반응이고, (나)는 단백질의 단위체인 아미노산이 연결되는 반응이다. 단위체가 결합하여 큰 분자를 합성하는 반응은 동화작용이며, 에너지가 흡수되는 흡열 반응이다.

ㄱ. (가)는 뉴클레오타이드가 결합하여 폴리뉴클레오타이드가 합성되는 과정이며, 염기 유라실(U)이 있는 것으로 보아 RNA 합성을 나타낸다. (나)는 두 분자의 아미노산이 펩타이드결합으로 연결되는 반응을 나타낸 것이다. (가)와 (나) 모두 단위체가 되는 작은 분자를 연결하여 큰 분자를 합성하므로 동화작용에 해당한다.

ㄴ. (가) RNA 합성은 핵 속에서 이중나선 DNA의 한 가닥을 주형으로 하여 일어난다.

ㄷ. (나)에서 아미노산 사이의 결합 ㉠은 펩타이드결합이다. 펩타이드결합은 아미노산과 아미노산이 결합할 때 하나의 물 분자가 빠져나오면서 결합한다. 많은 수의 아미노산이 펩타이드결합으로 연결되어 긴 사슬 모양의 폴라펩타이드가 만들어진다.

유전자 이상과 유전 질환

정상	RNA: $-CCUG\boxed{A}AGAG-$ 아미노산: $-$프롤린$-$글루탐산$-$글루탐산$-$
(가)	RNA: $-CCUG\boxed{U}AGAG-$ 아미노산: $-$프롤린$-$발린$-$글루탐산$-$

- 정상 RNA의 A이 (가)의 RNA에서는 U로 바뀌었다.
- 전사에 이용된 DNA 가닥은 RNA 염기와 상보적이므로 ㉠은 T이고, ㉡은 A이다.

ㄴ. 정상 RNA의 A이 (가)에서는 U이 되었다. RNA의 염기는 전사에 이용된 DNA 가닥의 염기에 상보적이므로 정상 RNA에서 A으로 전사된 DNA의 염기 ㉠은 T이고, (가) RNA에서 U로 전사된 DNA의 염기 ㉡은 A이다.

[바로 알기] ㄱ. 정상 RNA에 있는 코돈 GAA와 GAG는 모두 글루탐산을 지정한다.

ㄷ. (가)에 의해 합성된 단백질은 정상 단백질에 비해 글루탐산 대신 발린으로 아미노산의 종류가 바뀐 것을 제외한 나머지 아미노산서열이 같다. 따라서 (가)에 의해 합성된 단백질과 정상 단백질을 구성하는 아미노산의 개수는 같다.

RUN 정복 문제

312~315쪽

01 Step ❶ 엽록체, 세포벽
Step ❷ ❶ 마이토콘드리아 ❷ 엽록체 ❸ 막 ❹ 에너지

02 Step ❶ 인지질, 친수성, 소수성
Step ❷ ❶ 단백질

03 Step ❶ 물
Step ❷ ❶ 삼투 ❷ 낮은 ❸ 높은 ❹ 세포벽

04 Step ❶ 높은, 낮은, 확산, 에너지
Step ❷ ❶ 인지질 2중층 ❷ 단백질

05 Step ❶ 활성화에너지
Step ❷ ❶ 기질특이성 ❷ 단백질 ❸ 변성

06 Step ❶ 3염기조합, 코돈
Step ❷ ❶ 3

07 Step ❶ DNA, 라이보솜
Step ❷ ❶ 동일 ❷ 전사 ❸ 번역 ❹ 단백질

08 Step ❶ 염기서열, 단백질, 유전자, 효소
Step ❷ ❶ 64 ❷ 20 ❸ 아미노산

---

01 동물 세포와는 달리 식물 세포에는 엽록체와 세포벽이 있으므로 (나)가 식물 세포이다. 마이토콘드리아(A)는 세포호흡으로 유기물을 분해하여 생명활동에 필요한 에너지를 생산하고, 엽록체(B)는 광합성으로 포도당을 합성한다.

[모범 답안] (1) 식물 세포는 엽록체와 세포벽이 있는 (나)이다.

(2) A는 마이토콘드리아이며 세포호흡으로 생명활동에 필요한 에너지를 생산한다. B는 엽록체이며 빛에너지를 흡수하여 이산화 탄소와 물로부터 포도당을 합성하는 광합성이 일어나는 장소이다. A와 B는 막으로 둘러싸여 있으며, 에너지의 전환이 일어나는 세포소기관이라는 공통점이 있다.

	채점 기준	배점(%)
(1)	(나)라는 것과 근거를 모두 옳게 설명한 경우	40
	(나)라고만 쓴 경우	20
(2)	A와 B의 기능 및 공통점을 모두 옳게 설명한 경우	60
	A의 기능, B의 기능, A와 B의 공통점 중 한 가지만 옳게 설명한 경우	20

02 A는 인지질이며, 친수성 부분과 소수성 부분을 모두 가지고 있어서 친수성 부분은 세포막의 바깥쪽으로 향하고 소수성 부분은 세포막 안쪽으로 모여 2중층을 이룬다. B는 단백질이며, 물질 이동 통로, 세포 사이의 인식, 신호를 받아들이는 수용체 역할 등을 담당한다.

[모범 답안] (1) A는 인지질이며, 친수성 머리 부분과 소수성 꼬리 부분을 갖는다. 세포 안팎으로 물이 풍부한 환경에서 인지질의 친수성 머리는 바깥쪽으로 접해 있고, 소수성 꼬리 부분이 안쪽으로 모이게 되어 세포막에서 인지질 2중층을 이루고 있다.

(2) B의 성분은 단백질이며, 인지질 2중층을 투과할 수 없는 물질의 이동 통로 역할을 하기도 한다.

	채점 기준	배점(%)
(1)	A가 무엇인지 쓰고, A의 구조적 특징과 2중층을 이루는 까닭을 모두 옳게 설명한 경우	50
	A의 구조적 특징만 옳게 설명한 경우	25
(2)	B의 성분과 세포막에서의 기능을 모두 옳게 설명한 경우	50
	B의 성분이나 세포막에서의 기능 중 한 가지만 옳게 설명한 경우	25

03 (가)는 세포막이 세포벽으로부터 분리되는 원형질분리가 일어났고, (나)는 세포의 부피가 증가하였으므로 용액 A는 용액 B

보다 소금물의 농도가 높다. 세포의 변화는 삼투에 의한 물의 이동으로 나타나며, 세포막을 경계로 농도가 낮은 쪽에서 높은 쪽으로 물이 이동한다.

모범 답안 A는 10 % 소금물이며, B는 0.5 % 소금물이다. (가)에서 삼투에 의해 물이 세포 밖으로 많이 빠져나가 세포질의 부피가 줄어들어 세포막이 세포벽으로부터 분리되는 현상이 나타났으므로 A는 양파 표피세포 안보다 농도가 높은 10 % 소금물이고, (나)에서 삼투에 의해 물이 세포 안으로 많이 들어와 세포질의 부피가 증가하였으므로 B는 양파 표피세포 안보다 농도가 낮은 0.5 % 소금물이다.

채점 기준	배점(%)
A와 B의 용액이 무엇인지 제시된 세 가지 조건을 모두 사용하여 옳게 설명한 경우	100
A와 B의 용액이 무엇인지 제시된 두 가지 조건을 사용하여 옳게 설명한 경우	70
A와 B의 용액이 무엇인지 제시된 한 가지 조건을 사용하여 옳게 설명한 경우	40
A와 B의 용액이 무엇인지만 설명한 경우	30

04 (가)는 인지질 2중층을 통한 단순확산이고, (나)는 막단백질을 통한 촉진확산이다. (가)와 (나)는 모두 물질이 농도가 높은 쪽에서 낮은 쪽으로 에너지 소모 없이 이동한다는 공통점이 있지만, (나)는 막단백질을 사용한다는 차이점이 있다.

모범 답안 (1) · (가)와 (나)는 세포막을 경계로 물질이 농도가 높은 쪽에서 낮은 쪽으로 확산한다.
· (가)와 (나)는 물질이 이동하는 데 세포에서 에너지를 소모하지 않는다. 중 한 가지 제시
(2) (가)는 물질이 인지질 2중층을 통해 이동하고, (나)는 물질이 세포막의 단백질을 통해 이동한다.

	채점 기준	배점(%)
(1)	(가)와 (나)의 공통점을 한 가지 옳게 설명한 경우	50
	공통점 설명 중 부정확한 용어가 있는 경우	25
(2)	(가)와 (나)의 차이점을 한 가지 옳게 설명한 경우	50
	차이점 설명 중 부정확한 용어가 있는 경우	25

05 효소는 반응물(기질)과 결합하여 활성화에너지를 낮추어 반응을 촉진한다. 따라서 효소의 구조와 들어맞는 기질에만 작용하는 기질특이성이 있으며, 주성분인 단백질이 고온에서 변성하면 기질과 결합할 수 없어 효소로서의 기능을 상실한다.

모범 답안 (1) 효소 X는 반응의 활성화에너지를 낮추어 과산화 수소 분해를 촉진하기 때문이다.
(2) 효소는 구조가 들어맞는 반응물하고만 결합하여 반응을 촉진하는 기질특이성이 있다.
(3) 주성분이 단백질인 효소는 반응물과 결합하여 활성화에너지를 낮추는데, 고온에서 단백질의 입체 구조가 변하면 효소가 반응물과 결합할 수 없게 되므로 효소로서의 기능을 상실하게 된다.

	채점 기준	배점(%)
(1)	활성화에너지를 낮추어 반응을 촉진한다고 옳게 설명한 경우	30
	촉매로서 반응을 촉진한다고 설명한 경우	10
(2)	구조와 관련지어 기질특이성을 옳게 설명한 경우	30
	구조에 대한 언급없이 설명한 경우	20
(3)	변성되어 기질과 결합할 수 없기 때문이라고 옳게 설명한 경우	40
	변성되기 때문이라고만 쓴 경우	20

06 유전정보는 DNA의 특정부위에 염기서열 형태로 저장되며, 3염기조합이 하나의 아미노산을 지정하는 암호가 된다. DNA의 유전정보가 RNA로 전사되면 RNA의 3개의 염기로 이루어진 코돈이 하나의 아미노산을 지정하는 유전부호가 된다.

모범 답안 (1) 유전정보는 DNA의 특정 부위의 염기서열 형태로 저장되어 있는데, 연속된 3개의 염기조합이 하나의 아미노산을 지정하는 방식으로 단백질의 아미노산서열이 결정된다.
(2) RNA의 연속된 염기 3개로 이루어진 코돈이 하나의 아미노산을 지정하므로 90개의 아미노산으로 구성된 단백질을 암호화하는 RNA는 최소 270개 이상의 염기로 이루어져 있다.

	채점 기준	배점(%)
(1)	DNA의 염기서열, 3염기조합, 아미노산서열을 관련지어 옳게 설명한 경우	50
	DNA의 염기서열에 유전정보가 저장되어 있다고만 설명한 경우	25
(2)	코돈이 3개의 염기로 이루어졌다는 것을 들어 270개 이상의 염기라고 옳게 설명한 경우	50
	270개 이상의 염기라고만 쓴 경우	25

07 모든 생명체는 유전부호 체계가 공통적이어서 동일한 코돈은 동일한 아미노산을 지정하므로 사람의 인슐린 유전자를 대장균에 도입하였을 때 세포 내 유전정보의 흐름에 따라 전사와 번역이 일어나 사람의 인슐린 단백질이 합성된다.

<u>**모범 답안**</u> 모든 생명체는 유전부호 체계가 공통적이어서 사람의 인슐린 유전자를 대장균에 도입하면 전사와 번역 과정을 거쳐 동일한 아미노산서열을 가진 사람의 인슐린 단백질이 합성된다.

채점 기준	배점(%)
유전부호 체계의 공통성을 근거로 옳게 설명한 경우	100
사람의 유전자가 대장균 내에서 형질 발현된다는 정도로만 설명한 경우	50

08 유전형질은 단백질을 통해 발현된다. 유전자의 염기서열이 바뀌면 RNA의 코돈이 바뀌고 그에 따라 지정하는 아미노산의 종류가 달라지면 정상 단백질이 합성되지 않아 이상 증상이 나타날 수 있다. 그러나 코돈은 64종류이지만, 아미노산은 20종류로 한 종류의 아미노산을 지정하는 코돈이 한 가지 이상 있을 수 있기 때문에 바뀐 RNA의 코돈이 동일한 아미노산을 지정한다면 유전자의 염기서열이 바뀌었더라도 형질은 정상으로 발현될 수 있다.

<u>**모범 답안**</u> (1) 페닐케톤뇨증은 페닐알라닌분해효소의 유전자의 염기서열에 이상이 생겨 정상적인 기능을 하는 효소가 만들어지지 않아 페닐알라닌이 분해되지 않고 체내에 축적되어 이상 증상이 나타나는 질환이다.
(2) RNA의 코돈은 64종류이고 아미노산의 종류는 20종류이므로 한 종류의 아미노산을 지정하는 코돈이 여러 종류가 있을 수 있다. 유전자의 염기가 한 개 바뀌었더라도 바뀐 RNA의 코돈이 동일한 아미노산을 지정한다면 정상 단백질이 합성되어 제 기능을 하여 질환이 나타나지 않는다.

	채점 기준	배점(%)
(1)	페닐케톤뇨증이 나타나는 과정을 유전자 이상, 단백질 이상으로 옳게 설명한 경우	50
	페닐케톤뇨증은 페닐알라닌분해효소 유전자의 이상 때문에 나타난다고만 설명한 경우	20
(2)	한 종류의 아미노산을 지정하는 코돈이 여러 개 있을 수 있다는 점을 들어 옳게 설명한 경우	50
	같은 아미노산을 지정하는 코돈으로 바뀌었다고만 설명한 경우	20

01 ④　**02** ②　**03** ②　**04** ③　**05** ②　**06** ⑤　**07** ①
08 ③

01 　자세한 자료 해설

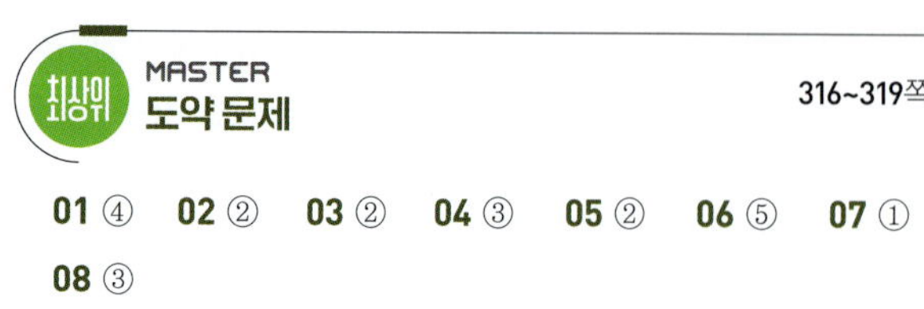

• ㉡: 생물의 광합성(B)에 의해 증가하였다.
• 이산화 탄소: 바다에 녹은 다음(C), 지권에 저장되었다(D).

　자세한 보기 해설

ㄱ. ㉠은 질소이다. (○)
→ ㉠은 원시 지구의 초기부터 현재까지 비교적 일정한 기압을 유지하고 있는 질소이다. 질소는 현재 지구 대기에서 가장 많은 양을 차지한다.

ㄴ. 기권에서 ㉡이 증가한 이유와 관련된 상호작용은 A이다. (×)
→ ㉡은 생물의 광합성으로 지구 대기에 축적된 산소이다. 따라서 ㉡이 증가한 이유와 관련된 상호작용은 B이다.

ㄷ. 원시 지구의 이산화 탄소는 C와 D에 의해 급격하게 감소하였다.
(○)
→ 원시 지구의 대기에는 이산화 탄소가 매우 풍부하였다. 이산화 탄소는 원시 바다가 형성된 이후 바다에 녹고 석회암 형태로 지권에 저장되어 양이 급격하게 감소하였다.

02 　자세한 자료 해설

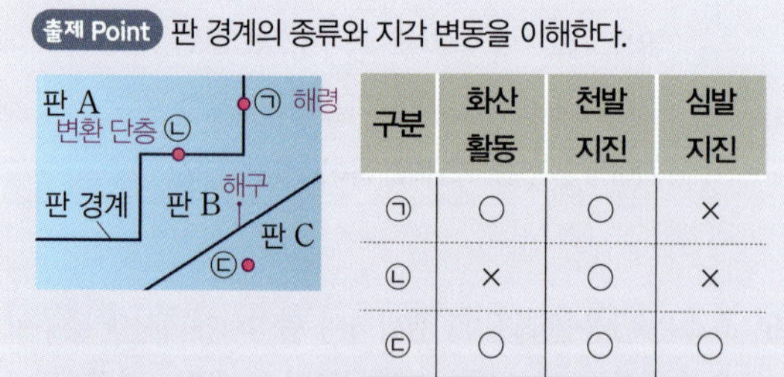

구분	화산 활동	천발 지진	심발 지진
㉠	○	○	×
㉡	×	○	×
㉢	○	○	○

• ㉠: 발산형 경계, ㉡: 보존형 경계, ㉢: 수렴형 경계 부근
• ㉢에서 화산 활동이 일어난다. → 판 B가 판 C 아래로 섭입

ㄱ. 해양 지각의 나이는 ㉠이 ㉡보다 많다. (×)

→ ㉠에서는 화산 활동이 일어나고, ㉡에서는 화산 활동이 일어나지 않는다. 한편, ㉢에서는 심발 지진이 일어난다. 따라서 ㉠은 발산형 경계에, ㉡은 보존형 경계에, ㉢은 수렴형 경계 부근에 위치하며, 해양 지각의 나이는 발산형 경계에 위치한 ㉠이 ㉡보다 적다.

ㄴ. 판의 평균 밀도는 B가 C보다 작다. (×)

→ ㉢에서 화산 활동과 심발 지진이 일어나므로 ㉢의 하부로 섭입하는 판이 존재한다. 따라서 판 B는 판 C보다 평균 밀도가 크다.

ㄷ. 판 경계의 지각 변동을 일으키는 에너지원은 지구 내부 에너지이다. (○)

→ 지각 변동을 일으키는 에너지원은 지구 내부 에너지이다.

03

 자유 낙하 하는 물체의 속력–시간 그래프의 기울기는 중력 가속도의 크기를 나타내고, 그래프 아랫부분의 넓이는 낙하한 거리를 나타냄을 알고, 시간 차를 두고 자유 낙하 하는 두 물체의 속력 차이, 거리 차이를 분석한다.

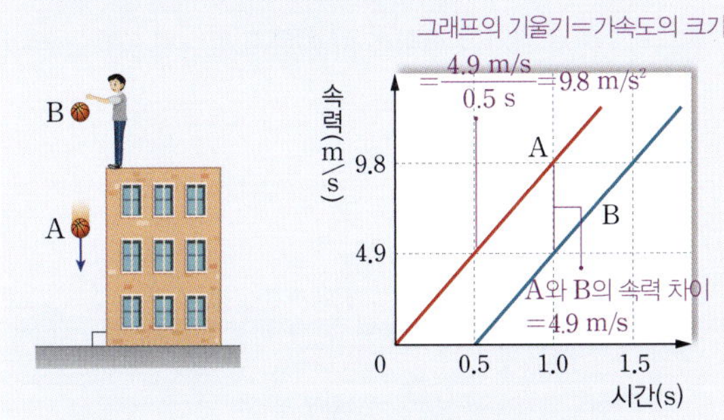

ㄱ. B가 낙하하는 동안 매 순간 낙하 속력은 A가 B의 2배이다. (×)

→ 낙하하는 동안 A와 B의 속력 차이가 4.9 m/s로 일정하다. 어떤 순간의 A, B의 속력을 각각 v_A, v_B라고 하면 $v_A = v_B + 4.9$ m/s이다. 따라서 매 순간 낙하 속력은 A가 B의 2배는 아니다.

ㄴ. 두 물체 A, B의 가속도의 크기는 9.8 m/s²로 같다. (○)

→ 직선을 따라 운동하는 물체의 속력–시간 그래프의 기울기는 가속도의 크기이다.

두 물체 A, B의 가속도는 $\dfrac{4.9\ \text{m/s}}{0.5\ \text{s}} = 9.8$ m/s²로 같다.

ㄷ. B가 낙하하는 동안 A와 B 사이의 거리는 변하지 않고 일정하다. (×)

→ 속력–시간 그래프 아랫부분의 넓이는 낙하 거리를 나타내므로, 두 직선 사이의 넓이가 A, B 사이의 거리가 된다. 따라서 B가 낙하하는 동안 A와 B 사이의 거리는 시간에 따라 일정하게 증가한다.

04

 자유 낙하 하는 물체의 속력–시간 그래프를 분석하여 일정 거리를 낙하하는 순간 물체의 속력을 구하고, 자유 낙하 하는 동안 물체가 받은 충격량의 크기를 운동량의 변화량의 크기로 구한다.

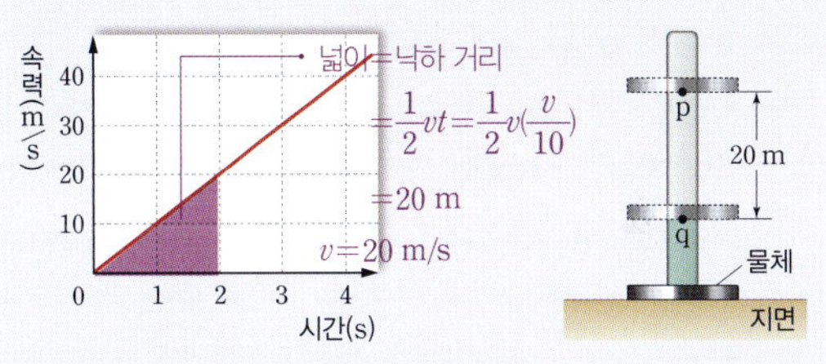

• 학생 A: 그래프를 이용하면 물체가 q를 통과하는 순간의 속력은 20 m/s인 것을 알 수 있어. (○)

→ 속력–시간 그래프 아랫부분의 넓이는 낙하 거리를 나타낸다. 물체가 20 m를 낙하하여 q를 지나는 순간의 속력을 v, 시간을 t라고 하면, 속력–시간 그래프 아랫부분의 넓이가 20 m가 되어야 하므로 다음과 같다.

$$\frac{1}{2}vt = \frac{1}{2}v\left(\frac{v}{10}\right) = 20\ \text{m}$$

$$v = 20\ \text{m/s}$$

따라서 물체가 q를 통과하는 순간의 속력은 20 m/s이다.

• 학생 B: 물체가 q에서 정지할 때까지 받은 충격량의 크기를 구하면 20 N · s야. (○)

→ q에서부터 지면에 도달하여 정지할 때까지 물체의 운동량의 변화량은 다음과 같다.

$$0 - 1\ \text{kg} \times 20\ \text{m/s} = -20\ \text{kg} \cdot \text{m/s}$$

따라서 물체가 q에서 지면까지 운동하는 동안 받은 받은 충격량은 -20 N · s이므로 충격량의 크기는 20 N · s이다.

• 학생 C: q에서 지면까지 이동한 거리는 5 m야. (×)

→ 물체가 q를 지나는 순간 속력이 20 m/s이었다가 1초 동안 일정하게 감소하여 지면에 닿는 순간 속력이 0이 되었다면, 10 m/s의 평균 속력으로 1초 동안 낙하한 것과 같다. 따라서 q에서 지면까지 이동한 거리는 10 m/s × 1 s = 10 m이다.

출제 Point 충격량과 운동량의 관계를 이용하여 충돌 과정에서 받는 충격량과 충돌 후 속력을 구한다.

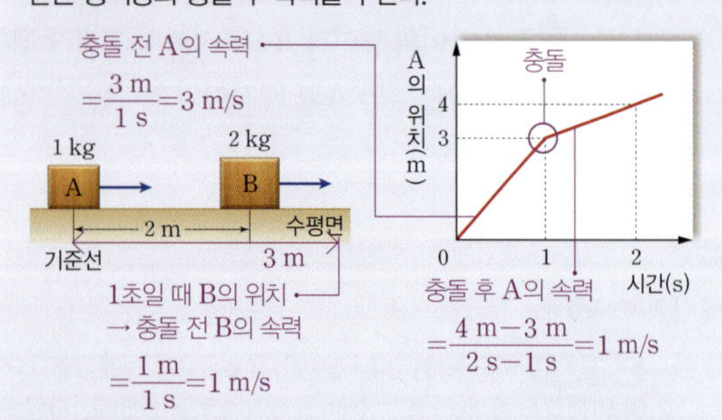

자세한 보기 해설

ㄱ. 1.5초일 때 A와 B가 충돌하였다. (×)

→ 직선을 따라 운동하는 A의 위치 − 시간 그래프의 기울기는 A의 속력을 나타낸다. 1초일 때 A의 위치 − 시간 그래프의 기울기가 변하였으므로, 1초일 때 A, B가 충돌한 것을 알 수 있다.

ㄴ. B가 받은 충격량의 크기는 2 N · s이다 (○)

→ A, B가 충돌할 때 A와 B가 받은 충격량의 크기는 같고, A가 받은 충격량의 크기는 A의 운동량의 변화량의 크기와 같다. 충돌 전후 A의 속력을 위치 − 시간 그래프의 기울기로 구하면 각각 다음과 같다.

• 충돌 전 A의 속력 $=\dfrac{3\,m}{1\,s}=3\,m/s$

• 충돌 후 A의 속력 $=\dfrac{4\,m-3\,m}{2\,s-1\,s}=1\,m/s$

충돌하는 동안 A의 운동량 변화량은 다음과 같다.

$1\,kg \times 1\,m/s - 1\,kg \times 3\,m/s = -2\,kg \cdot m/s$

따라서 A가 받은 충격량의 크기는 2 N · s이므로, B가 받은 충격량의 크기도 2 N · s이다.

ㄷ. 충돌 후 B의 속력은 3 m/s이다. (×)

→ B는 충돌하는 동안 운동 방향으로 크기가 2 N · s인 충격량을 받았으므로, 충돌 후 B의 운동량의 크기는 2 kg · m/s 만큼 증가한다. A, B의 충돌이 1초일 때 일어났으므로, 충돌이 일어난 위치는 기준선으로부터 오른쪽으로 3 m 떨어진 지점이다. 따라서 B는 충돌이 일어나기 전까지 1초 동안 오른쪽으로 1 m를 운동하였으므로, 충돌 전 B의 속력은 1 m/s이다. B의 운동량 변화량이 2 kg · m/s이므로, 충돌 후 B의 속력 v는 다음과 같다.

$2\,kg \cdot m/s = 2\,kg \times v - 2\,kg \times 1\,m/s$

$v = 2\,m/s$

출제 Point 세포의 구조와 기능을 세포 내 유전정보의 흐름과 관련지어 이해한다.

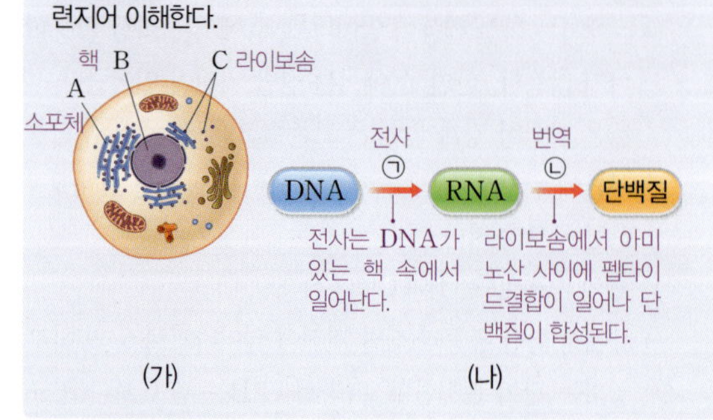

자세한 보기 해설

ㄱ. B에는 ㉠ 과정에 필요한 효소가 있다. (○)

→ 핵(B)에는 DNA가 있으며, 유전정보가 DNA에서 RNA로 전달되는 전사(㉠)가 일어난다. 따라서 B에는 ㉠에 필요한 효소가 있다.

ㄴ. ㉡ 과정에 C가 관여한다. (○)

→ ㉡은 번역이며, RNA의 유전정보에 따라 아미노산이 순서대로 결합하고 펩타이드결합으로 연결되어 단백질이 합성된다. 따라서 ㉡ 과정에 단백질 합성 장소인 라이보솜(C)이 관여한다.

ㄷ. (나) 과정을 거쳐 합성된 단백질은 A를 통해 운반된다. (○)

→ (나)에서 전사와 번역을 거쳐 합성된 단백질은 소포체(A)를 통해 운반된다.

출제 Point 효소의 작용 과정에서 반응물, 효소, 효소기질복합체의 양의 변화를 이해한다.

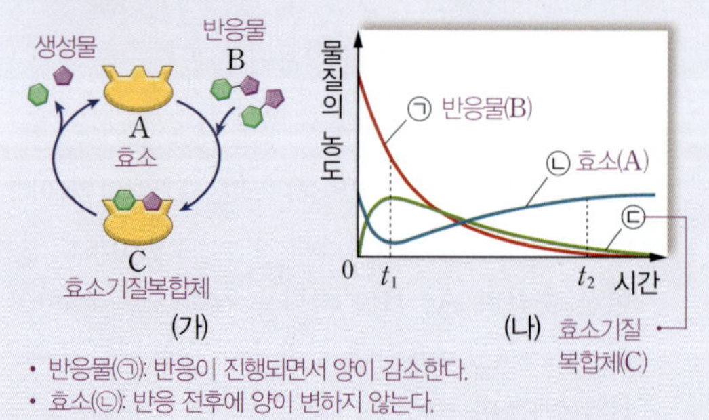

자세한 보기 해설

ㄱ. ㉡은 C이다. (×)

→ ㉠은 시간이 지나면서 물질의 농도가 감소하므로 반응물 B이다. ㉡은 반응 전과 충분한 시간이 지나 반응이 끝났을 때

의 농도가 같으므로 반응 전후에 변하지 않는 효소 A이다.
ⓒ은 반응물이 많을 때 농도가 증가하였다가 충분한 시간이
지나 반응이 끝났을 때는 0이므로 효소기질복합체 C이다.

ㄴ. 반응 속도는 t_1일 때가 t_2일 때보다 빠르다. (○)

→ 효소는 기질과 결합하여 활성화에너지를 낮추므로 반응 속
도는 단위시간 동안 효소기질복합체(C, ⓒ)의 생성량에 의
해 결정된다. 따라서 반응 속도는 ⓒ의 농도가 높은 t_1일 때
가 t_2일 때보다 빠르다.

ㄷ. 효소 반응의 활성화에너지는 t_2일 때가 t_1일 때보다 크다. (×)

→ 동일한 효소가 관여하는 반응의 활성화에너지는 효소의 농
도, 기질의 농도에 관계없이 일정하다. 따라서 효소 반응의
활성화에너지는 t_1일 때와 t_2일 때 같다.

08

 DNA와 RNA의 염기 구성의 차이를 알고, 세포
내 유전정보의 흐름을 이해한다.

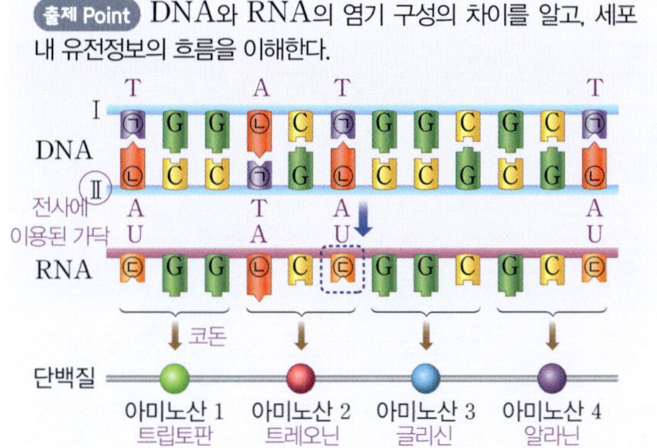

① ㉠은 타이민(T)이다. (○)

→ ㉠은 DNA에는 있지만 RNA에는 없으므로 DNA에만 있
는 염기 타이민(T)이다. ㉡은 타이민(T)과 상보결합하는 아
데닌(A)이고, ㉢은 RNA에는 있지만 DNA에는 없는 유
라실(U)이다.

② 전사에 이용된 DNA 가닥은 II 이다. (○)

→ 전사는 DNA 이중가닥 중 한 가닥을 주형으로 하여 상보적
인 염기서열을 갖는 RNA가 합성되는 방식으로 일어난다.
따라서 RNA의 염기서열과 상보적인 염기서열을 갖는
DNA 가닥 II가 전사에 이용된 가닥이다.

③ 아미노산 1을 지정하는 코돈은 AGG이다. (×)

→ 코돈은 RNA의 3개 염기조합이고, 아미노산 1을 지정하는
코돈은 UGG이다.

④ 아미노산 4는 알라닌이다. (○)

→ 아미노산 4를 지정하는 코돈은 GCU이고, GCU가 지정하
는 아미노산은 알라닌이다.

⑤ ☐ 부분의 염기 ㉢이 C으로 바뀌어도 형질은 정상적으로 발현된
다. (○)

→ ☐ 부분의 염기 ㉢은 U이고, 아미노산 2를 지정하는 코돈은
ACU이며, ACU는 트레오닌을 지정한다. ☐ 부분의 염기
㉢이 C으로 바뀌면 코돈은 ACC가 되며, ACC는 ACU와
마찬가지로 트레오닌을 지정한다. 결국 염기 1개가 바뀌었
지만 아미노산서열이 같은 정상 단백질이 합성되어 형질이
정상적으로 발현된다.

320쪽

모범답안 ┃ 대기 대순환은 지구의 중력에 의해 따뜻한 공기가
위로 올라가고 차가운 공기가 아래로 내려오면서 활발하게 일
어난다. 그런데 중력이 사라지면 따뜻한 공기와 차가운 공기
사이에 무게 차이가 없어지므로 대기 대순환이 지금처럼 활발
하게 일어나지 않고, 그 모습도 지금과는 다를 것이다.

채점 기준	배점(%)
대기 대순환이 활발하게 일어나지 않는다고 쓰고, 그 까닭을 중력이 사라지면 따뜻한 공기와 차가운 공기의 무게 차이가 없음을 들어 설명한 경우	100
대기 대순환이 활발하게 일어나지 않는다고만 쓴 경우	50

MEMO

MEMO